Bioquímica Clínica

3ª EDIÇÃO

Bioquímica Clínica

3ª EDIÇÃO

SALIM KANAAN

MARIA ALICE TERRA GARCIA
(*in memoriam*)

ANALÚCIA RAMPAZZO XAVIER

Rio de Janeiro • São Paulo
2023

EDITORA ATHENEU

São Paulo	—	*Rua Maria Paula, 123 – 18º andar* *Tel.: (11)2858-8750* *E-mail: atheneu@atheneu.com.br*
Rio de Janeiro	—	*Rua Bambina, 74* *Tel.: (21)3094-1295* *E-mail: atheneu@atheneu.com.br*

CAPA: Equipe Atheneu
PRODUÇÃO EDITORIAL: Efe Pê Ltda.

CIP-BRASIL. CATALOGAÇÃO NA PUBLICAÇÃO
SINDICATO NACIONAL DOS EDITORES DE LIVROS, RJ

K24b
3. ed.

Kanaan, Salim
Bioquímica clínica / Salim Kanaan, Maria Alice Terra Garcia, Analúcia Rampazzo Xavier. - 3. ed. - Rio de Janeiro : Atheneu, 2022.
24 cm.

Inclui bibliografia e índice
ISBN 978-65-5586-580-6

1. Bioquímica clínica. I. Kanaan, Salim, II. Garcia, Maria Alice Terra. III. Xavier, Analúcia Rampazzo. IV. Título.

CDD: 612.015
22-79798 CDU: 612.015

Meri Gleice Rodrigues de Souza - Bibliotecária - CRB-7/6439

02/09/2022 02/09/2022

KANAAN, S.; TERRA GARCIA, M. A.; XAVIER, A. R.
Bioquímica Clínica – 3ª edição

Editores

SALIM KANAAN

Médico Patologista Clínico. Mestre em Biofísica da Universidade Federal do Rio de Janeiro, UFRJ. Especialista em Patologia Clínica da Sociedade Brasileira de Patologia Clínica, SBPC. Professor Adjunto da Disciplina de Bioquímica Clínica da Faculdade de Medicina da Universidade Federal Fluminense, UFF. Coordenador da Residência Médica e do Internato em Patologia Clínica da UFF. Oficial Médico do Corpo de Bombeiros Militar do Estado do Rio de Janeiro, CBMERJ

MARIA ALICE TERRA GARCIA (*in memoriam*)

Médica Patologista Clínica. Mestre em Bioquímica da Universidade Federal do Rio de Janeiro, UFRJ. Professora Assistente da Disciplina Bioquímica Clínica da Universidade Federal Fluminense, UFF. Especialista em Patologia Clínica da Sociedade Brasileira de Patologia Clínica, SBPC

ANALÚCIA RAMPAZZO XAVIER

Farmacêutica-Bioquímica pela Universidade Estadual Paulista "Júlio de Mesquita Filho", Unesp-Araraquara. Especialista em Análises Clínicas pela Sociedade Brasileira de Análises Clínicas, SBAC. Mestre e Doutora em Ciências – Área de Concentração Bioquímica, pela Faculdade de Medicina da Universidade de São Paulo – FMRP/USP. Chefe do Departamento de Patologia da Faculdade de Medicina da Universidade Federal Fluminense (2019-2021). Professora Associada da Disciplina de Bioquímica Clínica da Faculdade de Medicina da Universidade Federal Fluminense, UFF.

Colaboradores

Adagmar Andriolo
Médico pela Escola Paulista de Medicina da Universidade Federal de São Paulo, UNIFESP. Mestrado em Parasitologia, Microbiologia e Imunologia pela Escola Paulista de Medicina da Universidade Federal de São Paulo, UNIFESP. Doutorado em Patologia pela Faculdade de Medicina da Universidade de São Paulo, USP e Livre-docência pela Escola Paulista de Medicina da Universidade Federal de São Paulo, UNIFESP. Professor Titular da Disciplina de Clínica Médica e Medicina Laboratorial da Escola Paulista de Medicina da Universidade Federal de São Paulo, UNIFESP. Membro da Academia de Medicina de São Paulo.

Alexandre Miguel Benjó
Médico Doutor em Cardiologia pelo Instituto do Coração, Incor, da Faculdade de Medicina da Universidade de São Paulo, FMUSP. Pós-doutorado pelo John Hopkins University, Baltimore, Maryland, EUA.

Andréa Alice da Silva
Farmacêutica-Bioquímica pela Universidade Federal Fluminense, UFF. Mestre em Patologia Experimental pela UFF. Doutora em Ciências – Área de Concentração de Imunologia Celular pela Fundação Oswaldo Cruz, Fiocruz. Professora Associada da Disciplina de Imunologia Clínica da UFF. Coordenadora do Programa de Pós-Graduação em Patologia da Universidade Federal Fluminense, UFF.

Andréa Claudia Freitas Ferreira
Farmacêutica pela Universidade Federal do Rio de Janeiro, UFRJ. Mestre e Doutora em Ciências Biológicas (Fisiologia) pelo Instituto de Biofísica Carlos Chagas Filho, UFRJ. Professora Associada da Universidade Federal do Rio de Janeiro, UFRJ. Pesquisadora do Laboratório de Fisiologia Endócrina Doris Rosenthal, Instituto Carlos Chagas Filho e NUMPEX, Campus Duque de Caxias, Universidade Federal do Rio de Janeiro, UFRJ.

Annelise Côrrea Wengerkievicz Lopes
Médica pela Universidade da Região de Joinville. Residência Médica em Clínica Médica no Hospital Regional Dietter Schimidt, Joinville – SC. Residência Médica em Patologia Clínica/ Medicina Laboratorial pelo Hospital das Clínicas da Universidade de São Paulo, HU-USP. MBA Executivo em Saúde com ênfase em Gestão de Clínicas e Hospitais pela Fundação Getúlio Vargas.

Bárbara Ferreira dos Santos
Acadêmica – Graduação em Medicina na Faculdade de Medicina da Universidade Federal Fluminense, UFF.

Bernardo Silva de Oliveira Farias
Médico – Residência Médica em Clínica Médica pela Universidade Federal do Rio de Janeiro, UFRJ. Cursando Residência Médica em Endocrinologia na Universidade Federal do Rio de Janeiro, UFRJ.

Bruno Horstmann
Médico pela Universidade Federal Fluminense, UFF. Mestre e Especialista em Telemedicina e Telessaúde pela Universidade do Estado do Rio de Janeiro, UERJ. Título de Especialista em Patologia Clínica pela Sociedade Brasileira de Patologia Clínica e Medicina Laboratorial, SBPC/ML. Médico do Trabalho pela Universidade Federal Fluminense, UFF, e pela Associação Nacional de Medicina do Trabalho (ANAMT).

Cassiano Felippe Gonçalves de Albuquerque
Graduação em Ciências Biológicas pela Universidade Federal Fluminense (UFF), Mestrado e Doutorado em Biociências Nucleares pela Universidade do Estado do Rio de Janeiro (UERJ), Professor Adjunto de Bioquímica do Departamento de Bioquímica da Universidade Federal do Estado do Rio de Janeiro (UNIRIO).

Catia Lacerda Sodré
Professora Adjunta do Departamento de Biologia Celular e Molecular - Instituto de Biologia - Universidade Federal Fluminense (UFF); Pós Doutora em Bioquímica pela Fundação Oswaldo Cruz -RJ (FIOCRUZ); Doutora em Química Biológica pela Universidade Federal do Rio de Janeiro (UFRJ); Mestre em Química Biológica pela Universidade Federal do Rio de Janeiro (UFRJ); Biomédica pela Universidade Federal do Estado do Rio de Janeiro (UNIRIO).

Clayton Barbiéri de Carvalho
Médico – Residência Médica em Clínica Médica pela Universidade Federal Fluminense, UFF.

Débora Vieira Soares
Médica pela Faculdade de Medicina de Valença. Residência Médica pela Universidade Federal do Rio de Janeiro, UFRJ. Mestre e Doutora em Endocrinologia pela Universidade Federal do Rio de Janeiro, UFRJ. Professora Adjunto do Departamento de Medicina Clínica – Endocrinologia da Universidade Federal Fluminense, UFF. Coordenadora do Ambulatório de Doenças Osteometabólicas do Hospital Universitário Antônio Pedro, UFRJ.

Diogo Gomes Garcia
Licenciatura em Ciências Biológicas pela Faculdades Integradas Maria Thereza (FAMATH), Mestrado em Neuroimunologia pela Universidade Federal Fluminense (UFF) e Doutorado em Biologia Celular e Molecular pela Fundação Oswaldo Cruz (FIOCRUZ), Pós-Doutorado no Laboratório de Neurociências do Programa de Pós-Graduação em Neurologia da Universidade Federal do Estado do Rio de Janeiro (UNIRIO).

Elaini Aparecida de Oliveira
Médica pela Universidade Federal Fluminense, UFF. Biomédica pela Universidade Federal Fluminense,UFF. Especialista em Análises Clínicas pela Universidade Federal Fluminense, UFF. Mestre em Patologia pela Universidade Federal Fluminense, UFF.

Emanuella da Silva Cardoso
Acadêmico – Graduação em Medicina na Faculdade de Medicina da Universidade Federal Fluminense, UFF.

Enrico Mendes Saggioro
Farmacêutico-Bioquímico pela Universidade Federal de Juiz de Fora, UFJF. Doutorado em Saúde Pública e Meio Ambiente pela Escola Nacional de Saúde Pública/Fiocruz-RJ. Pós-Doutorado no Programa de Engenharia Química da UFRJ/COPPE. Pesquisador Associado do Laboratório de Avaliação e Promoção da Saúde Ambiental da Fundação Oswaldo Cruz (Fiocruz/LAPSA/IOC) e Professor Adjunto de Toxicologia da Universidade Federal Fluminense (UFF). Coordenador Geral do Programa de Pós-Graduação em Saúde Pública e Meio Ambiente da Fiocruz.

Fábio Aguiar Alves
Farmacêutico-Bioquímico. Mestre e Doutor em Biologia Celular e Molecular pela Fundação Oswaldo Cruz, Fiocruz. Professor Associado da Disciplina de Bioquímica e Biologia Celular do Campus Nova Friburgo da Universidade Federal Fluminense, UFF.

Fahad Javed
Member of the Royal College of Physicians. St. Luke's – Roosevelt Hospital Center, EUA.

Flávio Barbosa Luz
Médico pela Universidade Federal do Estado do Rio de Janeiro, UNIRIO. Especialista em Dermatologia pela Universidade Federal do Rio de Janeiro, UFRJ. Mestre em Dermatologia pela Universidade Federal Fluminense, UFF. Doutor em Dermatologia pela Universidade Federal do Rio de Janeiro (UFRJ). Professor Adjunto no Departamento de Medicina Clínica – Dermatologia da Universidade Federal Fluminense, UFF.

Flávio Magalhães Biló
Médico pela Faculdade de Medicina de Itajubá; Físico Médico pela Universidade de São Paulo, Ribeirão Preto; Residência em Clínica Médica pelo IAMSPE-SP, Residência em Cardiologia pelo Instituto de Cardiologia Dante Pazzanese; Fellowship em Doença Coronariana Crônica.

Gabriela Ribeiro Silva
Acadêmico – Graduação em Biomedicina na Faculdade de Medicina da Universidade Federal Fluminense, UFF.

Gisele Caldas Alexandre
Cirurgiã-dentista, especialista em Odontopediatria pela Universidade do Estado do Rio de Janeiro, UERJ. Mestre e Doutora em Saúde Coletiva/Epidemiologia pelo Instituto de Medicina Social da Universidade do Estado do Rio de Janeiro, UERJ. Professora Associada do Departamento de Epidemiologia e Bioestatística da Universidade Federal Fluminense, UFF.

Giselle Fernandes Taboada
Médica pela Universidade Federal do Rio de Janeiro, UFRJ; Residência em Endocrinologia pela Universidade do Estado do Rio de Janeiro, UERJ; Mestre e Doutora em Medicina – Área de Concentração Endocrinologia pela Universidade Federal do Rio de Janeiro, UFRJ. Professora Associada do Departamento de Medicina Clínica da Faculdade de Medicina da Universidade Federal Fluminense, UFF.

Helia Kawa
Médica pela Universidade Federal Fluminense, UFF. Mestre em Saúde Coletiva pela Universidade do Estado do Rio de Janeiro, UERJ. Doutora em Ciências da Saúde pela Fiocruz. Professora Associada do Departamento de Epidemiologia e Bioestatística da Universidade Federal Fluminense, UFF.

Hugo Caire de Castro Faria Neto
Médico pela Universidade do Estado do Rio de Janeiro, UERJ. Doutorado em Biologia Molecular e Celular pelo Instituto Oswaldo Cruz, FIOCRUZ-RJ. Pós-Doutorado em Biologia Molecular, Celular e Genética Humana na Utah University, EUA. Pesquisador titular do Laboratório de Imunofarmacologia do Instituto Oswaldo Cruz, FIOCRUZ-RJ.

Isabelle Campos Costa-Amaral
Fundação Oswaldo Cruz (FIOCRUZ) – Centro de Estudos da Saúde do Trabalhador e Ecologia Humana (CESTEH)/Escola Nacional de Saúde Pública Sergio Arouca (ENSP) – Laboratório de Toxicologia, Manguinhos – Rio de Janeiro-RJ.

João Paulo Chevrand
Médico pela Universidade Federal Fluminense, UFF.

João Paulo Lima Daher
Médico pela Universidade Federal Fluminense, UFF. Residência em Patologia Clínica e Medicina Laboratorial pela Universidade Federal Fluminense, UFF. Mestre e Doutor em Patologia pela Universidade Federal Fluminense, UFF. Estágio de Pós-Doutorado na University of Tennesse System, UT System, EUA. Na University of New South Wales, UNSW, Austrália e na University of Alabama at Birmingham, UAB, EUA. Professor Adjunto do Departamento de Patologia da Faculdade de Medicina da Universidade Federal Fluminense, UFF.

Jorge Mugayar Filho
Médico Gastroenterologista pela Universidade Federal Fluminense, UFF. Mestre em Patologia Buco-dental pela UFF. Professor Assistente da Disciplina de Gastroenterologia da UFF.

José Carlos Carraro Eduardo
Médico Graduado pela Universidade Federal Fluminense, UFF. Mestre em Medicina – Área de Concentração Nefrologia pela Universidade Federal do Rio de Janeiro, UFRJ. Doutor em Patologia pela UFF. Professor Titular da Disciplina de Nefrologia da UFF.

José Eduardo Levi

Biológo pela Universidade de São Paulo, USP. Mestre em Biologia Molecular pela Universidade de São Paulo, IQ-USP. Doutor em Microbiologia pela Universidade de São Paulo, ICB-USP. Pesquisador do Instituto de Medicina Tropical da Universidade de São Paulo, IMT-USP. Coordenador de Pesquisa e Desenvolvimento da Diagnóstico América, DASA.

José Fernando de Souza

Médico pela Faculdade de Medicina de Petrópolis – RJ. Residência Médica em Patologia Clínica pela Faculdade de Medicina da Universidade de São Paulo, USP. Médico Patologista Clínico do Grupo Médico da Diagnóstico América, DASA, Núcleo Técnico São Paulo – Setor de Imunologia e Autoimunidade.

Júnea Paolucci de Paiva Silvino

Médica pela Faculdade de Medicina de Barbacena -MG. Residência em Clínica Médica no Hospital Ibiapaba de Barbacena – MG. Especialista em Endocrinologia e Metabologia pela Sociedade Brasileira de Endocrinologia e Metabologia, SBEM. Mestre em Análises Clínicas e Toxicológicas pelo Programa de Pós-Graduação em Análises Clínicas da Faculdade de Farmácia da Universidade Federal de Minas Gerais, UFMG. Doutoranda em Análises Clínicas e Toxicológicas no Programa de Pós-Graduação em Análises Clínicas da Faculdade de Farmácia da Universidade Federal de Minas Gerais, UFMG.

Karina Braga Gomes

Farmacêutica com Habilitação em Bioquímica/Análises Clínicas pela Universidade Federal de Minas Gerais, UFMG. Doutorado em Ciências Farmacêuticas com ênfase em Genética Humana e Médica pela Universidade Federal de Minas Gerais, UFMG. Professora do Programa de Pós-Graduação em Análises Clínicas da Faculdade de Farmácia e do Programa de Pós-Graduação em Saúde do Adulto da Faculdade de Medicina da Universidade Federal de Minas Gerais, UFMG. Professora Associada do Departamento de Análises Clínicas e Toxicológicas da Faculdade de Farmácia da Universidade Federal de Minas Gerais, UFMG.

Leda Ferraz

Nutricionista pelo Centro Universitário de Rio Preto, UNIRP. Especialista em Terapia Nutricional Clínico-Hospitalar pelo Centro Universitário de Rio Preto (UNIRP). Doutora em Ciências Médicas pela Universidade Federal Fluminense, UFF. Mestre em Patologia pela Universidade Federal Fluminense, UFF. Professora de Patologia da Universidade Brasil, Fernandópolis-SP.

Letícia Coelho Bortoni

Acadêmico – Graduação em Medicina na Faculdade de Medicina da Universidade Estácio de Sá – RJ.

Lidia Maria da Fonte de Amorim

Bióloga, Modalidade Médica, pela Universidade Federal do Estado do Rio de Janeiro, Unirio. Mestre e Doutora em Biologia (Biociências Nucleares) pela Universidade do Estado do Rio de Janeiro, UERJ. Professora Associada da Disciplina de Bioquímica da Universidade Federal Fluminense, UFF.

Luciene de Carvalho Cardoso Weide
Biomédica pela Universidade Federal do Estado do Rio de Janeiro, UNIRIO. Mestre e Doutora em Ciências Biológicas – Área de Concentração Fisiologia, pela Universidade Federal do Rio de Janeiro, UFRJ. Professora Associada da Disciplina de Bioquímica Clínica da Universidade Federal Fluminense, UFF

Luiza Alonso Pereira
Médica pela Universidade Federal do Rio de Janeiro, UFRJ. Residência Médica em Dermatologia pela Universidade Federal Fluminense, UFF. Mestre em Ciências Médicas - Dermatologia pela Universidade Federal Fluminense, UFF.

Maria Luiza Garcia Rosa
Médica pela Universidade Federal Fluminense, UFF. Mestre em Saúde Pública pela ENSP/Fiocruz. Doutora em Saúde Coletiva pela Université de Montreal. Estágio de Pós-Doutorado em Epidemiologia pela ENSP/Fiocruz. Professora Associada do Departamento de Epidemiologia e Bioestatística da Universidade Federal Fluminense, UFF.

Marcela Rodriguez de Freitas
Médica Neurologista Infantil pelo Hospital dos Servidores do Estado do Rio de Janeiro. Doutora em Neurologia Infantil pela Universidade de São Paulo, USP. Professora Adjunta do Departamento de Medicina Clínica da Faculdade de Medicina da UFF.

Marcelo Gomes Granja
Médico Veterinário pela Universidade do Contestado. Especialista em Microbiologia e Imunologia pela Universidade Cândido Mendes – RJ. Mestre e Doutor em Neurociências pela Universidade Federal Fluminense, UFF. Pós-Doutorado em Imunofarmacologia pelo Instituto Oswaldo Cruz, FIOCRUZ-RJ. Pós-Doutorado em Biologia Molecular e Celular pela Universidade Federal do Estado do Rio de Janeiro, UNIRIO.

Marcos R. G. de Freitas
Médico Neurologista pela Universidade Federal Fluminense, UFF. Professor Titular da Disciplina de Neurologia da UFF.

Maíra Cristina Menezes Freire
Ciências Biológicas pela Universidade do Vale do Rio Doce, UNIVALE. Mestrado e Doutorado em Genética pela Universidade Federal de Viçosa, UFV. Pós-Doutorado em Genética Humana e Médica pela Universidade Federal de Minas Gerais, UFMG. Faz parte do Grupo Pardini.

Marianna Kunrath Lima
Ciências Biológicas pela Universidade Federal de Minas Gerais, UFMG. Mestrado em Bioquímica pela UFMG. Doutorado em Biologia Molecular pela UFMG. Faz parte do Centro de Genética Geneticenter.

Marzia Puccioni Sohler
Médica pela Universidade Federal Fluminense, UFF. Residência Médica em Clínica Médica e Neurologia pela Universidade Federal do Rio de Janeiro, UFRJ. Mestrado em Neurologia pela Universidade Federal Fluminense, UFF. Doutorado em Neurologia pela "Gerog August Universitaed", em Goettinger, Alemanha. Pós-Doutorado em Neurovirologia pelo "National Institutes of Health", Bethesda, USA. Professora Associada da Escola de Medicina da Universidade Federal do Estado do Rio de Janeiro, UNIRIO. Professora do Programa de Pós-Graduação em Doenças Infecciosas e Parasitárias da UFRJ.

Mauro Jorge Cabral-Castro
Biólogo, modalidade Microbiologia e Imunologia pela Universidade Federal do Rio de Janeiro, UFRJ. Mestre e Doutor em Ciências (Microbiologia) pela UFRJ. Pós-doutorando na área de Diagnóstico Imunológico e Molecular de Doenças Infecciosas e Parasitárias na UFRJ.

Michele Araújo Pereira
Ciências Biológicas pela Universidade Federal de Minas Gerais, UFMG. Mestrado em Genética pela UFMG. Doutorado em Bioinformática pela UFMG. Faz parte do Grupo Pardini.

Natalia Fonseca do Rosário
Biomédica pela Universidade Federal Fluminense, UFF. Mestre e Doutora em Patologia pela Universidade Federal Fluminense, UFF. Pós-doutoranda no Programa de Pós-Graduação em Ciências Médicas da Universidade Federal Fluminense, UFF.

Patrícia Burth
Graduação em Ciências Biológicas, Modalidade Médica pela Universidade do Estado do Rio de Janeiro (UERJ). Mestrado e Doutorado em Bioquímica pelo Instituto de Química da UFRJ. Professora Titular de Bioquímica do Departamento de Biologia Celular e Molecular da UFF.

Patrícia de Fátima Lopes
Bióloga pela Universidade de São Paulo, USP, Especialista em Nutrição Clínica, Doutora em Ciências – Área de Concentração Bioquímica, pelo Instituto de Química da Universidade de São Paulo – IQ/USP. Professora Associada da Disciplina de Bioquímica Clínica da Universidade Federal Fluminense, UFF. Coordenadora do Comitê de Ética em Pesquisa com Seres Humanos da Faculdade de Medicina da Universidade Federal Fluminense, CEP-UFF.

Raquel B. Kanaan
Médica pela Faculdade de Medicina Souza Marques, FMSM. Residência em Dermatologia pela Faculdade de Medicina Souza Marques, FMSM. Médica do Trabalho pela Universidade de Nova Iguaçu, UNIG. MBA executivo em Saúde pela Faculdade Getúlio Vargas, FGV. Certificação em atendimento de trauma pelo Curso ATLS (Advanced Trauma Life Support).

Ronaldo Alterburg Odebrecht Curi Gismondi
Médico pela Universidade Federal Fluminense, UFF. Especialista em Terapia Intensiva pela Rede D'Or de Hospitais, RJ, Residência Médica em Clínica Médica pela Universidade Federal do Rio de Janeiro, UFRJ, Mestre e Doutor em Ciências Médicas pela Universidade Estadual do Rio de Janeiro, UERJ. Professor Adjunto da Disciplina de Clínica Médica da UFF.

Rosa Leonora Salermo Soares
Professora Titular da Faculdade de Medicina da UFF. Médico pela Universidade Federal Fluminense, UFF. Mestre em Gastroenterologia pela Universidade Federal do Rio de Janeiro, UFRJ, Doutora em Doenças Infecciosas e Parasitárias pela Universidade Federal do Rio de Janeiro, UFRJ, Pós-doutora pela Universidade do Porto, Portugal.

Rubens Antunes da Cruz Filho
Médico Endocrinologista pela Universidade Federal Fluminense, UFF. Especialista em Endocrinologia e Metabologia pela Sociedade Brasileira de Endocrinologia e Metabologia, SBEM. Mestre e Doutor em Medicina – Área de Concentração Endocrinologia, pela Universidade Federal do Rio de Janeiro, UFRJ. Professor Titular da Disciplina de Endocrinologia e Metabologia da UFF.

Thiago Pavoni Gomes Chagas
Professor Adjunto da Disciplina de Controle de Qualidade da Universidade Federal Fluminense, UFF, Biólogo pela Universidade Estadual do Rio de Janeiro, UERJ, Mestre e Doutor em Ciências – Área de Diagnóstico, Epidemiologia e Controle de Doenças Infecciosas e Parasitárias, pelo Instituto Oswaldo Cruz/FIOCRUZ.

Vilma Blondet de Azeredo
Professora Associada da Faculdade de Nutrição Emília de Jesus Ferreiro, FNEJF, da Universidade Federal Fluminense, UFF. Doutora em Ciência dos Alimentos e Mestre em Nutrição Humana pela Universidade Federal do Rio de Janeiro, UFRJ. Especialista em Nutrição Clínica pela UFF. Coordenadora do Laboratório de Nutrição Experimental da FNEJF.

Walter Tann
Doutor em "Ciência dos Alimentos" pelo Instituto de Química da Universidade Federal do Rio de Janeiro, UFRJ. Médico Especialista em Pediatria pela Sociedade Brasileira de Pediatria, SBP. Ex-coordenador e Professor de Pós-graduação da Universidade Veiga de Almeida.

Werlley de Almeida Januzzi
Médico pela Universidade Federal Fluminense, UFF, Residência em Clínica Médica pelo IAMSPE-SP, Residência em Cardiologia pelo Instituto de Cardiologia Dante Pazzanese, Especialista em Cardiologia pela SBC, Fellowship em Cardiointensivismo pelo Instituto de Cardiologia Dante Pazzanese, Fellowship em Point of Care Ultrasound pela POCUS Academy Certification; Médico assistente, preceptor dos residentes em Clínica Médica e coordenador de ensino do estágio em Emergências Clínicas do IAMSPE-SP, Preceptor do internato em emergências médicas da Universidade da Cidade de São Paulo, Médico assistente e subcoordenador do pronto-socorro e da unidade de pós-operatório imediato do Hospital de Transplante Euriclides Zerbini, Coordenador e Instrutor do Centro de Simulação Realística do – CESIR – do IAMSPE-SP.

Apresentação à 3ª Edição

Foi com muita alegria que recebi o honroso convite para escrever a Apresentação deste livro, Bioquímica Clínica da Universidade Federal Fluminense *(UFF), já na sua terceira edição. Novamente, os colegas Kanaan, Terra Garcia e Xavier, compondo um grupo com mais 50 profissionais possuidores da mais elevada competência didática e de grande experiência prática, dedicaram-se a produzir uma nova edição de uma obra já consagrada no nosso meio.*

Aqui não cabe a tradicional frase "nova edição revista e ampliada", mas sim, a afirmação de "um novo livro" dadas as tantas modificações e ampliações realizadas.

Dentre as novidades, destacamos a discussão sobre a utilidade da troponina no estudo das lesões miocárdicas, a inclusão de um capítulo específico sobre o metabolismo do ferro, a ampliação dos capítulos sobre vitaminas, alterações laboratoriais nas doenças endócrinas e na avaliação do líquido cefalorraquidiano.

Foram incluídos capítulos sobre o diagnóstico molecular, potente recurso há pouco incorporado à rotina laboratorial; sobre o uso de marcadores tumorais circulantes, além de relevantes aspectos do estudo da sepse e da biópsia líquida.

Evidentemente, a pandemia causada pelo SARS-CoV-2 não poderia ser ignorada e sua implicação nas rotinas dos laboratórios foi didaticamente apresentada e discutida.

Parabenizando os editores pela coragem da iniciativa e os colaboradores pela inestimável produção, recomendamos fortemente não só a leitura, mas o estudo desta obra.

Boa e proveitosa leitura!

Adagmar Andriolo
Professor Titular de Clínica Médica e Medicina Laboratorial, Escola Paulista de Medicina – Universidade Federal de São Paulo, EPM-Unifesp

Apresentação à 2ª Edição

É com redobrada satisfação que volto a escrever a apresentação, agora da segunda edição, do livro Bioquímica Clínica, da Universidade Federal Fluminense (UFF), *de autoria de Kanaan, Terra Garcia, Peralta, Xavier, Ribeiro, Benjo e numerosos colaboradores. É uma obra de fôlego que só mesmo uma equipe diversificada poderia executar. É uma obra de qualidade inestimável, que só profissionais de elevada capacitação, teórica e prática, poderiam realizar. Seguindo os princípios claramente estabelecidos quando da primeira edição, além de confirmados os colaboradores de então, foram escolhidos novos autores, igualmente capazes de produzir um texto atual e completo.*

A Medicina Laboratorial, área de assistência à saúde tão dinâmica e ainda em fase de expansão, continua carente de bons manuais que possam orientar com segurança e praticidade todos aqueles que procuram exercê-la com qualidade e eficiência. Este livro vem diminuir nossas carências e aumentar nossa potência em acompanhar os avanços tecnológicos que, a cada dia, nos são apresentados. Serão leitores obrigatórios deste livro não só pessoas em fase de formação profissional, mas todos os "estudantes permanentes", quais sejam, os profissionais seriamente envolvidos nas atividades diagnósticas.

Com relação à primeira edição, temos uma obra revista e grandemente ampliada, com a inclusão de tópicos da maior importância e atualidade, tratados sempre com correção e profundidade, numa linguagem direta e clara. Aos autores, coube não só a tarefa de adicionar novidades, mas apresentá-las de forma crítica e racional.

Assim é que temos a inclusão dos assuntos referentes à Biologia Molecular, à Bioquímica do Sistema Nervoso, aos Hormônios Tireoidianos e às Vitaminas. Três outros tópicos relevantes são a Avaliação Laboratorial dos Radicais Livres, Inflamação e Síndrome Metabólica. Complementando um capítulo presente na primeira edição sobre procedimentos básicos de coleta de material para exames laboratoriais, encontramos, nesta edição, um tópico sobre a importância de exames laboratoriais confiáveis, que traz ricos elementos para nossa reflexão.

Parabenizo os autores e todos os colaboradores que viabilizaram a concretização desta obra, assim como me congratulo com a Editora Atheneu, que materializou este ideal.

Aos leitores, desejo boa leitura!

Adagmar Andriolo
Professor Adjunto, Livre-docente, de Patologia Clínica
Escola Paulista de Medicina – Universidade
Federal de São Paulo, EPM-Unifesp

Apresentação à 1ª Edição

É com grande prazer que aceito o convite para fazer a apresentação do livro Bioquímica Clínica da Universidade Federal Fluminense (UFF), *de Kanaan, Garcia, Peralta, Ribeiro, Benjo e Affonso e mais dezoito ilustres colaboradores. Estamos frente a um trabalho de múltiplos autores, característica indispensável para que seja produzido um tratado com a autoridade, a atualidade e a profundidade encontradas nesta obra e exigidas pela comunidade de médicos, de estudantes e por todos os profissionais que, de alguma forma, estão envolvidos com a área de Medicina Diagnóstica Laboratorial.*

Os conhecimentos aqui apresentados se constituem nos fundamentos de bioquímica clínica necessários, não apenas para o bom exercício da prática laboratorial, mas também para embasar o entendimento dos recursos e, principalmente, das limitações dos procedimentos diagnósticos atualmente disponíveis.

Os textos são claros, objetivos e, na sua maioria, enriquecidos com gráficos e esquemas que, em muito, facilitam o entendimento dos conceitos apresentados. Os autores demonstram grande familiaridade com os assuntos tratados e com a prática de ensinar, tornando interessantes mesmo os aspectos complexos e nem sempre intuitivos que obrigatoriamente são abordados em cada uma das doze áreas que compõem esta obra.

A inclusão de um capítulo inteiro com esclarecimentos sobre os procedimentos de coleta de material biológico para exames laboratoriais reafirma a importante noção de que a qualidade do resultado de um exame laboratorial começa a ser construída no momento da coleta. Muitos dos capítulos ultrapassam a descrição dos conceitos puramente bioquímicos, mostrando, de forma didática e detalhada, a função de órgãos e sistemas, sempre com a finalidade de tornar mais fácil e completo o entendimento do assunto.

Os autores, os colaboradores e a Editora Atheneu estão de parabéns por possibilitarem a concretização de mais este ideal, que se tornará referência para todos aqueles que querem ter uma sólida base de Bioquímica Clínica.

Adagmar Andriolo
Professor Adjunto de Patologia Clínica,
Escola Paulista de Medicina – Universidade
Federal de São Paulo, EPM-Unifesp

Prefácio à 3ª Edição

Sinto-me honrado para apresentar e escrever o prefácio do livro Bioquímica Clínica da Universidade Federal Fluminense (UFF)*, agora em sua terceira edição, coordenada pelo Prof. Salim Kanaan, professor de longa experiência e profissional de referência na área da Patologia Clínica/Medicina Laboratorial.*

A medicina laboratorial é uma das áreas do conhecimento caracterizada pela inovação, pela contínua renovação dos conhecimentos e introdução de novas metodologias agregando elevado valor no processo diagnóstico. Assim, esta obra nada mais é do que um reflexo deste notável progresso e desenvolvimento da Patologia Clínica.

Pelo grau de abrangência, esta obra será de grande valia para os médicos patologistas clínicos, aos colegas médicos de todas as especialidades que se utilizam dos exames laboratoriais na sua rotina diária, bem como aos farmacêuticos bioquímicos, biomédicos, biólogos, estudantes de graduação, residentes e pós-graduandos.

O esmero na produção dos diferentes capítulos por parte de todos os autores, a riqueza dos conhecimentos apresentados de forma clara e objetiva conferem ao livro uma profundidade científica e elevada eficiência didática.

Os temas abordados são de grande relevância na prática clínica e laboratorial, sendo que as informações revisadas e atualizadas permitirão ao leitor uma visão do estado da arte dos recursos laboratoriais na área da bioquímica clínica.

Um conceito inovador incorporado nesta edição diz respeito à discussão de casos clínicos. Trata-se de uma ferramenta didática que permitirá ao leitor consolidar os conceitos teóricos adquiridos em cada capítulo.

Um dos objetivos a ser alcançado por esta obra junto aos leitores é estimular o uso racional dos recursos diagnósticos com vistas a garantia da sustentabilidade dos serviços de saúde e a segurança dos pacientes.

Assim, o livro representa mais uma importante contribuição para a Patologia Clínica e esta nova edição confirma que esta obra já está consagrada no meio laboratorial.

Congratulo-me com o Prof. Salim Kanaan e colaboradores pelo sucesso das edições pregressas e por esta terceira edição que novamente enriquecerá a bibliografia médica e que certamente se tornará referência na área da Patologia Clínica.

Nairo M. Sumita
Professor Colaborador da Disciplina de Patologia Clínica
da Faculdade de Medicina da Universidade de São Paulo (FMUSP).
Diretor do Serviço de Bioquímica Clínica da Divisão de Laboratório
Central do Hospital das Clínicas da FMUSP.
Consultor Médico em Bioquímica Clínica – Fleury Medicina e Saúde

Prefácio à 2ª Edição

Vivemos um momento delicado para a classe médica em que o governo, através dos meios de comunicação, tenta, injustamente, convencer a população de que a culpa pela iniquidade na atenção à saúde em nosso país é dos médicos. A prerrogativa de autorizar a prática da Medicina, antes conferida aos nossos conselhos de classe, foi agora transferida para o Ministério da Saúde para permitir a prática de médicos estrangeiros sem revalidação de seu diploma.

Nesse cenário, uma obra da natureza desta publicação representa uma chama de esperança. Todos sabemos que a iniciativa de escrever textos didáticos sob a forma de um livro é um reflexo direto de interesses inquestionavelmente nobres que envolvem, fundamentalmente, uma forte vocação tanto para divulgar o conhecimento quanto para estimular o aprendizado, sem qualquer viés comercial. O livro, desprovido de recursos tecnológicos modernos, mas impregnado de informações técnicas preciosas, fundamentadas em robustas revisões da literatura e na experiência, tem representado ao longo dos séculos, a ferramenta maior para fomentar uma prática médica competente, humanizada e ética.

O privilégio de escrever o prefácio da primeira edição deste livro foi agora reiterado. O desafio que os avanços do conhecimento proporcionam é enorme e, por que não dizer, amedrontador. A tarefa de resumir o essencial em um número limitado de páginas é muito laboriosa e requer refinado julgamento da qualidade das informações e sensibilidade especial para priorização do conteúdo. Tudo começa pela indispensável sedução aos colegas com reconhecido saber para engajamento no empreendimento. Sem um editor com capacidade de identificar, aglutinar e motivar inteligências, todo o processo de elaboração está fadado a ser interrompido sem conclusão.

Nesta edição, novos capítulos vêm-se juntar aos anteriores para compor um categorizado resumo da plêiade de informações novas a que estamos constantemente sendo submetidos. Na cadeia da educação médica, um livro revisado e atualizado representa um indispensável elo entre o conhecimento gerado e a sua aplicação.

Depois de conhecer a obra, posso concluir que não só os vinhos tornam-se melhores com o tempo.

Jocemir Ronaldo Lugon
Professor Titular de Nefrologia da Universidade Federal Fluminense, UFF
Vice-Diretor da Faculdade de Medicina, UFF
Diretor Acadêmico do Hospital Universitário Antônio Pedro, UFF

Prefácio à 1ª Edição

Um exercício profissional consoante com as boas práticas médicas requer conhecimentos básicos e clínicos. Nesse particular, a disciplina Bioquímica Clínica, estrategicamente posicionada no currículo da nossa escola médica, tem um papel preponderante no estímulo a essa saudável interação.

É verdade que a tradicional concepção de que a clínica é preponderante na elaboração de um diagnóstico, na medida em que é crucial para orientar a solicitação dos exames complementares, ainda resiste ao tempo. Entretanto, os progressos alcançados nos instrumentos de apoio diagnóstico, sejam eles concernentes a exames de imagens, hematológicos ou bioquímicos, têm em muito contribuído para elucidar e/ou confirmar diagnósticos que, no passado, permaneceriam indeterminados ou inconclusivos.

Deve ser ressaltado que a tarefa de resumir o avanço do conhecimento de modo a torná-lo de fácil compreensão e aplicação pode ser laboriosa. No presente livro, os autores passeiam pelo intricado mundo da estrutura e composição do corpo humano com um poder de síntese e simplificação só facultado aos vocacionados para a arte de ensinar. O resultado é um trabalho robusto que tem toda a chance de se tornar uma importante ferramenta para os envolvidos com a arte de curar, encontrem-se eles na sua fase de formação ou no eterno mundo do aprendizado, a prática clínica.

Na medida em que representa um importante elo entre a geração e a aplicação de conhecimentos, a presente obra, de agradável leitura, vem preencher uma importante lacuna na literatura nacional.

Dedico este livro aos alunos da Universidade Federal Fluminense.

Jocemir Ronaldo Lugon
Professor Titular de Nefrologia da
Universidade Federal Fluminense (UFF)

Sumário

A Importância dos Exames Laboratoriais Confiáveis

1.1

Analúcia Rampazzo Xavier
Salim Kanaan

A importância dos exames laboratoriais confiáveis

A avaliação da efetividade do laboratório clínico e de sua contribuição para os desfechos tem sido matéria de crescentes discussões na literatura. A solicitação e a interpretação correta dos testes laboratoriais melhoram os diagnósticos clínicos e, por isso, também têm um grande impacto nos custos financeiros da assistência à saúde. A interpretação correta da informação, ou seja, o ato de discernir o significado e a importância do resultado de um determinado exame é a etapa final e mais crítica de uma série de eventos complexos que pode ser conhecida como o "ciclo de realização do exame" (Figura 1.1.1). Além do conhecimento em interpretar os resultados dos exames, o ato de reconhecer as etapas críticas de sua realização, bem como averiguar as medidas para diminuir a variabilidade desses diversos processos, permite uma avaliação da qualidade da informação obtida.

Na prática, todas as etapas desse ciclo de eventos podem sofrer a influência de fatores de variabilidade, com potencial impacto na validade da informação gerada. Vários pontos precisam ser averiguados como:

- **Desempenho técnico:** é a base de qualquer evidência. Além de precisão, exatidão, linearidade, os fatores de variabilidade pré-analíticos também devem ser considerados no desempenho técnico.
- **Desempenho diagnóstico:** averiguar a sensibilidade e especificidade dos métodos, analisando os valores preditivos positivos e negativos e a taxa de verossimilhança, importantes para uma correta análise de resultados.
- **Benefício clínico:** o impacto clínico dos exames deve ser baseado na estratégia diagnóstica, na estratégia terapêutica e no desfecho clínico (consequência dos itens anteriores).
- **Benefício operacional:** o benefício operacional pode, por exemplo, diminuir o tempo de internação de um paciente, reduzir a necessidade de recursos humanos, e ainda, a utilização de outros recursos da saúde.
- **Benefício econômico:** baseia-se na escolha de testes laboratoriais que possam gerar mais recursos ou minimizar gastos excessivos de alocação de recursos. Nem sempre o teste mais caro é necessário, bem como nem sempre o mais barato tem qualidade inferior.

Do ponto de vista do laboratório, as fontes de possíveis variabilidades podem ser divididas entre as etapas pré-analíticas, analíticas e pós-analíticas.

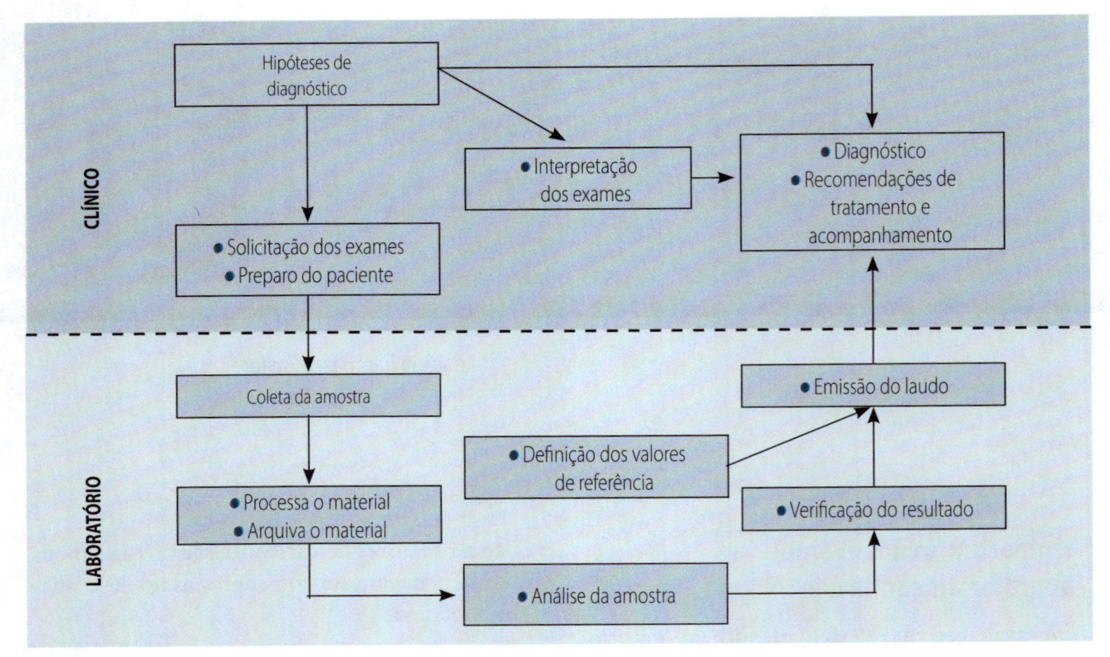

FIGURA 1.1.1 – Fluxograma de realização de exames.

Fonte de variabilidade nos resultados

A variabilidade dos resultados de um laboratório pode ser derivada do preparo inadequado do paciente (hora da coleta, jejum, certos alimentos, exercício físico e medicações), ou da coleta e manipulação das amostras (que podem gerar erros nos procedimentos de identificação de amostras e treinamento adequado da equipe técnica). Nesse caso, essas variáveis podem ser denominadas ***pré-analíticas***, pois ocorrem antes da análise laboratorial propriamente dita (Figura 1.1.2).

Quando falamos em ***variabilidade analítica*** devemos pensar no método analítico em si (reagentes, equipamentos, procedimentos e recursos humanos). Essa etapa, em especial, recebeu a atenção de especialistas em controle de qualidade nas últimas décadas, o que gerou a minimização dos erros analíticos, ocasionada pelo oferecimento de testes de proficiência, programas de credibilidade, auditorias externas e internas, onde a qualidade dos processos do laboratório é minuciosamente verificada. A automação dos métodos laboratoriais também pode ser responsabilizada pela diminuição de variabilidade nesta etapa do ciclo de realização de exames (Figura 1.1.2).

A ***variabilidade pós-analítica*** ocorre entre o término do método analítico e a assimilação dos resultados pelo clínico. A fonte principal de erro nesta etapa é a transcrição dos resultados, entretanto, os famosos "erros de digitação" estão se tornando cada vez menos frequentes, devido ao processo de interface entre os equipamentos e o sistema de informatização do laboratório. Cabe salientar a importância, nesta fase, da qualidade de laudos impressos, que muitas vezes não são claros nem adequados quanto ao formato, prejudicando a interpretação dos resultados (Figura 1.1.2).

Erros laboratoriais

Podem ser considerados erros a ocorrência e a verificação qualquer "defeito". Desde a requisição dos testes até o relatório dos resultados e

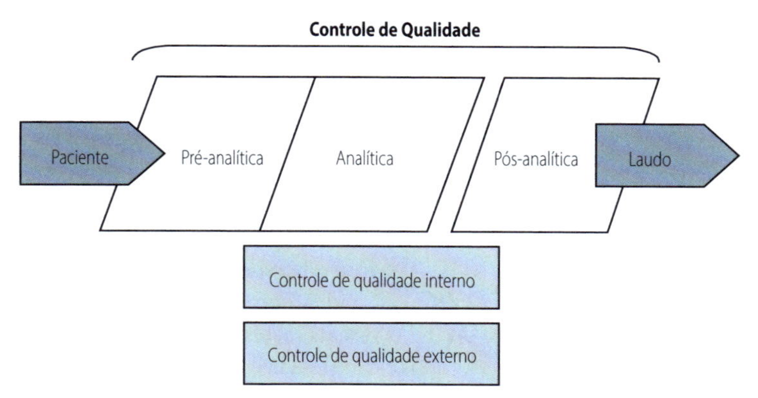

FIGURA 1.1.2 – Etapas do sistema de qualidade.

sua adequada interpretação. Apesar dos esforços dos laboratórios em eliminá-los, inevitavelmente nos deparamos com resultados de testes com erros. Uma revisão recente encontrou uma considerável atribuição da fase pré-analítica na ocorrência destes erros, sendo a troca de amostras na coleta a mais comum.

A possibilidade de erro deve ser levantada quando o resultado é impossível ou não fisiológico, quando for inconsistente com os resultados prévios do mesmo paciente ou incompatível com os resultados de outros testes realizados na mesma amostra, ou difere do esperado pelos achados clínicos.

Após a constatação da presença de erro, o laboratório deve identificar a causa e corrigi-la o mais rápido possível. Para isso o laboratório conta com ferramentas de controle de qualidade que facilitam e minimizam a ocorrência de resultados e análises errôneas.

Sistemas de controle de qualidade

Para realizarmos o controle de qualidade total, devemos dar ênfase a duas etapas importantes:

- A primeira é implantar o controle de qualidade intralaboratorial, também chamado de controle de qualidade interno, realizando análises diárias de amostras-controle para checar a ***precisão*** de cada metodologia.
- A segunda etapa é implantar o controle de qualidade interlaboratorial, também chamado de controle externo, cuja finalidade é realizar análises de amostras-controle recebidas periodicamente de fonte externa para comparar o nível de ***exatidão*** com diferentes laboratórios.

Os conceitos de precisão e exatidão são considerados qualitativos, embora possam refletir a repetitividade e reprodutibilidade de um método. A *precisão de medição* reflete o grau de concordância entre resultados de medição obtidos sob as mesmas condições (repetitividade). A *exatidão (acurácia) de medição* mede o grau de concordância entre o resultado de uma medição e um valor verdadeiro do mensurado (Figura 1.1.3).

Podemos confiar nas análises de um determinado método quando este estiver sob controle, tanto na sua exatidão como na precisão, e se as análises estiverem dentro dos limites aceitáveis de erro (LAE). Para a implantação do programa de controle de qualidade devemos inicialmente estabelecer certas normas a serem cumpridas, como:

- Selecionar o pessoal técnico, informando-o e treinando-o em cada fase da implantação do controle, através de reciclagens periódicas e palestras nas várias seções do laboratório. Realizar a manutenção e calibração de equipamentos e instrumentos de medições em locais de boa procedência, com mão de obra

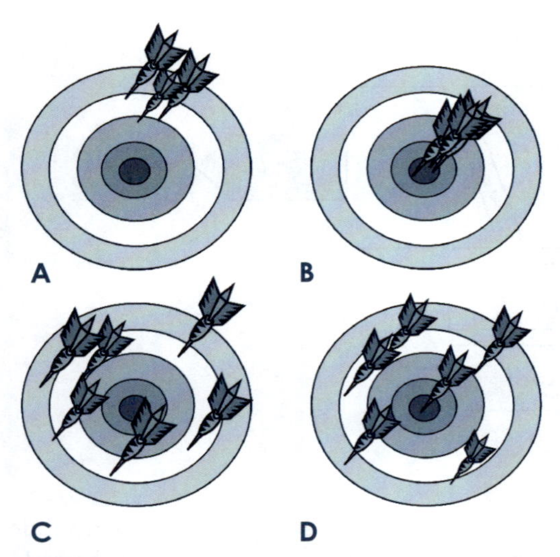

FIGURA 1.1.3 – Conceitos de exatidão e precisão. **A.** Resultados precisos e inexatos; **B.** Resultados precisos e exatos; **C.** Resultados imprecisos e inexatos; **D.** Resultados imprecisos e exatos.

especializada. Elaborar os reagentes com produtos químicos de qualidade e seguindo as recomendações das normas regulamentadoras específicas. Adequar e padronizar os métodos a serem utilizados. Proceder à coleta e conservação das amostras de acordo com a metodologia empregada. Realizar a lavagem e limpeza da vidraria com substâncias especiais, evitando contaminação química e biológica. Propiciar aos funcionários boas condições de trabalho.

Características de um sistema de controle

O sistema de controle de qualidade tem como finalidade não só informar sobre a precisão e exatidão de cada método, mas também deve ser sensível o suficiente para detectar variações pequenas nas diversas fases; além disso, deve ser de fácil implantação, montagem e interpretação.

Um sistema bem montado deve ter a capacidade de revelar a presença de qualquer tipo de erro e, ao mesmo tempo, conseguir comparar o desempenho de método, técnicas e equipamentos, treinamento de recursos humanos, entre outras etapas da realização dos exames laboratoriais.

Dentre as fases necessárias para a implantação de um sistema de controle, podemos destacar a importância da doutrinação do pessoal do laboratório com a filosofia de controle. Quando os recursos humanos do laboratório estão envolvidos com a qualidade, as demais etapas ficam mais fáceis de serem implantadas. Entre as fases necessárias ao controle de qualidade, o laboratório deve sempre preparar amostras-controle, que sejam estáveis, com concentrações conhecidas normais e anormais (patológicas). Estas amostras também podem ser adquiridas comercialmente e devem ter os LAE estabelecidos para cada componente (no caso dos soros comerciais, estes valores são conhecidos e fornecidos pelos fabricantes).

Deve-se então preparar para cada método um cartão de controle baseado nos limites aceitáveis de erro e, diariamente, anotar neste cartão os resultados obtidos com a análise da amostra-controle; concomitantemente deve-se examinar e reconhecer os resultados que estão situados "dentro" e "fora" do considerado controle. Quando os resultados estiverem "fora" do controle, checar todos os reagentes, padrões, equipamentos, lavagem de material, cálculos e outras possíveis variáveis. Ao verificar os cartões diariamente, semanalmente e mensalmente, poderemos reconhecer as tendências de cada método.

Soluções de concentração conhecida

Se a análise for para determinar a *precisão* de um método, não necessariamente precisamos conhecer o valor real da amostra testada, ao contrário da determinação da *exatidão* de uma metodologia. No controle de qualidade do laboratório clínico, utilizamos dois tipos diferentes de soluções, de concentrações já conhecidas: padrões e soros-controle.

Solução-padrão

Serve para a calibração dos métodos ou cálculo das concentrações. Os valores são determinados por pesagem.

Padrões primários

São soluções que podem ser preparadas em meio aquoso ou em outros solventes, que apresentam unicamente a substância quimicamente pura a ser determinada. Possuem concentração conhecida, pois ela é preparada em balão volumétrico após pesagem quantitativa em balança analítica. Estas soluções-padrão podem ser elaboradas no próprio laboratório ou obtidas comercialmente. Esses padrões não têm as mesmas características de um soro, pois na solução-padrão a substância está isolada e pura, enquanto no soro humano encontramos outras substâncias e interferentes. Além disso, estas soluções-padrão não são submetidas a todas as manipulações que sofrem as amostras, já que a análise do padrão só entra no final, devido ao seu objetivo, que é o de determinar os erros de calibração dos aparelhos (fotômetros) ou calcular o fator do cálculo de concentração.

Padrões em meios aquosos adicionados com proteínas

São soluções preparadas em um meio aquoso, com a maioria das substâncias utilizadas em diagnóstico clínico, as quais são adicionadas de proteínas em concentrações muito similares às encontradas no soro humano normal. Estas soluções-padrão não têm as mesmas características físico-químicas encontradas no soro humano, como a viscosidade, que é importante até mesmo para uma simples medição de volume nas pipetas. As proteínas que são adicionadas nestas soluções e, também, os outros constituintes são exatos, pois são pesados em balança analítica e preparados em balão volumétrico.

Padrões em soro humano

Há uma procura na elaboração de um soro humano artificial sem perda das características físico-químicas, que tenha valores absolutos independentes de metodologia analítica. Estes soros devem ter valores conhecidos e estruturas proteicas intactas, que possam migrar eletroforeticamente de maneira similar às do soro humano.

Este tipo de padrão tem uma dupla finalidade:

- Padronização de técnicas como padrões de calibração.
- Controle de qualidade como soros de referência.

Soro-controle

São soluções cujos valores são obtidos por análise química, e assim para um mesmo soro e uma mesma substância obtemos resultados diferentes, dependendo do método utilizado.

- **Soro animal:** é o soro obtido de equinos ou bovinos. Não podemos esquecer que este soro tem características muito diferentes das do soro humano.
- **Soro humano:** pode ser obtido através de *pool* de soros diferentes ou pode ser encontrado na forma de liofilizados comerciais.
- ***Pool* de soros:** é preparado no próprio laboratório com sobras de amostras não hemolisadas, não lipêmicas e não ictéricas.
- **Liofilizados comerciais:** são reconstituídos adicionando um volume certo de água destilada no momento da utilização. As amostras-controle comerciais são acompanhadas de folhetos explicativos onde é descrita a metodologia empregada com os valores aceitáveis (geralmente média ± 2 desvios-padrões) para cada constituinte.

Os soros-controle podem ser caracterizados como "normais, anormais ou desconhecidos" em relação às concentrações das substâncias.

Cálculo estatístico

Utiliza-se o cálculo estatístico como ferramenta em controle de qualidade para analisar parâmetros e medir o grau de *precisão* ou *reprodutibilidade*. Através destes cálculos, podemos inferir a presença de erros, verificando o momento de sua ocorrência, possibilitando a identificação de suas causas. Esta maneira de abordar o assunto exige um sistema com fundamental valorização quantitativa do soro-controle.

Material estatístico utilizado para cálculos no controle de qualidade:

- **valor médio:** é o valor que aponta para onde mais se concentram os dados de uma distribuição. Pode ser considerado o ponto de equilíbrio das frequências, num histograma;
- **desvio-padrão:** é o valor que quantifica a dispersão dos eventos sob distribuição normal, ou seja, a média das diferenças entre o valor de cada evento e a média central;
- **coeficiente de variação:** é uma medida de dispersão que se presta para a comparação de distribuições diferentes;
- **limite de atenção:** limites estabelecidos que denotem atenção à variação de valores em relação com à média;
- **limite de alarme:** limite estabelecido em que o valor isolado ultrapassa os limites aceitáveis de erro.

Exemplo de formulário para estatística

Dados:

Analito: Glicose
Método: GOD-PAP
*Soro-controle:*____________
*Nº Lote:*____________
Unidade de medida: mg/100 mL

Data	n	X_1	$X_1 - X$	$(X_1 - X)^2$
	1	100	0,5	0,25
	2	102	1,5	2,25
	3	98	2,5	6,25
	4	99	1,5	2,25
	5	101	0,5	0,25
	6	99	1,5	2,25
	7	102	1,5	2,25
	8	101	0,5	0,25
	9	104	3,5	12,25
	10	100	0,5	0,25
	11	99	1,5	2,25
	12	100	0,5	0,25
	13	100	0,5	0,25
	14	98	2,5	6,25
	15	98	2,5	6,25
	16	102	1,5	2,25
	17	102	1,5	2,25
	18	101	0,5	0,25
	19	101	0,5	0,25
	20	101	0,5	0,25
	21	99	1,5	0,25
	22	100	0,5	0,25
	23	102	1,5	2,25
	24	103	2,5	6,25
	25	104	3,5	12,25
	26	99	1,5	2,25
	27	101	0,5	0,25
	28	98	2,5	6,25
	29	102	1,5	2,25
	30	101	0,5	0,25
	31	99	1,5	2,25
	Σ	3116		85,85

1) Valor médio:

$$\bar{x} = \left[\frac{\sum x_1}{n}\right] = \left[\frac{3116}{31}\right] = 100,5$$

2) Desvio-padrão:

$$s = \sqrt{\frac{\sum (x_1 - \bar{x})^2}{n-1}} = \sqrt{\frac{85,75}{31-1}} = \sqrt{2,858} = 1,69$$

3) Coeficiente de variação:

$$C.V. = \frac{s}{\bar{x}} = \frac{1,69}{100,5} = 0,0168 = 1,68\%$$

4) Limites de atenção:
Superior: $\bar{x} + 2s = 103,4$
Inferior: $\bar{x} - 2s = 97,1$

5) Limites de alarme:
Superior: $\bar{x} + 3s = 105,6$
Inferior: $\bar{x} - 3s = 95,6$

Obs.:
Data:
Assinatura:

Legenda: x_1 = valor da medida diária. x = valor real; s = desvio-padrão da média.

Considerações a serem desenvolvidas neste processo

1) Escolher o método a ser analisado, como por exemplo, a glicemia. Esta valorização é obtida através de experiências aleatórias, em número não menor do que 20.
2) O valor médio, que é a média aritmética, é uma medida chamada de posição; estas medidas de posição são valores centrais, e ao redor encontram-se as demais medidas de um conjunto de valores.
3) A medida de dispersão é o desvio-padrão que se relaciona com a dispersão das posições de todos os dados de um conjunto de valores em relação a um valor considerado central.
4) Escolha do intervalo de confiança e a distribuição de valores, sendo que o intervalo de confiança tem sua fundamental importância na avaliação da precisão dos métodos utilizados. Então a análise que fazemos do nosso soro-controle será considerada confiável se seus resultados se encontrarem dentro do intervalo de confiança; se os resultados obtidos forem inversos, estes deverão ser rejeitados, implicando este fato na busca dos fatores ou causas de erros que os afastaram do valor experimental daquele intervalo considerado como fidedigno.

A curva de distribuição de valores (Figura 1.1.4) é obtida colocando em abscissas os valores da medição, e em ordenadas a frequência relativa que esses valores oferecem numa série de medições. representa a média aritmética dos valores.

O desvio-padrão (DP ou s) é uma medida de dispersão derivada de curva de distribuição de valores que expressa uma série de dados nas proximidades do valor médio.

O coeficiente de variação é o desvio-padrão expresso em percentual e é também usado para expressar a precisão.

Mapas de uso diário no controle de qualidade

Estes mapas têm como finalidade permitir a rápida visualização das variações diárias, semanais e mensais existentes nos diferentes métodos da rotina laboratorial. Para que o la-

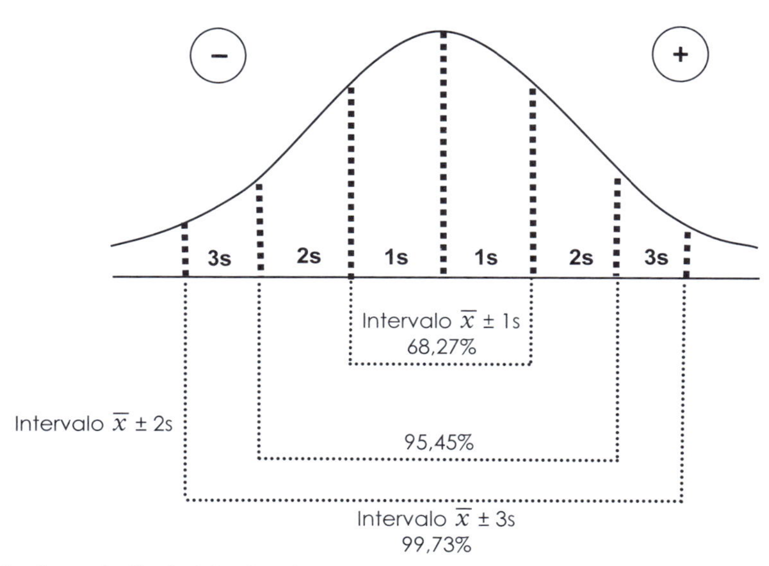

FIGURA 1.1.4 – Curva de distribuição de valores.

Legenda: $\overline{x}$ = valor da média diária; s = desvio padrão.

boratório tenha uma boa qualidade dos seus analitos, calculam-se os limites aceitáveis de erro (LAE) de cada método utilizando um *pool* de soros preparado no próprio laboratório ou, o que é mais utilizado, um soro comercial.

O soro comercial tem várias vantagens em relação ao soro preparado no laboratório, entre elas o fato de ser liofilizado e ter validade pré-estabelecida. A validade, geralmente superior a 1 ano, diminui a frequência do estabelecimento de novos limites de controle e também possui os valores médios, desvio-padrão e/ou coeficiente de variação já estabelecidos.

Como estabelecer estes mapas de controle

Para montar mapas de controle, devem-se ter em mãos os seguintes materiais e dados:

a) Utilizar papel milimetrado.

b) Dosar, no mínimo, 20 vezes cada analito contido no soro-controle (estabelecer estatisticamente os valores de $\bar{x}$, DP (s) e coeficiente de variância [CV]). A obtenção destes dados é feita com o padrão para cada analito como referência, dosando simultaneamente o soro-controle. Na rotina, o soro-controle e as amostras desconhecidas passam a ser determinadas contra o padrão de referência.

c) Estes valores determinados para cada analito são utilizados para o cálculo de média e desvio-padrão.

d) Com isso, estabelecemos os limites aceitáveis de erro (LAE), que podem ser calculados de dois modos:
   - Utilizando-se o parâmetro de $\bar{x} \pm 2$ DP, que permitirá a colocação dos valores obtidos, em unidade de concentração, diretamente sobre os mapas de controle.
   - Utilizando-se a fórmula de *Tonks* em termos percentuais (ver Figura 1.1.5). A utilização desta fórmula deve ser ajustada, pois o sistema apresenta deficiências, já que alguns valores calculados LAE em % podem necessitar de grandes ajustes.

$$\text{LAE \%} = \frac{\text{¼ da variação normal}}{\text{média da normalidade}}$$

FIGURA 1.1..5 – Fórmula de *Tonks.*

e) Elaborar o mapa de seguinte forma:
   - Marcando na abscissa (eixo horizontal) os dias do mês e na ordenada (eixo vertical) os valores de média e desvio-padrão calculados; nos soros-controle, esses valores já são preestabelecidos.

O soro-controle deve ser dosado diariamente, em concomitância com as amostras desconhecidas, e os resultados obtidos para cada analito deverão ser plotados no mapa sob a forma de pontos (Figura 1.1.6).

Como interpretar os mapas de controle

São realizadas, diariamente, análises das amostras-controle de cada analito, juntamente com o desconhecido dos pacientes, utilizando os mesmos métodos nos padrões. Após estas determinações, podemos obter as seguintes possibilidades:

- **Dentro dos limites aceitáveis:** quando o método tem boa precisão e exatidão, em amostras-controle de concentrações corretas, quase todos os pontos ficam entre os limites $\bar{x} \pm 2$ DP, sendo distribuídos aproximadamente metade em cada lado da média, sendo que $^2/_3$ ficam entre $\bar{x} \pm 1$ DP, onde se dispõem cerca de 68% dos valores na curva de distribuição.
- **Quando um em cada 20 resultados ficar fora dos limites** (pois os limites de confiança são de 0,5%): entretanto, quando mais de dois pontos estão fora dos limites, o método deveria ser checado imediatamente, e o nosso controle analisado.
- **Resultados fora de controle:** se um resultado estiver "fora dos LAE", deverá ser repetida a análise da amostra-controle. Quando a

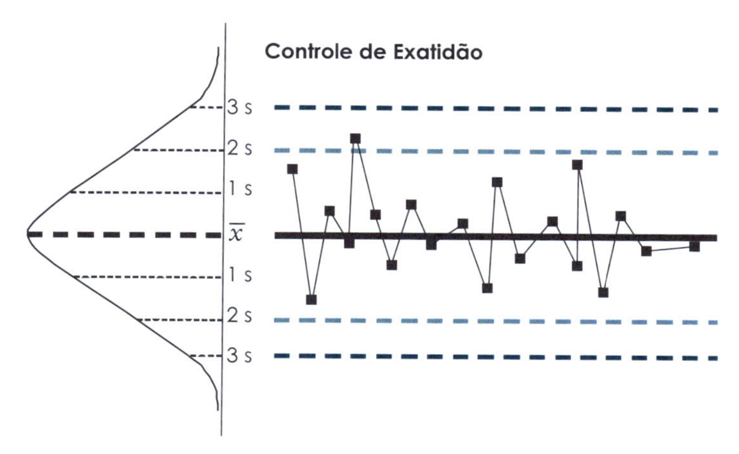

FIGURA 1.1.6 – Curva de *Gauss*. Mapa de Controle segundo Levey-Jennings.

segunda avaliação estiver dentro de controle, uma das hipóteses é que a reconstituição não foi completa (amostras congeladas e liofilizadas) ou houve algum problema na manipulação do soro-controle. Os resultados obtidos dos pacientes poderão ser liberados e o ponto fora deve permanecer no cartão, apesar de não ser incluído no cálculo do coeficiente de variação. Mas se a segunda análise estiver fora do controle, os resultados não são liberados.

Como analisar a perda da precisão

Se muitos resultados estiverem próximo de $\overline{x} \pm 2$ DP, pode-se observar uma perda de precisão do método. Esta situação é estatisticamente apresentada quando mais de cinco pontos ficam próximos de 2 DP ou 1/3 dos pontos fica "fora" de $\overline{x} \pm 1$ DP. A perda de precisão pode ser causada por vários motivos, entre eles:

- Pipetas de má qualidade ou descalibradas, provavelmente pelo uso excessivo na sua secagem (acima de 60°C).
- Material de vidraria quimicamente sujo devido ao uso de detergentes inadequados ou enxágue insuficiente.
- Banho de água com temperatura oscilante devido a defeito no termostato ou localização inadequada (próximo de aparelhos de ar condicionado, aquecedores e fornos etc.).
- Condições emocionais do analista, ocasionadas por fadiga ou acúmulo de serviço.
- Tubos de leitura fotométrica inadequados apresentando paredes sem espessura uniforme.
- Defeito eletrônico no fotômetro originando variações nas leituras.
- Oscilações de rede elétrica.
- Célula fotoelétrica com "cegueira" parcial devido ao recebimento de luz muito intensa (nunca se deve usar o fotômetro enquanto um dos filtros não estiver no lugar, bem como se deve desligar o aparelho para a troca dos mesmos).

Como analisar a perda da exatidão

Configura-se como perda de exatidão quando mais de cinco pontos se aproximam dos limites de $\bar{x} \pm 2$ DP. A perda de exatidão é provocada geralmente por erro sistemático. Estes erros podem ser ocasionados pela troca dos controles ou valor incorreto nas dosagens, causados pelo preparo inadequado ou instabilidade dos reagentes do método, variação de temperatura de banho-maria durante a realização dos exames, alteração do tempo das fases de preparo ou leituras de comprimento de onda diferentes do recomendado.

Quando não há exatidão, as análises deverão ser suspensas e nenhum resultado pode ser liberado.

Como analisar a perda de sensibilidade

Quando as variações e os erros inerentes da metodologia e manipulação laboratoriais levam a uma reprodução sucessiva dos resultados, de forma repetitiva (se mais de cinco pontos seguidos, que deveriam oscilar em torno da média, apresentam o mesmo valor estatisticamente), podemos caracterizar uma perda da sensibilidade. A elevação dos valores de absorbância do branco da reação (ideal se abaixo de 0,100) e a presença de valores baixos de controle podem levar a uma perda de sensibilidade. Os arredondamentos nas leituras e/ou cálculo dos resultados e o desgaste da célula fotoelétrica, de modo que pequenas variações não sejam mais detectadas, podem também ser causas de uma sensibilidade reduzida do exame.

Resultados tendenciosos

Quando mais de 6 (seis) pontos estão situados do mesmo lado da média, esses resultados podem estar tendenciosos. A deterioração gradativa dos reativos (geralmente substratos enzimáticos) e defeitos nos aparelhos são exemplos que podem causar tendências nos resultados.

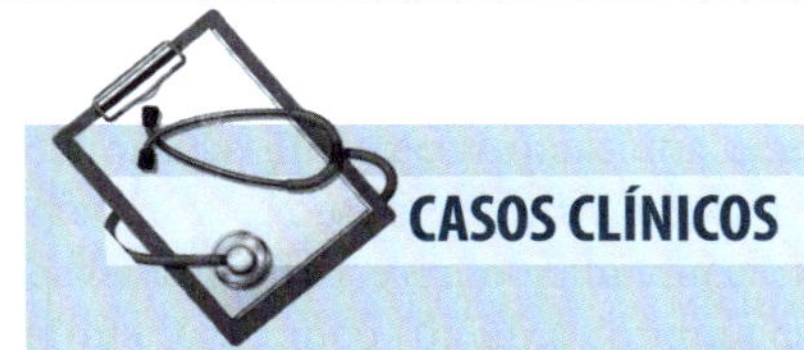

CASOS CLÍNICOS

■ Caso 1

Um analista clínico, responsável pela gestão da qualidade de um laboratório privado, ao verificar semanalmente os controles do equipamento automatizado de bioquímica, observou o seguinte resultado para o controle de nível normal para o analito glicose:

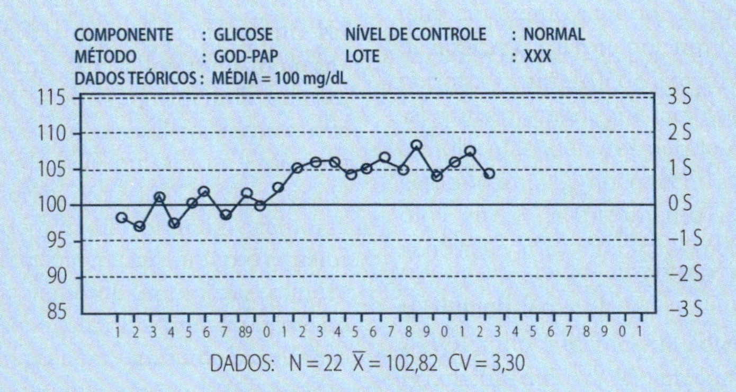

Seguindo as regras de Westgard, ele observou que houve uma quebra de controle 10_{Xm}. Baseado no gráfico acima, qual a providência a ser tomada para controlar o sistema?

■ Caso 2

Em um laboratório público, o técnico de laboratório de plantão, após manutenção e passagem do controle interno diário, e liberou o uso do aparelho para a análise dos materiais dos pacientes. O responsável técnico, ao verificar o gráfico de Levey-Jennings, verificou que alguns analitos tiveram as regras de Westgard quebradas. Sendo observado para o analito magnésio – controle normal: 1_{3s}; fosfato – controle normal e patológico: R_{4s}.

Que tipo de erro ocorreu? O que deve ser feito com os analitos já dosados nestas condições?

Bibliografia consultada

1. Barros E, Xavier RM, Albuquerque GC. Laboratório na Prática Clínica: Consulta Rápida. 1a ed. São Paulo: Artmed Editora, 2005.
2. Burtis CA, Ashwood RE, Bruns DE. TietzFundamentals of Clinical Chemistry. 6thed. St. Louis, Missouri: Saunders Elsevier, 2008.
3. Burtis CA, Ashwood RE, Bruns DE. Tietz Textbook of Clinical Chemistry and Molecular Diagnostics. 4th ed. St. Louis, Missouri: Saunders Elsevier, 2006.
4. Henry JB. Clinical Diagnosis and Management by Laboratory Methods. 20th ed. Pennsylvania, USA: W.B. Saunders Company, 2001.
5. McPherson R, Pincus M. Henry's Clinical Diagnosis and Management by Laboratory Methods. 21th ed. St. Louis, Missouri: SaundersElsevier, 2006.
6. Neto GV, et al. Critérios para a Habilitação de Laboratórios Segundo os Princípios das Boas Práticas de Laboratório (BPL). Disponível em: <http://apostilas.cena.usp.br/Valdemar/BPL-ANVISA.pdf>. Acessado em 29/08/2012.

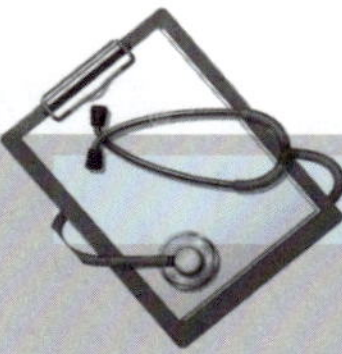

DISCUSSÃO DOS CASOS CLÍNICOS

■ Caso 1

Uma regra de Westgard 10_{Xm} quebrada significa que os valores do controle estão do mesmo lado da média em 10 ou mais dias consecutivos. Essas observações podem ocorrer para o valor de um dos controles ou dois níveis, significando a observação de 10 ou 5 dias respectivamente (5 observações para o nível normal e 5 para o patológico). No caso, houve quebra de um dos controles (normal) por mais de 10 dias consecutivos caracterizando um erro sistemático, em que há a necessidade de verificação do sistema, pois há perda de exatidão nas suas análises, uma vez que ao final do período mensal de análise pode haver desvio da média, e o aparelho ficará com erro de exatidão inserido. O fluxograma abaixo mostra quais providências devemos realizar para sanar o erro sistemático:

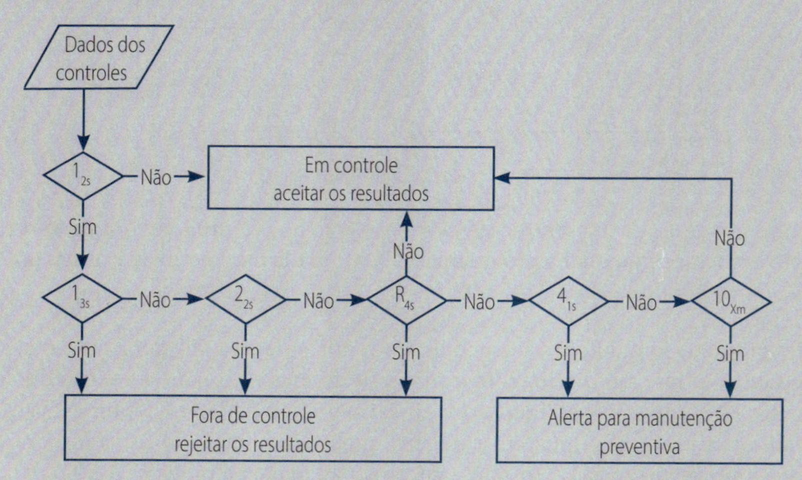

Fonte: Controles de Qualidade em Laboratório Clínico | Eng Produção e Mecatrônica – Academia.edu

Portanto, o erro sistemático visto é evitado com a manutenção preventiva do equipamento e análise correta do controle interno diário.

■ Caso 2

As análises deveriam ter sido rejeitadas, pois ambos as regras violadas se trata possivelmente de erros aleatórios, os quais denotam falta de precisão de suas análises e resultados dos pacientes com valores errados. O erro no controle nível normal do analitos magnésio (1_{3s}) mostra que o referido controle está 3 desvios padrões acima ou abaixo da média esperada, significando que os resultados das análises sob estas condições deveriam ter sido rejeitadas, ou melhor, nem analisadas antes de resolver o problema. A violação desta regra indica um aumento do erro aleatório, mas também pode significar eventualmente um erro sistemático de grandes dimensões. Como ação corretiva, deve ser verificado todo o sistema, da água às estabilidades dos reagentes, e eventualmente realizar a manutenção corretiva com calibração.

O erro encontrado nos controles normal e patológico do analito fosfato (R_{4s}) nos mostra que a diferença entre dois controles é maior que 4 desvios. Assim, quando o valor de um controle excede + 2 desvios e o valor do outro controle ultrapassa o – 2 desvios, cada observação ultrapassa 2 desvios, mas em direções opostas, fazendo uma diferença maior que 4 desvios padrões. Deve ser considerado que a diferença deve ser maior que 4 desvios, mesmo que um resultado não ultrapasse os 2 desvios aceitáveis. É indicativa da ocorrência de erros aleatórios, e como ação corretiva, deve-se verificar todo o sistema, como no caso anterior, inclusive a necessidade de ações corretivas com a calibração do equipamento.

Acurácia dos Testes Diagnósticos

1.2

Analucia Rampazzo Xavier
Gisele Caldas Alexandre
Hélia Kawa
Maria Luiza Garcia Rosa
Thiago Pavoni Gomes Chagas

Acurácia dos testes diagnósticos

Os testes diagnósticos são requisitados para a detecção, o monitoramento ou a predisposição à uma condição. Uma vez que o resultado deste teste é gerado, ele deve ser interpretado de modo a possibilitar a tomada de decisão médica. No entanto, a interpretação de testes diagnósticos pode trazer alguns desafios ao profissional de saúde. Um teste de diagnóstico é geralmente entendido como um teste realizado em laboratório, mas os princípios discutidos aqui aplicam-se igualmente bem às informações obtidas a partir da história clínica, do exame físico e dos procedimentos de imagem. Em muitos casos, a compreensão desses princípios ajudará o profissional de saúde a reduzir a incerteza diagnóstica.

Diante de qualquer resultado de um teste diagnóstico, o profissional de saúde deverá avaliar se este resultado é plausível. Um resultado, seja ele positivo ou negativo, pode ser verdadeiro ou falso, sendo esse o maior desafio na interpretação. A confiança do profissional de saúde no resultado é de grande importância para a tomada da decisão, e para orientar os passos seguintes de sua conduta. E esse próximo passo poderá significar a realização de um procedimento de risco (invasivo) ou de alto custo.

O presente capítulo pretende discutir as diferentes formas de um profissional de saúde avaliar a acurácia de um teste diagnóstico, ou seja, a sua capacidade de discriminar entre presença ou ausência de uma condição, que pode ou não ser considerada uma doença. Para facilitar a compreensão, indivíduos com a presença de qualquer condição serão chamados de doentes e os demais, sadios.

Serão utilizados os dados do ESTUDO DIGITALIS (Garcia Rosa, et al. – 2015), descrito no Box 1.2.1, no capítulo, para apresentar e discutir os conceitos abordados.

BOX 1.2.1. - Estudo Digitalis

O ESTUDO DIGITALIS, uma iniciativa de pesquisadores de diferentes unidades da UFF e da Fundação Municipal de Saúde de Niterói, examinou entre 2011 e 2012, 633 indivíduos de 45 a 99 anos, selecionados aleatoriamente, assistidos pelo Programa Médico de Família de Niterói-RJ. Todos os participantes foram examinados por médicos, realizaram uma Ecocardiografia por Doppler Tecidual (EDT) e dosaram o peptídeo natriurético cerebral (BNP) no plasma. Os examinadores não tiveram acesso a outras informações dos participantes. Indivíduos com fração de ejeção inferior a 50% (determinada pelo EDT), na presença de um sinal ou sintoma de insuficiência cardíaca foram classificados como portadores de insuficiência cardíaca com fração de ejeção reduzida (ICFER) (Jorge *et al.*, 2016). O BNP plasmático em pg/mL foi avaliado como teste para o diagnóstico de ICFER.

Qualidade do teste diagnóstico: acurácia e confiabilidade

Para que o resultado de um teste diagnóstico represente uma informação fidedigna e, assim, seja útil para a detecção, o diagnóstico, o monitoramento de uma determinada condição, ele deve ser avaliado sob vários aspectos. A confiabilidade metodológica, sua praticidade e viabilidade na rotina clínica, sua robustez diagnóstica e a acurácia do teste compreendem algumas características indispensáveis. A confiabilidade do teste diagnóstico refere-se a capacidade deste em fornecer resultados repetidos e consistentes. Particularmente com relação a acurácia de um teste, esta refere-se à quanto, em termos quantitativos ou qualitativos, um teste é útil para diagnosticar uma condição ou para predizê-la.

A acurácia de um teste diagnóstico: avaliando testes qualitativos

Estabelecer um diagnóstico é um processo imperfeito, resultando em uma probabilidade e não em uma certeza. Diferentes situações clínicas implicarão em diferentes probabilidades de um resultado estar correto. O Quadro 1.2.1 apresenta um quadro com as quatro possibilidades diante de um teste qualitativo: doença presente ou doença ausente. O resultado do teste será verdadeiro quando ele for positivo para os doentes (a) e negativo para os sadios (d) e será falso quando for positivo para os sadios (b) ou negativo para os doentes (c).

Como saber se a doença está presente ou ausente? O padrão ouro

Um teste diagnóstico é considerado útil quando ele é capaz de identificar corretamente a presença de determinada condição. Antes de ser adotado para uma rotina diagnóstica, o teste deve ser avaliado para verificar essa sua capacidade de acerto. Para essa validação é necessário comparar o teste em questão com um teste padrão ouro ou padrão de referência com alto poder discriminante. Para isso, opta-se pelo método com maior precisão disponível. Muitas vezes, esse padrão ouro pode ter um maior custo, ou ser mais invasivo, ou ser mais demorado, ou ainda, implicar em algum risco para o paciente. Tais características justificam

Quadro 1.2.1. Relação entre o resultado de um teste diagnóstico e a ocorrência da doença

		Doença	
		Presença	Ausência
Teste	Positivo	(a) Verdadeiro positivo	(b) Falso positivo
	Negativo	(c) Falso negativo	(d) Verdadeiro negativo

a busca de um novo teste, com uma acurácia semelhante e que seja menos invasivo, ou mais rápido, ou de menor custo.

Nas doenças que não são autolimitadas, cujo diagnóstico definitivo não é possível senão após alguns meses depois da suspeita diagnóstica, sua evolução pode ser selecionada como padrão ouro. Nessa situação, o período de acompanhamento deve ser longo o suficiente para que a enfermidade possa ter um diagnóstico definitivo.

No exemplo descrito no Box 1.2.1, o uso do Ecocardiograma por Doppler Tecidual (EDT) para diagnosticar a presença de disfunção de ventrículo esquerdo, caracterizado por uma fração de ejeção inferior a 50%, aliado aos sinais e sintomas de insuficiência cardíaca, é o padrão ouro para testar a acurácia do peptídeo natriurético cerebral (BNP) para o diagnóstico de insuficiência cardíaca com fração de ejeção reduzida (ICFER) (Lagoeiro *et al.*, 2016).

Um outro exemplo sobre o uso do padrão ouro é o descrito por Piroozmand e colaboradores (2017), que testaram a acurácia dos anticorpos imunoglobulina G (IgG) anti *Helicobacter pylori* (*H. pylori*) na saliva e soro utilizando ELISA como método alternativo ao diagnóstico definitivo do *H. pylori* feito por histopatologia (padrão ouro). A sensibilidade e a especificidade foram de 75% e 79%, respectivamente. Os autores concluíram que os valores obtidos feitos pelo método ELISA salivar foram comparáveis aos do ELISA sérico e que aquele pode ser usado como alternativa para o diagnóstico da infecção por *H. pilory*.

Os testes utilizados como padrão ouro não são perfeitos e isso se estabelece como um desafio que precisa ser enfrentado. Assim, é importante considerar o teste mais acurado disponível e essa escolha, no entanto, não exclui a possibilidade de um novo teste ser mais acurado que o padrão ouro escolhido. Caso isso ocorra, a acurácia do teste apreciado será erroneamente mal avaliada.

■ Testes diagnósticos e os pontos de corte: conceituando o intervalo de referência

Com o objetivo de auxiliar a interpretação de resultados, o intervalo de referência é uma tentativa de definir as populações de indivíduos normais (sadios) e anormais (doentes). Para que os resultados dos testes diagnósticos possam ser assumidos como informações úteis e, portanto, possam cumprir com as suas finalidades já expostas anteriormente, é fundamental que sejam interpretados a partir de intervalos de referência válidos para a população na qual são aplicados. Para algumas análises, os intervalos de referência oferecem uma resposta simples de sim ou não, sendo utilizado um único ponto de corte para separar indivíduos normais (sadios) e aqueles anormais (doentes). Em outras situações, o intervalo de referência pode apresentar um ponto de corte no limite superior e outro ponto de corte no limite inferior. Nesse caso, o intervalo de referência define três grupos de pacientes: pacientes normais (sadios), pacientes anormais (doentes) com valores baixos, e pacientes anormais (doentes) com valore altos (Figura 1.2.1). Hipoteticamente, qualquer ponto de um intervalo de referência entre duas distribuições poderia diferenciar perfeitamente entre ambas a populações normais e anormais.

No entanto, infelizmente, como será melhor discutido posteriormente, não existem testes diagnósticos perfeitos, ou seja, testes que geram populações distintas de pacientes normais ou anormais. Entre os resultados do teste diagnóstico, forma-se uma área com certa sobreposição de valores, uma zona cinzenta, sobre a qual o teste é incapaz de discriminar a existência ou ausência da condição que está sendo investigada (Figura 1.2.1). Os resultados falsos positivos ou falsos negativos ocorrem devido a essa sobreposição das duas populações.

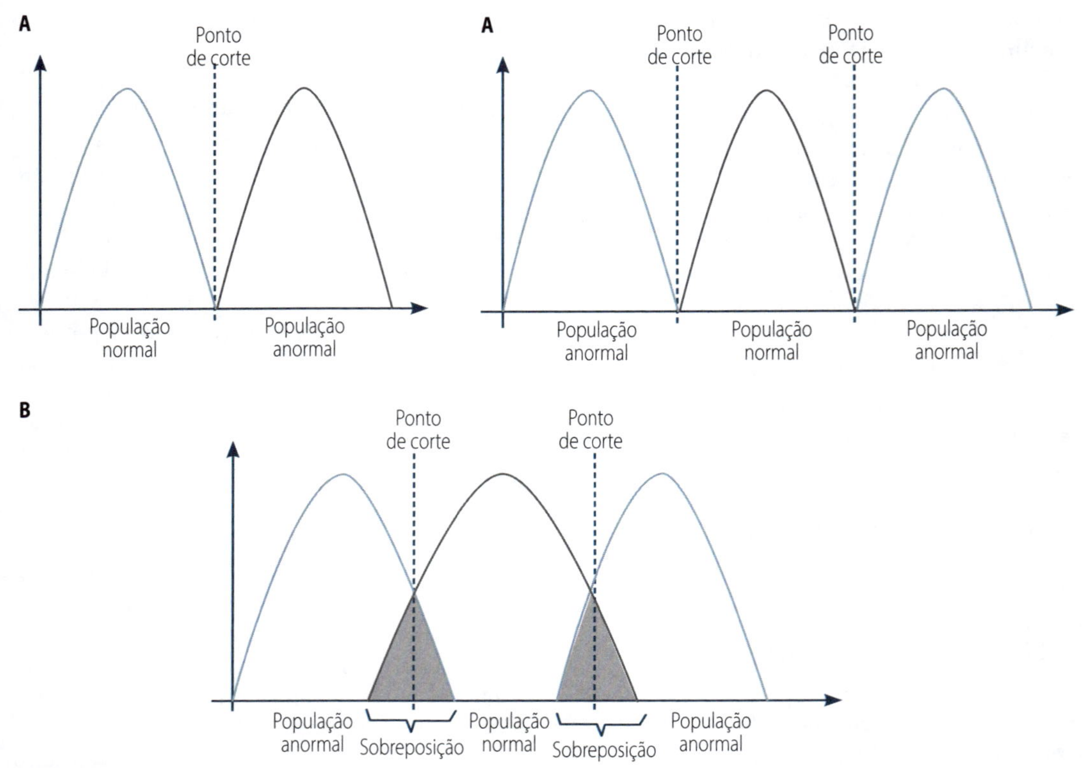

FIGURA 1.2.1 – Distribuição dos grupos de pacientes de acordo com o ponto de corte. A. Distribuição hipotética. B. Distribuição real.

Propriedades do teste que independem da condição do paciente: a sensibilidade e a especificidade

A condição do paciente avaliado interferirá na interpretação do resultado de um teste, como descrito a seguir. Contudo, há propriedades específicas do teste que independem da população em que é aplicado: a sensibilidade e a especificidade.

Para apresentar esses dois conceitos, relacionados à acurácia do teste diagnóstico será utilizado o exemplo descrito no Box 1.2.1. O BNP é dosado no plasma e seu resultado é quantitativo. Aqui, será empregado o ponto de corte de 41,5 pg/mL e, mais adiante, ficará claro como se chegou a esse ponto de corte. Os indivíduos com níveis de BNP < 41,5 pg/mL foram considerados negativos para ICFER e aqueles com níveis ≥ 41,5 pg/mL foram considerados positivos (Quadro 1.2.2).

Dos 633 indivíduos estudados (realizaram EDT, consulta médica e dosaram o BNP), 29 foram classificados como doentes (com ICFER) e 604 como sadios (sem ICFER). Entre os 29 indivíduos classificados como doentes, 23 (79,31%) apresentaram BNP ≥ 41,5 pg/mL (positivos), sendo classificados como verdadeiros positivos, isto é, doentes que o BNP, no ponto de corte escolhido, detectou. Os outros 6 doentes (20,69%) apresentaram BNP < 41,5 pg/mL (negativo), sendo, portanto, falsos negativos, isto é, doentes que o BNP no ponto de corte escolhido não detectou. Assim, a sensibilidade do BNP para detectar portadores de ICFER foi de 79,31%.

Quadro 1.2.2. Acurácia do BNP plasmático para o diagnóstico da ICFER.

BNP	ICFER		
	Sim	Não	Total
Teste positivo ≥ 41,5 pg/mL	23 Verdadeiros positivos	84 Falsos positivos	107
Teste negativo < 41,5 pg/mL	6 Falsos negativos	520 Verdadeiros negativos	526
Total	**29**	**604**	**633**

Fonte: Estudo Digitalis.

Pode-se definir a sensibilidade como a capacidade do teste em detectar os verdadeiramente doentes entre todos os doentes.

Sensibilidade = número de verdadeiros positivos/total de doentes

Sensibilidade = 23/ 29 = 79,31%

Já entre os 604 identificados como sadios, houve 520 (86,09%) que apresentaram BNP < 41,5 pg/mL (negativo), sendo classificados como verdadeiros negativos, isto é, indivíduos sadios que o BNP, no ponto de corte escolhido, detectou. Os outros 84 sadios (13,91%) apresentaram BNP ≥ 41,5 pg/mL (positivo), sendo classificados como falsos positivos, isto é, sadios que o BNP classificou erradamente como positivos. Desta forma, a especificidade do BNP foi de 86,09%.

A especificidade pode ser definida como a capacidade do teste em detectar os verdadeiramente sadios entre os sadios.

Especificidade = número de verdadeiros negativos/ total de sadios

Especificidade = 520/ 604 = 86,09%

A acurácia é definida como a capacidade do teste de discriminar doentes de sadios: do total de exames realizados qual o percentual de acertos.

Acurácia = (verdadeiros positivos + verdadeiros negativos)/ total de exames

Acurácia = (23+520)/ 633 = 90,52%

A sensibilidade e a especificidade são importantes para interpretar o resultado de um teste, medindo até que ponto o teste identifica corretamente os indivíduos normais (sadios) e anormais (doentes).

A Figura 1.2.2 apresenta três situações relacionando níveis diferentes de sensibilidade e especificidade para ficar claro a relação desses com a capacidade do teste de discriminar doentes e sadios. No ítem A da Figura 1.2.2, há a mesma proporção de verdadeiro positivo (VP), falso negativo (FN), falso positivo (FP) e verdadeiro negativo (VN). A conclusão é que o teste não discrimina. Enquanto, no B, a sensibilidade é maior que a especificidade, e o percentual de falsos negativos é menor que o de verdadeiros negativos. Quanto menor for o percentual de falsos negativos em relação aos verdadeiros negativos, maior é a probabilidade de um resultado negativo ser de um sadio e maior a confiança no teste negativo. Já em C, a especificidade é maior que a sensibilidade, havendo um menor percentual de falsos positivos em relação aos verdadeiros positivos. Quanto maior for essa diferença, ou seja, quanto menor o percentual de falsos positivos, maior é a probabilidade de um resultado positivo ser de um doente, maior a confiança que se pode depositar em um teste positivo.

Quanto maior a sensibilidade, maior a probabilidade de o teste negativo ser de um sadio, portanto, maior a confiança em se descartar o diagnóstico. Quanto maior a especificidade, maior a probabilidade de um teste positivo ser

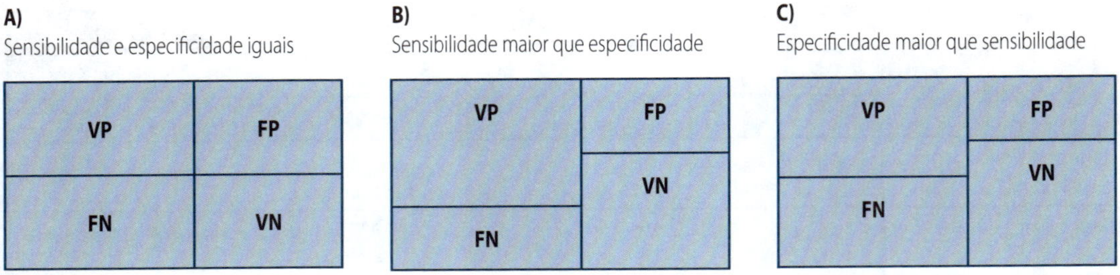

A)
Sensibilidade e especificidade iguais

VP	FP
FN	VN

B)
Sensibilidade maior que especificidade

VP	FP
	VN
FN	

C)
Especificidade maior que sensibilidade

VP	FP
	VN
FN	

FIGURA 1.2.2 – Relação entre sensibilidade e especificidade e interpretação do resultado do teste.

de um doente, ou seja, maior a confiança em se confirmar um diagnóstico.

No exemplo ilustrado no Quadro 1.2.2, a especificidade foi um pouco maior que a sensibilidade (86,09 versus 79,31 %), induzindo uma maior confiança num teste positivo para confirmar a ICFER do que em um negativo para excluí-la.

Um teste sensível (aquele que é positivo na presença da doença) deve ser escolhido quando a penalidade de se considerar um doente como sadio e liberá-lo, é muito alta. Seria o caso de doenças consideradas potencialmente graves, como o linfoma de Hodgkin, ou ainda de doenças transmissíveis como, por exemplo no caso da tuberculose e sífilis. Com a sensibilidade alta, há menor proporção de falsos negativos, aumentando a segurança que um teste negativo seja de um sadio. A opção por um teste de maior sensibilidade também é importante para afastar hipóteses em fase inicial do diagnóstico, uma vez que existirão poucos falsos negativos.

Testes específicos são úteis para confirmar um diagnóstico. Isso ocorre porque um teste altamente específico raramente é positivo na ausência de doença, o que resulta em poucos falso-positivos. Logo, se o resultado do teste for positivo, há grande probabilidade de ser um verdadeiro positivo. Testes altamente específicos são particularmente necessários quando os resultados falso-positivos podem prejudicar o paciente fisicamente, emocionalmente ou financeiramente. Por exemplo, antes que os pacientes sejam submetidos a tratamentos com altos efeitos colaterais, exames altamente específicos, como a biópsia, devem ser realizados.

O *trade-off* entre a sensibilidade e a especificidade

O ideal seria termos acesso a um teste que fosse simultaneamente altamente sensível e específico, o que raramente é possível. Na maioria dos casos, ao se aumentar a sensibilidade, perde-se em especificidade. Nessas situações, a localização de um ponto de corte no *continuum* entre normal (sadio) e anormal (doente) se baseia em evidências clínicas, e num equilíbrio entre a sensibilidade e a especificidade.

Ao contrário do que se pensa, sensibilidade e especificidade não são fixas dos testes: a escolha do ponto de corte pode alterar a especificidade e sensibilidade. Ao se estabelecer um ponto de corte baixo (quando o aumento significa piora da condição clínica), o teste terá maior sensibilidade, mas baixa especificidade, com muitos falsos positivos. Por outro lado, com o ponto de corte alto, o teste será mais específico, mas com menor sensibilidade, tendo mais falsos negativos. O limite intermediário para o ponto de corte, implicará em um menor número de falsos positivos e negativos com um menor de erro de classificação (Figura 1.2.3).

Seguindo no exemplo do Box 1.2.1, a Figura 1.2.3 apresenta o ponto de corte do BNP com menor erro de classificação de doentes e sadios. Pode-se observar, na curva normal da direita, a distribuição hipotética da dosagem do BNP dos indivíduos com diagnóstico de ICFER e na cur-

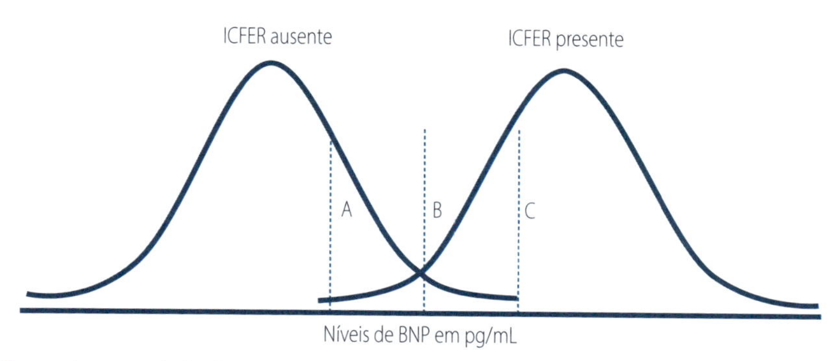

FIGURA 1.2.3 – Ponto de corte do BNP para o diagnóstico de ICFER, com menor erro de classificação de indivíduos doentes e sadios.

va normal da esquerda, sem o diagnóstico. Se for adotado o menor ponto de corte de BNP que um indivíduo doente apresentou, 10,5 pg/mL (linha A pontilhada), será alcançado uma alta sensibilidade (dados apresentados à frente na Tabela 1.2.2), mas haveria um grande percentual de indivíduos sadios que seriam considerados doentes (toda a área à direita da linha pontilhada A, abaixo da curva representando ICFER ausente). Por outro lado, se for adotado o ponto de corte mais alto que um indivíduo sadio apresentou, 282,00 pg/mL (linha pontilhada B), haveria um alto percentual de doentes considerados sadios, com BNP abaixo desse valor (toda a área à esquerda da linha pontilhada C, abaixo da curva representando ICFER presente). A opção é sempre por escolher um ponto de corte que minimize tanto o percentual de falsos positivos, quanto o de falsos negativos.

Evidentemente, em situações específicas, o profissional de saúde pode buscar minimizar o percentual de falsos negativos, ou seja, não deseja liberar indivíduos doentes. Nesse momento, poderá adotar um ponto de corte menor, aumentando a sensibilidade e diminuindo os falsos negativos. Em outro momento, o interesse pode ser não incluir indivíduos sadios, ou seja, o profissional de saúde deseja excluir ao máximo os falsos positivos. Nesse caso, o ponto de corte adotado deve ser mais alto.

Interpretando o resultado de um teste qualitativo: a importância da probabilidade pré-teste

A primeira etapa, antes de solicitar um teste diagnóstico (que é um exame complementar), consiste na avaliação clínica do paciente para estabelecer possíveis hipóteses diagnósticas: queixa principal, história clínica, considerando exposição a possíveis fatores de risco, e o exame físico. A acurácia dessa etapa dependerá da experiência do profissional de saúde, que o faz, na maioria das vezes, de modo implícito. À medida que a avaliação clínica avança, hipóteses diagnósticas se fortalecem ou enfraquecem. Ao final da avaliação clínica, o profissional de saúde atribui uma probabilidade para cada um dos possíveis diagnósticos que buscará confirmar.

Essa probabilidade é chamada de probabilidade pré-teste é estimada por quem solicita o teste diagnóstico. A probabilidade pré-teste pode ser vista como a prevalência esperada da doença em um grupo de pessoas com as mesmas características do paciente para quem se solicita o teste diagnóstico complementar e será tão mais precisa quanto mais criteriosa for a avaliação clínica. Após a incorporação do resultado do teste diagnóstico solicitado, a probabilidade pré-teste passa ser a probabilidade pós-teste. As duas probabilidades, pré e pós-teste, expressam a probabilidade da presença da doença antes e depois da inclusão de um determinado teste diagnóstico. A grande questão envolvendo a probabilidade pré-teste é que quanto maior ela for, maior será a probabilidade de um teste positivo ser verdadeiro e maior será a confiança que o profissional de saúde pode depositar num resultado positivo.

Como vimos acima, se o teste em avaliação for positivo e o indivíduo estiver doente, será um verdadeiro positivo (VP). Caso contrário, será um falso positivo (FP). O mesmo raciocínio se repete para o teste negativo: será verdadeiro negativo (VN) se o indivíduo for sadio e falso negativo (FN) se for doente.

Os Quadros 1.2.3 A e B apresentam exemplos para duas situações hipotéticas. Na situação **A** o paciente tem uma queixa e o profissional de saúde levanta imediatamente algumas hipóteses diagnósticas e orienta sua avaliação clínica. A história, o exame físico e os fatores de risco são compatíveis com o diagnóstico **X.** O profissional de saúde solicita um exame complementar e a partir da avaliação clínica, atribui a probabilidade de 70% para o diagnóstico **X.** O teste escolhido tem 90% de sensibilidade e 90% de especificidade. Imaginemos que 100 pessoas com a mesma condição clínica de seu paciente sejam examinadas. Segundo a estimativa dos 100 pacientes, 70 terão a doença X e 30 não terão. Aplicando a sensibilidade e especificidade de 90% chegamos ao Quadro 1.2.3.

Do total de indivíduos examinados 70% tem a doença (probabilidade pré-teste). Dos 100 indivíduos examinados, 66 tiveram o teste em avaliação positivo. Do total de testes positivos, 63 (95,45%) eram doentes. Assim, o valor preditivo positivo (VPP) deste teste é de 95,45%. O valor preditivo positivo corresponde a probabilidade de um teste positivo ser de um doente. Também é chamada de probabilidade pós teste positiva.

Na situação **B,** o profissional de saúde acredita que a probabilidade daquele paciente estar com o a doença **X** é muito baixa pela ausência de fatores de risco e por alguns elementos da história clínica. Ele atribui uma probabilidade de 10%. Segundo a estimativa dos 100 pacientes, 10 terão a doença **X** e 90 não terão. Aplicando a sensibilidade e especificidade de 90% obtém-se o quadro ilustrado acima na opção B.

Do total de indivíduos examinados 10% tem a doença (probabilidade pré-teste). Dos 100 indi-

Quadro 1.2.3. Relação entre o resultado de um teste diagnóstico e a ocorrência da doença. A) Relação com probabilidade pré-teste ou prevalência de 70%. B) Relação com probabilidade pré-teste ou prevalência de 10%

	Teste ouro		
	Doente	**Sadio**	**Total do teste em avaliação**
A			
Teste em avaliação (+)	63% verdadeiro positivos	3% falso positivos	66% positivos
Teste e avaliação (–)	7% falso negativos	27% verdadeiro negativos	34% negativos
Total do teste ouro	**70%**	**30%**	**100%**
B			
Teste em avaliação (+)	9% verdadeiro positivos	9% falso positivos	18% positivos
Teste e avaliação (–)	1% falso negativos	81% verdadeiro negativos	82% negativos
Total do teste ouro	**10%**	**90%**	**100%**

víduos examinados, 18 tiveram o teste em avaliação positivo. E dentro do total de testes positivos, 9 (50%) eram doentes. Assim o valor preditivo positivo (VPP) do teste passou a ser de 50%. O valor preditivo positivo traduz a probabilidade de o teste positivo ser de um doente ou a proporção de pacientes com resultado do teste positivo que foram corretamente diagnosticados.

VPP = verdadeiro positivo/ total de resultados positivos

VPP situação A = 63/66 = 95,45%

VPP situação B = 9/18 = 50%

Em outros momentos, é necessário afastar um diagnóstico. Nesse caso, o raciocínio é o inverso. O interesse está na probabilidade de um resultado negativo ser de um indivíduo sadio. Essa probabilidade é chamada de valor preditivo negativo (VPN). Examinando os quadros das situações **A** e **B,** observa-se que o VPN será maior na situação B, onde a probabilidade pré-teste é muito baixa.

Na situação **A**, dos 34 testes com resultados negativos, 27 (79,4%) eram verdadeiros negativos. Já na situação **B**, dos 82 testes com resultados negativos, 81 (98,78%) eram de um indivíduo sadio. O valor preditivo negativo (VPN) traduz a probabilidade de o teste negativo ser de um sadio ou a proporção de pacientes com resultado do teste negativo que foram corretamente diagnosticados. O VPN é igual 1- probabilidade pós-teste negativa, que veremos a seguir.

VPN = verdadeiro negativo/ total de resultados negativos

VPN situação A = 27/34 = 79,4%

VPN situação B = 81/82 = 98,78%

Para mostrar mais claramente a influência da probabilidade pré-teste na interpretação do resultado de um teste diagnóstico, observe a Figura 1.2.4.

Nas três situações a sensibilidade e a especificidade é a mesma, de 50%. Na primeira, a probabilidade pré-teste é de 50%, havendo a mesma proporção de VP, FP, FN e VP. Na situação B, a probabilidade pré-teste é baixa e observa-se que a probabilidade de um resultado positivo ser de um doente (VP) também é baixa. Já a probabilidade de um resultado negativo ser de um indivíduo sadio (VN) é alta. Na situação C a probabilidade pré-teste é alta e a probabilidade de um resultado positivo ser de um doente (VP) também é alta. Já a probabilidade de um resultado negativo ser de um indivíduo sadio (VN) é baixa. Podemos concluir que quanto maior a probabilidade pré-teste, maior o VPP e quanto menor a probabilidade pré-teste, maior o VPN.

Há autores que estabelecem uma regra de ponto de corte para iniciar um tratamento. Se a probabilidade pré-teste for inferior a 25%, não faça novo teste e não trate. Nessa situação, o ideal é acompanhar a evolução do paciente. Se a probabilidade pré-teste for superior a 65%, não faça novo exame e trate. Diante de valores de pré-teste maiores que 25% e inferiores a 65%, solicite o exame (Sacket et al, 2003). Essa regra não se aplica para testes feitos para avaliar a gravidade de uma doença, ou para ter parâmetros para o acompanhamento do paciente. É uma regra exclusivamente para o diagnóstico.

Para ilustrar a relação entre a probabilidade pré-teste e o valor preditivo positivo (ou probabilidade pós teste positiva) e valor preditivo negativo (1-probabilidade pós-teste negativa)

A)
Probabilidade pré-teste = 50%

VP	FP
FN	VN

B)
Probabilidade pré-teste < 50%

VP	FP
FN	VN

C)
Probabilidade pré-teste > 50%

VP	FP
FN	VN

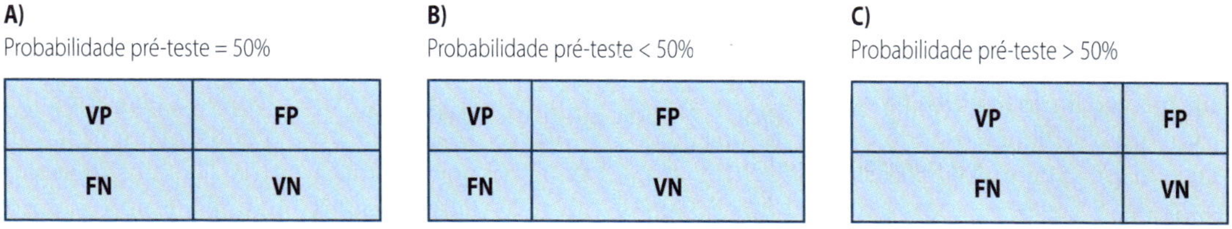

FIGURA 1.2.4 – Relação entre a probabilidade pré-teste (prevalência) e interpretação do resultado do teste.

apresentamos dois gráficos (Figura 1.2.5 A e B) para diferentes níveis de sensibilidade (S) e especificidade (E), que nesse exemplo, são iguais.

Em **A** observa-se que à medida que a probabilidade pré-teste aumenta, há um aumento na probabilidade pós-teste positiva, ou valor predito positivo (VPP). Quanto menor a sensibilidade ou especificidade, maior é essa correlação. Em **B** observa-se a relação inversa, ou seja, quanto menor a probabilidade pré-teste, maior a probabilidade pós-teste negativa (1-VPP) e essa correlação também é maior quanto menor a sensibilidade ou especificidade.

Do exposto conclui-se que um novo teste diagnóstico acrescenta informação àquela que os testes realizados anteriormente forneceram. Da observação sobre a relação entre a probabilidade pré-teste e os valores preditivos positivos, três questões precisam ser enfatizadas:

1. Antes de se solicitar um teste é importante estimar a probabilidade do paciente ter o diagnóstico para o qual o teste está sendo pedido;
2. O teste será mais útil quando o profissional de saúde está em dúvida, quando a probabilidade pré-teste gira em torno de 50%;
3. Ao se aplicar os valores do VPP e VPN em estudos publicados é essencial comparar o perfil dos pacientes incluídos nessas pesquisas e o perfil dos pacientes que estão sendo avaliados pelo profissional de saúde.

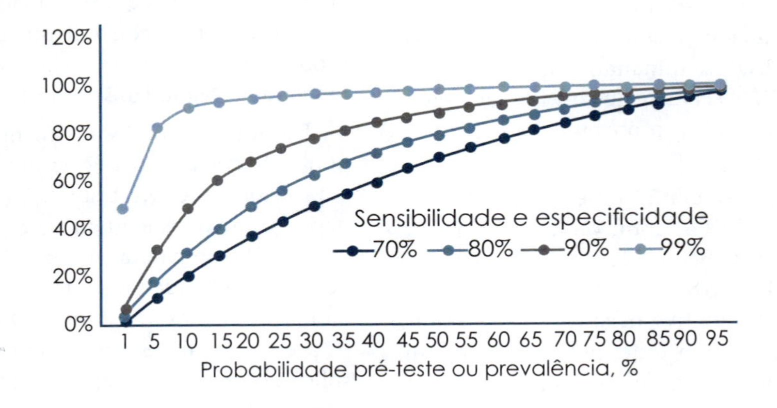

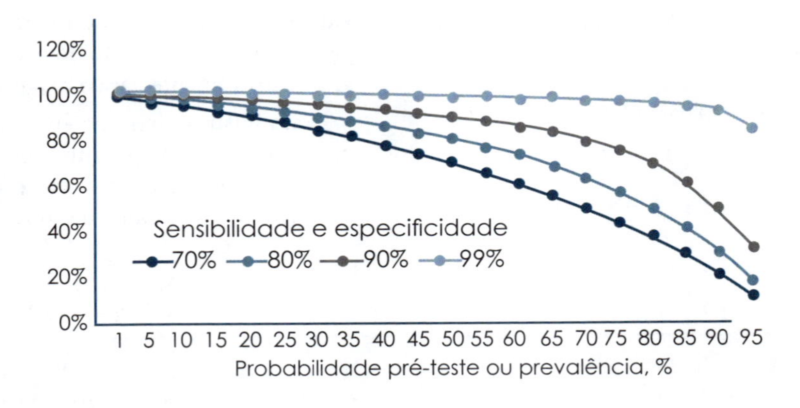

FIGURA 1.2.5 – Correlação entre a probabilidade pré-teste (ou prevalência). **A)** Probabilidade pós-teste positiva (ou VPP); **B)** Probabilidade pós-teste negativa (ou VPN).

Relação entre sensibilidade, especificidade, probabilidade pré-teste VPP e VPN

Vimos que a sensibilidade e a especificidade são propriedades do teste que não se alteram com a probabilidade pré-teste. Vimos também que quanto maior a sensibilidade, menor percentual de falsos negativos e maior o valor preditivo negativo. E ainda que, quanto maior a especificidade, menor o percentual de falsos positivos e maior o valor preditivo positivo.

Por outro lado, mostramos que quanto mais alta a prevalência ou probabilidade pré-teste, menor o percentual de falsos positivos e por isso, maior o VPP. Mostramos também que quanto mais baixa a prevalência ou probabilidade pré-teste menor o percentual de falsos negativos e, consequentemente, o VPN.

Vamos rever o exemplo descrito no Box 1.2.1, cujos dados para o ponto de corte do BNP de ≥ 41,5 pg/mL para o diagnóstico de ICFER foram apresentados na Figura 1.2.3. Revendo os resultados:

- Probabilidade pré-teste = 4,6%
- Sensibilidade = 79,3%
- Especificidade = 86,1%
- VPP = 21,5%
- VPN = 98,9%

Observamos que a sensibilidade e a especificidade têm valores próximos, o que é mais comum de ser encontrado, no entanto, os valores de VPP e VPN são muito diferentes: 21,5% e 98,9% respectivamente. O que provocou tal diferença? A prevalência da ICFER que foi de 4,6%.

A prevalência de uma condição numa população, ou a probabilidade pré-teste (probabilidade atribuída a uma condição frente a um paciente, história e exame clínico) pode variar muito mais que a sensibilidade em relação a especificidade. Por isso, a influência da probabilidade pré-teste na interpretação de um resultado é mais importante.

No caso do exemplo do Quadro 1.2.2, um BNP ≥ 41,5 pg/mL tem a probabilidade de 21,5% de ser de um indivíduo doente (havia 78,5% de falsos positivos). Já um resultado inferior a esse ponto de corte, tem a probabilidade de quase 99% ser de um indivíduo sadio.

Avaliando a acurácia de um teste independentemente da probabilidade pré-teste

A razão de verossimilhança é outra foram para avaliar o desempenho de um teste diagnostico. A vantagem da sua utilização é que combina a sensibilidade e a especificidade e não depende dos valores da probabilidade pré-teste. A razão de verossimilhança pode ser positiva ou negativa e descreve a capacidade do teste de discriminar doentes de sadios.

A razão de verossimilhança, tanto a positiva quanto a negativa, varia de zero a infinito. Trata-se de uma chance pois ambas relacionam duas probabilidades (P): sucesso (P) e fracasso (1-P). Nos dois casos, a razão expressa a chance de o resultado ser de um indivíduo doente (P) em relação a um indivíduo sadio (1-P).

A razão de verossimilhança positiva (RV+) expressa a chance de um resultado positivo ser de um doente em relação a um sadio.

RV+ = sensibilidade/1-especificidade

Quando a RV+ é igual a 1, a chance de um resultado positivo ser de um indivíduo doente é a mesma de ser de um indivíduo sadio. Quanto maior a RV+ maior certeza de que um resultado positivo é de um doente e mais informativo é o teste.

A razão de verossimilhança negativa (RV-) expressa a chance de um resultado negativo ser de um doente em relação a um sadio.

RV- = sensibilidade/ especificidade

Quanto menor a RV- maior certeza de que um resultado negativo é de um indivíduo sadio.

Problemas com a interpretação da razão de verossimilhança

Os conceitos de chance e de razão de verossimilhança não são intuitivos. Na verdade, traduzimos mentalmente a chance como probabilidade, o que não é verdade. No exemplo descrito no Box 1.2.1, a probabilidade de se encontrar ICFER na população geral foi de 4,6% (29/633), mas a chance foi um pouco maior: 4,8% (29/ (633-29). Quanto mais elevada a prevalência ou probabilidade pré-teste, maior é a diferença entre a chance e a probabilidade.

Uma RV+ de 10 não significa que a probabilidade da presença da doença é 10 vezes a probabilidade de sua ausência, mas sim que a chance é 10 vezes maior.

Como avaliar as razões de verossimilhança

Retomando o exemplo do Box 1.2.1, apresentado no Quadro 1.2.2, a RV+ do BNP ≥ 41,5 pg/mL foi igual a 0,793/ 1-0,860 = 5,67. Ou seja, a chance de um resultado de BNP ≥ 41,5 pg/mL ser de um indivíduo doente é 5,67 vezes maior que a chance de ser um indivíduo saudável. Já a RV– foi igual a 1-0,793/ 0,860 = 0,25, assim, a chance de um resultado de BNP < 41,5 pg/mL ser de um doente é de ¼ (0,25) desse resultado ser de um sadio.

Há alguns pontos de corte propostos para a avaliação das RV (Sackett *et al.*, 2003):

- RV+ com valores entre > 1 e 2: pouca utilidade para a confirmação de um diagnóstico;
- RV+ com valores entre > 2 e 10: utilidade moderada para a confirmação de um diagnóstico;
- RV+ > 10: utilidade forte para a confirmação de um diagnóstico;
- RV– entre 0,5 e 1: pouca ou nenhuma utilidade para descartar um diagnóstico;
- RV– entre < 0,5 e 0,1: utilidade moderada para descartar um diagnóstico;
- RV– < 0,1: utilidade forte para descartar um diagnóstico.

Voltando ao exemplo. A RV+ do BNP no ponto de corte de ≥ 41,5 pg/mL foi de 5,67, tendo uma utilidade moderada para confirmar o diagnóstico de ICFER. A RV - do BNP no ponto de corte de < 41,5 pg/mL foi de 0,25, tendo também uma utilidade moderada para descartar o diagnóstico de ICFER.

A razão de verossimilhança para testes quantitativos

Quando se tem acesso aos resultados de um teste em sua forma contínua pode-se estimar a RV tanto positiva, quanto negativa, a cada ponto de corte. No tópico seguinte está descrito como se estima a sensibilidade e a especificidade para os diferentes pontos de corte de um teste diagnóstico (curva ROC) em sua forma contínua. Feito isso, basta aplicar as fórmulas descrita no tópico anterior e se chega aos valores das RV.

Na Tabela 1.2.1 são apresentadas as dosagens de BNP e as respectivas RV+ e RV– para o diagnóstico de ICFER, a partir dos dados do ESTUDO DIGITALIS (Box 1.2.1).

Para esse cálculo utilizou-se os dados da sensibilidade e especificidade a cada ponto de BNP, apresentados na Tabela 1.2.2. Observa-se que a cada ponto de BNP a RV+ aumenta. Isso significa que à medida que o BNP aumenta, maior é a chance de o resultado ser de um indivíduo doente. O menor ponto de BNP descrito foi de 10,5 pg/mL, quando a chance deste resultado ser de um indivíduo doente foi de 1,28, muito próxima da unidade que implica em iguais chances do resultado ser de um indivíduo doente ou sadio. Com o BNP de 20,5 pg/mL a chance de o resultado ser de um doente foi o dobro de ser de um sadio (RV+ = 2), já com o BNP de 30,5 pg/mL a chance foi o triplo (RV+ ≅ 3) e assim por diante, chegando a uma chance maior que 100, para BNP de 279,5 pg/mL.

Como vimos acima, RV+ acima de 10 são considerados altas e praticamente, confirmariam o diagnóstico. No exemplo descrito, isso equivale a um BNP de 60,5 pg/mL ou mais.

Tabela 1.2.1. Razão de verossimilhança positiva e negativa para diferentes pontos de corte do BNP

BNP (pg/mL)	RV+	RV-
10,5	1,28	0,42
20,5	2,12	0,33
30,5	3,54	0,27
40,5	5,51	0,24
41,5	5,71	0,24
42,5	5,98	0,28
51,0	7,70	0,30
60,5	10,18	0,40
70,0	10,46	0,44
82,5	9,66	0,54
90,0	11,23	0,54
100,0	11,83	0,61
110,0	16,48	0,64
123,0	17,25	0,67
130,0	15,50	0,70
201,0	30,13	0,77
279,5	103,50	0,79
> 279,5	0	1

Fonte: ESTUDO DIGITALIS

Tabela 1.2.2. Sensibilidade e especificidade para diferentes pontos de corte do BNP plasmático

BNP (pg/mL)	Sensibilidade	Especificidade	1-Especificidade
10,5	0,862	0,328	0,672
20,5	0,793	0,626	0,374
30,5	0,793	0,776	0,224
40,5	0,793	0,856	0,144
41,5	0,793	0,861	0,139
42,5	0,759	0,873	0,127
51,0	0,724	0,906	0,094
60,5	0,621	0,939	0,061
70,0	0,586	0,944	0,056
82,5	0,483	0,950	0,05
90,0	0,483	0,957	0,043
100,0	0,414	0,965	0,035
110,0	0,379	0,977	0,023
123,0	0,345	0,980	0,02
130,0	0,310	0,980	0,02
201,0	0,241	0,992	0,008
279,5	0,207	0,998	0,002

Fonte: ESTUDO DIGITALIS.

Os valores de RV-, ainda no nosso exemplo, oscilaram entre 0,42 e 0,79 não contribuindo muito para a exclusão na presença de ICFER nesses pacientes.

Da razão de verossimilhança à probabilidade pós-teste

Como dissemos acima, depois de incorporada à informação do resultado do teste diagnóstico solicitado, a probabilidade de o paciente ter a doença se modifica. Essa probabilidade é chamada de probabilidade pós-teste. A probabilidade pós-teste também pode ser positiva ou negativa. Como também já comentado, uma vez incorporada, essa probabilidade deve ser considerada a probabilidade pré-teste para os próximos passos.

Há algumas maneiras de se chegar à probabilidade pós-teste, uma delas, inclusive, não incluindo em seu cálculo, a probabilidade pré-teste.

■ Da razão de verossimilhança à probabilidade pós-teste, incorporando a probabilidade pré-teste no cálculo

Há uma sequência de cálculos que partem da probabilidade pré-teste para se chegar à probabilidade pós-teste.

1) Transforme a probabilidade pré-teste em chance pré-teste:

Chance pré-teste = probabilidade pré-teste/(1- probabilidade pré-teste)

2) Transforme a chance pré-teste em chance pós-teste, positiva ou negativa:

Chance pós-teste positiva = chance pré-teste × RV+

Chance pós-teste negativa = chance pré-teste × RV–

3) Transforme a chance pós-teste em probabilidade pós-teste:

Probabilidade pós-teste = chance pós-teste/ 1 + chance pós-teste

No caso do teste quantitativo a probabilidade pré-teste ou prevalência deve ser calculada a cada ponto de corte. E é essa probabilidade pré-teste a cada ponto de corte que será utilizada para os cálculos subsequentes.

A Tabela 1.2.3 apresenta os dados do ESTUDO DIGITALIS (Box 1.2.1), incorporando as RV+ e RV– apresentadas na Tabela 1.2.1.

Vale notar que a probabilidade pós-teste positiva tem o mesmo valor do valor preditivo positivo e a probabilidade pós-teste negativa tem o mesmo valor de 1 – valor preditivo negativo.

Da razão de verossimilhança à probabilidade pós-teste: avaliando através de um nomograma

A segunda forma é utilizando o nomograma de Fagen (Figura 1.2.6). A ideia geral de um no-

Tabela 1.2.3. Probabilidade pré-teste e probabilidade pós-teste positiva e negativa para diferentes pontos de corte do BNP plasmático. sensibilidade e especificidade para diferentes pontos de corte do BNP plasmático

BNP (pg/mL)	Probabilidade pré-teste	Probabilidade pós-teste	
		Positiva	Negativa
10,5	0.632	0.809	0.265
20,5	0.948	1.989	0.312
30,5	0.948	3.277	0.252
40,5	0.948	5.006	0.229
41,5	0.948	5.177	0.227
42,5	1.106	6.264	0.304
51,0	1.264	8.974	0.384
60,5	1.738	15.257	0.697
70,0	1.264	16.820	0.825
82,5	1.738	18.993	1.273
90,0	1.896	21.423	1.264
100,0	2.370	24.610	1.605
110,0	2.844	32.537	1.967
123,0	3.002	34.802	2.176
130,0	3.160	33.586	2.590
201,0	3.476	52.031	2.806
279,5	3.633	79.602	2.801

Fonte: ESTUDO DIGITALIS.

mograma é ter escalas de 3 variáveis para permitir que traçando uma reta entre o 1º e o 2º valor, se chegue ao 3º valor, sem necessidade de cálculos. Em 1975, em uma carta ao *New England Journal*, Dr Fagan propôs o uso do nomograma, que utiliza o teorema de Bayes. A partir da probabilidade pré-teste (1ª variável) e da RV+ (2ª variável) se chegaria a probabilidade pós-teste, ou seja, qual a probabilidade do teste ser de um doente, dada a probabilidade pré-teste e à RV.

A Figura 1.2.7 apresenta o nomograma de Fagan utilizando o exemplo do Box 1.2.1 e dados das Tabelas 1.2.1 e 1.2.3. Para o ponto de corte do BNP de 70 pg/mL, a prevalência ou probabilidade pré-teste foi de 1,26% (Tabela 1.2.3) e a RV+ foi de 10,46 (Tabela 1.2.1). Ligando os dois pontos chegamos a uma probabilidade pós-teste cujo valor ficou valor próximo ao encontrado pelas fórmulas: 16,82 (Tabela 1.2.3).

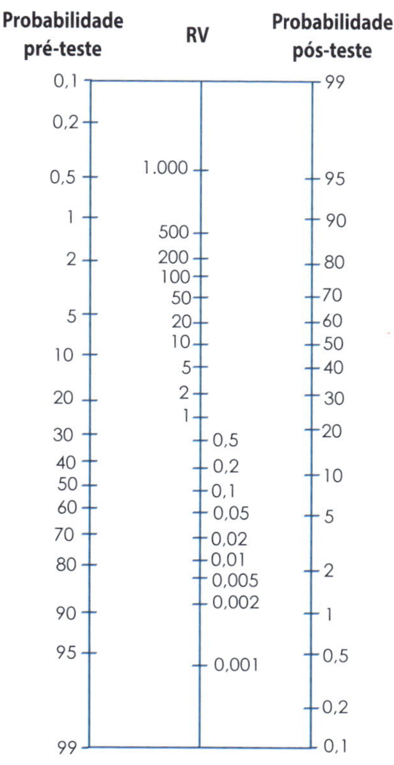

FIGURA 1.2.6 – Nomograma de Fagan.

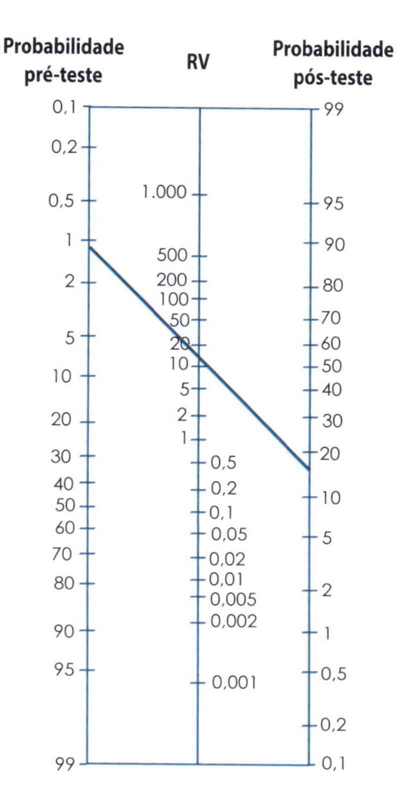

FIGURA 1.2.7 – Nomograma de Fagan para ponto de corte de BNP de 70 pg/mL para diagnóstico de ICFER, ESTUDO DIGITALIS.

■ Da razão de verossimilhança à probabilidade pós-teste: avaliando por uma tabela calculada

Uma alternativa a esses cálculos é o uso de pontos de corte proposta por McGee (2002). Utilizando a RV+ ele estima as mudanças que devem ocorrer na probabilidade pós-teste, como exposto no Quadro 1.2.4.

Avaliando a acurácia de um teste quantitativo: a curva ROC

Quando os testes são quantitativos o resultado não é apresentado como positivo ou negativo, ou ainda reagente ou não regente, mas é apresentado o valor encontrado. De um modo geral, o resultado vem acompanhado de valores

Quadro 1.2.4. Relação entre a verossimilhança e a probabilidade pós-teste

Razão de verossimilhança	Mudança aproximada na probabilidade da doença (%)
Valores entre 0 e 1 diminuem a probabilidade da doença	
0,1	-45
0,2	-30
0,3	-25
0,4	-20
0,5	-15
1	0
Valores maiores de 1 aumentam a probabilidade da doença	
2	+15
3	+20
4	+25
5	+30
6	+35
7	
8	+40
9	
10	+45

Fonte: McGee, 2002.

de referência, ou seja, um limite considerado "normal".

Uma das técnicas utilizadas para se a chegar a um valor acima do qual há risco de uma lesão, ou o prognóstico não é bom, é a construção de uma curva chamada curva ROC. Em português seria curva COR (característica de operação do receptor). Ela é construída a partir das características do teste nos diferentes pontos de corte.

Ainda utilizando os dados do ESTUDO DIGITALIS, construiu-se a Tabela 1.2.2 com diferentes dosagens de BNP e a cada valor de BNP calculou-se a sensibilidade e a especificidade para o diagnóstico de ICFER, tendo como padrão ouro o EDT associado à presença de sinais e sintomas da doença. Para efeitos didáticos são apresentados alguns valores.

Para o cálculo da sensibilidade considera-se como verdadeiros positivos os doentes com valores de BNP iguais ou maiores do que o ponto de corte em questão. Por exemplo, para o cálculo da sensibilidade no ponto de corte de 10,5 pg/ml, considera-se todos os casos com valores iguais ou maiores que 10,5 pg/mL e isso é repetido a cada ponto de corte. Para o cálculo da especificidade, os verdadeiros negativos serão os indivíduos sadios com valores inferiores ao ponto de corte em questão. No nosso exemplo, seriam considerados verdadeiros negativos todos os sadios com valores de BNP inferiores a 10,5 pg/mL.

Observa-se que à medida que os valores de BNP aumentam, a sensibilidade diminui e a especificidade aumenta, o que fica mais claramente explicado no tópico *trade-off*, já apresentado. O objetivo da curva ROC é chegar-se ao ponto de corte que maximize as duas propriedades. Ou seja, que alcance a melhor sensibilidade com a menor perda da especificidade.

As coordenadas da curva são os valores de sensibilidade e os valores de 1-especificidade para cada dosagem do que está sendo medido. No nosso exemplo, percebe-se que a sensibilidade se manteve em 79,3% do ponto de corte de 20,5 pg/mL à 41,5 pg/mL e a especificidade aumentou nesse intervalo, passando de 62,6% a 86,1%. Após 41,5 pg/mL a sensibilidade e a especificidade se distanciam. O melhor ponto de corte de BNP para discriminar portadores de ICFER de não portadores seria de 41,5 pg/mL.

A Figura 1.2.8 apresenta a curva ROC para o exemplo acima. O melhor ponto de corte é aquele com maior sensibilidade (mais alto) e menor perda de especificidade (menor 1-especificidade) que equivale ao ponto mais próximo ao eixo da sensibilidade. É chamado de "ombro" da curva.

Quanto maior a área sob a curva, melhor a acurácia do teste como um todo. A curva do teste ideal acompanharia o eixo da sensibilidade, com uma área correspondente a 1. A cada ponto de corte a sensibilidade cresceria, chegando

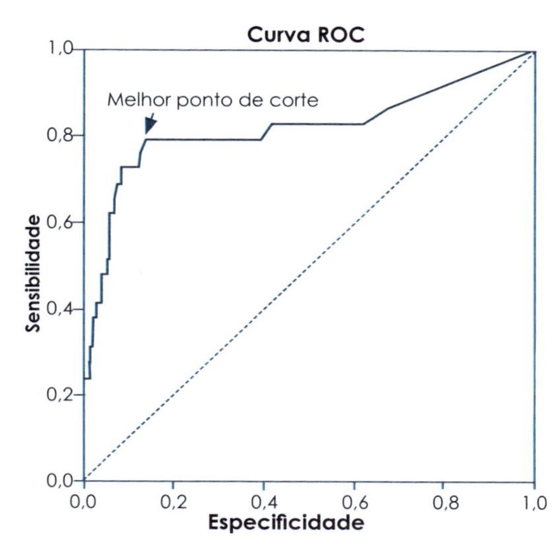

FIGURA 1.2.8 – Coordenadas para a curva ROC para avaliação do melhor ponto de corte para o BNP plasmático no diagnóstico de ICFER. Fonte: ESTUDO DIGITALIS.

a 100%, sem perda da especificidade. O oposto seria um teste no qual cada aumento da sensibilidade corresponderia a uma perda proporcional na especificidade, representado pela linha tracejada no gráfico. No nosso exemplo, a área sob a curva é de 0,818 com um intervalo de confiança de 95% de 0,710 a 0,926.

Curvas ROC são formas particularmente valiosas para comparar diferentes testes em um mesmo diagnóstico.

Testes múltiplos

A maioria dos testes diagnósticos não tem uma acurácia que permita o profissional de saúde utilizá-lo como um recurso definitivo para confirmação ou exclusão de uma hipótese diagnóstica. Quando o diagnóstico pode levar a uma intervenção invasiva, ou ainda em situações que o diagnóstico se refere a uma doença muito grave, ou que pode representar uma carga muito grande para o paciente, não é satisfatório recorrer-se a exames com sensibilidade e especificidade que não sejam próximas a 100%. Nessas situações a conduta é seguir na investigação, adotando a estratégia dos testes múltiplos. Há duas abordagens principais para a realização de testes múltiplos: realizá-los em paralelo ou de forma sequencial. Nas duas abordagens, a combinação dos resultados muda a sensibilidade e a especificidade dos testes iniciais.

Os testes em paralelo são utilizados principalmente em situações de emergência, cuja intervenção precoce seja definitiva para a sobrevida do paciente. Para apresentação e discussão dos testes em paralelo, utilizamos o exemplo do diagnóstico de infarto agudo do miocárdio (IAM) na emergência, a partir dos marcadores bioquímicos de necrose miocárdica. As Diretrizes da Sociedade Brasileira de Cardiologia sobre Angina Instável e Infarto Agudo do Miocárdio sem Supradesnível do Segmento ST (II Edição, 2007 - Atualizado em 2013) recomendam que os marcadores bioquímicos de necrose miocárdica devem ser mensurados em todos os pacientes com suspeita de IAM, na admissão e repetidos pelo menos uma vez 6 a 9 horas após o início dos sintomas, caso a primeira dosagem seja normal ou discretamente elevada. Os testes de escolha são o CK-MB massa e as troponinas. Do ponto de vista de marcadores bioquímicos de necrose miocárdica, o diagnóstico de IAM deve ser feito de acordo com os seguintes critérios:

1. Troponina T ou I: aumento acima do percentil 99 em pelo menos uma ocasião nas primeiras 24 horas de evolução;
2. Valor máximo de CK-MB, preferencialmente massa, maior do que o limite superior da normalidade em duas amostras sucessivas; valor máximo de CK-MB acima de duas vezes o limite máximo da normalidade em uma ocasião durante as primeiras horas após o evento.

Seguiremos tomando como exemplo a troponina I cardíaca TnIc e a CK-MB massa acima de duas vezes o limite máximo da normalidade.

Por que a Diretriz recomenda duas alternativas para o diagnóstico, alteração da Troponina ou da CK-MB? Como dissemos acima, a sensibilidade e a especificidade destes métodos não são de 100%. A sensibilidade da TnIc gira em torno de 90% (Christenson *et al.*, 1999) e a sensibilidade CK-MB massa varia em torno de 97%. As especificidades são aproximadamente de 97% (TnIc) e 90% (CKMB massa).

Com a sensibilidade de 97% (CKMB massa), a cada 100 exames, 3 são falsos negativos, ou seja, pacientes que seriam liberados apesar de terem um IAM. A situação diante do TnIc é mais grave, a cada 100 exames, 10 casos de IAM seriam liberados.

Daí a proposição de realizar dois testes em paralelo, simultaneamente. O diagnóstico é considerado positivo se um dos exames for positivo. Ao se adotar essa estratégia a sensibilidade resultante aumenta na medida em que os resultados positivos dos dois testes são combinados: (sensibilidade do TnIc) + (sensibilidade do CKMB massa) – (sensibilidade comum aos dois exames). Estima-se a sensibilidade comum aos dois testes multiplicando-se as sensibilidades individuais (Figura 1.2.9).

Sensibilidade de testes em paralelo = (sensibilidade teste A + sensibilidade teste B) – (sensibilidade teste A × sensibilidade teste B)

No nosso exemplo teríamos: Sensibilidade testes em paralelo = 0,90 + 0,97 – (0,90 × 0,97) = 0,997%.

Assim, com a estratégia do teste em paralelo em que será considerado doente aquele que apresentar um ou outro teste positivo, a sensibilidade de 90% ou 97% passaram a ser de 99,7%. Com a estratégia do teste em paralelo, a especificidade diminui porque seriam considerados negativos somente os casos em que os dois testes forem negativos. Ou seja, a especificidade combinada seria a especificidade de um teste, multiplicada pela especificidade do outro teste (Figura 1.2.10).

Especificidade de testes em paralelo = (especificidade teste A × especificidade teste B)

No nosso exemplo teríamos: Especificidade testes em paralelo = 0,97 × 0,90 = 0,873%.

A especificidade diminuiu o que implicaria um maior percentual de falsos positivos, ou seja, 13 indivíduos sadios, a cada 100 examinados, seriam tratados. A escolha da estratégia de testes em paralelo pelos cardiologistas para o início da abordagem ao paciente com suspeita de IAM se justifica pela gravidade desta condição e pelo benefício de uma intervenção precoce.

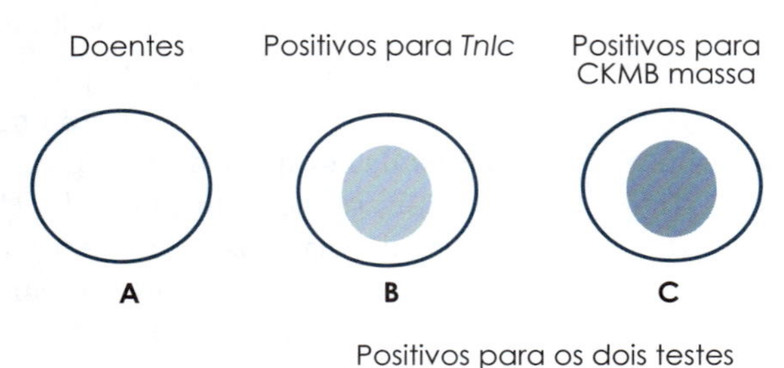

FIGURA 1.2.9– Combinação da sensibilidade de dois testes em paralelo.

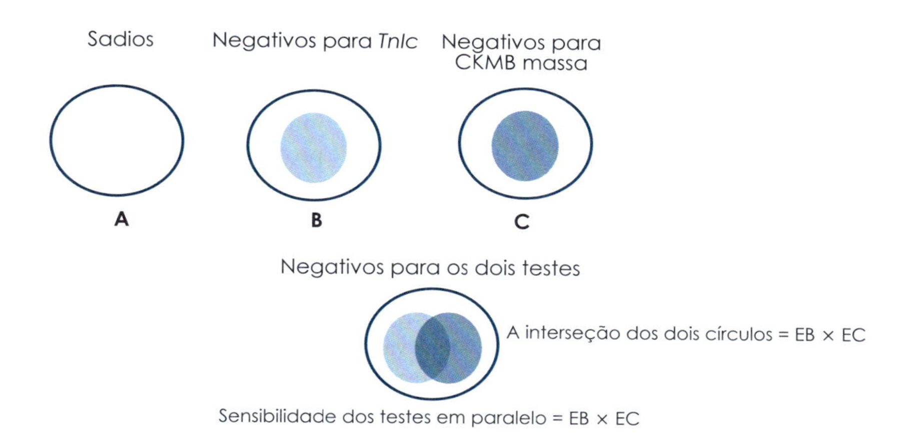

FIGURA 1.2.10 – Combinação da especificidade de dois testes em paralelo.

Os testes em série são utilizados principalmente em situações ambulatoriais, nas quais o diagnóstico pode ser feito em um intervalo maior de tempo e naquelas em que a sequência da abordagem da condição implica em um teste invasivo ou em um tratamento com possíveis efeitos colaterais, ou ainda, quando a simples comunicação ao paciente da positividade pode trazer danos, como é o caso de doenças de grande letalidade ou estigma.

Utilizaremos o exemplo do diagnóstico da sorológico da infecção por HIV. Desde o início da epidemia do HIV, o Ministério da Saúde preconiza que o diagnóstico seja realizado com pelo menos dois testes, um para triagem e um segundo, mais específico, para confirmar o resultado da triagem (Ministério da Saúde, 2016). Assim o exame só será considerado reagente se os dois testes forem positivos. O segundo teste só é realizado se o primeiro for positivo. A estratégia proposta tem o objetivo de aumentar o valor preditivo positivo (VPP) de um resultado reagente no teste inicial. Sabemos que para aumentar o VPP é necessário aumentar a especificidade do teste, diminuindo o percentual de falsos positivos. A estratégia de testes em série aumenta a especificidade dos testes empregados. Após o primeiro teste, que deve ser o mais sensível para diminuir os falsos negativos, os indivíduos cujo resultado foi negativo são liberados. É importante ressaltar que a sensibilidade para o diagnóstico da infecção pelo HIV é igual à sensibilidade do primeiro ensaio utilizado. Somente os positivos (verdadeiros e falsos) serão retestados com um teste com maior especificidade para reduzir os falsos positivos. Tal estratégia implica na combinação das especificidades.

Especificidade de testes em série = (Especificidade teste A + Especificidade teste B) – (Especificidade teste A × Especificidade teste B)

No fluxograma apresentado na Figura 1.2.11, o teste de imunoensaio de 4ª geração (IE4ªG) é o teste de triagem, e um teste molecular (TM) é o complementar para amostras reagentes na triagem. Tanto a sensibilidade quanto a especificidade destes testes são superiores a 99%. A cada 100 exames realizados há um falso negativo e um falso positivo. Com a estratégia dos testes em paralelo o objetivo é diminuir ainda mais os resultados falsos positivos. Assim, a especificidade combinada dos testes em série, seria: Especificidade dos testes em série = 0,99+0,99-0,9=1

Com a estratégia dos testes em paralelo, a especificidade que era de 99% para cada um dos testes, chega a 100%.

Nota: na persistência de casos negativos, persistindo a suspeita de infecção pelo HIV, uma nova amostra deverá ser coletada 30 dias após a data da coleta desta amostra devido à janela imunológica. Coletar uma segunda amostra para repetir IE 4ªG para concluir o resultado.

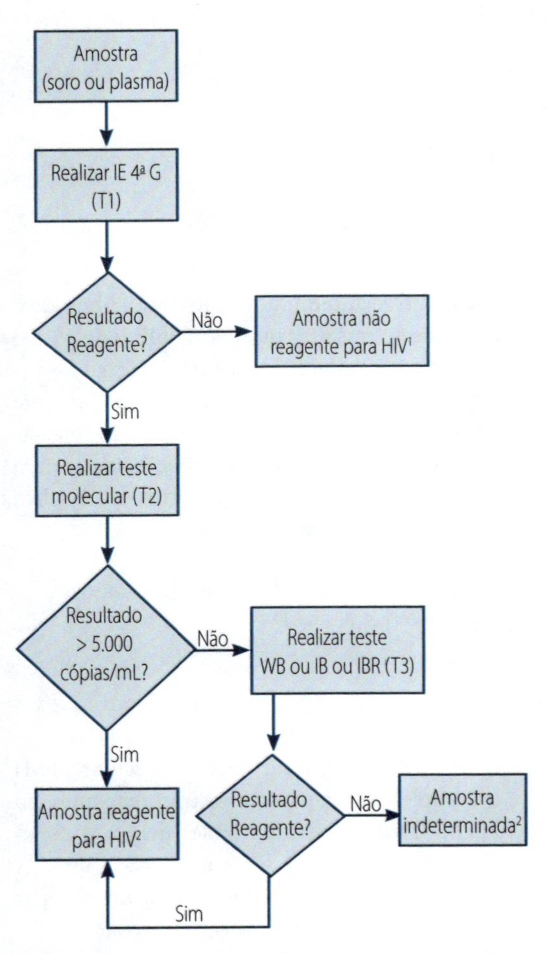

FIGURA 1.2.11 – Fluxograma de testes em série realizados em diagnóstico de HIV.

De onde vem a informação sobre a acurácia dos testes?

O conhecimento da acurácia de um teste diagnóstico é proveniente de evidências científicas. Uma boa interpretação de artigos científicos sobre avaliação da acurácia de testes diagnósticos é de grande importância para os profissionais de saúde.

Alguns critérios são essenciais para se apreciar a validade de estudos científicos. O primeiro diz respeito à seleção dos participantes do estudo. Os indivíduos selecionados devem apresentar diferentes níveis de gravidade da doença em questão incluindo ainda aqueles com sintomatologia, mas sem a doença. Para garantir a validade dos resultados é obrigatório ainda que os profissionais que avaliam a presença da doença pelo padrão ouro não participem da avaliação do teste em estudo. Por último, quando se for avaliar a acurácia do teste, deve-se garantir que seja independente, isto é, que não integre os componentes do padrão ouro. Por exemplo, o BNP é um elemento necessário para o diagnóstico de insuficiência cardíaca com fração de ejeção preservada (ICFEP). Os parâmetros do *Ecodoppler* tecidual não são suficientes para a conclusão do diagnóstico. Logo a acurácia do BNP não pode ser avaliada para o diagnóstico de ICFER.

CASO CLÍNICO

▪ Caso 1

Em um estudo, resultados de um teste para a doença X realizado pela metodologia de imunocromatografia, mostraram que das 88 amostras realizadas, 72 foram positivas, dois eram negativos e que 14 eram limítrofes. Em contraste, entre 297 indivíduos sem a doença X, 4 foram positivos, 18 foram borderline e 275 foram negativos.

1) O que encontramos se calcularmos a sensibilidade e especificidade excluindo os resultados limítrofes?
2) E se forem incluídos os resultados limítrofes considerando as seguintes hipóteses: se os resultados *borderline* foram considerados positivos ou se forem considerados negativos?
3) Qual delas você escolheria para realizar testes de *screening* em doadores de sangue?

Bibliografia consultada

1. Christenson RH, Duh SH. Evidence based approach to practice guides and decision thresholds for cardiac markers. Scand J Clin Lab Invest Suppl. 1999; 230: 90-102.
2. Fagan TJ. Nomogram for Bayes's Theorem. N Engl J Med 1975; 293:257.
3. Jorge AL, Rosa ML, Martins WA, Correia DM, Fernandes LC, Costa JA, Moscavitch SD, Jorge BA, Mesquita ET. The Prevalence of Stages of Heart Failure in Primary Care: A Population-Based Study. J Card Fail. 2016 Feb;22(2):153-7.
4. McGee S. Simplifying Likelihood Ratios. Gen Intern Med. 2002;17(8):647–50.
5. Ministério da Saúde, Secretaria de Vigilância em Saúde Departamento de DST, Aids e Hepatites Virais. Manual Técnico para o Diagnóstico da Infecção pelo HIV. 3ª edição. Brasília - DF 2016.
6. Nicolau JC, Timerman A, Marin-Neto JA, Piegas LS, Barbosa CJ, et al. Diretrizes da Sociedade Brasileira de Cardiologia sobre Angina Instável e Infarto Agudo do Miocárdio sem Supradesnível do Segmento ST (II Edição, 2007) – Atualização 2013/2014.Arq Bras Cardiol. 2014 Mar;102(3 Suppl 1):1-61.
7. Piroozmand A, Soltani B, Razavizadeh M, Matini AH, Gilasi HR, Zavareh AN, Soltani S. Comparison of the serum and salivary antibodies to detect gastric Helicobacter pylori infection in Kashan (Iran). Electron Physician. 2017 Dec 25;9(12):6129-6134.
8. Rosa Maria Luiza G, Mesquita Evandro T, Jorge Antonio José L, Correia Dayse MS, Lugon Jocemir R, Kang HC, et al. Prevalence of chronic diseases in individuals assisted by the family health program in niteroi, brazil: evaluation of selection bias and protocol. Int J Med Res Health Sci.2015;4(3):587-596.
9. Sackett DL, Straus SE, Richardson WS, Rosenberg W, Haynes RB. Medicina Baseada em Evidências - Prática e Ensino - 2ª Ed. ArtMed. 2003.

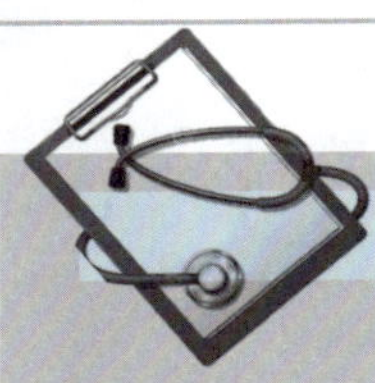

DISCUSSÃO DO CASO CLÍNICO

Caso 1

1) Primeira hipótese: Excluindo os resultados limítrofes:

Imunocromatografia	Doença X		Total
	Presença	Ausência	
Positivo	72	4	**76**
Negativo	2	275	**277**
Total	**74**	**279**	**353**

Sensibilidade = 72/74 × 100 = 97%
Especificidade = 275/279 × 100 = 99%

2) Segunda situação – considerando os resultados limítrofes como positivos:

Imunocromatografia	Doença X		Total
	Presença	Ausência	
Positivo	86 (72 + 14)	22 (4 + 18)	**108**
Negativo	2	275	**277**
Total	**88**	**297**	**385**

Sensibilidade = 86/88 × 100 = 98%
Especificidade = 275/297 × 100 = 93%

Segunda situação – considerando os resultados limítrofes como negativos:

Imunocromatografia	Doença X		
	Presença	Ausência	Total
Positivo	72	4	**76**
Negativo	16 (2 + 14)	293 (275 + 18)	**309**
Total	**88**	**297**	**385**

Sensibilidade = 72/88 × 100 = 82%
Especificidade = 293/297 × 100 = 99%

3) Um teste de *screening* deve se caracterizar pela alta sensibilidade, assim, o melhor teste seria aquele onde os resultados limítrofes são considerados como positivos, já que neste caso, o valor da sensibilidade é 98%, de maior do que as outras situações, 97 e 82%, para as situações de exclusão dos limítrofes ou os considerando como negativos.

Noções sobre Coleta de Sangue e de Urina para a Realização dos Exames Bioquímicos de Rotina

2

Analúcia Rampazzo Xavier
Salim Kanaan
Thiago Pavoni Gomes Chagas

Introdução

A fase pré-analítica dos exames bioquímicos laboratoriais

A coleta do material biológico para exame bioquímico está inserida em uma etapa muito mais abrangente e importante dentro da rotina da medicina laboratorial, a fase pré-analítica. Esta fase inicia-se com a avaliação do paciente pelo médico, seguindo para a orientação e o preparo dos pacientes; a coleta adequada do material biológico; a correta identificação do material colhido; e toda manipulação e processamento desse material antes da análise laboratorial propriamente dita.

Conceito de coleta

A coleta do material biológico deve garantir a obtenção de amostras representativas, ou seja, amostras cuja composição e integridade sejam mantidas. Ainda na etapa da coleta do material biológico, algumas variáveis devem ser consideradas, como, por exemplo, idade, gênero, variação cronobiológica, dieta, prática de atividade física, uso de medicamentos, estado emocional do paciente etc., passando pelo momento de obtenção da amostra e levando-se em conta o tempo e todas as alterações possíveis de ocorrer na amostra obtida até o momento em que o exame será realizado.

O cuidado com os requisitos procedimentais de coleta tem relação direta com a qualidade do resultado entregue pelo laboratório. Uma boa amostra clínica deve: (i) ser coletada no período e no local corretos; (ii) ser identificada corretamente; (iii) ser coletada em quantidade suficiente para posterior análise; (iv) ser armazenada e transportada adequadamente.

O responsável pela coleta desempenha um papel importante nessa fase, devendo, assim, respeitar os protocolos e requisitos para obtenção do material biológico.

Preenchimento das requisições

A correta indicação do exame e, posterior, preenchimento adequado e bem orientado da requisição podem ter influência sobre a efetividade e a eficiência do recurso laboratorial.

O médico, ao solicitar os exames, deve preencher a requisição de modo completo (nome, sexo, idade do paciente, hipótese diagnóstica, uso de medicamentos etc.) e, inclusive, fornecer ao laboratório dados que permitam ao mesmo avaliar os resultados obtidos. Com essas informações, o laboratório poderá até julgar a necessidade de repetir o exame ou prosseguir com a investigação, aproveitando o material já colhido para não impor posteriores sacrifícios ao paciente.

Idealmente, deve haver perfeita integração clínico laboratorial, e esta deve ser cultivada já nos períodos de internato e residência dentro de um hospital universitário.

Coleta e preparo do paciente

Esta etapa é imprescindível para a coleta de uma amostra representativa. Em condições ideais, o médico solicitante deve ser o primeiro a orientar o paciente sobre as condições necessárias para a realização do exame, informando-o sobre as eventuais necessidades de jejum, interrupção do uso de alguma medicação, dieta específica ou mudanças na rotina do paciente. Além disso, o paciente deve ser estimulado a contatar o laboratório, onde receberá informações adicionais e complementares. Quando a coleta do material biológico é realizada na residência pelo próprio paciente, os cuidados devem ser redobrados. As instruções para o paciente têm que ser as mais claras possíveis e numa linguagem acessível.

Uma adequada preparação do paciente será fundamental para evitar erros corriqueiros, tais como, tempo de jejum inadequado; dieta inadequada; fumo e uso de álcool; realização de exercícios físicos intensos no intervalo de tempo que antecede a coleta; entre outros.

Identificação da amostra coletada

É fundamental dispensar uma certa atenção durante a identificação do paciente. Os responsáveis pela coleta do material biológico devem garantir a identificação do paciente e da amostra durante esse processo de coleta. A partir desse momento, deve-se buscar uma forma de identificação que permita um vínculo seguro entre o paciente, o material coletado e o coletor.

Os recipientes e frascos que vão receber as amostras colhidas devem ser identificados com o nome completo do paciente, e devem ser anotadas a data e a hora da coleta. Anotar a hora da coleta é importante, pois o tempo decorrido até a realização do exame propriamente dito pode influir nos resultados e garante a rastreabilidade deste material coletado.

Fatores pós-coleta

Após a coleta do material biológico, alguns fatores merecem destaque: (i) o tempo recomendado entre a coleta da amostra e a análise; (ii) condições de temperatura em que as amostras são expostas entre a coleta e a análise propriamente dita; e (iii) critério de acondicionamento e posicionamento da amostra coletada. A compreensão desses fatores contribui para a otimização, a qualidade e a utilidade clínica dos resultados gerados no laboratório.

Proteção do operador

O procedimento de coleta do material biológico expões os profissionais envolvidos ao contato com agulha ou outro material contaminado com sangue ou outros líquidos orgânicos potencialmente infectantes.

É, assim, um item que está na ordem do dia e não se limita ao técnico que executa a coleta de sangue, mas a toda e qualquer pessoa que manipula amostras potencialmente contaminadas.

Recomenda-se o uso de equipamentos de proteção individual e o respeito as demais normas de biossegurança não só para a coleta do material biológico, mas também para o manuseio deste durante todo o processamento no laboratório.

Coleta de sangue

Aspectos a serem considerados antes da coleta

Relativos ao Preparo do Paciente

- Uso de medicamentos e drogas

O uso de medicamentos e de drogas, com finalidades terapêuticas e/ou para fins recreativos, constitui um fator amplo. Ambos os casos podem causar variações nos resultados de exames laboratoriais: alguns medicamentos e drogas elevam; enquanto outros diminuem o valor real do exame. Pode-se distinguir duas modalidades de atuação dos medicamentos em relação ao referido anteriormente:

a. Atuação in vivo

Nesse caso, certos medicamentos e drogas podem alterar os resultados dos exames por influenciarem o metabolismo do paciente. Entre os efeitos *in vivo*, podemos incluir a indução e a inibição enzimáticas, a competição metabólica e a ação farmacológica. Um exemplo clássico é o de indivíduos em uso de glicocorticoides que apresentam concentrações de glicose no sangue superiores as que teriam caso não os estivessem usando a medicação (efeito hiperglicemiante). Outro exemplo é o consumo esporádico de álcool que pode causar alterações significativas na concentração plasmática de glicose, de ácido láctico e de triglicérides.

b. Atuação in vitro

Os medicamentos e drogas podem exercer influência, já fora do organismo, durante a realização do exame, sendo também chamados de efeitos analíticos. O sangue de um indivíduo em uso de uma droga, obviamente, contém a droga ou um metabólico dela, e esta ou estas substâncias "estranhas" ao sangue podem, por exemplo, reagir igualmente à substância que está sendo analisada. A magnitude deste efeito *in vitro* é dose-dependente e varia também com a velocidade de excreção dos mesmos. Um exemplo de efeito ou atuação *in vitro*, é o uso de ácido ascórbico (vitamina C), que possui uma propriedade redutora, e interfere nos métodos que usam a referida propriedade para dosar glicose. Neste caso, o resultado estaria falsamente reduzido, por atrapalhar a reação. Há medicamentos cuja ação leva a resultados falsamente baixos ou altos.

Em condições ideais, os exames laboratoriais deveriam ser executados em indivíduos que não estivessem fazendo uso de qualquer medicamento ou outras drogas. Como, na maioria das vezes, essa condição não é viável, cabe ao médico inteirar-se não só da possível interferência dos fármacos por ele receitados sobre os exames laboratoriais, mas também da ordem de grandeza dessa interferência. Além disso, essas informações referentes ao uso de medicamentos pelo paciente devem estar presentes na requisição dos exames.

- Dieta prévia

A dieta que o indivíduo pode estar seguindo, mesmo respeitando o período de jejum indicado para o exame, pode interferir nos resultados de exames laboratoriais. Um exemplo é o caso de indivíduos com uma dieta rica em proteínas que apresentam concentrações maiores de ureia no sangue. Outo exemplo é o de pessoas obesas que, ao se submeterem a uma dieta hipocalórica, podem reduzir a concentração de triglicerídios no soro em até 40%.

Destaca-se que, ao interpretar certos exames, é necessário ter conhecimento da dieta prévia do paciente, e até, em certos casos, torna-se imprescindível modificar ou padronizar a dieta anteriormente à solicitação do exame. Caso típico é o da realização do TOTG (teste oral de tolerância à glicose), também conhecido como curva glicêmica. Para ser submetido a ele, o paciente deve, nos três dias que antecedem o teste, ingerir dieta contendo pelo menos 150 g de glicídios.

- Jejum

O jejum refere-se ao intervalo de tempo no qual o indivíduo não recebeu nenhum aporte calórico. Habitualmente, o período de jejum para os exames de rotina é de 8 horas, podendo ser reduzido a 4 horas para a maioria dos exames. Vale destacar que a ingestão de água não interrompe o período de jejum. As razões para o jejum prendem-se a motivos diferentes:

a. Possibilidade de comparação

Os resultados encontrados nos exames podem ser comparados com os dos valores de referência (previamente denominados valores normais). Essa a possibilidade de comparação ocorre pelo fato de que esses valores de referência foram estabelecidos em jejum.

b. Obtenção de soro ou plasma límpidos

Tecnicamente, é imprescindível no trabalho laboratorial operar com soro ou plasma límpidos, e a falta de jejum pode ser acompanhada de certo grau de turbidez do soro ou plasma, o qual pode interferir em algumas metodologias laboratoriais. Essa turbidez se dá pela permanência de quilomícrons (triglicerídeos exógenos) no sangue de indivíduos que não fizeram um jejum adequado. Essa elevação significativa de triglicerídeos evidenciada pela turbidez do soro ou plasma é também chamada de lipemia.

- Variações cronobiológicas

Determinados analitos podem sofrer alterações cíclicas em suas concentrações em função do tempo. Tais variações podem ser diárias, mensais, sazonais, anuais etc.

Padronização em relação ao ritmo circadiano

Sabe-se que a secreção de certos hormônios não é contínua, mas obedece a um ritmo que varia nas 24 horas (ritmo circadiano). Assim, produzem-se alterações metabólicas que influenciam as concentrações de substâncias analisadas no laboratório de bioquímica.

As coletas de sangue realizadas na parte de manhã, após o jejum (este é, em sua maior parte, noturno), introduzem uma certa padronização em relação ao ritmo circadiano.

- Padronização em relação à atividade física

Uma outra vantagem seria ainda a de estabelecer de algum modo uma padronização relativa à atividade física (adiante este tópico será abordado). Coletas efetuadas matinalmente seguem-se a uma noite de repouso (excetuando-se, obviamente, os que para chegar ao local de coleta tenham que enfrentar grandes distâncias).

- Estado emocional

O estado emocional deve ser levado em conta quando há solicitação de certos exames pelo facultativo, sendo que o pedido de alguns exames deve até ser adiado para ocasião mais apropriada. Exemplos de exames invalidados por estresse:

- **TOTG (curva glicêmica):** o resultado desse exame com o paciente estressado não permitirá firmar o diagnóstico de diabetes mellitus; portanto, esse exame não deverá ser pedido.
- **Gasometria arterial em uma criança chorando:** haverá hiperventilação que levará a resultados não fidedignos.

Vale destacar que, em geral, a pessoa que vai fazer um exame laboratorial já está preocupada com o próprio estado de saúde e, além disso, o ato de coletar o sangue e o próprio jejum podem ser incômodos para o paciente. Portanto, é de boa prática que tanto o médico que fez a requisição quanto o pessoal do setor de coleta do laboratório tentem tranquilizar o paciente.

- Postura do paciente

A mudança na postura corporal causa variações na concentração de alguns componentes séricos. Isso ocorre devido ao fenômeno da passagem de água e de pequenos solutos do líquido intravascular para o líquido intersticial quando o indivíduo muda sua posição de decúbito para a posição em pé (ortotastismo), em decorrência de variações na pressão hidrostática. Já que as dosagens bioquímicas de que se está tratando neste capítulo são realizadas no líquido vascular, qualquer saída de água, dele para o interstício, acarretará elevação da concentração das macromoléculas (proteínas) que não seguem a água, e as substâncias de peso molecular baixo (pequenos solutos) terão uma diminuição da concentração. O médico deve ter conhecimento disso como mais uma fonte de variação de resultados, e caberia aos laboratórios tentar padronizar a posição para as coletas.

Para ter-se ideia da ordem de grandeza das variações que podem ocorrer com as mudanças de postura do paciente, citam-se as observadas nas dosagens de proteínas e de lipídios (colesterol e triglicerídios), que são em torno de 10% aumentadas.

Relativos à amostra a ser obtida

- Material para a punção (tubos a vácuo, seringas etc.)

A escolha dos materiais que serão utilizados para a punção deve garantir a segurança do profissional, reduzindo riscos de acidentes de trabalho, e garantir a segurança no atendimento ao paciente.

Recomenda-se a utilização de sistemas fechados, formados por dispositivos que permitem a coleta do sangue diretamente da veia através do vácuo e/ou aspiração, com auxílio de agulhas e escalpes ligados diretamente ao tudo de coleta. As vantagens do sistema fechado compreendem: facilidade do manuseio, segurança do paciente e segurança do profissional que está fazendo a coleta do material biológico.

A coleta de sangue com um tubo a vácuo processa-se pelo acoplamento do tubo a um dispositivo provido de duas agulhas. Esse dispositivo assemelha-se ao mandril (parte externa) de uma seringa comum, portanto é oco, e as duas agulhas estão fixadas em direções opostas na parte que corresponde à extremidade da seringa ("bico" da seringa). No momento da coleta, uma das agulhas é introduzida na veia que vai ser puncionada e a outra perfura a tampa de borracha do tubo provido de vácuo e que funciona como se fosse o êmbolo da seringa. Com o vácuo, o sangue, uma vez puncionada a veia, fluirá para dentro do tubo. Atualmente, a maior parte das coletas de sangue é feita com os tubos descritos, porque apresentam as seguintes vantagens:

- Dispensam a preparação de seringas e de recipientes para a coleta (já existem prontos à venda no comércio); eles funcionam simultaneamente como seringa e recipiente para receber o sangue. A eliminação da etapa de preparação referida representa um alívio da sobrecarga de trabalho para o laboratório;
- Ao ser evitada a transferência do sangue de uma seringa para outro recipiente, são reduzidas as possibilidades de hemólise e de contaminação do operador quando este manipula o material sem luvas.

- Recipientes para receber o sangue

Antes da coleta, o técnico já sabe, pelos exames solicitados, se vai necessitar obter soro, plasma e/ou sangue total.

a. Obtenção de soro

É obtido a partir de um sangue colhido sem qualquer material que impeça a coagulação, isto é, sem um anticoagulante. Dentro de minutos, a coagulação ocorrerá espontaneamente.

Repete-se e, para conseguir soro, basta retirar sangue e deixá-lo coagular. Após determinado tempo (20 a 30 minutos), ocorrerá o fenômeno da retração do coágulo, e deste sairá um líquido límpido de cor amarela característica que se denomina soro. O soro não contém as proteínas da coagulação que ficaram retidas no coágulo; menciona-se sempre que o soro não tem fibrinogênio.

b. Obtenção de sangue total e de plasma

O sangue colhido com uma substância que impeça sua coagulação, um anticoagulante, permanece líquido e recebe o nome de sangue total (células + parte líquida).

Se o sangue total for centrifugado, as células sedimentarão e aparecerá um líquido sobrenadante que é denominado plasma. Diferentemente do soro, o plasma contém as proteínas da coagulação.

■ Anticoagulantes

Os anticoagulantes possuem o papel de interromper a ativação da cascata de coagulação, inibindo a formação da protrombina, impossibilitando a formação do coágulo. Os anticoagulantes mais comumente usados na coleta de sangue para exames bioquímicos são:

Heparina

É um mucopolissacarídeo anticoagulante com ação antitrombina. É o melhor anticoagulante para exames bioquímicos por ser o que menos interfere neles. Entretanto, pelo elevado custo, não é empregado rotineiramente. Na coleta de sangue para a determinação da gasometria arterial, a heparina é o único anticoagulante utilizado.

Oxalatos

Dos anticoagulantes, é o que mais pode ser usado em bioquímica, por serem de custo razoável e interferirem pouco nas análises bioquímicas.

Citratos e EDTA (etileno diaminotetraacetato)

São os anticoagulantes menos usados na bioquímica do sangue. Têm uso em banco de sangue e em hematologia, respectivamente.

A ação anticoagulante dos oxalatos, citrato e EDTA deve-se à retirada do cálcio (fator IV da coagulação); o cálcio é retirado ou porque é precipitado ou por sua quelação.

No mercado, os tubos existentes são vedados com tampas de cores diferentes. Cada cor indica ou está relacionada ao anticoagulante contido no tubo. Todos os tubos com EDTA têm tampa de cor lilás ou roxa, enquanto tubo com tampa azul contém citrato de sódio. O vermelho ou amarelo ficou reservado para indicar a ausência de anticoagulante, isto é, para obtenção de soro. Tubos com heparina têm tampa verde, enquanto tubos com fluoreto/EDTA têm tampa cinza. Não existe um acordo internacional para essa codificação por cores, porém a maioria dos fabricantes costuma seguir uma padronização de cores de tampas dos tubos.

- Ordem dos tubos para coleta de sangue venoso

A recomendação é que se siga uma ordem de tubos para a coleta do sangue, evitando uma possível contaminação por aditivos nos tubos subsequentes, nos casos onde há necessidade da coleta para diversos analitos de um mesmo paciente. Se tiver solicitação de hemocultura, ela deve ser colhida antes de todos os tubos.

1. Tubo de citrato de sódio.
2. Tubo com ativador de coágulo, com ou sem gel para obtenção de soro.
3. Tubo de heparina.
4. Tubo de EDTA.
5. Tubo de fluoreto/EDTA.

- Volume de sangue necessário

Além da ordem dos tubos, o profissional deve verificar o volume de sangue para cada tubo e realizar a homogeneização adequada. O volume de sangue a ser colhido dependerá do número de exames a ser executado. Sempre que possível, é de boa prática coletar-se um volume de sangue que até permita repetir o exame, armazenar se necessário.

Aspectos a serem considerados durante a coleta

Escolha do local a ser puncionado: uso de sangue venoso, capilar ou arterial

A escolha do local da punção é também uma etapa importante do diagnóstico.

Por ser, geralmente, de fácil obtenção, o sangue venoso é o mais comumente empregado para exames bioquímicos. Geralmente, qualquer veia dos membros superiores com condições de normalidade pode ser puncionada. As veias basílica, mediana e cefálica são as mais frequentes, embora a veia mediana costuma ser a melhor alternativa. No dorso da mão, a recomendação é pelo arco venoso dorsal, sendo a melhor alternativa nesta situação. Outras áreas poderão ser utilizadas em condições especiais, como membros inferiores ou veias em locais diferentes do braço. Em pacientes diabéticos (Diabetes *mellitus*) é contraindicada a coleta de sangue em veias do membro inferior. Vale ressaltar que regiões alternativas poderão ser utilizadas apenas pelo médico, como coleta arterial ou via acessos/catéteres. Algumas áreas devem ser evitadas para a punção venosa como, por exemplo, áreas com terapia ou hidratação venosa, áreas com cicatrizes de queimadura, áreas com hematoma e áreas próximas ao local onde foi realizado mastectomia ou outros procedimentos cirúrgicos.

O sangue capilar pode substituir o venoso em certos casos, isto é, em recém-nascidos e crianças pequenas, ou em adultos com veias muito difíceis. É também prática corrente o uso de sangue capilar para a determinação da glicemia no controle de pacientes diabéticos. A composição do sangue capilar é considerada parecida ao do sangue arterial, exceção feita, na prática, à concentração da glicose, que é superior no sangue capilar. Porém, por se tratar de uma mistura de sangue arterial, venoso e interstício, não é considerada a melhor escolha. A obtenção do sangue capilar é feita com o auxílio de uma lanceta pelo que atualmente se chama punção de pele. Os locais mais usados, no adulto e em crianças maiores, são a polpa digital e o lobo da orelha. Em recém-nascidos e em crianças menores, o local de escolha é o calcanhar. Neles deve-se ter o cuidado para que a lanceta não atinja o calcâneo (há uma conduta especial para isto); essa precaução evita risco de osteomielite. Na coleta de um sangue capilar, a primeira gota deve ser desprezada, assim como manobras para espremer a pele não devem ser praticadas para evitar a mistura do sangue capilar com o líquido intersticial.

O uso de sangue arterial é praticamente reservado à gasometria arterial. A punção da artéria é mais dolorosa e é considerada um ato médico. Realiza-se sem o uso do garrote, e a artéria é identificada pela pulsação e espessura da parede. As artérias preferidas devem ser escolhidas nessa ordem: radial, braquial e femoral. A possibilidade de ocorrer sangramento é maior com a punção da femoral. Após uma punção arterial, deve ser aplicada uma pressão firme no local durante pelo menos 5 minutos para minimizar o sangramento.

■ Antissepsia

Deve ser feita antes de qualquer coleta de sangue, quer seja venoso, quer seja capilar ou arterial. A antissepsia no local da punção é realizada para prevenir a contaminação direta do paciente e da amostra.

O operador deve, após a higienização das mãos, calçar as luvas, limpar rigorosamente o local a ser puncionado com solução antisséptica adequada. Recomenda-se limpar o local com movimentos circulares do centro para a periferia. Orienta-se não assoprar, não abanar ou colocar nada sobre o local higienizado. No caso de flebotomia, a veia a ser puncionada deve apenas ser palpada antes da assepsia, e o local a ser puncionado deve ficar seco (o álcool deve ter evaporado).

O antisséptico escolhido deve ter ação rápida, ser eficaz e ser hipoalergênico. A literatura americana cita o uso de álcool isopropílico a 70% com a mesma finalidade do álcool iodado. No Brasil utilizamos com frequência álcool etílico a 70% tamponado e glicerinado ou soluções de clorexidina.

■ Garroteamento

O garroteamento é usado na obtenção de sangue para a maior parte dos exames bioquímicos, uma vez que se trabalha principalmente com sangue venoso e a coleta deste exige o emprego dessa prática, com o objetivo de, ao distender as veias, facilitar ou mesmo possibilitar a punção.

No entanto, o garroteamento não deve ser feito em tempo superior a 1 minuto, pois no ato de aplicar o garrote por um tempo elevado (superior a 1 minuto), ocorre um aumento da pressão intravascular, que facilita a saída de líquido e moléculas menores para o espaço intersticial, gerando uma hemoconcentração relativa. A medida que o garroteamento se estende, a estase venosa levará a alterações metabólicas.

■ Hemólise

Quando a técnica da coleta de sangue, propriamente dita, não é bem conduzida, pode levar a um inconveniente, o da hemólise, com passagem do conteúdo intracelular das hemácias para o líquido extracelular (para o espaço vascular).

A hemólise compreende a ruptura das células do sangue com consequente liberação dos constituintes intracelulares para o soro ou plasma. Estes componentes liberados podem interferir na dosagem de alguns analitos. Uma vez ocorrida a hemólise, ela vai provocar:

- Diminuição da concentração de constituintes que existem em menor quantidade nos eritrócitos do que no plasma (ou soro); há diluição deles por saída de água das células;
- Aumento da concentração das substâncias que são mais abundantes nas hemácias do que no plasma (ou soro); há saída delas do interior das células;
- Modificação da cor do plasma ou soro por escape da hemoglobina das hemácias; a cor dessa proteína vai interferir com a realização dos métodos colorimétricos empregados.

Um exemplo clássico de um exame que não pode ser executado em material hemolisado é o da determinação do potássio sérico. Esse íon existe em concentração muito superior dentro das células, e a alteração do resultado em presença de hemólise é grande e imprevisível.

A separação do soro ou do plasma de um sangue em que a hemólise tenha ocorrido mostrará o que se chama soro hemolisado ou plasma hemolisado, visível à simples inspeção da cor do material. Este que normalmente seria amarelo (ausência de hemólise), passa a ser róseo (hemólise moderada), indo até o vermelho (hemólise acentuada).

As seguintes precauções devem ser tomadas para impedir hemólise durante a coleta e na obtenção de soro e plasma:

- Não deixar que o sangue entre em contato com líquidos. É preciso deixar secar bem o local em que foi feita a antissepsia e não usar material molhado (caso se usem seringas, porque os tubos a vácuo já são fornecidos secos).
- Evitar utilizar agulhas de menor calibre, inclusive o uso de Jelco para coleta de sangue (devido ao fino calibre).
- Evitar manobras ou movimentos violentos com o sangue.
- No caso de coleta com seringa, não puxar o embolo da seringa com força.
- No caso de coleta com tubo à vácuo, aguardar que o sangue pare de fluir para dentro do tubo antes de trocá-lo por outro, respeitando assim a capacidade de vácuo do tubo, ou a marcação indicada.
- Usar de preferência tubos primários e evitar a transferência de um tubo para outro.
- No caso de transferir da seringa para o tubo à vácuo, não se recomenda a passagem do sangue pela agulha;
- A centrifugação do sangue para obter soro ou plasma deve ser feita cuidadosamente.

Procedimentos para coleta de sangue venoso

1. Preparar todo o material para a coleta em frente ao paciente.
2. Posicionar o braço do paciente, inclinando-o para baixo na altura do ombro.
3. Garrotear o braço do paciente.
4. Fazer a antissepsia.

   Cuidados:

   a. Para melhor visualizar a veia, esticar a pele do local da punção com a outra mão, longe do local onde foi feita a antissepsia
5. Fazer a punção na veia do paciente,

   Cuidados:

   a. Respeitar a angulação de aproximadamente 30° em relação ao braço do paciente.

   b. Puncionar a veia do paciente com o bisel da agulha voltado para cima.
6. Quando o sangue começar a fluir para dentro do tubo ou para dentro da seringa, desgarrotear o braço do paciente.
7. Aspirar devagar o volume necessário, de acordo com a quantidade de sangue requerida na etiqueta dos tubos.

   Cuidados:

   a. Respeitar a proporção sangue/aditivo no tubo.
8. Homogeneizar imediatamente os tubos com o sangue coletado, invertendo-os suavemente de 5 a 10 vezes.
9. Após a coleta, fazer a compressão no local da punção por pelo menos 3 minutos com algodão ou gaze secos (evitar ficar tirando o algodão/gaze pois retira o botão do coágulo), sem dobrar o braço. Dobrar o braço permite extravasamento do sangue, o que pode ocasionar hematomas. Evitar após a coleta carregar peso no braço puncionado por pelo menos 2 horas ou mais.

10. O paciente deve deixar o local com curativo, e sem algodão ou gaze, somente após estancar a saída de sangue.

Coleta de urina

A urina é um material biológico potencialmente contaminante e, com isso, requer cuidados específicos de coleta para garantir a integridade da amostra e a segurança dos profissionais que manuseiam o material coletado.

▪ Preparo do paciente

Para que o exame de urina gere resultados clinicamente significativos, é importante que a amostra seja coletada seguindo protocolo bem estabelecido, o qual deve ser claramente explicado ao paciente. Muitos pacientes realizam a coleta de urina em domicílio e, como já mencionado anteriormente, em coletas domiciliares e efetuadas pelo próprio paciente, o preparo deste paciente deve receber maior atenção.

Uso de medicamentos

Os comentários feitos a propósito da influência de medicamentos sobre exames realizados no sangue aplicam-se também aos de urina.

Higiene da genitália externa

É importante a higiene da genitália externa. No dia do exame, o paciente deve tomar banho e/ou higienizar a região genitourinária externa com água e sabão neutro. Em seguida, enxaguar com água para tirar o sabão e secar com toalha limpa. Essa medida visa diminuir a passagem de bactérias para a urina.

Deve-se evitar a coleta de urina durante o período menstrual. Se não for possível, pode-se avaliar a possibilidade da utilização de um tampão vaginal prévio à higienização.

Encaminhamento da amostra para o laboratório

Os pacientes devem ser orientados a entregar a amostra no laboratório o mais brevemente possível (não excedendo o tempo de 1 hora após a coleta). Após esse período, a amostra tem que ser refrigerada ou devem ser utilizados conservantes apropriados.

▪ Coleta de uma amostra isolada de urina

É utilizada para a realização de um EAS, isto é, para a pesquisa de elementos anormais e sedimentoscopia.

Por elementos anormais entende-se a presença, na urina, de substâncias que não são encontradas em indivíduos normais (exemplos: glicose, proteínas) quando as referidas substâncias são pesquisadas pelos métodos de rotina. Deve-se entender que esse exame só vai informar se essas substâncias estão ou não presentes, sendo uma análise qualitativa e/ou semiquantitativa, porque não fornece o resultado em massa/volume (concentração).

A sedimentoscopia é o exame microscópico do sedimento de uma urina; o sedimento é obtido por centrifugação da amostra e obedece às normas das boas práticas laboratoriais. O exame do sedimento urinário exige urina recentemente emitida.

O EAS é mais comumente realizado com a coleta da primeira urina da manhã (esta seria mais concentrada). Pode, entretanto, o EAS ser feito, aleatoriamente, em qualquer amostra de urina durante o dia, desde que haja retenção urinária de aproximadamente 4 horas, se possível.

▪ Coleta de toda a urina de 24 horas (Nictêmero)

Há exames de urina em que se quer determinar a quantidade de uma substância que é excretada (exemplos hormônios, proteínas). Como durante o nictêmero há grandes variações de excreção, é importante executar o exame em uma urina obtida por mistura de todas as urinas de todas as micções dentro das 24 horas, para englobar as variações diárias de excreção.

Para essa coleta, o paciente deve ser instruído a desprezar a primeira urina do dia, anotar a hora e começar a recoletar todo o volume de urina de todas as micções até a mesma hora do dia seguinte. A primeira urina do dia em que se inicia a coleta é uma urina que já está na bexiga e representa uma amostra das 24 horas anteriores, por isto é desprezada. A última urina é coletada.

É indispensável colocar na geladeira toda a urina que for sendo recolhida ao longo das 24 horas para preservação do material.

Os resultados dos exames realizados em urina de 24 horas são dados em massa/24 horas, com exceção das taxas de depuração que são dadas em mililitros/minuto. Diferentemente da pesquisa de elementos anormais, é realizada uma dosagem; há uma quantificação, portanto, trata-se de uma análise quantitativa.

■ Recipientes para colocação da amostra

Os frascos empregados para receber a urina colhida, tanto para um EAS quanto para a urina de 24 horas, devem ser de material inerte, limpo, seco e à prova de vazamentos.

■ Acondicionamento e transporte

Como todo material biológico, não é permitido o descuido no manuseio da urina. Alterações na composição da urina ocorrem *in vivo* e *in vitro*, demandando a adoção de procedimentos de manuseio e transporte corretos. Logo após ao término da coleta, a urina deve ser entregue imediatamente ao laboratório e ser testada dentro de aproximadamente duas horas. Caso a amostra não possa ser analisada nesse prazo, a mesma deve ser refrigerada ou ter um conservante químico adicionado. Em nenhuma hipótese, a urina deve ser congelada.

Aspectos gerais a serem considerados

■ Tempo decorrido entre a coleta e a realização do exame

De modo ideal, todos os exames devem ser realizados imediatamente após a coleta. Sendo isso impraticável, cabe reconhecer a que variações pode levar a demora na execução de cada exame em particular, bem como as providências indicadas para minorar essa variação.

■ Transporte, contaminação e decomposição do material a ser analisado:

Muitas amostras precisam ser transportadas do local de coleta até o laboratório, o que deve ser feito em condições recomendadas para cada exame. Exemplificando, o sangue colhido para gasometria arterial deve ser transportado em gelo.

A contaminação de uma amostra pode ser bacteriana ou por substância estranha a ela. Convém sempre manter tampados os recipientes que contêm o material a analisar (evita-se também a evaporação) e, muitas vezes, convém mantê-los em geladeira. Essas medidas auxiliam a prevenir contaminação.

A decomposição da substância que se está querendo dosar pode ocorrer por vários motivos, tais como: exposição ao ar, à luz, a temperaturas inadequadas etc. Todos estes fatores resultarão em valores falsos. Como exemplo podemos citar a decomposição da glicose sanguínea por glicólise; as hemácias contêm enzimas da via glicolítica que continuam a agir in vitro e que vão progressivamente, com o passar do tempo, diminuindo a concentração real de glicose da amostra a dosar. É fundamental separar o mais rapidamente possível o soro ou plasma, isto é, não os deixar entrar em contato com as hemácias. Como é difícil fazer um bom controle do tempo em que o soro e o plasma são obtidos pós-coleta, normalmente, em laboratórios de grande porte, a conduta mais correta é usar um inibidor de via glicolítica, pois a glicólise já pode ter alterações com significado clínico com o passar da primeira hora. O inibidor mais corretamente empregado é o fluoreto de sódio. Convém lembrar que ele tem também uma ação anticoagulante, porém fraca, e é utilizado principalmente como inibidor da glicólise, mais particularmente inibindo a enolase (enzima dessa via). O uso do gel separador em tubos de coleta veio como um avanço em evitar este contato com as células após a centrifugação, porém não isenta a difusão do material com o passar do tempo entre a coleta e a análise.

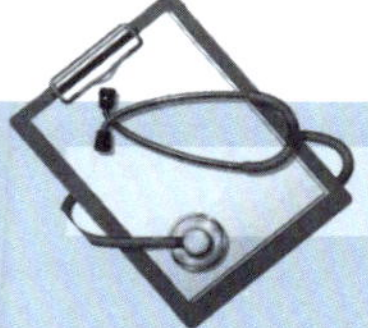

CASOS CLÍNICOS

■ Caso 1

A paciente S.J.M., de 53 anos, hipertensa a mais ou menos 10 anos, foi a uma consulta de rotina com seu cardiologista, que solicitou alguns exames laboratoriais, como lipidograma completo, e outros. Apesar de manter uma alimentação bem controlada, no final de semana anterior ao exame, mais especificadamente no sábado, foi convidada por sua amiga para uma feijoada, e no domingo foi à uma churrascaria. Na segunda, após ter ficado em jejum por 12 a 14 horas, foi colher o sangue para os exames solicitados pelo seu médico. O resultado apresentou soro muito lipêmico, não sendo possível dosar o HDL, apesar do colesterol total estar normal. Os resultados eram muito diferentes dos exames anteriores, o que chamou a atenção. Logo em seguida, após o retorno ao cardiologista, este a orientou que a paciente fizesse uma dieta saudável antes da realização dos mesmos exames. Os resultados foram completamente diferentes em relação aos triglicerídeos e o HDL e suas frações. Por que esta diferença de resultado, sendo que o tempo de coleta entre a primeira e segunda coleta foi de apenas 10 dias?

■ Caso 2

Paciente J.M.S., de 75 anos, diabético, obeso já apresentando uma insuficiência cardíaca congestiva, está em uso de baixa dose de diurético tiazídico hidroclorotiazida. Em relação ao laboratório clínico faz controle da glicemia, dos lipídeos, ureia, creatinina e eletrólitos periodicamente. Após uma consulta de rotina procurou o laboratório para a realização dos exames supracitados. O material foi colhido e encaminhado para a análise. O sangue do senhor J.M.S. foi esquecido na bancada e os exames só foram realizados no dia seguinte. Os resultados liberados pelo laboratório foram: glicose=100 mg/dL; uréia= 80 mg/dL; creatinina= 1,1 mg/dL; sódio=130 mEq/L; potássio= 7,0 mg/dL; Hemoglobina glicada= 6,7 %; colesterol total= 205 mg/dL; LDL=135 mg/dL; HDL= 32 mg/dL; VLDL= 38 mg/dL; triglicerídeos= 175 mg/dL. Podemos confiar nestes resultados?

Bibliografia consultada

1. Burtis CA, Ashwood ER (eds.). Specimem collection and processing: Sources of biological variation. Tietz Textbook of Clinical Chemistry. W.B. Saunders Company, Philadelphia, USA, 1999.
2. Henry JB (ed.). Clinical diagnosis and management by laboratory methods. W.B. SaundersCompany, Philadelphia, USA, 2001.
3. Sociedade Brasileira de Patologia Clínica Medicina Laboratorial. Recomendações da Sociedade Brasileira de Patologia Clínica Medicina Laboratorial para Coleta de Sangue Venoso. 2. ed. 2009. Disponível em: <http://www.sbpc.org.br/upload/conteudo/320090814145042>. Acesso em: 14 de novembro de 2018.
4. Sociedade Brasileira de Patologia Clínica Medicina Laboratorial. Recomendações da Sociedade Brasileira de Patologia Clínica Medicina Laboratorial: Fatores pré-analíticos e Interferentes em ensaios laboratoriais. 1 ed. 2018. Disponível em: < http://www.bibliotecasbpc.org.br/arcs/pdf/LivroInterferentes_2018.pdf >. Acesso em: 14 de novembro de 2018.

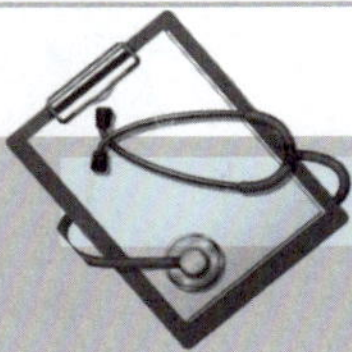

DISCUSSÃO DOS CASOS CLÍNICOS

■ Caso 1

O sangue é constituído de uma parte sólida (células) e uma parte líquida (hídrica) pela qual circulam os lipídeos ligados a estruturas proteicas (lipoproteínas), que o tornam solúveis. As lipoproteínas plasmáticas são: Quilomícrons (com tempo de meia vida de aproximadamente 1 hora); VLDL (tempo de meia vida de 2 a 6 horas); LDL (meia vida de 2 a 3 dias); HDL (meia vida de 4 dias); e IDL (meia vida de 1 a 2 horas). A expressão "soro lipêmico" está relacionada à presença de triglicerídeos exógenos nos quilomícrons (85 a 95%) e endógenos ligados à VLDL (60 a 70%) circulantes. O jejum recomendado é de 12 a 16 horas a ser realizado antes da coleta do sangue, pois pode haver grande variação nos valores, podendo chegar a 25 a 50% nas diferenças encontradas. Esta variação de um dia para o outro está relacionada aos níveis de triglicerídeos. Pode ser observada variação estatisticamente significativa na dosagem dos triglicerídeos em dias diferentes quando dosados no mesmo paciente, mesmo ele fazendo o jejum recomendado. Portanto, o jejum recomendado 12 a 16 horas não é suficiente para a dosagem de triglicerídeos, já que os lipídeos mostraram variação com a ingesta de certos alimentos nas 12 horas anteriores ao exame. O correto é que se faça uma ingesta habitual e não com excessos de ingestão lipídica nos dias precedentes à realização do exame, o que não ocorreu com a paciente, o que levou a um valor aumentado nos resultados.

■ Caso 2

O padrão dos resultados obtidos sugere que o paciente apresenta uma glicemia controlada, com deficiência de sódio, ureia pré-renal e hipercalemia. Devido ao uso da hidroclorotiazida seria esperado um valor de potássio mais baixo pois este diurético espolia potássio. No entanto, houve um atraso na separação do soro do coágulo para as análises de cerca de 24 horas, ficando o material na bancada, sem refrigeração. Nestas condições, pode haver alteração principalmente na concentração de sódio e potássio, uma vez que os íons se movem para fora e dentro dos eritrócitos devido às diferenças de gradiente de concentração. A glicose apresentada nos resultados é irreal, uma vez que as células consomem a glicose do meio, não estando assim compatíveis a glicemia média estimada, calculada a partir da hemoglobina glicada, com a glicose medida. O correto seria a não realização dos exames e solicitação de nova coleta, para a obtenção de novo material.

Enzimas 3

Cátia Lacerda Sodré
Maria Alice Terra Garcia (*in memoriam*)
Patrícia Burth
Salim Kanaan

Introdução

Enzimas são potentes catalisadores biológicos que atuam em reações químicas intra e extracelulares (como exemplo as que ocorrem no tubo digestivo). Quase todas as enzimas conhecidas são proteínas que apresentam alto grau de especificidade para as reações que catalisam, bem como para a escolha dos seus substratos. A identificação de moléculas de RNAs com atividade catalítica mostrou a existência de outros biocatalisadores. Dentro deste contexto, as abzimas (conhecidas como enzimas artificiais) são anticorpos cataliticamente ativos, capazes de reconhecer análogos de estado de transição quimicamente estáveis. Interessantemente, imunoglobulinas do tipo G isoladas do sangue de pacientes com asma apresentaram atividade hidrolítica frente ao peptídeo intestinal vasoativo e, assim, foram as primeiras abzimas naturais identificadas.

Em condições fisiológicas, as enzimas intracelulares encontram-se no plasma em pequenas quantidades; fato que pode ser atribuído a constante renovação celular. A elevada concentração de enzimas no interior das células, em contraste com suas baixas concentrações no plasma (Figura 3.1), torna a medida da atividade enzimática um indicador extremamente sensível de alteração tecidual.

Entretanto, algumas enzimas são específicas do plasma. Estas são sintetizadas nos hepatócitos e secretadas para o plasma na sua forma inativa (zimogênio), sendo ativadas quando funcionalmente necessárias. As enzimas relacionadas à coagulação (protrombina, fator XII, fator X) e as relacionadas a fibrinólise (plasminogênio, proativador do plasminogênio) são exemplos desse grupo de enzimas. Em contrapartida, a colinesterase sérica (também conhecida como pseudocolinesterase) é secretada no sangue pelo fígado na forma ativa, porém sua função ainda permanece obscura. Quando existe uma patologia hepática, o nível dessas enzimas diminui (como ocorre com a concentração plasmática de colinesterase decorrente de lesões hepáticas), ao contrário do que ocorre com as enzimas não específicas, as quais aumentam de concentração após lesão dos tecidos de origem. Enzimas presentes no sangue são uteis no monitoramento de intoxicação por poluentes ambientais, os quais atuam diminuindo a atividade catalítica dessas enzimas. Um exemplo é a dosagem da atividade da colinesterase para a detecção de contaminação por agrotóxicos organofosforados e carbamatos em trabalhadores rurais. Essas substâncias inibem a atividade colinesterásica.

Devido à diferente distribuição de várias enzimas nos tecidos (Figura 3.1), muitas delas são

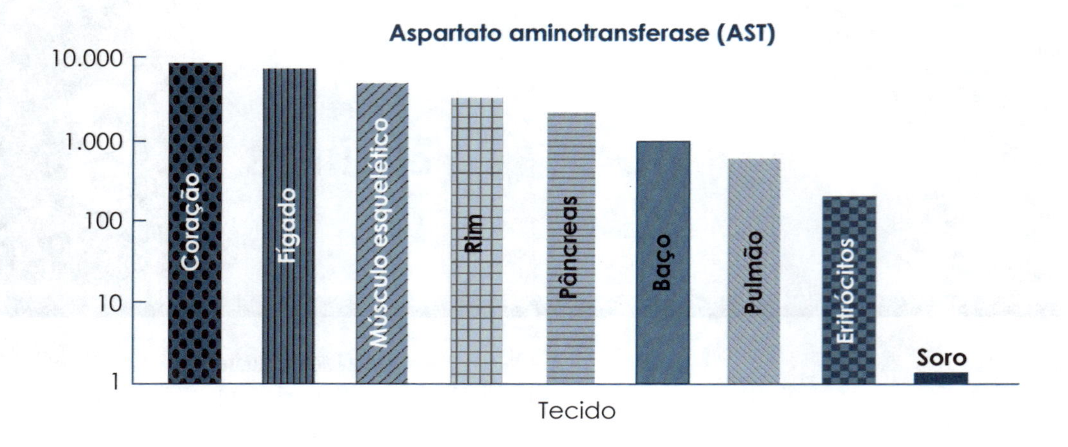

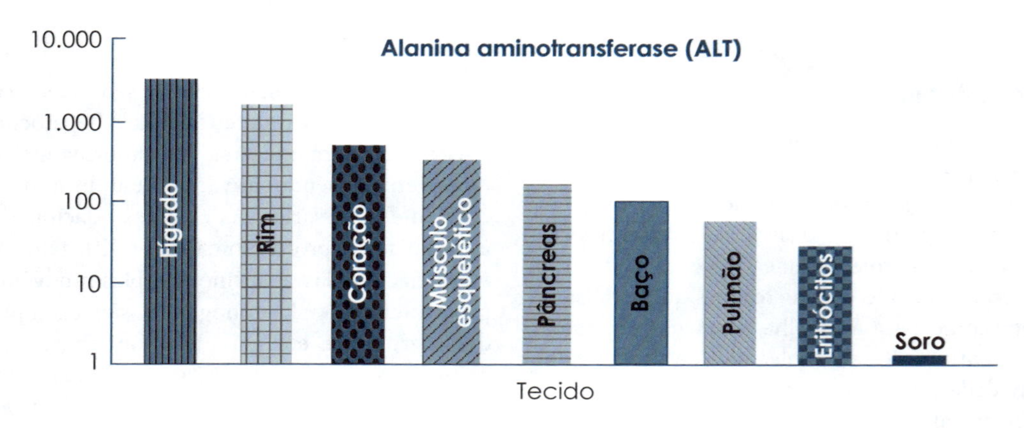

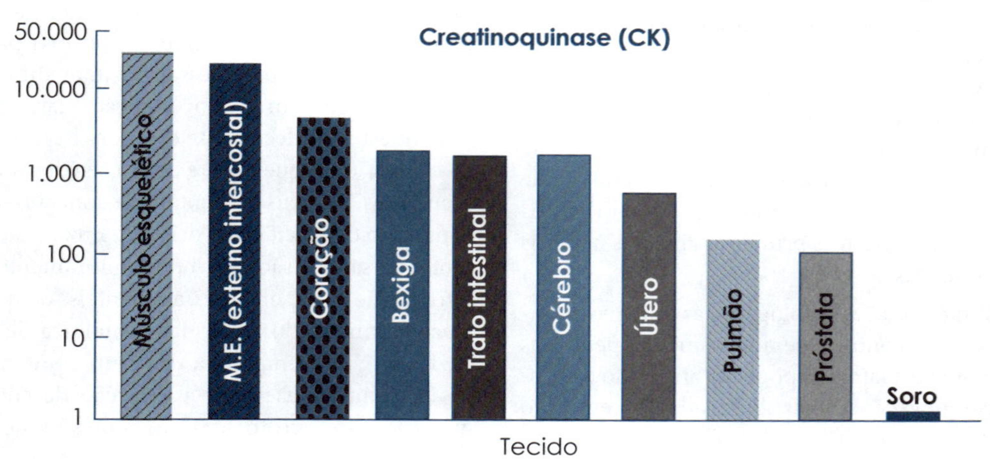

FIGURA 3.1 – Gradientes de atividade entre AST, ALT e CK do soro em diferentes tecidos humanos.

consideradas marcadores de lesão tecidual. Um exemplo clássico é a alanina aminotransferase (ALT), também conhecida como transaminase glutâmico-pirúvica (TGP), que é considerada um biomarcador de lesão hepática, pois, apesar desta enzima ser encontrada em outros tecidos como o renal, ela está em alta concentração no tecido hepático. Além disso, a dosagem da atividade enzimática, algumas vezes, pode retratar a natureza (crônica ou aguda) e a extensão da lesão tecidual. Por exemplo, níveis de aspartato aminotransferase (AST) superiores aos de ALT no fígado, geralmente indicam processos crônicos (cirrose hepática); ao contrário, níveis de ALT superiores aos de AST usualmente indicam um processo agudo (hepatite viral aguda). Vale ressaltar que a magnitude da elevação da enzima no plasma pode indicar a extensão da lesão. Porém, a interpretação da presença, ausência ou magnitude dos níveis de certas enzimas no plasma deve ser cautelosa, pois diversos fatores podem interferir, como o clearance ou retirada das enzimas do plasma. Além disto, a otimização, padronização e controle de qualidade das variadas técnicas usadas para a determinação das atividades enzimáticas são fundamentais para fornecer resultados livres de interferências.

A enzimologia clínica, uma das especialidades da química clínica, tem se desenvolvido nos últimos anos devido as importantes descobertas bioquímicas, bem como ao avanço das técnicas laboratoriais. Enzimas podem ser utilizadas em métodos analíticos como, por exemplo, na dosagem de glicose plasmática ou no grupo de técnicas de ensaio imunoenzimático (ELISA), que acopla reações imunológicas à reações enzimáticas na quantificação de vários antígenos ou anticorpos. É importante destacar que os ensaios enzimáticos correspondem a uma parcela significativa da carga total de trabalho do setor de Bioquímica Clínica de laboratórios de grandes hospitais. Este fato reflete a importância da enzimologia clínica no auxílio do diagnóstico, prognóstico e acompanhamento da evolução de inúmeras patologias.

Conceitos básicos de enzimologia

▪ Fatores que afetam a atividade das enzimas

Enzimas atuam eficientemente nas reações fornecendo um caminho alternativo de menor energia de ativação, acelerando as reações químicas em ordens de magnitude muito elevadas. Como todos os catalisadores, não são alteradas permanentemente no curso da reação. São em geral proteínas globulares que requerem pH e temperatura (37 °C) ótimos para sua atividade catalítica máxima. Portanto, alterações na temperatura e pH do meio podem afetar as estruturas de organização proteicas secundária, terciária e quaternária, modificando a conformação ótima da enzima ou até mesmo alterando cargas do substrato, interferindo na interação do substrato com o sítio ativo da enzima durante a catálise. A elevada especificidade é devida a conformação espacial/tridimensional proteica das enzimas, que modificam a sua conformação quando as moléculas de substrato se ligam ao sítio ativo. Muitas enzimas necessitam de fatores adicionais para realizarem a catálise. Estes cofatores podem se ligar reversivelmente à estrutura proteica, como vários íons metálicos ou moléculas orgânicas derivadas de vitaminas , como o NAD^+/NADH, ou se ligar covalentemente a parte proteica (grupos prostéticos), como o $FAD^+/FADH_2$.

A velocidade da reação também depende da concentração da enzima e do substrato. Para uma determinada concentração de enzima, a velocidade da reação aumenta com o aumento da concentração de substrato até uma determinada concentração, acima da qual qualquer incremento não produz mudança significativa, atingindo assim a velocidade máxima da reação. Vale ressaltar que na determinação laboratorial das atividades enzimáticas deve ser utilizada concentração de substrato saturante.

▪ Condições e fatores, patológicos ou não, que alteram os níveis de enzimas no plasma

Os níveis plasmáticos das enzimas dependem do equilíbrio entre a velocidade de influxo na circulação, determinada pela velocidade de liberação por células danificadas, e velocidade alterada de síntese enzimática, bem como da sua eventual depuração do sangue (*clearance*).

A membrana plasmática, metabolicamente ativa, deverá estar íntegra e, esta integridade, é dependente da produção de energia pela célula. É importante destacar que qualquer processo patológico pode levar a uma alteração na permeabilidade da membrana, resultando em extravasamento de enzimas para o plasma. Se a lesão celular progride, a membrana se desintegra liberando, também, enzimas para o plasma. Há ocasiões em que existe uma agressão direta à membrana plasmática (vírus, agentes químicos) que promove à ruptura imediata da membrana que poderá resultar, da mesma forma, em aumento dos níveis de enzimas no plasma.

Existem determinados fatores e condições, patológicos ou não, que podem promover aumento ou diminuição de enzimas no plasma sem que haja necessariamente aumento da permeabilidade ou desintegração da membrana celular. Muitos deles, como o clearance, são ainda pouco conhecidos, o que pode dificultar uma interpretação satisfatória para determinados achados de medidas de atividade enzimática.

Condições que causam a liberação aumentada de enzimas para o plasma

Aumento da Síntese de Enzimas pelas Células

O osteoblasto é a célula que sintetiza fosfatase alcalina. O aumento de sua atividade eleva os níveis séricos desta enzima. O osteoclasto, por sua vez, sintetiza a isoenzima óssea da fosfatase ácida, explicando o aumento da enzima na doença de Paget (atividade osteoclástica intensa). Nos estados avançados de gravidez há produção aumentada da isoenzima placentária da fosfatase alcalina (ALP).

Indução enzimática

A indução enzimática é um mecanismo de etiologia desconhecida, que consiste na associação de certas condições clínicas ao aumento de determinadas enzimas no plasma. Por exemplo, a ingestão excessiva de álcool aumenta a atividade da gamaglutamiltransferase (GGT), cujo mecanismo ainda não foi totalmente elucidado; a obstrução biliar, por sua vez, caracteristicamente aumenta as atividades da ALP e da GGT no plasma.

Proliferação de células produtoras de enzimas

No carcinoma de próstata, por exemplo, há a proliferação de células produtoras de fosfatase ácida do tipo prostática, promovendo, assim, o aumento dos níveis dessa enzima no plasma.

Condições que causam a liberação diminuída de enzimas para o plasma

Em certas condições, existe uma diminuição da síntese de enzimas que é refletida no seu nível plasmático. Na doença hepática extensa, por exemplo, observa-se diminuição da produção de colinesterase.

A medida da atividade da colinesterase no plasma é um teste útil para a avaliação da função hepática, pois retrata a capacidade de síntese do hepatócito. Níveis essencialmente normais são encontrados na hepatite crônica, nas cirroses brandas e na icterícia obstrutiva. Níveis diminuídos são encontrados nas cirroses avançadas e no carcinoma com metástase para o fígado. Assim, nas doenças hepáticas crônicas, diminuição da atividade da colinesterase indica gravidade do caso.

Clearance das enzimas

A meia-vida das enzimas no plasma varia de horas a dias com uma média de 24 a 48 horas. A maioria das enzimas plasmáticas é removida da circulação através do mecanismo de endocitose mediada por receptor no sistema retículoendotelial, que envolve principalmente a medula óssea, baço e as células de Kupffer do fígado. Este mecanismo ocorre via receptores específicos da superfície da célula que fazem reconhecimento da enzima, promovem a entrada das mesmas para o interior da célula, seguido da fusão com os lisossomas e, finalmente, a digestão da proteina ingerida e a reciclagem do receptor de volta para a membrana celular.

A variação da velocidade de depuração de enzimas e suas isoformas pode ser alterada em função da condição patológica. Como exemplo podemos citar a fosfatase alcalina intestinal, uma glicoproteína com um grupo terminal galactosil que é reconhecido por um receptor específico na membrana dos hepatócitos; este processo é rápido e a meia-vida da fosfatase alcalina intestinal é muito pequena. No entanto, quando há uma patologia hepática, por exemplo cirrose, o número de receptores diminui e, portanto, ocorre aumento da meia-vida da fosfatase alcalina intestinal. As outras isoformas da fosfatase alcalina, por serem sialoproteínas, possuem meia-vida diferente, muito maior do que a intestinal. Sendo assim, é importante conhecer não só as condições patológicas que originam o extravasamento de enzimas para o plasma, mas também como as enzimas podem ser depuradas do plasma.

A maioria das moléculas enzimáticas não é suficientemente pequena para passar através da membrana glomerular normal. Portanto, a excreção urinária não é uma via importante de eliminação de enzimas da circulação. Uma exceção a essa regra é a amilase. Aumentos nos níveis dessa enzima no sangue (como na pancreatite aguda) são acompanhados de aumentos na excreção urinária.

■ Fatores que influenciam a velocidade de liberação de enzimas intracelulares para o plasma

Gradiente de concentração

Quanto maior for o gradiente de concentração entre o interior e o exterior da célula, maior será a velocidade de liberação da enzima para o plasma.

Localização intracelular das enzimas

As enzimas mais rapidamente liberadas para a circulação são as que estão presentes na fração solúvel do citoplasma, e aquelas enzimas associadas às estruturas subcelulares, como a mitocôndria, são liberadas mais lentamente.

Peso molecular

As enzimas de menor peso molecular possuem uma maior velocidade de liberação.

Permeabilidade dos capilares

Quanto maior for a permeabilidade dos capilares, maior será a liberação da enzima na circulação. No fígado, cujos capilares são muito permeáveis, a transferência é direta.

Todos esses fatores citados podem ter repercussões clínicas importantes, por exemplo, no infarto agudo do miocárdio (IAM), a fração MB da creatinofosfoquinase (CK-MB) é encontrada na circulação muito mais precocemente que a desidrogenase lática (LDH), por possuir uma molécula muito menor. Ainda no IAM, logo após o infarto, observamos um pico grande de troponinas correspondente às troponinas citosólicas. Mais tardiamente, são liberadas as troponinas presas às miofibrilas. A CK-MB ainda é um bom marcador enzimático para o diagnóstico do IAM e na detecção de reinfartos. Os níveis aumentam três a seis horas após o IAM, e, atingem o pico 12 a 24 horas depois; os níveis basais retornam 12 a 48 horas após, caso não ocorram mais episódios de infarto.

■ Dosagem de enzimas no soro

Enzimas são medidas por sua velocidade de reação

No laboratório clínico, muitas dosagens no soro (glicose, ureia, creatinina, colesterol etc.), realizadas no espectrofotômetro, têm como fundamento a ligação química da substância a ser dosada (ou seu derivado) a um cromógeno específico. Cada cromógeno, por ser específico, reage segundo as propriedades químicas que caracterizam a substância em questão.

A medida da concentração de proteínas individualmente não pode empregar essa metodologia. As proteínas são quimicamente muito semelhantes, embora fisiologicamente muito diferentes – pequenas trocas na sequência de aminoácidos levam a grandes alterações fisiológicas.

Existem reações químicas específicas para cada aminoácido, mas esses estão amplamente distribuídos em todas as proteínas. Assim, a dosagem individual de proteínas se baseia na especificidade do antígeno-anticorpo.

No caso especial de enzimas, o laboratório clínico, na maioria das vezes, emprega para dosagem a determinação da atividade da enzima, na qual é medida a velocidade (atividade) enzimática e não a massa de enzima. Esse método satisfaz grande parte dos propósitos clínicos, sendo pouco dispendioso. Há casos em que se faz necessário um método mais sensível, e a enzima é medida por sua massa. É o caso de CK-MB massa, que no IAM, devido ao caráter de urgência, é medida por imunoensaio enzimático (IEE), como descrito adiante em Marcadores Bioquímicos do IAM. Para a rotina clínica, o IEE é mais oneroso.

"Velocidade de reação" ou "atividade enzimática" é a quantidade de produto formada pela enzima por intervalo de tempo (segundos, minutos). A concentração de uma enzima é proporcional à velocidade da reação por ela catalisada. Quando essa velocidade não é constante, não podemos relacionar concentração de enzima com uma velocidade que está sofrendo alterações. Vejamos as condições para que a velocidade de reação de uma enzima se mantenha constante.

Em uma reação enzimática, a enzima (E) combina-se ao substrato (S) para formar o complexo enzima-substrato (ES).

$$[E] + [S] \leftrightarrow [ES] \leftrightarrow [E] + [P]$$

A molécula de enzima existe sob duas formas: a forma E (livre) e a forma ES (complexada). Quanto maior o número de ES, maior a velocidade da reação. Fixando-se uma determinada concentração de substrato e de enzima, observa-se que, à medida que o tempo passa, a quantidade de substrato diminui, e com ela, a velocidade da reação (diminuindo o número de complexos ES). Essa condição é vista na Figura 3.2A.

Todavia, se formos aumentando a concentração de substrato gradativamente, chega-se a uma condição em que todas as moléculas de enzima vão conter moléculas de substrato. Assim, atinge-se o número máximo de complexos ES e, portanto, a velocidade máxima (Vmáx). A partir desse ponto, se colocarmos mais substrato, a velocidade permanecerá a mesma, como é visto na Figura 3.2B. Os ensaios enzimáticos no laboratório clínico funcionam bem acima do ponto saturante de substrato.

Tipos de abordagem analítica para a medida da atividade enzimática

Método do ponto fixo ou método do ponto final

Neste método, medimos a quantidade de produto formado por um intervalo significativo de tempo (ex.: 20 minutos).

Método do monitoramento contínuo

O método do monitoramento contínuo passou a ser utilizado com o desenvolvimento de espectrofotômetros mais sensíveis, capazes de registrar pequenas variações em absorvância, permitindo assim medidas em curtos intervalos de tempo (de 1 em 1 minuto), o que vem a ser uma grande vantagem para laboratórios de urgência. Variação em absorvância (ΔA) por unidade de tempo é a quantidade de produto formada nesse período. Por definição, a velocidade da reação (ΔA/min) deverá manter-se constante. Para cada enzima existe um determinado fator que converte velocidade em concentração enzimática.

O valor da absorvância pode ser obtido diretamente por meio de um produto colorido (Exemplo 1) ou, caso a reação não gere um produto colorido, a partir do acoplamento da mesma com o sistema $NAD^+/NADH + H^+$ a 340 nm (Exemplo 2).

Exemplo 1 Dosagem da Fosfatase Alcalina (ALP)	
P-Nitrofenilfosfato^{ALP} + H_2O	P-Nitrofenol + Fosfato (composto colorido)

Exemplo 2
Muitas enzimas se ligam a cofatores, como o NAD^+, que sofre mudanças espectrofotométricas como resultado da reação catalisada pela enzima (oxidação ou redução). O NAD reduzido ($NADH + H^+$) absorve intensamente a 340 nm, enquanto o NAD oxidado (NAD^+) não absorve nesse comprimento de onda (Figura 3.3).

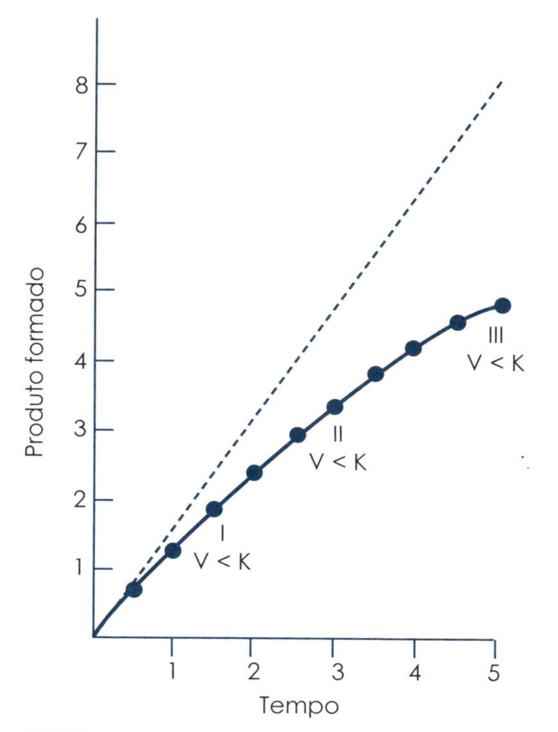

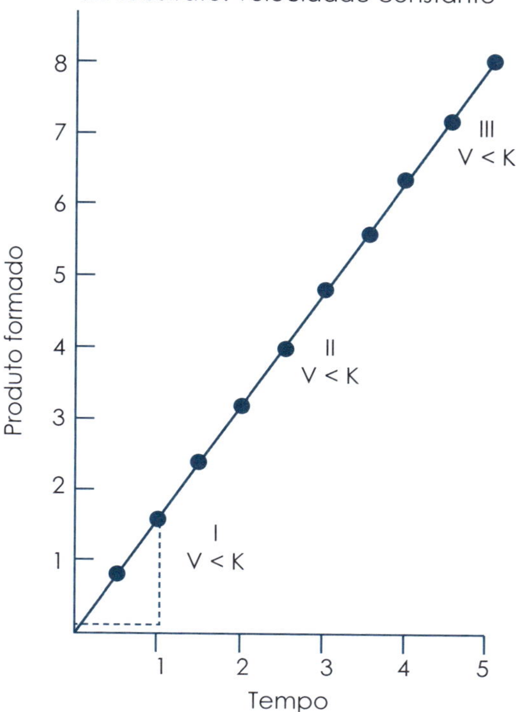

FIGURA 3.2 A E B – Velocidade enzimática.

Assim, a variação na absorvância do sistema $NAD^+/NADH + H^+$ a 340 nm, por intervalo de tempo, mede a atividade enzimática. Este constitui um método fácil e preciso de medida de atividade enzimática, de tal maneira que, para enzimas que não possuam NAD^+ como cofator, acopla-se uma segunda reação enzimática NAD^+ dependente, sendo a variação na absorvância do NAD^+ por intervalo de tempo, da mesma forma, uma medida indireta da atividade da enzima que desejamos dosar (primeira reação). Nesses casos, o produto da primeira reação serve como substrato da segunda.

Assim, na grande maioria dos casos, os resultados das dosagens enzimáticas solicitadas ao laboratório clínico vêm expressos em unidades por litro (U/L). A Comissão de Enzimas propôs que a Unidade Internacional (UI) de

Como exemplo podemos citar a medida da aspartato-cetoglutarato-aminotransferase:	
L-cetoglutarato^{ALP} + L-aspartato	L-glutamato + oxaloacetato
Oxaloacetato^{MD*} + NADH + H^+	L-malato + NAD^+
*MD = Malato desidrogenase	

atividade enzimática fosse, por definição, a quantidade de enzima que catalisa a reação de 1 μg/dL de substrato por minuto. O laboratório deve definir no resultado as condições em que o ensaio foi feito (como, p. ex., pH, temperatura), fornecendo a faixa referencial normal naquelas condições.

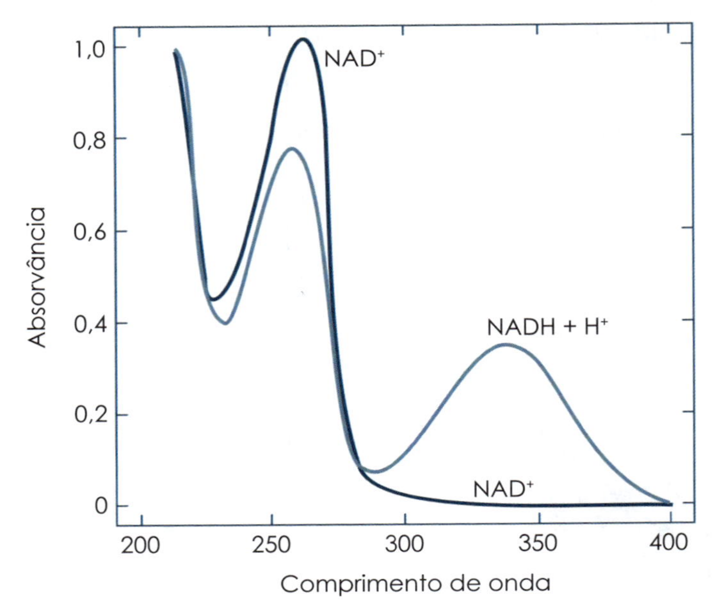

FIGURA 3.3 – Espectro de absorção da coenzima NAD^+/NADH + H^+.

Conceito de isoenzimas

Empregaremos as enzimas creatinoquinase (CK) e lactato desidrogenase (LDH) como exemplos para conceituar isoenzimas.

A CK é enzima que catalisa a transferência de um grupo fosfato da fosfocreatina para o difosfato de adenosina (ADP), formando o trifosfato de adenosina (ATP). A fosfocreatina é um composto de fosfato de alta energia que desempenha um papel singular na energética do músculo e de outros tecidos excitáveis, como os nervos. Esse composto funciona como um reservatório temporário de grupos fosfato de alta energia; tem como finalidade manter a concentração de ATP nas células musculares em níveis elevados, particularmente no músculo esquelético, onde às vezes é necessário realizar trabalho extenuante em um curto espaço de tempo.

A LDH é uma enzima citosólica encontrada amplamente nos tecidos que catalisa a reação reversível de conversão de piruvato a lactato, utilizando como coenzima o NADH. A reação no sentido de formação de lactato é importante para regenerar o NAD^+. Os dois produtos finais da via glicolítica são o ácido pirúvico e os átomos de hidrogênio combinados ao NAD^+, para formar NADH e H^+. Em condições anaeróbicas (ex.: músculo esquelético), a LDH age no sentido piruvato a lactato. O lactato difunde facilmente para os fluidos extracelulares. Em condições aeróbicas (ex.: músculo cardíaco) se dá o inverso: a enzima age no sentido lactato a piruvato. O músculo cardíaco retira o lactato do sangue e transforma-o em piruvato que vai ser transportado para a mitocôndria onde será convertido em acetil CoA, que participará do ciclo de Krebs (Figura 3.4).

Origem genética das isoenzimas

Grande parte das enzimas humanas é codificada por mais de um gene estrutural. Esses, embora idênticos, nem sempre se localizam próximos uns aos outros e muitas vezes se situam em cromossomas diferentes. Em muitos casos, durante o curso da evolução, esses genes sofreram modificações (mutações), dando origem a enzimas que não mais possuíam estruturas idênticas: as isoenzimas (Figura 3.5).

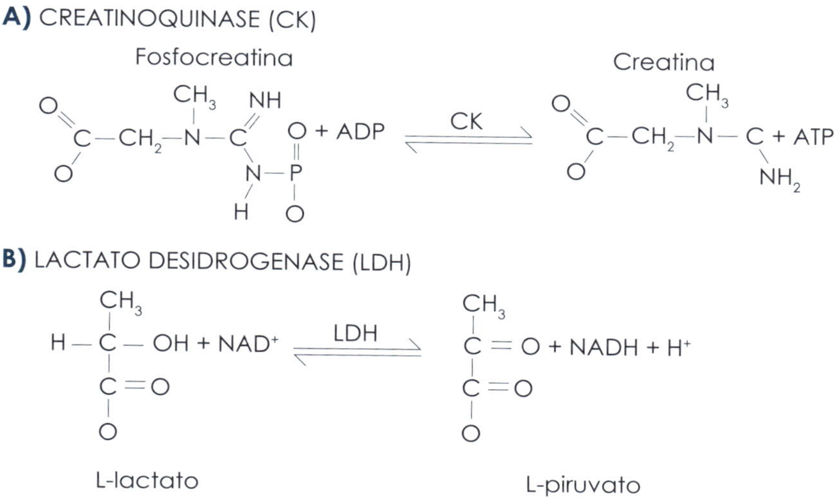

A) CREATINOQUINASE (CK)

Fosfocreatina + ADP $\overset{CK}{\rightleftharpoons}$ Creatina + ATP

$$^{-}O(O=)C-CH_2-N(CH_3)-C(=NH)-NH-P(=O)(O^{-})O^{-} + ADP \overset{CK}{\rightleftharpoons} {}^{-}O(O=)C-CH_2-N(CH_3)-C(=NH)-NH_2 + ATP$$

B) LACTATO DESIDROGENASE (LDH)

L-lactato + NAD^+ $\overset{LDH}{\rightleftharpoons}$ L-piruvato + NADH + H^+

$$CH_3-CH(OH)-C(=O)O^{-} + NAD^+ \overset{LDH}{\rightleftharpoons} CH_3-C(=O)-C(=O)O^{-} + NADH + H^+$$

FIGURA 3.4 – Reações químicas catalisadas pelas enzimas CK (A) e LDH (B).

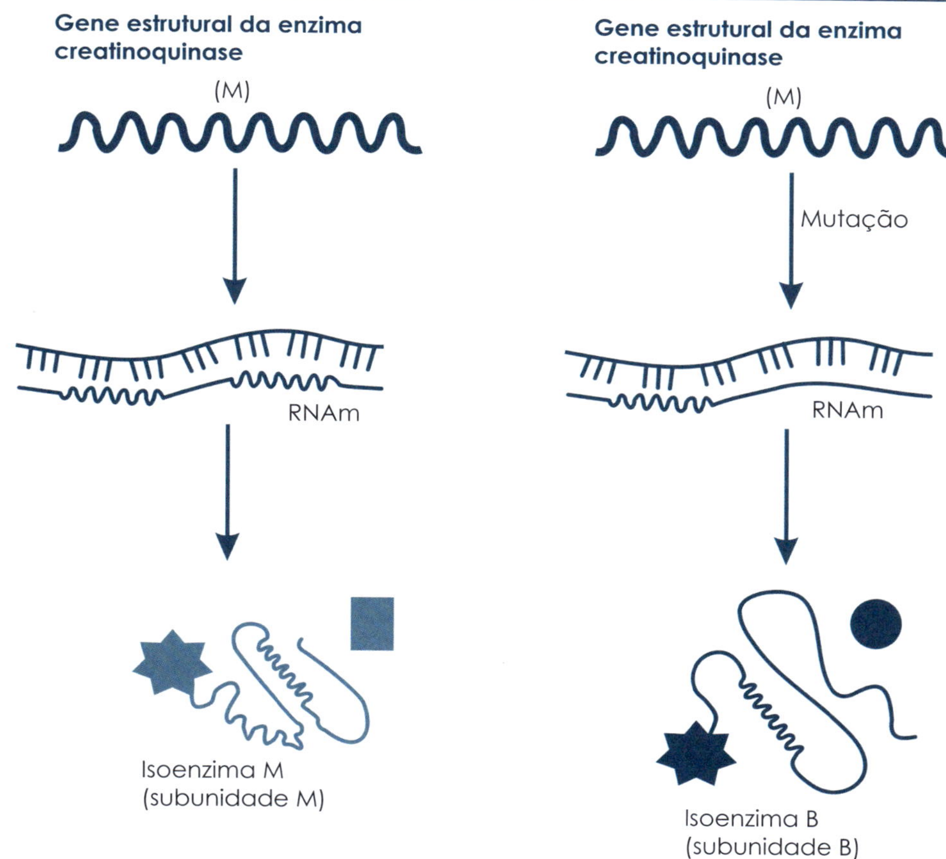

FIGURA 3.5 – Origem genética de isoenzimas (ex.: CK-MB da enzima creatinoquinase).

Estrutura Molecular das Isoenzimas

Isoenzimas são formas múltiplas de uma enzima que catalisam uma mesma reação bioquímica, mas com estruturas moleculares um pouco diferentes que possibilitam separação por eletroforese (Figura 3.5). Existem ainda isoenzimas que se originam de maneira um pouco mais complexa; representam associações dessas formas múltiplas (isoenzimas híbridas). As formas múltiplas passam, então, a se chamar subunidades. É o caso das isoenzimas da enzima creatinoquinase (Figura 3.6). As moléculas são dímeros resultantes da associação de duas subunidades: subunidades muscle (M); subunidades brain (B).

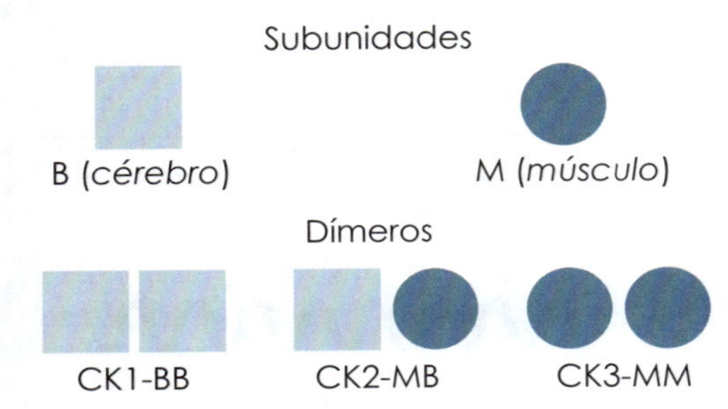

FIGURA 3.6 – Isoenzimas da creatinoquinase.

As associações são:

- CK-BB ou CK-1;
- CK-MB ou CK-2;
- CK-MM ou CK-3.

Ver a correspondência nas isoenzimas de LDH, na Figura 3.7.

As isoenzimas não se distribuem uniformemente pelos tecidos. Isso é o resultado do estímulo ou da repressão de genes nas diferentes células. A distribuição da creatinoquinase pelos tecidos se faz:

- **CK-MM ou CK-3:** predomina nos músculos esquelético e cardíaco:
  - – CK-MB ou CK-2.
  - – O músculo cardíaco 15 a 40%.
  - – O músculo esquelético 1 a 2%.
- **CK-BB ou CK-1:** predomina no cérebro.

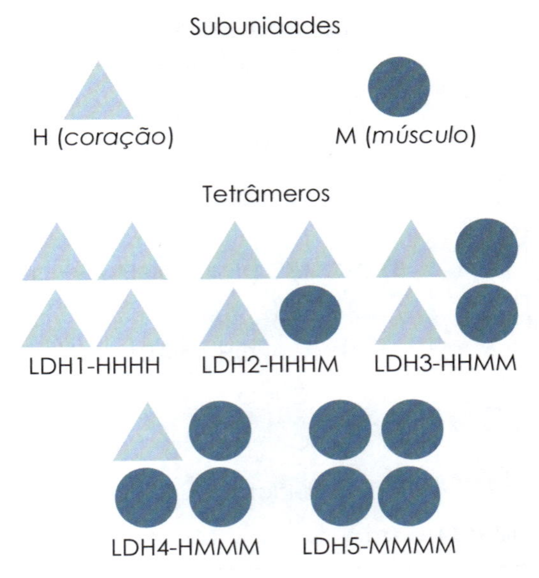

FIGURA 3.7 – Isoenzimas de LDH.

A isoenzima CK-MM ou CK-3 é a mais abundante tanto no tecido muscular esquelético quanto no cardíaco. A forma CK-MB ou CK-2, no entanto, apresenta predominância no músculo cardíaco (15 a 40%) em relação ao músculo esquelético (1 a 2%).

No plasma, as concentrações das isoenzimas são:

- CK-BB ou CK-1: desprezível;
- CK-MB ou CK-2: ± 5%;
- CK-MM ou CK-3: ± 95%.

Além dessas três isoenzimas, existe uma quarta isoenzima, chamada CK-Mt não citosólica, presente no espaço entre as membranas mitocondriais, que pode ser responsável por até 15% da atividade CK do miocárdio.

Com relação a distribuição da lactato desidrogenase pelos tecidos, tem-se:

- LDH-1 – coração, eritrócitos;
- LDH-2 – coração, eritrócitos;
- LDH-3 – rim, plaquetas, pulmão;
- LDH-4 – músculo esquelético, fígado;
- LDH-5 – músculo esquelético, fígado.

No plasma (ordem decrescente de concentração):

- LDH-2 > LDH-1 > LDH-3 > LDH-4 > LDH-5.

Entre as isoenzimas de LDH, a LDH–1 é a que reflete, no plasma, a lesão cardíaca.

Papel Funcional das Isoenzimas

O papel funcional das isoenzimas permanece pouco conhecido. A ocorrência de modificações (mutações) nos múltiplos *loci* de genes que codificam as isoenzimas certamente conferiu vantagens para as espécies ao longo da evolução. A distribuição não homogênea das isoenzimas pelos tecidos fala a favor de que elas representem adaptações funcionais aos diferentes tipos de células.

- Com relação à LDH

A subunidade H possui maior afinidade pelo lactato. Assim, LDH-1 (HHHH) e LDH-2 (HHHM) são mais encontradas em tecidos que apresentam metabolismo aeróbico (ex.: coração). Lactato vai à piruvato, que é oxidado na mitocôndria.

A subunidade M possui maior afinidade pelo piruvato. Assim, LDH-4 (HMMM) e LDH-5 (MMMM) são mais encontradas em tecidos que apresentam metabolismo anaeróbico (ex.: músculo esquelético). Piruvato vai à lactato, que é lançado na corrente sanguínea.

Desenvolvimento Embrionário das Isoenzimas

As isoenzimas apresentam uma ordem cronológica de aparecimento no desenvolvimento embrionário. Essa ordem é:

a. para creatinoquinase:
   CK-BB (CK-1) → CK-MB (CK-2) → CK-MM (CK-3);
b. para Lactato desidrogenase:
   LDH-5→LDH-4→LDH-3→LDH-2→ LDH-1.

Na maioria das vezes, uma elevação no soro de formas primitivas se deve à sua liberação por células pouco diferenciadas, como ocorre no câncer. Assim, CK-BB e LDH-5 vêm sendo encontradas no soro de pacientes com diversos tipos de câncer. O reaparecimento do padrão fetal das isoenzimas ocorre também em outras doenças. Nas distrofias musculares progressivas, por exemplo, o aumento de CK-MB é interpretado como uma incapacidade do tecido de manter o grau normal de diferenciação. As células no processo de divisão rápida, como na polimiosite aguda, também tendem a levar a um padrão fetal de enzimas.

■ Conceito de isoformas

Utilizaremos primeiramente os exemplos de CK-MM e CK-MB para conceituarmos isoformas. Isoenzimas podem ser submetidas a modificações pós-traducionais. De acordo com a *International Union of Biochemistry*, as isoen-

LDH

$$\underset{\text{L-lactato}}{H-\overset{\overset{CH_3}{|}}{\underset{\underset{\underset{O^-}{|}}{C=O}}{\underset{|}{C}}}-OH} + NAD^+ \underset{\text{pH 7,4-8,8}}{\overset{\text{pH 8,8-9,8}}{\rightleftharpoons}} \underset{\text{Piruvato}}{\overset{\overset{CH_3}{|}}{\underset{\underset{\underset{O^-}{|}}{C=O}}{\underset{|}{C}}}=O} + NADH + H^+$$

zimas modificadas após sua tradução devem ser chamadas de isoformas, assim tornando explícito que as diferenças entre as moléculas não se originam em nível genético. As isoenzimas de CK do tipo MM e MB sofrem modificações pós-traducionais, dando origem a isoformas.

Quando as células do músculo estriado ou do músculo cardíaco sofrem necrose, seja por doenças ou quando há o turnover normal, as isoenzimas tissulares CK-MM e CK-MB caem na circulação e sofrem a ação da enzima plasmática carboxipeptidase-M ou B (modificação pós-traducional) (Figura 3.8). Esse processo inicia o clearance dessas CK, que será finalmente fagocitada por células do sistema reticuloendotelial, através de receptores específicos.

Tanto a subunidade M quanto a B tem resíduo de lisina terminal, mas somente a M é hidrolisada pelas carboxipeptidades plasmáticas. A carboxipeptidase hidrolisa sequencialmente os resíduos de lisina da isoenzima CK-MM para produzir as isoformas: CK-MM2 (retirada de um resíduo de lisina da cadeia M) e CK-MM1 (retirada de dois resíduos de lisina da cadeia M). A perda da lisina positivamente carregada produz uma molécula mais negativamente carregada, com maior mobilidade para o anódio na eletroforese. Uma vez que a magnitude da mobilidade em relação ao anódio é a base da numeração das isoformas, a forma tissular ou o produto do gene, que na realidade é uma isoenzima, é chamada de CK-MM3. Como a CK-MB só possui uma cadeia M, o produto do gene é CK-MB2 e a molécula que sofreu hidrólise da lisina é chamada CK-MB1.

A CK também pode ser encontrada no plasma em forma macromolecular (macro CK). Podem ser dois tipos: 1 e 2. A tipo 1 é formada pela CK BB (mais frequente) ou CK MB complexada com IGA ou IgG. Já a macro CK tipo 2 é um complexo oligomérico de origem mitocondrial, encontrada em pacientes com neoplasias, sendo a sua presença no soro associada a um mau prognóstico. A existência de ambos os tipos no soro pode causar resultados falso positivos para determinação de CK MB. Outros tipos

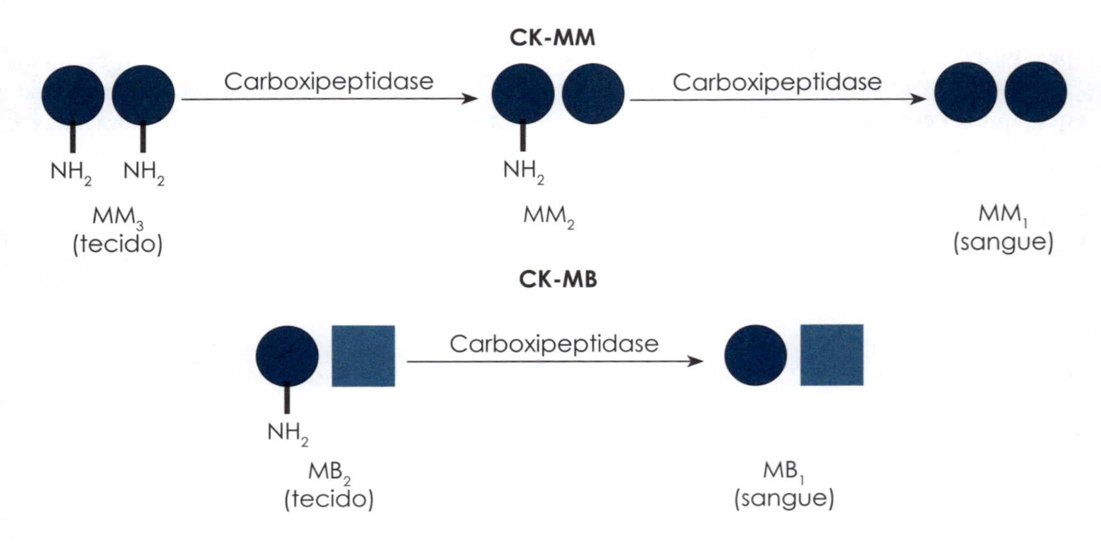

FIGURA 3.8 – Isoformas de CK.

de modificações pós-traducionais ocorrem em outras enzimas e isoenzimas. A enzima amilase encontra-se no soro predominantemente nas formas de isoenzimas tipo-P (pancreática) e tipo-S (salivar). As isoenzimas da amilase sofrem modificações pós-traducionais dos tipos deamidação, glicolisação e deglicolisação.

Determinação das Isoenzimas

A existência de isoenzimas e sua liberação no plasma, em condições patológicas, aumenta a especificidade de diferentes diagnósticos por serem tecidos específicas. Como possuem estruturas primárias diferentes, suas propriedades físicas podem variar, como a mobilidade eletroforética. Tanto a LDH quanto a CK podem ter suas isoenzimas identificadas e quantificadas por eletroforese. Muitas vezes existem, entre elas, diferenças quantitativas significativas com relação as propriedades catalíticas, que também podem ser utilizadas na determinação. Portanto, os métodos irão variar dependendo da isoenzima a ser avaliada, assim como de suas propriedades estruturais e catalíticas. Desta forma, características como mobilidade eletroforética, resistência à inativação, resposta a inibidores, além da utilização de anticorpos específicos, que inativem determinadas subunidades presentes nas isoenzimas, podem ser utilizados para avaliação das isoenzimas.

Enzimas específicas

- Creatinoquinase.
- Lactato desidrogenase.
- Amilase e lipase.
- Fosfatase alcalina (isoenzimas óssea e hepática).
- Fosfatase ácida (isoenzimas óssea e prostática).
- Aspartato aminotransferase.
- Alanina aminotransferase.
- Gamaglutamiltransferase.

A maioria das enzimas acima discriminadas será abordada em outros capítulos. Neste capítulo, descreveremos apenas as enzimas creatinoquinase e lactato desidrogenase na ausência do IAM, amilase e lipase, bem como a fosfatase ácida (isoenzima prostática).

Creatinoquinase

Miopatias

A CK total sempre se apresenta significativamente elevada em alguma fase do curso das doenças musculares. Todavia, as doenças musculares neurogênicas, como a miastenia gravis, a esclerose múltipla, a poliomielite e a doença de Parkinson, não apresentam elevação de CK total.

Distrofias Musculares Progressivas

São doenças musculares hereditárias caracterizadas por fraqueza muscular progressiva e debilitante. Elas podem ser classificadas de acordo com o tipo de herança, a idade do início da doença, a distribuição dos músculos afetados e as características clínicas (Tabela 3.1).

No tipo Duchenne, geralmente ocorre pseudo-hipertrofia dos músculos, retardo mental, deformidades esqueléticas e envolvimento cardíaco. Nela foi encontrado um defeito genético no cromossomo X. O gene afetado codifica uma proteína que foi chamada de distrofina. A quantidade de distrofina está significativamente reduzida ou ausente nos pacientes com Duchenne.

A distrofia muscular de Duchenne já pode ser identificada, nos dias de hoje, por estudos genéticos precocemente na gravidez em 95% das mulheres grávidas de embriões com essa doença.

Nas distrofias musculares progressivas, a atividade da CK no plasma caracteristicamente é maior na infância. Pode estar elevada muito tempo antes do aparecimento dos sintomas e cai à medida que os pacientes se tornam mais velhos, e a massa muscular diminui com a progressão da doença. Grande parte das mulheres assintomáticas transmissoras da doença de Duchenne apresentam elevação de CK.

TABELA 3.1 – Algumas distrofias musculares progressivas

Doença	Herança	Idade do Início (Anos)	Distribuição	Prognóstico
Tipo Duchenne	Recessiva ligada ao cromossomo X	1-5	De início, músculos pélvicos, depois os ombros; mais tarde, os membros inferior e superior e músculos respiratórios	Progressão rápida Morte 15 anos após o início da doença
Becker's	Recessiva ligada ao cromossomo X	5-25	De início, músculos pélvicos ou ombros	Progressão lenta Pode ter vida média normal
Erb's	Recessiva autossômica	10-30	De início, músculos pélvicos ou ombros	Gravidade e velocidade de progressão variáveis
Fáscio-escápulo-umeral	Dominante autossômica	Qualquer idade	De início, face e ombros; mais tarde, músculos da pelve e pernas	Progressão lenta Incapacitação discreta Geralmente vida média normal
Distal	Dominante autossômica	40-60	De início, acometimento das extremidades; mais tarde, envolvimento proximal	Progressão lenta

Hipertermia Maligna

Pode ser uma resposta ao halotano e outros anestésicos inalados. Há instalação rápida de temperatura elevada, metabolismo muscular aumentado, rigidez muscular, rabdomiólise (destruição do músculo esquelético), acidose e instabilidade cardiovascular.

Dermatopolimiosite

É uma doença sistêmica de causa desconhecida cuja principal manifestação clínica é a fraqueza muscular. Quando associada a manifestações de pele, a polimiosite é chamada de dermatomiosite. Existe um risco elevado de progressão para a malignidade, especialmente em pacientes com dermatomiosite. A medida dos níveis de CK no plasma do paciente é muito importante no diagnóstico e acompanhamento dessa doença.

Rabdomiólise

A rabdomiólise se caracteriza por necrose muscular que resulta na liberação, para a circulação, de constituintes do músculo esquelético. Os sintomas podem variar, mas frequentemente ocorre mialgia, fraqueza muscular e urina escura. Comumente, os níveis de creatinoquinase estão acentuadamente elevados, e pode haver a presença de mioglobinúria. Várias causas são descritas: trauma, exercícios extenuantes, fármacos, toxinas e distúrbios metabólicos e eletrolíticos. Distúrbios hereditários do metabolismo que possam levar a alterações no nível de produção de ATP, como por exemplo os distúrbios da oxidação de ácidos graxos e deficiência de carnitina-palmitoil transferase podem provocar a rabdomiólise.

Trauma muscular direto

É uma importante e comum causa de aumento da CK. Como exemplos temos as injeções intramusculares, as intervenções cirúrgicas, a desfibrilação ou cardioversão elétricas e a sepse.

Doenças primárias do fígado

O fígado contém quantidades mínimas de CK. As doenças primárias do fígado não elevam os níveis de CK.

Síndrome de Reye

É uma doença rara que constitui uma grave complicação da gripe ou outras doenças virais, que ocorre principalmente em crianças. Sua etiopatogenia é desconhecida, mas a síndrome está associada ao uso de aspirina. Ocorre insuficiência hepática progressiva e encefalopatia. A taxa de mortalidade é de 30%.

Os níveis elevados de CK são encontrados no plasma de pacientes com síndrome de Reye. É curioso que o aumento se deva à CK-3 e não à CK-1, como seria de se esperar.

Hipoparatireoidismo

Níveis elevados de CK no plasma de pacientes com hipoparatireoidismo refletem as alterações musculares – tanto do músculo esquelético quanto do cardíaco – que aparecem nessa doença.

Observação: em alguns casos, também ocorre ligeiro aumento plasmático de CK na artrite, insuficiência cardíaca congestiva, taquicardia e embolia pulmonar.

■ Lactato desidrogenase

Várias situações clínicas, além do infarto agudo do miocárdio, podem provocar alterações do nível sérico da LDH, uma vez que a enzima está presente em todos os tecidos.

Tromboembolia Pulmonar

Êmbolos pulmonares surgem de trombos originados da circulação venosa que atingem a veia cava, caem no ventrículo direito e alojam-se finalmente no pulmão. Mais de 90% dos casos originam-se dos coágulos das veias profundas dos membros inferiores.

Muitos destes pacientes apresentam predisposição à trombose venosa dos membros inferiores. Como consequências do tromboembolismo pulmonar, têm-se: obstrução mecânica do leito vascular pulmonar; reflexos neuro-humorais causando vasoconstrição.

Relação com a LDH

Os pacientes com embolia pulmonar apresentam níveis plasmáticos de LDH elevados. Acredita-se que a LDH-3 esteja elevada devido à destruição em massa de plaquetas na formação do êmbolo. Após dor precordial, níveis normais de outras enzimas cardíacas (CK-MB) e elevados de LDH falam a favor do diagnóstico de tromboembolismo pulmonar.

Hemólise

As hemácias são ricas em LDH, principalmente LDH-1. Praticamente, qualquer causa de hemólise pode produzir, portanto, aumento de LDH com um perfil de isoenzimas semelhante ao obtido no infarto agudo do miocárdio. Cuidados devem ser tomados na coleta da amostra de sangue para evitar falsos resultados devido à hemólise.

Anemia Megaloblástica

Devido à sua necessidade permanente de repor eritrócitos, as células da medula figuram entre as células do organismo que mais se dividem. A anemia megaloblástica é causada pela síntese diminuída de DNA em precursores hematopoiéticos, diante da deficiência de vitamina B_{12} e/ou folato (indispensáveis na síntese do DNA).

A inabilidade das células de produzir DNA leva a uma reprodução lenta das mesmas e, como consequência, ocorre um acúmulo de constituintes celulares. Esse acúmulo aumenta o tamanho da célula que assume, assim, um aspecto megalo. Como a membrana celular dos megaloblastos é extremamente frágil, há o rompimento destas células (eritropoiese ineficaz), elevando acentuadamente o nível de LDH-1 no soro.

Doença Maligna

A atividade de LDH-1 está aumentada em 70% dos pacientes com metástase hepática e em 20 a 60% dos pacientes sem metástase para o fígado. Os ensaios de LDH-1 são utilizados para monitorar os tratamentos quimioterápicos.

Doença Hepática

As elevações de LDH na doença hepática não são tão grandes quanto as das aminotransferases. De uma maneira geral, a medida de LDH não contribui tão significativamente para a avaliação hepática como era de se esperar, pela elevada concentração da enzima no hepatócito. Este fato permanece sem explicação.

Doença Renal

Os valores elevados de LDH podem ser encontrados na doença renal, principalmente na necrose tubular e na pielonefrite.

Doença Muscular Esquelética

Pacientes com distrofia muscular progressiva também apresentam valores moderadamente aumentados de LDH.

AIDS

Em pacientes com AIDS e que apresentam pneumonia por *Pneumocistis carinii*, a LDH sofre uma elevação em até 95% dos casos, mas a especificidade deste achado gira em torno de 75%. A elevação da LDH também pode ser vista nos pacientes com AIDS e linfoma, histoplasmose disseminada, no tratamento a longo prazo com a zidovudina (AZT) e outros antiretrovirais.

■ Amilase e Lipase

A amilase origina-se principalmente do pâncreas (isoenzima P) e da glândula salivar (isoenzima S), embora também esteja presente nas células de vários órgãos. Esta enzima hidrolisa ligações glicosídicas alfa-1,4 de polissacarídeos (amido e glicogênio). As ligações alfa-1,6, que constituem os pontos de ramificação da molécula, não são hidrolisadas pela enzima. A amilase é a única enzima cujo clearance é feito através dos rins, pois, sendo uma molécula pequena, atravessa o glomérulo. As demais enzimas são retiradas do plasma pelo sistema reticuloendotelial (SRE), como visto anteriormente.

As lipases são enzimas produzidas quase que exclusivamente pelo pâncreas, que hidrolisam os triglicerídios, isto é, ésteres de colesterol com ácidos graxos de cadeia longa. Como a amilase, a lipase é uma enzima digestória que atua no trato intestinal. As lipases hidrolisam apenas as ligações éster dos carbonos 1 e 3 dos triglicerídios. Assim, o resultado de sua digestão é o 2-monoacil-glicerol. Para que haja uma digestão completa, é necessária uma isomerização.

A determinação dos níveis séricos de amilase e lipase é utilizada no diagnóstico das pancreatites.

Fisiopatogenia da Pancreatite

Normalmente os zimogênios (forma inativa das enzimas) são ativados no intestino. Na pancreatite aguda, ocorre ativação indevida dos zimogênios dentro do próprio ácino pancreático. Parece que a tripsina inicia uma cascata de ativações, sendo também sintetizada na forma de zimogênio, o tripsinogênio. Uma vez ativada, a tripsina pode ativar outras pró-enzimas, como a pró-fosfolipase e a pró-elastase que atuarão junto com ela no processo de autodigestão. O mecanismo pelo qual ocorre essa ativação indevida de zimogênios é desconhecido.

Uma hipótese recente para explicar a ativação intrapancreática dos zimogênios é a que se refere a um erro na localização intracelular de lisossomos e zimogênios, que deveriam estar em extremos opostos da célula. Na pancreatite, zimogênios e lisossomos ficariam colocalizados em grandes vacúolos autofágicos, onde os zimogênios são ativados por pH ácido e hidrolases lisossômicas, como a Catepsina B, que transforma o tripsinogênio em tripsina, sendo esta capaz de ativar outros precursores das proteases.

Além desse evento principal, eventos secundários seriam necessários para a instalação da pancreatite. Citocinas são liberadas por células acinares e por células inflamatórias, e incluem o fator de ativação plaquetária (PAF), fator de necrose tumoral (TNF-alfa) e interleucina (IL-1). Algumas citocinas podem lesar diretamente a célula acinar, enquanto outras aumentam a resposta inflamatória. Alguns experimentos relatam que inibidores de citocinas podem melhorar o curso da pancreatite aguda. A própria tripsina ativa a peptidase calicreína, que cliva precursores inativos do plasma em cininas, como a bradicinina, levando a aumento da permeabilidade vascular, edema, dor e acúmulo de neutrófilos (Figura 3.9).

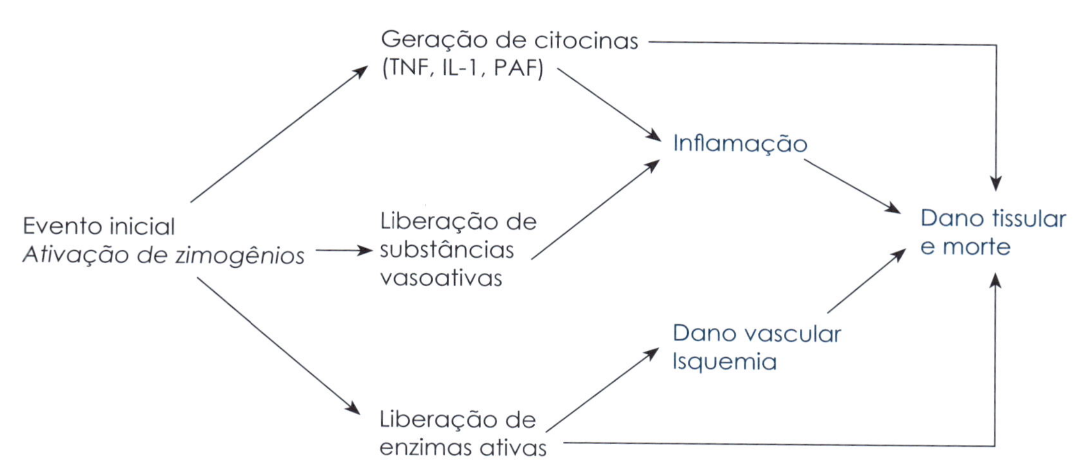

A pancreatite aguda pode ser iniciada por vários mecanismos, incluindo ativação intracelular de zimogênios pancreáticos. Esses eventos induzem a uma série de eventos secundários que determinam a duração e a gravidade da lesão. A liberação de enzimas ativas pode aumentar a inflamação pela ativação da via alternativa do sistema complemento ou causar diretamente dano tecidual local ou a distância. Citocinas são liberadas por células acinares e por células inflamatórias.

FIGURA 3.9 – Fisiopatogenia da pancretatite.

Sinais e Sintomas

Os sinais e os sintomas refletem o processo inflamatório anteriormente descrito. A dor abdominal é o principal sintoma da pancreatite aguda e varia desde o desconforto até uma real angústia incapacitante. Caracteristicamente, localiza-se nas regiões epigástricas e periumbilical, irradiando frequentemente para as costas, os flancos e abdome inferior. A dor é agravada em posição supina, melhorando quando o paciente adota uma posição fletida sobre os joelhos levantados. A ausência de enzimas, devido ao consumo, leva a hipomotilidade gástrica e intestinal, o que pode desencadear sintomas como náuseas, vômitos e distensão abdominal. Outros sintomas incluem: ansiedade, hipotensão, taquicardia e febre baixa. O choque é comum e pode resultar de hipovolemia secundária à exsudação de sangue e proteínas plasmáticas para o espaço retroperitoneal, da formação elevada e liberação de cininas que causam vasodilatação e permeabilidade vascular aumentada e de defeitos sistêmicos das enzimas proteolíticas e lipolíticas na circulação.

Fatores Relacionados à Deflagração da Pancreatite Aguda

As causas mais comuns de pancreatite aguda são litíase biliar e o alcoolismo. Várias outras causas podem estar relacionadas, sendo as mais importantes apresentadas na Tabela 3.2.

Tabela 3.2 – Fatores relacionados à deflagração da pancreatite aguda	
Causas obstrutivas	• Litíase biliar • Estenose ou espasmo do esfíncter de Oddi
Causas traumáticas	• Substâncias tóxicas • Álcool • Medicamentos
Causas infecciosas	• Virais • Bacterianas • Parasitárias
Causas metabólicas	• Hiperlipidemia • Hipercalcemia
Causas vasculares	• Aterosclerose • Êmbolos de colesterol • Vasculites

Achados Laboratoriais da Pancreatite Aguda

Achados Diagnósticos

O diagnóstico da pancreatite aguda é feito pela detecção de níveis plasmáticos elevados de amilase e lipase, as quais apresentam uma elevação da sua atividade entre 2 e 12 horas após a crise. A magnitude da elevação da atividade dessas enzimas no plasma não se correlaciona ao grau de comprometimento pancreático. Enquanto os níveis plasmáticos de amilase retornam ao normal no terceiro ou quarto dia (ou até mesmo antes), a atividade plasmática da lipase só começa a diminuir em torno de 8 a 14 dias depois. A amilase e a lipase são as únicas enzimas filtradas pelos rins devido ao pequeno tamanho de suas moléculas – podem atravessar os glomérulos. A amilase também é dosada na urina para o diagnóstico de pancreatite, mas a lipase é totalmente reabsorvida pelos túbulos renais, sofrendo clearance pelo SRE. As demais enzimas também são removidas da circulação pelo SRE, como descrito anteriormente neste capítulo.

Os ensaios de amilase e lipase devem sempre se complementar. As informações que se seguem tornarão evidente a necessidade do cumprimento desta rotina. Em cerca de 20% dos casos, os níveis da amilase encontram-se normais, principalmente em indivíduos que apresentam alterações em relação ao metabolismo lipídico. A lipase, por sua vez, é uma enzima característica do pâncreas e sempre se encontra elevada na pancreatite aguda. Por que motivo não devemos requisitar apenas a lipase na suspeita desta doença? Uma lipase negativa afasta esse diagnóstico, mas outras doenças intra-abdominais agudas que fazem diagnósticos diferenciais com a pancreatite aguda podem levar ao aumento da amilase sérica, como a úlcera péptica perfurada, colecistite aguda e cólica biliar, obstrução intestinal aguda, infarto mesentérico, infarto do miocárdio, peritonite aguda, gravidez ectópica rota (Tabela 3.3). O mecanismo pelo qual ocorre essa elevação da amilase plasmática ainda é desconhecido e incerto.

As complicações da pancreatite aguda também podem apresentar alterações dos níveis de amilase e lipase, como os pseudocistos, a ascite pancreática, o derrame pleural, a necrose e o abscesso pancreático.

Os pseudocistos são coleções de líquidos, tecidos e restos celulares, enzimas pancreáticas e sangue que surgem num período de 1 a 4 semanas após o início da pancreatite aguda, podendo acometer 15% dos pacientes. Um grande número desses pseudocistos tem resolução espontânea a partir de 6 semanas após sua formação.

A ascite pancreática, em geral, deve-se a uma desestruturação do ducto pancreático principal, muitas vezes por uma fístula interna entre o ducto pancreático principal e a cavidade peritoneal, ou por um pseudocisto com extravazamento. O líquido ascítico apresenta tanto níveis elevados de albumina quanto um nível acentuadamente elevado de amilase.

Se a desestruturação do ducto pancreático principal for posterior, levando ao surgimento de uma fístula interna entre o ducto e o espaço pleural, resultará na formação de um derrame pleural. É importante enfatizar que os níveis de amilase e lipase também são de auxílio no diagnóstico de pancreatite aguda. Normalmente ficam um pouco acima da faixa referencial, a não ser que ocorra uma destruição grave do tecido acinar.

Exames para acompanhamento e prognóstico

Uma leucocitose de 15.000 a 20.000 células/mm^3 pode estar presente, e a hiperglicemia é comum. Hiperbilirrubinemia (> 4 mg/dL) ocorre em 10% dos casos e geralmente é encontrada em pacientes cuja causa da pancreatite é a colelitíase, ou também pode ocorrer devido à pressão exercida pelo pâncreas aumentado de volume, edemaciado, sobre a árvore biliar. A hipercalcemia pode ser um fator deflagrante da pancreatite aguda, mas a hipocalcemia ocorre em aproximadamente 25% dos pacientes; sua causa não é bem compreendida.

Alguns autores a associam à saponificação intraperitoneal do cálcio pelos ácidos graxos

Tabela 3.3 - Causas de hiperamilasemia
• Doença pancreática (tipo P)
• Peritonite (tipos P ou S)
• Pancreatite aguda, crônica e complicações (pseudocistos, derrame pleural, ascite, abscessos)
• Apendicite aguda
• Pancreatite traumática, incluindo manobras de investigação
• Gravidez ectópica rota (tipo S)
• Carcinoma pancreático
• Aneurisma dissecante aórtico
• Distúrbios de origem não pancreática: – Trauma cranioencefálico – Insuficiência renal (tipos P e S) – Queimaduras – Neoplásica – broncogênica ou ovariana (usualmente tipo S) – Pós-operatório (usualmente tipo S) – Lesões de glândulas salivares: parotidite, doença calculosa (tipo S) – Cetoacidose diabética (tipos P e S) – Macroamilasemia (tipo S predominantemente) – Transplante renal (tipo S)
• Distúrbios de origem complexa: – Alcoolismo agudo (tipos P e S) – Doença do trato biliar – Drogas – Doenças intra-abdominais (outras que não a pancreatite) – Opiáceos (tipo P) – Úlcera péptica perfurada (tipo P) – Heroína (tipo S) – Obstrução intestinal (tipo P) – Infarto mesentérico (tipo P)

em foco de necrose gordurosa peripancreática. Na saponificação, ocorre digestão da gordura ou triglicerídio (éster de glicerol com ácidos graxos) pela lipase. Os ácidos graxos unidos ao cálcio formam sabões por, bioquimicamente, apresentarem características detergentes. A hipertrigliceridemia ocorre em 15 a 20% dos casos e costuma indicar anormalidades prévias no metabolismo lipídico; aumentos da AST e LDH são também observados; hipoxemia ocorre em função da hipovolemia e a hipoalbuminemia está presente em 10% dos casos, promovendo o extravasamento para a cavidade abdominal, para dentro do pâncreas (lesão dos vasos pancreáticos) e para dentro dos pseudocistos. Esse sinal associa-se a uma pancreatite mais grave e a uma taxa de mortalidade maior. Já uma elevação na concentração de proteína C-reativa retrata o processo inflamatório.

■ Fatores que determinam a gravidade na pancreatite aguda

Os critérios de Ramson-Imrie geralmente são usados para avaliar a severidade da pancreatite aguda na apresentação do paciente. Quando três ou mais dos critérios abaixo estiverem presentes na admissão, uma evolução complicada e severa pela necrose pancreática pode ser prevista com uma sensibilidade de 60 a 80%.

No momento da admissão ou do diagnóstico:

- Idade > 55 anos
- Leucocitose > 16.000/µL
- Hiperglicemia > 200 mg/dL
- LDH sérica > 400 UI/L
- AST > 250 UI/L

Durante as primeiras 48 horas (indicam pior prognóstico):

- Queda do hematócrito > 10%
- Déficit de líquido > 4 L
- Hipoxemia (PaO_2 < 60 mmHg)
- Hipocalcemia < 8 mg/dL
- Hipoalbuminemia < 3,2 mg/dL
- Hipotensão (PAS < 90 mmHg ou FC > 130 bpm)
- Oligúria (< 5 mL/h)
- Líquido peritoneal hemorrágico
- Obesidade

A mortalidade está relacionada ao número de critérios presentes:

- 0-2: 1% de mortalidade
- 3-4: 16% de mortalidade
- 5-6: 40% de mortalidade
- 7-8: 100% de mortalidade

Fosfatase ácida (isoenzima prostática)

As enzimas prostáticas de interesse clínico – fosfatase ácida (isoenzima prostática) e o antígeno prostático específico (PSA: *Prostate Specific Antigen*) – são úteis na avaliação do câncer de próstata.

O carcinoma de próstata incide geralmente após os 50 anos. É a terceira causa de morte por câncer entre o sexo masculino, seguindo-se ao câncer de pulmão e de cólon. A doença é frequentemente assintomática, mesmo quando se estende além da cápsula da próstata. Os sintomas, quando presentes, são os de obstrução urinária (dificuldade ao urinar, retenção urinária) ou dor associada a metástases ósseas.

A fosfatase ácida (isoenzima prostática) possui concentração elevada no tecido prostático e no sêmen, sendo utilizada, portanto, em Medicina Legal para investigação de estupro e de outras ofensas. Difere da presente em outros tecidos por ser inibida pelo íon tartarato.

Pacientes com carcinoma prostático metastático possuem elevado nível de fosfatase ácida. Cerca de 50 a 75% dos pacientes, nos quais houve invasão de cápsula, também apresentam níveis dessa enzima acima do normal. No entanto, os que possuem carcinoma de próstata ainda confinado à cápsula geralmente apresentam fosfatase ácida normal. Assim, determinações da enzima são úteis no diagnóstico do carcinoma metastático de próstata, sendo, entretanto, de pouco valor no carcinoma de próstata ressecável.

O antígeno prostático específico (PSA) é uma enzima (serina protease) produzida pelas células epiteliais da glândula prostática e secretada para a luz dos ductos prostáticos. Sua finalidade é a de dissolver o coágulo seminal.

A maioria dos marcadores tumorais não apresenta especificidade tissular. O PSA, no entanto, possui a característica de ser produzido unicamente pelo tecido prostático, sendo assim o marcador tumoral mais útil para diagnóstico e acompanhamento do câncer de próstata. Todavia, o PSA também se eleva em condições benignas, tais como hiperplasia prostática benigna e prostatite, fator negativo no papel do PSA como marcador tumoral.

Assim, no caso de detecção precoce de tumor de próstata, em que ele estaria positivo, não podemos nos ater apenas ao seu valor e sim combiná-lo com toque retal, ultrassonografia e biópsia. Sem dúvida, a aplicação clínica mais útil da determinação dos níveis plasmáticos de PSA está no monitoramento da resposta da neoplasia ao tratamento: a fosfatase ácida prostática só se eleva muito na fase terminal. Se o tecido maligno tiver sido removido em uma prostatectomia radical, o PSA deverá cair a níveis indetectáveis dentro de pouco tempo após a ressecção. Daí para frente o PSA deverá ser dosado, periodicamente, com o intuito de investigar uma possível recorrência local. Doença residual é evidenciada por um nível constante de enzima. Após radioterapia, nos casos de câncer mais avançados, o PSA pode levar vários meses para declinar e geralmente se estabiliza em torno do limite referencial superior. O PSA também é capaz de revelar a eficiência do tratamento hormonal: a queda ou estabilização dos seus níveis indica bom prognóstico.

Houve uma grande demanda para o desenvolvimento dos testes de PSA ultrassensíveis que permitiriam a detecção precoce de recorrências ou de metástases e aumentariam a probabilidade de um tratamento bem sucedido. Hoje em dia, muitos testes comerciais são capazes de detectar PSA sérico abaixo de 0,1 ng/mL. Como já visto, o PSA é uma serina protease; sendo assim, capaz de se combinar a vários inibidores de protease. Portanto, o PSA que existe no soro está combinado em sua maior parte sob a forma do complexo PSA-ACT (PSA – alfa$_1$-antiquimotripsina). Uma vez que o percentual do complexo PSA-ACT, em relação ao total de PSA no soro, é mais elevado em pacientes com câncer, sua medida tem uma maior sensibilidade para câncer do que o ensaio comum para PSA.

CASOS CLÍNICOS

▪ Caso 1

JEFD, 43 anos, negro, casado, chega a emergência de um hospital queixando-se de dor abdominal no quadrante superior direito, de forte intensidade, associada a náuseas e vômitos há 2 dias. Ao exame físico estava sem icterícia e acianótico, com abdômen distendido, doloroso a palpação. Relatou consumir bebida alcoólica diariamente.

Exames laboratoriais apresentaram os seguintes resultados: Glicose: 972 mg/dL; Ureia: 31,3 mg/dL; Amilase: 1016 U/L; Lipase: 15404 U/L; Leucometria: 12400 células/mm³. O Paciente evoluiu com piora do quadro após 5 horas, apresentando rebaixamento do nível de consciência e dispneia, sendo encaminhado para Unidade de Terapia Intensiva onde foi necessária ventilação mecânica invasiva. Qual a hipótese diagnóstica?

Valores referenciais:

- Glicose 70 – 99 mg/dL.
- Ureia 15 – 50 mg/dL.
- Amilase 20 – 160 U/L.
- Lipase ≤ 68 U/L.
- Leucometria 4000 – 11000 células/mm³.

▪ Caso 2

S.H., operário da construção civil, 51 anos de idade foi admitido no hospital universitário da cidade de Niterói/RJ. Ele havia desmaiado e, posteriormente, informou ao médico uma história de doença semelhante à gripe que perdurava 5 dias, com quadros de cefaleia, tremores, mialgia generalizada, em especial dor nas panturrilhas, diarreia, vômito e dispneia. O paciente relatou não fazer uso de medicamento. Os resultados dos exames bioquímicos do senhor S.H., no momento da admissão, mostraram os seguintes resultados para enzimas séricas:

Enzimas	(U/L)	Valores de referência (U/L)
Aspartato aminotransferase (AST)	139	Até 37 (homem)
Alanina aminotransferase (ALT)	73	Até 41 (homem)
Lactato desidrogenase (LDH)	1400	24 - 480
Creatina quinase (CK)	6500	22 -334 (homem)

a) Que tecidos podem ter contribuído para as altas atividades enzimáticas no soro?

b) Que testes bioquímicos podem auxiliar na identificação da(s) fonte(s) da elevação de enzimas?

Bibliografia consultada

1. Baynes, JW e Dominiczak, MH. Bioquímica Médica. Elsevier, 2015.
2. Bennett JC, Goldman L. Cecil - Tratado de Medicina Interna. Bennet, Goldmann, eds. Rio de Janeiro: Guanabara Koogan, 2001.
3. Friedman LS. Liner, Biliary tract and pancreas. In: Tierney LM, McPhee SJ, Papadkis MA, eds. Current Medical Diagnosis and Treatment. Lange Medical Books.ed. New York: McGraw Hill, 2002.
4. Henry JB, ed. Clinical diagnosis and managements by laboratory methods. Philadelphia, USA: W.B. Saunders Company, 2001.
5. Motta, VT Bioquímica Clínica para o Laboratório. Príncipios e Interpretações. Medbook. 2009.
6. Neves, WF; Carvalho,RM; Guirado,FSR; Sovenho; Rosique, IA; Gil, BZ; Gil, SM. Relato de caso: pancreatite aguda grave associada à hipertrigliceridemia. Cuidarte Enfermagem 10(2):166-171,2016.
7. Gow A, Cowan RA, O`Reilly D St J, Stewart MJ, Shepherd J. Bioquímica Clínica, Guanabara Koogan, 2001.
8. Rasek, J, Rajdl, D. Clinical Biochemistry Electronic books Praga 2016 SBN 978-80-246-3497-5 (pdf).
9. Tietz NW. Fundamentos de Química Clínica, Burtis CA, Ashwood E, Elsevier, 2008.
10. Tietz NW. Textbook of Clinical Chemistry. Philadelphia: W.B. Saunders Co., 2000.

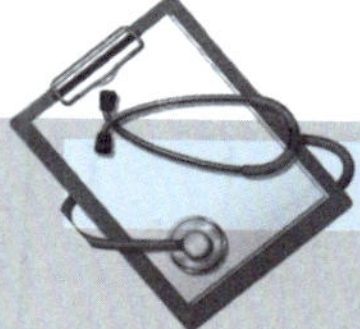

DISCUSSÃO DOS CASOS CLÍNICOS

■ Caso 1

Pancreatite aguda, causa primária alcoolismo. Os dados laboratoriais mostram aumento do número total de leucócitos, acompanhado de aumento sérico das enzimas lipase e amilase, indicando inflamação e alteração pancreática, com consequente aumento da glicemia do paciente. O diagnóstico clínico da pancreatite é feito com base na história do doente, na presença de dor abdominal, geralmente epigástrica, que pode ser tênue ou severa, com irradiação lateral em barra, e na elevação dos níveis séricos em várias ordens de grandeza em relação aos níveis normais das enzimas pancreáticas, amilase e lipase. A gravidade da pancreatite pode variar de severidade, podendo ser uma doença autolimitada leve, com edema intersticial do pâncreas, até uma doença grave, com necrose extensa e falência de múltiplos órgãos.

■ Caso 2

a) O grande aumento da CK e da LDH em relação à AST e ALT indica que o músculo é o principal tecido que contribui para o aumento das atividades enzimáticas no soro. AST e LDH são encontradas no músculo, fígado e nos eritrócitos, principalmente. O músculo, em contrapartida, apresenta pouca ALT, que é muito encontrada no fígado. Assim, os tecidos que poderiam ter contribuído para as atividades enzimáticas no soro são: músculo (esquelético e/ou cardíaco), o fígado e os eritrócitos. Neste caso específico, pela história clínica e magnitude do aumento da CK, os resultados sugerem envolvimento muscular estriado esquelético.

b) Eletroforese das enzimas para a identificação das diferentes isoenzimas circulantes. O músculo é uma das principais fontes de CK e, através das análises das isoenzimas (CK- MM, CK-MB e CK-BB), pode-se determinar se o músculo cardíaco contribuiu ou não para este aumento. Neste caso específico, a CK-MM estará mais aumentada devido a lesão ser de origem muscular estriada esquelética. A dosagem de GGT pode elucidar se o fígado colaborou para as altas atividades enzimáticas, uma vez que a musculatura não possui atividade de GGT. A análise das isoenzimas da LDH também irá mostrar se houve lesão na musculatura esquelética com aumento da fração LDH-5, já que a LDH-1 e 2 podem representar os eritrócitos e músculo cardíado. Uma vez que o quadro indica lesão muscular estriada esquelético, é de se esperar aumentos de AST circulantes.

Marcadores Bioquímicos do Infarto Agudo do Miocárdio

4.1

Alexandre Miguel Benjo
Bruno Horstmann
Fahad Javed
Maria Alice Terra Garcia (*in memoriam*)
Ronaldo Altenburg Odebrecht Curi Gismondi
Salim Kanaan

O infarto agudo do miocárdio (IAM) é uma síndrome clínica resultante do fluxo arterial coronariano deficiente para uma área do miocárdio, ocasionando morte celular e necrose. É mais comumente caracterizado por dor precordial intensa e prolongada, por alterações eletrocardiográficas agudas e aumento da concentração plasmática de enzimas e proteínas da célula miocárdica, denominadas marcadores bioquímicos do IAM.

Segundo o clássico critério da Organização Mundial de Saúde (OMS) para o diagnóstico do IAM, são necessários dois dos três elementos seguintes:

1. História de dor no peito do tipo isquêmica.
2. Modificações evolutivas nos traçados eletrocardiográficos obtidos em série.
3. Elevação plasmática dos marcadores cardíacos.

Mais recentemente, a Federação Mundial de Cardiologia, em associação com o Colégio Americano de Cardiologia, a Associação Americana do Coração e a Sociedade Europeia de Cardiologia, redefiniu os critérios para o diagnóstico de infarto agudo do miocárdio da seguinte forma: a evidência de necrose miocárdica em associação ao quadro clínico consistente com isquemia miocárdica, e foram propostos os seguintes quadros como compatíveis com infarto do miocárdio:

1. Detecção de elevação e queda de marcadores cardíacos, preferencialmente troponina, com um dos seguintes: sintomas de isquemia, sinais eletrocardiográficos de isquemia ou nova necrose, ou evidência em imagem de perda de miocárdio viável ou alteração contrátil segmentar.
2. Morte súbita, em geral com sintomas sugestivos de isquemia miocárdica.
3. Elevação de marcadores cardíacos após angioplastia coronariana.
4. Elevação de marcadores cardíacos em mais de cinco vezes o limite da normalidade em associação à evidência eletrocardiográfica ou angiográfica após cirurgia de revascularização miocárdica.
5. Evidenciação patológica de infarto agudo do miocárdio.

Quando há elevação da troponina, acima do percentil 99 do teste utilizado, mas não há sintomas nem evidências de isquemia aguda, as diretrizes recomendam o termo "lesão ou injúria miocárdica" e não infarto.

Como visto, os marcadores cardíacos são centrais no diagnóstico do infarto do miocárdio; clinicamente, seu uso foi expandido, sendo fundamental na determinação da extensão do infarto, no sucesso da reperfusão, bem como do reinfarto, na determinação do prognóstico e na estratificação de risco em pacientes com síndrome coronariana aguda.

O marcador bioquímico ideal para o IAM deveria ser capaz de fornecer um diagnóstico precoce, contribuir para o prognóstico, avaliar o sucesso da reperfusão após tratamento com agente trombolítico, evidenciar reoclusões, detectar infartos nas cirurgias (especificidade) e avaliar o tamanho da área afetada. No entanto, em um mesmo marcador, nunca são reunidas todas essas características. Neste capítulo, pretendemos discutir as diferentes qualidades dos marcadores, comparando-as.

Fisiopatologia do IAM

Placas de ateroma

As placas de ateroma são obstruções fixas dos vasos sanguíneos que levam à isquemia. Esta é caracterizada não somente por insuficiência de oxigênio, mas também do aporte de substâncias nutrientes e remoção inadequada de metabólitos de excreção. A hipoxemia (diminuição do transporte de oxigênio pelo sangue) isoladamente, como a doença cianótica congênita do coração, anemia severa ou doença pulmonar avançada, é menos nociva que a isquemia, por manter o transporte de nutrientes e a remoção de excreção.

Placas de ateroma correspondem a manifestações tardias de um processo de formação de aterosclerose coronariana que provavelmente se iniciou na infância ou adolescência. A intensidade da isquemia depende do número e da distribuição das placas e, também, do grau de estreitamento dos vasos produzido pelas mesmas. A arquitetura normal do vaso coronariano (Figura 4.1.1A) é constituída, no sentido da luz para a parede externa, pelas camadas: endotélio, íntima, média e adventícia. A camada média é onde se alojam as células musculares lisas.

A hipótese de resposta à lesão tenta explicar (no nível molecular) a formação da placa de ateroma como sendo uma resposta inflamatória crônica da parede arterial despertada por algum tipo de agente. Muitos agentes podem iniciar a resposta inflamatória: hiperlipidemia (primordialmente colesterol da lipoproteína de baixa densidade [LDL-C]), vírus, toxinas, bactérias (*Chlamydia* sp.), hipertensão, fumo, fatores hemodinâmicos e agressão autoimune. A elevação da proteína C-reativa está associada à síndrome coronariana. Moléculas de adesão específicas para leucócitos (principalmente monócitos) são expressas na superfície do endotélio como resposta ao agente (Figura 4.1.1A). Concomitantemente, ocorre aumento da permeabilidade do mesmo e entrada de LDL-C para a íntima, que se transforma em LDL-C oxidado pela presença de radicais livres. Direcionados por citocinas, os monócitos aderem à parede do endotélio e penetram por diapedese para dentro da íntima, tornando-se assim macrófagos. Os macrófagos possuem em sua superfície celular receptores scavengers (varredores), que preferencialmente se ligam ao LDL-C oxidado. Este se acumula nos macrófagos, o que lhes confere a denominação de *foam cells* (células espumosas) (Figura 4.1.1B).

Fatores do crescimento, como o fator de crescimento derivado de plaquetas (PDGF), são produzidos por macrófagos e células endoteliais, e fazem com que as células musculares lisas se proliferem e migrem da camada média para a camada íntima (Figura 4.1.1C). Elas sintetizam colágeno, elastina e glicoproteínas para a capa fibrosa superficial em formação. Ao final, a capa fibrose é constituída por células musculares lisas, macrófagos e um denso tecido conjuntivo. No entanto, o interferon-gama, citocina sin-

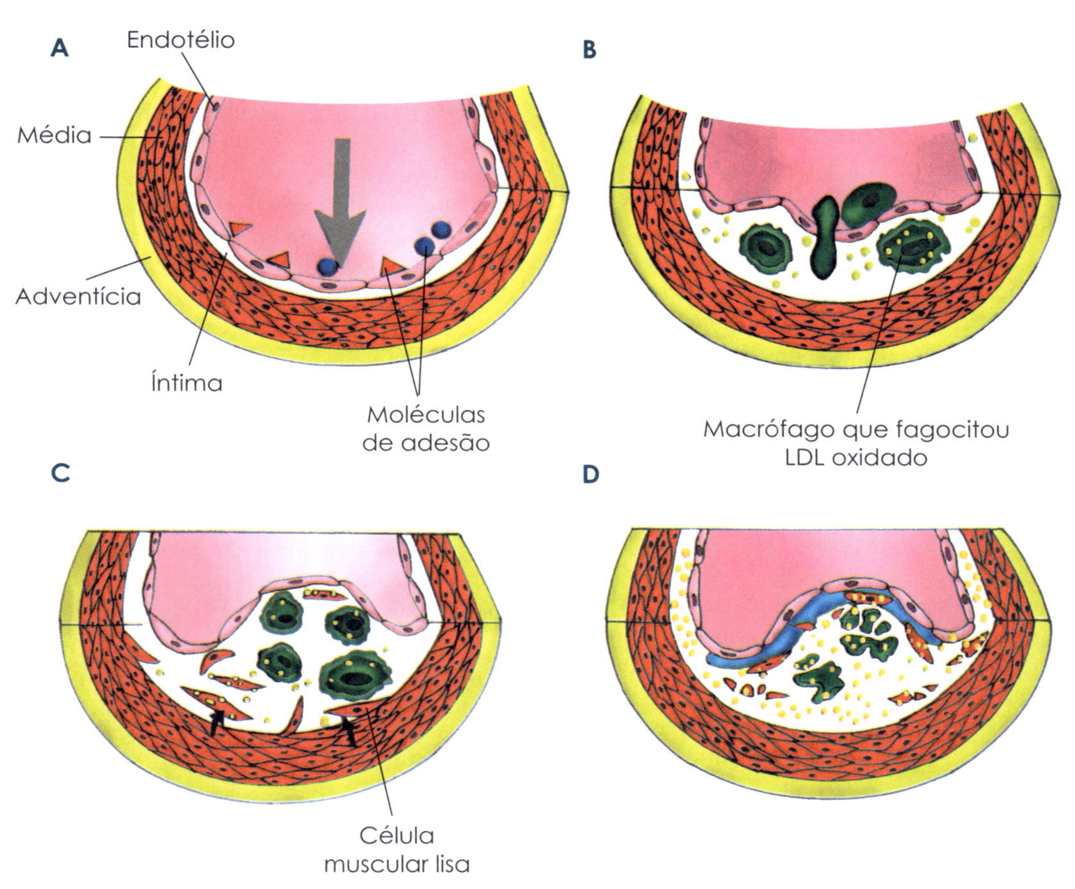

FIGURA 4.1.1 A-D – Etapas na formação da placa de ateroma segundo a hipótese de resposta ao dano. (Adaptado de: Schoen FJ, Cotran RS. Blood Vessels.Cotran, RS. Kumar V, Collins T, eds. In: Robbins Pathologic Basis of disesase, Philadelphia: W.B. Saunders Company, 1999. p. 507.)

tetizada por linfócitos T ativados, pode inibir tanto a proliferação de células musculares lisas quanto a sua produção de colágeno, tornando a capa fibrosa mais frágil. Nessa fase, macrófagos ativados podem sintetizar várias enzimas que degradam a matriz celular, como, por exemplo, metaloproteinases e elastases. Assim é que o ateroma maduro é constituído por uma tênue capa fibrosa e um núcleo de debris de células mortas, lipídios e outros (Figura 4.1.1D).

■ Reperfusão

Vimos que os processos de iniciação e evolução da placa de ateroma geralmente levam muitos anos, durante os quais a pessoa atingida não apresenta sintomas. Finalmente, as estenoses podem evoluir para um grau que impeça o fluxo sanguíneo pela artéria. Lesões que produzem estenoses maiores que 50% podem levar à redução de fluxo sob condições de demanda aumentada. Tais lesões obstrutivas da árvore coronariana podem causar sintomas como *angina pectoris*. A *angina pectoris* crônica ou a claudicação intermitente, sob demanda aumentada, são uma apresentação comum desse tipo de doença aterosclerótica.

Todavia, em muitos casos de infarto do miocárdio, nenhuma história de angina precede o evento agudo. Muitas observações clínicas sugerem que a maioria dos infartos do miocárdio resulta não de grandes impedimentos, mas de lesões que levam a estenoses que não limitam o fluxo. Em vez de uma grande estenose, hoje em dia se reconhece que a trombose, complicando uma placa não necessariamente oclusiva, causa com mais frequência o IAM. Acredita-se que a trombose seja o principal mecanismo responsável pela oclusão arterial aguda, a qual se deve à ruptura da placa de ateroma. A ruptura da placa de ateroma, que permite o contato entre o sangue e o fator tissular localizado no core lipídico, leva à formação de um trombo oclusivo.

A oclusão completa de uma artéria coronariana por um trombo leva a modificações estruturais e bioquímicas profundas das células por ela irrigadas. Todavia, essas modificações nem sempre são irreversíveis e a morte celular nem sempre é imediata. A progressão da necrose é protraída. Já ocorre alguma lesão cardíaca irreversível quando a oclusão completa é de 15 a 20 minutos. A lesão irreversível atinge seu ponto máximo quando a oclusão é mantida por 4 a 6 horas, mas a maior parte do dano ocorre entre as primeiras 2 e 3 horas. O trombo coronariano sofre lise espontânea em 10 dias em cerca de 10% dos casos. Este é o motivo do emprego atual de agentes trombolíticos para o tratamento do IAM. A dissolução do trombo leva à reperfusão do fluxo sanguíneo pela artéria anteriormente obstruída, impedindo a evolução da necrose. O tempo de duração da oclusão é, portanto, fundamental para definir o grau de necrose.

Marcadores bioquímicos clássicos do IAM (enzimas)

O entendimento da dosagem de enzimas no soro e do conceito de isoenzimas descrito no Capítulo 2 (Enzimas), em Conceitos Básicos, é necessário para a compreensão desse item. No passado não havia tratamento específico para o IAM (agentes trombolíticos). Assim, apenas os sintomas eram tratados: dor, insuficiência cardíaca ou outras eventuais complicações (arritmias, pericardite, tromboembolia pulmonar etc.).

Os marcadores empregados para o diagnóstico e acompanhamento do infarto eram: creatina quinase total (CK-total), creatina quinase isoenzima MB (CK-MB atividade), aspartato aminotransferase (AST), lactato desidrogenase total (LDH-total) e lactato desidrogenase isoenzima1 (LDH-1) (Figura 4.1.2). A curva de CK-total se sobrepõe à de AST e por isso a dosagem da última é muitas vezes dispensada.

Essas enzimas e isoenzimas são todas dosadas por atividade. No entanto, a CK-MB é dosada por sua massa (CK-MB massa), por meio do método de imunoensaio enzimático (IEE). CK-MB é detectada na circulação após a dor precordial mais precocemente quando dosada por IEE (CK-MB massa), metodologia mais sensível que a por atividade.

A dosagem de CK-MB por atividade emprega imunoinibição. Um soro anti-CK-M inibe as subunidades M tanto de CK-MM quanto de CK-MB. A atividade enzimática da subunidade B é medida. Esse método pressupõe a ausência de CK-BB no plasma, como é o normal. Macro CK é um complexo geralmente constituído por CK-BB e imunoglobulina G. Pode influir na dosagem de CK-MB, mas é de baixa incidência.

Creatinoquinase total e CK-MB atividade

Após o IAM, existe uma fase inicial chamada de fase lag, durante a qual as concentrações plasmáticas dos marcadores bioquímicos permanecem nos seus valores referenciais. Para CK-total e CK-MB atividade esse tempo é de cerca de 6 horas.

A primeira a subir no plasma é a CK-MB, que geralmente atinge seu pico máximo 24 horas após a dor precordial. Sua elevação média após o infarto é de dez a 25 vezes o limite superior da normalidade, e devido à sua curta meia-vida, retorna ao normal após o terceiro dia. Assim, CK-MB pode não estar elevada 48 horas após o infarto. CK-MB plasmática também pode ser expressa como porcentagem da CK-total; esses valores geralmente vão de 3 a

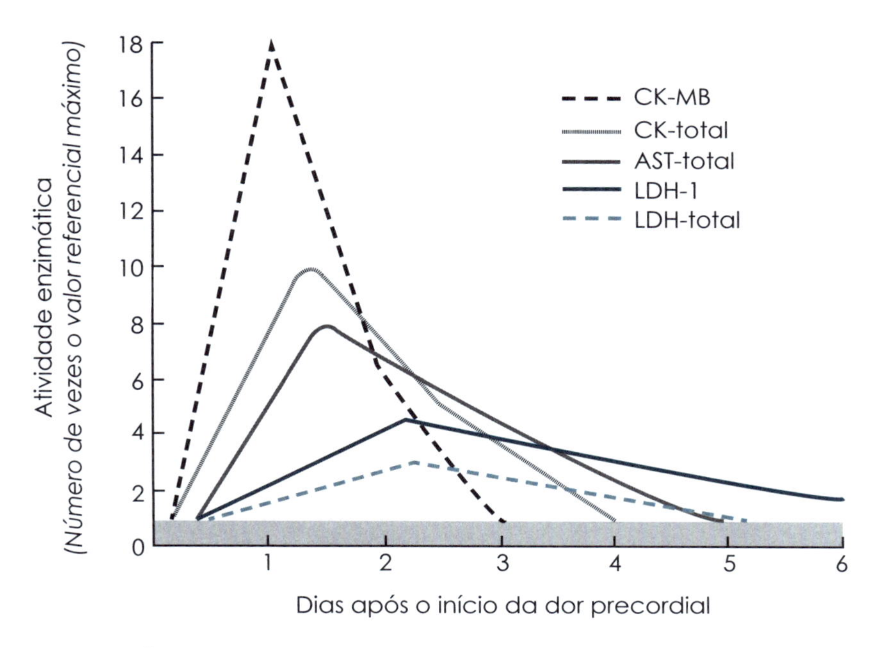

A área sombreada corresponde ao valor referencial de todas as enzimas.

FIGURA 4.1.2 – Perfil enzimático comumente encontrado após um IAM não tratado com agente trombolítico. (Moss D, Henderson R. Enzymes. Burtis CA, Ashwood ER, eds. In: Tietz Textbook of Clinical Chemistry. Philadelphia: W.B. Saunders Company, 1994. p. 822.)

6%, mas após um infarto podem aumentar de 10 a 30%, dependendo da extensão da lesão miocárdica e da localização do infarto. CK-total pode subir simultaneamente com CK-MB ou ser um pouco retardada, mas atinge um pico entre 24 e 48 horas após a dor precordial, retornando ao normal 3 a 4 dias depois.

No tratamento sintomático, os clínicos devem avaliar uma série de medidas de CK-MB durante as primeiras 24 horas. A medida de CK-MB originada do músculo esquelético tipicamente produz um perfil de platô, enquanto o IAM produz uma elevação de CK-MB que atinge um pico cerca de 20 horas após o IAM.

■ Lactato desidrogenase total e LDH-1

LDH-total tem uma fase lag de 8 a 12 horas, atinge um pico máximo em 48 a 72 horas após a dor precordial e permanece elevada por cerca de 7 a 10 dias. Elevações de três a quatro vezes o valor superior da normalidade são comuns, mas aumentos de cerca de dez vezes são encontrados. Como já vimos, LDH não é uma enzima tecido-específica, estando aumentada em várias doenças, inclusive na cardíaca. LDH-1 tem uma trajetória semelhante, mas possui uma especificidade tecidual maior. A atividade de LDH-1 pode aumentar até duas vezes. As hemácias são ricas em LDH-1 e, portanto, o laboratório deve ter cuidado em não empregar soro hemolisado na investigação do IAM. A presença de uma prótese valvular cardíaca deve sempre ser considerada.

O valor da razão LDH-1/LDH-2 é relevante, uma vez que LDH-2 não aumenta após o IAM, ao contrário de LDH-1, que normalmente é menor que LDH-2; LDH-1 no plasma pode subir tanto após um infarto que seu valor excede o da LDH-2 – isso é chamado de razão invertida (*flipped*).

Marcadores bioquímicos modernos do IAM (enzimas e outras proteínas)

O aprimoramento das novas técnicas para o diagnóstico laboratorial precoce do IAM vem assumindo proporções cada vez maiores. A utilização dos agentes trombolíticos "específicos", como a estreptoquinase e o ativador do plasminogênio tecidual recombinante (rTPA – *Alteplase*), bem como mais recentemente da angioplastia coronária primaria, ou seja, a abertura mecânica do vaso ocluído, tem como principal função tornar viável a restauração de sangue na artéria obstruída (reperfusão), melhorando, com isso, o fluxo sanguíneo local e causando menor dano tecidual, reduzindo assim morbidade e mortalidade.

Como já foi visto, o uso de trombolíticos no tratamento do IAM tem melhor resposta terapêutica quando estes são aplicados no início da instalação do infarto, sendo observado melhor efeito quando administrado em até 12 horas após o início da dor precordial, ainda que em casos de dor prolongada o benefício possa estar presente após este intervalo. Conclui-se que a abertura precoce do vaso, química ou mecanicamente, implica o emprego de marcadores plasmáticos de curta fase *lag* – marcadores modernos. Para avaliar a eficácia do tratamento trombolítico, uma amostra de sangue é colhida imediatamente antes do uso do trombolítico, e outra, 90 minutos depois. Se houver lise do trombo e reperfusão, as enzimas e outras proteínas da região lesada no miocárdio são lavadas pelo fluxo sanguíneo restituído, causando uma grande elevação das concentrações dos marcadores bioquímicos plasmáticos; em outras palavras, o pico enzimático precoce é marcador de reperfusão.

As estratégias atuais para tratamento do infarto do miocárdio fazem com que a decisão seja tomada antes de se ter o resultado dos marcadores bioquímicos; mas, como salientado, eles servem para identificar se houve ou não reperfusão; um pico protraído dos marcadores cardíacos significa ausência de reperfusão e caso o tratamento inicial tenha sido trombólise e este não tenha sido bem-sucedido, a angioplastia é indicada.

■ CK-MB massa

Ao contrário da imunoinibição descrita no item 2 (Marcadores Bioquímicos Clássicos do IAM), que mede CK-MB por sua atividade enzimática, o imunoensaio enzimático (IEE) mede sua massa, tenha ela ou não atividade catalítica. A medida específica de CK-MB requer a aplicação da técnica "sanduíche", em que dois anticorpos, cada qual com afinidade para uma das cadeias de CK-MB, são usados em sequência. O primeiro anticorpo é imobilizado na matriz e o segundo, conjugado a uma molécula marcadora. Uma vez que nem CK-MM nem CK-BB são capazes de reagir com ambos os anticorpos, esse método é absolutamente específico para CK-MB. Além disso, a sensibilidade do ensaio de massa é superior à dos ensaios de atividade enzimática (Capítulo 3), portanto aumentando no plasma bem mais precocemente após o início da dor precordial.

De uma maneira geral, podemos dizer que em 50% dos pacientes, a CK-MB massa começa a se elevar em até 3 horas após o início do infarto e em até 6 horas em mais de 90%. A Figura 4.1.3 ilustra a medida de CK-MB na avaliação do sucesso da reperfusão após o uso de trombolítico. Vários estudos demonstraram que após a terapia trombolítica há um aumento de mais de duas vezes no valor de CK-MB, em 90 minutos de reperfusão.

■ Isoformas de CK

A compreensão do conceito de isoforma, descrito no Capítulo 3 (Enzimas), em conceitos básicos, é necessária para o entendimento desse subitem. Após a lesão muscular, grande quantidade das isoenzimas tissulares CK-MM e CK-MB, também referidas na literatura como isoformas CK-MM3 e CK-MB2, respectivamente, é lançada na circulação. Uma vez que a conversão pela carboxipeptidase não é imediata, a proporção no plasma entre as isoenzimas tissulares e as isoformas plasmáticas sofre uma grande alteração. O perfil dos acontecimentos pode ser visto na Figura 4.1.4. Como mostra a figura, o pico máximo de CK-MB2 é atingido 4 a 8 horas após o infarto. No entanto, o pico da razão CK-MB2/CK-MB1 é atingido bem mais precocemente (razão > 1,5), cerca de 90 minutos após o infarto. Embora CK-MB2 e CK-MB1 sejam bem mais específicas que CK-MM, seus níveis plasmáticos são normalmente muito baixos, tornando sua detecção tecnicamente difícil. Assim, embora menos específicas, as isoformas de CK-MM apresentam maior sensibilidade.

As isoformas de CK-MB no laboratório clínico são medidas por eletroforese de alta voltagem. Estudos recentes fizeram grandes melhoramentos nesta técnica. Esse procedimento irá fornecer resultados rápidos e sensíveis.

Troponinas

A teoria *walk-along* para a contração miocárdica admite que haja uma interação entre as cabeças das moléculas de miosina com o filamento de actina ativado. A tropomiosina é uma proteína que se entremeia pelas hélices de actina; sua finalidade é a de encobrir os sítios de ligação para a miosina (relaxamento) ou fazer com que eles fiquem expostos (contração) (Figura 4.1.5). Já a troponina T (TnT) é uma proteína que se comunica com toda a molécula de tropomiosina, tendo o poder de modificar a estrutura espacial da tropomiosina de tal maneira a encobrir ou expor os sítios afins com a miosina. A troponina T, por sua vez, sofre regulação por duas outras troponinas: troponina C (TnC) – C de cálcio – e troponina I (TnI) – I de inibição.

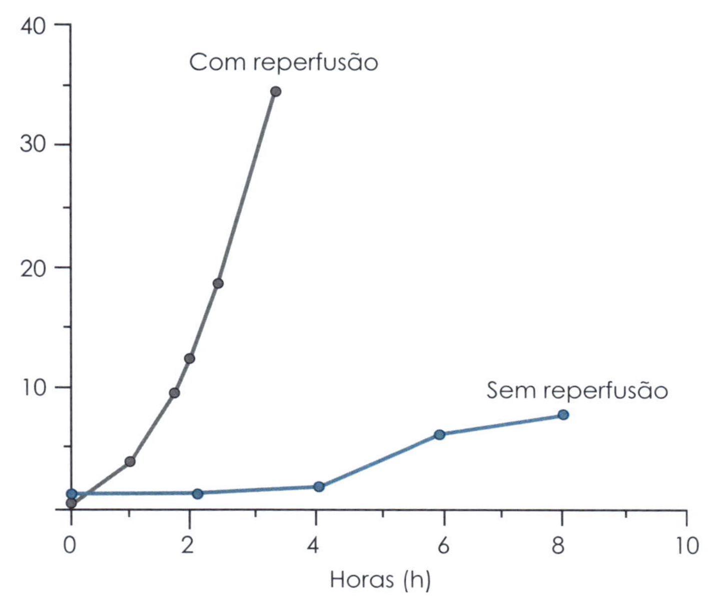

FIGURA 4.1.3 – Exemplo de reperfusão após IAM. (Apple FS.Creatine Kinase-MB.Lab Med. 1992;23(5):300.)

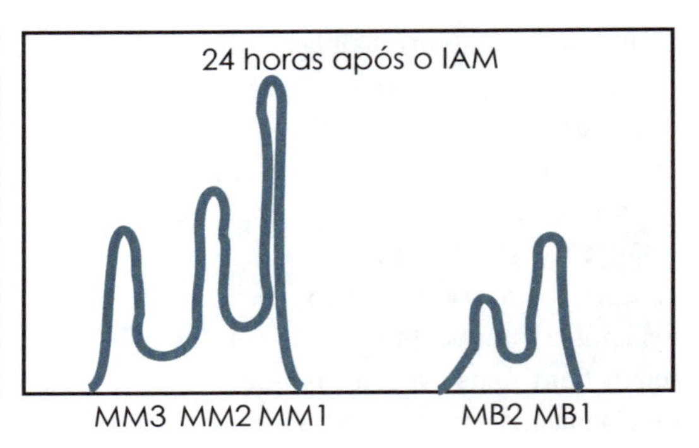

FIGURA 4.1.4 – Perfis das isoformas de CK-MM e CK-MB após o IAM.

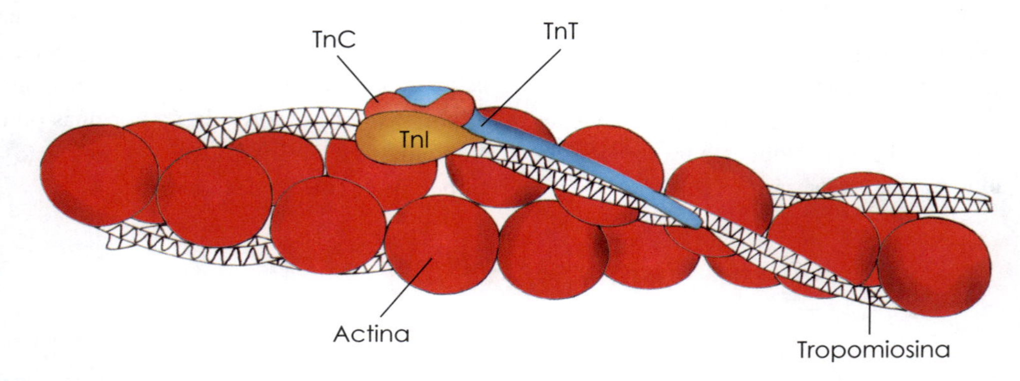

FIGURA 4.1.5 – Representação esquemática de uma pequena região de um filamento (duplo) de actina.

No relaxamento, a troponina T (TnT) está sob controle da troponina I (TnI). No momento da contração, coincidente com a invasão do cálcio, a troponina T (TnT) passa a ser comandada pela troponina C (TnC). Ocorre um movimento de rotação da molécula de tropomiosina em relação ao eixo do filamento de actina, de tal maneira que ela não pode mais encobrir os sítios de ligação para as cabeças de miosina – dá-se então a contração. TnT, TnI e a mioglobina são marcadores do infarto de natureza proteica, não enzimática.

Da mesma forma que enzimas possuem isoenzimas, como vimos para a creatinoquinase, outras proteínas possuem isoformas que também desempenham a mesma função, mas são produtos de genes diferentes que se distribuem de forma distinta pelos tecidos. É o caso das troponinas T e I, que possuem as isoformas cardíaca (cTnT e cTnI) e musculoesquelética (*skeletal-muscle*: smTnT e smTnI). O termo isoforma leva a um mal-entendido pois, no caso das enzimas como a CK, isoformas são produtos de um único gene e diferem entre si por modificações sofridas pós-tradução. As isoformas cardíaca e musculoesquelética das troponinas, no entanto, são produtos de genes diferentes e comparáveis, portanto, às isoenzimas de CK.

Assim, existem trechos diferentes de sequências de aminoácidos entre as moléculas de cTnT e as de smTnT, o mesmo sendo verdadeiro para a troponina I. Os IEE de dosagem dessas isoformas possuem anticorpos monoclonais direcionados para esses trechos. As isoformas de troponina I possuem diferenças entre si ainda maiores que as de troponina T. Uma vez que o músculo liso não é regulado pelo complexo das troponinas, as dosagens das isoformas de TnT e TnI são de grande utilidade clínica, graças à sua especificidade. A dosagem de TnC não é empregada na clínica, por sua isoforma cardíaca apresentar composição em aminoácidos idêntica à do músculo esquelético estriado lento (um único gene). Notar que a cardioespecificidade da CK-MB em relação ao músculo esquelético é quantitativa e não qualitativa, como é o caso das troponinas.

Como já foi dito, em certas patologias do músculo esquelético, nas quais a forma diferenciada das isoenzimas de CK é CK-MM, surgem quantidades elevadas de formas mais primitivas no desenvolvimento embrionário, como CK-MB (Capítulo 2). Da mesma maneira, a troponina T cardíaca é uma isoforma embrionária de troponina T no músculo esquelético. Ela vem sendo encontrada em miopatias (distrofia muscular, polimiosite) e, portanto, não tem uma cardioespecificidade tão absoluta quanto se supunha de início. A troponina I cardíaca não foi até hoje encontrada no músculo esquelético. Assim, não ocorrem elevações da cTnI em pacientes com doenças do músculo esquelético, agudas ou crônicas, a não ser que haja lesão do miocárdio. Sendo assim, a dosagem de cTnI seria especialmente útil no diagnóstico do IAM no pós-operatório, uma vez que as cirurgias frequentemente lesam o músculo esquelético, havendo liberação de CK-MB.

Dito isto, ainda assim uma série de patologias e eventos pode resultar num aumento da cTnI sem que haja lesão coronariana e infarto do miocárdio, como sepse, trauma direto, cirurgia, insuficiência cardíaca aguda ou crônica, dissecção aórtica ou doença valvar aórtica, cardiomiopatia hipertrófica, arritmias ou bloqueios cardíacos, embolia pulmonar ou hipertensão pulmonar severa com strain ventricular direito, endocardite, miocardite e pericardite, lesões cerebrais agudas, como hemorragia subaracnóidea e acidente vascular encefálico, algumas doenças infiltrativas, como hemocromatose, amiloidose, sarcoidose e esclerodermia, grandes queimados e mais comumente em insuficiência renal, já que a cTnI é eliminada em grande parte pelos rins. Note que, na quase totalidade, estas causas lesam de alguma forma a musculatura cardíaca, porém não é a lesão coronária responsável pela elevação da cTnI. Em termos práticos, devemos sempre levar em conta a insuficiência renal, posto que pacientes renais são mais suscetíveis à doença coronariana e a cTnI pode falsamente estar elevada mesmo na ausência de evento agudo.

No mundo real, **a forma ideal de diferenciar causas isquêmicas *versus* não-isquêmicas é pela curva enzimática**. Nas lesões por isquemia, a troponina sofre elevação gradual, seguida de queda, como observado nas outras enzimas – CKMB e CKMB massa. Por outro lado, nas lesões não isquêmicas, o valor é pequeno e flutuante. Nos casos clínicos ao final do capítulo trazemos exemplos práticos para te ajudar.

O intervalo de tempo após o início do IAM, em que as cTnT e cTnI começam a se elevar no plasma, é comparável ao de CK-MB medida pelo método de massa (Figura 4.1.6). Ocorre uma liberação acentuada das troponinas nos dois primeiros dias, correspondendo, provavelmente, às troponinas citosólicas (primeiro pico). Instala-se depois uma cinética de liberação mais lenta, que corresponde ao desprendimento gradativo das troponinas, ainda estruturalmente presas à miofibrila em degradação. Uma vantagem das troponinas em relação à CK-MB é que as primeiras permanecem elevadas por alguns dias, eliminando a necessidade de avaliação da LDH. A TnT permanece elevada por cerca de 10 dias, enquanto a TnI retorna ao seu nível normal após 7 dias, aproximadamente. TnT e TnI não são normalmente detectáveis no sangue de indivíduos normais, mas no IAM podem se elevar em até 20 vezes o valor do corte (*cut-off*) (Figura 4.1.6). No acompanhamento da reperfusão pelas concentrações das troponinas, a diferença 0-90 minutos é muito maior que a de CK-MB massa nas mesmas condições.

Mais recentemente, *kits* modernos de troponina estão sendo capazes de detectar quantida-

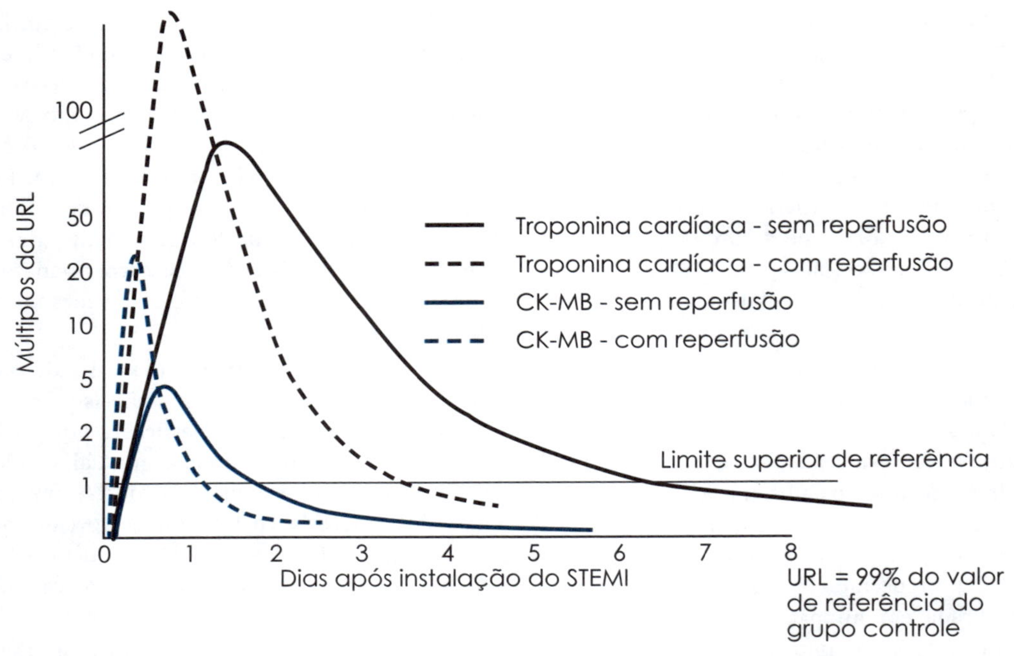

FIGURA 4.1.6 – Biomarcadores cardíacosem infarto do miocárdio com elevação de ST (STEMI). Biomarcadores cardíacos típicos que são utilizados para avaliar pacientes com STEMI, incluindo a isoenzima MB da CK (CK-MB) e troponinas específicas para o coração. A linha horizontal mostra o valor limite de referência (URL) para biomarcadores cardíacos na química clínica laboratorial. A URL é o valor representativo de 99% de um grupo de referência controle sem STEMI. As cinéticas de liberação de CK-MB e troponina cardíaca em pacientes que não foram submetidos à reperfusão são mostradas nas linhas sólidas verde e preta. Observar que em paciente com STEMI sem reperfusão (linhas verde e preta pontilhadas) os biomarcadores cardíacos são detectados precocemente, elevam-se a um pico de valor máximo e declinam mais rapidamente, resultando em uma pequena área sob a curva e limitação do tamanho do infarto. (Modificado com permissão de: Alpertet al. J Am Coll Cardiol. 2000;36:959-233 e Wu et al. Clin Chem. 1999;45:1104-234.)

des ínfimas da enzima na corrente sanguínea: é a chamada troponina ultrassensível. Como uma faca de dois gumes, há um lado positivo e outro negativo. O tempo entre o início dos sintomas e a positividade do teste de troponina caiu, sendo hoje a troponina a enzima mais precoce, ainda mais que a mioglobina. Isso permite rápida identificação e estratificação dos pacientes com síndrome coronariana aguda. Do outro lado, aumentaram os casos de falso positivos, com elevações em causas não isquêmicas, como discutimos anteriormente. Como exemplo, estudo europeu recente mostrou que pacientes cuja angina melhore com medicação e o exame físico e o ECG sejam normais, podem ser liberados com segurança da emergência se a troponina ultrassensível da admissão e após 1 hora forem negativas!! Outro trabalho mostrou que uma troponina ultrassensível negativa na admissão tem valor preditivo negativo de 95% para IAM, quase o mesmo resultado de uma dosagem seriada de 3-6-9h do kit convencional de troponina. Na maior parte dos laboratórios, a ultrassensível é expressa em pg/mL, cerca de 1000 vezes mais sensível que a convencional, expressa em ng/mL. É importante que você esteja atento ao kit utilizado em sua instituição, pois os valores da normalidade variam conforme fabricante.

Uma vez que a TnT e a TnI não são detectadas na circulação periférica em condições normais, o valor de cut-off para essas proteínas é pouco acima do valor do ruído. Além disso, enquanto CK-MB aumenta cerca de dez vezes acima do referencial máximo, a TnT aumenta tipicamente acima de 20 vezes o valor referencial normal (Figura 4.1.6). Estas características das troponinas conferem-lhes uma sensibilidade que permite a detecção de graus de necrose muito pequenos (microinfartos). Ao comparar a eficiência diagnóstica das troponinas com a de CK-MB para o IAM, é importante ter em mente que os ensaios de troponinas são possivelmente capazes de detectar episódios de necrose miocárdica que estão abaixo dos limites de detecção dos ensaios de CK-MB.

As dosagens das troponinas na angina instável são úteis na avaliação prognóstica do paciente. Vimos em Fisiopatologia (item 1) que as placas de ateroma reduzem a luz arterial. Alguns indivíduos com aterosclerose avançada das artérias coronárias apresentam dor precordial e dispneia ao esforço moderado, isto é denominado angina estável. Vimos que no IAM o trombo causa oclusão completa do fluxo sanguíneo. Se o trombo causa oclusão parcial, o fluxo sanguíneo reduzido leva a uma isquemia mais branda do miocárdio, e a lesão miocárdica é denominada angina instável.

Cerca de 1/4 dos indivíduos com angina instável apresenta aumentos plasmáticos das concentrações de cTnI, de cTnT ou de ambas. Dos indivíduos que apresentam um episódio de angina instável acompanhado de aumento de cTnI e cTnT, um percentual significativo progride para IAM ou morte dentro de 1 mês (Figura 4.1.7). O percentual de indivíduos com angina instável que desenvolve eventos adversos, com cTnT e cTnI negativos no momento do episódio, é muito baixo, como mostra o gráfico da Figura 4.1.7. A cTnT e a cTnI são melhores avaliadores do prognóstico que a CK-MB. Essas dosagens permitem ao clínico oferecer ao paciente alternativas diagnósticas como a angiografia, a ecocardiografia, antigrafia ou prova de esforço, que

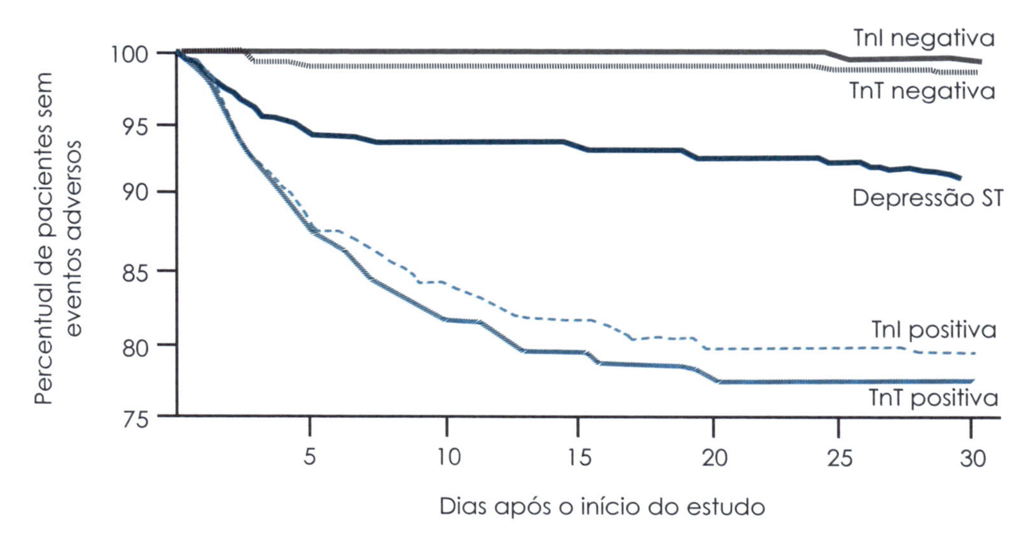

A presença ou ausência de troponinas em pacientes com angina instável pode diferenciar entre pacientes com alto risco de desenvolver um evento cardíaco adverso em 30 dias (20%) e pacientes com baixo risco. Esse fato independe da depressão ST (TnI: troponina I, TnT: troponina T).

FIGURA 4.1.7 – As troponinas cardíacas são prognósticas da evolução da angina instável. (Dados de: Hamm CW, Braunwald E. Circulation. 2000;102:118.)

poderão identificar a patologia diagnóstica. O(s) mecanismo(s) exato(s) pelo(s) qual(is) as troponinas indicam o prognóstico adverso em potencial ainda não está(ão) bem esclarecido(s).

Mioglobina

A mioglobina é uma proteína extremamente compacta, possuindo o peso molecular de 17.800 Da, presente na musculatura estriada e cardíaca. Ela possui o grupamento heme, que se liga ao oxigênio e serve como um reservatório do mesmo para a célula muscular.

Como CK-MB, a mioglobina localiza-se no citoplasma da célula, situação que favorece sua saída da mesma. Ela é lançada no espaço intersticial, e seu pequeno tamanho permite que se mova rapidamente, caindo na circulação sistêmica. CK-MB, que é uma molécula maior, cai na corrente sanguínea através de vasos linfáticos e por isso leva mais tempo para ser detectada no plasma após o IAM. Assim, o maior interesse em medir a mioglobina como marcador de necrose miocárdica se deve à sua liberação precoce na circulação, em torno de 1 a 3 horas após o infarto (Figura 4.1.8). Possui um período de duplicação quantitativa de aproximadamente 2 horas, podendo atingir seu pico plasmático também precocemente, em cerca de 4 a 7 horas. Cerca de 24 a 36 horas depois, já não se encontra mais na corrente sanguínea.

A maior desvantagem do emprego da mioglobina como marcador do infarto é sua baixa especificidade. Muitas condições diferentes podem levar ao aumento de mioglobina no plasma: injúrias das musculaturas esquelética e cardíaca (trauma, cirurgia, infecção, doenças genéticas etc.). Uma vez que a depuração (*clearance*) da mioglobina é feita através dos glomérulos, a falência renal também é um fator que aumenta a mioglobina do plasma. Todavia, um resultado negativo para a mioglobina, após 3 horas, é de excelente valor preditivo. A mioglobina é medida no soro ou plasma por IEE bastante rápidos (menos de 30 minutos). A Figura 4.1.9 mostra um gráfico de orientação para solicitação e interpretação clínica dos marcadores bioquímicos do IAM.

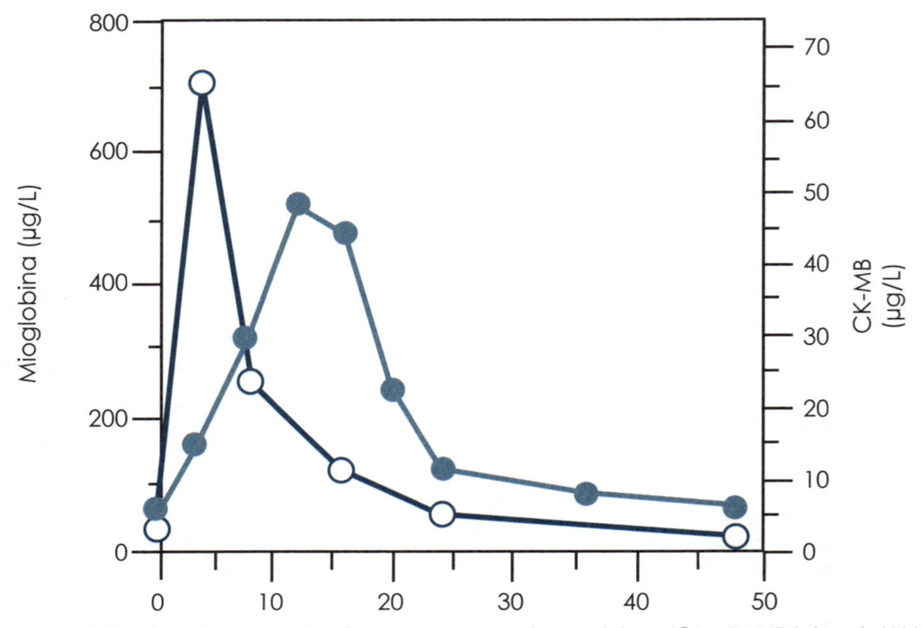

FIGURA 4.1.8 – Medidas plasmáticas seriadas das concentrações de mioglobina (○) e CK-MB (●), após IAM. (Apple FS.Cardiac Function.Burtis CA, Ashwood ER, eds. In: Tietz Fundamentals of Clinical Chemistry. Philadelphia: W.B. Saunders Company, 2001. p. 693.)3

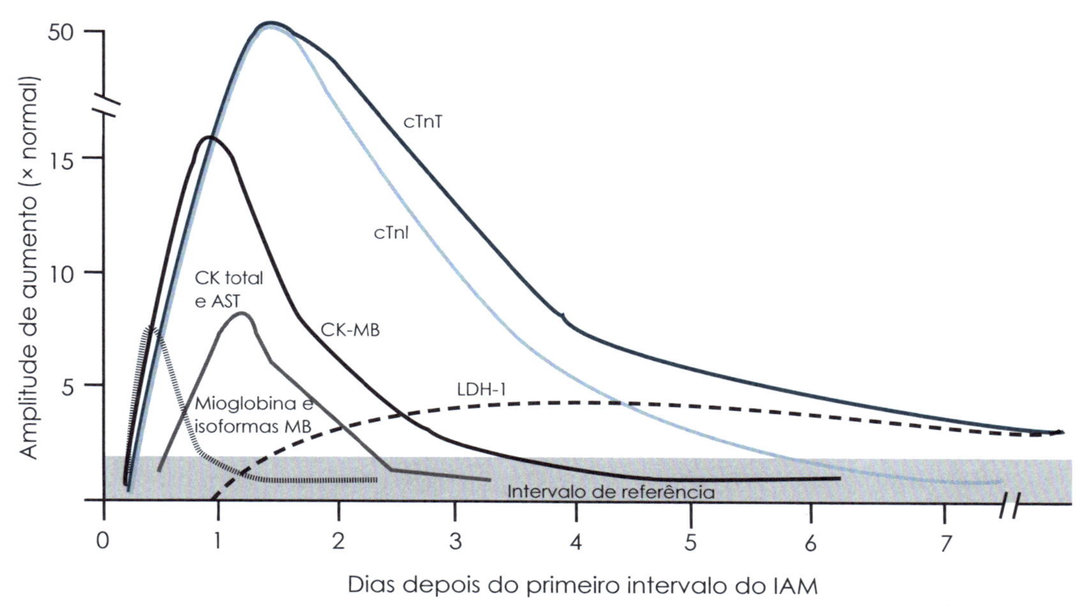

FIGURA 4.1.9 – Marcadores cardíacos séricos após IAM.

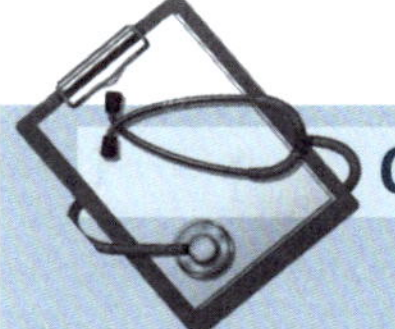

CASOS CLÍNICOS

■ Caso 1

Um homem de 50 anos apresenta dor precordial, em aperto, com sudorese, iniciada há 1 hora. No caminho para o hospital, fez uso de dinitrato de isossorbida sublingual, com alívio parcial. É hipertenso e tabagista. Na admissão, o ECG mostra infradesnível do segmento ST de 2 mm em parede anterior e a 1ª dosagem de troponina é 2,5 pg/ml (normal até 0,01 pg/ml). Qual a melhor estratégia de reperfusão para este paciente?

■ Caso 2

Uma mulher de 60 anos queixa-se de dor precordial, em "fisgada", acompanhada de tosse com secreção clara e dispneia. É hipertensa e faz uso de enalapril e hidroclorotiazida. No exame físico, há estertores em base pulmonar direita e apresenta FC 100 bpm, PA 90 x 50 mmHg e FR 30 irpm. O ECG mostra taquicardia sinusal, com segmento ST normal. A 1ª dosagem de troponina é 0,05 pg/ml (normal até 0,01 pg/ml). Qual a conduta mais apropriada?

■ Caso 3

Um homem de 40 anos apresenta dor precordial, em aperto, durante partida de tênis há duas horas, que aliviou após chegada ao hospital. É tabagista, mas nega hipertensão e diabetes. Seu pai morreu de infarto aos 45 anos de idade. O ECG de admissão é normal e a 1ª dosagem de troponina foi 0,10 pg/ml (normal até 0,01 pg/ml). Após 3 horas, a 2ª troponina veio 0,56 pg/ml e no fim do plantão 1,6 pg/ml. Qual a interpretação deste exame?

Bibliografia consultada

1. ACC/AHA Guidelines for the Management of Patients with ST-Elevation Myocardial Infarction. A Report of the American College of Cardiology/American Heart Association Task Force on Practice Guiderlines (Committee to Revise the 1999 Guiderlines for the Management of Patients With Acute Myocardial Infarction). Developed in Collaboration with the Canadian Cardiovascular Society.
2. Alpert JS, White HD. ESC/ACCF/AHA/WHF Expert Consensus Document Universal Definition of Myocardial Infarction KristianThygesen, on behalf of the Joint ESC/ACCF/AHA/WHF Task Force for the Redefinition of Myocardial Infarction). J Am CollCardiol. 2007;50:2173-2195.
3. Antman EM, Braunwald E. Markers of Cardiac Damage. Braunwald E, Zipes DP, Libby P, eds. In: Heart Disease. Philadelphia: W.B. Saunders Company, 2001; p. 1131-1135.
4. Apple FS. Cardiac Function Burtis CA, Ashwood ER, eds. In: Tietz Fundamentals of Clinical Chemistry. vW.B. Saunders Company, 2001; p. 682- 697.
5. Authors/Task Force Members:, Borja Ibanez, Stefan James, Stefan Agewall, Manuel J. Antunes, Chiara Bucciarelli-Ducci, Héctor Bueno, Alida L. P. Caforio, Filippo Crea, John A. Goudevenos, Sigrun Halvorsen, Gerhard Hindricks, Adnan Kastrati, Mattie J. Lenzen, Eva Prescott, Marco Roffi, Marco Valgimigli, Christoph Varenhorst, Pascal Vranckx, Petr Widimský, Document Reviewers: ; 2017 ESC Guidelines for the management of acute myocardial infarction in patients presenting with ST-segment elevation: The Task Force for the management of acute myocardial infarction in patients presenting with ST-segment elevation of the European Society of Cardiology (ESC), European Heart Journal,, ehx393, https://doi.org/10.1093/eurheartj/ehx393
6. Chapman JF, Christenson RH, Silverman LM. Cardiac Muscle Disease. Kaplan LA, Pesce AJ, eds. Clinical Chemistry. Theory, Analysis and Correlation. St. Louis: Mosby, 1996; p. 593-612.
7. Christenson RH, Duh SH. Evidence based approach to practice guides and decision thresholds for cardiac markers: Scand J Clin Lab Invest, 1999; 59(Suppl 230):90-102.
8. Kanaan S, Garcia MAT, Amaral DM. Novos Marcadores Bioquímicos do Infarto Agudo do Miocárdio. ArsCurandi, 1999; 18.
9. Kanaan S, Horstmann B. Infarto agudo do miocárdio. Rio de Janeiro: Ed. Rúbio, 2006.
10. Kristian Thygesen, Joseph S Alpert, Allan S Jaffe, Bernard R Chaitman, Jeroen J Bax, David A Morrow, Harvey D White, ESC Scientific Document Group; Fourth universal definition of myocardial infarction (2018), European Heart Journal, , ehy462, https://doi.org/10.1093/eurheartj/ehy462
11. Libby P. Changing Concepts of Atherogenesis. JournInt Med, 2000; 247:349-358.
12. Libby P. The Vascular Bioligy of Atherosclerosis, Braunwald E, Zipes DP, Libby P, eds. Heart Disease. Philadelphia: W.B. Saunders Company, 2001; p. 995-1009.
13. Moss DW, Henderson RA. Enzyme Tests in the Determination of Myocardial Infarction. In: Burtis CA, Ashwood ER, eds. In: Tietz Textbook of Clinical Chemistry. Philadelphia: W.B. Saunders Company, 1994; p. 819-829.
14. Naito HK. Coronary Artery Disease and Disorders of Lipid Metabolism. Kaplan LA, Pesce AJ, eds. In: Clinical Chemistry. Theory, Analysis and Correlation. St. Louis: Mosby, 1996; p. 642-641.
16. Ottani F, Galvani M, Nicolini FA et al. Elevated Cardiac Troponin Levels Predict the Risk of Adverse Outcome in Patients with Acute Coronary Syndromes. AM Heart J, 2000; 140:917.
16. Pentilä I, Pentilä K, Rantanem T. Laboratory Diagnosis of Patients with Acute Chest Pain: Clin, Chen Lab Med, 2000; 38(3):187-197.
17. Piegas LS, Timerman A, Feitosa GS, Nicolau JC, Mattos LAP, Andrade MD, et al. V Diretriz da Sociedade Brasileira de Cardiologia sobre Tratamento do Infarto Agudo do Miocárdio com Supradesnível do Segmento ST. Arq Bras Cardiol. 2015; 105(2):1-105
18. Pincus MR, Zimmerman HJ, Henry JB. Clinical Enzymology. Henry JB, ed. In: Clinical Diagnosis and Management by Laboratory Methods. Philadelphia: W.B. Saunders Company, 1996; p. 281-285.
19. Reichlin T, Hochholzer W, Bassetti S, Steuer S, Stelzig C, Hartwiger S, Biedert S, Schaub N, Buerge C, Potocki M, Noveanu M, Breidthardt T, Twerenbold R, Winkler K, Bingisser R, Mueller C. Early diagnosis of myocardial infarction with sensitive cardiac troponin assays. N Engl J Med 2009;361:858–867
20. Roffi M, Patrono C, Collet JP, et al. 2015 ESC Guidelines for the management of acute coronary syndromes in patients presenting without persistent ST-segment elevation: Task Force for the Management of Acute Coronary Syndromes in Patients Presenting without Persistent ST-Segment Elevation of the European

Society of Cardiology (ESC). Eur Heart J. 2016; 37(3):267-315.
21. Schoen FJ, Cotran RS.Blood Vessels.Cotran RS, Kumar V, Collins T, eds. In: Robbins Pathologic Basis of Disease. Philadelphia: W.B. Saunders Company, 1999; p. 498-509.
22. Schoen FJ. The Heart.Cotran RS, Kumar V, Collins T, eds. In: Robbins Pathologic Basis of Disease. Philadelphia: W.B. SaundersCompany, 1999; p. 550-561.
23. Twerenbold et al. Prospective Validation of the 0/1-h Algorithm for Early Diagnosis of Myocardial Infarction. Journal of the American College of Cardiology. Volume 72, Issue 6, 7 August 2018, Pages 620-632 || https://doi.org/10.1016/j.jacc.2018.05.040
24. Thygesen K, Mair J, Giannitsis E. How to use high-sensitivity cardiac troponins in acute cardiac care. Eur Heart J 2012;154: 1-7.

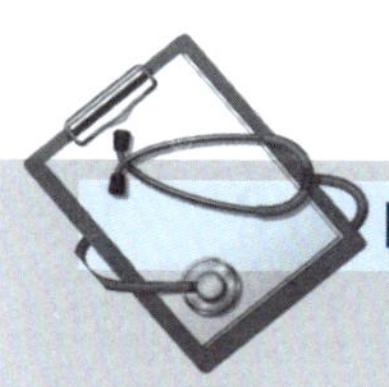

DISCUSSÃO DOS CASOS CLÍNICOS

Caso 1

A dor precordial é típica e o paciente apresenta fatores de risco para aterosclerose. Desse modo, a abordagem inicial categoriza o paciente como síndrome coronariana aguda. No protocolo de dor torácica, ao final de 10 minutos você deve ter um resumo da história, exame físico e ECG para a tomada de decisão. A presença do infradesnível do segmento ST e a positividade da troponina são marcadores de alto risco e indicam que a melhor estratégia é iniciar tratamento clínico (antiplaquetários + estatina + betabloqueadores e/ou nitratos) e solicitar coronariografia precoce, em 12h no máximo.

Caso 2

O quadro clínico de chegada é atípico e o médico pode ficar na dúvida entre síndrome coronariana aguda e infecção respiratória/sepse. A curva da troponina será fundamental para diferenciarmos:

Cenário	Troponina (pg/mL)			
	6h	12h	18h	24h
A	0,10	0,11	0,09	0,10
B	0,10	0,15	0,17	0,11

No cenário A, não há curva e as variações são inferiores a 20%. Logo, devemos pensar em causas não coronarianas.

No cenário B, há uma curva ascensão → pico → descenso. Com isso, a causa mais provável é de fato um IAM.

Caso 3

É um caso típico do cenário B mostrando na questão 2. O quadro clínico já é típico de síndrome coronariana aguda, mas a idade jovem poderia deixar o médico inseguro. A curva enzimática é então definidora, com aumento seguido de queda em 12-36h, configurando um IAM.

Troponina Ultrassensível no Pronto-Socorro

4.2

Flávio Magalhães Biló
Salim Kanaan
Werlley de Almeida Januzzi

Síndrome coronariana aguda sem supradesnivelamento do segmento ST

A troponina ultrassensível possui papel importante na definição de síndrome coronariana aguda sem supradesnivelamento do segmento ST (SCASSST). A SCASSST se subdivide em duas categorias: angina instável (AI) e infarto agudo do miocárdio (IAM) sem supra de segmento ST (IAMSSST). No infarto agudo do miocárdio há morte de células miocárdicas com necrose e liberação de troponina, enquanto na angina instável há isquemia miocárdica, porém ainda sem necrose associada.

O tratamento da SCASSST abrange uma série de medidas que envolvem técnicas invasivas de revascularização miocárdica, uso de fármacos, cumprimento de metas clínicas, monitoramento em unidade coronariana, além de controle de fatores de risco após o tratamento de reperfusão.

A síndrome coronariana aguda sem supra de ST (SCASSST) pode manifestar-se clinicamente como dor anginosa nas seguintes condições:

- Dor anginosa prolongada (pelo menos 20 min) em repouso;
- Angina de início recente (de novo) classificação de gravidade do *Canadian Cardiovascular Society* (CCS) classe II ou III;
- Angina em crescendo: desestabilização recente de angina anteriormente estável para pelo menos angina CCS III
- Angina pós-IAM

A SCASSST pode ser diagnosticada no pronto-socorro após avaliação clínica e eletrocardiográfica (ECG isquêmico e/ou alteração do exame físico em vigência de dor torácica) ou pela alteração de troponina associado a dor torácica. Segue abaixo os protocolos diagnósticos de SCASSST, conforme mostra a Figura 4.2.1.

Troponina ultrasenssível

As troponinas são proteínas integrantes do processo de contração das fibras musculares esqueléticas e cardíacas, compostas por um complexo de três subunidades: troponina T, troponina I e troponina C. O processo de lesão ou injúria celular faz com que essas proteínas sejam liberadas na corrente sanguínea e sua detecção representa uma ferramenta importantíssima no diagnóstico de IAM e lesão miocárdica.

A troponina C não tem aplicabilidade como marcador de lesão do músculo cardíaco devido sua expressão concomitante nas fibras musculares esqueléticas conferindo baixa especificidade. Já as troponinas T e I são marcadores específicos

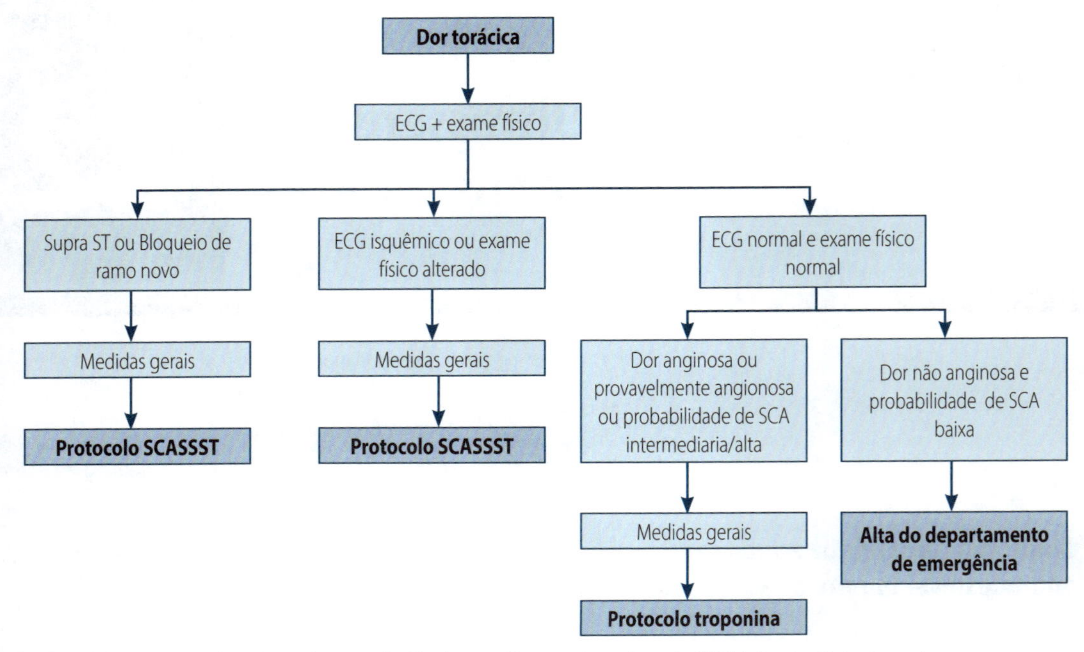

FIGURA 4.2.1 – Protocolos diagnósticos de Síndrome Coronariana Aguda (SCA). Fonte: Próprio autor.

de lesões nos miócitos cardíacos e a detecção precoce de tais proteínas na corrente sanguínea por meio de técnicas de imunoensaios surgiu nas últimas décadas como os biomarcadores de escolha para avaliação diagnóstica de pacientes com dor torácica no serviço de emergência. Embora existam diferentes *kits* de diferentes laboratórios, o ponto de corte é considerado uma concentração acima do percentil 99, com valores expressos em "ng/mL", nas chamadas troponinas convencionais.

Recentemente, com a validação dos *kits* de troponinas de alta sensibilidade, tornou-se possível a dosagem de níveis séricos mais baixos que representa um poder de detecção até 100 vezes maior, expressos em "ng/L", em um tempo mais precoce da injúria miocárdica.

Troponina positiva não significa necessariamente infarto agudo do miocárdio, mas pode indicar injúria miocárdica, especialmente a troponina ultrassensível no pronto-socorro. Embora haja uma correlação clínica entre dosagem de troponina cardíaca e lesão miocárdica, com até 97% de especificidade, é necessária uma interpretação minuciosa da sua cinética para distinguir os diferentes mecanismos de lesão, que podem estar relacionados tanto a causas isquêmicas quanto não isquêmicas (Quadro 4.2.1).

Cinética da troponina ultrassensível

A cinética da curva de troponina ultrassensível em relação ao tempo tem uma característica particular (Figura 4.2.2). Ao utilizarmos a dosagem seriada como ferramenta no auxílio diagnóstico no paciente com suspeita de IAM, devemos estar atentos ao fato de que num período inicial há pouca variação, seguido de um período em que a curva faz uma deflexão ascendente rápida, no qual teremos maior variação dos valores de troponina em curto período. Em seguida, a curva apresenta uma fase de platô seguida de uma fase descendente.

Baseado nessa cinética, a diretriz da Sociedade Brasileira de Cardiologia (SBC) sobre Angina Instável e Infarto Agudo do Miocárdio sem Supradesnível do Segmento ST de 2021,

Quadro 4.2.1 – Etiologia da isquemia miocárdica	
Etiologia isquêmica	**Etiologia não isquêmica**
• ruptura ou erosão de placa arteriosclerótica com trombose	• IC/ Miocardite • Cardiomiopatias • Síndrome de Takotsubo • Ablação miocárdica por cateter • Desfibrilação ou cardioversão elétrica • Contusão miocárdica
• Lesão miocárdica relacionada com isquemia por desequilíbrio entre oferta/consumo de oxigênio: – Espasmo coronariano – Doença microvascular – Embolismo/dissecção coronariana – Bradi/taquiarritmia sustentada – Hipotensão ou choque – Anemia grave – Crise hipertensiva	• Lesão miocárdica por condições sistêmicas: – Sepse – Doença renal crônica – Acidente vascular encefálico – Embolia pulmonar – Hipertensão Pulmonar – Doença miocárdica infiltrativa – Agentes quimioterápicos – Atividade física extrema

Fonte: Próprio autor.

recomenda que quando troponina ultrassensível estiver disponível, a dosagem sérica deve ser realizada na admissão e, idealmente, reavaliada em 1h ou até 2h. Caso indisponível, a troponina convencional deve ser coletada na admissão e repetida pelo menos uma vez, 3 a 6h após, caso a primeira dosagem seja normal ou discretamente elevada.

■ Lesão ou injúria miocárdica e IAM

O termo "lesão miocárdica" segundo a última Diretriz da SBC, deve ser empregado em pacientes com valores de troponina cardíaca, em pelo menos uma dosagem, acima do percentil 99 do limite da normalidade. Essa lesão será caracterizada como aguda se houver curva de troponina (elevação ou queda maior que 20% do valor basal). Nos casos em que os valores de troponina permaneçam persistentemente elevados em níveis acima do percentil 99, são caracterizados como injúria miocárdica crônica. A Figura 4.2.3 representa o algoritmo de interpretação da elevação da troponina nos diferentes cenários clínicos.

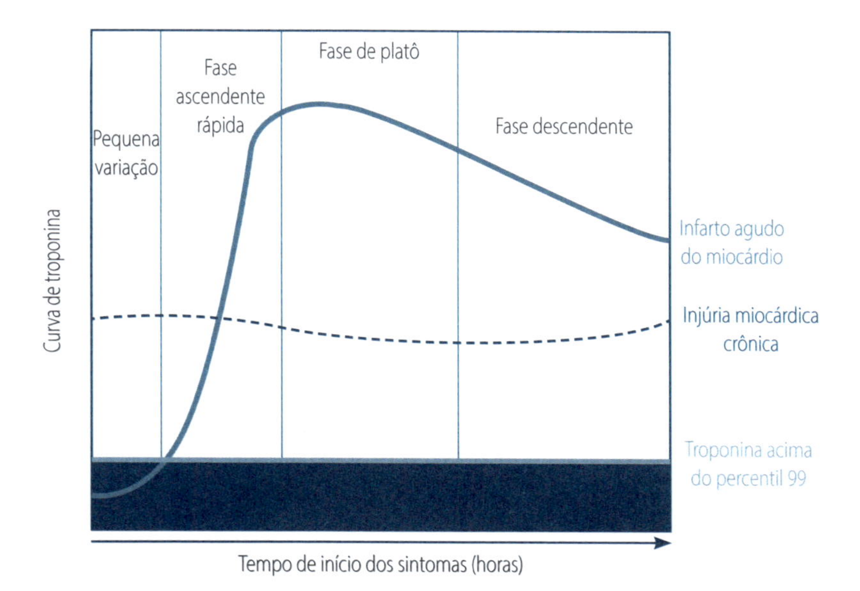

FIGURA 4.2.2 – Cinética da troponina no infarto aguda do miocárdio e na injúria miocárdica crônica. Adaptada de *Fourth Universal Definition of Myocardial Infarction*, 2018.

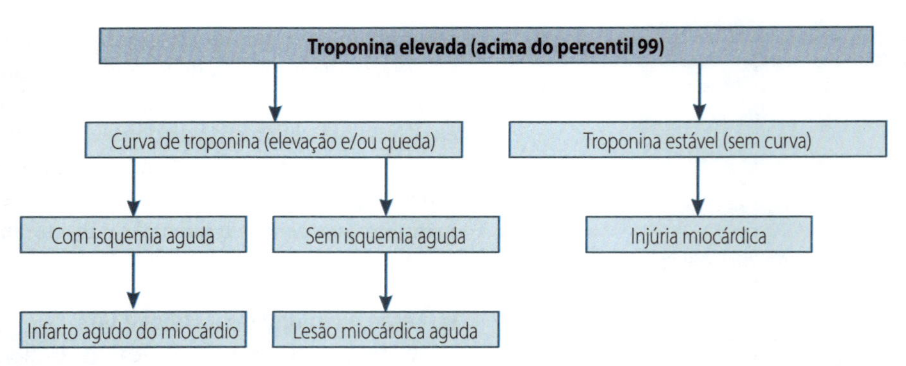

FIGURA 4.2.3 – Algoritmo de interpretação da elevação de troponina. Adaptado das Diretrizes da Sociedade Brasileira de Cardiologia sobre Angina Instável e Infarto Agudo do Miocárdio sem Supradesnível do Segmento ST – 2021.

Vale ressaltar ainda que o conceito de injúria miocárdica aguda não é necessariamente sinônimo de IAM. A definição de IAM conforme a 4ª definição universal de infarto é a presença de lesão miocárdica aguda em um contexto clínico de isquemia, tal como:

- Sintomas sugestivos de isquemia miocárdica aguda.
- Nova alteração isquêmica no ECG.
- Nova onda Q patológica no ECG.
- Exame de imagem com nova alteração de contratilidade ou perda de miocárdio viável consistente com etiologia isquêmica.
- Identificação de trombo intracoronário por angiografia ou necropsia.

Uma vez estabelecida a definição de IAM, podemos classificá-los em 5 tipos diferentes de acordo com a sua descrição (Quadro 4.2.2).

Escores Utilizados na Clínica e na Rotina da Emergência

Logo, podemos afirmar que o diagnóstico de SCASSST ("infarto") possui como tripé a inter-relação entre história clínica típica com preditores pessoais de aterosclerose, eletrocardiograma de 12 derivações (e derivações complementares V3r, V4r, etc) sugestivos de isquemia, e troponina ultrassensível acima do percentil 99 com curva de pelo menos 20%. Sobretudo, à luz da interpretação dos dados por um médico habilitado para a melhor conduta, a caso a caso.

Além da troponina ultrassensível, a incorporação de escores de risco aplicáveis na sala de emergência representa uma importante ferramenta de auxílio para o diagnóstico. Destacam-se o *HEART*, *TIMI* e o *GRACE*. Um escore de fácil acesso e interpretação é o escore *HEART*. Este escore possui alto valor preditivo negativo para eventos cardiovasculares graves e por isso pode ser de grande utilidade para o auxílio das altas da sala de emergência. O escore *HEART* é detalhado na Quadro 4.2.3. É utilizado para estimar a chance de eventos cardiovasculares nas próximas 06 semanas, de forma que um escore *HEART* ≤ 3 indica baixo risco, sendo factível alta deste paciente para acompanhamento ambulatorial. O escore *HEART* foi elaborado utilizando troponina convencional como biomarcador. No entanto, estudos retrospectivos que utilizaram troponina ultrassensível apresentaram resultados similares aos observados nos estudos de validação.

Porém, mesmo com o auxílio da troponina ultrassensível e escore *HEART*, alguns casos permanecem duvidosos e necessitam de exames adicionais para a exclusão da doença coronariana. Nesses casos, orienta-se a realização de exames investigativos não invasivos, como por exemplo a angiotomografia de coronárias e/ou a cintilografia miocárdica.

Quadro 4.2.2 - Classificação do infarto agudo do miocárdio (IAM) de acordo com fatores desencadeantes	
Classificação (tipos)	**Descrição**
1	IAM espontâneo relacionado com isquemia miocárdica secundária a evento coronariano como ruptura ou erosão de placa aterosclerótica coronariana
2	IAM secundário à isquemia por desequilíbrio de oferta/ demanda de oxigênio pelo miocárdio, não relacionado diretamente à aterotrombose coronariana
3	Morte súbita na presença de sintomas sugestivos de isquemia acompanhada por novas alterações isquêmicas no ECG ou fibrilação ventricular e que ocorre antes de os biomarcadores serem coletados ou de sua elevação. Ou IAM confirmado por necrópsia
4a	IAM associado à intervenção coronariana percutânea ≤ 48h – definido pelo aumento de troponina maior que 5 vezes do percentil 99 do limite da normalidade ou 20% de níveis basais já aumentados, associado a um dos achados a seguir: • Nova alteração isquêmica no ECG • Nova onda Q patológica no ECG • Exame de imagem evidenciando nova alteração de contratilidade ou perda de miocárdio viável de padrão consistente com isquemia miocárdica • Achados angiográficos com complicações que levem à limitação do fluxo coronário (dissecção, oclusão de vaso epicárdico, perda de circulação colateral e embolização distal)
4b	IAM associado à trombose de *stent* documentada por angiografia ou necrópsia
4c	IAM relacionado à reestenose *intrastent* ou pós-angioplastia na ausência de outras lesões ou trombo intracoronário que o justifiquem
5	IAM associado à cirurgia de revascularização miocárdica ≤ 48h – definido pelo aumento maior que 10 vezes do percentil 99 do limite da normalidade ou 20% de níveis basais já aumentados, associado a um dos achados a seguir: • Nova onda Q patológica no ECG • Exame de imagem evidenciando nova alteração de contratilidade ou perda de miocárdio viável com padrão de etiologia isquêmica • Achado angiográfico que evidencie oclusão de novo enxerto ou artéria coronária nativa

Adaptada das Diretrizes da Sociedade Brasileira de Cardiologia sobre Angina Instável e Infarto Agudo do Miocárdio sem Supradesnível do Segmento ST – 2021.

Quadro 4.2.3 – Escore HEART	
Escore HEART	
História	2 = altamente suspeita 1 = moderadamente suspeita 0 = pouco/nada suspeita
ECG	2 = depressão significativa do segmento ST 1 = distúrbios de repolarização inespecíficos 0 = normal
Anos (idade)	2 = ≥ 65 anos 1 = ≥ 45 anos e < 65 anos 0 = < 45 anos

Fonte: próprio autor.

Com base no tempo de dor, escore *HEART* e variação do valor absoluto de troponina, é proposto o fluxograma abaixo (Figura 4.2.4).

Ainda no contexto de correlação de troponina elevada com lesão miocárdica, um conceito que tem ganhado destaque é o termo TINOCA (*troponin-positive nonobstructive coronary arteries*), que representa o grupo de pacientes que em que há elevação de troponina na ausência de obstrução coronariana e ausência de manifestações clínicas de infarto, podendo estar relacionado a causas cardíacas ou extra cardíacas.

Outra entidade que devemos nos atentar ao conceito é o termo MINOCA (*myocardial infarction with nonobstructive coronary arteries*) em que há IAM (manifestação clínica e /ou eletrocardiográfica) associado a documentação angiográfica (confirmada no cateterismo) de ausência de doença arterial coronariana aterosclerótica obstrutiva, ou seja, estenose < 50% ou coronária normais. Sua causa pode estar relacionada a diferentes mecanismos fisiopatológicos: desequilíbrio entre oferta e consumo de oxigênio; espasmo coronariano, erosão ou dissecção coronária. A Figura 4.2.5 mostra um esquema representativo de tais conceitos.

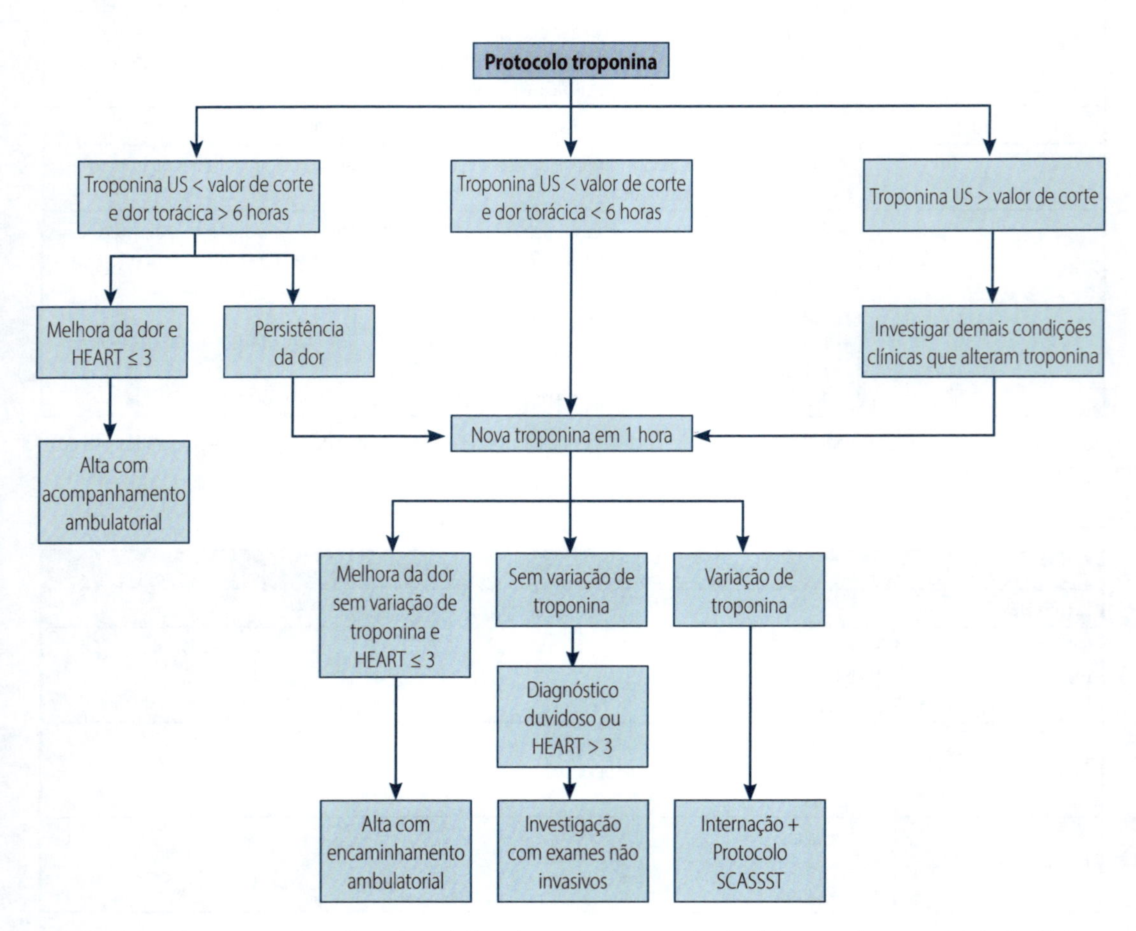

FIGURA 4.2.4 – Fluxograma de rotina diagnóstica do paciente com dor torácica aguda na emergência. Fonte: Próprio autor.

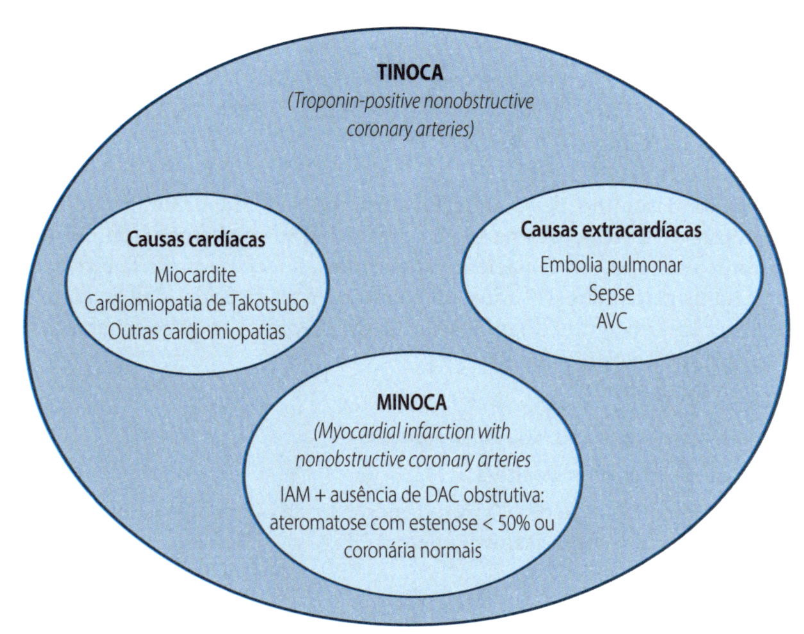

FIGURA 4.2.5 – Conceito de MINOCA e TINOCA. Adaptada de Pasupathy et al., 2017

Considerações finais

Por fim, destaca-se que o manejo do paciente com dor torácica no pronto-socorro exige do médico domínio profundo das definições fisiopatológicas. É necessário a correlação da história clínica, eletrocardiográfica e, de forma minuciosa, da troponina ultrassensível (quando disponível). Os algoritmos buscam diagnósticos precoces e a melhor conduta para cada paciente de forma individualizada, entretanto a interpretação equivocada pode levar a solicitação de exames invasivos, como por exemplo um cateterismo cardíaco, de forma desnecessária. A utilização de inteligência artificial nos grandes centros médicos como mecanismo de triagem já é uma realidade. Porém, a arte de se colher uma história clínica, interpretá-la de forma adequada, somada ao uso racional das ferramentas diagnósticas - como curva de troponina ultrassensível – ainda mantém o médico como a figura central dentro deste processo. Busca-se propor o melhor tratamento no menor tempo possível. Nunca se esqueça: "tempo é músculo".

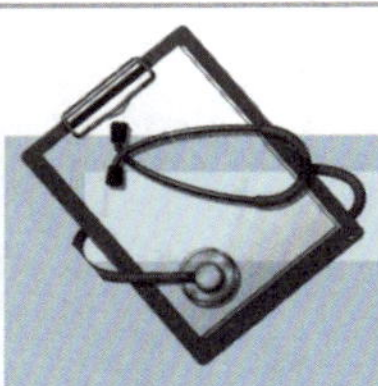

CASO CLÍNICO

Caso 1

Paciente do sexo masculino, de 63 anos, foi admitido na Unidade de Pronto Atendimento (UPA), com queixas de fortes dores na região precordial/retroesternal com duração de pelo menos 30 minutos em repouso. O paciente apresentava sudorese profusa e fria. O paciente relata ser tabagista há pelo menos 40 anos, ter colesterol e triglicerídeos altos, com história familiar de diabetes e infarto agudo do miocárdio (IAM do pai). Foram solicitados os seguintes exames com seus respectivos resultados:

- Glicemia = 132 mg/dL;
- Troponina I = Valores dentro da normalidade
- Troponina ultrassensível = Positiva
- Eletrocardiograma (ECG) com 12 derivações e ainda V7, V8, V3R e V4R = Resultado sugestivo de IAM sem supradesnivelamento

Qual sua análise deste caso?

Bibliografia consultada

1. Collet JP, Thiele H, Barbato E, Barthélémy O, Bauersachs J, Bhatt DL, et al. 2020 ESC Guidelines for the management of acute coronary syndromes in patients presenting without persistent ST-segment elevation. Eur Heart J. 2021;42(14):1289-367.
2. Nicolau JC, Feitosa Filho GS, Petriz JL, Furtado RHM, Précoma DB, Lemke W, et al. Diretrizes da Sociedade Brasileira de Cardiologia sobre angina instável e infarto agudo do miocárdio sem supradesnível do segmento ST – 2021. Arq Bras Cardiol. Forthcoming 2021.
3. Six AJ, Backaus BE, Kelder SC. Chest pain in the emergency room: value of the Heart score. Neth Heart J. 2008;16(6):191-6.
4. Santi L, Farina G, Gramenzi A, Trevisani F, Baccini M, Bernardi M, et al. The HEART score with high-sensitive troponin T at presentation: ruling out patients with chest pain in the emergency room. Intern Emerg Med. 2017;12(3):357-64.
5. Carlton EW, Cullen L, Than M, Gamble J, Khattab A, Greaves K. A novel diagnostic protocol to identify patients suitable for discharge after a single high-sensitivity troponin. Heart. 2015;101(13):1041-6.

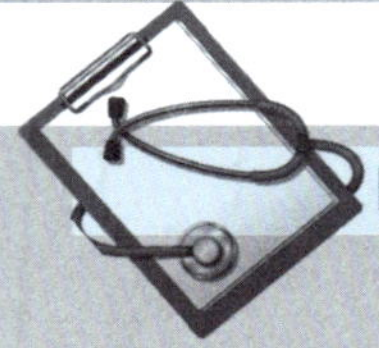

DISCUSSÃO DO CASO CLÍNICO

■ Caso 1

Uma abordagem inicial de qualquer paciente com dor precordial na emergência é a realização de ECG com pelo menos 12 derivações em até 10 minutos após a sua chegada à unidade de atendimento. Deve-se fazer uma avaliação clínica imediata a fim de sistematizar os dados clínicos, a história clínica, fatores de risco, antecedentes cardiovasculares, com um exame físico minucioso.

As troponinas T e I ultrassensíveis na detecção de lesão miocárdica podem variar de 10 a 100 vezes em pequenas quantidades no sangue do paciente, e com isso podemos detectar o IAM mais precocemente. Na dor torácica de 3 horas de duração, a sensibilidade do método chega a 100% e o valor preditivo negativo para uma única dosagem é de 95%.

Para melhor interpretar os resultados intermediários ou positivos devemos fazer o diagnóstico diferencial em pacientes com embolia pulmonar ou dissecção aguda da aorta. Em contrapartida, os resultados falsos negativos podem ser encontrados em pacientes com hipertrofia ventricular, hipertensão pulmonar, miopatias e insuficiência renal crônica, principalmente em pacientes com valores de creatinina maiores que 2,5 mg/dL. Em pacientes com clínica compatível com IAM, a dosagem de troponina convencional pode estar com resultados dentro dos valores referenciais na fase inicial dos sinais e sintomas, enquanto a dosagem de troponina ultrassensível (US) já apresenta resultados aumentados. Portanto, recomenda-se que seja realizada a dosagem de troponina US em todos os pacientes com suspeita de IAM de 0 a 2 horas após admissão na unidade de emergência para maior assertividade diagnóstica.

5 Metabolismo do Ferro

Analúcia Rampazzo Xavier
João Paulo Chevrand
Salim Kanaan

Introdução

Microelemento abundante na crosta terrestre, em que seu minério tem grande importância e aplicação em diversos setores, da indústria à utilização pelos seres vivos, sejam plantas ou animais. O ferro é um elemento químico do grupo 8 (metais de transição) que pertence ao quarto período da tabela periódica, que, além de ser um dos minerais mais citados na Bíblia Sagrada e um dos mais antigos já manipulados pelo homem, é essencial para a fisiologia humana.

Embora o organismo humano contenha uma pequena quantidade de ferro, aproximadamente de 4 a 5 g, este micromineral é considerado um elemento essencial à manutenção da vida. Sua concentração sanguínea é 10 vezes maior do que a de todo o corpo e 30 vezes mais do que a média de outras partes do organismo, sendo cerca de 2,5 g encontrados na forma complexada com a hemoglobina, variando de acordo com o sexo e a idade.

Há uma classificação que alguns autores recomendam, que separam a disposição do ferro segundo cada grande compartimento em que se encontram, como o ferro da circulação, ferro de reserva e ferro de constituição. Depósitos de ferro no fígado, baço e medula contribuem para a concentração férrica corporal. O ferro pode ser encontrado em pequenas quantidades na mioglobina dos tecidos; constituintes de enzimas em todas as partes do corpo; possui ação importante no metabolismo aeróbico (transporte de elétrons), funções respiratórias, oxidativas e de fosforilação; e na medula óssea.

O ferro da circulação encontra-se combinado com a transferrina na concentração de 50 a 150 µg/dL, podendo ser transferido de um local ao outro para as diferentes utilizações acima descritas. Outro grande exemplo de importância do ferro, se dá no transporte de oxigênio pela hemoglobina, onde se encontra inserido no anel de protoporfirina IX, formando o grupamento HEME, estando no estado de bivalência, e assim sendo capaz de ligar o oxigênio em coordenação com o núcleo tetrapirrólico, em uma das mais bonitas ligações bioquímicas já descritas.

Absorção, transporte, funções e metabolismo

Absorção

O ferro é obtido de duas maneiras principais: pela dieta ou pela reciclagem de hemácias senescentes.

Absorção Intestinal do Ferro

Uma dieta comum contém de 13 a 18 mg de ferro, mas somente 1 a 2 mg serão absorvidos pelo epitélio duodenal por dia. A Figura 5.1 ilustra uma célula intestinal e a localização das proteínas envolvidas na absorção deste microelemento essencial. A acidez e a presença de açúcares facilitam a aquisição do ferro, a qual varia em quantidade conforme necessidade do organismo, ou seja, em situações em que há carência de ferro ou aumento da necessidade (gravidez, puberdade ou hemólise), há uma maior absorção do ferro proveniente a dieta. Para essa demanda maior é preciso maior expressão também das proteínas envolvidas nesse processo, como a proteína transportadora de metal divalente (DMT-1) e a ferroportina (FPT).

A maior parte do ferro inorgânico está presente na forma Fe^{3+} e é fornecida por vegetais e cereais. A aquisição do ferro da dieta na forma HEME corresponde a 1/3 do total e é proveniente da quebra da Hb e mioglobina contidas na carne vermelha. Ovos e laticínios fornecem menor quantidade dessa forma de ferro. Como exemplo, podemos dizer que o ferro contido na gema do ovo, melado, banana e cereja são 100% aproveitados, o ferro do feijão cozido é de 80% e o da carne, apenas 20%, em sua forma melhor absorvível, muitas vezes por causa das formas de preparo dos alimentos.

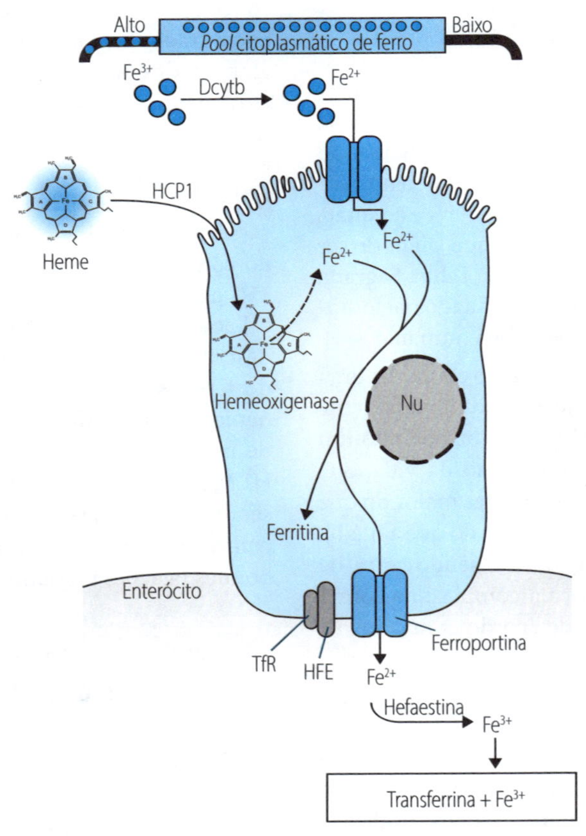

FIGURA 5.1 – Proteínas envolvidas na absorção do ferro a nível intestinal. Dcyth: ferroredutase; DMT-1: proteína de transporte de metal divalente-1; HCP-1: proteína transportadora do HEME-1; NU: núcleo; HFE: proteína da hemocromatose; TfR: receptor.

Para o reconhecimento pela DMT-1 ou NRAMP-2 (*Natural resistance-associated macrophage protein 2*), o ferro precisa ser reduzido para Fe^{2+}, o que é realizado pela enzima *Citocromo b redutase* duodenal ou Dcytb. A internalização do ferro HEME (forma orgânica) da dieta é feita pela proteína transportadora do HEME-1 (HCP1). O grupamento HEME liga-se à membrana da borda em escova dos enterócitos duodenais e a proteína transportadora atravessa a membrana plasmática, internalizando o HEME do meio extracelular (intraluminal). A seguir, o HEME apresenta-se ligado à membrana de vesículas no citoplasma da célula. A regulação é feita de acordo com o nível de ferro intracelular: havendo deficiência de ferro, a HCP1 se redistribui do citoplasma para a membrana plasmática das células duodenais, enquanto em condições de excesso de ferro a redistribuição se dá a partir da borda em escova da célula para o seu citoplasma. Esse mecanismo regulador é interessante, pois aproveita o HEME da dieta antes de sua eliminação pelo intestino e também evita a captação desnecessária de ferro e o seu acúmulo. A HCP1 também é expressa em outros locais como o fígado e rins, e sua síntese pode ser induzida pela hipóxia, facilitando a captação de HEME quando há maior necessidade do organismo, para otimizar o transporte de gases.

No interior da célula, o ferro é liberado da protoporfirina pela enzima *HEME oxigenasse* (HOx). Após o ferro ser liberado, fará parte do mesmo *pool* de ferro não HEME, sendo armazenado na forma de ferritina ou liberado do enterócito para o sangue.

O principal exportador do ferro da célula para o plasma é a FPT, ou IREG1. Localiza-se na extremidade basolateral de vários tipos celulares, incluindo sinciciotrofloblastos placentários, enterócitos duodenais, hepatócitos e macrófagos. A expressão do RNAm da FPT está aumentada na deficiência de ferro e hipóxia. Assim como a DMT-1, a FPT também é seletiva para o ferro na forma Fe^{2+}.

Como a proteína transferrina sérica tem grande afinidade pelo ferro na forma férrica, o Fe^{2+} externalizado pela FPT deve ser oxidado para Fe^{3+}. A enzima *Hefaestina oxidase*, semelhante à ceruloplasmina sérica, é responsável por essa conversão. Mutações que inativam a FPT ou a *Hefaestina* levam ao prejuízo na absorção, logo levam ao acúmulo de ferro no enterócito e nos macrófagos.

A proteína da hemocromatose (HFE) está fortemente relacionada com a regulação da absorção intestinal do ferro. Ela interage com o receptor da transferrina (TfR) e detecta o seu grau de saturação, sinalizando para o enterócito se há maior ou menor necessidade de absorção do ferro na luz intestinal. Indivíduos com mutação no gene da HFE apresentam hemocromatose, caracterizada pelo acúmulo de ferro no organismo decorrente da contínua absorção do ferro pelo intestino.

Reciclagem do ferro pelos macrófagos

A maior parte do ferro no organismo está na molécula de hemoglobina, portanto a fagocitose e degradação de hemácias senescentes (hemocaterese) representam uma importante fonte de ferro (de 25 a 30 mg/dia). Essa quantidade de ferro reciclado é suficiente para manter a necessidade diária de ferro para a eritropoiese.

Macrófagos do baço e da medula óssea e, em uma escala menor as células de Küpffer no fígado, reconhecem modificações bioquímicas na membrana da "hemácia velha". Essas alterações sinalizam para que o macrófago elimine essas células, através de interações com receptores de superfície. Então se inicia a fagocitose, seguido da degradação dos componentes da hemácia. O catabolismo intracelular do grupamento HEME envolve a participação de várias enzimas, como a *NADPH-citocromo C redutase*, a HOx e a *Biliverdina redutase* e terá como produtos o CO, ferro e bilirrubina. A parte proteica da molécula de hemoglobina (globina) terá seus aminoácidos reciclados e reaproveitados para síntese de novas proteínas no *turnover* de proteínas corporal. O Fe^{2+} pode ser estocado no próprio macrófago na forma de ferritina ou ser exportado pela FPT. Após a exportação pela FPT, o Fe^{2+} será oxidado pela ceruloplasmina, sintetizada no fígado. O Fe^{3+} será transportado pela transferrina até os locais onde será reutilizado, predominantemente medula óssea, onde participará da hemoglobinização de novos eritrócitos.

Transporte

O ferro é transportado no plasma pela transferrina (Tf), uma glicoproteína sintetizada e secretada pelo fígado. Na estrutura molecular da transferrina encontramos dois sítios de ligação com afinidades diferentes pelo ferro. O primeiro possui uma alta afinidade de ligação ao ferro (Fe^{3+}) em relação ao segundo sítio. Em condições normais, a Tf plasmática tem a capacidade de transportar até 12 mg de ferro, mas essa capacidade raramente é utilizada e, em geral, 3 mg de ferro circulam ligado à Tf, ou seja, 30% da Tf está saturada com o ferro. Quando a capacidade de ligação da Tf está totalmente saturada, o ferro pode circular livremente pelo soro, na forma não ligada à Tf (NTBI), que é facilmente internalizada pela célula, contribuindo para o dano celular nos casos de sobrecarga de ferro. Quando complexado à Tf, a internalização do ferro é iniciada pela ligação desse complexo a um receptor específico (TfR) presente na superfície da maioria das células. A afinidade do TfR à Tf diférrica parece ser determinada pela proteína produzida pelo gene da hemocromatose, a HFE, também presente na membrana plasmática dos eritroblastos. Dentro do citosol o HFE forma um complexo com o TfR, reduzindo o número desses receptores sobre a membrana celular.

A interação Tf-TfR é facilitada pelo pH extracelular de 7,4 e, a partir dessa ligação, inicia-se o mecanismo de captação de ferro pela célula. O complexo Tf-TfR-HFE é internalizado por endocitose. Dentro do endossoma o pH é menor, facilitando a liberação do ferro da Tf, que permanece ligada ao seu receptor e o complexo apoTf-TfR-HFE é reciclado de volta à superfície celular, quando então a apo-Tf é liberada do TfR para circular livre novamente. O ferro do endossoma atravessa a membrana da vesícula e alcança o citoplasma através da proteína DMT-1, que faz o efluxo do ferro do endossoma para o citoplasma. O ferro liberado pela Tf no endossoma está na forma férrica (Fe^{3+}) e a DMT-1 tem grande afinidade pelo Fe^{2+}. Uma enzima ferriredutase, denominada *Steap 3* é responsável pela redução do ferro liberado pela Tf, que será então transferido para o citosol pela DMT-1. A incorporação do ferro ao anel de protoporfirina irá formar o grupamento HEME, que em combinação com as cadeias de globina formarão a molécula de hemoglobina.

Um produto da clivagem do TfR tecidual circula no plasma na forma solúvel do TfR (sTfR). Existe uma correlação direta entre a quantidade de sTfR circulante e a TfR celular. A forma solúvel do receptor que circula no plasma reflete a massa de TfR celular. Situações caracterizadas por hipoplasia da série vermelha, como anemia aplásica ou insuficiência renal crônica, apresentam níveis reduzidos de sTfR, enquanto condições com hiperplasia eritroide, como anemia falciforme ou outras anemias hemolíticas crônicas, estão associadas com níveis elevados de sTfR.

Um outro membro da família de TfR é o TfR2, bastante semelhante ao TfR descrito anteriormente, que se expressa predominantemente no fígado. O TfR2 tem atividade de captação do ferro, mas, diferentemente do TfR, tem uma afinidade muito baixa (cerca de 25 vezes menor) pela Tf diférrica. Mutações no TfR2 têm sido descritas em pacientes com hemocromatose hereditária.

Formação do grupamento HEME

O ferro é um mineral vital para a homeostase do organismo devido à sua habilidade em aceitar e doar elétrons. É fundamental para o transporte de oxigênio, para a síntese de DNA e metabolismo energético. É um cofator importante para enzimas da cadeia respiratória mitocondrial e na fixação do nitrogênio. É utilizado principalmente na síntese da hemoglobina (Hb) nos eritroblastos, da mioglobina nos músculos e dos citocromos no fígado.

A deficiência de ferro acarreta consequências para o organismo, em que a anemia é a entidade mais relevante. Diametralmente oposto, o acúmulo excessivo de ferro é extremamente danoso aos tecidos, pois o ferro livre promove a síntese de espécies reativas de oxigênio que são tóxicas e lesam proteínas, lipídeos e DNA por conta do estresse oxidativo (reação de Fenton), causando graves danos celulares e teciduais. Devido a isso o equilíbrio desse metal no corpo humano é tão importante. Os mecanismos de excreção do ferro são menos desenvolvidos e eficazes se comparados aos envolvidos na absorção.

Na forma de hemeproteína, é fundamental para o transporte de oxigênio, geração de energia celular e detoxificação. O grupamento HEME é sintetizado em todas as células nucleadas, mas principalmente pelo tecido eritroide.

O Grupamento HEME é constituído por um anel tetrapirrólico com um íon central de ferro (Figura 5.2). Parte de sua síntese ocorre nas mitocôndrias e parte no citosol. Diversas enzimas estão envolvidas na formação do HEME, conforme mostra a Figura 5.3. O primeiro estágio é a formação do ácido aminolevulínico a partir da condensação da glicina com a Succinil Co-A, reação catalisada pela enzima *delta-Aminolevulínico sintetase 2* (ALAS-2) e requer a participação do piridoxal 5-fosfato (vitamina B6) como cofator. Um importante mecanismo de regulação da ALAS-2 acontece no nível de tradução da síntese proteica. O RNAm da ALAS-2 contém elementos reguladores do ferro (IRE, do inglês *iron regulatory elements*) na extremidade 5', que interagem com proteínas reguladoras do ferro (IRP, do inglês *iron regulatory proteins*) que se encontram no citosol. A formação do complexo IRE-IRP na extremidade 5' do RNAm impede a tradução do RNAm da ALAS-2. A afinidade do IRP ao IRE depende da quantidade de ferro dentro da célula. Em situações em que há excesso de ferro, a ligação IRP-IRE não ocorre, o que permite que a tradução prossiga. A ALAS-2, então, é expressa e inicia a biossíntese do grupamento HEME para aproveitamento do ferro disponível. Quando há carência do ferro, a formação

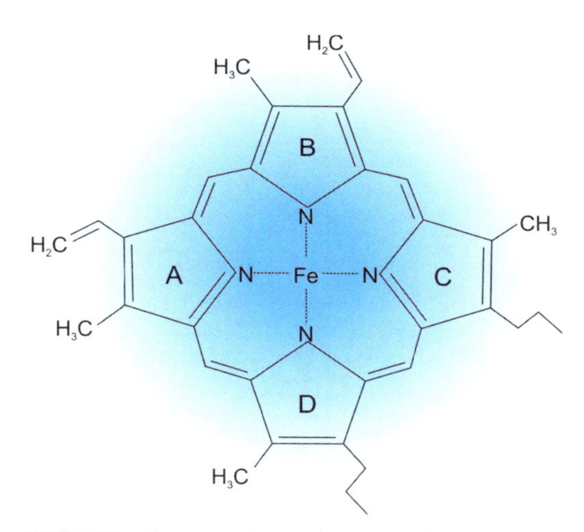

FIGURA 5.2 – Estrutura do anel tetrapirrólico do grupamento HEME e a coordenação com o átomo de ferro.

do complexo IRP-IRE bloqueia a tradução, abolindo a expressão e atividade da ALAS-2, diminuindo, assim, a síntese de HEME (Figura 5.3). Por um outro processo, o ácido aminolevulínico passa da mitocôndria para o citosol, onde ocorre a dimerização, e duas moléculas de ALA são condensadas para formar o porfobilinogênio (PBG). Essa reação é catalisada pela *Aminolevulinato dehidratase* (ALAD). Pela ação da *Porfobilinogênio deaminase* (PBGD) é formado um polímero de quatro moléculas de PBG, conhecido como hidroximetilbilano (HMB). O HMB serve como substrato para a *Uroporfirinogênio sintase* III (URO3S), que catalisa a conversão do HMB para Uroporfirinogênio III (UPG III), primeiro elemento em anel ou cíclico. Uma forma isomérica metabolicamente inerte de UPG (UPG I) é formada espontaneamente e é parcialmente decarboxilada, produzindo o coproporfirinogênio I (Coprogen I), que é eliminado, não sendo convertido em HEME. O UPG III é decarboxilado e quatro grupos acetato são removidos, gerando uma molécula hidrossolúvel, o Coprogen III. Essa reação é catalisada pela *Uroporfirinogênio decarboxilase* (UROD). A decarboxilação oxidativa de grupos propionato dos anéis pirrólicos A e B do Coprogen III leva à formação do Protoporfirinogênio (PPG IX),

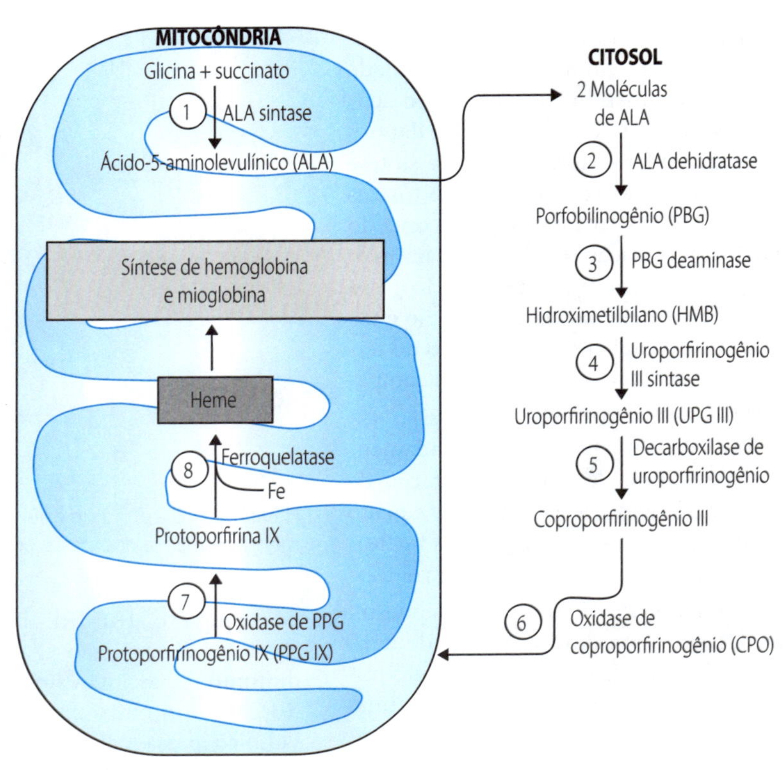

FIGURA 5.3 – Biossintese do grupamento HEME.

reação catalisada pela oxidase de corproporfirinogênio (CPO). Essa enzima está localizada no espaço intermembrana da mitocôndria, ou seja, a reação iniciada na mitocôndria e depois localizada no citosol retorna agora para a mitocôndria, onde será finalizada. A oxidase de PPG (PPGO) oxida o PPG IX e gera o Proto IX, capaz de incorporar o ferro para formar o HEME, última etapa da reação que ocorre na superfície interna da membrana mitocondrial, onde o ferro é inserido no anel de Protoporfirina IX pela ação da enzima *Ferroquelatase* (FC). A FC é sintetizada no citosol e alcança a mitocôndria na forma de uma sequência conduzida por um peptídeo controlador, que é posteriormente clivado para produzir a forma madura da enzima. A expressão da FC é regulada pelos níveis de ferro intracelular e pela hipóxia. Assim, o grupo HEME é formado por um anel tetrapirrólico contendo um átomo de ferro no seu interior. A degradação do HEME vai gerar um tetrapirrólico linear, que é a biliverdina, que vai formar a bilirrubina, a ser excretada do fígado pela bile.

Papel do ferro no meio intracelular e moléculas correlacionadas

A mitocôndria é o local exclusivo onde ocorre a síntese do grupamento HEME e dos *clusters* Fe-S. Após o ferro ser transportado através da membrana mitocondrial, a Frataxina (proteína localizada na membrana interna e na matriz mitocondrial) regula o uso do ferro dentro da mitocôndria, destinando-o à síntese do grupamento HEME ou à gênese dos clusters Fe-S.

A Frataxina forma um complexo com o ferro para prevenir a formação de radicais livres na mitocôndria. Assim, a escassez dessa proteína promove o acúmulo de ferro na mitocôndria, em detrimento da quantidade de ferro no citosol. Pacientes com ataxia de Friedreich apresentam menor atividade de proteínas mitocondriais que contêm *clusters* Fe-S. A formação desses *clusters* é crítica para a prevenção do acúmulo do ferro e do estresse oxidativo. Essa doença degenerativa é autossômica recessiva e é caracterizada por ataxia progressiva, perda sensorial e cardiomiopatia hipertrófica.

A cadeia respiratória mitocondrial, com suas diversas subunidades envolvidas no transporte de elétrons, é fundamental na conversão do ferro férrico em ferroso. O Fe^{2+} é reconhecido pela enzima *Ferroquelatase* e é introduzido ao anel pirrólico para a síntese do HEME. Mutações nas subunidades da cadeia respiratória mitocondrial são associadas a algumas anemias sideroblásticas adquiridas. Transportadores de membrana como ABCB7 estão na membrana interna da mitocôndria e exteriorizam os *clusters* Fe-S para o citosol. Mutações do ABCB7 estão associadas com anemia sideroblástica ligada ao X com ataxia cerebelar devido ao acúmulo de ferro na mitocôndria (Figura 5.4).

■ Regulação dos níveis corporais de ferro

A homeostase do ferro é regulada por dois mecanismos: intracelular, de acordo com a quantidade de ferro dentro da célula, e o outro sistêmico, onde o peptídeo hepcidina tem papel imprescindível.

Regulação sistêmica

Não existe um mecanismo específico para a eliminação do excesso de ferro, normalmente o ferro é eliminado do organismo pelas secreções corpóreas, descamação das células intestinais, epidérmicas ou sangramento menstrual. Por isso a absorção precisa ser bem regulada. O principal mediador da homeostase do ferro é a hepcidina, que é um hormônio peptídico, com 25 aminoácidos, produzido pelos hepatócitos, induzida por sobrecarga de ferro, infecção, aumento de lipopolissacarídeos (LPS) e citocinas pró-inflamatórias, principalmente IL-6. No plasma, a hepcidina circula ligada à proteína α-2-macroglobulina.

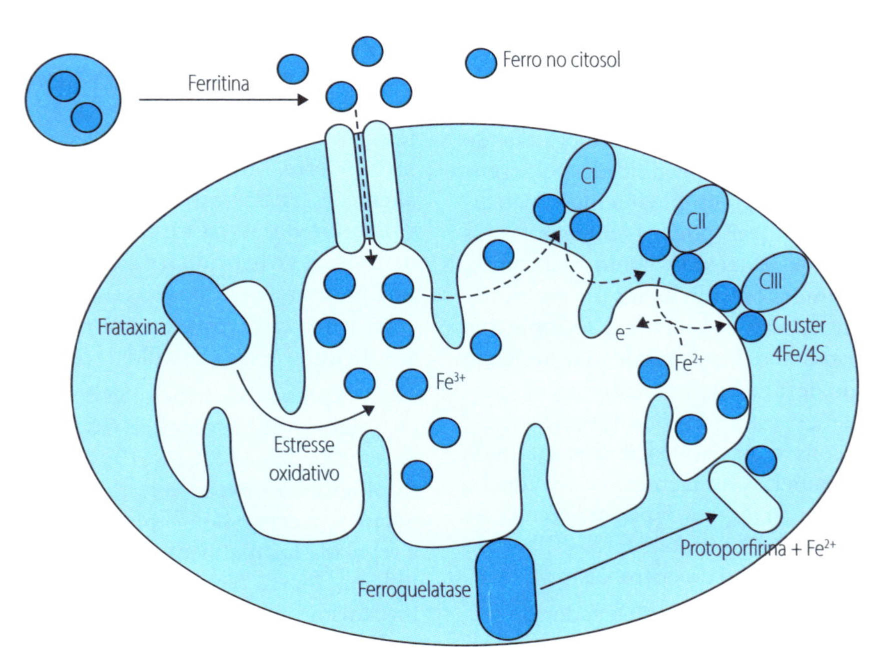

FIGURA 5.4 – Internalização do ferro e regulação da síntese do grupamento HEME e dos *clusters* Fe-S pela Frataxina.

A síntese de hepcidina é inibida pela enzima *Matriptase*-2, uma serinoprotease ligada à membrana codificada pelo gene TMPRSS6. Na ausência do TMPRSS6, há um aumento na concentração de hepcidina, com consequente degradação da ferroportina e prejuízo na absorção do ferro, levando à anemia ferropriva grave. Mutações nesse gene estão relacionadas com casos de anemia ferropriva refratária ao tratamento com ferro (IRIDA), as quais apresentam níveis de hepcidina inapropriadamente altos.

A função primordial da hepcidina é internalizar e degradar a ferroportina (proteína responsável pela transferência do Fe^{2+} para a circulação através dos enterócitos). Portanto, um nível alto da hepcidina inibe a absorção intestinal de ferro e a liberação de ferro a partir de macrófagos e hepatócitos, ao passo que a baixa concentração de hepcidina leva a liberação de ferro por estas células. A hepcidina é o regulador central da homeostase do ferro. Coordena o uso, estoque e absorção de ferro. E a sua desregulação, por conseguinte, acarreta doenças relacionadas ao desiquilíbro do ferro. Além disso, tem papel secundário na atividade antimicrobiana ao romper as membranas dos microrganismos e ao restringir a quantidade de ferro disponível para as bactérias.

A hepcidina é um regulador negativo do metabolismo do ferro, é codificada pelo gene HAMP, sintetizada predominantemente no fígado, mas baixos níveis podem ser encontrados em outras células e tecidos, como neutrófilos, monócitos, linfócitos, adipócitos e cérebro. A hepcidina internaliza e degrada a ferroportina dentro do lisossomo. Desse modo, o ferro não é externalizado, levando ao seu acúmulo no citoplasma, onde será estocado sob a forma de ferritina. Como consequência, ocorre o acúmulo de ferro nos hepatócitos e macrófagos. A redução da passagem do ferro para o plasma resulta na baixa saturação da Tf e menos ferro é liberado para o desenvolvimento do eritroblasto.

A ferroportina é o maior exportador de ferro nos macrófagos e na membrana basolateral do enterócito duodenal. É expressa também em macrófagos envolvidos na reciclagem de ferro em hemácias velhas e em hepatócitos que armazenam ferro. A hepcidina se liga a ferroportina para exercer suas funções. Nos enterócitos, a elevação da hepcidina impede a captação do ferro da dieta para a circulação por meio da ferroportina. O sequestro de ferro em macrófagos e a redução da absorção duodenal de ferro pode eventualmente levar à anemia em longo prazo, reduzindo o ferro para a eritropoiese. Por outro lado, a ausência de hepcidina leva à absorção intestinal desenfreada de ferro e consequentemente à sobrecarga de ferro. As hemocromatoses hereditárias (HH) primárias, por exemplo, cursam com produção inadequada de hepcidina em relação aos estoques de ferro no organismo. Os níveis de RNAm de hepcidina em pacientes com HH estavam inapropriadamente baixos para os estoques de ferro. Indivíduos com hemocromatose juvenil apresentam níveis de hepcidina urinária muito baixos, a despeito do acúmulo do ferro.

As moléculas HFE, hemojuvelina (HJL) e TfR2 regulam a expressão da hepcidina de acordo com os níveis de ferro circulantes. Havendo aumento dos níveis de ferro elas estimulam a síntese de hepcidina pelo fígado, que vai inibir a absorção do ferro intestinal e a liberação do ferro dos macrófagos, restabelecendo o equilíbrio do ferro. Mutações nessas proteínas causam alterações nesses mecanismos regulatórios, levando à redução na expressão da hepcidina. A deficiência de hepcidina e o excesso de ferroportina levam à liberação exagerada de ferro pelos enterócitos e macrófagos, com desenfreada absorção intestinal e acúmulo de ferro nos tecidos.

A expressão de hepcidina é mediada através da proteína morfogenética óssea (BPM) e vias de sinalização JAK2/STAT3, e, sob condições fisiológicas os níveis de ferro no organismo regulam sua expressão. A produção de hepcidina é regulada normalmente pela anemia, hipóxia e inflamação, e a regulação por inflamação é um mecanismo de defesa para limitar a disponibilidade de ferro para microrganismos. Quando as concentrações de hepcidina estão diminuídas, as moléculas de ferroportina são expostas na membrana plasmática e exportam ferro, assim como quando as concentrações de hepcidina se elevam, e, essa se liga à ferroportina induzindo sua internalização e degradação, diminuindo progressivamente o ferro liberado. A regulação da hepcidina por ferro é complexa e requer a coordenação de múltiplas proteínas, incluindo a BMP6 (*Bone Morphogenetic Protein* 6), proteína da hemocromatose hereditária, receptor de transferrina 2, matriptase-2, receptores de BMP e transferrina. Atualmente, duas formas de hepcidina são identificadas (hepcidina-20 e hepcidina-22). A hepcidina é filtrada nos rins na primeira passagem e reabsorvida no túbulo proximal (Figura 5.5 A).

Regulação intracelular

Para evitar excesso de ferro livre ou falta dele dentro da célula, proteínas reguladoras do ferro (IRP1 e IRP2) controlam a expressão pós-transcricional dos genes moduladores da captação e

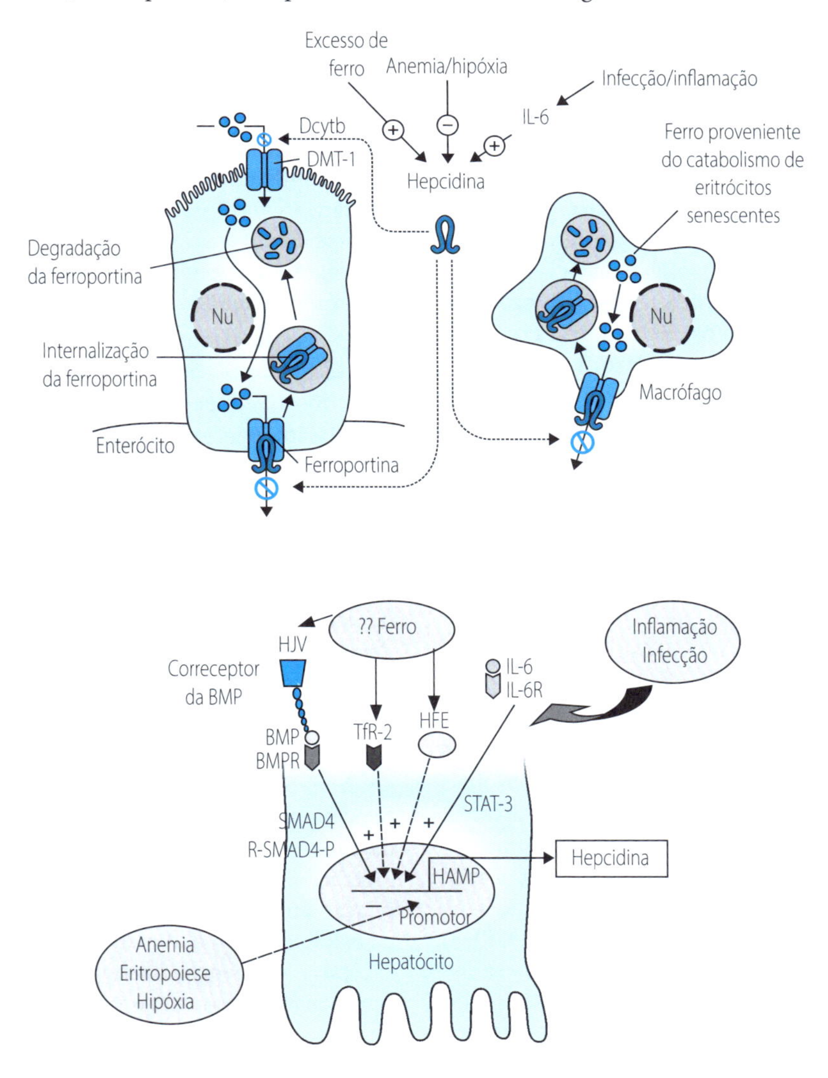

FIGURA 5.5 – A) Ações da hepcidina no controle de ferro corporal. **B)** Regulação da expressão da hepcidina.

estoque do ferro. Em condições de baixa quantidade de ferro intracelular, essas proteínas se ligam a estruturas em forma de alças presentes nas regiões não codificadoras do RNA mensageiro, os IREs, que são sequências de RNAm constituídas de 30 nucleotídeos altamente conservados que podem estar localizadas nas regiões não codificadoras 3' ou 5'. Quando os IREs estão localizados na extremidade 3', a ligação com o IRP protege o RNAm da degradação e prossegue a síntese proteica. A ligação do IRP com o IRE localizado na extremidade 5' inibe a tradução do RNAm em proteína, diminuindo sua síntese. Por outro lado, em condições de excesso de ferro intracelular, as IRP seriam inativadas por dois mecanismos distintos: a IRP1, uma proteína citosólica bifuncional que contém um *cluster* Fe-S. Na presença de ferro, a IRP1 age como uma enzima Aconitase (interconvertendo citrato e isocitrato), e, na ausência de ferro, liga-se com grande afinidade aos IREs de vários transcriptos da homeostase do ferro. Por outro lado, a IRP2 é inativada por um mecanismo dependente de ferro, e, nas células repletas de ferro, não ocorre a ligação IRP2-IRE. Os elementos IRE localizados próximos à região não codificadora 3', quando não ligados ao IRP, permitem que haja a clivagem do RNAm e a síntese proteica é interrompida. A não ligação do IRP aos IRE localizados próximos à região 5' permite que o complexo de inicialização da tradução seja ativado, induzindo a síntese proteica.

A DMT-1 e a ferroportina apresentam estruturas "IRE-like", embora a função dos IREs nesses transportadores de ferro pareça ser mais complexa e ainda não totalmente esclarecida. Os níveis de RNAm da DMT-1 aumentam significativamente na deficiência de ferro em modelos experimentais, sugerindo que as IREs na região 3' podem mediar a expressão da DMT-1, estabilizando seu transcripto por um mecanismo ferro-dependente, embora não de maneira uniforme, entre as diversas células. A presença de estruturas "IRE-like" foi confirmada na região não traduzida 5' do RNAm da ferroportina. Estudos sugerem que a regulação de sua expressão ocorra em nível pós-transcricional e é mediada pelo sistema IRE-IRP, embora um mecanismo independente do IRE também participe da regulação da expressão da FPN em nível proteico. (Figura 5.5 B)

Importância clínica e doenças relacionadas

O desequilíbrio do metabolismo do ferro pode resultar em variadas doenças. A desregulação da hepcidina é encontrada na anemia de doença crônica, anemia por deficiência de ferro, câncer, hemocromatose hereditária, e β-talassemia. A síntese de hepcidina por macrófagos e células inflamatórias, para controlar a disponibilidade de ferro no microambiente, é um fenômeno saliente em desordens com inflamação de baixo grau, como visto na obesidade, diabetes e síndrome metabólica.

O eixo hepcidina-ferroportina medeia alterações agudas e crônicas na distribuição de ferro que contribuem para a defesa do organismo sob a agressão de grandes infecções. A dosagem de hepcidina é útil para avaliar as reservas de ferro em lactantes, classificação e diagnóstico das formas raras de hemocromatose, na diferenciação entre a elevação de ferritina por sobrecarga de ferro ou por inflamação e no diagnóstico clínico da deficiência de ferro. Seus níveis também podem ser utilizados para monitorar o tratamento com suplementação de ferro, mesmo antes de um aumento dos níveis de hemoglobina ser observado.

A IL-6 é um forte indutor da expressão da hepcidina durante a inflamação, e um aumento da síntese da hepcidina está implicada na etiologia na anemia por doença crônica. Existe uma relação entre hepcidina, inflamação e alteração na fisiologia normal do ferro. Assim, a produção excessiva de hepcidina promove aumento no armazenamento de ferro e diminui a quantidade disponível de ferro para a síntese de hemoglobina e produção de eritrócitos, acarretando anemia.

A anemia da doença crônica também ocorre em pacientes com doença renal crônica (DRC), caso não façam uso de EPO (eritropoietina). Os pacientes com DRC têm níveis aumentados de hepcidina, por conta da inflamação e reduzida depuração de hepcidina pelo rim.

Por ser um dos reguladores do ferro, a hepcidina pode ser utilizada como um biomarcador para investigação clínica de pacientes com anemia por carência de ferro. Os valores de hepcidina apresentam maior valor preditivo em comparação com os níveis de saturação de transferrina ou ferritina para pacientes em terapia de reposição com ferro.

A etiologia da hemocromatose hereditária está também associada à alterações na expressão do gene hepcidina (HAMP). A perda parcial ou total da expressão do gene HAMP restringe a entrada de ferro para a circulação.

A regulação do eixo ferroportina-hepcidina também tem papel-chave no câncer. As células neoplásicas aumentam o ferro disponível, por aumentar a absorção de ferro e diminuir o seu armazenamento, e também por reduzir o efluxo de ferro.

Síndromes talassêmicas e outras anemias com eritropoiese errática são caracterizadas pela redução da síntese de hepcidina. Apesar da sobrecarga de ferro estar presente na β-talassemia, os níveis de hepcidina não são elevados. Na β-talassemia, a deficiência da hepcidina permite o aumento da absorção do ferro intestinal com taxas semelhantes aos descritos na hemocromatose hereditária grave. Na anemia com sobrecarga de ferro, a hepcidina parece ser regulada por influências da atividade eritropoiética as quais suprimem sua expressão. Pacientes com β-talassemia que possuem altos níveis de sobrecarga de ferro, os níveis de hepcidina são mais baixos do que o esperado por causa da eritropoiese exuberante. A redução da atividade eritropoiética por transfusões dos eritrócitos alivia parcialmente a supressão da hepcidina, sendo assim, o efeito das transfusões sobre a hepcidina é devido à correção da anemia associada à diminuição das concentrações da eritropoietina e não está relacionado ao teor de ferro dos eritrócitos transfundidos.

Apesar da relevância dos níveis séricos de hepcidina para sua aplicação diagnóstica, metodologias para sua dosagem ainda são limitadas.

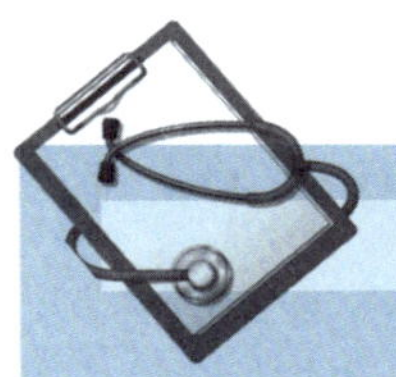

CASOS CLÍNICOS

■ Caso 1

Paciente do sexo feminino, com idade de 45 anos, procura o serviço ambulatorial de clínica médica, apresentando as seguintes queixas: cansaço, tonteira, astenia progressiva, falta de ar e palpitações cardíacas durante e após exercícios leves. Relata ser vegetariana. Refere que após uma consulta ginecológica, foi diagnosticada com tumores benignos (miomas uterinos). Apresenta sangramento menstrual intenso e períodos menstruais prolongados. Após consulta foram solicitados os seguintes exames laboratoriais: Hemograma completo, dosagem de ferro sérico, TIBC (*Total Iron Binding Capacity*), índice de saturação da transferrina e ferritina.

Resultados:

- Hemograma:
  - Hemácias = 5,5 milhões/mm^3
  - Hematócrito = 39,3%

- Hemoglobina = 12,0 g/dL
- VCM = 70,2 fL
- HCM = 21,6 pg
- CHCM = 30,8 g/dL
- RDW = 14,7 %
- Leucometria = 6700 células/mm^3 (Diferencial: Neutrófilos 67% - Bastões 2% e segmentados 65%; eosinófilos 1%; linfócitos 23%; monócitos 9%)
- Plaquetas = 237.000 células/mm^3
- Obs.: presença de microcitose e hipocromia.

• Bioquímica
- Ferro sérico = 40 μg/dL
- TIBC = 450 μg/dL
- Saturação da transferrina = 8,9 %
- Ferritina = 10 ng/mL

Quais suas considerações sobre o quadro apresentado e exames complementares?

Caso 2

Paciente do sexo masculino, com idade de 39 anos, vem apresentando cansaço, fraqueza, apatia, alterações na libido sexual, manchas escuras na pele, principalmente na face, pescoço e na região genital. Procurou o ambulatório de clínica médica de um Hospital Universitário Federal. Ao ser atendido pelo médico, foi coletada a história clínica e foi realizado o exame físico, onde foi constatada a hiperpigmentação da pele e a presença de um fígado palpável a 4 cm do rebordo costal, com dor à palpação no quadrante superior direito. A partir da suspeita clínica o médico prescreveu os seguintes exames: Ferro sérico; Ferritina; Índice de saturação da transferrina; ALT, AST, γ-glutamil transferase e Testosterona total.

Resultados:

• Bioquímica
- Ferro sérico = 190 μg/dL
- TIBC = 220 μg/dL
- Saturação da transferrina = 86 %
- Ferritina = 1250 ng/mL
- ALT = 105 U/L
- AST = 120 U/L
- γ-glutamil transferase = 42 U/L
- Testosterona total = 195 ng/dL

Na segunda consulta foram solicitados testes genéticos para a mutação do gene C282Y pelo método de PCR (*Polimerase Chain Reaction*).

Na terceira consulta foi visto que o resultado do teste genético foi positivo.

Quais suas considerações sobre o quadro apresentado e exames complementares?

Bibliografia consultada

1. Grotto HZW. Metabolismo do ferro: uma revisão sobre os principais mecanismos envolvidos em sua homeostase: Iron metabolism: an overview on the main mechanisms involved in its homeostasis. Revista Brasileira de Hematologia e Hemoterapia, São Paulo, v. 30, n. 5, p. 390-397, out./2008.
2. Grotto HZW. Fisiologia e metabolismo do ferro: Iron physiology and metabolism. Revista Brasileira de Hematologia e Hemoterapia, São Paulo, v. 32, n. 2, p. 8-17, jun./2010.
3. Munareto KA. Hepcidina como regulador da homeostase do ferro: uma revisão. 2015. 21 f. Trabalho de Conclusão de Curso (Especialização) - Universidade Regional do Noroeste do Estado do Rio Grande do Sul - UNIJUÍ, Juí, 2015
4. Souza AFMD, Carvalho-Filho RJ, Chebli JF. Hemocromatose Hereditária : relato de caso e revisão da literatura. Arq. Gastroenterol., São Paulo, v. 38, n. 3, p. 194-202, set./2001.

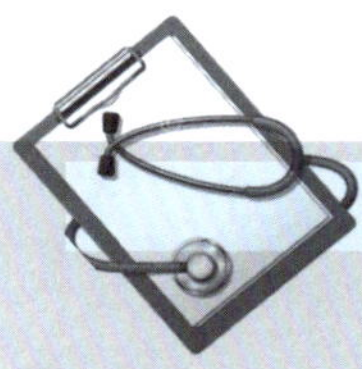

DISCUSSÃO DOS CASOS CLÍNICOS

Caso 1

No caso relatado, a paciente apresenta sinais e sintomas clássicos de anemia ferropriva, que foi confirmado pelos exames laboratoriais, dos quais o ferro se encontra abaixo dos valores referenciais, assim como a ferritina e saturação da transferrina baixas e TIBC elevado, que sugerem o quadro anêmico. Ainda, no hemograma observa-se VCM, HCM e CHCM baixos, com microcitose e hipocromia.

Na anemia por deficiência de ferro podemos interpretar os estágios em que o paciente se encontra, através da análise os dados clínicos e laboratoriais:

Situação A) Quando as reservas de ferro se encontram deficientes na medula óssea, a hemoglobina e o ferro sérico permanecem dentro dos valores de referência, mas a ferritina sérica está reduzida para valores menores que 20 mg/dL.

Situação B) Quando o paciente apresenta deficiência na eritropoiese, há um aumento da transferrina e uma diminuição do ferro sérico e do índice de saturação da transferrina para valores menores que 16 %.

Situação C) Quando há uma deficiência de ferro sérico e o aparecimento de hemácias microcíticas e hipocrômicas, afetando assim o metabolismo tecidual, resultando no aparecimento de sinais e sintomas clínicos.

Caso 2

A sobrecarga de ferro e a positividade do teste genético, confirmam o diagnóstico de hemocromatose. A hemocromatose é uma doença genética de caráter hereditário homozigoto, caracterizada pelo aumento da absorção de ferro e sua deposição em vários tecidos. A maior frequência dessa doença está presente na faixa etária de 40 a 60 anos. O paciente apresenta ferro sérico alto, ferritina e índice de saturação de transferrina igualmente elevados, apresentando manifestações clínicas na pele, fígado, gônadas e nas articulações principalmente pela deposição do ferro e inflamação associada.

Proteínas Plasmáticas 6

Analúcia Rampazzo Xavier
Lidia Maria da Fonte de Amorim
Maria Alice Terra Garcia *(in memoriam)*
Salim Kanaan

Introdução

O número de proteínas plasmáticas diferentes no plasma humano é enorme. Por esse motivo, limitamos o nosso estudo às proteínas plasmáticas mais abundantes, suas funções e suas principais correlações clínicas.

A maioria das proteínas plasmáticas, à exceção das imunoglobulinas e dos hormônios de natureza proteica, é sintetizada pelo fígado, secretada pelos hepatócitos para o Espaço de Disse, caindo na corrente sanguínea através dos sinusoides hepáticos, em direção posterior nas veias centrolobulares. Este órgão também é responsável pelo seu catabolismo, sendo a marca para a degradação, em muitos casos, a perda do conteúdo em ácido siálico.

As proteínas plasmáticas podem se deslocar do sangue para o espaço intersticial por difusão passiva através das junções entre as células endoteliais dos capilares e, também por mecanismos de transporte ativo. Devido a esse deslocamento, a maioria dos líquidos extracelulares contém pequenas quantidades de proteínas plasmáticas. As variações em concentração e tipo de proteínas plasmáticas nos diversos espaços intravasculares se devem a diferenças no peso molecular e à especificidade dos mecanismos de transporte ativo.

Conceitos básicos sobre proteínas

■ Caracterização dos Aminoácidos

Os aminoácidos estão para as proteínas como o alfabeto para as palavras. Existem 20 aminoácidos que funcionam como blocos de construção das proteínas. Existem aminoácidos que desempenham outras funções na célula como, por exemplo, a participação como intermediários no ciclo da ureia.

Todos os aminoácidos possuem um grupo carboxila, um grupo amino e um radical (grupo R) ligados ao átomo de carbono alfa, sendo chamados de alfa-aminoácidos. Já a prolina é classificada mais exatamente como alfa iminoácido, pois sua amina é secundária, ou seja, tem seu nitrogênio com duas ligações, com o carbono alfa e com um carbono do radical. Eles diferem uns dos outros na estrutura de seus respectivos radicais (grupos R). Assim, são classificados como mostra a Figura 6.1.

O aminoácido cisteína merece atenção especial porque aparece nas proteínas em duas formas, como a própria cisteína ou como cistina, em que duas moléculas de cisteína se ligam covalentemente por uma ponte de dissulfeto formada pela oxidação de grupos tiol (Figura 6.2). A cistina desempenha um papel importante na determinação da estrutura espacial das proteínas.

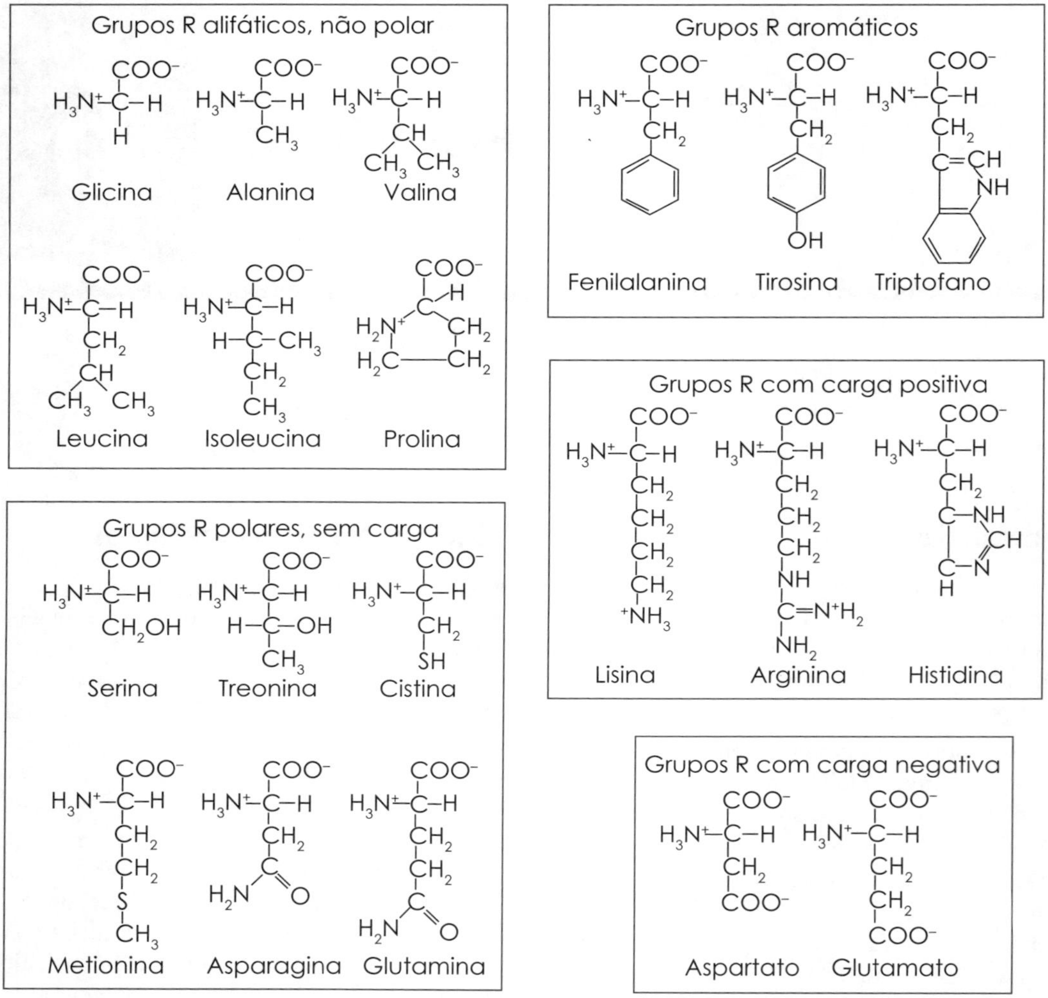

Grupos R alifáticos, não polar

Glicina Alanina Valina

Leucina Isoleucina Prolina

Grupos R aromáticos

Fenilalanina Tirosina Triptofano

Grupos R polares, sem carga

Serina Treonina Cistina

Metionina Asparagina Glutamina

Grupos R com carga positiva

Lisina Arginina Histidina

Grupos R com carga negativa

Aspartato Glutamato

FIGURA 6.1 – Classificação dos aminoácidos com base na polaridade de suas cadeias laterais ou grupos R em pH 7,0.

■ Propriedades acidobásicas dos aminoácidos

As propriedades acidobásicas das proteínas podem ser estudadas a partir das propriedades acidobásicas dos aminoácidos. O que torna as proteínas tão versáteis em termos de estrutura e função são as propriedades acidobásicas características de seus aminoácidos individualmente, bem como o grande número de possíveis interações entre os grupos R.

A qualidade de poder funcionar como ácido (doando prótons) ou como base (aceitando prótons) dos aminoácidos se deve aos seus grupamentos alfa-amino, alfa-carboxílico e a outros grupos funcionais presentes nos grupos R.

Para obtermos a curva de titulação de um aminoácido, submetemos um determinado número de moléculas do mesmo a variações crescentes do pH. A Figura 6.3 representa a curva de titulação de um aminoácido monoamínico e monocarboxílico.

A partir da curva de titulação, fica fácil entendermos o conceito de *pK* (inverso do logaritmo da constante de dissociação) dos grupamentos amino e carboxila, e o conceito de *pI* (ponto isoelétrico) do aminoácido.

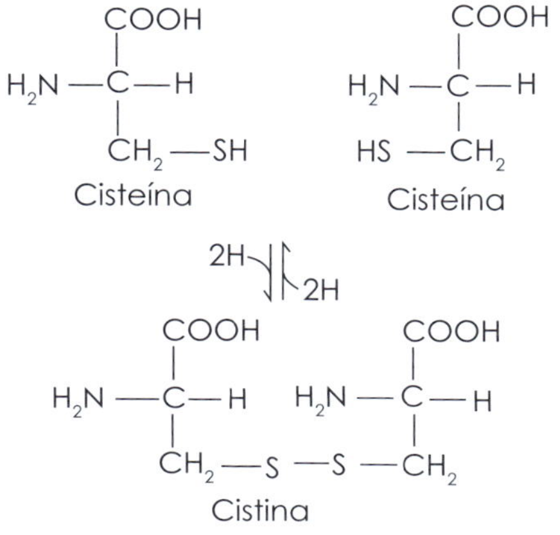

COOH
H_2N—C—H
CH_2—SH
Cisteína

COOH
H_2N—C—H
HS —CH_2
Cisteína

2H ⇌ 2H

COOH
H_2N—C—H
COOH
H_2N—C—H
CH_2—S —S —CH_2
Cistina

FIGURA 6.2 – Formação do grupo dissulfeto.

Em pH baixo (concentração de H^+ elevada), o aminoácido está na sua forma catiônica (isto é, tanto o grupamento amino quanto o grupo carboxila estão protonados) $-NH_3^+$ e -COOH. Nessa condição, o aminoácido possui *carga global positiva*.

À medida que elevamos o pH (diminuímos a concentração de H^+), as primeiras moléculas do aminoácido perderão prótons de suas carboxilas até atingir o *pK*, pH no qual haverá o mesmo número de moléculas de aminoácidos com suas carboxilas na forma protonada (associada) e não protonada (dissociada). Nessa condição se observa o efeito tamponante máximo da carboxila.

Elevando mais o pH (diminuindo ainda mais a concentração de H^+), atingiremos um ponto em que todas as moléculas do aminoácido terão suas carboxilas na forma dissociada, com carga negativa: a carga negativa anula a carga

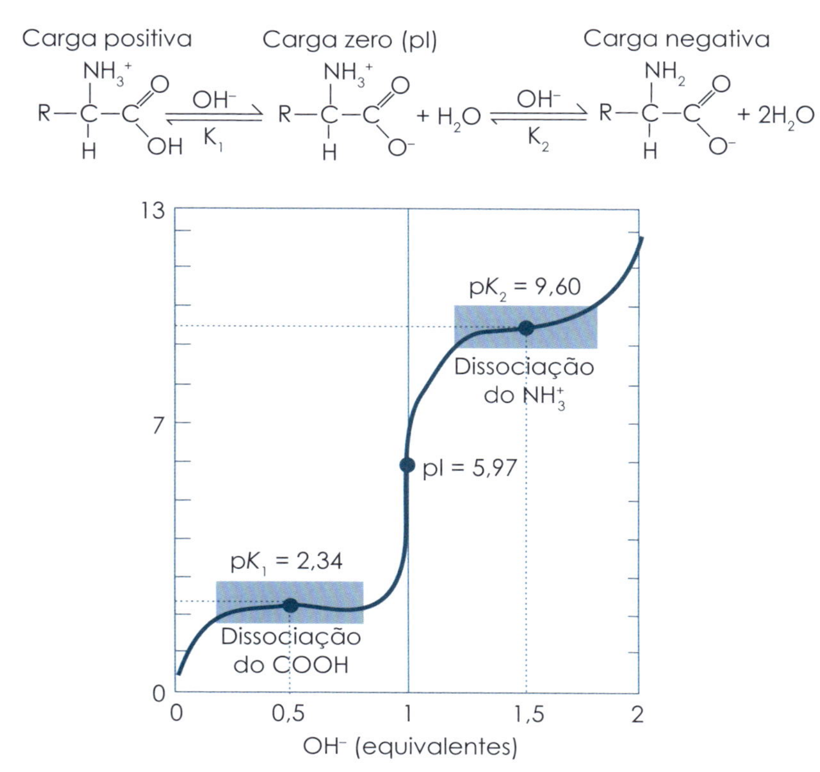

FIGURA 6.3 – Curva de titulação de um aminoácido monoamínico e monocarboxílico.

positiva do grupo amino. O *pI* (ponto isoelétrico) é o pH em que a molécula do aminoácido tem *carga global zero*. O mesmo raciocínio feito para o grupamento carboxila é válido para o grupamento amino. Após a dissociação do aminogrupo, o aminoácido apresentará *carga global negativa* (baixa concentração de H^+).

Uma informação importante que extraímos da curva de titulação é que a carga do aminoácido é determinada pelo pH do meio. Em pH acima do ponto isoelétrico, o aminoácido apresenta carga global negativa e, em um campo elétrico, irá migrar para o anódio. Em pH abaixo do ponto isoelétrico, o aminoácido apresenta carga global positiva e, em um campo elétrico, irá migrar para o catódio. Os fundamentos das propriedades acidobásicas dos aminoácidos são válidos também para as proteínas. Cada proteína possui o seu ponto isoelétrico característico.

Formação do esqueleto covalente (sequência de aminoácidos) e da estrutura tridimensional das proteínas

Estrutura Primária: Esqueleto Covalente (Sequência de Aminoácidos)

Dois aminoácidos podem-se ligar covalentemente um ao outro por meio de uma ligação peptídica formada entre o alfa-amino de um e o alfa-carboxila do outro, gerando um dipeptídio (Figura 6.4). Mesmo com a adição de outros aminoácidos, sempre haverá uma extremidade com um grupamento amino e outra com carboxila, as extremidades N e C terminais.

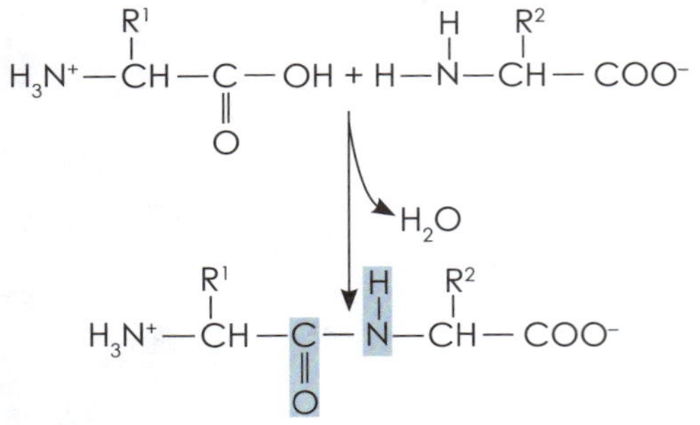

$$H_3N^+—CH(R^1)—C(=O)—OH + H—N(H)—CH(R^2)—COO^-$$

$$\downarrow \; -H_2O$$

$$H_3N^+—CH(R^1)—C(=O)—N(H)—CH(R^2)—COO^-$$

FIGURA 6.4 – Formação de uma ligação peptídica em um dipeptídio.

Estrutura Secundária

Os aminoácidos das cadeias proteicas interagem, por pontes de hidrogênio, entre o oxigênio da carboxila e o hidrogênio do grupo amida de uma ligação peptídica, formando uma estrutura tridimensional chamada secundária. Esta pode ser dos tipos α-hélice e folha β pregueada, que podem ocorrer isoladamente ou de forma simultânea em uma mesma cadeia polipeptídica.

A α-hélice é uma estrutura espiralada como uma mola, mantida por pontes de hidrogênio dispostas regularmente com cerca de 3,5 aminoácidos por cada volta da hélice (Figura 6.5). A folha β pregueada caracteriza-se por ser estendida, possuindo pontes de hidrogênio entre dois segmentos de uma fita que, dependendo do sentido das fitas, pode ser classificada em paralela ou antiparalela (Figura 6.5).

Estrutura Terciária

Outras forças, de diferentes tipos, promovem o dobramento da proteína e mantêm a estrutura terciária. Interações hidrofóbicas ocorrem entre aminoácidos que possuem grupos R apolares. Essas interações são a principal força de manutenção da estrutura terciária das proteínas. Elas

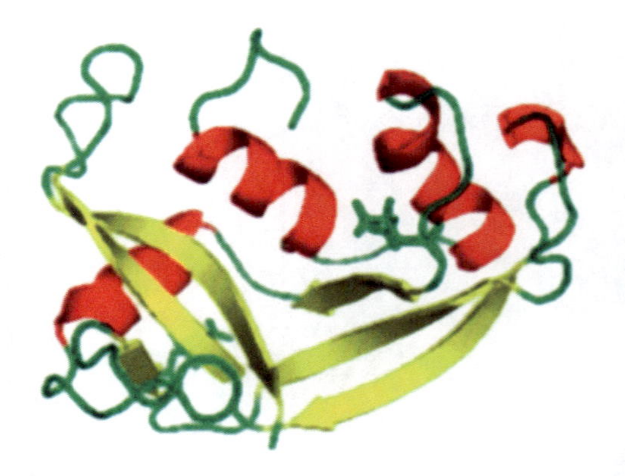

FIGURA 6.5 – Estrutura terciária de uma proteína. Após o enovelamento da proteína na estrutura secundária em alfa-hélice (vermelho) e/ou em folha beta pregueada (amarelo) a proteína se dobra formando a estrutura terciária. Fonte: https://di.uq.edu.au/community-and-alumni/sparq-ed/sparq-ed-services/proteins

afastam a água de tal maneira que as proteínas globulares, que constituem a maioria das proteínas de interesse clínico (hemoglobina, enzimas e proteínas plasmáticas, exceto fibrinogênio), têm seus grupos R hidrofóbicos voltados para o interior da molécula (Figura 6.6).

Atração Iônica

Ocorre entre aminoácidos carregados positivamente (lisina, arginina e histidina) e negativamente (aspartato e glutamato).

Pontes de Enxofre

Ocorrem entre resíduos de cisteína.

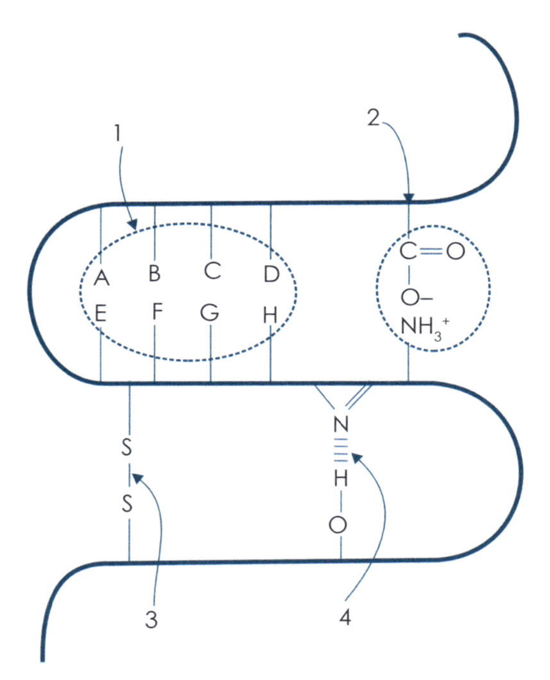

FIGURA 6.6 – Forças que mantêm a estrutura terciária das proteínas globulares.

Estrutura Quaternária

A estrutura quaternária (Figura 6.7) resulta da associação de mais de uma cadeia polipeptídica, ou subunidade, para formar um agregado. A estrutura depende do encaixe íntimo das subunidades polipeptídicas por meio de interações entre suas superfícies de contato.

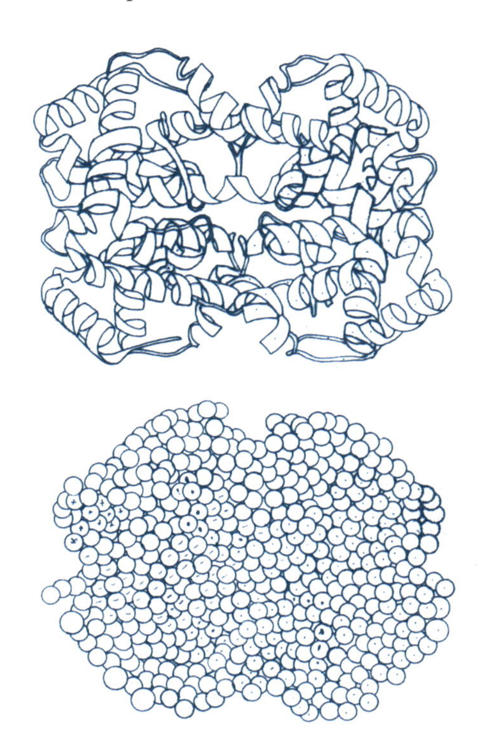

FIGURA 6.7 – Estrutura quartenária da hemoglobina.

Análise laboratorial de proteínas plasmáticas

Os métodos de análise de proteínas no plasma podem ser agrupados da seguinte maneira:

- Medidas quantitativas de proteína total.
- Ensaios quantitativos específicos de proteínas individuais.
- Separação por eletroforese.

■ Medidas quantitativas de proteína total

A concentração de substâncias presentes no plasma pode ser medida empregando-se um aparelho chamado espectrofotômetro. A substância a ser dosada deve ser previamente submetida a uma reação com um composto específico. No caso das proteínas, o reagente específico é o biureto, que é na realidade uma solução contendo cobre em meio alcalino. O íon cúprico Cu (II) reage produzindo cor púrpura na presença de ligações peptídicas.

Ensaios quantitativos específicos de proteínas individuais

A medida de concentração de proteínas individualmente não pode empregar a metodologia já descrita para proteínas totais. As proteínas são quimicamente muito semelhantes, embora fisiologicamente muito diferentes. Pequenas trocas na estrutura primária das proteínas (sequência linear de aminoácidos) levam a grandes alterações funcionais. Existem reações químicas específicas para cada aminoácido, mas estes estão amplamente distribuídos em todas as proteínas. Assim, a dosagem individual de proteínas se baseia na especificidade antígeno-anticorpo. A turbidimetria e a nefelometria são os métodos imunoquímicos mais empregados e utilizam anticorpos específicos, medindo os complexos antígeno-anticorpo formados.

Separação por eletroforese

A separação por eletroforese fornece estimativas semiquantitativas dos principais grupos de proteínas plasmáticas (frações eletroforéticas albumina, alfa-1, alfa-2, beta e gama). Hoje em dia, nos laboratórios clínicos, são empregados sistemas sofisticados para elaboração de eletroforese de proteínas plasmáticas. Os laboratórios clínicos em sua maioria utilizam automação para esta técnica. A seguir, faremos uma breve descrição que serve como fundamento para todos esses sistemas.

A eletroforese é realizada em um recipiente, denominado cuba, que é preenchido até certa altura, com tampão que possui pH determinado. O valor de pH é escolhido de forma a promover o melhor fracionamento das proteínas do soro. A fita de acetato de celulose é o meio de suporte da eletroforese e é empregado na maioria dos laboratórios clínicos. Ela é embebida no tampão de eletroforese, sendo colocada na cuba de tal maneira que suas extremidades fiquem imersas no tampão aí contido. Segue-se então a aplicação do soro em uma das extremidades da fita. Após a aplicação, a fita é então submetida a um campo elétrico por um determinado intervalo de tempo. No pH do tampão, as proteínas irão apresentar cargas elétricas de diferentes polaridades, gerando a carga líquida, segundo suas propriedades acidobásicas, e poderão migrar a velocidades diferentes. A fita é finalmente corada, revelando bandas ou frações eletroforéticas que terão intensidades dependentes da quantidade presente no soro. Com exceção da albumina, cada banda é composta na realidade por um conjunto de proteínas plasmáticas. A quantificação das bandas em um densitômetro converte-as em picos característicos, gerando um gráfico que pode ser observado na Figura 6.17.

Cada pico ou banda ilustra, proporcionalmente, a quantidade das proteínas no plasma:

- Fração albumina – 52% a 68%.
- Fração $alfa_1$ – 2,4% a 4,4%.
- Fração $alfa_2$ – 6,1% a 10,1%.
- Fração beta – 8,5% a 14,5%.
- Fração gama – 10% a 21%.

Quantitativamente, a proteína sérica mais importante é a albumina. As outras proteínas são agrupadas e designadas coletivamente de globulinas (alfa-1, alfa-2, beta e gama). Os valores de referência para a quantidade de proteínas totais é de 6,0 a 8,0 g/dL, divididas em albuminas com 3,5 a 5,5 g/dL e globulinas com 2,0 a 3,6 g/dL.

Como visto, a eletroforese das proteínas séricas fornece informações a respeito de grupos de proteínas plasmáticas, não discriminando as mesmas. À medida que se disseminam os métodos para determinação específica, ela perde seu interesse. No entanto, possui aplicação clínica singular e muito importante nas gamopatias monoclonais. É também considerada uma determinação valiosa no estabelecimento de certos perfis hepáticos (cirrose) e renais (síndrome nefrótica).

Localização de algumas proteínas plasmáticas no perfil eletroforético do soro:

- Pré-albumina, albumina e fração alfa$_1$:
  - alfa$_1$-antitripsina (MT ou a1At).
  - Alfa$_1$-glicoproteína ácida ou orosomucoide (AGA ou a1Ag).
  - Alfa$_1$-lipoproteína (aLp).
  - Alfa$_1$-fetoproteína.
- Fração alfa$_2$:
  - Haptoglobina (BAP ou Hpt).
  - Alfa$_2$-macroglobulina (AMG ou a2M).
  - Ceruloplasmina (CER).
- Fração beta:
  - Transferrina (TRF ou Tf).
  - Hemopexina (Hx ou Hpx).
  - β-lipoproteína (b-Lp).
  - C4 complemento.
  - C3 complemento.
- Fração gama:
  - IgG.
  - IgM.
  - IgA.
  - proteína C-reativa (PCR).

Proteínas plasmáticas de fase aguda

A reação de fase aguda é uma resposta não específica à inflamação (infecções, doenças autoimunes etc.) ou lesão tecidual (trauma, cirurgia, infarto do miocárdio ou tumores). Nesta reação ocorrem grandes variações nas concentrações de algumas proteínas plasmáticas, chamadas de proteínas de fase aguda.

Algumas proteínas (alfa1-antitripsina, alfa1-glicoproteína ácida, haptoglobina, ceruloplasmina, C4, C3 e proteína C-reativa) são positivas, por aumentarem suas concentrações na resposta de fase aguda; outras (albumina, transferrina) são negativas, por diminuírem suas concentrações. As proteínas são inespecíficas no processo e comparáveis clinicamente a febre ou aumento de contagem de leucócitos. Citocinas liberadas do local inflamatório estimulam a síntese destas proteínas de fase aguda pelo fígado.

As proteínas plasmáticas podem desempenhar diversas funções na reação de fase aguda; uma delas é de inibir proteases. Na inflamação ocorre liberação de enzimas proteolíticas por parte de células fagocitárias, macrófagos e neutrófilos, com o intuito de combater o agente agressor. Essa liberação está sujeita a um mecanismo de controle, de modo a evitar a destruição dos tecidos. Algumas proteínas plasmáticas de fase aguda neutralizam a ação das enzimas proteolíticas, formando com elas complexos firmes que serão fagocitados por macrófagos do sistema reticuloendotelial.

Do grupo das proteínas que funcionam como inibidores de proteases, a alfa$_1$-antitripsina é a proteína que existe em maior concentração e que tem um espectro inibidor mais amplo.

Outra função das proteínas plasmáticas de fase aguda é desempenhada pela haptoglobina, que atua no controle dos processos inflamatórios locais. O complexo haptoglobina-hemoglobina, descrito adiante, hidrolisa os peróxidos liberados durante a fagocitose realizada pelos neutrófilos. É também um agente bacteriostático natural para bactérias dependentes de ferro, como é o caso da *Escherichia coli*, pois impede a utilização de ferro da hemoglobina.

Os níveis plasmáticos das proteínas de fase aguda elevam-se em tempos diferentes em relação ao início do processo inflamatório. Todas atingem seus máximos em cerca de 2 a 5 dias. A proteína C-reativa é uma das primeiras a subir. A medida das concentrações de proteínas com as elevações maiores e mais precoces, como a proteína C-reativa, pode ser útil no monitoramento do processo da inflamação ou de sua resposta ao tratamento.

Os *reativos de fase aguda* são proteínas que migram nas frações eletroforéticas alfa e beta, com exceção da proteína C-reativa, que migra na fração gama (Figura 6.8).

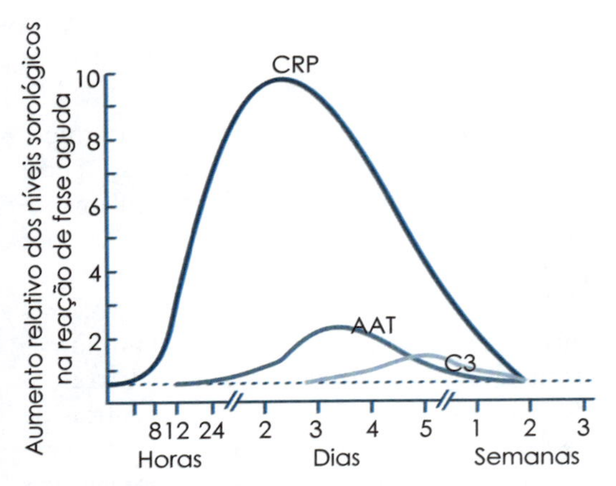

FIGURA 6.8 – Representação gráfica de proteínas de fase aguda.

Albumina

Sintetizada exclusivamente pelo fígado, a taxa de síntese deste composto representa 25% da síntese proteica total hepática. É uma pequena proteína globular com baixo peso molecular, e a mais abundante no plasma humano, representando 40 a 60% da proteína total. A albumina é também a principal proteína encontrada nos fluídos extravasculares como, por exemplo, o líquido intersticial e a urina.

A principal função desta proteína plasmática é a de manter a pressão coloidosmótica entre o espaço intravascular e o líquido intersticial, havendo, em condições fisiológicas, um equilíbrio entre os dois. Isso decorre do fato de a albumina ser a proteína mais abundante do plasma, uma vez que a pressão osmótica é função do número de partículas de ambos os lados de uma membrana impermeável a estas. A velocidade de síntese da albumina é controlada primariamente pela pressão coloidosmótica.

Outra função importante é a de transporte e armazenamento de ligantes. A vasta capacidade da albumina para interação com ligantes deve-se não só ao seu elevado número de moléculas, mas também à grande quantidade de sítios de ligação. A molécula dispõe-se espacialmente em nove alças mantidas por pontes dissulfeto. A albumina transporta compostos apolares como a bilirrubina, ácidos graxos de cadeia longa; hormônios, funcionando como um reservatório em que eles são armazenados numa forma inativa, mas no qual são rapidamente mobilizados, como tiroxina, tri-iodotironina, cortisol e aldosterona; cálcio plasmático (40%); medicamentos, como salicilatos, penicilina e fenilbutazona.

Todos os tecidos são capazes de catabolizar a albumina, e para tal ocorre pinocitose da mesma. Os aminoácidos podem ser reutilizados para a síntese de proteínas celulares. A albumina é uma proteína plasmática de fase aguda negativa: sua síntese é diminuída por citocinas inflamatórias.

Alterações grandes ou moderadas na concentração plasmática da albumina exercem efeitos importantes no metabolismo de ligantes associados à mesma. Dessa forma, baixos níveis plasmáticos de albumina influenciam o metabolismo de substâncias como o cálcio, a bilirrubina, os ácidos graxos, assim como os efeitos de drogas e hormônios.

Normalmente, o plasma apresenta 7 g/dL de proteínas, sendo a proporção albumina: globulina de 4:3. Nas situações em que há comprometimento da síntese hepática, este valor cai, e, em inúmeros processos patológicos, a concentração de globulinas supera o valor da concentração de albumina, o que é conhecido como inversão albumina-globulina.

Embora importante no manejo e acompanhamento de muitas doenças, a determinação da albumina é de pouco valor diagnóstico. A hiperalbuminemia é uma situação encontrada apenas na desidratação. A hipoalbuminemia pode acompanhar diversas condições clínicas, tais como: inflamação, doença hepática, perda urinária, perda gastrointestinal, edema e ascite.

■ Inflamação

Nela a hipoalbuminemia resulta de perda para o espaço extravascular por vasodilatação e diminuição de síntese, uma vez que já foi visto que, na inflamação, a produção de albumina decresce.

Doença hepática

Lesões hepáticas, como é o caso da cirrose, podem levar à hipoalbuminemia. Um fígado hígido também pode produzir pouca albumina, secundariamente a estados nutricionais pobres ou síndrome de má absorção.

Perda urinária

O glomérulo renal age filtrando e excretando substâncias na proporção inversa ao raio molecular das mesmas. Uma vez que a albumina é relativamente pequena e globular, quantidades significativas são filtradas pela urina. Todavia, a maior parte é reabsorvida nas células dos túbulos proximais. Excreção aumentada sugere aumento da filtração glomerular ou lesão tubular.

Maior filtração ocorre com exercício físico e febre. A microalbuminúria é um discreto aumento da excreção que acompanha a doença renal em indivíduos com hipertensão ou diabetes mellitus. Várias doenças cursam com albuminúria significativa: síndrome nefrótica, glomerulonefrite crônica, diabetes mellitus, lúpus eritematoso sistêmico.

Perda gastrointestinal

As enteropatias perdedoras de proteínas são doenças que resultam de inflamação ou neoplasia.

Edema e ascite

Hipoalbuminemia é encontrada na presença de edema ou ascite secundária a um aumento de permeabilidade vascular. Apesar das importantes funções da albumina, ela não é essencial para a sobrevivência humana. Já foram descritos raros defeitos congênitos, como a ausência completa de albumina (analbuminemia). Nos casos descritos até o momento, os pacientes apresentavam edemas locais ou generalizados, e a pressão coloidosmótica encontrava-se diminuída. Neste caso, haverá um distúrbio de transporte lipídico, com níveis elevados de colesterol, fosfoglicerídios e lipoproteínas. O corpo, buscando a homeostasia, para compensar a ausência da albumina, sintetiza mais globulinas; o teor total de proteínas do soro, no entanto, mantém-se sempre um pouco abaixo do normal.

Proteína que se liga ao retinol (RBP – *retinol binding protein*) e à transtirretina (pré-albumina)

Na eletroforese, tanto a RBP quanto a transtirretina migram à frente da albumina. Suas meias-vidas são relativamente curtas, cerca de 12 a 48 horas, respectivamente; como consequência, seus níveis plasmáticos fornecem uma avaliação mais recente e sensível da má nutrição e da disfunção hepática do que a albumina.

Funções e importância clínica

A RBP é uma proteína de transporte monomérica para todos os transretinóis, uma forma de vitamina A. É sintetizada no fígado e sua secreção dos hepatócitos é estimulada pela ligação ao retinol. Quando circulando no plasma, a RBP forma um complexo 1:1 com a transtirretina. A formação deste complexo evita que a RBP seja filtrada pelo glomérulo renal.

No nível da célula-alvo, a liberação do retinol faz com que o complexo com a transtirretina se dissocie e que haja o *clearance* da apo-RBP (RBP sem o retinol) da circulação pelo rim. A RBP plasmática aumenta na doença renal crônica. Diminuições estão relacionadas a doenças hepáticas, má nutrição proteica e estado nutricional comprometido, como em pacientes com síndrome de imunodeficiência adquirida.

A transtirretina (pré-albumina) é uma proteína tetramérica composta de quatro subunidades idênticas. Ela transporta cerca de 10% da tiroxina e da tri-iodotironina plasmáticas. É uma proteína de fase aguda negativa e, portanto, seus níveis diminuem na inflamação e neoplasia, e também nas doenças hepáticas, enteropatias perdedoras de proteínas e doenças renais. Concentrações elevadas são encontradas, além disso, em caso de tumor produtor de transtirretina ou doença de Hodgkin. A transtirretina é um excelente indicador do estado de nutrição proteica; possui elevada concentração tanto de aminoácidos essenciais como de não essenciais.

Alfa$_1$-glicoproteína ácida (AGA)

Alfa$_1$-glicoproteína ácida, também chamada de "orosomucoide", possui um elevado teor de glicídios e por isso não é muito visível na eletroforese de proteínas plasmáticas. Possui muitos resíduos de serina, que lhe conferem elevada *carga global negativa*. O nome orosomucoide deriva do fato de essa proteína plasmática ser o principal componente da fração seromucoide do plasma, um grupo de proteínas que são precipitadas com $HClO_4$ e outros ácidos fortes, além de serem pegajosas como muco na sua purificação.

Funções

Embora muitas funções tenham sido propostas para a alfa$_1$-glicoproteina ácida, seu real papel fisiológico ainda não foi descoberto. Algumas das suas funções conhecidas são:

- Liga-se à um grande número de compostos lipofílicos, incluindo progesterona e outros hormônios. É classificada como lipocalina, um grupo de proteínas que se liga a substâncias lipofílicas, as quais compartilham grande homologia de sequência. O grupo de lipocalinas inclui: proteína ligadora do retinol, betalactoglobina, alfa$_2$-macroglobulina, alfa$_1$-microglobina, entre outras.
- A ligação da alfa$_1$-glicoproteína ácida à progesterona foi proposta como um mecanismo de controle dos efeitos hormonais no feto. Essa proteína também se liga e diminui a disponibilidade de medicamentos, incluindo o propranolol, a quinidina, a clorpromazina, a cocaína e os benzodiazepínicos e, quando seus níveis estão elevados, como no processo inflamatório ou tratamento com corticoide, uma quantidade adicional de medicamento deve ser acrescentada.
- A alfa$_1$-glicoproteína ácida mostra-se de extrema importância para ligação a fármacos de caráter básico, enquanto a albumina se liga principalmente aos de caráter ácido; ligações que costumam ter um caráter reversível. A ligação a outras proteínas plasmáticas ocorre em menor quantidade.
- Inibe vírus e parasitas.
- Participa na formação de fibras de colágeno.
- É um cofator da lipoproteína lipase.

Importância clínica

Níveis Elevados

Na inflamação, é um dos melhores marcadores para acompanhar a atividade clínica da colite ulcerativa. Os glicocorticoides, sejam endógenos (síndrome de *Cushing*) ou exógenos (tratamento com prednisona ou dexametasona), elevam os níveis de alfa$_1$-glicoproteina ácida.

Níveis Diminuídos

O estrogênio diminui os níveis plasmáticos de alfa$_1$-glicoproteína ácida. Observa-se ainda perda pela urina e nas fezes.

Alfa$_1$-antitripsina (AAT)

A alfa$_1$-antitripsina (ver Proteínas de Fase Aguda) é um inibidor de proteases, principalmente aquelas relacionadas à tripsina. Possui um largo espectro de ação.

Funções

A alfa$_1$-antitripsina é uma protease sintetizada pelo fígado, que tem grande ação como inibidora de protease com maior concentração no plasma. É o mais importante inibidor da enzima elastase, liberada no processo de fagocitose por leucócitos polimorfonucleares. Essa enzima cliva a elastina da árvore traqueobrônquica e do endotélio vascular. A elastase não inibida na árvore brônquica resulta no desenvolvimento de enfisema, como será visto adiante.

Existem muitas variações genéticas da alfa$_1$-antitripsina, muitas delas levando a baixas concentrações da mesma. O fenótipo selvagem é PiMM. Assumindo-se que PiMM produza a concentração média normal e que seja 100%, observamos que os indivíduos PiMZ, PiSS,

PiSZ e PiZZ produzem 60%, 60%, 35% e 15%, respectivamente.

■ Importância clínica

Níveis diminuídos de alfa$_1$-antitripsina estão associados ao desenvolvimento de enfisema. Em indivíduos PiZZ, o enfisema se desenvolve precocemente, na faixa etária de 20 a 40 anos. A deficiência de alfa$_1$-antitripsina também está relacionada a doenças hepáticas, como colestase neonatal, cirrose e carcinoma hepatocelular.

Alfa$_2$-macroglobulina (AMG)

A alfa$_2$-macroglobulina é uma molécula que contém dois pares de subunidades idênticas ligados por pontes de dissulfeto com grande tamanho molecular, e como consequência, não se difunde para o espaço extravascular. Ela é um inibidor de protease importante do plasma que não bloqueia diretamente o centro ativo da enzima, mas o "encobre" de tal maneira que moléculas pequenas de substrato podem ter acesso à mesma. A alfa$_2$-macroglobulina não é uma proteína de fase aguda.

■ Funções

A alfa$_2$-macroglobulina é provavelmente o inibidor mais importante dos sistemas enzimáticos das cininas, complemento, coagulação e fibrinolítico. Sua atividade inibidora diminui com elevados níveis de oxidantes (como fumo e neutrófilos) ou níveis diminuídos de antioxidantes fisiológicos. Além de seu papel como inibidora de proteases, a AMG transporta um grande número de pequenos peptídeos, como citocinase fatores do crescimento e cátions divalentes, incluindo o zinco.

A AMG também modula reações imunológicas e inflamatórias. Sua complexação às citocinas reduz a síntese de proteínas plasmáticas pelo fígado, estimulada pelas mesmas. Ela inibe a liberação de H_2O_2 por leucócitos polimorfonucleares, ao mesmo tempo que aumenta a fagocitose de estreptococos.

■ Importância clínica

Níveis plasmáticos aumentados

Os estrogênios aumentam os níveis de AMG. Os níveis em crianças são de duas a três vezes maiores que em adultos.

Síndrome Nefrótica

Síndrome nefrótica é uma condição clínica caracterizada por edema, proteinúria acima de 3 g% nas 24 horas e hipoproteinemia (hiperlipidemia e lipidúria podem se associar). A base anatomopatológica fundamental da síndrome nefrótica consiste numa alteração morfológica da barreira filtrante renal. Pode ter como causas: glomerulonefrites, nefropatias, amiloidose, doença do colágeno etc.

O enorme tamanho da AMG garante a sua permanência dentro do vaso na síndrome nefrótica e, comparativamente às outras proteínas plasmáticas menores que saem pelo glomérulo lesado, a AMG aparenta ter uma concentração elevada. O perfil eletroforético característico da síndrome nefrótica apresenta um aumento na fração alfa$_2$ e uma diminuição das demais proteínas. Em parte, o aumento de AMG retrata a síntese aumentada de todas as proteínas plasmáticas para compensar a perda pelos rins e manter a pressão oncótica.

Níveis Plasmáticos Diminuídos

- Pancreatite

Em ataques severos de pancreatite aguda, os níveis de AMG livre estão significativamente diminuídos, enquanto os complexos protease-inibidor estão aumentados.

- Carcinoma Prostático

Na fase antes do tratamento, no carcinoma avançado de próstata, os níveis de AMG livre estão diminuídos e retornam ao normal após o tratamento eficaz. A AMG liga-se ao antígeno prostático específico, enzima cuja finalidade na próstata é a de destruir o coágulo seminal, e os níveis do complexo estão elevados na doença ativa, como é o caso dos complexos PSA alfa$_1$-antiquimotripsina. Os complexos com AMG são removidos pelo fígado muito rapidamente.

Beta-microglobulina (BMG)

A BMG é uma proteína de baixo peso molecular encontrada na superfície de todas as células nucleadas.

Funções

A BMG é a cadeia beta ou leve da molécula de HLA (Antígeno Leucocitário Humano). Parte da BMG é lançada no plasma por linfócitos e células tumorais. O pequeno tamanho da molécula de BMG permite que ela atravesse a membrana glomerular, mas normalmente pequeníssima quantidade é excretada na urina; a maior parte é reabsorvida e catabolizada nos túbulos proximais dos rins.

Importância clínica

Níveis plasmáticos elevados de BMG ocorrem em indivíduos com insuficiência renal, inflamação e neoplasias, principalmente aquelas associadas aos linfócitos B. O principal valor clínico da dosagem de BMG é para testar a função tubular renal. Ensaios seriados de BMG também são úteis para monitorar tumores de células-beta.

Ceruloplasmina

A ceruloplasmina (Cp), uma alfa$_2$-globulina, é uma proteína sintetizada pelo fígado e é assim denominada devido a sua cor azul celeste. Apresenta como função a capacidade de agir como ferroxidase, convertendo Fe^{+2} em Fe^{+3} antes da incorporação deste último à transferrina, que é uma proteína transportadora de ferro no plasma. Como será visto adiante, a ceruloplasmina desempenha um papel fundamental na incorporação do ferro à transferrina.

A proteína em questão também está envolvida com outros metais, como o cobre, contendo aproximadamente 95% deste metal total do plasma e também está envolvida na manutenção do equilíbrio dos metais divalentes, servindo como transportador de cobre, por exemplo, por possuir sítios que se ligam ao Cu^{+1} e Cu^{+2}, um oligoelemento essencial. Ajuda a transportar o cobre do fígado para os tecidos periféricos.

No entanto, nem sempre a concentração desta proteína sérica encontra-se em níveis normais. Altas concentrações são observadas em casos de doença hepática e lesão tecidual, já baixas concentrações são observadas na doença de Wilson.

A ceruloplasmina é sintetizada nas células hepáticas. O cobre é adicionado à proteína por uma ATPase intracelular, que está ausente na doença de Wilson. Nesta, também chamada de degeneração hepatolenticular, o cobre é depositado nos hepatócitos, no cérebro e na periferia da íris (resultando nos característicos anéis de Kayser-Fleischer).

Ceruloplasmina é uma alfa$_2$-globulina que contém aproximadamente 95% do cobre total do plasma. Sua função principal, no entanto, não é a de transportar cobre para os tecidos. Esta é desempenhada pela albumina e pela transcupreia. O papel fisiológico da Cp é o de propiciar reações plasmáticas de oxirredução. Ela pode funcionar como oxidante ou redutor ($CpCu^{+}$ $CpCu^{+2}$). Como será visto adiante, a ceruloplasmina desempenha um papel fundamental na incorporação do ferro à transferrina.

Proteína C-reativa

Hoje em dia, utilizamos a sigla em inglês de CRP para não confundir com PCR, reação em cadeia da polimerase. Foi primeiramente descrita em 1930, como sendo capaz de se ligar ao polissacarídeo C da parede celular de bactérias. Apresenta diversas peculiaridades, dentre as quais temos: tempo de meia-vida muito curto, entre 8 e 12 horas; concentrações normais muito baixas (< 0,5 mg/dL); e, durante processos inflamatórios, mediadores químicos são liberados (como as interleucinas), sinalizando para os hepatócitos a necessidade de proteínas de fase aguda, dentre elas, a CRP. A determinação da concentração plasmática dessas proteínas ajuda, clinicamente, a avaliar a presença, a extensão e a atividade do processo inflamatório e a monitorar a evolução e a resposta terapêutica.

É a proteína plasmática que sofre maior elevação na inflamação e uma das primeiras a aparecer. Na presença de Ca^{2+}, CRP liga-se a polissacarídeos presentes em bactérias, fungos e protozoários. Uma vez complexada, ela ativa a via clássica do complemento. Como os anticorpos, a CRP inicia a opsonização, fagocitose e lise do organismo invasor. CRP também é capaz de reconhecer substâncias tóxicas liberadas de tecidos lesados, ligar-se a elas e classificá-las no sangue. É a proteína plasmática de fase aguda de escolha para acompanhar processos inflamatórios.

Proteínas ligadas ao metabolismo do ferro

▪ Transferrina

A transferrina é a principal proteína transportadora de ferro do plasma. É uma proteína plasmática de fase aguda negativa, isto é, sua concentração decresce na inflamação ou neoplasia.

O ferro não circula na forma de íon livre no plasma; está sempre ligado à transferrina. É um sistema diferente do cálcio, por exemplo, em que 40% estão ligados à albumina e 50% circulam como íons. No entanto, como será visto adiante, apenas 1/3 das moléculas de transferrina circulantes no plasma carreiam ferro. Cada molécula leva no máximo dois íons férricos.

▪ Papel da transferrina na integração para as vias do metabolismo do ferro (Figura 6.9)

Proteína doa ferro para o metabolismo da transferrina (síntese de hemoglobina)

A síntese de hemoglobina começa nos pró-eritroblastos da medula óssea. Uma característica especial da molécula de transferrina é que ela se liga firmemente aos receptores da membrana celular dos eritrócitos. Após a ligação, a proteína é internalizada por endocitose mediada por receptor. O pH ácido do interior dos lisossomas

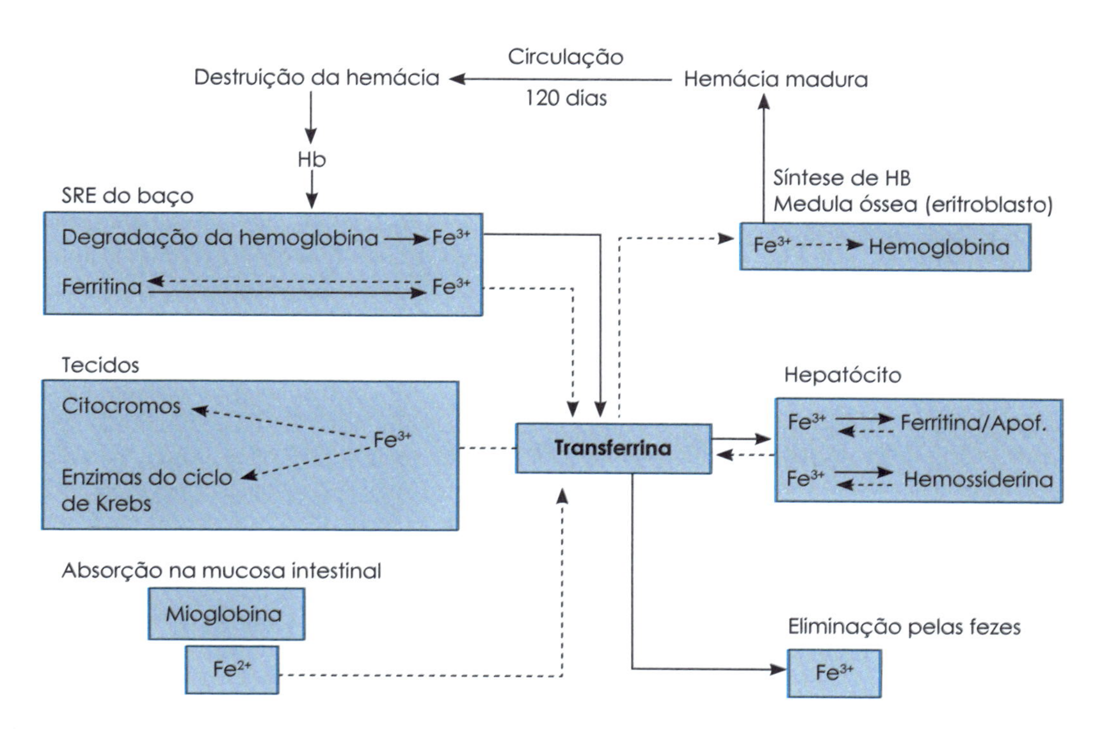

FIGURA 6.9 – Papel da transferrina na integração para as vias do metabolismo do ferro.

provoca a dissociação do ferro da proteína. A transferrina libera o ferro diretamente para a mitocôndria, onde o grupamento heme é sintetizado. No entanto, a transferrina não é degradada dentro do lisossoma. Ao contrário, permanece associada ao receptor, retornando à membrana plasmática, sendo que, por fim, se dissocia do mesmo, retornando assim ao plasma.

A porção heme da hemoglobina é sintetizada a partir do succinil-CoA e da glicina, sendo que a síntese, como já foi dito, ocorre na mitocôndria. O succinil-CoA do ciclo de Krebs, se une a glicina formando ácido δ-aminolevulínico (ALA), duas moléculas de ALA unem-se para formar um anel pirrol (Figura 6.10A).

Quatro compostos de pirrol combinam-se para formar a protoporfirina IX. Esta liga-se ao ferro, transformando-se no heme. Cada molécula de heme se junta a um polipeptídio, originando uma cadeia ou subunidade (Figura 6.10B). Quatro cadeias ou subunidades formam a molécula completa de hemoglobina. A hemoglobina A (correspondendo a 97% da hemoglobina total), com cadeias polipeptídicas do tipo alfa, e duas com cadeias do tipo beta.

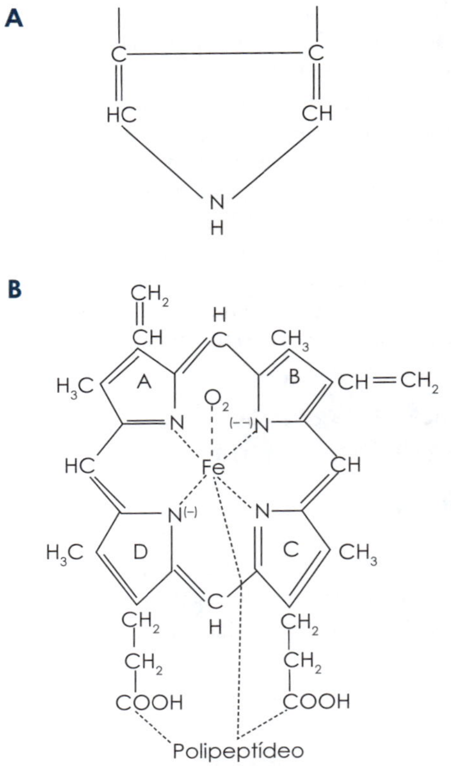

FIGURA 6.10 – Via metabólica do ferro: síntese da hemoglobina.

Transferrina Capta Ferro Originado da Degradação da Hemoglobina nas Células do Sistema Reticuloendotelial do Baço

Quando as hemácias chegam ao fim de seu período de vida (cerca de 120 dias), suas membranas se tornam muito frágeis, e elas rompem-se na passagem por locais estreitos da circulação, no baço. A hemoglobina é então solta no plasma e 90% são fagocitados imediatamente pelas células do sistema reticuloendotelial (SRE) aí encontradas. Dez por cento desta hemoglobina são captadas pela haptoglobina, como será descrito mais adiante.

Nas células do SRE do baço, o heme sofre a ação da enzima microssomal "Heme oxigenase", havendo a liberação do ferro e produzindo o pigmento verde biliverdina, que é subsequentemente reduzido à bilirrubina pela enzima NADPH-dependente, a bilirrubina redutase. Para cada mol de heme catabolizado, são produzidos 1 mol de bilirrubina, 1 mol de ferro e 1 mol de CO excretado pelo pulmão (Figura 6.11).

A bilirrubina é lançada na corrente sanguínea e, por ser insolúvel no plasma, é carreada pela albumina até o hepatócito. O ferro é carreado pela transferrina. Antes, porém, é necessário que a ceruloplasmina exerça sua atividade de ferroxidase, como uma etapa preliminar obrigatória para que o ferro se ligue a sua proteína transportadora. A ceruloplasmina oxida o Fe^{2+} encontrado na ferritina das células do SRE do baço a Fe^{3+}, passível de ser incorporado à transferrina, representando assim um papel fundamental no metabolismo do ferro (Figura 6.12).

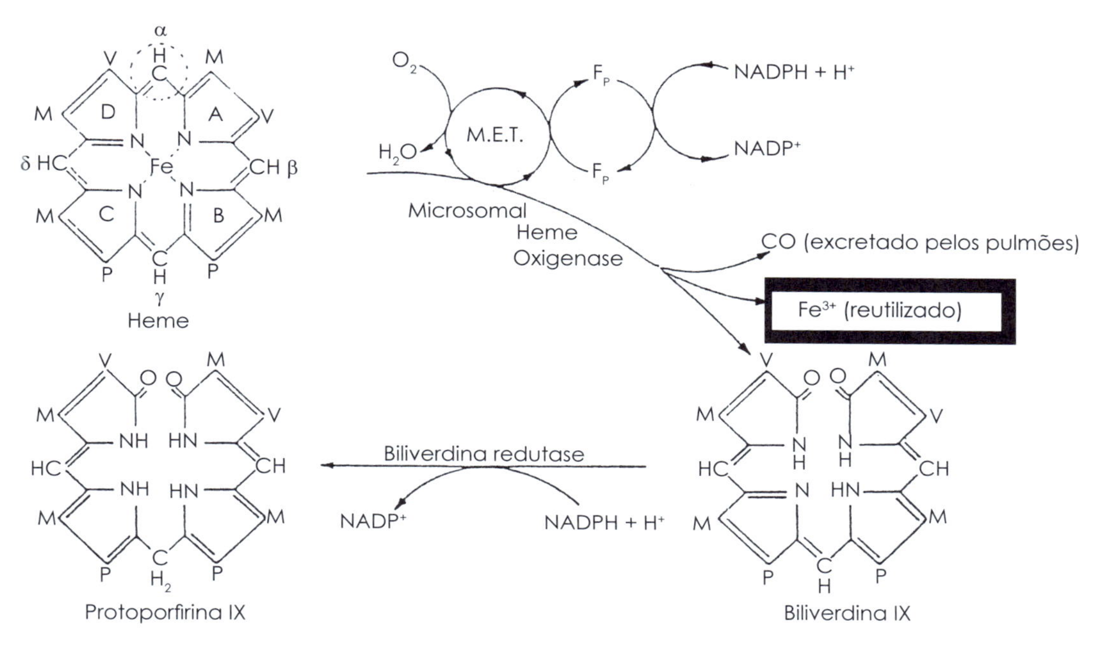

FIGURA 6.11 – Transferrina capta ferro originado da degradação da hemoglobina nas células do SRE do baço.

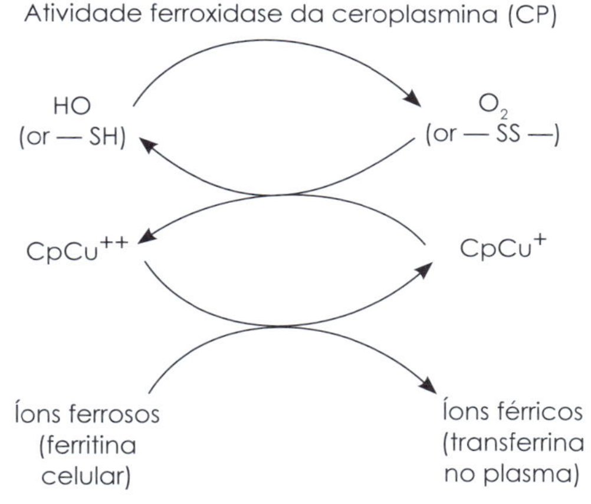

FIGURA 6.12 – Apresentação de reações de oxirredução dos íons ferro.

Transferrina doa ferro para armazenamento

O complexo ferro-apoferritina é a principal forma pela qual o ferro é estocado no organismo. Funciona como um tampão plasmático de ferro, pois rapidamente libera ou incorpora o metal. É encontrado principalmente no fígado, mas também na mucosa intestinal, baço, medula óssea e células do sistema reticuloendotelial.

A hemossiderina, outra forma de armazenamento de ferro, é um agregado de ferritina parcialmente desnaturada. O ferro é liberado mais lentamente da hemossiderina, sendo ela utilizada quando a capacidade de armazenamento de ferritina é ultrapassada.

Transferrina doa ferro para as enzimas do ciclo de Krebs e citocromos da cadeia respiratória dos tecidos em geral

Ver Figura 6.9.

Transferrina doa ferro para a mioglobina do músculo esquelético

Ver Figura 6.9.

- Avaliações laboratoriais do metabolismo do ferro e o papel da transferrina

Em condições normais, no *pool* plasmático de moléculas de transferrina, apenas 1/3 das mesmas está combinado ao ferro, 2/3, portanto, circulando livres (Figura 6.13). Não devemos confundir o termo "capacidade" da transferrina de se ligar ao ferro com "afinidade" da transferrina pelo ferro. Cada molécula se liga no máximo a dois íons férricos. A afinidade das moléculas de transferrina pelo ferro é sempre a mesma (vide Capítulo 5). A capacidade da transferrina de se ligar ao ferro é o número de moléculas combinadas ao metal em relação ao total de moléculas no plasma. Assim é que a porcentagem de saturação da transferrina plasmática em condições normais é de 33 a 38% (Figura 6.13).

É bom recordarmos que o ferro não circula na forma iônica no plasma.

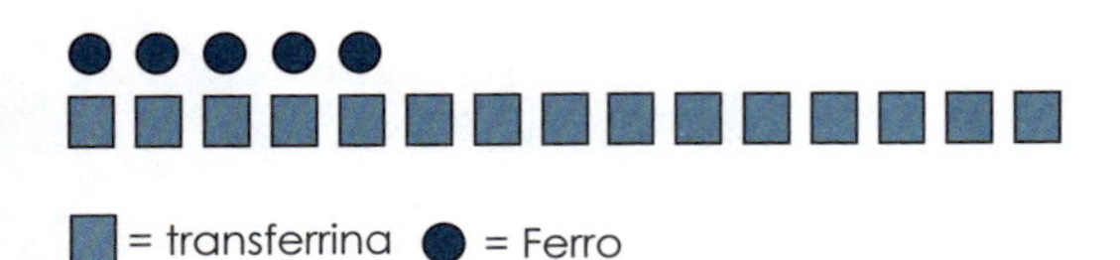

FIGURA 6.13 – Apenas 1/3 das moléculas de transferrina do plasma estão ligadas ao ferro.

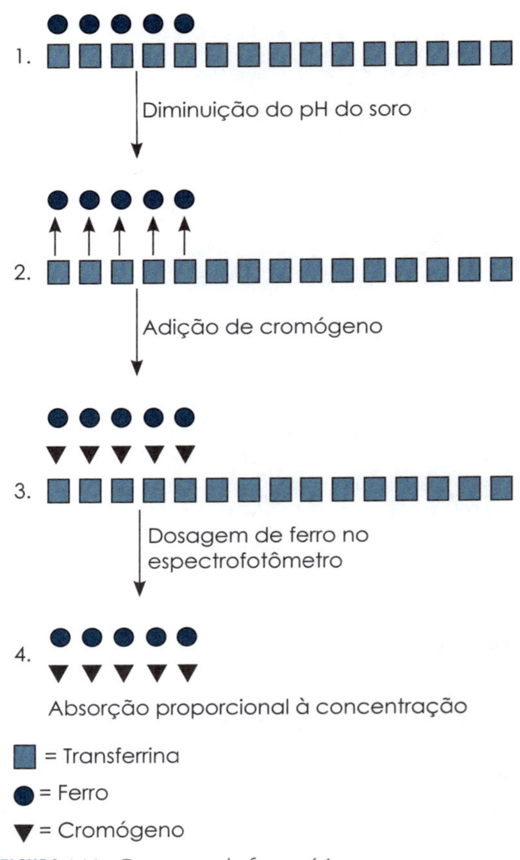

FIGURA 6.14 – Dosagem de ferro sérico.

Técnica laboratorial para determinação do ferro sérico (Figura 6.14)

- O ferro é liberado da transferrina pela adição de ácido que promove a diminuição do pH do soro.
- Ele é reduzido de Fe^{+3} a Fe^{+2} e então se complexa a um cromógeno específico.
- O complexo cromógeno-ferro absorve luz num determinado comprimento de onda.
- A absorção é proporcional à concentração de ferro.

Técnica laboratorial para a determinação da capacidade total de ligação ao ferro (TIBC: *Total Iron Binding Capacity*)

A TIBC é uma condição artificialmente criada no laboratório (pelo emprego de uma solução saturada de ferro), em que todas as moléculas de transferrina ficam ligadas ao ferro. É importante salientar que o excesso de ferro é retirado do soro pelo carbonato de magnésio (Figura 6.15). A TIBC é a massa de ferro que se combina ao número total de moléculas de transferrina. Logo, a TIBC é diretamente proporcional à transferrina.

No laboratório, para avaliarmos a transferrina (TRF), dosamos a TIBC e a aplicamos na fórmula descrita a seguir, pois a técnica é idêntica à de quantificação do ferro e bem menos dispendiosa que a nefelometria, empregada para a dosagem de proteínas plasmáticas individuais.

$$\text{TRF (mg/dL)} = 0{,}70 \times \text{TIBC } (\mu\text{g/dL})$$

Porcentagem de saturação da transferrina

Baixos níveis de ferro plasmático aumentam a síntese de transferrina, do mesmo modo que níveis elevados de ferro plasmático inibem a síntese da mesma. A porcentagem de saturação da transferrina varia nas diferentes doenças do metabolismo do ferro.

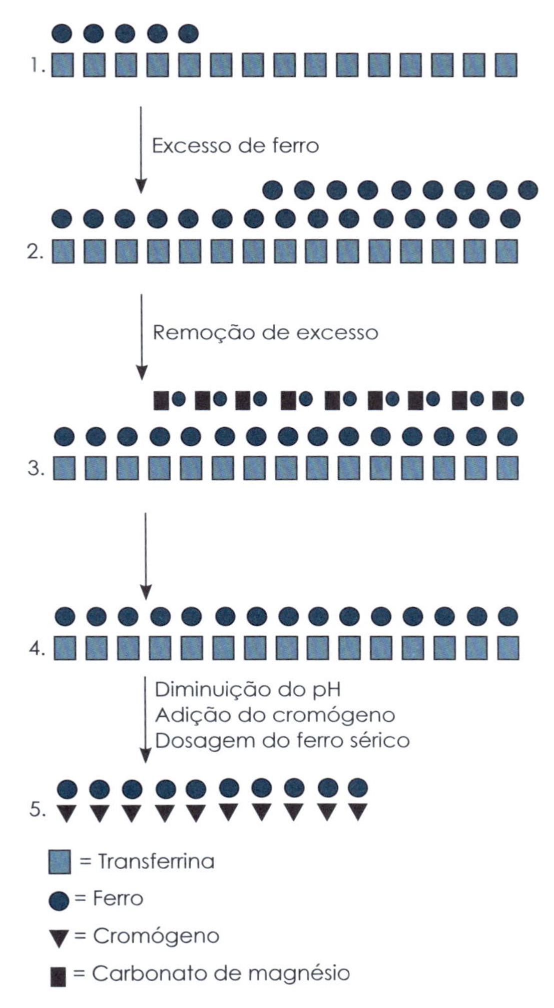

FIGURA 6.15 – Capacidade total da transferrina de se ligar ao ferro (TIBC).

A vantagem da TIBC é a de permitir o cálculo da porcentagem de saturação da transferrina. Para o cálculo da porcentagem de saturação, não podemos dividir ferro por proteína. Assim, não podemos calcular a porcentagem de saturação da transferrina dividindo o ferro, medido por espectrofotometria, pela transferrina, medida por nefelometria. Dividindo o ferro sérico pela TIBC, fazemos a razão de um mesmo composto de ferro, condição que permite o cálculo da porcentagem de saturação de transferrina.

O esquema a seguir mostra-nos que não devemos relacionar dois compostos de naturezas diferentes. Assim, a TIBC é indispensável para o cálculo da porcentagem de saturação da transferrina.

ERRADO (Ferro/Proteína)

% Saturação = ●●●●● / ■■■■■■■■■■■■■■■ × 100

● = Ferro (medido por espectrofotometria)
■ = Proteína (transferrina) medida por nefelometria

CORRETO (Ferro/Ferro)

% Saturação ●●●● / ●●●●●●●●●●●●●●●

● = Ferro (medido por espectrofotometria)
● = Ferro (TIBC) medido por espectrofotometria

$$\% \text{ Saturação} = \frac{\text{Fe Sérico (ferro)}}{\text{TIBC (ferro)}} \times 100$$

Doenças relacionadas ao metabolismo do ferro e os resultados laboratoriais associados à transferrina

A ferritina, proteína que armazena o ferro no nosso organismo e que está presente principalmente no fígado, também faz parte do painel laboratorial que avalia as doenças relacionadas ao metabolismo do ferro. Está presente em muito baixas concentrações no plasma, mas a quantidade de ferritina circulante é proporcional à quantidade de ferro armazenada no organismo. A diminuição da ferritina sérica é um indicador sensível da deficiência de ferro. Todavia, níveis elevados são encontrados em muitas doenças crônicas, inflamação, infecção e neoplasias. Pelo fato de o hepatócito possuir grande quantidade de ferritina, as hepatites virais também levam ao aumento da ferritina sérica.

Anemia ferropriva

É o tipo de anemia mais comum.

- Causas

A causa mais comum de anemia ferropriva é o sangramento, principalmente gastrointestinal e menstrual. A gestação e a lactação também levam a essa condição.

- Achados laboratoriais

A análise que se segue pressupõe ausência de inflamação, doenças crônicas, infecção, neoplasias concomitantes, condições que alterariam inversamente os valores de ferritina e TIBC. O baixo valor de ferro sérico leva a um estímulo da síntese de transferrina. Assim, encontramos uma TIBC elevada e uma baixa porcentagem de saturação da transferrina. A ferritina plasmática decai muito precocemente no desenvolvimento da anemia ferropriva, muito antes da diminuição da concentração de hemoglobina, da diminuição do tamanho das hemácias e da concentração de ferro sérico.

Anemia crônica

É uma anemia discreta. A produção diminuída de hemácias deve-se ao sequestro de ferro dentro das células do SRE.

- Causas

Infecções crônicas, como a tuberculose; doenças inflamatórias crônicas, como a artrite reumatoide; neoplasias.

- Achados laboratoriais

Baixo valor de ferro sérico. Baixa TIBC, pois a transferrina é uma proteína de fase aguda negativa, e sua concentração diminui na inflamação, em infecções crônicas etc. A porcentagem de saturação da transferrina é baixa, uma vez que a queda do ferro é proporcionalmente superior à da transferrina. Ferritina encontra-se elevada devido ao sequestro de ferro nas células do SRE.

Anemia sideroblástica

Representa um grupo de desordens heterogêneas que possui como característica comum, além da anemia, a presença de depósitos de ferro nas mitocôndrias dos eritroblastos.

- Causa

A patogênese das anemias sideroblásticas (independentemente da causa) tem como base um distúrbio da síntese do heme que não seja a carência do ferro. Lembre-se de que o heme é formado pela incorporação do ferro (no seu estado de íon ferroso, ou Fe^{2+}) à protoporfirina IX. Todo este processo, desde a síntese da protoporfirina até a incorporação do ferro, ocorre no interior da mitocôndria dos eritroblastos. Deficiências enzimáticas ou defeitos mitocondriais podem prejudicar a síntese do heme. Duas consequências surgem nesse momento:

1. Prejuízo à síntese de hemoglobina, levando à hipocromia e à anemia.
2. Acúmulo de ferro na mitocôndria.

O que ocorre é que fisiologicamente o heme inibe a captação de ferro pelo eritroblasto (um tipo de *feedback* negativo) – como pouco heme é formado, o ferro continua se acumulando cada vez mais na célula, culminando com a formação dos sideroblastos em anel. O ferro mitocondrial acumulado é potencialmente lesivo ao eritroblasto, eventualmente levando à sua destruição na própria medula – um mecanismo chamado eritropoiese ineficaz. Isso explica o encontro de uma leve hiperplasia eritroide na medula óssea, sem elevação da contagem de reticulócitos periférica.

A redução da síntese do heme, em conjunto com a eritropoiese ineficaz, estimula (por mecanismos desconhecidos) a absorção intestinal de ferro. Após vários anos, o paciente evolui com um estado de sobrecarga de ferro, chamado de hemossiderose ou hemocromatose.

- Achados laboratoriais

Elevado ferro sérico que inibe a síntese de transferrina, levando a uma TIBC baixa e a uma elevada porcentagem de saturação da transferrina. A ferritina sérica encontra-se elevada.

Hemocromatose primária hereditária

- Causa

Resulta de um erro inato que leva a uma elevada absorção de ferro. Fatores clínicos correlacionados à hemocromatose severa incluem diabetes mellitus, artrite, arritmias cardíacas ou insuficiência cardíaca, cirrose hepática, impotência, hipotireoidismo, câncer hepático e hiperpigmentação.

- Achados laboratoriais

Elevado nível de ferro sérico que leva à inibição da síntese de transferrina e, portanto, TIBC baixa. Porcentagem de saturação da transferrina muito elevada e níveis de ferritina sérica elevados.

■ Haptoglobina

Vimos anteriormente que quando as células vermelhas chegam ao fim de seu período de vida, suas membranas se tornam muito frágeis e elas se rompem ao passarem por vasos estreitos na circulação do baço. A hemoglobina é então solta e 90% são imediatamente fagocitados pelas células deste órgão. No entanto, cerca de 10% permanecem na forma livre no plasma, passível de ser filtrada pelos glomérulos. É por esse motivo que ela se complexa com a haptoglobina: o complexo hemoglobina-haptoglobina é grande e não atravessa a membrana glomerular. É removido do plasma pelas

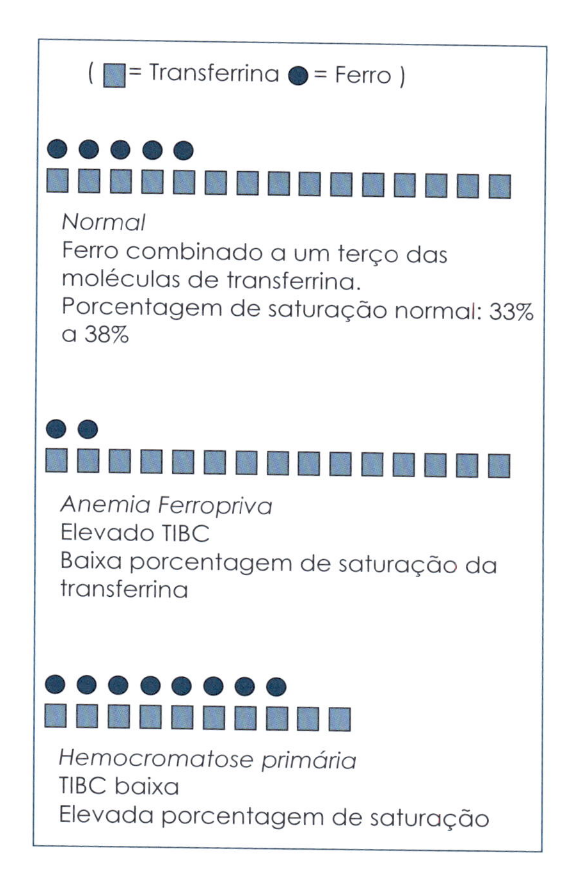

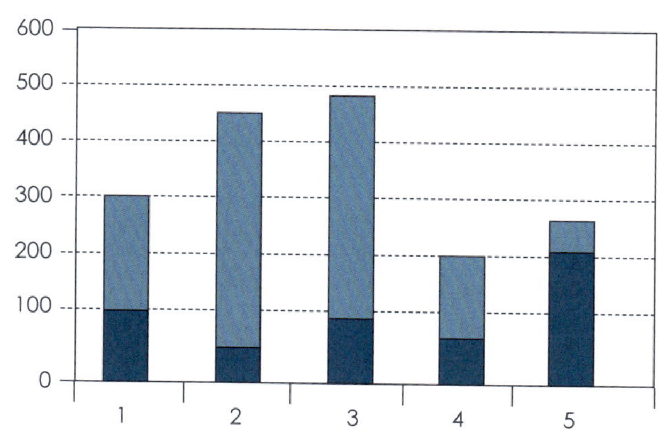

FIGURA 6.16 – Ferro sérico (■) e capacidade total de ligação com o ferro (■) em diversas condições.

células de Kupffer que degradam a parte proteica, havendo reutilização dos aminoácidos e do ferro. A função da haptoglobina é a de impedir a perda de hemoglobina livre pelo rim, conservando o ferro, muito valioso para o organismo. Vimos anteriormente que a haptoglobina também exerce outras funções na reação inflamatória.

Diminuições na concentração de haptoglobina livre (não complexada à hemoglobina) estão associadas a condições de hemólise intravascular aumentada, como nas anemias hemolíticas, reações de transfusão e malária. Um painel laboratorial requisitado para avaliação de hemólise seria:

- Haptoglobina.
- Lactato desidrogenase (enzima rica no interior das hemácias).
- Hemoglobina plasmática.

As haptoglobulinas são proteínas sintetizadas no fígado e consistem em dois pares de cadeias alfa e beta não idênticas, unidas por ligações dissulfeto. A combinação destas cadeias permite a existência de três tipos genéticos de haptoglobulina, designados por Hp1-1, Hp 1-2 e Hp 2-2; sendo que a porção beta é constante e a alfa varia.

Imunoglobulinas

Após abordar mais especificamente as proteínas plasmáticas, é de fundamental importância recordar os conceitos básicos acerca da morfologia das imunoglobulinas. A molécula normal da proteína plasmática da fração gama pode ser enzimaticamente clivada em três frações: duas frações que se ligam ao antígeno (Fab) e uma fração cristalina (Fc). A fração Fc, composta por duas cadeias ditas pesadas, possui composição em aminoácidos constantes para uma dada classe de imunoglobulinas. Existem cinco classes caracterizadas pelo seu tipo de cadeia pesada: IgM (cadeia tipo mü), IgG (cadeia tipo gama), IgA (cadeia tipo alfa), IgD (cadeia tipo delta) e IgE (cadeia tipo épsilon). Cada fragmento Fab também é constituído por duas cadeias, uma correspondendo à continuação da cadeia pesada e a outra correspondendo a uma cadeia leve (tipo kappa ou tipo lambda). O fragmento Fab se liga aos antígenos, e a extremidade N-terminal de suas cadeias possui composição de aminoácidos variáveis segundo a natureza proteica do antígeno. Como mostra a Figura 6.17, as imunoglobulinas podem migrar um pouco adiante da fração gama.

A classe IgM constitui os anticorpos produzidos contra antígenos quando apresentados pela primeira vez ao organismo, a resposta primária; posteriormente na segunda exposição, resposta secundária, há a produção de anticorpos da classe IgG. A classe IgA é encontrada principalmente nas secreções (saliva, lágrimas, secreções gastrointestinais, secreções do trato respiratório). A função da IgD permanece obscura. A IgE apresenta-se elevada nas condições alérgicas, sobretudo nos distúrbios atópicos.

Imunoglobulinas monoclonais ou paraproteínas ou proteínas M

Uma bactéria possui muitas proteínas de superfície; cada proteína possui muitos determinantes antigênicos, e cada determinante an-

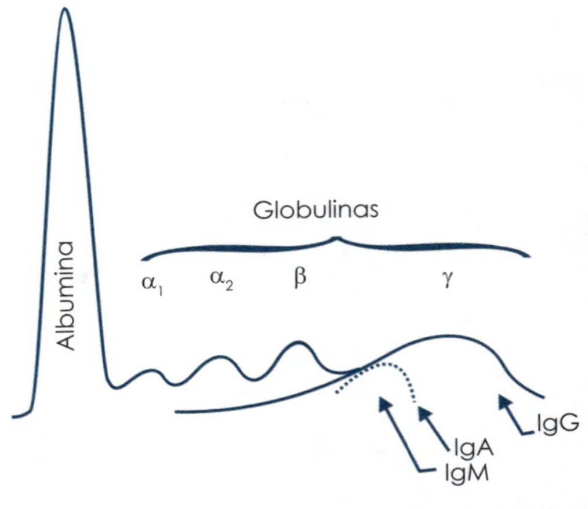

FIGURA 6.17 – Representação de uma densitometria de eletroforese do soro normal.

tigênico estimula a produção de um anticorpo específico para si. Assim, as imunoglobulinas apresentam resposta ampla ao antígeno – resposta policlonal –, isto é, inúmeros clones de plasmócitos estão produzindo e secretando IgG com estruturas discretamente diferentes em suas regiões variáveis e, consequentemente, em suas mobilidades eletroforéticas. A hipervariabilidade das moléculas de imunoglobulinas se deve a rearranjos gênicos. Na eletroforese de proteínas plasmáticas, a heterogeneidade das moléculas de anticorpo sintetizadas por diferentes plasmócitos causa o aparecimento de uma banda difusa (Figura 6.17) na leitura densitométrica.

Um clone único de plasmócitos produz moléculas de imunoglobulina com estruturas idênticas. Se o clone passa a ser um processo tumoral (multiplicação intensa), a concentração da imunoglobulina específica que ele produz se torna tão grande que na eletroforese aparece como um pico estreito e pontudo, como pode ser observado na Figura 6.18. Essa imunoglobulina monoclonal, resultante do processo tumoral, é também chamada de paraproteína ou proteína M. As paraproteínas podem ser polímeros, monômeros ou fragmentos de moléculas de imunoglobulinas e, quando fragmentos, são constituídos apenas de cadeias leves, como as proteínas de Bence-Jones. A maior parte das paraproteínas possui peso molecular semelhante ao de sua classe, e assim não atravessam a membrana glomerular. As proteínas de Bence-Jones, no entanto, atravessam essa membrana, sendo detectadas na eletroforese de proteínas urinárias.

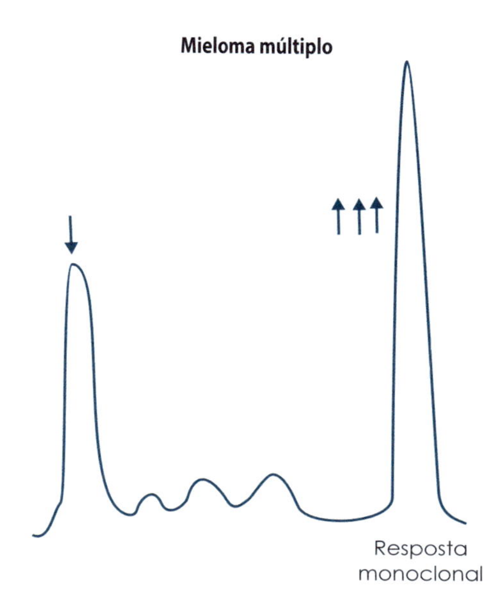

FIGURA 6.18 – Representação de uma densitometria de eletroforese de um mieloma múltiplo.

Mieloma múltiplo

O mieloma múltiplo é uma neoplasia de plasmócitos, células derivadas de linfócitos B. Na maioria das vezes, essas células se proliferam difusamente pela medula. Embora plasmócitos também se proliferem nos linfonodos e baço, esses órgãos raramente estão aumentados no mieloma múltiplo.

Ele pode ser causado pelas seguintes paraproteínas: do tipo IgG (50% dos casos), do tipo IgA (25%), apenas proteínas de Bence-Jones (20%). Os mielomas causados por outras paraproteínas são muito raros. A grande maioria dos pacientes com mieloma múltiplo apresenta proteinúria de Bence-Jones concomitantemente. Os casos em que o paciente apresenta como única paraproteína a proteína de Bence-Jones estão associados à hipogamaglobulinemia das proteínas séricas.

A incidência máxima da doença ocorre na faixa etária de 60 a 65 anos; é mais comum em homens e em negros, sendo responsável por 1% de todas as neoplasias em brancos e por 2% em negros.

Com relação aos aspectos clínicos, podemos salientar que a dor óssea nas costelas e na coluna vertebral acomete a grande maioria dos pacientes, sendo a principal queixa em aproximadamente 70% dos pacientes. Dor óssea localizada persistente em um paciente com mieloma geralmente significa fratura óssea. As lesões ósseas nos mielomas são causadas por proliferação espraiada das células tumorais pela medula e pela ativação de osteoclastos, que destroem o osso.

Os fatores ativadores de osteoclastos (OAF) são secretados pelas próprias células tumorais, levando à hipercalcemia pela destruição óssea. Um achado laboratorial muito característico é o valor normal de fosfatase alcalina em um indivíduo com lesões de estrutura óssea. Já que não existe nenhuma formação óssea para reposição, tais pacientes apresentam fosfatase alcalina normal.

A anemia ocorre em grande parte dos pacientes. É moderada, normalmente normocítica e normocrômica, sendo consequente tanto da invasão da molécula normal pelas células neoplásicas quanto da inibição da hematopoiese por fatores secretados pelo tumor. Além das hemácias, existe inibição da formação de outras células da medula, encontrando-se assim leucopenia e trombocitopenia. Também se observam distúrbios de coagulação, devido à incapacidade de as plaquetas recobertas por paraproteínas atuarem adequadamente, ou da interação das paraproteínas com os fatores de coagulação I, II, V, VII ou VIII.

A insuficiência renal está presente em 25% dos casos. Os fatores que levam à insuficiência renal são a hipercalcemia e o depósito de amiloide no glomérulo. O amiloide é um depósito de complexos de proteínas fibrilares com fragmentos de cadeias leves. Existe lesão tubular associada à excreção de proteínas de Bence-Jones. Normalmente, as cadeias leves são filtradas e reabsorvidas no túbulo renal, sendo catabolizadas. O excesso de cadeias leves leva à lesão tubular.

Os pacientes com mieloma são imunodeficientes, havendo grande tendência de infecções recorrentes. Isso se deve ao fato de que o desenvolvimento de clones normais de plasmócitos está inibido e, consequentemente, a síntese de outras imunoglobulinas (normais) está reduzida. Isso se deve a fatores inibitórios produzidos pela célula tumoral.

É importante salientar que a macroglobulinemia de Waldenström é um distúrbio linfoproliferativo caracterizado pela produção de IgM monoclonal, com manifestações clássicas de linfadenopatia, hepatoesplenomegalia, anemia e síndrome de hiperviscosidade.

■ Principal teste laboratorial

O *hallmark* em termos de diagnóstico de mieloma múltiplo é a eletroforese em gel de agarose. A maioria dos pacientes apresenta um pico monoclonal na região beta ou na região gama (Figura 6.17). Os pacientes com mieloma do tipo proteína de Bence-Jones não apresentarão paraproteína demonstrável na eletroforese do soro, e sim na urina.

■ Tipagem da paraproteína

Como mostra a Tabela 6.1, é importante identificarmos a classe da paraproteína em questão. O prognóstico baseia-se no tipo de classe encontrado, na concentração da paraproteína no momento do diagnóstico e na velocidade de seu aumento.

A imunoeletroforese permite a tipagem da imunoglobulina. Isso se deve ao fato de que o desenvolvimento de clones normais de plasmócitos está inibido e, consequentemente, a síntese de outras imunoglobulinas está reduzida. Em uma primeira etapa, um antissoro contra um tipo específico de imunoglobulina humana é adicionado a uma canaleta próxima às bandas eletroforéticas. Por difusão, imunoglobulinas e antissoro se encontram formando linhas de precipitina.

Nessa técnica, em primeira etapa, várias eletroforeses do soro do paciente são corridas em diferentes placas de gel de agarose. Em cada placa é acrescentado um determinado tipo de antissoro anti-imunoglobulina humana (anti-IgG, anti-IgA).

Tabela 6.1 – Imunoglobulinas monoclonais (paraproteínas) no mieloma múltiplo

Paraproteína	Incidência %	Idade Média do Paciente	Tempo Médio de Duplicação da Concentração	Incidência de Proteinúria de Bence-Jones	Sintomas Clínicos mais Comuns
IgG	50%	65 anos	10 meses	60%	Paciente com suscetibilidade à imunodeficiência; paraproteínas atingem seus valores mais elevados
IgA	25%	65 anos	6 meses	70%	Pacientes tendem a hipercalcemia e amiloides
Apenas proteína de Bence-Jones	20%	56 anos	3,5 meses	100%	Geralmente falência renal; lesões ósseas; amiloidose Mau prognóstico
IgD	2%	–	–	–	–
IgM	1%	–	–	–	–
IgM	0,1%	–	–	–	–

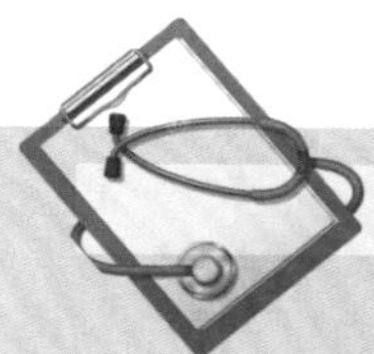

CASOS CLÍNICOS

■ Caso 1

Um homem, negro com 60 anos, queixou-se de dor nas costelas e na coluna vertebral, além de cansaço. O médico pediu uma série de exames e, entre eles, a dosagem de proteínas séricas, que se apresentaram aumentadas. Em seguida, foi solicitado ao laboratório uma eletroforese de proteínas plasmáticas, cujo resultado está descrito a seguir. Na realização do exame, uma fita de acetato de celulose (A) foi colocada em uma cuba de eletroforese (B) e preenchida com tampão que possui pH determinado. A fita foi embebida no tampão, sendo colocada na cuba de tal maneira que suas extremidades ficassem imersas no tampão. Seguiu-se então a aplicação do soro e a fita foi submetida a um campo elétrico por um determinado intervalo de tempo. Após coloração da fita, as bandas foram quantificadas em um densitômetro que as converteu em picos característicos, gerando um gráfico (C). O resultado da eletroforese do paciente foi fotografado (D).

Pergunta-se:

a) No laboratório existem dois tampões para realizar a eletroforese um com pH=4 e outro com pH=8,6. Qual foi o pH utilizado na eletroforese ilustrada acima?

b) Podemos afirmar que a albumina possui mais aminoácidos ácidos que as gama globulinas?

c) Existe relação quantitativa da banda com o formato do pico gerado na densitometria?

d) Que pode ser observado na eletroforese do paciente? O paciente pode estar com mieloma múltiplo?

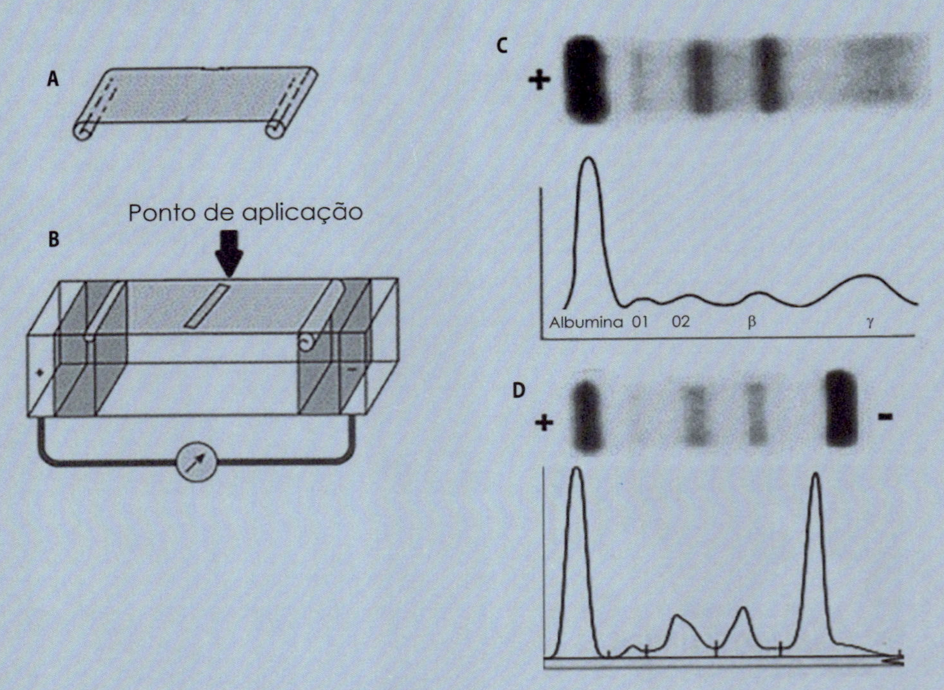

■ Caso 2

Um homem de 35 anos queixou-se de aumento da dispneia aos esforços nos últimos meses, tosse e produção de escarro. Ele relatou alguma forma de asma ou infecção pulmonar crônica anterior, mas ultimamente ele teve muita dificuldade em realizar qualquer atividade sem sentir falta de ar. Nega hemoptise, dor no peito, disfasia, perda de peso, sudorese noturna ou febre e afirma que não tem histórico médico ou cirúrgico significativo no passado. Relatou doença pulmonar em membros da família e que uma irmã sofre de asma. O paciente afirma que embora não fume, trabalha com um colega fumante e que acaba inalando fumaça de forma passiva ao longo do dia e negou uso de álcool e medicação. No exame físico, foram observados sibilos expiratórios leves e baqueteamento digital, mas não foram encontrados outros achados anormais. A radiografia de tórax indicou diafragma aplainado e grandes campos pulmonares com hiperlucência basal. Os testes de função pulmonar apontaram relação VEF1 / CVF diminuída. Todos os outros exames de sangue estão dentro dos limites de referência, exceto pela diminuição da banda de α1-globulina na eletroforese do plasma e elevação leve das transaminases hepáticas. Uma eletroforese em gel para focalização isoelétrica mostrou que o paciente possui a forma PiZZ de alfa-1 antitripsina e o médico solicitou avaliação hepática. Qual o diagnóstico provável do paciente?

Bibliografia consultada

1. Baumann H, Gauldie J. The Acute Phase Response Immunol Today, 1994; 15:74-80.
2. Johnson AM, Rohlfs EM, Silverman LM. Proteins.Tietz Fundamentals of Clinical Chemistry.Burtis CA, Ashwood ER, eds. Philadelphia: W.B. Saunders Company, 2001; p. 325-351.
3. Jonson AM, Rolfs EM, Silverman LM. Proteins. Tietz Textbook of Clinical Chemistry.Burtis CA, Ashwood ER, eds. Philadelphia: W.B. Saunders Company, 1999; p. 477-540.
4. Kyle RA. Distúrbios dos Plasmócitos. Cecil – Tratado de Medicina Interna. Bennet G. Rio de Janeiro: Guanabara Koogan, 2001; p. 1086-1097.
5. Longo DL. Distúrbios dos Plasmócitos. Harrison – Medicina Interna. Goldmann. Nova York: McGraw Hill, 2002; p. 772-779.
6. McPherson RA. Specific Proteins.Clinical Diagnosis and Management by Laboratory Methods. Henry JB, ed. Philadelphia: W.B. Saunders Company, 2001; p. 249-263.
7. Motta VT. Proteínas Séricas. Bioquímica Clínica para o Laboratório, Princípios e Interpretação. São Paulo: Editora Médica Missau, 2003;p. 87-97.
8. Ravel R. Proteínas Plasmáticas. Laboratório Clínico – Aplicações Clínicas dos Dados Laboratoriais. Rio de Janeiro: Guanabara Koogan, 1997; p. 301-313.
9. Rodwell VW. Proteins: Structure and Function. In: Harper's Biochemistry. Murray K, Granner DK, Mayes PA, Rodwell VW, eds. Nova York: Appleton and Lange, 2000; p. 48-62.

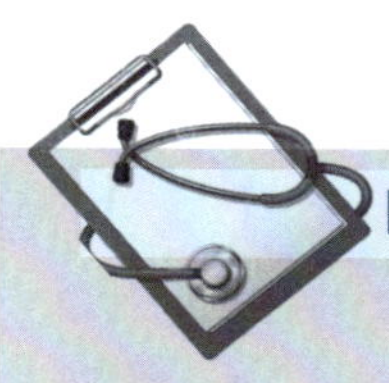

DISCUSSÃO DOS CASOS CLÍNICOS

■ Caso 1

A eletroforese foi realizada em pH 8,6. Neste pH os radicais dos aminoácidos, estarão carregados negativamente fazendo com que as proteínas migrem para o polo positivo. Pode-se afirmar então que a albumina é a proteína que possui mais aminoácidos ácidos, pois estes ficam carregados negativamente fazendo-a migrar mais rapidamente para o polo positivo. Na densitometria, a área do pico representa a quantidade percentual da fração proteica. A eletroforese com mostrou aumento da fração gama e diminuição da albumina, indicativo de mieloma múltiplo.

■ Caso 2

O paciente foi diagnosticado com Doença Pulmonar Obstrutiva Crônica. A doença obstrutiva pulmonar do paciente foi causada por deficiência de alfa-1 antitripsina. A alfa-1 antitripsina é sintetizada no fígado e atua inibindo serinoproteases, e foi assim chamada por inibir tripsina *in vitro*. As serinoproteases tem um resíduo de serina nos seus sítios ativos, e são exemplos de serinoproteases inibidas por alfa-1 antitripsina: plasmina, trombina, catepsina G, quimiotripsina e elastase de neutrófilos. *In vivo*, a alfa-1 antitripsina inibe a elastase de neutrófilos e uma vez ligada, a protease não é mais liberada. Na ausência do inibidor, a elastase degrada a elastina do tecido pulmonar, especialmente no trato respiratório inferior o que explica os achados na radiografia de tórax. Como a elastina é responsável pela retração elástica do pulmão, sua degradação leva a doenças pulmonares. O estado de deficiência de alfa-1 antitripsina foi primeiro observado na diminuição da banda de α-1 globulina na eletroforese do plasma, pois representa 90% das α-1 globulinas. A focalização isoelétrica pôde determinar a variante genética da alfa-1 antitripsina. A variante Z possui um resíduo de ácido glutâmico que é substituído por lisina, tornando a molécula menos aniônica alterando assim seu perfil de corrida eletroforética. Essa troca de um aminoácido ácido para básico faz com que apenas cerca de 15% da alfa-1 antitripsina seja secretada, a mutante polimeriza e acumula no reticulo endoplasmático dos hepatócitos. O acúmulo da proteína mutada é citotóxico para os hepatócitos e leva à cirrose. Não se sabe por que alguns pacientes com este fenótipo desenvolvem doença pulmonar e hepática e outros não. Embora existam poucos estudos disponíveis, não há fatores de risco conhecidos, incluindo o consumo de álcool, além do sexo masculino, que tenham sido identificados como fatores de risco para o desenvolvimento de doença hepática crônica em adultos ou crianças com alfa-1 antitripsina homozigota. Existem dois mecanismos propostos que levam ao dano pulmonar. A proteína alfa-1 antitripsina é muito menos eficaz do que a proteína do tipo selvagem na inativação da elastina, e há uma quantidade diminuída da proteína no pulmão devido ao acúmulo da proteína nos hepatócitos. Além disso, o fumo é um fator de risco para a doença pulmonar. A atividade da alfa-1 antitripsina no lavado pulmonar de fumantes é cerca de metade daquele de não fumantes, desta forma o tabagismo acelera a lesão pulmonar.

Função Hepática

7

Analúcia Rampazzo Xavier
Jorge Mugayar Filho
Maria Alice Terra Garcia *(in memoriam)*
Rosa Leonora Salermo Soares
Salim Kanaan

Aspectos anatômicos

O sistema circulatório do fígado é singular por possuir suprimento sanguíneo duplo: a veia porta e a artéria hepática. O fígado interpõe-se fisiologicamente entre o trato digestório e o resto do corpo, funcionando como um filtro de drenagem venosa das vísceras abdominais. A veia porta carreia o sangue do leito capilar do trato digestório até o fígado. Este sangue é rico em nutrientes metabolizados no trato gastrointestinal. A artéria hepática é uma ramificação do tronco celíaco e carreia sangue ricamente oxigenado para o fígado. Ambos os vasos se arborizam por todo o parênquima hepático. Cerca de $^2/_3$ do sangue fornecido ao fígado são provenientes da veia porta, sendo o restante do volume fornecido pela artéria hepática.

A tríade portal consiste em veia porta, artéria hepática e ductos biliares. A bile flui dos hepatócitos para os canalículos biliares, que escoam em dúctulos e que, por sua vez, juntam-se para formar ductos intra-hepáticos cada vez maiores e, finalmente, para os ductos hepáticos direito e esquerdo (Figura 7.1).

Os ductos hepáticos direito e esquerdo emergem do fígado e unem-se para formar o ducto hepático comum. Este recebe o ducto cístico, a partir da vesícula biliar, e torna-se o canal colédoco, o qual desemboca na segunda porção do duodeno juntamente com o ducto pancreático ou ao lado deste, na papila de Vater (Figura 7.2).

A drenagem venosa é feita pelas veias hepáticas, que resultam da junção de várias veias centrais dos lóbulos hepáticos (descritas adiante em aspectos histológicos) e que desembocam na veia cava inferior, próxima ao átrio direito.

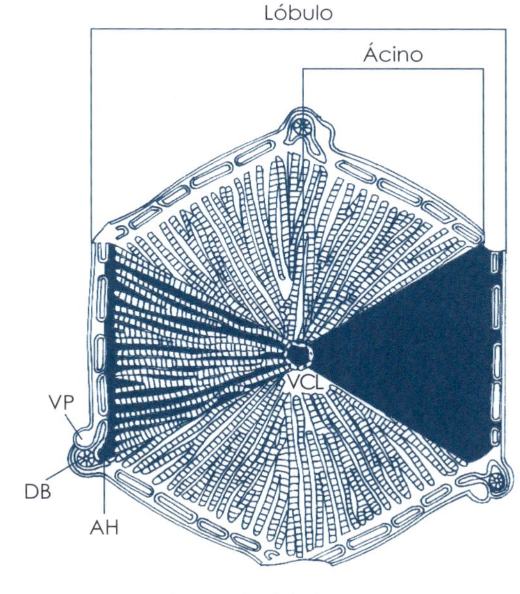

FIGURA 7.1 – Tríade portal e lóbulo hepático.

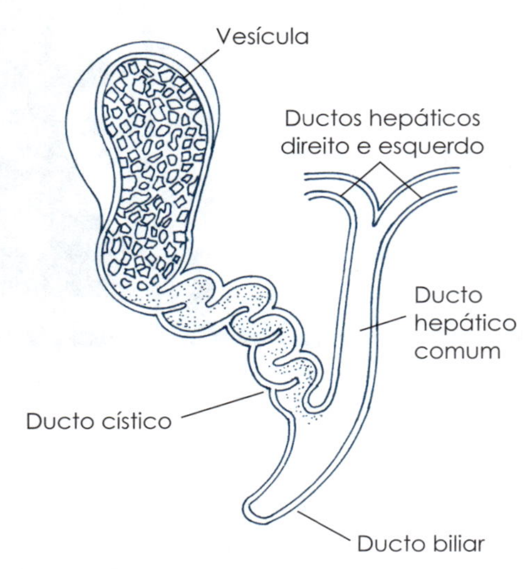

FIGURA 7.2 – Aspectos anatômicos extra-hepáticos do fígado.

Aspectos histológicos

O lóbulo hepático

A unidade funcional básica do fígado é o lóbulo hepático, com conformação hexagonal, conforme mostra a Figura 7.3. Este é constituído pela veia central, em torno da qual se distribuem centrifugamente fileiras de hepatócitos, dispostas duas a duas.

Os lóbulos hepáticos adjacentes são separados por tecido conjuntivo, que recebe a denominação de septo interlobular hepático. Por ele passam a vênula porta, a arteríola hepática, o dúctulo biliar e vasos linfáticos.

Os sinusoides hepáticos situam-se entre cada duas fileiras de hepatócitos, recebem sangue proveniente tanto da veia porta quanto da artéria hepática e desembocam na veia central. Logo, os hepatócitos são células irrigadas por sangue oriundo do intestino, rico em nutrientes, e sangue arterial, rico em oxigênio. Esses vasos capilares específicos do leito hepático são formados por fenestrações e células endoteliais descontínuas, as quais demarcam um espaço extrassinusoidal, denominado espaço de Disse. Este espaço localiza-se entre as células endoteliais sinusoidais e as membranas dos hepatócitos. Nele ocorrem as trocas metabólicas entre nutrientes, oxigênio, produtos de degradação e gás carbônico.

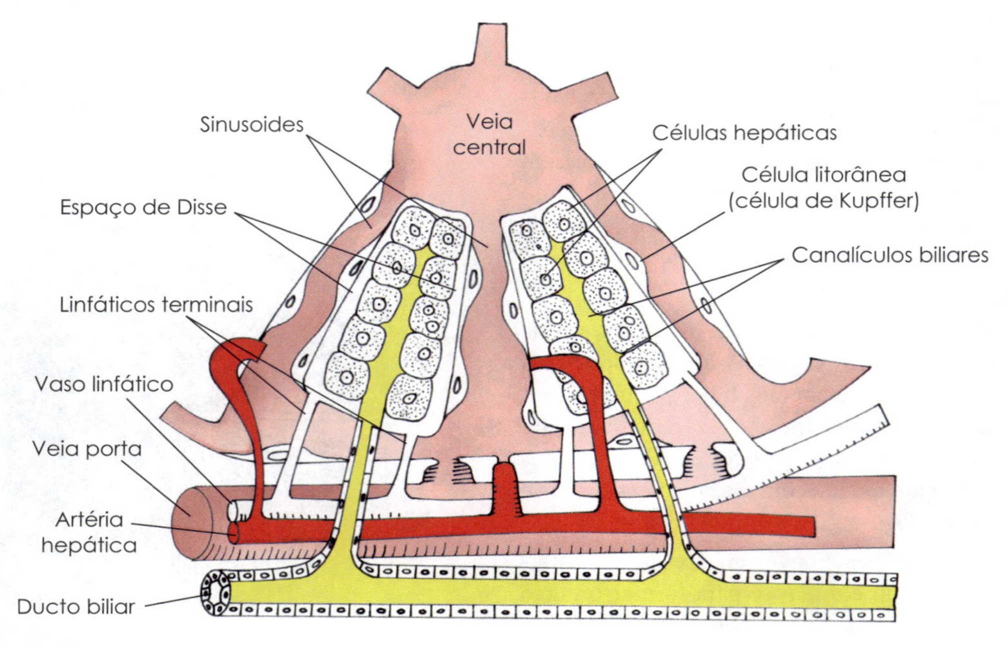

FIGURA 7.3 – Lóbulo hepático – unidade funcional do fígado.

As células do sistema fagocítico-monocitário, células de Kupffer, fixam-se às células endoteliais dos sinusoides e voltam-se para o lúmen desses vasos. São macrófagos e, portanto, possuem a função de fagocitar antígenos que circulam pelo sangue. No entanto, possuem também muitas funções metabólicas.

Entre as duas fileiras de hepatócitos formam-se os canalículos biliares, os quais são delimitados pelas próprias membranas plasmáticas dos hepatócitos opostos. Os canalículos são separados do espaço vascular por fortes junções e possuem microfilamentos de actina e miosina que ajudam na propulsão da bile para os dúctulos hepáticos situados no septo interlobular.

Os hepatócitos diferem estrutural e funcionalmente conforme a região que ocupam no sinusoide, muito embora exibam variações mínimas em tamanho. As células da região da veia central (*zona 3 de Rappaport*), por exemplo, contêm maior quantidade de lisossomos e retículo endoplasmático liso do que as da periferia, dita região portal (*zona 1 de Rappaport*). As diferenças observadas devem-se às características intrínsecas das células e à localização que ocupam no lóbulo, a qual proporciona exposição a distintos níveis de pressão de oxigênio e gradientes de concentração de substâncias. Os hepatócitos da zona 3 estão mais suscetíveis à agressão, seja de origem viral, tóxica e anóxica, enquanto os da zona 1 iniciam o processo de regeneração pós-necrose.

A ultraestrutura do hepatócito

O hepatócito é constituído por diversas estruturas cujas funções são importantes para a realização das funções hepáticas. Há um grande número de mitocôndrias que participam da geração de energia por meio da fosforilação oxidativa e da betaoxidação. Os lisossomos contêm enzimas proteolíticas com funções específicas de degradação.

O retículo endoplasmático é um local crucial para o metabolismo hepático. O retículo endoplasmático liso assume a forma de vesículas e túbulos e representa o local onde ocorre a conjugação da bilirrubina pela síntese de colesterol e pela detoxificação de drogas. Já o retículo endoplasmático rugoso é uma estrutura que se associa a ribossomos e promove a síntese das proteínas plasmáticas (albumina, fatores de coagulação e diversas enzimas).

O complexo de Golgi é uma estrutura multifuncional que, entre outras funções, produz lipoproteínas de muito baixa densidade (VLDL) e promove a glicosilação de proteínas. Por último, a presença dos microtúbulos e microfilamentos mantém a forma da célula e produz força contrátil.

Funções metabólicas do fígado

O fígado participa do processo de biotransformação dos xenobióticos, pois como a maioria destes é lipofílica, requer metabolismo hepático para fornecer substâncias hidrofílicas depuráveis. Xenobióticos são substâncias exógenas que são depuradas e metabolizadas pelo fígado, como, por exemplo, os medicamentos.

Apresenta também uma função de síntese ampla e desempenha um papel central na regulação do metabolismo de glicídios, lipídios, proteínas e vitaminas da dieta. Um fluxo bidirecional de precursores e produtos, tais como glicose, aminoácidos, ácidos graxos livres, além de outros nutrientes, ocorre através da membrana hepática. Todas as proteínas plasmáticas, à exceção dos hormônios e das imunoglobulinas, são sintetizadas pelo fígado. No entanto, apesar de o fígado não ser responsável pela síntese dos hormônios, ele participa na regulação dos níveis plasmáticos deles porque atua como o principal sítio de catabolismo destes.

Como será descrito em detalhes no Capítulo 9, o fígado desempenha importante função na manutenção da glicemia. No jejum breve, o fígado mantém a glicemia a partir da quebra do glicogênio (glicogenólise). Nos períodos de jejum prolongado, o fígado a mantém por meio da gliconeogênese, isto é, pela formação da glicose a partir de produtos não glicídicos. As fontes primárias de átomos de carbono para a gliconeogênese são os aminoácidos derivados da proteína muscular.

Outra função do fígado é a fagocitose de material particulado, feita pelas células de Kupffer. A formação da bile é uma das mais sofisticadas funções do fígado. A bile é constituída por diversas substâncias, dentre as quais se destacam bilirrubina, sais biliares, excesso de colesterol, produtos tóxicos e outros. A metabolização da bilirrubina e a formação dos sais biliares merecem maior atenção e serão descritas nos itens que se seguem.

Bile

A bile é um fluido sintetizado pelo fígado e secretado no duodeno através dos ductos biliares. Seus principais constituintes são os sais biliares, colesterol, fosfolipídios, glicuronídeo de bilirrubina e eletrólitos. Possui duas principais funções, que são:

- a eliminação de produtos do metabolismo, particularmente bilirrubina, excesso de colesterol e produtos tóxicos insuficientemente solúveis para serem eliminados pelos rins;
- a emulsificação da gordura da dieta na luz intestinal, que ocorre devido à ação detergente dos sais biliares, com a formação de micelas mistas (Figura 7.4).

Bilirrubina

Formação da Bilirrubina

A bilirrubina é um pigmento produzido a partir da hemoglobina das hemácias. A hemoglobina possui quatro anéis pirrólicos e um átomo de ferro (heme). A degradação do heme leva à biliverdina e, finalmente, à bilirrubina indireta (insolúvel), no sistema reticuloendotelial do baço, fígado e medula óssea (Figura 7.5A e B).

Essa hemoglobina é captada por células do sistema reticuloendotelial assim que as hemácias velhas se rompem. A bilirrubina resultante tem que se ligar à albumina do plasma para ser transportada ao fígado, uma vez que é insolúvel em soluções aquosas no pH fisiológico. A bilir-

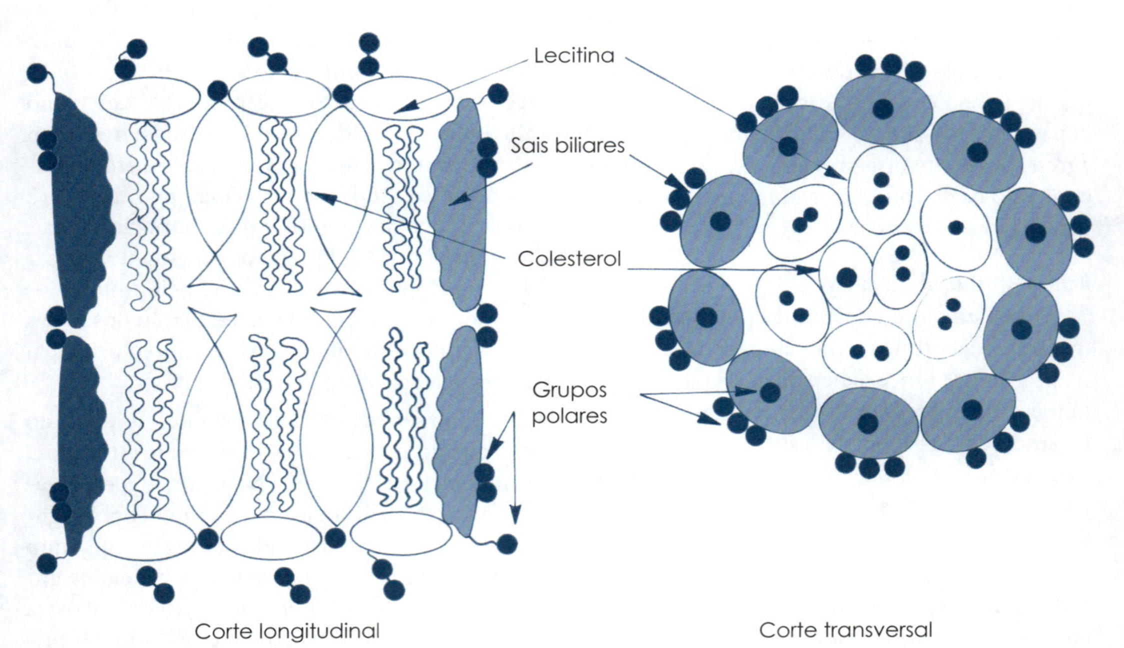

FIGURA 7.4 – Esquema da formação de micelas mistas.

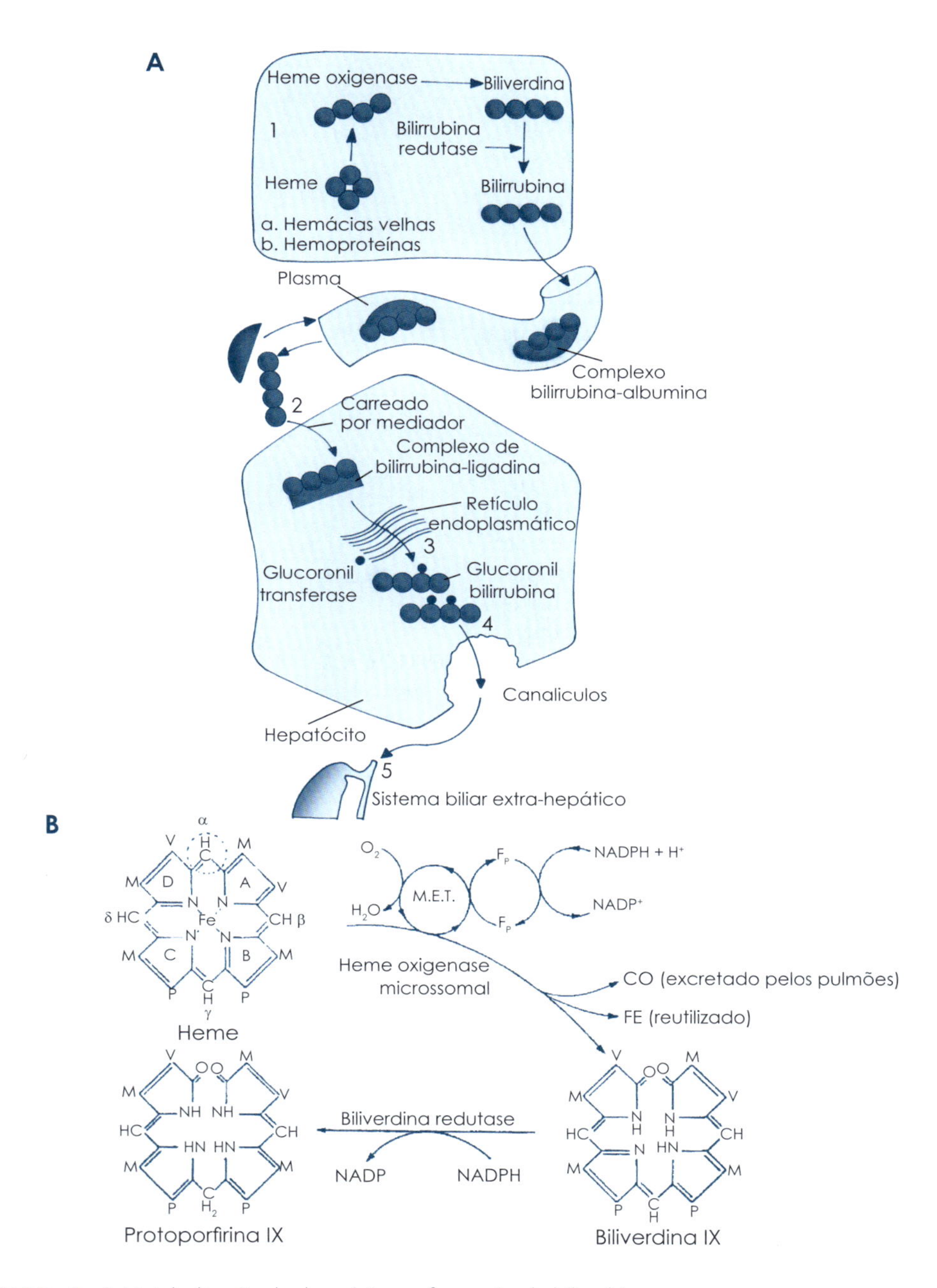

FIGURA 7.5 – A e B. Metabolização das hemácias na formação de bilirrubinas.

rubina indireta entra no hepatócito pelos mecanismos de difusão passiva e endocitose mediada por receptor.

Uma vez dentro do hepatócito, a bilirrubina insolúvel passa, em cadeia, de um complexo de proteína para outro com o objetivo final de transformar esse pigmento em uma molécula solúvel em água. Primeiramente, ela se complexa às proteínas X e Y. Em seguida, liga-se ao complexo proteico denominado ligandina. A ligandina é também capaz de se ligar a outros compostos, com importante papel no processamento destes. No retículo endoplasmático, a bilirrubina é conjugada ao ácido glicurônico, formando mono e diglicuronídeos. Este processo é catalisado pela enzima microssomal bilirrubina UDP-glicuronil-transferase e os compostos que se formam tornam-se solúveis e passíveis de excreção pela bile, graças às características químico-estruturais do ácido glicurônico. A bilirrubina conjugada é excretada do hepatócito contra um forte gradiente de concentração, por meio de um processo ativo, com gasto energético.

A bilirrubina que circula no plasma ligada à albumina antes de entrar no hepatócito é denominada bilirrubina indireta ou não conjugada (insolúvel). Após a conjugação, passa a ser chamada de bilirrubina direta ou conjugada (solúvel).

Estrutura da bilirrubina

Uma propriedade química importante da molécula de bilirrubina é a sua insolubilidade em água e fácil solubilidade em muitos solventes apolares. Esta é explicada pela estrutura molecular da bilirrubina. Teoricamente, a bilirrubina pode apresentar duas conformações: a estrutura linear e a configuração em dobra, sendo esta última encontrada na natureza (Figura 7.6).

Na realidade, a conformação em dobra da bilirrubina é dada por dois fatores:

1. Pela formação das pontes de hidrogênio entre os grupos carboxila dos ácidos propiônicos e os nitrogênios dos anéis dos pirróis.
2. Pela conformação Z-Z que ocorre em certas ligações dos anéis de pirrol.

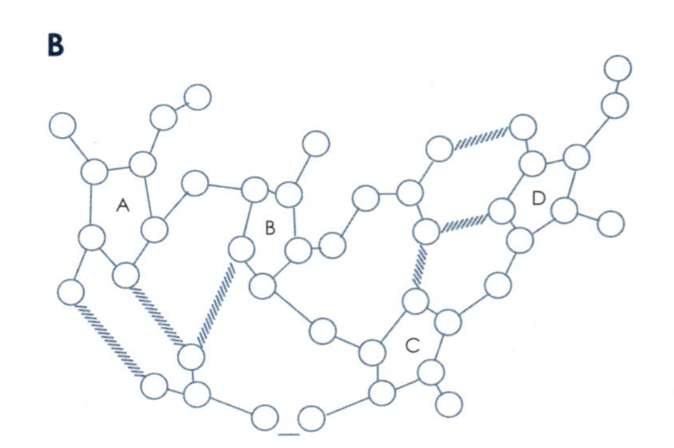

FIGURA 7.6 – A e B. Estruturas das bilirrubinas não conjugadas.

A estrutura em dobra da bilirrubina confere sua solubilidade somente em lipídios. A exposição da pele impregnada por essa bilirrubina à luz da faixa azul do espectro visível proporciona a sua transformação no isômero de configuração E-E, uma reação reversível. Esta apresenta características polares que a tornam hidrossolúvel e, dessa forma, passível de excreção pela urina. A fototerapia é capaz de converter a bilirrubina indireta em um isômero estrutural, por meio de reação irreversível, que é excretada pelos rins no estado não conjugado. Esse conceito justifica o uso da fototerapia nos casos de icterícia neonatal.

Formação do urobilinogênio

A bilirrubina conjugada no hepatócito irá agora fazer parte da bile e, para tal, deve-se dirigir à vesícula biliar através dos ductos biliares. A secreção da bile para o duodeno se dá em função do estímulo de hormônios específicos do processo digestório, liberados quando o bolo alimentar passa do estômago para o duodeno.

Uma vez na luz intestinal, os glicuronídeos de bilirrubina sofrem hidrólise catalisada por enzimas originadas de bactérias intestinais. A bilirrubina conjugada é então reduzida pela flora microbiana intestinal para formar um grupo de substâncias incolores com grupamento tetrapirrol chamadas, como um todo, urobilinogênios. Estas também são moléculas hidrossolúveis, e até 20% delas retornam diariamente à circulação por reabsorção intestinal. Desse grupo, parte retorna ao fígado para ser novamente secretada no tubo digestório através da bile. Uma pequena parte dessas moléculas reabsorvidas (apenas 2 a 5%) é excretada pelos rins, sendo detectável na urina. Esse circuito fígado-intestino-fígado pelo qual passa a bilirrubina é denominado circulação êntero-hepática. No trato intestinal inferior, as demais moléculas de urobilinogênio que não foram reabsorvidas se oxidam espontaneamente, produzindo moléculas pigmentadas de marrom-alaranjado, que serão os principais pigmentos das fezes (estercobilina, mesobilina e urobilina).

Qualquer processo que leve a concentrações aumentadas de bilirrubina conjugada no trato gastrointestinal, como, por exemplo, a hemólise intravascular, resulta em um aumento paralelo da quantidade de urobilinogênio produzida e, consequentemente, é também maior a quantidade de urobilinogênio detectável na urina.

Por outro lado, qualquer mecanismo que impeça a excreção de bilirrubina pela bile, como, por exemplo, a obstrução da árvore biliar ou a deficiência no processo de conjugação, diminui o aporte de bilirrubina para o trato intestinal, levando à baixa produção de urobilinogênio e, consequentemente, à redução do urobilinogênio urinário. As fezes esbranquiçadas de pacientes com icterícia obstrutiva (aumento sérico de bilirrubina direta que não consegue ser excretada com a bile devido à obstrução do sistema biliar) resultam da redução dos pigmentos que normalmente são produzidos a partir do urobilinogênio. Nesta situação, como a bilirrubina conjugada não chega ao trato intestinal, esta não é transformada em urobilinogênio e os pigmentos das fezes não são produzidos (Figura 7.7).

Dosagem da bilirrubina

A metodologia de dosagem da bilirrubina é baseada nas estruturas polar da bilirrubina conjugada e apolar da bilirrubina não conjugada. O método mais empregado é o da diazotização, o qual utiliza o ácido sulfanílico ou diazo-reagente. Este reage diretamente com a bilirrubina conjugada. Entretanto, para que a bilirrubina não conjugada reaja com o ácido sulfanílico, a adição de compostos como a cafeína, o metanol, o etanol ou a ureia a 6 mol/L se faz necessária. Provavelmente, esses compostos promovem a quebra das pontes de hidrogênio da molécula de bilirrubina não conjugada, tornando-a solúvel em água. Portanto, é possível realizar a dosagem total da bilirrubina com o uso da diazotização. Em uma primeira etapa, dosa-se a quantidade de bilirrubina direta, pela quantificação das moléculas que reagem diretamente com o diazo-reagente. A segunda etapa consiste na adição dos compostos aceleradores da reação do ácido sulfanílico à bilirrubina indireta. E, por fim, dosa-se o valor total obtido. O valor da bilirrubina indireta é obtido pela subtração do valor da bilirrubina direta do valor total.

Hiperbilirrubinemia

Icterícia é a coloração amarelada do plasma, da pele e das membranas mucosas por acúmulo de bilirrubina. Níveis normais de bilirrubina no plasma são inferiores a 1,2 mg/dL. Desta quantidade, a maior parte é constituída por bilirrubina não conjugada (0,8 mg/dL). Como será visto a seguir, várias condições podem levar a um aumento de bilirrubina, tanto não conjugada quanto conjugada, dentro do hepatócito.

Concentrações elevadas de bilirrubina dentro dos hepatócitos podem levar à retrodifusão dela para o espaço de Disse e então para a linfa ou sinusoide, ou seja, para a circulação, sendo detectada no plasma. Desta maneira se explica o aparecimento da bilirrubina conjugada no plasma.

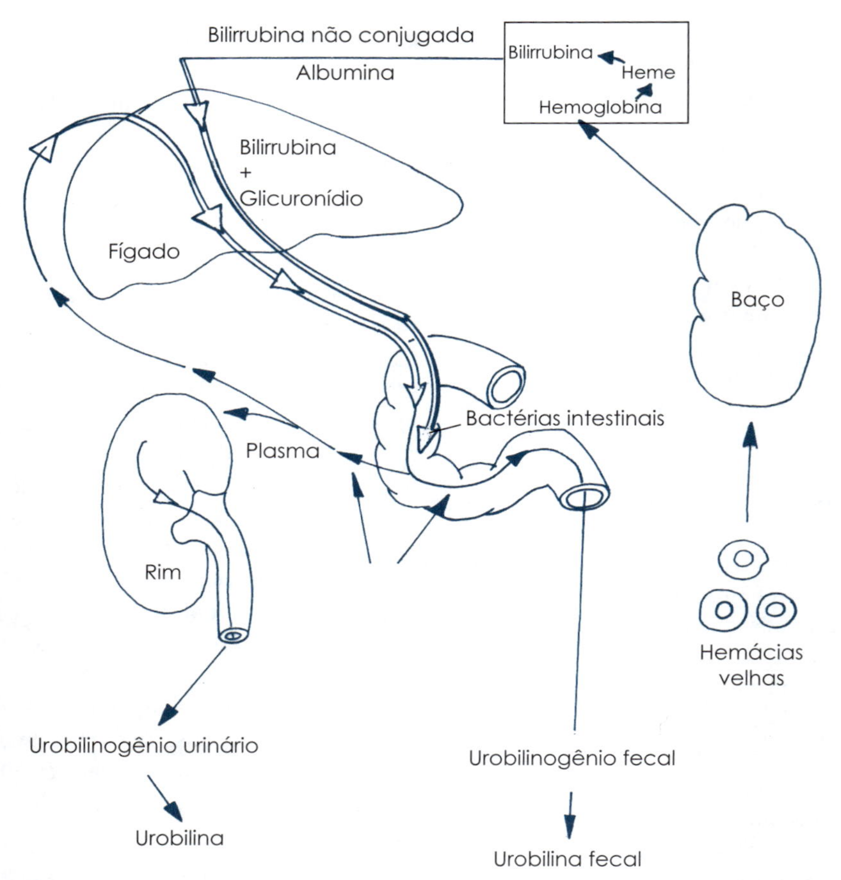

FIGURA 7.7 – Formação de urobilinogênio e o ciclo êntero-hepático.

A icterícia torna-se clinicamente evidente quando os níveis de bilirrubina ultrapassam 2,5 mg/dL. Nas condições mais graves, os níveis podem atingir valores tão altos quanto 30 a 40 mg/dL. Em hepatologia, aumento de bilirrubina direta ou conjugada no plasma significa, basicamente, obstrução biliar ou doença parenquimatosa, sendo que neste último caso os níveis de bilirrubina têm valor prognóstico.

Como vimos, a bilirrubina não conjugada não é solúvel em solução aquosa, e é firmemente complexada à albumina no plasma. Assim, ela não é excretada na urina, mesmo quando os níveis sanguíneos são elevados. Ao contrário, a bilirrubina conjugada é solúvel em água e, quando em excesso, é facilmente excretada na urina (bilirrubinúria). Portanto, a bilirrubinúria é sempre um achado patológico.

O resumo dos tipos de hiperbilirrubinemia encontra-se na Tabela 7.1.

Tabela 7.1 – Resumo dos tipos de hiperbilirrubinemia

Classificação das hiperbilirrubinemias quanto à etiologia	
Hiperbilirrubinemia por bilirrubina não conjugada	• Degradação excessiva de hemoglobina • Captação hepática diminuída • Conjugação hepática deficiente
Hiperbilirrubinemia por bilirrubina conjugada	• Diminuição da excreção intra-hepática de bilirrubina conjugada • Diminuição da excreção extra-hepática de bilirrubina conjugada

Hiperbilirrubinemia por bilirrubina não conjugada

Degradação excessiva de hemoglobina

Se a velocidade de formação da bilirrubina excede a velocidade do fígado de promover conjugação, o nível plasmático de bilirrubina irá subir quase exclusivamente por conta de bilirrubina não conjugada.

- Icterícia neonatal ou fisiológica: em alguns recém-nascidos, o turnover aumentado da massa de eritrócitos pode levar à hiperbilirrubinemia.
- Doença hemolítica (hereditária ou adquirida).

Captação hepática diminuída através da membrana do hepatócito

- Síndrome de Gilbert (etiologia mista; condição heterogênea que será discutida mais adiante).
- Certos medicamentos, como, por exemplo, a rifampicina, fazem inibição competitiva com a bilirrubina para os sistemas carreadores de membrana.

Conjugação hepática deficiente

• Icterícia neonatal ou fisiológica

A atividade da bilirrubina UDP-glicuronil-transferase é baixa ao nascimento e só atinge o normal após a segunda semana de vida. Assim, muitos recém-nascidos desenvolvem icterícia discreta e transitória por hiperbilirrubinemia não conjugada.

A bilirrubina não conjugada, quando em excesso tanto por hemólise aumentada quanto por deficiência enzimática, pode levar a lesão tóxica do cérebro (kernicterus neonatal) devido à imaturidade da barreira hematoencefálica.

Síndrome de Gilbert

Doença hereditária relativamente comum e benigna, caracterizada por hiperbilirrubinemia subclínica oscilante. Acomete 2 a 5% da população. A fisiopatologia está baseada tanto na diminuição da captação hepática de bilirrubina quanto nos níveis diminuídos de UDP-glicuronil-transferase (etiologia mista). Os níveis de bilirrubina indireta aumentam com o jejum e diminuem com a administração de fenobarbital. Não existe nenhuma consequência clínica na síndrome de Gilbert, à exceção da ansiedade experimentada por um portador de icterícia.

Síndrome de Crigler-Najjar

- Tipo I: ocorre pela ausência da enzima bilirrubina UDP-glicuronil-transferase, de modo que a concentração de bilirrubina não conjugada vai aumentando dentro dos hepatócitos. Em neonatos com essa doença há risco de desenvolvimento de kernicterus, no qual a bilirrubina não conjugada se deposita no núcleo lenticular dos gânglios da base do sistema nervoso central, causando severa disfunção motora e retardamento. É fundamental tratar essas crianças com fototerapia (conforme discutido anteriormente), para que a bilirrubina não conjugada seja excretada pela urina.
- Tipo II: manifesta-se pela diminuição da atividade da enzima bilirrubina UDP glicuronil-transferase. É uma doença menos severa que a síndrome de Crigler-Najjar tipo I, não sendo fatal.

Hiperbilirrubinemia por bilirrubina conjugada

Várias doenças hepatobiliares levam à colestase. Nelas podem existir tanto um aumento de bilirrubina conjugada quanto de não conjugada, embora em grande parte dos casos exista um predomínio de conjugada.

A excreção deficiente da bile leva a icterícia, por acúmulo de bilirrubina; prurido, relacionado à elevação plasmática de ácidos biliares; xantomas de pele, que aparecem como resultado da hiperlipidemia e da excreção deficiente de colesterol. Outras manifestações de fluxo biliar reduzido se relacionam à má absorção intestinal, incluindo deficiências nas vitaminas lipossolúveis A, D, E e K.

Diminuição da excreção intra-hepática de bilirrubina conjugada

- Doença hepatocelular

Os canalículos e os dúctulos biliares estão lesados pelo processo da doença, mas os canais biliares maiores permanecem normais. Temos como exemplo a hepatite viral aguda, hepatite alcoólica e a hepatite induzida por drogas.

- Doença dos ductos biliares intra-hepáticos

Corresponde a inflamação e fibrose dos ductos biliares interlobulares. Exemplos: colangite esclerosante primária, cirrose biliar primária, doenças invasivas do fígado (sarcoidose e outras doenças granulomatosas) e carcinoma hepático primário ou metastático. Nestes casos, o aumento é predominantemente de bilirrubina conjugada.

- Síndrome de Dubin-Johnson

É um erro inato do metabolismo que se traduz por deficiência no transporte para dentro dos canalículos da bilirrubina conjugada. A bilirrubina conjugada acumula-se dentro do hepatócito e retrodifunde-se para a circulação, onde é detectada no soro. Excetuando-se a icterícia recorrente e crônica de intensidade oscilante, a maior parte dos pacientes é assintomática e possui sobrevida normal. A forma predominante é a bilirrubina conjugada.

Diminuição da excreção extra-hepática de bilirrubina conjugada

A colelitíase é a causa mais comum de hiperbilirrubinemia em adultos. Esta condição resulta da presença de cálculos biliares (que são compostos de bilirrubina ou de colesterol) em qualquer local da árvore biliar, isto é, na vesícula, no ducto cístico, nos ductos hepáticos direito, esquerdo e comum, e no colédoco.

A obstrução biliar devido à colelitíase leva ao aumento da bilirrubina total, sendo 90% devidos a aumento da forma conjugada. Exemplos: obstrução da árvore biliar por cálculo, carcinoma de cabeça do pâncreas, carcinoma de ductos biliares extra-hepáticos (colangiocarcinoma), carcinoma de ampola de Vater, atresia biliar extra-hepática e infestação parasitária (ascaridíase, cisto hidático e *Fasciola hepática*).

Ácidos biliares

Os ácidos biliares são produtos do metabolismo do colesterol, que têm como funções: 1) a regulação dos níveis de colesterol por meio da sua própria síntese, na qual participa a enzima 7-α-hidroxilase; e 2) a formação de micelas eliminadas pelos canalículos, com auxílio na absorção intestinal de lipídios.

O colesterol é continuamente sintetizado em todo o organismo, principalmente no fígado, e é considerado um componente estrutural vital das membranas celulares e intracelulares, além de precursor de todos os hormônios esteroides do organismo. No entanto, ele deve ser continuamente eliminado, pois seu acúmulo pode levar a aterosclerose. Uma parte do colesterol é convertida no fígado a ácidos biliares altamente polares, que são subsequentemente secretados na bile. Esta transformação e a habilidade dos ácidos biliares de solubilizar o colesterol adicional na bile são os principais mecanismos de eliminação do colesterol do organismo.

Os produtos do metabolismo do colesterol são o ácido cólico e o ácido quenodesoxicólico, que são chamados de ácidos biliares primários devido à sua origem hepática (Figura 7.8).

Durante a passagem pelo intestino delgado e o cólon, tanto o ácido cólico quanto o ácido quenodesoxicólico sofrem alterações feitas por enzimas da flora bacteriana, dando origem aos ácidos biliares secundários. A formação da bile ocorre por processos ainda não totalmente definidos, nos canalículos biliares, que são formados por modificações especiais da membrana do hepatócito.

Os ácidos biliares são lançados no canalículo por transporte ativo, carreados por mediador. Isso gera um fluxo osmótico de água. Assim, os ácidos biliares constituem um dos principais fa-

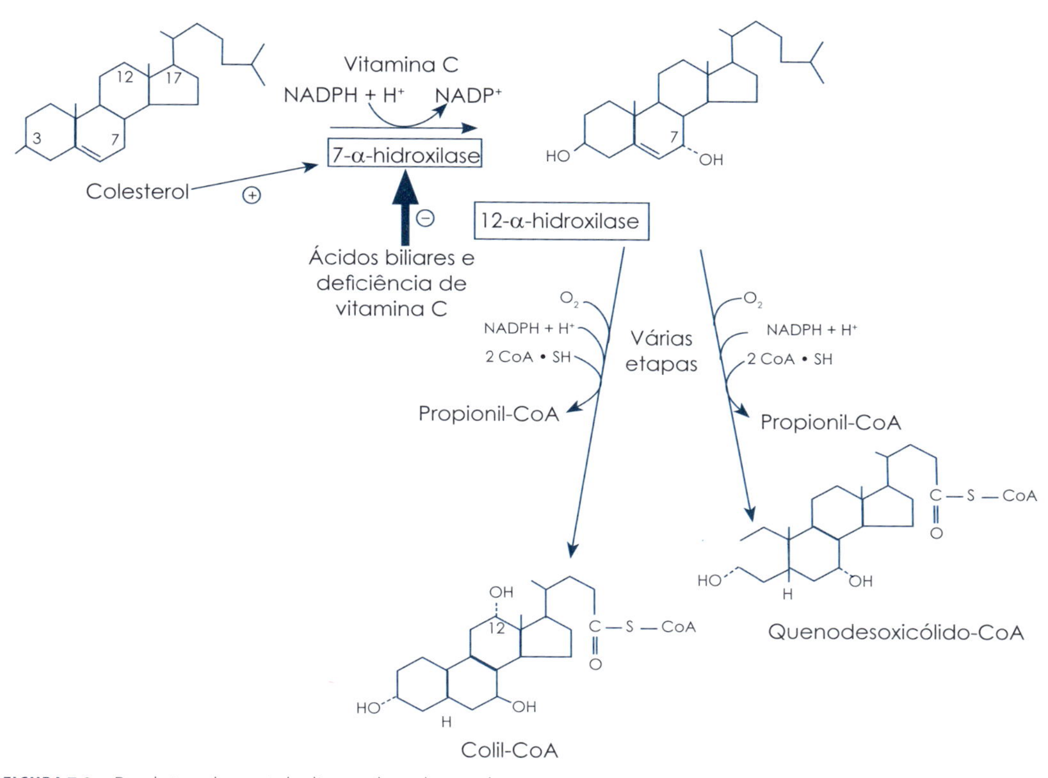

FIGURA 7.8 – Produtos do metabolismo do colesterol.

tores que contribuem para a formação da bile. Os ácidos biliares também desempenham papel primordial na secreção de importantes componentes da bile com a bilirrubina, o colesterol e os fosfolipídios. Suas moléculas possuem uma região polar e uma região apolar. A formação de micelas mistas de ácidos biliares e fosfolipídios aumenta a solubilidade do colesterol, composto fracamente polar, na água, permitindo a excreção dele na bile, que constitui um meio polar aquoso.

O organismo conserva o *pool* de ácidos biliares através de um sistema muito eficiente de recirculação, chamado de circulação entero-hepática. O *pool* completo de ácidos biliares atravessa essa circulação cinco a 15 vezes ao dia. Os ácidos biliares são excretados do hepatócito para a bile, reabsorvidos no íleo distal, passam através da veia porta para o fígado, onde entram novamente nos hepatócitos através de um eficiente sistema de transporte carreado por mediador.

Durante o jejum, os ácidos biliares descem pela árvore biliar e entram na vesícula. Na vesícula eles são concentrados cerca de dez vezes devido à reabsorção de água e eletrólitos. Após uma noite de jejum, 95% dos ácidos biliares podem estar sequestrados na vesícula. Esse sequestro resulta em baixos níveis de ácidos biliares no intestino, na veia porta, no fígado e no plasma.

Em resposta a uma refeição, hormônios liberados pela parede intestinal, como a colecistoquinina, causam o relaxamento do esfíncter de Oddi e a contração da vesícula. Na luz intestinal, micelas de ácidos graxos facilitam a absorção de gordura no jejuno, por acelerarem a ação enzimática da lipase pancreática sobre triglicerídeos e por solubilizarem os produtos de hidrólise. Na porção distal do íleo, a maior parte dos ácidos graxos é reabsorvida por transporte ativo.

Os ácidos biliares são carreados no sangue por proteínas. A concentração de ácidos biliares na veia porta é muito elevada; todavia, devido à eficiência da extração hepática, os níveis sistêmicos plasmáticos permanecem muito baixos. Em resposta à concentração elevada de ácidos biliares na veia porta após uma refeição, seus níveis plasmáticos sistêmicos também aumentam.

Enzimas hepáticas

Fosfatase alcalina (FAL) – isoenzima hepática

Sabe-se que a resposta do fígado a qualquer forma de obstrução da árvore biliar é o aumento da síntese de fosfatase alcalina. O principal sítio de síntese enzimática é o hepatócito na região adjacente ao canalículo biliar. A elevação tende a ser mais marcante nas obstruções extra-hepáticas (cálculos ou câncer da cabeça de pâncreas) do que intra-hepáticas, e ela é maior quanto mais elevado for o grau de obstrução.

A obstrução intra-hepática do fluxo biliar (por invasão neoplásica) ou por drogas que afetam a árvore biliar também eleva a fosfatase alcalina no soro, mas normalmente a níveis menores. A doença hepática que afeta, sobretudo, as células do parênquima, tais com a hepatite infecciosa, tipicamente mostra apenas uma elevação moderada (três a cinco vezes o valor de referência) de fosfatase alcalina. As principais causas de aumento acentuado (maior que cinco vezes o valor de referência) da fosfatase alcalina são:

- obstrução biliar (cálculos, neoplasia);
- colestase intra-hepática: drogas, cirrose biliar primária (CBP), colangite esclerosante primária (CEP);
- lesões hepáticas infiltrativas: leucemias, linfoma, sarcoidose, amiloidose;
- lesões hepáticas tipo massa: metástases, carcinoma hepatocelular.

Mulheres no terceiro trimestre da gravidez apresentam fosfatase alcalina elevada, sem que isso signifique doença hepática.

Geralmente o aumento da fosfatase alcalina isoenzima hepática é acompanhado pela elevação da gamaglutamil transferase (GGT), com exceção da colestase intra-hepática familiar progressiva e da colestase intra-hepática recorrente benigna, onde os níveis de GGT se encontram normais.

Gamaglutamil transferase (GGT)

Embora o tecido renal tenha maiores níveis de GGT, a enzima presente no soro parece originar-se primariamente do sistema hepatobiliar e sua atividade está elevada em todas as formas de doença hepática. A atividade é maior nos casos de obstrução biliar pós-hepática ou intra-hepática. É a enzima hepática mais sensível, isto é, seus níveis elevam-se mais precocemente e permanecem por mais tempo que as outras enzimas. Apenas elevações moderadas ocorrem nas hepatites infecciosas, e nessa condição as determinações de GGT são menos úteis para o diagnóstico do que as medidas das transaminases.

Elevações acentuadas da GGT (maior que dez vezes o valor de referência) são também observadas em pacientes com neoplasias primárias e secundárias (metástases). Elevações transitórias são notadas em casos de intoxicação por drogas.

Na pancreatite aguda e crônica e em muitas malignidades pancreáticas, a atividade enzimática pode elevar-se em muitas vezes o valor normal. Isso decorre da obstrução extra-hepática gerada pela compressão do colédoco devido a um pâncreas edemaciado, no caso da pancreatite, ou por compressão tumoral extrínseca. Níveis séricos elevados de GGT são achados laboratoriais característicos de alcoolismo (cirrose e hepatite alcoólica).

Se a relação GGT/FAL for maior que 2,5, sugere fortemente uma etiologia alcoólica ou por medicamentos.

Como já vimos, a GGT é o mais sensível indicador enzimático de doença hepatobiliar. Valores normais são raramente encontrados na presença de doença hepática. Entretanto, a GGT é de pouco valor na tentativa de discriminar os diferentes tipos de hepatopatia.

Aminotransferases (transaminases)

As aminotransferases ou transaminases constituem um grupo de enzimas que catalisa a interconversão de aminoácidos em cetoácidos por transferência de aminogrupos. As aminotransferases de importância clínica são: aspartato cetoglutarato amino transferase(AST) ou transaminase glutâmico-oxaloacética (TGO) e aspartato alanina aminotransferase (ALT) ou transaminase glutâmico-pirúvica (TGP).

No que se refere à localização na célula, 80% da AST estão contidos na mitocôndria (o restante no citosol), enquanto a ALT se localiza integralmente no citosol. A AST está presente em muitos órgãos além do fígado (sobretudo nos músculos cardíaco e esquelético), enquanto a ALT está presente principalmente no fígado. Elevações da ALT são raramente encontradas em outras doenças que não as hepáticas.

Cerca de 6% da população mundial apresenta alteração das aminotransferases. Destes, apenas 1% tem hepatopatia, sendo a causa mais comum a esteato hepatite não alcoólica.

Nas diferentes doenças hepáticas, geralmente encontramos uma predominância de AST ou ALT característica da doença. Nos dias de hoje, os motivos dessas predominâncias ainda não estão bem definidos.

As principais causas de aumento importante das aminotransferases (maior que 20 vezes o valor de referência) são as hepatites virais e medicamentosas, além da hepatite isquêmica e autoimune. A colangite grave também pode cursar com aumento pronunciado das aminotransferases.

A relação AST/ALT pode orientar na investigação do aumento das aminotransferases quanto à etiologia da hepatopatia. Assim:

- **AST/ALT < 1,0:** hepatites virais, esteato hepatite não alcoólica;
- **AST/ALT > 1,0:** cirrose hepática estabelecida, hepatopatia crônica alcoólica, hepatite medicamentosa;
- **AST/ALT > 2,0:** hepatite alcoólica;
- **AST/ALT > 4,0:** doença de Wilson fulminante.

O estudo das aminotransferases tem importância clínica na hepatite viral aguda e na hepatite fulminante. Na hepatite viral aguda existe um aumento muito acentuado (20 a 100 vezes o referencial superior normal) das aminotransferases no plasma do paciente. O valor da ALT pode ser igual ou geralmente maior que o valor da AST. As outras enzimas hepáticas (fosfatase alcalina e gamaglutamiltransferase) apresentam aumento moderado.

A hepatite fulminante é uma forma de hepatite viral aguda com curso rapidamente progressivo, que na maioria das vezes termina em morte. Pode ser causada por qualquer um dos tipos de vírus vistos adiante e leva à necrose de extensas áreas do fígado. Os achados laboratoriais são compatíveis com lesão hepatocelular extrema, incluindo distúrbios da coagulação. As aminotransferases, de início extremamente elevadas no plasma, caem rapidamente, o que não indica melhora do quadro e sim destruição de parênquima hepático. Portanto, o grau de elevação das aminotransferases se correlaciona muito mal com a gravidade da necrose hepatocelular.

Nas hepatites alcoólicas, os níveis das transaminases não alcançam valores tão elevados quanto os das hepatites virais. O valor de GGT, no entanto, é extremamente elevado (maior que dez vezes o valor de referência).

Testes de função hepática ("hepatograma")

Não existe um exame isolado que possibilite avaliar as diversas funções exercidas pelo fígado. Diante deste fato, procurou-se agrupar alguns testes, segundo a categoria da doença hepatobiliar. Assim:

- marcadores de necrose hepatocelular: aminotransferases;
- marcadores de colestase: fosfatase alcalina e GGT;
- testes que avaliam a depuração de metabólitos e fármacos: bilirrubinas, bilirrubinúria, bromossulfaleína, e verde de indocianina;

- marcadores de síntese hepática: albumina e atividade de protrombina.

Os testes de função hepática não fornecem um diagnóstico específico. Entretanto, o tipo de lesão hepática predominante pode ser determinado de acordo com a relação entre algumas enzimas avaliadas. Por exemplo:

- ALT/FAL > 5: necrose hepatocelular;
- ALT/FAL < 2: colestase;
- ALT/FAL entre 2 e 5: lesão mista.

Hepatites virais

A hepatite viral é uma doença infecciosa aguda que corresponde à inflamação e eventual necrose dos hepatócitos. Pode ser causada por agentes tóxicos, bem como por vários vírus. Nos pacientes imunocomprometidos são comuns as hepatites causadas por citomegalovírus, vírus Epstein-Barr, vírus herpes simples. Contudo, a não ser que especificado, o termo hepatite viral é reservado para a inflamação do fígado causada por um pequeno grupo de vírus: A, B, C, D e E.

Na fase aguda, os sintomas são semelhantes: anorexia, vômitos, queda do estado geral, icterícia e hepatomegalia leve. Podem variar em intensidade de uma hepatite para outra, ou dentro de um mesmo tipo de hepatite. O exame laboratorial marcador da hepatite baseia-se na morfologia de cada vírus e na resposta sorológica do hospedeiro contra ele (anticorpos). Permite a detecção do tipo de hepatite viral e o acompanhamento da doença. É efetuado por ensaio imunossorvente ligado à enzima (ELISA).

Hepatite A

Epidemiologia

A transmissão do vírus da hepatite A é fecal-oral, por meio da ingestão de alimentos e água contaminados, ou diretamente de uma pessoa para outra. Uma pessoa infectada com o vírus pode ou não desenvolver a doença. A hepatite A é mais frequente em regiões onde a infraestrutura de saneamento básico é inadequada. Em países desenvolvidos, a hepatite A ocorre episodicamente e, por esse motivo, grande parte da população adulta é suscetível à infecção. Este padrão tende a ser semelhante nas classes socioeconomicamente mais privilegiadas dos países em desenvolvimento, como o Brasil. OS índices de infecção pelo vírus da hepatite A estão relacionados à idade e às condições socioeconômicas das populações. No Brasil, chegam a 95% nas populações mais pobres e a 20% nas populações de classe média e alta. A diferença é mais acentuada entre crianças e adolescentes. Nas pessoas com mais de 40 anos de idade, a prevalência da infecção é quase sempre superior a 90%, refletindo as condições de risco existentes na infância. A via de transmissão é fecal - oral. A infecção confere imunidade permanente contra a doença. Desde 1995 estão disponíveis vacinas seguras e eficazes, embora ainda de custo elevado.

Agente etiológico e transmissão

O vírus da hepatite tipo A é um hepatovírus RNA da família *Picornaviridae*. O ser humano é o único hospedeiro natural do vírus da hepatite A. A infecção produzindo ou não sintomas, determina imunidade permanente contra a doença. A principal forma de transmissão do vírus é de uma pessoa para outra, comum entre crianças que ainda não tenham aprendido noções de higiene, entre os que residem em mesmo domicílio ou sejam parceiros sexuais de pessoas infectadas. Dez dias após a infecção, desenvolvendo ou não as manifestações da doença, o vírus passa a ser eliminado nas fezes durante cerca de 3 semanas. O período de maior risco de transmissão é de 1 a 2 semanas antes do aparecimento dos sintomas. Vale ressaltar que o consumo de frutos do mar, como mariscos crus ou inadequadamente cozidos, está particularmente associado à transmissão, uma vez que esses organismos concentram o vírus por filtrarem grandes volumes de água contaminada. A transmissão a partir de transfusões, uso compartilhado de seringas e agulhas contaminadas é pouco comum, ao contrário das infecções pelo HIV e pelo vírus da hepatite B.

Manifestações clínicas

A infecção pelo vírus da hepatite A pode ou não resultar em doença. Em cerca de 70% das crianças com menos de 6 anos de idade, a infecção não produz qualquer sintoma. A infecção, causando ou não sintomas, produz imunidade permanente contra a doença.

As manifestações, quando surgem, podem ocorrer de 15 a 50 dias (30, em média) após o contato com o vírus da hepatite A (período de incubação). O início é súbito, em geral com febre baixa, fadiga, mal-estar, perda do apetite, sensação de desconforto no abdome, náuseas e vômitos e até diarreia, mais comum em crianças (60%) do que em adultos (20%). Após alguns dias pode surgir icterícia (olhos amarelados) em cerca de 25% das crianças e 60% dos adultos. As fezes podem então ficar amarelo-esbranquiçadas (como massa de vidraceiro) e a urina de cor castanho-avermelhada. Em geral, quando a pessoa fica ictérica, a febre desaparece, há diminuição dos sintomas e o risco de transmissão do vírus torna-se mínimo. Em crianças, a icterícia desaparece em 8 a 11 dias, e nos adultos, em 2 a 4 semanas.

A evolução da doença, em geral, não ultrapassa 8 semanas. Em cerca de 15% das pessoas, as manifestações podem persistir de forma discreta por até 6 meses, com eventual reaparecimento dos sintomas. A recuperação é completa, o vírus é totalmente eliminado do organismo. Não há desenvolvimento de doença hepática crônica ou estado de portador. A letalidade da hepatite A, considerando-se todos os casos, é cerca de 0,3%. Em adultos a evolução grave é mais comum, e o número de óbitos pode chegar a 2% em pessoas com mais de 40 anos.

Existem duas diferentes vacinas contra a hepatite A, ambas produzidas a partir do vírus inativado, com imunogenicidade e eficácia semelhantes. Um mês após a primeira dose, as vacinas produzem mais de 95% de soroconversão em adultos, que chega a 97% em adolescentes e crianças acima de 2 anos.

As indicações prioritárias são para as crianças com mais de 2 anos, pessoas que trabalham com crianças (como educadores de creches), portadores de doença hepática crônica (risco de maior evolução para a forma grave), pessoas com risco elevado (usuários de drogas injetáveis, homossexuais), idosos e viajantes que se dirigem para áreas com risco alto de transmissão. A imunoglobulina é capaz de evitar a infecção em 85% das pessoas quando utilizada em até 2 semanas após a exposição ao vírus da hepatite A. Está indicada em contactantes não imunes de pessoas com hepatite A.

Diagnóstico laboratorial

A confirmação do diagnóstico de hepatite A não tem importância para tratamento da pessoa doente. No entanto, é fundamental para a diferenciação com outros tipos de hepatite e para a adoção de medidas que reduzam o risco de transmissão entre os contactantes. A confirmação é feita por meio de exames sorológicos. O método mais utilizado é o ELISA, com pesquisa de anticorpos IgM contra o vírus da hepatite A no sangue, que indicam infecção recente. Estes anticorpos geralmente podem ser detectados a partir do quinto dia do início dos sintomas. A partícula viral não é detectada na sorologia, pois a viremia é fugaz (Figura 7.9).

Hepatite B

Epidemiologia

De acordo com a literatura o vírus da hepatite B (VHB) infectou aproximadamente 2 bilhões de pessoas, sendo que 350 milhões tenham se tornado portadores crônicos do vírus B. É uma causa importante de hepatite crônica, cirrose, carcinoma hepatocelular e anualmente é responsável por muitas mortes. Apesar disso nos indivíduos infectados com o HBV o índice de cronicidade é baixo (menos de 4%); a maioria evolui para cura. Pouco mais de 1% pode evoluir com hepatite fulminante. A infecção por HBV resulta ainda em 5 a 10% de portadores sadios.

O conhecimento das implicações da infecção viral e da biologia molecular desse vírus levou ao desenvolvimento de uma vacina e a um tratamento, por vezes, capaz de erradicar a infecção crônica.

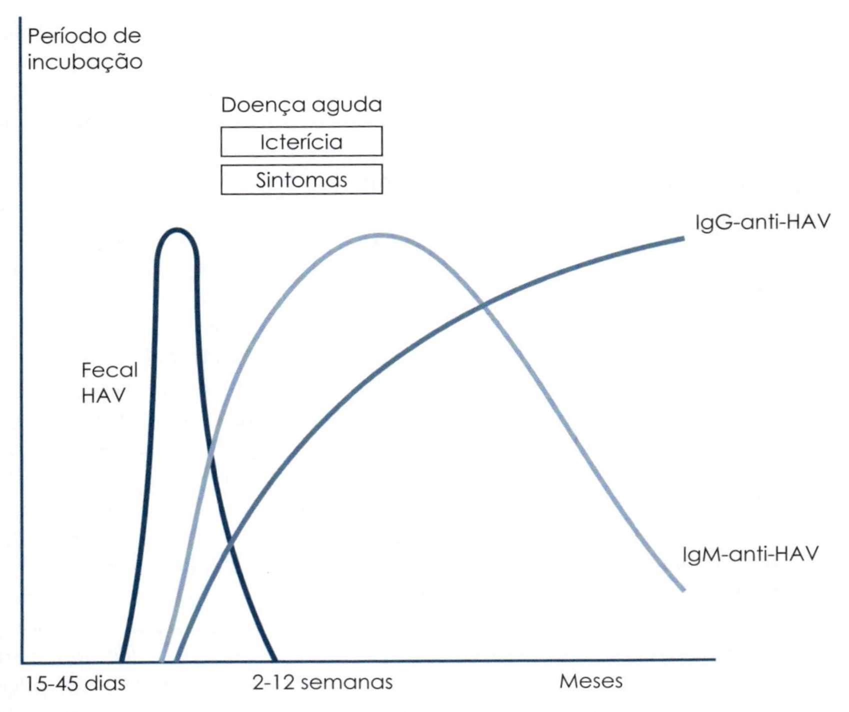

FIGURA 7.9 – Sequência de marcadores sorotipos da hepatite A fase aguda.

Agente etiológico e transmissão

O vírus da hepatite B (HBV) é membro de uma família de vírus de DNA chamada de *Hepadnaviridae*. O vírus da hepatite B é constituído de DNA esférico chamado de partícula de Dane, que possui um envelope externo composto de proteína, lipídio e carboidrato recobrindo um centro (core) discretamente hexagonal (Figura 7.10).

O genoma do HBV é uma molécula de DNA circular parcialmente dupla, que codifica sequências de proteínas em toda sua extensão:

- uma proteína do core denominada HBcAg. Este antígeno não aparece na circulação sanguínea. Os que nesta estão presentes são os anticorpos IgM anti-HBcAg e IgG anti-HBcAg;
- um polipeptídio um pouco menor, contendo o core e o pré-core, constitui o antígeno HBeAg;
- a DNA polimerase responsável pela replicação genômica;
- a proteína de região X (HBX), que é necessária para a replicação viral.

A sequência de aparecimento de marcadores sorológicos no curso de evolução de uma hepatite B aguda que termina em cura é vista na Figura 7.10. O período de incubação dura em média 8 semanas. O HBsAg surge neste período e tem seu pico máximo durante a fase sintomática, geralmente caindo a níveis indetectáveis após esta fase. Na fase sintomática, em que aparece a icterícia e os níveis plasmáticos das transaminases se elevam muito a presença dos antígenos (HbsAg, HbeAg, DNA-polimerase e HBV-DNA) é característica.

A IgM anti-HBcAg aparece no plasma bem no início da fase aguda (os anticorpos IgM sempre caracterizam essa fase). Após alguns meses, este anticorpo é substituído pelo IgG anti-HB-

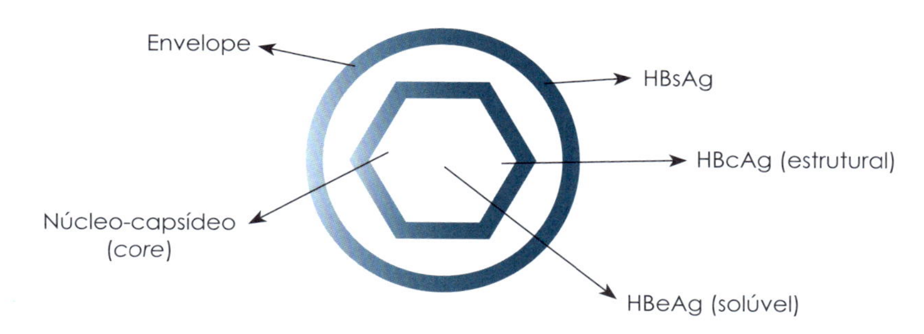

FIGURA 7.10 – Diagrama da partícula viral mostrando o envelope lipoproteico, o genoma e os antígenos do vírus da hepatite B. (Foccacia – Tratado de Hepatites Virais, p. 205, 2003.)

cAg. O desaparecimento do HbeAg coincide com a elevação do anticorpo IgG anti-HbeAg no final da fase aguda. Entre o término da fase dos sintomas e o aparecimento da IgG anti-HbsAg, anticorpo que determina a cura da doença, existe um período que dura de 1 a 5 meses, chamado de período de tolerância imunológica (*window period*), caracterizado pelos seguintes marcadores sorológicos: IgM anti-HBcAg (em queda), IgG anti-HBeAg (em queda) e IgG anti-HBcAg (em ascensão).

As formas de transmissão conhecidos são:

- Transfusão sanguínea;
- Hemodiálise (baixíssimo nível de transmissão);
- Acidentes perfurocortantes – profissionais da área de saúde;
- Uso de drogas injetáveis;
- Transmissão sexual, sendo que a relação heterossexual corresponde à maioria dos casos. O HBV está presente em todas as secreções (saliva, sêmen, secreção vaginal);
- Transmissão neonatal. Mães HBsAg positivas podem transmitir o HBV aos seus neonatos.

O aparecimento da IgG anti-HBsAg é sinal de recuperação completa da infecção por HBV, não infectividade e proteção contra infecção recorrente. A IgG anti-HBsAg pode persistir por toda a vida, conferindo proteção. Nisto constitui a base para a estratégia de vacinação (Figura 7.11).

Assim sendo, não encontramos IgG anti-HBsAg na infecção crônica (Figura 7.12). Os marcadores que caracterizam ela são os antígenos (HBsAg, HBeAg, HBV-DNA) e a IgG anti-HbcAg. Nos períodos de agudização da fase crônica podemos encontrar, além desses, a IgM anti-HBcAg, IgG anti-HbeAg e elevação das aminotransferases hepáticas. O estado de portador inativo é definido pela presença de HBsAg no plasma por no mínimo 6 meses após a detecção, sem que o paciente apresente sintomas e sem que haja agressão hepática.

▪ Imunopatologia

A causa da lesão hepática na hepatite B se deve à resposta imunológica do hospedeiro contra o vírus HBV. Esta resposta é mediada por células que respondem a pequenos epítopos do HBV. O vírus é processado intracelularmente no hepatócito, resultando em fragmentos de peptídeos que são apresentados por moléculas de HLA classe I às células T CD8+. Esse processo leva à morte direta do hepatócito, provocada pela atuação direta dos linfócitos T CD8+. Entre outros efeitos deletérios desses linfócitos, estão a liberação de citocinas e a indução de apoptose pelo sistema *Fas* (ver capítulo 11).

Vírus B derivados do plasma infectam macrófagos, sendo intracelularmente processados e apresentados aos linfócitos T CD4+ por meio de moléculas de HLA classe II. CD4+ liberam citocinas que aumentam a proliferação de células T e o número de moléculas de HLA classe I.

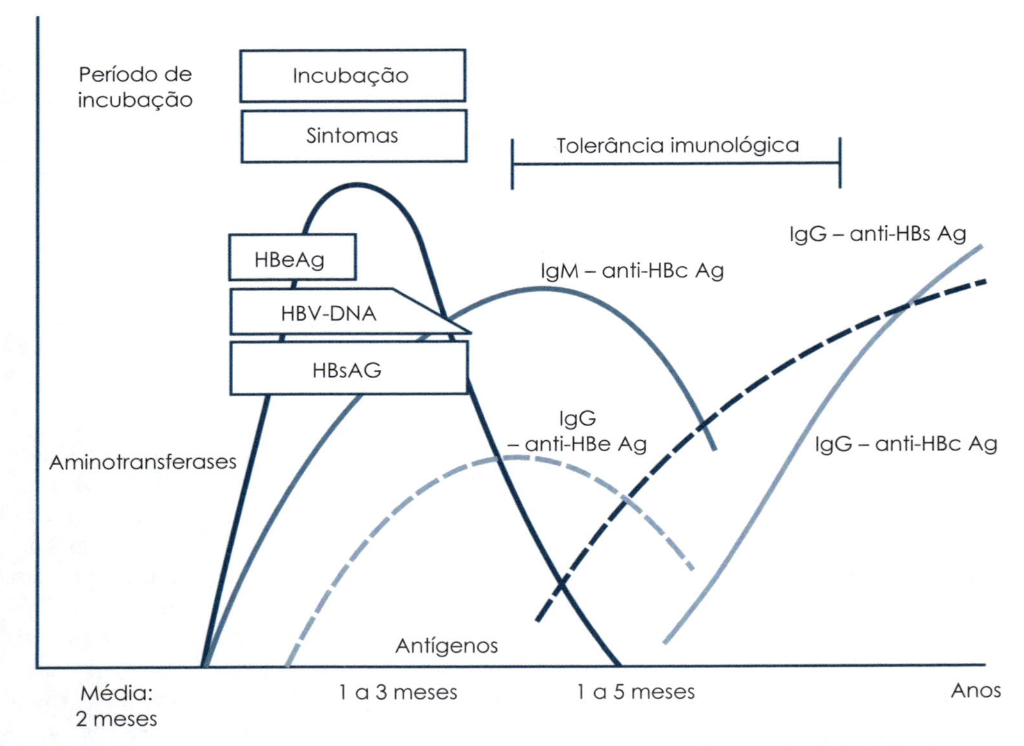

FIGURA 7.11 – Aparecimento de sequência de marcadores sorológicos na fase aguda da hepatite B que caminha para cura.

Hepatite C

Epidemiologia

Na maioria das pessoas infectadas com o vírus da hepatite C (HCV), a doença evolui para cronicidade (85%). Atualmente, a hepatopatia crônica pelo HCV constitui a maior indicação de transplante hepático. Pacientes com HIV-1 que se tornam coinfectados com HCV têm suas complicações muito aumentadas (Figura 7.13).

Fisiopatologia

O HCV é um vírus RNA que pertence à família dos *Flaviviridae*. Os alvos naturais do HCV são os hepatócitos e os linfócitos B.

A replicação ocorre através de uma RNA-polimerase RNA-dependente. Não é utilizado o sistema de transcriptase reversa. Essa RNA-polimerase não possui *proofreading*, ou seja, releitura e correção da fita duplicada. Este fato resulta na evolução rápida de diferentes espécies relacionadas ("quasispécies"), e representa um grande desafio ao controle imunológico do HCV.

O RNA do HCV sintetiza apenas uma única poliproteína, que se subdivide em proteínas estruturais e de regulação. É importante ressaltar que em suas extremidades ele possui duas regiões não traduzidas: 5'UTR e 3'UTR (*Untranslated Region*).

Componentes

Estruturais: (Figura 7.14)

- Core.
- Proteínas de envelope E1 e E2. A E2 representa uma região hipervariável, com elevado grau de mutação, que faz face aos anticorpos específicos. Ela também representa um sítio de ligação para o CD 81.

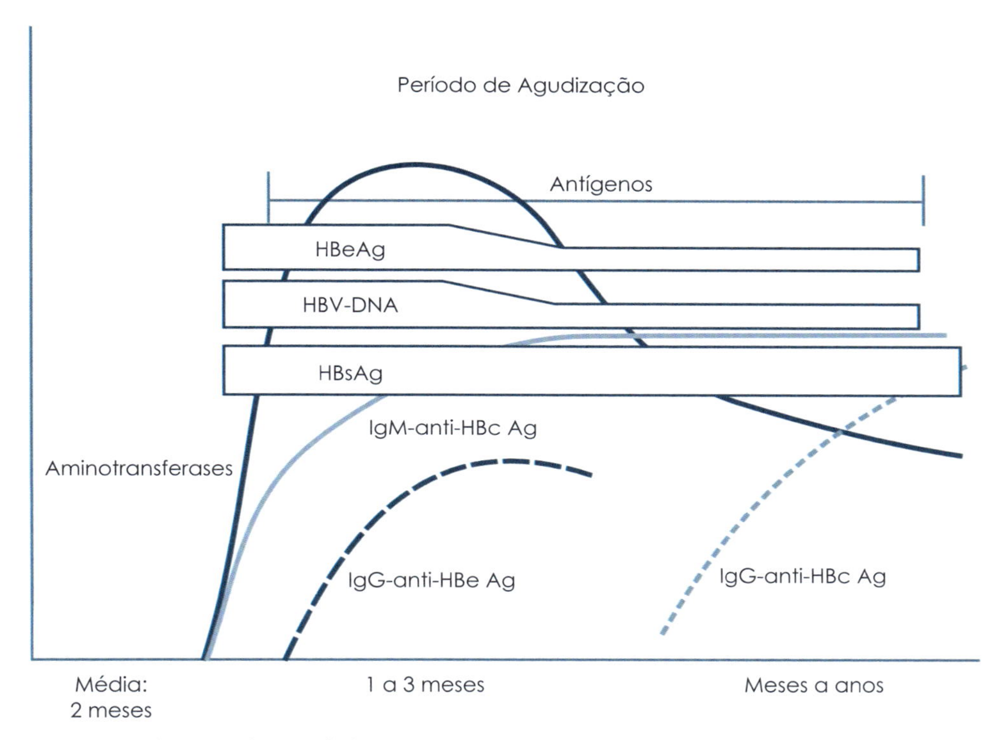

FIGURA 7.12 – Marcadores sorológicos da hepatite B crônica.

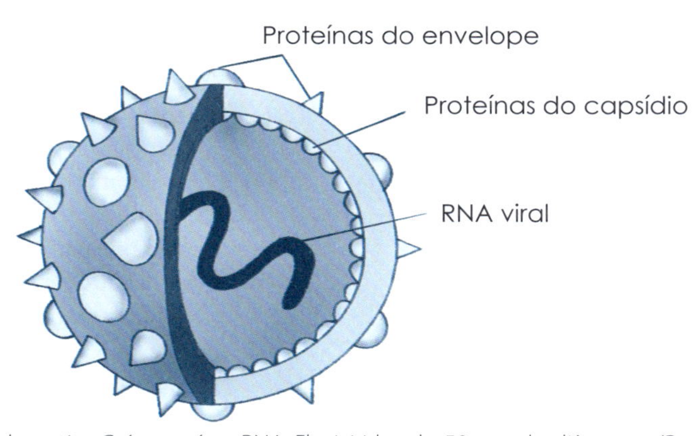

FIGURA 7.13 – O vírus da hepatite C é um vírus RNA *Flaviviridae* de 50 nm de diâmetro. (Revista da Sociedade Brasileira de Medicina Tropical, Vol. 34, no1, Uberaba, Jan/Fev 2001. Edna.)

De regulação: (Figura 7.14)

- NS2.
- NS3.
- NS4A.
- NS4B.
- NS5B.

Esses componentes representam helicases, proteases e polimerases. Seis diferentes genótipos do HCV já foram identificados. Nos Estados Unidos e na Europa predominam os genótipos 2 e 3. No Egito predomina o genótipo 4, na África do Sul, o genótipo 5 e no sudeste da Ásia, o genótipo 6. O conhecimento do genótipo é importante em função do valor preditivo com relação à resposta ao tratamento antiviral, com melhores respostas relacionadas aos genótipos 2 e 3, ao contrário do genótipo 1, mais prevalente no Brasil.

Estudos recentes da infecção aguda pelo HCV demonstram que a mesma pode ser controlada imunologicamente. A depuração viral está associada a respostas vírus-específicas por parte de linfócitos T citotóxicos e células T-helper. Em indivíduos com diversidade viral reduzida, em que a infecção é debelada, observa-se um maior controle por parte do sistema imunológico, devido à baixa diversidade. A resposta dos linfócitos T citotóxicos em indivíduos com infecção crônica pelo HCV é insuficiente para conter a viremia; além disso, a síntese de citocinas estimula a lesão inflamatória hepática.

Modos de transmissão

- Transfusão sanguínea: desde o advento das técnicas laboratoriais para a pesquisa de marcadores sorológicos da hepatite C, a transmissão por transfusão sanguínea diminuiu acentuadamente e, hoje em dia, nos EUA, corresponde a menos de 4% das infecções por HCV. Existe um rastreamento de rotina para anticorpos anti-HCV.
- Hemodiálise: desde a introdução de novas técnicas para diagnóstico da hepatite C, acima mencionadas, a incidência de transmissão por hemodiálise caiu muito (menos que 0,5%).
- Acidentes perfurocortantes: em médicos, dentistas, enfermeiros e outros profissionais de Saúde.
- Uso injetável de drogas.
- Uso intranasal de cocaína.
- Uso de *piercing*.
- Tatuagens.
- Transmissão sexual: a transmissão sexual é de baixa incidência. Não existe nenhuma barreira entre casais monogâmicos estáveis quando um é HCV-positivo.
- Transmissão neonatal: é de baixa incidência.
- Causa desconhecida ("transmissão esporádica"):são comuns em vários pacientes.

Manifestações clínicas

A infecção por HCV é raramente diagnosticada na fase aguda de doença: a maioria das pessoas ou não apresenta sintomas ou então os sintomas são leves e inespecíficos. A infecção torna-se crônica na maioria das vezes (85%), e é tipicamente caracterizada por longos períodos (vários anos) em que não há sintomas. O intervalo entre a infecção e o desenvolvimento de cirrose hepática pode exceder 30 anos. Uma vez instalada a infecção crônica, a depuração da viremia é rara. A partir da hepatite crônica, pode ocorrer a evolução para algum grau de fibrose hepática, geralmente assintomática ou acompanhada por sintomas inespecíficos, como fadiga. Complicações graves e óbito normalmente ocorrem em pessoas com cirrose hepática, que se desenvolve em cerca de 15 a 20% das pessoas infectadas.

O tempo de progressão da doença, em seus diversos estágios, é bastante variável. Cirrose he-

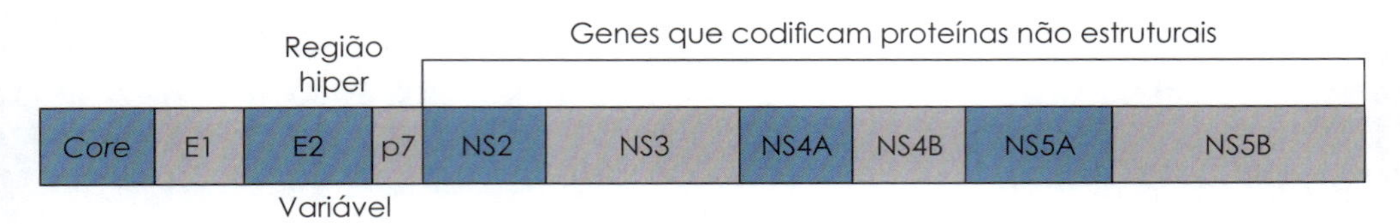

FIGURA 7.14 – Representação do genoma do HCV.

pática pode acometer cerca de 20% das pessoas após 20 anos da infecção viral. Por outro lado, 20 a 30% dos infectados não apresentam nenhuma progressão após 30 anos de evolução.

A infecção crônica pelo HCV pode gerar algumas manifestações extra-hepáticas, tais como:

- Tireoidite autoimune.
- Trombocitopenia autoimune.
- Linfoma de célula B.
- Glomerulonefrite.
- Líquen plano.
- Crioglobulinemia mista.
- Plasmocitoma.

A maior parte delas parece ser imunomediada, talvez a partir da proliferação de linfócitos mono ou policlonais dependentes do vírus C. Outras manifestações clínicas importantes incluem coinfecções com outros vírus, especialmente o HIV-1 e HBV. Pacientes que são coinfectados possuem um curso de evolução da doença mais rápido.

A superinfecção com o vírus da hepatite A pode resultar em um caso de hepatite grave ou até mesmo em hepatite fulminante. A vacinação contra o vírus A (HAV) em pacientes infectados com HCV parece ser eficiente. A vacinação é recomendada não só nesses pacientes, como em qualquer paciente com doença hepática crônica.

Avaliação laboratorial

Os testes diagnósticos para infecção por HCV estão divididos em dois grupos de ensaios sorológicos, um de pesquisa de anticorpos e outro de pesquisa de partículas virais. Uma vez que o indivíduo faça soroconversão, ele se mantém positivo para anticorpos anti-HCV. É importante ressaltar que o anti-HCV, na maioria dos casos, não representa um anticorpo de proteção, sendo que a sua detecção indica a presença do HCV no organismo.

O principal teste sorológico para o rastreamento do HCV é a enzima imunoensaio. Os anticorpos podem ser detectados de 4 a 10 semanas após a infecção. Existem alguns casos de falso-positivos. Eles devem ser questionados nas seguintes situações:

- Pessoas com nenhum fator de risco, como, por exemplo, não tendo sido expostas a nenhum dos meios de transmissão.
- Pessoas com nenhum sinal de doença hepática.
- Pessoas com doença autoimune.

Já a probabilidade de falso-negativos é pequena. No entanto, podem ocorrer em pacientes imunocomprometidos, como, por exemplo, com HIV-1, pacientes com insuficiência renal e pacientes com crioglobulinemia mista associada ao HCV.

O RIBA (*recombinant immunoblott assay*) é um ensaio do tipo *immunoblott* empregado para confirmar o imunoensaio enzimático. Utiliza antígenos semelhantes àqueles do imunoensaio enzimático, porém no formato de *immunoblott*, de tal maneira que respostas a proteínas individuais possam ser identificadas. Um ensaio positivo é definido pela detecção de anticorpos contra dois ou mais antígenos, e um ensaio indeterminado, pela detecção de anticorpos contra um único antígeno. Todavia, a confirmação pelo RIBA pode-se tornar desnecessária à medida que os métodos por imunoensaio enzimático se tornem mais sensíveis e haja aperfeiçoamento nas técnicas de detecção de RNA.

Nos últimos anos, novos ensaios baseados na detecção molecular do RNA do HCV foram introduzidos. Esses testes podem ser classificados em quantitativos e qualitativos.

Uma vez que o RNA é instável, o processamento adequado da amostra é crítico para minimizar o risco de resultados falso-negativos; as amostras a serem testadas devem ser separadas e congeladas dentro de 3 horas após a colheita. Os testes de RNA para HCV qualitativos são baseados na técnica da reação em cadeia da polimerase (PCR) e são os testes de escolha para a detecção da viremia e início do tratamento. Os testes quantitativos são importantes em prever o sucesso do tratamento, mas não para prever a progressão da doença.

A genotipagem viral auxilia na previsão do sucesso do tratamento e influencia a escolha do tipo de tratamento. Existem métodos diferentes para a genotipagem do HCV, a maioria baseada na amplificação por PCR.

Hepatite D

O vírus delta é defeituoso e só se replica quando encapsulado com o HbsAg. Para a multiplicação, o HDV é totalmente dependente da informação genética fornecida pelo HBV e só causa hepatite na presença do HBV. O HDV é uma partícula dupla que, à microscopia eletrônica, assemelha-se à partícula de Dane do HBV. A capa externa do HbsAg encobre um grupo de polipeptídios internos, designados por *antígenos delta*. Associado a este antígeno existe uma molécula circular de RNA.

Epidemiologia

A infecção pelo agente delta é muito difundida por todo o mundo, mas a prevalência varia bastante. No centro-leste da África e sul da Itália, 20 a 40% dos portadores de HbsAg possuem HDV. Nos EUA a infecção pelo agente delta é incomum e restrita aos usuários de drogas e hemofílicos, os quais exibem prevalência entre 1 e 10%. No nosso País temos uma alta prevalência tanto do vírus B quanto do agente delta na região amazônica.

Manifestações clínicas

A hepatite delta pode apresentar dois tipos de situação clínicas: coinfecção aguda e superinfecção.

Coinfecção aguda

Resulta da inoculação do conjunto HBV/HDV em um indivíduo normal. A presença do HDV não altera muito as condições clínicas com relação a uma hepatite B comum. O índice de recuperação é de cerca de 90% e a cronicidade é rara. A percentagem de hepatite fulminante, no entanto, é elevada (3 a 4%).

Superinfecção

Resulta da inoculação do conjunto HBV/HDV em um indivíduo que já está infectado com o vírus da hepatite B (portador sadio ou paciente com hepatite crônica). A superinfecção resulta numa hepatite bem mais grave que a coinfecção. Oitenta por cento dos casos evoluem para hepatite crônica, e o índice de hepatite fulminante é muito elevado (7 a 10%).

Os marcadores sorológicos da hepatite delta são vistos nas Figuras 7.15A e B – coinfecção e superinfecção. São os mesmos da hepatite B acrescidos de HDVAg, HDV-RNA, IgManti-HDV e IgGanti-HDV.

Correlação Clínico-Laboratorial

A importância do laboratório clínico nas múltiplas doenças hepáticas está baseada na detecção da hepatopatia e no direcionamento da investigação, na gravidade da enfermidade hepática, no prognóstico e acompanhamento da eficácia terapêutica. No entanto, para que a investigação laboratorial seja eficiente e rápida para o diagnóstico etiológico algumas informações obtidas da história clínica dos pacientes são úteis e seguem abaixo:

- Presença de prurido que pode sugerir colestase intra ou extra-hepática;
- Presença de urina escura, fezes claras na avaliação da icterícia;
- Presença de alterações recentes do ciclo menstrual podem associar amenorreia à doença hepática crônica;
- História de anemia crônica (anemia falciforme, hemoglobinopatia conhecida) e ou válvula cardíaca artificial;
- Sintomas sugestivos de cólica biliar;
- História Transfusão sanguínea (especialmente antes de 1990), práticas sexuais, história de doença sexualmente transmissíveis, contato íntimo com pessoas infectadas pelo vírus B ou C, contatos com pessoas com icterícia, alterações , alterações de cheiro ou paladar , exposição a seringas , trabalho em unidades de diálise , trabalho em unidades de trauma, salas de cirurgia ou exposição a usuários de drogas endovenosas, compartilhamento de barbeadores ou escovas de dentes. *Pearcings*

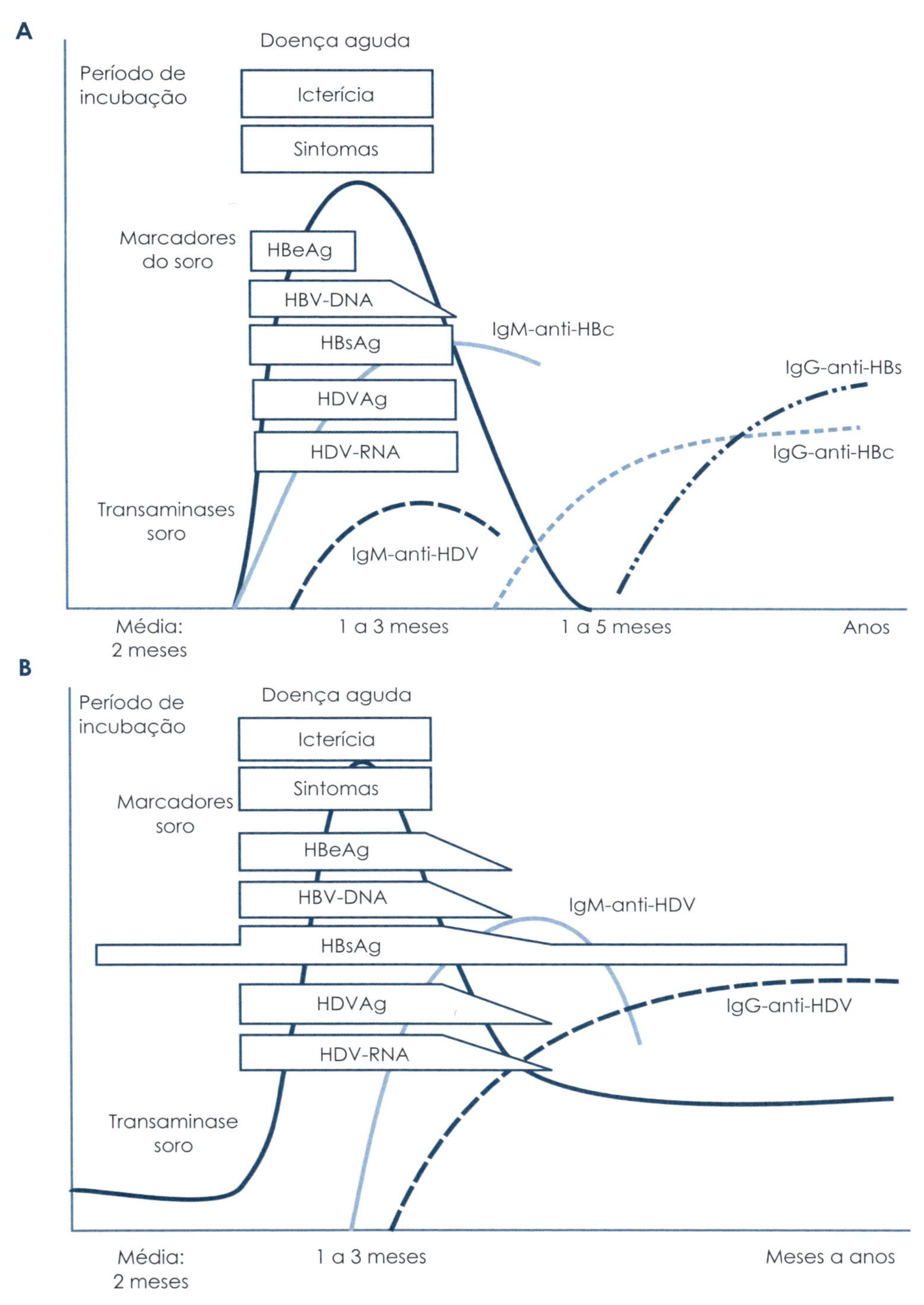

FIGURA 7.15 – A. Marcadores sorológicos na coinfecção da hepatite D. **B.** Marcadores sorológicos na superinfecção da hepatite D. A representação de doença aguda significa uma fase de reativação da doença crônica.

corporais (orelha, nariz), tatuagens, use de cocaína intranasal como fatores predisponentes para a hepatite B e C;

- Não imunização (adultos idosos), e viagens a áreas endêmicas e exposição a grupos institucionais onde a hepatite pode ocorrer, como fatores predisponentes para infecção pelo vírus da Hepatite A;
- História detalhada de consumo de álcool do paciente e da família incluindo o relato da existência de sintomas de abstinência alcoólica;
- Medicações em uso e prescritas como uso crônico de acetaminofeno (>4g /dia), uso de estatinas, isoniazida, minociclina, amoxacilina-clavulanato, ervas medicinais conhecidas como drogas de balcão (*all over-the counter drugs*);
- Do ponto de vista de investigação laboratorial inicial seguem algumas informações úteis:
  - Quatro testes laboratoriais alterados apontam para doença hepática crônica como a diminuição da albumina sérica, globulinas séricas elevadas, tempo prolongado de protrombina e diminuição do colesterol.
  - Quando a bilirrubina sérica excede 20mg/dl raramente este aumento estará associado em pacientes com hepatite viral aguda e infrequentemente a cirrose.
  - Na hepatite viral aguda as transaminases séricas são caracteristicamente aumentadas em valores acima de 400 IU/l e usualmente menor do que 400IU/l em mais de noventa por cento com icterícia obstrutiva.
  - A fosfatase alcalina está desproporcionalmente elevada na icterícia obstrutiva com valores 4-5 vezes do que o normal, enquanto esses valores são usualmente normais ou minimamente elevados na hepatite viral ou cirrose.
- E finalmente lembrar que uma elevação das transaminases em pacientes assintomáticos é comum, ocorrendo em torno de 8% da população americana.

Em síntese, é importante reforçar que a correlação clínico-laboratorial constitui-se em ferramenta valiosa para o diagnóstico das doenças hepáticas agudas e crônicas, já que as alterações clínicas e laboratoriais da disfunção hepatocelular são tardias.

CASOS CLÍNICOS

■ Caso 1

Paciente do sexo masculino, 24 anos, pardo, entregador de pizza, queixa-se de náuseas e vômitos, astenia, hiporexia, mialgia, artralgia e febre (aferida, Tax: 37,5°C) há uma semana. Há três dias observou que a urina estava escura e que seus olhos logo a seguir ficaram amarelados. Nega uso de qualquer medicamento nos últimos dois meses. Etilista de cerveja uma vez por semana (5 "chopps" no final de semana). Não tem parceira fixa e não usa preservativo. Nega uso de drogas ilícitas.

Ao exame: lúcido, orientado, corado, ictérico (3+/4+), afebril, eupneico, normotenso e normocárdico. Ausência de linfonodomegalia, eritema palmar, ginecomastia e telangectasias aracniformes. Abdome: hepatomegalia (14 cm) dolorosa sem esplenomegalia, refluxo hepatojugular negativo, ausência de ascite.

Laboratório

- Hemograma: sem alterações.
- Testes bioquímicos hepáticos:
  - ALT = 1.600 U/L (VN < 40 U/L)
  - AST = 1.200 U/L (VN < 40 U/L)
  - FAL = 200 U/L (VN < 100 U/L)
  - GGT = 240 U/L (VN < 80 U/L)
- Função hepática:
  - Albumina = 3,8 mg/dL
  - INR= 1,2
  - Bilirrubina total = 8,0 mg/dL (direta = 6,5 mg/dL; 1,5 mg/dL)

■ Caso 2

Paciente do sexo feminino, 18 anos, negra, estudante, procurou serviço de emergência com dor intensa na perna direita. Queixava-se, além disso, de febre (não aferida), náusea e fadiga. Refere quadros semelhantes prévios. Tem irmã com quadro similar, também recidivante.

Ao exame: emagrecida, pálida (2+/4+), ictérica (3+/4+), febril (38,3°C), taquipneica (FR: 28 ipm) sem esforço respiratório, FC: 100 bpm, PA: 80 x 60 mmHg. AR: estertores crepitantes na base D. Abdome: hepatomegalia sem esplenomegalia. MMII: edema perimaleolar no MID.

Laboratório

- Hemograma:
  - Hb = 8,0 g/dL
  - Ht = 26%
  - VCM = 98 fL

- L = 12000 milhões/mm³ (bastões= 12%)
- Plaquetas = 200000 células/mm³
- Reticulócitos = 7,0%

- Testes bioquímicos hepáticos:
  - ALT = 80 U/L (VN < 40 U/L)
  - AST = 60 U/L (VN < 40 U/L)
  - FAL = 150 U/L (VN < 100 U/L)
  - GTT = 120 U/L (VN < 60 U/L)
  - LDH = 1200 U/L (VN < 400 U/L)
- Função hepática:
  - Albumina = 3,5g%
  - INR = 1,3
  - Bilirrubina total = 12 mg/dL (Direta = 1,0 mg/dL; 11,0 mg/dL)

Caso 3

Homem de 62 anos, branco, bancário, queixa-se de dor tipo peso no epigástrio e hipocôndrio direito, moderada intensidade, diária, intermitente, irradiação para região lombar D, sem relação direta com a alimentação, aliviada inicialmente com analgesia habitual, evolução de dois meses, associada a plenitude, hiporexia e emagrecimento de 6 Kg nesse período. Na última semana observou olhos amarelados, urina escurecida e fezes mais claras. Hipertenso há cinco anos, em uso de losartan e hidroclorotiazida desde então. Etilista social.

Ao exame: eutrófico, pálido (1+/4+), ictérico (3+/4+), eupneico, afebril. Abdome: não distendido, peristáltico, timpânico, doloroso à palpação profunda no epigástrio. Ausência de hepatoesplenomegalia

Laboratório

- Hemograma:
  - Hb = 11,0 g/dL
  - Ht = 33%
  - VCM = 88 fL
- Testes bioquímicos hepáticos:
  - ALT = 160 U/L (VN < 40 U/L)
  - AST = 120 U/L (VN < 40 U/L)
  - FAL = 800 U/L (VN < 100 U/L)
  - GTT = 1200 U/L (VN < 60 U/L)
- Função hepática:
  - albumina = 3,6g%
  - INR = 1,7
  - bilirrubina total = 15 mg/dL (Direta = 13,0 mg/dL; 2,0 mg/dL)

Imagem

- US abdome total: dilatação das vias biliares intra e extra-hepáticas até o colédoco distal; ausência de cálculos na vesícula biliar e nas vias biliares;
- TC abdome total: lesão sólida de 6,0 cm na cabeça do pâncreas, em íntimo contato com o colédoco distal, provocando dilatação das vias biliares intra e extra-hepáticas e do ducto pancreático principal.

■ Caso 4

Mulher de 66 anos, parda, aposentada, refere astenia, anorexia, náusea, vômitos pós-prandiais, prurido generalizado e urina escurecida há 1 semana. Hipertensa, diabética e dislipidêmica. Uso regular de enalapril, anlodipina, metformina e sinvastatina há pelo menos dois anos. Fez uso recente de amoxicilina-ácido clavulânico durante 14 dias para tratamento de sinusite crônica agudizada. Nega etilismo.

Ao exame: obesa, corada, afebril, ictérica (3+/4+), FC: 56 bpm, PA: 150 × 90 mmHg (sentada). Ausência de eritema palmar e telangectasias aracniformes. Abdome: flácido, hepatomegalia dolorosa (15 cm) sem esplenomegalia, refluxo hepatojugular negativo.

Laboratório

- Hemograma:
  - Hb = 12,0 g/dL
  - Ht = 36%
  - VCM = 88 fL
- Testes bioquímicos hepáticos:
  - ALT = 120 U/L (VN < 40 U/L)
  - AST = 160 U/L (VN < 40 U/L)
  - FAL = 1000 U/L (VN < 100 U/L)
  - GTT = 1800 U/L (VN < 60 U/L)
- Função hepática:
  - albumina = 3,6g%;
  - INR = 1,7;
  - bilirrubina total = 10 mg/dL (Direta = 8,0 mg/dL; 2,0 mg/dL)

Imagem

- US abdome total: hepatomegalia sem esplenomegalia; ausência de dilatação das vias biliares intra e extra-hepáticas; vesícula biliar sem cálculos.

Bibliografia consultada

1. Abboud G. Kaplowitz N. Drug –induced liver injury. Drug Saf. 2007; 30: 277-294. (PMID:17408305)
2. Ahmed A, Keeffe EB. Liver Chemistry and Function Tests. In: Sleisenger and Fordtran's Gastrointestinal and Liver Disease. Feldman, Friedman, Brand, eds. Philadelphia: W.B. Saunders. 2006; p. 1575-1587.
3. Clark JM, Brancati FL, Diehl AM. The prevalence and etiology of elevated aminotransferase levels in the United States. Am J Gastroenterol.2003;98:960-967 (PMID:1209815)
4. Bonkovsky HL, Mehta S. Hepatitis C: A Review and Update. Journal of the American Academy of Dermatology, 2001; 2:44.
5. Dufour R. Evaluation of Liver Function and Injury. Clinical Diagnosis and Management by Laboratory Methods. Henry JB, ed. Philadelphia: W.B. Saunders Company, 2001; p. 264-280.
6. Foccacia, R. Tratado de Hepatites Virais e Doenças Associadas. Rio de Janeiro: Atheneu, 2003, p.205.
7. Friedman LS. Liver, Biliary Tract and Pancreas. In: Current Medical Diagnosis and Treatment. Tierney LM, McPhee SJ, Papadakis MA, eds. New York: Lange Medical Books, McGraw Hill, 2002; p. 713-716.
8. Ghany M. Liver and Biliary Tract Disease. In: Harrison's Principles of Internal Medicine. Braunwald, Fauci, Kasper, Haunser, Longo, Jameson, eds. New York: McGraw Hill. 2001; p. 1707-1804.
9. Lauer GM, Walker BD. Hepatitis C Virus Infection. N Engl J Med, 2001; 345(1):41-52.
10. Lee WM. Hepatitis B Virus Infection. N Engl J Med, 1997; 337(24):1733-1745.
11. Sherwin JE, Sobenes JR. Liver Function. In: Clinical Chemistry Theory, Analysis and Correlaction. Kaplan LA, Pesce AJ, eds. St Louis: Mosby, 1996; p. 505-527.
12. Strauss, Edna. Hepatite C. Rev. Soc. Bras. Med. Trop. vol.34 no.1 Uberaba Jan./Feb. 2001.
13. Norton J. Greenberger. Approach to the Patient with Jaundice & Abnormal Liver Tests. In: Current Medical Diagnosis and Treatment. Tierney LM, McPhee SJ, Papadakis MA, eds. New York: Lange Medical Books, McGraw Hill, 2016; p. 460-467.
14. Terra P. Vacinação contra o Vírus B da Hepatite B (HBV): Critérios Clínicos e Laboratoriais. Arq Bras Pediat, 1995; 2(6):157-162.
15. Tolman KG, Rej R. Liver Function. In: Tietz Fundamental of Clinical Chemistry. Burtis CA, Ashwood ER, eds. Philadelphia: W.B. Saunders Company, 2001; p. 747-770.

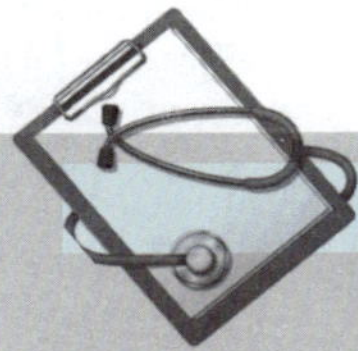

DISCUSSÃO DOS CASOS CLÍNICOS

Caso 1

- **Diagnóstico:** Hepatite Aguda.
- **Comentários:** Aumento predominante das aminotransferases (ALT e AST) em relação às enzimas canaliculares (FAL e GGT), caracterizando um quadro de necrose hepatocelular (relação ALT/FAL > 5,0). As aminotransferases estão aumentadas mais de 20 vezes em relação ao valor de normalidade, com ALT maior que AST (relação AST/ALT <1,0). Por ser um quadro agudo, em paciente masculino adulto jovem, sem história de uso prévio de medicamentos, ausência de sinais de hepatopatia crônica e com este perfil laboratorial, a etiologia mais provável seria de hepatite aguda viral.

Caso 2

- **Diagnóstico:** Crise Álgica Aguda na Anemia Falciforme desencadeada por Pneumonia Comunitária Grave.

- **Comentário:** Doença hemolítica crônica agudizada por infecção respiratória aguda, resultando em evento vaso-oclusivo no MID. Causa de icterícia com predomínio da fração indireta; portanto, sem colúria ou outros sinais de colestase, pois a fração indireta, por estar ligada à albumina, não é filtrada pelos rins e eliminada pela urina. Entretanto, a anemia falciforme pode causar lesão hepática direta, como por exemplo o aumento importante das aminotransferases em decorrência de evento vaso-oclusivo hepático, caracterizando um quadro de hepatite isquêmica. Outra possibilidade de dano hepático é a colestase por coledocolitíase, já que as doenças hemolíticas crônicas são causa de colelitíase (cálculos de bilirrubinato de cálcio). Uma mesma doença, assim, pode causar icterícia de padrão direto e indireto.

Caso 3

- **Diagnóstico:** Colestase extra-hepática (obstrutiva) por Provável Neoplasia Biliopancreática.
- **Comentário:** Quadro de colestase (relação ALT/FAL < 2) em paciente com mais de 60 anos, associada a dor abdominal no andar superior e sintomas consumptivos (emagrecimento, hiporexia e anemia). Exame de imagem revelou dilatação das vias biliares, sem coledocolitíase, relacionada ao efeito compressivo de massa pancreática localizada na cabeça. Diagnóstico provável de neoplasia maligna primária pancreática, cujo principal tipo é o adenocarcinoma.

Caso 4

- **Diagnóstico:** Colestase intra-hepática de Causa Medicamentosa (Lesão Hepática Induzida por Droga).
- **Comentário:** Quadro de hepatite colestática (ALT/FAL < 2,0) sem dilatação das vias biliares. A causa mais comum de colestase intra-hepática é o uso de medicamentos. A droga mais provável é amoxicilina-ácido clavulânico, em virtude da relação temporal entre o uso deste medicamento e o aparecimento da síndrome ictérica.

Lipídios e Lipoproteínas Plasmáticas

8

Cassiano Felippe Gonçalves de Albuquerque
Diogo Gomes Garcia
Patricia Burth
Salim Kanaan

Conceito

Lipídios são substâncias orgânicas formadas por carbono, hidrogênio, oxigênio e eventualmente contendo fósforo e nitrogênio, sendo insolúveis em água, mas solúveis em solventes orgânicos como éter, clorofórmio etc. Além de servirem como fonte de energia, os lipídios ajudam na digestão, atuam como hormônios e estão presentes na estrutura das membranas celulares. Os principais lipídios do plasma são os triacilgliceróis (TG), o colesterol, os fosfolipídios e os ácidos graxos livres (AGL). Devido à sua insolubilidade em água, eles formarão, conjuntamente com apoproteínas e fosfolipídios anfipáticos, sistemas macromoleculares de transporte denominados lipoproteínas, com a ressalva de que os AGL são carregados principalmente pela albumina (Figura 8.1).

As concentrações de lipídios são determinadas, num primeiro momento, pela ingestão na dieta e estilo de vida de cada indivíduo. A heterogeneidade entre os indivíduos depende de fatores genéticos. A lipidoma é uma análise do perfil lipídico em amostras biológicas, como células, tecidos e fluídos biológicos. Enquanto o termo lipidômica refere-se a um sistema de análise dos lipídios e seus moduladores. Este novo campo de estudo tem aberto novas possibilidades para explorar a interação gene-meio ambiente no metabolismo lipídico.

Estrutura, composição e função

Lipídios

Ácidos graxos livres (AGL) ou ácidos graxos não esterificados

Ácidos graxos são ácidos monocarboxílico, geralmente apresentam número par de carbono e cadeias alifáticas, podendo ter ou não insaturações (duplas ligações). Os AGL são ácidos graxos não esterificados, ou seja, representam a pequena parte de ácidos graxos que não estão formando triglicerídios (TG) nem ésteres de colesterol. Em jejum, provêm principalmente da hidrólise dos TG do tecido adiposo. No período pós-prandial, provêm principalmente da lipoproteína de muito baixa densidade (VLDL) e do quilomícron.

Os AGL são tóxicos e estão minimamente livres no plasma ou nas células. Suas concentrações plasmáticas são baixíssimas (0,4 a 0,78 mol/L), já que são retirados rapidamente da circulação, contribuindo muito pouco para a concentração de lipídios totais. No plasma, os AGL são transportados em associação com a albumina e, no interior das células, estão esterificados com

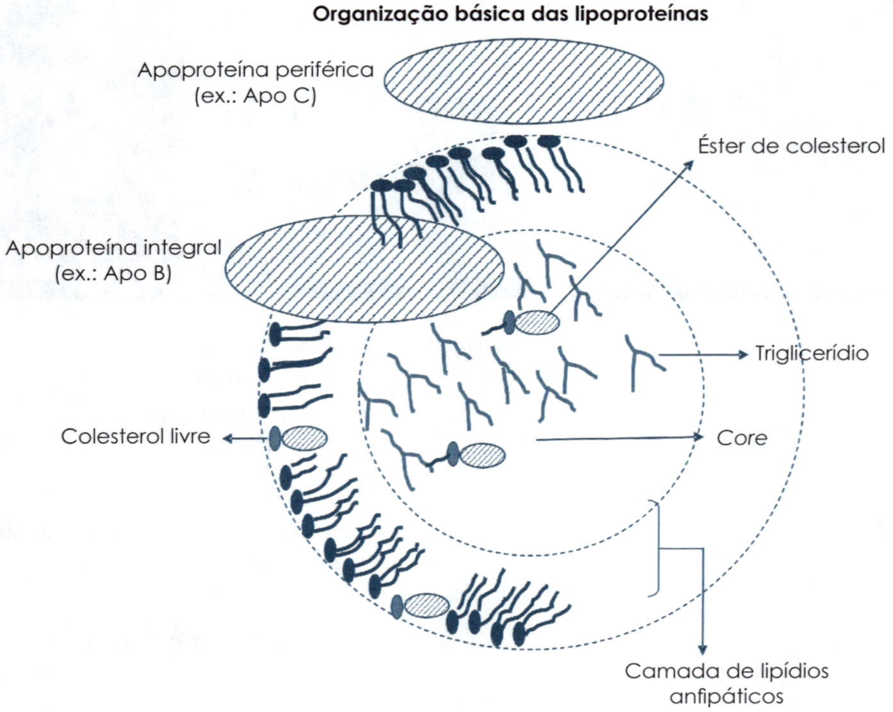

FIGURA 8.1 – Representa uma lipoproteína na sua estrutura geral.

o colesterol, glicerol ou ligados a proteínas citosólicas. Por exemplo, ácido palmítico, ácido linoleico, ácido esteárico, ácido araquidônico etc. Em algumas doenças como sepse, eclampsia, pancreatite e diabetes os níveis destes AGL estão aumentados no plasma e ultrapassam a capacidade da albumina de ligá-los. De fato, a elevação das concentrações de AGL tem sido relacionada com o desenvolvimento e/ou agravamento de doenças metabólicas, inflamatórias e infecciosas.

Os AGL apresentam diferentes efeitos sobre os sistemas biológicos, sendo que os poli e monoinsaturados, como ômegas 3 e 9 – presentes no azeite de oliva e na dieta do mediterrâneo, têm sido associados aos efeitos benéficos como cardioprotetor, imunomodulador e neuroprotetor. Por outro lado, os ácidos graxos trans, saturados e ômega 6 têm sido associados aos efeitos deletérios, dentre eles a ativação da resposta inflamatória e efeitos pró-ateroscleróticos, causando doenças cardíacas coronarianas e resistência à insulina.

Triacilgliceróis (TG)

Os TG são lipídios formados a partir da esterificação de um álcool (glicerol) e de três AGL quase sempre diferentes entre si. Os AGL possuem uma certa polaridade conferida pela sua carboxila e hidroxila. Porém, quando são esterificados, tornam-se totalmente apolares. No entanto, o TG é totalmente apolar.

Os TG são a principal forma de armazenamento de lipídios no organismo humano, constituindo cerca de 95% dos lipídios do tecido adiposo. Eles representam, então, uma reserva metabólica de energia sem precisar do acúmulo de água para o seu armazenamento. Desta forma, um adulto não obeso tem cerca de 15 kg de TG. Este conteúdo de TG corresponde a cerca de 570.000 kJ, que é uma reserva de energia para quase 3 meses de jejum. Sua hidrólise libera AGL e glicerol para serem utilizados pelo organismo.

O aumento da síntese de TG no fígado é geralmente causado por uma ingestão excessiva de alimentos, associada ao sedentarismo e, também está frequentemente relacionada ao consumo excessivo de álcool. O transporte de TG ocorre principalmente pela VLDL e quilomícrons. A concentração fisiológica de TG no sangue é inferior a 1,7 mmol/L, desde que o paciente esteja em jejum durante 10 - 12 horas. A concentração elevada de TG no sangue é um marcador de risco aumentado de aterosclerose e doenças cardiovasculares.

Colesterol

É um álcool esteroide com 27 carbonos que apresenta certa polaridade conferida pela hidroxila do seu carbono 3. Frequentemente encontrado esterificado com um ácido graxo. Sua estrutura se baseia, assim como todos os esteroides, no núcleo de ciclopentanoperidrofenantreno (3 benzenos + 1 ciclopentano).

É sintetizado em quase todas as células, principalmente nas hepáticas e intestinais, exceto hemácias, constituindo e modulando a fluidez da membrana celular. É também o precursor de todos os outros esteroides importantes, como os glicocorticoides, estrogênio, testosterona, ácidos biliares, vitamina D etc. Cerca de 60 a 75% do colesterol plasmático são transportados pela lipoproteína de baixa densidade (LDL). Uma parte significativa encontra-se ligada à lipoproteína de alta densidade (HDL) (15 a 25%). Desse transporte depende a distribuição de colesterol para as células periféricas.

Fosfolipídios (FL)

Os fosfolipídios são divididos em glicerofosfolipídios e esfingofosfolipídios. Os glicerofosfolipídios são formados a partir da esterificação do glicerol em dois carbonos por ácidos graxos (diacilglicerol) e ligação ao carbono 3 de ácido fosfórico (ácido fosfatídico). Ao fosfato ligam-se grupamentos polares, como colina, inositol etc. Os esfingofosfolipídios se diferem dos glicerofosfolipídios por não conterem o glicerol e sim um álcool: a esfingosina.

Então, segundo a estrutura acima, os grupos adicionais conferem polaridade ao fosfolipídio. Desta forma, tais substâncias vão ser anfipáticas e podem ser representadas esquematicamente por:

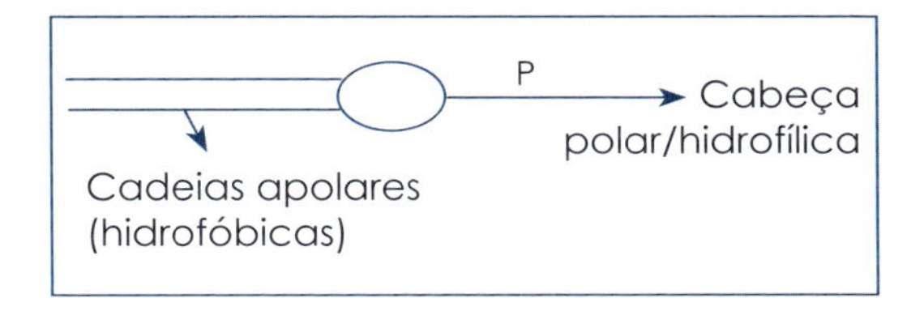

Desse modo, os fosfolipídios na água formam micelas. Uma das importâncias fisiológicas dos fosfolipídios é a formação da membrana celular, sendo seus principais constituintes. Também fazem parte da estrutura externa das lipoproteínas plasmáticas, aumentando a interação destas proteínas com o ambiente aquoso.

Lipoproteínas

As lipoproteínas são complexos macromoleculares formados por lipídios e proteínas, que têm a função de transportar no plasma os lipídios insolúveis sintetizados no fígado e intestino. Consistem em um núcleo esférico rico em TG ou ésteres de colesterol (moléculas hidrofóbicas) envolto por uma monocamada de fosfolipídios, colesterol livre e apolipoproteínas (moléculas anfipáticas). As lipoproteínas são divididas em seis classes, de acordo com sua densidade (g/mL), características de flutuação e mobilidade eletroforética. Outro parâmetro que difere as lipoproteínas, é a sua composição em apoproteínas. É interessante ressaltar que, apesar dessa divisão, todas as lipoproteínas estão relacionadas metabolicamente, por exemplo: a VLDL é precursora da IDL, que é precursora da LDL.

As lipoproteínas podem conter diferentes conteúdos de colesterol, TG, fosfolipídios e apoproteínas, gerando distintas características de densidade (α) e flutuação. Desta forma, as lipoproteínas são classificadas em:

- Quilomícron (Q): $\alpha < 0,95$. Possui 9% de proteína, 82% triacilglicerol, 7% fosfolipídio e 2% de colesterol.
- Lipoproteína de muito baixa densidade (VLDL): $0,95 < \alpha < 1,006$. Possui 8% de proteína, 52% triacilglicerol, 18% fosfolipídio e 22% de colesterol.
- Lipoproteína de densidade intermediária (IDL): $1,006 < \alpha < 1,019$. Possui 18% de proteína, 31% triacilglicerol, 22% fosfolipídio e 29% de colesterol.
- Lipoproteína de baixa densidade (LDL): $1,019 < \alpha < 1,063$. Possui 21% de proteína, 9% triacilglicerol, 23% fosfolipídio e 47% de colesterol.
- Lipoproteína de alta densidade (HDL): $1,063 < \alpha < 1,210$. Possui 50% de proteína, 3% triacilglicerol, 28% fosfolipídio e 19% de colesterol.
- Lipoproteína(a) [Lp(a)]: $1,040 < \alpha < 1,130$. Estruturalmente semelhante à LDL.

Como o processo de ultracentrifugação não é prático para a rotina do laboratório clínico, usa-se a eletroforese em papel ou gel de agarose. Trabalha-se de maneira semelhante à eletroforese de proteínas séricas com pH = 8,6, usando corante específico para lipídios. Comparando as duas eletroforeses, teremos o seguinte:

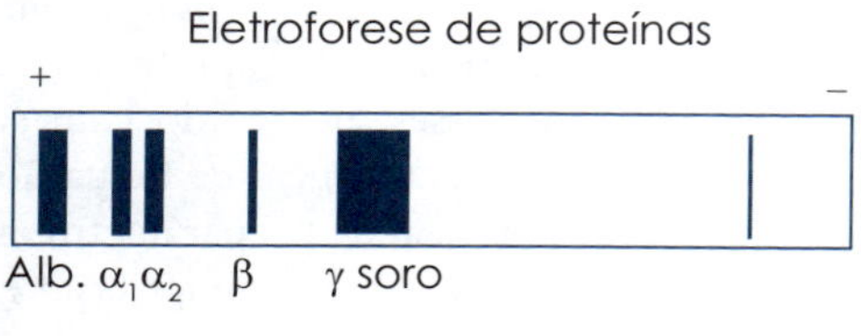

Eletroforese de proteínas

+ –

Alb. $\alpha_1 \alpha_2$ β γ soro

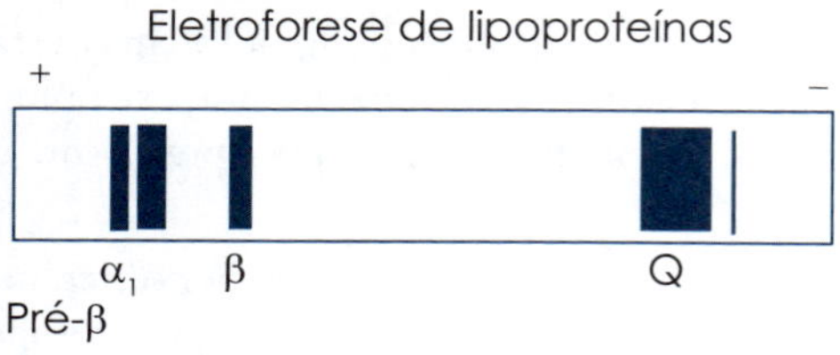

Eletroforese de lipoproteínas

+ –

α_1 β Q

Pré-β

Observa-se, então, que há lipoproteínas com mobilidade eletroforética de:

- Origem: Q.
- Padrão intermediário: pré-beta VLDL e Lp(a).
- Padrão β larga: (não ocorre separação entre pré-β e β) – presença de IDL.
- Beta: β-globulina – LDL.
- Alfa: α1-globulina – HDL.

Quilomícron (Q)

Lipoproteína riquíssima em lipídios, principalmente TG, que só aparece na ultracentrifugação e na eletroforese no período pós-prandial, não aparecendo no jejum de 12 horas. De acordo com esse dado, pode-se concluir que o Q é uma lipoproteína da alimentação, isto é, originada a partir de lipídios exógenos. Sendo, portanto, o responsável por transportar lipídios da alimentação para tecido adiposo e músculo (80%). Isto será mais bem avaliado no metabolismo das lipoproteínas. Suas características principais estão na Tabela 8.1. Como a molécula do Q é muito grande, quando a luz incide numa amostra de plasma que tenha muito Q, ela sofre reflexão, fazendo com que a amostra fique turva. Todavia, a VLDL, quando aumentada, também apresenta tal propriedade. A turvação do plasma de um indivíduo no período de jejum pode ser tanto pelo aumento de VLDL ou de Q; ambos são processos patológicos. Nesses casos, pode-se pegar o plasma em questão e colocar no refrigerador a 4°C de um dia para o outro; se houver a formação de uma camada leitosa na superfície, há aumento de Q, que tende a boiar, já que tem baixíssima densidade. Se não houver formação de uma camada leitosa superficial, mas sim uma turvação do infranadante, é porque há aumento de VLDL. Apenas resta concluir que o aumento de Q ou o aumento de VLDL significam elevação dos TG, já que estas lipoproteínas são formadas predominantemente por TG. Pode ocorrer aumento de Q e VLDL associados.

VLDL

É muito semelhante ao Q, só que é menor, e é formada a partir de lipídios endógenos (ver Tabela 8.1).

IDL

Geralmente não é considerada uma espécie separada das lipoproteínas, uma vez que não é identificada no plasma normal devido à sua rápida retirada da circulação sanguínea ou *turnover*, aparecendo na ultracentrifugação ou eletroforese somente em situações patológicas. O tempo mínimo necessário é de 16 horas de para separá-la por centrifugação.

LDL

Trata-se da lipoproteína mais abundante do plasma, constituindo cerca de 50% da massa das lipoproteínas plasmáticas, sendo também a principal forma de transporte de colesterol do plasma. Tem, caracteristicamente, afinidade por agentes antioxidantes (p. ex., β-caroteno), e estes poderão regular a oxidação da LDL.

HDL

A HDL consiste de partículas dispersas e heterogêneas que variam no tamanho e conteúdo de lipídios e apolipoproteínas. Pode ser separada por ultracentrifugação, eletroforese e precipitação com poliânions. Pelo menos três subgrupos de HDL bem definidos têm sido estudados: a HDLC, HDL2 e HDL3.

A HDL é a lipoproteína mais rica em proteínas, correspondendo a 50% de sua massa total, com 30% de fosfolipídios e 20% de colesterol. A relação de fosfatidilcolina (lecitina) e esfingomielina é de 5/1, e de colesterol esterificado e colesterol livre é de 3/1 por peso. É usualmente dividida por densidade em duas classes: HDL2 (densidade no plasma α = 1.063 – 1.125 g/mL) e HDL3 (a = 1.125 – 1.210). A HDL2 é a maior das duas partículas, e tem peso molecular aproximado de 360.000 comparado com 175.000 da HDL3. A HDL2 também está associada a uma maior massa lipídica (60% comparada com 45% na HDL3), e os níveis de Apo A-I em geral são maiores na HDL2. A outra apolipoproteína en-

Tabela 8.1 – Distribuição de lipídios e apoproteínas nas lipoproteínas

Parâmetro/Lipoproteína	Q	VLDL	IDL	LDL	HDL
TG	85 a 95%	60 a 70%	40%	5 a 10%	2 a 7%
Colesterol	3 a 5%	10 a 15%	30%	45%	20%
Fosfolipídios	5 a 10%	15 a 20%	20%	20 a 30%	26 a 32%
Apo A	10%	Vestígios	Vestígios	Vestígios	90%
Apo B	20%	40%	50 a 70%	95%	Vestígios
Apo C	70%	50%	5 a 10%	Vestígios	5 a 10%
Apo D	Ausente	Ausente	Ausente	Ausente	Presente
Apo E	Vestígios	5 a 10%	10 a 20%	Vestígios	Vestígios
Diâmetro (nm)	90 a 1.000	30 a 90	25 a 30	20 a 25	7,5 a 20

OBS.: TG, colesterol e fosfolipídios – percentuais em relação à massa total da lipoproteína; Apo A, B, C, D e E – percentual em relação à proteína total da lipoproteína.
Em relação às lipoproteínas:
Apo C → predomina no Q e VLDL.
Apo B → predomina na LDL.
Apo A → predomina na HDL.

contrada na HDL é a Apo C, que representa um envolvimento importante no metabolismo das lipoproteínas ricas em triacilgliceróis. Além dessas apolipoproteínas, só a Apo E é encontrada num grau significativo, o qual ocorre especialmente numa forma variante de HDL conhecida como Apo E – HDLc. Esta lipoproteína se desenvolve após ingestão de grandes quantidades de colesterol e pode ser a responsável pelo transporte do colesterol da dieta. Devido ao seu conteúdo de Apo E, a HDLc tem uma alta afinidade por receptores de LDL.

Tanto o fígado quanto o intestino estão envolvidos com a produção de HDL, entretanto o envolvimento exato e a importância relativa de cada um não está totalmente esclarecida. Evidências sugerem que a forma esférica madura da HDL não é secretada diretamente para o plasma, mas derivada de uma forma nascente discoidal, que consiste de Apo A-I, Apo A-II, lecitina e colesterol livre. A transformação da forma nascente da HDL na forma esférica depende em grande parte da ação de uma enzima plasmática, a L-CAT. Esta enzima é o único fator que catalisa a síntese de ésteres de colesterol no plasma, e sua atividade é aumentada pela Apo A-I e inibida pela Apo A-II. O complexo inicial de Apo A-I, lecitinas e colesterol livre estimula a atividade da L-CAT, formando ésteres de colesterol; com associação de Apo A-II, o esterol neutro entra no core da partícula.

Há especulações sobre a possibilidade de que os componentes da HDL possam originar-se de VLDL e Q durante o catabolismo dessas partículas. A transferência das apolipoproteínas C e E e lipídios de VLDL e Q para HDL tem sido demonstrada. A meia-vida da HDL no plasma, em indivíduos normais, é de aproximadamente 4 dias. Pouco se conhece sobre os sítios de catabolismo dessa lipoproteína, entretanto há um provável envolvimento do fígado e dos rins.

Lp(a)

É um complexo macromolecular composto por uma partícula semelhante à LDL, à qual está atracada uma proteína de alto peso molecular e altamente glicosilada, a apolipoproteína (a). É uma proteína que apresenta um polimorfismo no qual o peso molecular das várias formas vai de 350 a 700 kDa. O domínio carboxil-terminal da Apo(a) está ligado ao domínio C-terminal da Apo B100 por uma simples ponte dissulfeto.

A Lp(a) apresenta elevado conteúdo de éster de colesterol (30 a 45% do peso), uma única cópia de Apo B100 por partícula e alto conteúdo de proteínas (~30%/peso) e carboidratos (~ acima de 30% do total de proteínas). É uma partícula grande (diâm. ~280 A) que tem densidade entre 1.055-1.085 g/mL e sua mobilidade eletroforética, em gel de agarose, é pré-β, mas pode ser observada entre a mobilidade da LDL e a albumina.

A estrutura da Lp(a) tem significativa homologia com o plasminogênio, o que levantou a hipótese de que ela poderia interferir com a ativação do plasminogênio, prejudicando a fibrinólise (ação pró-trombótica). A sua síntese ocorre no fígado, onde parece que se liga à Apo B. O clearance da circulação ainda é desconhecido. Sua função não está totalmente esclarecida, mas parece que a sua retirada do plasma ocorre lentamente e tem uma associação forte e independente com a aterosclerose.

A Lp(a) tem 11 fenótipos descritos e 19 genótipos. As isoformas menores estão associadas às altas concentrações de Lp(a) e vice-versa. Os níveis plasmáticos da Lp(a) variam muito nas populações, e não estão distribuídos de maneira gaussiana. Esse fato dificulta o estabelecimento de intervalos de referência. Foi determinado um limite superior arbitrário de 30 mg/dL, com base nos estudos clínicos que sugerem um aumento no risco de aterosclerose coronariana em indivíduos com valores plasmáticos superiores a 30 mg/dL.

Estudos recentes estão dando uma nova visão ao conhecimento sobre o risco cardiovascular associado à Lp(a) e sugerem que não apenas os níveis plasmáticos de Lp(a) e o fenótipo de Apo(a) devam ser rotineiramente determinados nos indivíduos com elevado risco (Lp(a) > 30 mg/dL, elevação de LDL e história familiar de DAC), mas também a afinidade da Lp(a) pela fibrina.

Apoproteínas

As apoproteínas representam a parte proteica das lipoproteínas, visam estabilizar estas macromoléculas em ambiente aquoso, mas apresentam outras funções importantes, tais como: seu reconhecimento por determinados receptores e pela ativação de determinadas enzimas envolvidas no metabolismo das lipoproteínas. As apoproteínas também auxiliam a própria formação do complexo lipoproteico.

Apo A (I, II e IV)

Quase 90% da Apo A encontram-se na HDL, e apenas vestígios de Apo A são encontrados nas outras lipoproteínas. Há dois tipos de Apo A, o I e o II, cujos valores normais de referência são respectivamente 1.000 a 1.450 mg/L e 340 a 880 mg/L. A função da Apo A-I parece ser a ativação da enzima L-CAT (lecitina-colesterol aciltransferase) e a ligação da HDL ao seu receptor nas células. A função da Apo A-II não está inteiramente esclarecida, mas ela parece ter um envolvimento estrutural na HDL e pode inibir a L-CAT. O seu envolvimento no catabolismo da HDL também tem sido proposto. Uma variante da Apo A, chamada de Apo A-IV, não é normalmente encontrada no plasma, mas é um constituinte do quilomícron da linfa (Q nascente). Em certos pacientes com hiperlipoproteinemia do tipo III, a Apo A-IV tem sido encontrada em concentrações significativas na lipoproteína de densidade intermediária (IDL) e LDL plasmáticas.

Não se sabe precisamente qual o local de síntese da Apo A; estudos em cães sugerem como locais o intestino e o fígado. O seu catabolismo está intimamente relacionado com o catabolismo da HDL, o qual é obscuro, mas estudos em animais indicam que os lisossomos hepáticos e renais têm grande papel neste metabolismo (Tabela 8.1).

Apo B (B48 e B100)

Encontra-se, principalmente, formando 95% das proteínas da LDL (Apo B100), 40% das proteínas da lipoproteína de muito baixa densidade (VLDL) (Apo B100) e 5 a 20% das proteínas do Q (Apo B48). Contém cerca de 5% de carboidratos (glicose, manose, galactose etc.) em sua molécula. Sua concentração no plasma varia de 700 a 1.000 mg/L. É insolúvel na água.

Sintetizada no fígado (Apo B100) e no intestino (Apo B48), a Apo B da VLDL é de grande importância para a liberação dessas lipoproteínas na circulação (Tabela 8.1).

Apo C (I, II e III)

Existem três tipos de Apo C, sendo que somente a Apo C-III contém carboidratos associados. Predomina nos Q (70%) e na VLDL (50%), com a Apo C-III sempre em maior quantidade em relação às I e II, as quais estão aproximadamente na mesma proporção entre si. Também têm pequena representação na HDL (5%). Desempenham um papel importante no metabolismo das lipoproteínas ricas em TG (Q e VLDL), sobretudo a C-II, que é, junto com fosfolipídios, cofator essencial para ação da lipase lipoproteica extra-hepática (LLEH) sobre os TG. As concentrações normais da Apo C-II e III são, respectivamente, 50 mg/L e 140 mg/L. A da Apo C-I é desconhecida, mas deve ser igual à concentração da II. É produzida somente no fígado e secretada junto com a HDL, a qual parece doá-la no plasma para o Q e a VLDL. Seu catabolismo está ligado à HDL (Tabela 8.1).

Apo D

Também chamada de Apo A-III e peptídeo de linha fina, foi isolada a partir de HDL e parece mediar a transferência do colesterol esterificado para a IDL e LDL pela L-CAT (Tabela 8.1).

Apo E

É uma apoproteína rica em arginina e constitui cerca de 5 a 10% das proteínas da VLDL, encontrando-se também em pequena quantidade nas outras lipoproteínas. Está em quantidades excessivas na hiperlipoproteinemia tipo III, assim como nesta parece faltar um dos peptídeos que formam a Apo E, sendo sugerido que este pode ser o defeito subjacente da doença. Parece ser sintetizada no fígado e secretada com a HDL, passando depois às outras lipoproteínas. A Apo E tem um envolvimento significativo no reconhecimento e catabolismo do Q residual e da IDL, havendo receptores específicos para a Apo E nas células hepáticas. Parece que as isoformas E-III e E-IV interagem com os receptores hepáticos, enquanto E-I e E-II o fazem com pouca afinidade e são catabolizados lentamente.

Nos indivíduos que só produzem Apo E-II observa-se um defeito na depuração do Q e da IDL (Tabela 8.1).

Embora seja produzida principalmente pelo fígado, a Apo E também é produzida em outros tecidos. Devido ao seu papel na redistribuição do colesterol, tem sido estudada há muito tempo em relação à aterosclerose e doença cardiovascular. No entanto, no cérebro a Apo E é principalmente produzida por astrócitos, e desempenha um papel crítico na manutenção e reparação neuronal. Sabe-se que Apo E é o mais forte fator de risco genético para doença de Alzheimer de início tardio (DA), com E-IV conferindo um aumento de 3- (heterozigoto) a 15 vezes (homozigoto) no risco de DA. Por outro lado, o E-II está associado ao aumento da longevidade e à diminuição do risco de DA.

Metabolismo das lipoproteínas

▪ Quilomícron

É uma lipoproteína derivada da síntese de lipídios pelos enterócitos, a partir dos AGL, monoacilglicerol e ésteres do colesterol provenientes da hidrólise intraluminal de gorduras da dieta e de ácidos biliares (origem exógena). Há predominância da Apo C, a Apo B48 é a segunda apoproteína em maior quantidade e o lipídio que predomina é o TG. Na luz intestinal, as gorduras são emulsificadas pela bile, para haver facilidade de sua digestão pelas enzimas pancreáticas. A lipase pancreática requer a presença de outra proteína pancreática para sua atividade, a colida-se. Esta enzima hidrolisa os triglicerídeos nas posições sn-1 e sn-3 sequencialmente para gerar 1,2-diacilglicerol e 2-monoacilglicerol, além de ácidos graxos livres. Uma esterase pancreática hidrolisa os monoacilgliceróis, mas sua atividade é baixa, apenas cerca de 25% do total dos TG são totalmente hidrolisados a glicerol e AGL antes da absorção.

Os sais biliares presentes no lúmen intestinal também são fundamentais para a emulsificação dos produtos da digestão dos lipídios e vitaminas lipossolúveis, permitindo o transporte no meio aquoso e o contato destes com a membrana em borda escova das células da mucosa intestinal, permitindo a captação pelo endotélio. Os sais biliares permanecem no lúmen intestinal, sendo 95% absorvidos no íleo, via circulação entero-hepática. Os estéres de colesterol são hidrolisados pelas esterases pancreáticas e os produtos: colesterol e ácido graxo são absorvidos

Os produtos das enzimas pancreáticas, além das vitaminas lipossolúveis são absorvidos pelas células epiteliais do intestino através da ação de vários transportadores, bem como por difusão simples Dentro do enterócito, a via principal de formação do TG, envolve a reacilação do 2-monoacilglicerol, após os AGL serem ativados pela ligação à CoA. A apolipoproteína B48 e a apoproteína A-I, sintetizadas no retículo endoplasmático liso (REL) dos enterócitos, são incorporadas em partículas com o triacilglicerol, colesterol, fosfolipídios e vitaminas lipossolúveis e no Golgi, resíduos de carboidratos são inseridos , formando finalmente os quilomícrons (Q), chamados nascentes, que são liberados da célula por pinocitose reversa. Feito isso, o Q nascente cai no interstício e, como não consegue passar pelos poros capilares, é drenado pelo sistema linfático até que, através do ducto torácico, chegue ao sangue. A entrada de Q no sangue a partir do sistema linfático pode se estender até 14 horas. O nível máximo de lipídios no plasma usualmente ocorre de 30 minutos a 3 horas após uma refeição normal e retorna a níveis basais em 5 a 6 horas.

Embora a maior parte dos ácidos graxos que compõem os TG da dieta sejam os ácidos graxos de cadeia longa (14 a 22 átomos de carbono), alguns triacilgliceróis contêm ácidos graxos de cadeia média. Quando estes são hidrolisados pelas lipases pancreáticas, os ácidos graxos liberados se difundem facilmente para os enterócitos e passam diretamente para a circulação portal, contornando o sistema linfático. A maioria dos ácidos graxos de cadeia curta (butirato, propionato e acetato), senão todos, que são absorvidos pelo intestino e que são produzidos através da ação do metabolismo da microbiota intestinal também é absorvida diretamente pelo sistema porta.

No sangue, o Q recebe apoproteína apo C-II e apoE da lipoproteína de alta densidade (HDL) em troca da Apo A-1, a qual é doada pela HDL, já que o Q nascente tem maior afinidade por ela do que a HDL. formando o Q maduro. A Apo C II atua como cofator da lipoproteína lipase (LPL) presente no endotélio capilar. A LPL está presente em muitos tecidos, incluindo tecido adiposo, músculo esquelético, glândula mamária em lactação e coração. A enzima é sintetizada nas células do parênquima dentro do tecido e é secretada após modificações pós-tradução. Passa através do endotélio capilar e liga-se de forma não covalente às cadeias carbonadas do sulfato de heparano do glicocalix presente na superfície luminal das células endoteliais. Ao longo de sua ação, a enzima permanece na superfície das células endoteliais capilares. Embora esteja presente na superfície sinosoidal dos hepatócitos, não é ativa em adultos sobre os Q ou VLDL. Na superfície da membrana plasmática dos hepatócitos encontra-se a triacilglicerol lipase hepática (HTGL) que atua sobre as partículas lipoproteicas já parcialmente digeridas pela LPL.

A ação da LPL sobre os TG dos quilomícrons promove a liberação de grande quantidade de ácidos graxos. Grande parte destes ácidos graxos é captada pelos músculos para oxidação, parte é captada pelo tecido adiposo para armazenamento e parte também é transportada pelo plasma ligada à albumina. O glicerol é transportado pelo sangue para o fígado e rins, onde é fosforilado pela enzima glicerol quinase, originando glicerol-3-fosfato, que pode ser utilizado para a síntese de glicose ou de TG. Isso ocorre de maneira diferente no intestino, porque nesses tecidos não há a enzima gliceroquinase para ativar o glicerol; assim, eles utilizam a glicólise para obter glicerol-3-fosfato e com este formar TG de estoque.

No tecido adiposo, a insulina aumenta a síntese e exposição no endotélio da lipase lipoproteica.

A afinidade da LPL pelo Q maduro é dependente de dois cofatores: Apo CII e fosfolipídios. Após a ação da LPL sobre os TG formam-se os quilomícrons remanescentes, os quais são ricos em colesterol. À medida que há hidrólise dos TG do Q maduro pela lipase, ocorre liberação de Apo C, que retorna à HDL, o que resulta na diminuição da afinidade da lipase pelo seu substrato, gerando uma espécie de *feedback* negativo até que a atividade dessa enzima seja totalmente suprimida, ficando na circulação um resíduo de Q, chamados quilomícrons remanescentes (QR). Este resíduo, pobre em Apo C e TG, é reconhecido por receptores no hepatócito, sofrendo endocitose e, dessa forma, entregando o pouco de colesterol que possui ao fígado, que é o órgão central do metabolismo do colesterol (Figura 8.2). Esse reconhecimento por receptores hepáticos é dependente principalmente da Apo E. Por conterem colesterol, essas partículas podem ser pró-aterogênicas.

Alterações nos níveis plasmáticos de Q devem-se a:

- Ausência ou deficiência de HDL.
- Ausência ou deficiência de LPL.
- Ausência ou deficiência de Apo C-II.

■ VLDL

Seu metabolismo é semelhante ao do Q. É a lipoproteína envolvida no transporte de triacilglicerol e colesterol sintetizados pelo hepatócito para as células periféricas. A Apo C é a proteína predominante, juntamente com a Apo B100. O lipídio que predomina é o TG, só que em menor proporção em relação ao Q, mas por outro lado a VLDL tem mais colesterol que o Q.

O excesso de carboidratos ingerido é convertido pelo fígado em triacilglicerol, o qual é

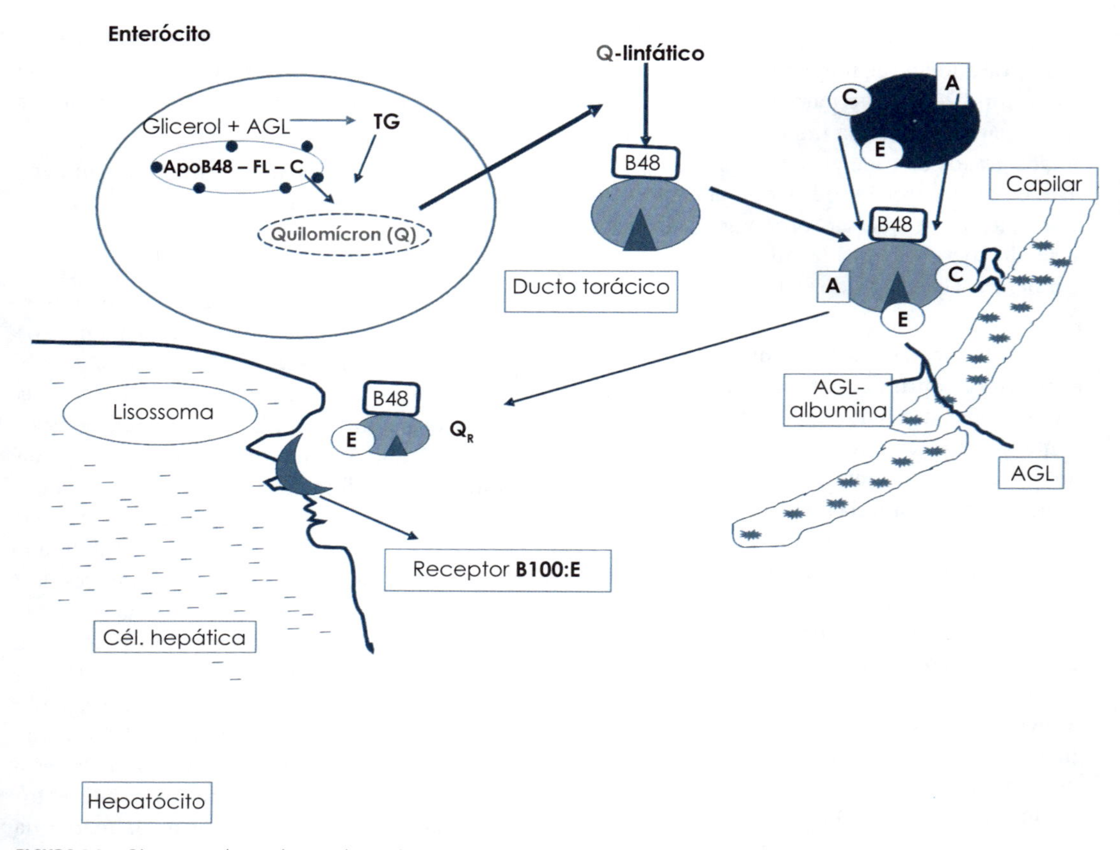

FIGURA 8.2 – Síntese e degradação do quilomícron.

empacotado na lipoproteína VLDL, juntamente com ésteres de colesterol também sintetizados.

A síntese de triacilglicerol no fígado ocorre a partir do excesso de nutrientes ingeridos, principalmente a glicose. O aumento da glicose circulante, promove a sua maior captação e utilização pelo hepatócito que a utiliza para a síntese de reservas energéticas. No caso da reserva lipídica, ocorre o estímulo para a síntese de triacilgliceróis, com o aumento da produção de ácidos graxos.

O fígado possui principalmente a enzima citoplasmática hexoquinase IV ou glicoquinase, a qual possui Km elevado para a glicose, catalisando, a formação de glicose-6-fosfato, etapa inicial da via glicolítica. A via glicolítica gera piruvato, o qual é transformado na mitocôndria em acetil-CoA, que pode ser desviado para a síntese de ácidos graxos.). Os AGL produzidos são ativados e então. são esterificados com o glicerol 3P a TG, os quais são complexados com fosfolipídios, colesterol, Apo B100 e Apo A, formando a VLDL nascente. Podemos concluir que quanto maior a ingesta de carboidratos, maior será a produção de VLDL. Outros fatores além da dieta rica em carboidratos também podem elevar a produção de triacilglicerol e, portanto, de VLDL, como condições que elevam os níveis de AGL no sangue, como no diabetes, além da ingestão de etanol.

O metabolismo dos VLDL é muito semelhante ao descrito acima para os quilomícrons e existe competição entre o metabolismo dos quilomícrons e VLDL. Altos níveis de quilomícrons podem inibir a depuração de VLDL.

A VLDL nascente é pobre em Apo C, embora esta seja sintetizada no fígado. Ela não precisa passar pelo sistema linfático para alcançar o sangue, já que seu diâmetro é bem menor que o do Q, assim como os poros dos sinusoides hepáticos são maiores. Uma vez no plasma, a VLDL nascente recebe a Apo C da HDL e passa a VLDL madura, a qual, semelhantemente ao Q maduro, pode ser reconhecida e ativar a LPL, que hidrolisa seus TG. Os AGL e glicerol liberados são usados pelos tecidos ou estocados no tecido adiposo. No decorrer da hidrólise, a Apo C vai sendo liberada e volta à HDL, o que decresce a afinidade da LPL pela VLDL e finaliza a sua metabolização. Forma-se, então, a VLDL remanescente ou IDL.

■ IDL

A IDL contém a quantidade original de Apo B100 da VLDL, mas somente 7% da Apo C da VLDL, tendo menos TG (que foi hidrolisado pela LPS), embora este seja o lipídio predominante e adquirem Apo E a partir de partículas de HDL. É enriquecida com colesterol em relação à VLDL. Após liberação do endotélio capilar, a IDL pode ter dois destinos. Aproximadamente 50% da IDL são rapidamente removidos pelo fígado, num processo mediado por receptores que reconhecem tanto a Apo B100 como a Apo E. Por esse motivo, alguns autores afirmam que tais receptores são os mesmos envolvidos na depuração hepática da LDL. No hepatócito, a IDL pode ser reciclada para gerar VLDL. A outra metade das partículas de IDL não captadas pelo fígado sofre um processo adicional, no qual há remoção do restante dos TG, pela atividade da triacilglicerol lipase hepática (HTGL) e, em contrapartida, há ganho de colesterol, formando a LDL. Por esses dois caminhos, a IDL é rapidamente retirada ou metabolizada na circulação e, por conseguinte, não aparece no plasma normal de indivíduos em jejum, mas somente em situações patológicas (Figura 8.3). Assim, o LDL é um produto do metabolismo de VLDL.

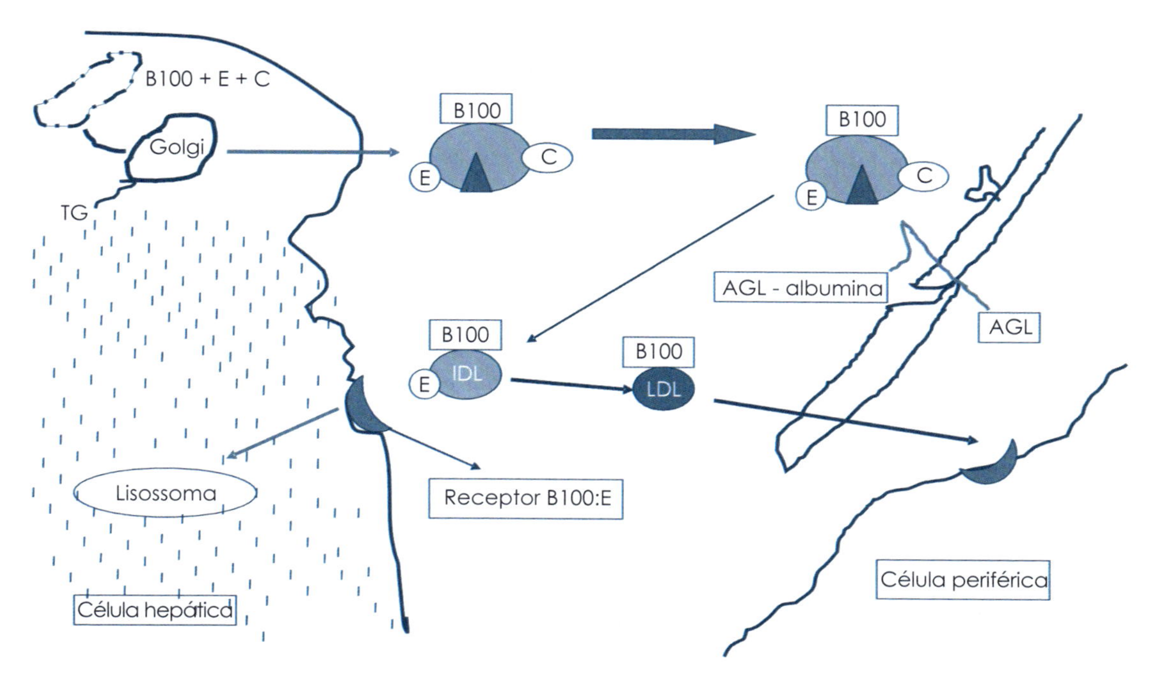

FIGURA 8.3 – Síntese e degradação da VLDL e formação da LDL.

■ LDL

Na LDL, 45% de sua massa total equivalem a colesterol, sendo a LDL a principal fonte externa de colesterol para as necessidades celulares, tais como: a reciclagem de membranas plasmáticas e a síntese de hormônios esteroides. Apesar de todos os tecidos, exceto hemácias, conseguirem sintetizar seu próprio colesterol, o colesterol que vem de fora a partir da LDL é vantajoso para as células, pois permite uma economia de sua maquinaria enzimática e, consequentemente, de energia. A Apo B100 constitui 95% das apoproteínas da LDL.

A tendência atual é considerar que a fonte imediata e principal de LDL é a IDL plasmática, mas há evidências de que parte da LDL é produzida no fígado, talvez a partir da própria IDL e/ou do resíduo de quilomícron. O fato é que uma vez no plasma, a LDL tem a função de entregar o colesterol às células e, embora inúmeros estudos demonstrem que vários tipos celulares, incluindo fibroblastos, linfócitos, células musculares lisas, células adrenocorticais e hepatócitos, possuam receptores de alta afinidade para a Apo B100 e Apo E que reconhecem a LDL, parece que 70% dela são depurados pelo fígado, enquanto 30% são degradados nos tecidos extra-hepáticos. Esses receptores Apo B100-E estão localizados em regiões especializadas da membrana chamadas de *coated pits* (depressões recobertas) e após a ligação da LDL a tais receptores, há um processo de invaginação e formação de uma vesícula endocítica que se funde a lisossomos, permitindo a degradação enzimática da LDL. A parte apoproteica é hidrolisada até aminoácidos, enquanto o colesterol esterificado é quebrado até colesterol livre, que atravessa a membrana lisossômica e vai para o citoplasma, onde irá participar da reciclagem da membrana plasmática e das organelas membranosas, como também regulará a própria homeostase, uma vez que o aumento dos níveis citoplasmáticos de colesterol livre provoca:

- inibição da atividade da 3-hidroxi-3-metil-glutaril-CoA redutase (HMG-CoA redutase). Com isso, há inibição da síntese endógena de colesterol. Alguns medicamentos (Lovastatina) usados para o controle do colesterol agem nesse ponto;
- inibição da síntese de receptores para LDL, suprimindo sua endocitose;
- ativação da enzima Acil-CoA colesteril-transferase (ACAT), que reesterifica o colesterol livre em excesso, favorecendo seu armazenamento para posterior eliminação.

A partir dos três mecanismos descritos, o acúmulo de colesterol pela célula tende a ser controlado. O colesterol em excesso tem que ser eliminado pela célula, mas tem que haver concomitantemente alguma lipoproteína que receba esse colesterol, e essa lipoproteína é a HDL. Assim, só existe acúmulo intracelular de colesterol em determinadas patologias.

Além dessa depuração da LDL dependente de receptores, parece haver também um processo independente de receptores para remover a LDL plasmática. Este parece ocorrer nos macrófagos e em outras células, como as do endotélio vascular, sendo diretamente proporcional aos níveis plasmáticos e a modificações na LDL, como oxidação, acetilação, peroxidação, glicosilação etc. Isso ajuda a explicar o que ocorre na hipercolesterolemia familiar, em que há um déficit de receptores para LDL e, dessa forma, temos aumento nos níveis de LDL, assim como esta se torna mais suscetível a ações modificantes de sua estrutura. Consequentemente, acontece uma exacerbação do tráfico de LDL independente de receptores e a entrada de colesterol nas células por meio de receptores não específicos para Apo B100 não permite o controle dos níveis de colesterol na célula, como visto anteriormente. Os macrófagos, por exemplo, ficam entupidos de colesterol, adquirindo um aspecto bolhoso, sendo chamados foamcells (células espumosas). Alguns autores sugerem que as paredes vasculares também se encham de colesterol, o que contribui para a própria patogenia da aterosclerose (Figura 8.4).

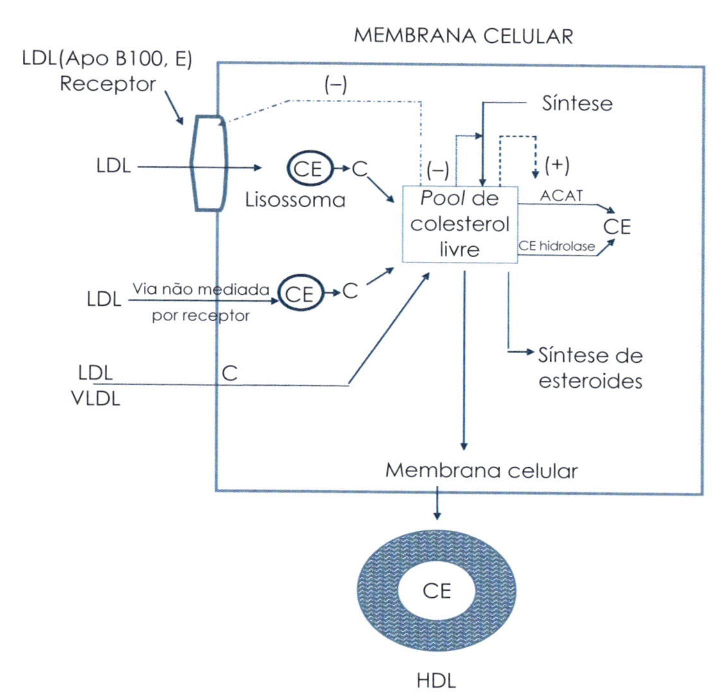

FIGURA 8.4 –Metabolismo da LDL.

■ HDL

O colesterol pode estar presente nos tecidos extra-hepáticos através da captação da LDL ou da síntese endógena deste lipídio. Todavia, ao contrário do fígado, o colesterol não consegue ser degradado pelos tecidos extra-hepáticos e, portanto, deve retornar ao fígado para ser excretado. Quem irá captar esse colesterol é a HDL. Além desta importante função, a HDL tem o papel de transferir a Apo C e E e o quilomícron, não obstante estar relacionada ao metabolismo destas duas lipoproteínas e, também ao dos TG.

A HDL plasmática tem 50% de proteína, na qual a Apo A predomina, e 50% de lipídio, sobretudo fosfolipídios e colesterol. Já a HDL nascente é pobre em colesterol. Ela parece ser sintetizada tanto pelo fígado como pelo intestino, com a peculiaridade de que a HDL intestinal não contém inicialmente as Apo C e, mas somente Apo A, recebendo as outras duas proteínas na circulação. Na ausência de Apo A, não há síntese de HDL hepática nem intestinal. A HDL nascente possui morfologia discoidal, sendo pseudobilaminar (há uma bicamada de fosfolipídios) e achatada. No plasma, a HDL nascente vai ser enriquecida com colesterol mediante a ação da LCAT (lecitina-colesterol aciltransferase), que é a enzima produzida no fígado e exportada para o plasma, onde transfere o ácido graxo da lecitina (fosfolipídio de membrana) para o colesterol livre proveniente das membranas celulares e de outras lipoproteínas, convertendo-os, respectivamente, em lisolecitina e colesterol esterificado, o qual se move para o interior da HDL plasmática. A lisolecitina é transferida para a albumina plasmática. A LCAT é ativada pela Apo A-I e inibida pelo acúmulo de colesterol esterificado na HDL.

Então, pelo que foi visto, a HDL aliada à LCAT é responsável pela esterificação do colesterol plasmático. Somente o colesterol esterificado consegue sair da célula, o colesterol livre, não, ficando preso à membrana celular e à superfície das lipoproteínas. A HDL recolhe esse colesterol livre e no plasma por meio da ação da LCAT, ele é esterificado, complexando-se à HDL. A HDL leva o colesterol, sobretudo, ao fígado, evitando que ele se acumule nos tecidos extra-hepáticos. Mas, além dessa degradação hepática, a HDL parece também ser depurada pelo intestino, assim como transfere seu colesterol para a LDL e lipoproteínas remanescentes, com a ação da CETP (cholesterolestertransferprotein – proteína de transferência de lipídios). Os inibidores de CETP impedem esta transferência, levando a um acúmulo de colesterol no HDL e uma diminuição de colesterol LDL. Nesse caso, um aumento no colesterol HDL, medido na clínica, pode não refletir o aumento da depuração de colesterol dos tecidos periféricos e, portanto, deixa de ser um marcador de redução do risco de doença cardiovascular.

Por isso, apesar de várias controvérsias acerca do metabolismo preciso da HDL, conclui-se que, de certa forma, o organismo gera um ciclo no qual o colesterol passa de uma lipoproteína para a outra, evitando seu acúmulo nas células.

Apesar do metabolismo de Q, VLDL, QR, IDL e LDL estar razoavelmente decifrado, o conhecimento sobre a HDL é relativamente novo e insuficiente. A HDL parece ter um importante papel no efluxo de colesterol dos tecidos, reduzindo a quantidade de colesterol estocado nesses locais. Este fenômeno é particularmente mediado por partícula contendo apenas a Apo A-I, conhecida como Lp(a) I. Partículas contendo ambas Apo A-I e Apo A-II (Lp(a) I – A-II), apesar de agirem como carreadoras de colesterol, não estimulam seu efluxo das células. A HDL também está envolvida com o retorno do colesterol da periferia para o fígado e remoção como ácidos biliares, um processo conhecido como transporte reverso do colesterol.

Estudos têm sugerido que a HDL serve como um *Scavenger* de lipídios e apolipoproteínas durante o catabolismo normal de Q e VLDL. A HDL receberia o colesterol livre, liberado dessas moléculas, e a LCAT converteria o colesterol livre em ésteres. Entre as funções do HDL, a mais conhecida é a capacidade de promover a remoção de colesterol dos macrófagos e tecidos extra-hepáticos e transportá-lo ao fígado para excreção na bile e nas fezes. Esses ésteres seriam transferidos para VLDL e IDL pela Apo D ou proteína de transferência de lipídios. A HDL também é reservatório plasmático de Apo C-II. A relação da HDL com VLDL e Q está exemplificada pelo fato de que defeitos no catabolismo de lipoproteínas ricas em TG estão, na maioria das vezes, associados a marcada redução nos níveis de HDL (Figura 8.5).

A HDL libera colesterol dos tecidos periféricos para o fígado para o metabolismo através de um receptor específico, o Receptor Scavenger Tipo B1 (SR-B1) expresso principalmente em hepatócitos e tecidos esteroidogênicos. Várias pesquisas recentes mostraram que o SR-B1 é uperexpressão pela maioria dos tumores malignos, promovendo sua proliferação e metástase.

A dislipidemia com baixa do HDL afeta cerca 50% das pessoas com diabetes tipo 2 e representa um importante fator de risco para doença cardiovascular. O rótulo de "bom colesterol" foi cunhado décadas atrás com base no suposto papel do HDL em doença cardiovascular associada a aterosclerose. No entanto, esta visão tem sido contestada pelos resultados negativos de vários estudos com drogas que levam ao aumento dos níveis de HDL, criando um paradoxo para os médicos sobre o valor do colesterol HDL como um risco biomarcador e alvo terapêutico. Esse paradoxo está enraizado no obscurecimento progressivo e errôneo da distinção entre HDL e colesterol-HDL. O colesterol-HDL é um biomarcador imperfeito de um sistema de transporte lipídico altamente complexo e multifuncional. Na ausência uma alternativa melhor, o colesterol-HDL serve como preditivo de risco para doenças cardiovasculares primárias, inclusive em pessoas com diabetes tipo 2. O HDL além de seu papel no efluxo de colesterol e no transporte reverso do colesterol contribui para a manutenção da função endotelial. O HDL contém moléculas antioxidantes além do LCAT e dentre elas, a PON-1 parece ter funções ateroprotetoras. A disfunção cerebrovascular foi ob-

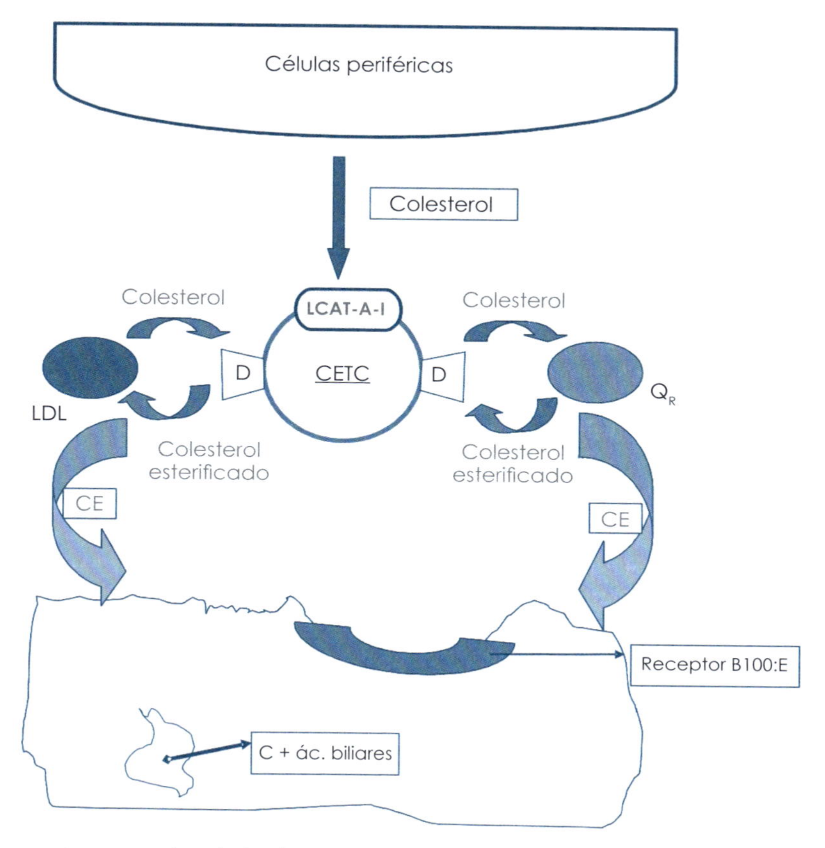

FIGURA 8.5 – Transporte reverso do colesterol.

servada em pacientes com doença de Alzheimer. Altos níveis de HDL no plasma estão associados a um menor risco de demência. Evidências de estudos em humanos e em modelos animais apoiam a hipótese de que o HDL proteja contra a disfunção cerebrovascular no Alzheimer.

No entanto, é preciso repensar o rótulo de "bom colesterol". Neste contexto, pesquisas recentes tanto com estudos genéticos quanto ensaios randomizados controlados em grande escala não encontraram evidências de um efeito protetor cardiovascular com altos níveis de colesterol-HDL. Tentativas farmacológicas para elevar o colesterol-HDL não produziram os resultados esperados. Atualmente, o foco mudou para as propriedades funcionais da partícula HDL. Evidências sugerem que tanto a composição quanto a função do HDL podem ser significativamente alteradas num contexto inflamatório. Pesquisas recentes mostraram que o exercício aeróbico regular melhora a capacidade de efluxo de colesterol sugerindo que um limiar de exercício precisa ser superado para produzir efeitos benéficos. Evidências apontam também que o exercício melhora as propriedades antioxidantes e anti-inflamatórias do HDL.

Dentre novas funções do HDL, podemos citar o caso do HDL reconstituído sendo utilizado como carreador de drogas na terapia anticâncer, uma vez que células tumorais uperexpressão o receptor SR-B1. Essa utilização supera várias barreiras biológicas a terapia do câncer. Seu pequeno tamanho, capacidade de direcionamento intrínseco, escape endossômico, demonstrou segurança em estudos em animais e humanos, tornando esta plataforma atraente para agentes quimioterápicos com alta toxicidade. Contudo a toxicidade hepática deve ser levada em conta.

Correlações clínico-patológicas

Considerações iniciais

A principal implicação patológica das dislipidemias é a aterosclerose e a doença arterial coronariana (DAC). Atualmente, já não há mais dúvidas de que o principal fator de risco para a DAC é a hipercolesterolemia, uma vez que aproximadamente 96% do material lipídico do ateroma correspondem a colesterol. Embora os TG tenham uma mínima contribuição para a composição do ateroma (3 a 4% do material lipídico), a tendência atual é considerar a hipertrigliceridemia como sendo também, não obstante de menor monta, um fator de risco para a DAC, principalmente se associada a um colesterol total (CT) aumentado, à história familiar da DAC prematura e/ou baixos níveis de HDL, sendo este último por si só considerado um potente fator de risco.

Sabe-se que o colesterol é um fator de risco fundamental para a aterogênese e que todas as lipoproteínas plasmáticas contêm colesterol. Desse modo, a hipercolesterolemia pode resultar da elevação plasmática de qualquer uma das lipoproteínas ou da combinação de várias delas. Assim, surge a pergunta: Qual é a aterogenicidade de cada uma das lipoproteínas? O Grupo de Estudos e Pesquisas em Aterosclerose (GEPA) da Sociedade Brasileira de Cardiologia (SBC) publicou um resumo dos conhecimentos atuais sobre a participação das diferentes lipoproteínas na aterogênese, que especificou o seguinte:

- **Quilomícron:** não são aterogênicos, uma vez que pacientes com hiperquilomicronemia familiar não apresentam aterosclerose prematura.
- **Quilomícron remanescente:** podem ser responsáveis pela chamada "aterosclerose pós-prandial". Nesse período, em pacientes com atividade normal de LLEH, seguindo uma alimentação rica em gordura, onde a formação de Q é muito alta, podem-se formar grandes quantidades de Q capazes de produzir aterosclerose;
- **HDL:** é a única lipoproteína antiaterogênica, pois as evidências epidemiológicas mostram que níveis elevados de HDL estão associados a baixo risco de DAC prematura. Isso pode ser devido ao seu papel no transporte do colesterol das células para o fígado;
- **Lp(a):** é uma lipoproteína semelhante à LDL, mas que apresenta, além da Apo B100, uma outra apoproteína denominada (a), ligada à Apo B100 por uma ponte dissulfídica. Esta Apo(a) confere à partícula grande poder aterogênico e trombogênico.

Quanto aos valores dos níveis plasmáticos relacionados ao risco de desenvolvimento de DAC, o Grupo de Estudos da Sociedade Europeia de Aterosclerose (GESEA) definiu-os com relação ao colesterol total (CT):

- **Risco moderado:** CT entre 200 e 249 mg/dL.
- **Risco elevado:** CT maior ou igual a 250 mg/dL.

Já o Programa Nacional de Educação sobre o colesterol (PNESC) do Instituto de Saúde Pública dos Estados Unidos preferiu defini-las de acordo com os níveis de colesterol-LDL:

- Nível desejável (colesterol da LDL [LDL-C] < 130 mg/dL).
- Nível limítrofe (LDL-C entre 130 e 150 mg/dL);
- Alto risco (C-LDL ≥ a 160 mg/dL).

A análise apenas do colesterol total traz, muitas vezes, interpretações erradas; por isso, o ideal é analisar pelo menos o LDL-C e o HDL-C.

A classificação do PNESC é aceita no Brasil. Sobre os TG, os americanos tinham maior descrédito, considerando níveis adequados até 200 mg/dL. Os europeus dão maior importância aos

TG, considerando níveis adequados até 170 mg/dL. Atualmente, há uma recomendação de considerar níveis aceitáveis de TG até 145 mg/dL. Níveis de TG maiores que 1.000 mg/dL representam um grande risco de pancreatite.

Uma vez feitas essas considerações iniciais, podemos partir para uma análise mais detalhada das dislipidemias, em que daremos maior ênfase às hiperlipidemias, já que essas são mais frequentes na prática médico-laboratorial. Entretanto, há necessidade de abordar também as hipolipoproteinemias, pois, embora mais raras, são graves.

■ Hiperlipoproteinemias

Podem ser classificadas de acordo com a etiopatogenia em:

- **Primárias:** são causadas por fatores genéticos.
- **Secundárias:** o distúrbio lipídico ocorre como consequência de uma doença básica.

Essa classificação é de grande importância, pois as hiperlipoproteinemias secundárias podem ser corrigidas pela remoção da causa básica, assim como, quando associadas às primárias, essa remoção é fundamental para o êxito global do tratamento.

Outra classificação de extrema importância é a de Fredrickson, que, com modificações mínimas, foi adotada pela Organização Mundial da Saúde (OMS). Fredrickson fez essa classificação para as lipoproteínas primárias, mas as secundárias também se encaixam bem nos fenótipos propostos por ele. Esses fenótipos e suas características principais estão na Tabela 8.2.

Pela tabela, podemos afirmar que, embora os tipos de hiperlipoproteinemias não sejam entidades patológicas e sim padrões lipoproteicos comuns a determinados grupos de doenças, a classificação de Fredrickson é de grande utilidade clínica, pois com o enquadramento das alterações laboratoriais num determinado fenótipo, é possível ter uma noção da incidência, do risco

Tabela 8.2 – Classificação de Fredrickson

Tipo	Incidência	Lipoproteínas Elevadas	Colesterol	Tg	Plasma em Repouso	Ultracentrifugação	Eletroforese	Idade de Detecção
I	1% Q	Normal a levemente aumentado	Muito aumentado	Camada cremosa no topo e infranadante límpido	Presença ou aumento de Q na origem de aplicação	Presença ou aumento da Q		Primeira infância
II A	20 a 25%	LDL	Aumentado	Normal	Tonalidade laranja	Aumento de LDL	Aumento da fração β	Primeira infância
II B	20 a 25%	LDL VLDL	Aumentado	Aumentado	Turvo	Aumento de LDL e VLDL	Aumento de β e pré-β	Primeira infância
III	2 a 5%	IDL	Aumentado	Aumentado	Turvo	Presença de IDL	Padrão β larga	Adulta
IV	60 a 70%	VLDL	Normal a levemente aumentado	Muito aumentado	Turvo	Aumento de VLDL	Aumento de pré-β	Adulta
V	1% VLDL Q	Normal a moderadamente aumentado	Muito aumentado	Camada cremosa no topo e infranadante	Aumento de VLDL turvo na origem de aplicação	Presença de Q e aumento da Q adulta	Presença ou aumento de pré-β	Início da primeira infância

clínico e das alterações genéticas que podem estar causando um determinado tipo de hiperlipidemia. Vejamos agora, mais detalhadamente, quais as peculiaridades de cada fenótipo de Fredrickson.

Hiperlipoproteinemia tipo I

Primária

Também chamada de familiar pela origem genética, é a forma mais rara de hiperlipoproteinemia. Caracteriza-se por elevado aumento dos níveis de Q e TG, acompanhado ou não de brando aumento de colesterol total, num indivíduo com dieta normal em relação ao conteúdo de gordura. A hiperquilomicronemia desaparece completamente dias depois que é retirada a gordura da dieta. Uma forma simples de se detectar a presença de Q numa amostra de plasma é através do teste do plasma em repouso (plasma a 4ºC por 16 horas), após um jejum de pelo menos 12 horas, em que veremos a formação de uma camada cremosa superficial com infranadante límpido. Pacientes com hiperlipoproteinemia tipo I têm concentrações de triacilglicerol muito altas, acima de 1.000 mg/dL.

Manifestações clínicas principais

- Dor abdominal: é a manifestação mais importante, surgindo esporadicamente e com o primeiro episódio ocorrendo geralmente entre 5 e 10 anos. Tem intensidade variável, e os intervalos entre os episódios álgicos podem ser de semanas, meses e, mais raramente, anos.
- Hepatoesplenomegalia: ocorre provavelmente por captação dos Q pelo sistema retículo endotelial (ser) do baço e fígado, podendo levar a dor por isquemia do órgão ou por estiramento de suas cápsulas.
- Xantomas eruptivos: lesões cutâneas com centro elevado amarelado e base avermelhada, que aparecem mais comumente na fase extensora dos membros.
- Lipemia da retina: aspecto róseo vivo dos vasos retinianos, que ocorre geralmente quando os níveis de TG ultrapassam os 2.500 mg/dL.
- Pancreatite: presente em alguns pacientes, sobretudo se os níveis de TG são muito altos.

Fisiopatologia

Esta hiperlipoproteinemia é causada por um defeito genético autossômico recessivo, no qual há uma deficiência da enzima LLEH, resultando numa depuração inadequada de Q. Todavia, em algumas famílias foi observada uma deficiência no nível da Apo C-II, ocasionando uma ativação anormal da LLEH.

Implicações patológicas

Até o momento não se observou a associação desse tipo de dislipidemia com riscos aumentados de DAC, nem com doenças vasculares precoces. Uma explicação para esse fato é que os Q são muito grandes e, dessa forma, não conseguem atravessar o endotélio vascular, nem ter efeito aterogênico. Por outro lado, níveis elevados de TG têm uma forte associação a riscos maiores de pancreatite e trombose venosa.

Secundária

Observa-se em: LES, disglobulinemia e *Diabetes mellitus* tipo I, sendo que nesse último a devida administração de insulina geralmente corrige a hiperquilomicronemia e a deficiência da LLEH. Nas duas primeiras doenças parece haver a presença de proteínas anormais no plasma, que fixam a LLEH, diminuindo a sua atividade.

Hiperlipoproteinemia tipo II A

Primária

É também designada de hiperbetalipoproteinemia e de hipercolesterolemia familiar (HF), sendo que alguns autores consideram que a HF também pode-se apresentar no fenótipo II B. É um dos tipos mais comuns de hiperlipoproteinemia primária, estando caracterizada por aumento da LDL plasmática e dos níveis de colesterol total, que atingem geralmente 300 a 600 mg/dL, mas podem ser até maiores. Os níveis de TG estão normais. O plasma em repouso é translúcido, mas pode ter tonalidade alaranjada elevada, marcando a presença de LDL aumentada.

Manifestações clínicas principais

- Xantomastendíneos.
- Aterosclerose acelerada.
- Xantelasma.
- Infarto prematuro do miocárdio.

Fisiopatologia

A HF ocorre por um defeito hereditário autossômico dominante, no qual há uma mutação no gene que codifica a síntese de receptores para LDL. Como consequência, existe a presença de receptores anormais ou diminuição no número de receptores e distúrbios no metabolismo do colesterol, resultando em níveis elevados de colesterol total, que induzem à aterosclerose prematura e a um risco aumentado de doença cardiovascular e infarto do miocárdio. Os heterozigotos possuem um gene mutante e, por conseguinte, a metade dos receptores para LDL é deficiente. Nesses indivíduos, os níveis de colesterol total são de duas a três vezes o normal (290-580 mg/dL), levando ao aparecimento de xantomas tendíneos e aterosclerose na vida adulta. Já os homozigotos têm dose dupla de gene mutante, o que traduz a plena ausência de receptores normais. Portanto, nos homozigotos, os níveis plasmáticos de colesterol total são de cinco a seis vezes o normal (aproximadamente 800 mg/dL), e estes infelizmente desenvolvem precocemente aterosclerose de artérias coronárias, cerebrais e periféricas, podendo o infarto do miocárdio aparecer antes dos 20 anos.

A deficiência dos receptores para LDL conduz a uma falha na depuração da LDL, bem como prejudica a inibição normal da síntese endógena do colesterol, a qual é feita através do colesterol liberado no interior da célula após a internalização dessa lipoproteína. A LDL fica, então, maior tempo na circulação e, portanto, é mais suscetível a ações que as modificam, como oxidação, peroxidação, acetilação, o que aumenta de forma dramática o tráfico de colesterol no interior de macrófagos e possivelmente das paredes vasculares. Isso explica a aparência dos xantomas e, também contribui para a própria patogenia da aterosclerose.

Os defeitos dos receptores da LDL podem-se agrupar em três classes principais:

1. Doença do receptor negativo: é a forma de defeito mais comum, caracterizada pela ausência de receptores funcionais. A ligação da LDL nas células de homozigotos com doença de receptor negativo é de menos que 2% do normal.
2. Doença do receptor deficiente: os receptores existem, mas têm atividade de ligação reduzida. Nos homozigotos, a ligação da LDL é de 1 a 10% do normal.
3. Defeito de internalização: as LDL se ligam normalmente no receptor, porém não sofrem endocitose. É extremamente raro.

Implicações patológicas

A HF está fortemente associada a risco aumentado de doença cardiovascular e infarto do miocárdio precoces. Isso porque a LDL é a mais aterogênica de todas as lipoproteínas, uma vez que é pequena e consegue facilmente penetrar na parede vascular, assim como é a lipoproteína mais rica em colesterol, o principal componente lipídico do ateroma.

Secundária

Várias causas básicas podem levar secundariamente a um aumento nos níveis de LDL e CT, sendo as mais conhecidas: dieta rica em colesterol e gorduras saturadas, hipotireoidismo, síndrome nefrótica, doença obstrutiva das vias biliares e algumas condições raras, como mieloma múltiplo e porfiria.

▪ Hiperlipoproteinemia tipo II B

Primária

Este tipo de hiperlipoproteinemia é também denominado hiperbeta-hiperpré-betalipoproteinemia mista e de hiperlipidemia familiar combinada (HFC), sendo que muitas literaturas consideram que a HFC também pode apresentar-se nos padrões II A, IV e, às vezes, num padrão até mesmo normal, caracterizando-se, dessa forma, pela variabilidade do padrão lipoproteico entre membros de uma mesma família portadora desse distúrbio genético. Os componentes dessa família poderão, então, apresentar um excesso de LDL (II A), de LDL + VLDL (II B), de VLDL (IV) ou ser absolutamente normais. Quando o fenótipo IIB é a forma de apresentação clínico-laboratorial da HFC, os níveis de colesterol total situam-se usualmente entre 250 e 600 mg/dL, enquanto os TG podem atingir 200 a 600 mg/dL; o plasma em repouso será turvo, semelhante aos dos padrões III e IV; a ultracentrifugação consegue distinguir bem esses padrões.

Manifestações clínicas principais

As formas severas de HFC têm manifestações semelhantes às da hiperbetalipoproteinemia primária, ou seja, xantomas tendíneos, xantelasmas e aterosclerose. Já as formas mais brandas tendem à associação com *Diabetes mellitus* e obesidade.

Fisiopatologia

A HFC decorre de um defeito genético autossômico dominante, no qual se verifica uma produção aumentada de Apo B100 pelo fígado, com a formação de partículas de LDL ricas em Apo B100 e menores: LDL densa. Essas LDL têm maior poder aterogênico que as LDL convencionais, o que pode ser explicado por dois motivos:

- são menores e penetram mais facilmente na parede vascular;
- a elastina da parede vascular possui alta afinidade pela Apo B e, como essas LDL são mais ricas em Apo B100, conseguem aderir melhor à parede vascular.

Implicações patológicas

Pacientes portadores de HFC estão em alto risco de desenvolvimento de doença cardiovascular e infarto do miocárdio. Essa condição é simplesmente responsável pela grande maioria dos pacientes com infarto do miocárdio que também têm hiperlipidemia.

Secundária

Decorre das mesmas causas da tipo II A secundária.

Hiperlipoproteinemia tipo III

Primária

Nesta rara desordem genética teremos um excesso de IDL, a qual possui características de flutuação semelhantes às da VLDL e mobilidade eletroforética de LDL. Por esse motivo, essa hiperlipoproteinemia é alternativamente denominada disbetalipoproteinemia, que significa um excesso de lipoproteína beta flutuante, ou seja, uma lipoproteína que migra em banda b na eletroforese, mas que flutua na ultracentrifugação, semelhante à VLDL. Como há referências na literatura de que existe concomitantemente um excesso de quilomícron remanescente (QR), outro termo usado para designar esse distúrbio é de hiperlipoproteinemia de remanescentes, significando excesso de QR e IDL, que é o remanescente da VLDL.

Estão presentes geralmente hipertrigliceridemia e hipercolesterolemia, mas os níveis de LDL são geralmente baixos, pois há uma deficiência na transformação de IDL para LDL. Na eletroforese teremos o padrão β larga, entretanto, no tipo II-B, as bandas β LDL e pré-β VLDL podem se fundir, dando uma pseudo-blarga. Nestas circunstâncias, a ultracentrifugação é bastante útil para fazer essa distinção. Entretanto, para um diagnóstico mais fidedigno desta hiperlipoproteinemia, foram sugeridos dois outros métodos.

- Determinação da razão colesterol-VLDL/TG: normalmente esta razão é de 1/5 (0,20). Na hiperlipoproteinemia do tipo III ocorre excesso de resíduos de VLDL (IDL), os quais são mais ricos em colesterol, resultando em aumento dessa relação. Quando esta é ≥ 0,30, é considerado diagnóstico de hiperlipoproteinemia do tipo III; valores entre 0,25 e 0,29 são duvidosos, mas não descartam a possibilidade desse distúrbio;
- Análise genética de DNA para verificar a presença de alelos para Apo E-II: como será ex-

plicado adiante, nesse distúrbio genético as VLDL têm somente Apo E-II. Assim, quando essa análise é positiva, há diagnóstico de certeza de hiperlipoproteinemia do tipo III, pois identificamos diretamente o seu fator etiopatogênico.

Resta ressaltar que é de extrema importância o diagnóstico desse distúrbio, principalmente para diferenciá-lo do tipo II B, pois a IDL é mais aterogênica que a VLDL, assim como a tipo III tem uma melhor resposta à farmacoterapia. Essas duas diferenças entre o tipo II B e o III são fundamentais para aplicarmos a terapêutica adequada.

Manifestações Clínicas Principais

- Xantomas planos palmares estriados: são depósitos de gordura que consistem em descolorações amareladas nas linhas palmares das mãos. Aparecem em cerca de 2/3 dos pacientes, mas são típicos deste distúrbio, não ocorrendo praticamente nas outras hiperlipidemias. Esta manifestação pode fechar o diagnóstico do tipo III.
- Xantomas tendíneos e tuberoeruptivos: sobretudo nas faces extensoras dos membros.
- Aterosclerose acelerada e infarto do miocárdio.
- Associação frequente com obesidade, hiperglicemia (50% dos casos) e hiperuricemia (30% dos casos).

Enfim, as manifestações aparecem na idade adulta, sendo raras em mulheres antes da menopausa, pois o estrogênio parece reduzir o acúmulo das partículas remanescentes. Essa patologia responde demasiadamente bem a modificações na dieta e à farmacoterapia.

Fisiopatologia

A transmissão genética da disbetalipoproteinemia não é clara, mas ela parece ser causada por um distúrbio genético autossômico recessivo, no qual ocorre uma deficiência na Apo E, que é a principal apoproteína responsável pela ligação do QR e da IDL aos seus receptores hepáticos, os quais estão envolvidos nas suas depurações. Consequentemente, acontece um acúmulo destes remanescentes no plasma e nos tecidos, levando a xantomas e aterosclerose. Existem três isoformas de Apo E: E-II, E-III, E-IV, de maneira que cada isoforma é especificada pelos seus alelos distintos, os quais são também denominados E-II, E-III e IV, com frequências respectivas de 12%, 75% e 13% na população.

Segundo a combinação desses alelos, podemos ter seis genótipos (E-II E-II, E-II E-III, E-II E-IV, E-III E-III, E-III E-IV, E-IV E-IV). A Apo E-III é a que tem maior afinidade pelos receptores hepáticos, a Apo E-IV também é bem reconhecida, assim, a disbetalipoproteinemia só ocorre no genótipo E-II E-II (homozigoto), no qual a Apo E II tem baixa afinidade pelos receptores hepáticos e há bloqueio na captação de QR e IDL, o que leva a um excesso desses resíduos. Além disso, há apoio na literatura de que, concomitantemente com o déficit de depuração de QR e IDL, ocorra também um déficit na transformação da IDL em LDL, porque esta também é mediada pela Apo E, a qual se encontra anormal. Dessa forma, há níveis menores de LDL plasmática.

Implicações patológicas

Pacientes com hiperlipoproteinemia do tipo III estão em grande risco de DAC e infarto do miocárdio, pois a IDL tem grande poder aterogênico, acumulando-se facilmente nos macrófagos e nas paredes vasculares.

Secundária

As seguintes condições podem cursar com um padrão tipo III: hipotireoidismo, *Diabetes mellitus* e disgamaglobulinemia.

■ Hiperlipoproteinemia tipo IV

Primária

É outrora designada de hiperbetalipoproteinemia e de hipertrigliceridemia familiar, caracterizando-se pela elevação da VLDL plasmática e dos níveis de TG; os níveis de CT podem estar normais ou levemente aumentados. É uma doença bastante comum, sendo a mais frequente de todas as hiperlipoproteinemias primárias e tendo diagnóstico por vezes complicado, quando pacientes que inicialmente possuiriam elevações moderadas de TG (200 a 500 mg/dL), devido à elevação da VLDL, podem apresentar simultaneamente aumentos nos níveis de quilomícron, ocasionados por vários fatores precipitantes como alcoolismo, dietas ricas em gorduras, uso de anticoncepcionais orais e *Diabetes mellitus* descompensado, que transformam, mesmo que temporariamente, o padrão IV em V, mascarando o diagnóstico preciso. Nesses casos, os níveis de TG sobem muito e, de maneira geral, toda vez que esses níveis excedem os 1.000 mg/dL, estamos diante de quilomicronemia associada.

Por outro lado, quando temos elevações médias de TG juntamente com níveis normais de CT, a suspeita dessa dislipidemia pode ser facilmente confirmada laboratorialmente, onde o plasma em repouso será turvo, mas sem camada leitosa, a eletroforese revelará aumento da fração pré-beta e a ultracentrifugação indicará aumento de lipoproteínas na faixa de sedimentação da VLDL. Contudo, devemos lembrar que uma banda pré-beta aumentada, mas sem hipertrigliceridemia, indica hiperlipoproteinemia (a), a qual será mais bem avaliada adiante.

Manifestações clínicas principais

- O paciente típico tem a tríade: obesidade, hiperglicemia, hiperinsulinemia.
- HAS e hiperuricemia são frequentes.
- Xantomas eruptivos aparecem quando os níveis de TG ultrapassam os 1.000 mg/dL.
- Aterosclerose acelerada em alguns pacientes.
- Manifestações expressam-se na puberdade ou no início da fase adulta.

Fisiopatologia

A hipertrigliceridemia familiar é causada por um defeito genético autossômico dominante, mas o mecanismo pelo qual esse defeito induz à hipertrigliceridemia ainda não foi totalmente solucionado. Parece haver uma dificuldade de catabolização da VLDL, que só leva à hipertrigliceridemia quando ocorre uma superprodução hepática de VLDL, devido ao diabetes mellitus e à obesidade. Por isso, esse distúrbio também é chamado de hiperlipemia induzida por carboidratos. Então, nessa patologia o organismo seria incapaz de aumentar proporcionalmente a catabolização da VLDL quando sua taxa de produção está elevada, devido à obesidade ou ao *Diabetes mellitus*.

Implicações patológicas

Os indivíduos acometidos com hipertrigliceridemia familiar têm aumento na incidência de aterosclerose e representam cerca de 6% de todos os indivíduos acometidos por infarto do miocárdio. Entretanto, até hoje não sabemos muito bem se a hipertrigliceridemia por si própria exacerba a aterosclerose, já que ela está geralmente acompanhada de importantes fatores de risco, como hipertensão, *Diabetes mellitus*, obesidade, HDL baixa e tais fatores poderiam ser os verdadeiros responsáveis pela aterosclerose (vide Considerações Iniciais).

Secundária

Diabetes mellitus, gravidez, síndrome nefrótica, uso de contraceptivos orais, alcoolismo e doença de armazenamento do glicogênio são situações que podem causar um padrão IV de hiperlipoproteinemia.

Hiperlipoproteinemia tipo V

Primária

É uma desordem rara, sendo também denominada hipertrigliceridemia mista, que consiste na elevação dos níveis de TG à custa de VLDL e de Q, mesmo na ausência dos fatores exacerbantes da hipertrigliceridemia, anteriormente citados na hiperlipoproteinemia tipo IV. Então, a hiperlipoproteinemia tipo V caracteriza-se por quilimicronemia em jejum e elevação da VLDL plasmática, com ambas proporcionando um aumento de TG que pode atingir cifras muito altas, geralmente maiores que 1.000 mg/dL. Ocorre também uma tendência de níveis baixos de LDL e HDL, mas o CT está moderadamente elevado, à custa, principalmente, do aumento da VLDL. O plasma em repouso será então turvo, com camada leitosa superficial. A eletroforese e ultracentrifugação revelam, respectivamente, aumento de lipoproteínas na origem e da banda pré-beta, e aumento de lipoproteínas na faixa de Q e VLDL.

Manifestações clínicas principais

- São semelhantes às da hiperlipoproteinemia tipo I, só que surgem na vida adulta.
- Dor abdominal recorrente aparece em 3/4 dos pacientes.
- Xantomas eruptivos e pancreatite ocorrem em 1/3 dos pacientes, dependendo do grau de hipertrigliceridemia.
- Hepatoesplenomegalia – devida à captação do Q pelo SRE.
- Intolerância à glicose em 25% dos pacientes.
- Aterosclerose acelerada presente em alguns pacientes.

Fisiopatologia

O efeito genético que leva a este padrão patológico de dislipidemia é desconhecido, mas provavelmente o modo de transmissão genética é autossômico dominante.

Implicações clínicas

A associação dessa dislipidemia com risco de aumento de aterosclerose é bastante conflitante. Alguns estudos, como o de *Greenberg*, 1977, não revelam provas desta associação, mas por outro lado alguns trabalhos na literatura revelam o desenvolvimento de aterosclerose em alguns pacientes. Os níveis altos de TG se associam à pancreatite e à trombose venosa.

Secundária

- Pode ocorrer em: *Diabetes mellitus* insulinopênica, síndrome nefrótica, alcoolismo, mieloma múltiplo, pancreatite, hipercalcemia idiopática, doença de *Von Gierke* (doença de armazenamento do glicogênio – tipo I).
- Além das hiperlipoproteinemias englobadas nos fenótipos de Fredrickson, existem ainda outras duas hiperlipoproteinemias especiais que necessitam de algumas considerações: hiperlipoproteinemia (a) e hiperalfalipoproteinemia familiar.
  - Hiperlipoproteinemia (a): a Lp(a) é uma lipoproteína mais recentemente caracterizada, sendo uma variante da LDL que apresenta, além da Apo B100, uma apoproteína Apo(a) que se liga à Apo B100 por uma ponte dissulfídica. Algumas pessoas possuem níveis de Lp(a) elevados, de 30 a 80 mg/dL, particularmente se elas têm história prévia de infarto do miocárdio ou história familiar de aterosclerose prematura. Por conseguinte, a hiperlipoproteinemia(a) aumenta o risco de DAC, e tal risco é pior quando os níveis de LDL também são elevados.
  - Hiperalfalipoproteinemia familiar: é uma condição genética rara, em que há elevação dos níveis de HDL, aparentemente benéfica à saúde e que promove longevidade. Está associada a menores riscos para o desenvolvimento de aterosclerose. Uma hiper-alfa-lipoproteinemia secundária foi observada em indivíduos após a exposição a pesticidas que contêm hidrocarbonetos clorados, no alcoolismo e após a administração de estrogênio. O mecanismo envolvido na elevação dos níveis de HDL ainda não foi determinado.

Hipolipoproteinemias

■ Abetalipoproteinemia

Trata-se de um distúrbio genético extremamente raro, caracterizado pela ausência de todas as lipoproteínas que contêm Apo B: Q, VLDL e LDL. O quadro laboratorial desta patologia é muito típico. O colesterol total geralmente é inferior a 50 mg/dL, os níveis de TG não ultrapassam os 20 mg/dL e os fosfolipídios são menores que 1.000 mg/dL. Na eletroforese só encontramos a banda a e a ultracentrifugação apenas revela a presença de HDL. Um achado laboratorial característico é a acantocitose (hemácias alteradas, dismórficas).

Manifestações clínicas principais

- Esteatorreia, neuropatia atáxica, retinite pigmentar a alterações visuais, acantositose.

A abetalipoproteinemia é muito rica em manifestações, as quais se iniciam geralmente a partir da primeira infância. A sobrevida dos pacientes é bastante difícil.

Fisiopatologia

Esta dislipidemia decorre de um defeito genético autossômico recessivo, no qual há ausência total da síntese de Apo B, o que inviabiliza a síntese das lipoproteínas que contêm Apo B, ou seja, Q (quilomícron), VLDL (lipoproteína de densidade muito baixa) e LDL (lipoproteína de densidade baixa). A mucosa intestinal apresenta suas células com citoplasma repleto de gotículas de triglicerídeos, indicando que os processos de emulsificação, digestão e absorção da gordura pelo enterócito estão normais, mas existe um defeito na remoção da gordura do enterócito para os linfáticos. Dessa mesma forma, o fígado também acumula TG.

Hipobetalipoproteinemia familiar

É um distúrbio autossômico dominante, em que há uma deficiência genética na produção de LDL, que passa a apresentar 10 a 60% da sua concentração normal. Ocorre formação normal de Q e VLDL, assim os níveis de TG são geralmente normais. A concentração plasmática dos FL está diminuída. Esta dislipidemia geralmente não apresenta nenhuma manifestação detectável, e os pacientes são saudáveis e têm longevidade.

Deficiência familiar de HDL (doença de Tangier)

Trata-se de um distúrbio genético autossômico recessivo, no qual somente os homozigotos são afetados, caracterizando-se por ínfimas concentrações ou quase ausência de HDL. Esse distúrbio foi primeiramente descrito num rapaz e sua irmã em *Tangier Island*, Virgínia, sendo também denominado doença de Tangier por esse motivo. Laboratorialmente, o CT e os FL estão reduzidos, com tendência à hipertrigliceridemia branda. A eletroforese não consegue detectar a banda a, mas testes imunoquímicos e ultracentrifugação revelam que a HDL existe em quantidades mínimas (menos que 10% do normal). Q e VLDL estão absolutamente normais.

Manifestações clínicas principais

- Amígdalas alaranjadas.
- Hipertensão do SRE (hepatoesplenomegalia + linfonodomegalia).
- Opacidade da córnea (parece olho de peixe).
- Polineuropatia reincidivante.

Fisiopatologia

Não é bem conhecida, mas observa-se uma deficiência de Apo A-I e HDL mais rica em TG e mais pobre em colesterol: HDLT. A ausência de HDL normais pode levar à formação de QR anormais, que são captados e armazenados por células do SRE.

Aspectos laboratoriais

O diagnóstico de rotina das dislipidemias baseia-se nos seguintes exames:

- teste do plasma em repouso (plasma a 4°C por 16 horas);
- colesterol total;
- colesterol HDL (C-HDL);
- triacilgliceróis;
- colesterol LDL (C-LDL) por cálculo através da fórmula de Friedewald;
- Lp(a) e Apo B → não são feitas rotineiramente pelos laboratórios brasileiros.

Entretanto, antes de nos aprofundarmos nos devidos exames, é necessário abordarmos alguns aspectos sobre a colheita de amostra para o estudo das lipoproteínas, uma vez que na colheita existem inúmeros fatores que frequentemente levam a diagnósticos incorretos.

■ Colheita da amostra

Devemos seguir algumas normas na colheita da amostra para o estudo dos lipídios e lipoproteínas plasmáticas:

1. Jejum de no mínimo 12 horas.
2. O paciente deve estar fazendo sua dieta e atividades habituais.
3. O peso do paciente deve se manter estável por 4 semanas.
4. Nenhuma enfermidade aguda recente, trauma ou cirurgia.
5. O paciente não deve estar fazendo uso de drogas que alterem os níveis de lipídios plasmáticos. Por exemplo, anticoncepcionais orais, anabolizantes.
6. O exame deve ser feito, no mínimo, em mais duas ocasiões, de preferência com intervalo de 2 a 4 semanas, para confirmação diagnóstica.

Enfim, é de boa conduta que o médico conheça e tenha confiança no laboratório escolhido, assim como este deve fornecer ao clínico informações contínuas acerca da calibração dos seus equipamentos e do seu programa de controle de qualidade.

■ Teste do plasma em repouso

Metodologia

Neste teste, o plasma colhido é colocado num tubo de vidro e deixado em repouso por 16 a 18 horas a 4ºC. A seguir, o tubo é analisado com uma luz forte contra um fundo negro ou escuro.

É um teste simples, barato e que fornece informações consideráveis, indicando a presença de Q, e pode refletir os níveis de TG e IDL. Quando há presença de Q, ocorre a formação de uma camada leitosa no topo do tubo. Quando os níveis de TG estão substancialmente elevados, o plasma fica turvo. Isso pode ocorrer nos fenótipos II B, III, IV e V de Fredrickson, mas geralmente no V há concomitantemente uma camada leitosa no topo, o que não ocorre nos outros fenótipos. Nos pacientes com hipercolesterolemia devido somente à elevação da LDL, o plasma é claro, mas pode ter uma tonalidade alaranjada devido à presença de carotenoides carregados pela LDL.

■ Determinação do CT e TG

Após a observação da amostra, os próximos testes a serem considerados são a dosagem das concentrações do CT e TG. Partindo do princípio de que todas as regras de colheita foram devidamente seguidas, uma única determinação de CT e TG apresentando valores mais de 20% menores que os limites superiores de referência (de acordo com sexo e idade) virtualmente elimina o diagnóstico de hiperlipoproteinemia. Os pacientes que apresentarem valores marginais e elevados devem ter seus exames repetidos e, em adição, a determinação específica de lipoproteínas deve ser realizada.

Metodologia

- Colesterol total

Métodos enzimáticos: são os métodos mais simples, mais específicos e exatos, por conseguinte os mais utilizados na atualidade. Nestes, os ésteres de colesterol são hidrolisados mediante ação da colesterol éster hidrolase e, a seguir, o colesterol é oxidado pela colesterol oxidase, havendo formação de H_2O_2.

$$\text{Ésteres de colesterol} \xrightarrow{\text{colesterol éster hidrolase}} \text{Colestrol + ácidos graxos}$$

$$\text{Colesterol} + O_2 \xrightarrow{\text{colesterol oxidase}} H_2O_2 + \text{colesterol oxidado}$$

O O_2 consumido pode ser medido eletroquimicamente ou, o que é mais comum, o H_2O_2 pode ser quantificado colorimetricamente por meio de cromógenos mediante a ação da peroxidase.

$$H_2O_2 + \text{cromógeno reduzido} \xrightarrow{\text{Peroxidase}} \text{cromógeno oxidado (corado)} + H_2O$$

Um sistema cromógeno usado é o 4-aminofenazona/2-hidroxi-fenilacético, que é oxidado a um composto de cor vermelha. Como interferentes nessa metodologia, podemos citar esteróis plasmáticos que podem reagir com o colesterol oxidase. A Hb pode ter uma interferência negativa nos métodos enzimáticos, porque ela reage com o H_2O_2, reduzindo a quantidade do mesmo disponível para a oxidação do cromógeno.

- Triacilgliceróis

Uma imensa variedade de métodos tem sido usada para medir os TG plasmáticos. Todavia, os métodos mais comumente empregados baseiam-se na hidrólise dos TG e na dosagem do glicerol, que é liberado na reação:

$$\text{TG} + 3H_2O \longrightarrow \text{Glicerol} + 3 \text{ ácidos graxos}$$

Métodos enzimáticos: atualmente são os métodos correntemente usados pelo laboratório clínico para a dosagem dos TG. A maior parte deles baseia-se na hidrólise enzimática dos TG por meio de lipases. São métodos específicos, rápidos e práticos, realizados diretamente no soro ou plasma e que não são sujeitos à interferência de glicose e fosfolipídios.

Numa série de reações, os TG são hidrolisados e o glicerol formado é convertido em glicerol fosfato e, então, medido de acordo com o seguinte:

$$(1)\ \text{TG} \xrightarrow{\text{Lipase}} \text{Glicerol} + \text{ácidos graxos}$$

$$(2)\ \text{Glicerol} + \text{ATP} \xrightarrow{\text{Gliceroquinase}} \text{Glicerolfosfato} + \text{ADP}$$

$$(3)\ \text{Glicerolfosfato} + \text{NAD}^+ \xrightarrow{\text{Glicerolfosfato desidrogenase}} \text{Di-hidroxiacetona fosfato} + \text{NADH} + \text{H}^+$$

A nicotinamida adenina dinucleotídeo (NADH) formado na reação (3) pode ser dosado com espectrofotometria. De outra maneira, o glicerolfosfato formado na reação (2) pode ser oxidado, havendo a formação de H_2O_2 que pode ser medido, como já descrito na dosagem do colesterol:

$$(4)\ \text{Glicerolfosfato} + O_2 \xrightarrow{\text{Glicerolfosfato oxidase}} \text{Di-hidroxiacetona} + H_2O_2$$

O ADP formado na reação (2) também pode ser quantificado da seguinte forma:

$$(5)\ \text{ADP} + \text{Fosfoenolpiruvato} \xrightarrow{\text{Piruvato quinase}} \text{ATP} + \text{Piruvato}$$

$$(6)\ \text{Piruvato} + \text{NADH} + \text{H}^+ \xrightarrow{\text{LDH}} \text{Lactato} + \text{NAD}^+$$

Nesse caso, o consumo de NADH pode ser medido a 340 nm.

Determinação do C-HDL

Como já mencionado, a comunidade científica considera atualmente que baixos níveis de HDL constituem um potente e comum fator de risco para a aterosclerose. Por esse motivo, a determinação do HDL-C passou a fazer parte do perfil lipídico de rotina realizado pelos laboratórios. Além disso, a determinação do HDL-C tem sido também empregada para o cálculo de índices ou razões, em que a mais comum é a CT/HDL-C. Segundo alguns investigadores, quanto maior essa relação, maior o risco de aterogênese. Entretanto, é importante observar que o uso dessa relação, sem levar em conta a determinação dos TG e do LDL-C, pode conduzir a um diagnóstico incorreto ou a uma falsa estimativa de risco. Os valores de referência para o HDL-C são (em mg/dL):

- prognóstico favorável: homem > 55/mulheres > 65;
- risco padrão: homem = 35 a 55/mulheres = 45 a 65;
- indicador de risco: homem < 35/mulheres < 45.

Metodologia

As lipoproteínas que contêm Apo B100 (VLDL e LDL) precipitam-se na presença de poliânions (ex.: heparina) e de cátions bivalentes (ex.: Mn^{+2}). A maioria das técnicas usadas para determinação do C-HDL baseia-se nesse princípio, ou seja, na precipitação seletiva da LDL e da VLDL, seguida da mensuração do C-HDL no sobrenadante. Os reagentes mais usados no isolamento do C-HDL são: sulfato de heparina – Mn^{+2}, heparina – Ca^{+2}, sulfato de dextran – Mn^{+2}, fosfotungstato de sódio – Mn^{+2} e polietilenoglicol.

Determinação (estimativa) do C-LDL

A determinação do C-LDL a partir de cálculo baseia-se no seguinte princípio: numa amostra de plasma em jejum de no mínimo 12 horas, a quase totalidade do TG é carregada pela VLDL e está lipoproteína contém 60% de TG e 12% de colesterol (relação C-VLDL/TG = 1/5). Portanto, se dividirmos o TG por 5 determinaremos o C-VLDL. Para acharmos o C-LDL, basta então subtrairmos do CT o C-HDL e o C-VLDL. Assim, chegamos à fórmula de Friedewald:

$$\text{C-LDL} = \text{CT} - (\text{C-HDL} + \text{TG}/5)$$

Entretanto, é indispensável saber que esta fórmula não é válida para concentração de TG > 400 mg/dL, em que ocorrem inconsistências na relação C-VLDL/TG. A presença de quilomícron ou IDL também invalida essa fórmula, já que a relação colesterol/TG na vigência dessas lipoproteínas passa a ser, respectivamente, de 1/8 e de 1/2.

Apo B e Lp(a)

Como já mencionado, esses dois testes não são feitos rotineiramente pelos laboratórios brasileiros, mas são considerados testes de rotina para estudo dos lipídios e lipoproteínas plasmáticas pelo NIH (*National Institute of Health*) dos Estados Unidos. A metodologia aqui empregada é a imunoquímica (ELISA).

Ultracentrifugação

Este método não é usado na rotina da maioria dos laboratórios clínicos, uma vez que é de elevado custo e necessita de vários procedimentos especiais. Entretanto, a ultracentrifugação constitui o procedimento de referência na separação das lipoproteínas plasmáticas, sendo empregada nos laboratórios especializados e de pesquisa. Assim, a ultracentrifugação é muito útil para a confirmação da presença de IDL. Quando os níveis de TG excedem 400 mg/dL e necessitamos de uma determinação fidedigna do C-LDL, a ultracentrifugação em densidade igual a 1.006 g/mL permite a remoção da VLDL na camada sobrenadante e a determinação de C-HDL e C-LDL na fração do fundo. A precipitação da LDL, usando heparina-Mn^{+2}, permite a medida do C-HDL, e o C-LDL é então determinado por subtração. Por conseguinte, a ultracentrifugação associada à precipitação permite a determinação do conteúdo de colesterol de cada uma das lipoproteínas.

Eletroforese de lipoproteínas

Não é mais considerada parte do perfil lipídico de rotina, entretanto, ainda é muito realizada pelos laboratórios brasileiros. A tendência atual é considerar a eletroforese de lipoproteínas como um suplemento qualitativo aos ensaios quantitativos de rotina para TG, CT, HDL-C e LDL-C. A eletroforese deve acompanhar a ultracentrifugação no estabelecimento do fenótipo do distúrbio lipídico e na caracterização rara, como abetalipoproteinemia, doença de Tangier e na hiperlipoproteinemia tipo III, sendo também de utilidade na avaliação da atividade lipolítica pós-heparina.

Somente em duas circunstâncias a eletroforese de lipoproteínas deve ser realizada com primeiro intuito: na suspeita de que o paciente não realizou o jejum (nesse caso há presença de Q na origem) e na detecção da Lp-X, uma lipoproteína anormal, que é um marcador de icterícia obstrutiva.

Testes adicionais ou de pesquisa

- Apo A-I.
- Partículas A-I: Lp(a) I; Lp(a) I – A-II.
- LDL densa.
- Isoformas de Lp(a).

- Apo C-II e Apo C-III.
- Atividade lipolítica pós-heparina.
- Atividade e massa de LLEH.
- Atividade de L-CAT.
- Determinação da razão C-VLDL/TG.
- Análise genética do DNA para sondar presença de alelos a Apo E-II.

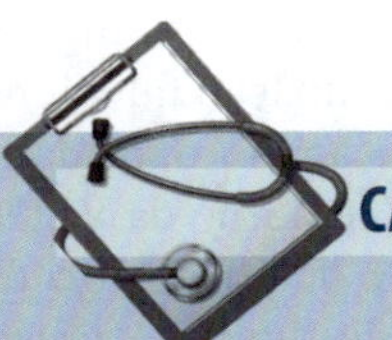

CASOS CLÍNICOS

■ Caso 1

Paciente do sexo masculino, 29 anos, deu entrada na emergência de um hospital público, com fortes dores difusas na região precordial. Apresentava-se na admissão bradicárdico e hipotenso. O eletrocardiograma foi realizado imediatamente, assim como a dosagem de troponina ultrassensível que confirmaram o diagnóstico de infarto agudo do miocárdio (IAM).

O paciente relata ser tabagista e faz uso de bebida alcoólica destilada, na frequência de 3 vezes por semana.

A história familiar mostra fortes indícios de problemas cardiovasculares. O avô morreu de IAM aos 45 anos e o pai aos 40 anos foi submetido a um *Bypass* coronariano.

Ao exame físico o paciente apresentou-se obeso (índice de massa corporal = 35), com presença de xantomas no plano palpebral e xantomas tendinosos subcutâneos, e apresentou uma elevação tumoral na região do tendão de Aquiles, sugestivos de hipercolesterolemia familiar.

Foram realizados exames pertinentes à avaliação dos lipídeos circulantes, com os seguintes resultados:

- Colesterol total: 405 mg/dL
- Triglicerídeos: 191 mg/dL
- HDL colesterol: 31 mg/dL
- LDL colesterol: 336 mg/dL
- VLDL: 38 mg/dL

Qual a sua avaliação do caso acima?

■ Caso 2

Paciente com 45 anos, nos últimos anos começou a ganhar peso, em uma média de 5 Kg por ano. Atualmente vem apresentando astenia, dores intensas nos joelhos e dores do tipo anginosas aos pequenos esforços.

Tem uma história familiar do pai ter falecido de IAM aos 50 anos, sendo ele hipertenso e diabético tipo 2.

Diante da história relatada acima, ele procurou um médico, para a realização de um *checkup*. Após alguns exames complementares (ECG, Ecocardiograma, prova de esforço e ultrassom do abdômen total), foram realizados alguns exames de sangue, cujos resultados encontram-se a seguir:

- Glicemia: 119 mg/dL
- Ureia: 40 mg/dL
- Creatinina: 1,3 mg/dL
- ALT: 120 U/L
- AST: 90 U/L
- Colesterol total: 210 mg/dL
- Triglicerídeos: 315 mg/dL
- HDL colesterol: 25 mg/dL
- LDL colesterol: 122 mg/dL
- VLDL: 63 mg/dL

Qual a sua avaliação do caso acima?

Bibliografia consultada

1. Assman G, Betterridge DJ, Gotto AM, Steiner G. The hipertrigliceridemias: risk and managemente. Am J Cardiolog, 1991; 68:304-40A.
2. Abreu S, Lopes-Pacheco, M, Silva AL, Xisto, D, Oliveria, T, KIitoko J, Castro L, Amorin N, Martins V, Gonçalves-de-Albuquerque CF, Castro-Faria-Neto HC, Olsen P, Weiss D, Morales M, Dias B, Rocco, PRM. Eicosapentaenoic Acid Enhances the Effects of Mesenchymal Stromal Cell Therapy in Experimental Allergic Asthma. Frontiers in Immunology, v. 9, p. 1-12, 2018.
3- Bachorik PS, Levy RI, Rikfind BM. Lipids and dyslipoproteinemia. In: Henry JB, eds. Clinical Diagnosis & Management by Laboratory Methods. Philadelphia, PN: W.B. Saunders, 2001; p. 22445.
4. Bertolami MC. Aspectos atuais sobre a participação das diferentes lipoproteínas na aterogênese. Atheros, 1994; 5(3):6-7.
5. Brown MS, Goldstein JL. The hyperlipoproteinemias& other disorders of lipid metabolism. In: Isselbacher KJ, Braunwald E, Wilson JD, Martin JB, Frauci AS, Kosper DL, eds. Harrison's principles of internal medicine. Columbus, Ohia: McGraw-Hill Inc, 1994; p. 2058-68.
6- Brandon JA, Farmer BC, Williams HC, Johnson LA. APOE and Alzheimer's Disease: Neuroimaging of Metabolic and Cerebrovascular Dysfunction. Front Aging Neurosci. 10:180, 2018;
7. Burtis CA, Ashwood ER, eds. Specimen collection and processing: Sources of biological variation. Tietz Textbook of Clinical Chemistry. Philadelphia, USA: WB Saunders Company, 1999.
8. Devlin, TM. Manual de bioquímica com correlações clínicas. Editora Edgard Blucher, 7 ed, 2011; p. 110-116.
9. Forti N. Reductions in lipid fraction plasma levels induced by simvastatin and bezafibrate. Brazilian multicenter study. Arq Bras Cardiol, 1993 Jun; 60(6):437-44.
10. Moraes IMM, Gonçalves-de-Albuquerque CF, Magno, F, Torres R, Carvalho VF, Bozza PT, Sperandio M, Catro-Faria-Neto HC, Silva AR . Omega-9 Oleic Acid, the Main Compound of Olive Oil, Mitigates Inflammation during Experimental Sepsis. Oxidative Medicine and Cellular Longevity, v. 2018, p. 1-13, 2018.
11. Gonçalves-de-Albuquerque CF, Moraes IMM, Moraes IMM, Burth P, Bozza PT, Castro Faria MV, Silva AR, Castro-Faria-Neto HC. Omega-9 Oleic Acid Induces Fatty Acid Oxidation and Decreases Organ Dysfunction and Mortality in Experimental Sepsis. PLoS One, v. 11, p. e0153607, 2016.
12. Guimarães AR, Costa-Rosa LF, Safi DA, Curi R. Effect of a polyunsaturated fatty acid-rich diet on macrophage and lymphocyte metabolism of diabetic rats. Braz J Med Biol Res, 1993 Aug; 26(8):813-8.
13. Gropper, SS, Smith, JL, Groff, JL. Nutrição Avançada e Metabolismo Humano. Cenage Learning, 5 ed, 2012; p. 143-156.
14. Rodwell VW, Bender DA, Botham KM, Kennelly PJ, Weil PA. Bioquímica Ilustrada De Harper (Lange), 30a Edição, 2017.

15. Henry JB, ed. Clinical diagnosis and management by laboratory methods. Philadelphia: WB Saunders, 2001.
16. Karan JH. Diabetes mellitus, hipoglicemia& lipoprotein disorders. In: Schroder SA, Krupp MA, Tierney LA, Mcphee SJ, eds. Current medical diagnosis & treatment. Norwalk and San Mateo: Appleton & Lange, 1991; p. 850-57.
17. Mayes PA. Cholesterol synthesis, transport & excretion. In: Murray RK, Granner DK, Mayes PA, Rodwell VW, eds. Harper's biochemistry. New York: Appleton & Lange, 1994; p. 262-73.
18.. Mayes PA. Lipid transport & store. In: Murray RK, Granner DK, Mayes PA, Rodwell VW, eds. Harper's biochemistry. New York: Appleton & Lange, 1994; p. 245-60.
19- Rasek, J, Rajdl, D. Clinical Biochemistry Electronic books Praga 2016 SBN 978-80-246-3497-5 (pdf)
20. Raut S, Mooberry L, Sabnis N, Garud A, Dossou AS, Lacko A. Reconstituted HDL: Drug Delivery Platform for Overcoming Biological Barriers to Cancer Therapy. Front Pharmacol. 9:1154, 2018.
21. Watson, RR and Meester, F. Handbook of Lipids in Human Function: Fatty Acids. London, Academic Press and AOCS Press, Elsevier, 2016; p. 1-30, 163-179, 543-553, 605-630.
22. Schoen FJ. Blood vessels. In: Cotran RS, Kumar V, Robbins SL, eds. Pathologic basis of diseases. Philadelphia: WB Saunders, 1994; p. 473-83.
23. Stein EA, Myers GL. Lipids, lipoproteins and apolipoproteins. In: Burtis CA, Ashwood ER, eds. Tietz Textbook of Clinical Chemistry. Philadelphia: WB Saunders, 1994; p. 1002-81.
24. Toy, Seifert Jr, Strobel, Harms. Casos clínicos em bioquímica. McGraw Hill Education - Artmed. 2016; p.566-577.

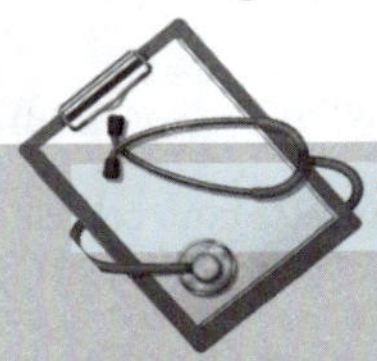

DISCUSSÃO DOS CASOS CLÍNICOS

■ Caso 1

Diante do quadro clínico e laboratorial pode-se sugerir a presença de uma dislipidemia primária – hipercolesterolemia familiar (indivíduo jovem com colesterol total acima de 300 mg/dL e LDL colesterol maior que 120 mg/dL). A hipercolesterolemia familiar é uma doença hereditária monogênica autossômica dominante, causada pela mutação no gene que codifica o receptor Apo B/E. Com isso ocorre a alteração do fluxo excedente de captação celular. No caso de pacientes heterozigóticos, o fluxo de captação celular de LDL remanescentes está diminuído, enquanto nos genótipos homozigóticos (doença rara) a captação está totalmente inibida. Estes pacientes geralmente têm uma história familiar proeminente de doença cardiovascular precoce, entre a 3ª e 4ª década de vida.

■ Caso 2

Comentários: Pacientes com histórico familiar e que apresentam ganho de peso com predisposição ao acúmulo de gordura na região central, sugerem a presença de acúmulo de gordura visceral, que pode ser confirmado com ultrassom abdominal, que demonstra a presença de gordura visceral intra-hepática e pancreática. Estes indivíduos têm probabilidade maior de desenvolver *Diabetes mellitus* do tipo 2, com rara complicação de cirrose hepática.

Devido à obesidade, há um aumento da resistência à insulina, que é compatível com depósitos ectópicos de triglicerídeos em tecidos hepático e muscular. Neste caso, pode-se observar valores de transaminases elevadas, sugestivas de doença hepática gordurosa não alcóolica com presença de componentes de síndrome metabólica, devido ao maior índice de massa corporal, circunferência de cintura aumentada, concentração de triglicerídeos elevada e HDL colesterol diminuído. O paciente em questão, apresenta problemas cardiovasculares (angina diagnosticada) e presença de histórico familiar significativo, que somado à dislipidemia observada adicionam fatores de risco agravantes ao diagnóstico clínico.

Diabetes *Mellitus*

9

Giselle Fernandes Taboada
Maria Alice Terra Garcia *(in memoriam)*
Rubens Antunes da Cruz Filho
Salim Kanaan

Revisão do metabolismo glicídico e lipídico

Para o estudo do *Diabetes mellitus* (DM) é imprescindível o conhecimento das principais vias metabólicas dos glicídios e dos lipídios. É importante ter em mente que, dependendo do tipo de diabetes, o indivíduo pode ter uma deficiência absoluta ou relativa de insulina, e quando essa deficiência é absoluta o seu metabolismo se assemelha ao de um indivíduo em jejum prolongado, pois embora tenha níveis glicêmicos elevados no sangue, ao contrário do que ocorre no jejum prolongado, a glicose não é metabolizada devido à ausência ou deficiência de insulina, o que obriga o organismo a buscar novas fontes de energia.

■ Transporte de glicose através das membranas

A glicose passa através das membranas com o auxílio de transportadores glicoproteicos que estão distribuídos de forma diferente através dos tecidos e vão do transportador de glicose 1 (GLUT-1) ao GLUT-12. O transportador GLUT-1 é amplamente distribuído por muitos tecidos e é muito numeroso nos capilares cerebrais que formam a barreira hematoencefálica. Este transportador é independente da ação da insulina.

O transportador GLUT-2 atua quando a glicemia está elevada, como no período pós-prandial. No fígado, é importante ao propiciar a síntese de glicogênio, molécula cuja finalidade é a de estocar glicose que será mobilizada nos períodos de jejum para que os níveis plasmáticos de glicose possam ser mantidos. Nas células-beta pancreáticas o GLUT-2 serve como mediador da liberação de insulina. No intestino, promove a absorção de glicose da luz intestinal para a corrente sanguínea e nos túbulos renais, promove a absorção de glicose do filtrado glomerular.

O transportador GLUT-3 atua em situações de glicemia mais baixa, como no período de jejum prolongado. Encontra-se no sistema nervoso central, onde o aporte de glicose é imprescindível.

Os transportadores anteriormente descritos não dependem de insulina. No entanto, a insulina é muito importante na atuação do transportador GLUT-4 encontrado no músculo esquelético e tecido adiposo. Essa importância deve-se ao fato de que estes tecidos têm uma premência absoluta de estocar glicose para períodos de jejum prolongado.

O transportador GLUT-4 no metabolismo basal encontra-se em um pool intracelular e é recrutado para a membrana plasmática apenas no período pós-prandial, quando há ampla liberação de insulina e necessidade de armazenamento de glicose para utilização futura. O processo pelo qual os transportadores GLUT-4 são transferidos do interior do adipócito e do miócito para a membrana plasmática é conhecido como translocação (Figura 9.1). Portanto, o GLUT-4 necessita da ligação da insulina com o seu receptor para que se desloque à membrana plasmática. Não confundir receptor (de insulina) com transportador (de glicose).

■ Glicólise

Dentro da célula a glicose é fosforilada pela hexoquinase. Essa enzima recebe o nome de glicoquinase no fígado, pâncreas, intestino e túbulos renais. A glicólise possui uma fase preparatória em que são consumidas duas moléculas de trifosfato de adenosina (ATP), e uma fase de restituição em que quatro moléculas de ATP são produzidas, resultando em um rendimento global de duas moléculas de ATP (Figura 9.2).

A enzima fosfofrutoquinase-1 (PFK-1) catalisa a fosforilação da frutose-6-fosfato em frutose-1-6-bifosfato; ela constitui o principal ponto de regulação da glicólise. Sua atividade aumenta quando o suprimento de ATP está diminuído, e os produtos de quebra de ATP, difosfato de adenosina (ADP) e monofosfato de adenosina (AMP), principalmente o último, estão em excesso. A enzima é inibida quando a célula tem amplo suprimento de ATP ou de outras substâncias energéticas, como, por exemplo, os ácidos graxos.

Uma etapa importante da via glicolítica é aquela em que o esqueleto carbônico da glicose, que contém seis carbonos, é clivado para produzir duas moléculas que possuem três carbonos, o gliceraldeído-3-fosfato e di-hidroxiacetonafosfato, que são conversíveis.

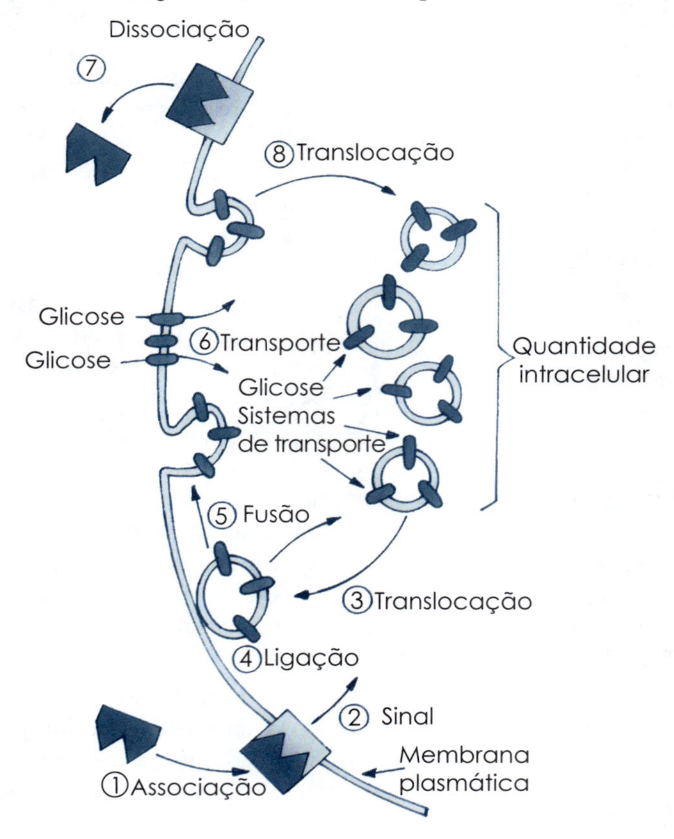

FIGURA 9.1 – Translocação de transportadores de glicose.

Na etapa seguinte, como mostra a Figura 9.2, ocorre redução de duas moléculas de NAD^+ e integração de duas moléculas de fosfato inorgânico, que irão contribuir na formação das moléculas de ATP, formadas nas etapas seguintes. Até o final da via glicolítica, são produzidas quatro moléculas de ATP. A formação desse ATP é dita "em nível de substrato", para diferenciar do ATP que é formado na cadeia fosforilativa da mitocôndria. Assim, microrganismos que não possuem essa organela são capazes de produzir ATP apenas desta forma. Além disso, o músculo esquelético também produz ATP por esta via.

O produto da glicólise é o piruvato, que pode ter dois destinos: aeróbio e anaeróbio. A via anaeróbia é utilizada, por exemplo, no músculo em contração vigorosa onde ocorre redução do piruvato a lactato e nos fungos onde há redução do piruvato a etanol.

A condição habitual da glicólise já foi descrita. No entanto, ela pode sofrer dois desvios no sentido de formação de ácidos graxos:

- Di-hidroxiacetona fosfato, que vai a glicerol-3-fosfato e, finalmente, a glicerol, integrante da molécula de triglicerídio.
- Via das pentoses, que se dá a partir da glicose-6-fosfato e produz $NADP^+ + H^+$, coenzima fundamental na síntese de ácidos graxos que ocorre no citoplasma (Figuras 9.2 a 9.4).

■ Ciclo do ácido cítrico

O piruvato, produto da glicólise, entra na mitocôndria, onde sofre reação de descarboxilação para produzir acetil-CoA pela ação da piruvatodesidrogenase.

Assim, em condições normais, a energia é produzida a partir do metabolismo da glicose. No jejum prolongado, situação na qual o metabolismo se assemelha ao de um indivíduo com diabetes descompensado, a fonte de acetil-CoA são os ácidos graxos.

O ciclo do ácido cítrico (ciclo de Krebs ou do ácido tricarboxílico) é constituído por oito etapas, dentro da mitocôndria e resulta na liberação de dois CO_2, três NADH (nicotinamida adenina dinucleotídeo), um $FADH_2$ (flavina adenina dinucleotídeo) e um GTP (trifosfato de guanosina). Ele libera equivalentes de hidrogênio, que são oxidados na cadeia respiratória, constituída por citocromos na membrana mitocondrial. A oxidação dos hidrogênios leva à produção de ATP (Figura 9.5).

■ Gliconeogênese

Gliconeogênese é a via de síntese da glicose a partir de moléculas precursoras mais simples não-glicídicas como lactato, piruvato, glicerol e aminoácidos como a alanina. Ela ocorre primordialmente no fígado e é imprescindível para manter o aporte de glicose durante os períodos de jejum prolongado, uma vez que diversos órgãos dependem desta última como única ou principal fonte de energia como o sistema nervoso central, as hemácias, os testículos e a medula renal.

Alguns precursores da gliconeogênese são diretamente transformados em piruvato a partir do qual farão a reversão da glicólise. Outras moléculas precursoras devem entrar no Ciclo de Krebs em algum ponto como intermediários para serem convertidas em oxaloacetato e subsequentemente transformadas em piruvato para fazer a reversão da glicólise.

Três etapas, no entanto, são bioenergeticamente impossíveis de serem revertidas:

1. Passagem do piruvato a fosfoenolpiruvato: o piruvato entra na mitocôndria. A piruvatocarboxilase, enzima característica da gliconeogênese, transforma piruvato (C_3) em oxaloacetato. O C_4 é reduzido a malato, que atravessa a membrana mitocondrial e é oxidado no citoplasma, produzindo novamente oxaloacetato. O oxaloacetato sofre ação da fosfoenolpiruvatocarboxilase, (enzima também típica da gliconeogênese), dando origem a fosfoenolpiruvato (C_3).
2. Passagem da frutose-1,6-bifosfato para frutose-6-fosfato: é feita pela ação da enzima frutose-1,6-bifosfatase encontrada unicamente no fígado e característica da gliconeogênese.

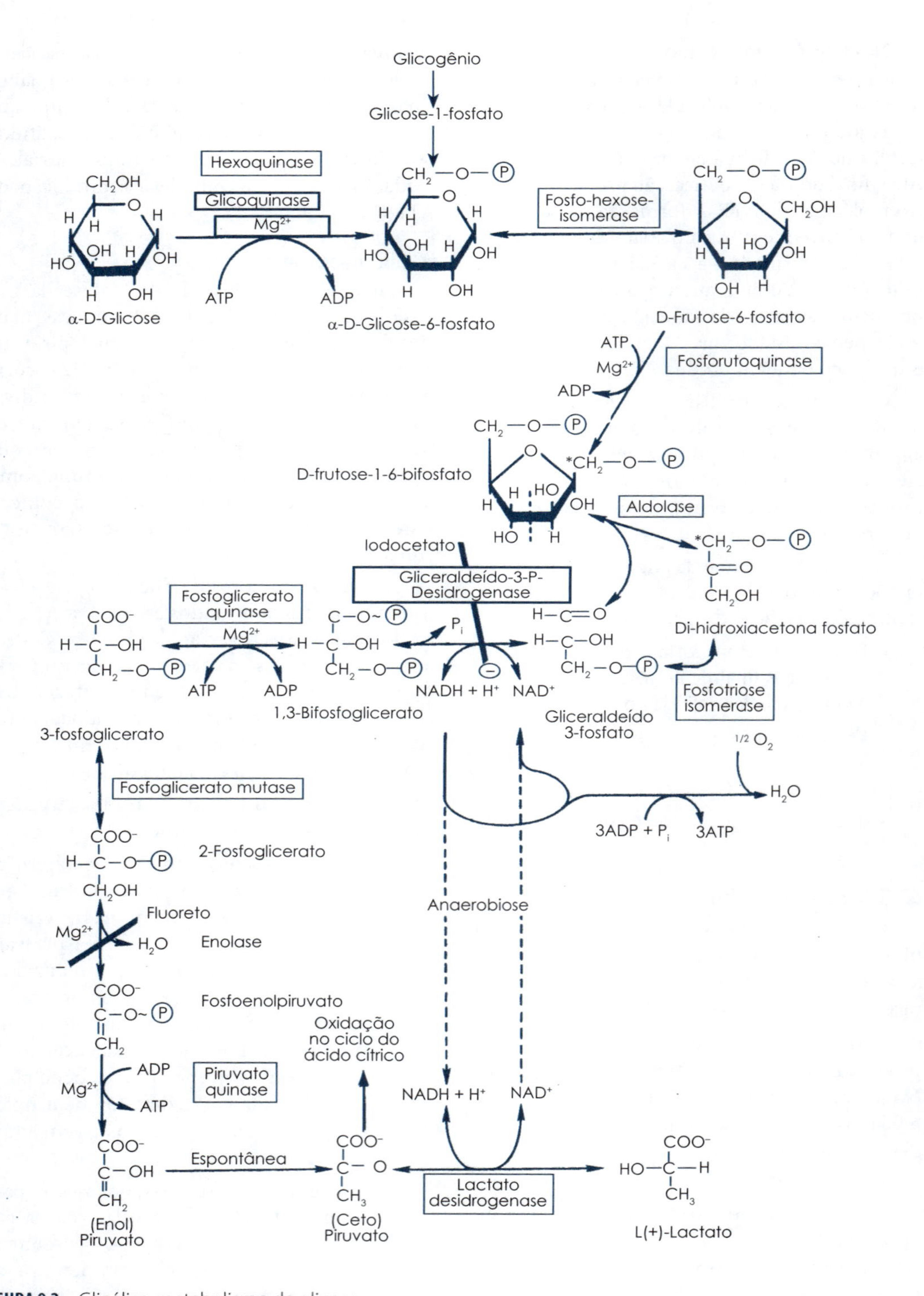

FIGURA 9.2 – Glicólise, metabolismo de glicose.

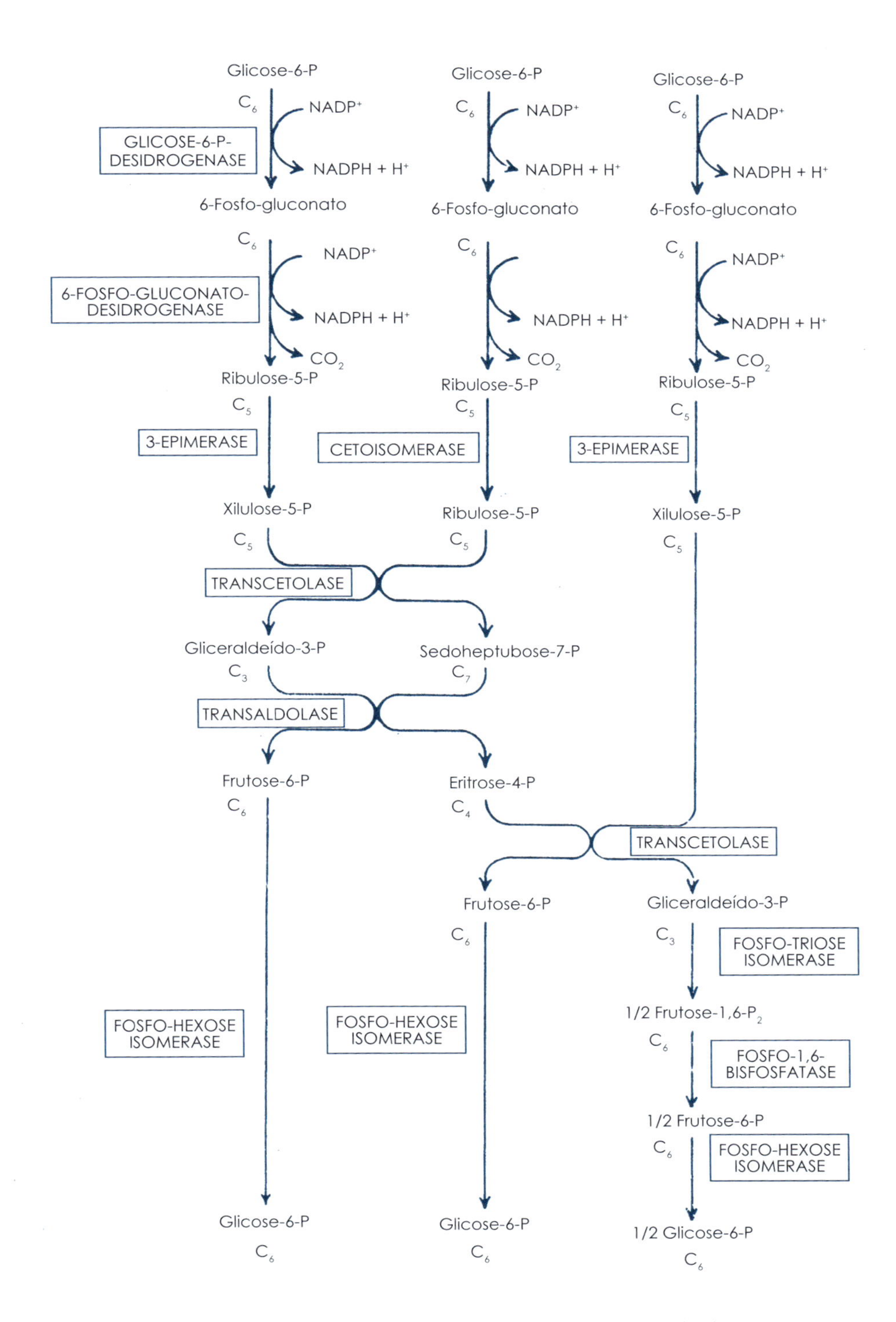

FIGURA 9.3 – Mapa do fluxo da via das pentoses-fosfato e suas ligações com a via glicolítica.

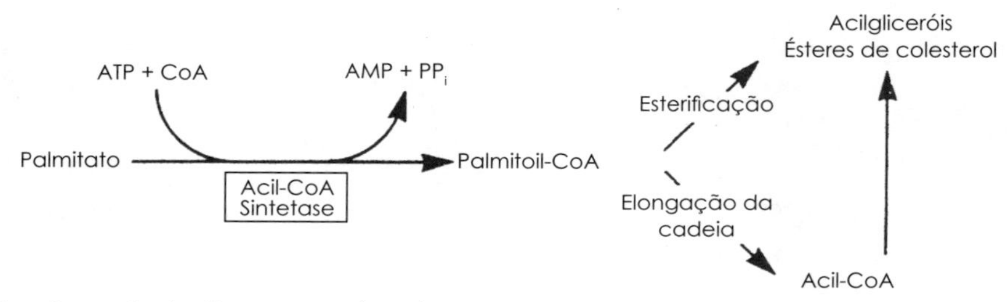

FIGURA 9.4 – Transformação da glicose em triglicerídeos extramitocondriais.

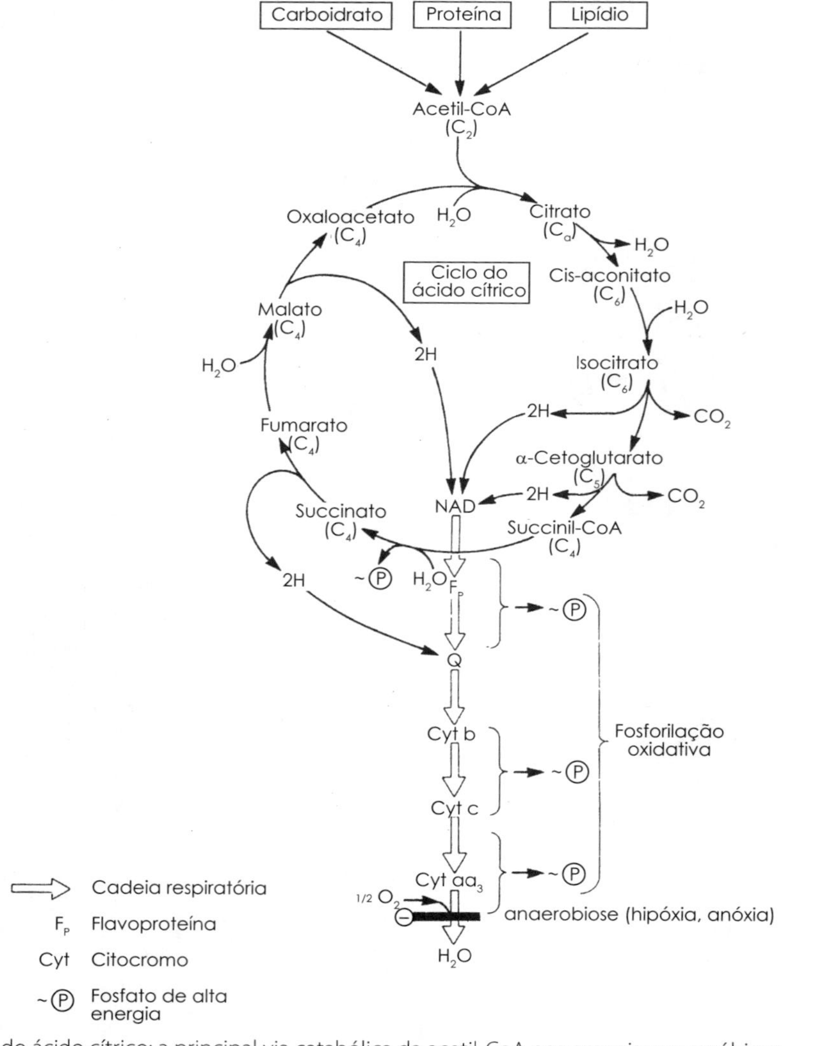

FIGURA 9.5 – Ciclo do ácido cítrico: a principal via catabólica da acetil-CoA nos organismos aeróbicos.

3. Passagem da glicose-6-fosfato para glicose: é feita pela enzima glicose-6-fosfatase, também específica e produzida exclusivamente pelo fígado.

O hormônio glucagon ativa a gliconeogênese, enquanto a insulina inibe. O indivíduo com DM faz gliconeogênese por ausência de insulina DM tipo 1 (DM1) ou por importante diminuição dela.

Da mesma maneira que a conversão glicolítica da glicose, a piruvato é uma via central no metabolismo dos glicídios, a conversão de piruvato a glicose é uma via central na gliconeogênese. Ambas ocorrem em grande parte no citoplasma, necessitando de regulação coordenada. A regulação independente da gliconeogênese e da glicólise é feita pelo controle exercido nas três etapas mencionadas anteriormente, por elas possuírem sistemas enzimáticos diferentes para catabolismo e anabolismo (Figura 9.6).

Síntese e degradação do glicogênio

Entre outras vantagens da ligação de nucleotídeos (uridina difosfato [UDP]) a açúcares com a finalidade de polimerização, está a de rotular as hexoses na célula para, por exemplo, a síntese de glicogênio, destacando-as do *pool* de fosfatos de açúcares destinados para a glicólise.

UDP-glicose é o substrato para a síntese de glicogênio; funciona como doadora imediata de resíduos da glicose à molécula de glicogênio em formação. A reação é catalisada pela enzima glicogênio sintase. No DM1, o glucagon encontra-se elevado e há pouca ou nenhuma insulina, portanto, a glicogenólise é estimulada (Figura 9.7).

■ Formação de corpos cetônicos

Etapas precedentes

• Hidrólise de triglicerídeos

Como mencionado anteriormente, o metabolismo do indivíduo com DM1 descompensado corresponde ao de um indivíduo em jejum prolongado, só que no DM1 há absoluta deficiência de insulina, diferente do que ocorre no jejum prolongado. Nesta situação se faz necessária a utilização dos triglicerídeos armazenados no tecido adiposo como fonte de energia, uma vez que a maior parte da glicose já foi utilizada com o mesmo fim.

Os hormônios epinefrina e glucagon, secretados como resposta aos níveis baixos de glicose (jejum prolongado), sinalizam para a produção de energia, ativando no tecido gorduroso a enzima adenilciclase na membrana plasmática do adipócito, que produz o segundo mensageiro AMPc. Uma proteína quinase dependente de AMPc ativa a triacilglicerol lipase que hidrolisa as ligações éster de triglicerídeos, originando ácidos graxos e glicerol (Figura 9.7).

• Transporte e destino dos ácidos graxos no plasma

Os ácidos graxos assim liberados do adipócito para o sangue se ligam à albumina, constituindo a fração free fatty acid (FFA). Esta fração transporta os ácidos graxos para os tecidos nos quais podem ser utilizados como fonte de energia, como, por exemplo, no músculo esquelético, no coração e no córtex suprarrenal. Nessa situação, a maioria dos tecidos reduz o seu metabolismo glicídico, utilizando os ácidos graxos como fonte principal de energia. O tecido cerebral não é capaz de utilizar ácidos graxos como fonte energética.

• Transporte de ácidos graxos para dentro da mitocôndria, sede da sua degradação

Um ácido graxo é um ácido orgânico de cadeia longa (16 a 20 átomos de carbono) não ramificado, podendo ou não possuir dupla ligação e contendo, em grande parte dos casos, um número par de átomos de carbono. Sua degradação em unidades de dois carbonos ocorre na mitocôndria. Como a oxidação de ácidos graxos ocorre no interior da mitocôndria, estes precisam ser transportados do citoplasma até a matriz mitocondrial. Além disso, para que o processo ocorra é necessária a transformação do ácido graxo em uma forma ativa chamada acil-

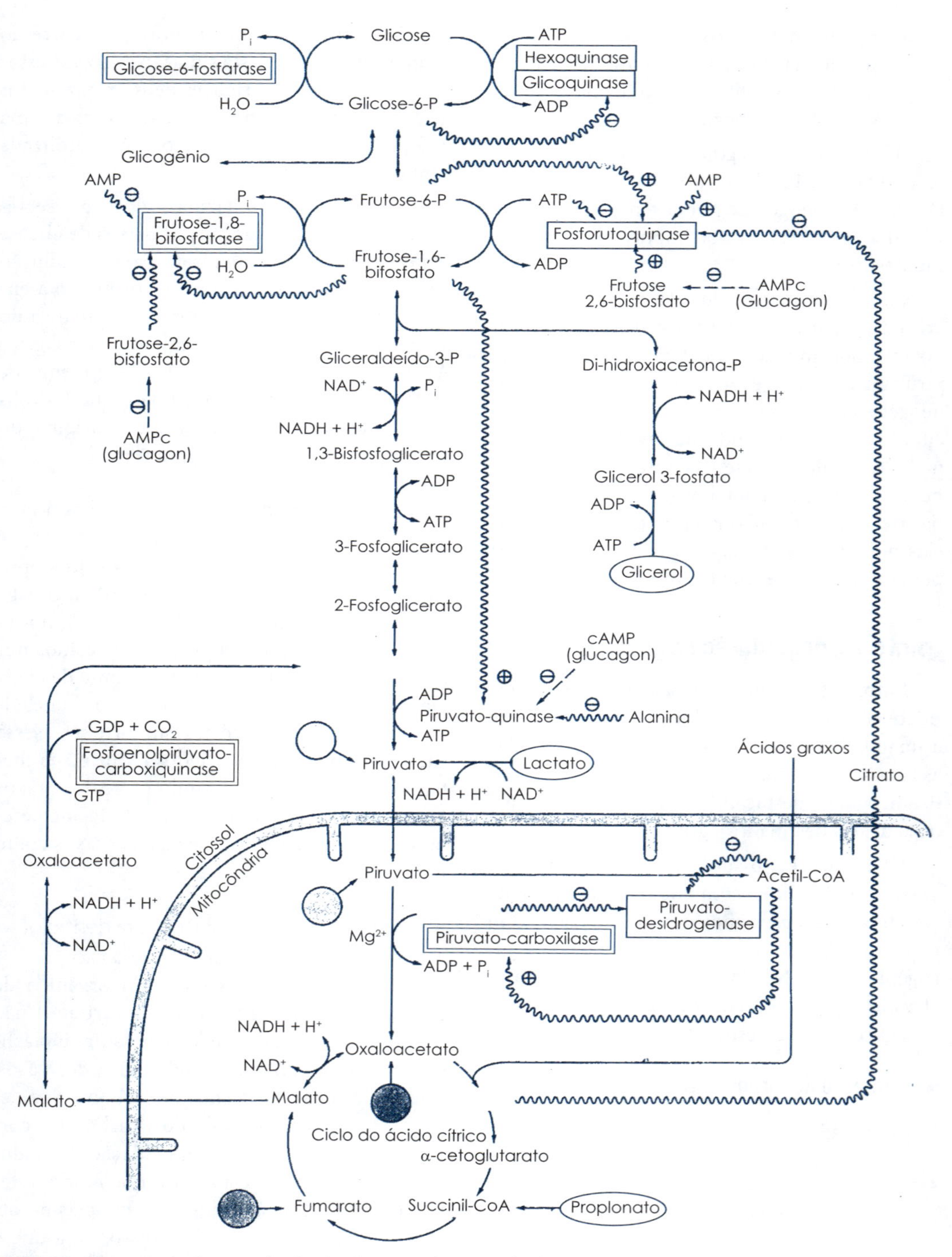

FIGURA 9.6 – Vias principais e regulação da gliconeogênese e glicólise no fígado.

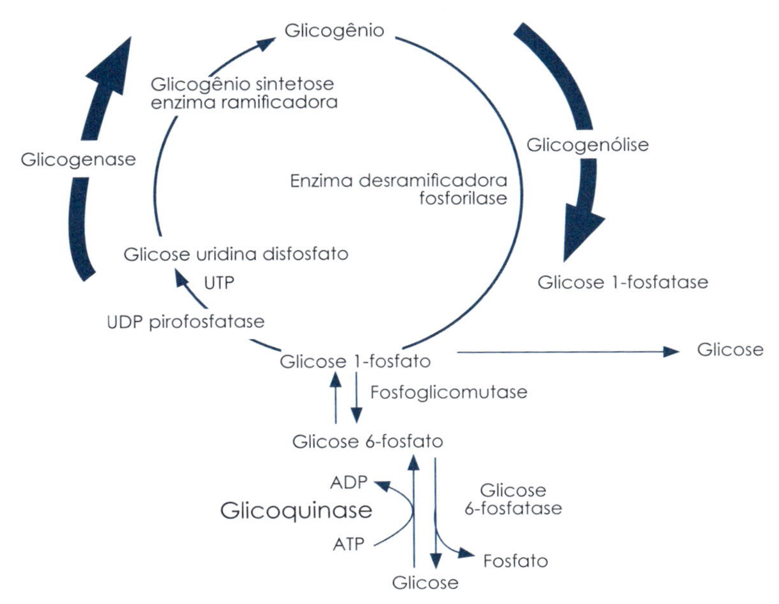

FIGURA 9.7 – Glicogênese e glicogenólise.

-CoA. Esta transformação ocorre no citoplasma e é catalisada pela enzima acil-CoA sintetase.

A acil-CoA é transportada para dentro da mitocôndria por meio de um transportador acil-carnitina.

β-oxidação dos ácidos graxos

A β-oxidação de ácidos graxos é um processo que envolve sucessivas clivagens da molécula do ácido, de maneira que resulte sempre na liberação de uma acil-CoA (Figura 9.8) a cada ciclo. A clivagem da cadeia de acil-CoA é catalisada pela enzima tiolase. Cada acil-CoA liberada tem como curso natural a sua utilização no ciclo de Krebs como fonte de energia.

Assim, o glucagon ativa a lipase, enquanto a insulina a inibe. No DM1, com deficiência absoluta de insulina, existe muita hidrólise de triglicerídeos que leva à cetose. No DM tipo 2 (DM2) não há formação de corpos cetônicos, pois a deficiência de insulina é relativa (há resistência à ação da insulina e hiperinsulinemia compensatória, mas a hiperinsulinemia não é suficiente para garantir a euglicemia – diz-se então que há insulinopenia relativa).

Outra fonte de energia muito importante na β-oxidação são as coenzimas NAD^+ e FAD^+ reduzidas, originadas desse processo. Estas irão para a cadeia respiratória para produzir ATP.

Corpos Cetônicos, Substâncias Formadas Exclusivamente no Fígado, Relevantes no Jejum Prolongado e Diabetes *Mellitus*

A acetil-CoA formada no fígado como resultado da β-oxidação dos ácidos graxos pode, como já vimos, entrar no ciclo do ácido cítrico para a obtenção de energia ou também formar corpos cetônicos: acetona, acetoacetato e β-hidroxibutirato.

As etapas metabólicas que levam à formação dos corpos cetônicos são vistas na Figura 9.9. Observamos que ela se inicia com a união de duas moléculas de acetil-CoA, originadas da β-oxidação de ácidos graxos e forma, ao final, os três corpos cetônicos: acetona, acetoacetato e β-hidroxibutirato.

Em condições de jejum prolongado ou DM1, os tecidos extra-hepáticos utilizam os corpos cetônicos como fonte de energia. Estes são conver-

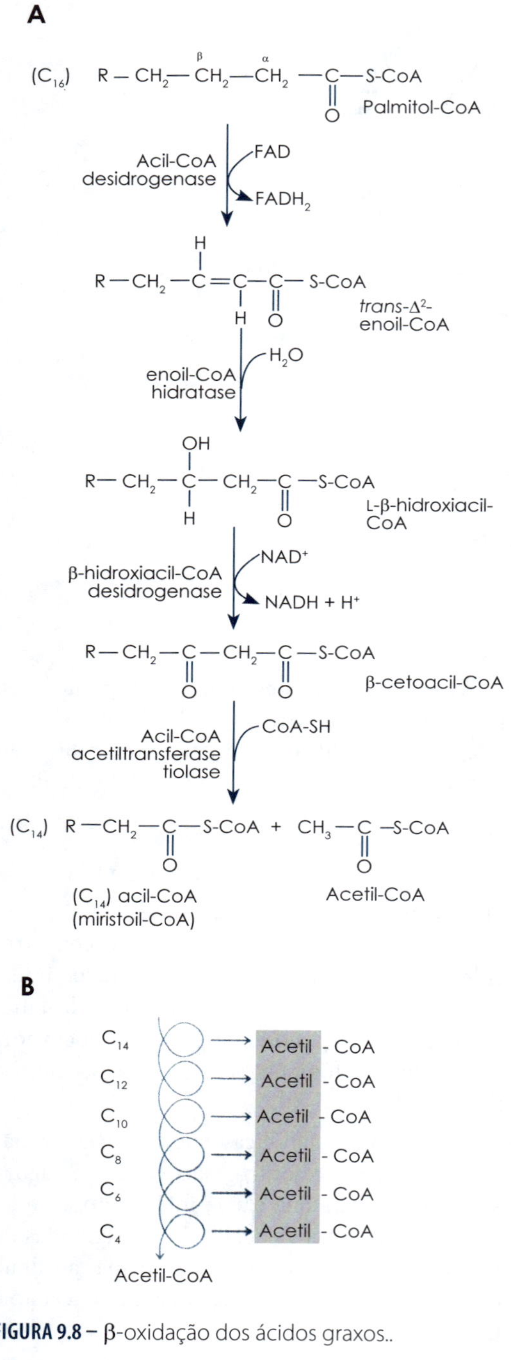

A

(C_{16}) R — CH_2 — CH_2 (β) — CH_2 (α) — C(=O) — S-CoA
Palmitol-CoA

Acil-CoA desidrogenase
FAD → $FADH_2$

R — CH_2 — CH = CH — C(=O) — S-CoA
trans-Δ^2-enoil-CoA

enoil-CoA hidratase
H_2O

R — CH_2 — CH(OH) — CH_2 — C(=O) — S-CoA
L-β-hidroxiacil-CoA

β-hidroxiacil-CoA desidrogenase
NAD^+ → NADH + H^+

R — CH_2 — C(=O) — CH_2 — C(=O) — S-CoA
β-cetoacil-CoA

Acil-CoA acetiltransferase tiolase
CoA-SH

(C_{14}) R — CH_2 — C(=O) — S-CoA + CH_3 — C(=O) — S-CoA
(C_{14}) acil-CoA (miristoil-CoA)
Acetil-CoA

B

C_{14} → Acetil - CoA
C_{12} → Acetil - CoA
C_{10} → Acetil - CoA
C_8 → Acetil - CoA
C_6 → Acetil - CoA
C_4 → Acetil - CoA
Acetil-CoA

FIGURA 9.8 – β-oxidação dos ácidos graxos..

tidos a moléculas de acetil-CoA, que entram no ciclo de Krebs (Figura 9.9).

No fígado, a gliconeogênese, que também ocorre em situações de jejum e DM, é a formação de glicose a partir de compostos não glicídicos. Ocorre desvio dos intermediários do ciclo do ácido cítrico, direcionando a acil-CoA derivada da oxidação dos ácidos graxos para a formação de corpos cetônicos. Assim, quando os intermediários do ciclo de Krebs estão sendo empregados para a gliconeogênese, a oxidação da acil-CoA no ciclo de ácido cítrico diminui. O fígado possui uma quantidade pequena de coenzima-A. Assim, o ritmo da β-oxidação estaria diminuído, não fora a formação de corpos cetônicos que liberam essa coenzima.

Como resultado, a β-oxidação é mantida normalmente e ocorre superprodução de corpos cetônicos. Níveis elevados de acetoacetato e β-hidroxibutirato no sangue diminuem o pH sanguíneo, levando à acidose. A acidose extrema pode levar ao coma e, em alguns casos, à morte. Os corpos cetônicos no sangue e na urina de indivíduos com DM não tratados, ou com descompensação importante, podem atingir valores extremos, uma condição chamada de cetoacidose que será abordada ao final deste capítulo.

Assim, o glucagon ativa a lipase enquanto a insulina inibe, por isso a cetoacidose diabética é uma complicação aguda que ocorre quase que exclusivamente no DM1, onde existe ausência total ou quase total de insulina, diferente do que acontece no DM2.

Controle da glicemia: hormônios

A concentração de glicose no sangue é mantida por um complexo jogo de vias metabólicas reguladas por hormônios. Essas vias têm por objetivo manter os níveis de glicose sanguínea na faixa da normalidade e variam bastante, tendo como referência a hora da alimentação. No período pós-prandial, as vias metabólicas atuantes

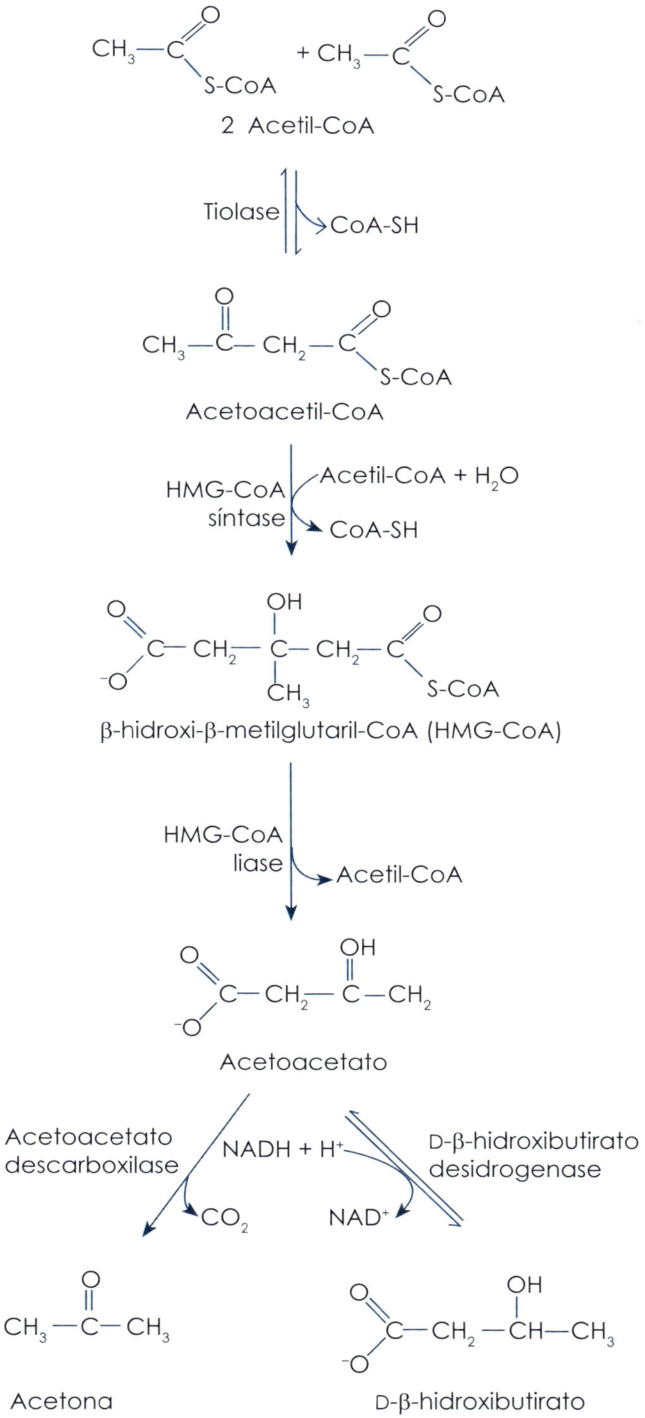

$CH_3-C(=O)-S\text{-}CoA + CH_3-C(=O)-S\text{-}CoA$

2 Acetil-CoA

Tiolase → CoA-SH

$CH_3-C(=O)-CH_2-C(=O)-S\text{-}CoA$

Acetoacetil-CoA

HMG-CoA síntase; Acetil-CoA + H_2O → CoA-SH

$^{-}O-C(=O)-CH_2-C(OH)(CH_3)-CH_2-C(=O)-S\text{-}CoA$

β-hidroxi-β-metilglutaril-CoA (HMG-CoA)

HMG-CoA liase → Acetil-CoA

$^{-}O-C(=O)-CH_2-C(OH)-CH_2$

Acetoacetato

Acetoacetato descarboxilase → CO_2

NADH + H^+ → NAD^+; D-β-hidroxibutirato desidrogenase

$CH_3-C(=O)-CH_3$

Acetona

$^{-}O-C(=O)-CH_2-CH(OH)-CH_3$

D-β-hidroxibutirato

FIGURA 9.9 – Formação de corpos cetônicos.

tendem a armazenar a glicose cujos níveis plasmáticos encontram-se elevados. O glicogênio é a forma de armazenamento utilizada pelo fígado e pelo músculo esquelético, enquanto o tecido adiposo armazena sob a forma de gordura (triglicerídio). No jejum de curta duração, o nível de glicose plasmática é garantido a partir da mobilização do glicogênio hepático (glicogenólise). O músculo não contribui para a glicemia por não possuir a enzima glicose-6-fosfatase. No jejum prolongado, quando o estoque de glicogênio hepático já foi consumido, o nível de glicose plasmática é garantido a partir da gliconeogênese que também ocorre no fígado.

Hormônios hipoglicemiantes

Insulina

- Síntese

A pré-pró-insulina é formada pelos ribossomos do retículo endoplasmático rugoso das células β-pancreáticas. Ela é rapidamente convertida por enzimas de clivagem em pró-insulina. Esta última é armazenada nos grânulos secretórios do Complexo de Golgi das células β-pancreáticas, onde ocorre a clivagem proteolítica em insulina e em peptídeo C (Figura 9.10).

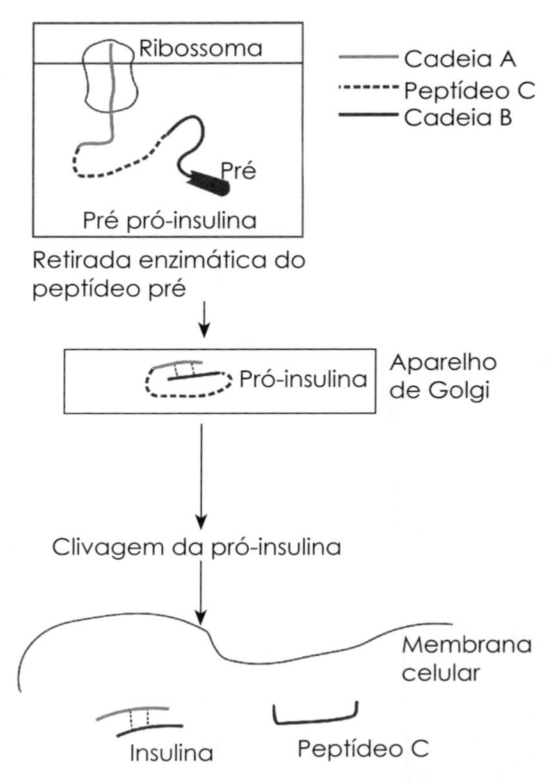

FIGURA 9.10 – Liberação do peptídeo C a partir da pró-insulina.

- Liberação

A secreção de insulina pode ser estimulada por diversos fatores alimentares ou endógenos como a glicose, aminoácidos, hormônios pancreáticos e gastrintestinais [colecistocinina (CCK), peptídeo 1 similar ao glucagon (GLP-1), polipeptídio insulinotrópico dependente de glicose (GIP), oxintomodulina, peptídeo YY, gastrina, secretina).

Além disso, algumas medicações podem estimular a secreção de insulina como as sulfonilureias e as metiglinidas enquanto outras podem aumentar a sua síntese além da secreção como os inibidores da dipeptidil peptidase 4 (iDPP4) e os análogos de GLP-1. Estas duas últimas classes têm efeito incretínico mediado pelo GLP-1. Os iDPP4 inibem a ação desta enzima que degrada o GLP-1 aumentando desta forma a meia-vida do GLP-1 endógeno. Os efeitos insulinotrópicos destas medicações são dependentes de glicose. Assim, esses fármacos são capazes de aumentar a secreção de insulina apenas quando a glicemia se eleva, de modo que não provocam hipoglicemia. Outro efeito destas medicações é o de controlar o incremento inadequado do glucagon observado nos diabéticos.

Em indivíduos normais, a insulina é secretada de maneira bifásica. Na primeira fase, ocorre liberação imediata de insulina armazenada nos grânulos de secreção, localizados próximo à membrana plasmática (pico elevado – precoce na Figura 9.11A). Na segunda fase, que se inicia imediatamente após a primeira, há liberação de insulina continuamente sintetizada, e ela perdura até que a glicemia seja normalizada (Figura 9.11A). Vale notar que o efeito incretínico (através do qual atuam algumas medicações citadas anteriormente) é o responsável pela maior redução de glicemia verificada após a ingestão oral de glicose, em comparação com a mesma quantidade injetada por via venosa em indivíduos não diabéticos. Com a falência progressiva da função da célula β, a primeira fase de liberação de insulina desaparece. Assim, nos pacientes com DM2, tanto a primeira fase de liberação da insulina quanto a sua natureza pulsátil desaparecem, sendo preservada somente a segunda fase (Figura 9.11B). Os pacientes com DM1 não apresentam resposta insulínica (Figura 9.11C).

• Degradação

Em sua primeira passagem pela circulação porta, aproximadamente 50% da insulina é extraída pelo fígado, onde são degradados. Uma vez que a quantidade extraída é variável, as concentrações plasmáticas de insulina podem não refletir de maneira adequada o ritmo de secreção. A degradação de insulina também se dá nos rins. A insulina é filtrada pelo glomérulo, reabsorvida e degradada pelo túbulo proximal. Vale notar aqui que isso justifica uma menor necessidade de insulina para aqueles pacientes com DM que evoluem com insuficiência renal em estágios mais avançados.

• Pró-insulina

A pró-insulina tem pouca atividade biológica, mas é a principal forma de armazenamento de insulina. Normalmente, apenas pequenas quantidades de pró-insulina entram na circulação (Figura 9.10).

• Peptídeo C

A pró-insulina é degradada em peptídeo C e insulina. O peptídeo C não tem atividade biológica. Embora a insulina e o peptídeo C sejam secretados para a circulação porta em quantidades equimolares, o fígado não capta peptídeo C, que é removido pelos rins. Assim, os níveis plasmáticos de peptídeo C em jejum são cinco a dez vezes maiores que os da insulina, devido a sua maior meia-vida (Figura 9.10).

• Aplicações clínicas da dosagem de insulina

A dosagem da insulina pode ser utilizada para estimar a presença de resistência insulínica, mas sua principal aplicação clínica é a investigação diagnóstica da hipoglicemia em indivíduos sem DM.

O método padrão-ouro para estudar a sensibilidade à insulina é o *clamp* euglicêmico-hiperinsulinêmico. Entretanto, trata-se de técnica de custo elevado que necessita de pessoal treinado e infraestrutura específica, ficando por estes mo-

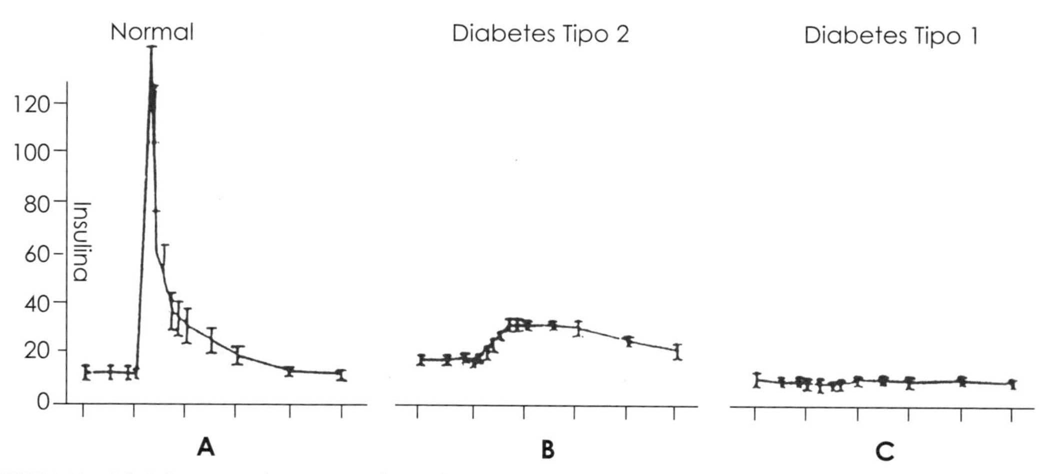

FIGURA 9.11 – A,B,C. Estrutura do receptor de insulina.

tivos restrita para uso em pesquisa em centros especializados.

Como alternativa, foram desenvolvidos modelos matemáticos e índices que foram validados e apresentam boa correlação com a técnica de *clamp*, utilizando as dosagens em jejum da glicemia e da insulinemia. O mais amplamente utilizado na prática clínica é o índice HOMA-IR (*homeostasis model assessment of insulin resistance*) cuja fórmula encontra-se a seguir:

HOMA-IR = [(glicemia em mmol/L) × (insulinemia em μU/mL)] / 22,5

ou

HOMA-IR = [(glicemia em mg/dL) × (insulinemia em μU/mL)] / 405

O valor de referência deve ser validado para cada população. No Brasil, alguns estudos utilizaram a técnica de *clamp* e determinaram pontos de corte para o índice HOMA-IR em adolescentes, adultos e idosos. O ponto de corte encontrado para definir resistência insulínica em um desses estudos em adultos e idosos foi > 2,71.

A hipoglicemia é uma complicação do tratamento do DM com insulina ou medicações que aumentam a secreção endógena deste hormônio. Entretanto, a hipoglicemia pode acontecer em indivíduos sem DM e a dosagem da insulina pode ser útil na investigação etiológica. Os sinais e sintomas da hipoglicemia se dividem naqueles causados pela resposta autonômica à diminuição dos níveis plasmáticos de glicose como sudorese, náuseas, calor, ansiedade, tremores e palpitações e aqueles causados pela neuroglicopenia (suprimento insuficiente de glicose para o sistema nervoso central) como cefaleia, visão turva ou dupla (diplopia), confusão, dificuldade para falar, convulsões e coma. Os sintomas autonômicos ocorrem com níveis um pouco maiores de glicemia do que aqueles relacionados à neuroglicopenia e servem de alerta para o indivíduo bem como refletem o funcionamento dos sistemas de defesa do organismo à hipoglicemia. Dentre as causas de hipoglicemia em indivíduos sem DM podemos citar o insulinoma, a nesidioblastose, síndrome de *dumping* pós-cirurgias do aparelho digestivo, hipoglicemia pancreatógena não-insulinoma, hipoglicemia autoimune, deficiências hormonais, doenças críticas e uso de algumas medicações.

Hormônios hiperglicemiantes

Glucagon

O principal órgão-alvo do glucagon é o fígado, onde ele se liga a receptores específicos e eleva os níveis de AMP cíclico (AMPc) e cálcio. O glucagon estimula a produção de glicose pelo fígado por meio da glicogenólise e da gliconeogênese. Além disso, estimula a cetogênese.

A secreção de glucagon é regulada principalmente pela concentração de glicose plasmática: baixos níveis estimulam a secreção do hormônio. A insulina inibe a secreção de glucagon. Concentrações elevadas de glucagon, secundárias à deficiência de insulina, parecem contribuir para a hiperglicemia e cetoacidose diabética.

Epinefrina

A epinefrina é a catecolamina produzida pela medula adrenal que estimula a glicogenólise e diminui a utilização de glicose, aumentando assim a concentração plasmática de glicose. Ela estimula a secreção de glucagon e inibe a secreção de insulina.

Hormônio do crescimento

É um polipeptídio secretado pela hipófise anterior. Ele estimula a gliconeogênese, aumenta a lipólise, estimula a glicogenólise e antagoniza a captação de glicose estimulada pela insulina.

Cortisol

O cortisol é secretado pelo córtex adrenal em resposta ao hormônio corticotrófico (ACTH). O cortisol estimula a gliconeogênese e aumenta a quebra de proteínas e lipídios. Indivíduos com a síndrome de Cushing possuem concentrações aumentadas de cortisol sendo as principais causas a presença de adenoma hipofisário secretor de ACTH e adenoma do córtex adrenal. Entre outros sinais e sintomas, estes indivíduos podem apresentar hiperglicemia pela ação do cortisol no metabolismo glicídico. Por outro lado, na doença de Addison ocorre insuficiência adrenocortical por destruição ou atrofia do córtex adrenal e estes indivíduos podem manifestar entre outros sintomas hipoglicemia.

Classificação e etiopatogenia

O ponto em comum de todos os tipos de DM é a hiperglicemia, que em médio a longo prazo (pelo menos cinco anos) pode levar às complicações micro- (nefropatia, retinopatia, neuropatia) e macrovasculares (doença cardio e cerebrovascular e doença arterial periférica) crônicas do DM. O DM é classificado em: DM1; DM2 (o mais prevalente); DM gestacional e outros tipos de DM. Nesta última categoria se incluem diversas patologias como as formas monogênicas de DM (MODY – *maturity-onset diabetes of the young* ou diabetes do jovem de início na maturidade), DM relacionado a síndromes genéticas (Turner e Down) e DM secundário a outras endocrinopatias (síndrome de Cushing, acromegalia) ou a infecções (citomegalovírus, rubéola congênita) e medicações (diazóxido, glicocorticoides).

■ Diabetes *Mellitus* tipo 1

Nesta forma de DM ocorre uma deficiência absoluta de insulina que em 99% dos casos se deve a um processo de destruição autoimune das células beta-pancreáticas. A forma idiopática responde por cerca de 1% dos casos. O DM1 pode acometer indivíduos até a 8ª década, entretanto é mais comum em crianças e adolescentes. Pela absoluta deficiência de insulina o DM1 é uma doença catabólica com tendência à cetose. Nesta situação o glucagon plasmático encontra-se elevado contribuindo para a mobilização do estoque de glicogênio (glicogenólise) e gliconeogênese. A insulina exógena é, portanto, necessária para reverter o estado catabólico, reduzir a glicose plasmática e prevenir a cetose.

Mecanismo da Cetose

No jejum, quando o organismo é privado de fontes energéticas exógenas (alimentos), há queda da glicemia e dos níveis plasmáticos de insulina, com elevação concomitante dos hormônios contrainsulínicos (glucagon, cortisol, GH e catecolaminas). As reservas energéticas endógenas passam então a ser utilizadas, ocorrendo consumo do glicogênio hepático, lipólise com produção de ácidos graxos livres e glicerol, e catabolismo muscular, gerando alanina. No fígado, os ácidos graxos serão convertidos em cetonas (cetogênese) e a alanina, utilizada na produção de glicose (gliconeogênese). No jejum, esse processo é revertido pela alimentação quando ocorre aumento da secreção pancreática de insulina. No DM1 a deficiência absoluta deste hormônio resulta em desarranjo metabólico semelhante ao do jejum, entretanto a falta de insulina perpetua e agrava essas alterações com grave consequência clínica denominada cetoacidose diabética que será abordada mais adiante.

Aspectos genéticos

A suscetibilidade ao DM1 é herdada, mas o modo de herança é complexo, poligênico e ainda não completamente compreendido. O maior contribuinte do risco genético é o complexo HLA (uma região associada à codificação de moléculas altamente polimórficas, de reconhecimento do sistema imune, os antígenos leucocitários humanos) localizado no cromossomo 6, determinando 40-50% do risco herdado de DM. Diferentes genótipos que codificam o HLA-DR e o HLA-DQ estão associados à proteção e suscetibilidade ao DM1. O genótipo DQ8/DQ2 é o maior determinante de risco genético com mais de 40% das crianças recém-diagnosticadas com DM1 sendo portadoras desse genótipo, comparadas com apenas 3% das crianças saudáveis. Por outro lado, o genótipo DQ6 parece conferir proteção contra o DM1.

Os genótipos HLA parecem ter efeitos modificadores na geração de autoanticorpos para antígenos específicos, inclusive aqueles relacionados ao DM. O alelo DR4/DQ8 confere maior risco para DM1 enquanto o alelo DR3/DQ2 confere um risco mais amplo de doenças autoimunes, inclusive DM1.

Aspectos imunológicos

Os mecanismos exatos envolvidos na iniciação (1º passo) e progressão (2º passo) do processo autoimune no DM1 não estão ainda bem definidos. Existem evidências de que fatores ambientais desencadeiam o início do processo autoimune em indivíduos geneticamente suscetíveis (1º passo). Os marcadores de autoimunidade contra as ilhotas pancreáticas são o anticorpo anti-insulina, anti-descarboxilase do ácido glutâmico (GAD), anti-antígeno do insulinoma (IA-2) e anti-transportador de zinco (ZNT8). Além disso, fatores ambientais também parecem influenciar a taxa de progressão para a doença clinicamente manifesta (2º passo). Os mecanismos envolvidos incluem agentes virais (enterovírus, rubéola, caxumba e *Coxsackie* B) e bacterianos (microbiota intestinal), componentes da dieta isolados ou em combinações (leite de vaca, glúten, vitaminas A e D, ômega 3), fatores antropométricos (peso ao nascer aumentado e aumento de peso na infância precoce) e psicossociais (determinam estresse psicológico podendo aumentar a resistência insulínica e então sobrecarregar as células β-pancreáticas). A autoimunidade à célula β iniciada por proteína viral que possui sequências de aminoácidos em comum com proteínas da célula β (autoantígenos) constitui o fenômeno conhecido como mimetismo molecular.

As células das ilhotas de Langerhans apresentam um infiltrado inflamatório crônico denominado insulite. Este apresenta principalmente células T CD8+, com números variados de células T CD4+, linfócitos B, macrófagos e células *natural killer*. Os linfócitos B, assim como os macrófagos, parecem desempenhar um papel importante como apresentadores dos autoantígenos. A apresentação de certos autoantígenos por linfócitos B pode sobrepujar um ponto-chave na tolerância das células T às células pancreáticas.

Diabetes Mellitus tipo 2

O DM2 é bastante comum, principalmente em pessoas com mais de 40 anos, e corresponde a cerca de 90% de todos os casos de DM. É frequente a sua associação com outras doenças como obesidade (predominantemente centrípeta com depósito de gordura visceral), hipertensão arterial sistêmica, dislipidemia e doença aterosclerótica constituindo assim a síndrome plurimetabólica. O mecanismo fisiopatológico primário do DM2 é a resistência insulínica que, juntamente com pequenos defeitos na primeira fase de secreção insulínica das células beta pancreáticas, leva a um consequente estado paradoxal de hiperglicemia com hiperinsulinemia e insulinopenia relativa. Com a evolução da doença, a secreção das células beta progressivamente diminui, podendo haver hipoinsulinemia absoluta e consequentemente necessidade de tratamento com insulina exógena.

A descompensação extrema do DM2 raramente resulta em cetoacidose (como no DM1) já que mesmo uma quantidade mínima de insulina é capaz de bloquear a lipólise e suprimir a secreção de glucagon. Assim, a complicação aguda associada ao DM2, é classicamente o estado hiperosmolar não-cetótico.

Neste capítulo abordaremos os mecanismos fisiopatológicos do DM2, com enfoque na resistência periférica à ação da insulina como principal processo envolvido no desenvolvimento da doença.

Mecanismo de ação da insulina

A compreensão das vias sinalizadoras envolvidas na ação da insulina pode levar a um melhor entendimento da fisiopatologia da resistência à insulina associada à obesidade e ao DM2. A identificação das moléculas-chave e dos processos auxilia na busca e no desenvolvimento de agentes terapêuticos mais específicos e eficientes.

O receptor de insulina é de natureza glicoproteica e consiste em duas subunidades α e duas subunidades β, ligadas por pontes dissulfeto. As subunidades α se localizam na região extracelular e contêm o domínio de ligação com a insulina. As subunidades β têm um domínio extracelular, outro transmembrana e outro intracelular que expressa a atividade tirosina-quinase estimulada por insulina. (Figura 9.12). A ligação da insulina ao seu receptor na subunidade β resulta então na ativação da tirosina-quinase e autofosforilação do receptor nos seus resíduos tirosina. Esta autofosforilação permite o recrutamento e fosforilação de substratos do receptor da insulina como o IRS-1 e proteínas Shc. A Shc ativa a via Ras-MAPK enquanto os IRS ativam a via PI3K-Akt, recrutando e ativando a PI3K e levando à geração do segundo mensageiro PIP3. O PIP3 ligado à membrana recruta e ativa PDK-1 que então fosforila e ativa a Akt e PKC. A via Akt é responsável pela maior parte dos efeitos metabólicos da insulina, regulando o transporte de glicose, síntese lipídica, gliconeogênese e glicogenogênese. Além disso, é uma via importante no controle do ciclo celular. Por outro lado, a via Shc-Grb2-Sos-Ras-Raf-MAPK controla a proliferação celular e transcrição gênica.

A fosforilação dos resíduos tirosina é essencial para a ativação do receptor de insulina e seus substratos (IRS). Por outro lado, a fosforilação de resíduos serina e treonina está envolvida na diminuição da sinalização da insulina ou resistência insulínica. Esse aumento da atividade serina/treonina quinase pode ser observado em resposta à presença de citocinas, ácidos graxos, hiperglicemia, disfunção mitocondrial e estresse. Além disso, algumas mutações e polimorfismos genéticos podem contribuir para a resistência insulínica. Vale destacar que seu real papel na patogênese do DM2 ainda não foi estabelecido e apenas pequenos estudos foram publicados em número muito limitado de pacientes. Foram descritas mutações no receptor de insulina e suas moléculas de sinalização que determinam aumento do *turnover* do receptor, redução da expressão e da afinidade pelo ligante e diminuição da capacidade de sinalização. Além disso, mutações na Akt também já foram identificadas em indivíduos com DM2 e relacionadas com resistência insulínica. Alguns polimorfismos também já foram observados com maior frequência em indivíduos com DM2 como por exemplo o G972R da IRS-1 e determinam diminuição da sinalização da insulina em geral através da diminuição da atividade PI3K. Polimorfismos do gene PTEN também já foram descritos em associação com DM2 e levam a diminuição da ativação da Akt induzida por insulina.

■ Influência de ácidos graxos (lipotoxicidade)

Tanto na obesidade, quanto no DM2, os níveis plasmáticos de ácidos graxos livres (AGL) estão elevados. Estes AGL determinam disfunção e apoptose das células beta-pancreáticas além de interferir com ação da insulina nos tecidos-alvo, em particular no músculo esquelético, resultando em resistência insulínica.

■ *Diabetes Mellitus* Gestacional

Diabetes mellitus gestacional (DMG) é definido como uma intolerância à glicose que surge ou é identificada pela primeira vez durante a gestação. Fisiologicamente, a partir do segundo trimestre da gravidez a placenta secreta quantidades crescentes de hormônios contrainsulínicos dentre eles o hormônio lactogênio placentário. Isso resulta em aumento progressivo da resistência insulínica, mais pronunciado no terceiro trimestre, e consequente hiperplasia das células beta-pancreáticas com secreção de maiores quantidades de insulina tanto no jejum como no período pós-prandial. O DMG se desenvolve quando a função das células beta-pancreáticas é insuficiente para sobrepujar este aumento da resistência insulínica.

Existe uma associação do DMG não-controlado com desfechos materno-fetais desfavoráveis, incluindo aborto espontâneo, pré-eclâmpsia, macrossomia fetal e distócia no parto, hipoglicemia e hiperbilirrubinemia neonatais. O DM pré-gestacional não controlado está ainda associado a malformações fetais, em particular aquelas do tubo neural. A hiperglicemia materna resulta em maior aporte de glicose para o feto, através da circulação placentária. A hiperglicemia leva o feto a secretar mais insulina que é o principal hormônio estimulador do crescimento intrauterino. Assim, a hiperglicemia materna resulta em macrossomia fetal. O diag-

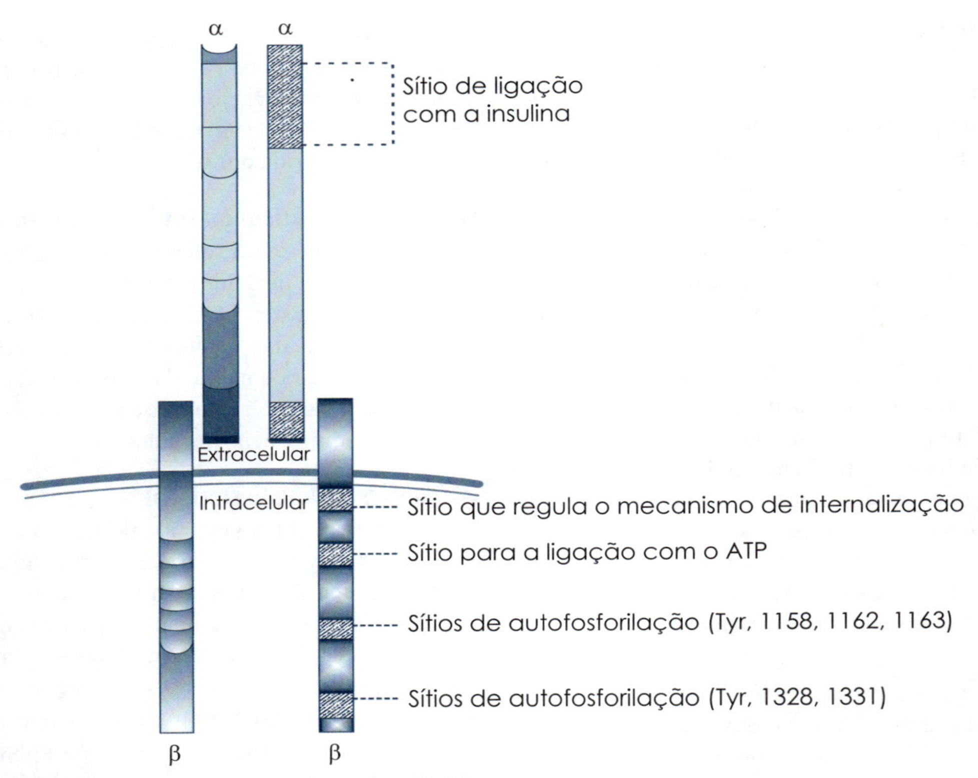

FIGURA 9.12 – Estrutura do receptor de insulina (título).

nóstico do DMG é importante, pois o tratamento adequado evita as complicações maternas e fetais. Após o parto, o metabolismo glicídico materno pode retornar ao normal. Ainda assim, o DMG aumenta o risco de DMG em gestações subsequentes e de DM2 ao longo da vida. No recém-nato macrossômico pode ocorrer hipoglicemia neonatal, já que a hiperplasia das células beta resulta em continuada secreção aumentada de insulina, entretanto o bebê não dispõe mais do grande aporte de glicose materna.

■ Defeitos genéticos das células beta pancreáticas

O MODY é um tipo de DM que lembra o DM2, entretanto é diagnosticado em indivíduos mais jovens, em torno dos 25 anos. É um tipo de DM pode resultar de uma (monogênico) de seis mutações em genes específicos que levam à disfunção das células β e diminuição da secreção de insulina.

Os genes envolvidos codificam: a enzima glicoquinase (da via glicolítica) – MODY2; ou fatores de transcrição com expressão nas células β-pancreáticas, a saber, o Fator Hepatocítico Nuclear 4α (HNF-4α/MODY1); Fator Hepatocítico Nuclear 1α (HNF-1α/MODY3); Fator Promotor da Insulina (IPF1/MODY4); Fator Hepatocítico Nuclear 1β (HNF-1β/MODY5) e Neuro D/Beta2 (MODY6). Estes fatores de transcrição são reguladores da expressão de alguns genes-chave na produção e secreção da insulina, no transporte da glicose (GLUT2) e, também na embriogênese pancreática.

Avaliações laboratoriais

■ Glicemia plasmática de jejum

É considerada normal uma glicemia plasmática em jejum (GJ - 8 horas) até 99 mg/dL. Indivíduos com GJ entre 100 e 125 mg/dL têm um risco aumentado de desenvolver DM e são classificados como tendo GJ alterada (GJA) ou pré-DM. Caso a GJ seja maior ou igual a 126 mg/dL em pelo menos duas ocasiões diferentes pode-se concluir pelo diagnóstico de DM.

■ Glicemia plasmática aleatória

Nos pacientes com sintomas claros de hiperglicemia como poliúria, polidipsia e perda de peso pode ser dispensado o jejum e coletada amostra para avaliação da glicemia plasmática aleatória. Um resultado maior que 200 mg/dL neste exame, associado aos sintomas de hiperglicemia, é suficiente para o diagnóstico de DM.

■ Teste oral de tolerância à glicose

Para indivíduos com glicemias de jejum limítrofes ou GJA pode ser realizado o teste oral de tolerância à glicose (TOTG) com o intuito de avaliar um segundo critério para o diagnóstico de DM. Estudos epidemiológicos sugerem que indivíduos com alteração na glicemia de 2h têm um risco aumentado de evento e morte por doença cardiovascular, ainda que não tenham DM ou GJA.

1. Cuidados prévios para a realização de TOTG:
   - Registrar o uso de medicamentos e intercorrências que possam alterar o resultado do exame.
   - Três dias antes do exame manter atividade física habitual e alimentação com pelo menos 150 g de carboidrato por dia.
   - Não fumar ou caminhar durante o exame.
2. Realização de TOTG:
   - Jejum de 8 a 10 horas – água é permitida
   - É coletada uma amostra de sangue para avaliar a glicemia plasmática de jejum.
   - Em seguida o indivíduo ingere uma solução contendo 75 g de glicose anidra dissolvidos em 250-300 mL de água em até 5 minutos.
   - Duas horas depois é coletada uma segunda amostra de sangue para avaliação da glicemia plasmática de 2h.

Obs.: Não existe padronização de valores da glicemia para curvas em que são coletadas amostras de sangue nos tempos 30, 60 e 90 minutos. Desta forma estas curvas glicêmicas não têm utilidade além de serem dispendiosas. A interpretação pode ser visualizada na Tabela 9.1.

■ Hemoglobina glicada

A glicação é uma reação não enzimática que resulta na adição de um resíduo de açúcar a grupos amino de proteínas, entre elas a hemoglobina (Hb). A Hb humana geralmente consiste de: HbA1 (97% da Hb total); HbA2 (2,5% da Hb total) e HbF (0,5% da hb total). O fracionamento da HbA1 dá origem a um grupo pequeno de Hb chamado em conjunto de hemoglobina glicada (HbA1c). A formação de HbA1c é essencialmente irreversível, e sua quantidade no sangue depende da meia-vida da hemácia e da concentração plasmática de glicose. A concentração de HbA1c representa os valores integrados da glicose plasmática por um período de 3 meses, sendo que 50% do valor desta se referem à média da glicose plasmática no último mês.

A medida da hemoglobina glicada (HbA1c) é tradicionalmente utilizada no monitoramento em longo prazo de indivíduos com DM.

Tabela 9.1 – Interpretação de valores no TOTG

Valores de glicose (mg/dL)	Normal	Pré-diabetes	Diabetes Mellitus
Jejum	Até 99	Entre 100 e 125	≥ 126
2 h após sobrecarga	< 140	Entre 140 e 200	≥ 200

Isto se deve à sua boa correlação com o desenvolvimento de complicações microvasculares. Uma grande vantagem deste exame é o fato de não estar sujeito a flutuações diárias e não ser afetado pelo exercício ou pela ingestão alimentar. Assim, a HbA1c tem sido utilizada também para o diagnóstico de DM quando maior ou igual à 6,5%, desde que o método seja certificado pelo *National Glycohemoglobin Standardization Program*. Indivíduos com valores entre 5,7 e 6,4% são considerados pré-DM.

Interferências nos resultados da hemoglobina glicada

Níveis falsamente baixos

Níveis falsamente baixos de HbA1c podem ser encontrados em algumas situações, como uso de vitaminas C e E pelos pacientes (por serem inibidores da glicação da Hb), policitemia, insuficiência renal crônica (pela redução da eritropoietina e da eritropoiese), anemias hemolíticas ou hemorragia recente (pela redução da meia-vida das hemácias).

Níveis falsamente elevados

Níveis falsamente elevados de HbA1c podem ser encontrados na insuficiência renal crônica (pela presença de Hb carbamilada – resultante da ligação com a ureia), em pacientes usando doses altas de ácido acetil salicílico (pela presença de Hb acetilada), policitemia, anemias carenciais (ferro, ácido fólico ou vitamina B12), etilismo e uso crônico de opiáceos.

As hemoglobinopatias, inclusive hereditárias (HbF, HbC ou HbS) podem interferir com os resultados de HbA1c, sendo no sentido de falsamente aumentar ou reduzir, a depender do método de dosagem.

Resumo dos critérios para diagnóstico laboratorial de *Diabetes Mellitus* segundo a Sociedade Brasileira de Diabetes e a Associação Americana de Diabetes

Qualquer um dos critérios a seguir é considerado diagnóstico:

- Sintomas de hiperglicemia (perda de peso, poliúria, polidipsia e polifagia) + glicose plasmática ao acaso (independente do jejum) ≥ 200 mg/dL.
- Em duas ocasiões: glicemia de jejum (8 horas) ≥ 126 mg/dL ou TOTG com glicemia de 2 horas ≥ 200 mg/dL ou HbA1c ≥ 6,5%.

O rastreamento da população para DM deve ser feito a partir dos 45 anos de idade ou, em qualquer idade, naqueles com sobrepeso/obesidade, hipertensão arterial ou história familiar de DM2. Qualquer um dos exames utilizados para o diagnóstico (glicemia de jejum, TOTG e HbA1c) pode ser utilizado para esta finalidade. O intervalo de tempo para repetir o rastreamento não é estabelecido por estudos clínicos. As sociedades sugerem repetir o exame a cada 3 a 4 anos em indivíduos com baixo risco de desenvolver DM e com resultado prévio normal. Para aqueles com pré-diabetes ou com fatores de risco para desenvolver DM2 o rastreamento deve ser anual.

Diagnóstico do diabetes gestacional

A investigação de DMG deve ser feita em todas as gestantes sem diagnóstico prévio de DM. A Sociedade Brasileira de Diabetes (SBD) recomenda que na primeira consulta pré-natal seja solicitada glicemia de jejum. Se o valor encontrado for ≥ 126 mg/dL, é feito o diagnóstico de DM franco. Caso a glicemia plasmática em jejum seja ≥ 92 mg/dL e < 126 mg/dL é feito o diagnóstico de DM gestacional (DMG). Em ambos os casos, deve-se confirmar o resultado com uma segunda dosagem da glicemia de jejum. Caso a glicemia seja < 92 mg/dL, a gestante deve ser reavaliada entre a 24ª e a 28ª semanas de gestação através de teste oral de tolerância à glicose (TOTG) com ingestão de 75g de glicose (Tabela 9.2).

Tabela 9.2 – Diagnóstico de diabetes mellitus gestacional em TOTG com ingestão de 75 g de glicose

Tempo	TOTG *
75 g de Glicose	
Jejum	92 mg/dL
1 hora	180 mg/dL
2 horas	153 mg/dL

*Um valor alterado confirma o diagnóstico.

Frutosamina

A frutosamina é formada pela glicação de proteínas plasmáticas, cujo principal componente é a albumina (±60%). O nome frutosamina refere-se à estrutura cetoamina do produto formado entre glicose e o grupo épsilon-amino dos resíduos de lisina da albumina, portanto, não se refere à dosagem de frutose.

A meia-vida da albumina é cerca de 20 dias. Desta forma, a frutosamina reflete a média das glicemias por período bem mais curto do que a HbA1c. Ela pode ser dosada naqueles casos em que sabidamente existam interferentes na dosagem da HbA1c. Entretanto, não existem estudos de desfecho com a frutosamina, de modo que sua utilidade é bastante limitada na prática clínica.

Autoanticorpos

A avaliação rotineira dos autoanticorpos na prática clínica não está indicada, ficando reservada para duas situações particulares: auxiliar na classificação de casos atípicos de DM e determinar indivíduos em risco de desenvolver DM1. Nesta última situação, é bastante questionável esta prática, uma vez que até hoje não se dispõe de nenhum tratamento eficaz para prevenir a evolução dos indivíduos em risco para o desenvolvimento da doença.

No dia a dia do clínico, a classificação do tipo de DM leva em consideração aspectos da história, exame físico e do comportamento da doença ao longo do tempo. Entretanto, estudos com avaliação da autoimunidade em jovens e adultos com DM revelaram que nas duas situações, uma proporção considerável de indivíduos fora erradamente classificados como DM2 com base nos critérios clínicos e apresentavam autoimunidade positiva selando o diagnóstico de DM1. Em geral estes indivíduos diagnosticados com DM2 evoluem mais rapidamente com necessidade de insulina, constituindo o grupo com LADA (*Latent Autoimmune Diabetes in the Adult*).

Familiares em primeiro grau de indivíduos com DM1 têm um risco aumentado de desenvolver a doença. Entretanto esta população corresponde a apenas 10-15% dos casos novos de DM1 diagnosticados anualmente. Desta forma, o rastreamento de risco apenas em familiares em primeiro grau de DM1 não detecta a maioria dos casos futuros de DM1 que são indivíduos sem nenhuma história familiar. Entre a detecção destes autoanticorpos e o surgimento de sintomas clínicos do DM1 decorre um longo tempo, durante o qual diversas intervenções se mostraram ineficazes para prevenir o surgimento da doença. Alguns estudos avaliaram a presença de diferentes autoanticorpos (ICA, IAA, GAD e IA-2Ab) e o risco de desenvolver DM1 e parece que nenhum autoanticorpo isoladamente tem valor preditivo melhor. A presença de mais de um autoanticorpo é que parece melhorar a sua especificidade. No *Diabetes Prevention Trial* (DPT-1), familiares em primeiro grau de DM1 com um ou mais autoanticorpos presentes tiveram 68% de risco de desenvolver DM1 em 5 anos enquanto aqueles com três autoanticorpos tiveram um risco de 100%.

Dosagem de insulina

As indicações para a dosagem de insulina estão descritas na parte de controle hormonal da glicemia.

Dosagem de peptídeo C

Outra dosagem útil na avaliação da secreção da insulina é a do peptídeo C que oferece algumas vantagens em relação à da insulina:

- O peptídeo C não sofre extração hepática, como ocorre com a insulina, de modo que a sua dosagem reflete de forma fidedigna a secreção endógena de insulina pelo pâncreas (quando dosamos a insulina no plasma estamos avaliando a insulina pós-hepática, menor do que a originalmente secretada pelo pâncreas);
- O ensaio não sofre interferência da insulina exógena (administrada para o tratamento do DM) nem da presença de anticorpos anti-insulina (que podem estar presentes de forma espontânea ou induzidos pelo próprio tratamento do DM);
- O ensaio não sofre interferência da pró-insulina (como acontece com o ensaio da insulina) que pode estar aumentada em alguns indivíduos com DM2.

Excreção urinária da albumina

Os indivíduos com DM apresentam risco de desenvolver complicações crônicas microvasculares, entre elas a nefropatia diabética (ND). Estas complicações se correlacionam com o grau de hiperglicemia e o tempo de evolução do DM e seu surgimento e evolução podem levar anos. Além disso, a presença de comorbidades como HAS e dislipidemia e o tabagismo aumentam o risco de desenvolver esta complicação.

O diagnóstico de ND é feito com base na excreção urinária de albumina (EUA) conforme o quadro a seguir.

	Relação albumina/creatinina (mg/g) em amostra única de urina
Normoalbuminúria	< 30
Microalbuminúria	30 a 299
Macroalbuminúria	≥ 300

São necessários dois exames com microalbuminúria para confirmar o diagnóstico de ND, sendo importante descartar a presença de condições que temporariamente aumentem a EUA sem que haja necessariamente lesão renal estabelecida, como controle glicêmico ou pressórico inadequados, infecção do trato urinário, exercício físico intenso e estados febris. Está indicado o rastreamento ao diagnóstico no DM2, entretanto, no DM1 não é necessário o seu rastreamento nos primeiros 5 anos após o diagnóstico.

O controle glicêmico rigoroso, tanto no DM1 como no DM2 reduz o risco de surgimento da nefropatia ou retarda sua progressão quando já está estabelecida. Além disso, naqueles pacientes com ND diagnosticada é recomendado o uso de medicações nefroprotetoras como os inibidores da enzima conversora da angiotensina (IECA) ou os bloqueadores do receptor da angiotensina II (BRA), mesmo que estes indivíduos não sejam hipertensos (situação na qual será usada a máxima dose tolerada pelo paciente sem que ocorra hipotensão).

Princípios clínicos diagnósticos

Foi anteriormente descrito o diagnóstico laboratorial do DM. Neste item são descritas as características clínicas deste que auxiliam no diagnóstico bem como na sua classificação.

Os sintomas de poliúria e polidipsia surgem geralmente com níveis de glicemia acima de 200 mg/dL quando é excedida a capacidade renal de reabsorção da glicose filtrada. Com isso, ocorre glicosúria cujo efeito osmótico leva a perda de água livre e consequente desidratação. Esta última deflagra o mecanismo compensatório de sede resultando em polidipsia. A polifagia e a perda de peso se devem à insulinopenia absoluta e à falta da ação anabólica da insulina. Estes sintomas são marcadores de hiperglicemia franca, que frequentemente está presente ao diagnóstico de DM1 e mais raramente no DM2. Quando presentes ao diagnóstico de DM2 podem indicar a necessidade de insulinização destes pacientes. Sua evolução posterior pode permitir a conversão para tratamento com hipoglicemiantes orais.

DM tipo 1

- Início antes dos 30 anos, mais comum em crianças e adolescentes. Pode acometer até a 9ª década de vida.
- Magros.
- Necessidade de insulina como terapia inicial.
- Propensão para cetoacidose diabética.
- Associação com outras doenças autoimunes.

Tipo 2

- Após os 30 anos, a maior parte > 40 anos.
- Obesos (80%; idosos podem ser magros).
- Podem não necessitar insulina inicialmente.
- Condições associadas (resistência insulínica, hipertensão arterial sistêmica, doença cardiovascular, dislipidemia, síndrome dos ovários policísticos).
- Muitos pacientes podem permanecer anos sem sintomas e consequentemente sem diagnóstico.

Complicações agudas

▪ Cetoacidose diabética

A cetoacidose diabética (CAD) pode ser uma manifestação inicial do DM1 ou pode ser resultado de uma necessidade aumentada de insulina nos pacientes com DM1 ou grave deficiência de insulina naqueles com DM2 durante o curso de uma infecção, trauma, infarto agudo do miocárdio ou cirurgia. Trata-se de uma emergência médica, com uma taxa de mortalidade um pouco menor que 5%.

O aparecimento de CAD é frequentemente precedido por um ou mais dias de poliúria e polidipsia associadas à fadiga, náuseas e vômitos. Em casos mais graves podem ocorrer alterações do nível de consciência como torpor e até coma. Ao exame físico, podem ser encontrados desidratação, hálito cetônico e uma respiração profunda e rápida (Kussmaul) e estes achados sugerem fortemente o diagnóstico de CAD.

Os achados laboratoriais essenciais ao diagnóstico incluem acidose metabólica (pH < 7,3 e bicarbonato sérico < 15 mEq/L), aumento do ânion-gap [Na^+ (Cl^- + HCO_3^-) – normal: 8-16 mEq/L] que ocorre às custas dos cetoânions, cetonemia e cetonúria positivas e hiperglicemia, geralmente > 250 mg/dL.

O tratamento da cetoacidose deve se iniciar no setor de emergência e ter continuidade em unidade de terapia intensiva. Deve ser realizada hidratação venosa vigorosa com solução salina isotônica (soro fisiológico 0,9% ou solução de ringer), reposição eletrolítica conforme a necessidade (potássio corporal total diminuído, entretanto os níveis séricos podem estar diminuídos, normais ou aumentados). De acordo com os níveis séricos de potássio à admissão está recomentado: se > 5,3 mEq/L - não há necessidade de reposição num primeiro momento; se entre 3,5 e 5,3 mEq/L – acrescentar cloreto de potássio na solução salina utilizada para reposição volêmica; se < 3,5 mEq/L – realizar reposição com cloreto de potássio na solução salina da reposição volêmica e retardar o início da infusão de insulina até a normalização dos níveis séricos de potássio. O racional por trás desta conduta é o efeito da insulina em estimular a ação da bomba trocadora de H^+ e K^+, resultando em deslocamento do H^+ para o meio extracelular e do K^+ para o intracelular. Nos pacientes com hipocalemia, o início da infusão de insulina resultaria deslocamento do potássio para o interior das células com em redução adicional dos seus níveis séricos e risco de arritmias e até parada cardiorrespiratória.

A conduta terapêutica específica visa reverter a cetoacidose e a hiperglicemia, através da administração de insulina, na maioria dos casos por via intravenosa em infusão contínua. Na medida em que os níveis glicêmicos reduzem, é necessária a administração concomitante de solução glicosada (5 ou 10%) que permita a continuidade da infusão de insulina até a completa reversão da cetoacidose (a glicemia corrige mais rapidamente do que a cetoacidose).

O uso de bicarbonato para o controle do pH é bastante controverso, ficando limitado a situações em que o pH está abaixo de 6,9 devido ao risco de hipocalemia, acidose metabólica de rebote, injúria miocárdica e atraso para reversão da cetoacidose.

Deve ser sempre investigada a presença de algum fator precipitante que também deve ser tratado.

▪ Estado hiperosmolar não cetótico

Esta é a segunda forma mais comum de coma hiperglicêmico, e é caracterizada por hiperglicemia grave na ausência de cetose significativa, com hiperosmolaridade e desidratação pronunciada. Ocorre em pacientes com DM2, especialmente os idosos. Pode ser precipitado por intercorrências como infecções, infarto agudo do miocárdio, acidente vascular encefálico ou cirurgias recentes e deve ser tratada em ambiente de terapia intensiva.

A insulinorresistência, a insulinopenia relativa e a secreção de hormônios contrarreguladores como glucagon, cortisol e catecolaminas resultam em aumento da gliconeogênese e da glicogenólise. Com isto ocorre marcada hiperglicemia que resulta em aumento da osmolaridade sérica e glicosúria com consequente perda renal de água e eletrólitos. Estes fatores (aumento da osmolaridade sérica e diurese osmótica) resultam em desidratação intra e extracelular. Com a contração do volume intravascular, adiciona-se disfunção renal do tipo prérenal, diminuindo a eliminação de glicose e elevando ainda mais seu nível sérico. Nesta situação, uma mínima secreção residual de insulina é suficiente para bloquear a lipólise e com isso a cetogênese.

O início dos sintomas pode ser insidioso (dias a semanas) com fraqueza, poliúria e polidipsia. Podem-se desenvolver letargia e confusão com progressão para convulsões e coma. Ao exame físico é marcante a desidratação e pode haver alteração do nível de consciência.

Os achados laboratoriais essenciais para o diagnóstico incluem hiperglicemia maior que 600 mg/dL, osmolaridade sérica > 320 mOsm/kg, pH > 7,3, bicarbonato > 15 mEq/L e ânion-gap normal (mas pode estar alterado). A osmolaridade sérica pode ser calculada a partir da fórmula: 2× (sódio dosado) + (glicose/18), sendo normal quando entre 280 e 295 mOsm/kg.

O tratamento consiste na reposição volêmica com salina isotônica e a velocidade de infusão desta depende do estado geral do paciente e de sua função cardíaca (pelo risco de congestão pulmonar caso haja insuficiência cardíaca e reposição volêmica muito rápida). Caso haja elevação marcada da osmolaridade sérica a reposição pode ser feita com salina hipotônica (0,45%). Devem ser tratados os outros distúrbios eletrolíticos presentes (especialmente os relacionados ao potássio). Além disso, inicia-se a insulinoterapia venosa por infusão contínua. Na medida em que os níveis glicêmicos reduzem, é necessária a administração concomitante de solução glicosada (5 ou 10%) que permita a continuidade da infusão de insulina até a completa normalização da osmolaridade sérica. É fundamental identificar e tratar o fator desencadeante.

Complicações crônicas

Complicações microvasculares

A hiperglicemia crônica pode determinar o desenvolvimento de complicações microvasculares, notadamente em tecidos nos quais a captação de glicose pelas células não depende da insulina de modo que a concentração de glicose intracelular se eleva em vigência de hiperglicemia. Este dano ocorre através da ativação de cinco mecanismos cujo evento final comum é o aumento da produção mitocondrial de espécies reativas de oxigênio (EROs). Estes cinco mecanismos são: aumento do influxo de glicose pela via dos polióis, aumento da formação de produtos finais de glicação avançada (AGEs), aumento da expressão do receptor para os AGEs (RAGE) e seus ligantes, ativação das isoformas da proteína quinase C (PKC) e aumento da atividade da via das hexosaminas.

Aumento do influxo pela via dos polióis

A glicose é convertida em sorbitol pela enzima aldose redutase. O sorbitol é então oxidado em frutose pela sorbitol desidrogenase que utiliza NAD^+ como cofator. A aldose redutase é encontrada em tecidos como nervos, retina, cristalino, glomérulo e células endoteliais vasculares. O mecanismo final pelo qual o aumento do influxo na via dos polióis leva ao dano tecidual é o aumento do estresse oxidativo que ocorre devido ao consumo de NADPH. Como o NADPH é um cofator necessário à regeneração da glutationa reduzida (GSH) e a GSH é um importante "agente de limpeza" (*scavenger*) das EROs isso levaria a um aumento do estresse oxidativo intracelular.

Produtos finais da glicação prolongada (ou avançada - [AGEs])

Os produtos finais de glicação prolongada (AGEs) são formados por reações não-enzimáticas da glicose com proteínas de longa duração, como o colágeno. Inicialmente são formados produtos estáveis, chamados de produtos de Amadori. Esses, ao longo do tempo, sofrem rearranjos, desidratações e reações de fragmentação, dando origem aos AGEs (irreversíveis). No DM os AGEs são encontrados na matriz extracelular e a sua produção intracelular pode determinar dano através de três mecanismos principais: 1) alteração da função de proteínas intracelulares glicadas; 2) modificação dos componentes da matriz extracelular que vão interagir de forma anormal com outros componentes da matriz e com receptores da superfície celular; 3) ligação de proteínas plasmáticas glicadas (AGEs) com receptores de membrana (RAGE) de vários tipos celulares levando a produção de EROs que por sua vez ativam o fator de transcrição nuclear NFkβ determinando modificações na expressão gênica.

■ Aumento da ativação da proteína quinase C (PKC)

A proteína quinase C (PKC) é uma família de proteínas com ampla distribuição nos diferentes tecidos. Essa enzima determina a fosforilação de diversas proteínas. A atividade de várias isoformas da PKC é dependente de íons Ca^{+2} e da fosfatidilserina e é exacerbada pelo diacilglicerol (DAG). A ativação persistente e exagerada da PKC também contribui para a patogênese das complicações do DM. A ativação da PKC parece ocorrer: 1) pelo aumento da disponibilidade de DAG que ocorre devido a inibição da atividade da GAPDH decorrente do aumento de EROs na hiperglicemia; 2) pela interação entre AGEs e seus receptores na superfície celular. A hiperglicemia determina ativação da PKC e da MAPK (mitogen-activated protein kinase) e a cascata de sinalização que se segue resulta em apoptose de pericitos retinianos, diminuição da produção de óxido nítrico nas células musculares lisas, inibição da expressão da enzima óxido nítrico sintase endotelial (eNOS), indução da expressão de fator de crescimento vascular endotelial (VEGF) em células musculares lisas vasculares. Vale notar que a ativação da PKC resultante da hiperglicemia é responsável por mediar não só estes efeitos sobre fluxo sanguíneo e a permeabilidade vascular, mas também parece contribuir para o acúmulo de proteínas da matriz microvascular ao induzir a expressão de TGF-β, fibronectina e colágeno tipo IV. Por fim, a ativação da PKC também parece ser responsável pelo aumento da expressão do inibidor do ativador do plasminogênio (PAI-1) contribuindo para o estado pró-trombótico observado nos indivíduos com DM.

■ Aumento da atividade da via das hexosaminas

A hiperglicemia também determina aumento do fluxo da frutose 6-fosfato pela via das hexosaminas. A frutose 6-fosfato é desviada da glicólise para servir de substrato para a enzima glutamina: frutose 6-fosfato amidotransferase (GFAT) que a converte em glucosamina 6-fosfato. Essa última é então convertida a UDP-N Acetilglicosamina. O mecanismo específico através do qual o desvio por esta via metabólica contribui para a patogênese das complicações do DM não é bem estabelecido, mas o resultado é um aumento da transcrição de genes como TGF-α, TGF-β e PAI-1, especialmente em células endoteliais vasculares.

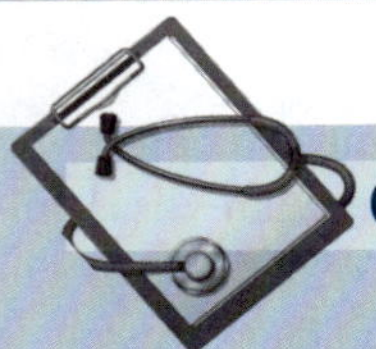

CASOS CLÍNICOS

■ Caso 1

Paciente do sexo feminino de 10 anos, que segundo relato da mãe, tem urinado muito (4 a 5 vezes por hora), e a mãe tem notado o aparecimento de formigas no vaso sanitário. Há mais ou menos 5 dias a mãe refere que a criança está indisposta e ingerindo muita água. Devido a isso procurou o consultório médico, para um diagnóstico e aconselhamento.

O médico, por sua vez, realizou os exames físico e ouviu a história clínica, e baseado nisso solicitou os seguintes exames de sangue e urina, com os seguintes resultados:

Sangue

- Glicemia: 377 mg/dL
- Sódio: 132 mEq/L
- Potássio: 3,3 mEq/L
- Cloretos: 93 mEq/L
- Hemoglobina Glicada: 14,2%
- Anticorpos anti-GAD: reagente
- Anticorpos anti-insulina: reagente
- Anticorpos anti-ilhotas: reagente

Urina

- Densidade: 1,030
- pH: 5,0
- Glicose: 4+
- Corpos cetônicos: 2+
- Presença de leveduras à microscopia ótica comum

Qual são as suas considerações sobre o caso acima?

■ Caso 2

Paciente do sexo masculino, com 41 anos, procura o ambulatório de clínica médica com queixas de cansaço aos médios esforços, fome e sede excessivas, frequência urinária aumentada e visão embaçada. Em relação aos antecedentes familiares, relata que o pai é hipertenso e diabético e a mãe diabética em hemodiálise.

Ao exame físico, apresentou ausculta pulmonar e cardíaca sem alterações, com pressão arterial no momento de 130/85 mmHg. Abdome globoso sem alterações, circunferência abdominal de 90 cm, temperatura normal de 36,5 ºC, peso corporal de 103 Kg, altura de 1,60 m, e índice de Massa Corpórea de 32.

Diante da história relatada acima, foram solicitados alguns exames de sangue, cujos resultados encontram-se a seguir:

- Glicemia: 270 mg/dL
- Ureia: 30 mg/dL
- Creatinina: 1,1 mg/dL
- Sódio: 135 mEq/L
- Potássio: 4,5 mEq/L
- Colesterol total: 280 mg/dL
- Triglicerídeos: 250 mg/dL
- Hemoglobina Glicada: 7,7%

Qual a sua avaliação do caso acima?

Bibliografia consultada

1. American Diabetes Association. Standards of medical care in diabetes – 2018. Diabetes Care 2018; 41(Suppl.1):S7-S159.
2. Borg H, Gottsater A, Fernlund P, Sundkvist G. A 12-year prospective study of the relationship between islet antibodies and beta-cell function at and after the diagnosis in patients with adult-onset diabetes. Diabetes 2002; 51 :1754-62.
3. Boucher J, Kleinridders A, Kahn CR. Insulin Receptor Signaling in Normal and Insulin-Resistant States. Cold Spring Harb Perspect Biol 2014; 6:a009191.
4. Diretrizes da Sociedade Brasileira de Diabetes 2017-2018 / Organização José Egídio Paulo de Oliveira, Renan Magalhães Montenegro Junior, Sérgio Vencio. -- São Paulo : Editora Clannad, 2017.
5. Eringsmark Regnéll S, Lernmarck A. The environment and the origins of islet autoimmunity and Type 1 diabetes. Diabet Med 2013; 30:155-60.
6. Fajans SS, Bell GI, Polonsky KS. Molecular mechanisms and clinical pathophysiology of maturity-onset diabetes of the young. NEJM 2001; 345:971-80.
7. Geloneze B, Repetto EM, Geloneze SR, Tambascia MA, Ermetice MN. The threshold value for insulin resistance (HOMA-IR) in an admixtured population IR in the Brazilian Metabolic Syndrome Study. Diabetes Res Clin Pract. 2006; 72:219-20.
8. Geloneze B, Vasques AC, Stabe CF, Pareja JC, Rosado LE, Queiroz EC et al. HOMA1-IR and HOMA2-IR indexes in identifying insulin resistance and metabolic syndrome: Brazilian Metabolic Syndrome Study (BRAMS). Arq Bras Endocrinol Metab. 2009; 53:281-7.
9. Giacco F, Brownlee M. Oxidative stress and diabetic complications. Circ Res 2010; 107:1058-70.
10. Hathout EH, Hartwick N, Fagoaga OR, Colacino AR, Sharkey J, Racine M, Nelsen-Cannarella S, Mace JW. Clinical, autoimmune, and HLA characteristics of children diagnosed with type 1 diabetes before 5 years of age. Pediatrics 2003; 111:860-3.
11. Kemppainen KM, Ardissone AN, Davis-Richardson AG, Fagen JR, Gano KA, León-Novelo LG. Early childhood gut microbiomes show strong geographic differences among subjects at high risk for type 1 diabetes. Diabetes Care 2015; 38:329-32.
12. Naik RG, Palmer JP. Latent autoimmune diabetes in adults (LADA). Rev Endocr Metab Disord 2003; 4:233-41.
13. Pihoker C, Gilliam LK, Hampe CS, Lernmark A. Autoantibodies in Diabetes. Diabetes 2005; 54 (suppl 2):S52-S61.
14. Riley WJ, Maclaren NK, Krischer J, Spillar RP, Silverstein JH, Schatz DA, Schwartz S, Malone J, Shah S, Vadheim C, Rotter JI. A prospective study of the development of diabetes in relatives of patients with insulin-dependent diabetes. N Engl J Med 1990; 323:1167-72.
15. Rocco ER, Mory DB, Bergamin CS, Valente F, Miranda VL, Calegare BF. Optimal cutoff points for body mass index, waist circumference and HOMA-IR to identify a cluster of cardiometabolic abnormalities in normal glucose-tolerant Brazilian children and adolescents. Arq Bras Endocrinol Metab 2011; 55:638-45.
16. Sacks DB. Carbohydrates.Tietz-fundamental of clinical chemistry.Burtis CA, Aswood CR. 5a ed. Philadelphia, Pennsylvania, USA. Ed Saunders, 2007; p. 427-61.
17. TEDDY Study Group. The Environmental Determinants of Diabetes in the Young (TEDDY) study. Ann N Y Acad Sci. 2008; 1150:1-13.
18. Verge CF, Gianani R, Kawasaki E, Yu L, Pirtropaolo M, Jackson RA, Chase HP, Eisenbarth GS. Prediction of type 1 diabetes in first-degree relatives using a combination of insulin, GAD and ICA/IA-2 autoantibodies. Diabetes 1996; 45:926-33.

DISCUSSÃO DOS CASOS CLÍNICOS

Caso 1

- Comentários: diante do quadro clínico e laboratorial pode-se sugerir a presença de Diabetes mellitus tipo 1 (DM1). É uma forma de doença severa, que acomete geralmente indivíduos jovens, especialmente não obesos.

  Nesta forma da doença, há destruição das células beta pancreáticas (produtoras de insulina), por processos autoimunes, que começam meses ou anos antes da apresentação clínica, em que é necessária uma redução de 80 a 90% das células beta para a indução de DM1. Devido à carência ou ausência da insulina, e consequente aumento do glucagon, há lipólise e acúmulo de acetil-CoA, que formam corpos cetônicos. O início da doença pode ser insidioso por um período de dias ou semanas, com presença de fraqueza, poliúria e polidipsia.

Caso 2

- Comentários: a doença *Diabetes mellitus* é uma síndrome com desordem metabólica e hiperglicemia de jejum devido à deficiência ou ausência na secreção de insulina ou diminuição da resposta biológica periférica à insulina (resistência à insulina). O diagnóstico é feito baseado nos sinais e sintomas clínicos e na dosagem da glicemia. Valores de glicemia de jejum (8 a 10 horas) de 126 mg/dL, em mais de uma ocasião, ou valores de glicemia iguais ou acima de 200 mg/dL após a ingestão de 75 gramas de carboidratos, com hemoglobina glicada maior ou igual a 6,5%, acompanhada de clínica (polidipsia, poliúria) são sugestivos da presença de Diabetes. O caso acima sugere a presença de *Diabetes mellitus* tipo 2.

Síndrome Metabólica

10

Leda Ferraz
Patrícia de Fátima Lopes

Descrita pela primeira vez em 1988 por Gerald Reaven, a síndrome metabólica (SM) consiste em uma doença plurimetabólica caracterizada por um conjunto de fatores de risco cardiovascular, cujos principais mecanismos fisiopatológicos estão associados à deposição de gordura central e à perda tanto do controle glicêmico quanto da homeostase insulínica. Esse conjunto de alterações metabólicas, somadas à dislipidemia e hipertensão, atuam juntos como fatores de risco que favorecem o desenvolvimento de doenças cardiovasculares (DCV) e diabetes mellitus tipo 2 (DM2). A SM está associada ao aumento de 1,5 vezes na mortalidade geral e de 2,5 vezes na mortalidade por evento cardiovascular, além de estar relacionada, juntamente com cada um de seus componentes individuais, ao desenvolvimento de diversos tipos de cânceres, como o de mama, o pancreático, o de cólon intestinal e o de fígado. O estabelecimento da prevalência da SM é um desafio uma vez que seus índices são determinados por diferentes critérios diagnósticos havendo variação no tipo de componentes avaliados bem como nos pontos de corte considerados por cada critério. A falta de um critério diagnóstico universal deve levar em conta que as características individuais, principalmente étnicas, compõem valores muito singulares para os pontos de corte, tendo impacto na interpretação dos dados e, também, em seu valor clínico e de pesquisa.

Epidemiologia

Vários são os fatores diretamente associados ou relacionados à SM dentre eles: herança genética, padrões dietéticos, sedentarismo, baixa escolaridade, desigualdade e isolamento sociais, tensão psicossocial e estresse. Entretanto, outros fatores devem ser considerados na instalação da síndrome como o avanço da idade e alterações hormonais, assim como a ingestão de etanol e o tabagismo.

Mesmo tendo se passado muitos anos desde sua primeira descrição, ainda não existe um critério universal para o diagnóstico da SM e isso impede a determinação real de sua prevalência mundial. Os critérios mais aceitos e adotados clinicamente são os da Organização Mundial da Saúde (OMS), do *National Cholesterol Education Program – Third Adult Treatment Panel* (NCEP-ATPIII) e do *International Diabetes Federation* (IDF). Independente da falta de consenso, sabe-se que a prevalência da SM teve um considerável aumento nos últimos anos. Aplicando-se o critério do NCEP-ATPIII (censo do ano de 2000), a prevalência da SM nos Estados Unidos da América entre adultos era de 22,5%. Em

2005, foi identificada uma discrepância entre as prevalências da síndrome utilizando os critérios do NCEP-ATPIII e da IDF: o primeiro identificou 34,5% enquanto o segundo, 39,0% na mesma população.

Em 2007 foi verificada, numa população australiana, divergência entre os valores de prevalência da SM usando 3 diferentes critérios diagnósticos. Aplicando o critério da OMS a prevalência foi de 21,7%; usando os critérios do NCEP-ATPIII e IDF foram de 22,1%, 30,7%, respectivamente. Foi observado em 2009 em estudo com população adulta irlandesa: 13,2% quando aplicado o critério do NCEP-ATPIII e 21,4% aplicando o critério da IDF. A divergência entre as prevalências encontradas quando da aplicação destes dois critérios é reflexo direto do que cada um adota como ponto de corte para a circunferência de cintura (CC) que no NCEP-ATPIII é de população norte-americana, enquanto o IDF faz ajustes étnicos que levam em consideração a composição e estrutura corporal de cada população específica.

De acordo com o gênero, na maioria das populações, a prevalência da SM mostra-se maior entre homens. Porém, foi identificada uma relação invertida em populações chinesas aplicando tanto os critérios do NCEP-ATPIII quanto da IDF. No Brasil, a prevalência da SM cresce a cada dia e, apesar de ainda não existirem estudos populacionais, a prevalência em diversas partes do país varia entre 18% e 30% e aumenta com a idade.

Fisiopatologia

Inicialmente conhecida como Síndrome X, Síndrome da Resistência à insulina ou ainda, Quarteto mortal, a SM foi descrita por Gerald Reaven (1988) durante o Banting Lecture, evento anual de apresentações científicas da *American Diabetes Association* (ADA). Esta síndrome foi caracterizada como uma doença plurimetabólica, que tem como protagonistas a perda do controle da glicemia e da homeostase insulínica, associada à hipertensão e um estado dislipidêmico de elevação dos níveis plasmáticos de triglicerídeos e baixos níveis de colesterol associado à lipoproteína de alta densidade (HDL-c). Diante de sua importância e relevância, a SM foi incluída em 2001 no CID-9.

Sabe-se que o termo síndrome constitui um conjunto de sinais e sintomas que tem uma etiologia específica. No momento não há uma etiologia definida para a SM e, por isso, o emprego do termo síndrome não está adequado e tem sido objeto de muita discussão. Entretanto, não restam dúvidas de que a obesidade visceral e resistência à insulina atuem como protagonistas do desequilíbrio metabólico.

Gerald Reaven propôs inicialmente que a resistência à insulina era o fator desencadeante da SM pelo fato de muitas manifestações clínicas serem explicadas por essa disfunção, o que encorajou muitas pesquisas nesse sentido. Nas últimas décadas a obesidade central ganhou mais atenção e provou-se que diversas alterações metabólicas associadas à resistência insulínica estavam relacionadas à gordura visceral. A definição foi aperfeiçoada com a inclusão de outras anormalidades correlacionadas como o estado pró-trombótico e pró-inflamatório. Entretanto, não existe uma hipótese única que explique o mecanismo de ação da resistência à insulina e obesidade central na gênese da SM. Do ponto de vista prático, a resistência insulínica é considerada o principal fator no desenvolvimento da SM e a obesidade central, a manifestação clínica mais frequente.

Resistência à insulina

A insulina é o hormônio anabólico mais importante do corpo humano, com grande influência no metabolismo das proteínas, carboidratos e gorduras, além de influência no crescimento e diferenciação celular, e na função endotelial. A atuação pleiotrópica da insulina explica a diversidade nas manifestações clínicas.

Exceto nos casos de doenças autoimunes e mutações que impliquem em alteração da sinalização celular, a resistência periférica à ação da insulina é resultado do mau funcionamento de eventos celulares distais na interação do hormônio com o receptor de superfície. Além disso, a resistência insulínica atua de forma tecido-específica, não acometendo todo o corpo, estando direcionada principalmente para o músculo esquelético e tecido adiposo periférico. Os tecidos resistentes à insulina não captam glicose eficientemente, induzindo a um aumento dos níveis plasmáticos de glicose, levando à hiperinsulinemia compensatória, o que hiperestimula os tecidos íntegros. As disfunções metabólicas resultam do descompasso entre a resistência insulínica de alguns tecidos e a sensibilidade adequada à insulina em outros.

■ Obesidade

O tecido adiposo é um órgão de estoque de lipídeos, funcionando também como um tecido metabolicamente ativo com funções endócrinas e que responde a múltiplos estímulos de diversas origens, incluindo o sistema nervoso central. Esse tecido é uma fonte de substâncias metabolicamente ativas, majoritariamente ácidos graxos, que afetam paralelamente as vias de sinalização de insulina no fígado, músculo esquelético e vasos sanguíneos.

A insulina atua nos adipócitos, sendo responsável por inibir a liberação de ácidos graxos livres, tratando-se de um hormônio anabólico. Numa baixa resposta ao estímulo insulínico (resistência à insulina) a lipólise deixa de ser suprimida e os ácidos graxos livres atingem a corrente sanguínea ocasionando uma hiperlipidemia. O excesso de lipídeos circulante é documentadamente o principal agente para a formação de placas de ateroma que é desencadeadora de diversas doenças cardiovasculares.

Não se pode dizer que todos os indivíduos obesos ou com sobrepeso são doentes, entretanto a maioria apresenta resistência insulínica. A combinação de obesidade, dieta hiperlipídica e hipercalórica, associados ao sedentarismo é a protagonista da gênese da resistência à insulina.

■ Cardiopatias

Estudos mostraram aumento do risco de doença coronariana em 2-5 vezes nos pacientes com a síndrome quando comparados a indivíduos saudáveis, mesmo utilizando diferentes critérios diagnósticos da SM. Há também aumento de risco para infarto do miocárdio e acidente vascular encefálico, com risco relativo de 2,63 e 2,27 respectivamente, comparando os mesmos grupos. Além disso, alguns estudos mostram que o risco para eventos cardiovasculares é maior do que a soma dos fatores de risco isolados. Isso indica que há sinergismo entre os componentes da SM, que se relacionam, aumentando a morbimortalidade da doença.

■ Inflamação

A SM também está associada ao estresse oxidativo e a processos inflamatórios, como demonstrado em alguns estudos recentes. A relação se dá por meio da ação do tecido adiposo, que em geral, secreta várias adipocinas (por exemplo, leptina) e citocinas inflamatórias, tais como o fator de necrose tumoral α (TNF-α), a interleucina 6 (IL-6) e a proteína quimioatraente a monócitos e macrófagos (MCP-1). Dessa forma, em situações de excesso de tecido adiposo e obesidade, pode existir uma relação direta entre a SM com o estado pró-inflamatório do paciente. Além disso, a proteína C reativa (PCR) tem sido considerada um biomarcador importante para inflamação em indivíduos portadores desta síndrome, principalmente em pacientes do sexo feminino.

A presença desses marcadores inflamatórios ainda pode estar relacionada com o gênero, com a idade e com o tipo de dieta adotada pelo paciente. O aumento significativo na ingestão de lacticínios atenua o estresse oxidativo e inflamatório em indivíduos com SM, devido à redução da adiposidade e da expressão e secreção de citocinas pelo tecido adiposo. Também é conhecido que mulheres, no período de pós-menopausa, apresentam um maior nível de marcadores inflamatórios devido à diminuição dos níveis de estrogênio, que apresenta um efeito anti-inflamatório de proteção, e, também por causa do aumento da deposição de tecido adiposo nas áreas abdominais.

Critérios de diagnóstico

Em 1988, Gerald Reaven descreveu a resistência insulínica associada à distúrbios metabólicos e risco de doenças ateroscleróticas e denominou esse conjunto de achados de "Síndrome X". A partir de então, foram desenvolvidos vários critérios clínicos para o diagnóstico de SM, sendo que os primeiros utilizados mundialmente foram os critérios da OMS (1998), do *European Group for the Study of Insulin Resistence* (EGIR, 1999) e do NCEP-ATPIII (2001) (Tabela 10.1).

A primeira definição clínica para SM foi implementada em 1998 pela OMS. É baseada na presença de intolerância oral à glicose, ou elevação da glicemia de jejum, ou DM2 e presença de mais dois de quatro componentes (Tabela 10.1). A definição foca o desenvolvimento de DM2, pois valoriza o distúrbio na homeostase insulínica/glicêmica que tem a gênese de DM2 como principal desfecho.

Segundo o critério EGIR (1999), pequenas modificações na definição da OMS poderiam ser feitas para torná-la mais prática, tanto para investigação epidemiológica quanto para clínica médica. O nome deveria ser mudado para Síndrome de Resistência à Insulina, e o diagnóstico de DM2 deveria ser excluído, pois resistência à insulina é um fator de risco para DM2 (Tabela 10.1). O EGIR considerou resistência insulínica como a protagonista da síndrome, criando uma definição própria, que obviamente requeria a presença de resistência à insulina medida por *clamping* ou glicemia de jejum, e que foi definida arbitrariamente como o quartil superior da população não diabética, somada a presença de pelo menos dois de quatro componentes listados na tabela 10.1.

As diferenças mais notáveis entre os critérios da EGIR e o da OMS incluem: maior ênfase na adiposidade abdominal do que adiposidade estimada pelo índice de massa corporal (IMC); omissão de microalbuminúria devido ao argumento de que não havia evidência convincente de forte ligação com os níveis de insulina sanguíneos; diferenças no tratamento de hipertensão e dislipidemia, e no tratamento de outras anormalidades. Assim como o critério da OMS, o do EGIR foca o tratamento dos indivíduos com alto risco de desenvolver DM2.

Em 2001, o NCEP-ATPIII propôs uma nova definição para SM. Foi também proposto que o diagnóstico e tratamento da SM fossem uma meta dentro do tratamento para a redução de risco de doença coronariana, devido ao grande envolvimento com colesterol associado à lipoproteína de baixa densidade (LDL-c). O critério da NCEP-ATPIII é baseado na presença de pelo menos 3 de cinco componentes (Tabela 10.1) e não implica em presença de resistência insulínica, diabetes ou intolerância a glicose. Esse critério é mais simples e de fácil aplicação. Em 2003, a ADA mudou o valor de corte da glicemia de jejum para classificação de tolerância diminuída à glicose, para 100 mg/dL. Em 2004, o corte da NCEP-ATPIII foi mudado para enquadrar-se aos valores propostos pela ADA. O NCEP-ATPIII evidencia a preocupação no sentido da redução do risco de doença coronariana. Os pontos de corte para hipertensão, elementos da dislipidemia, e obesidade central são ligeiramente diferentes quando comparados a outras definições (Tabela 10.1).

Outros critérios foram surgindo e modificando os componentes considerados para o diagnóstico da SM (Tabela 10.1). Em 2002, o Grupo Latino-Americano da Oficina Internacional de Informação em Lípides (ILIB), ajustou o critério do NCEP-ATPIII e incluiu os mesmos valores de corte da OMS para o componente obesidade abdominal. A *American Association of Clinical Endocrinologists* (AACE), em 2003, condicionou o diagnóstico à presença de resistência insulínica como elemento de base e estabeleceu que após o diagnóstico de DM2 o diagnóstico de SM não poderia mais ser aplicado.

Em 2005 a IDF propôs, junto com representantes de outras organizações, uma nova definição universal, que unificasse as já existentes (Tabela 10.1). Foi sugerido que o elemento de base seria a obesidade central, abandonando a resistência insulínica como fator principal e ajustando os valores de CC de acordo com a etnia (Tabela 10.2), o que fez com que os valores de prevalência aumentassem consideravelmente utilizando esse critério.

Naquele mesmo ano, a *American Heart Association/National Heart, Lung and Blood Institute* (AHA/NHLBI) apresentou novo critério a partir de modificações de componentes do critério do NCEP/ATPIII, não considerando a obesidade central como elemento de base. Finalmente em 2009, a IDF e a AHA/NHLBI chegaram a um consenso, o *Joint Interim Statement* (JIS), propondo que a obesidade central não deveria ser elemento de base, mas que a CC ajustada de acordo com cada etnia iria continuar sendo um dos componentes da SM (Tabela 10.2).

Atualmente, não há unanimidade com relação a qual critério deva ser adotado para o diagnóstico de SM. Assim, seu estudo é dificultado devido à ausência de consenso entre os critérios e os diferentes pontos de corte para os componentes, o que acaba impactando a comparação de dados de diferentes estudos, a prática clínica e as políticas de saúde.

No Brasil, a Sociedade Brasileira de Hipertensão (SBH), a Sociedade Brasileira de Cardiologia (SBC), a Sociedade Brasileira de Endocrinologia e Metabologia (SBEM), a Sociedade Brasileira de Diabetes (SBD) e a Associação Brasileira para o Estudo da Obesidade e da Síndrome Metabólica (ABESO) se juntaram para elaborar I Diretriz Brasileira de Diagnóstico e Tratamento da Síndrome Metabólica em 2001, convencionando o uso do critério da NCEP-ATPIII.

■ Avaliação antropométrica no diagnóstico

Diante da atual epidemia de obesidade, faz-se necessário a aplicação de metodologias para estimar a gordura corporal. A antropometria é um método que consiste na mensuração das variações nas medições físicas e na composição global do corpo humano em diferentes idades e graus de nutrição. Na prática clínica é muito utilizada para a avaliação do estado nutricional por não ser invasiva, além de sua fácil aplicação e baixo custo. Os parâmetros antropométricos mais utilizados e correlacionados com a SM são o IMC, a CC e a relação cintura/quadril (RCQ). A pressão arterial (PA) também é um componente usado para diagnóstico da SM.

O IMC é um indicador simples que é calculado pela divisão do peso atual (Kg) pela estatura elevada ao quadrado (m^2). Atualmente, existem valores de referência para IMC específicos para cada faixa etária, tornando-o mais preciso. Porém não deve ser utilizado isoladamente devido ao fato de não diferenciar o peso associado a gordura corporal ou à musculatura. Para observar fatores de risco é preciso, então, associá-lo a outros métodos. Valores de IMC acima de 25 Kg/m^2 (classificação de sobrepeso) estão fortemente associados ao aparecimento de comorbidades como dislipidemias, diabetes, hipertensão arterial sistêmica e SM.

A CC é uma medida de fácil aferição e reprodutibilidade, sendo considerada o indicador indireto mais representativo da obesidade central. Para aplicá-la é necessária uma fita métrica inextensível e inelástica e ser realizada ao final da expiração. Atualmente não existe um consenso quanto à terminologia e o sítio anatômico para obtenção desta medida. A aferição pode ser feita: no nível natural da linha da cintura (parte mais estreita entre a crista ilíaca e a última costela); no ponto médio entre o rebordo costal inferior e a crista ilíaca e, na altura da cicatriz umbilical (Tabelas 10.1 e 10.2).

A RCQ foi inicialmente a medida mais comumente usada como indicador da obesidade central e do tipo de distribuição da obesidade (androide ou ginoide). A partir de 1990, reconheceu-se que essa medida pode ser menos válida como uma medida relativa quando há perda de peso e diminuição da medida do quadril. Para seu cálculo, é necessário fazer a razão entre a medição da CC (como já descrito anteriormente) e da circunferência do quadril (CQ, medida entre o ponto de maior protuberância sobre a região glútea).

Em relação à PA, os procedimentos de medida são simples e de fácil realização, entretanto, nem sempre são realizados de forma adequada. Algumas condutas podem evitar erros, como, por exemplo, o preparo apropriado do paciente, o uso de técnica padronizada e de equipamento calibrado. O avaliado deve estar na posição sentada, de repouso por pelo menos 5 minutos, com as pernas descruzadas, pés apoiados no chão, dorso recostado na cadeira e relaxado; o braço deve estar na altura do coração (nível do ponto médio do esterno ou quarto espaço intercostal), livre de roupas, apoiado, com a palma da mão voltada para cima e o cotovelo ligeiramente fletido. Em seguida, o manguito deve ser colocado sem deixar folgas, 2 a 3 cm acima da fossa cubital. A aferição da PA deve ser realizada em três medidas, com intervalo sugerido de um minuto entre elas e a média dos valores deve ser considerado como a PA real.

Tabela 10.1 Critérios diagnósticos na síndrome metabólica

Critérios	Componentes da síndrome metabólica
OMS (1998)	Elemento de base para o diagnóstico: Resistência à insulina*; inclui diabéticos + pelo menos 2: 1) IMC > 30 Kg/m² ou RCQ: ♂ > 0,90; ♀ > 0,85 2) TG ≥ 150 mg/dL ou HDL-c: ♂ < 35 mg/dL; ♀ < 39 mg/dL 3) PA ≥ 140/90 mmHg 4) Microalbuminúria > 20 µg/min ou Albumina/Creatina ≥ 30 mg/g
EGIR (1999)	Elemento de base para o diagnóstico: Resistência à insulina** + pelo menos 2: 1) CC: ♂ ≥ 94 cm; ♀ ≥ 80 cm 2) TG ≥ 177 mg/dL ou HDL-c: ♂ e ♀ < 40 mg/dL ou tratamento específico 3) PA ≥ 140/90 mmHg ou tratamento específico 4) Glicose de jejum: ≥ 110 mg/dL; não inclui diabéticos
NCEP-ATPIII (2001)	Pelo menos 3: 1) CC: ♂ > 102 cm; ♀ > 88 cm 2) TG ≥ 150 mg/dL 3) HDL-c: ♂ < 40 mg/dL; ♀ < 50 mg/dL 4) PA ≥ 130/85 mmHg 5) Glicose de jejum: ≥ 110 mg/dL; inclui diabéticos†
ILIB (2002)	Pelo menos 3: 1) IMC ≥ 30 Kg/m² (ambos os sexos) ou RCQ: ♂ > 0,9; ♀ > 0,85 2) TG > 150 mg/dL 3) HDL-c: ♂ < 40 mg/dL; ♀ < 50 mg/dL 4) PA > 130/85 mmHg 5) Glicose de jejum: > 110 mg/dL (**este item pontua 2 pontos)**
AACE (2003)	Elemento de base para o diagnóstico: Risco de resistência insulínica a julgamento clínico com pelo menos 1 fator de risco*** + pelo menos 2: 1) TG ≥ 150 mg/dL 2) HDL-c: ♂ < 40 mg/dL; ♀ < 50 mg/dL 3) PA ≥ 130/85 mmHg 4) Glicose de jejum: de 110 a 125 mg/dL ou 2h após a alimentação de 140 a 200 mg/dL; não inclui diabéticos
IDF (2005)	Elemento de base para o diagnóstico: Obesidade central (CC) ajustada por etnia**** + pelo menos 2: 1) TG ≥ 150 mg/dL ou tratamento específico 2) HDL-c: ♂ < 40 mg/dL; ♀ < 50 mg/dL 3) PAS ≥ 130 mmHg ou PAD ≥ 85 mm Hg ou tratamento específico 4) Glicose de jejum: ≥ 100 mg/dL ou diagnóstico prévio de DM2; inclui diabéticos

(Continua)

(Continuação)

Tabela 10.1 Critérios diagnósticos na síndrome metabólica

Critérios	Componentes da síndrome metabólica
NHBLI/AHA (2005)	Pelo menos 3: 1) CC: ♂ > 102 cm; ♀ > 88 cm 2) TG ≥ 150 mg/dL ou tratamento específico 3) HDL-c: ♂ < 40 mg/dL; ♀ < 50 mg/dL ou tratamento específico 4) PAS ≥ 130 mmHg ou PAD ≥ 85 mmHg ou tratamento específico 5) Glicose de jejum: ≥ 100 mg/dL ou tratamento específico; inclui diabéticos
JIS (2009)	Pelo menos 3: 1) CC ajustada por etnia††: ♂ > 90 cm; ♀ > 80 cm 2) TG ≥ 150 mg/dL ou tratamento específico 3) HDL-c: ♂ < 40 mg/dL; ♀ < 50 mg/dL ou tratamento específico 4) PAS ≥ 130 mmHg ou PAD ≥ 85 mmHg ou tratamento específico 5) Glicose de jejum: ≥ 100 mg/dL ou tratamento específico; inclui diabéticos

Nota: OMS: Organização Mundial de Saúde; EGIR: ***European Group for the Study of Insulin Resistance***; NCEP/ATPIII: ***Expert Panel on Detection, Evaluation, and Treatment of High Blood Cholesterol in Adults/National Cholesterol Education Program***; ILIB: Grupo Latino-Americano da Oficina Internacional de Informação em Lípides; AACE: ***American Association of Clinical Endocrinologists***; IDF***: International Diabetes Federation***; NHBLI: ***National Heart Lung and Blood Institute/American Heart Association***; JIS: ***Joint Interim Statement***. IMC: índice de massa corporal; CC: circunferência de cintura; TG: triglicerídeos; RCQ: relação cintura/quadril; PA: pressão arterial; PAS: pressão arterial sistólica; PAD: pressão arterial diastólica; HDL-c: colesterol associado à lipoproteína de alta densidade; DM2: Diabetes Mellitus tipo 2.
* Resistência à insulina definida por presença de DM 2, intolerância à glicose de jejum, intolerância ao teste de tolerância oral à glicose e para indivíduos com níveis normais de glicose (≥ 110 mg/dL): primeiro quartil dos níveis de glicose da população em estudo, mensurado por meio do ***clamp*** euglicêmico.
** Resistência à insulina definida como hiperinsulinemia, considerada como o quarto quartil dos valores da insulinemia de jejum na população de não-diabéticos.
*** A AACE considera como fatores de risco: diagnóstico de doenças cardiovasculares, hipertensão, síndrome dos ovários policísticos, esteatose hepática não alcoólica ou acantose nigricans; Histórico familiar de DM2, hipertensão ou doenças cardiovasculares; história de diabetes gestacional ou intolerância à glicose; etnias caucasianas; sedentarismo.
**** A IDF traz referência dos pontos de corte de CC de acordo com o grupo étnico ou país (Tabela 9.2).
† valor alterado para ≥ 100 mg/dL em 2003.
††: valores de CC ajustados para etnia sul-americana.

Tabela 10.2. Pontos de corte da circunferência de cintura de acordo com a International Diabetes Federation (2005)

Grupo étnico/país	Gênero	Circunferência de cintura (cm)
Europeus Nos Estados Unidos da América, os valores do NCEP-ATPIII continuam sendo usados para propósitos clínicos (♂ 102 cm; ♀ 88 cm)	♂ ♀	≥ 94 cm ≥ 80 cm
Sul-asiáticos	♂ ♀	≥ 90 cm ≥ 80 cm
Chineses	♂ ♀	≥ 90 cm ≥ 80 cm
Japoneses	♂ ♀	≥ 90 cm ≥ 80 cm
Centro e sul-americanos	♂ ♀	Usar medidas sul-asiáticas até que estejam disponíveis referências específicas
Africanos subsaarianos	♂ ♀	Usar medidas europeias até que estejam disponíveis referências específicas

Interpretação laboratorial

Acredita-se que a instalação da SM tenha início na infância como ocorre nas doenças cardiovasculares. O excesso de peso associado a alto consumo de carboidratos simples, como a frutose, aliado ao sedentarismo têm promovido o aumento mundial da obesidade e, consequentemente a instalação precoce da SM.

É sabido que uma vez detectado o primeiro componente da SM, o aparecimento do segundo ocorre em cerca de 5 anos, sendo que em menos de 10 a síndrome já é diagnosticada. Os exames bioquímicos de rotina (por exemplo, perfil lipídico e glicêmico) além das variáveis relacionadas à composição corporal e pressóricas são grandes aliados na detecção precoce da SM.

Análise do perfil glicídico

A glicemia de jejum deve ser determinada após jejum noturno de 8 h. O intervalo de referência de normalidade para glicemia de jejum vai de 70 a 99 mg/dL. A maioria dos critérios diagnósticos assume como ponto de corte glicose de jejum ≥ 100 mg/dL, enquanto somente o da EGIR continua com ponto de corte ≥ 110 mg/dL (Tabela 10.1).

A intolerância à glicose é definida como glicemia de jejum acima de 126 mg/dL e abaixo de 200 mg/dL. Nos casos em que a glicemia de jejum estiver entre 100 e 126 mg/dL (glicemia de jejum alterada), deve-se proceder o teste de tolerância oral à glicose (TOTG). O TOTG é um teste onde após jejum de 8 h o indivíduo deve ingerir 75 g de glicose. As coletas de sangue para dosagem da glicose são feitas antes da ingestão de glicose e após 30, 60, 120 e 240 min após a ingestão. Os valores de glicemia de 2 h após ingestão de glicose inferiores a 140 mg/dL denotam normalidade, entre 140 e 200 mg/dL, intolerância à glicose, e maior ou igual a 200 mg/dL, diabetes. O diagnóstico de DM tipo 2 é dado por glicemia ao acaso superior a 200 mg/dL associado a sintomas de DM ou por 2 dosagens com resultado superior a 126 mg/dL. Estas duas dosagens devem ser feitas no mesmo laboratório e com uma semana de intervalo.

Atualmente existe uma tendência para recomendação do uso da hemoglobina glicada como critério diagnóstico para DM, visto que este exame avalia o grau de exposição à glicemia durante o tempo. Além disso, os valores apresentam menor variabilidade de um dia para o outro e a coleta dispensa jejum ou coletas de sangue em tempos específicos. A ADA considera valores de hemoglobina glicada ≥ 6,5% como diagnóstico de diabetes.

Análise da resistência à insulina

A resistência insulínica caracteriza-se pela associação entre obesidade, hipertensão arterial, dislipidemia, doença aterosclerótica, alteração no metabolismo glicídico e hiperinsulinemia. A fisiopatologia da resistência periférica à ação da insulina é complexa e de modo geral implica em diminuição da sensibilidade dos tecidos à sua ação que resulta em maior produção de insulina pelo pâncreas.

O cálculo da resistência insulínica é feito usando modelo matemático que prediz o nível basal dessa resistência a partir dos valores plasmáticos de glicose e insulina em jejum. Esse modelo é chamado de HOMA-IR = *homeostatic model assessment – insulin resistance*, e é definido como:

$$\text{HOMA-IR} = [\text{glicose (mg/dL)} \times 0{,}0555 \times \text{insulina (mUI/mL)}] / 22{,}5$$

O HOMA-beta é o método mais utilizado para estimar a secreção de insulina, através da estimativa da função da célula beta a partir dos valores de insulina e da glicemia em jejum, que refletem o balanço entre a produção hepática de glicose e a secreção de insulina. Segundo o método, essa relação é mantida por um mecanismo de retroalimentação (*feedback*) entre o fígado e as células beta. O método original usa a equação abaixo, onde FPI é a insulinemia em jejum (mU/L) e a FPG é a glicemia em jejum em mmol/L:

$$\text{HOMA-beta (\%)} = 20 \times (\text{FPI}) / (\text{FPG-3,5})$$

Análise do perfil lipídico

A coleta de sangue venoso para análise do perfil lipídico deve ser realizada seguindo todas as recomendações da Diretriz Brasileira de Dislipidemias e Prevenção de Aterosclerose, atualizada em 2019. Somente as dosagens de triglicerídeos e HDL-c são utilizadas no rastreio da SM.

No preparo do paciente para a realização das dosagens do perfil lipídico, recomenda-se manter o estado metabólico estável e a dieta habitual. O jejum não é necessário para realização do CT, HDL-c e Apolipoproteínas (ApoAI e ApoB), pois o estado pós-prandial não interfere na concentração desta partícula. A concentração de triglicerídeos sofre um incremento nesta mudança e, a sua elevação no estado pós-prandial é indicativa de maior risco cardiovascular. Pacientes idosos, diabéticos, gestantes e crianças devem se beneficiar do fim do jejum, evitando hipoglicemias secundárias ao jejum prolongado. Os laboratórios devem adequar seus procedimentos, incluindo a flexibilização do tempo de jejum, respeitando sempre a orientação do médico solicitante. O laboratório deve informar no laudo as duas diferentes situações: sem jejum e jejum de 12 h, de acordo com o critério do médico solicitante. Em algumas situações clínicas específicas, em que a concentração de triglicerídeos encontra-se muito elevada (> 440 mg/dL) uma nova coleta de amostra para o perfil lipídico deve ser solicitada pelo médico ao paciente com jejum de 12 h. Visto o nível de triglicerídeos circulante ser influenciado pelo tempo de jejum e componente avaliado no diagnóstico da SM, o jejum de 12 a 14 h seria o melhor indicado para esta proposta.

Todos os critérios diagnósticos da SM adotam valores de triglicerídeos ≥ 150 mg/dL, exceto o da EGIR que adota valores ≥ 177 mg/dL para pontuar o componente da síndrome. Para o componente HDL-c, encontramos a OMS com ponto de corte < 39 mg/dL para ambos os gêneros e a EGIR, com ponto de corte < 40 mg/dL. Já os demais critérios adotam para o sexo masculino ponto de corte < 40 mg/dL e para o sexo feminino, < 50 mg/dL (Tabela 10.1).

Análise da microalbuminúria

A microalbuminúria é utilizada como componente no diagnóstico da SM apenas no critério da OMS. Essa análise permite avaliar pequenas quantidades de albumina na urina, sendo considerado um marcador precoce de lesão glomerular, sobretudo na avaliação de pacientes hipertensos e diabéticos. A dosagem desse parâmetro é feita a partir de coleta de urina de 24 h e, devido às dificuldades relacionadas a esse tipo de coleta, os demais critérios a desconsideram e por isso eles têm sido mais empregados no diagnóstico da SM.

Perspectivas

Diante dos diferentes critérios diagnósticos da SM que são utilizados atualmente na prática clínica, o trabalho dos médicos e dos epidemiologistas ficam prejudicados. A unificação dos critérios seria importante, pois (1) serviria como uma ferramenta prática para o uso dos clínicos na detecção de populações de alto risco; (2) funcionaria como um método de investigação usado pelos epidemiologistas para estabelecer a associação com ocorrência de obesidade, DM2 e outros fatores; (3) estabelecer-se-ia a prevalência e incidência orientando as políticas públicas para tratamento e prevenção; (4) o impacto social da doença seria avaliado com maior precisão.

Não se pode esquecer que há algumas limitações intrínsecas na criação de um critério único. Cada indivíduo tem suas peculiaridades principalmente características étnicas que limitam a adoção de um único valor de corte universal. O critério universal necessitaria de diversos valores de corte que respeitassem as características de cada etnia. Tendo isso em mente, é necessária uma forte investigação para estabelecer os valores adequados. Tudo isso é ainda mais difícil em um país como o Brasil, onde a população é miscigenada.

A SM tornou-se um problema de saúde pública, principalmente pelo alto índice de morbidade e mortalidade, pela pandemia da obesidade, pela concomitante endemia de DM2 e pela falta de estratégias de saúde, além de ser responsável por grande número de mortes prematuras independente dos grupos étnicos.

A avaliação dos fatores que predispõe à gênese da SM, principalmente em população jovem, possibilita avaliar sua incidência e desenvolver estratégias de intervenção que modificariam substancialmente o curso natural da doença, visto ser um processo de médio à longo prazo e com incidência aumentada com o avanço da idade, além de diminuir os custos com o tratamento das complicações associadas à SM.

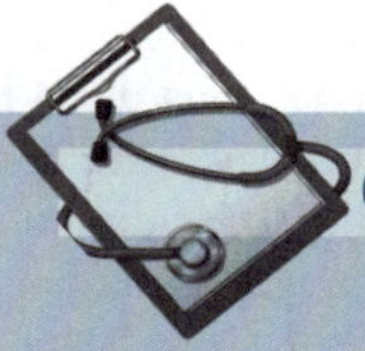

CASOS CLÍNICOS

Caso 1

LNP, 26 anos, branca, feminino. Durante exames de rotina apresentou níveis séricos elevados de triglicérides e foi encaminhada para cardiologista. Refere boa saúde, sedentarismo e nega etilismo e tabagismo. Ao exame físico apresentou: PA 122 x 76 mmHg, circunferência abdominal de 85 cm, peso de 78 Kg, altura 1,63 m. Exames laboratoriais: glicemia de jejum 98 mg/dL, colesterol total 173 mg/dL, HDL-c 37 mg/dL, LDL-c 80 mg/dL, triglicérides 290 mg/dL.

Caso 2

JMA, 43 anos, masculino. Procurou clínico geral para fazer um "check up". Sente-se muito gordo e está preocupado com sua saúde. Refere fazer caminhada 2 vezes por semana por 30 minutos. Bebe 1 dose de uísque todos os dias há mais de 10 anos. Fuma 1 maço de cigarro por dia há 15 anos. Ao exame físico apresentou: PA 123 x 87 mmHg, circunferência de cintura 105 cm, peso de 106 Kg, altura 1,77 m. Exames laboratoriais: glicemia de jejum 102 mg/dL, colesterol total 218 mg/dL, HDL-c 53 mg/dL, LDL-c 142 mg/dL, triglicérides 90 mg/dL.

GLM, 44 anos, masculino. Procurou clínico geral para fazer um "check up". Lutador de MMA nas horas vagas. Refere treinamento diário tanto aeróbico quanto muscular. Não ingere bebidas alcoólicas há mais de 15 anos. Não fumante. Ao exame físico apresentou: PA 115 x 75 mmHg, circunferência de cintura 105 cm, peso de 106 Kg, altura 1,77 m. Exames laboratoriais: glicemia de jejum 86 mg/dL, colesterol total 170 mg/dL, HDL-c 60 mg/dL, LDL-c 100 mg/dL, triglicérides 78 mg/dL.

Bibliografia consultada

1. Ackermann, et al. Waist circumference is Positively Correlated With Markers of Inflammation and Negatively with Adiponectin in Women With Metabolic Syndrome. Nutr Res. 2011; 31:197–204.
2. Alberti KG, Eckel RH, Grundy SM, Zimmet PZ, Cleeman JI, Donato KA, et al. Harmonizing the metabolic syndrome: a joint interim statement of the International Diabetes Federation Task Force on Epidemiologic and Prevention; National Heart, Lung and Blood Institute; American Heart Association; World Heart Federation; International Atherosclerosis Society and International Association for the Study of Obesity. Circulation. 2009; 120(16):1640-5.

3. Alberti KG, Zimmet PZ. Definition, diagnosis and classification of diabetes mellitus and its complications. Part 1: diagnosis and classification of diabetes mellitus provisional report of a WHO consultation. Diabet Med. 1998; 15(7):539-53.
4. Alberti KG, Zimmet P. The metabolic syndrome: time to reflect. Curr Diab Rep 2006; 6: 259–261.
5. Associação Brasileira para o Estudo da Obesidade e da Síndrome Metabólica (ABESO). *Diretrizes brasileiras de obesidade 2009/2010*. 3ª ed. São Paulo: AC Farmacêutica; 2009/2010.
6. Balcã B, Charles MA, The European Group for the Study of Insulin Resistance (EGIR): Comment on the provisional report from the WHO consultation. Diabet Med. 1999; 16:442–443.
7. Barbosa PJB, Lessa I, Almeida Filho N, Magalhães LBNC, Araújo J. Critério de obesidade central em população brasileira: impacto sobre a síndrome metabólica. Arq Bras Cardiol. 2006; 87:407-14.
8. Bon AMX, Leung MCA, Galisa MS, Mesquita DM. Atendimento nutricional: uma visão prática. Adultos e idosos. São Paulo: M. Books do Brasil; 2013.
9. Bouchard C. Genetics and the metabolic syndrome. Int J Obes Relat Metab Disord. 1995; 19(suppl 1):S52–S59.
10. Cameron AJ, Magliano DJ, Zimmet PZ, Welborn T, Shaw JE. The metabolic syndrome in Australia: prevalence using four definitions. Diabetes Res Clin Pract. 2007; 77:471–478.
11. Chew GT, Gan SK, Watts, GF. Revisiting the Metabolic Syndrome. Med J Australia. 2006; 185(8):445-449.
12. Cornier MA, et al. The Metabolic Syndrome. *Endocr Ver. 2008*; 29(7):777-822.
13. Day C. Metabolic Syndrome, or What You Will: Definitions and Epidemiology. Diabetes Vasc Dis Res. 2007; 4(1):32-38.
14. Desroches S; Lamarche B. The Evolving Definitions and Increasing prevalence of the Metabolic Syndrome. Appl Physiol, Nutr Metabolism. 2007; 32(1):23-32.
15. Dias NC, Martins S, Fiuza M. Síndrome Metabólica: Um Conceito em Evolução. Rev Port Cardiol. 2007; 26(12):1409-1421.
16. Duvnjak L, Duvnja M. The Metabolic Syndrome - An Ongoing Story. J Physiol Pharmacol. 2009; 60(7):19-24.
17. Einhorn D, Reaven GM, Cobin RH, Ford E, Ganda OP, Handelsman Y, et al. American College of Endocrinology position statement on the insulin resistance syndrome. Endocrinol Pract. 2003; 9:237-52.
18. Ervin RB. Prevalence of metabolic syndrome among adults 20 years of age and over, by sex, age, race and ethnicity, and body mass index: United States, 2003–2006. Natl Health Stat Report. 2009; 5:1–7.
19. Executive Summary of The Third Report of The National Cholesterol Education Program (NCEP) Expert Panel on Detection, Evaluation, And Treatment of High Blood Cholesterol In Adults (Adult Treatment Panel III). JAMA. 2001; 285(19):2486-97.
20. Faludi AA, et al. Atualização da diretriz brasileira de dislipidemias e prevenção da aterosclerose–2017. Arquivos Brasileiros de Cardiologia. 2017; 109(2), 1-76.
21. Ford E, Giles W, Dietz W. Prevalence of the metabolic syndrome among US adults: findings from the third National Health and Nutrition Examination Survey. JAMA. 2002; 287:356–359.
22. Ford ES. Prevalence of the metabolic syndrome defined by the International Diabetes Federation among adults in the U.S. Diabetes Care 2005; 28:2745–2749.
23. Fujioka S, Matsuzawa Y, Tokunaga K, Tarui S. Contribution of intra-abdominal fat accumulation to the impairment of glucose and lipid metabolism in human obesity. Metabolism. 1987; 36:54-9.
24. Gottschall CBA, Busnello FM. Nutrição e síndrome metabólica. São Paulo: Editora Atheneu, 2009.
25. Gu D, Reynolds K, Wu X, et al. Prevalence of the metabolic syndrome and overweight among adults in China. Lancet. 2005; 365:1398–1405.
26. Guías ILIB para el diagnóstico y manejo de las dislipidemias en Latinoamerica. Rujumen ejecutivo. Lipid Digest Latinoamerica. 2002; 8:2-8.
27. Haffner SM. The Metabolic Syndrome: Inflammation, Diabetes Mellitus, and Cardiovascular Disease. Am J Cardiol. 2006; 97(2A):3A–11A.
28. International Diabetes Federation Epidemiology Task Force Consensus Group. The IDF Consensus worldwide definition of the metabolic syndrome. International Diabetes Federation Brussels: 2005.
29. Isomaa B, et al. Cardiovascular Morbidity and Mortality Associated With the Metabolic Syndrome. Diabetes Care. 2001; 24(2):683–689.
30. Johnson LW, Weinstock RS. The Metabolic Syndrome: Concepts and Controversy. Mayo Clin Proc. 2006; 8(12):1615-1620.
31. Kassi E, Pervanidou P, Kaltsas G, Chrousos G. Metabolic Syndrome: Definitions and Controversies. BMC Med. 2011; 9:48.
32. Kershaw EE, Flier JS. Adipose Tissue as an Endocrine Organ. J Clin Endocrinol Metab. 2004; 86(6):2548–2556.

33. Lakka HM, Laaksonen DE, Lakka TA, Niskanem LK, Kumpusalo E, Tuomilehto J et al. The metabolic syndrome and total and cardiovascular disease mortality in middle-aged men. JAMA. 2002; 288:2709–2716.
34. Lakka TA, Laaksonen DE, Lakka H-M, Männikko N, Niskanenn LK, Rauramaa R, et al. Sedentary lifestyle, poor cardiorrespiratory fitness, and the metabolic syndrome. Med Sci Sports Exerc. 2003; 35:1279–1286.
35. Lapidus L, Bengtsson C, Larsson B, Pennert K, Rybo E, Sjoström L. Distribution of adipose tissue and risk of cardiovascular disease and death: a 12 year follow up of participants in the population study of women in Gothenburg, Sweden. Br Med J. 1984; 289:1257-61.
36. Leitão MPC, Martins IS. Prevalência e fatores associados à síndrome metabólica em usuários de Unidades Básicas de Saúde em São Paulo – SP. Revista da Associação de Medicina Brasileira. 2011; 58(1):60-69.
37. Liese AD, Mayer-Davis EJ, Haffner SM. Development of the multiple metabolic syndrome: an epidemiologic perspective. Epidemiol Rev. 1998; 20:157–172.
38. Marquezine GF, Oliveira CM, Pereira AC, Krieger JE, Mill JG. Metabolic syndrome determinants in a urban population from Brazil: social class and gender-specific interaction. Int J Cardiol. 2007; 129(2):259-65.
39. Miname MH, Chacra APM. Síndrome metabólica. Rev Soc Cardiol 2005; 15(6):482-9.
40. O'Neil S, O'Driscoll L. Metabolic syndrome: a closer look at the growing epidemic and its associated pathologies. 2015.
41. Ohlson LO, Larsson B, Svardsudd K, Welin L, Eriksson H, Wilhelmsen L, et al. The influence of body fat distribution on the incidence of diabetes mellitus. Diabetes. 1985; 34:1055-58.
42. Oliveira EP, Souza MLA, Lima MDA. Prevalência de síndrome metabólica em uma área rural do semiárido baiano. Arq Bras Endocrinol Metab. 2006; 50(3):456-65.
43. Ouchi N, et al. Adipokines in inflammation and metabolic disease. Nature Reviews. 2011; 11:85-94.
44. Reaven GM. Role of insulin resistance in human disease. Diabetes 1988; 37:1595-607.
45. Reaven GM. The Metabolic Syndrome: Is This Diagnosis Necessary? Am J Clin Nutr. 2006; 83(6): 1237- 47.
46. Salaroli LB, Barbosa GC, Mill JG, Molina MCB. Prevalência de síndrome metabólica em estudo de base populacional, Vitória, ES – Brasil. Arq Bras Endocrinol Metab. 2007;51(7):1143-152.
47. Santos MJ, Fonseca JE. Metabolic Syndrome, Inflammation and Atherosclerosis – The Role of Adipokines in Health and in Systemic Inflammatory Rheumatic Diseases. Órgão Oficial da Sociedade Portuguesa de Reumatologia – ACTA Reumatol. Port. 2009; 34:590-598.
48. SBC/SBH/SBN. Sociedade Brasileira de Cardiologia. Sociedade Brasileira de Hipertensão, Sociedade Brasileira de Fisiologia. VII Diretrizes Brasileiras de Hipertensão Arterial. Arq Bras Cardiol. 2016; 107(3 supl.3):1-102.
49. Scott M. Grundy, James I. Cleeman, Stephen R. Daniels, Karen A. Donato, Robert H. Eckel, Barry A. Franklin, David J. Gordon, Ronald M. Krauss, Peter J. Savage, Sidney C. Smith, John A. Spertus and Fernando Costa. Diagnosis and Management of the Metabolic Syndrome. Circulation. 2005; 112:2735-2752.
50. Sociedade Brasileira de Hipertensão, Sociedade Brasileira de Cardiologia, Sociedade Brasileira de Endocrinologia e Metabologia, Sociedade Brasileira de Diabetes, Associação Brasileira para Estudos da Obesidade. I diretriz brasileira de diagnóstico e tratamento da síndrome metabólica. Arq Bras Cardiol. 2005; 84(Supl 1):3-28.
51. Souza LJ, Gicovate Neto C, Chalita FEB, Reis AFF, Bastos DA, Souto Filho JTD, et al. Prevalência de obesidade e fatores de risco cardiovascular em Campos, Rio de Janeiro. Arq Bras Endocrinol Metab. 2003; 47(6):669-76.
52. Stancliffe RA, et al. Dairy Attentuates Oxidative and Inflammatory Stress in Metabolic Syndrome. A J Clin Nutr. 2011: 1-9.
53. Taslim S, Tai ES. Relevance of the Metabolic Syndrome. Annals, Academy of Medicine, Singapore. 2009; 38(1):29-33.
54. Waterhouse DF, McLaughlin AM, Sheehan F, O'Shea D. An examination of the prevalence of IDF- and ATPIII-defined metabolic syndrome in an Irish screening population. Ir J Med Sci. 2009; 178: 161–166.
55. World Health Organization. Obesity: preventing and managing the global epidemic. Geneva: WHO; Report of a WHO Consultation on Obesity, 1998.
56. Zhao Y, Yan H, Yang R, et al. Prevalence and determinants of metabolic syndrome among adults in a rural area of Northwest China. PLoS One. 2014; 9: e91578.

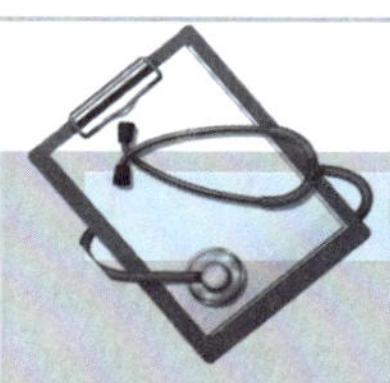

DISCUSSÃO DOS CASOS CLÍNICOS

■ Caso 1

Embora a paciente apresente sobrepeso (IMC = 29,36 kg/m^2), aplicando-se o critério NCEP-ATPIII, adotado pela I Diretriz Brasileira de Diagnóstica da SM (2005), a paciente pontua apenas 2 componentes (Triglicérides > 150 mg/dL; HDL-c < 50 mg/dL) não sendo diagnosticada com SM. Se a circunferência de cintura for ajustada pela etnia, como proposto pelo critério JIS, a mesma paciente pontua também para esse componente (circunferência de cintura ≥ 80 cm) e, portanto, é diagnosticada com SM por obter pontuação em 3 componentes.

Tal diferença de diagnóstico denota a importância do conhecimento do critério de diagnóstico a ser adotado.

■ Caso 2

Os dois indivíduos acima apresentam mesmo peso e altura, além de mesma circunferência de cintura, e são classificados como obesos segundo o IMC (33,84 kg/m^2). Entretanto, os hábitos de vida relatados são bem distintos, sendo o primeiro tipicamente sedentário e o segundo, ativo fisicamente. Aplicando o critério da NCEP-ATPIII obtemos para o primeiro indivíduo pontuação de 3 (circunferência de cintura ≥ 102 cm, PA > 130/85 mmHg, glicemia > 100 mg/dL) e, portanto, diagnóstico de SM. O segundo indivíduo pontua somente para a circunferência de cintura e tem todos os demais componentes analisados em valores considerados adequados. Isso mostra que a utilização do IMC isoladamente pode inferir erros de interpretação.

Inflamação e Seus Principais Marcadores de Atividade

11

Andrea Alice da Silva
Natália Fonseca do Rosário

O sistema imune atua de maneira coordenada e cooperativa com diferentes componentes, imunológicos ou não, para que haja o controle da causa agressora. Em geral, a inflamação é um processo benéfico pelo qual reações vasculares e celulares se integram tanto local quanto sistemicamente na busca do equilíbrio do organismo. Apesar disto, sequelas podem surgir como consequência direta do exacerbado processo inflamatório, assim como pelo possível reparo tecidual que esta atividade inflamatória desencadeia, deixando cicatrizes sem restituição morfológica e funcional.

Neste sentido, moléculas participantes do processo inflamatório são relevantes escolhas para acompanhamento de morbidades que tenham como etiopatogenia a inflamação, sendo conhecidas como marcadores inflamatórios. De fato, a medicina clínica já utiliza muitas destas moléculas, e outras ainda estão em fase de estudos. Assim, este capítulo tem como prioridade realçar marcadores que sejam utilizados para acompanhamento de enfermidades inflamatórias e aqueles que ainda não fazem parte desses protocolos, mas que demonstram correlações promissoras com diferentes doenças. Inicialmente devemos compreender alguns conceitos do mecanismo de inflamação.

Inflamação

A inflamação consiste em um conjunto de reações do organismo a estruturas estranhas potencialmente nocivas, que visa controlá-las no meio em questão. Tais estruturas compreendem especialmente agentes infecciosos, mas também agentes químicos, físicos e materiais da necrose celular. Ademais, a inflamação engloba as reações de hipersensibilidade e de autoimunidade, quando há uma resposta exacerbada a um agente inerte ou a um componente próprio do indivíduo, respectivamente. Dentre seus elementos básicos estão as células granulares do sistema imunológico (neutrófilos, basófilos e eosinófilos) e agranulares (linfócitos e monócitos), bem como componentes celulares do tecido conjuntivo (mastócitos, macrófagos, fibroblastos), vasos sanguíneos (principalmente as células endoteliais) e as proteínas e seus receptores da matriz extracelular, que juntos operam de forma coordenada através da liberação de citocinas, quimiocinas e mediadores químicos.

A inflamação pode ser dividida em duas fases, que se distinguem nos âmbitos temporal e histológico: fase aguda e fase crônica. A primeira se inicia rapidamente e tem duração relativamente curta, sendo caracterizada sobretudo pela presença de neutrófilos e monócitos, enquanto a segunda, que pode ser desencadeada a partir da primeira, instala-se mais tardiamente e perdura por mais tempo, estando associada, principalmente, à presença de linfócitos.

■ Inflamação aguda e inflamação crônica

Os principais mecanismos de defesa do organismo, células do sistema imune e anticorpos, estão aprisionados dentro dos vasos sanguíneos, sendo necessária o extravasamento deles para o local da injúria. Assim, os principais eventos da inflamação aguda consistem na vasodilatação e no aumento da permeabilidade da microcirculação local. Este processo ocorre através da integração direta entre os componentes vasculares e os da imunidade.

As defesas do organismo são mediadas inicialmente por uma imunidade inata ou natural, que se apresenta como a primeira linha de defesa, visto existir antes mesmo do estabelecimento de um agente nocivo. Esta proteção primária engloba barreiras físicas (como a pele e pelos) e químicas (moléculas microbicidas nos epitélios), neutrófilos, células dendríticas, macrófagos, células NK (*natural killer*) e fatores químicos, como citocinas, quimiocinas e outros mediadores. A imunidade inata é caracterizada pela limitada especificidade de reconhecimento a patógenos, onde apenas reconhece diferentes padrões moleculares compartilhados entre eles e ausentes em mamíferos, através de receptores de reconhecimento de padrões expressos na superfície de leucócitos, solúveis no plasma ou em líquidos extracelulares.

O grupo desses receptores mais conhecido e estudado é o dos *Toll-like receptors* (TLR), uma família de moléculas evolutivamente conservada. Foram inicialmente descritos na *Drosophila*, sendo denominados de *Toll*, e posteriormente, quando descobertas moléculas similares em mamíferos, foram denominadas de TLR. Até o presente momento, já foram identificados cerca de 12 TLR funcionais, 10 em humanos (TLR1-10) e 12 em camundongos (TLR1-9, 11-13), reconhecendo diferentes ligantes.

Diferentes patógenos são capazes de se instalar nos epitélios e é nesses locais que residem os macrófagos, importantes membros do sistema fagocítico mononuclear, aptos para fagocitar os patógenos, através do reconhecimento prévio de seus padrões moleculares. Este processo também induz à ativação dessas células, fazendo com que secretem diferentes moléculas pró-inflamatórias, como as citocinas e quimiocinas. As citocinas ligam-se a receptores específicos presentes em diversos tipos celulares e alteram o seu comportamento, enquanto as quimiocinas têm o papel de atrair células da circulação sanguínea via interação com receptores específicos expostos nestas células. Algumas dessas citocinas produzidas localmente, em especial o fator de necrose tumoral (TNF) e a interleucina 1 (IL-1), além de outros mediadores, como a histamina e óxido nítrico (NO), têm papel na modificação dos vasos da região.

A ligação destes mediadores a receptores específicos nas células vasculares culmina com vasodilatação e aumento da permeabilidade na região, o que favorece a formação do infiltrado tecidual. Neste sentido, após a vasodilatação há aumento do fluxo sanguíneo na região, o que leva ao aparecimento dos sinais cardinais de calor e rubor. Já o aumento da permeabilidade implica no extravasamento de fluido rico em proteínas, o exsudado, para a região, justificando o edema e a dor vistos nos processos inflamatórios em geral. Esta perda de líquido ocasiona aumento da viscosidade e estase sanguínea. Os leucócitos, principalmente neutrófilos e monócitos, saem da posição central nos vasos e margeiam a superfície endotelial.

A entrada dos leucócitos para os tecidos é um processo coordenado e já bem descrito, denominado de migração celular. Em geral, envolve a participação de moléculas de adesão, citocinas e quimiocinas, bem como seus receptores (Figura 11.1). Assim, citocinas IL-1 e TNF-α aumentam a expressão das moléculas de adesão, selectinas E e P no endotélio vascular, sendo capazes de se ligarem aos carboidratos expressos na superfície dos leucócitos. Porém, a ligação entre as selectinas e os carboidratos é de baixa afinidade, sendo facilmente rompida, e o contínuo ato de ligar e soltar dá a impressão de que estão rolando ao longo da superfície endotelial, sendo esta fase denominada de **rolamento**.

Estes contatos sucessivos permitem que estímulos atuem sobre o leucócito. As quimiocinas produzidas pelas células de defesa teciduais são transportadas para a superfície, onde se ligam ao heparan sulfato. Nesta posição, as quimiocinas podem se ligar a seus respectivos receptores presentes na superfície de leucócitos, que estiverem rolando sobre o endotélio. Estes expressam moléculas da família das integrinas em estado não ativado, sendo, portanto, estabelecida uma **adesão fraca**. Com a ligação das quimiocinas, há aumento da afinidade e agregação das integrinas leucocitárias e crescente **ativação celular**. Em paralelo, as citocinas TNF-α e IL-1 também aumentam a expressão endotelial das moléculas de adesão, principalmente, a *vascular celular adhesion molecule* (VCAM)-1 e *intercelular adhesion molecule* (ICAM)-1 ou -2, resultando na **adesão firme** destas células ao endotélio. Em seguida, as quimiocinas atuam nos leucócitos aderidos, estimulando-os à **transmigração** através dos espaços interendoteliais, seguindo o seu gradiente quimiotático.

As primeiras células a migrarem são os neutrófilos, seguidos pelos monócitos que se transformam em macrófagos. Ao chegarem ao local, fagocitam micróbios e partículas estranhas que ali estiverem, utilizando seus receptores de padrões moleculares e receptores para opsoninas, proteínas do hospedeiro que revestem a superfície dos patógenos, como as lecitinas e moléculas do sistema complemento.

O sistema complemento é um conjunto de proteínas plasmáticas produzidas no fígado que atuam em cadeia, uma ativando sequencialmente a outra através de clivagem proteolítica. Esse sistema pode ser ativado seguindo três vias distintas: a via clássica, a via da lecitina ligadora de manose e a via alternativa (Figura 11.2). Essas moléculas são uma importante contribuição para a resposta imune, já que seus componentes promovem a opsonização, remoção de complexos imunes, quimiotaxia e citotoxicidade.

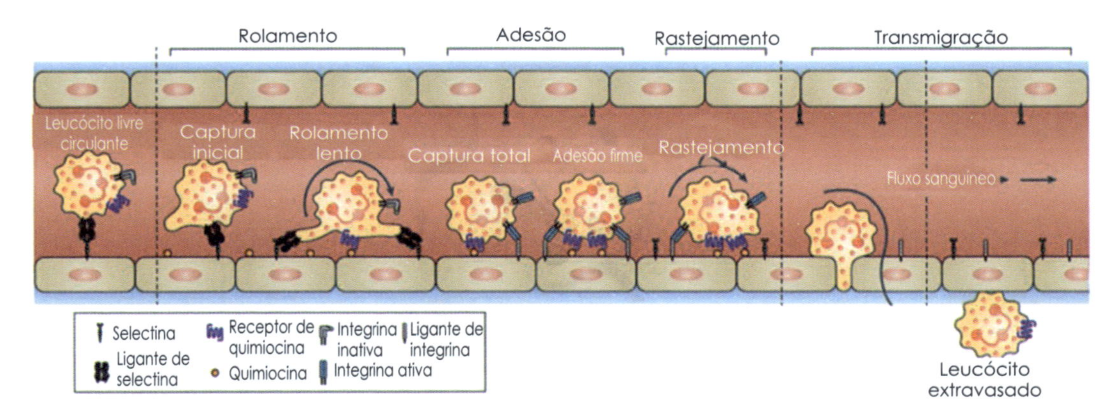

FIGURA 11.1 – Modelo multietapas do processo de entrada de células inflamatórias para o tecido. A migração de células inflamatórias a partir do fluxo sanguíneo é proposta ocorrer em quatro etapas: rolamento, que consiste da interação de baixa afinidade entre as selectinas e os carboidratos; a ativação celular, condição subsequente da célula após a interação entre as moléculas e atuação das quimiocinas; adesão firme, resultado da atuação das citocinas promovendo maior interação entre célula e endotélio e, assim, o rolamento das células sobre o endotélio, e finalmente a etapa de transmigração, onde as células ativadas atravessam o endotélio, resultando na inflamação tecidual, caso o processo de migração persista. Outras moléculas estão envolvidas neste processo de migração celular e algumas são dependentes do tecido. Figura modificada de Kolaczkowska E, Kubes P. Nature Review Immunology, 2013.

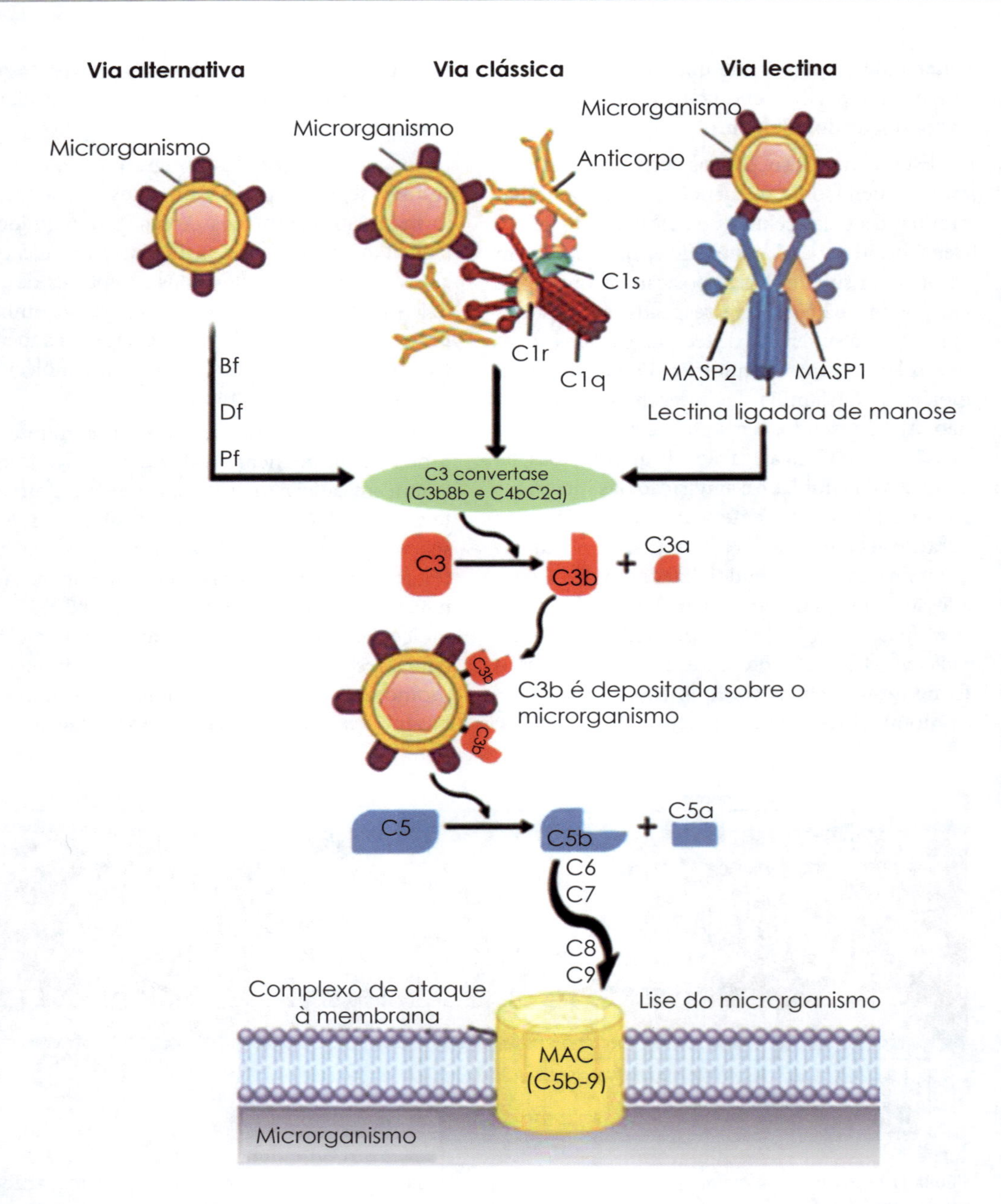

FIGURA 11.2 – Cascata do sistema complemento e suas vias de ativação. O sistema complemento é ativado por diferentes vias de ativação, gerando enzimas denominadas C3 convertase e C5 convertase, que se interagem para formar o complexo de ataque à membrana. Neste sentido são capazes de promover a destruição na membrana e, consequentemente, sua lise. Retirado e adaptado da Zhang S, Cui P. Developmental and Comparative Immunology, 2014.

Os macrófagos também causam efeitos à distância, quando liberaram suas moléculas, especialmente a IL-1, IL-6 e o TNF-α. Além de serem considerados pirógenos endógenos, por estimularem a elevação da temperatura corpórea, atuam a nível hepático estimulando os hepatócitos a aumentar a produção de certas proteínas em detrimento de outras. Essas proteínas, cuja concentração se eleva mediante a resposta de fase aguda, denominam-se proteínas de fase aguda. Como exemplo, podem ser citadas a proteína amiloide sérica P, a lecitina ligadora de manose, proteína C-reativa, fibrinogênio e proteínas surfactantes A e D.

O organismo também pode ser alvo de infecções intracelulares, onde os principais agentes são os vírus. A infecção viral induz a produção de citocinas conhecidas por interferons, nome dado pelo fato de interferirem na replicação viral. Mesmo produzidas tardiamente, induzem um estado de resistência à replicação viral, estimulando a imunidade adaptativa e ativando, junto a outras citocinas liberadas pelos macrófagos, as células NK. Estas últimas são importantes efetores da imunidade inata e contêm infecções por patógenos intracelulares. Possuem um mecanismo de ação bastante peculiar, relacionado à detecção de expressão das moléculas do complexo principal de histocompatibilidade de classe I (MHC-I) na superfície das células-alvo.

Quando o estímulo patogênico é muito intenso, sobrepujando a capacidade de controle da imunidade inata, é necessário que outro grupo imunológico entre em ação. A imunidade adaptativa é aquela cuja produção de seus componentes ocorre mediante prévia exposição ao patógeno em questão, sendo, portanto, tardia. Caracteriza-se por um mecanismo de ação especializado e específico, que é capaz de gerar uma memória imunológica contra estruturas pertencentes a estes agentes, denominadas de antígenos. Seus elementos efetores compreendem os subtipos linfocitários T e B, assim como os seus produtos. Ambos os linfócitos T e B são produzidos na medula óssea, no entanto, a maturação dos primeiros ocorre no timo, enquanto a dos linfócitos B ocorre na própria medula óssea.

Essas células possuem os receptores antigênicos de superfície TCR (receptor de célula T) e BCR (receptor de célula B), sendo responsáveis pelo reconhecimento distinto de antígenos, onde cada linfócito possui a sua especificidade para uma dada porção de um antígeno ou epítopo. Essa exclusividade de reconhecimento é gerada geneticamente através de rearranjos e mutações pontuais que seus genes sofrem ao longo da maturação linfocitária. Graças a esta especificidade, a resposta adaptativa, mesmo iniciando tardiamente, é bastante eficaz.

Duas subpopulações de células T podem ser funcionalmente distinguidas: células T CD8+ e células T CD4+. As primeiras têm um papel crucial no controle específico contra patógenos intracelulares, através da indução da morte celular programada da célula-alvo, seja infectada ou transformada. Os linfócitos T CD4+ são verdadeiros maestros da resposta imune, sendo importantes produtores de citocinas e ativadores de outros leucócitos. No caso, este grupo ainda pode ser subdividido conforme o tipo de células que ativam, determinando o caráter da resposta ao patógeno: celular ou humoral.

As células B, quando ativadas, são denominadas de plasmócitos, cujo mecanismo efetor compreende a produção de um grupo particular de glicoproteínas denominadas de imunoglobulinas (Figura 11.3). Também conhecidas como anticorpos, essas moléculas são responsáveis pela resposta humoral, possuindo papel essencial na opsonização, neutralização, ativação da via clássica do complemento e citotoxicidade. Elas são subdivididas nas classes IgA, IgD, IgE, IgG e IgM, de acordo com as suas cadeias pesadas, onde cada uma atua de diferentes formas.

Há uma relação muito íntima e dependente entre a imunidade inata e a adaptativa. Os patógenos que entram através da corrente sanguínea terão seus antígenos levados por células apresentadoras de antígeno ao baço, enquanto os que entrarem através dos epitélios serão conduzidos

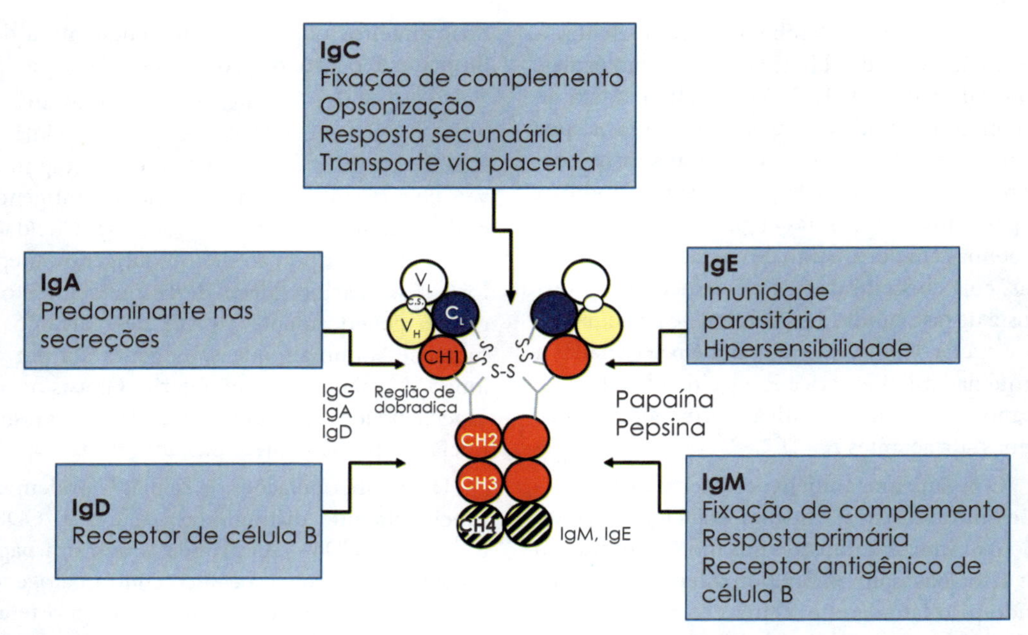

FIGURA 11.3 – Estrutura das imunoglobulinas e sua importância na resposta imune. O esquema central demonstra que as imunoglobulinas são constituídas de estruturas globulares com cadeias pesadas (H) e leves (L) e regiões constantes (C) e variáveis (V), ligadas por pontes de sulfetos (S-S). A estrutura da imunoglobulina pode sofrer ruptura em determinadas ligações via atuação in vitro das enzimas papaína ou pepsina. Modificado a partir da http://www.uptodate.com/contents/structure-of-immunoglobulins. Acessado no dia 20 de novembro de 2012.

aos linfonodos. Os linfócitos, após a maturação, ficam constantemente circulando entre o sangue, a linfa e esses órgãos linfoides periféricos, palcos da integração da resposta imune inata e adaptativa. Este processo aumenta a possibilidade de encontro com uma célula apresentadora de antígeno (células dendríticas, macrófagos e linfócitos B), que reconhecem, fagocitam, processam e expõem antígenos provenientes de estruturas estranhas ao organismo.

Esta exposição se dá através da conjugação desses fragmentos a moléculas do MHC de classe II em endossomos. Através dos vasos linfáticos ou sanguíneos, especialmente células dendríticas, migram aos órgãos linfoides periféricos e, por quimiotaxia, dirigem-se ao local de maior concentração de linfócitos T CD4+. O contato entre essas duas células gera dois tipos de estímulos: um primeiro sinal, gerado pela ligação entre a molécula de MHC de classe II junto ao peptídio e TCR; e, um segundo sinal de estimulação, a partir da ligação de moléculas coestimulatórias de superfície. Este mecanismo estimula a expansão clonal e posterior diferenciação dos linfócitos T CD4+, que podem ir ao local de injúria para coestimularem macrófagos a aumentar sua habilidade microbicida, ou permanecer no órgão linfoide para coestimular linfócitos B.

Assim, este sinal secundário somado à ligação de antígenos solúveis, ou nas moléculas do MHC de classe I de células dendríticas ao BCR, culmina com expansão clonal e conseguinte diferenciação em plasmócitos. Este receptor de superfície é um complexo que engloba as imunoglobulinas IgD e IgM. Além desses processos, a secreção de outras classes de anticorpos, processo denominado de mudança de isótopo, e maturação de afinidade deles também são dependentes de linfócitos T auxiliares. Já os linfócitos T citotóxicos têm relevância no combate a infecções intracelulares. Todas as células nucleadas expressam em suas superfícies moléculas de MHC de classe I. Normalmente, estas moléculas estão acopladas a antígenos próprios, e quando sofrem o patrulhamento desse tipo linfocitário, nada ocorre. Contudo, diante de uma infecção ou até mesmo de uma neoplasia, há a conjugação de antígenos estranhos, sendo este o sinal principal para a ativação de linfócitos citotóxicos específicos através de seu TCR. Seus mecanismos atuam seletivamente nas células patológicas, englobando a liberação de perforinas e granzimas, citocinas e a expressão da molécula Fas, estimulando a via de apoptose.

Após a eliminação da causa agressora, a maioria das células sofre apoptose. No entanto, alguns linfócitos persistem, sendo responsáveis pela memória imunológica. Ela é uma das principais consequências da resposta imune, e garante uma proteção duradoura a reexposições ao patógeno. Após a expansão clonal de linfócitos antígeno-específicos, parte dos clones se diferencia em células efetoras, e a outra, em células de memória. Estas últimas são de longa duração e recirculam pelos vasos e órgãos linfáticos, patrulhando os tecidos. Quando encontram novamente o antígeno específico, expandem-se e ativam-se, gerando um novo *pool* de células efetoras, cuja resposta secundária é mais rápida e eficaz. Esta característica imunológica é a base que garante o sucesso dos programas de vacinação a diferentes agentes patogênicos, evitando surtos epidêmicos e altos índices de mortalidade.

A resposta inflamatória de fase aguda pode se resolver, permitindo que o tecido se reestruture histológica e funcionalmente. Nesses casos, é comum que a causa agressora não gere lesões extensas e o dano seja pequeno. Outra saída é a reconstituição da região afetada com tecido cicatricial fibroso, normalmente após lesão em tecidos que não são capazes de se renovar. Ou ainda, a resposta aguda pode prolongar-se, não havendo a sua resolução, seja pela persistência do patógeno, seja por alterações na cicatrização normal.

A fase crônica da inflamação é difícil de ser definida temporalmente, sendo considerada uma inflamação prolongada, onde o processo inflamatório coexiste com sistemas reparadores estimulados por ele mesmo. Esta etapa é a principal responsável pelo dano tecidual e consequente debilidade presente em certas doenças inflamatórias crônicas. Estas englobam as doenças autoimunes, reações de hipersensibilidade, infecções persistentes e a exposição contínua a agentes tóxicos. Histologicamente caracteriza-se pelo infiltrado mononuclear com a presença de macrófagos e linfócitos. No entanto, eosinófilos, mastócitos e em certos casos neutrófilos também participam do processo.

Exposições crônicas do estímulo incitam a perpetuação da inflamação e a consequente lesão direta ao tecido. Ademais, a funcionalidade do parênquima de um órgão pode sofrer alterações sérias mediante a sua troca por tecido conjuntivo cicatricial, comprometendo a homeostasia do organismo. Neste sentido, o monitoramento da inflamação é bastante relevante, a fim de conter essas possíveis injúrias irreparáveis através de intervenções terapêuticas adequadas.

Marcadores de atividade inflamatória

Nos últimos anos, tem aumentado a compreensão da patogênese de diferentes doenças inflamatórias crônicas, como doenças cardiovasculares, infecciosas e autoimunes. Neste sentido, foi possível identificar uma série de fatores de risco nestas enfermidades, o que estimulou em crescentes estudos acerca da patogênese dessas doenças, inclusive a capacidade de identificar um conjunto de moléculas, como enzimas, hormônios e proteínas, denominados marcadores inflamatórios. De fato, muitos já têm sido utilizados no diagnóstico de doenças crônicas, assim como para aquelas que ocorrem de forma aguda.

Ainda, muitas moléculas circulantes são detectadas a fim de avaliar o risco na evolução da doença e outras são úteis no monitoramento terapêutico, juntamente com dados clínicos.

Assim, as moléculas circulantes produzidas durante o processo inflamatório local ou sistêmico são importantes no esclarecimento do diagnóstico, no estabelecimento de prognóstico, no acompanhamento da evolução da doença e, finalmente, na ausência de sintomas clínicos estas moléculas podem evidenciar a atividade inflamatória em locais de difícil acesso.

Os marcadores imunológicos de atividade inflamatória são moléculas atuantes no processo inflamatório, tanto na sua fase aguda, como na crônica. As respostas inflamatórias caracterizam-se pela alteração sérica desses componentes, onde alguns respondem aumentando (biomarcadores positivos) e outros diminuindo (biomarcadores negativos) as suas concentrações. O reflexo deste estímulo pode ser observado a nível laboratorial através da dosagem desses componentes no sangue periférico. Os marcadores mais utilizados com esta finalidade na prática clínica englobam moléculas pertencentes à família das proteínas de fase aguda, ao sistema complemento, à classe das imunoglobulinas e fatores químicos, como as citocinas e o óxido nítrico.

■ Principais proteínas de fase aguda

As proteínas de fase aguda são proteínas plasmáticas, cuja concentração pode se elevar inúmeras vezes em função de estímulos inflamatórios. A sua produção ocorre nos hepatócitos, que são hiperestimulados especialmente pelas citocinas pró-inflamatórias IL-1, TNF-α, IL-6 e IL-8. Muitas delas mimetizam a ação dos anticorpos, através da opsonização e fixação de complemento, outras possuem propriedades anti-inflamatórias e imunomoduladoras. Apesar de benéficas, a perduração de produção dessas moléculas pode ocasionar amiloidose hepática secundária durante a inflamação crônica, que consiste no acúmulo de proteína normalmente ausente no tecido. Descreveremos algumas destas proteínas importantes na investigação laboratorial.

■ Alfa$_1$-antitripsina (A1AT)

É uma glicoproteína plasmática de 52 kDa, codificada pelo gene SERPINA1, que se situa no *locus* Pi do braço longo do cromossomo 14. A A1AT é um importante membro da superfamília de inibidores de serino-proteases, onde a sua principal função é inibir proteases, como a tripsina, elastase e protease-3. Assim, ela protege os tecidos de possíveis danos causados pela enzima elastase, presente principalmente nos neutrófilos. Mediante estímulos inflamatórios, seus níveis aumentam sensivelmente, ultrapassando a sua concentração sérica normal, equivalente a 40% do total das proteínas plasmáticas.

Grande parte do que se sabe a seu respeito é proveniente de estudos acerca da enfermidade em que há deficiência na sua produção. Neste sentido, a deficiência de A1AT é uma desordem genética de herança autossômica codominante, e para o seu gene existem mais de 100 alelos gerados a partir de mutações do gene normal. Cerca de 30 deles apresentam relevância clínica. Tais variantes são designadas por letras do alfabeto, conforme o padrão de migração das mesmas no gel de eletroforese: as que migram mais rápido que a M, A1AT normal, são nomeadas com as primeiras letras, e as que migram posteriormente, com as últimas.

Dentre as variantes que mais frequentemente causam enfermidade, o alelo Z está presente em aproximadamente 95% dos casos. Ele é gerado a partir da troca de uma lisina por um ácido glutâmico na posição 342 do gene. O processo normal de inibição das proteases inicia-se com a produção hepática e o posterior transporte para o pulmão, órgão mais afetado. No entanto, quando a enzima é defeituosa, a elastase permanece ativa no órgão, culminando no enfisema pulmonar.

Além do enfisema pulmonar, sua deficiência está associada a outras enfermidades, como doença hepática, paniculite (manifestação cutânea), vasculite sistêmica e outras doenças inflamatórias, autoimunes e neoplásicas. Na doença hepática, a deficiência clássica (ZZ) de A1AT está associada a um maior risco de desenvolvimento de lesão hepática e formação de cicatrizes devido à retenção da A1AT anormal no fígado.

■ Alfa$_1$-glicoproteína ácida (A1GA) ou "orosomucoide"

Pertence à família das imunocalinas, conjunto de moléculas transportadoras com habilidades imunomoduladoras e microbicidas. Localizada na região q32-34 do cromossomo 9, este biomarcador positivo possui peso molecular de 41-43 kDa, apresentando na sua composição 183 resíduos de aminoácidos e uma considerável proporção de carboidratos e resíduos de ácido siálico, cerca de 45% e 10-14% do seu peso, respectivamente. Esta alta porcentagem de açúcares confere-lhe grande carga negativa e solubilidade na água. Aproximadamente, existem 12-20 formas da molécula, devido a variações no local de inserção dos açúcares.

A A1GA pode sofrer alterações no seu padrão de glicosilação durante a inflamação aguda, da mesma forma que em outras condições distintas, como a gravidez e em processos inflamatórios crônicos. A heterogeneidade dos padrões de glicosilação é particularmente notável, visto que suas funções biológicas anti-inflamatórias e de transporte são intimamente dependentes da composição dos carboidratos. Acredita-se que estas modificações sejam reguladas através da interação de citocinas, fatores de crescimento e hormônios. Na circulação, é capaz de se ligar a drogas e a hormônios esteroidais.

A A1GA é umas das principais proteínas de fase aguda expressa no fígado e secretada na circulação sanguínea. Lesão tecidual, inflamação, infecção e neoplasia estão associadas com expressão e concentração sérica aumentadas de A1GA.

Esta proteína está incluída no grupo de biomarcadores urinários para diagnóstico diferencial de doença glomerular. Alguns estudos têm detectado A1GA na urina de pacientes com uma variedade de doenças renais, como nefropatia diabética e lúpus eritematoso sistêmico associado com doença renal.

A A1GA urinária também tem sido descrita como um importante biomarcador inflamatório na psoríase, uma doença autoimune, fornecendo informações clinicamente importantes a respeito da severidade da doença.

Suas competências imunomoduladoras foram descritas a partir de ensaios com camundongos e *in vitro*. Desempenha papel protetor no choque séptico murino e sugere-se que tal molécula seja indutora do sistema antiapoptótico. Inibe o estímulo mitogênico de linfócitos murinos, a geração de ânions superóxidos e respostas quimiotáxicas ao C5a de neutrófilos, além de estimular a produção do antagonista do receptor de IL-1. Desta forma, desempenham um papel protetor ao dano tecidual causado pela inflamação excessiva.

■ Ceruloplasmina

É uma proteína plasmática de coloração azulada, que contém cerca sete átomos de cobre por molécula, ligando-se a 95% do cobre total circulante em pessoas sadias. Pertence ao grupo das α-glicoproteínas e é composta por uma cadeia peptídica simples de 1.046 aminoácidos, com peso molecular em torno de 132 kDa. Existe uma variação significativa quanto ao seu grau de glicosilação entre os indivíduos, da mesma forma que seus carboidratos podem variar no mesmo sujeito mediante diferentes situações, como uma resposta de fase aguda. A glicosilação não é necessária para a incorporação cúprica, mas mudanças na estrutura do carboidrato podem ter implicações em seu *turnover* e sua atividade enzimática.

Suas funções fisiológicas incluem o transporte de cobre, a angiogênese, a coagulação, a oxidação de aminas orgânicas, atividade de ferroxidase, regulação da homeostase férrica e atividades antioxidantes. Por ser uma proteína de fase aguda com atividade bactericida, sugere-se uma participação da ceruloplasmina na resposta inflamatória a agentes estranhos. Há tempos, a molécula é utilizada no diagnóstico da doença de Wilson. Esta doença hereditária autossômica recessiva é caracterizada por uma desordem do metabolismo cúprico hepático, com diminuição da incorporação do cobre à ceruloplasmina e consequente redução da sua excreção biliar.

Assim, há acúmulo do metal em diversos tecidos, especialmente no fígado. Nestes indivíduos, os níveis de ceruloplasmina são reduzidos.

Estudos epidemiológicos indicaram uma associação entre a concentração desta proteína e o risco de doenças cardiovasculares, como arteriosclerose, aneurisma aórtico abdominal, angina instável, vasculite e doença arterial periférica em humanos. O mecanismo para o envolvimento da ceruloplasmina nestas condições ainda não está esclarecido, mas estudos bioquímicos mostraram que a ceruloplasmina é um potente catalisador da oxidação do LDL em culturas de endotélio vascular e células de músculo liso.

■ Fibrinogênio

É uma glicoproteína hexamérica solúvel no plasma com peso molecular de 340 kDa. Sua meia-vida é de cem horas, e apesar de sua concentração plasmática normal variar entre 1,5 e 4,5 g/L, ela excede muito a concentração mínima necessária para a hemostasia. O fibrinogênio desempenha um papel essencial em diversos processos fisiopatológicos, incluindo a inflamação, aterogênese e trombogênese. Esta última é regulada pelo delicado equilíbrio entre a coagulação e as vias fibrinolíticas.

Subsequentemente a um trauma na parede vascular, a tromboplastina tissular é liberada pelo tecido subendotelial e ativa a via extrínseca da coagulação, por ativar o fator VII. O contato do sangue com a superfície externa inicia a via intrínseca da coagulação pela ativação do fator XII e das plaquetas. Estas últimas agregam-se de uma forma instável, sendo a adição da malha fibrinosa necessária para alcançar a estabilidade. Os fibrinopeptídios, que estão na região central do fibrinogênio, são clivados pela trombina e convertidos em polímeros de fibrina. Estes se unem em um arranjo tridimensional após a estabilização pelo fator XIIIa. A formação do coágulo é controlada pela fibrinólise mediada pela ação da plasmina. Deficiências nesta enzima ou nos sistemas que a ativam podem ocasionar quadros de trombose.

Na inflamação, o fibrinogênio atua na etapa de adesão celular ao endotélio. Ademais, esta molécula também é capaz de se ligar à ICAM-1, aumentando a interação entre monócitos e o endotélio. A utilização do teste de velocidade de hemossedimentação (VHS) reflete indiretamente a concentração de certas proteínas plasmáticas, em especial a do fibrinogênio. O VHS é dependente da agregação eritrocitária. As hemácias apresentam carga negativa na sua superfície, e por isso tendem a se repelir. Contudo, a presença aumentada da glicoproteína neutraliza essas cargas e permite que estes elementos se agreguem, gerando o efeito *rouleaux*. Como este conjunto é mais pesado, mais rapidamente os glóbulos vermelhos se depositam no fundo do tubo. Esta metodologia é bastante utilizada para auxiliar no diagnóstico, tratamento e acompanhamento de doenças inflamatórias, infecciosas e neoplásicas, sendo, por isso, um método não específico.

Diferentes fatores podem influenciar o resultado do VHS, como interferentes analíticos (erro de diluição, inclinação do tubo e tempo de realização do exame após a coleta de sangue); o uso de medicação anticoncepcional oral, anticoagulante ou penicilina; diferenças fisiológicas (idade, sexo e gestação); e estados patológicos não inflamatórios (variações no hematócrito, anemias hemolítica, hemoglobinopatias, macro e microcitose, policitemia hipercolesterolemia, hipofibrinogenemia e hipogamaglobulinemia).

Muitos estudos epidemiológicos evidenciam associações positivas entre o risco de doença cardíaca coronariana e níveis elevados de fibrinogênio plasmático. Aponta-se que a deposição de fibrina poderia participar no início e no crescimento das placas de ateroma. Especula-se que o fibrinogênio e seus metabólitos sejam passíveis de causar danos endoteliais, visto que inúmeras lesões ateroscleróticas, que não exibiam nenhuma evidência de fissura ou ulceração, apresentavam uma quantidade significativa de fibrina na placa.

Por outro lado, existem raras desordens inerentes ao fibrinogênio categoricamente caracterizadas segundo a sua concentração plasmática e funcionalidade. As deficiências do tipo I ou quantitativas incluem a afibrinogenemia e hipofibrinogenemia, que se caracterizam por apresentarem reduzidos níveis plasmáticos e de atividade da molécula. A doença do acúmulo de fibrinogênio é caracterizada pela hipofibrinogenemia devido ao dano na liberação do fibrinogênio anormal, que se acumula e agrega no retículo endoplasmático hepatocelular. Já as do tipo II ou qualitativas englobam as disfibrinogenemias e as hipodisfibrinogenemias com níveis normais ou reduzidos em associação à atividade anormal do fibrinogênio. Na Tabela 11.1 mostra-se a relação das principais doenças e a elevação ou diminuição de VHS.

Tabela 11.1 – Causas de alteração dos resultados do VHS

Aumento	Diminuição
• Infecção bacteriana • Hepatite, colite, pancreatite, peritonite • Idade avançada • Sexo feminino • Gravidez • Colesterol elevado • Anemia • LES, AR, febre reumática, vasculites • Mieloma, macroglobulinemia • Crioglobulinemia • Leucemia/linfoma • Metástase • Obesidade • Síndrome nefrótica • Glomerulonefrite aguda • Pielonefrite • Insuficiência renal crônica • Lesão tecidual (trauma, cirurgia etc.) • Temperatura elevada • Uso de heparina	• Redução do fibrinogênio • Lesão hepática grave • Insuficiência cardíaca congestiva • Cardiopatia congênita • Sais biliares • Caquexia • Coagulação da amostra • Hemoglobinopatia • Microcitose, anisocitose • Esferocitose • Policitemia • Tempo superior a 2 horas para processar a amostra • Temperatura baixa

AR: artrite reumatoide; LES: lúpus eritematoso sistêmico.

Estudos apontam o uso da razão albumina/fibrinogênio como um novo marcador inflamatório para monitoramento da atividade da artrite reumatoide, que encontra-se mais baixa na doença ativa.

■ Proteína C-Reativa

É uma proteína de fase aguda positiva pertencente à família as pentraxinas. É produzida pelo fígado e adipócitos, e seus níveis plasmáticos são naturalmente muito baixos, não apresentando variações diárias significativas. Mediante estímulos inflamatórios e infecciosos, a sua concentração pode se elevar de cem a mil vezes o seu valor basal em um intervalo de 24 a 72 horas, sendo este aumento proporcional ao grau de estímulo. Quando a injúria cessa, a concentração sérica da proteína C-reativa (PCR) rapidamente diminui.

A PCR apresenta-se em duas conformações distintas: a pentamérica ou nativa e a monomérica ou modificada. A PCR nativa é uma molécula cíclica composta de cinco subunidades não glicosiladas idênticas. Possui afinidade para diferentes ligantes, incluindo lipoproteínas plasmáticas, membranas celulares modificadas e agentes infecciosos. Uma vez ligada a eles, a PCR nativa é reconhecida pelo componente C1q, levando a ativação da via clássica do complemento. Esta molécula também pode se ligar ao fator, e desta forma regular a via alternativa do sistema complemento. Por outro lado, exibe propriedades anti-inflamatórias, através da diminuição da ativação, aderência e tráfego de neutrófilos e da inibição da agregação plaquetária.

Apesar de a estabilidade da PCR nativa sob condições fisiológicas ser bastante difundida, evidências surgiram apontando que a sua estrutura pentamérica poderia ser dissociada em unidades monoméricas. No entanto, estas últimas não são detectadas na circulação, o que sugere uma dissociação local. Já é bastante consolidada a utilização da PCR no diagnóstico e acompanhamento de doenças cardiovasculares. De fato, a literatura cada vez mais vem demonstrando um papel direto da molécula na etiopatogênese dessas enfermidades através de suas propriedades inflamatórias, sendo corroborado pela maciça presença da molécula nas placas de ateroma.

Proteína C-reativa ultrassensível

Ela prediz o risco de doença cardiovascular em diferentes grupos de pacientes. É facilmente mensurável e seu teste consiste na detecção de pequenos aumentos séricos da PCR, característicos de doenças cardiovasculares. Consideram-se altas as quantidades superiores a 3 mg/L na ausência de outras doenças inflamatórias. Não é um marcador específico para tais enfermidades, mas a sua dosagem é de grande valia para corroborar outros dados laboratoriais e clínicos. Ainda não está totalmente esclarecido se ela contribui diretamente para a fisiopatologia de doenças cardiovasculares. Estudos voltados para o seu papel na aterotrombose são limitados a apenas ensaios *in vitro* e na experimentação animal.

Haptoglobina

É uma α_2-sialoglicoproteína de estrutura tetramérica formada a partir da ligação, por uma ponte dissulfeto, de duas cadeias peptídicas α (leves) e duas β (pesadas). A cadeia α é polimórfica e apresenta-se como α_1 e α_2, onde a primeira ainda pode ser subdividida nos tipos α_{1S} (do inglês, *Slow*) e α_{1F} (do inglês, *Fast*) de acordo com a mobilidade eletroforética. Diferentes combinações entre essas cadeias podem existir, gerando seis moléculas possíveis, no entanto apenas três são frequentes em humanos: Hp1-1, Hp2-1 e Hp2-2.

A concentração sérica da haptoglobina varia ao longo da vida do indivíduo, sendo menor em neonatos e maior em adultos sadios. Por ser uma proteína de fase aguda, esta concentração pode elevar-se mediante estímulos inflamatórios. A função primordial da haptoglobina é ligar-se à hemoglobina plasmática livre, proveniente da hemólise intravascular, possuindo, este complexo solúvel, grande afinidade e estabilidade. Tal conjugação impede que a hemoglobina chegue aos rins pela corrente sanguínea e seja filtrada, caso contrário sérios danos oxidativos poderiam prejudicar o glomérulo renal, bem como não haveria o reaproveitamento do ferro.

A haptoglobina remove rapidamente a hemoglobina da circulação, conduzindo-a até o fígado e para macrófagos teciduais. Apesar de não ser reciclado, o heme é degradado pela enzima heme-oxigenase e libera o ferro, que será utilizado na construção de outras moléculas. Como não se liga à mioglobina, outra proteína que contém o heme na sua composição, a dosagem de haptoglobina é utilizada como diagnóstico diferencial da rabdomiólise. Caso os níveis do heme estejam normais, o seu excesso sérico deve ser interpretado como originário da mioglobina. Adicionalmente, desempenha funções anti-inflamatórias e imunomoduladoras significativas para proteger o organismo. Sua ação antioxidante é de suma relevância mediante a expressiva quantidade de espécies reativas de oxigênio produzidas durante o processo inflamatório, que são potencialmente danosas às membranas e ao material genético.

O que se observa é que os indivíduos com genótipo Hp1-1 são mais resistentes ao estresse oxidativo do que aqueles com o Hp2-1 e Hp2-2. Suas propriedades antioxidantes são ativadas para controlar a explosão respiratória durante a ativação de neutrófilos; a manutenção do transporte reverso de colesterol, onde se liga à Apo A1 e a protege de possíveis danos causados por radicais livres, e da inibição das enzimas ciclo-oxigenase e lipo-oxigenase em modelos experimentais. A imunomodulação envolve as respostas humorais e celulares, tanto da imunidade inata quanto da adquirida. A haptoglobina participa no recrutamento de neutrófilos, na indução à apoptose de neutrófilos e monócitos no local de injúria, estimula o recrutamento de fibroblastos para o reparo tecidual e suprime a proliferação de linfócitos T, com a forte inibição das citocinas da via de Th2.

Já o genótipo Hp2-2 apresenta o complexo hemoglobina-haptoglobina com menor afinidade pelo receptor CD163 em macrófagos nos tecidos, resultando em menor taxa de captura de hemoglobina, maior explosão oxidativa e ausência de ativação de vias anti-inflamatórias. Esses efeitos causam danos e inflamação no sistema vascular.

■ Ferritina

É a principal molécula intracelular de armazenamento do ferro em todos os organismos, os quais compartilham algumas similaridades em suas características estruturais. A apoferritina é a designação dada à molécula proteica por si só. Somente quando ela se liga ao ferro, é que passa a ser denominada de ferritina, cuja capacidade de armazenamento é de cerca de 4.500 íons férricos por molécula. Com peso molecular de 560.000 kDa, cada molécula de ferritina compreende 24 cadeias polipeptídicas, que podem ser de dois tipos: subunidade pesada e subunidade leve, identificadas respectivamente nas regiões 11q23 e 19q13.3 cromossomais.

Funcionalmente, cada uma dessas isoformas apresenta propriedades distintas. A primeira desempenha um papel principal na rápida desoxidação e transporte intracelular do ferro, e é encontrada em órgãos com baixa concentração do íon, como coração e pâncreas. A segunda está envolvida na nucleação, mineralização e no armazenamento por longo prazo de ferro, sendo esses processos predominantes no fígado e baço. Estudos apontam que a produção dessas subunidades seja diferente em distintos tipos celulares, da mesma forma que em diversas circunstâncias, a fim de proteger o organismo da proliferação celular desenfreada, do estresse oxidativo e dos efeitos colaterais inflamatórios e infecciosos. Sob tais estímulos, a sua produção é aumentada, no entanto deve-se ter cautela, visto que seus níveis também podem estar elevados nas anemias hemolíticas e sideroblástica.

Diante de condições inflamatórias, a ferritina desempenha papéis distintos daqueles de armazenamento do ferro e proteção celular contra os efeitos tóxicos do metal livre. Ela é capaz de se ligar a linfócitos T, suprimir a reação de hipersensibilidade tardia para induzir o estado de anergia, inibir a produção de anticorpos pelos linfócitos B, reduzir a habilidade fagocítica dos granulócitos e regular a granulopoiese.

■ Alfa$_2$-macroglobulina

É o principal membro da família das macroglobulinas, importante grupo proteico de reguladores da resposta inflamatória. É um tetrâmero composto de dois dímeros de duas subunidades idênticas de 180 kDa conectadas por uma ponte dissulfeto. A alfa$_2$-macroglobulina (A2M) possui duas regiões funcionalmente importantes. Uma serve de substrato para uma variedade de proteinases autoagressivas que se acumulam durante a inflamação, e a clivagem deste domínio causa alterações conformacionais na molécula. Como resultado disto, o seu outro domínio se torna acessível, reagindo prontamente a estruturas da superfície da proteinase-alvo. A proteinase liga-se covalentemente a ela, sem que o seu sítio ativo se altere. Com este mecanismo, a A2M desempenha uma de suas diferentes funções protetoras: inibe a lise celular, através da ligação a essas enzimas de patógenos, e desta forma bloqueia a penetração destes microrganismos na célula.

A capacidade da A2M de se ligar a hidrolases também a torna capaz de inibir a invasão tumoral mediada por estas enzimas. Ao mesmo tempo, um excesso destes complexos A2M/hidrolase pode ativar a apoptose. A A2M está ativamente envolvida tanto na inibição do crescimento, quanto na proliferação de células tumorais. Seus dois sítios de ligação permitem que ela exerça papeis regulatórios tanto para o tumor, quanto para o organismo como um todo. Ela é a principal transportadora de citocinas e fatores de crescimento, e desta forma participa do controle da resposta inflamatória. É uma importante proteína carreadora do TGF-β, e permite que este fator aja como um regulador autócrino de funções esteroidogênicas adrenocorticais.

Adicionalmente, transporta substâncias antibacterianas (interferons e lisozimas) até a zona de infecção, e participa da regulação da apoptose em células infectadas. Apresenta alta afinidade ao receptor de endocitose, o que permite participar no reconhecimento e na fagocitose desses agentes estranhos. A concentração sérica normal da A2M é de 2 g/L em adultos, com pequenas oscilações com a idade. Seus níveis são um pouco maiores em mulheres do que em homens. Na presença de enfermidades inflamatórias agudas, como em certas doenças reumáticas, e na síndrome nefrótica, seus níveis podem aumentar sensivelmente.

Estudos têm apontado a A2M como um potencial biomarcador de fibrose hepática e, também sua associação com a disfunção endotelial em pacientes com fatores de risco de doença cardiovascular ou que sofreram acidente vascular cerebral.

■ Proteína amiloide sérica A

É dividida em dois subgrupos de acordo com seus genes e a fonte de produção, englobando a proteína amiloide sérica de fase aguda A (A-SAA) e a proteína constitutiva sérica A (C-SAA). Ambas são primariamente produzidas pelo fígado. No entanto, as suas produções também podem ser extra-hepáticas. A concentração plasmática da proteína A-SSA pode elevar-se 1.000 vezes (superior a cerca de 1 mg/mL) dentro do intervalo de 24-48 h após um trauma, inflamação ou infecção. Indivíduos com seus níveis cronicamente elevados podem desenvolver amiloidose, doença caracterizada pela deposição extracelular em órgãos vitais de proteínas fibrilares, que contenham um alto conteúdo de estruturas β-folha pregueada.

Durante um processo inflamatório, a proteína A-SSA associa-se à terceira fração das lipoproteínas de alta densidade (HDL3) no lugar da apolipoproteína A-1, sendo o componente proteico majoritário desta estrutura. Níveis plasmáticos elevados desta proteína de fase aguda positiva podem predizer risco vascular e indicar um prognóstico ruim a um paciente com doença coronariana aguda. O papel fisiopatológico da proteína amiloide sérica A ainda não foi desvendado, no entanto ela o exerce em prol da defesa do organismo, mesmo que tenha consequências aterogênicas. Ela contribui para metabolismo e transporte lipídico, disfunção endotelial, promove trombose e recruta células inflamatórias. A sua expressão é induzida no intestino, levando ao desenvolvimento de células Th17 em resposta a componentes específicos da microbiota. Evidências mostram que a proteína amiloide sérica A é uma proteína ligadora de retinol (possui papel importante na resposta a infecções bacterianas), atuando no transporte de retinol durante infecção bacteriana.

Ademais, evidências também apontam o seu envolvimento na carcinogênese. Sugere-se que esta molécula esteja incluída em um grupo de biomarcadores úteis para a detecção de um padrão de crescimento neoplásico maligno e de resposta do hospedeiro.

■ Sistema Complemento

O sistema complemento engloba uma vasta família de moléculas pertencentes à imunidade inata, sendo um de seus principais mecanismos efetores. Ele representa uma complexa rede de proteínas associadas a membranas e presentes no plasma, que podem desengatilhar respostas inflamatórias altamente eficientes e reguladas, além da sua ação imune citolítica a organismos infecciosos (bactérias, vírus e parasitas) e danos a estruturas "não próprias". Mesmo atuando maciçamente na imunidade inata, este sistema não é restrito a este tipo de resposta, exercendo forte impacto na reação imune adaptativa.

O sistema complemento engloba cerca de 30 proteínas plasmáticas e de superfície celular, constituindo cerca de 30% do montante da fração globular plasmática. Tais moléculas atuam organizadamente em cascatas proteolíticas, iniciadas a partir da identificação do patógeno, que levam à produção de mediadores pró-inflamatórios, à opsonização e à lise desses elementos nocivos, pela formação de poros nas suas superfícies. Como dito anteriormente, existem três vias distintas, pelas quais a ativação do sistema complemento pode começar: a via clássica, a via alternativa e a via da lecitina ligadora de manose (Figura 11.2). De forma interessante, tais moléculas não atuam de forma descontrolada. Elas são reguladas por outros elementos deste sistema, como DAF, CR1, fator H e proteína ligadora de C4, a fim de que a ativação excessiva e sem necessidade não ocorram, causando danos ao organismo.

Na prática clínica, utiliza-se com frequência a dosagem dos elementos C3 e C4. Ambos participam das vias clássica e da lecitina ligadora de manose, onde a subunidade C4b forma o complexo enzimático C3 convertase junto de C2b, responsável pela clivagem de C3 em C3a e C3b. Ao se juntar à C3 convertase, C3b forma C5 convertase, que cliva C5 em C5a e C5b. Apenas o elemento C3 participa da via alternativa, o que amplia as vias clássicas e da lecitina ligadora de manose. Adicionalmente, C3b é uma importante opsonina, e serve de ponte para a fagocitose dos patógenos por leucócitos que apresentem receptores para C3b, como macrófagos e neutrófilos. C3a e C4a são anafilotoxinas, moléculas cujas funções fisiológicas incluem aumento da permeabilidade vascular, contração do músculo liso, recrutamento de leucócitos e quimiotaxia. Em doenças de etiologia inflamatória, como as doenças autoimunes, seus níveis séricos encontram-se bastante diminuídos, devido ao excessivo consumo durante a atividade da doença. Basicamente, são utilizados para monitoramento de terapias anti-inflamatórias e controle da atividade da doença. Outras doenças e os métodos de investigação do complemento são descritos na Tabela 11.2.

■ Imunoglobulinas

Os linfócitos B, assim como os linfócitos T, expressam em suas superfícies receptores com especificidades distintas para diferentes tipos de epítopos. Esses receptores na célula B são pertencentes à família das imunoglobulinas. Em geral, essas moléculas são proteínas heterodiméricas compostas de duas cadeias pesadas e duas leves. Também podem ser separadas funcionalmente em domínios variáveis, locais onde se ligam aos epítopos, e em uma porção constante, responsável pela função efetora da molécula. Os genes responsáveis pela codificação da região variável são polimórficos e sofrem rearranjos e hipermutações somáticas, gerando a especificidade distinta de cada um dos clones de células B. Os domínios constantes das cadeias pesadas podem ser trocados (mudança de isotipo) para permitirem a mudança funcional da molécula, mantendo sempre a especificidade para o dado epítopo.

Tabela 11.2 - Investigação laboratorial da função do sistema complemento

Investigação laboratorial	Técnicas e proteínas
Quantificação da atividade hemolítica da via clássica	CH50
Quantificação da atividade hemolítica da via alternativa	APH50
Quantificação dos níveis das diversas proteínas das vias clássica e alternativa	C3, C4, C1, C2, entre outras proteínas
Quantificação dos níveis das diversas proteínas de ataque a membrana	-
Quantificação das proteínas reguladoras do sistema complemento	Inibidor de C1, Fator I
Quantificação da atividade hemolítica específica	C2 hemolítica

Adaptada de: Vaz AJ, Takei K, Bueno EC. Ciências Farmacêuticas: Imunoensaios - Fundamentos e Aplicações. Rio de Janeiro: Guanabara Koogan; 2007.

Existem cinco principais classes de cadeias constantes, definidas como IgA, IgD, IgE, IgM e IgG, algumas ainda com subtipos (IgG e IgA). IgD e IgM estão presentes na superfície de células B, compondo o receptor específico da célula. Mediante um processo inflamatório, quando o linfócito B é ativado em plasmócito, célula secretora de anticorpos, inicialmente há a produção de IgM. Com o passar do tempo, há mudança de isotipo, especialmente para IgG, que passa a ser produzida. Neste sentido, é comum na prática clínica correlacionar a presença elevada de IgM no soro com a fase aguda da doença, e a de IgG, com a fase crônica ou sensibilização através da imunização ativa.

Dosagem de IgE

A mudança de isotipo favorecendo a produção de IgE requer dois sinais estimulatórios: o primeiro é dado pela ligação de IL-4 ou IL-13 aos seus respectivos receptores na célula B; o segundo é gerado pelo ligante de CD40 (CD40L). A dosagem de IgE utiliza anticorpos anti-IgE, direcionados para a sua região Fc, fixados em uma placa. Após a ligação das IgE presentes no soro adicionado, um outro anticorpo anti-IgE conjugado a uma enzima é adicionado. Pela adição do seu substrato cromógeno, a reação é revelada, quantificando-se indiretamente a imunoglobulina. Tais métodos de detecção são importantes em diferentes situações, como na determinação da eficácia do tratamento à base de omalizumabe, um anticorpo monoclonal anti-IgE; na dosagem de IgE alérgeno-específico, em casos de alergias; e em certas parasitoses.

Crioglobulinas

É um conjunto de imunoglobulinas plasmáticas de baixa concentração plasmática, que se tornam insolúveis em temperaturas reduzidas. Quando há hipergamaglobulinemia, como no mieloma múltiplo e em doenças autoimunes, a concentração destas moléculas aumenta, tornando-se detectável. Essas moléculas são capazes de causar lesão tecidual, por ativarem o sistema complemento.

Fator Reumatoide

A artrite reumatoide é uma doença autoimune de cunho inflamatório que acomete especialmente as articulações, apresentando progressiva destruição delas. A sua característica autoimune leva à produção de diferentes autoanticorpos, em especial o fator reumatoide (FR). Detectado no soro e no líquido sinovial em cerca de 80% dos pacientes, o FR é o único critério laboratorial de classificação da doença no Colégio Americano de Reumatologia. Este autoanticorpo pode ser da classe IgG ou IgM e é direcionado para a região Fc de outras IgG. A reação entre esses anticorpos forma complexos imunes, e culmina com a ativação do complemento e destruição do tecido. O mecanismo pelo qual estas imunoglobulinas se tornam antigênicas ainda é desconhecido.

Citocinas

Citocinas são proteínas ou peptídios de baixo peso molecular que participam da interação célula-célula com características anti e/ou pró-inflamatórias. Na Figura 11.4 são demonstradas as células produtoras de citocinas e sua atuação. A investigação laboratorial destas moléculas permite a avaliação da resposta celular em determinado momento da doença, além de definir grupos celulares com base no perfil anti e/ou pró-inflamatório. Estas moléculas podem ser detectadas diretamente nas células presentes no tecido ou na forma solúvel circulante em diferentes amostras biológicas. As técnicas empregadas podem ser a imuno-histoquímica, reação em cadeia da polimerase (PCR), ensaio imunoenzimático (automação), citometria de fluxo intracitoplasmática e, por último, o ensaio de multiplex com dosagem simultânea numa mesma amostra.

Ainda, a detecção qualitativa e quantitativa das citocinas pode ser uma realidade, principalmente na hematologia e imunologia laboratorial, no diagnóstico de doenças como linfomas de Hodgkin, leucemia e no acompanhamento e na identificação de células progenitoras de medula óssea para fins terapêuticos. Apesar de a detecção das citocinas ainda ser restrita na prática médica, recentes trabalhos relacionam citocinas com a endometriose, o diagnóstico da sepse, e aumenta a busca destas moléculas como marcadores de doença. A seguir, relacionamos algumas destas utilizações das citocinas (Tabela 11.3).

Autoanticorpos

Autoanticorpos são imunoglobulinas normais, que fazem parte do repertório do sistema imune de pessoas saudáveis sem causar malefícios, podendo, ainda, desempenhar um papel protetor ao indivíduo. Sendo assim, apresentam significado patológico quando elevados e na presença de um processo inflamatório autoimu-

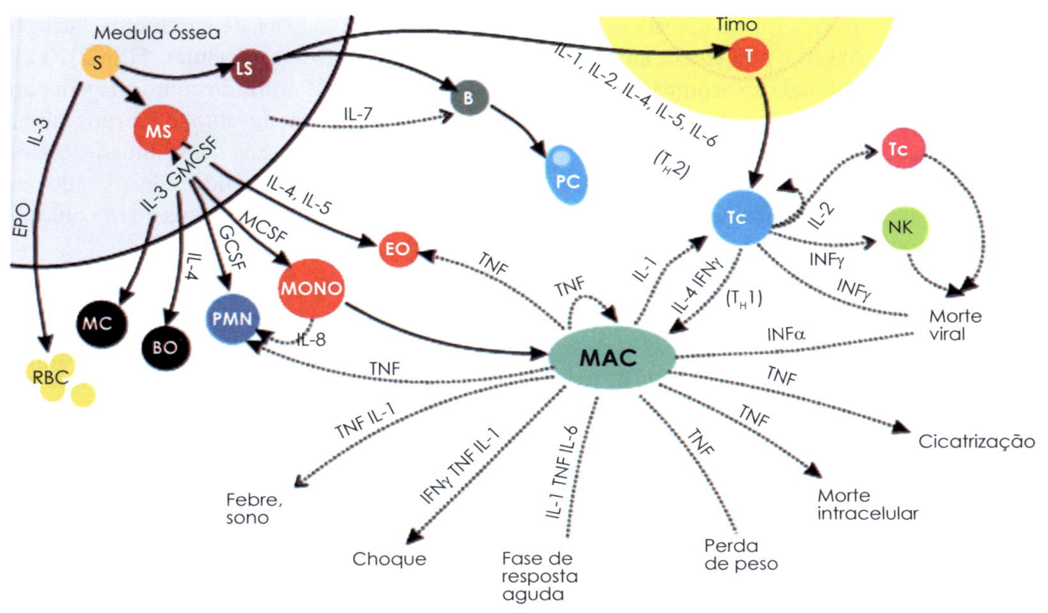

FIGURA 11.4 – Esquema de produção das citocinas por diferentes tipos celulares do sistema imune. S: Célula-tronco; LS: célula-tronco linfoide; MS: célula-tronco mieloide; MAC: macrófago; MC, mastócito; PMN: polimorfonucleares; BO: basófilo; EO: eosinófilo; PC: plasmócito; Tc: célula T citotóxica; IL-: interleucina; TNF: fator de necrose tumoral; MCSF: fator de estímulo de colônias de granulócitos; GCSF: fator de estímulo de colônias de macrófagos; EPO: eritropoietina; Th: célula T auxiliar; RGC: eritrócitos.

Tabela 11.3 – Aplicação das principais citocinas na prática médica

Citocinas e Anticorpos	Doença	Indicação
TNF	Leishmaniose visceral Eritema nodoso da hanseníase	Acompanhamento terapêutico (pré e pós) Diagnóstico
Anti-TNF Receptor de TNF	Artrite reumatoide	Terapêutica com inibidores de TNF e/ou receptores solúveis de TNF
IFN-gama IFN-alpha	Candidíase recorrente Herpes simples Hepatite C crônica	Supressão específica Terapia
Receptor de IL-2	Leishmaniose visceral Lúpus eritematoso sistêmico	Acompanhamento terapêutico (pré e pós) Terapia no controle da atividade da doença
Receptor de IL-6 Anti-IL-6	Artrites	Terapêutica com inibidores de IL-6 e/ou receptores solúveis de IL-6

ne, e encaixam-se em critérios diagnósticos e de acompanhamento. Assim, a pesquisa de autoanticorpos circulantes associada ao acompanhamento clínico contribui para o diagnóstico médico de doenças reumáticas. A investigação sorológica de autoanticorpos vem sendo proposta como ferramenta de prognóstico/risco e mesmo como ferramenta preditiva da doença (Tabela 11.4).

O primeiro teste laboratorial desenvolvido para a detecção de autoanticorpos circulantes iniciou-se com a busca pelas células LE (lúpus eritematoso), que consiste na capacidade de leucócitos englobarem os núcleos de células apoptóticas, cujo mecanismo de morte celular foi induzido por anticorpos antinucleares. Este processo é um evento relativamente tardio quando comparado com a busca direta dos autoanticorpos nucleares. Atualmente, o uso de células LE foi substituído por ensaios de imunofluorescência indireta em células de carcinoma laríngeo humano imortalizadas (células HEp-2), cujo teste, FAN-HEp2, é utilizado como triagem para sinalizar a presença de autoanticorpos circulantes. O teste, de elevada sensibilidade, possui relativa especificidade, sendo considerado em associação aos sintomas clínicos e em conjunto a outros testes laboratoriais.

Vários anticorpos antinucleares são utilizados como parâmetros de diagnóstico da maioria das doenças do tecido conjuntivo. Uma variedade de técnicas, como a contraimunoeletroforese (CIE), a imunodifusão (ID), a hemaglutinação (HA), o ELISA, o imunoblot (IB) e a imunoprecipitação podem ser utilizados na pesquisa específica dos autoanticorpos. A seguir, mostramos um painel de fotos relacionados a pesquisa de diferentes autoanticorpos detectados pela técnica de imunofluorescência (Figura 11.5).

Tabela 11.4 – Relação de autoanticorpos e suas principais aplicações laboratoriais nas doenças inflamatórias

Autoanticorpos	Doença Principal	Indicação
Anti-SSA/Ro	Síndrome de Sjögren/LES	Diagnóstico
Anti-SSB/La	Síndrome de Sjögren/LES	Diagnóstico
Anti-DNAfd	LES	Atividade renal
Anti-CCP	Artrite reumatoide	Atividade da doença/prognóstico
Anti-TPO/TG	Tireoidite de Hashimoto	Diagnóstico
Anti-RNP	Doença mista do tecido conjuntivo/LES	Diagnóstico
Anti- Sm	LES	Diagnóstico
Anti-PCNA	LES	Diagnóstico
Antinucleossoma	LES	Atividade/prognóstico
Anti-Scl70	Esclerodermia	Diagnóstico
Anticentrômero	Esclerodermia	Diagnóstico
Anti-ANCA Anti-MPO Anti-PR3	Vasculite Poliangiites microscópicas, glomerulonefrite rapidamente progressiva e algumas dermovasculites Granulomatose de Wegener	Diagnóstico e prognóstico Diagnóstico Diagnóstico
Anticardiolipina IgG/IgM	Síndrome do fosfolipídio	Diagnóstico
Antiproteína-P ribossomal	LES com acometimento neurológico	Diagnóstico
Anti-Jo	Polimiosite	Diagnóstico

LES: lúpus eritematoso sistêmico.

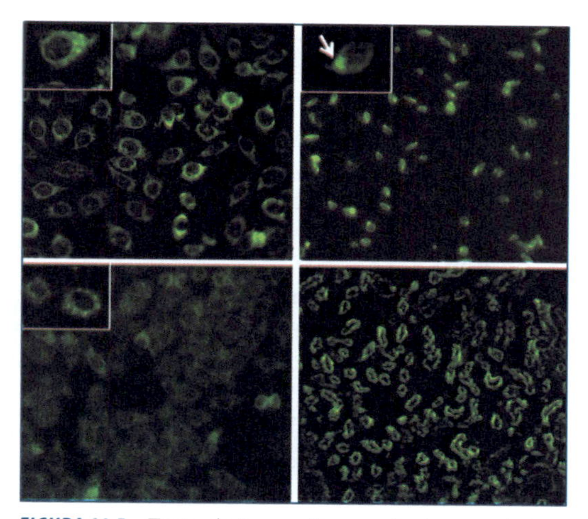

FIGURA 11.5 – Teste de imunofluorescência para detecção de autoanticorpos séricos. A; amostra sorológica de padrões de imunofluorescência citoplamático em teste de FAN-HEp2. A seta evidência a ausência de marcação no núcleo e a presença no citoplasma (na cor verde). B, Presença de anticorpo anti-DNA dupla fita no substrato de Chritidia luciliae. No inserto nota-se marcação imunofluorescente verde no cinetoplasto. C, Padrão de imunofluorescência citoplasmática observada em teste de FAN-HEp2. A seta evidência a marcação pontual no citoplasma. D, Anticorpos ASMA sob forma arredondadas das fibras musculares. Aumento de 400x, 2000x no inserto. Fotos obtidas com permissão da autora Andrea Alice da Silva e coautora Tania Mara Alvarenga, Depto. de Patologia, UFF.

■ Anti-DNAfd

A positividade para os autoanticorpos anti-DNA de fita dupla (anti-DNAfd) é uma forte indicação para lúpus eritematoso sistêmico. Essas imunoglobulinas ligam-se com determinantes de ácidos nucleicos bastante conservados, largamente presentes no DNA. Possuem prevalência de 70% entre os doentes e menos de 0,5% em indivíduos saudáveis ou com outras doenças autoimunes. Seus níveis no soro tendem a refletir a atividade da doença em certos pacientes. Entretanto, os títulos de anti-DNAfd podem permanecer elevados, mesmo com a remissão clínica da doença. A avaliação clínica é o melhor parâmetro para determinação da atividade do LES.

A presença do anti-DNAfd é um dos critérios do Colégio Americano de Reumatologia para o diagnóstico de LES. Porém, não é um marcador totalmente específico, podendo ocorrer em baixos títulos na artrite reumatoide, hepatite crônica ativa, lúpus induzido por drogas, síndrome de Sjögren, doença mista do tecido conjuntivo, *miastenia gravis* e certas infecções. São várias as metodologias disponíveis para detectar os anticorpos anti-DNAfd, sendo a imunofluorescência em *Crithidia luciliae* a melhor (Figura 11.5), devido à rara ocorrência de reações falso-positivas. No LES, a sua característica mais marcante é a associação com a glomerulonefrite. Ele é o único autoanticorpo, até então, claramente implicado na patogênese do LES, com formação de imunocomplexos, deposição renal e inflamação local. Sendo assim, sua presença está relacionada com maior probabilidade de acometimento renal. Isso ficou mais evidente a partir de trabalhos que isolaram tais anticorpos de amostras glomerulares provenientes de pacientes com nefrite lúpica ativa.

■ Anti-SSA/Ro e anti-SSB/La

Tanto o antígeno SSA/Ro, quanto o SSB/La são ribonucleoproteínas citoplasmáticas formadas a partir de uma porção polipeptídica e moléculas de RNA. Foram observadas diferentes formas do antígeno SSA/Ro, com distintos pesos moleculares (Ro 60 kDa, Ro 54k Da e Ro 52 kDa), onde seus anticorpos são associados a várias formas clínicas. A prevalência do anti-Ro52 na esclerose sistêmica e na miosite é maior que a do anticorpo anti-Ro60. No lúpus eritematoso sistêmico (LES), os anticorpos anti-Ro60 são predominantes, enquanto ambos os anticorpos estão presente na síndrome de Sjögren. O anti-SSB/La é raramente detectado na ausência do anti-SSA/Ro, visto que ambos estão associados ao RNA. No lúpus, sua prevalência é de aproximadamente 15%, enquanto o anti-SSA/Ro é detectado em quase 40% dos casos. Possuem importância clínica principalmente no lúpus neonatal, no bloqueio cardiovascular congênito e na forma cutânea subaguda. Ambos os anti-SSA/Ro e SSB/La não são específicos para o LES, sendo encontrados em outras doenças, em especial a síndrome de Sjögren, onde faz parte dos critérios diagnósticos.

Anti-histona

São proteínas básicas das células eucarióticas complexadas ao DNA. Anticorpos anti-histonas são encontrados em aproximadamente 30 a 60% dos pacientes com LES, mas possuem maior significado diagnóstico quando presentes naqueles com lúpus induzido por drogas. O resultado positivo associado à ausência de outros anticorpos sugere o diagnóstico de lúpus induzido por drogas (procainamida, hidralazina, isoniazida e D-penicilamina) ou LES idiopático.

Antinucleossomo ou anticromatina

O nucleossomo é a unidade básica da cromatina, sendo formado por um octâmero de histonas e pelo DNA que as enovela. Seu anticorpo é dirigido para diferentes componentes da cromatina, em especial determinantes conformacionais formados a partir da interação dos elementos nucleossomais. Mesmo sendo encontrado em outras desordens autoimunes, como na síndrome de Sjögren, artrite reumatoide, artrite idiopática juvenil e síndrome antifosfolipídio primária e na cirrose biliar primária, o antinucleossomo é encontrado em maior porcentagem nos pacientes com LES. Nesta enfermidade são tão prevalentes quanto os anti-DNA de fita dupla, podendo ser encontrados em até 40% dos pacientes lúpicos com anti-DNA negativo, quando melhor se correlacionam com a atividade da doença e a nefrite lúpica.

Anti-Sm

O antígeno Smith (Sm) é um complexo de proteínas e RNA pequenos, o U1, U2, U4 U5 e U6, em que os quatro primeiros são ligados a proteínas do *core*, nomeadas de Sm (tipos B, D, E, F e G). A união do RNA com as pequenas proteínas do *core* é denominada de pequena ribonucleoproteína nuclear (do inglês *snRNP*). Estas fazem parte do spliceossomo, estrutura que remove os íntrons da molécula de pré-RNA. O anti-Sm é encontrado basicamente em pacientes lúpicos, nos quais eventualmente seus títulos podem se alterar com a atividade da doença e com o tipo de tratamento. Mas, na maioria das vezes, apresenta-se de forma constante durante o curso da enfermidade, dificultando o seu uso efetivo para predizer a crise.

Anti-RNP

Da mesma forma que o anti-Sm, também faz parte do spliceossomo nuclear. O antígeno RNP é composto por RNA de fita dupla e proteínas que são específicas ao complexo U1-RNP, incluindo U1-A, U1-C e U1 de 70 kDa. Devido à organização molecular dos antígenos Sm e RNP, são comumente denominados de anticorpos anti-U1RNP ou anticorpos anti-U1snRNP. Altos títulos de anti-RNP são característicos da doença mista do tecido conjuntivo. No entanto, também podem estar presentes no LES, na esclerose sistêmica e artrite reumatoide.

Antiproteína P ribossomal

São dirigidos para um grupo de três proteínas fosforiladas P0, P1 e P2 alocadas na subunidade S60 dos ribossomos. Existem outros tipos de anticorpos antiproteína P ribossomal, como anti-28S rRNA, anti-S10 e anti-L12, que também compartilham da região carboxila terminal. No diagnóstico laboratorial, podem ser representados no FAN-HEp2 positivo tanto com padrão nuclear e nucleolar, como citoplasmático, sendo, por isso, mais bem visualizados nas células em divisão, em suas placas metafásicas. A presença de antiproteína P ribossomal é altamente específica para o diagnóstico de LES, onde exibe forte correlação com a atividade e distúrbios neuropsiquiátricos da doença. Pode estar presente também em crianças com LES juvenil com hepatite crônica ativa.

Antifosfolipídios

Englobam o anticoagulante lúpico, o anticorpo anti-β_2-glicoproteína I e anticorpos anticardiolipina, que reconhecem proteínas plasmáticas ligadas a estes fosfolipídios. A elevada presença de anticorpos antifosfolipídios, especialmente anticardiolipina no plasma de pacientes com quadro de clínico de trombose vascular, trombocitopenia e morbidade gestacional de repetição sugere a síndrome do anticorpo antifosfolipídico. Esta pode ser de origem primária ou secundária, onde é bastante relatada em quadros neoplásicos, infecciosos e desordens autoimunes, especialmente o LES.

Laboratorialmente, observa-se a presença do anticoagulante lúpico no plasma e dos isotipos IgG, IgA e/ou IgM de anticardiolipina e anti-β_2-glicoproteína I no plasma ou soro através do ELISA em duas ou mais ocasiões, com intervalo mínimo de 12 semanas para seu diagnóstico. Títulos baixos desses anticorpos podem ser encontrados em indivíduos saudáveis, porém títulos altos estão, em geral, associados a esta síndrome clínica específica. Por último, deve-se ponderar a investigação laboratorial dos anticorpos anticardiolipina e/ou dos anticorpos anticoagulantes lúpicos e sua aplicabilidade.

■ Anti-CCP

Os anticorpos antipeptídio citrulinado cíclico (CCP) são um grupo de autoanticorpos dirigidos às proteínas citrulinadas. São encontrados em cerca de 80% dos pacientes com artrite reumatoide, sendo altamente específicos para a doença, visto serem raramente encontrados em outras desordens ou em indivíduos saudáveis. A sua presença associada à do FR indica alto grau de severidade da doença. Ademais, anticorpos anti-CCP estão frequentemente presentes nos estágios iniciais da doença e predizem o início da sua atividade. O processo de citrulinação é um evento pós-transcricional, em que há a conversão de resíduos de arginina em citrulina pela ação da enzima peptidilarginina deiminase. Existem algumas isoformas desta enzima, cuja distribuição varia conforme o tecido.

Na artrite reumatoide, os isotipos 2 e 4 são os mais relevantes devido a sua expressão em leucócitos. Normalmente, estas enzimas são confinadas no espaço intracelular em um estado inativo. A sua ativação ocorre na presença elevada de íons cálcio. No entanto, durante o processo de morte celular, a integridade das membranas encontra-se alterada, causando aumento do influxo de cálcio e ativação das deiminases. Estas, uma vez liberadas, também podem ser ativadas no meio extracelular e citrulinar proteínas presentes no ambiente. Dentre as proteínas-alvo desta reação estão a vimentina, a fibrina e a histona, fortes candidatas a autoantígenos na artrite reumatoide. A formação de complexos entre estas moléculas e os anti-CCP é capaz de fixar complemento, causando o processo inflamatório característico da desordem.

■ Anti-C1q

Os anticorpos dirigidos para o componente C1q do sistema complemento, importante elemento da via clássica, são encontrados em certas doenças infecciosas e autoimunes. Possuem especial associação com a nefrite lúpica, onde têm a habilidade de indicar o acometimento renal com 6 meses de antecedência, sendo uma possível ferramenta não invasiva para a sua detecção.

■ Anticentrômero

Tais anticorpos são dirigidos para a região mais condensada do cromossomo, o centrômero. Estas estruturas participam da divisão celular através da ligação ao fuso mitótico. É a partir dele que há a separação dos cromossomos na anáfase. Estes são classificados segundo a posição que os centrômeros ocupam na sua estrutura. Podem ser metacêntricos, quando o centrômero está no meio do cromossomo; submetacêntrico, quando está um pouco afastado do meio; acrocêntrico, quando está bem próximo das extremidades; e telocêntrico, quando está na extremidade. No processo de autoimunidade, as moléculas centroméricas CENP-A, CENP-B e CENP-C são os principais alvos dos anticentrômeros. Esses anticorpos são detectados especialmente em pacientes com a síndrome de CREST da esclerose sistêmica e naqueles com cirrose biliar primária.

■ Anti-PCNA

São anticorpos contra o antígeno de proliferação celular. O PCNA está envolvido em numerosas funções celulares associadas à replicação celular e ao reparo, visto ser uma molécula auxiliadora da DNA polimerase. É encontrado principalmente em pacientes portadores de lúpus.

■ Anti-Jo-1

São autoanticorpos voltados para a enzima histidil-transferase-RNA-sintetase, residente no citoplasma celular. Estão presentes em cerca de 20-30% de pacientes com polimiosite, e mais raramente naqueles com dermatomiosite (10%), ambas miopatias autoimunes. Existem diferentes subtipos clínicos de polimiosite, sendo distintamente caracterizados pela presença de autoanticorpos nucleares e citoplasmáticos, incluindo o anti-Jo-1. Esses casos são frequentemente associados a doença pulmonar intersticial e outras manifestações, como poliartrite e fenômeno de Raynaud. Acredita-se que a citólise dos miócitos seja mediada por células T específicas para o antígeno Jo-1, juntamente com a formação desses autoanticorpos.

■ Anti-Scl-70

São direcionados para a enzima nuclear DNA-topoisomerase I, que possui papel central no processo de replicação do DNA: produz rupturas em uma das fitas do DNA, permitindo o giro desta fita quebrada sobre a intacta, o que relaxa o arranjo helicoidal do DNA. Seus níveis são particularmente elevados na esclerose sistêmica em cerca de 25% dos indivíduos, sendo bastante associados a envolvimento cutâneo difuso e fibrose pulmonar, culminando em falência respiratória.

■ Anti-ANCA

Estes são capazes de reconhecer proteínas dos grânulos dos neutrófilos e podem ser detectados pela técnica de imunofluorescência indireta, usando como suporte os neutrófilos aderidos e fixados nas lâminas de teste. Assim, após fixarem algumas proteínas, deslocam-se para a periferia, originando o padrão de imunofluorescência p-ANCA, e caso isto não ocorra observa-se o padrão citoplasmático c-ANCA.

Em geral, o padrão c-ANCA está associado à presença de anticorpos antiproteinase 3 (PR3) e o padrão p-ANCA está associado à presença de anticorpos antimieloperoxidase (MPO). Estes anticorpos podem ser detectados por ensaio imunoenzimáticos e são importantes no diagnóstico de granulomatose de Wegener, poliangiites e glomerulonefrite rapidamente progressiva. Contudo, o padrão positivo de p-ANCA atípico não associado a anticorpos anti-MPO pode ser encontrado na hepatite autoimune tipo I, na retocolite ulcerativa e na colangite esclerosante primária.

■ Outros Autoanticorpos

Outros autoanticorpos são descritos como o antitireoperoxidase (TPO) e antitireoglobulina (TG), antilaminina, anti-Mi2, antiactina, antimiosina, antivinculina e antitropomiosina com papel auxilliar no diagnóstico de diferentes doenças autoimunes. A maioria é pesquisada pelo teste de ensaio imunoenzimático, sendo sua implantação no laboratório de acordo com a demanda das respectivas doenças.

Perspectivas sobre marcadores de atividade inflamatória

Algumas tecnologias como proteômica e exosomas tem contribuído para o avanço na identificação de novas moléculas que possam ser importante para predizer uma determinada doença, ou mesmo contribuir para o diagnóstico e prognóstico. Assim, tem sido estudado *High mobility group box* (HMGB), relação entre neopterina/creatinina urinária, *neutrophil gelatinase-associated lipocalin* (NGAL), micropartículas, cistatina C, entre outras. Para tal, diferentes amostras biológicas tem sido estudadas como urina, saliva e outros líquidos corporais, além do tradicional sangue periférico. Entretanto, há um longo caminho para esclarecer a aplicabilidade destas novas moléculas, bem como fortalecer as já existentes.

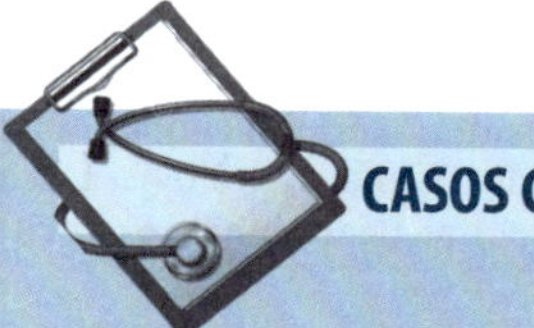

CASOS CLÍNICOS

■ Caso 1

A.A., 33 anos, sexo feminino começou a apresentar fadiga, dores articulares, manchas no rosto, além de dificuldade de respirar. A.A. que trabalhava há 15 anos numa padaria, era casada e não tinha filhas. O clínico geral solicitou os seguintes exames laboratoriais, suspeitou de uma doença autoimune, com fortes indícios de Lúpus, pois havia casos de doenças autoimune na família de A.A., com os seguintes resultados:

- FAN-Hep2 (imunofluorescência indireta): 1/80, padrão nuclear homogêneo.
- Anti-DNAfd (imunofluorescência indireta): positivo, 1/20
- Anti-Ro e anti-LA (Ensaio imunoenzimático automação): negativos
- Anti-Sm (Ensaio imunoenzimático automação): positivo, 250 mg/dL
- Anti-CCP: negativo
- FR: negativo

Diante dos resultados acima, responda:

a) Qual exame está em concordância com a suspeita clínica do médico? Justifique.
b) Por que em alguns exames o resultado foi negativo?

■ Caso 2

J. P. é do sexo masculino, não tabagista que aos 35 anos apresentou dificuldade de respirar acentuada quando fazia uma corrida. Este sintoma permaneceu nas semanas seguintes e, juntamente, com uma fadiga mais frequente e intensa. Sua amiga notou que seus olhos estavam meio amarelados. Resolveu então ir ao médico, pois já era tempo de cuidar também da sua sinusite persistente. O médico fez vários questionamentos sobre seu quadro familiar, mas J.P. era adotado e não tinha histórico familiar. Entretanto, revelou ao médico que desde pequeno tinha problemas com sinusite, além de tosse frequente. Acrescentou também que sempre teve um certo problema com respiração, mas achou que fosse uma alergia ou algo assim. O médico solicitou alguns exames de imagem como tomografia computadorizada de alta resolução do tórax (TC) e a relação volume expiratório forçado no primeiro segundo/capacidade vital forçada (VEF1/CVF), além de outros exames laboratoriais. O resultado de TC revelou atenuação do parênquima, bem como do número e calibre dos vasos. VEF1/CVF: capacidade reduzida (< 80%). A suspeita clínica recaiu sobre enfisema associado a dano hepático. Assim, pergunta-se:

a) Suspeita clínica do médico seria uma possível deficiência. Que tipo de deficiência o paciente poderia ter?
b) Que exames laboratoriais iniciais você solicitaria para esclarecer o caso?
c) Qual exame seria necessário para fechar o diagnóstico?

Bibliografia consultada

1. Abbas KA, Lichtman AH, Pilai S. Imunologia celular e molecular. 6ª ed. Rio de Janeiro: Saunders Elsevier; 2008.
2. Abdel-Nasser AM, Ghaleb RM, Mahmoud JA, Khairy W, Mahmoud RM. Association of anti-ribosomal P protein antibodies with neuropsychiatric and other manifestations of systemic lupus erythematosus. Clin Rheumatol. 2008;27(11):1377-85.
3. Acharya SS, Dimichele DM. Rare inherited disorders of fibrinogen. Haemophilia. 2008;14(6):1151-8.
4. Armstrong PB, Quigley JP. Alpha2-macroglobulin: an evolutionarily conserved arm of the innate immune system. Dev Comp Immunol. 1999;23(4-5):375-90.
5. Ben-Yehuda O. High-Sensitivity C-Reactive Protein in Every Chart? The Use of Biomarkers in Individual Patients. Journal of the American College of Cardiology. 2007;49 (21):2139-41
6. Bernardini S, Infantino M, Bellincampi L, Nuccetelli M, Afeltra A, Lori R. et al. Screening of antinuclear antibodies: comparison between enzyme immunoassay based on nuclear homogenates, purified or recombinant antigens and immunofluorescence assay. Clin Chem Lab Med. 2004;42(10):1155–60.
7. Bilate AMB. Inflamação, citocinas, proteínas de fase aguda e implicações terapêuticas. Temas de Reumatologia Clínica. 2007;8(2):47-51.
8. Bizzaro N. Autoantibodies as predictors of disease: the clinical and experimental evidence. Autimmun Rev. 2007;6(6):325-33.
9. Bonilla F.A. Structure of immunoglobulins. A partir do site http://www.uptodate.com/contents/structure-of-immunoglobulins. Acessado no dia 20 de novembro de 2012.
10. Bootsma H, Spronk P, Derksen R, de Boer G, Wolters-Dicke H, Hermans J et al. Prevention of relapses in systemic lupus erythematosus. Lancet. 1995;346(8965):1595-9.
11. Cabral AR, Alarcón-Segovia D. Autoantibodies in systemic lupus erythematosus. Curr Opin RheumatoI. 1998;10(5):409-16.
12. Camelier AA, Winter DH, Jardim JR, Barboza CEG, Cukier A, Miravitlles M. Alpha-1 antitrypsin deficiency: diagnosis and treatment. J Bras Pneumol. 2008;34(7):514-527.
13. Carter K, Worwood M. Haptoglobin: a review of the major allele frequencies worldwide and their association with diseases. Int J Lab Hem. 2007;29:92–110.
14. Clancy RM, Kapur RP, Molad Y, Askanase AD, Buyon JP. Immunohistologic evidence supports apoptosis, IgG deposition, and novel macrophage/fibroblast crosstalk in the pathologic cascade leading to congenital heart block. Arthritis Rheum. 2004;50(1):173-82.
15. Clark VC, Marek G, Liu C, Collinsworth A, Shuster J, Kurtz T et al. Clinical and histological features of adults with alpha-1 antitrypsin deficiency in a non-cirrhotic cohort. J Hepatol. 2018;S0168-8278(18):322284-0.
16. Conrad K, Ittenson A, Reinhold D, Fisher R, Roggenbuck D, Büttner T et al. High sensitive detection of double-stranded DNA autoantibodies by a modified Crithidia luciliae immunofluorescence test. Ann N Y Acad Sci. 2009;1173:180-5.
17. Cook L. New Methods for Detection of Antinuclear Antibodies. Clin Immunol Immunopathol. 1998;88(3):211-20.
18. Decker P. Nucleosome autoantibodies. Clin Chim Acta. 2006;366(1-2):48-60.
19. Dellavance A, Jr Gabriel A, Cintra AFU, Ximenes AC, Nuccitelli B, Taliberti BH et al. II Consenso Brasileiro de Fator Antinuclear em Células HEp-2. Definições para padronização da pesquisa contra constituintes do núcleo, nucléolo, citoplasma e aparelho mitótico e suas associações clínicas. Rev Bras Reumatol. 2003;43(3):129-40.
20. Derebe MG, Zlatkov CM, Gattu S, Ruhn KA, Vaishnava S, Diehl GE et al. Serum amyloid A is a retinol binding protein that transports retinol during bacterial infection. Elife. 2014;3 :e03206.
21. De Serres F, Blanco I. Role of alpha-1 antitrypsin in human health and disease. J Intern Med. 2014;276(4):311-35.
22. Dos Santos VM, Da Cunha SFDC, Da Cunha DF. Velocidade de sedimentação das hemácias: utilidade e limitações. Rev Ass Med Brasil. 2000;46(3): 232-6.
23. Dunkelberger JR, Song WC. Complement and its role in innate and adaptive immune responses. Cell Res. 2010;20(1):34-50.
24. Eckhardt ER, Witta J, Zhong J, Arsenescu R, Arsenescu V, Wang Y, et al. Intestinal epithelial serum amyloid A modulates bacterial growth in vitro and pro-inflammatory responses in mouse experimental colitis. BMC Gastroenterology. 2010;10:133.
25. Etzioni, A. Leukocyte-endothelial adhesion in the pathogenesis of inflammation divulgado pelo no site http://www.uptodate.com/contents/leukocyte-endothelial-adhesion-in-the-pathogenesis-of-inflammation. Acesso realizado dia 20 de novembro de 2012.
26. Eisenhardt SU, Thiele JR, Bannasch H, Stark GB, Peter K. C-reactive protein How conformational changes influence inflammatory properties. Cell Cycle. 2009;8(23): 3885-92.

27. Ferenci P. Review article: diagnosis and current therapy of Wilson's disease. Aliment Pharmacol Ther. 2004;19:157–65.
28. Ferreira AW, Ávila SLM. Diagnóstico Laboratorial das principais doenças infecciosas e auto-imunes. Rio de Janeiro: Editora Guanabara Koogan; 2001.
29. Foster MH, Cizman B, Madaio MP. Nephritogenic autoantibodies in systemic lupus erythematosus: immunochemical properties, mechanisms of immune deposition, and genetic origins. Lab Invest. 1993;69(5):494-507.
30. Fournier T, Medjoubi-N N, Porquet D. Alpha-1-acid glycoprotein. Biochimica et Biophysica Acta. 2000;1482:157-71.
31. Galicia G, Maes W, Verbinnen B, Kasran A, Bullens D, Arredouani M et al. Haptoglobin deficiency facilitates the development of autoimmune inflammation. Eur. J. Immunol. 2009;39:3404–12.
32. Gómez-Puerta JA, Burlingame RW, Cervera R. Anti-chromatin (anti-nucleosome) antibodies: diagnostic and clinical value. Autoimmun Rev. 2008 ;7(8):6006-11.
33. Greidinger EL, Hoffman R.W. Autoantibodies in the pathogenesis of mixed connective tissue disease. Rheum Dis Clin North Am. 2005;31(3):437-50.
34. Hahn BH. Antibodies to DNA. N Engl J Med. 1998;338(19):1359-68.
35. Hargraves MM, Richmond H, Morton R. Presentation of two bone marrow elements: the "tart" cell or LE cell. Mayo Clin Proc. 1948;23(2):25-8.
36. Healy J, Tipton K. Ceruloplasmin and what it might do. J Neural Transm. 2007;114: 777–81.
37. Hellman NE, Gitlin J.D. Ceruloplasmin Metabolism And Function. Annu. Rev. Nutr. 2002;22:439–58.
38. Ivanov II, Atarashi K, Manel N, Brodie EL, Shima T, Karaoz U et al. Induction of intestinal Th17 cells by segmented filamentous bactéria. Cell. 2009;139(3):485-98.
39. Janeway CA, Travers P, Walport M, Shlomchik M. Imunobiologia: O sistema imune na saúde e na doença. 5ª ed. São Paulo: Artmed; 2002.
40. Jensen PEH, Sttgbrand T. Differences in the proteinase inhibition mechanism of human a2-macroglobulin and pregnancy zone protein. Eur. J. Biochem. 1992;210:1071-77.
41. Jiang H, Guan G, Zhang R, Liu G, Lui H, Hou X et al. Increased urinary excretion of orosomucoid is a risk predictor of diabetic nephropaty. Nephrology. 2009;14(3):332-7.
42. Jovelin F, Mostoslavsky G, Amoura Z, Chabre H, Gilbert D, Eilat D et al. Early anti-nucleosome autoantibodies from a single MRL+/+ mouse: fine specificity, V gene structure and pathogenicity. Eur J Immunol. 1998;28(11):3411-22.
43. Kamath S, Lip GY. Fibrinogen: biochemistry, epidemiology and determinants. QJM. 2003;96(10):711-29.
44. Kogure T, Takasaki Y, Takeuchi K, Yamada H, Nawata M, Ikeda K et al. Autoimmune responses to proliferating cell nuclear antigen multiprotein complexes involved in cell proliferation are strongly associated with their structure and biologic function in patients with systemic lupus erythematosus. Arthritis Rheum. 2002;46(11):2946-56.
45. Koorts M, Viljoen M. Ferritin and ferritin isoforms I: Structure–function relationships, synthesis, degradation and secretion. Archives of Physiology and Biochemistry. 2007;113(1):30-54.
46. Koorts M, Viljoen M. Ferritin and ferritin isoforms II: Protection against uncontrolled cellular proliferation, oxidative damage and inflammatory processes. Archives of Physiology and Biochemistry. 2007;113(2):55-64.
47. Koutouzov S, Jeroni mo AL, Campos H, Amoura Z. Nucleosomes in the pathogenesis of systemic lupus erythematosus. Rheum Dis Clin North Am. 2004;30(3):529-58.
48. Kumar V, Abbas KA, Fausto N. Robbins & Cotran: Patologia: Bases Patológicas das Doenças. 7ª ed. Rio de Janeiro: Saunders Elsevier; 2005.
49. Kustán P, Koszegi T, Miseta A, Péter I, Ajtay Z, Kiss I et al. Urinary orosomucoid a potential marker of inflammation in psoriasis. Int J Med Sci. 2018;15(11):1113-1117.
50. Levine JS, Ware BD, Rauch J. The antiphospholipid syndrome. N Engl J Med. 2002;346(10):752-763.
51. Logdberg L, Wester L. Immunocalins: a lipocalin subfamily that modulates immune and in£ammatory responses. Biochimica et Biophysica Acta. 2000;1482: 284-97.
52. Lopes S, Damas C, Azevedo F, Mota A. Cutaneous manifestation of alpha-1 antitrypsin deficiency: a case of panniculitis. Indian J Dermatol.2018;63(4):355-357.
53. MacRae IJ, Doudna JA. Ro's role in RNA reconnaissance. Cell. 2005;121(4):495-6.
54. Mallea E, Sodin-Semrlb S, Kovacevica A. Serum amyloid A: An acute-phase protein involved in tumour pathogenesis. Cell Mol Life Sci. 2009;66:9-26.
55. Mammen AL. Dermatomyositis and polymyositis: Clinical presentation, autoantibodies, and pathogenesis. Ann N Y Acad Sci. 2010;1184:134-53.
56. Mandorfer M, Bucsics T, Hutya V, Schmid-Scherzer K, Schaefer B, Zoller H et al. Liver disease in adults with α1-antitrypsin defi-

ciency. United European Gastroenterol J. 2018;6(5):710-718.

57. Marvasti TB, Moody AR, Singh N, Maraj T, Tyrell P, Afshin M. Haptoglobin 2-2 genotype is associated with presence and progression of MRI depicted atherosclerotic intraplaque hemorrhage. Int J Cardiol Heart Vasc. 2017;18:96-100.
58. McClain MT, Arbuckle MR, Heinlen LD, Dennis GJ, Roebuck J, Rubertone MV et al. The prevalence, onset and clinical significance of antiphospholipid antibodies prior to diagnosis of systemic lupus erythematosus. Arthritis Rheum. 2004;50(4):1226-32.
59. McNeil HP, Simpson RJ, Chesterman CN, Krilis SA. Antiphospholipid antibodies are directed against a complex antigen that includes a lipid--binding inhibitor of coagulation: β2-glycoprotein I (apolipoprotein H). Proc Natl Acad Sci USA. 1990;87(11):4120-4.
60. Migliorini P, Baldini C, Rocchi V, Bombardieri S. Anti-Sm and anti-RNP antibodies. Autoimmunity. 2005;38(1):47-54.
61. Mimori T. Autoantibodies in connective tissue diseases: clinical significance and analysis of target autoantigens. Intern Med. 1999;38(7):523-32.
62. Mok CC, Lau CS. Pathogenesis of systemic lupus erythematosus. J Clin Pathol. 2003;56(7):481-490.
63. Mora S, Musunuru K, Blumenthal RS. The Clinical Utility of High-Sensitivity C-Reactive Protein in Cardiovascular Disease and the Potential Implication of JUPITER on Current Practice Guidelines. Clinical Chemistry. 2009;55(2):219–28.
64. Neerman-Arbez M, de Moerloose P. Hereditary fibrinogen abnormalities. In: Kaushansky K, Lichtman M, Beutler E, Kipps T, Prchal J, Seligsohn U eds. Williams Hematology, 8th edn. New York: McGraw-Hill, 2010: 1-33.
65. Neto NSR, Carvalho JF. O uso de provas de atividade inflamatória em reumatologia. Rev Bras Reumatol. 2009;49(4):413-30.
66. NG KP, Manson JJ, Rahman A, Isenberg DA. Association of antinucleosome antibodies with disease flare in serologically active clinically quiescent patients with systemic lupus erythematosus. Arthritis Rheum. 2006;55(6):900-4.
67. Pitekova B, Kupcova V, Uhlikova E, Mojto V, Tureck L. Alpha-2-macroglobulin and hyaluronic acid as fibromarkers in patients with chronic hepatitis C. Bratisl Lek Listy. 2017; 118(11):658-661.
68. Potlukova E, Kralikova P. Complement component c1q and anti-c1q antibodies in theory and in clinical practice. Scand J Immunol. 2008;67(5):423-30.
69. Quaye IK. Haptoglobin, inflammation and disease. Transactions of the Royal Society of Tropical Medicine and Hygiene. 2008;102:735-742.
70. Rahman A, Isenberg DA. Systemic Lupus Erythematosus. N Engl J Med. 2008;358(9):929-39.
71. Reigstad CF, Backhed F. Microbial regulation of SSA3 expression in mouse colon and adipose tissue. Gut Microbes. 2010;1(1):55-57.
72. Schroeder HW Jr, Cavacini L. Structure and function of immunoglobulins. J Allergy Clin Immunol. 2010;125(2):41-52.
73. Schulte-Pelkum J, Fritzler M, Mahler M. Latest update on the Ro/SS-A autoantibody system. Autoimmun Rev. 2009;8(7):632-7.
74. Schwedler SB, Filep JG, Galle J, Wanner C, Potempa LA. C-Reactive Protein: A Family of Proteins to Regulate Cardiovascular Function. American Journal of Kidney Diseases. 2006;47(2):212-22.
75. Sellmayer A, Limmert T, Hoffmann U. High sensitivity C-reactive protein in cardiovascular risk assessment. CRP mania or useful screening? Int Angiol. 2003;22(1):15-23.
76. Shen GQ, Shoenfeld Y, Peter JB. Anti-DNA, antihistone, and antinucleosome antibodies in systemic lupus erythematosus and drug-induced lupus. Clin Rev Immunol. 1998 ;16(3):321-34.
77. Shimomura R, Nezu T, Hosomi N, Aoki S, Sugimoto T, Kinoshita N et al. Alpha-2-macroglobulin as a promisin biological marker of endothelial function. J Atheroscler Thromb. 2018;25(4) :350-358.
78. Sibilia J. Ro(SS-A) and anti-Ro(SS-A): an update. Rev Rheum Engl Ed. 1998;65(1):45-57.
79. Song YW, Kang EH. Autoantibodies in rheumatoid arthritis: rheumatoid factors and anticitrullinated protein antibodies. QJM. 2010;103(3):139-46.
80. Stone KD, Prussin C, Metcalfe DD. IgE, mast cells, basophils, and eosinophils. J Allergy Clin Immunol. 2010;125(2):73-80.
81. Swanton J, Isenberg D. Mixed connective tissue disease: still crazy after all these years. Rheum Dis Clin North Am. 2005;31(3):421-36.
82. Uhlar CM, Whitehead AS. Serum amyloid A, the major vertebrate acute-phase reactant. Eur. J. Biochem. 1999;265:501-23.
83. Upragarin N, Landman WJ, Gaastra W, Gruys E. Extrahepatic production of acute phase serum amyloid A. Histol Histopathol. 20(4):1295-307 2005.
84. van Bruggen MC, Kramers C, Walgreen B, Elema JD, Kallenberg CG, van der Born J et al. Nucleosomes and histones are present in glo-

merular deposits in human lupus nephritis. Nephrol Dial Transplant. 1997;12(1):57-66.
85. Varghese SA, Powell TB, Budisavljevic MN, Oates JC, Raymond JR, Almeida JS et al. Urine biomarkers predict the cause of glomerular disease. J Am Soc Nephrol. 2007;18(3):913-22.
86. Vaz AJ, Takei K, Bueno EC. Ciências Farmacêuticas: Imunoensaios - Fundamentos e Aplicações. Rio de Janeiro: Guanabara Koogan; 2007.
87. Vila P, Hernández MC, López-Fernández MF, Batlle J. Prevalence, follow-up and clinical significance of the anticardiolipin antibodies in normal subjects. Thromb Haemost. 1994;72(2):209-13.
88. Vlachoyiannopoulos PG, Guialis A, Tzioufas AG, Moutsopoulos HM. Predominance of IgM anti-U1RNP antibodies in patients with systemic lupus erythematosus. Br J Rheumatol. 1996;35(6):534-41.
89. Vlahakos D, Foster MH, Ucci AA, Barrett KJ, Datta SK, Madaio MP. Murine monoclonal anti-DNA antibodies penetrate cells, bind to nuclei, and induce glomerular proliferation and proteinuria in vivo. J Am Soc Nephrol. 1992;2(8):1345-54.
90. Vossenaar ER, van Venrooij WJ. Citrullinated proteins: sparks that may ignite the fire in rheumatoid arthritis. Arthritis Res Ther. 2004;6(3):107-11.
91. Watson L, Midgley A, Pilkington C, Tullus K, Marks S, Holt R et al. Urinary monocyte chemoattractant protein 1 and alpha 1 acid glycoprotein as biomarkers of renal disease activity in juvenile-onset systemic lupus erythematosus. Lupus. 2012;21(5):496-501.
92. Will CL, Lührmann R. Spliceosomal UsnRNP biogenesis, structure and function. Curr Opin Cell Biol. 2001;13(3):290-301.
93. Yang WM, Zhang WH, Ying HQ, Xu YM, Zhang J, Min QH et al. Two new inflammatory markers associated with disease activity score-28 in patients with rheumatoid arthritis: albumin to fibrinogen ratio and C-reactive protein to fibriongen ratio. Int Immunopharmacol. 2018;62:293-298.
94. Zieve GW, Khusial PR. The anti-Sm immune response in autoimmune and cell biology. Autoimmun Rev. 2003;2(5):235-40.
95. Zorin NA, Zorina VN, Zorina RM. The role of macroglobulin family proteins in the regulation of inflammation. Biomed Khim. 2006;52(3):229-38.

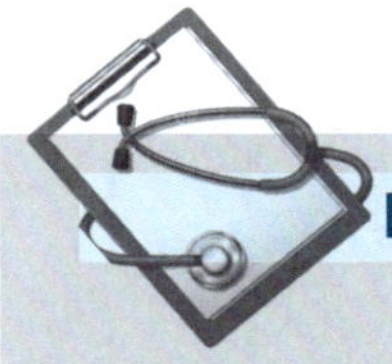

DISCUSSÃO DOS CASOS CLÍNICOS

■ Caso 1

a) Apesar de baixo positivo, os resultados do FAN 1:80 e o padrão homogêneo associado a positividade dos anticorpos anti-DNAfd e anti-SM está em concordância com a suspeita clínica de Lúpus.

b) O percentual de positividade dos autoanticorpos anti-Ro e anti-La varai entre 40-60% em pacientes com Lúpus. Os anticorpos anti-CCP e o teste de FR estão associados a artrite reumatoide.

■ Caso 2

a) Deficiência de α-1 antitripsina que em adultos pode levar a hepatite e enfisema.

b) Solicitaria AST, ALT, Fosfatase alcalina, Albumina, PTT, INR, Hemograma (para ver a quantidade de neutrófilos), HCV e HIV (critério de exclusão). Se tiver dano hepático pode ter atingido os rins, logo pediria também uma creatinina. Dosagem sérica de α-1 antitripsina.

c) Verificar o fenótipo para identificar o gene (SZ ou ZZ) e genótipo da α-1 antitripsina para identificar os alelos S ou Z. Estes seriam Gold-standard para fechar o diagnóstico e complementar a informação para terapia adequada.

Avaliação Laboratorial dos Radicais Livres

12

Analúcia Rampazzo Xavier
Walter Tann
Salim Kanaan

Desde o aparecimento do oxigênio como elemento constituinte da nossa atmosfera primitiva, há cerca de 2 bilhões de anos, fruto da habilidade de microrganismos em dividir a molécula de água mediante o processo de fotossíntese, inúmeras transformações aconteceram com as formas de vida até então existentes. Puderam se proliferar, neste momento, os primeiros seres aeróbicos, aqueles que haviam desenvolvido a capacidade de utilizar o oxigênio como elemento importante e essencial para seu metabolismo, resultado de adaptação a essa nova modificação ambiental.

A utilização do oxigênio por parte dos organismos aeróbicos é essencial para a vida, e as reações de oxirredução foram o caminho metabólico evolutivo encontrado. Foram estas transformações que propiciaram o aparecimento de várias novas espécies animais, muito mais complexas, incluindo a dos seres humanos. Do ponto de vista evolutivo, os ganhos foram imensos, pois a partir da utilização do oxigênio em reações bioquímicas acontecendo numa estrutura incorporada (outra aquisição evolutiva importante) que é a mitocôndria, pudemos produzir energia em grandes quantidades, sob a forma de ATP (adenosina trifosfato).

Nos organismos aeróbicos mais complexos, o balanço redox em líquidos, células e tecidos biológicos é determinado por pares redox responsáveis pelo fluxo de elétrons, que sofrem constantes interconversões entre seus estados oxidados e reduzidos. É extremamente necessário para a manutenção da vida, uma vez que as reações metabólicas alternam estados de oxidação-redução, como por exemplo a rota de geração de ATP, detoxificação e biossíntese de substâncias.

Mudanças no balanço redox envolvendo oxigênio podem causar estresse oxidativo. A extensão e magnitude das lesões ocasionadas por estas substâncias dependem, obviamente, das concentrações locais das espécies pró e antioxidantes, das velocidades de reação nas células/organelas-alvo, de fatores de solubilidade e vulnerabilidade.

O estresse oxidativo é caracterizado pelo acúmulo de substâncias chamadas de radicais livres, que são compostos que possuem apenas um elétron no orbital mais externo. Essa configuração química instável cria energia que é liberada por meio de reações com moléculas vizinhas, podendo ser proteínas, lipídios, carboidratos ou ácidos nucleicos.

Ao mesmo tempo em que o oxigênio (O_2) é essencial para a vida, ele pode ser tóxico, assim como outras moléculas envolvidas na homeostase metabólica normal. Isto pode ser quimicamente demonstrado, de maneira simplificada, com a distribuição eletrônica desses elementos. As camadas eletrônicas de um elemento químico são denominadas K, L, M e N, e seus subníveis, *s*, *p*, *d*, *f*. De maneira simples, o termo radical livre refere-se ao átomo ou molécula altamente reativo, que contém número ímpar de elétrons em sua última camada eletrônica. É este não emparelhamento de elétrons da última camada que confere alta reatividade a esses átomos ou moléculas.

Como exemplo, podemos acompanhar a formação de um radical livre, o superóxido ($O_2^{-\bullet}$), que é derivado do oxigênio molecular. O O_2 é uma molécula incomum, uma vez que possui dois elétrons desemparelhados com spins paralelos, sendo desta forma um "birradical". É composto por dois elementos oxigênio (O), cujo número atômico é 8, sendo sua distribuição eletrônica representada na Figura 12.1.

FIGURA 12.1 – Representação esquemática da distribuição eletrônica do átomo de oxigênio. Fonte: Matsubara ALA, Ferreira LS, 1997.

Para formar o O_2, os dois elétrons solitários do subnível p de um elemento oxigênio fazem intercâmbio com os dois elétrons de outro elemento oxigênio, formando um composto estável com 12 elétrons na última camada (L) (Figura 12.2).

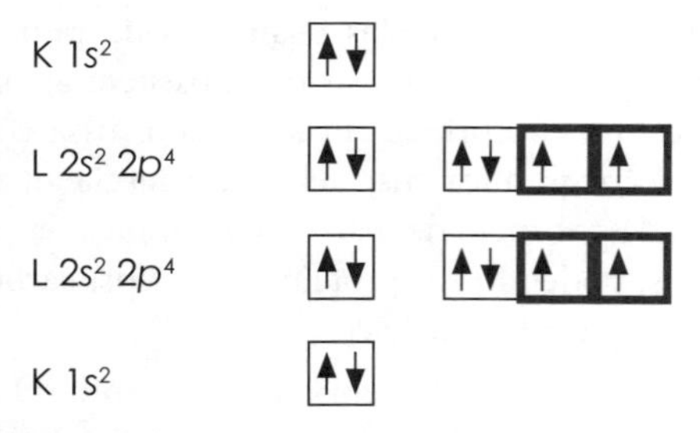

FIGURA 12.2 – Representação esquemática da distribuição eletrônica na formação da molécula de O_2. Fonte: Matsubara ALA, Ferreira LS, 1997.

Nas reações metabólicas de oxirredução há perda e ganho de elétrons, respectivamente. Quando no metabolismo normal ocorrer uma redução do oxigênio molecular (O_2), este ganhará um elétron, formando o radical superóxido ($O_2^{-\bullet}$), considerado instável por possuir número ímpar (13) de elétrons na última camada L, como pode ser visualizado na Figura 12.3.

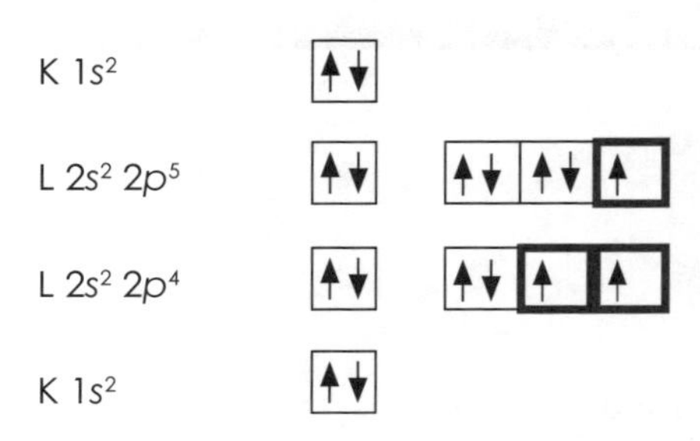

FIGURA 12.3 – Representação esquemática da distribuição eletrônica na formação do radical superóxido. Fonte: Matsubara ALA, Ferreira LS, 1997.

Compreendendo as etapas da formação do radical superóxido, podemos verificar que os radicais livres são formados em um cenário de reações de oxirredução, isto é, ou doam o elétron solitário, oxidando-se, ou recebem outro, reduzindo-se. Portanto, os radicais livres provocam ou resultam dessas reações de oxirredução.

Na verdade, radical livre não é o termo ideal para designar os agentes reativos patogênicos, pois alguns deles não apresentam elétrons desemparelhados em sua última camada. A terminologia atual dá preferência ao uso do termo "espécie reativa" em vez de "radical livre", embora esta ainda seja uma denominação muito disseminada. Em resumo, podemos chamar de radical livre a substância que possui um elétron desemparelhado e altamente reativo, e de espécie reativa toda aquela que é altamente reativa, mas que na última camada da distribuição eletrônica não se observa desemparelhamento de elétrons.

A maior parte das espécies reativas que provocam danos aos sistemas biológicos é proveniente de reações com oxigênio, e atualmente são denominadas "espécies reativas de oxigênio" (ROS). Embora majoritariamente as espécies reativas sejam de oxigênio, elas podem também ser nitrogenadas (RNS), cloradas (RCS), brometadas (RBS), entre outras, em função de o produto final ser oriundo de reações com esses outros elementos (Tabela 12.1 e Figura 12.4).

A produção de espécies reativas de oxigênio e de nitrogênio é parte integrante do metabolismo humano. ROS e RNS têm importante papel fisiológico, participando como intermediários de vias metabólicas, sinalizadores intracelulares e na fagocitose de agentes patogênicos (Figura 12.5). Quando produzidos em concentrações ideais, ROS e RNS são imprescindíveis ao metabolismo celular e ao funcionamento do organismo, no entanto, sob condições de estresse oxidativo, relacionado ao aumento do metabolismo celular e à estimulação da atividade mitocondrial, há um aumento na produção de ROS e RNS. Quando isso ocorre, os carboidratos, lipídios e proteínas, constituintes das membranas celulares e das membranas internas das organelas, tais como mitocôndrias, retículo endoplasmático e núcleo, tornam-se alvos para as ROS e RNS (Figura 12.6).

Normalmente, o organismo dispõe de eficientes mecanismos de reparo antioxidante, capazes de impedir ou retardar os efeitos deletérios dessas moléculas sobre as células, mas quando a produção dessas espécies ultrapassa a capacidade antioxidante celular, o estresse oxidativo resultante propiciará o aparecimento de determinadas doenças, tais como diabetes mellitus, nefropatias, artrite reumatoide, hipertensão arterial, doença coronariana aguda, obesidade, dislipidemia, aterosclerose, doença de Parkinson, doença de Alzheimer, psoríase, doenças inflamatórias intestinais, tumores e inúmeras outras doenças.

A participação de ROS e RNS nas doenças parece estar relacionada com a oxidação de proteínas, carboidratos e lipídios. Como exemplo, temos a lipoperoxidação lipídica (LPO), que pode ser definida como uma cascata de eventos bioquímicos resultante da ação dos radicais livres sobre os lipídios insaturados das membranas celulares, gerando principalmente $L^{\bullet}$, $LO^{\bullet}$ e $LOO^{\bullet}$, levando à destruição de sua estrutura, falência dos mecanismos de troca de metabólitos e, numa condição extrema, à morte celular. A LPO talvez se constitua no evento citotóxico

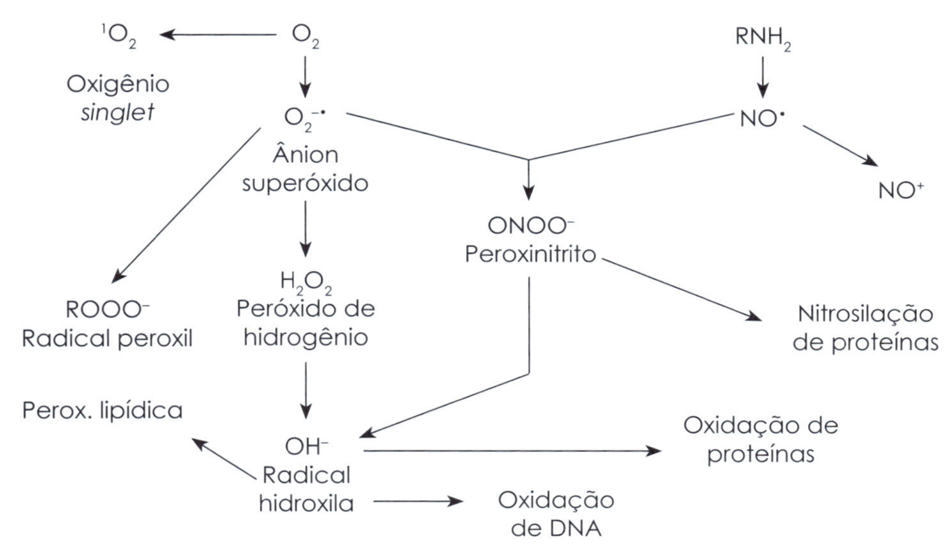

FIGURA 12.4 – Espécies reativas.

Tabela 12.1 – Nomenclatura das espécies reativas

Radical Livre	Não Radical
Espécie reativa de oxigênio (ROS) • Superóxido, $O_2^{-\bullet}$ • Hidroxil, $OH^{\bullet}$ • Hidroxiperoxil, $OH_2^{\bullet}$ • Carbonato, $CO_3^{-\bullet}$ • Peroxil, $RO_2^{\bullet}$ • Alkonil, $RO^{\bullet}$ • Dióxido de carbono, $CO_2^{-\bullet}$ • *Singlet*, $O_2{}^1\Sigma g^+$	**Espécie reativa de oxigênio (ROS)** • Peróxido de hidrogênio, H_2O_2 • Ácido hipobromoso, HOBr[a] • Ácido hipocloroso, HOCl[b] • Ozônio, O_3 • Oxigênio *singlet*, $O_2{}^1\Delta g$ • Peróxidos orgânicos, ROOH • Peroxinitrito, $ONOO^-$[c] • Peroxinitrato, O_2NOO^- • Ácido peroxinitroso, ONOOH[c] • Nitrosoperoxilcarbonato, $ONOOCO_2^-$ • Peroxomonocarbonato, $HOOCO_2^-$
Espécie reativa de nitrogênio (RNS) • Óxido nítrico, $NO^{\bullet}$ • Dióxido de nitrogênio, $NO_2^{\bullet}$ • Nitrato, $NO_3^{\bullet}$	**Espécie reativa de nitrogênio (RNS)** • Ácido nitroso, HNO_2 • Cátion nitrosil, NO^+ • Ânion nitrosil, NO^- • Tetróxido de dinitrogênio, N_2O_4 • Trióxido de dinitrogênio, N_2O_3 • Peroxinitrito, $ONOO^-$[c] • Peroxinitrato, O_2NOO^- • Ácido peroxinitroso, ONOOH[c] • Cátion (nitril) nitrônio, NO_2^+ • Alquilperoxinitritos, ROONO • Alquilperoxinitratos, RO_2ONO • Nitril cloreto, NO_2Cl • Peroxiacetil nitrato, $CH_3C(O)OONO_2$[e]
Espécie reativa de cloro (RCS) • Cloro atômico, $Cl^{\bullet}$	**Espécie reativa de cloro (RCS)** • Ácido hipocloroso, HOCl[b] • Nitril cloreto, NO_2Cl[d] • Cloraminas • Gás cloro, Cl_2 • Cloreto de bromo, BrCl[a] • Dióxido de cloro, ClO_2
Espécie reativa de bromo (RBS) • Bromo atômico, $Br^{\bullet}$	**Espécie reativa de bromo (RBS)** • Ácido hipobromoso, HOBr[b] • Gás bromo, Br_2 • Cloreto de bromo, BrCl

Fonte: Dados adaptados de Halliwell B, Gutteridge JMC, 1989.

"Espécies reativas de oxigênio" é um termo coletivo que inclui ambos os radicais e certos não radicais de oxigênio que são agentes oxidantes e/ou são facilmente convertidos em radicais (HOCl, HOBr, O_3, $ONOO^-$, $^1O_2$, H_2O_2). Todos os radicais de oxigênio são ROS, mas nem todos ROS são radicais. Peroxinitrito e H_2O_2 são frequentemente erroneamente descritos como radicais livres. "Espécies reativas de nitrogênio" é um termo coletivo similar que inclui $NO^{\bullet}$ e $NO_2^{\bullet}$ tão bem como os não radicais HNO_2 e N_2O_4. Reativo não é sempre um termo apropriado: H_2O_2, $NO^{\bullet}$ e $O_2^{-\bullet}$ reagem rapidamente com poucas moléculas, enquanto $OH^{\bullet}$ reage com a maioria. Espécies as quais $RO_2^{\bullet}$, $NO_3^{\bullet}$, $RO^{\bullet}$, HOCl, HOBr, $CO_3^{-\bullet}$, $CO_2^{-\bullet}$, $NO_2^{\bullet}$, $ONOO^-$, NO_2^+eO_3 tem reatividades intermediárias.

[a]HOBr e BrCl poderiam ser classificados como RBS; [b]HOCl e HOBr podem ser incluídos nos ROS; [c] $ONOO^-$ e ONOOH podem ser incluídos nos ROS; [d] $NOCl_2$ pode ser classificado como RNS; [e] Espécies oxidadas formadas no ar poluído.

primário que desencadeia a sequência de lesões na célula. As alterações nas membranas levam a transtornos da permeabilidade, alterando o fluxo iônico e o fluxo de outras substâncias, o que resulta na perda da seletividade para entrada e/ou saída de nutrientes e substâncias tóxicas à célula, alterações do ácido desoxirribonucleico (DNA), oxidação da lipoproteína de baixa densidade (LDL) e comprometimento dos componentes da matriz extracelular (proteoglicanos, colágeno e elastina).

A produção mitocondrial de ROS e RNS também está relacionada ao metabolismo da glicose associado ao ciclo do ácido cítrico e à cadeia transportadora de elétrons (Figura 12.7). Os equivalentes (coenzimas do metabolismo) reduzidos nicotinamida adenina dinucleotídeo (NADH + H^+) e flavina adenina dinucleotídeo ($FADH_2$), resultantes do ciclo do ácido cítrico, são reoxidados, tendo seus elétrons transferidos pelas enzimas da cadeia transportadora de elétrons, localizada na membrana mitocondrial interna. Dessa forma, é criado um gradiente eletroquímico transmembrana que favorece o movimento de prótons de volta pelo trifosfato de adenosina (ATP) sintase, estimulando a síntese de ATP a partir de adenosina difosfato (ADP). O movimento de prótons através da membrana mitocondrial interna acoplado ao transporte de elétrons estabelece um gradiente, no qual o potencial de membrana é um componente essencial.

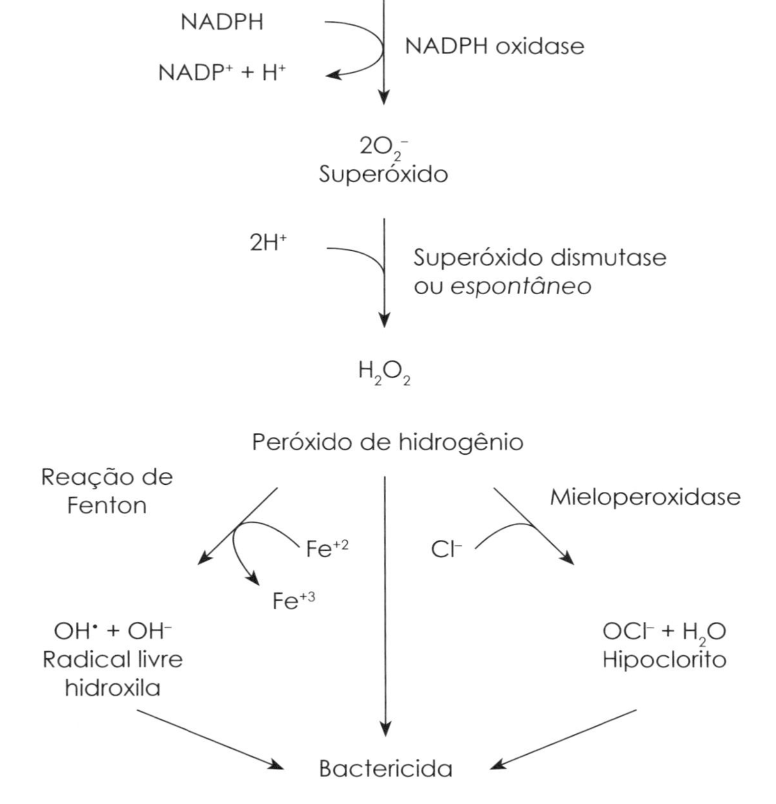

FIGURA 12.5 – Reações de oxidação e redução que ocorrem nas células fagocitárias, com formação de espécies reativas de oxigênio. Fonte: Adaptado de Capítulo de *Mark's*.

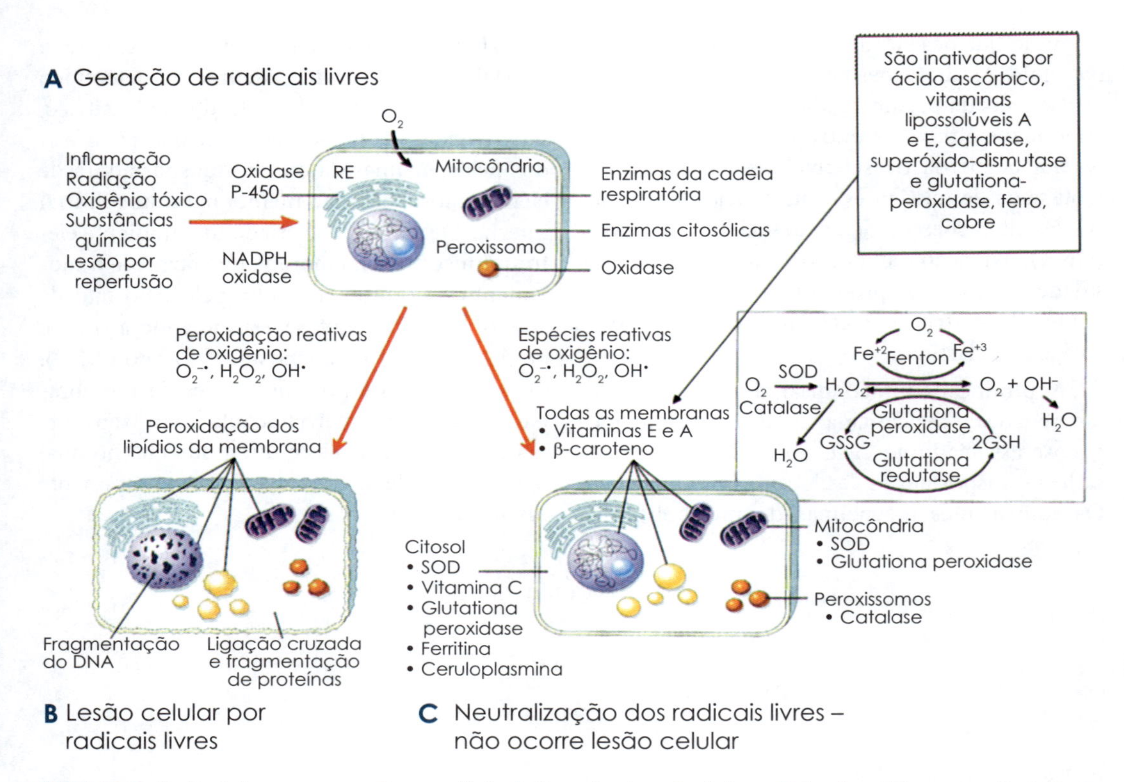

FIGURA 12.6 – Radicais livres e suas ações na célula. **A.** Geração de radicais livres. **B.** Lesão celular por radicais livres. **C.** Neutralização dos radicais livres. Fonte: Adaptado de Elsevier, 2005.

Um aumento do potencial de membrana estimula a síntese de ATP, mas reduz a capacidade transportadora de elétrons, o que leva ao aumento da geração de ROS. Proteínas desacopladoras (UCP, *Uncoupled protein*) reduzem o gradiente de prótons por meio da membrana mitocondrial interna, diminuindo, dessa forma, o potencial de membrana, o que resulta na diminuição da geração de ROS. No entanto, a mitocôndria é capaz de gerar quantidades significativas de ROS e RNS, fisiologicamente, por meio da cadeia transportadora de elétrons.

Há estudos que confirmam a participação efetiva dos metais na produção de ROS no estabelecimento de lesões de origem oxidativa que, *in vitro*, podem ser representadas pelas reações de Fenton e de Haber-Weiss (Figura 12.8). Embora outros metais, como o cobre, possam participar destas reações, o ferro é o metal mais abundante e participativo nas reações de oxirredução celular. A participação destas reações *in vivo* é sugerida nos traumatismos cranioencefálicos e na síndrome da reperfusão pós-isquemia. A liberação de ferro intracelular nestes episódios patológicos, com participação das reações de Fenton e Haber-Weiss, respectivamente, parece majorar as lesões, por aumento na produção de ROS, uma vez que a quelação destes metais em experimentos com animais de laboratório repercutiu na melhora do quadro clínico.

As principais ROS e RNS relacionadas a danos teciduais são: radical superóxido ($O_2^{-\bullet}$), peróxido de hidrogênio (H_2O_2), radical hidroxila ($OH^\bullet$), óxido nítrico ($NO^\bullet$) e o peroxinitrito ($ONOO^-$). O radical $O_2^{-\bullet}$ é a principal espécie reativa de oxigênio produzida pelos organismos aeróbios e consiste em um agente citotóxico al-

A

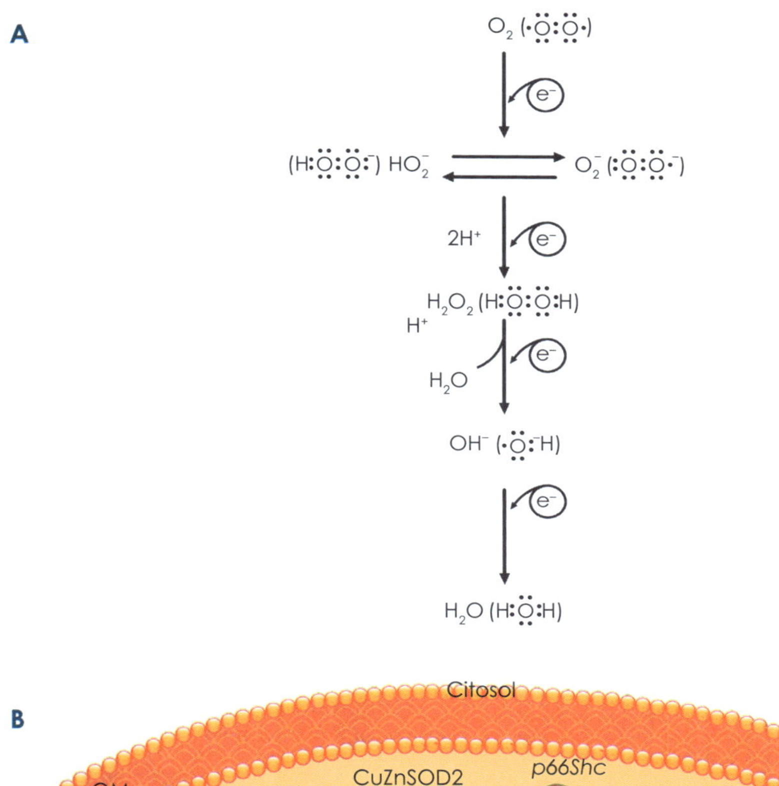

B

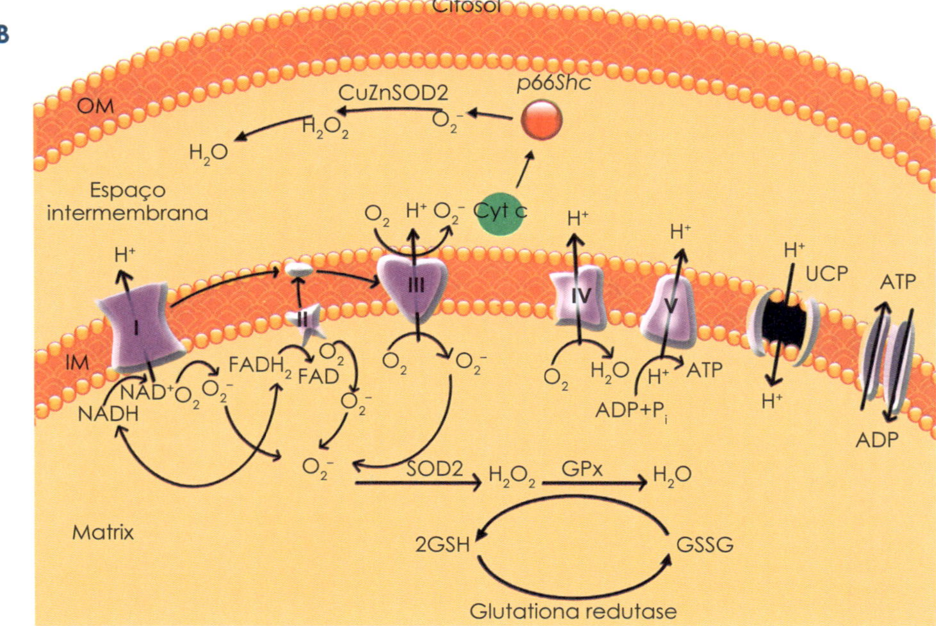

FIGURA 12.7 – Formação mitocondrial de espécies reativas de oxigênio, com suas reações intermediárias, até a formação de água e ATP. Fonte: A. Adaptado de Cohen MV. Disponível em: http://www.scielo.br/scielo.php?pid=S0104-42301997000100014&script=sci_arttext&tlng=en (Acessado em: 19/06/2011 às 10:35 h.) B. Bioquímica Básica. Bayardo B. Torres; Bioquímica. Marcelo Hermes Lima.

Sequência da reação de Fenton

$$O_2^- + Fe^{3+} \longrightarrow O_2 + Fe^{2+}$$

$$H_2O_2 + Fe^{2+} \longrightarrow Fe^{3+} + OH^- + OH^\bullet$$

Reação de Haber-Weiss

$$H_2O_2 + O_2^- \longrightarrow O_2 + OH^- + OH^\bullet$$

FIGURA 12.8 – Reação de Fenton e reação de Haber-Weiss. Fonte: Adaptado de Capítulo de Mark's.

tamente reativo, sendo convertido a H_2O_2 pela enzima superóxido dismutase (SOD). Além de atravessar membranas, pode originar RNS por intermédio da seguinte reação química:

$$O_2^{-\bullet} + NO^\bullet \rightarrow ONOO^-$$

O H_2O_2 é um intermediário formado pela reação de dismutação de $O_2^{-\bullet}$ catalisada pela enzima SOD e pela ação de outras enzimas oxidases, como as NADPH-oxidases que fazem parte da família de proteínas NOX, relacionadas à produção de $O_2^{-\bullet}$ e H_2O_2. O radical $O_2^{-\bullet}$ é muito difusível dentro e entre as células *in vivo*. Apesar de o H_2O_2 não ser considerado um radical livre, é facilmente convertido a OH^- e $OH^\bullet$, sendo sua quantificação no soro e em tecidos um excelente marcador de estresse oxidativo. Embora participe do estresse oxidativo e do sistema de defesa celular, níveis normais de H_2O_2 são essenciais para o processo de sinalização celular, alterando a atividade, localização e meia-vida de proteínas intracelulares. O H_2O_2 é, ainda, fundamental na biossíntese dos hormônios tireoidianos.

O $OH^\bullet$ é o mais reativo e lesivo radical conhecido e para o qual o organismo não dispõe de mecanismos de defesa. Uma vez no núcleo, reage com o DNA, causando modificação de bases e quebra de fitas, além de interagir com proteínas e lipídios, promovendo inativação enzimática e peroxidação lipídica. O $NO^\bullet$ é sintetizado nos organismos vivos pela óxido nítrico sintase (NOS), que converte o aminoácido L-arginina a $NO^\bullet$ + L-citrulina. O $NO^\bullet$ é um radical abundante que participa de vários processos biológicos, tendo sido inicialmente identificado como fator relaxante derivado do endotélio (EDRF), conhecido por ser um potente vasodilatador, envolvido na regulação da pressão arterial. Difunde-se rapidamente entre e dentro das células e, quando exposto ao ar, reage com o oxigênio para também produzir o intermediário peroxinitrito ($O_2^{-\bullet} + NO^\bullet \rightarrow ONOO^-$).

O ONOO– é um intermediário instável, com tempo de vida curto. É um oxidante potente, com propriedades semelhantes às do radical hidroxila, que causa danosa muitas moléculas biológicas, inclusive a grupos S-H das proteínas, provocando hidroxilação e nitração decompostos aromáticos. É capaz de formar $OH^\bullet$ por meio da seguinte reação: $ONOO^- + H^+ \rightarrow OH^\bullet + NO_2$.

O sistema antioxidante celular exerce um controle fino da produção de ROS e RNS, proporcionando um equilíbrio entre a produção e a degradação dessas espécies. Esse sistema é composto, principalmente, pelas enzimas antioxidantes: superóxido dismutase (SOD), glutationaperoxidase (GPx) e catalase (CAT), enquanto diversas espécies reativas de oxigênio e nitrogênio são encontradas associadas a danos celulares, levando ao aparecimento de doenças (Figura 12.9).

A SOD é encontrada no citosol (Cu/ZnSOD), lisossomas, núcleo e mitocôndrias (MnSOD). Essa enzima catalisa a conversão de

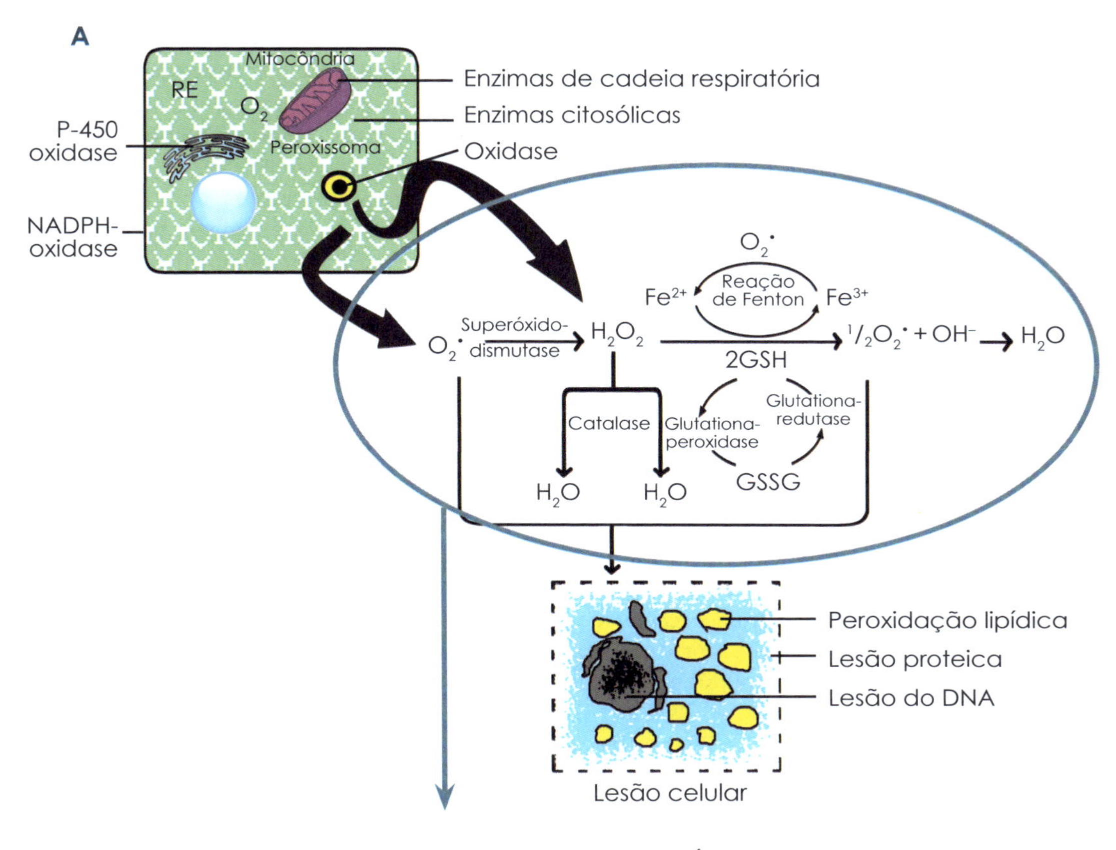

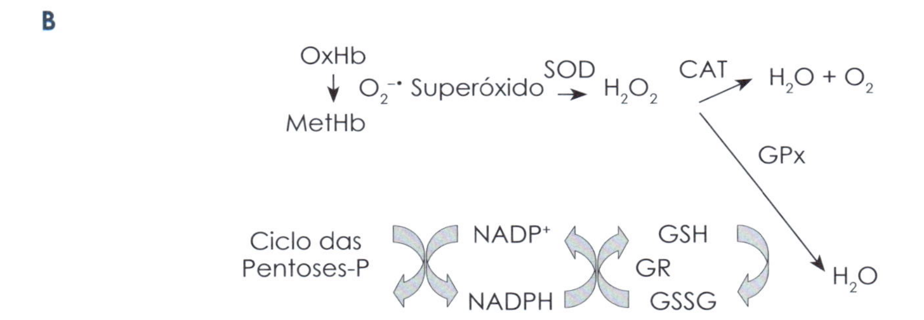

FIGURA 12.9 – Participação das enzimas do sistema antioxidante intracelular. Fonte: **A.** Adaptado de Cohen MV. Disponível em: http://www.scielo.br/scielo.php?pid=S0104-42301997000100014&script=sci_arttext&tlng=en (Acessado em: 19/06/2011 às 10:35 h.) **B.** Bioquímica Básica. Bayardo B. Torres. Bioquímica. Marcelo Hermes Lima.

$O_2^•$ à H_2O_2 que, por sua vez, é convertido a H_2O e $OH^•$ por duas outras enzimas antioxidantes: GPx, localizada em membranas celulares e na mitocôndria; e CAT, localizada nos peroxissomos. A GPx é uma selenoproteína que reduz H_2O_2 e peroxilipídios a água (hidroperóxidos) ou álcool, removendo rapidamente o H_2O_2. A CAT é uma peroxidasetetramérica e a principal enzima responsável pela remoção do H_2O_2 do organismo, convertendo-o em H_2O e O_2.O H_2O_2 regula a expressão do gene da CAT.

Portanto, SOD, CAT e GPx constituem os principais componentes do sistema de defesa antioxidante, e deficiências neste sistema contribuem para o estresse oxidativo nos tecidos, levando a danos teciduais e aparecimento das doenças.

Há fortes evidências de que o estresse oxidativo tem grande importância nos processos de envelhecimento, transformação e morte celular, com consequências diretas em muitos processos patológicos, entre eles a indução do câncer e a propagação de AIDS em pacientes soropositivos (HIV positivos), bem como na fisiopatologia de muitas doenças crônicas, entre elas doenças autoimunes, cardiopatias, câncer, doenças do pulmão e intoxicação por xenobióticos (Figura 12.10). Por outro lado, é também fato reconhecido que ROS e RNS desempenham papéis fisiológicos importantes no controle da pressão sanguínea, na sinalização celular, na apoptose e na fagocitose de agentes patogênicos.

O aumento na produção de ROS e RNS está relacionado com a aterosclerose, que por sua vez é a principal causa de morte de pacientes com doença renal terminal. A capacidade antioxidante parece estar diminuída em pacientes urêmicos, uma vez que o aumento dos níveis de toxinas urêmicas parece induzir a formação de radicais livres. O estresse oxidativo também é observado nos pacientes em tratamento de hemodiálise, possivelmente devido à perda de compostos

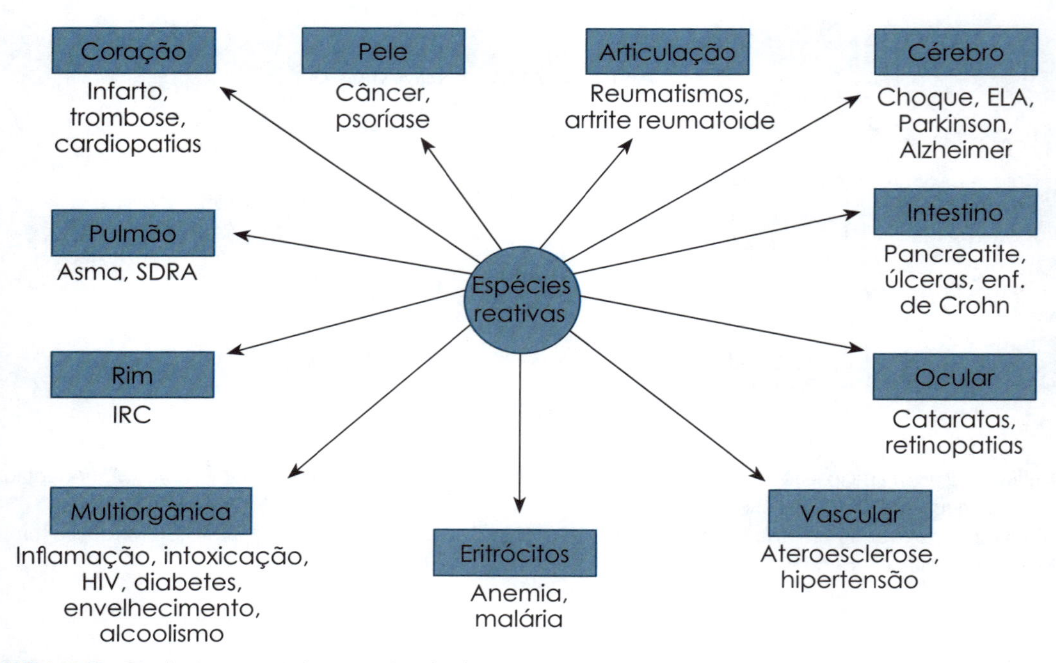

FIGURA 12.10 – Patologias associadas ao acúmulo de espécies reativas.

antioxidantes, tais como vitaminas hidrossolúveis (p. ex., ácido ascórbico). Desta forma, além da mensuração das enzimas antioxidantes, é fundamental a detecção de danos no genoma, provocados pelo aumento das RNS, resultantes da produção excessiva de NO•, que parecem estar envolvidos na gênese da aterosclerose. Além do mais, $ONOO^-$ está relacionado com a S-nitrosilação de proteínas, lipídios e DNA e, portanto, com a gênese de aterosclerose e danos teciduais.

As principais metodologias utilizadas para a avaliação da LPO em sistemas biológicos medem a formação de produtos gerados durante as diferentes fases deste processo. Uma das técnicas mais utilizadas para se avaliar a oxidação de lipídios é o teste do malonildialdeído (MDA). O MDA é um dialdeído formado como um produto secundário durante a oxidação de ácidos graxos poli-insaturados por cisão beta dos ácidos graxos poli-insaturados peroxidados, principalmente o ácido araquidônico. É volátil, possui baixo peso molecular ($C_3H_4O_2$, P.M. = 72,07), tem uma cadeia curta 1,3-dicarbonil e é um ácido moderadamente fraco (*pKa* = 4,46). Em condições apropriadas de incubação (meio ácido e aquecimento), reage eficientemente com uma variedade de agentes nucleofílicos para produzir cromógenos com alta absortividade molar no espectro visível.

O ensaio do cometa (*comet assay*) é uma técnica sensível amplamente utilizada, capaz de detectar lesão no DNA. O teste do cometa é usado para detectar genotoxicidade e baseia-se na migração eletroforética do DNA em condições alcalinas. Inicialmente, as células obtidas do sangue total dos pacientes são embebidas em gel de agarose em lâminas de microscopia e submetidas à eletroforese em solução alcalina, que revela quebras no DNA. As células que apresentam danos crescentes no DNA, corado com corante fluorescente, mostram migração aumentada de DNA do núcleo em direção ao ânodo, de forma semelhante a um cometa. A extensão da migração indica a quantidade de quebras do DNA na célula (Figura 12.11).

A metodologia utilizada para dosar radicais livres e seus produtos, assim como a maioria das enzimas do sistema antioxidante, no plasma/soro de pacientes, normalmente é baseada na técnica de imunoensaio enzimático ensaio imunossorvente ligado à enzima (ELISA). A avaliação do NO indireta é realizada pelo método colorimétrico com base na conversão de nitrato em nitrito, que é detectado pela solução de *Griess*.

Não há técnicas totalmente desenvolvidas que quantifiquem de maneira fidedigna os radicais livres e seus produtos no plasma, uma vez que estas substâncias são extremamente reativas ou são gases, e dissipam-se ou complexam-se com outras moléculas com a maior facilidade, dificultando suas dosagens quantitativas.

Assim, torna-se muito importante a padronização de técnicas laboratoriais para que os processos fisiopatológicos que ocorrem em nível celular sejam entendidos, uma vez que as alterações surgem muito antes de as manifestações se tornarem evidentes e, na maior parte das vezes, já com agravamentos e com reduzidas possibilidades terapêuticas.

Deste modo, não é imprópria a comparação do oxigênio ao deus Janus dos antigos romanos, que possuía duas faces, uma sorridente e outra carrancuda, pois o mesmo oxigênio fundamental para nossa sobrevivência também apresenta seu lado deletério, abreviando nossa existência.

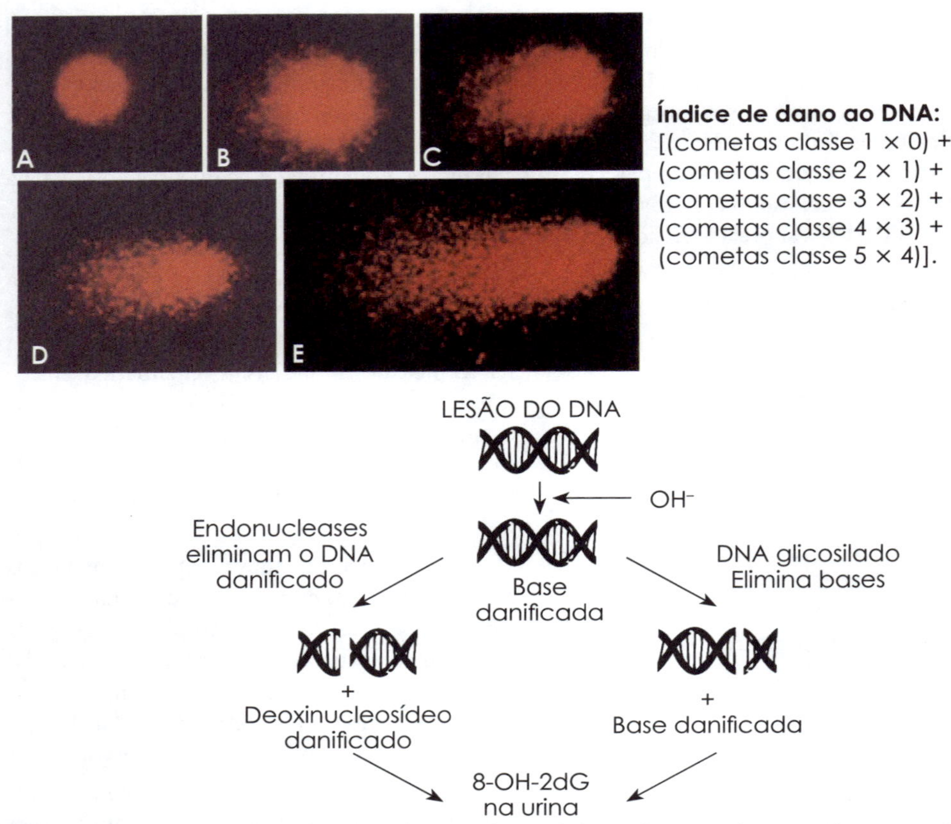

FIGURA 12.11 – Acima, representação das diferentes classes de lesão de DNA pelo ensaio do cometa. Abaixo, detecção de derivados de DNA na urina. Legenda: A. Classe 1; B. Classe 2; C. Classe 3; D. Classe 4; E. Classe 5.

CASOS CLÍNICOS

Caso 1

Paciente do sexo masculino, 53 anos, aposentado, hipertenso e diabético (tipo 2) de longa data, obeso, sedentário e não faz acompanhamento médico. Possui histórico familiar de Infarto agudo do Miocárdio (IAM), diabetes e hipertensão arterial. Foi atendido na unidade de emergência de um Hospital Universitário Federal, com um mal-estar generalizado, e incômodo na região precordial. Encontrava-se muito ansioso e com sudorese. Na admissão foi realizado eletrocardiograma e constatado IAM com supra ST nas derivações V1, V2, V3, com comprometimento da parede anterior do miocárdio. Foi dosada a glicemia, que estava aumentada e os marcadores laboratoriais de necrose estavam aumentados (troponina ultrassensível alta). O paciente foi medicado e foi indicado o uso de trombolítico.

Qual as suas considerações em relação à formação de radicais livres neste caso?

■ Caso 2

Paciente do sexo masculino, 73 anos, cor de pele parda, procurou um médico neurologista em consultório ambulatorial por apresentar tremores nas mãos a cerca de 3 anos. No exame físico, o paciente está lúcido e orientado no tempo e espaço, com face depressiva, acianótico, anictérico, hidratado, eupneico e normotenso. Ao exame neurológico apresenta alterações com tremores de repouso, pouco balança os braços, possui marcha lenta e rigidez em roda denteada e seus reflexos normoativos. Foi então diagnosticado com a doença de Parkinson.

Não há exame específico para o diagnóstico, sendo este feito através da história clínica e exame físico. Alguns exames complementares, como eletroencefalograma, tomografia computadorizada e ressonância magnética são feitos, para exclusão de outras causas dos tremores, porém não são conclusivos para a doença de Parkinson.

Sendo assim, qual o envolvimento dos radicais livres neste tipo de doença?

Referências bibliográficas

1. Ames BN, Shigenaga MK, Hagen TM. Oxidants, antioxidants, and the degenerative diseases of aging.Proc Nat AcadSci USA, 1993; 90:7915-7922.
2. Ameziane-El-Hanani R, Morand S, Boucher JL, Frappart YM, Apostolou D, Agnandji D et al. Dual oxidase – 2 has an intrinsic Ca-dependent H2O2- generating activity. Journal of Biological Chemistry, 2005; 280:30046-54.
3. Benzie IFF. Lipid peroxidation: a review of causes, consequences, measurements and dietary influences. Int J Food Sci Nut, 1996; 47:233-261.
4. Butterfield A, Pocernich CB, Drake J. Elevated glutathione as a therapeutic strategy in Alzheimer's disease. Drug Development Research, 2002; 56:428-437.
5. Cadenas E. Biochemistry of oxygen toxicity. Ann Rev Biochem, 1989; 58:79-110.
6. Fridovich. Superoxide radical and superoxide dismutases.Annu Rev Biochem, 1995; 64:97-112.
7. Gerschman R, Gilbert D, Nye SW, Dwyer P, Fenn WO. Oxygen poisoning and X-irradiation: a mechanism in common. Science, 1954; 119:623-626.
8. Grasshoff K, Ehrhardt, M. and Kremling. K. Determination of nitrite. In: Methods of Sea Water Analysis. Weinhein: VerlagChemie, 1983; p. 139-150.
9. Grisham MB, Granger DN, Lefer DJ. Modulation of leukocyte – endothelial interactions by reactive metabolites of oxygen and nitrogen: relevance to ischemic heart disease Original Research Article In: Free Radical Biology and Medicine, Vol 25, Issues 4-5, September 1998, Pages 404-433
10. Gutteridge JM. Ageing and free radicals. Med Lab Sci, 1992; 49:313-318.
11. Halliwell B. Oxidants and human disease: some new concepts. Faseb J, 1987; 1:358-364.
12. Halliwell B. Lipid peroxidation,antioxidants and cardiovascular disease: how should we move forward? Cardiovas Res, 2000; 47:410-418.
13. Halliwell B, Gutteridge JMC. Free radicals in biology and medicine. Oxford: Clarendon Press, 1989; p. 543.
14. Janero DR. Malondialdehyde and thiobarbituric acid-reactivity as diagnostic indices of lipid peroxidation and peroxidative tissue injury. Free Radical Biol Med, 1990; 9:515-540.
15. Jansen M, Koster JF, Bos E, Jong JW. Malondialdehyde, Glutathione Production in Isolated Perfused Human. Rat Hearts Circ Res, 1993; 73:681-688.
16. Krause KH. Tissue distribution, putative physiological function of NOX family NADPH oxidases.Jpn. J InfectDis, 2004; 57:528-529.
17. Lima ES, Abdalla DSP. Peroxidação lipídica: mecanismos e avaliação em amostras biológicas. Revista Brasileira de Ciências Farmacêuticas, 2001; 37(3):293-303.
18. Matsubara ALA, Ferreira LS. Radicais livres: conceitos, doenças relacionadas, sistema de defesa e estresse oxidativo. RevAssMed Brasil, 1997; 43(1):61-8.
19. Nakhjavani M, Esteghamati A, Nowroozi S, Asgarani F, Rashid A, Khalizadeh O. Type2 diabetes mellitus duration: na independente predictor of serum malondial dehydelevels. Singapore Med J, 2010; 51(7):582.
20. Paglia DE, Valentine WN. Studies on the quantitative, qualitative characterization of erythrocyte glutathione peroxidase. J Lab Clin Med, 1967; 70:158-169.

21. Parthsarathy S, Santanam N, Ramachandran S, Meilhac O. Oxidants, antioxidants in atherogenesis: an appraiscal. The Jornal of Lipidic Research, 2000; 40:2143-2257.
22. Riley PA. Free radicals in biology: oxidative stress, effects of ionizing radiation. Int J Rad Biol, 1994; 65:27-33.
23. Sorce S, Krause KH. NOX enzymes in the central nervous system: from signaling to disease. Antioxid Redox Signal, 2009; 11:2481-2504.
24. Toime LJ, Brand D. Uncoupling protein-3 lowers reactive oxygen species production in isolated mitochondria. Free Radical Biology, Medicine, 2010; 49(4):606-611.
25. Turrens JF. Mitochondrial formation of reactive oxygen species. The Journal of physiology, 2003; 552:335-344.
26. US Renal Data System excerpts. Costs of ESRD. Am J Kidney Dis, 2010; 55(suppl 1): S335-S342.
27. Vaca CE, Withem J, Harms-Ring Dahl M. Interaction of lipid peroxidation products with DNA. A review Mut Res, 1988; 195:137-149.
28. Van der Vliet A, Eiserich JP, Halliwell B, Cross CE. Formation of reactive nitrogen species during peroxidase – catalyzed oxidation of nitrite oxide-dependent toxicity.J BiolChem, 1997; 272:7617-7625.
29. Smith C, Marks AD, Lieberman M. Bioquímica médica básica de Marks: uma abordagem clínica. Porto Alegre: Artmed 2a ed., 2007.

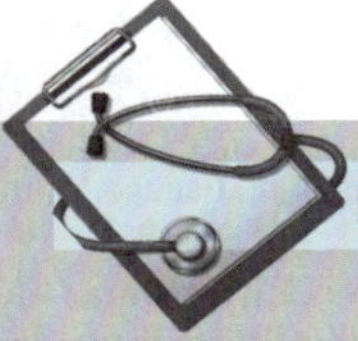

DISCUSSÃO DOS CASOS CLÍNICOS

Caso 1

- Considerações: há indicação do uso de trombolítico em pacientes que não possuem contraindicação de uso. Onde deve sempre ser feita o mais precocemente possível nos pacientes com supra desnivelamento do segmento ST, para promover a reperfusão do órgão e assim diminuir a morbimortalidade. O padrão-ouro é a realização de angioplastia primária quando há condições hospitalares para tal procedimento.

A isquemia miocárdica com diminuição de fluxo sanguíneo na área acometida gera uma diminuição da capacidade do miócito na formação de ATP a partir da fosforilação oxidativa. Durante a isquemia, a cadeia respiratória e outros componentes da cadeia transportadora de elétrons ficam saturados gerando acúmulo de elétrons. Com a reintrodução do oxigênio pelo tratamento trombolítico, com sucesso na reperfusão do órgão, a doação rápida de elétrons à molécula de O_2 pode formar radicais superóxidos e, também quantidades excessivas de peróxido de hidrogênio e radicais hidroxila. Ao mesmo tempo, células fagocitárias (macrófagos) fagocitam os detritos celulares e produzem quantidades significativas de óxido nítrico, que podem danificar as mitocôndrias pela grande geração de espécies reativas de oxigênio e nitrogênio, que atacam os *clusters* de Fe-S , os citocromos da cadeia de transporte de elétrons e os lipídeos de membrana plasmática, fazendo lesões. Portanto, a produção excessiva dos radicais livres pode aumentar ainda mais a extensão da área infartada.

Caso 2

- Considerações: nas fases iniciais da doença de Parkinson, o tratamento pode ser feito com inibidores da monoamino oxidase B, que é uma enzima que possui cobre na sua estrutura e inativa a dopamina nos neurônios, produzindo peróxido de hidrogênio. O uso da medicação inibe a degradação da dopamina e diminui a formação de radicais livres nas células dos gânglios da base. Os neurônios dopaminérgicos são susceptíveis aos efeitos citotóxicos das espécies reativas de nitrogênio e oxigênio, que podem ser formados a partir da geração de peróxido de hidrogênio.

Vitaminas Lipossolúveis

13.1

Analucia Rampazzo Xavier
Salim Kanaan
Vilma Blondet de Azeredo

Vitamina A

É uma vitamina lipossolúvel essencial para a manutenção da saúde. O organismo necessita de pequena quantidade deste nutriente para o funcionamento normal do sistema visual, crescimento e desenvolvimento, manutenção da integridade das células epiteliais, função imune e reprodução.

Estrutura química e nomenclatura

Compreende uma família de moléculas contendo uma estrutura de 20 átomos de carbono com um anel beta-ionona. No senso nutricional, a família vitamina A inclui todo composto natural com atividade biológica de retinol. Existe na forma aldeída (retinal) e na forma ácida (ácido retinoico) (Figura 13.1.1).

Alguns carotenoides são incluídos na família vitamina A, como provitamina, pois são precursores dietéticos do retinol (Figura 13.1.2). Somente 50, dos aproximadamente 600 carotenoides encontrados na natureza, são convertidos a vitamina A. A estrutura dos carotenoides é uma construção simétrica, linear, de 40 átomos de carbono (tetraterpeno), com um sistema de duplas ligações conjugadas, contendo um ou dois anéis ao final de sua cadeia conjugada e normalmente se encontram na configuração *trans*.

O β-caroteno é um potente carotenoide, com 100% de atividade de provitamina A. O maior caminho de conversão de todos os *trans*-β-caroteno e outros carotenoides com atividade de vitamina A é pela quebra oxidativa da dupla ligação central 15-15 (Figura 13.1.3).

Ingestão, digestão e absorção da vitamina A

A ingestão de vitamina A ocorre na forma de éster de retinol, retinol ou carotenoides. A vitamina A pré-formada no alimento está largamente presente como éster de retinol (palmitato de retinol). Os carotenoides, de maneira geral, estão amplamente distribuídos na natureza, como pigmentos responsáveis pela coloração amarela, vermelha e laranja de frutas, hortaliças e flores. Normalmente estão presentes no cloroplasto das plantas, embora neste tecido sua cor seja mascarada pela clorofila.

Durante a digestão proteolítica no estômago, o éster de retinol e os carotenoides são liberados da matriz dos alimentos pela ação da lecitina retinol aciltransferase e, então, agregados juntos a outros lipídios da dieta (Figura 13.1.4).

No duodeno, devido à ação combinada da bile e de esterases pancreáticas, os ésteres de retinol são hidrolisados, liberando retinol e ácido graxo para serem absorvidos. Pessoas saudáveis que ingerem quantidades adequadas de gordu-

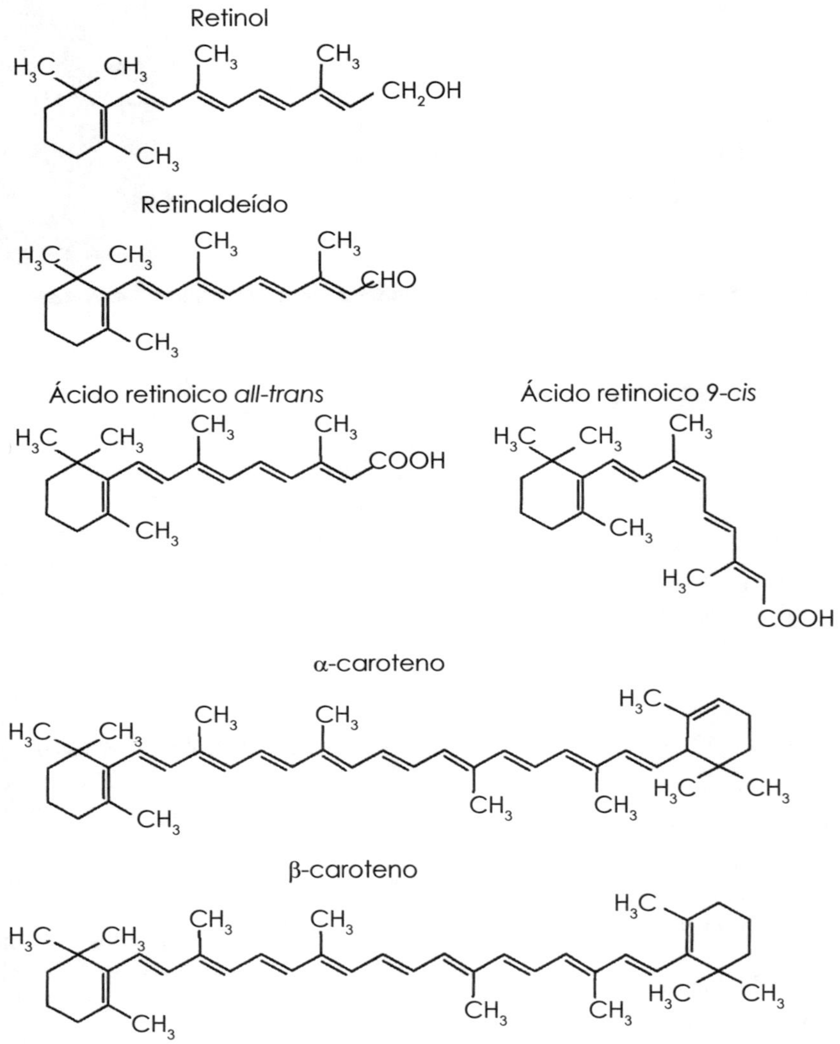

FIGURA 13.1.1 – Estrutura química dos diferentes compostos "parentes" da vitamina A.

ra (> 10 g/dia) apresentam absorção eficiente do retinol dietético, podendo chegar a 90% da quantidade ingerida. Esta eficiência de absorção é devida à existência de uma proteína de membrana que auxilia a entrada de retinol no enterócito (*cellular retinol binding-protein tipo II* - CRBPII) (Figura 13.1.6).

Os carotenoides também são solubilizados em micelas no lúmen intestinal e sofrem ação de uma retinal redutase (dioxigenase de caroteno) na membrana intestinal, passando a retinal, que pode ser convertido em retinol ou continuar como carotenoide (Figura 13.1.5). Já os carotenoides são absorvidos por um mecanismo de difusão passiva e este processo não envolve transportador específico, e por isso sua absorção é passiva e menor, chegando a 50% da ingestão (Figura 13.1.6).

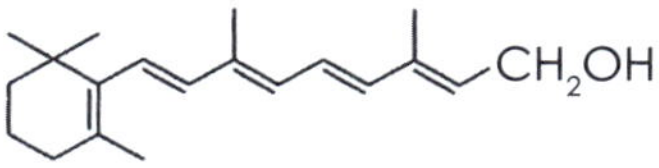

CH_2OH

all-trans-retinol

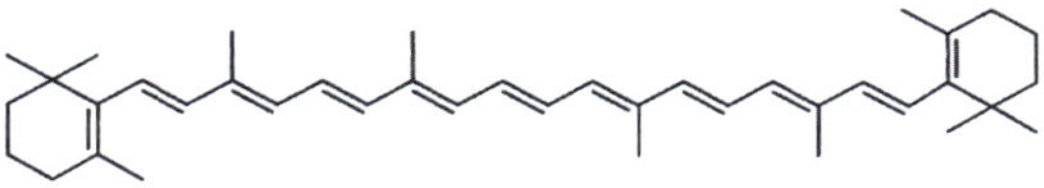

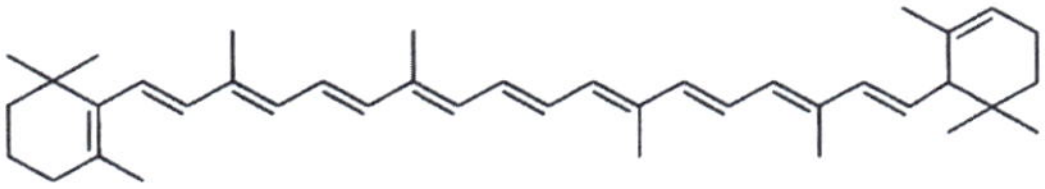

all-trans-β-caroteno

all-trans-α-caroteno

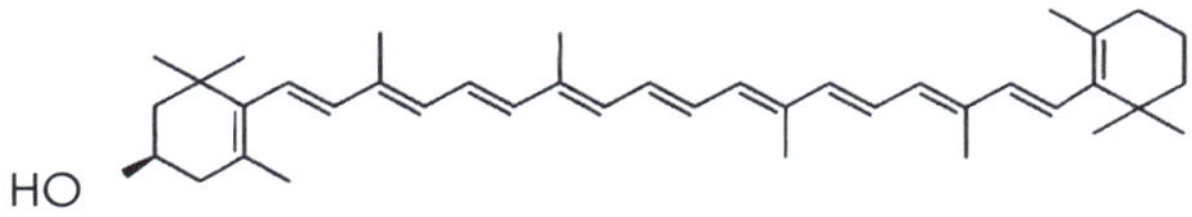

HO

all-trans-β-criptoxantina

FIGURA 13.1.2 – Carotenoides com atividade de provitamina A.

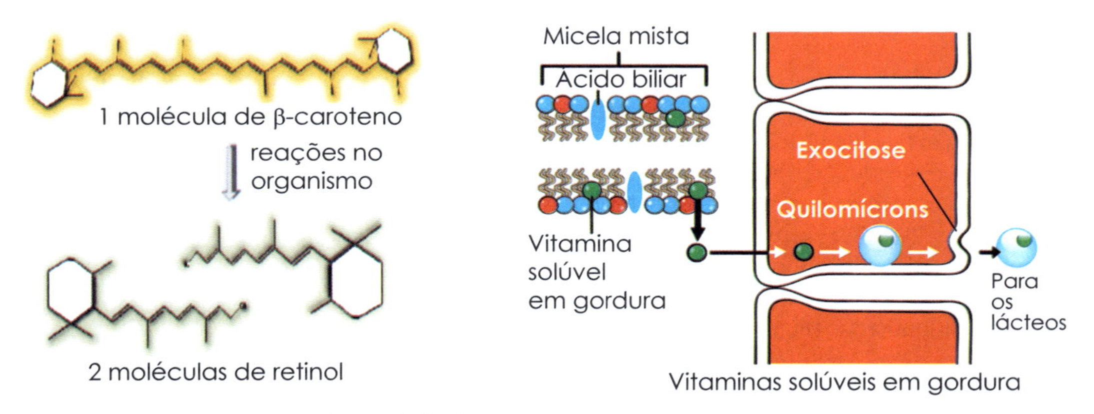

FIGURA 13.1.3 – β-caroteno: 100% de atividade de provitamina A.

FIGURA 13.1.4 – Digestão e absorção da vitamina A.

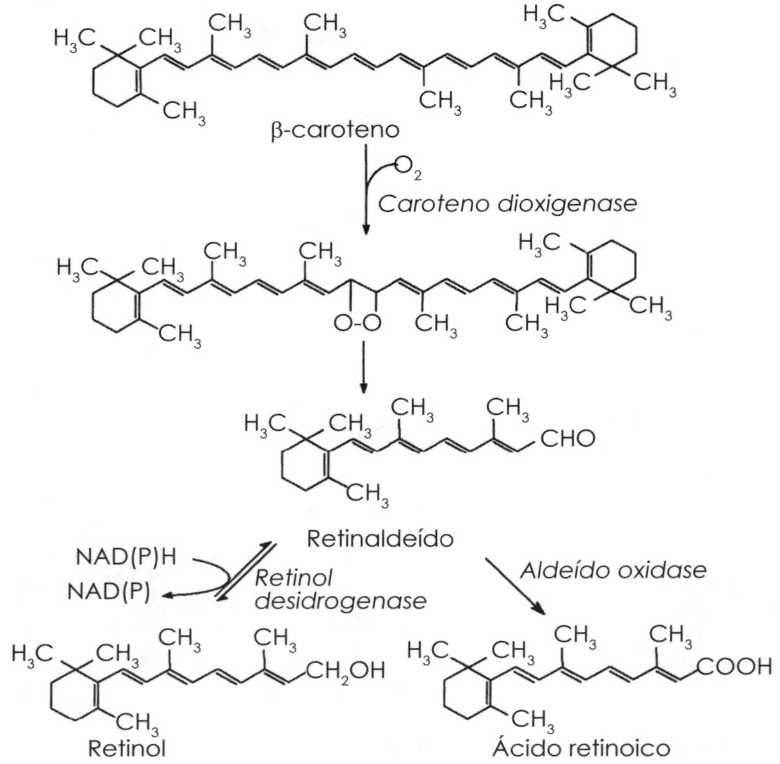

FIGURA 13.1.5 – Conversão do β-caroteno em retinal, nas células intestinais.

Dentro do enterócito, o retinal produzido pela quebra do carotenoide e o retinol dietético absorvidos são ligados a CRBP II. O retinal ligado é, então, reduzido a retinol, que deve ser esterificado pela ação da enzima acil-CoA retinol aciltransferase (ARAT) e depositado no retículo endoplasmático, onde se junta aos triglicerídios da dieta e outros compostos lipídicos, agregando-se aos quilomícrons (Figura 13.1.6).

Transporte da Vitamina A no organismo

Do intestino para o fígado

O retinol reesterificado no interior do enterócito, junto com uma pequena quantidade de retinol não esterificado e carotenoides, são incorporados dentro dos quilomícrons e liberados na linfa, sendo assim transportados até o fígado. No fígado, os quilomícrons remanescentes são captados, liberando seu conteúdo (éster de retinol, carotenoides e outros lipídios) nas células parenquimais. O éster de retinol deve ser hidrolisado para que proteínas ligantes de retinol (*retinol binding protein* [RBP]; transtirretina TTR), sintetizadas por estas células, associem-se ao retinol livre (desesterificado), transportando-o via plasma até os tecidos periféricos. Sendo, portanto, a forma hidrolisada (retinol) a sua forma de mobilização (Figura 13.1.7), e a forma esterificada, a de reserva (éster de retinol).

Do fígado para os tecidos periféricos

O retinol é transportado no plasma por um complexo RBP e TTR (proteína cotransportadora), que serve para estabilizar e proteger o complexo RPB + retinol. A RBP somente liga o *all-trans* retinol: uma molécula de RBP para

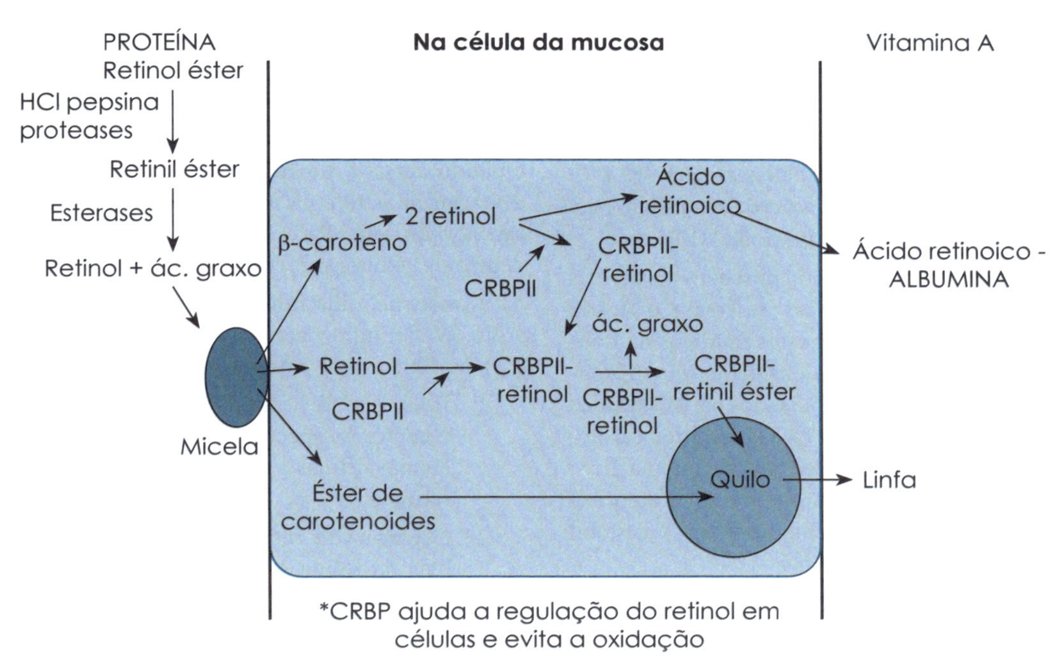

FIGURA 13.1.6 – Ação da CRBP II na absorção da vitamina A.

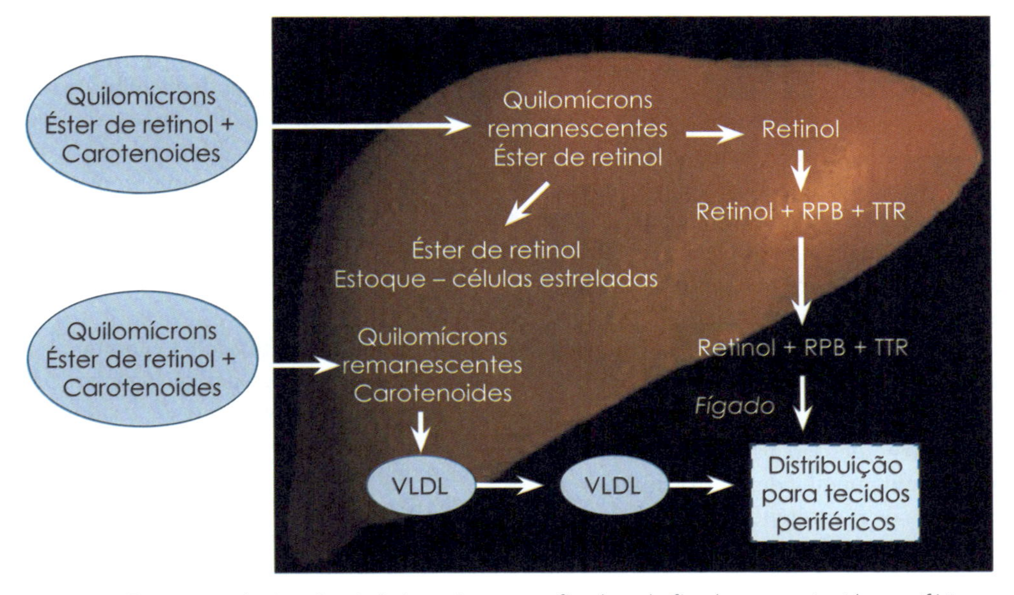

FIGURA 13.1.7 – Transporte da vitamina A do intestino para o fígado e do fígado para os tecidos periféricos.

uma molécula de retinol (1:1). A RBP está envolvida no transporte plasmático do retinol, na sua proteção contra oxidação e reações não enzimáticas, proteção de membranas e outras estruturas lipídicas das células (Figura 13.1.7). A maior forma de circulação da vitamina A é a *holo-retinol-bindingprotein* (hollo-RBP).

Os carotenoides não possuem proteínas transportadoras específicas e deixam o fígado agregados a outros compostos lipídicos na lipoproteína de muito baixa densidade (VLDL) sendo, desta forma, disponibilizados para os tecidos periféricos (Figura 13.1.7). Os maiores carotenoides plasmáticos são: zeaxantina, luteína, licopeno, criptoxantina, β-caroteno e α-caroteno. O β-caroteno usualmente compõe 15-30% do total de carotenoides plasmáticos.

Armazenamento

A vitamina A é muito bem estocada no corpo, com mais de 90% do total encontrados no fígado de indivíduos bem nutridos. A célula mais importante envolvida no estoque de vitamina A é a estrelada. As células estreladas, também chamadas de células de estoque de gordura, lipócitos, são relativamente pequenas e perfazem cerca de 15-30% do total de células do fígado. Em humanos bem nutridos, mais de 80% do total de vitamina A do fígado são estocados nas células estreladas. A vitamina A é transferida das células parenquimais para as células estreladas na forma de retinol livre que, entretanto, deve ser reesterificado e assim estocado. Quando é necessário mobilizar o estoque desta vitamina, o éster de retinol deve ser hidrolisado a retinol, ligado a RBP e liberado no plasma (Figura 13.1.8).

Já os carotenoides são armazenados no tecido adiposo, juntamente com outros lipídios. A transformação de β-caroteno em retinol depende da necessidade do organismo. Se o organismo necessita de retinol, ocorre maior conversão do carotenoide em retinol; se não, o organismo mantém o caroteno armazenado no tecido adiposo, o que pode causar a coloração amarelada nas mãos.

Função

De maneira geral, o retinol que sai do fígado ligado a RBP vai para as células, que possuem receptores específicos para este complexo. Quando chega à superfície celular, ele pode se dissociar da RBP e na membrana pode atravessar por difusão. Parece haver uma apoCRPB dentro da célula para receber o retinol.

A mais definida função da vitamina A é na visão. O caminho para entrega da vitamina A para os olhos envolve os seguintes passos:

1. Interação da hollo-RBP plasmática com receptores específicos da superfície celular nas células epiteliais e pigmentos da retina.
2. Captação do retinol pelas células epiteliais da retina e sua isomerização enzimática em 11-*cis*-retinol.
3. Transporte pela IRPB para o segmento da Rodopsina.
4. Oxidação enzimática do 11-*cis*-retinol em 11-*cis*-retinal.
5. Associação não enzimática do 11-*cis*-retinal com um grupo lisina específico na proteína de ligação da membrana (opsina), formando a rodopsina. A rodopsina é o pigmento visual formado a partir da associação do 11-*cis*-retinal com a opsina (Figura 13.1.9), de modo que a deficiência de vitamina A leva à cegueira noturna porque diminui a eficiência de formação da rodopsina.

A segunda maior função da vitamina A está na proliferação e diferenciação celular, participando no desenvolvimento de tecidos e órgãos. Existem dois receptores nucleares para o ácido retinoico: 1. RAR – *retinoic acid receptor* e 2. RXR – *retinoic acid receptor* do 9-*cis*-retinoic. O RAR liga-se tanto ao *all-trans* ou 9-*cis*-retinoico; no entanto, o RXR liga-se somente ao 9-*cis*-ácido retinoico (Figura 13.1.10).

Desta forma, a vitamina A é, também, essencial para o desenvolvimento embrionário através da regulação da expressão gênica e tem

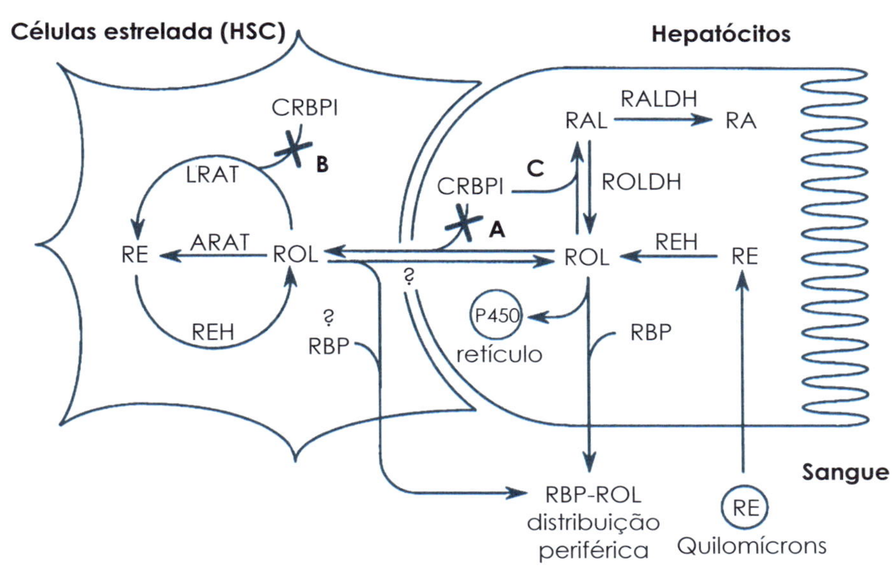

FIGURA 13.1.8 – Mecanismo de armazenamento do retinol no fígado.

sido implicada em muitos outros processos fisiológicos, como espermatogênese, resposta imune, paladar, audição, apetite, crescimento e hematopoiese.

Os carotenoides têm sido relacionados com a melhora do sistema imune e a diminuição do risco de doenças degenerativas, como o câncer, doenças cardiovasculares, degeneração macular relacionada à idade e a formação de catarata. Estes efeitos biológicos são independentes da atividade de provitamina A e têm sido atribuídos à propriedade antioxidante dos carotenoides, pela desativação dos radicais livres e pela eliminação do oxigênio singlet. A habilidade dos carotenoides de eliminar o oxigênio *singlet* relaciona-se ao seu sistema de duplas ligações conjugadas, e a proteção máxima é conferida por aqueles com nove ou mais duplas ligações conjugadas. O licopeno parece ser mais efetivo que o b-caroteno nesta função.

Eliminação

A perda de hollo-RBP pela urina, durante a passagem do sangue pelos rins, é pequena sob condições normais, mas pode se tornar a maior rota para a perda de vitamina A durante infecção severa, acompanhada de febre.

Deficiência

A deficiência de vitamina A é o maior problema de saúde pública em muitas áreas pobres do mundo. No Brasil, as regiões Norte e Nordeste parecem ser críticas para esta deficiência. Um inadequado estado de vitamina A é normalmente associado a desnutrição proteico-calórica, baixa ingestão de gordura, síndromes de má absorção de lipídios e doenças febris. Na Figura 13.1.11, é apresentada a distribuição geográfica da deficiência de vitamina A no mundo.

- **Alterações visuais:** quinhentas mil crianças pré-escolares tornam-se cegas a cada ano devido à deficiência de vitamina A, e a cegueira noturna é um dos maiores problemas causados pela deficiência desta vitamina. Esta vitamina é necessária para a manutenção da córnea e da membrana conjuntival, bem como para a formação da rodopsina (pigmento visual). Assim, sua deficiência pode ocasionar xeroftalmia, cegueira total e noturna devido às alterações neste órgão (Figura 13.1.12).

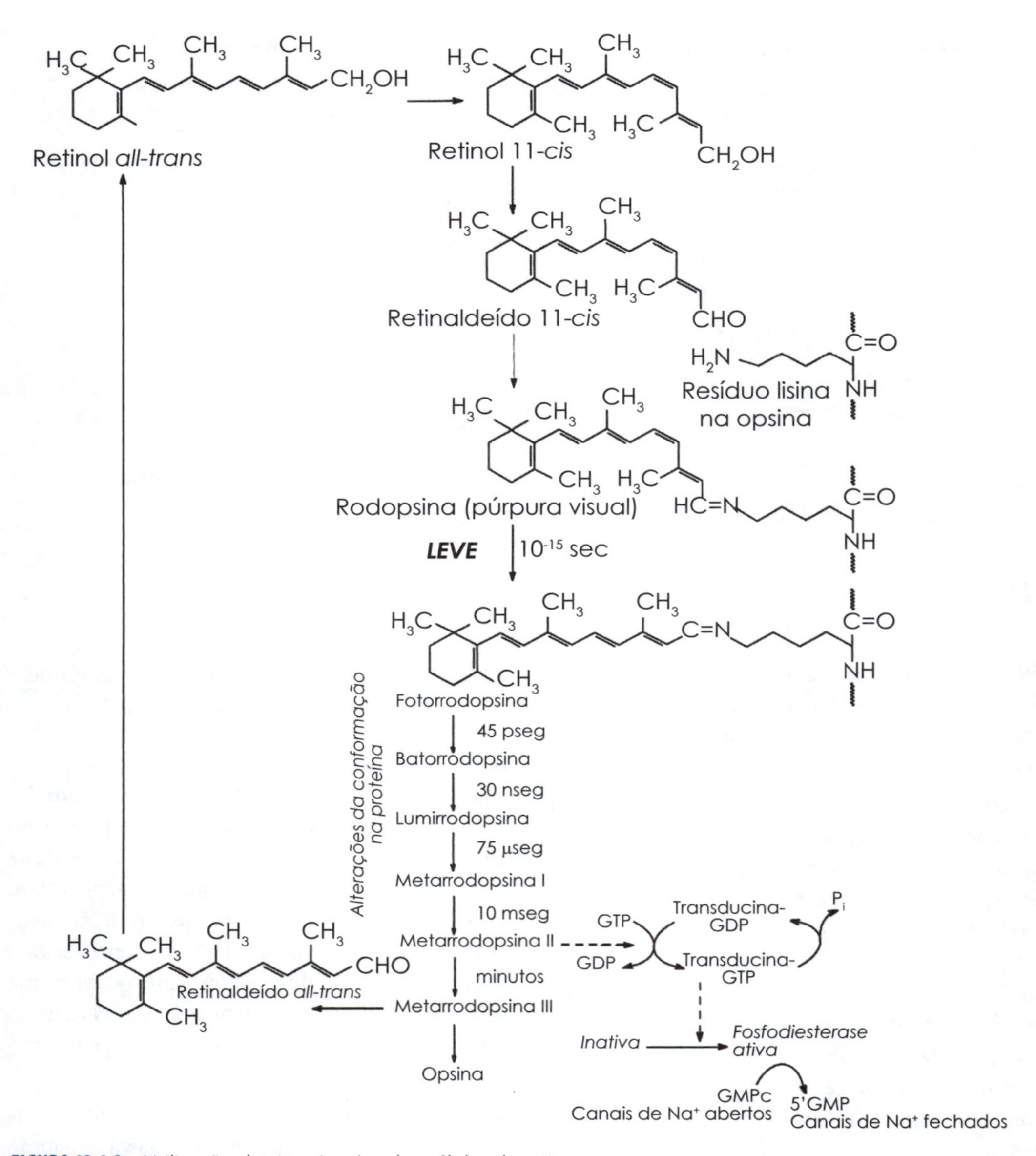

FIGURA 13.1.9 – Utilização da vitamina A pelas células da retina.

- **Manutenção do epitélio:** a vitamina A é necessária para a manutenção da integridade das células epiteliais em todo o corpo. O ácido retinoico, através da ativação dos receptores nucleares (RAR e RXR), regula a expressão de diversos genes responsáveis pela síntese de proteínas específicas (queratina, enzima álcool desidrogenase e receptores celulares). A deficiência de vitamina A promove alterações nos epitélios, resultando em dermatite e queratinização da pele (Figura 13.1.13).
- **Manutenção do crescimento e desenvolvimento adequados:** durante os períodos de gestação e infância, a deficiência desta vita-

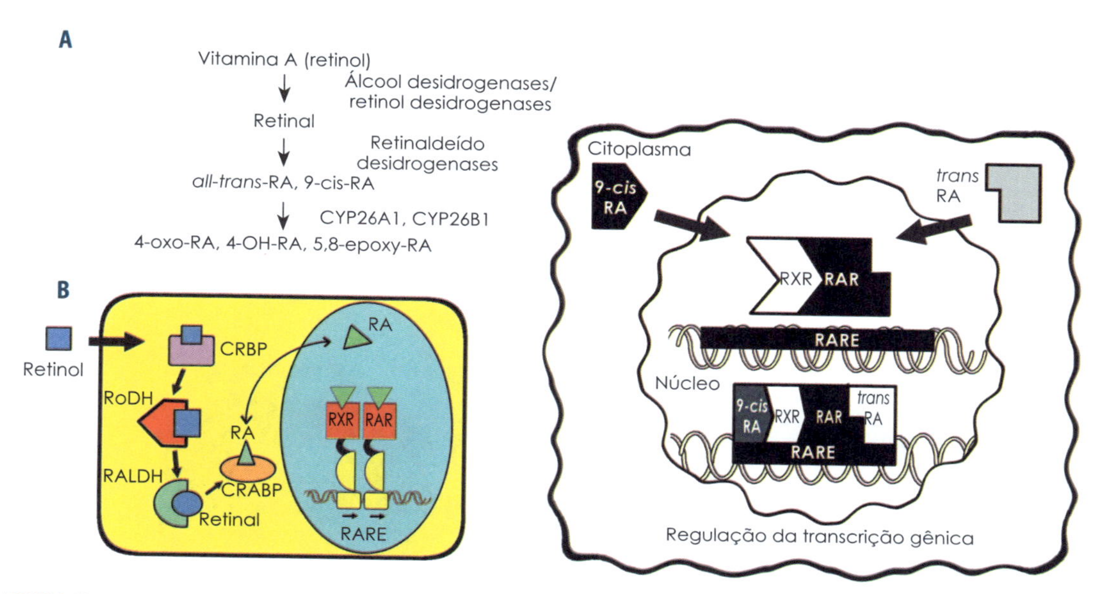

FIGURA 13.1.10 – Receptores nucleares para ácido retinoico – expressão gênica. Adaptado de Nature Reviews/ Neuroscience.

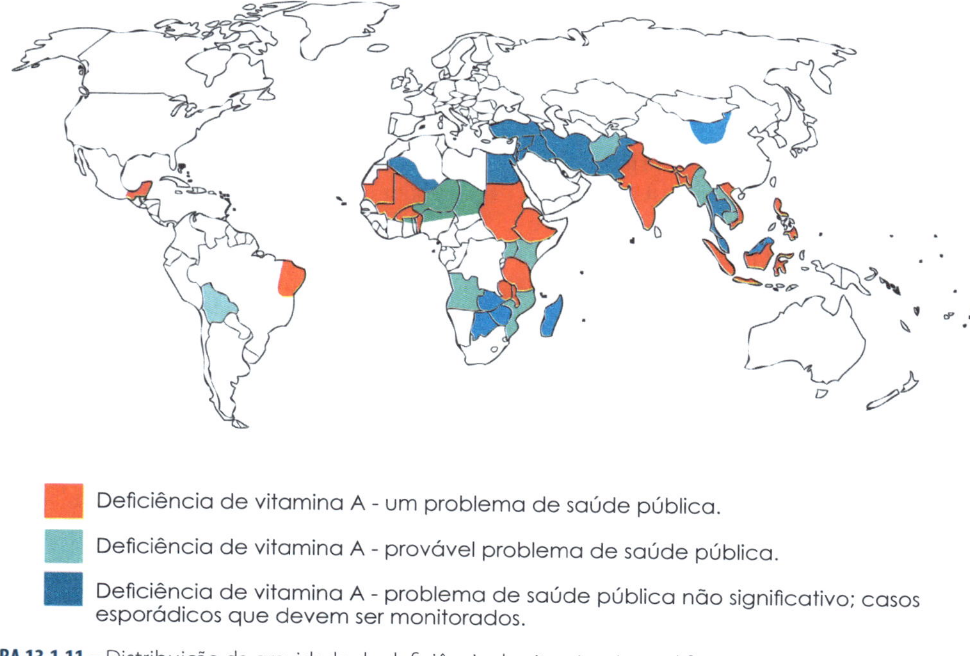

FIGURA 13.1.11 – Distribuição da gravidade de deficiência de vitamina A em diferentes continentes.

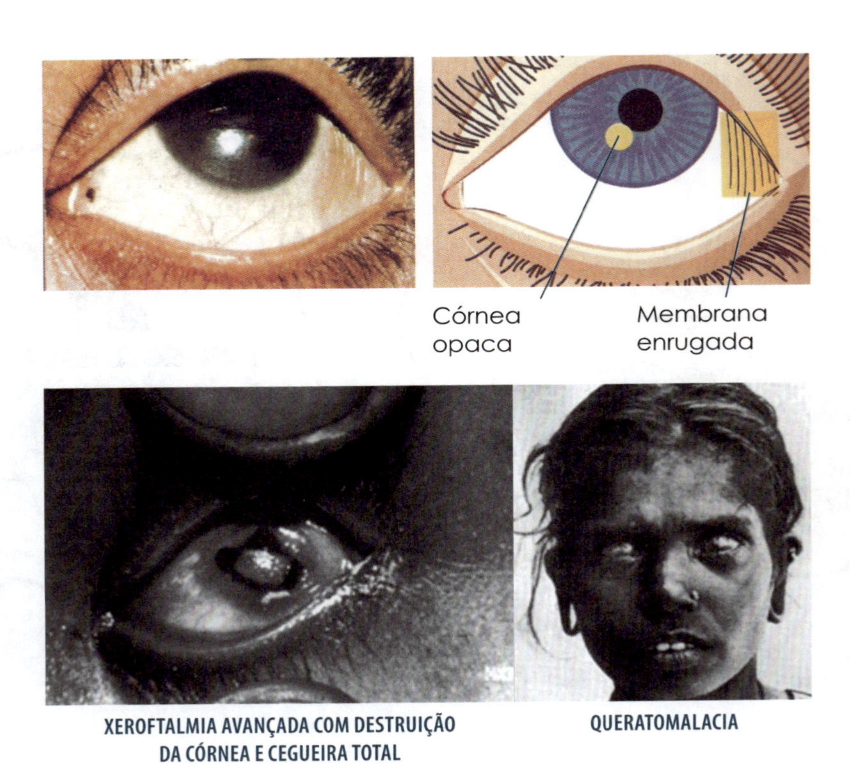

FIGURA 13.1.12 – Alterações visuais ocasionadas pela deficiência de vitamina A.

mina leva ao impedimento do crescimento e desenvolvimento, tanto do embrião quanto da criança. O ácido retinoico está envolvido na diferenciação e proliferação celular, processos que ocorrem de maneira intensa nestes períodos. Relaciona-se, também, ao desenvolvimento de órgãos como o coração, olhos e ouvidos.

- **Defesa contra infecções:** devido ao fato de a deficiência de vitamina A afetar o crescimento e a diferenciação das células epiteliais, a consequência é a diminuição da secreção de muco e, em decorrência disto, de sua atividade antimicrobiana. Assim, o declínio na produção de muco e a perda da integridade celular diminuem a resistência à invasão de organismos potencialmente patogênicos, podendo causar pneumonia e diarreia.

O estado satisfatório desta vitamina implica na ausência de sinais clínicos, resposta fisiológica bem definida e adequada reserva corporal para satisfazer o estresse de períodos de baixa ingestão dietética. A Tabela 13.1.1 apresenta os indicadores funcionais e bioquímicos para caracterização da deficiência da vitamina A.

Ingestão recomendada

Na Tabela 13.1.2, apresentamos os requerimentos médios (EAR), a recomendação diária (RDA) e os limites máximos permitidos (UL) de ingestão de vitamina A em função da idade, do gênero e do momento biológico. Na Tabela 13.1.3, são apresentadas as recomendações em função do momento biológico.

Fontes alimentares

A fonte dietética mais comum de vitamina A pré-formada é o fígado, contudo, outros produtos como o leite e derivados e peixe também se apresentam como boas fontes alimentares. Os alimentos mais ricos na forma pré-formada são

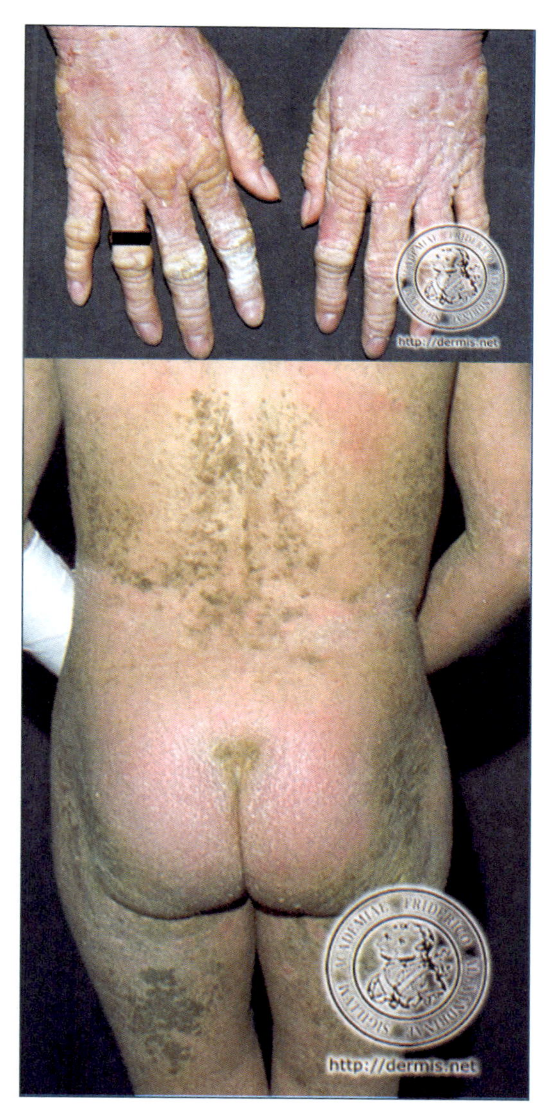

FIGURA 13.1.13 – Alterações no epitélio ocasionadas pela deficiência de vitamina A.

aqueles de origem animal (leite in natura e derivados, carnes e fígado).

As fontes dietéticas de provitamina A são os carotenoides encontrados na cenoura, abóbora, espinafre, folhas verdes escuras, milho, tomate, mamão, manga, laranja, dentre outros alimentos. A cor das frutas e dos vegetais não é necessariamente um indicador de sua concentração de provitamina A, por exemplo, o tomate é rico em licopeno, que não possui atividade de vitamina A; e a cor verde dos vegetais folhosos é devida à clorofila, que mascara a cor amarela dos carotenoides.

A atividade de vitamina A nos alimentos costuma ser expressa em unidade internacional (UI). Uma UI é equivalente a 0,3 mg de *all-trans*-retinol ou 0,6 mg de β-caroteno. Atualmente é expressa como equivalente de retinol (ER), assim, 1 ER é igual a 1 mg de *all-trans*-retinol e 6 mg de β-caroteno.

Vitamina D

A vitamina D é um hormônio que regula o metabolismo do cálcio e do fósforo. Assim sendo, sua principal função é manter os níveis séricos destes minerais em um estado normal, propiciando condição para a realização de suas diversas funções metabólicas, entre elas a mineralização óssea. Por estar envolvida no crescimento esquelético, a vitamina D torna-se essencial durante a infância e a adolescência.

■ Estrutura química e nomenclatura

A vitamina D é um dos mais importantes reguladores biológicos do metabolismo de cálcio. Pode ser encontrada sob duas formas: D_2-ergocalciferol, de origem vegetal, e D_3-colecalciferol, de origem animal (Figura 13.1.14).

O fígado produz um precursor da vitamina D, o 7-deidrocolesterol, que migra para a pele e, por ação da luz solar, é convertido em um segundo precursor, colecalciferol. A vitamina D pode, então, ser produzida fotoquimicamente pela ação da luz solar ou ultravioleta no precursor esterol 7-deidrocolesterol, presente na epiderme ou pele da maior parte dos animais (Figura 13.1.15). A vitamina D sintetizada na pele é transferida para a circulação, onde se liga à proteína ligante da vitamina D para transporte ao fígado, onde é convertida em 25-hidroxicolecalciferol [25-(OH)D] pela enzima 25-hidroxilase.

Tabela 13.1.1 - Indicadores funcionais e bioquímicos para caracterização da deficiência de vitamina A

Indicadores	Problema de Saúde Pública		
	Leve	Moderado a Grave	Grave
Funcionais			
Cegueira noturna (presente 24-71 meses)[1]	> 0 < 1%	≥ 1 < 5%	≥ 5%
Bioquímico			
Retinol sérico (≤ 0,70 µmol/L)[1]	≥ 2 < 10%	≥ 10 < 20%	≥ 20%
Retinol no leite materno (≤ 1,05 µmol/L)[1]	< 10%	≥ 10 < 25%	≥ 25%
RDR (≥ 20%)[1]	< 20%	≥ 20 < 30%	≥ 30%
MRDR (≥ 0,06)[1]	< 20%	≥ 20 < 30%	≥ 30%
+S30DR (≥ 20%)[1]	< 20%	≥ 20 < 30%	≥ 30%
Histológico			
CIC/ICT (anormal para 24-71 meses de idade)[1]	< 20%	≥ 20 < 40%	≥ 40%

Tabela 13.1.2 - Recomendações de ingestão para vitamina A (RDA) e limites superiores toleráveis (UL)

Estágio de Vida	EAR µg/dia	RDA µg/dia	UL µg/dia
Lactentes			
0-6 meses	–	400 (AI)	600
7-12 meses	–	500 (AI)	600
Crianças			
1-3 anos	210	300	600
4-8 anos	275	400	900
Masculino			
9-13 anos	445	600	1.700
14-18 anos	630	900	2.800
19-30 anos	625	900	3.000
31-50 anos	625	900	3.000
51-70 anos	625	900	3.000
> 70 anos	625	900	3.000
Feminino			
9-13 anos	420	600	1.700
14-18 anos	485	700	2.800
19-30 anos	500	700	3.000
31-50 anos	500	700	3.000
51-70 anos	500	700	3.000
> 70 anos	500	700	3.000

Fonte: IOM (2001).

Tabela 13.1.3 – Recomendações de ingestão (RDA) para vitamina A e limites superiores toleráveis (UL)

Estágio de Vida	EAR µg/dia	RDA µg/dia	UL µg/dia
Gestantes			
≤ 18 anos	530	750	2.800
19-50 anos	550	770	3.000
Lactantes			
≤ 18 anos	880	1.200	2.800
19-50 anos	900	1.300	3.000

Fonte: IOM (2001).

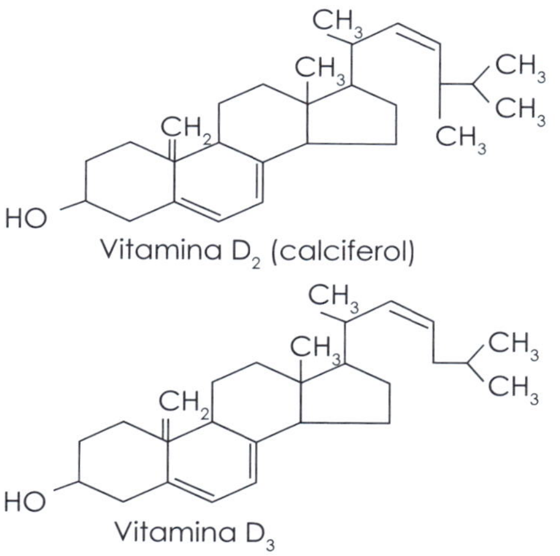

FIGURA 13.1.14 – Estrutura química das formas da vitamina D.

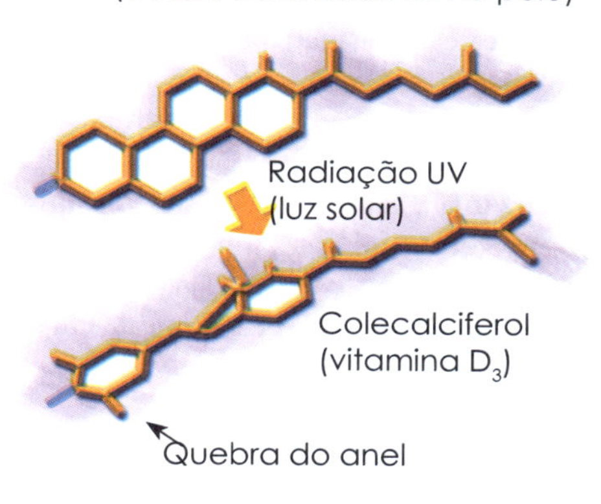

FIGURA 13.1.15 – Conversão do 7-deidrocolesterol em vitamina D_3, na pele.

Atualmente, a vitamina D não é considerada uma vitamina em muitos aspectos:

1. Não existe um requerimento pela dieta, exceto sob certas condições patológicas.
2. É, normalmente, produzida pelos nossos tecidos.
3. Não é, geralmente, produzida por plantas e microrganismos.
4. Seu mecanismo de ação é essencialmente o de um hormônio esteroide.

■ Ingestão, absorção e transporte da vitamina D

Nosso organismo pode obter vitamina D de alimentos de origem animal, principalmente, como o leite, peixe, ovos e de alimentos fortificados. Assim, a digestão proteica que ocorre no estômago e intestino é importante para a liberação desta vitamina da matriz dos alimentos. Por ser um composto lipídico, a absorção, em nível de jejuno e íleo, requer a presença de sais biliares para a formação das micelas lipídicas que promoverão a transferência desta vitamina do lúmen intestinal para o interior do enterócito, juntamente com os lipídios da dieta.

- **Transporte do intestino para o fígado:** a vitamina D absorvida pela mucosa intestinal é transportada até o fígado pelos quilomícrons, juntamente com outros compostos lipídicos via sistema linfático. No fígado, os quilomícrons remanescentes liberam seu conteúdo lipídico nas células parenquimais, incluindo a vitamina D. A vitamina, ao chegar neste tecido, sofre uma hidroxilação no carbono 25 e sob esta forma será transportada no plasma.

- **Transporte no sangue:** no fígado ocorre a síntese de uma proteína ligante de vitamina D, a *vitamin D binding protein* (DBP), uma globulina. A vitamina D na forma de 25-hidroxicolecalciferol [25-(OH)D] ou calcidiol é, então, a forma circulante no plasma ligada a esta proteína. Esta forma é biologicamente inerte, mas constitui a principal forma circulante da vitamina D no sangue.

Em resposta a alterações na concentração do cálcio plasmático, sofre uma segunda hidroxilação em nível renal para, assim, ser ativada. Esta ativação ocorre em função da hidroxilação do carbono 1, na forma circulante, pela enzima 1α-hidroxilase, sendo convertida em sua forma ativa 1,25-hidroxicolecalciferol [$1,25(OH)_2D_3$] ou calcitriol. A 1α-hidroxilase é estimulada pelo PTH, pela hipocalcemia e pela hipofosfatemia.

Armazenamento

Parte da vitamina D originada da dieta e de fonte endógena será estocada no tecido adiposo na forma [25-(OH)D], para uso futuro.

Metabolismo e função

A vitamina D_3 é considerada um pró-hormônio e não é conhecida nenhuma atividade biológica relacionada a ela. Somente depois que a vitamina D_3 é metabolizada, primeiro em [$25(OH)D_3$] no fígado e depois em [$1,25(OH)_2D_3$] pelos rins, é que a molécula biologicamente ativa é produzida e atua como um hormônio esteroide (Figura 13.1.16).

Já a forma [$1,25(OH)_2D_3$] é considerada um hormônio esteroide, pois, após ligar-se ao receptor celular, é translocada para o núcleo, onde se junta ao receptor X do ácido retinoico para formar um complexo heterodimérico. Esse complexo atua nos elementos responsivos à vitamina D (VDRE) e estimula a transcrição do gene responsivo a esta vitamina.

A única função da vitamina D, claramente definida, é na manutenção da homeostasia do cálcio plasmático, em conjunção com o hormônio da paratireoide (PTH). Assim, esta vitamina é essencial para a manutenção do metabolismo e da estrutura óssea; manutenção da função celular e neural que envolve o fluxo de cálcio através da membrana intra e extracelular, necessários para a geração de impulsos nervosos.

Regulação

Os principais fatores regulatórios são:

- A concentração da forma [$1\alpha,25(OH)_2 D_3$].
- O hormônio da paratireoide (PTH), onde o alto nível sérico estimula a ativação da vitamina D e baixos níveis induzem a formação da forma [$24R,25(OH)_2D_3$], que é inativa.
- A concentração sérica de cálcio, onde baixa concentração sérica estimula a secreção de PTH que ativa a vitamina D, enquanto altos níveis séricos de cálcio inibem a secreção de PTH, não ocorrendo a sua ativação.
- A concentração sérica de fosfato.

Quando a concentração de cálcio começa a cair, as paratireoides aumentam a secreção de PTH. Esta elevação ocasiona a ativação da [$25(OH)D_3$] no rim, formando a vitamina ativa, que leva a três efeitos:

- Sinal celular para aumentar a absorção intestinal de cálcio e fósforo: este efeito parece ocorrer, pelo menos parcialmente, através de um mecanismo semelhante ao do hormônio esteroide, que induz o aumento da transcrição e translação do RNAm para a síntese de proteína envolvida na absorção do cálcio e fósforo (calbindina) (Figura 13.1.18).
- Fluxo imediato de cálcio do compartimento fluido do osso para o plasma.
- Sinal para as células do túbulo distal renal, para reabsorver mais cálcio (Figura 13.1.17).

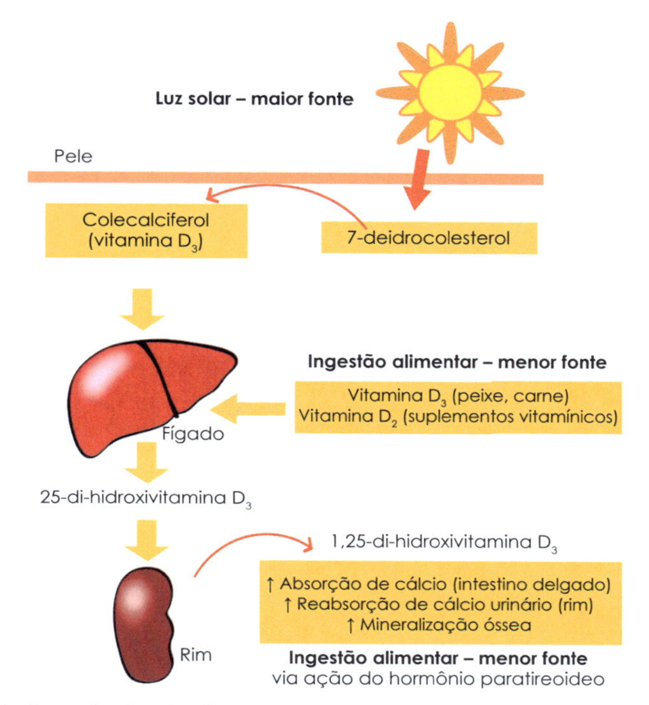

FIGURA 13.1.16 – Metabolismo da vitamina D.

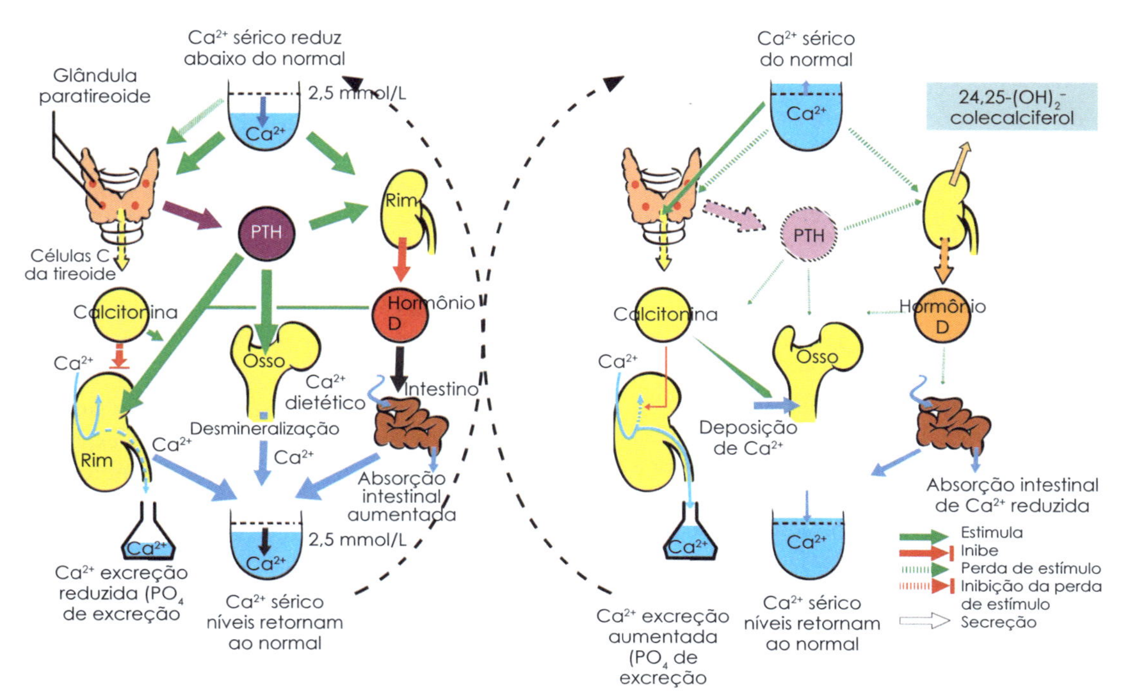

FIGURA 13.1.17 – Ação da forma ativa da vitamina D.

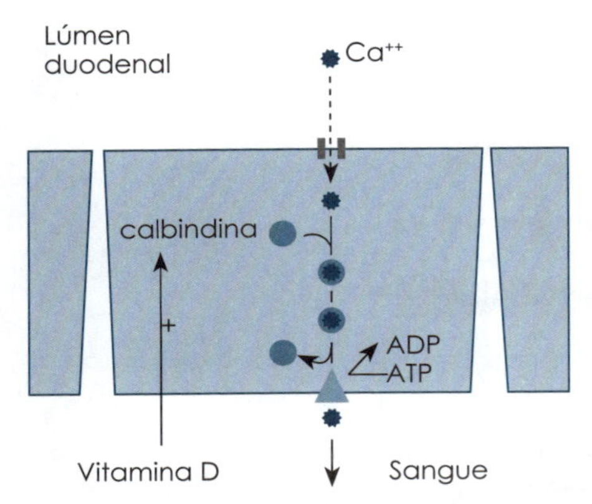

FIGURA 13.1.18 – Ação da vitamina D sobre a absorção do cálcio.

Na ausência de suficiente quantidade de cálcio na dieta, a concentração de cálcio plasmático é mantida às custas do osso, podendo ocasionar doenças relacionadas com a manutenção do tecido ósseo, como osteomalácia, raquitismo e osteoporose.

Deficiência

Por estar envolvida no crescimento esquelético, a vitamina D torna-se essencial durante a infância e a adolescência. Níveis séricos normais de vitamina D promovem a absorção de 30% do cálcio dietético e mais de 60-80% em períodos de crescimento, devido à alta demanda de cálcio. Por isso, durante a infância, a deficiência de vitamina D pode causar retardo de crescimento, anormalidades ósseas, aumentando o risco de fraturas na vida adulta.

A hipovitaminose D pode resultar da insuficiente produção da vitamina, associada a uma ingestão inadequada ou má absorção de gordura. Os indivíduos afetados possuem baixa concentração plasmática de cálcio e fósforo e altos níveis de fosfatase alcalina, refletindo em um aumento da atividade osteoblástica e osteoclástica, mas sem mineralização. Aumenta o nível do PTH circulante, que aumenta a excreção urinária de fósforo e, consequentemente, reduz a calcificação óssea.

O raquitismo pode ser uma doença da privação do sol. A inadequada mineralização da matriz óssea resulta no raquitismo e na osteomalácia. O raquitismo, entretanto, é a doença resultante da inadequada mineralização da placa de crescimento, portanto do osso em crescimento, enquanto a osteomalácia decorre da inadequada mineralização do osso cortical e trabecular, onde não existe placa de crescimento (Figura 13.1.19).

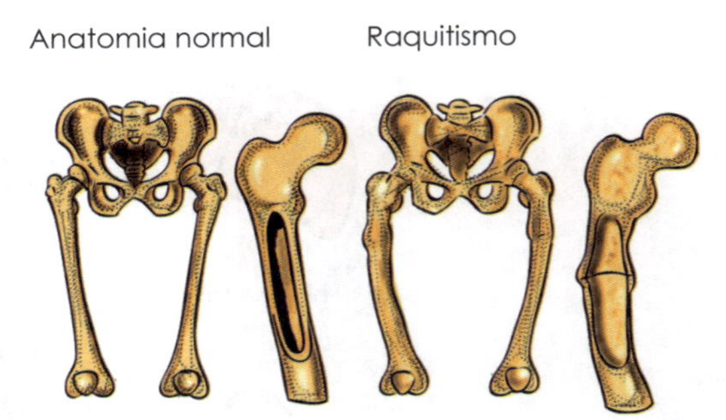

FIGURA 13.1.19 – Inadequada mineralização óssea no raquitismo. Disponível em: <http://images.google.com.br/imgres?imgurl=http://grupiv.files.wordpress.com/2009/11/exh4511a.jpg&imgrefurl=http://grupiv.wordpress.com/2009/11/24/quala>

As manifestações clínicas do raquitismo dependem da etiologia, da idade de início e da intensidade, manifestando-se desde a infância até a adolescência, quando há fusão da placa de crescimento. Os sintomas iniciais costumam ser inespecíficos, incluindo retardo ponderal, estatural e da erupção dentária. Somente em fase posterior, as deformidades ósseas são notadas nos membros inferiores, submetidos às maiores cargas.

Ao exame físico, observam-se alargamento de punhos, joelhos e tornozelos (por expansão metafisária); deformidades em membros superiores e inferiores (genuvarus, genuvalgus); fronte proeminente; rosário raquítico (notado na extremidade anterior das costelas, por expansão da junção costocondral); deformidade torácica por projeção esternal anterior (tórax em peito de pombo) e sulco de Harrison (deformidade torácica determinada pela ação do diafragma na respiração).

Os sintomas da deficiência de vitamina D são semelhantes aos da deficiência de cálcio. A deficiência de vitamina D ocasiona uma severa falta de mineralização óssea, chamada osteomalácia, quando ocorre no indivíduo adulto, ou raquitismo, em crianças (Figura 13.1.20).

Na Tabela 13.1.4, são apresentados os fatores de risco para a hipovitaminose D. O raquitismo nutricional decorre da deficiência da vitamina D, mas também pode ser causado por dieta deficiente em cálcio e rica em fitatos, como ocorre na África e Ásia. No Brasil, apesar da adequada exposição solar e da radiação ultravioleta durante a maior parte do ano, é frequente a deficiência de vitamina D tanto em pacientes hospitalizados como em idosos. A deficiência é reconhecida quando a [25(OH)D_3] plasmática é inferior a 10 ng/mL.

População sob risco de deficiência de vitamina D:

- **Crianças:** devido à alta taxa de crescimento do esqueleto.

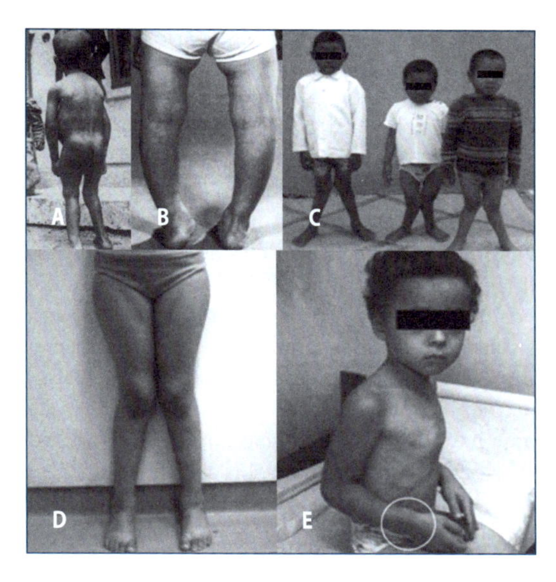

FIGURA 13.1.20 – Crianças com deformações ósseas em consequência da deficiência de vitamina D. A-D. Deformidade em membros inferiores (*genuvalgus* bilateral). E. Fronte proeminente, deformidade torácica (peito de pombo) e alargamento de punhos (círculo).

Tabela 13.1.4 – Fatores de risco para hipovitaminose D

Pouca exposição à luz UVB	• Uso excessivo de roupas • Países de pouca insolação (alta latitude) • Pouca penetração da luz UVB durante o inverno na atmosfera • Uso de bloqueadores solares • Confinamento em locais onde não há exposição à luz UVB • Pele escura
Diminuição da capacidade de sintetizar vitamina D pela pele	• Envelhecimento • Tipo de pele • Raça amarela
Doenças que alteram o metabolismo da 25-(OH)D_3 ou 1,25-$(OH)_2D_3$	• Fibrose óstica • Doença do trato gastrointestinal • Doença hematológica • Doenças renais • Insuficiência cardíaca • Imobilização
Diminuição da disponibilidade da vitamina D	• Obesidade • Aleitamento materno

- **Idosos:** diminuição em vários passos da ação da vitamina D, incluindo a diminuição da taxa de síntese da vitamina na pele e da taxa de hidroxilação em nível renal.

Ingestão recomendada

As recomendações nutricionais diárias de vitamina D são difíceis de estabelecer com exatidão, pois ela é produzida endogenamente e depositada no tecido adiposo por longos períodos, e suas necessidades também dependem do consumo dietético de cálcio e fósforo, idade, sexo, pigmentação da pele e exposição solar. Ainda hoje não existem evidências suficientes para estabelecer sua recomendação, mas seu consumo adequado diário foi estabelecido.

A pele tem alta capacidade de sintetizar vitamina D, pois a exposição solar que causa leve eritema na pele em crianças e adultos vestindo trajes de banho é estimada como sendo igual a 15 vezes a recomendação diária de vitamina D, e a exposição a um eritema leve em 6% do corpo é igual a um consumo de 15-25 μg de colecalciferol.

Além disso, suas necessidades também dependem do consumo dietético de cálcio e fósforo, de idade, sexo, pigmentação da pele e exposição solar. Diversos estudos têm utilizado o nível plasmático de [25(OH)D_3] como um indicador do estado de vitamina D, porque existe uma forte relação entre esta variável com o estado do osso. Por isso muitos comitês de especialistas na área de nutrição (Food Nutrition Board – National Academy Science – Institute of Medicine) têm escolhido usar indicadores bioquímicos para estimar ingestão necessária e usar esta estimativa para chegar à ingestão recomendada. A Tabela 13.1.5 mostra a recomendação diária permitida de vitamina D para crianças, adultos e idosos.

Doses superior a dez vezes a RDA podem ser tóxicas e causar hipercalcemia, deposição de cálcio em tecidos moles, hipercalciúriae pedras nos rins. Tem sido sugerido que o consumo excessivo de vitamina D é um fator contribuinte para o desenvolvimento da aterosclerose. Seu excesso resulta em miocardiopatia e lesões ateroscleróticas das artérias, onde o cálcio depositado

Tabela 13.1.5 – Recomendações de ingestão adequada e valores máximos tolerados de ingestão (UL) para vitamina D

Estágio da Vida	AI – μg (IU)/dia	UL – μg (IU)/dia
0-6 meses	5,0 (200)	25,0 (1.000)
7-12 meses	5,0 (200)	25,0 (1.000)
1-3 anos	5,0 (200)	50,0 (2.000)
4-8 anos	5,0 (200)	50,0 (2.000)
9-13 anos	5,0 (200)	50,0 (2.000)
14-18 anos	5,0 (200)	50,0 (2.000)
19-50 anos	5,0 (200)	50,0 (2.000)
51-70 anos	10,0 (400)	50,0 (2.000)
> 70 anos	15,0 (600)	50,0 (2.000)
Gestantes	5,0 (200)	50,0 (2.000)
Lactantes	5,0 (200)	50,0 (2.000)

De: Menezes Filho HC, Setian N, Damiani D. Raquitismos e metabolismo ósseo. Pediatria. 2008;30(1):41-55.

causa danos, especialmente ao tecido elástico e às células musculares. Como um excessivo acúmulo de vitamina D é tóxico ao organismo e porque a exposição à luz solar estimula a sua produção, tem sido postulado que a função da melanina na pele envolve a proteção do homem da toxicidade da vitamina D. A melanina parece competir com o 7-deidrocolesterol pelos fótons da luz ultravioleta, e isso justifica a necessidade de exposição solar de cinco a dez vezes superior nos negros em relação aos brancos, para a produção da mesma quantidade de vitamina D_3.

■ Fontes alimentares

Em muitas situações, aproximadamente, 30 minutos de exposição da pele dos braços e face à luz solar pode fornecer toda a vitamina D necessária ao organismo. As melhores fontes são os produtos de origem animal: peixes, óleo de fígado de peixe e leite.

Vitamina E (Tocoferol)

A vitamina E é um termo genérico utilizado para descrever vários compostos lipossolúveis estruturalmente relacionados, chamados tocoferóis e tocotrienóis, sendo o a-tocoferol o mais importante composto com atividade de vitamina E encontrado no plasma humano (RRRa-tocoferol). Apresenta importante potencial antioxidante, protegendo e mantendo a integridade das membranas celulares.

■ Estrutura química e nomenclatura

Os tocoferóis são caracterizados por um sistema de anéis hidroxilados com uma longa e saturada cadeia lateral (Figura 13.1.21). Estas diversas formas são distinguidas pela posição do grupamento metila e pelo estado de insaturação da cadeia lateral, como mostra a Figura 13.1.21.

■ Ingestão, digestão, absorção e transporte

Encontra-se em uma grande variedade de alimentos, sendo uma vitamina de ampla distribuição. Suas principais fontes na dieta habitual são os óleos vegetais. Sua digestão segue os mesmos passos da digestão de outros compostos lipídicos, sendo a emulsificação fundamental para uma adequada absorção.

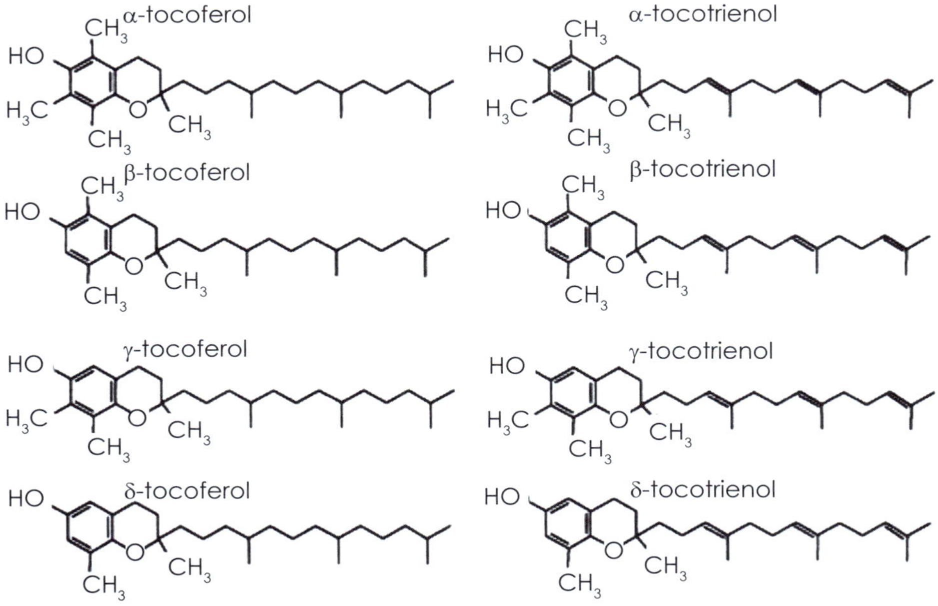

α-tocoferol
β-tocoferol
γ-tocoferol
δ-tocoferol
α-tocotrienol
β-tocotrienol
γ-tocotrienol
δ-tocotrienol

FIGURA 13.1.21 – Estrutura química dos diversos tocoferóis e tocotrienóis.

A absorção ocorre no lúmen intestinal e é dependente da bile – para a formação de micelas – e de secreções pancreáticas – para sua liberação da matriz dos alimentos. Após estes processos, ocorre a absorção da vitamina E pelos enterócitos, sendo agregada nos quilomícrons em conjunto com outros compostos lipídicos e assim secretados na linfa (Figura 13.1.22).

Os quilomícrons remanescentes contendo a vitamina E absorvida são captados pelas células hepáticas e posteriormente secretados em lipoproteínas de muito baixa densidade (VLDL). A concentração de vitamina E plasmática depende da secreção de vitamina E pelo fígado, e somente uma forma de vitamina E é preferencialmente ressecretada pelo fígado – o α-tocoferol. De modo que o fígado, e não o intestino, é que determina a forma de vitamina E no plasma (Figura 13.1.23).

O fígado sintetiza uma proteína capaz de se ligar ao α-tocoferol – a proteína transportadora de α-tocoferol (α-TPP). Esta proteína possui afinidade apenas para este tipo de tocoferol e por isso o α-tocoferol é encontrado em maior concentração no plasma. Informações atuais sugerem que o número de grupos metila e a estereoquímica da cadeia fitil no ponto onde encontra o anel cromanol (posição 2) determina a afinidade da a-TTP para a forma da vitamina E (Figura 13.1.23).

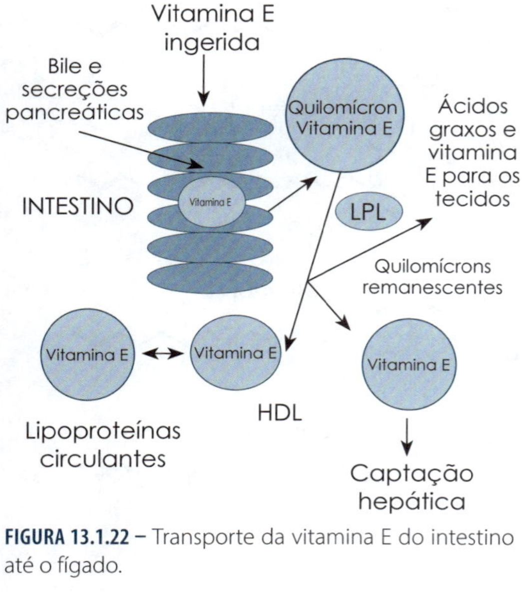

FIGURA 13.1.22 – Transporte da vitamina E do intestino até o fígado.

O metabolismo das lipoproteínas determina a entrega do α-tocoferol aos tecidos. Similares ao colesterol, a LDL e HDL são as maiores transportadoras de α-tocoferol no sangue, sendo suas maiores fontes para as células dos tecidos periféricos. A HDL também pode remover o excesso de vitamina dos tecidos.

O α-tocoferol circula na camada externa da membrana da lipoproteína, o que permite sua troca rápida e espontânea entre as lipoproteínas e as células, enriquecendo as membranas com esta vitamina (Figura 13.1.24).

Os tecidos adquirem a vitamina por várias rotas:

- Captação facilitada por uma proteína de transferência de lipídios – proteína de transferência de fosfolipídio, que promove a troca do a-tocoferol entre as lipoproteínas e, também para as células dos tecidos.
- Através da lípase lipoproteica – LPL, que parece fazer uma ponte entre a lipoproteína e as células dos tecidos.
- Porendocitose de lipoproteínas através de receptores de membrana – os receptores de LDL.
- Captação seletiva de lipídios – através de uma glicoproteína de superfície de membrana que transfere o conteúdo da HDL para o interior da célula.

Função

A maior função da vitamina E, e a mais bem estudada, é a de antioxidante, especialmente para os ácidos graxos insaturados (PUFA) dos fosfolipídios das membranas celulares e daqueles presentes nas lipoproteínas plasmáticas. Sendo, então, o mais efetivo antioxidante que inibe a propagação das reações em cadeia, devido à peroxidação dos PUFA da membrana celular, protegendo esta estrutura contra danos causados pelos radicais livres e produtos reativos da oxidação. Esta função contribui para

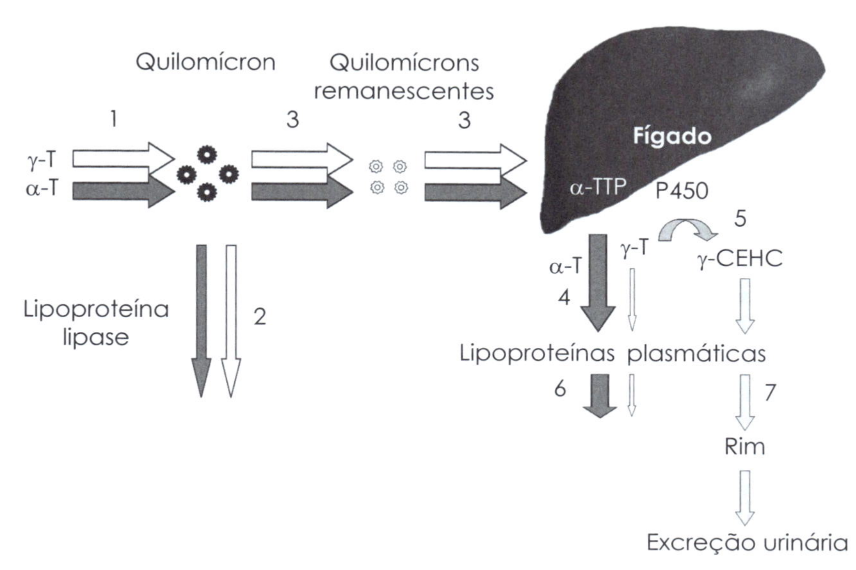

FIGURA 13.1.23 – Transferência do α-tocoferol das células hepáticas, pela α-TTP, para a VLDL e transporte pela corrente sanguínea.

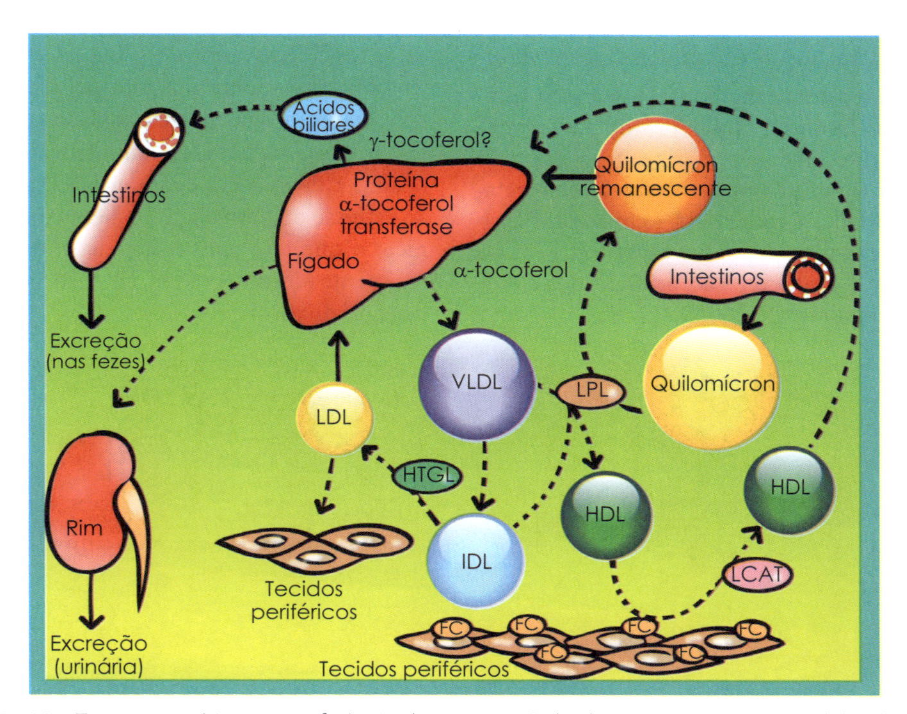

FIGURA 13.1.24 – Transporte sérico e transferência de vitamina E das lipoproteínas para as células dos tecidos corporais.

a manutenção da integridade e estabilidade da membrana celular e, consequentemente, adequada atividade celular (Figura 13.1.25).

O grupo hidroxila fenólico do tocoferol reage com um radical peroxil orgânico para formar um correspondente hidroperóxido orgânico e o radical tocoferoxil (Figura 13.1.26). Os radicais peroxil reagem com a vitamina E mil vezes mais do que com os PUFA. Este radical pode ter vários caminhos:

- Ser reduzido por outro antioxidante em tocoferol (Figura 13.1.26);
- Reagir com outro radical tocoferoxil para formar um produto não reativo, como um dímero do tocoferol;
- Sofrer outra oxidação para tocoferilquinona;
- Agir como pró-oxidante e oxidar outros lipídios.

Armazenamento e eliminação

A vitamina E é armazenada no fígado, músculo e principalmente no tecido adiposo (90%).

A maior rota de excreção da vitamina E ingerida é a eliminação fecal, devido a sua baixa absorção intestinal. Outra rota de eliminação parece ser via bile como a-tocoferol, seus metabólitos oxidados e como outros compostos derivados da vitamina. A sua oxidação em quinona pode levar a uma excreção urinária deste e de outros metabólitos.

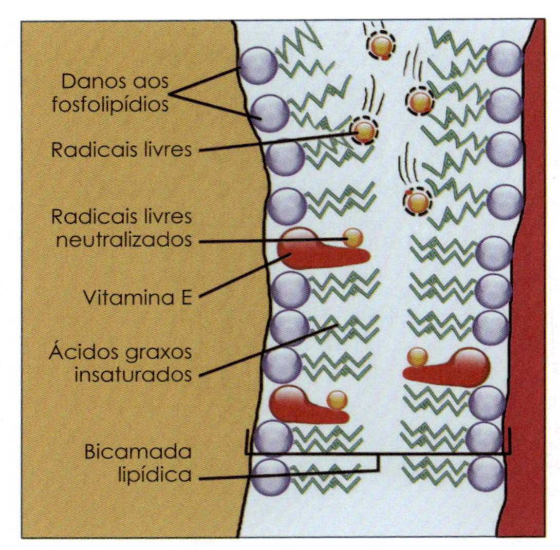

FIGURA 13.1.25 – Ação do α-tocoferol como varredor do radical peroxil, protegendo os PUFA na membrana celular.

Deficiência

Já está bem estabelecido que antioxidantes obtidos da dieta são indispensáveis para a defesa apropriada contra oxidação e, portanto, têm importante papel na manutenção da saúde. Assim, a deficiência de vitamina E pode levar ao estresse oxidativo agudo, bem como ao crônico, o que tem sido relacionado com o aparecimento de um grande número de doenças degenerativas.

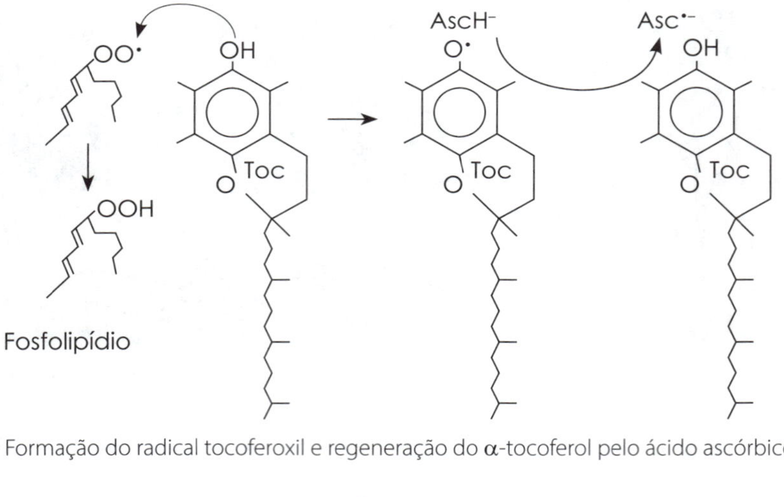

FIGURA 13.1.26 – Formação do radical tocoferoxil e regeneração do α-tocoferol pelo ácido ascórbico.

Alguns pesquisadores enfatizam que estas manifestações parecem ocorrer devido a modificações nas estruturas e funções de biomoléculas. Problemas clínicos relacionados à deficiência: câncer, devido a alterações na ribose e bases nitrogenadas do ácido desoxirribonucleico (DNA); anemia, ocasionada pela hemólise das células sanguíneas vermelhas; neuropatia periférica, caracterizada pela degeneração dos axônios de largo calibre nos neurônios sensoriais e a retinopatia pigmentar; aterosclerose, devido à maior oxidação de lipoproteínas, agregação plaquetária, adesão de monócitos à parede do endotélio e a produção de citocinas pró-inflamatórias.

Entretanto, a deficiência ocorre raramente em humanos devido ao fato de esta vitamina ser amplamente distribuída na dieta e devido ao grande estoque corporal. Os sintomas de deficiência em indivíduos normais consumindo dietas pobres em vitamina E nunca foram descritos. A deficiência de vitamina E ocorre somente como resultado de anormalidades genéticas na α-TTP, como resultado de síndromes de má absorção de gorduras ou como resultado da desnutrição proteico-energética. A Tabela 13.1.6 apresenta os valores utilizados para avaliação do estado nutricional do indivíduo, relacionado à vitamina E.

■ Ingestão recomendada

Os valores recomendados (RDA) são baseados amplamente na deficiência de vitamina E induzida em humanos e na correlação entre lise eritrocitária induzida pelo peróxido de hidrogênio e a concentração de α-tocoferol plasmática. A RDA para homens e mulheres é de 15 mg ou 35 mmol/L por dia de α-tocoferol (Tabela 13.1.7).

As outras formas de vitamina E (β, γ e δ – tocoferol e tocotrienóis) não contribuem para os requerimentos de vitamina E porque, embora absorvidas, elas não são convertidas em α-tocoferol pelos humanos e são pobremente reconhecidas pelas proteínas transferidoras de α-tocoferol (α-TTP) no fígado. Diversas evi-

Tabela 13.1.6 – Recomendações de ingestão de vitamina E

Fases da Vida	AI (mg/dia α-tocoferol)	EAR (mg/dia α-tocoferol)	RDA (mg/dia α-tocoferol)	UL (mg/dia α-tocoferol)*
0-6 meses	4	–	–	–
7-12 meses	5	–	–	–
1-3 anos	–	5	6	200
4-8 anos	–	6	7	300
9-13 anos	–	9	11	600
14-18 anos	–	12	15	800
19->70 anos	–	12	15	1.000
Gestação	–	12	15	800
Lactação	–	16	19	800

OBS.: Essas recomendações foram baseadas na ingestão de compostos de vitamina E com atividade demonstrada para humanos, ou seja: RRR-α-tocoferol, forma natural; e os isômeros sintéticos que possuem as formas 2R (RRR-, RSR- e RSS-α-tocoferol).

*Qualquer forma de α-tocoferol como suplemento.

Fonte: IOM (2000).

Tabela 13.1.7 - Valores utilizados para a interpretação do estado nutricional relativo à vitamina E

Classificação	α-tocoferol Soro/Plasma		% Hemólise no Eritrócito (H2O2)
	µmol/L	µg/mL	
Deficiente	< 11,6	< 5,0	> 20
Baixo	11,6-16,2	5,0-7,0	10-20
Aceitável	> 16,2	> 7,0	< 10

α-tocoferol plasma/lípides totais plasma (mg/mg) aceitável: > 0,8 × 10-3.
α-tocoferol plasma/razão de colesterol plasma (mg/mg) aceitável: > 2,22 × 10-3.
α-tocoferol soro/tocoferol plasma (mmol/L) aceitável: > 11,6.
Fonte: Sauberlich HE (1999).

dências experimentais sugerem que níveis mais altos de ingestão de vitamina E podem diminuir o risco de algumas doenças crônicas, especialmente as do coração.

Fontes alimentares

O tocoferol é encontrado em óleos vegetais, grãos e sementes, sendo estas boas fontes desta vitamina. Com a provável exceção do fígado, os alimentos de origem animal são pobres fontes. Estudos sugerem a existência de uma relação entre a concentração de ácidos graxos poli-insaturados, especialmente o ácido linoleico, e a concentração de α-tocoferol em alimentos. Parece que este é capaz de preservar e prevenir a oxidação dos ácidos graxos presentes nos alimentos, atuando como um antioxidante natural.

Vitamina K

A designação "vitamina K" deriva da primeira letra da palavra koagulation. Atua como coenzima durante a síntese de formas biologicamente ativas de diversas proteínas envolvidas na coagulação sanguínea e no metabolismo ósseo. Constituída por um grupo de substâncias com propriedade anti-hemorrágica.

Estrutura química e nomenclatura

A vitamina K é lipossolúvel e está, principalmente, envolvida no processo da coagulação sanguínea. As formas desta vitamina são: filoquinona (vitamina K_1), presente nos vegetais; menaquinona (vitamina K_2), sintetizada por bactérias, presente em produtos animais e alimentos fermentados; menadiona (vitamina K_3), que é um composto sintético a ser convertido em K_2 no intestino (Figura 13.1.27).

A família das menaquinonas constitui-se numa série de vitaminas designadas MK-n, onde o n representa o número de resíduos isoprenoides na cadeia lateral. As formas naturais de vitamina K são a filoquinona e as menaquinonas. A vitamina K_1, chamada de filoquinona, é o único análogo da vitamina presente em plantas; é encontrada em hortaliças e óleos vegetais, os quais representam a fonte predominante da vitamina.

Quanto à vitamina K sintetizada pelas bactérias, sabe-se que o intestino humano contém grandes quantidades de bactérias produtoras de menaquinonas; contudo, sua importância nutricional não é clara. A extensão e o mecanismo de absorção dessas menaquinonas, no intestino grosso, aparentemente é limitada. Alguns pesquisadores relatam que as menaquinonas contribuem relativamente pouco para suprir os requerimentos de vitamina K.

Ingestão, digestão, absorção e transporte

A filoquinona, maior forma de vitamina K na dieta, é absorvida no jejuno e íleo em um processo dependente de bile e suco pancreático, além de um teor adequado de gordura na die-

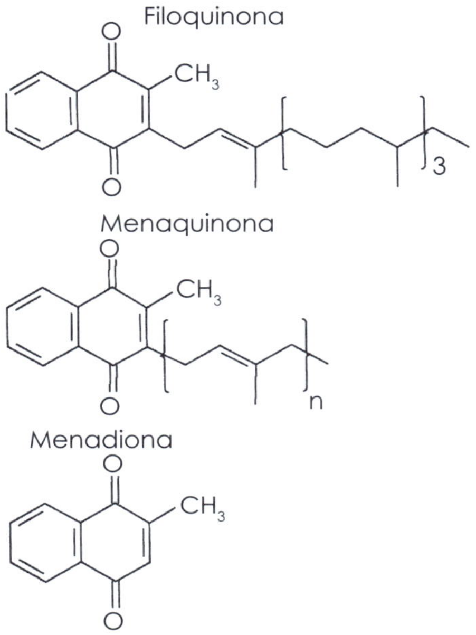

FIGURA 13.1.27 – Estrutura química das formas da vitamina K.

ta. A filoquinona absorvida é incorporada aos quilomícrons e transportada pelas vias linfáticas até o fígado, onde o quilomícron remanescente é endocitado.

A eficiência na absorção foi mensurada em 40-80%, dependendo do veículo no qual a vitamina é administrada e da circulação êntero-hepática. Pesquisas mostram que as lipoproteínas ricas em triacilgliceróis (VLDL) são as principais carreadoras de filoquinona, transportando 83,0% da filoquinona plasmática, sendo as lipoproteínas de baixa e alta densidades (LDL e HDL) carreadoras menos importantes (7,1% e 6,6%, respectivamente).

Ao alcançar o fígado, a vitamina é rapidamente catabolizada. A filoquinona é reduzida a hidronaftoquinona (KH_2), que é o cofator ativo para a carboxilase. Nas pessoas saudáveis em jejum, a concentração de vitamina K plasmática (filoquinona) é menor que 1ng/mL (1 ng/mL = 2,2 nmol/L), não existindo proteína carregadora específica.

Grande quantidade de menaquinona é produzida no intestino pelas bactérias, no entanto, ainda não se conhece a sua contribuição para a manutenção do estado adequado de vitamina K.

Os fatores que interferem em sua absorção são: má absorção gastrointestinal, secreção biliar, ingestão insuficiente e uso de anticoagulantes, entre outros.

■ Armazenamento

Por ser o local de síntese de proteínas da coagulação dependentes de vitamina K, o fígado sempre é considerado o seu principal órgão de estoque. Entretanto, o osso cortical contém tanta vitamina K quanto o fígado, podendo funcionar como um fornecedor de filoquinona.

Sua excreção pode ocorrer pela bile e uma pequena quantidade pela urina, na forma de ácido gama carboxiglutâmico (Gla).

■ Função

A vitamina K atua como cofator essencial na reação de carboxilação de resíduos específicos de ácido glutâmico (Glu), levando à formação do ácido gama carboxiglutâmico (Gla), aminoácido presente nos fatores de coagulação (fatores II - protrombina; VII - proconvertina; IX - fator anti-hemofílico B; e X - fator *Stuart*) (Figura 13.1.28). A carboxilação capacita as proteínas de coagulação a ligarem-se ao cálcio, permitindo assim a interação com os fosfolipídios das membranas, plaquetas e células endoteliais, o que, por sua vez, possibilita o processo de coagulação sanguínea normal. A protrombina é ativada à trombina, que ativa o fibrinogênio à fibrina, permitindo a coagulação sanguínea.

Pode regular a disposição do cálcio na matriz óssea como parte da osteocalcina. A osteocalcina (proteína do osso) é uma das mais frequentes proteínas não colagenosas na matriz extracelular do osso. Sua dosagem no sangue constitui importante marcador biológico da atividade osteoblástica. Há evidências de que a vitamina K seja importante no desenvolvimento precoce do esqueleto e na manutenção do osso maduro sadio.

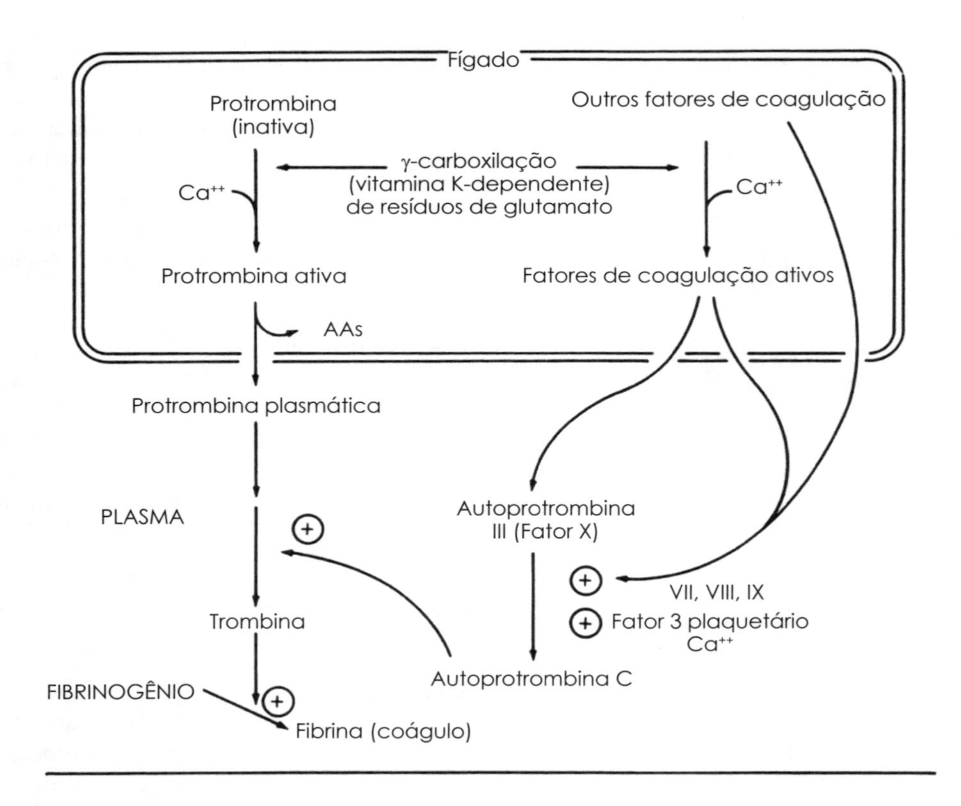

FIGURA 13.1.28 – Reação de carboxilação do ácido glutâmico e ativação da cascata de coagulação.

■ Deficiência

A deficiência de vitamina K, clinicamente significativa, tem sido definida pela hipoprotrombinemia responsiva à vitamina K, associada ao aumento do tempo de protrombina.

Entretanto, diversos fatores protegem os adultos da deficiência: a distribuição ampla de vitamina K nos alimentos, o ciclo endógeno da vitamina e a própria flora intestinal. Entre as principais causas de deficiência de vitamina K, destacam-se:

- **Inadequação dietética:** embora a deficiência primária de vitamina K seja rara na população saudável, pode ocorrer naqueles indivíduos que apresentam baixa ingestão da vitamina associada ao uso de determinados medicamentos.
- **Doença hemorrágica do recém-nascido:** a doença hemorrágica dos recém-natos é uma síndrome bem reconhecida, relacionada à deficiência de vitamina K. Fatores como imaturidade hepática, luz intestinal

estéril e baixo conteúdo de vitamina K no leite materno são contribuintes para a deficiência da vitamina nessa população.

- **Nutrição parenteral total (NPT):** a deficiência de vitamina K tem sido observada em indivíduos submetidos à NPT durante longos períodos.
- **Alterações da absorção intestinal:** síndrome de má absorção e obstrução biliar também são conhecidas e possíveis causas de deficiência de vitamina K, que respondem à suplementação vitamínica.
- **Megadoses de vitaminas A e E:** megadoses de vitaminas lipossolúveis A e antagonizam a vitamina K. Tem sido reconhecido desde 1944 que hipervitaminose A no rato leva à hipoprotrombinemia, que pode ser revertida pela administração de vitamina K. Acredita-se que a vitamina A reduza a absorção da vitamina K. Com relação à vitamina E, há referência à potencialização da atividade da varfarina associada à administração de doses elevadas desta vitamina, acima de 1.200 UI, entretanto, a base metabólica do antagonismo da vitamina E na função da vitamina K ainda não está completamente elucidada, havendo ainda controvérsias.
- **Manifestação hemorrágica:** a hemostasia normal depende de interações entre vasos sanguíneos, elementos figurados do sangue e as proteínas da coagulação sanguínea. Estados de deficiência de vitamina K com hipoprotrombinemia podem produzir o prolongamento do tempo de protrombina, que está associado a um risco aumentado de hemorragias (Figuras 13.1.29 e 13.1.30). A deficiência da vitamina K é detectada através de sintomas como hemorragias, equimoses, melena, hematúria, hematêmese e osteoporose.
- **Osteoporose:** a deficiência dietética de vitamina K e seu antagonismo podem provocar a descarboxilação parcial ou total da osteocalcina, importante proteína da matriz óssea. A concentração circulante

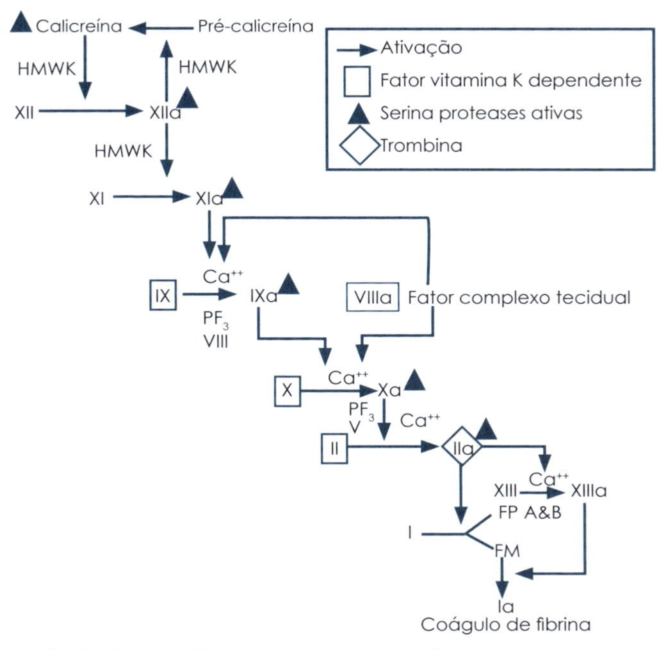

FIGURA 13.1.29 – Participação da vitamina K na cascata de coagulação.

de osteocalcina tem sido apontada como indicador de risco de fratura de quadril. Alguns estudos avaliaram diretamente o estado de vitamina K em indivíduos osteoporóticos e observaram níveis reduzidos de filoquinona e menaquinonas no plasma e no osso de mulheres idosas com fraturas de quadril. Estudos epidemiológicos têm associado a ingestão de vitamina K com a saúde óssea.

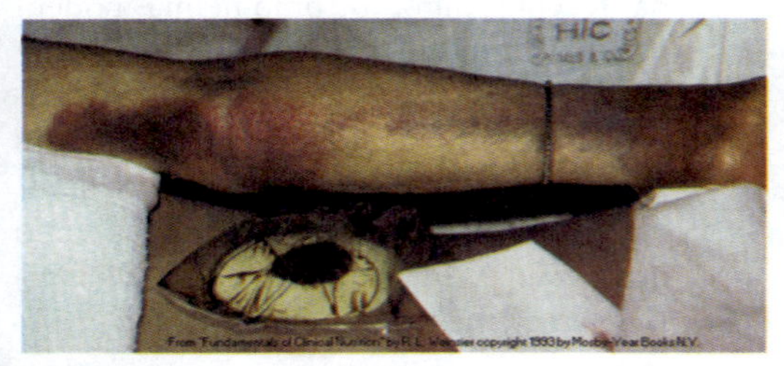

FIGURA 13.1.30 – Processo hemorrágico ocasionado pela deficiência de vitamina K.

■ Ingestão recomendada

Ainda não existem bases científicas para o estabelecimento dos requerimentos médios da vitamina, consequentemente, a sua recomendação (RDA) não pode ser estabelecida. Assim, foram estabelecidas ingestões adequadas (IA) baseadas no consumo de vitamina K por grupos populacionais aparentemente saudáveis (Tabela 13.1.8).

■ Fontes alimentares

É uma vitamina amplamente distribuída na natureza, mas em pequenas quantidades. As principais fontes de vitamina K são os vegetais e óleos, sendo esses os responsáveis pelo aumento da absorção da filoquinona. Os alimentos folhosos verde-escuros, os preparados à base de óleo, oleaginosas e frutas como o kiwi, abacate, uva, ameixa e figo contêm teores significativos de vitamina K, enquanto os cereais, grãos, pães e laticínios possuem teores discretos. Do grupo de vegetais folhosos verde-escuros, os que contêm a maior concentração são: espinafre, brócolis e alguns tipos de alface.

Tabela 13.1.8 – Ingestão adequada (IA) de vitamina K recomendada, em função do momento biológico

Estágios de Vida	RDA - AI mg/dia
0 -6 meses	2,0
7-12 meses	2,5
1-3 anos	30,0
4-8 anos	55,0
9-13 anos	60,0
14-18 anos	75,0
Homens	
19-30 anos	120,0
31-50 anos	120,0
51-70 anos	120,0
> 70 anos	120,0
Mulheres	
19-30 anos	90,0
31-50 anos	90,0
51-70 anos	90,0
> 70 anos	90,0
Gestação	
< 18 anos	75,0
19-50 anos	90,0
Lactação	
< 18 anos	75,0
19-50 anos	90,0

CASO CLÍNICO

■ Caso 1

Paciente com 63 anos procurou atendimento médico devido às seguintes queixas: náuseas, vômitos, falta de apetite, constipação intestinal, poliúria, nictúria, fraqueza e mal-estar geral. Na história clínica o que chamou a atenção do médico foi o uso de suplementação de vitamina D em doses muito altas, de forma contínua durante os dois últimos anos. Foram solicitados os seguintes exames laboratoriais de sangue:

- Ureia: 97 mg/dL (15 - 45 mg/dL);
- Creatinina: 3,0 mg/dL (0,6 - 1,2 mg/dL);
- 25-OH-Vitamina D: 195 ng/dL (20 - 60 ng/dL);
- PTH: 15 pg/mL (12 - 65 pg/mL);
- Cálcio: 13,5 mg/dL (8,5 - 10,2 mg/dL).

Qual as suas considerações sobre o caso deste paciente?

Bibliografia consultada

1. Andican G, Gelisgen R, Unal E, Tortum OB, Dervisoglu S, Karahasanoglu T et al. Oxidative stress and nitric oxide in rats with alcohol-induced acute pancreatitis. World J Gastroenterol, 2005 Apr 21; 11(15):2340-5.
2. Blaner WS, Olson JA. Retinol and retinoic acid metabolism. In: Sporn MB, Roberts AB, Goodman DS. The retinoids: Biology, Chemistry, and Medicine. 2nded. New York: Raven Press, 1994; p. 229-255.
3. Bondy SC. The relation of oxidative stress and hyperexcitation to neurological disease. Proc Soc Exp Biol Med, 1995; 208:337.
4. Bueno AL, Czepielewski MA. A importância do consumo dietético de cálcio e vitamina D no crescimento. J Pediatr, 2008; 84:5.
5. Cerqueira FM, Medeiros MHG, Augusto O. Antioxidantes dietéticos: controvérsias e perspectivas. Quím Nova, 2007; 30(2)441-449.
6. Cerqueira FM, Medeiros, Ohara MHGA. Antioxidantes dietéticos: controvérsias e perspectivas. Quím. Nova [online]. 2007; 30(2): 441-449.
7. Cochrane CG. Mechanisms of oxidant injury of cells. Mol Aspects Med, 1991; 12 b:137.
8. De la Fuente M, Hanz A, Vallejo MC. The immune system in the oxidative stress conditions of aging and hypertension: favorable effects of antioxidants and physical exercise. Antiox Redox Signaling, 2005; 7:1356.
9. Demmig-Adams B, Adams WW. Antioxidants in photosynthesis and human nutrition. Science, 2002; 298:2149.
10. Dew SE, Ong DE. Specificity of the retinol transporter of the rat small intestine brush border. Biochemistry, 1994; 33:12340-12345.
11. Djordjevic VB. Free radicals in cell biology.Int Rev Cytol, 2004; 237:57.
12. Dores SMAC, Paiva SAR, Campana AO. Vitamina K: Metabolismo e Nutrição. Rev Nutr, 2001; 14(3):207-218.
13. Droge W. Oxidative stress and aging. Adv Exp Med Biol, 2003; 543:191.
14. Dusso AS, Brown AJ, Slatopolsky E. Vitamin D. Am J Physiol Renal Physiol, 2005; 289:F8-F28.
15. Estrebauer H, Zollner H, Shaur RJ. Membrane Lipid Peroxidation. Boca Raton: CRC Press, 1990.
16. Fernandes DC, Medinas DB, Alves MJ, Augusto O. Tempol diverts peroxynitrite/carbon dioxide reactivity toward albumin and cells from protein-tyrosine nitration to protein-cysteine nitrosation. Free Radical Biol Med, 2005; 38:189.
17. Fernández CF, Febles CS, Bernabeu A, Triana BEG. Funciones de la vitamina E. Actualización. Rev Cubana Estomatol, 2002; 40(1):28-32.
18. Food and Agriculture Organization/World Health Organization (FAO/WHO). Human vitamin and mineral requirements. Report of a joint FAO/WHO expert consulation. Food and Nutrition Division, FAO Rome, 2001.

19. Gordon CM, De Peter KC, Feldman HA, Grace E, Emans SJ. Prevalence of vitamin D deficiency among healthy adolescents. Arch Pediatr Adolesc Med, 2004; 7:158:531.
20. Graebner IT, Saito CH, Souza EMT. Avaliação bioquímica de vitamina A em escolares de uma comunidade rural/Biochemical assessment of vitamin A in school children from a rural community. J pediatr, 2007; 83(3):247-252.
21. Gutteridge JM. Lipid peroxidation and antioxidants as biomarkers of tissue damage. Clin Chem, 1995; 41:1829.
22. Harrison EH, Hussain MM. Mechanisms involved in the intestinal digestion and absorption of dietary vitamin A. J Nutr, 2001; 131(5): 1405-8.
23. Harvey N, Earl S, Cooper C. Epidemiology of osteoporotic fractures. In: Favus MJ. Primer on the metabolic bone diseases and disorders of mineral metabolism. 6th ed. Washington DC: The American Society for Bone and Mineral Research, 2006; p. 244-8.
24. Hochberg Z. Vitamin D and rickets. Consensus development for the supplementation of vitamin D in childhood and adolescence. Endocr Dev Basel, 2003; 6:259-81.
25. Holick MF, Garabedian M. Vitamin D: photobiology, metabolism, mechanism of action, and clinical applications. In: Favus MJ. Primer on the metabolic bone diseases and disorders of mineral metabolism. 6th ed. Washington DC: The American Society for Bone and Mineral Research, 2006; p. 106-14.
26. Holick MF. Resurrection of Vitamin D deficiency and rickets. J Clin Invest, 2006; 72:116: 2062.
27. Holick MF. Sunlight and vitamin D for bone health and prevention of autoimmune diseases, cancers and cardiovascular disease. Am J ClinNutr, 2004; 80:1678S-88S.
28. Holick MF. Vitamin D deficiency. N Engl J Med, 2007; 81:357:266.
29. Institute of Medicine. Food and Nutrition Board, Institute of Medicine, Dietary Reference Intakes for Vitamin A, Vitamin K, Arsenic, Boron, Chromium, Copper, Iodine, Iron, Manganese, Molybdenum, Nickel, Silicon, Vanadium, and Zinc. National Academy Press Washington, DC, 2001.
30. Institute of Medicine. Dietary Reference Intakes. For Vitamina A, Vitamina K, Arsenic, Boron, Chromium, Copper, Iodine, Iron, Manganese, Molybdenum, Nickel, Silicon, Vanadium and Zinc. National Academy Press. Washington, DC, 2001.
31. Khan NC, Mai LB, Minh ND, Do TT, Khoi HH, West CE et al. Intakes of retinol and carotenoids and its determining factors in the Red River Delta population of northern Vietnam. Eur J Clin Nutr, 2008; 62(6):810-6.
32. Klack K, Carvalho JF. Vitamina K: metabolismo, fontes e interação com o anticoagulante varfarina. Rev Bras Reumatol, 2006; 46(6):398-406.
33. Kline K, Yu W, Zhao B. Vitamin E succinate: mechanisms of action as tumor cell growth inhibitor. In: Prasad KN, Santamaria L, Williams RM, eds. Nutrients in cancer prevention and treatment. Totowa: Humana, 1995; p. 39-55.
34. Krinsky NI, Wang X-D, Tang G, Russel RM. Mechanism of carotenoid cleavage to retinoids. Ann NY AcadSci, 1993; 691:167-176.
35. Lankin VZ, Lisina MO, Arzamastseva NE, Konovalova GG, Nedosugova VV, Kaminnyi AK et al. Oxidative stress in atherosclerosis and diabetes. Bull ExpBiol Med, 2005; 140:41.
36. Linares E, Mortara RA, Santos CX, Yamada AT, Augusto O. Role of peroxynitrite in macrophage microbicidal mechanisms in vivo revealed by protein nitration and hydroxylation. Free Radical BiolMed, 2001; 30:1234.
37. Lopez FA, Brasil AD. Nutrição e dietética em clínica pediátrica. São Paulo: Atheneu, 2004.
38. Macdonald HM, McGuigan FE, Lanham-New SA, Fraser WD, Ralston SH, Reid DM. Vitamin K1 intake is associated with higher bone mineral density and reduced bone resorption in early postmenopausal Scottish women: no evidence of gene-nutrient interaction with apolipoprotein E polymorphisms. Am J ClinNutr, 2008; 87(5):1513-20.
39. Martins MC, Santos LM, Assis AM. Prevalence of hypovitaminosis A among preschool children from northeastern Brazil, 1998. Rev Saúde Pública, 2004; 38:537-42.
40. Mclaren DS. Sight and Life. Newsletter, 2002; 3:3-17.
41. Menezes Filho HC, Setian N, Damiani D. Raquitismo e metabolismo ósseo. Pediatria, 2008; 30(1):41-55.
42. Molgaart C, Michaelsen KF. Vitamin D and bone health in early life. Proc Nutr Soc, 2003; 8:62:823.
43. Mughal Z. Rickets in childhood. Sem Musculoskelet Radiol, 2002; 6:183-90.
44. Munteanu A, Zingg JM, Azzi AJ. Anti-atherosclerotic effects of vitamin E: myth or reality? Cell Mol Med, 2004; 8:59.
45. Ong DE. Cellular transport and metabolism of vitamin A: Rolles of the celluar retinoid-biding proteins. Nutr Rev, 1994; 52(2):24s-31s.
46. Paiva AA, Rondó PHC, Gonçalves-Carvalho CMR, Illison VK, Pereira JA, Vaz-de-Lima et al. Prevalência de deficiência de vitamina A e fatores associados em pré-escolares de Teresina,

Piauí, Brasil. Cad Saúde Pública, 2006; 22(9): 1979-1987.
47. Pereira JA, Paiva AA, Bergamaschi DP, Rondó PHC, Oliveira GC, Lopes IBM et al. Concentrações de retinol e de beta-caroteno séricos e perfil nutricional de crianças em Teresina, Piauí, Brasil. Rev Bras Epidemiol, 2008; 11(2):287-296.
48. Prasad KN, Edwards-Prasad J. Effect of tocopherol (vitamin E) acid succinate on morphological alterations and growth inhibition in melanoma cells in culture. Cancer Res, 1982; 42:550-5.
49. Pravda J. Radical induction theory of ulcerative colitis. World J Gastroenterol, 2005; 11:2371.
50. Rahman I. Oxidative stress and gene transcripton in asthma and chronic obstructive pulmonary disease: antioxidant therapeutic targets. Curr Drug Targets Inflamm Allergy, 2002; 1:291.
51. Rodriguez-Amaya DB. A guide to carotenoid analysis in food Rodriguez-Amaya DB. A guide to carotenoid analysis in food. Washington. OMNI Research, ILSI Press, 1999.
52. Saito A, Maier CM, Narasimham P, Nishi T, Song YS, Yu F et al. Oxidative stress and neuronal death/survival signaling in cerebral ischemia. Mol Neurobiol, 2005; 31:105.
53. Santosa S, Jones PJH. Oxidative stress in ocular disease: does lutein play a protective role? Can Med Assoc J, 2005; 173(8):861-2.
54. Sauberlich HE, Hodges HE, Wallace DL, Kolder H, Canham JE, Hood J et al. Vitamin A metabolism and requirements in the human studied with the use of labeled retinol. Vitamin Horm, 1974; 32:251-275.
55. Schindler R, Friedrich DH, Kramer M, Wacker HH, Feldheim W. Size and composition of liver vitamin A reserves of human beings who died of various causes. Int J Vitm Nutr Res, 1988; 58:146-154.
56. Shea MK, Booth SL. Update on the role of vitamin K in skeletal health. Nutr Rev, 2008; 66(10):549-57.
57. Shearer MJ, Newman P. Metabolism and cell biology of vitamin K. Thromb Haemost, 2008; 100(4):530-47.
58. Sies H, Stahl W. Vitamins E and C, β-carotene, and other carotenoids as antioxidants. Am J ClinNutr, 1995; 62(Suppl):13155-215.
59. Sivakumar B, Reddy V. Absorpotion labeled vitamin A in children during infection. Br J Nutr, 1972; 27:299-304.
60. Tak PP, Zvaifler NJ, Green PR, Forestein GS. Rheumatoid arthritis and p53: how oxidative stress might alter the course of inflammatory diseases. Immunol Today, 2000; 21:78.
61. Thomas SR, Stocker R. Free Radical. Biol Med, 2000; 28:1795.
62. Valko M, Rhodes CJ, Moncol J, Izakovic M, Mazur M. Free radicals, metals and antioxidants in oxidative stress-induced cancer. Chem-Biol Interact, 2006; 60(1):1-40. Epub 2006, Jan 23.
63. Van Winckel M, De Bruyne R, Van De Velde S, Van Biervliet S. Vitamin K, an update for the paediatrician. Eur J Pediatr, 2009; 168(2):127-34.
64. Yeum KJ, Russell RM, Krinsky NI, Aldini G. Biomarkers of antioxidant capacity in the hydrophilic and lipophilic compartments of human plasma. Arch Biochem Biophys, 2004; 430:97.

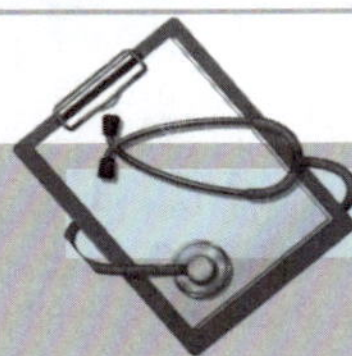

DISCUSSÃO DO CASO CLÍNICO

■ Caso 1

Considerações: A vitamina D é importante na regulação fisiológica osteo mineral e especialmente importante no metabolismo do cálcio. Devido ao envelhecimento natural, há uma diminuição das reservas biológicas dos nossos órgãos, e com isso propicia-se o aparecimento de doenças crônicas comuns, como por exemplo a osteomalácia, osteoporose, doenças cardiovasculares, entre outras. Quando há uma má orientação profissional sobre a reposição de vitaminas e minerais através do uso de suplementos, podemos observar quadros de intoxicação.

A intoxicação por vitamina D é rara, mas devido ao uso indiscriminado e automedicação por suplementos vitamínicos, a incidência tem aumentado ao longo dos anos. Os principais sintomas da hipervitaminose D são o aparecimento de náuseas, vômitos, fraqueza, poliúria e sede excessiva. Além de relatos de endurecimento do periósteo, com perda da maleabilidade óssea, facilitando a fratura, ao invés de preveni-la.

O excesso da vitamina D aumenta a absorção intestinal de cálcio e cauda hipercalcemia, com a presença de sintomas neurológicos, gastrointestinais e renais. Os níveis do hormônio PTH podem estar dentro dos valores de normalidade, pois em níveis elevados de cálcio pode haver a supressão do PTH. Após o tratamento, com a diminuição do cálcio sérico, pode haver um aumento do PTH. Em resumo, a orientação médica e farmacêutica é muito importante para evitar a iatrogenia e uso indiscriminado de suplementação vitamínica ou mineral e suas consequências.

Vitaminas Hidrossolúveis 13.2

Analucia Rampazzo Xavier
Salim Kanaan
Vilma Blondet de Azeredo

Vitaminas hidrossolúveis

As vitaminas são parte essencial de uma dieta balanceada. Elas são necessárias em pequenas quantidades ao organismo para as reações químicas vitais, como, por exemplo, no metabolismo energético.

Englobam as chamadas vitaminas do complexo B e a vitamina C. São distribuídas nas partes aquosas da célula – no citoplasma e no espaço da matriz mitocondrial. São cofatores ou cossubstratos essenciais das enzimas envolvidas em vários aspectos do metabolismo dos macronutrientes. Estas vitaminas não são normalmente armazenadas no organismo em quantidades apreciáveis e são excretadas pela urina; sendo assim, um suprimento diário é desejável com o intuito de evitar a interrupção das funções biológicas normais. A falta de vitaminas pode levar a problemas de saúde e causar doenças.

Vitamina C, ácido ascórbico, vitamina antiescorbútica

Ácido ascórbico ou vitamina C ou ascorbato, quando na forma ionizada, é uma molécula usada na hidroxilação de vários compostos. A sua principal função é a síntese do colágeno, a proteína que dá resistência aos ossos, dentes, tendões e paredes dos vasos sanguíneos. Além disso, é um poderoso antioxidante, sendo usado para transformar os radicais livres de oxigênio em formas inertes. É também usado na síntese de algumas moléculas que atuam como hormônios ou neurotransmissores.

Estrutura química e nomenclatura

O nome químico ácido ascórbico representa as duas propriedades da substância, uma química e a outra biológica. Primeiro, é um ácido, mas que, claramente, não pertence à classe dos ácidos carboxílicos. Segundo, a palavra ascórbico reflete o seu valor biológico na proteção contra a doença escorbuto.

É um composto que se oxida com facilidade em solução e ainda mais facilmente quando exposto ao calor. O ácido L-ascórbico é um agente redutor poderoso em solução aquosa (Figura 13.2.1).

A excepcional facilidade com que essa vitamina é oxidada faz que ela funcione como um bom antioxidante: um composto que pode proteger outras espécies químicas de possíveis oxidações, devido a seu próprio sacrifício (Figura 13.2.2). A primeira etapa de sua oxidação é facilmente reversível e produz ácido de-hidroascórbico (Figura 13.2.3). O ácido de-hidroascórbico (forma oxidada da vitamina C)

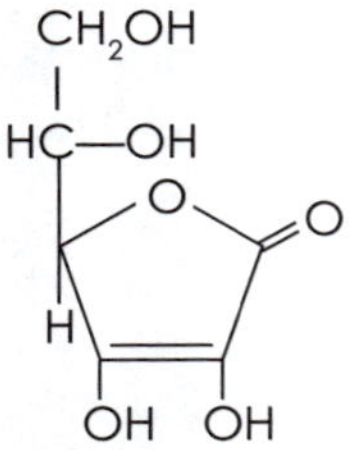

FIGURA 13.2.1 – Estrutura do ácido ascórbico (vitamina C) ($C_6H_8O_6$).

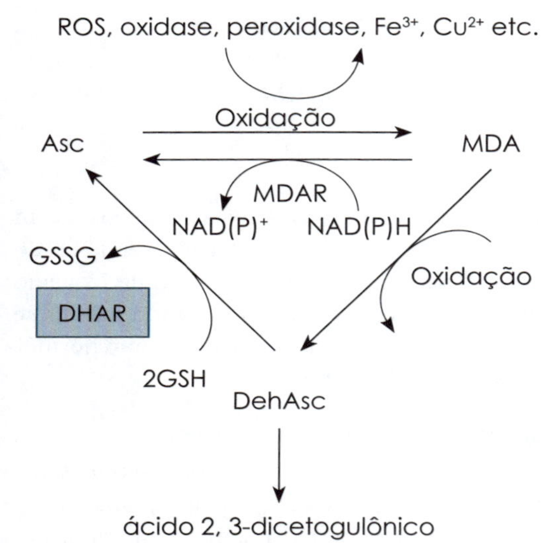

FIGURA 13.2.2 – Atividade antioxidante da vitamina C.

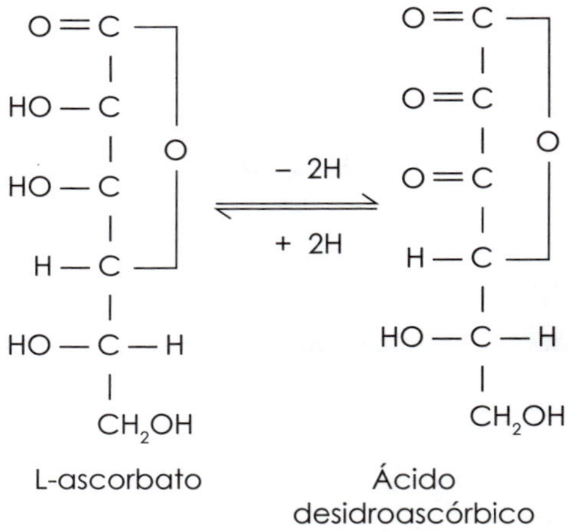

apresenta 75-80% da atividade vitamínica do ácido ascórbico, embora a atividade exata não esteja satisfatoriamente elucidada.

■ Absorção e transporte da vitamina

O ácido ascórbico é absorvido em quantidades apreciáveis somente no intestino delgado, e o nível de absorção na parte distal é apenas a metade da proximal. A absorção da vitamina C da dieta acontece por transporte ativo e por difusão passiva. A forma oxidada da vitamina, ácido de-hidroascórbico, é mais bem absorvida do que a forma reduzida, ascorbato ou ácido ascórbico. A eficiência de absorção da vitamina é alta (80 a 90%) em baixas ingestões, mas declina acentuadamente em ingestões superiores a 1 g/dia.

FIGURA 13.2.3 – Estrutura química e conversão do ascorbato a ácido desidroascórbico.

A absorção ativa do ácido ascórbico foi demonstrada no jejuno e no íleo em seres humanos. Sua absorção na célula mucosa depende da presença de sódio na luz intestinal. Na ausência de sódio, a absorção do ascorbato assemelha-se à de açúcares ativamente absorvidos e aminoácidos, mas não é por eles compartilhado (Figura 13.2.4).

A vitamina C é transportada no plasma na forma reduzida (ácido ascórbico). Ela é captada pelas células por um transportador de glicose e um sistema de transporte ativo específico. Cada sistema capta o ácido de-hidroascórbico nas células, onde ele é prontamente reduzido para ascorbato. O sistema de captação baseado no transportador de glicose não é tão rápido quanto o sistema específico, mas é estimulado pela insulina e inibido pela glicose. No sangue, o ácido ascórbico acha-se em maior proporção nos leucócitos. As mais altas concentrações encontram-se no córtex suprarrenal e na hipófise e em menor teor nos músculos e tecido adiposo.

O ácido ascórbico é solúvel em água, e quantidades ingeridas além das necessidades corporais são excretadas. Os principais metabólitos de ácido ascórbico excretados na urina, além do ácido ascórbico inalterado, são o ácido de-hidroascórbico, o ácido oxálico e o ácido

2,3-dicetogulônico, sendo que seus teores na urina são relacionados com as espécies animais e, também, com o teor de ácido ascórbico administrado (Figura 13.2.5).

■ Metabolismo e função

Esta é uma vitamina necessária para a formação de neurotransmissores: noradrenalina e serotonina. Outra importância do ácido ascórbico é a de "capturar" radicais livres. O radical hidroxila (•HO) é particularmente agressivo e, em partes aquosas das células, o ácido ascórbico desempenha importante papel em sua remoção, assim como no transporte de elétrons nas células. Também facilita a absorção de ferro pelo intestino, provavelmente por ser redutor e mantê-lo na forma reduzida, Fe^{2+}.

Outra função importante do ascorbato no organismo humano é a hidroxilação de resíduos de prolina para síntese do colágeno. O colágeno é uma proteína estrutural que necessita ter determinados resíduos de prolina na forma hidroxilada (hidroxiprolina) para manter uma estrutura tridimensional correta. Assim, a vitamina C aumenta as defesas contra infecções e fortalece as paredes dos capilares e artérias. Atua na regeneração da vitamina E (α-tocoferol) no organismo, auxiliando na manutenção de concentrações adequadas desta vitamina nas membranas celulares (Figura 13.2.6).

Além do seu papel nutricional, o ácido ascórbico é comumente utilizado como antioxidante para preservar o sabor e a cor natural de muitos alimentos, como frutas e legumes processados e laticínios. O ácido ascórbico ajuda a manter a cor vermelha da carne defumada, como o toucinho, e previne a formação de nitrosaminas, a partir do nitrito de sódio usado como inibidor do crescimento de microrganismos em carnes.

■ Deficiência

Em caso de deficiência de vitamina C, poderá existir um cansaço constante, má cicatrização, escorbuto e pequenas hemorragias debaixo da pele. O escorbuto é uma doença caracterizada por mudanças patológicas nos dentes e gengivas. Uma característica primária do escorbuto é uma mudança no tecido conjuntivo, devido à síntese inadequada do colágeno. Caracteriza-se pelo enfraquecimento das estruturas de colágeno, resultando no sangramento capilar (Figura 13.2.7).

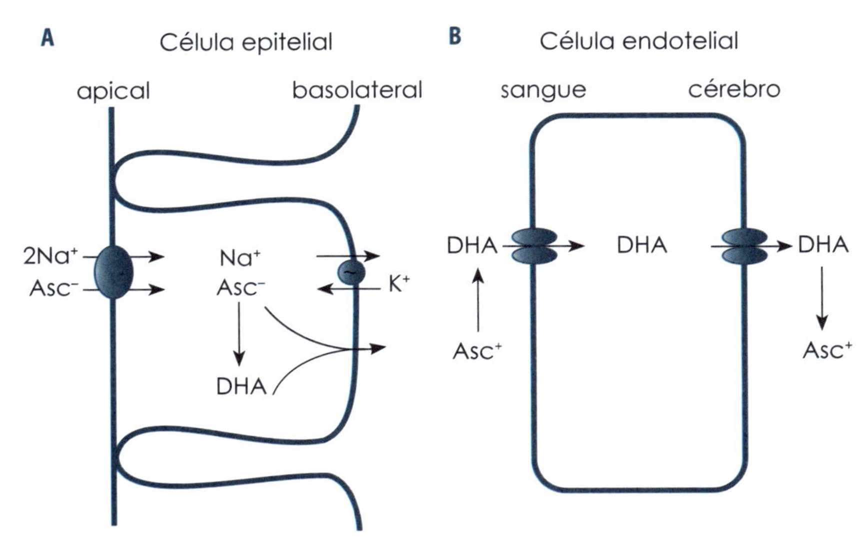

FIGURA 13.2.4 – Absorção da vitamina C.

Em seres humanos adultos, os sinais se manifestam após 45 a 80 dias de privação da vitamina C. Ocorrem lesões nos tecidos mesenquimais e cicatrização prejudicada de feridas, edema, hemorragias e fraqueza dos ossos, cartilagem, dentes e tecidos conjuntivos. Os adultos com escorbuto podem exibir gengivas edemaciadas, sangrando, e eventual perda dental, letargia, fadiga, dores reumáticas nas pernas, atrofia muscular, lesões de pele e várias

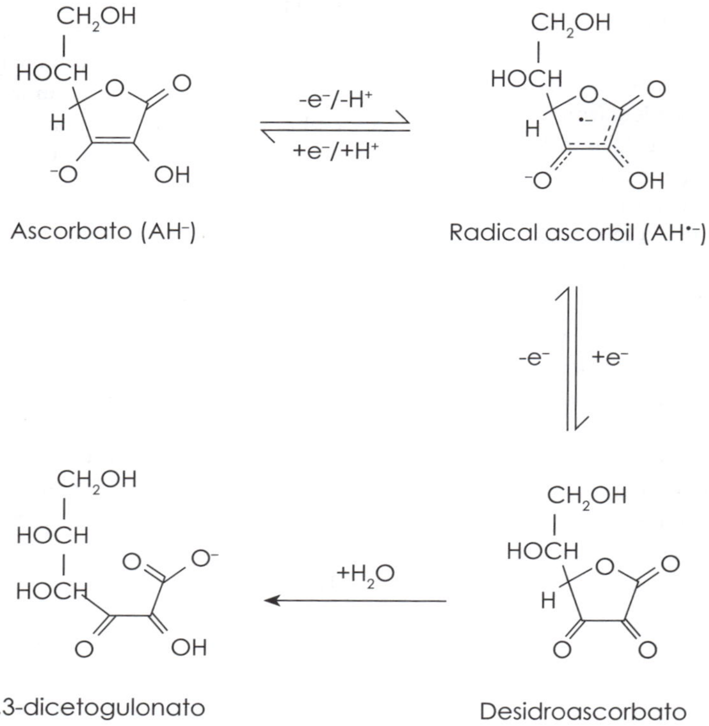

Ascorbato (AH^-) $\underset{+e^-/+H^+}{\overset{-e^-/-H^+}{\rightleftharpoons}}$ Radical ascorbil ($AH^{\bullet -}$)

Radical ascorbil ($AH^{\bullet -}$) $\underset{+e^-}{\overset{-e^-}{\rightleftharpoons}}$ Desidroascorbato

Desidroascorbato $\xrightarrow{+H_2O}$ 2,3-dicetogulonato

FIGURA 13.2.5 – Metabólitos da vitamina C.

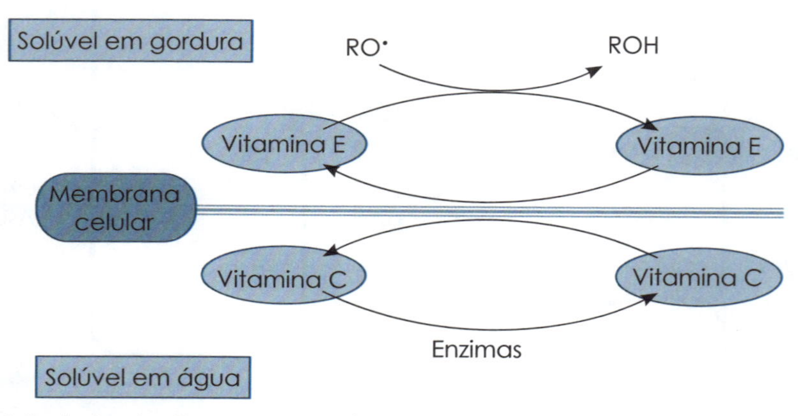

FIGURA 13.2.6 – Ação da vitamina C na regeneração da vitamina E no organismo humano.

alterações psicológicas (por exemplo histeria, hipocondria, depressão). O sangramento das gengivas e a queda dos dentes são normalmente os primeiros sinais da deficiência clínica (Figura 13.2.8). A deficiência de vitamina C pode se manifestar, também, pela presença de pequenos pontos avermelhados (petéquias) (Figura 13.2.9) ou manchas arroxeadas (equimoses) na pele e nas mucosas, causadas pelo extravasamento de sangue. Ambas as lesões refletem o comprometimento da integridade dos vasos sanguíneos. As hemorragias sob a pele causam grande sensibilidade das extremidades e dores durante o movimento.

Hoje em dia, o escorbuto ocorre com raridade em países desenvolvidos. Para evitar o escorbuto é considerada suficiente a ingestão diária de 10-15 mg de vitamina C, mas para um funcionamento fisiológico ótimo são necessárias quantidades muito superiores.

Entre os grupos de pessoas em risco de desenvolver deficiência desta vitamina estão os idosos, fumantes e os alcoólatras.

Manifestações de excesso: formação de cálculos de oxalato nos rins. Note que alguns produtos comerciais contêm até 2.000 mg por comprimido, o que significa a ingestão de 35 ou mais vezes a dose diária recomendada.

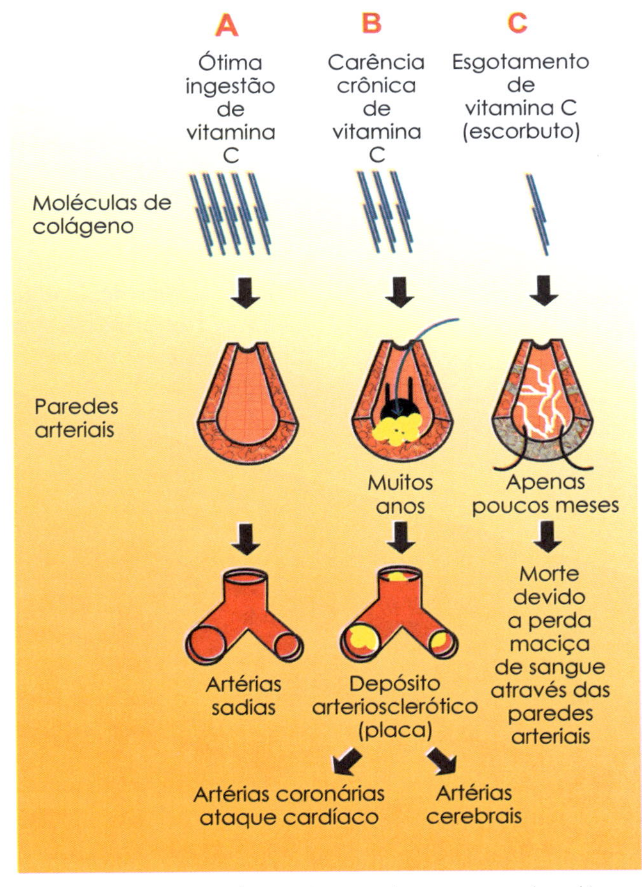

FIGURA 13.2.7 – Deficiência de vitamina C e enfraquecimento das estruturas de colágeno, resultando no sangramento capilar.

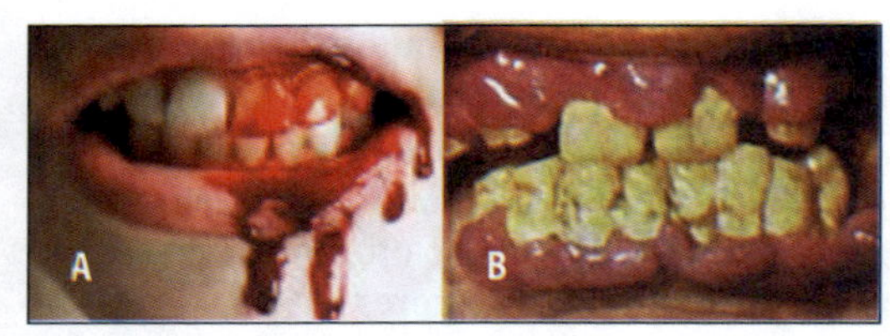

FIGURA 13.2.8 – Sinais clínicos do escorbuto: **A.** Sangramento das gengivas e **B.** Queda dos dentes ocasionada pela deficiência de vitamina C.

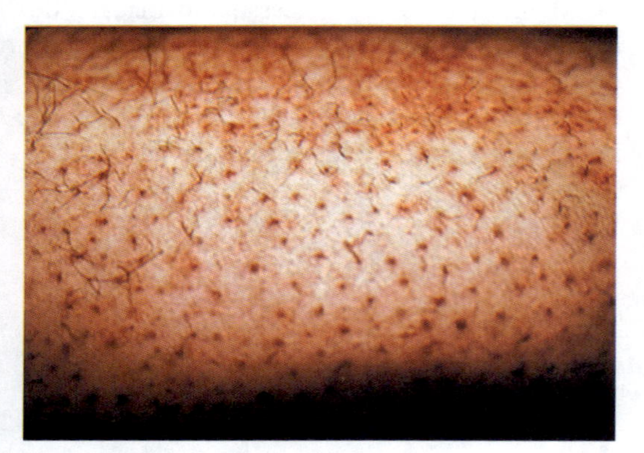

FIGURA 13.2.9 – Pontos de sangramento na pele, ocasionados pela deficiência de vitamina C (petéquias).

Ingestão recomendada

Como o ser humano não consegue sintetizar esta vitamina, por não possuir a enzima l-gulonolactona oxidase e nem armazená-la, necessita ingeri-la em doses diárias (Figura 13.2.10). As principais fontes de vitamina C são as frutas e hortaliças, em particular se forem frescas.

É importante observar que a vitamina C (ácido ascórbico) é extremamente instável. Ela reage com o oxigênio do ar, com a luz e até mesmo com a água. Assim que é exposta, têm-se início reações químicas que a destroem, daí o surgimento do gosto ruim no suco pronto. Estima-se que, em 1 hora, quase a totalidade do conteúdo vitamínico já reagiu e desapareceu, por isso é importante consumir as frutas ou o suco fresco feito na hora, deste modo, temos certeza de que o teor de vitaminas está garantido. Não se deve cortar ou picar os alimentos se eles não forem consumidos imediatamente, pois o oxigênio presente no ar tem o poder de oxidar a vitamina C, destruindo-a. Por ser muito sensível, ela é facilmente destruída pelo calor durante o cozimento dos alimentos. Dessa maneira, quando for cozinhar os alimentos, prepare-os no menor tempo possível, utilizando pouca água, e estes devem ser servidos logo após o preparo.

Portanto, guardar suco de laranja ou limonada por muito tempo na geladeira não preserva a quantidade inicial da vitamina. Algumas pessoas têm o hábito de adicionar ao cozimento de vegetais uma pitada de bicarbonato de sódio, com a finalidade de melhorar sua coloração. Essa atitude não é indicada, pois o bicarbonato colabora para a perda de vitamina C. Seguir uma alimentação balanceada e rica em frutas e hortaliças é a melhor e mais barata forma de obtermos os benefícios, não só desta vitamina, mas também de outros nutrientes tão importantes quanto ela para a manutenção de nossa saúde. Na Tabela 13.2.1 são apresentadas as recomendações diárias desta vitamina.

Fontes alimentares

Apesar de presente no leite e no fígado, as melhores fontes de vitamina C são os vegetais como as frutas frescas, particularmente frutas cítricas, tomates e pimentão verde, batata assada e verduras (bertalha, brócolis, couve, nabo, folhas de mandioca e inhame).

Vitamina B_1, tiamina, aneurina ou vitamina F

Todas as células no organismo utilizam a tiamina, que tem importante papel no metabolismo dos macronutrientes, principalmente nos processos de geração de energia. Foi reconhecida originalmente como fator preventivo do beribéri.

Estrutura química e nomenclatura

Contém nitrogênio (amina) e anel de tiazol (tia) em sua estrutura, por isso a sua denominação "tiamina". A molécula de tiamina consiste em um anel tiazol e um anel pirimidina ligados a uma

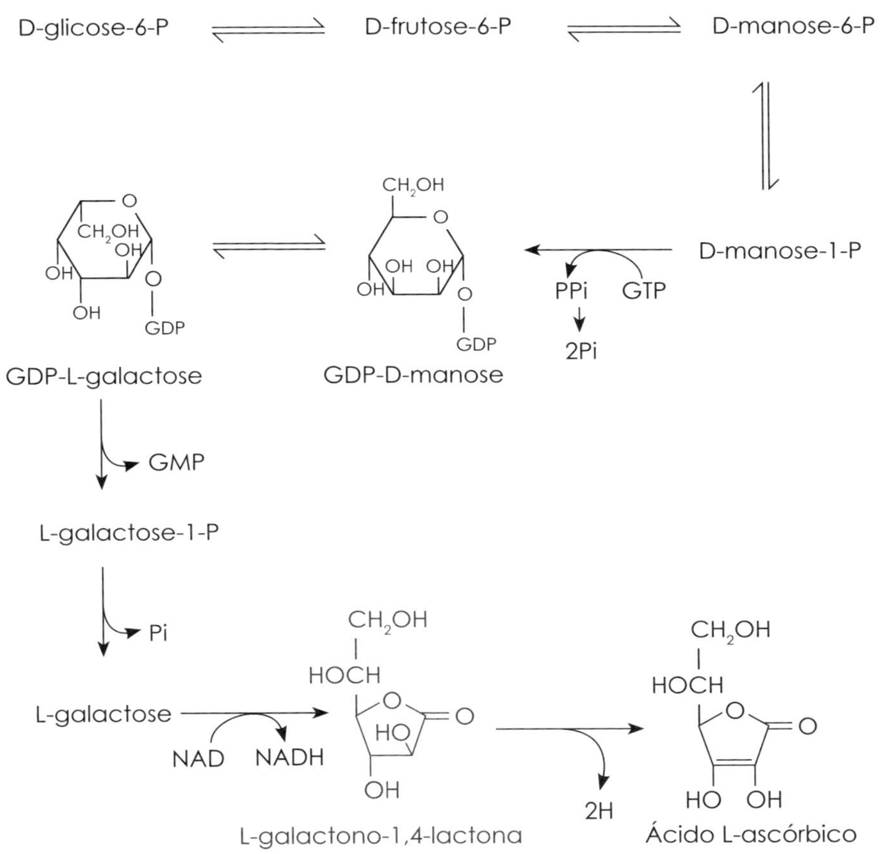

FIGURA 13.2.10 – Síntese de vitamina C nos vegetais.

ponte metileno. As formas fosforiladas da tiamina incluem: tiamina monofosfato (TMP), tiamina pirofosfato (TPP) e a tiamina trifosfato (TTP), sendo a TPP a forma mais abundante (80%) da tiamina em nosso organismo (Figura 13.2.11).

▪ Absorção e transporte da vitamina

Após o processo de digestão, a tiamina é encontrada no lúmen intestinal em sua forma livre. A absorção da tiamina depende do nível de ingestão:

- em baixa concentração, ela é absorvida no intestino delgado proximal por transporte ativo, dependente de sódio;
- em alta concentração, é absorvida por difusão passiva.

É fosforilada na mucosa intestinal em di e trifosfato de tiamina e transportada até o fígado pela circulação portal. No plasma, parece estar ligada a proteínas e apresenta-se, principalmente, na forma de tiamina pirofosfato (TPP) (Figura 13.2.11). Sua absorção pode ser alterada pelo consumo de álcool, sendo assim, indivíduos etilistas podem apresentar deficiência de tiamina devido à deficiente ingestão e absorção.

▪ Metabolismo e função

A absorção ocorre principalmente no intestino delgado, e, uma vez absorvida, é transportada para os vários tecidos e órgãos – sobretudo para o fígado e coração, mas também para os rins, cérebro, glândulas suprarrenais, baço, pulmões e

Tabela 13.2.1 - Recomendações nutricionais de vitamina C

	Idade	mg/dia
Lactentes	0 a 6 meses	40
	7 a 12 meses	50
Crianças	1 a 3 anos	15
	4 a 8 anos	25
Homens	9 a 13 anos	45
	14 a 18 anos	75
	19 a 70 anos	90
	> 70 anos	90
Mulheres	9 a 13 anos	45
	14 a 18 anos	65
	19 a 70 anos	75
	> 70 anos	75
	Gravidez	85
	Lactação	120

Fonte: Dietary Reference Intakes: Recommended Intakes for Individuals Vitamins, Food and Nutrition Board, Institute of Medicine, National Academies, 2004.

para os músculos, que contêm metade de toda a tiamina do organismo. As funções bioquímicas conhecidas da tiamina exigem sua conversão em TPP, que atua como uma coenzima no metabolismo dos carboidratos, aminoácidos de cadeia ramificada e na oxidação de alfacetoácidos.

A TPP é também conhecida como cocarboxilase, porque uma de suas principais funções envolve a descarboxilação oxidativa (remoção de CO_2) de alfacetoácidos, dos quais o piruvato e o alfacetoglutarato são os mais importantes (Figura 13.2.12). Participa, então, como coenzima em reações de descarboxilação e transcetolação, sendo a vitamina mais utilizada no metabolismo dos carboidratos. Além desta função, possui importante papel na via das pentoses, produção de neurotransmissores (acetilcolina) e possível papel na condução do sinal elétrico.

A sua fundamental importância no processo de descarboxilação do piruvato faz com que sua deficiência ocasione prejuízos nos tecidos que utilizam a glicose como principal substrato energético. Assim, a deficiência de tiamina prejudica a geração de energia pelas células do sistema nervoso, que necessitam da glicose, podendo causar a degeneração da bainha de mielina, diminuição na formação de acetilcolina para função neural, levando a alteração na transmissão dos impulsos nervosos, sendo então uma vitamina essencial para o bom funcionamento do sistema nervoso (Figura 13.2.13).

Deficiência

A deficiência é causada por uma combinação de fatores, incluindo a ingestão inadequada – como na situação em que o álcool substitui os alimentos – absorção diminuída ou aumento das necessidades.

As duas principais doenças relacionadas à deficiência em tiamina são o beribéri (Figura 13.2.14) e a síndrome de *Korsakoff*. O beribéri, que traduzido significa "não posso, não posso", mostra-se primariamente em desordens cardiovasculares e do sistema nervoso.

Existem três tipos de beribéri:

- beribéri seco, uma polineuropatia com grave perda de massa muscular;
- beribéri úmido, com edema, anorexia, fraqueza muscular, confusão mental e finalmente falha cardíaca;
- beribéri infantil, no qual os sintomas de vômitos, convulsões, distensão abdominal e anorexia aparecem de repente e podem ser seguidos de morte por falha cardíaca.

O beribéri é comum em países onde os cereais constituem grande parte da dieta, especialmente no sudoeste asiático. Hoje em dia, muitos países fortificam o arroz e outros grãos de cereais, de forma a substituir os nutrientes perdidos durante o processamento. Atualmente, a síndrome de *Korsakoff* é encontrada com mais frequência.

Embora esteja associada ao álcool, a síndrome de *Korsakoff* encontra-se também ocasio-

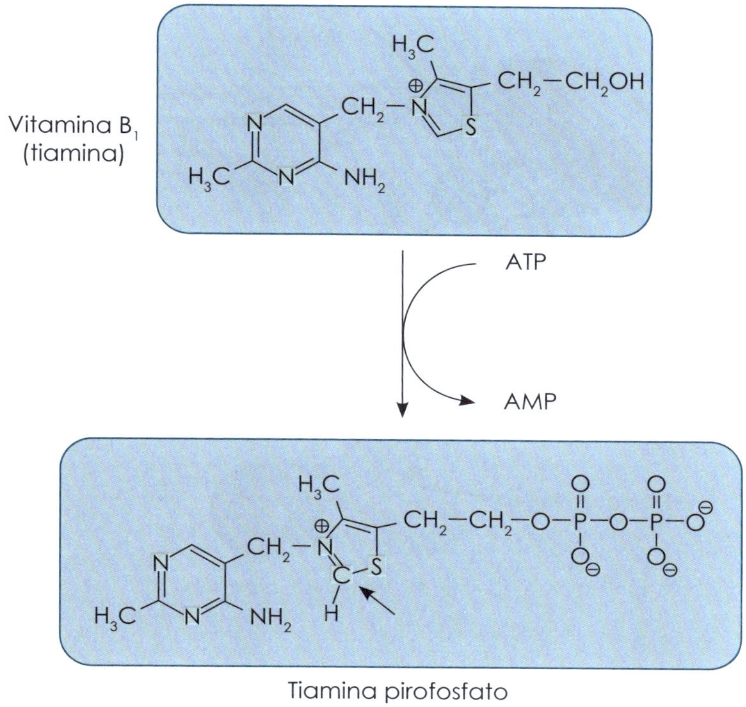

FIGURA 13.2.11 – Estrutura química das formas da vitamina B_1.

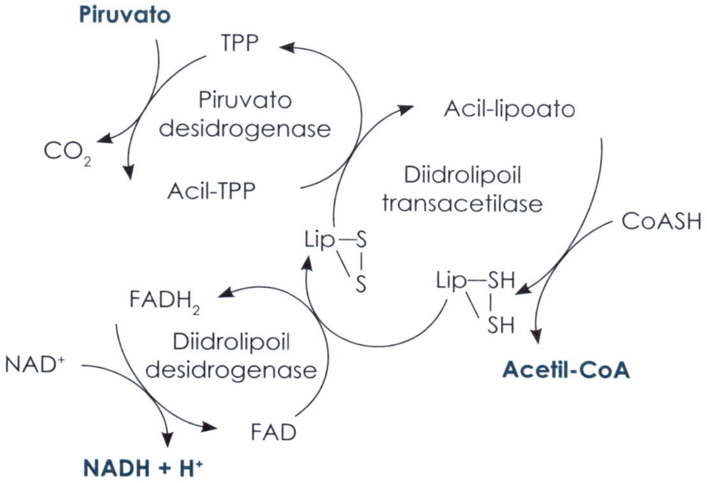

FIGURA 13.2.12 – Ação da TPP na descarboxilação oxidativa do piruvato

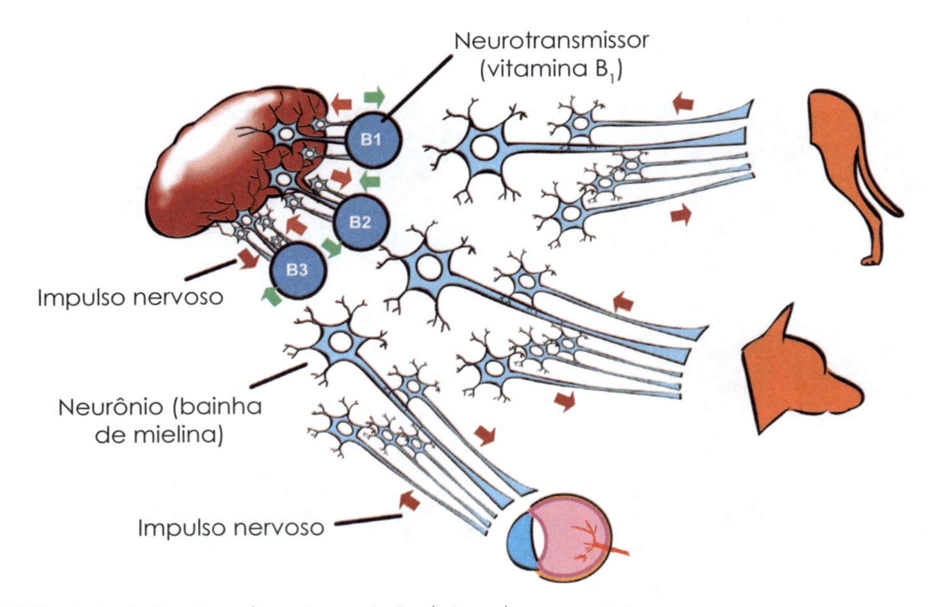

FIGURA 13.2.13 – Ação da tiamina sobre a transmissão de impulsos nervosos.

nalmente em pessoas que fazem jejum ou sofrem de vômitos crônicos. Os sintomas vão de confusão e depressão leves a psicose e coma. Se o tratamento for adiado, a memória pode ser permanentemente afetada. Assim, os efeitos de sua deficiência são mais acentuados no metabolismo dos carboidratos no cérebro.

De maneira geral, a deficiência de tiamina afeta funções neurais, cardíacas e gastrointestinais e pode causar encefalopatia. A perda de apetite, a constipação, a irritabilidade e a fadiga são sintomas associados à baixa ingestão de tiamina.

Ingestão recomendada

A necessidade de tiamina está ligada à ingestão de energia, por causa do seu papel no metabolismo dos macronutrientes. Como não existe estoque corporal para esta vitamina, a ingestão dietética é de fundamental importância (Tabela 13.2.2).

Fontes Alimentares

A tiamina é amplamente distribuída em uma grande variedade de tecidos animais e vegetais.

Tabela 13.2.2 – Recomendações nutricionais de vitamina B1

	Idade	mg/dia
Lactentes	0 a 6 meses 7 a 12 meses	0,2 0,3
Crianças	1 a 3 anos	0,5
	4 a 8 anos	0,6
Homens	9 a 13 anos	0,9
	14 a 18 anos	1,2
	19 a 70 anos	1,2
	> 70 anos	1,2
Mulheres	9 a 13 anos	0,9
	14 a 18 anos	1
	19 a 70 anos	1,1
	> 70 anos	1,1
	Gravidez	1,4
	Lactação	1,4

Fonte: Dietary Reference Intakes: Recommended Intakes for Individuals Vitamins, Food and Nutrition Board, Institute of Medicine, National Academies, 2004.

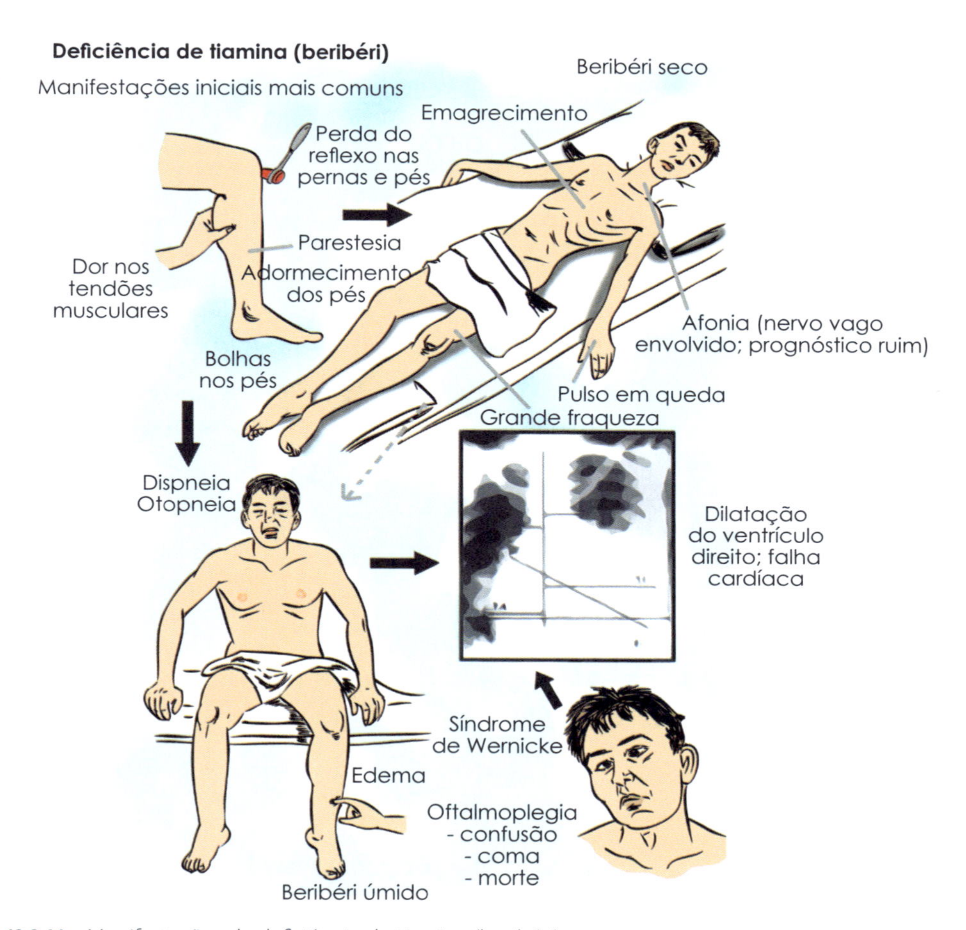

FIGURA 13.2.14 – Manifestações da deficiência de tiamina (beribéri).

Encontra-se principalmente em carnes, leguminosas, vísceras e hortaliças. Em geral, as frutas são pobres fontes dessa vitamina.

Vitamina B_2, riboflavina ou vitamina G

De forma similar à tiamina, a riboflavina atua nos processos de geração de energia em nosso organismo. A riboflavina funciona como parte de um grupo de enzimas denominadas flavoproteínas, envolvidas no metabolismo dos macronutrientes.

▪ Estrutura química e nomenclatura

A riboflavina é quimicamente definida como 7,8-dimetil-10-isoaloxazine. Pertence a um grupo de pigmentos fluorescentes amarelos, denominado flavina. É uma substância cristalina amarela, estável ao calor, à oxidação e aos ácidos. Possui baixa solubilidade em água, porém pode ser perdida sob ação de substâncias básicas ou quando exposta à luz. O papel fisiológico da riboflavina está na ação de suas formas coenzimáticas: flavina adenina dinucleotídeo (FAD) e flavinamononucleotídeo (FMN) como aceptores de hidrogênio. As estruturas da riboflavina e de suas coenzimas são apresentadas nas Figuras 13.2.15 e 13.2.16, respectivamente.

▪ Absorção e transporte da vitamina

A riboflavina proveniente da dieta encontra-se na forma das coenzimas FAD e FMN, ligadas

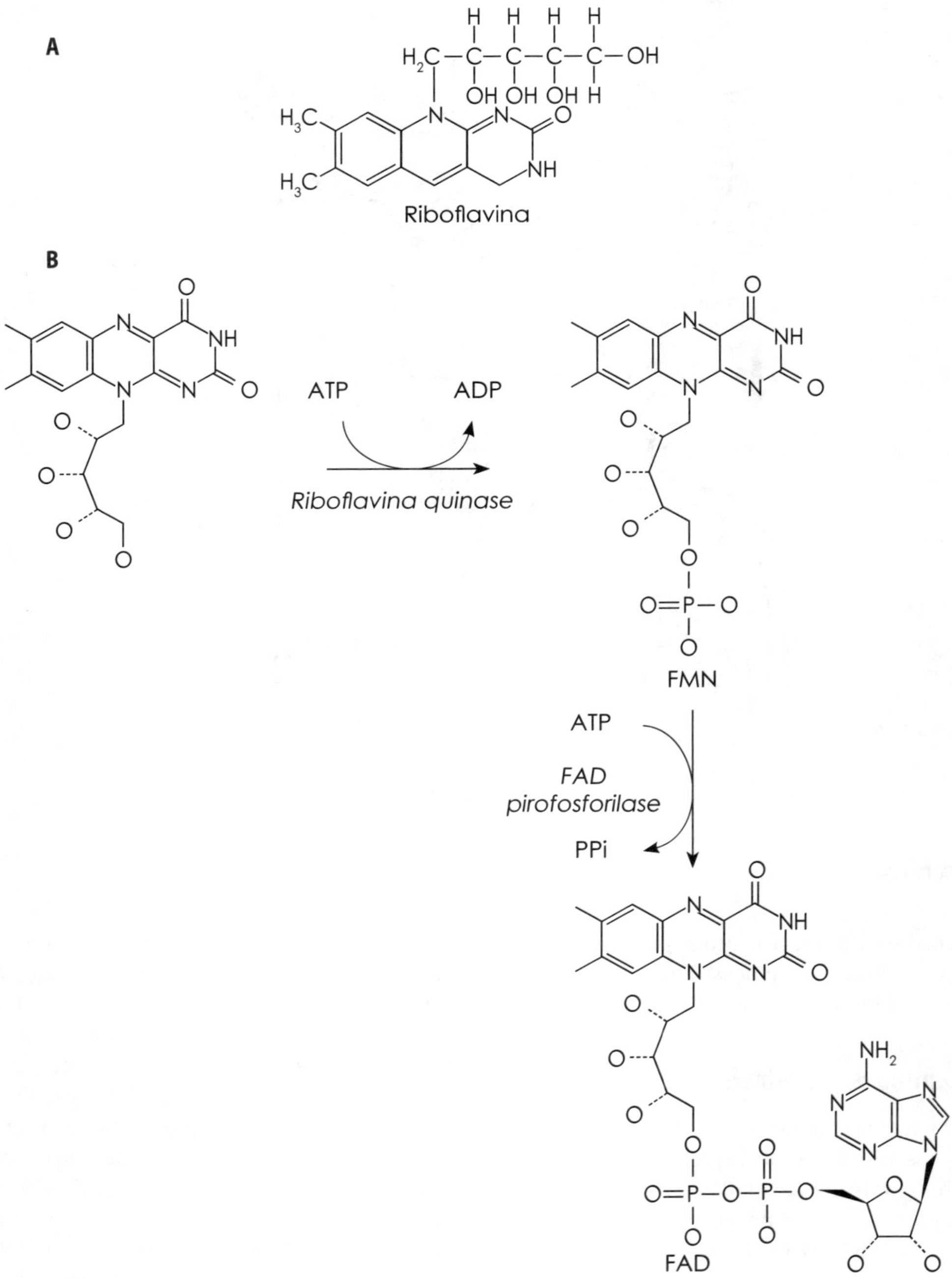

A

Riboflavina

B

ATP ADP

Riboflavina quinase

FMN

ATP

FAD pirofosforilase

PPi

FAD

FIGURA 13.2.15 – Estrutura química das formas da vitamina B_2: **A.** Riboflavina e **B.** Formas coenzimáticas FMN e FAD.

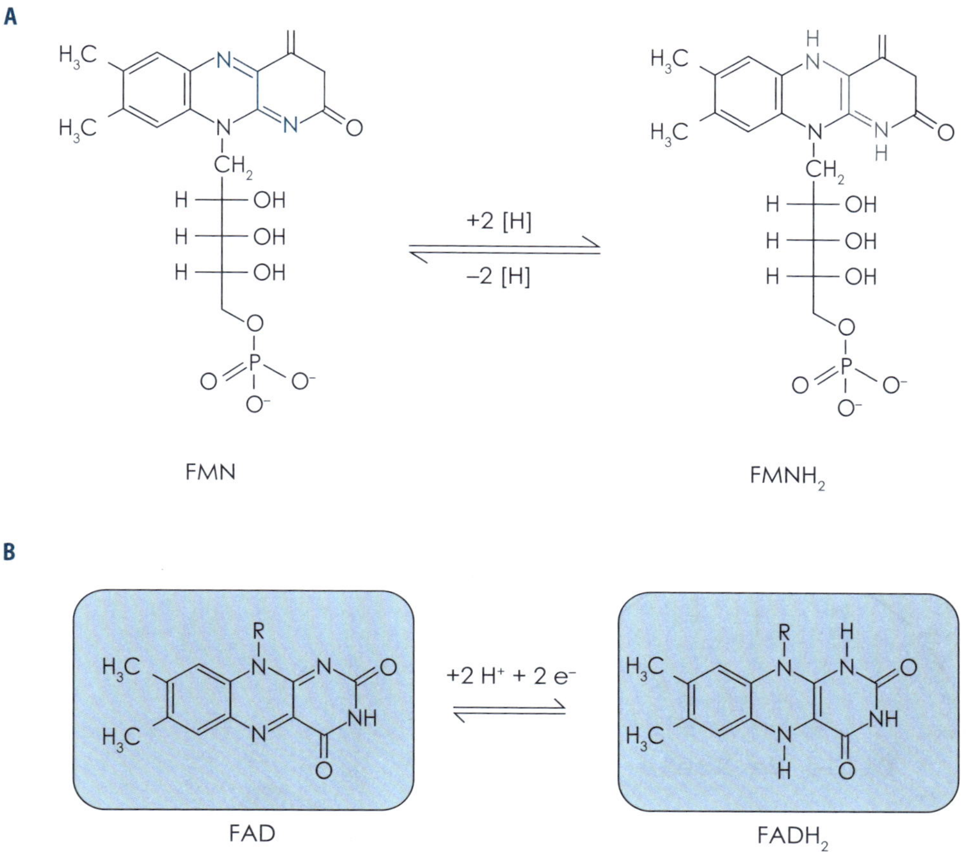

A

FMN $\underset{-2\,[H]}{\overset{+2\,[H]}{\rightleftharpoons}}$ $FMNH_2$

B

FAD $\overset{+2\,H^+ + 2\,e^-}{\rightleftharpoons}$ $FADH_2$

FIGURA 13.2.16 – Ação das formas coenzimáticas como aceptores de hidrogênio.

a proteínas na matriz do alimento; no entanto, quando o bolo alimentar chega ao estômago, o meio ácido propicia a liberação das coenzimas.

No intestino são desfosforiladas pela ação de pirofosfatases, fosfatases, e a bile parece estimular sua absorção. A riboflavina livre é absorvida por transporte ativo pelo enterócito em um processo que envolve fosforilação-desfosforilação (Figura 13.2.17). Sua absorção no intestino é saturável e simples. As formas fosforiladas da riboflavina devem ser desfosforiladas antes da captação pela mucosa e refosforiladas no interior das células.

Antes de entrar na corrente sanguínea, é fosforilada a FMN – flavinamononucleotídeo. Para ser transportada no plasma, ariboflavina se liga, em parte, à albumina e a outras proteínas, como certas imunoglobulinas.

■ Metabolismo e função

As formas metabolicamente ativas de riboflavina incluem o mononucleotídeo de riboflavina (FMN) e dinucleotídeo de flavina-adenina (FAD), que participam das reações de oxirredução, no metabolismo de ácidos graxos, ciclo de Krebs e na cadeia respiratória em diferentes tecidos corporais (Figura 13.18). Outras funções, como participação na gliconeogênese, produção de corticosteroides e formação de células vermelhas, também são propriedades importantes dessa vitamina. Também é essencial para con-

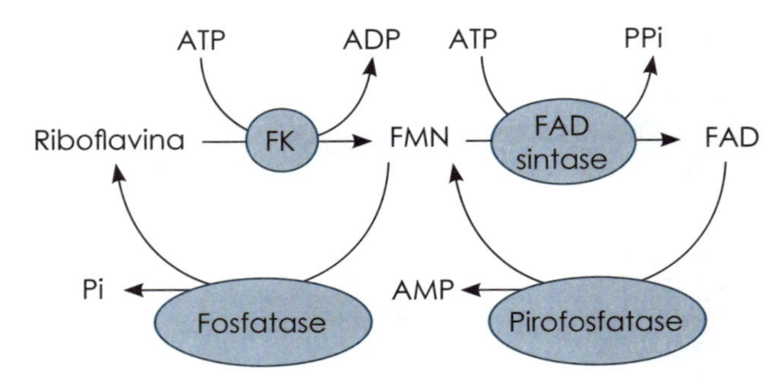

FIGURA 13.2.17 – Fosforilação da riboflavina a nível intestinal.

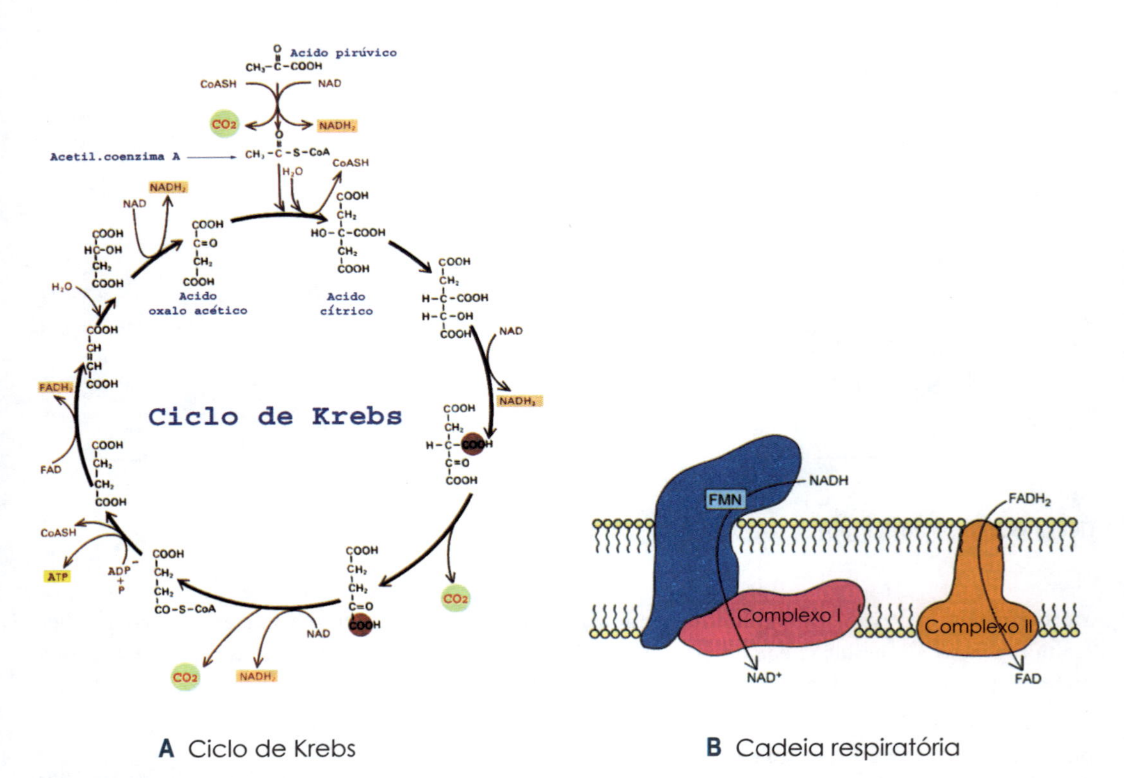

FIGURA 13.2.18 – Ação da riboflavina no ciclo de Krebs (A) e na cadeia transportadora de elétrons (B).

versão do triptofano em niacina e conversão do ácido fólico e da piridoxina nas suas formas coenzimáticas.

▪ Deficiência

A deficiência de riboflavina manifesta-se depois de vários meses de privação. A riboflavina é indispensável para o crescimento normal e a manutenção dos tecidos. Esta vitamina também possui papel importante na saúde dos olhos. Os sintomas de deficiência incluem os seguintes sinais neste órgão: fotofobia, lacrimejamento, queimação, coceira dos olhos e perda da acuidade visual.

São sintomas mais avançados: queilose (fissura dos lábios), estomatite angular, língua roxa, inchada (Figura 13.2.19A-C) e neuropatia periférica. Como manifestação clínica também inclui retardo no crescimento, anemia (Figura 13.2.20) e lesões na pele. É importante enfatizar que a deficiência de riboflavina raramente ocorre de forma isolada, e sim normalmente em combinação com deficiências de outras vitaminas hidrossolúveis.

■ Ingestão recomendada

De forma similar à tiamina, as necessidades de riboflavina estão ligadas à ingestão de energia, devido ao seu papel no metabolismo dos macronutrientes. As recomendações atuais de riboflavina estão apresentadas na Tabela 13.2.3.

■ Fontes alimentares

A riboflavina é amplamente distribuída nos alimentos de origem animal e vegetal, mas apenas em pequenas quantidades. As carnes, vísceras, o leite, os ovos e vegetais folhosos verdes são as principais fontes alimentares.

Vitamina B_3, niacina, vitamina PP ou pela gramina

A niacina é uma vitamina que faz parte do complexo B e é encontrada em muitos alimentos. É essencial para o metabolismo dos macronutrientes no organismo, atuando no funcionamento do sistema digestivo, na saúde da pele e dos nervos.

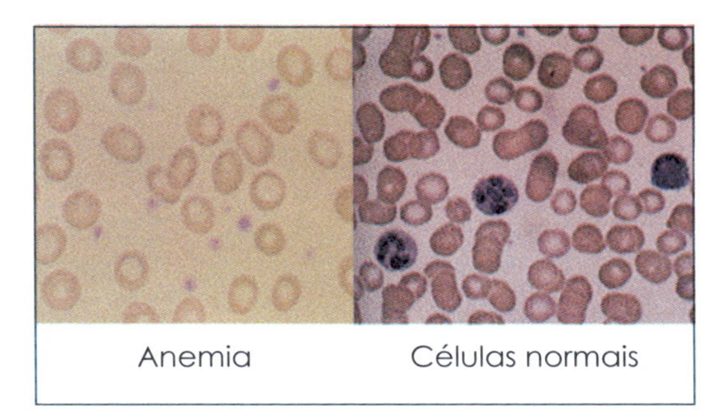

FIGURA 13.2.20 – Características das hemácias na anemia ocasionada pela deficiência de riboflavina.

■ Estrutura química e nomenclatura

O termo niacina é um descritor genérico para o ácido nicotínico. Pode ser encontrada nas seguintes formas: ácido nicotínico, nicotinamida (Figura 13.2.21) e nas formas coenzimáticas, como nicotinamida adenina dinucleotídeo (NAD) e nicotinamida adenina dinucleotídeo fosfato (NADP). O ácido nicotínico converte-se facilmente em nicotinamida. Estas coenzimas, que consistem de nicotinamida adenina, D-ribose e ácido fosfórico, são transportadoras de hidrogênio (Figura 13.2.22).

■ Absorção e transporte da vitamina

O ácido nicotínico e a nicotinamida são rapidamente absorvidos no estômago e intestino. No lúmen intestinal, quando em baixa concentração, sua absorção ocorre por difusão facilitada dependente de sódio; mas, em alta concentração, predomina a difusão passiva.

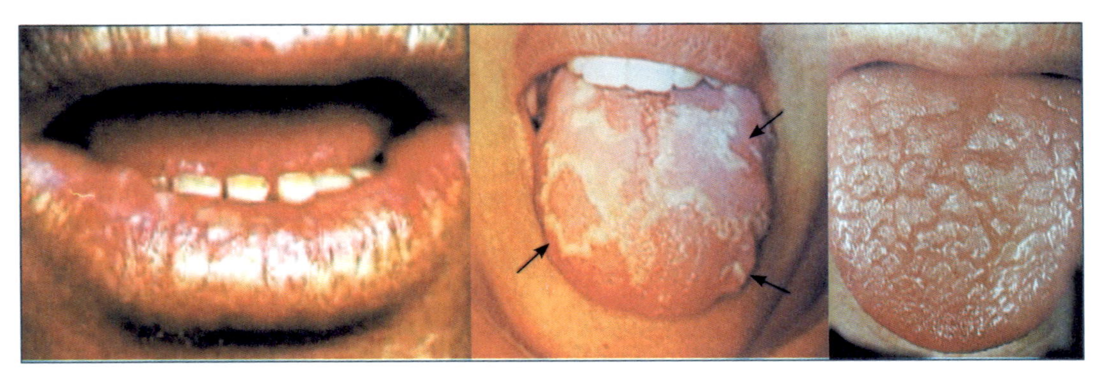

FIGURA 13.2.19 – Sinais clínicos relacionados à deficiência de riboflavina.

Tabela 13.2.3 – Recomendações nutricionais de vitamina B2

	Idade	mg/dia
Lactentes	7 a 12 meses	0,3
	0 a 6 meses	0,4
Crianças	1 a 3 anos	0,5
	4 a 8 anos	0,6
Homens	9 a 13 anos	0,9
	14 a 50 anos	1,3
	Acima dos 50 anos	1,3
Mulheres	9 a 13 anos	0,9
	14 a 18 anos	1,0
	Acima dos 18 anos	1,1
	Gravidez	1,4
	Lactação	1,6

Fonte: Dietary Reference Intakes: Recommended Intakes for Individuals Vitamins, Food and Nutrition Board, Institute of Medicine, National Academies, 2004.

A Niacina

B Nicotinamida

FIGURA 13.2.21 – Formas químicas da vitamina B_3: **A.** Niacina e **B.** Nicotinamida.

As formas coenzimáticas NAD e NADP não são absorvidas pelo organismo, precisam ser hidrolisadas em nicotinamida por uma NAD glico-hidrolase. A nicotinamida é a forma mais encontrada no sangue. A niacina é pobremente armazenada no organismo e o excesso é eliminado pela urina.

Metabolismo e função

As formas coenzimáticas NAD e NADP são sintetizadas em todas as células corporais a partir do ácido nicotínico e da nicotinamida. São essenciais nas reações de oxirredução, envolvidas na liberação de energia pelos macronutrientes. Atuam como aceptores de hidrogênio (NAD-NADH e NADP-NADPH) (Figura 13.2.23), sendo importantes para as vias de glicólise, ciclo de Krebs, cadeia respiratória e lipogênese.

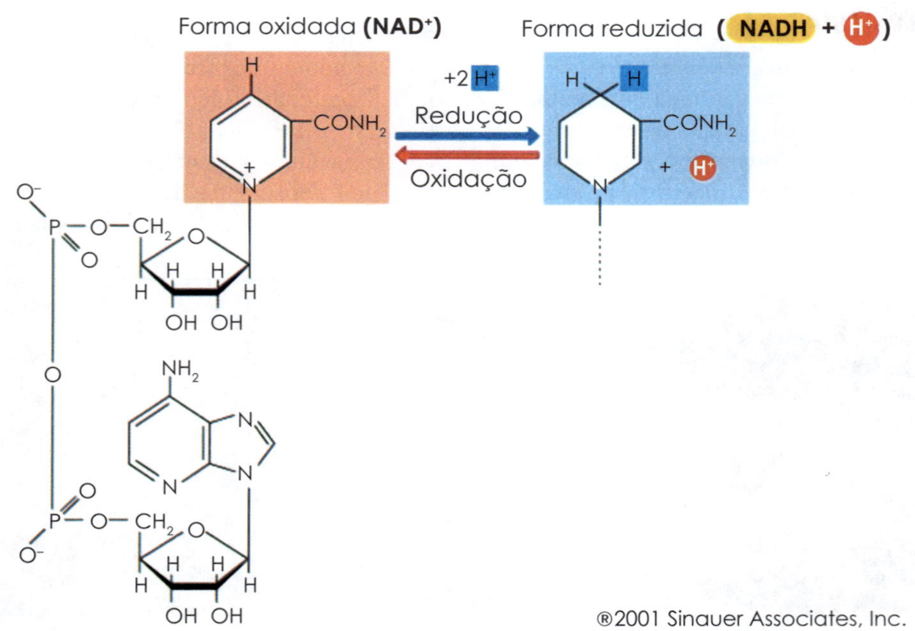

FIGURA 13.2.22 – Ação da niacina como aceptora de hidrogênio, nas reações de oxirredução.

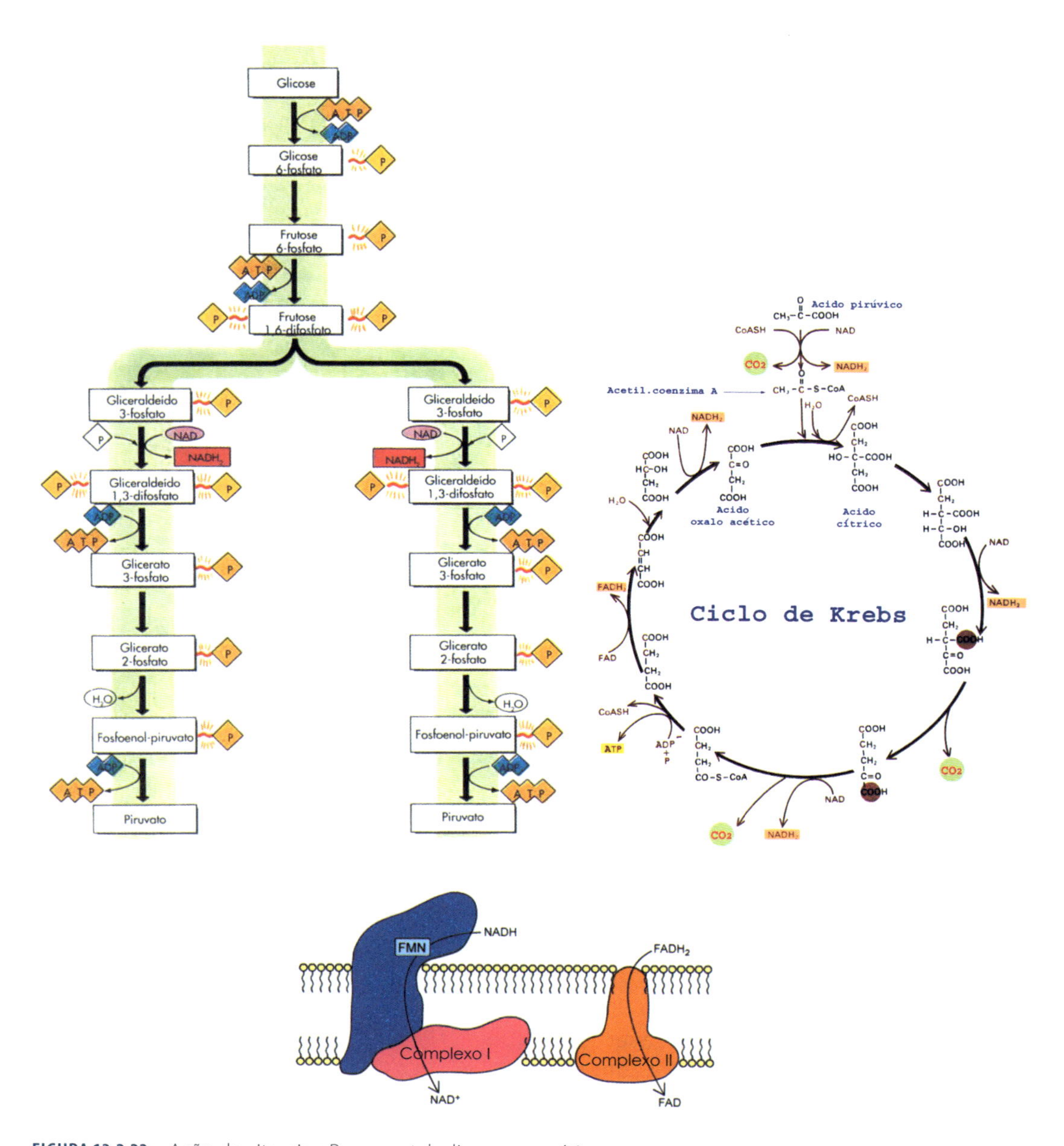

FIGURA 13.2.23 – Ação da vitamina B_3 no metabolismo energético.

Além da importante atuação no metabolismo dos macronutrientes, apresentam funções relacionadas com a síntese de hormônios adrenocorticais a partir da acetilcoenzima-A (CoA), na de-hidrogenação do álcool etílico e na conversão de ácido lático em ácido pirúvico.

Deficiência

Devido à importância que também têm no ciclo de Krebs, essas coenzimas são básicas para as reações produtoras de energia. A falta desta vitamina na respiração celular afeta, primeiramente, tecidos com alta demanda energética, como o cérebro, ou com rápido turnover celular, como a pele e a mucosa, o que justificaria serem estes os órgãos mais afetados na pelagra.

Pelle agra é o termo em italiano para pele áspera. A pelagra é caracterizada pelas alterações cutâneas, gastrointestinais e cerebrais. O sintoma inicial é o surgimento de áreas avermelhadas e simétricas na pele, as quais se assemelham a queimaduras solares e pioram com a exposição ao sol (lesões fotossensíveis) (Figura 13.2.24A). As alterações cutâneas não desaparecem e podem tornar-se acastanhadas e descamativas.

A pelagra é conhecida como causadora dos 3 "Ds" - dermatite, diarreia e demência (Figura 13.2.24B). As alterações no trato digestivo estão associadas a vômitos, diarreia e língua vermelha. Os sintomas neurológicos incluem depressão, apatia, dor de cabeça, fadiga e perda de memória.

Atualmente, a pelagra não é uma doença tão comum quanto no passado, mas pode ser encontrada com certa frequência em nosso meio, principalmente entre idosos, desnutridos e alcoólatras.

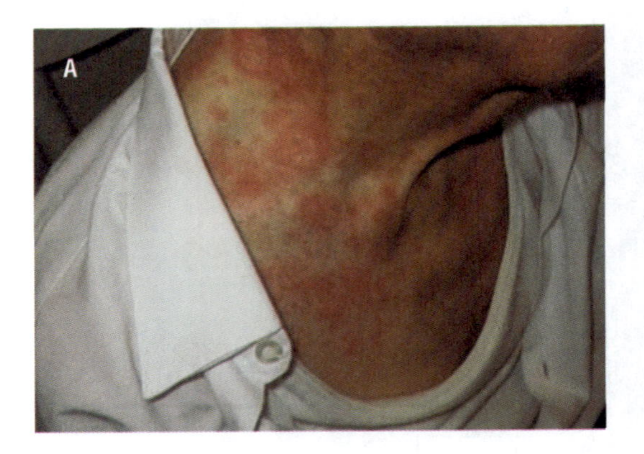

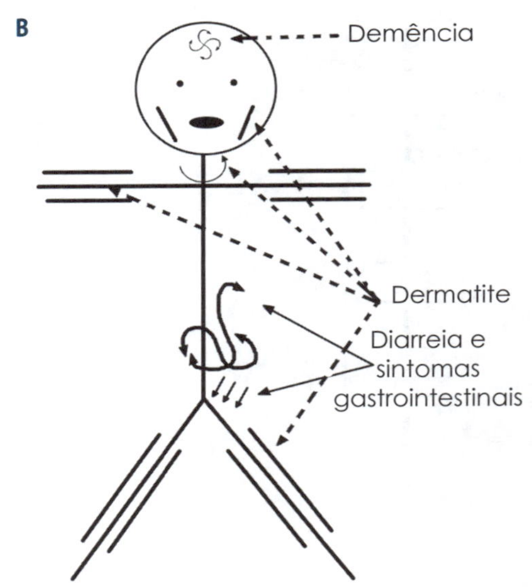

FIGURA 13.2.24 – Sinais e sintomas da deficiência de niacina: **A.** Alterações de pele e **B.** Sintomas típicos da deficiência – 3 Ds.

■ Ingestão recomendada

De forma similar às vitaminas B_1 e B_2, a niacina está ligada à ingestão de energia por causa do seu papel no metabolismo dos macronutrientes. As recomendações atuais para esta vitamina são apresentadas na Tabela 13.2.4. O aminoácido triptofano pode ser convertido em niacina no organismo. Estudos experimentais indicaram que aproximadamente 60 mg de triptofano são equivalentes a 1 mg de niacina.

■ Fontes alimentares

As melhores fontes são as carnes, vísceras, levedura de cerveja, amendoim, aves e peixes. As frutas e os vegetais são pobres fontes. O leite e os ovos representam fontes precárias de niacina pré-formada, mas boas fontes de seu precursor, triptofano.

Ácido pantotênico, vitamina B_5 ou pantotenato

O nome vem do grego em que Panthos significa "de toda a parte". Os nomes anteriores foram vitamina B_5, vitamina antidermatose, fator antidermatite dos frangos e fator antipelagra dos frangos. A vitamina B_5 faz parte de uma coenzima que permite ao organismo obter a energia dos alimentos. Torna-se então indispensável ao crescimento e desenvolvimento normais.

Tabela 13.2.4 – Recomendações nutricionais de vitamina B_3

	Idade	mg/dia
Lactentes	0 a 6 meses	2
	7 a 12 meses	4
Crianças	1 a 3 anos	6
	4 a 8 anos	8
Homens	9 a 13 anos	12
	14 a 70 anos	16
	> 70 anos	16
Mulheres	9 a 13 anos	12
	14 a 70 anos	14
	> 70 anos	14
	Gravidez	18
	Lactação	17

Fonte: Dietary Reference Intakes: Recommended Intakes for Individuals Vitamins, Food and Nutrition Board, Institute of Medicine, National Academies, 2004.

■ Estrutura química e nomenclatura

Quimicamente, o ácido pantotênico é uma amida composta pelo ácido D-pantoico e o aminoacidobeta-alanina. O nome sistemático da forma biologicamente ativa (o isômero D) é ácido 3-[(2*R*,4-di-hidroxi-3,3-dimetilbutanoil) amino]propanoico. A forma que ocorre naturalmente é o ácido D-pantotênico (Figura 13.2.25).

■ Digestão, absorção e transporte da vitamina

O ácido pantotênico é encontrado nos alimentos principalmente como coenzima A (CoA) e proteína acil-carreadora (ACP). Portanto, para que a absorção ocorra, há necessidade da hidrólise destes compostos por uma fosfopanteteína, que forma a panteteína que pode ser convertida em ácido pantotênico livre. O ácido pantotênico é absorvido por difusão passiva e transporte ativo no jejuno. O mesmo processo ocorre para a absorção do pantenol, que é oxidado em óxido pantotênico no organismo.

É transportado na forma de ácido livre no plasma e é capturado por difusão nos eritrócitos que carreiam a maior parte da vitamina no sangue. O ácido pantotênico é captado pelas células dos tecidos periféricos por um processo de transporte ativo dependente de sódio em alguns tecidos e por difusão facilitada em outros.

Sua excreção urinária é de cerca de 60 a 70% da quantidade administrada oralmente, sendo o restante excretado pelas fezes.

■ Metabolismo e função

O pantenol, forma alcoólica ativa do ácido pantotênico do grupo da coenzima A (Figura 13.2.26), é uma substância que apresenta importante papel na regulação dos processos de suprimento de energia. Ele acha-se fixado em cada célula viva e, por conseguinte, promove o desenvolvimento, a função e reprodução dos tecidos endoteliais e epiteliais.

Combate as infecções produzindo anticorpos, evita a fadiga, reduz os efeitos adversos e tóxicos de muitos antibióticos. A glândula suprarrenal e o sistema nervoso dependem dele. Auxilia na construção da célula e manutenção normal do crescimento.

A coenzima A apresenta importância fundamental no metabolismo dos glicídios, lipídios e proteínas (Figura 13.2.27) e, também, na síntese de aminoácidos, ácidos graxos, esteróis e hor-

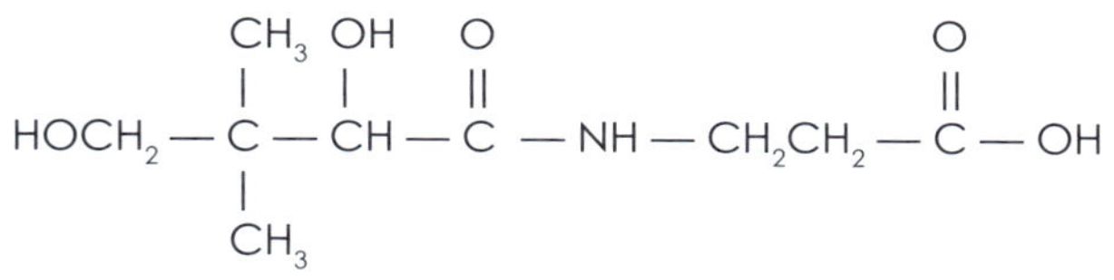

$$HOCH_2-C(CH_3)_2-CH(OH)-C(=O)-NH-CH_2CH_2-C(=O)-OH$$

FIGURA 13.2.25 – Estrutura química do ácido pantotênico.

mônios esteroides, sendo elemento essencial para a formação da porfirina, porção pigmentar da molécula da hemoglobina. O ácido pantotênico é essencial na síntese da coenzima A, sendo por isso uma vitamina essencial no metabolismo dos mamíferos.

■ Deficiência

Como esta vitamina é amplamente distribuída nos alimentos, as deficiências são raras. Pessoas com dietas normais não apresentam carência de ácido pantotênico. No entanto, nos humanos não está bem documentada e, provavelmente, não ocorre isolada, mas em conjunto com deficiências de outras vitaminas do complexo B, sendo verificada apenas em casos graves de desnutrição.

Devido ao álcool interferir na utilização do ácido pantotênico, as pessoas que ingerem álcool em excesso têm necessidades aumenta-

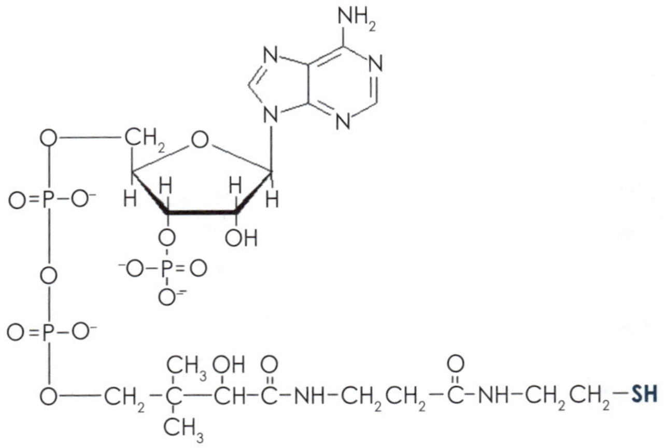

FIGURA 13.2.26 – Estrutura química da coenzima A.

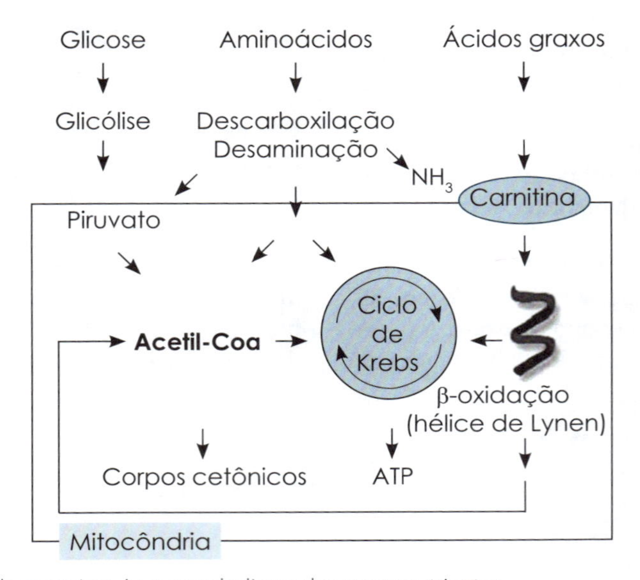

FIGURA 13.2.27 – Ação da coenzima A no metabolismo dos macronutrientes.

das. A excreção urinária do ácido pantotênico é aumentada no paciente diabético e a absorção pode ser dificultada em pessoas com problemas do trato digestivo.

Estudos populacionais têm mostrado que os idosos têm normalmente baixa ingestão e níveis sanguíneos subótimos. A partir das experiências com animais, pode-se considerar que as necessidades de ácido pantotênico estão aumentadas durante o crescimento, a gravidez e amamentação.

No homem, apenas a denominada síndrome de "ardor nos pés", caracterizada por formigamento nos pés e parestesias, hiperestesias e distúrbios circulatórios nas pernas, supõe-se estar ligada à deficiência de ácido pantotênico. Causa fadiga, fraqueza muscular, perturbações nervosas, anorexia, diminuição da pressão sanguínea e distúrbios cutâneos, fraqueza de unhas e cabelo. A deficiência resulta, também, em alterações na síntese de lipídios e produção de energia (Figura 13.2.28).

▪ Ingestão recomendada

A ingestão diária recomendada desta vitamina fica ao redor de 2 a 7 mg/dia, dependendo do sexo, idade e momento biológico (Tabela 13.2.5).

▪ Fontes alimentares

O ácido pantotênico tem distribuição ampla nos alimentos, na maior parte, incorporado à coenzima A. É particularmente abundante na levedura e nas vísceras (fígado, rins, coração e cérebro), mas os ovos, leite, vegetais, legumes e cereais de grão inteiro são provavelmente as fontes mais comuns. Os alimentos processados contêm pequenas quantidades. O ácido pantotênico é sintetizado pelos microrganismos intestinais, mas a quantidade produzida e o seu papel na nutrição humana são desconhecidos.

Piridoxina ou vitamina B_6

A vitamina B_6 desempenha um papel muito importante no sistema nervoso central, além de

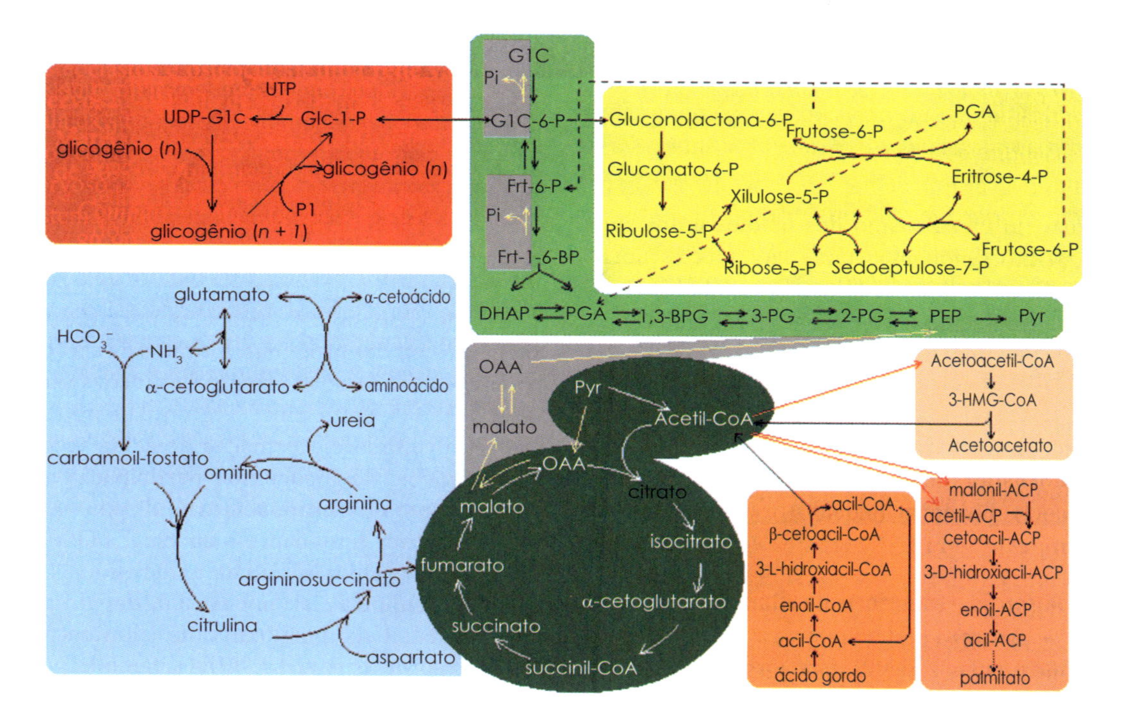

FIGURA 13.2.28 – Função da acetilcoenzima A no metabolismo dos macronutrientes.

Tabela 13.2.5 - Recomendações nutricionais do ácido pantotênico

	Idade	mg/dia
Lactentes	0 a 6 meses	1,7
	7 a 12 meses	1,8
Crianças	1 a 3 anos	2,0
	4 a 8 anos	3,0
Homens	9 a 13 anos	4,0
	14 a 18 anos	5,0
	19 a 70 anos	5,0
	> 70 anos	5,0
Mulheres	9 a 13 anos	4,0
	14 a 18 anos	5,0
	19 a 70 anos	5,0
	> 70 anos	5,0
	Gravidez	6,0
	Lactação	7,0

Fonte: Dietary Reference Intakes: Recommended Intakes for Individuals Vitamins, Food and Nutrition Board, Institute of Medicine, National Academies, 2004.

atuar no metabolismo dos lipídios e dos aminoácidos, sendo importante para um crescimento normal e essencial para o metabolismo do triptofano e para a conversão deste em niacina.

Estrutura química e nomenclatura

O termo vitamina B_6 ou piridoxina é utilizado para cobrir um grupo de compostos que são metabolicamente intermutáveis: o piridoxol (álcool), piridoxal (aldeído) e a piridoxamina (amina) (Figura 13.2.29).

Absorção e transporte da vitamina

A absorção desta vitamina é feita através da difusão passiva destas três formas e acontece essencialmente no jejuno e no íleo. As três formas de piridoxina são rapidamente absorvidas, sendo o piridoxol oxidado ou aminado em piridoxamina no organismo, essa transformação é procedida por fosforilação, realizada pela enzima piridoxal-alfa-fosfoquinase em piridoxal-5-fosfato (PALP) e aparentemente também em fosfato de piridoxamina, em que o fosfato é esterificado com o álcool em posição 5, do núcleo piridina.

O fosfato de piridoxamina parece ser, juntamente com o piridoxal, uma forma de armazenamento da piridoxina, pelo fato de ela poder sofrer conversão em PALP por desaminação, através de processo ainda não elucidado, pois na formação do PALP, o piridoxol-5-fosfato é também formado como um produto intermediário, podendo a fosforilação preceder a oxidação na forma de aldeído (Figura 13.2.30).

A forma mais abundante da piridoxina no sangue é a piridoxal fosfato (PLP), uma coenzima formada pela conversão das três formas da vitamina B_6 (Figura 13.2.30). É transportada no sangue, tanto no plasma como nas células vermelhas. A PLP do plasma é mais ligada à albumina do que o fosfato de piridoxina (PNP) e o piridoxal (PL). As formas PN e PL são rapidamente captadas pelas células vermelhas, onde elas podem ser convertidas a PLP.

Metabolismo e Função

A principal função metabólica da vitamina B_6 é como coenzima. Tem papel importante no metabolismo das proteínas, hidratos de carbono e lipídios. As suas principais funções são: a produção de epinefrina, serotonina e outros neurotransmissores, formação do ácido nicotínico, quebra do glicogênio e participação no metabolismo dos aminoácidos. Indicada para mulheres com tensão pré-menstrual (TPM). A piridoxina alivia o edema associado à segunda metade do ciclo menstrual, devido ao envolvimento da piridoxina na eliminação do excesso de estrogênio. Alivia, também, os sintomas de irritabilidade, dores de cabeça, depressão, inchaço das mamas, gases abdomi-

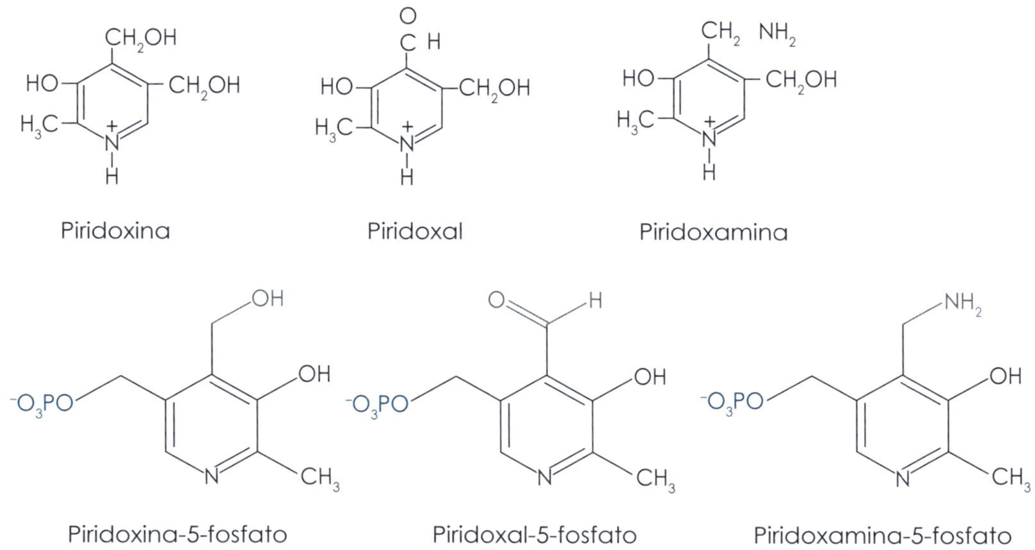

Piridoxina Piridoxal Piridoxamina

Piridoxina-5-fosfato Piridoxal-5-fosfato Piridoxamina-5-fosfato

FIGURA 13.2.29 – Formas químicas da vitamina B_6.

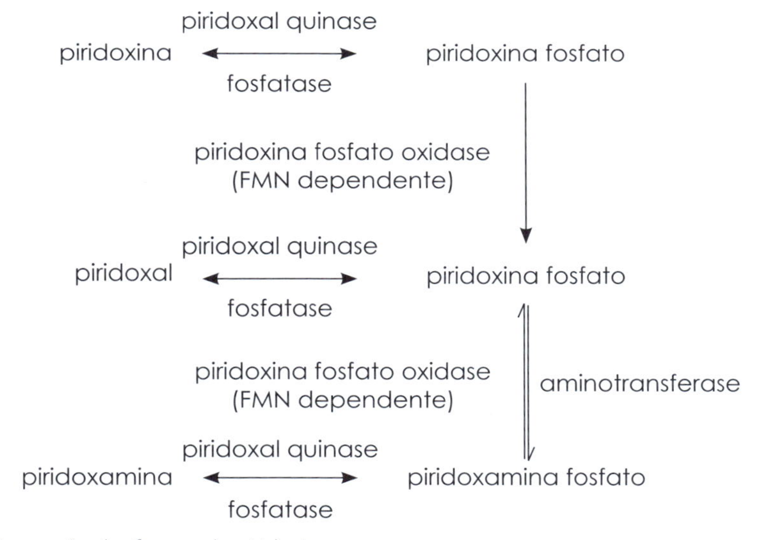

FIGURA 13.2.30 – Conversão das formas de piridoxina.

nais e constipação. Entretanto, estudos ainda não comprovaram, totalmente, sua eficiência na tensão pré-menstrual. Contribui ainda para o tratamento de problemas neurológicos, como a síndrome do túnel de carpo, depressão e epilepsia.

A vitamina B_6 atua juntamente ao ácido fólico e vitamina B_{12}, auxiliando o organismo a processar a homocisteína, composto químico recentemente associado ao risco aumentado de doenças cardíacas, quando em grandes concentrações no sangue (Figura 13.2.31).

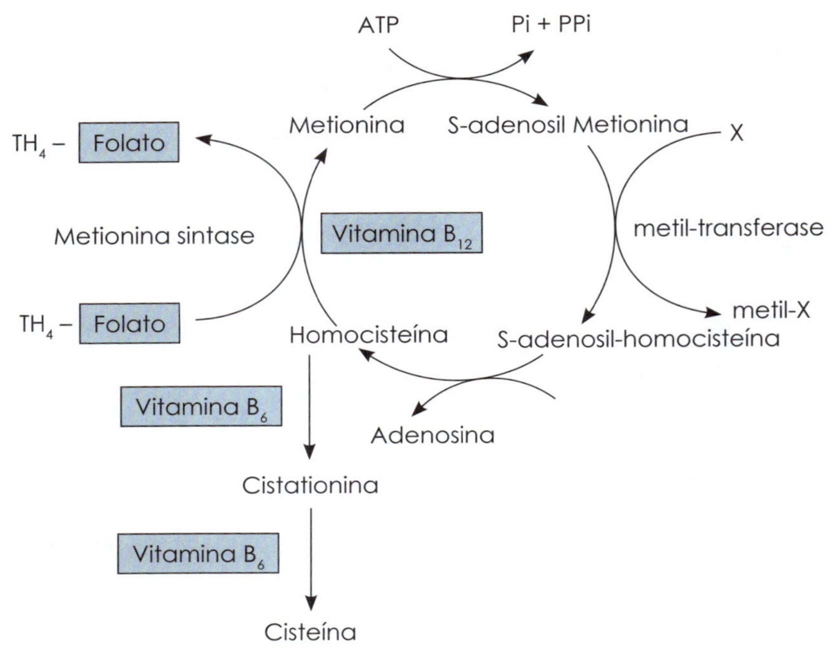

FIGURA 13.2.31 – Ação da vitamina B_6 na transulfuração da homocisteína.

■ Deficiência

A privação da piridoxina leva a anormalidades metabólicas que resultam de produção insuficiente de PLP. Estas se manifestam clinicamente como alterações dermatológicas e neurológicas na maioria das espécies. Os seres humanos exibem sintomas de fraqueza, insônia, neuropatias periféricas, queilose, glossite, estomatite e imunidade mediada por células prejudicada. Em vista da ampla distribuição desta vitamina nos alimentos, os casos de deficiência são relativamente raros. Entretanto, a deficiência pode ser precipitada por medicações que interferem no metabolismo da vitamina.

Quanto ao sistema nervoso, a carência de vitamina B_6 pode provocar convulsões e edema de nervos periféricos, havendo suspeitas de que possa causar a síndrome do túnel do carpo. Distúrbios do crescimento e anemia são atribuídos à carência de vitamina B_6 (Figura 13.2.32).

A suplementação de vitamina B_6 é recomendada somente nos casos de deficiência e associada à reposição de outras vitaminas do complexo B.

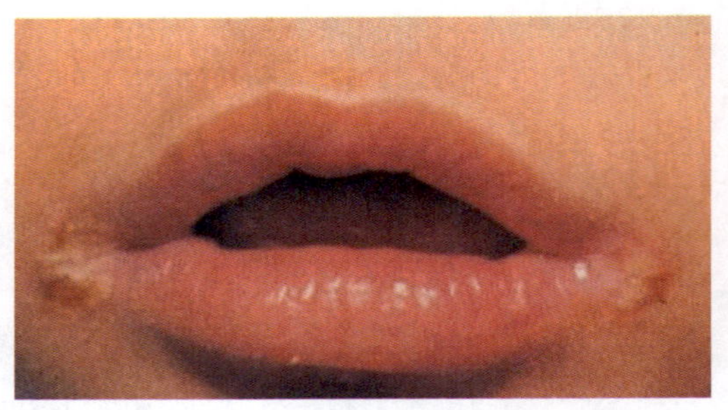

FIGURA 13.2.32 – Alterações ocasionadas pela deficiência de vitamina B6: queilose angular.

■ Ingestão recomendada

A necessidade diária de piridoxina é diretamente proporcional à ingestão de proteínas na dieta. Por exemplo, quem ingere 100 g/dia de proteínas necessita receber 1,5 mg/dia de piridoxina.

Mulheres grávidas, fumantes e alcoólatras têm necessidade de doses maiores da vitamina B_6. Estudos demonstram que a necessidade humana de vitamina B_6 em adultos está relacionada com o nível de 0,02 mg por grama de proteína. O requerimento de vitamina B_6 é elevado na gravidez devido à necessidade aumentada de proteínas, ao catabolismo aumentado do triptofano em consequência da influência hormonal e ao transporte ativo da vitamina para o sangue fetal pela placenta (Tabela 13.2.6).

Tabela 13.2.6 – Recomendações nutricionais de vitamina B_6

	Idade	mg/dia
Lactentes	0 a 6 meses	0,1
	7 a 12 meses	0,3
Crianças	1 a 3 anos	0,5
	4 a 8 anos	0,6
Homens	9 a 13 anos	1,0
	14 a 50 anos	1,3
	50 a 70 anos	1,7
	> 70 anos	1,7
Mulheres	9 a 13 anos	1,0
	14 a 18 anos	1,2
	19 a 50 anos	1,3
	Acima dos 50 anos	1,5
	Gravidez	1,9
	Lactação	2,0

Fonte: Dietary Reference Intakes: Recommended Intakes for Individuals Vitamins, Food and Nutrition Board, Institute of Medicine, National Academies, 2004.

Fontes alimentares

A vitamina B_6 pode ser encontrada em alimentos de origem animal e vegetal, como nas vísceras, carnes de aves, atum, leite, leguminosas, germe de trigo, cereais integrais, legumes, banana e aveia. As fontes animais tendem a ter uma maior biodisponibilidade de vitamina B_6, comparadas às fontes vegetais.

A vitamina B_6 liga-se principalmente às proteínas nos alimentos. O piridoxol encontra-se sobretudo nas plantas, enquanto o piridoxal e a piridoxamina são principalmente encontrados nos tecidos animais. As galinhas e o fígado de vaca, porco e vitela são excelentes fontes de piridoxina. Geralmente os vegetais e as frutas são fontes pobres de vitamina B_6, embora existam produtos nestas classes alimentares que contêm quantidades consideráveis de piridoxina, como os feijões e a couve-flor, as bananas e as passas.

Biotina, vitamina B_7 ou vitamina H

A biotina, anteriormente chamada de vitamina H, é uma vitamina hidrossolúvel muito importante para a saúde. Atua como cofactor enzimático para várias enzimas envolvidas no metabolismo das proteínas, dos carboidratos, dos lipídios e na formação da pele.

Estrutura química

A biotina é uma vitamina sulfurada (Figura 13.2.33), importante como coenzima para o metabolismo proteico, lipídico e energético do organismo. Já foram identificadas pelo menos quatro enzimas carboxilases nas quais a biotina atua como cofator.

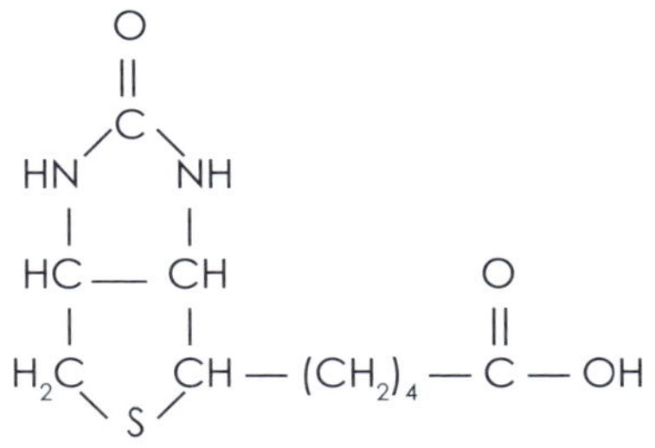

FIGURA 13.2.33 – Estrutura química da biotina.

Digestão, absorção e transporte da vitamina

A biotina nos alimentos está amplamente ligada a proteínas. Ela é liberada pela digestão proteolítica para produzir a biotina livre, a biocitina ou peptídio biotina. A biotinidase intestinal libera a biotina livre dos últimos dois compostos.

A biotina livre é absorvida na porção proximal do intestino delgado primariamente por difusão mediada por carreador. Quantidades menores de biotina também podem ser absorvidas do cólon, o que facilita a utilização da vitamina produzida pela microflora intestinal posterior. A biotina livre é transportada no plasma, principalmente, como biotina livre, mas 12% estão ligados à proteína ou ao carreador específico.

A biotina é eliminada em parte na urina e em parte pelas fezes. É impossível diferenciar, nas fezes, a biotina ingerida e a biotina sintetizada pela flora intestinal. Contudo, as quantidades excretadas pelas fezes diariamente poderiam representar o dobro ou até o quíntuplo das quantidades ingeridas.

A proteína avidina, presente numa forma ativa em ovos crus, inibe a ação da biotina ao ligar-se a esta, evitando a sua absorção normal no intestino. Uma dieta rica em ovos crus pode levar, por isso, a uma deficiência em biotina.

■ Metabolismo e função

A biotina é o cofactor da enzima piruvato carboxilase, por ser uma molécula especializada no transporte de dióxido de carbono (CO_2). Na reação catalizada pela piruvato carboxilase, a biotina capta uma molécula de CO_2 e transfere-a para uma molécula de piruvato, formando oxaloacetato. Esta transferência é possível graças à flexibilidade da porção linear da estrutura da biotina, que permite o movimento da parte da molécula envolvida no transporte do CO_2. Dessa forma, está envolvida especialmente no metabolismo dos macronutrientes (Figura 13.2.34).

A biotina possui importante função no metabolismo dos lipídios. Podemos citar a síntese de malonil-CoA: este composto é formado a partir do acetil-CoA, onde a reação é catalisada pela acetil-CoA carboxilase. Essa enzima possui três regiões funcionais:

1. A proteína transportadora de biotina.
2. A biotina carboxilase, que ativa o CO_2 pela sua ligação a um átomo de nitrogênio, no anel da biotina, em uma reação dependente de ATP.
3. A transcarboxilase, que transfere o CO_2ativado da biotina para o acetil-CoA, produzindo o malonil-CoA (Figura 13.2.35).

Assim, a biotina livre é necessária para que um grupo de enzimas, chamado carboxilases, funcione perfeitamente. Para que a carboxilase inativa se torne ativa, a biotina livre deve estar anexada ao aminoácido lisina em um local específico da carboxilase inativa. Eventualmente as carboxilases são degradadas, mas a biotina fica anexada na lisina. Este complexo biotina-lisina é conhecido como biocitina. Biocitina é normalmente degradada pela biotinidase em biotina livre e lisina. Deste modo, a biotina é reciclada e pode ser reutilizada pela carboxilase. Assim, quando não há biotina disponível no organismo, começam a surgir problemas de saúde.

■ Deficiência

É muito improvável que um indivíduo que consome uma dieta balanceada apresente esse tipo de deficiência. Como a biotina pode ser obtida a partir de muitos alimentos e pelo metabolismo microbiano intestinal, a deficiência simples de biotina em animais é rara.

Entretanto, essa deficiência pode ser causada pelo consumo de claras de ovo cruas durante semanas, pois elas contêm uma substância que se liga à biotina no organismo, impedindo a sua absorção, a avidina, o que pode causar sintomas como dermatite seborreica, alopecia e paralisia.

A absorção prejudicada de biotina também pode ocorrer em distúrbios do trato gastrointestinal, como doenças intestinais inflamatórias ou acloridria. Os sintomas incluem sonolência, perda de peso, dermatites, crises de ansiedade, dores musculares e certos sintomas nervosos (exaustão, insônia e alucinações). Os indivíduos submetidos à nutrição parenteral prolongada sem suplementação de biotina também podem apresentar esse tipo de deficiência.

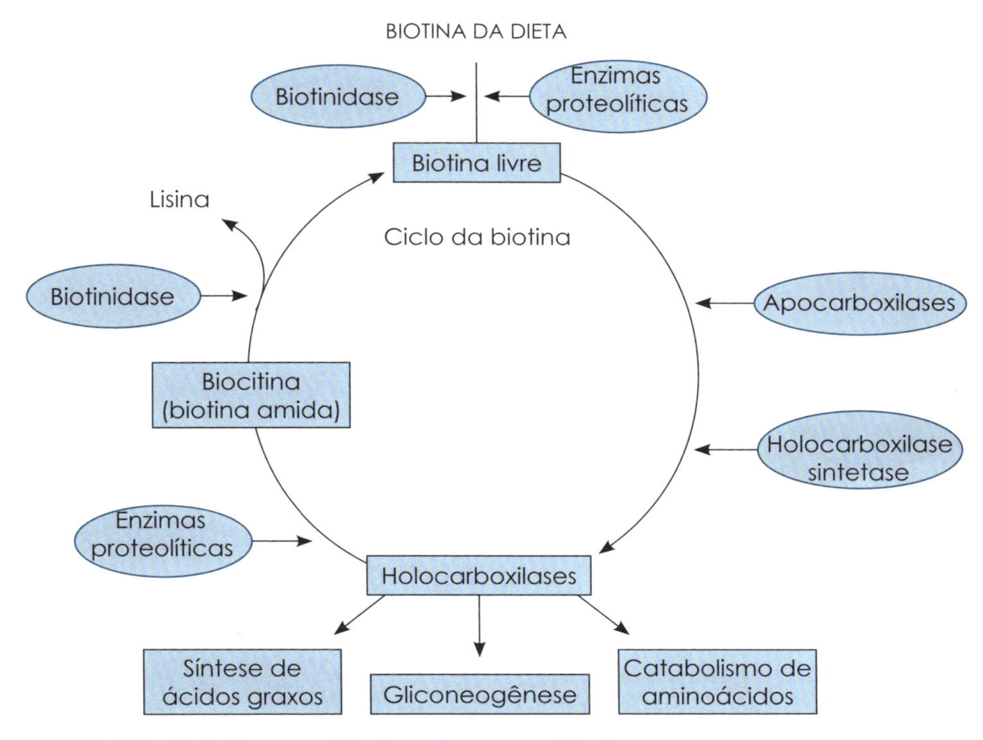

FIGURA 13.2.34 – Ação da biotina no metabolismo dos macronutrientes.

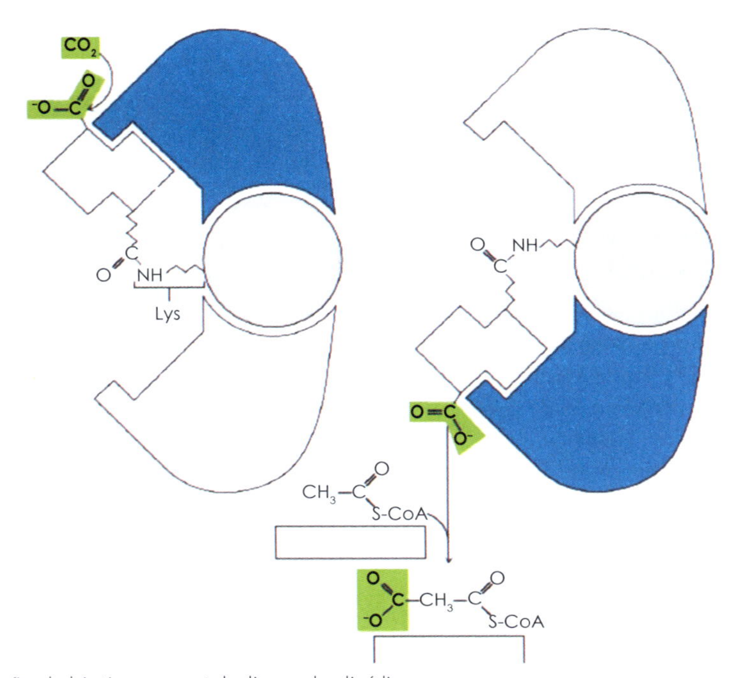

FIGURA 13.2.35 – Ação da biotina no metabolismo dos lipídios.

A carência de biotina causa furunculose, seborreia do couro cabeludo e eczema (Figura 13.2.36).

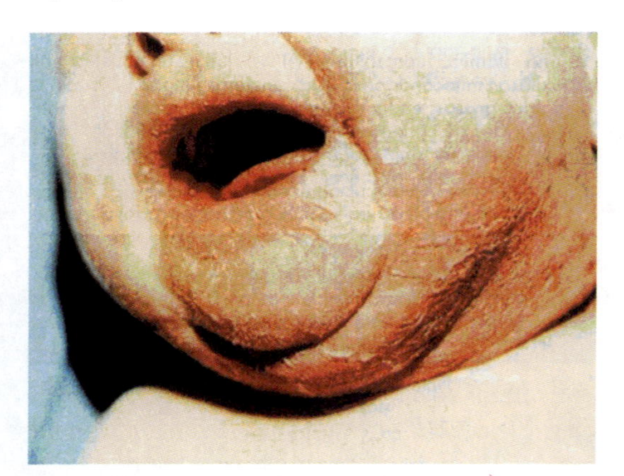

FIGURA 13.2.36 – Alterações de pele ocasionadas pela deficiência de biotina.

Ingestão recomendada

A ingestão diária recomendada desta vitamina fica ao redor de 5 a 35 mg/dia, dependendo do sexo, da idade e do momento biológico (Tabela 13.2.7).

Fontes alimentares

A biotina é encontrada em muitos alimentos. São boas fontes as vísceras, os ovos, leite, peixes e as castanhas e nozes.

Tabela 13.2.7 – Recomendações nutricionais de biotina

	Idade	mg/dia
Lactentes	0 a 6 meses	5,0
	7 a 12 meses	6,0
Crianças	1 a 3 anos	8,0
	4 a 8 anos	12,0
Homens	9 a 13 anos	20,0
	14 a 18 anos	25,0
	19 a 70 anos	30,0
	> 70 anos	30,0
Mulheres	9 a 13 anos	20,0
	14 a 18 anos	25,0
	19 a 50 anos	30,0
	> 50 anos	30,0
	Gravidez	30,0
	Lactação	35,0

Fonte: Dietary Reference Intakes: Recommended Intakes for Individuals Vitamins, Food and Nutrition Board, Institute of Medicine, National Academies, 2004.

Ácido fólico, folacina ou pteroilmonoglutamato

Também conhecido por vitamina B_9, o ácido fólico tem importante papel na gravidez, além de ser eficiente no combate à anemia e às doenças cardiovasculares. Descoberto na década de 1940 na folha do espinafre, o ácido fólico não despertou interesse científico até os anos 1970. Apenas nesta década ganhou importância devido a sua atuação em numerosos processos metabólicos. A deficiência de ácido fólico, juntamente com a de vitamina B_{12}, pode causar espinha bífida ou defeitos no fechamento do tubo neural (malformação na coluna vertebral e comprometimento das funções neurológicas).

Estrutura química e nomenclatura

O nome ácido fólico é derivado do latim folium, que significa folha. A forma mais importante é a tetra-hidrofolato (THF). No alimento, encontra-se como poliglutamato (Figura 13.2.37).

Absorção e transporte da vitamina

O poliglutamato ingerido através dos alimentos deve ser hidrolisado por uma folilconjugase produzida no pâncreas, para formar o monoglutamato (Figura 13.2.38). Dessa forma, é absorvido no jejuno por transporte ativo.

No plasma, o folato está ligado à albumina. A forma metil-THF (monoglutamato) ocorre na circulação e assim chega às células corporais. O poliglutamato é a forma de estoque. Suas vias de eliminação corporal são a urina ou a bile.

Metabolismo e função

Para a célula utilizar o folato é necessário que este esteja desmetilado, e para que isso

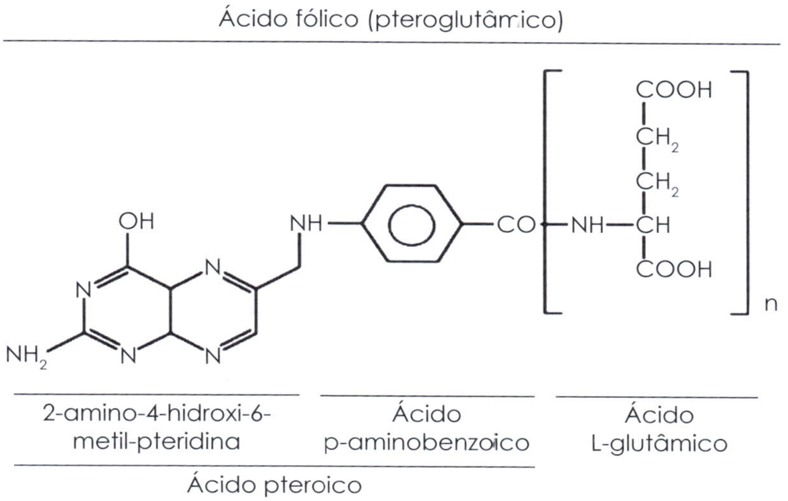

Ácido fólico (pteroglutâmico)

OH

NH

CO

COOH

CH_2

CH_2

NH—CH

COOH

n

N

N

NH_2

N

N

2-amino-4-hidroxi-6-metil-pteridina

Ácido p-aminobenzoico

Ácido L-glutâmico

Ácido pteroico

FIGURA 13.2.37 – Estrutura química do ácido fólico.

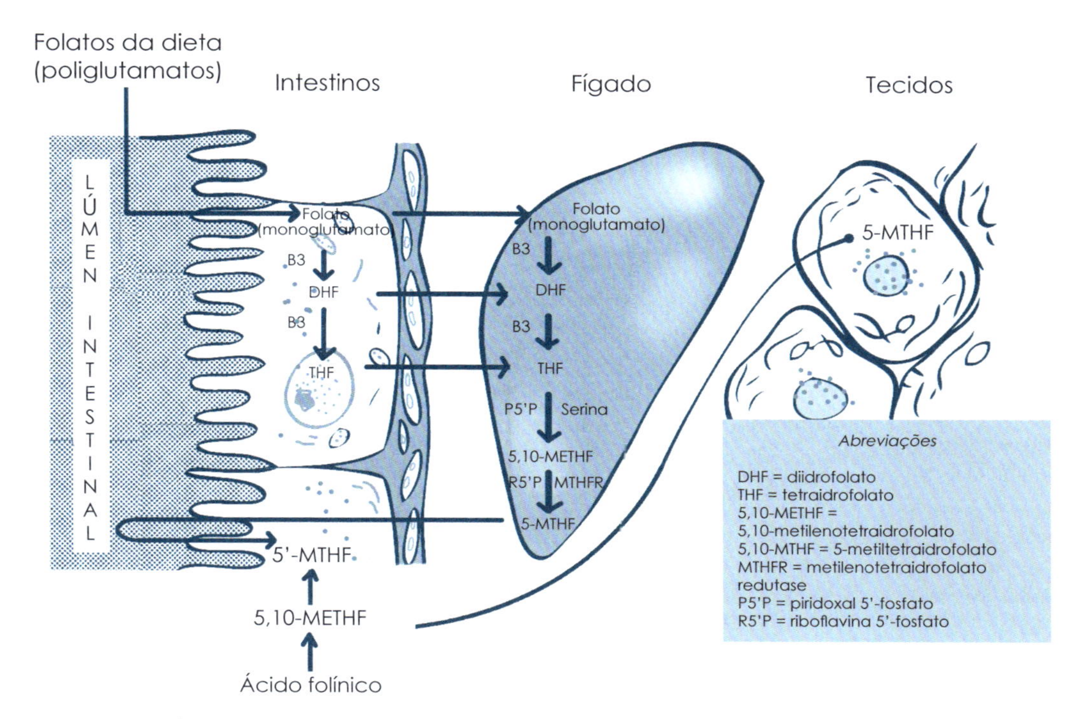

FIGURA 13.2.38 – Absorção e metabolismo do ácido fólico.

ocorra é necessária a presença da vitamina B_{12} em sua forma coenzimática – metilcobalamina – que, associada à enzima metionina sintase, promove a transferência do grupamento metila do metil-THF para a homocisteína, formando metionina e deixando o folato em uma forma utilizável pela célula (THF) (Figura 13.2.39).

Na sua forma desmetilada (THF), o ácido fólico apresenta as seguintes funções: síntese de DNA, RNA, metionina, serina, síntese de purinas (guanina e adenina) e de pirimidinas (timina) (Figura 13.2.40).

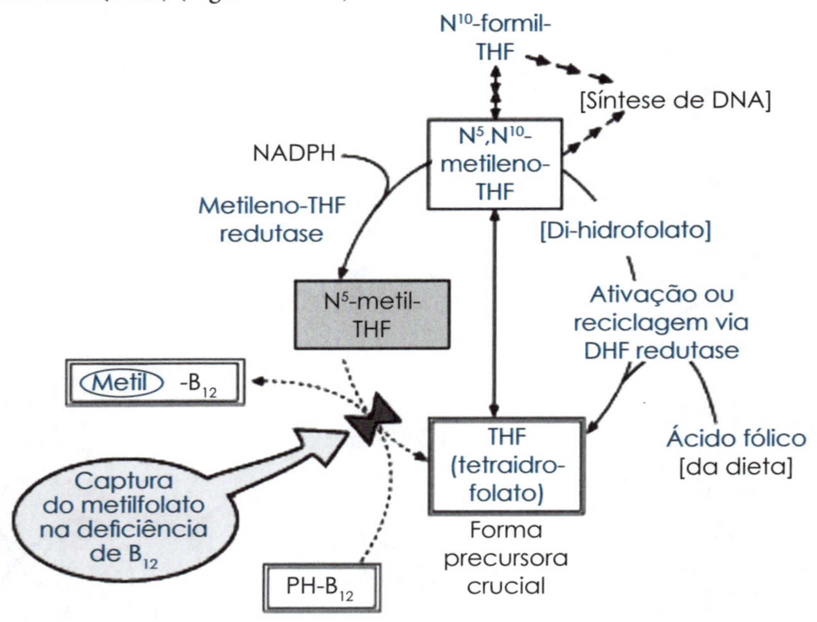

FIGURA 13.2.39 – Interação do metabolismo de ácido fólico e vitamina B_{12}.

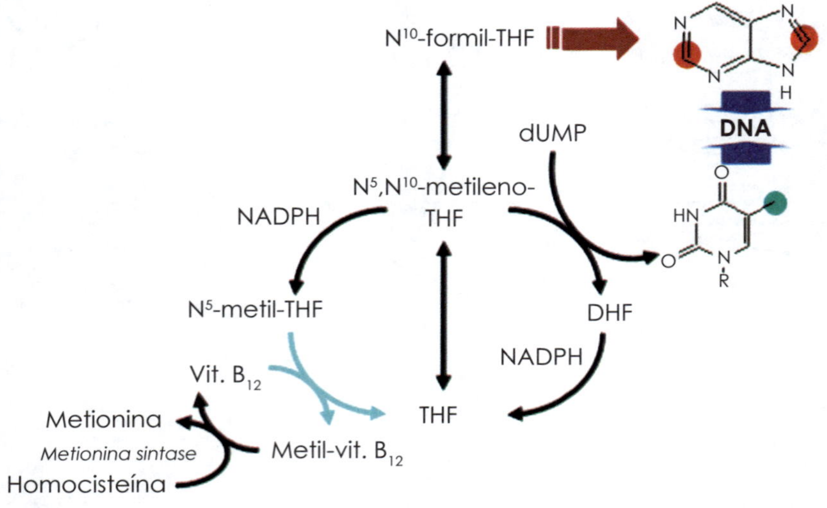

FIGURA 13.2.40 – Desmetilação do ácido fólico pela metionina sintase e ação do ácido fólico na síntese de ácidos nucleicos.

■ Deficiência

Como o organismo armazena apenas uma pequena quantidade no fígado, uma dieta com pouco ácido fólico acarreta uma deficiência em poucos meses. A deficiência de ácido fólico é mais comum no mundo ocidental do que a de vitamina B_{12} porque muitos indivíduos não consomem quantidades suficientes de vegetais folhosos crus.

A depleção de folato celular pode ser consequência da deficiência de B_{12}. Os vegetarianos vegans podem apresentar deficiência de vitamina B_{12} porque ela é encontrada apenas em produtos animais. A deficiência de ácido fólico, também, pode ocorrer em mulheres grávidas que consomem dietas sem legumes e vegetais folhosos verdes, os quais contêm ácido fólico.

A deficiência de qualquer uma dessas vitaminas acarreta uma anemia grave (anemia perniciosa), em que os eritrócitos apresentam um grande diâmetro. Os sintomas incluem a palidez, a fraqueza, a redução da secreção de ácido gástrico e a neuropatia (lesão nervosa).

A principal consequência metabólica da deficiência do ácido fólico é a alteração do metabolismo do DNA. Isso resulta em alterações na morfologia nuclear celular, especialmente naquelas células com velocidade de multiplicação mais rápida, como as hemácias e os leucócitos, ocasionando diminuição do crescimento, anemia megaloblástica, hiper-homocisteinemia, glossite e distúrbios gastrointestinais. Na mulher grávida, essa deficiência pode causar defeitos da medula espinal ou outras malformações fetais (Figura 13.2.41).

■ Ingestão recomendada

A ingestão diária recomendada desta vitamina fica ao redor de 65 a 500 mg/dia, dependendo do sexo, idade e momento biológico (Tabela 13.2.8).

Tabela 13.2.8 - Recomendações nutricionais de vitamina B_{12}

	Idade	mg/dia
Lactentes	0 a 6 meses	65,0
	7 a 12 meses	80,0
Crianças	1 a 3 anos	150,0
	4 a 8 anos	200,0
Homens	9 a 13 anos	300,0
	14 a 50 anos	400,0
	50 a 70 anos	400,0
	> 70 anos	400,0
Mulheres	9 a 13 anos	300,0
	14 a 18 anos	400,0
	19 a 50 anos	400,0
	> 50 anos	400,0
	Gravidez	600,0
	Lactação	500,0

Fonte: Dietary Reference Intakes: Recommended Intakes for Individuals Vitamins, Food and Nutrition Board, Institute of Medicine, National Academies, 2004.

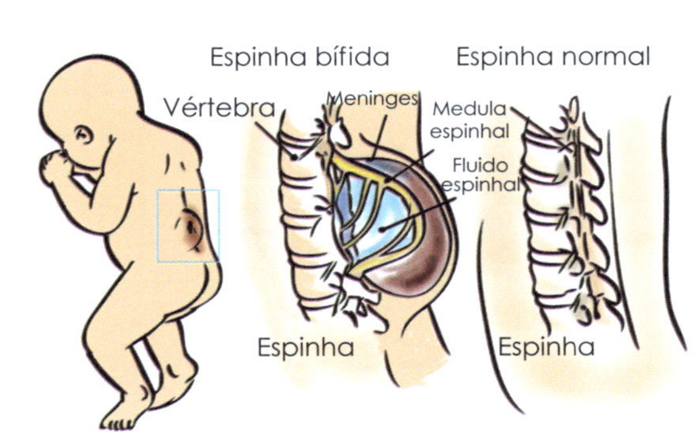

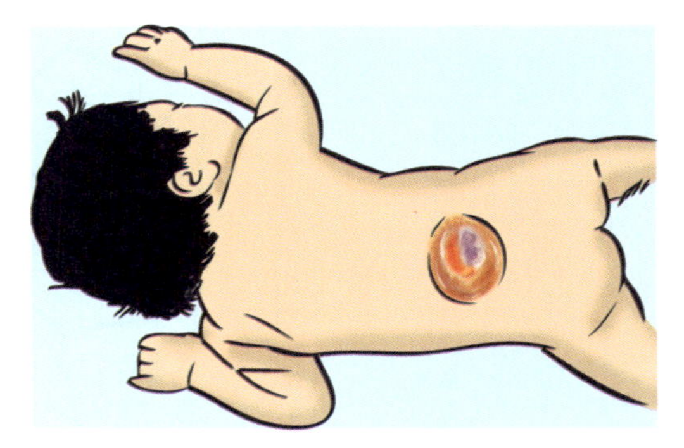

FIGURA 13.2.41 – Sinais clínicos da deficiência de ácido fólico durante a gravidez – fechamento inadequado do tubo neural.

Fontes alimentares

O ácido fólico é uma vitamina encontrada em vegetais crus, frutas frescas e carne vermelha, mas a cocção geralmente a destrói. Vários tecidos de animais e plantas contêm ácido fólico, porém, é abundante em verduras de folhas verdes. Está presente em alimentos proteicos de origem animal, como fígado, coração, leite e ovos.

Vitamina B_{12} ou cobalamina

A cobalamina é essencial para o funcionamento adequado das células do organismo, especialmente as do trato gastrointestinal, tecido nervoso e medula óssea.

Estrutura química e nomenclatura

Cobalamina é o nome genérico da vitamina B_{12} (Figura 13.2.42). Refere-se a todo membro de um grupo contendo cobalto. As formas biologicamente ativas são cianocobalamina, hidroxicobalamina e aquacobalamina. As formas funcionais são coenzimas: metilcobalamina e adenosilcobalamina. É uma substância hidrossolúvel, que forma cristais vermelhos pela presença do cobalto.

Digestão, absorção e transporte da vitamina

A vitamina B_{12} é produzida por bactérias e está presente em toda forma de tecido animal, não sendo encontrada nos vegetais. Na boca ocorre a secreção de uma proteína, a haptocorrina (Hc) que, ao chegar ao estômago, associa-se à vitamina B_{12}. Ainda no estômago, ocorre a produção e secreção do fator intrínseco (FI) pelas células parietais, sendo este uma glicoproteína essencial para a absorção da vitamina (Figura 13.2.43).

No duodeno ocorre a dissociação do complexo B_{12} + Hc, devido ao aumento do pH, promovendo a associação do FI com a vitamina. Esse complexo (FI + B_{12}) é transportado para o íleo, onde receptores de membrana nos enterócitos reconhecem este complexo e promovem a absorção da vitamina (Figura 13.2.43).

X = — CH_3 metil

X = — CN ciano

X = adenosil

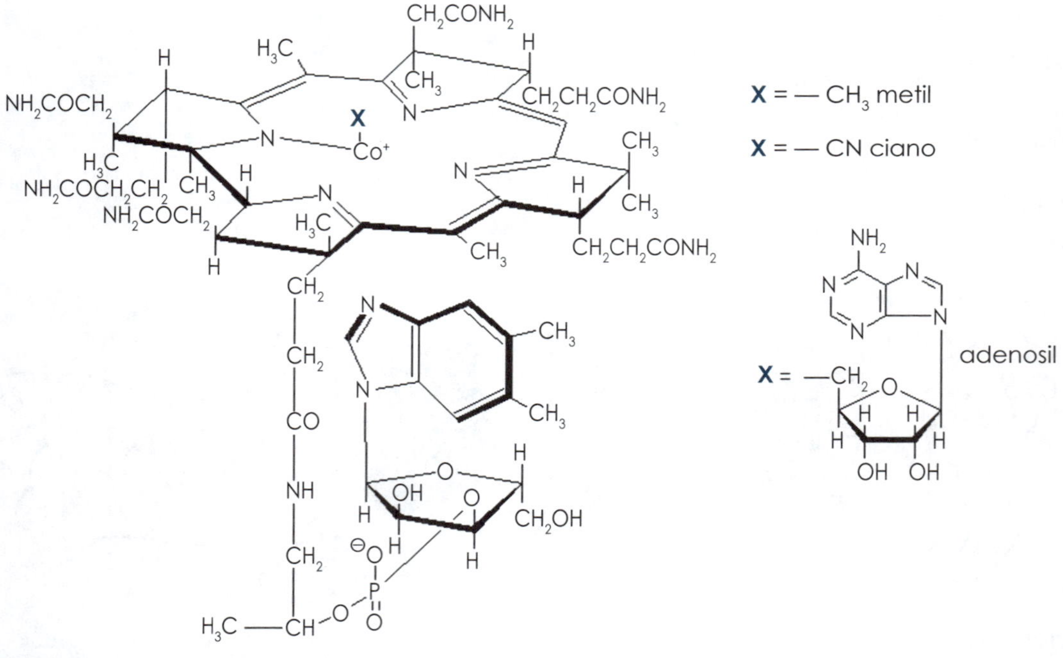

FIGURA 13.2.42 – Estrutura química da vitamina B_{12}.

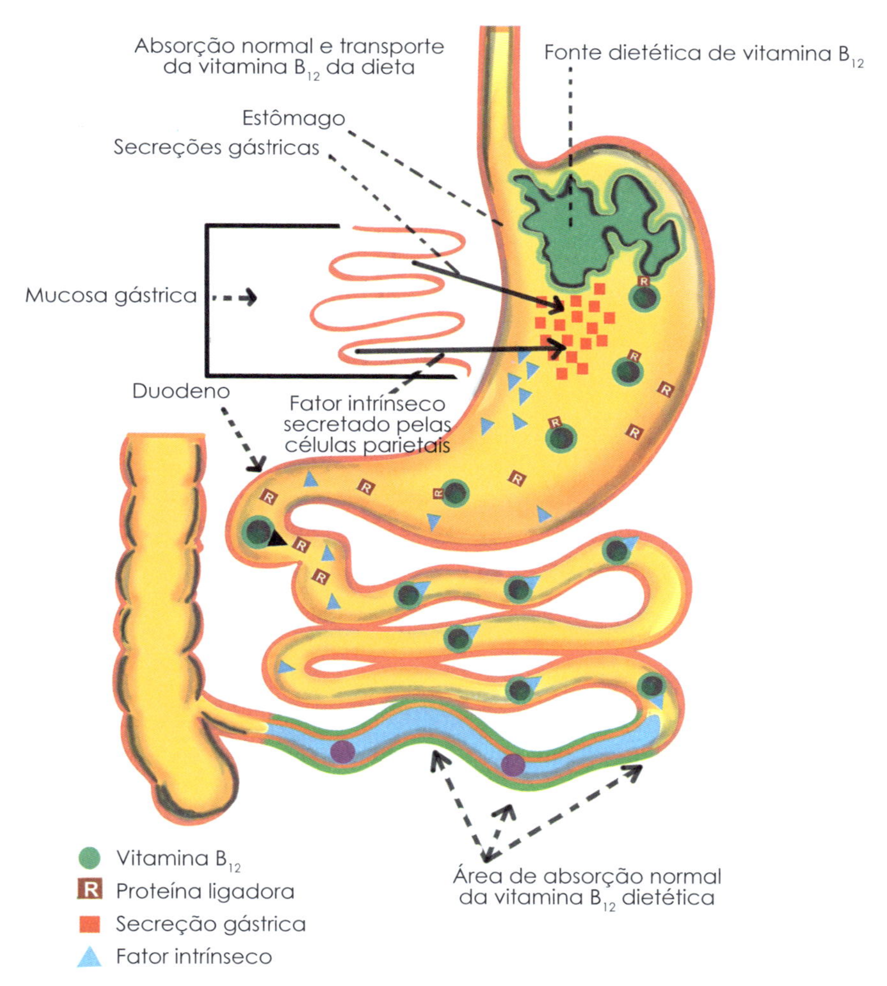

FIGURA 13.2.43 – Processo de digestão e absorção da vitamina B_{12}.

Uma vez absorvida, a vitamina B_{12} desliga-se do FI e forma um complexo com duas proteínas no citoplasma do enterócito: a transcobalamina I e II que, via circulação sanguínea, chega ao seu destino metabólico (Figura 13.2.44).

■ Metabolismo e função

Nas células dos tecidos corporais, o complexo B_{12} + TCII é internalizado por endocitose. A TCII é degradada por proteases no lisossoma e a cobalamina é convertida em metilcobalamina ou adenosilcobalamina, formas coenzimáticas das enzimas metionina sintase e metilmalonil-CoA, respectivamente.

A enzima metilmalonil-CoA está envolvida no metabolismo dos ácidos graxos, enquanto a metionina sintase está envolvida na utilização do ácido fólico (Figura 13.2.45).

A metionina sintase é uma enzima que possui como cofator a metilcobalamina. Esta enzima é responsável pela remoção do grupo metil do metilfolato (metil-THF), tornando o folato disponível para utilização pela célula (Figura 13.2.45).

Assim, é uma vitamina importante para a conversão do metilfolato para a sua forma ativa – tetra-hidrofolato (THF) – essencial para

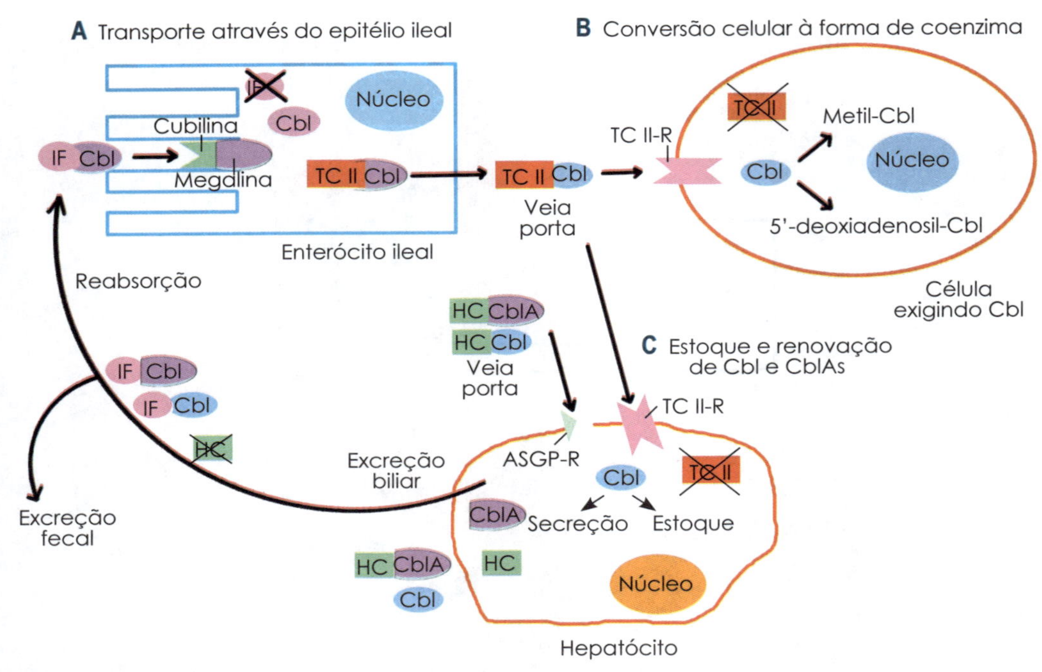

FIGURA 13.2.44 – Processos de absorção intestinal, transporte e metabolismo da vitamina B_{12}.

a síntese de DNA (Figura 13.2.46). A vitamina B_{12} participa então, indiretamente, na síntese de ácidos nucleicos juntamente com o ácido fólico. Atua, também, na maturação das células vermelhas e na formação da bainha de mielina, sendo, então, uma vitamina importante no metabolismo dos ácidos nucleicos e, consequentemente, para o funcionamento de todas as células corporais, em especial as do tecido nervoso e as da medula óssea.

Deficiência

A deficiência clínica pode surgir devido a um aporte insuficiente na alimentação ou devido à ausência do fator intrínseco, indispensável para a absorção da vitamina. Contudo, a ingestão insuficiente é rara e a alteração de sua absorção pode ser uma sequela de intervenções cirúrgicas no estômago.

A falta desta vitamina leva à anemia megaloblástica (caracterizada por glóbulos vermelhos grandes e imaturos) e à neuropatia nos seres humanos. Estes incluem fraqueza, cansaço, falta de ar de esforço (dispneia), sensação de latejar e dormência (parestesia), glossite, perda de apetite e de peso, perda do paladar e do olfato, impotência, perturbações psiquiátricas – irritabilidade, perda de memória, depressão leve, alucinações e anemia grave, a qual pode levar a sinais de disfunção cardíaca.

Os sintomas de deficiência da vitamina B_{12} são semelhantes aos da deficiência em ácido fólico, podendo ocasionar síntese deficiente de ácidos nucleicos nas células. A inibição da metionina sintase, resultante da deficiência de B_{12}, leva à deficiência intracelular de folato, que se torna metabolicamente não utilizável. Ocasiona, também, redução na síntese de metionina e consequentemente acúmulo de homocisteína, elevação do ácido metilmalônico e anemia megaloblástica (macrocítica e normocrômica)

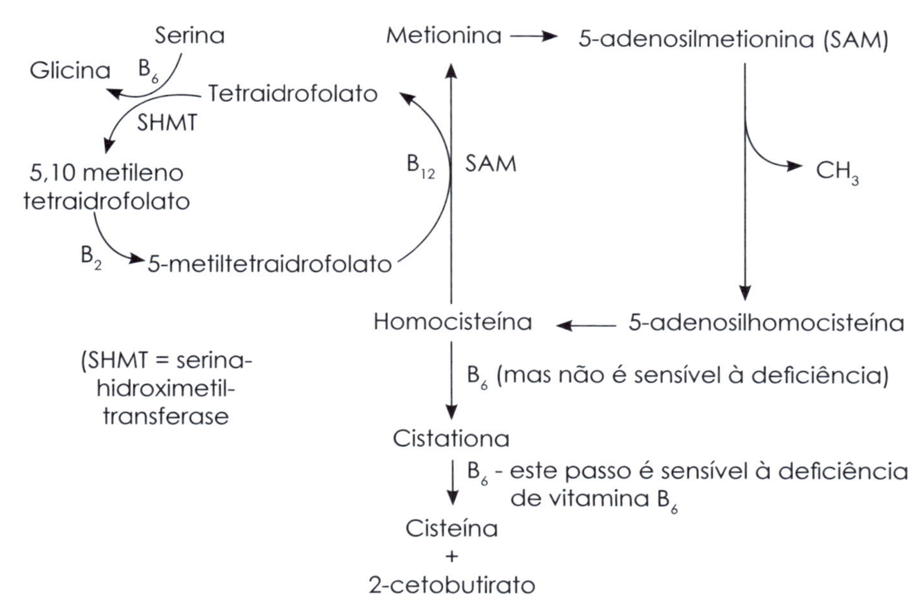

FIGURA 13.2.45 – Ação da vitamina B_{12} – em sua forma coenzimática metilcobalamina – no metabolismo do ácido fólico.

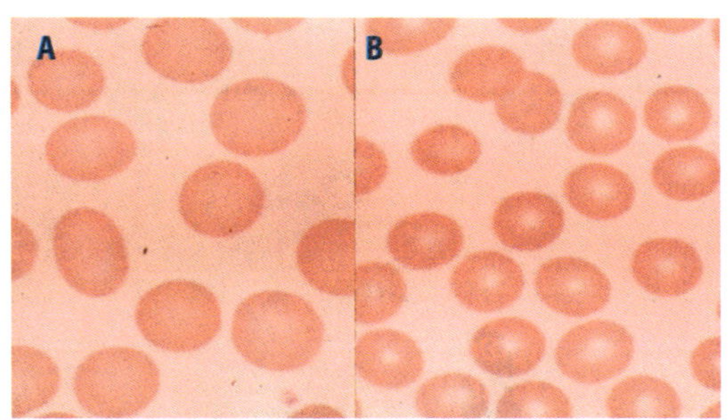

FIGURA 13.2.46 – A. Células sanguíneas vermelhas macrocíticas e normocrômicas (esquerda). **B.** Células sanguíneas vermelhas normocíticas e normocrômicas (direita).

caracterizada pela presença de hemácias maiores e imaturas, em quantidade menor que o normal (Figura 13.2.46).

Assim, os tecidos mais afetados são aqueles com maior taxa de renovação celular, tais como o sistema hematopoiético, e podem ocorrer danos irreversíveis no sistema nervoso, com desmielinização específica da medula espinal. Os vegetarianos são o grupo de maior risco para desenvolver deficiência desta vitamina, já que ela é encontrada apenas em alimentos de origem animal.

■ Ingestão recomendada

As recomendações de ingestão diária de vitamina B_{12} são variáveis, sendo de 2,4 mg para adultos, 1,2 mg para crianças de até 8 anos e de quase 3,0 mg para gestantes e mulheres que amamentam (Tabela 13.2.9).

Tabela 13.2.9 - Recomendações nutricionais de vitamina B_{12}

	Idade	µg/dia
Lactentes	0 a 6 meses	0,4
	7 a 12 meses	0,5
Crianças	1 a 3 anos	0,9
	4 a 8 anos	1,2
Homens	9 a 13 anos	1,8
	Acima dos 14 anos	2,4
Mulheres	9 a 13 anos	1,8
	Acima dos 14 anos	2,4
	Gravidez	2,6
	Lactação	2,8

Fonte: Dietary Reference Intakes: Recommended Intakes for Individuals Vitamins, Food and Nutrition Board, Institute of Medicine, National Academies, 2004.

Fontes alimentares

Toda a vitamina B_{12} encontrada na natureza é produzida por microrganismos. Esta vitamina não é encontrada em vegetais. As principais fontes dietéticas da vitamina B_{12} são as vísceras, carnes e derivados, em menor importância o leite e laticínios em geral.

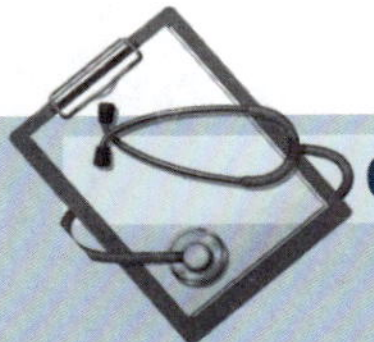

CASO CLÍNICO

Caso 1

Paciente do sexo feminino, de 67 anos procurou atendimento médico pois refere como queixa principal muita fraqueza nos membros inferiores, que vem progredindo e dificultando a marcha. A paciente relata ser diabética, com diagnóstico a menos de 10 anos. Na consulta médica apresentou bom estado geral, eupneica, mucosas coradas, acianótica e hidratada. Após exame físico, os aparelhos cardiovascular, respiratório e abdômen à palpação foram considerados normais. Na avaliação neurológica apresentou bom estado mental, orientada no tempo e espaço. Ao examinar os pares cranianos e coordenação motora, nada digno de nota. Em relação à marcha e equilíbrio apresenta dificuldade de deambulação. A motricidade e a força muscular estão preservadas nos membros musculares superiores, assim como o tônus, porém há flacidez muscular e perda de força nos membros inferiores. A sensibilidade do tato superficial está preservada, mas a sensibilidade vibratória da cinestesia consciente abolidas em membros inferiores. Reflexo cutâneo plantar extensor bilateral.

Foram solicitados os seguintes exames laboratoriais de sangue:

- Glicose: 131 mg/dL
- Hemoglobina glicada: 6,7%
- Sódio: 135 mEq/L
- Potássio: 4,5 mEq/L
- Cálcio iônico: 5 mg/dL
- Magnésio: 1,9 mg/dL
- Vitamina B12: 69 pg/mL (210 – 890 pg/mL)

Qual as suas considerações sobre o caso deste paciente?

Bibliografia consultada

1. Anders L, Barnett RA, Barone J, Benneward P, Berlinsky G, Bouchez C et al. O poder de cura de vitaminas, minerais e outros suplementos. 1a ed. Rio de Janeiro: Reader'sDigest Livros, 2001; p. 378-79.
2. Anderson, Dibble, Turkki, Mitchell, Rynbergen. Nutrição. Rio de Janeiro: Editora Guanabara, 17a ed. Editora Guanabara, Rio de Janeiro, 1988; 737p.
3. Chemin SM, Mura JD'AP. Tratado de Alimentação, Nutrição e Dietoterapia. São Paulo: Roca, 2007.
4. Nelson DL, Cox MM. Lehninger Principles of Biochemistry. 4aed. New York: W. H. Freeman, 2005.
5. Davies MB, Austin JE, Partridge DA. Vitamin C: in chemistry and biochemistry. Cambridge: Royal Society of Chemistry, 1991; p. 7-25 e 74-82.

6. Gallagher ML. Vitaminas. In: Mahan LK, Stump SE. Alimentos, Nutrição e Dietoterapia. 11a ed. São Paulo: Roca, 2005; 4:97-98.
7. Lehninger AL, Nelson DL, Cox MM. Princípios de Bioquímica. Trad. Simões AA e Lodi WRN. São Paulo: Sarvier, 1993; p. 195, 327-328 e 550-551.
8. Mahan KL, Arlin MT. Krause, alimentos, nutrição e dietoterapia. 11a ed. Rio de Janeiro: Roca, 1998.
9. Moreira AVB. Vitaminas. In: Silva SMCS, Mura JDP. Tratado de alimentação, Nutrição &Dietoterapia. 1a ed. São Paulo: Roca, 2007; 4:92-93.
10. Powers HJ. Riboflavin (Vitamin B2) and health. American Journal of Clinical Nutrition, 2003; 77:1352-60.
11. Souza ACS, Ferreira CV et al. Riboflavina: uma vitamina multifuncional. Quím Nova, 2005; 28(5):887-891.
12. Van Herwaarden AE et al. Multidrug Transporter ABCG2/Breast Cancer Resistance Protein Secretes Riboflavin (Vitamin B2) into Milk..Mol CellBiol; 2007; 27(4):1247-53.
13. Vannucchi H. Hipovitaminoses: Fisiopatologia e tratamento. In: Vannucchi H, Marchini JS. Nutrição Clínica: Nutrição e Metabolismo. 1a ed. Rio de Janeiro: Guanabara Koogan, 2007; 10:124-125.

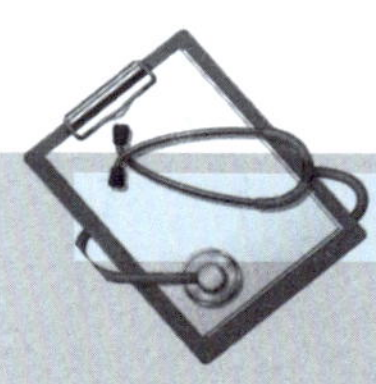

DISCUSSÃO DO CASO CLÍNICO

■ Caso 1

Considerações: A paciente apresenta alterações na porção sensitiva profunda, associada à parte motora do neurônio motor superior com fraqueza muscular e reflexo cutâneo-plantar extensor, apresentando também sinais de alterações no neurônio motor inferior, com arreflexia e flacidez muscular. Diante desse quadro clínico neurológico e deficiência de vitamina B_{12}, confirmado pelo exame laboratorial, a paciente foi medicada, sendo indicada a reposição de vitamina B_{12}.

A deficiência de vitamina B_{12} está associada às condições e hábitos alimentares de não ingestão de alimentos ricos nesta vitamina (p. ex., fígado, carnes) ou indivíduos que apresentam a síndrome de má absorção intestinal, que pode ser adquirida ou congênita. A vitamina B_{12} possui um importante papel na formação da Bainha de mielina, favorecendo a transmissão de impulsos nervosos entre as células nervosas.

Vitamina D 14

Elaini Aparecida de Oliveira
Flavio Barbosa Luz
Luiza Alonso Pereira

Introdução

Histórico da vitamina D

Há cerca de 100 anos, a história da vitamina D começou a partir dos estudos e entendimento do raquitismo, porém estima-se que a fotossíntese de vitamina D tenha ocorrido no fitoplâncton marinho por 500 milhões de anos e que os vertebrados terrestres têm gerado vitamina D há 350 milhões de anos. Ela é um dos elementos essenciais para a saúde e prevenção de determinadas doenças, como Pelagra, Escorbuto e Beriberi, de acordo com resultados de 1881 do cirurgião russo Nicolai Lunin e de Frederick Hopkins, em 1912.

A partir de 1920, começou a observar-se que a carência de vitamina D na alimentação originava o raquitismo e que essa substância erroneamente era identificada como vitamina, uma vez que poderia ser formada pelo organismo a partir de um intermediário da biossíntese do colesterol, por exposição da pele à luz solar. Além disso, atua como biocatalisador de diversos processos no organismo. Alfred Hess e Mildred Weinstock demonstraram, em ratos alimentados com ração indutora de raquitismo, que a irradiação por luz solar evitava o desenvolvimento da doença e comprovaram que os constituintes alimentares que eram ativados pela luz ultravioleta tinham a constituição de esteróis. Estes, de origem animal, vegetal ou de fungos, constituiriam uma proteção do raquitismo, após serem irradiados por luz ultravioleta com comprimento de onda de 253 e 302 nm. Além disso, foi sugerido que o percursor da vitamina D não seria o colesterol em si, mas uma substância associada. A identificação química dessa substância incentivou a colaboração internacional entre os laboratórios de Hess (em Nova Iorque), Windaus (em Gottinger) e de Rosenheim (em Londres). Após analisarem cerca de três dezenas de esteroides extraídos de várias fontes vegetais, Windaus e Hess concluíram que o ergosterol era a substância contaminante (presente em fungos) das amostras de colesterol que conferia potência contra o raquitismo aos alimentos irradiados com luz ultravioleta.

Em 1927, Rosenheim e Webster confirmaram que o ergosterol era a provitamina D.

Em 1931, Askew e Cols., Reerink e Van Wijk e Windaus isolaram, purificaram, cristalizaram e identificaram a estrutura do ergosterol irradiado, depois denominada vitamina D2 (ou calciferol), cuja estrutura veio a ser estabelecida por Windaus e Thiele em 1936. Na década de 30, constatou-se que existiam duas formas equivalentes, uma exógena, derivada do ergosterol (calciferol ou vitamina D2) e outra sintetizada na pele, por irradiação luminosa, a partir do

7-desidrocolesterol (colecalciferol ou vitamina D3). Em estudos recentes, foi comprovado que a alimentação contribui pouco para as necessidades do organismo de vitamina D, ao passo que a exposição solar do corpo é de grande importância. Nos últimos anos, a vitamina D recebeu maior atenção devido às discussões sobre sua deficiência e raquitismo a nível global, juntamente com evidências em laboratório indicando que a 1,25-di-hidroxivitamina D [1,25 (OH) D], gera um número de respostas biológicas extra esqueléticas, como inibição da progressão de células cancerosas da mama, do cólon e da próstata; efeitos no sistema cardiovascular; e proteção contra algumas doenças autoimunes, incluindo esclerose múltipla e doença inflamatória intestinal.

■ Mecanismos moleculares

A vitamina D, ou calciferol, é um termo que designa um grupo de compostos lipossolúveis com um esqueleto de colesterol de quatro anéis. A 25-hidroxivitamina D (25 [OH] D) é a principal forma circulante e tem meia-vida de duas a três semanas, embora também ocorra armazenamento limitado de gordura e músculos (meia-vida de 60 dias. Tem atividade nos ossos e no intestino, mas é 100 vezes menos potente que a 1,25-di-hidroxivitamina D, a forma mais ativa, cujo tempo de meia-vida de aproximadamente quatro a seis horas.

A síntese de vitamina D na pele é a fonte mais importante e depende da intensidade da radiação ultravioleta, que depende da estação e da latitude. A vitamina D ocorre sob duas formas: o ergocalciferol ou vitamina D2, sintetizada na epiderme pela ação da radiação ultravioleta da luz solar (UVB 290-315 nm) sobre o ergosterol, que tem origem vegetal, e o colecalciferol ou vitamina D3, a partir do colesterol. As duas formas são produzidas na epiderme camada de Malpighi, através de reação de fotólise, onde os raios ultravioletas B induzem a ruptura do núcleo B dos esteroides precursores. Essas duas vitaminas são inativas. A vitamina D também pode ser tomada na dieta. No entanto, a vitamina D está presente em apenas alguns alimentos (que incluem produtos lácteos fortificados e óleos de peixe). Indivíduos com pele levemente pigmentada produzem menores quantidades de pré-vitamina D3 do que indivíduos com pele escura. Como consequência disso, a pele profundamente pigmentada pode ser considerada não adaptativa para a síntese 1,25 (OH) 2D3 sob condições de raios UV limitadas. O envolvimento multifatorial dos seguintes genes afeta a pigmentação da pele: MC1R, MATP (SLC45A2), OCA2, TYRP1, DCT, KITLG, PPARD, DRD, EGFR e SLC24A5. Existe um coeficiente de pigmentação ambiental no qual melanodérmicos em altas latitudes podem ter a síntese de vitamina D limitada, enquanto a pigmentação leve na pele nas latitudes equatoriais pode levar à fotólise do folato - ambos fenômenos com atributos negativos. Durante a exposição prolongada ao sol, a produção de pré-vitamina D não passa de 15% do 7-DHC disponível, porque a exposição UV adicional causa fotoisomerização da pré--vitamina D em dois produtos biologicamente inertes, o lumisterol e o tachisterol.

Uma vez incorporada ao organismo, seja através dos alimentos naturais ou sob a forma de suplementos, faz-se necessário manter a vitamina D em suspensão no intestino delgado proximal. Por ser lipossolúvel, depende da formação de micelas para permanecer suspensa no meio aquoso do lúmen intestinal e ser absorvida. Ela é conjugada aos sais biliares, tal como acontece com lipídeos em geral.

Após a absorção, é transportada no sangue pela proteína de ligação à vitamina D (DBP; que liga a vitamina D e seus metabólitos no soro) ao fígado. Embora a DBP funcione como uma proteína de ligação para todos os metabólitos da vitamina D no soro [20 vezes menos afinidade para a 1,25 (OH) D do que para a 25 (OH) D], a DBP também sequestra a actina, pode se ligar a ácidos graxos e pode funcionar como um fator quimiotáctico com um papel significativo no recrutamento de neutrófilos. Estudos em humanos mostraram que a DBP é altamente polimórfica, com três variantes comumente reconhecidas

(GC1F, GC1S, GC2) que demonstram afetar a função da proteína. As três variantes comuns com relevância para o metabolismo da vitamina D são determinadas por dois SNPs em Gc; rs7041 (o ácido aspártico muda para o ácido glutâmico na posição 432; Gc1f vs. Gc1s) e rs4588 (a treonina muda para a lisina na posição 436; Gc1f vs. Gc2). As variações resultantes na sequência de aminoácidos do DBP parecem alterar a afinidade de ligação da DBP, sendo o Gc1F a afinidade mais alta para os metabolitos da vitamina D e o Gc2 o mais baixo. A prevalência desses polimorfismos difere entre os grupos raciais. Populações negras e asiáticas são muito mais propensas a carregar a forma Gc1f, enquanto os brancos exibem mais frequentemente a forma Gc1s. A forma Gc2 é mais frequente em pessoas de ascendência asiática e europeia e rara nos grupos étnicos negros. Um estudo *in vitro* mostrou que a adição de DBP do genótipo de maior afinidade (Gc1f / 1f) reduziu o efeito de 25 (OH) D na expressão gênica em monócitos, comparado com formas polimórficas de DBP de menor afinidade (Gc1s ou Gc2), indicando que estes polimorfismos podem influenciar a biodisponibilidade de 25 (OH) D.

Ao chegar no fígado, ocorre a hidroxilação do colecalciferol no carbono 25 pela enzima 25-hidroxilase, originando 25-hidróxi-D3 [25(OH)D3. Essa hidroxilação enzimática NADP-citocromo dependente (P450-redutase) ocorre no sistema microssomal hepático. A regulação da hidroxilação dependente do conteúdo hepático de 25-(OH)D3 e sua presença reflete a reserva hepática. A síntese de 25 (OH) D não foi relatada como sendo altamente regulada. O CYP2R1, uma enzima do citocromo P-450, é a principal vitamina D 25-hidroxilase, uma vez que pacientes com uma mutação do CYP2R1 têm deficiência de 25 (OH) D e sintomas de raquitismo dependente de vitamina D. Estudos recentes usando camundongos mutantes nulos do Cyp2r1 que demonstram que o CYP2R1 é a principal enzima responsável pela 25-hidroxilação da vitamina D. Neles, embora os níveis de 25 (OH) D sejam drasticamente reduzidos, a síntese de 25 (OH) D não é abolida, sugerindo a presença de outras 25-hidroxilases de vitamina D ainda a serem identificadas.

Para a segunda etapa metabólica, 25-(OH) D3 associa-se a DBP e é transportado até os rins. A quantidade de 25-(OH)D3 livre é muito pequena. Nos rins, especificamente no túbulo contornado proximal, sofre a segunda hidroxilação no carbono 1, devido à ação da 1-alfa-hidroxilase [1-alfa-(OH)ase], que leva a formação do 1,25 diidroxicolecalciferol [1,25-(OH)2D3], e 1,25 diidroxiergocalciferol [1,25-(OH)2D2. Essa formação acontece quando há entrada do complexo de proteína de ligação 25 (OH) D-vitamina D filtrada nas células, facilitada pela endocitose mediada por receptor. Pelo menos duas proteínas estão envolvidas: cubilina e megalina. Elas são expressas no túbulo proximal, formando receptores que facilitam a captação de ligantes extracelulares. A falta de qualquer uma dessas proteínas levaria ao aumento da excreção de 25 (OH) D na urina e, em modelos experimentais, a deficiência de 1,25-di-hidroxivitamina D e a doenças do metabolismo ósseo. A 25 (OH) D é liberada da proteína de ligação dentro da célula tubular. As células tubulares renais contêm duas enzimas, 1-alfa-hidroxilase (CYP27B1) e 24-alfa-hidroxilase (CYP24), que hidroxilam a 25 (OH) D, produzindo 1,25-di-hidroxivitamina D, a forma mais ativa, ou 24,25-di-hidroxivitamina D, um metabolito inativo respectivamente. Essas enzimas são membros do sistema P450. Estudos em animais com deficiência de vitamina D sugerem que o túbulo proximal é o local importante para a síntese, porém estudos no rim humano indicam que o néfron distal é o local de maior expressão de 1-alfa-hidroxilase em condições normais. A 1-alfa-hidroxilase também pode ser expressa em locais extrarrenais, como trato gastrointestinal, pele, vasos, células epiteliais mamárias, osteoblastos e osteoclastos. Uma manifestação conhecida seria a hipercalcemia e a hipercalciúria em doenças granulomatosas, como a sarcoidose, onde macrófagos foram identificados como a fonte de produção extrarrenal de 1,25 (OH) D resultando em hipercalcemia e hipercalciúria nesses pacientes. Além da sarcoidose, a hipercalcemia também foi identificada em pacientes com doença de Crohn. Foi sugerido que os macrófagos ativados do granuloma de Crohn são responsáveis pela hipercalcemia da doença. O CYP27B1 produzido por macrófagos, ao contrário do CYP27B1 renal, não é suprimido pela 1,25 (OH) D elevada, mas é regulado por estímulos imunológicos [interferon-γ e lipopolissacarídeo (LPS)]. Foi relatado que a regulação por estímulos imunológicos envolve múltiplas vias (incluindo JAK / STAT e NFkB) e requer a ligação do fator de transcrição C / EBPβ aos genes CYP27B1 de ratos e humano. Além disso, a expressão de CYP27B1 foi observada na glândula paratireoide e em vários outros tecidos. No entanto, se há um impacto funcional da atividade do CYP27B1 *in vivo* em outros locais que não o rim e a placenta, sob condições fisiológicas normais, ainda precisa ser determinado.

Tem sido sugerido que, em animais e humanos saudáveis, o CYP27B1 é expresso apenas no rim e, durante a gravidez, na placenta, onde a CYP27B1 é expressa tanto nos trofoblastos fetais como na decídua materna. A expressão placentária do mRNA do CYP27B1 começa no início da gestação e foi relatada como sendo mais alta no primeiro trimestre. Estudos recentes sugeriram que a síntese de 1,25 (OH) D na placenta pode desempenhar um papel importante no controle das respostas placentárias à infecção. Células deciduais humanas tratadas com 1,25 (OH) D ou 25 (OH) D mostram síntese diminuída de citocinas, incluindo fator de necrose tumoral, fator estimulante de colônias de granulócitos-macrófagos e interleucina-6. A expressão de catelicidina, um peptídeo antimicrobiano, também é aumentada em resposta a 1,25 (OH) D em trofoblastos e células deciduais, indicando ainda a importância de 1,25 (OH) D como um regulador de respostas imunes na placenta.

A concentração plasmática de 1,25-di-hidroxivitamina D depende da disponibilidade de 25 (OH) D e da atividade das enzimas renais. A enzima 1-alfa-hidroxilase renal é regulada principalmente pela ação do PTH, concentração sérica de cálcio e fosfato e presença de fator de crescimento de fibroblastos 23 (FGF23). A secreção de PTH amentada quando há queda na concentração plasmática de cálcio e a hipofosfatemia estimulam a enzima renal e aumentam a produção da vitamina D ativa. Esta inibe a síntese e a secreção de PTH num sistema de regulação de retroalimentação negativa. A síntese de 1,25-di-hidroxivitamina D também pode ser modulada por receptores de vitamina D (VDRs) na superfície celular, onde a regulação negativa desempenha papel importante na modulação da ativação da vitamina D. De forma semelhante, o FGF23 é estimulado pela 1,25-di-hidroxivitamina D e inibe a produção renal da vitamina ao limitar a atividade da 1-alfa-hidroxilase no túbulo proximal renal e aumentar de forma concomitante a expressão da 24-alfa-hidroxilase e a produção de 24,25-di-hidroxivitamina D, que é um metabólito inativo. Ensaios experimentais sugerem que o FGF23 diminui a reabsorção renal de fosfato, o que neutraliza o aumento da reabsorção de fosfato gastrointestinal induzida pela 1,25-dihidroxivitamina D, mantendo também a homeostase do fosfato. A 24-hidroxilase degrada parte da 1,25-di-hidroxivitamina D e 25 (OH) D. A atividade do gene da 24-hidroxilase é aumentada pela 1,25-di-hidroxivitamina D, promovendo sua própria inativação.

O calcitriol circula em concentração aproximadamente mil vezes inferior ao seu precursor, e é transportado no plasma ligado a DBP. Ele liga-se a receptores celulares específicos (VDR), que são predominantemente nucleares, com afinidade muito maior por esse metabólito do que ao 25-(OH) D3. VDR pertence à família de receptores de esteroides, que inclui receptores para ácido retinóico, hormônio tireoidiano, hormônios sexuais e esteroides adrenais. Os genes VDR humanos e de camundongo estão localizados nos cromossomos 12 e 15, respectivamente. Ambos os genes humano e de camundongo são compostos por oito exóns codificadores. Dois exóns não codificantes são encontrados no gene do camundongo, e pelo menos seis exóns não codificantes estão no gene humano. No gene humano existem também pelo menos dois promotores. A proteína VDR [contendo 423 aminoácidos (VDR de camundongo) ou 427 aminoácidos (VDR humana)] funciona como um heterodímero obrigatório com RXR para ativação dos genes alvo da vitamina D. O estrógeno parece exercer atividade indutora da síntese desses receptores. Eles formam um complexo com o receptor X do ácido retinóico (RXR) que interage com o elemento de resposta da vitamina D (VDRE) no DNA, o que leva à transcrição dos genes seguida da síntese de RNAm para várias proteínas. São exemplos de proteínas: osteocalcina, fosfatase alcalina e calbindina. Os genes polimorfos VDR parecem ser fator determinante das diferentes respostas à forma ativa de vitamina D3 influenciando na absorção intestinal do cálcio. Estudos vêm demonstrando que indivíduos com genótipo VDR de genes alelos "bb" têm maior densidade mineral óssea quando comparados àqueles portadores de alelos "BB". A concentração do VDR intestinal sofre redução com o tempo e seria uma das causas de resistência ao 1,25-(OH)2D3 no idoso. O calcitriol age nos ossos, estimulando a mobilização do cálcio e do fosfato pelo processo de síntese proteica e presença de PTH, levando a aumento da calcemia e fosfatemia. O raquitismo hereditário resistente à vitamina D (HVDRR) é uma doença autossômica recessiva rara, caracterizada por hipocalcemia, hiperparatireoidismo, raquitismo de início precoce e resistência de órgão à 1,25 (OH) 2D3. A resistência a 1,25 (OH) 2D3 é causada pela perda heterogênea de mutações de função no VDR. As crianças afetadas também podem exibir alopecia.

■ Manutenção da homeostase

Intestino

A principal ação do 1,25 (OH) 2D3 e do VDR é a absorção intestinal de cálcio. Os fenótipos minerais e esqueléticos de pacientes com HVDRR são revertidos quando esses pacientes são tratados com cálcio oral ou intravenoso. Além disso, quando ratos VDR nulos (que representam um modelo animal de HVDRR) são alimentados com uma dieta de resgate rica em cálcio e lactose, raquitismo e osteomalácia são prevenidos.

A sinalização defeituosa do VDR resulta da deficiência na absorção intestinal de cálcio. Os mecanismos envolvidos permaneceram incompletos. O modelo de difusão facilitado é o mecanismo mais estudado de absorção de cálcio regulada pela vitamina D. Nesse modelo, o transporte de cálcio transcelular é um processo saturável composto de três etapas reguladas por 1,25 (OH) 2D3:

1) Entrada de cálcio através do canal de cálcio de membrana apical TRPV6.
2) Ligação à proteína de ligação de cálcio calbindina-D9k.
3) Extrusão de cálcio através da membrana basolateral por PMCA1b.

O TRPV6 e a calbindina-D9k foram avaliados como os principais alvos intestinais da 1,25 (OH) 2D3. Eles estão colocalizados no intestino e sua expressão está correlacionada com a eficiência de absorção de cálcio transcelular. No entanto, estudos em camundongos Trpv6 e calbindina-D9k (S100g) *Knock-out* (KO) mostram que o transporte de cálcio mediada por 1,25 (OH) 2D3 é semelhante a *Wild Type* (WT) na ausência de TRPV6 ou calbindina, sugerindo compensação por outros canais de cálcio e outras proteínas de ligação ao cálcio ainda não identificados. Ao contrário dos camundongos KO isolados, nos quais a absorção intestinal ativa de cálcio em resposta a 1,25 (OH) 2D3 é semelhante à de WT, a capacidade do intestino de absorver cálcio em resposta a 1,25 (OH) 2D3 é reduzida em 60% em camundongos KO duplo Calbindina-D9k/ Trpv6, sugerindo que o TRPV6 e a calbindina atuam em conjunto para afetar a absorção de cálcio. É possível que a calbindina possa atuar na modulação do influxo de cálcio mediado pelo TRPV6, e que também pode agir para tamponar o cálcio, evitando que os níveis tóxicos se acumulem nas células intestinais. No citosol, o cálcio pode estar ligado a outras proteínas de ligação ao cálcio além da calbindina. Além disso, organelas intracelulares também poderiam sequestrar cálcio na célula intestinal. Foi sugerido que a 1,25 (OH) 2D3 também pode estimular a absorção ativa de fosfato no intestino. A capacidade de absorver o cálcio é mais rápida no duodeno. No entanto, apenas 8-10% da absorção de cálcio ocorre no duodeno. O transporte de cálcio regulado pela vitamina D e 1,25 (OH) 2D3 foi relatado também no íleo, ceco e cólon. Os níveis de expressão mais altos de TRPV6 estão no intestino distal. Estudos em ratos e humanos mostram que a absorção total de cálcio é significativamente maior quando o cólon é preservado após extensa ressecção do intestino delgado. Além do transporte de cálcio transcelular, o cálcio é absorvido pelo caminho paracelular que ocorre entre as células epiteliais. Estudos recentes mostraram que as proteínas associadas paracelulares, incluindo claudina-2 e claudina-12 (componentes transmembrana de junções), caderina-17 (uma proteína de adesão celular) e aquaporina 8 (um canal de junção apertada) podem ser reguladas por 1, 25 (OH) 2D3 no intestino, sugerindo que a vitamina D pode regular a absorção de cálcio pela via paracelular, bem como pela via transcelular. Mais estudos são necessários, no entanto, para determinar o papel dessas moléculas de adesão intercelular na fisiologia intestinal e o significado da regulação pela 1,25 (OH) 2D3 na absorção intestinal de cálcio.

Rim

A maior parte do cálcio que é filtrado através do glomérulo será reabsorvido nos túbulos proximal e distal, resultando em apenas 1% a 2% de cálcio filtrado aparecendo na urina. Aproximadamente 65% do cálcio filtrado é passivamente reabsorvido nos túbulos proximais de forma independente de 1,25 (OH) 2D3. Nos túbulos distais, a absorção de cálcio é regulada por 1,25 (OH) 2D3 e PTH. A reabsorção de cálcio no túbulo proximal é passiva e segue um gradiente de sódio, enquanto a reabsorção de cálcio no túbulo distal envolve um mecanismo transcelular ativo e se assemelha à absorção intestinal de cálcio. O modelo consiste na entrada de cálcio através de TRPV5, transferência de cálcio no citoplasma pela ligação à calbindina-D9k e calbindina-D28k e extrusão de cálcio pelo trocador de sódio/ cálcio (NCX1) e bomba de cálcio da membrana plasmática. A reabsorção renal ativa de cálcio é regulada por PTH e 1,25 (OH) 2D3, que aumentam a reabsorção de cálcio. De fato, camundongos nulos Cyp27b1 mostram expressão diminuída de mRNAs de TRPV5, calbindina-D9k, calbindina-D28k e NCX1, e essa expressão reduzida foi resgatada pelo tratamento com 1,25 (OH) 2D3. Contudo, nas diferentes estirpes nulas de VDR, apenas o ARNm de calbindina-D9k foi consistentemente diminuído. No entanto, os ratos nulos com VDR exibem redução da reabsorção renal de cálcio, como mostrado pelos níveis de cálcio urinário inapropriadamente elevados, dada a hipocalcemia. Além de PTH e 1,25 (OH) 2D3, αKlotho e FGF23 também podem regular a expressão de TRPV5. Duas vias são propostas: o primeiro modelo afirma que αKlotho hidrolisa os resíduos extracelulares de TRPV5 e, assim, assegura que o TRPV5 seja aprisionado na membrana plasmática apical; o segundo modelo, proposto por um estudo recente, sugere que a sinalização de FGF23 através do complexo FGFR1-αKlotho na membrana basolateral regula o tráfego intracelular de TRPV5 e a abundância de TRPV5 na membrana apical. De acordo com estes resultados, os murganhos nulos αKlotho e Fgf23 exibem hipercalciúria

Osso

A homeostase do cálcio e do osso é altamente interligada, uma vez que é um dos principais determinantes do crescimento ósseo, mas o osso é um dos maiores depósitos de cálcio no corpo. O adulto é continuamente remodelado, e a reabsorção óssea pelos osteoclastos está em equilíbrio com a formação óssea pelos osteoblastos para manter a massa óssea. Durante o crescimento, o alongamento ósseo é altamente dependente do crescimento coordenado e da diferenciação dos condrócitos. Estudos mostram um papel indireto da sinalização do VDR para uma homeostase óssea regulando a taxa intestinal de cálcio e controlando uma homeostase do fosfato. Além disso, o suprimento mineral para a mineralização da matriz óssea é diminuído com hipocalcemia e hipofosfatemia, levando à osteomalácia.

Em situações em que a aquisição dietética de cálcio é menor que o uso de cálcio corporal e a perda de cálcio renal, o cálcio é mobilizado a partir do osso para preservar os níveis normais de cálcio sérico. Nessa condição, os níveis séricos de PTH e 1,25 (OH) 2D3 aumentam, o que leva a uma depleção acentuada de cálcio do osso para manter os níveis normais de cálcio sérico. O efeito no osso consistiu em reabsorção óssea aumentada acompanhada de mineralização óssea prejudicada. A sinalização do VDR aumenta a reabsorção óssea principalmente indiretamente, agindo sobre os osteoblastos e não sobre os osteoclastos. De fato, a sinalização de VDR de osteoblastos exerce controle transcricional direto sobre a expressão de RANKL, um importante fator osteoclastogênico. O RANKL liga-se ao seu receptor cognato RANK em precursores de osteoclastos e aumenta a formação e ação de osteoclastos. Esta ação pode ser bloqueada pelo receptor chamariz solúvel de ocorrência natural de RANKL, denominado osteoprotegerina (OPG). Experiências de co-cultura in vitro mostraram que a sinalização de VDR de osteoblastos é necessária para a formação de osteoclastos induzida por 1,25 (OH) 2D3, enquanto a atividade de VDR em osteoclastos não o é.

Além de estimular a reabsorção óssea durante um balanço negativo de cálcio, a 1,25 (OH) 2D3 também inibe a mineralização da matriz óssea, contribuindo assim para a preservação dos níveis normais de cálcio sérico. Estes defeitos de mineralização são caracterizados por abundante matriz óssea não mineralizada e conteúdo mineral reduzido do osso. Ocorre aumento dos níveis de pirofosfato (PPi) e a expressão de osteopontina, ambos potentes inibidores da mineralização.

O papel da sinalização VDR nas células ósseas durante um balanço positivo de cálcio ainda não está totalmente elucidado, mas os efeitos específicos provavelmente dependem do estágio de diferenciação dos osteoblastos. A sinalização VDR em osteoprogenitores e osteoblastos tem um efeito positivo na formação de osteoclastos e reabsorção óssea e, portanto, regula negativamente a massa óssea. Por outro lado, a atividade de VDR em osteoblastos mais maduros tem atividade anabólica e anticatabólica e aumenta a massa óssea, como evidenciado pela superexpressão de VDR usando o promotor de osteocalcina. O efeito antirreabsorção é mediado pela diminuição da razão RANKL / OPG, enquanto o efeito anabólico pode depender do aumento da expressão de LRP-5. Como todos esses estágios de diferenciação osteogênica coexistem, a relevância fisiológica dos efeitos diferenciais, e até mesmo opostos, da sinalização do VDR nas células osteogênicas ainda não estão totalmente definidos e necessitam de investigação adicional.

Os condrócitos da placa de crescimento também expressam o VDR. Estudos genéticos de camundongos utilizando a inativação de VDR nos condrócitos (promotor de colágeno 2) indicaram que a sinalização de VDR nessas células é especialmente importante durante o crescimento ósseo, quando os condrócitos estão abundantemente presentes. Em camundongos jovens, a atividade de VDR em condrócitos regula a expressão de RANKL e, portanto, a remodelação óssea trabecular. Além disso, indiretamente contribui para a produção de FGF23 nos osteócitos e, portanto, na homeostase da vitamina D. Esses efeitos diminuem em camundongos adultos, quando a sinalização de VDR em osteoblastos e osteócitos se torna mais importante, uma vez que esses tipos de células são a principal fonte de RANKL e FGF23.

Músculo

No músculo esquelético, a vitamina D liga-se a um receptor nuclear e a um de membrana, realizando ações sob o transporte de cálcio, síntese proteica e a velocidade de contração muscular. Há várias evidências de que a vitamina D participa de dois aspectos importantes da função neuromuscular: força muscular e equilíbrio. A vitamina D também pode ter influência na elastogênese, angiogênese e imunomodulação. Níveis adequados de vitamina D são essenciais à saúde cardiovascular, já os níveis tóxicos podem ter efeitos deletérios à parede arterial.

A Figura 14.1 mostra a esquematização do metabolismo da Vitamina D e algumas ações.

Efeitos pleiotrópicos

Outros benefícios conhecidos da vitamina D são: prevenção e o tratamento do câncer de cólon, reto e mama; a proteção contra doenças infecciosas e o seu tratamento, assim como contra o envelhecimento. A forma ativa da vitamina D3 apresenta efeitos imunomoduladores observados sobre linfócitos, macrófagos e células *Natural killers*, além de agir na produção e ação das citocinas.

Mensuração da vitamina D

A concentração sérica de 25(OH)D circulante é o melhor método para se avaliar a vitamina D. Apesar disso, existem controvérsias em relação ao melhor método para sua avaliação. Alguns fatores devem ser considerados quando se avaliam os níveis dessa vitamina, como a falta de um controle regulatório fisiológico preciso (feedback), a variabilidade dos métodos e padrões, a inclusão de metabólitos contaminantes na análise, entre outros. Os imunoensaios automatizados ou ensaios imunoenzimáticos medem a 25(OH)D total, combinação da vitamina D2 (25(OH)D2) e vitamina D3 (25(OH)D3). Os métodos que não empregam detecção imunológica direta são a cromatografia líquida de alto desempenho (HPLC) acoplada à espectrometria de massa (LC-MS), que podem distinguir níveis individuais de 25(OH) D2 e 25(OH)D3 e são considerados o padrão-ouro de avaliação, utilizados como referência. Tanto a 1,25(OH)2D como a 25(OH)D circulam predominantemente ligadas a proteínas e podem ser mensuradas. Entretanto, para avaliar o status de vitamina D, utiliza-se a medida do nível sérico total da 25(OH)D, incluindo ambas as formas D3 e D2. Seus resultados podem ser expressos em nanograma por mililitro (ng/mL) ou nanomol por litro (nmol/L). O valor expresso em ng/mL deve ser multiplicado por 2,5 para obter o resultado em nmol/L. Os métodos automatizados permitem o uso em rotinas clínicas, são rápidos e apresentam níveis de 25(OH)D2 e 25(OH)D3 em conjunto, enquanto métodos de LC-MS podem distinguir entre 25(OH) D2 e 25(OH)D3, sendo úteis, portanto, na avaliação da efetividade da suplementação de D2 *versus* D3 endógena.

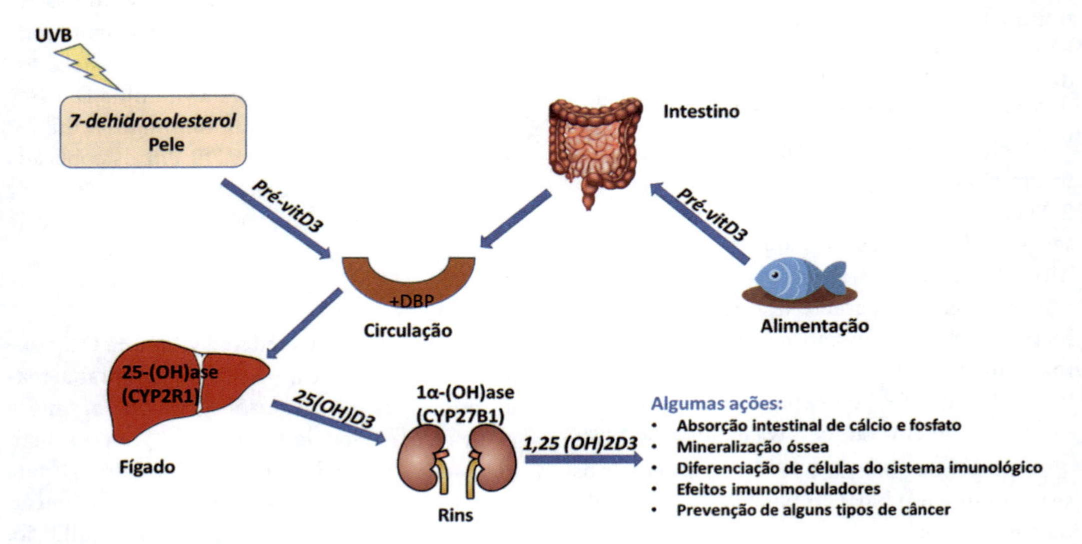

FIGURA 14.1 – Metabolismo da Vitamina D. Fonte: Próprio autor.

Esses métodos cromatográficos, embora mais precisos, são mais trabalhosos e mais caros.

A acurácia das medidas varia amplamente entre os laboratórios e entre os diferentes ensaios e, mesmo com amostras idênticas, essa variação pode atingir até 17 ng/mL. O imunoensaio requer o desenvolvimento de anticorpos seletivos para 25(OH)D2 e 25(OH)D3 que preferencialmente não tenham reação cruzada. Podem ocorrer, ainda, efeitos da matrix, que são componentes endógenos que modificam a ligação do anticorpo a 25(OH)D do material a ser analisado. Metabólitos com menor potencial fisiológico acabam sendo incluídos na quantificação, como o 3-epímero da 25(OH)D, que pode corresponder até a 5% da 25(OH)D total. Como apresenta peso molecular idêntico a 25(OH)D, não é separado pela LC-MS. A 24,25 di-hidroxivitamina D (24,25(OH)2D3), considerada um metabólito inativo, chega a corresponder a até 20% do total da 25(OH)D medida, sendo que alguns ensaios apresentam 100% de reação cruzada. O uso de um valor de corte padrão para avaliar o status de vitamina D é complicado se aplicado para todos os laboratórios e todos os métodos, considerando que existem ainda diferenças na extração da vitamina D de sua proteína ligadora, medida cruzada de 25(OH)D2, 25(OH)D3, outros metabólitos e falta de padronização. Foram criadas ferramentas de controle de qualidade na tentativa de amenizar essas variações de análise, como o DEQAS (*International Vitamin D External Quality Assessment Scheme*). Os métodos mais utilizados atualmente são ensaios competitivos baseados em anticorpos específicos e marcadores não radioativos. Procura-se a melhoria na comparabilidade entre os resultados obtidos com diferentes metodologias. Qualquer que seja o método empregado, é importante uma definição precisa da faixa de normalidade. Ressalta-se também que a variabilidade intraindivíduo pode ser de 12,1 a 40,3%. As condições clínicas que interferem nos níveis séricos de 25(OH)D são altamente dependentes de fatores ambientais e do estilo de vida, particularmente da exposição aos raios UVB. Polimorfismos no gene da CYP27B1, que codifica a 1α-hidroxilase, mostraram forte correlação com variações nas concentrações da 25(OH)D. A DBP (*Vitamin D Binding Protein*) é o principal transportador de metabólitos da vitamina D, sendo seu fenótipo preditor de concentrações séricas da 25(OH)D. Certos polimorfismos podem ser mais eficientes na ligação, ativação e metabolismo da vitamina D e então interferir em seus níveis circulantes.

■ Hipovitaminose e hipervitaminose D

A maioria dos indivíduos obtém a vitamina D pela exposição à luz solar. Os suplementos contendo vitamina D são úteis para os indivíduos privados da luz solar, cronicamente. As duas formas da vitamina D podem ser obtidas através da alimentação, apesar de não ocorrerem em grandes concentrações nos nutrientes. De acordo com o FDA, as necessidades diárias das crianças com até 12 meses, 1 a 4 anos, acima de 4 anos, os lactentes e as gestantes correspondem a 400 UI. O leite materno não é uma fonte boa de vitamina D, apesar de ser uma ótima fonte de cálcio. Bebês em amamentação devem receber suplementos à base de vitamina D a partir de 6 semanas de vida, devendo continuar o uso até que os alimentos que possuem a vitamina D comecem a ser ingeridos continuamente.

Baixos níveis de 1,25-(OH)2D3 levam a anormalidades na mineralização dos osteoides recém-formados, devido à baixa disponibilidade de cálcio e fosfato, além de redução da função dos osteoblastos, resultando em raquitismo (crianças) ou osteomalácia (adultos). Outras causas de hipovitaminose D estão relacionadas a pouca exposição solar, ingestão inadequada ou má absorção intestinal. Na doença hepática crônica têm sido encontradas concentrações plasmáticas normais de 25-(OH)D3, embora em casos graves haja diminuição destes níveis, devido a diminuição da atividade da enzima 25-(OH)ase e da diminuição da proteína transportadora de 25-(OH)D3. Em nível renal, quando a hidroxilação da 25-(OH)D3 é prejudicada, as concentrações plasmáticas deste metabólito podem aumentar e inibir a ação da 25-(OH)ase hepática. As doenças que alteram o fluxo biliar, doenças disabsortivas e gastrectomias prejudicam a absorção da vitamina D.

Como definir hipovitaminose D?

Recomendação SBEM: a determinação do metabólito 25 hidroxivitamina D (25(OH)D) deve ser utilizada para a avaliação do status de vitamina D de um indivíduo (Evidência A).

A dosagem de 25(OH)D (calcidiol) classifica-se os indivíduos como: deficientes, insuficientes ou suficientes em vitamina D. Não há consenso quanto ao valor de corte para a definição de "suficiência em vitamina D". Os valores propostos são baseados em estudos populacionais com ênfase na homeostase do cálcio e na saúde óssea e variam de 20 a 32 ng/mL (50 a 80 nmol/L). No caso de hiperparatiroidismo secundário, para que haja redução do risco de quedas e fraturas e a máxima absorção de cálcio, o melhor ponto de corte de 25(OH) D é de 30 ng/mL (75 nmol/L). Concentrações séricas abaixo de 20 ng/mL (50 nmol/L) são classificadas como deficiência, entre 20 e 29 ng/mL (50 e 74 nmol/L) como insuficiência e entre 30 e 100 ng/mL (75 e 250 nmol/L) como suficiência. Esses valores foram reconhecidos pela diretriz da Endocrine Society, porém diferem daqueles aceitos (20 ng/mL) pelo Institute of Medicine (IOM). Não há evidência de benefício na mensuração da 25(OH)D na população geral, devido ao alto custo, porém, segundo a Endocrine Society, para alcançar a melhor saúde óssea, é recomendável a suplementação de crianças até 1 ano com pelo menos 400 UI/dia; entre 1 e 70 anos, pelo menos 600 UI/dia, enquanto, acima dos 70 anos, 800 UI/dia.

Recomendação SBEM: concentrações de 25(OH)D acima de 30 ng/mL são desejáveis e devem ser as metas para populações de maior risco, pois, acima dessas concentrações, os benefícios da vitamina D são mais evidentes, especialmente no que se refere a doenças osteometabólicas e redução de quedas (Evidência B).

A determinação de um nível seguro de exposição solar levou a modelos baseados em tipos de pele e dose eritérmica, que é uma medida do tempo UV-R para causar uma ligeira vermelhidão na pele. Para um indivíduo típico de pele clara, a exposição deve ser limitada a alguns minutos de luz solar ambos os lados do pico de luz solar diurna (ou seja, 10:00-15:00 horas), ou quando o índice de UV é baixo. No inverno, a manutenção da vitamina D requer que a exposição solar aumente para 2 a 3 horas por semana. A radiação ultravioleta, em vez da dieta, representa a melhor e mais barata fonte de vitamina D, mas seguir as recomendações prescritas é crucial para obter os benefícios sem as consequências danosas da exposição excessiva. Embora existam poucas fontes alimentares naturais da vitamina, os peixes oleosos, incluindo o óleo de coco, os cogumelos e outros fungos e leveduras, são boas fontes. Os cogumelos contêm ergosterol, a forma provitamina da vitamina D2. Infelizmente, sem exposição a UV-B, a ingestão dietética de vitamina D provavelmente não será suficiente para atender às necessidades dos adultos. Portanto, não é de surpreender que haja um crescente interesse na fortificação da vitamina D, dados os efeitos potenciais da vitamina D sobre a saúde em todos os estágios do ciclo de vida humano. Por isso, a suplementação com medicamentos se faz necessária. A dose recomendada pode variar de 800 a 4.000 UI por dia, conforme a idade. Os suplementos de vitamina D podem ser adquiridos facilmente sem receita médica, podendo estar na forma de ergocalciferol ou colecalciferol, em apresentações e dosagens variadas. Os casos de hipervitaminose D geralmente ocorrem em situações de excesso de suplementação. O limite superior de ingestão diária de vitamina D necessária para causar toxicidade é desconhecido; no entanto, até 10.000 UI por dia foi considerado seguro em uma população saudável. A dose tóxica de vitamina D estimada deve ser maior que 100.000 UI por dia, durante um período de pelo menos 1 mês. É necessário estar atento a possibilidade de intoxicação decorrente da suplementação excessiva de vitamina D2, onde ocorrem elevadas concentrações do cálcio sérico e desmineralização óssea com subsequente fragilidade destas estruturas mineralizadas, além da formação de cálculos renais. São sintomas da intoxicação: inapetência, náuseas, vômitos, aumento da micção, fraqueza, nervosismo, hipertensão arterial, sede, prurido cutâneo e insuficiência renal. O tratamento é feito interrompendo-se o uso do suplemento associado a uma dieta pobre em cálcio. É indicada a administração de corticosteroides para reduzir o risco de lesão tissular, e de cloreto de amônio, para manter a urina ácida, diminuindo desta forma, o risco de deposição de cálculos renais. Tende-se a associar esse estado a hiperparatireoidismo primário, mieloma múltiplo ou a outras neoplasias. Tradicionalmente, é aceito que existe sequestro de 25-OHD no tecido adiposo, o qual funcionaria como sítio de armazenamento e cuja meia vida seria de aproximadamente dois meses. Entretanto, não está claro na literatura se o clareamento de vitamina D em casos de intoxicação varia com a idade. A hipercalcemia pode continuar por mais de seis meses após a intoxicação. Assim, os pacientes devem ser seguidos até a 25-hidroxivitamina D e os níveis de cálcio retornarem ao normal, devido ao risco de recorrência. Este aspecto deve ser utilizado para alertar e conscientizar a população e agentes de saúde para o risco do uso indiscriminado de vitamina D isolado ou associado com outros suplementos nutricionais. Além disto, é necessário que haja fiscalização na qualidade de produção de quem se propõe a manipular produtos vitamínicos e alimentos enriquecidos com nutrientes. Atualmente, estudos controlados estão sendo desenvolvidos por diversos países para se avaliar qual o nível sérico ideal de 25-OHD e o potencial benefício da sua utilização na prevenção de diversas doenças crônicas.

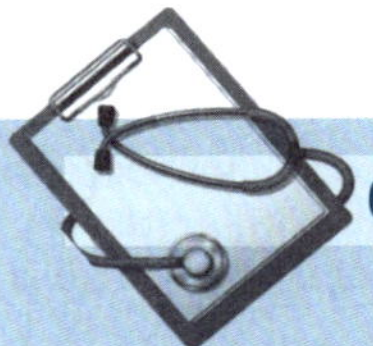

CASOS CLÍNICOS

■ Caso 1

Paciente LMA, 1 ano, vem a consulta trazido pela sua mãe, com relato de retardo no desenvolvimento pondero-estatural e deformidades ósseas. Após avaliação clínica e radiológica, há suspeita de raquitismo. O médico solicitou exames laboratoriais que evidenciaram: Níveis normais de 25-OH-vitamina D, hipocalcemia, PTH elevado e hipofosfatemia. Prosseguindo a investigação, o médico solicita dosagem de 1-25-OH-vitamina D, que veio com níveis reduzidos.

a) Qual etapa da síntese da vitamina D provavelmente está comprometida?
b) Caso a deficiência da criança fosse decorrente da resistência tecidual à forma ativa da vitamina D (1,25-$(OH)_2$-vitamina D) decorrente de mutações no gene do receptor da vitamina D (VDR), como estariam os níveis de 1,25-$(OH)_2$-vitamina D, cálcio e PTH?

■ Caso 2

Observe os casos de dois pacientes em um ambulatório de clínica médica:

- **Paciente 1:** MBF, 30 anos, sexo masculino, negro, IMC = 35, advogado, está em processo de emagrecimento após a realização de cirurgia bariátrica.

- **Paciente 2:** CLA, 76 anos, sexo feminino, branca, aposentada, histórico de fratura óssea recente após queda da própria altura.
  a) Identifique nos casos a e b, quais os fatores que podem estar relacionados a deficiência de vitamina D.
  b) Qual o melhor exame para avaliação do status de vitamina D de um indivíduo?
  c) Apresente um mecanismo pelo qual a deficiência de vitamina D pode estar relacionada ao aumento de fraturas ósseas.

Bibliografia consultada

1. Marins TA et al. Intoxicação por vitamina D: relato de caso. *Einstein (São Paulo)* [online]. 2014, vol.12, n.2 [cited 2020-01-09], pp.242-244. Available from <http://www.scielo.br/scielo.php?script=sci_arttext&pid=S1679-45082014000200242&lng=en&nrm=iso>. ISSN 1679-4508. http://dx.doi.org/10.1590/S1679-45082014RC2860.
2. Barral D, Barros AC, Araújo RPC. Vitamina D: uma abordagem molecular. *Pesq Bras Odontoped Clin Integr* 2007;7(3):309-315.
3. Lichtenstein, A and Grupo de Estudos para o Uso Racional do Lwaboratório Clínico do Hospital das Clínicas da Faculdade de Medicina da Universidade de São Paulo, et al. Vitamina D: ações extraósseas e uso racional. *Rev. Assoc. Med. Bras.* [online]. 2013, vol.59, n.5 [cited 2020-01-09], pp.495-506. Available from: <http://www.scielo.br/scielo.php?script=sci_arttext&pid=S0104=42302013000500015-&lng=en&nrm-iso>. ISSN 0104-4230. http://dx.doi.org/10.1016/j.ramb.2013.05.002.
4. Grudtner VS; Weingrill P; Fernandes AL. Título: Aspectos da absorção no metabolismo do cálcio e vitamina D / Absorption aspects of calcium and vitamin D metabolism Fonte: Rev. bras. reumatol;37(3):143-51, maio-jun. 1997.
5. Cardoso S, Santos A, Guerra RS *et al.* Association between serum 25-hidroxyvitamin D concentrations and ultraviolet index in Portuguese older adults: a cross-sectional study. *BMC Geriatr* 17, 256 (2017) doi:10.1186/s12877-017-0644-8
6. França NA, Peters BS, Martini LA. Carência de cálcio e vitamina D em crianças e adolescentes: uma realidade nacional, 2° Congresso Internacional Sabará de Especialidades Pediátricas, Blucher Medical Proceedings, Volume 1, 2014, Pages 154-161, ISSN 2357-7282, http://dx.doi.org/10.1016/medpro-2cisep-017
7. Bouillon R1. Comparative analysis of nutritional guidelines for vitamin D. Nat Rev Endocrinol. 2017 Aug;13(8):466-479. Doi: 10.1038/nrendo.2017.31. Epub 2017 Apr 7.
8. Ferrari D, Lombardi G, Banfi G. Concerning the vitamin D reference range: pre-analytical and analytical variability of vitamin D measurement. Biochem Med (Zagreb). 2017 Oct 15; 27(3): 030501.Published online 2017 Aug 28. doi: 10.11613/BM.2017.030501
9. Maeda SS et al. Recomendações da Sociedade Brasileira de Endocrinologia e Metabologia (SBEM) para o diagnóstico e tratamento da hipovitaminose D. *Arq Bras Endocrinol Metab* [online]. 2014, vol.58, n.5 [cited 2020-01-12], pp.411-433. Available from: <http://www.scielo.br/scielo.php?script=sci_arttext&pid=S0004=27302014000500411-&lng=en&nrm-iso>. ISSN 1677-9487. http://dx.doi.org/10.1590/0004-2730000003388.
10. Tremezaygues L, Sticherling M, Pföhler C, Friedrich M, Meineke V, Seifert M, Tilgen W, Reichrath J. Cutaneous photosynthesis of vitamin D: an evolutionary highly-conserved endocrine system that protects against environmental hazards including UV-radiation and microbial infections. Anticancer Res. 2006 Jul-Aug;26(4A):2743-8.
11. Wadhwania R. Is Vitamin D Deficiency Implicated in Autonomic Dysfunction? J Pediatr Neurosci. 2017 Apr-Jun;12(2):119-123. doi: 10.4103/jpn.JPN_1_17.
12. Reichrath J and Nürnberg B. Cutaneous vitamin D synthesis versus skin cancer development The Janus faces of solar UV-radiation. Dermato-Endocrinology 1:5, 253-261; September/October 2009; © 2009 Landes Bioscience
13. Hartley M, Hoare S, Lithander FE, et al. Comparing the effects of sun exposure and vitamin D supplementation on vitamin D insufficiency, and immune and cardio-metabolic function: the Sun Exposure and Vitamin D

Supplementation (SEDS) Study. *BMC Public Health.* 2015; 15:115. Published 2015 Feb 10. doi:10.1186/s12889-015-1461-7

14. Christakos S. In search of regulatory circuits that control the biological activity of vitamin D. *J Biol Chem.* 2017;292(42):17559–17560. doi:10.1074/jbc.H117.806901
15. Martins Silva J. Breve história do raquitismo e da descoberta da vitamina D. Acta Reuma Port 2007; 205- -229
16. Dealberto MJ. Why are immigrants at increased risk for psychosis? Vitamin D insufficiency, epigenetic mechanisms, or both? *Medical Hypotheses* 2007;68:259-67.
17. Juzeniene A, Grigalavicius M, Juraleviciute M, Grant WB. Phototherapy and Vitamin D, Clinics in Dermatology (2016), doi: 10.1016/j.clindermatol.2016.05.004
18. Castro LCG. O sistema endocrinológico vitamina D. *Arq Bras Endocrinol Metab* [online]. 2011, vol.55, n.8 [cited 2020-01-12], pp.566-575. Available from: <http://www.scielo.br/scielo.php?script=sci_arttext&pid=S0004-27302011000800010&lng=en&nrm=iso>. ISSN 1677-9487. http://dx.doi.org/10.1590/S0004-27302011000800010.
19. Ferreira, C E S. et al. Consensus - reference ranges of vitamin D [25(OH)D] from the Brazilian medical societies. Brazilian Society of Clinical Pathology/Laboratory Medicine (SBPC/ML) and Brazilian Society of Endocrinology and Metabolism (SBEM). *J. Bras. Patol. Med. Lab.* [online]. 2017, vol.53, n.6 [cited 2020-01-12], pp.377-381. Available from: <http://www.scielo.br/scielo.php?script=sci_arttext&pid=S1676=24442017000600377-&lng=en&nrm-iso>. ISSN 1678-4774. http://dx.doi.org/10.5935/1676-2444.20170060.
20. Silva BC et al. Prevalência de deficiência e insuficiência de vitamina D e sua correlação com PTH, marcadores de remodelação óssea e densidade mineral óssea, em pacientes ambulatoriais. *Arq Bras Endocrinol Metab* [online]. 2008, vol.52, n.3 [cited 2020-01-12], pp.482-488. Available from: <http://www.scielo.br/scielo.php?script=sci_arttext&pid=S0004-27302008000300008&lng=en&nrm=iso>. ISSN 1677-9487. http://dx.doi.org/10.1590/S0004-27302008000300008.
21. Winzenberg T, Jones G. In time: Vitamin D deficiency: Who needs supplementation? Revista Paulista de Pediatria, v. 34, n. 1, p. 3–4, 2016.
22. Florence L, Courtois J, Le Goff C et al. Sunscreens block cutaneous vitamin D production with only a minimal effect on circulating 25-hydroxyvitamin D. Arch Osteoporos. 2017 Dec; 12(1): 66. Published online 2017 Jul 17. doi: 10.1007/s11657-017-0361-0
23. Lehmann B, Genehr T, Knuschke P, Pietzsch J, Meurer M. UVB-induced conversion of 7-dehydrocholesterol to 1alpha,25-dihydroxyvitamin D3 in an in vitro human skin equivalent model. J Invest Dermatol. 2001 Nov; 117(5): 1179–1185. doi: 10.1046/j.0022-202x.2001.01538.x
24. Marques CDL, Dantas AT, Fragoso TS, Duarte Â. A importância dos níveis de vitamina D nas doenças autoimunes. *Rev. Bras. Reumatol.* [online]. 2010, vol.50, n.1 [cited 2020-01-12], pp.67-80. Available from: <http://www.scielo.br/scielo.php?script=sci_arttext&pid=S0482-50042010000100007&lng=en&nrm=iso>. ISSN 0482-5004. http://dx.doi.org/10.1590/S0482-50042010000100007
25. Reichrath J. Vitamin D and the skin: an ancient friend, revisited; Exp Dermatol. 2007 Jul; 16(7): 618–625. doi: 10.1111/j.1600-0625.2007. 00570.x
26. Lucock M, Jones P, Martin C et al. Vitamin D: Beyond Metabolism. J Evid Based Complementary Altern Med. 2015 Oct; 20(4): 310–322. Published online 2015 Apr 15. doi: 10.1177/2156587215580491
27. Bartoszewska M, Kamboj M, Patel DR. Vitamin D, Muscle Function, and Exercise Performance. Pediatr. Clin. North Am. 2010; 57:849–861. doi: 10.1016/j.pcl.2010.03.008.
28. Gebreegziabher T, Stoecker BJ. Vitamin D insufficiency in a sunshine-sufficient area: Southern Ethiopia. Food Nutr. Bull. 2014; 34:429–433. doi: 10.1177/156482651303400408.
29. Christakos S, Dhawan P, Verstuyf A, Verlinden L, Carmeliet G. Vitamin D: Metabolism, Molecular Mechanism of Action, and Pleiotropic Effects. *Physiol Rev.* 2016;96(1):365–408. doi:10.1152/physrev.00014.2015

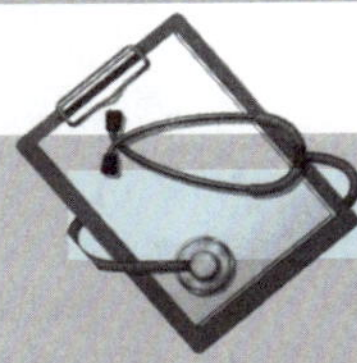

DISCUSSÃO DOS CASOS CLÍNICOS

Caso 1

Considerações:

a) A etapa comprometida é a conversão da 25-OH-vitamina D em 1,25-(OH)2-vitamina D no rim. A criança possivelmente é portadora de mutações no gene que codifica a enzima 1-α-hidroxilase, enzima responsável por essa conversão, ou apresenta outra alteração renal.

b) A concentração sérica de 1,25-$(OH)_2$-vitamina D estaria elevada, enquanto a calcemia diminuída e o PTH elevado.

Caso 2

Considerações:

a) No caso (a), observamos o grau de pigmentação da pele, IMC elevado e realização de cirurgia bariátrica, que pode causar problemas absortivos. Já no caso (b), devemos atentar para a idade elevada e menopausa.

b) 25-OH-vitamina D. Apesar de a 1,25-$(OH)_2$-vitamina D ser o metabólito ativo, não é recomendado seu uso para avaliação do status de vitamina D por sua meia-vida curta (4 a 6 horas, enquanto a 25-OH-vitamina D tem meia-vida de 2 a 3 semanas) e pelo fato de, em situações de deficiência de vitamina D, esse metabólito poder estar em níveis normais, uma vez que a hipocalcemia decorrente da hipovitaminose D estimula a síntese de paratormônio (PTH), o qual estimula a expressão da 1-α-hidroxilase, consumindo e convertendo a 25-OH- vitamina D em 1,25-$(OH)_2$- vitamina D.

c) A vitamina D aumenta a absorção de cálcio pelo intestino e está relacionada a melhor massa óssea e função muscular. Baixos níveis de 1,25-$(OH)_2$-vitamina D levam a anormalidades na mineralização óssea, devido à baixa disponibilidade de cálcio e fosfato, além de redução da função dos osteoblastos.

Metabolismo do Cálcio e do Fósforo

15

Analucia Rampazzo Xavier
Debora Vieira Soares
Maria Alice Terra Garcia *(in memoriam)*
Salim Kanaan

Tecido ósseo

O tecido ósseo é um tecido conjuntivo formado por uma **matriz extracelular** que consiste em um compartimento inorgânico ou matriz mineralizada e um compartimento orgânico ou matriz não mineralizada (osteoide). Além de **células ósseas** (osteoprogenitoras, osteoblasto, osteoclastos e osteócitos), uma **rede vascular e nervosa** e pela **medula óssea**.

- **Matriz óssea extracelular:** representam cerca de 90% do volume total do osso:
  - *Compartimento orgânico:* é composto por 80-90% de proteínas colágenas (secretada por osteoblastos), sendo a mais importante o colágeno tipo I, 5% são proteínas não colágenas, como glicoproteínas e proteoglicanas e 2% são lipídios. A matriz orgânica dá ao osso sua forma e fornece resistência às forças de tração.
  - *Compartimento inorgânico:* representa 99% do armazenamento corporal de cálcio, 85% do de fósforo e 40-60% do de magnésio e do de sódio. Estes minerais se depositam na matriz predominantemente sob a forma de cristais de hidroxiapatita. $[Ca_{10}(PO_4)6(OH)_2]$ para fornecer ao osso sua força, rigidez e resistência às forças compressivas.
- **Células ósseas:** representam cerca de 10% do volume total dos ossos. Existem quatro tipos de células ósseas:
  - *Osteoprogenitoras:* têm a capacidade de se diferenciar osteoblastos, adipócitos e condrócitos. Localizam-se nos canais ósseos, endósteo, periósteo e medula. Podem regular o influxo e o efluxo de íons minerais para dentro e fora da matriz extracelular. São também responsáveis pela formação de compartimentos de remodelação óssea com um microambiente especializado.
  - *Osteoblastos:* são 1-2% das células óssea. Têm por precursores as células de linhagem mesenquimatosas. Têm por função formar tecido ósseo. Sintetizam e secretam matriz óssea (osteoide). Regulam a mineralização óssea e neste processo secretam a fosfatase alcalina (um marcador para a formação óssea) e além do conjunto de proteínas conhecido como proteína da matriz da dentina (DMP-1, do inglês, *dentin matrix protein*) e a sialoproteína óssea, que atuam como nucleadores para a mineralização. Osteocalcina e osteonectina são proteínas de ligação ao cálcio e ao fosfato secretadas também secretadas pelos osteoblastos, que regulam a deposição de minerais, regulando a quantidade de cristais de hidroxiapatita.

Os osteoblastos participam da indução da maturação dos osteoclastos (osteoclastogênese) e da formação dos osteócitos. A vitamina D e o hormônio da paratireoide (PTH, do inglês, *Parathyroid Hormone*) estimulam os osteoblastos a secretar o fator estimulador de colônias de macrófagos (M-CSF, do inglês, *macrophage colony-stimulating factor*) e a expressar o ligante do ativador do receptor nuclear Kappa B (RANKL, do inglês, *Receptor Activator of Nuclear factor Kappa-B Ligand*). Ao final os osteoblastos podem assumir um estado de quiescência, sofrer apoptose ou tornar-se osteócitos.

- *Osteócitos:* são 90% das células ósseas. Originam-se a partir de osteoblastos enterrados na matriz óssea, durante esse processo, eles se diferenciam e emitem ramificações dendríticas que os comunicam entre si, com a superfície óssea e com a medula óssea (complexo canalículo-lacunar). São ligados metabolicamente e eletricamente através de junções de gap. Sua principal função é a mecanossensibilidade. Os osteócitos detectam carga mecânica por deformação física da matriz óssea e tensão de cisalhamento resultante do fluxo do fluido canalicular através da rede canalicular da lacuna. Osteócitos atuam como orquestradores de remodelação óssea. Eles normalmente não expressam fosfatase alcalina, mas expressam osteocalcina e outras proteínas da matriz óssea. Também são consideradas células endócrinas, pois secretam o fator de crescimento de fibroblastos 23 (FGF23, do inglês, *fibroblast Growth Factor23)* que regula os níveis séricos de fosfato. O FGF23 diminui a expressão do cotransportador renal e intestinal de sódio e fosfato e subsequentemente aumenta a excreção renal de fosfato pelos dois rins. Os osteócitos também secretam a esclerostina, uma glicoproteína que age inibindo a osteoblastogenese por bloquear a ativação da via canônica da Wnt (via que promove a diferenciação de células progenitoras em precursores de osteoblastos) (Figura 15.1).
- *Osteoclastos:* são 4-6% das células ósseas. Têm por precursores células de linhagem hematopoiéticas e são responsáveis pela reabsorção óssea. Vários fatores influenciam a osteoclastogênese, inclusive citocinas inflamatórias. O RANKL e M-CSF são duas citocinas importantes para a formação de osteoclastos que atuam nas células precursoras induzindo sua proliferação e diferenciação em osteoclastos maduros. A osteoprotegerina (OPG) é uma proteína solúvel secretada pelos osteoblastos que se liga ao RANK e o neutraliza reduzindo assim o acoplamento RANK-RANKL portanto, diminuindo a diferenciação e a atividade dos osteoclastos. A secreção do RANKL e da OPG é regulada por hormônios e citocinas, incluindo esteroides sexuais, interleucina-1

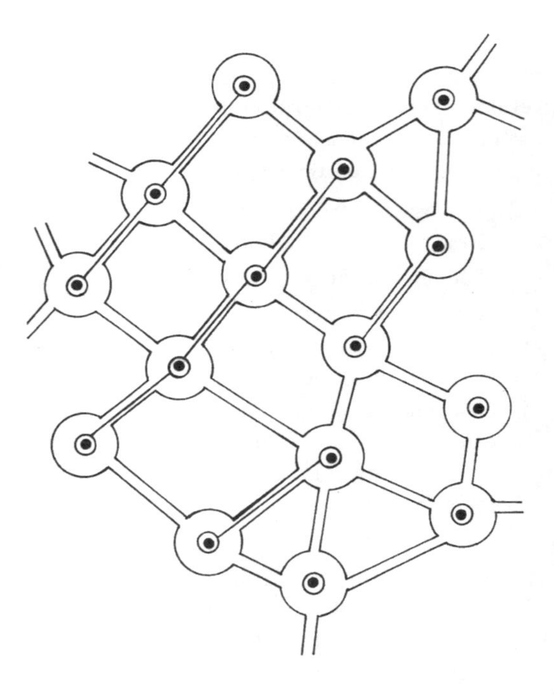

FIGURA 15.1 – Após a mineralização, os osteoblastos e seus prolongamentos ficam encarcerados em lacunas ósseas e canalículos, respectivamente, e transformam-se então em um novo tipo de célula: o osteócito.

(IL-1) e prostaglandina E2 (PGE2). Muitos dos reguladores importantes da reabsorção óssea podem atuar através da alteração das quantidades relativas de ligante RANK e OPG secretados por osteoblastos. A reabsorção óssea depende da secreção por osteoclastos de íons hidrogênio, da fosfatase ácida resistente ao tartarato (TRAP) e a enzima catepsina K. Os íons hidrogênio acidificam o compartimento de reabsorção sob os osteoclastos para dissolver o componente mineral da matriz óssea, enquanto a catepsina K e a TRAP digerem a matriz proteica, composta principalmente de colágeno tipo I. O PTH estimula a atividade dos osteoclastos, enquanto a calcitonina a inibe (Figura 15.2).

O osso é um tecido multifuncional que serve como suporte mecânico e proteção, tem participação essencial na hematopoiese e no metabolismo mineral e tem papel como órgão endócrino. Para realizar essas funções, o osso possui os compartimentos cortical e trabecular. Esses compartimentos diferem em sua arquitetura, mas ambos apresentam matriz extracelular com componentes mineralizados e não mineralizados.

- **compartimento cortical:** constitui aproximadamente 80% da massa óssea. Os canais vasculares ocupam cerca de 30% do volume deste compartimento.
- **compartimento trabecular:** constitui aproximadamente 20% da massa óssea. Cerca de 20% do seu volume é composto por matriz óssea e o espaço restante é preenchido com medula e gordura.

O osso trabecular tem menor teor de cálcio e mais água do que o osso cortical.

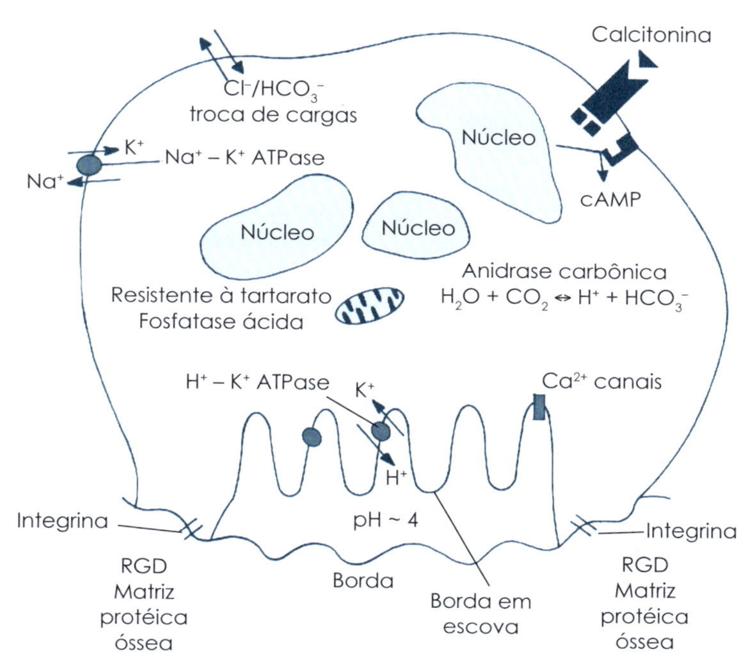

FIGURA 15.2 – Osteoclasto.

Funções do tecido ósseo

■ Papel na manutenção e integridade funcional do osso e no metabolismo ósseo

No passado, o osso era visto como um tecido estático, agora sabemos que o osso é extremamente dinâmico, passando por ciclos contínuos de modelagem durante o crescimento e remodelação durante a vida adulta, o que garante propriedades mecânicas e a forma óssea adequadas.

A **modelagem** e **remodelação** óssea são executadas pela ação das células ósseas. O ciclo de remodelação óssea ocorre em 4 fases:

1) **Fase latente:** as células do revestimento ósseo são ativadas pelos osteócitos após um estímulo, iniciando a diferenciação dos osteoclastos e expondo a superfície óssea.
2) **Fase de ativação:** os osteoclastos reabsorvem a porção de osso deixada exposta pelas células do revestimento ósseo. Este processo dura algumas semanas. Quando terminam a reabsorção os osteoclastos destacam-se dos ossos e sofrem apoptose.
3) **Fase reversa:** as células reversas do tipo macrófago migram para a lacuna reabsorvida e limpam-na dos detritos deixados pelos osteoclastos. As células reversas também secretam fatores que convocam osteoblastos na lacuna de reabsorção;
4) **Fase de formação:** é a fase mais longa da remodelação óssea, com duração de até 6 meses. Os osteoblastos ocupam a lacuna de reabsorção e a preenchem com matriz osteoide orgânica, que depois mineralizam. Nesta última fase, os osteoblastos podem sofrer apoptose ou se incorporar na matriz óssea que produziram, tornando-se osteócitos.

A **modelagem** e **remodelação** óssea são muito similares. A principal diferença é que a modelagem ocorre durante o reparo do crescimento e da fratura e garante o acúmulo de massa óssea, enquanto a remodelação ocorre na idade adulta, não altera a massa óssea, mas mantém as propriedades mecânicas em níveis fisiológicos, renovando continuamente a matriz óssea. Os estímulos para remodelamento ósseo podem ser hormonais, a partir de citocinas e fatores de crescimento e por forças mecânicas ou microfraturas.

O remodelamento ósseo mantém níveis adequados de cálcio e de fósforo no sangue, retirando ou fornecendo estes elementos, sendo influenciado principalmente por hormônios. Este assunto será discutido em detalhes mais adiante (Figuras 15.3, 15.4 e 15.5).

■ Papel dos elementos hematopoiéticos e sistema imunológico

O osso trabecular possui uma estrutura em favo de mel que abriga elementos hematopoiéticos e, portanto, parte do sistema imune (Figura 15.6). O **nicho hematopoiético** contém células progenitoras denominadas células-tronco hematopoiéticas (HSCs, do inglês, *Hematopoietic stem cells*) e pode ser dividido em duas regiões, **nicho endosteal** e **nicho perivascular**. No tecido altamente vascularizado da medula óssea, as HSCs estão em grande proximidade das células ósseas, das células endoteliais (que revestem a parede dos vasos sanguíneos) e das células conjuntivas estromais.

Possuímos dois tipos principais de elementos esqueléticos - **ossos longos** (por exemplo, fêmur e tíbia) e **ossos chatos** (por exemplo, ossos do crânio) - que se formam de maneiras distintas.

Ossos longos se formam através do processo de ossificação endocondral, durante o qual as células-tronco mesenquimais (CTMs) se diferenciam em vários tipos de celulares, como condrócitos (células da cartilagem), osteoprogenitores e osteoblastos. A cartilagem avascular serve como modelo e é posteriormente substituída por novos ossos e medula. **Ossos planos** se formam através do processo de ossificação intramembranosa, que envolve o agrupamento de CTMs que se diferenciam diretamente em células da linhagem de osteoblastos. Essas células

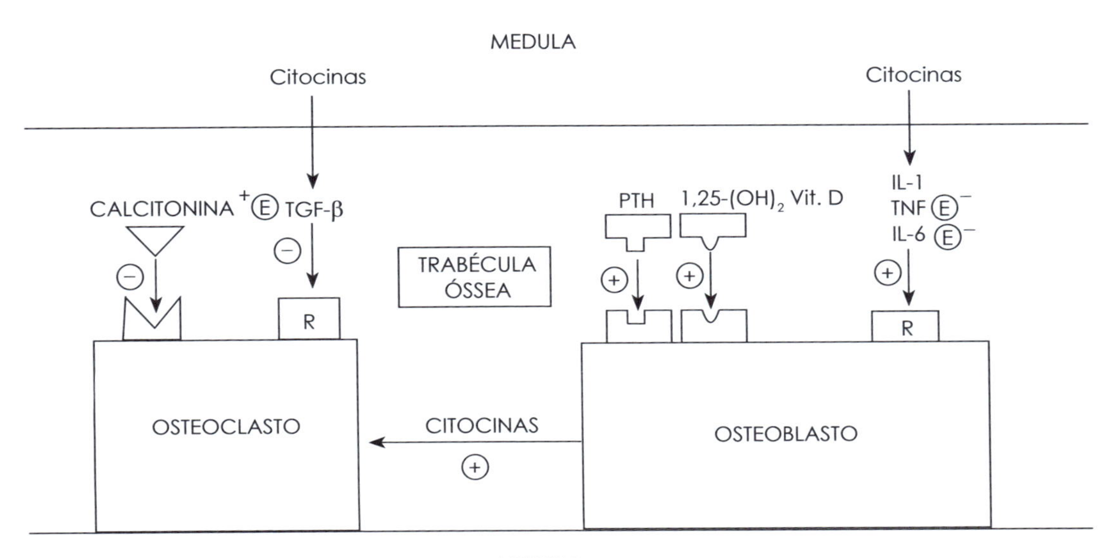

FIGURA 15.3 – Controle da reabsorção óssea.

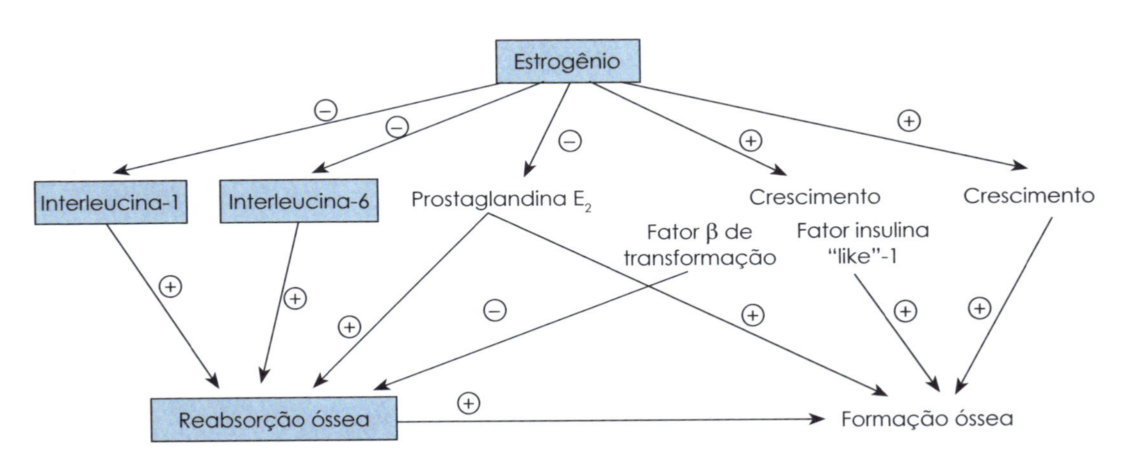

FIGURA 15.4 – Papel do estrogênio em inibir ou estimular as citocinas que atuam sobre a formação e a reabsorção ósseas.

se acumulam localmente, formam um centro de ossificação e secretam uma matriz extracelular (MEC) que promove a formação óssea. Vários estudos mostraram que ambos os processos de formação óssea estão acoplados ao processo de angiogênese (crescimento de vasos sanguíneos a partir de vasos existentes). Por exemplo, as células ósseas secretam fatores pró-angiogênicos, o mais importante é o fator de crescimento endotelial vascular (VEGF, do inglês, *Vascular endothelial growth factor*), que pode desencadear respostas de sinalização nas diferentes po-

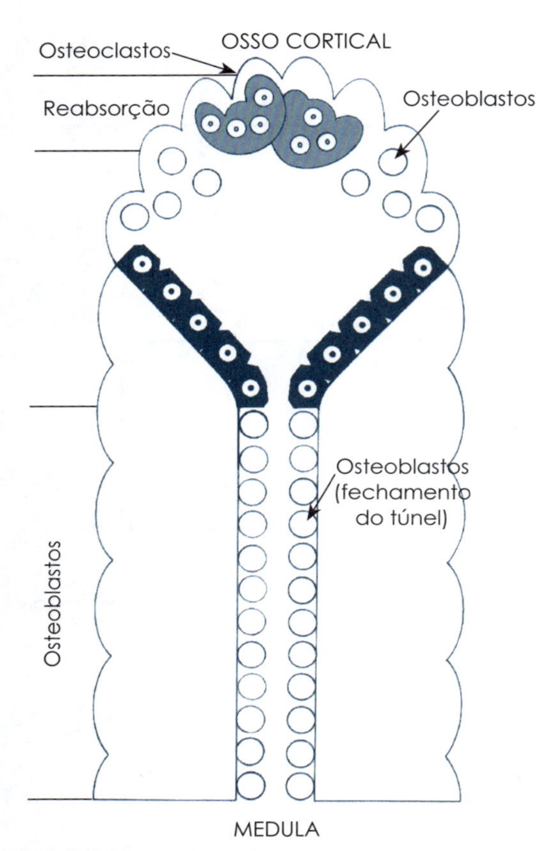

FIGURA 15.5 – Trabéculas ósseas.

pulações celulares que expressam receptores de VEGF, incluindo as células endoteliais que compõem os vasos sanguíneos, bem como condrócitos, osteoblastos e osteoclastos. Demonstrou-se que as células vasculares fazem parte do **nicho perivascular** que controla a manutenção e a diferenciação das HSCs que residem na medula óssea.

Existe uma regulação cruzada entre células ósseas e o sistema imunológico. De fato, muitos fatores considerados classicamente relacionados ao sistema imunológico, como Interleucinas (por exemplo, IL-6, -11, -17 e -23), fator de necrose tumoral alfa (TNF-α, do inglês, *Tumor necrosis factor-alpha*), o RANK , o RANKL, fator nuclear de células T ativadas citoplasmático-1 (NFATc1, do inglês, *Nuclear factor of activated T-cells, cytoplasmic-1*) entre outros, são também considerados cruciais na biologia dos osteoclastos e osteoblastos. Por outro lado, as células ósseas, que pensávamos que só se regulariam e cuidariam da remodelação óssea, na verdade regulam as células imunológicas, criando o chamado **nicho endosteal**.

Tanto a angiogênese como o sistema imunológico desempenham um papel importante no reparo de fraturas ósseas e alterações na vasculatura local ou no sistema imune e estão associadas à progressão de inúmeras doenças que afetam o osso, como osteoporose, osteonecrose, artrite reumatoide, câncer ósseo e metástase.

Papel do tecido adiposo

O tecido adiposo da medula óssea responde por 70% do volume da medula óssea no adulto. Também é responsável por aproximadamente 10% da gordura total em adultos saudáveis acima de 25 anos de idade.

Na infância as cavidades ósseas são predominantemente preenchidas com medula óssea vermelha hematopoiética ativa, cujo volume diminui gradualmente com a idade e é subsequentemente substituído por gordura (medula óssea amarela) que preenche gradualmente toda a cavidade medular em processos dinâmicos e reversíveis

Os adipócitos da medula óssea são derivados das CTMs e esta gordura foi considerada como "preenchedor de espaço inerte" por um longo período, sendo o seu papel no desenvolvimento normal de organismos e doenças ignorado. Trabalhos mais recentes revelaram que o tecido adiposo da medula óssea desempenha um papel importante no armazenamento de energia, função endócrina, metabolismo ósseo e regulação do crescimento e metástase dos tumores.

Atualmente, acredita-se que o acúmulo deste tecido adiposo esteja correlacionado com osteoporose, envelhecimento, diabetes tipo 1, doença de Cushing, deficiência de estrogênio, anorexia nervosa e metástase óssea em câncer de próstata e mama.

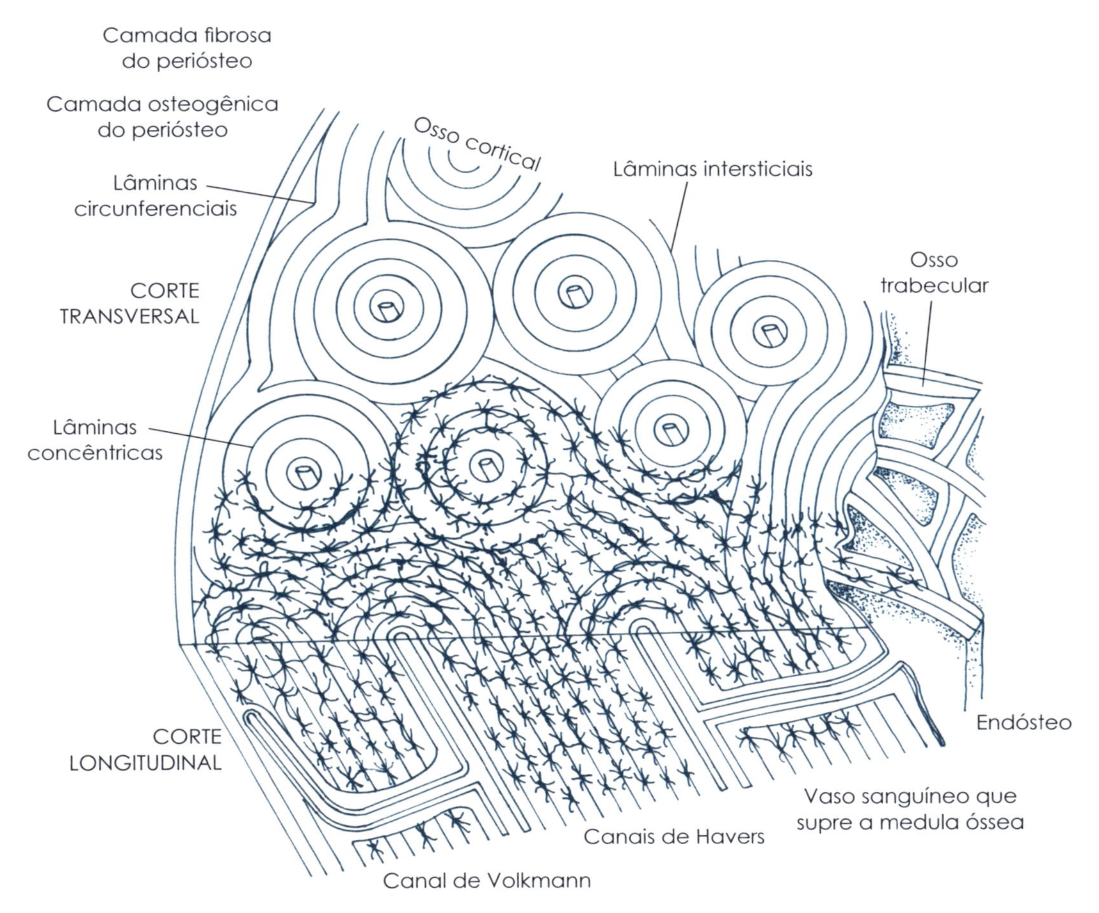

Osso normal: as lâminas concêntricas circundam centros vasculares que compõem um sistema de vasos chamado de "Sistema de Havers". As lâminas trabeculares se originam da superfície do endósteo. Individualmente, abrigam lacunas que contêm osteócitos com suas múltiplas ramificações (que, na realidade, correspondem a projeções celulares).

FIGURA 15.6 – Cortes transversal e longitudinal de um osso normal.

■ Papel de sustentação mecânica e proteção

O esqueleto é um importante órgão de apoio e fixação para músculos e tendões, além do movimento do corpo. Protege os órgãos das cavidades craniana e torácica de lesões e abriga e protege a medula óssea dentro de suas cavidades.

A composição e arquitetura da matriz extracelular é o que confere propriedades mecânicas ao osso. A força óssea é determinada por proteínas colágenas (resistência à tração) e osteoide mineralizado (resistência à compressão).

Quanto maior a concentração de cálcio, maior a resistência à compressão. Nos adultos, aproximadamente 25% do osso trabecular é reabsorvido e substituído a cada ano, em comparação com apenas 3% do osso cortical.

O osso trabecular transfere cargas mecânicas da superfície articular para o osso cortical e suas propriedades hidráulicas absorvem o choque. De fato, o osso cortical e o trabecular são importantes para a resistência óssea, e os relacionamentos são complexos.

O corpo vertebral é o sítio clássico de maior conteúdo de osso trabecular, e as fraturas por compressão vertebral são a marca registrada da osteoporose. No entanto, a fina concha cortical desempenha um papel substancial nas vértebras.

O quadril é considerado um local clássico de predominância de osso cortical, mas tanto o osso cortical quanto e o trabecular contribuem para a força femoral.

Importância biomédica/ homeostase mineral

O cálcio e o fósforo participam de um número enorme de reações fisiológicas muito importantes para o nosso organismo. Para assegurar que esses processos operem de maneira adequada, as concentrações de cálcio e fósforo plasmático devem ser mantidas dentro de limites estreitos. O objetivo deste capítulo não é o de estudar as reações fisiológicas, mas sim os hormônios e fatores que mantêm o ajuste fino. Os principais hormônios que atuam no metabolismo do cálcio e do fósforo são o PTH, a 1,25-di-hidroxivitaminaD_3 (calcitriol) e o FGF-23.

Metabolismo do cálcio e fósforo

Cálcio

O corpo do adulto contém aproximadamente 1.000 g do cálcio, dos quais 99% estão na matriz mineral óssea na forma de cristais de hidroxiapatita. O 1% restante do cálcio corporal está no sangue, no fluido extracelular e nos tecidos moles. No sangue o cálcio circula 45% ligado a albumina, 45% na forma ionizada ou fração livre e os 10% restantes existem como um complexo com outros ânions, incluindo fosfato (PO4), citrato e bicarbonato. As concentrações de cálcio total no soro normal geralmente variam entre 8,5 e 10,5 mg/dL. A fração livre é aquela biologicamente ativa, se mantém mais estável e o intervalo de referência para o Cálcio ionizado é de 4,65 a 5,25 mg/dL (Figura 15.7).

Além da mineralização de ossos e dentes o cálcio apresenta várias outras funções como: divisão celular, adesão celular, integridade de membrana plasmática, secreção de proteínas, excitabilidade neuronal, contração muscular, coagulação sanguínea, cofator enzimático e metabolismo do glicogênio.

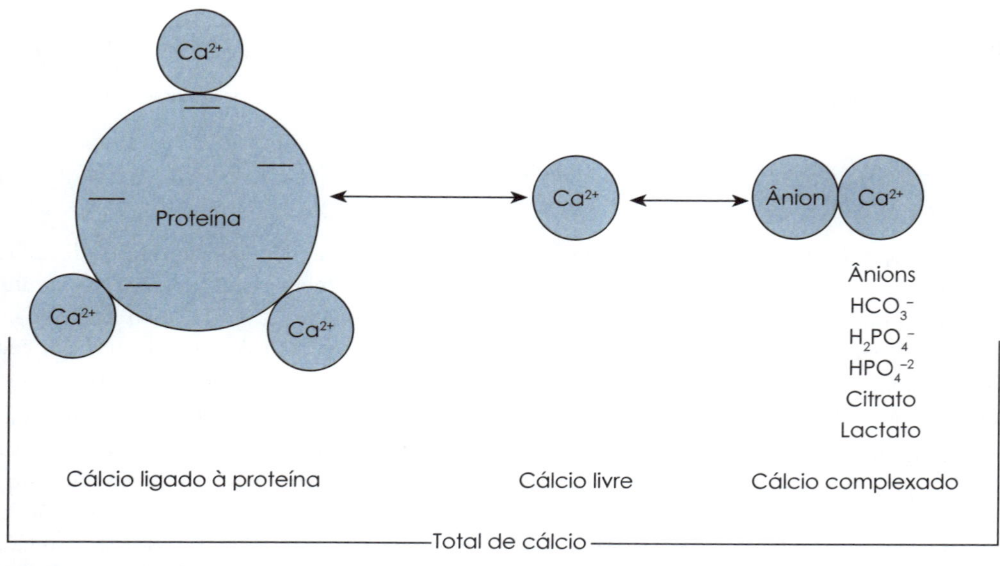

FIGURA 15.7 – Estados físico-químicos do cálcio no plasma.

O cálcio extracelular atua ativando o seu receptor sensor de cálcio (CaSR, do inglês, *calcium – sensing receptor*). Um receptor de membrana, membro da superfamília dos receptores que se acoplam à proteína G. Este receptor está presente em vários tecidos como glândulas paratireoides, tireoide, intestino, rim, ossos, medula óssea, cérebro, pele, pulmão, pâncreas e coração. O intestino, o rim e o esqueleto são órgãos importantes para a homeostase do cálcio.

- **Intestino:** em geral são ingeridos 1000 mg por dia de cálcio, cerca de 200mg serão efetivamente absorvidos e 800mg serão excretados nas fezes.
- **Rim:** são filtrados diariamente 10g de cálcio por dia, a maioria é reabsorvida no túbulo proximal e 200mg são excretados na urina. Em média a excreção urinária de cálcio em 24h varia de 100 a 300mg.
- **Esqueleto:** é o maior reservatório de cálcio corporal e estoca cerca de 1kg do mineral. No processo de mobilização diária, 500mg são liberados dos ossos e estes mesmos valores retornam ao esqueleto.

Fatores que alteram a distribuição do cálcio pelos três estados

O pH pode aumentar ou diminuir a concentração plasmática do cálcio iônico. A carga da proteína (albumina) varia em função do pH: o número de cargas negativas da proteína disponíveis ao cálcio diminui com a acidez (elevada concentração de íons hidrogênio), com consequente elevação do cálcio iônico.

A concentração de substâncias ligadas à albumina pode alterar (deslocar) a ligação com o cálcio. Exemplos: ácidos graxos, Medicamentos carreados pela albumina, bilirrubina.

A presença de heparina ou outros ânions negativos também se ligam ao cálcio.

Proteínas anormais ou paraproteínas presentes no soro também pode alterar a concentração do cálcio (ver capítulo 6 – Proteínas plasmáticas – gamaglobulinas).

Concentrações reduzidas de albumina (hipoalbuminemia) podem disponibilizar o cálcio na sua forma ionizada (fisiologicamente ativo). O cálcio iônico de início elevado inibe a produção de PTH, hormônio sintetizado pela glândula paratireoide, cuja função é elevar o cálcio sanguíneo por meio da desmineralização óssea. Com a evolução do processo, a inibição do PTH diminui os níveis plasmáticos de cálcio total, normalizando, assim, a fração iônica.

■ Fósforo

O fósforo pode ser encontrado no nosso organismo na forma inorgânica (tampão fosfato sanguíneo, cascata de fosforilação no crescimento celular) ou na forma orgânica, como os seguintes exemplos: trifosfato de adenosina (ATP), fosfato de nicotinamida-adenina-dinucleotídeo (NADP), fosfolipídios de membrana, ácidos nucleicos, fosfoproteínas e crescimento celular.

Cerca de 1000 g de fósforo são mantidos no corpo de um adulto saudável, dos quais 85% são armazenados como hidroxiapatita na matriz óssea, 10 a 15% no músculo esquelético e menos de 1% no fluido extracelular.

Ao contrário do cálcio, apenas cerca de 12% do fósforo está ligado às proteínas plasmáticas e as concentrações normais variam de 2,8 a 4,0 mg/dL.

A regulação sistêmica do fósforo é mantida por meio de alças endócrinas de *feedback* envolvendo intestinos, rins e ossos. A absorção do fósforo ocorre no intestino delgado, o tecido ósseo é a primeira reserva mobilizada para regular os níveis de fosfato e o rim é o principal órgão que regula concentrações de fosfato no sangue, 70% do fosfato filtrado é reabsorvido no túbulo proximal.

Principais hormônios que atuam na homeostase do cálcio e do fósforo

■ Paratormônio

Síntese e secreção

O PTH é um hormônio sintetizado e secretado pelas células principais das glândulas paratireoides em resposta a pequenas alterações nos níveis séricos de cálcio ionizado a fim de manter a homeostase do cálcio.

O pré-pró-PTH é o produto primário do gene que codifica a molécula de PTH localizado no braço curto do cromossomo 11 (Figura 15.8). É um polipeptídio que compreende 115 aminoácidos distribuídos da seguinte maneira: segmento pré –25 aminoácidos (NH2 terminal); segmento pró – 6 aminoácidos; segmento PTH – 84 aminoácidos (COOH terminal), que é secretado pelas glândulas paratireoides. Somente a sequência PTH 1-36 desse segmento secretado é biologicamente ativa.

O pré-pró-PTH é transferido do retículo endoplasmático rugoso para as cisternas do retículo endoplasmático liso (Figura 15.9). Durante essa transferência, o segmento pré, chamado de segmento líder ou segmento sinalizador, é removido para dar origem ao pró-PTH. O pró-PTH é então transportado para o aparelho de Golgi, onde uma enzima retira o segmento pró, originando o hormônio PTH maduro. O hormônio maduro pode ser secretado na circulação por meio de um mecanismo exocitótico clássico, ou pode ser clivado por proteases sensíveis ao cálcio presentes nas vesículas secretoras entre elas as catepsinas B e D. Esta degradação está sob o controle do cálcio plasmático e visa a controlar a concentração de PTH dentro da célula da paratireoide. A diminuição da calcemia reduz a degradação do hormônio e vice-versa. A relação entre cálcio ionizado e secreção de PTH é intensa e

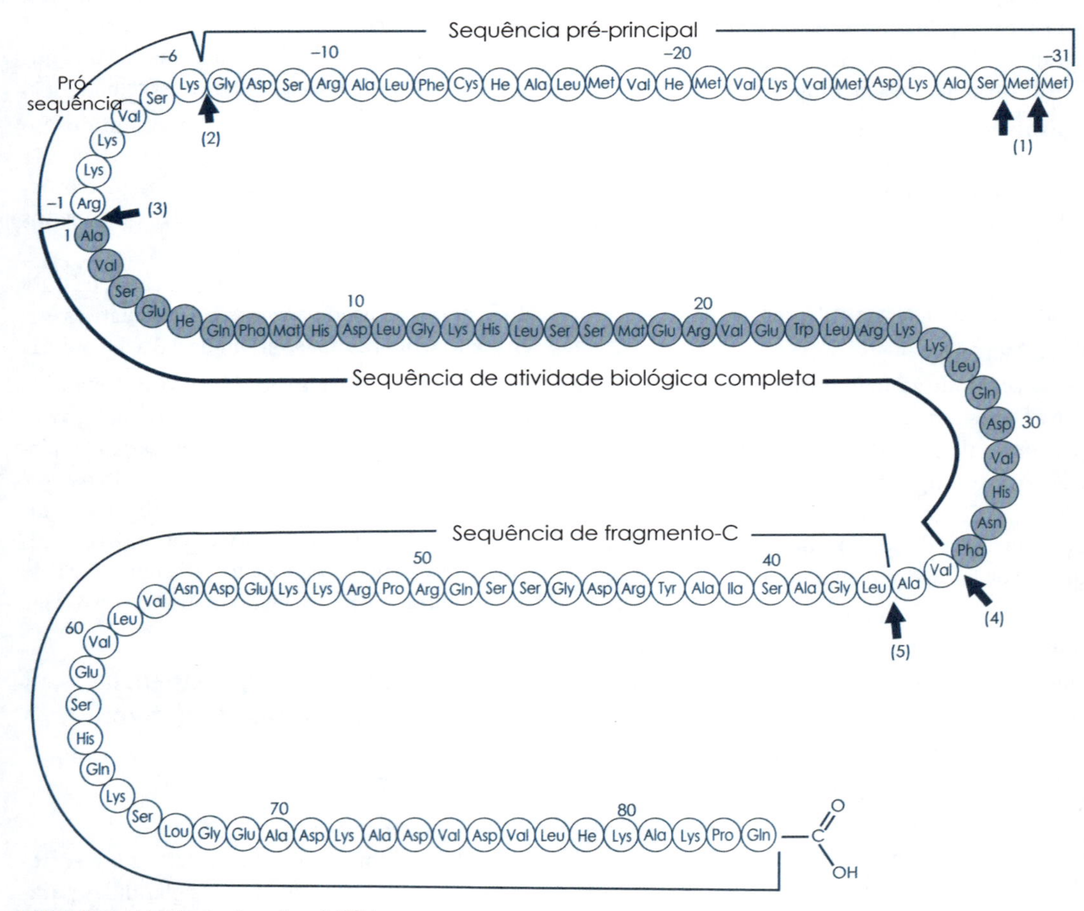

FIGURA 15.8 – Molécula de pré-pró-PTH.

sigmoidal, ocorrendo alterações significativas na secreção de PTH em resposta a alterações muito pequenas no cálcio ionizado no sangue. O ponto médio dessa curva é o chamado ponte de ajuste ou *"set-point"*. Trata-se da supressão no nível sérico de cálcio que estimula o receptor sensor de cálcio (CaSR, do inglês, *calcium-sensing receptor*) a responder induzindo a cascata de secreção do PTH. O CaSR é abundantemente expresso na membrana plasmática das células da paratireoide.

Outros fatores também influenciam a secreção do PTH, ainda que de forma menos marcante que o cálcio. O calcitriol inibe tanto a transcrição genética do PTH quanto a proliferação das células da paratireoide, além exercer uma regulação positiva (*upregulation*) na transcrição do gene do CaSR. O FGF23 também pode ter um papel neste contexto pois parece reduzir tanto a expressão do RNA mensageiro do PTH quanto a secreção deste hormônio (Figura 15.10).

■ Funções

O PTH realiza sua atividade ligando-se ao seu receptor, (PTH1R, do inglês, PTH/PTHrP receptor type 1) nas células-alvo dos ossos e rins. O objetivo final das ações do PTH é manter a homeostase do cálcio e do fósforo.

- **Rim:** o PTH aumenta a reabsorção de cálcio e magnésio nos túbulos contornados distais e túbulos coletores e diminui a reabsorção de fosfato e bicarbonato nos túbulos proximais. O PTH também estimula a conversão

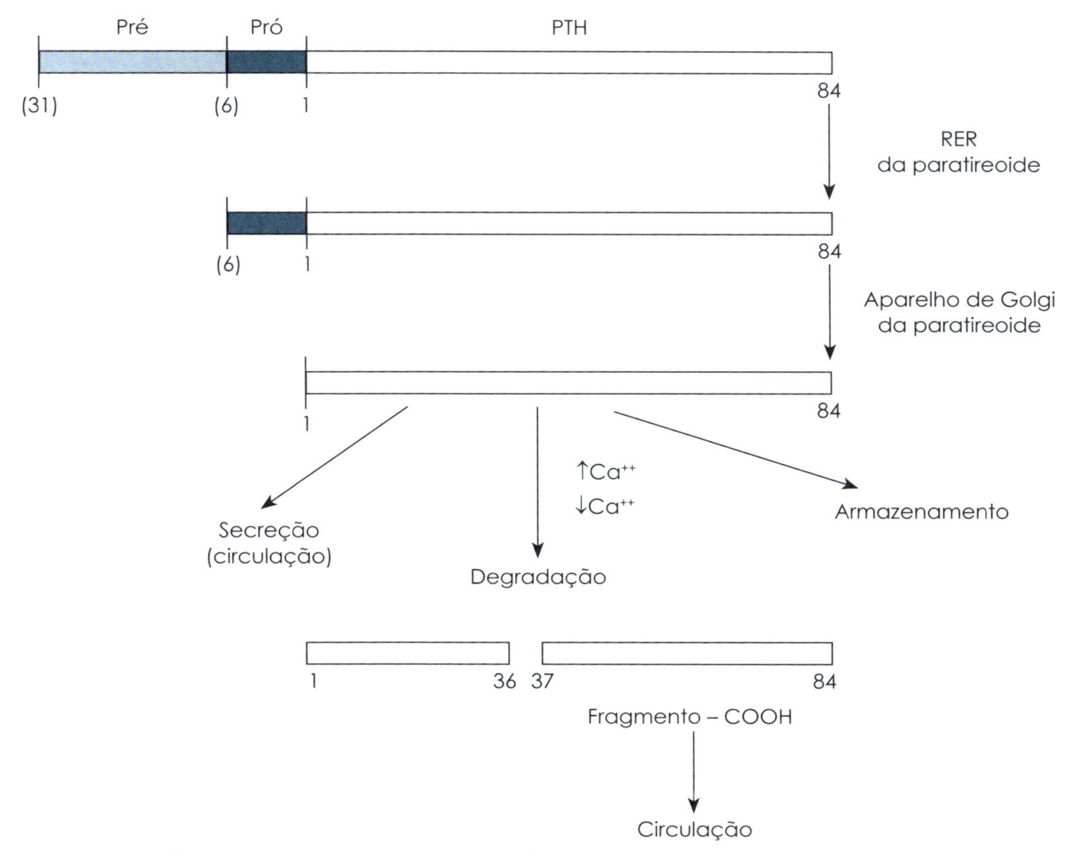

FIGURA 15.9 – Transferência do pré-pró-PTH para o aparelho de Golgi.

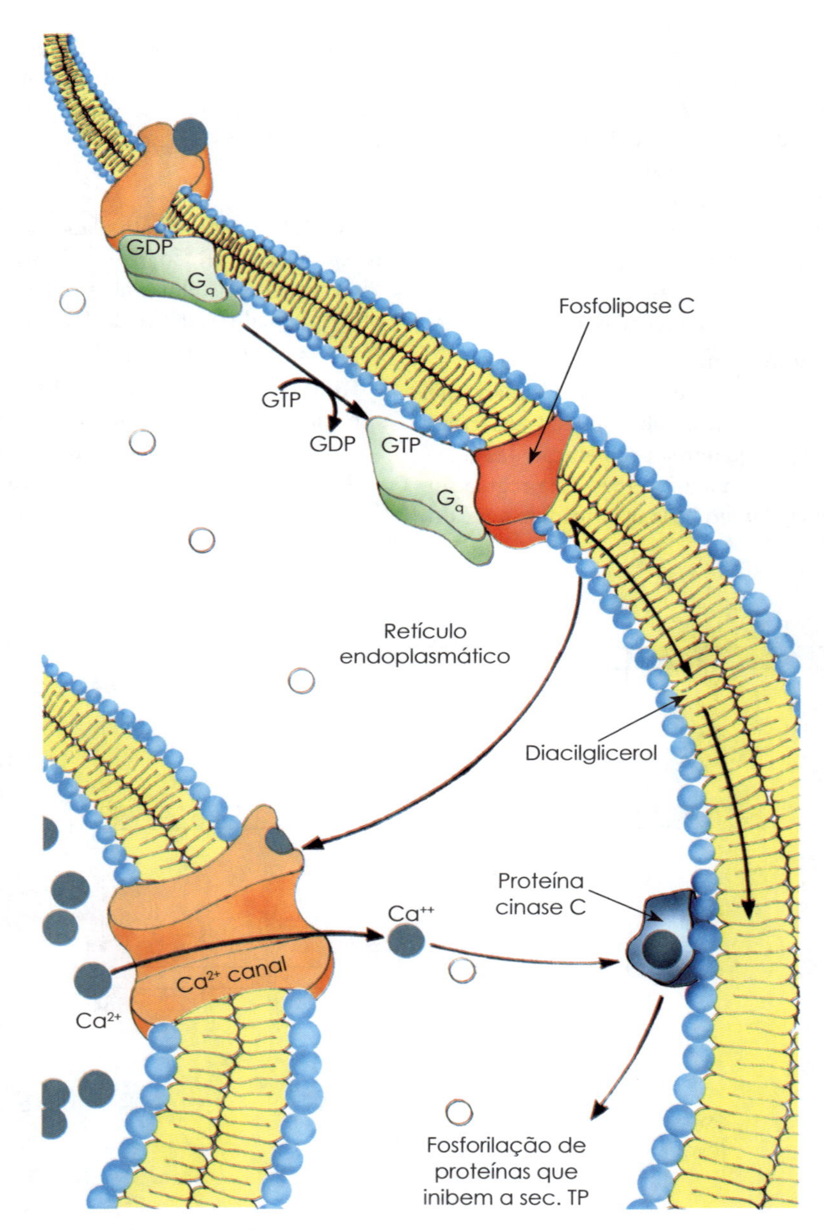

FIGURA 15.10 – Mecanismo de secreção do PTH.

da 25-hidroxivitaminaD no metabólito ativo o Calcitriol através da ativação transcricional do gene que codifica a enzima 1-alfa-hidroxilase (CYP27B1).

- **Osso:** o PTH se liga ao PTH1R nas células da linhagem osteoblástica, incluindo células osteoprogenitoras, células de revestimento, osteoblastos imaturos, osteoblastos maduros e osteócitos, e pode estimular uma variedade de fatores que levam ao aumento da CTM. Apesar das células osteoblásticas servirem a formação e mineralização ósseas elas também produzem RANKL e OPG substâncias importantes para osteoclastogênese. O PTH aumenta a produção de RANKL e inibe a produção de OPG, levando ao aumento da reabsorção óssea induzida pelos osteoclastos. A reabsorção óssea leva à liberação de cálcio e fósforo como resultado da degradação da hidroxiapatita.

- **Intestino:** o PTH não age diretamente no intestino, mas indiretamente devido aos seus estímulos na síntese do Calcitriol. O Calcitriol, então, aumenta a absorção intestinal de cálcio e fósforo.

Embora as concentrações de fosfato sanguíneo sejam aumentadas a partir das ações do PTH no osso e indiretamente no intestino, a ação de diminuição de reabsorção nos túbulos proximais supera as duas primeiras, de modo que o efeito global no sangue é de aumento de cálcio e diminuição de fosfato (Figura 15.11). Isto tem como finalidade evitar uma concentração supersaturada de cálcio e fosfato ao mesmo tempo, o que poderia levar à deposição de fosfato de cálcio no meio extracelular. O cálcio ionizado no sangue e o calcitriol fazem a contra regulação (*feedback*) negativo da secreção de PTH.

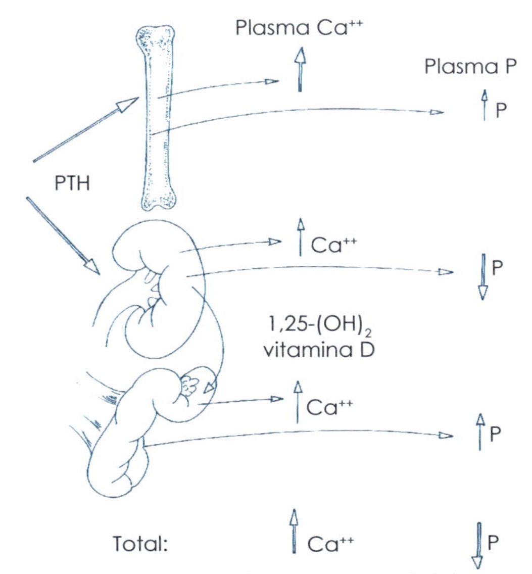

FIGURA 15.11 – Funções do paratormônio (PTH).

■ Proteína relacionada ao PTH

A proteína relacionada ao PTH (PTHrP, do inglês, *Parathyroid hormone-related protein*) compartilha homologia com a molécula do PTH (Figura 15.12). Trata-se de um polipeptídeo de 141 aminoácidos. As porções amino-terminais de PTH e PTHrP se ligam e ativam o PTH1R estimulando assim as mesmas atividades nos óssos e rins.

Diferente do PTH, que é produto exclusivo de células da paratireoide, o PTHrP é produzido por muitos tecidos, inclusive tumorais. Na hipercalcemia associada à malignidade, a elevação do cálcio em 50 a 90% dos casos corresponde à elevação do PTHrP.

O PTHrP desempenha também um papel fundamental no desenvolvimento, particularmente no esqueleto onde regula a maturação da placa de crescimento durante a formação óssea endocondral.

■ Calcitriol – 1,25$(OH)_2$D

Síntese

Nos seres humanos, apenas 10% a 20% da vitamina D necessária à adequada função do organismo provém da dieta. As principais fontes dietéticas são a Vitamina D_3 (ou Colecalciferol, de origem animal, presente nos peixes gordurosos de água fria e profunda, como atum e salmão) e a Vitamina D_2 (ou Ergosterol, de origem vegetal, presente nos fungos comestíveis). Os restantes 80% a 90% são sintetizados endogenamente

Na etapa inicial desta síntese endógena o colecalciferol é produzido a partir de uma substância precursora o 7-deidrocolesterol (7-DHC) na camada de Malpighi da epiderme sob a influência da radiação solar UVB, em uma reação de fotólise não enzimática mediada por luz ultravioleta, que cliva o composto no anel B (Figura 15.13).

Tanto o grau de pigmentação epidérmica quanto a intensidade da exposição se correlacionam com o tempo necessário para atingir a concentração máxima de Colecalciferol. A exposição prolongada à luz solar não produz

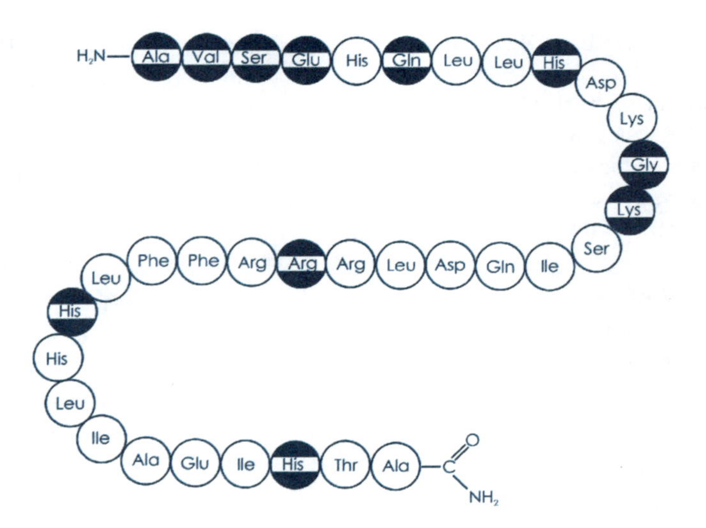

FIGURA 15.12 – PTHrP.

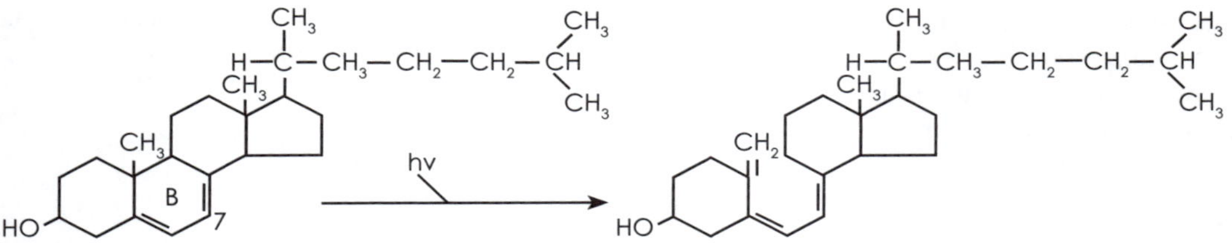

FIGURA 15.13 – Síntese da vitamina D_3 a partir do 7-deidrocolesterol na camada de Malpighi (sintetizada endogenamente).

quantidades tóxicas de VitaminaD3 devido à sua fotoconversão em lumisterol e taquesterol, metabolitos biologicamente inativos. Roupas e protetores solares disponíveis no mercado impedem efetivamente a produção de VitaminaD3. Tanto o Colecalciferol quanto o Ergosterol são transportados no sangue por uma glicoproteína, a proteína ligadora da vitamina D (DBP, do inglês, *vitamin D Binding Protein*).

Após a síntese cutânea a Vitamina D3 é transportada na circulação para os locais de armazenamento (principalmente gordura e músculo) e para os tecidos, principalmente o fígado, onde a ocorre a conversão para pró-hormônio 25-hidroxivitaminaD (25OHD3). O mesmo ocorre com o Ergocalciferol e o Colecalciferol provenientes da dieta. Existem várias enzimas do citocromo P450 capazes de converter Vitaminas D2 e D3 em 25OHD3, das quais o CYP2R1 parece ser a mais importante, respondendo por até 50% do total de 25OHD3 sintetizada (Figuras 15.14 e 15.15).

A 25OHD3 é carreada do fígado ao rim. Nas células do túbulo contornado proximal é convertida em 1,25-$(OH)_2D$ (Calcitriol). A reação é catalisada por um sistema de citocromo P-450 mitocondrial semelhante ao do fígado. A hipocalcemia e o PTH estimulam a produção de Calcitriol pelos rins, como é visto na Figura 15.16. Assim, o PTH tem um papel indireto importante na síntese de Calcitriol. A Figura 15.17 mostra um resumo da síntese do Calcitriol.

Funções

O mecanismo de ação do calcitriol, é semelhante ao de outros hormônios esteroides. O mediador intracelular da função do Calcitriol

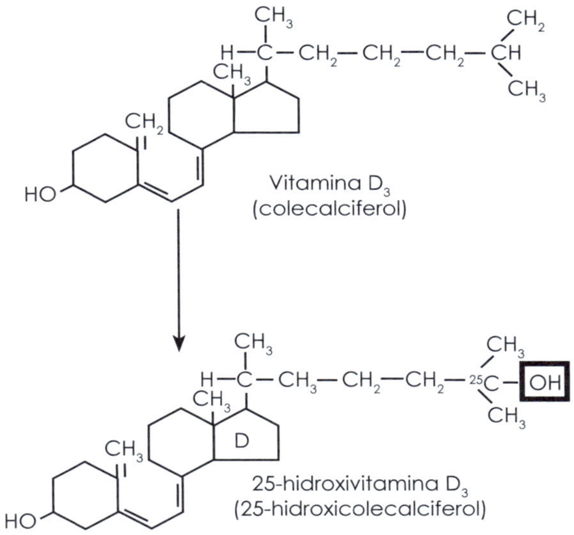

Vitamina D_3 (colecalciferol)

25-hidroxivitamina D_3 (25-hidroxicolecalciferol)

FIGURA 15.14 – Hidroxilação da vitamina D_3 na posição 25.

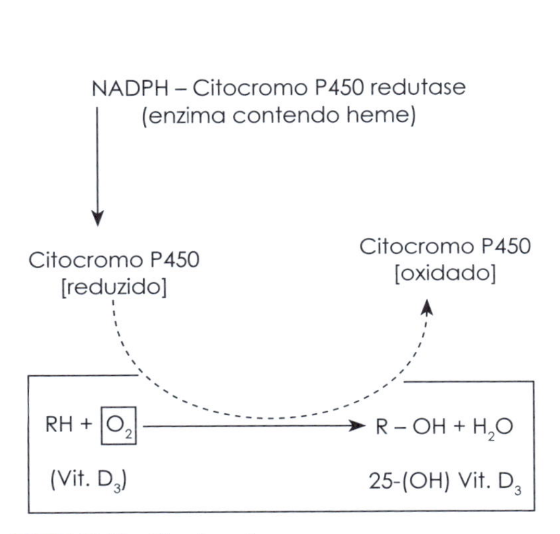

FIGURA 15.15 – Fígado e rim.

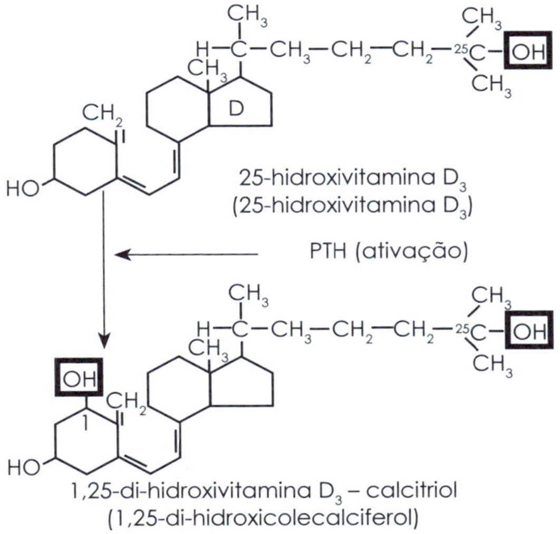

25-hidroxivitamina D_3 (25-hidroxivitamina D_3)

PTH (ativação)

1,25-di-hidroxivitamina D_3 – calcitriol (1,25-di-hidroxicolecalciferol)

FIGURA 15.16 – Formação de 1,25-$(OH)_2$ vitamina D_3 ou calcitriol.

é o receptor de vitamina D (VDR, do inglês, *Vitamin D receptor*), uma proteína que possui extensa homologia com outros membros da superfamília de receptores nucleares de hormônios, incluindo receptores para hormônios esteroides, tireoidianos e retinoides, apresentando repostas genômicas e não genômicas.

A função clássica do Calcitriol é regular o metabolismo cálcio e fósforo através do controle da absorção intestinal e reabsorção renal desses íons, mantendo-os em concentrações plasmáticas suficientes para assegurar a adequada mineralização e a saúde óssea global em todas as etapas da vida. Também age suprimindo a secreção do PTH.

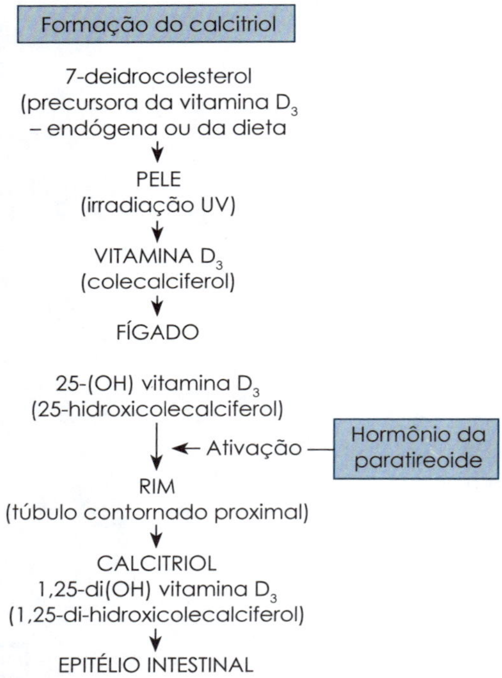

Formação do calcitriol

7-deidrocolesterol
(precursora da vitamina D_3
– endógena ou da dieta

PELE
(irradiação UV)

VITAMINA D_3
(colecalciferol)

FÍGADO

25-(OH) vitamina D_3
(25-hidroxicolecalciferol)

← Ativação — Hormônio da paratireoide

RIM
(túbulo contornado proximal)

CALCITRIOL
1,25-di(OH) vitamina D_3
(1,25-di-hidroxicolecalciferol)

EPITÉLIO INTESTINAL

FIGURA 15.17 – Síntese da formação do calcitriol.

Contudo a presença do VDR foi observada em vários tecidos o que sugere a existência de inúmeras funções sistêmicas para o Calcitriol (Ver Capítulo 14 sobre vitamina D).

FGF-23

O FGF23 é um hormônio expresso em vários tecidos, como tecido ósseo, vasos, medula óssea, núcleo talâmico ventrolateral, timo e linfonodos. Os altos níveis de expressão pelos osteócitos sugerem que o tecido ósseo é a principal fonte de FGF-23. Atualmente observa-se que o FGF23 é um forte preditor de progressão e mortalidade na doença renal crônica e doenças cardiovasculares. Contudo, em condições fisiológicas, rim e osso são os principais órgãos-alvo da atividade do FGF23.

O FGF23 pode ser estimulado por fatores locais e sistêmicos. Em humanos, o aumento de fósforo na dieta aumenta FGF23 sérico e o baixo teor de fósforo diminui o FGF23 sérico. Os aumentos séricos de FGF23 mediados pela elevação do fósforo são dependentes de um limiar adequado de cálcio e são marcadamente embotados na vigência de hipocalcemia. O PTH pode aumentar o FGF23, mas concentrações ambientes de Calcitriol parecem substituir os efeitos do PTH na regulação desse hormônio. Assim, o Calcitriol parece ser o estímulo fisiológico mais importante para a produção de FGF23.

O FGF23 e o Calcitriol participam de uma alça osso-rim endócrina, na qual o Calcitriol estimula a produção de FGF23 pelos osteócitos e o FGF23 suprime a hidroxilação do calcitriol no rim. No rim, o FGF-23 tem efeito fosfatúrico atuando assim, de forma central na homeostase do fósforo.

Calcitonina

A calcitonina é um peptídio com 32 aminoácidos secretado pelas células C parafoliculares da glândula tireoide. Tem uma ação menor no metabolismo do cálcio e age reduzindo seus níveis séricos ao inibir a ação dos osteclastos.

Outros hormônios

Vários hormônios, além dos apresentados na Figura 15.4, estimulam a reabsorção (R) ou a formação (F) ósseas, entre eles os glicocorticoides (R), o hormônio tireoidiano (R,F), o hormônio do crescimento (R,F), os androgênios (F) e o estrogênio (R,F). A atuação deste último no remodelamento é vista na Figura 15.5.

CASOS CLÍNICOS

■ Caso 1

AFS, masculino, 51 anos, pardo, professor, infectado com HIV há 12 anos e em uso de Terapia Antirretroviral (TARV). Encaminhado à Endocrinologia para avaliar elevação nos níveis séricos de elevação do PTH que foi solicitado no contexto de uma fratura de baixo impacto em punho após queda da própria altura. Na anamnese dirigida nega fraturas prévias ou outras doenças crônicas. Nega o uso de drogas ilícitas. Tabagista 30 maços/ano. Etilista social, menos de sete *Drinks*/semana. Sedentário. Nega uso de outras medicações além do esquema combinado de TARV. Exame físico sem alterações relevantes:

- PA: 128 × 84mmHg; FC: 84 bpm;
- Peso: 72Kg; Altura:1,68 m; IMC: 25,5 Kg/m^2

Apresentava já nesta consulta exames solicitados pelo clínico (***Lab.1**). Com o objetivo de otimizar a avaliação diagnóstica e o seguimento, foram solicitados mais exames (***Lab.2**). Além, de densitometria óssea da coluna de lombar e do fêmur e terço distal do rádio não dominante.

Laboratório

ANALITO	Lab.1	Lab.2
PTH	152 pg/mL	168 pg/mL
Testosterona Total	470	-
Cálcio Total Corrigido	9,2 mg/dL	9,0 mg/dL
Fósforo	2,6 mg/dL	2,8 mg/dL
25(OH)Vitamina D	14,7 ng/mL	14,1 ng/mL
Clearance de Cálcio	-	1,9 mg/kg/24h
Testosterona Livre Calculada	-	9,5 ng/dL
Taxa de Filtração Glomerular (CKD=EPI)	-	98 mL/min

Valores de referência

- PTH: 12-65 pg/mL;
- Cálcio Total Corrigido: 8,4-10,2 mg/dL;
- Fósforo: 2,5-4,8 mg/dL;
- 25-OH-VITD3: < 20 ng/mL = deficiência;
- Clearance de Cálcio: < 4 mg/kg/24h;
- Testosterona Total: 300-900 ng/dL;
- Testosterona livre calculada: > 6,5 ng/dL;
- Taxa de Filtração Glomerular (TFG): > 90 mL/min.

Resultado da densitometria óssea lombar e fêmur

REGIÃO	BMD	T Score	Z Score
L1-L4	1,079	-1,2	-0,7
Colo Fêmur	0,767	-2,3	-1,5
Fêmur Total	0,860	-1,7	-1,2
Rádio 33%	0,585	-2,7	-2,4

Caso 2

CLM, 42 anos, parda, casada, diarista, natural e residente em Niterói (RJ). Há 6 meses investiga um quadro de litíase renal de repetição. Informa que o primeiro episódio de litíase foi diagnosticado no contexto de dores lombares e abdominais agudas e ITU há cerca de 1 ano. Desde então ocorreram mais 2 episódios. Durante a investigação foi observada elevação dos níveis séricos de cálcio. Apresenta exame com valor de cálcio total corrigido de 11,2 mg/dL (VR: 8,4 a 10,2). Nega doenças crônicas, nega uso de lítio, tiazídicos ou qualquer outra medicação. Nega tabagismo, etilismo.

Exame físico sem alterações relevantes.

- PA: 123 x 76mmHg; FC: 86bpm
- Peso: 62Kg; Altura: 1,64 m; IMC: 23Kg/m^2

Bibliografia consultada

1. Bilezikian JP, Brandi ML, Eastell R, Silverberg SJ, Udelsman R, Marcocci C, et al. Guidelines for the Management of Asymptomatic Primary Hyperparathyroidism: Summary Statement from the Fourth International Workshop. J Clin Endocrinol Metab. 2014. 99: 3561–3569.
2. Bilezikian JP. Primary Hyperparathyroidism. J Clin Endocrinol Metab. 2018. 103: 3993–4004.
3. Cappariello A, Maurizi A, Veeriah V, Teti A. The Great Beauty of the osteoclast. Archives of Biochemistry and Biophysics. 2014, 561:13-21.
4. Chen, G., Liu, Y., Goetz, R. et al. α-Klotho is a non-enzymatic molecular scaffold for FGF23 hormone signalling. Nature. 2018, 553: 461–466
5. Compston JE, McClung MR, Leslie WD. Osteoporosis. Lancet. 2019. 393: 364–376.
6. David Goltzman and Harald Jüppner, Mineral Homeostasis Section III in: Primer on the Metabolic Bone Diseases and Disorders of Mineral Metabolism, Ninth Edition. Edited by John P. Bilezikian. 2019 American Society for Bone and Mineral Research. Published 2019 by John Wiley & Sons, Inc.
7. David Goltzman. Physiology of Parathyroid Hormone. Endocrinol Metab Clin N Am. 2018, 47: 743-758.
8. Gasser JA, Kneissel M. Bone Physiology and Biology. In: Bone Toxicology, Frist Edition. Edited by: Smith S, Varela A, Samadfam R. 2017. Molecular and Integrative Toxicology. Springer, Cham.
9. Gilbert, SF and Barresi, MJF. Stem Cells: Their Potential and Their Niches. In Developmental Biology, Eleventh Edition. Edited by Scott F. Gilbert & Michael J. F. Barresi, 2018. Sinauer Oxford University Press.
10. Klar RM. The Induction of Bone Formation: The Translation Enigma. Front. Bioeng. Biotechnol. 2018, 6: 74.
11. Nuttall, M.E., Shah, F., Singh, V. et al. Adipocytes and the Regulation of Bone Remodeling: A Balancing Act. Calcif Tissue Int. 2014, 94: 78–87.
12. Ponzetti M and Rucci N. Updates on Osteoimmunology: What's New on the Cross-Talk Between Bone and Immune System. Front. Endocrinol. 2019, 10:236.
13. Susan M. Ott. Cortical or Trabecular Bone: What's the Difference? Am J Nephrol. 2018, 47:373–375.
14. Travassos MAS, Soares DV, Lima GAB. Doenças Endócrinas In: Kanaan, S Laboratório com Interpretações Clínicas. 1 ed. Rio de Janeiro: Atheneu, 2019, p. 185-209.
15. Wang H, Leng Y and Gong Y. Bone Marrow Fat and Hematopoiesis. Front. Endocrinol. 2018, 9: 694.

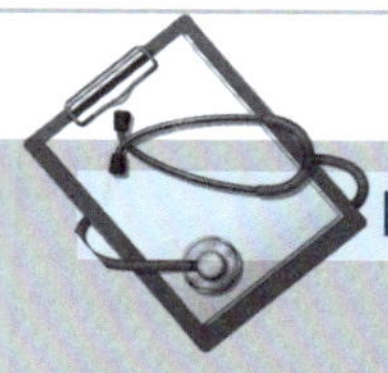

DISCUSSÃO DOS CASOS CLÍNICOS

■ Caso 1

Considerações

• Osteoporose:

A fratura de baixo impacto configura o diagnóstico clínico de **osteoporose.** Paciente masculinos com menos de 70 anos e **osteoporose** demandarão uma investigação de causas **secundárias.** Na **anamnese** devemos excluir uso de **doenças e medicamentos** associados a perda óssea. O paciente em questão tem infecção pelo HIV e utiliza TRAV ambos associados a osteoporose secundária. Já o painel bioquímico inicial para pacientes com osteoporose deve incluir: Hemograma completo, cálcio, fósforo, albumina, fosfatase alcalina, TSH, Vitamina D (25OHD), calciúria de 24 horas, creatinina. **Exames específicos** (de acordo com a suspeita clínica): PTH, Testosterona, Eletroforese de Proteínas entre outros.

No caso o hipogonadismo como causa secundária foi descartado clínica e bioquimicamente. Paciente apresenta níveis normais de testosterona total e livre. Este último mais recomendado para pacientes HIV uma vez que esta população pode cursar com níveis elevados de SHBG e níveis falsamente normais de testosterona total.

O exame de Densitometria Óssea (DXA) corrobora o diagnóstico de osteoporose com T-escore de rádio distal abaixo de -2,5 DP. Paciente demonstra maior perda óssea em sítios com maior concentração de osso cortical como rádio distal e colo de fêmur.

• Deficiência de vitamina D

O paciente em questão também apresenta níveis séricos de 25-hidroxivitaminaD3 ($25OHD_3$) compatíveis com **deficiência de Vitamina D** em Lab1 e Lab2.

Sendo:

- Deficiência: $25(OH)D_3 \leq 20$ ng/mL,
- Suficiência para população geral: $25(OH)D_3$ entre 21-29,9 ng/mL
- Suficiência para população de risco: $25(OH)D_3 \geq 30$ ng/mL

Muitas medicações, incluindo algumas classes de TARV, interferem no metabolismo da Vitamina D. São inibidores do sistema citocromo P450. Inibem a reações de conversão da vitamina D tanto a nível tanto hepático quanto renal. Devemos também excluir disfunções hepáticas e síndromes de má absorção que podem contribuir para hipovitaminose D.

• Hiperparatireoidismo

O paciente do caso apresenta níveis elevados de PTH em Lab1 e Lab2, caracterizando um hiperparatireoidismo. Diante de níveis séricos elevados de PTH devemos:

1. Excluir o uso de **carbonato de lítio.** Droga que altera o "*set point* " do receptor sensor de cálcio na paratireoide e demanda maiores níveis de cálcio para suprimir a secreção do PTH. Excluir o uso de **antirreabsortivos** como bisfosfonatos e denosumabe que podem elevar os níveis de PTH por causar hipocalcemia.

2. **Painel laboratorial** que deve incluir:

   2.1. *Cálcio:* cálcio deve ser corrigido pela albumina ou dosada sua fração ionizada. Cálcio no limite inferior ou dentro da normalidade, como ocorre com o paciente deste caso sugere perda da retroalimentação negativa sobre a síntese e secreção do PTH. De forma geral não observamos hipocalcemia no laboratório de pacientes com hiperparatireoidismo secundário (HPT2) pois o PTH em excesso entra em ação para manter a homeostase do cálcio.

   2.2. *Fósforo:* apresenta-se normal ou baixo, a não ser nos casos de hiperparatireoidismo associados a doença renal crônica quando tende a se elevar.

   2.3. *Magnésio:* hipomagnesemia grave pode gerar resistência a ação do PTH em seus receptores com consequente hipocalcemia e secreção de PTH.

   2.4. *25-OHD$_3$:* a vitamina D é importante para absorção intestinal de cálcio, sua deficiência pode levar a uma redução nos níveis deste íon. A vitamina D também exerce supressão sobre a secreção do PTH pela paratireoide.

   2.5. *Creatinina e TFG:* a diminuição da função renal associa-se a redução da conversão da vitamina D a sua forma ativa (Calcitriol), que ocorre a nível renal. Gerando assim, deficiência na ação deste hormônio a nível de intestino e paratireoide.

   2.6. Clearance *de Cálcio:* em urina coletada por 24h obtemos o valor de cálcio em mg/24h e dividimos pelo peso em kg do paciente. Valores superiores a 4mg/kg indicam redução da reabsorção tubular de cálcio, o que também contribui para diminuição dos níveis de cálcio e elevação do PTH.

Confirmada a suspeita de HPT2, devemos tratar as causas secundárias como Hipovitaminose D ou a hipercalciúria. Caso os níveis de PTH não normalizem e o cálcio se eleve, estaremos diante de um provável hiperparatireoidismo primário (ver caso 2) cuja hipercalcemia estava mascarada pela associação com os quadros citados acima.

■ Caso 2

Considerações

Na investigação da hipercalcemia é importante afastar causas medicamentosas como o **carbonato de lítio** (droga que altera o "*set point*" do receptor sensor de cálcio na paratireoide e demanda maiores níveis de cálcio para suprimir a secreção do PTH) e diuréticos tiazídicos que podem gerar hipercalcemia por aumentar a reabsorção de cálcio no túbulo distal. Deve-se excluir também insuficiência renal crônica em fase dialítica por longo tempo e o contexto de um hiperparatireoidismo terciário.

O próximo passo seria dosar o PTH, onde PTH elevado ou inapropriadamente normal sugere função autônoma da paratireoide caracterizando um hiperparatireoidismo primário (HPT1). Se PTH baixo ou suprimido investigar causas de hipercalcemia PTH independentes como neoplasias malignas e doenças granulomatosas.

O **painel laboratorial** na suspeita de HPT1 deverá ser:

- PTH confirmatório.
- Cálcio iônico ou cálcio total e albumina .

Cálcio Corrigido = Cálcio Total + (0,8 × 4 -Albumina)

- Fósforo: níveis baixos podem estar presentes pois o PTH diminui a reabsorção tubular de fósforo aumentando assim a taxa de excreção deste íon.
- Magnésio: Hipo ou Hipermagnesemia alteram secreção e ação do PTH.
- Níveis de 25OHD3: verificar outros interferentes nos níveis de cálcio.
- Creatinina: verificar outros interferentes nos níveis de cálcio e cirurgia está indicada se TFG < 60 mL/min
- Cálcio e creatinina em urina de 24h: úteis para o diagnóstico de hipercalciúria e o diagnóstico diferencial com hipercalcemia familiar hipocalciúrica (HFH). A HFH é uma desordem genética rara, causada por uma mutação inativadora no CaSR (receptor sensor de cálcio) na qual níveis maiores de cálcio serão necessários para suprimir a síntese e secreção do PTH. É o principal diagnóstico diferencial da paciente deste caso.

- Hipercalciúria

Definida como cálcio > 4 mg/kg/24 h. Sua presença pode constituir um critério de indicação cirúrgica em paciente com HPT1, principalmente com história ou fatores associados a litíase renal como é o caso da paciente.

- HFH: apresenta uma baixa excreção urinária de cálcio (< 100 mg/24 h).
- Relação > 0,02 exclui HFH e Relação < 0,01 fortemente sugere HFH

Ca cl/Cr cl (relação do Clearance de Cálcio / Clearance de Creatinina): Ca cl/ Cr cl = [Ca urina 24h x Cr sérica] / [Ca sérico x Cr urina 24h]

No retorno paciente apresentou **Lab1**. Confirmando o diagnóstico de **HPT1**.

Laboratório

ANALITO	Lab.1
PTH	504 pg/mL
Cálcio Total Corrigido	12,7 mg/dL
Fósforo	1,9 mg/dL
Magnésio	2,0 mg/dL
25(OH)Vitamina D	26,2 ng/mL
Cálcio na urina 24h	560 mg/24h
Clearance de Cálcio	8,23 mg/kg/24h
Creatinina	1,6 mg/dL
Taxa de Filtração Glomerular (CKD=EPI)	38 mL/min

Valores de referência

- PTH: 12-65 pg/mL;
- Cálcio Total Corrigido: 8,4-10,2 mg/dL;

- Fósforo: 2,5-4,8 mg/dL;
- Magnésio: 1,9-2,5 mg/dL;
- 25-OH-VitD3 < 20ng/mL = deficiência;
- Creatinina: 0,9-1,35 mg/dL
- Clearance de Cálcio: < 4 mg/kg/24h;
- Taxa de Filtração Glomerular (TFG): > 90 mL/min.

Sendo assim, devemos seguir a investigação com a localização da lesão em paratireoide e posteriormente abordagem cirúrgica da mesma.

Função Renal 16

José Carlos Carraro Eduardo
Salim Kanaan

Introdução

Os rins são órgãos pares, cada um com formato de um grão de feijão, medindo cerca de 11 cm de comprimento, 6 cm de largura e 3 cm de espessura. Localizam-se no espaço retroperitoneal, entre a parte inferior da 11ª vértebra torácica e a parte superior da 3a vértebra lombar, sendo o rim direito levemente inferior ao rim esquerdo. Cada rim pesa aproximadamente 120 a 150 g no ser humano adulto, representando em torno de 0,4% do peso corporal total. Esses órgãos possuem um lado convexo e um medial côncavo, denominado hilo renal, onde se reúnem os vasos sanguíneos e linfáticos na pelve renal. Possuem uma cápsula de tecido conjuntivo denso, uma zona mais periférica e de aspecto claro, a cortical – onde se localizam basicamente os glomérulos e túbulos contorcidos proximais e distais – e uma zona mais interna, de aspecto escuro, a zona medular, constituída principalmente de alças de Henle, os vasa recta – vasos alongados que acompanham as alças de Henle – e os canais coletores. Na camada medular encontram-se de dez a 18 estruturas cônicas e piramidais, que são as pirâmides de Malpighi.

A base de cada pirâmide origina-se na borda corticomedular, com seu ápice na papila, que se localiza no interior do espaço pélvico. A pelve representa a parte superior dilatada do ureter, e aqui a urina se reúne e flui através da junção ureteropélvica para o ureter (Figura 16.1). Os ureteres transportam a urina de cada rim para a bexiga, onde é armazenada até ser esvaziada pela uretra.

O rim é o principal órgão envolvido na manutenção do equilíbrio hidroeletrolítico e acidobásico do organismo. Além de manter a homeostase da composição química do meio interno (por meio da filtração, absorção ativa e passiva e secreção), o rim também exerce um importante papel endócrino, sendo capaz de sintetizar e metabolizar diversos hormônios e substâncias vasoativas com efeitos endócrinos. Os rins também são responsáveis, principalmente, pela produção de vitamina D_3 ativa a partir do hidroxicolecalciferol.

O néfron

O néfron é a unidade funcional do rim. Cada rim contém aproximadamente 1,2 milhão de néfrons (Figura 16.2). Um néfron constitui-se estruturalmente de:

- **Corpúsculo de Malpighi:** é formado por um tufo de capilares, o glomérulo; esses capilares glomerulares ramificam-se e anastomosam-se, e são recobertos por células epiteliais. O glomérulo, como um

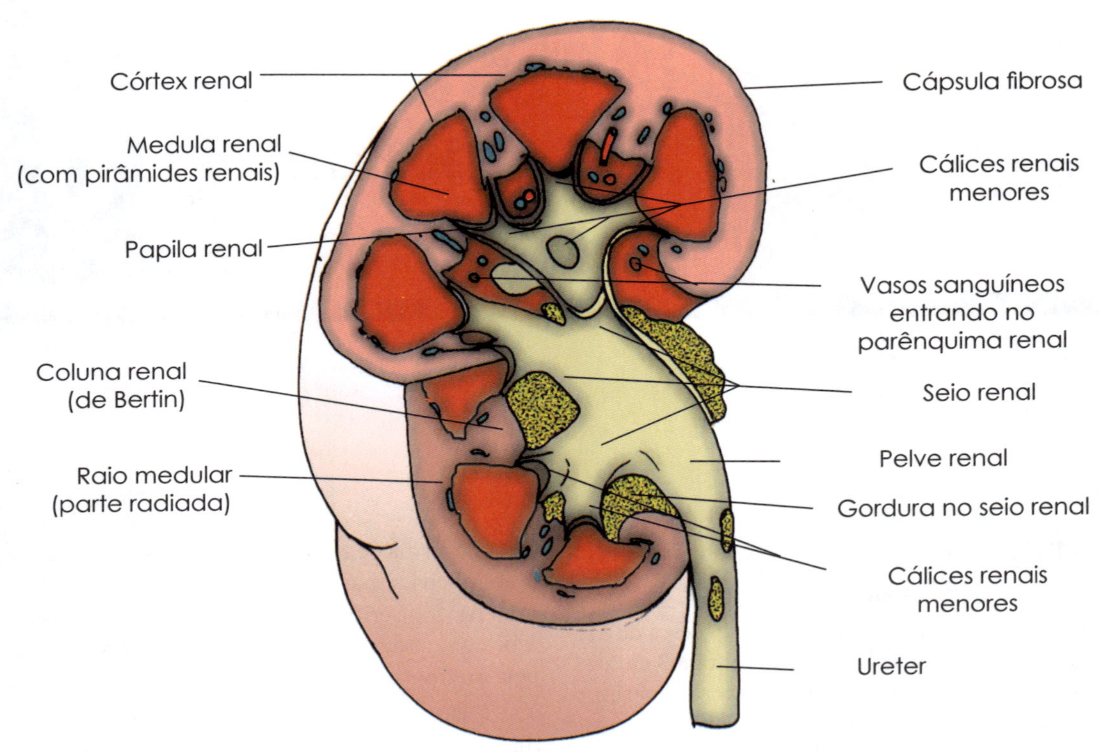

FIGURA 16.1 – Rim direito seccionado em vários planos, expondo o parênquima e a pelve renal.

todo, acha-se envolvido pela cápsula de Bowman. Cada corpúsculo possui dois polos: um vascular, pelo qual penetra a arteríola aferente e sai a arteríola eferente, e um polo urinário, onde nasce o túbulo contornado proximal, que se situa no córtex renal. O líquido filtrado nos capilares glomerulares flui para dentro da cápsula de Bowman e, desta, para o túbulo proximal (Figuras 16.3 a 16.6).

- **O túbulo contorcido proximal possui uma membrana apical:** lado da célula virado para a luz tubular – aumentada, denominada borda em escova, que multiplica a área de superfície em torno de 20 vezes. A membrana basolateral – lado da célula em contato com o sangue – apresenta-se altamente invaginada e contém grande densidade de mitocôndrias. Tanto a área apical quanto a área basolateral contêm uma grande superfície de contato, permitindo uma reabsorção de cerca de 2/3 do sódio e da água filtrada pelos glomérulos. Do túbulo proximal, o líquido flui para a alça de Henle, que mergulha na medula renal.
- **A alça de Henle:** cada alça consiste em um ramo descendente e em um ramo ascendente. O ramo descendente e a extremidade inferior do ramo ascendente têm superfícies apical e basolateral muito finas, pouco desenvolvidas, com pequeno número de mitocôndrias. Nessa região, praticamente não há absorção de íons nem de água. Por outro lado, o segmento espesso do ramo ascendente apresenta quantidade abundante de mitocôndrias e dobras extensas da membrana basolateral. Devido a estas características, essa região da alça é capaz de absorver quantidades de íons e água.

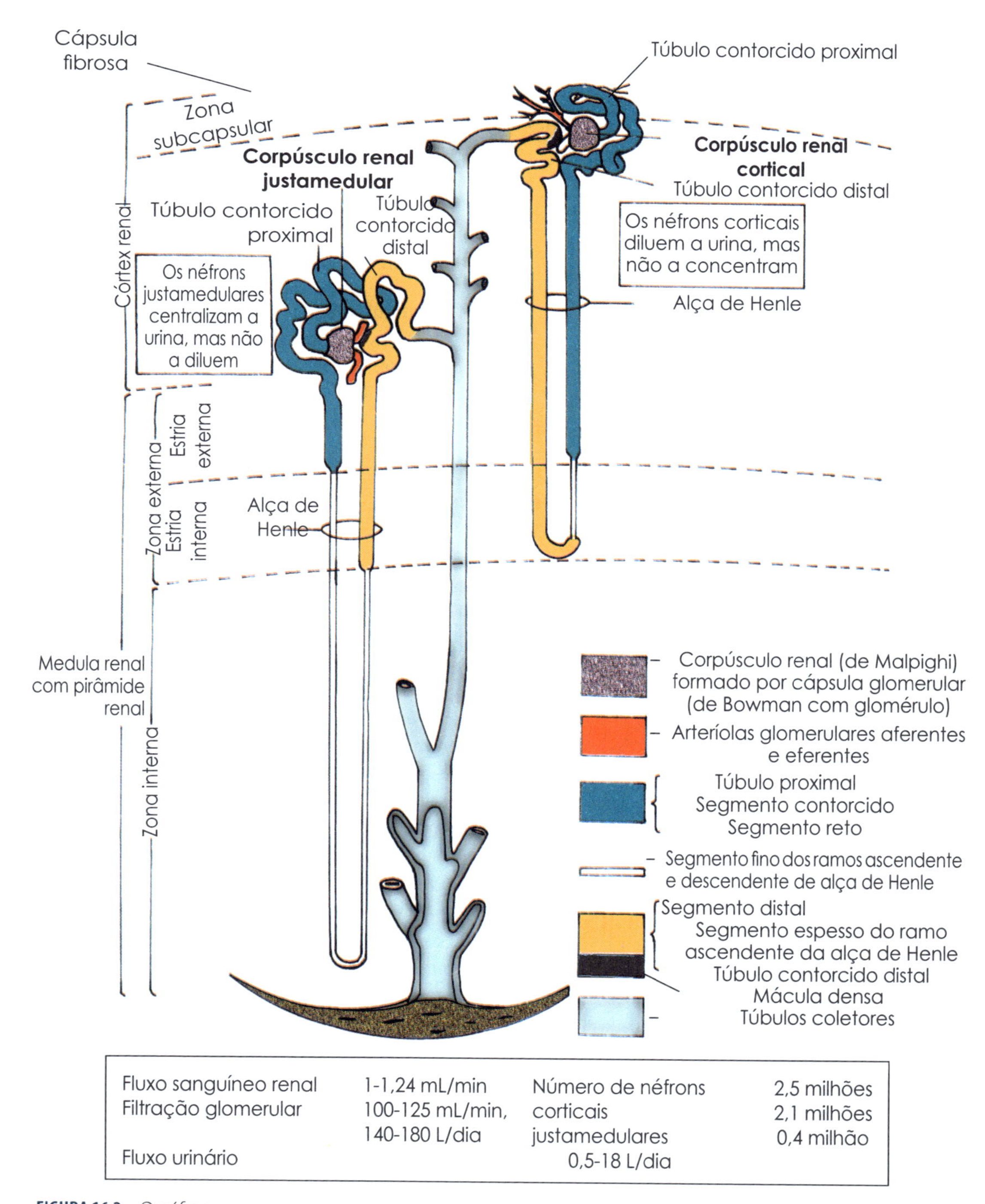

Fluxo sanguíneo renal	1-1,24 mL/min	Número de néfrons	2,5 milhões
Filtração glomerular	100-125 mL/min, 140-180 L/dia	corticais	2,1 milhões
		justamedulares	0,4 milhão
Fluxo urinário	0,5-18 L/dia		

FIGURA 16.2 – O néfron.

- **Túbulo contorcido distal:** possui células epiteliais com a membrana muito parecida com o ramo ascendente espesso da alça de Henle e com semelhantes características de absorção de íons e água.
- **Túbulo coletor:** é constituído por dois tipos celulares: as células principais e as células intercaladas. As principais possuem uma membrana basolateral moderadamente invaginada, contêm poucas mitocôndrias e reabsorvem 2 a 5% do sódio filtrado. As células intercalares exibem alta densidade de mitocôndrias e acredita-se que secretam prótons.

Podemos classificar os néfrons em corticais e justaglomerulares. O néfron cortical apresenta o glomérulo nas regiões mais centrais do córtex, e a sua alça de Henle é curta. Além disso, sua arteríola eferente ramifica-se em capilares peritubulares que circundam os segmentos tubulares de seus próprios néfrons e do néfron adjacente. Essa rede capilar transporta oxigênio e nutrientes importantes para os segmentos tubulares, fornece substâncias aos túbulos para secreção e atua como via de retorno da água e dos solutos reabsorvidos ao sistema circulatório.

Os néfrons justaglomerulares diferem dos corticais por apresentarem um glomérulo maior, uma alça de Henle mais longa e que se estende profundamente pela medula. Ademais, apresentam sua arteríola eferente forma não apenas uma rede de capilares peritubulares, como também uma série de alças vasculares denominadas vasos retos. Esses vasos descem pela medula, onde formam redes capilares que circundam os ductos coletores e os ramos ascendentes da alça de Henle. O sangue retorna ao córtex pelos vasos retos ascendentes. Apesar de menos de 0,7% do fluxo sanguíneo passar pelos vasos retos, eles fornecem importantes nutrientes à medula e participam no processo de concentração e diluição da urina.

Fisiologia renal

A capacidade dos rins de depurar seletivamente resíduos provenientes do sangue e, ao mesmo tempo, manter a água essencial e o balanço hidroeletrolítico no organismo é controlada pelo néfron por meio das seguintes funções:

- Fluxo sanguíneo.
- Filtração glomerular.
- Reabsorção tubular.
- Concentração renal.
- Secreção tubular.

Fluxo sanguíneo renal

A parte vascular é de fundamental importância, pois o rim desempenha o papel de produzir um ultrafiltrado do plasma, cuja pressão hidrostática é muito elevada em relação à dos outros capilares (na ordem de 75 mmHg; cerca de 70% da pressão hidrostática existente no interior da aorta).

Cada rim recebe uma artéria renal, que, ao penetrar no hilo, já se divide em anterior e posterior. Ainda na região do hilo, esses ramos dão origem a artérias interlobares, que seguem no nível da base das pirâmides para formar as artérias alciformes ou arqueadas. Estas darão origem às artérias interlobulares, que posteriormente darão origem às artérias aferentes; cada arteríola aferente supre apenas um glomérulo. Os capilares glomerulares são originários dessa única arteríola aferente e posteriormente se juntarão para formar a arteríola eferente, que deságua numa segunda rede de capilares peritubulares e vasos retos, fluindo lentamente através do córtex e da medula do rim, próximo aos túbulos.

Os capilares peritubulares circundam os túbulos contornados proximais e distais, propiciando a reabsorção imediata das substâncias essenciais a partir do túbulo contornado proximal e o ajuste final da composição urinária no túbulo contornado distal. Os vasos retos estão adjacentes às alças ascendente e descendente de Henle. É nessa área que ocorrem as principais trocas de água e íons entre o sangue e o interstício medular. A remoção do excesso de água e íons do interstício medular pelo sangue que flui através dos vasos retos mantém o gradiente osmótico na medula, necessário à concentração renal.

O suprimento sanguíneo nos dois rins está na ordem de 25% do débito cardíaco no indivíduo em repouso. Os dois rins formam, por minuto, cerca de 125mL de ultrafiltrado, dos quais 124 mL são absorvidos e apenas 1 mL será lançado nos cálices renais como urina. Então, a cada 24 horas, forma-se cerca de 1.500 a 2.000 mL de urina.

■ Filtração glomerular

A primeira etapa de formação da urina é a filtração do sangue pelos capilares glomerulares. Um balanço da pressão de filtração de cerca de 15 mmHg no leito capilar do tubo propulsiona o filtrado através da membrana glomerular.

O glomérulo consiste em uma espiral de aproximadamente oito tubos capilares, chamados coletivamente de tufo glomerular. O filtrado plasmático deve passar através de três camadas de células:

- A membrana da parede capilar ou endotélio capilar.
- A membrana basal (lâmina basal).
- Epitélio visceral da cápsula de Bowman (que é coberto de células epiteliais, chamadas podócitos) (Figura 16.3).

O endotélio capilar é fenestrado e livremente permeável a água, a pequenos solutos, como glicose, ureia, sódio e até a pequenas moléculas de proteínas. Como as fenestrações são relativamente grandes (70 nm de largura), o endotélio atua como barreira de filtração apenas para células, não agindo como barreira importante para proteínas plasmáticas. Para impedir a filtração dessas proteínas com mais de 7 a 10 nm, as três camadas da membrana basal (lâmina rara interna, lâmina densa e lâmina rara externa) atuam como principal barreira. Os podócitos, que são fagócitos, possuem longos processos

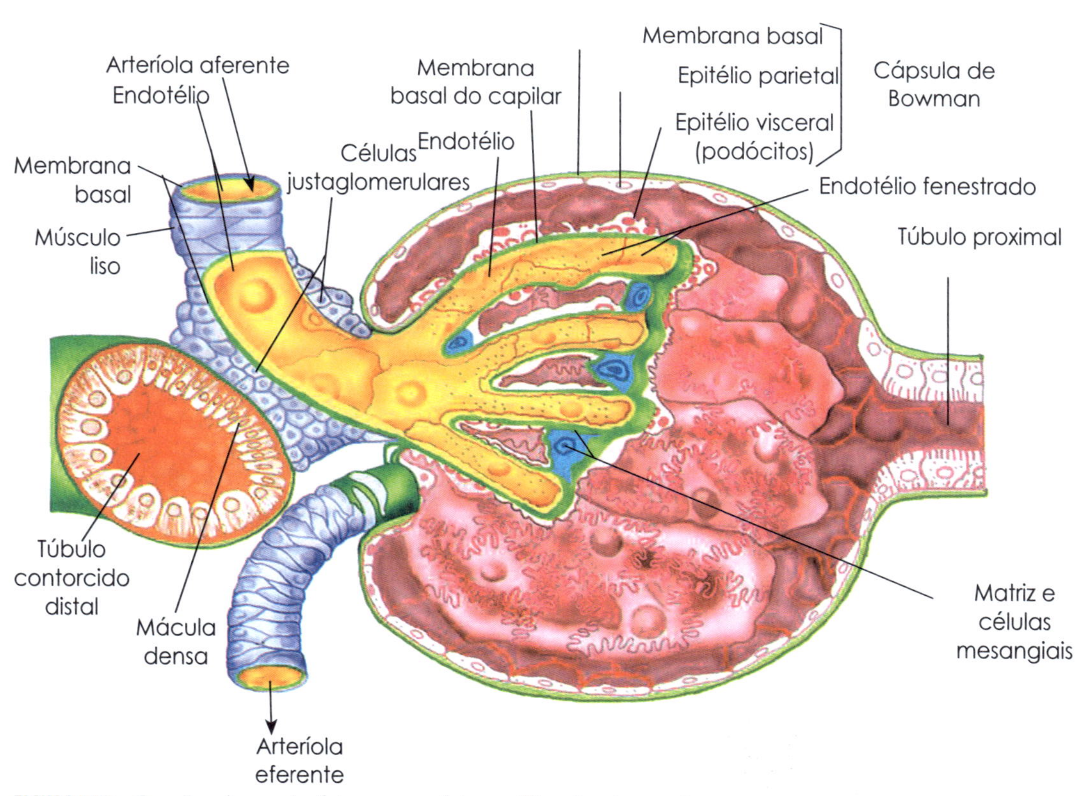

FIGURA 16.3 – Corpúsculo renal e fatores que afetam a filtração glomerular.

digitiformes que circundam por completo a superfície externa dos capilares. Os processos interdigitam-se para recobrir a membrana basal e são separados por hiatos denominados de fenda de filtração. Através dessas lacunas é que se movimenta o filtrado glomerular, filtrando apenas algumas macromoléculas que atravessam o endotélio e a membrana basal.

Como as três camadas da parede glomerular contêm glicoproteínas de carga negativa, a parede capilar glomerular filtra substâncias não apenas de acordo com seu tamanho, mas também de acordo com sua carga. Assim, no caso de moléculas cuja carga seja negativa, essas são repelidas, dificultando a sua passagem pelos poros. O principal exemplo dessa barreira de carga é a albumina, que, apesar de ter um tamanho molecular filtrável, não é filtrada pela sua carga, que é negativa. Ou seja, o tamanho molecular efetivo para ser filtrado situa-se entre 2 e 4 nm, e as moléculas catiônicas serão filtradas mais que as moléculas aniônicas.

A função da barreira glomerular é fazer com que o fluido que passa ao espaço de Bowman seja quase inteiramente desprovido de proteínas. A análise do fluido, assim que ele sai dos glomérulos, mostra que o filtrado tem uma osmolaridade similar à plasmática, confirmando que o ultrafiltrado originado no glomérulo é um ultrafiltrado plasmático.

Reabsorção tubular

No túbulo proximal

Cada néfron pode produzir cerca de 100 L de ultrafiltrado por dia, e cada rim contém cerca de 1 milhão de néfrons; isso quer dizer de 170 a 200 L de ultrafiltrado passam pelos glomérulos a cada 24 horas. Portanto, quando o ultrafiltrado plasmático entra no túbulo contornado proximal, os rins, por meio de mecanismos de transporte celular, começam a reabsorver substâncias essenciais e água.

O túbulo contorcido proximal absorve toda a glicose, cerca de 85% do cloreto de sódio e de água filtrada. Para que ocorra o transporte ativo, a substância a ser reabsorvida combina-se com uma proteína transportadora contida na membrana das células tubulares renais. A glicose e o sódio são absorvidos por processo ativo, enquanto a água e o íon cloreto difundem-se passivamente, a fim de que seja mantido o equilíbrio osmótico. Também no túbulo contornado proximal é absorvida a totalidade de aminoácidos e proteínas por processo ativo.

O elemento-chave de reabsorção tubular proximal é a Na^+K^+ATPase (sódio-potássio ATPase), presente na membrana basolateral. A reabsorção de qualquer substância, inclusive a água, está ligada à atuação dessa enzima (Figura 16.4).

Concentração renal

Na alça de Henle – mecanismo de contracorrente

Esse segmento é dividido em três outros subsegmentos, que são: a porção fina descendente, a porção fina ascendente e a porção espessa. Do ponto de vista fisiológico, são distintos entre si. As porções fina descendente e ascendente são constituídas por um epitélio com células pequenas e pobres em mitocôndrias. Por essa razão têm pouca atividade metabólica. As alças finas, principalmente as mais profundas, exercem um papel importante no mecanismo de contracorrente, que é responsável pela formação de urina hipertônica.

O túbulo proximal reabsorve cerca de 67% do total de água filtrada, sódio, cloreto, potássio e bicarbonato. Como se pode ver, o fluido que sai do túbulo contornado proximal ainda mantém a mesma concentração do ultrafiltrado.

A parte descendente delgada das alças de Henle é muito permeável à passagem de água livre (17% da água filtrada) para a região medular, onde existe alto gradiente osmótico devido à grande concentração de sal nessa região. Então, o filtrado nesse segmento torna-se hipertônico, isosmolar à medula renal, que é hipertônica. Isso porque, como esse túbulo é permeável à água, esta é perdida para o interstício renal por osmose passiva.

A alça de Henle, na sua parte ascendente espessa, é impermeável à água, e reabsorve cerca de 20% do sódio, cloreto e potássio filtrados, por um mecanismo de transporte ativo através de uma bomba Na/K/2Cl. Esse processo de reabsorção seletiva e impermeabilidade à água é chamado de mecanismo de contracorrente e serve para manter o gradiente osmótico da medula. Além disso, o cálcio, o magnésio, o sódio e o potássio são reabsorvidos pela região paracelular (entre as células). O fluido chega ao final da alça de Henle hipotônico em relação ao plasma (Figura 16.5).

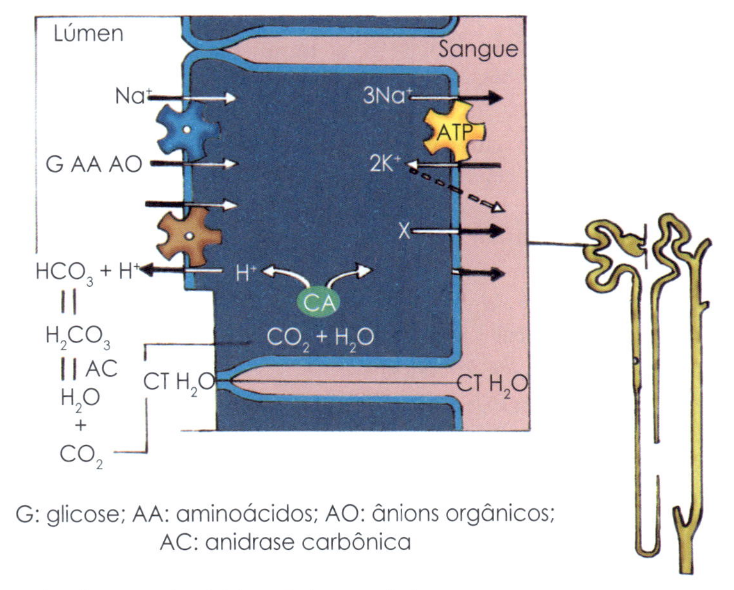

FIGURA 16.4 – Transporte de glicose, aminoácidos e ânions orgânicos.

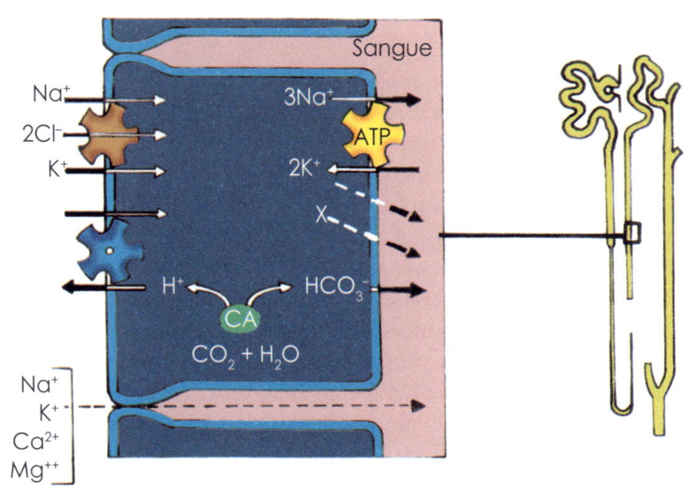

FIGURA 16.5 – Estruturas transportadoras na porção espessa da alça de Henle.

Túbulo distal e ducto coletor

O túbulo distal é constituído por dois segmentos com atividades metabólicas totalmente diferentes. O segmento inicial ou convoluto tem pouca permeabilidade à água e sua membrana apical utiliza um cotransportador Na^+/Cl^-, que promove o transporte neutro da luz tubular para o interior da célula. O transporte apical do fluxo de NaCl é completamente transcelular, não envolvendo passagem através dos complexos juncionais, e, também é dependente da bomba de Na^+K^+-ATPase basolateral.

A porção final do tubo distal e o tubo coletor possuem dois tipos de células: as células principais, responsáveis pelo transporte de sódio, e as células intercaladas, especializadas no transporte de íons H^+ e HCO_3^-.

A reabsorção de sódio continua no túbulo contornado distal, passando a ficar sob o controle da aldosterona, que regula a reabsorção em resposta às necessidades de sódio pelo organismo. O sódio é trocado por carga positiva nesse túbulo, ou seja, para reabsorver uma molécula de Na pelo organismo, deve-se secretar uma de K ou H^+ no túbulo. Sendo assim, a aldosterona também controla a secreção de K e H^+ no túbulo renal.

A concentração final do filtrado, através da reabsorção de água, começa no fim do túbulo contornado distal e continua no ducto coletor. Lembre-se de que o filtrado que sai da alça de Henle é hipo-osmolar; sendo assim, existe um fator (ou fatores) que determina se a urina será hipo, hiper ou iso-osmolar em relação ao plasma. Esses fatores são: o hormônio antidiurético (ADH), que altera a permeabilidade do ducto coletor à água (por meio da inserção na membrana dessas células de proteínas conhecidas como aquaporinas, ou seja, poros permeáveis à água), e a concentração medular. Então, quando o nível de hormônio antidiurético é alto, a permeabilidade à água aumenta e produz-se então uma elevação na reabsorção de água, desde que a medula esteja concentrada, uma urina concentrada, hiperosmolar (que fica iso-osmolar à medula), gerando assim um menor volume urinário. Por outro lado, quando o nível de ADH é baixo, as paredes das alças de Henle e dos túbulos distais e coletores tornam-se impermeáveis à água, produzindo urina diluída, hipotônica (como o filtrado que saiu da alça de Henle), além de gerar um maior volume urinário.

Assim como a produção de aldosterona é controlada pela concentração de sódio e potássio no organismo, a produção de ADH é determinada pelo estado de hidratação do corpo, sendo sua produção estimulada quando ocorre aumento da osmolaridade plasmática ou em situações de hipovolemia. Por isso, o equilíbrio químico do organismo é, de fato, o determinante final do volume e da concentração da urina (Figura 16.6).

Secreção tubular

Existem duas funções muito importantes que são desempenhadas pela secreção tubular:

- A regulação do equilíbrio ácido-base no corpo a partir da secreção de íons hidrogênio.
- A eliminação de substâncias que não foram filtradas pelos glomérulos – muitas substâncias que precisam ser eliminadas, como, por exemplo, medicamentos que não foram filtrados pelos glomérulos, pois estão ligados a proteínas plasmáticas.

Contudo, quando essas substâncias ligadas a proteínas entram nos capilares peritubulares, passam a apresentar forte afinidade pelas células tubulares e dissociam-se de suas proteínas transportadoras, o que ocasiona o seu transporte para o filtrado pelas células tubulares. O principal local de remoção dessas substâncias não filtradas é o túbulo contornado proximal.

Além disso, para que ocorra a manutenção do pH sanguíneo em torno de 7,4, é preciso tamponar e eliminar o excesso de ácido formado pelo metabolismo orgânico e pelo processo digestório. O principal tampão do sangue é o bicarbonato, que é filtrado pelos glomérulos e deve retornar rapidamente para o sangue, a fim de que se mantenha um pH sanguíneo adequado.

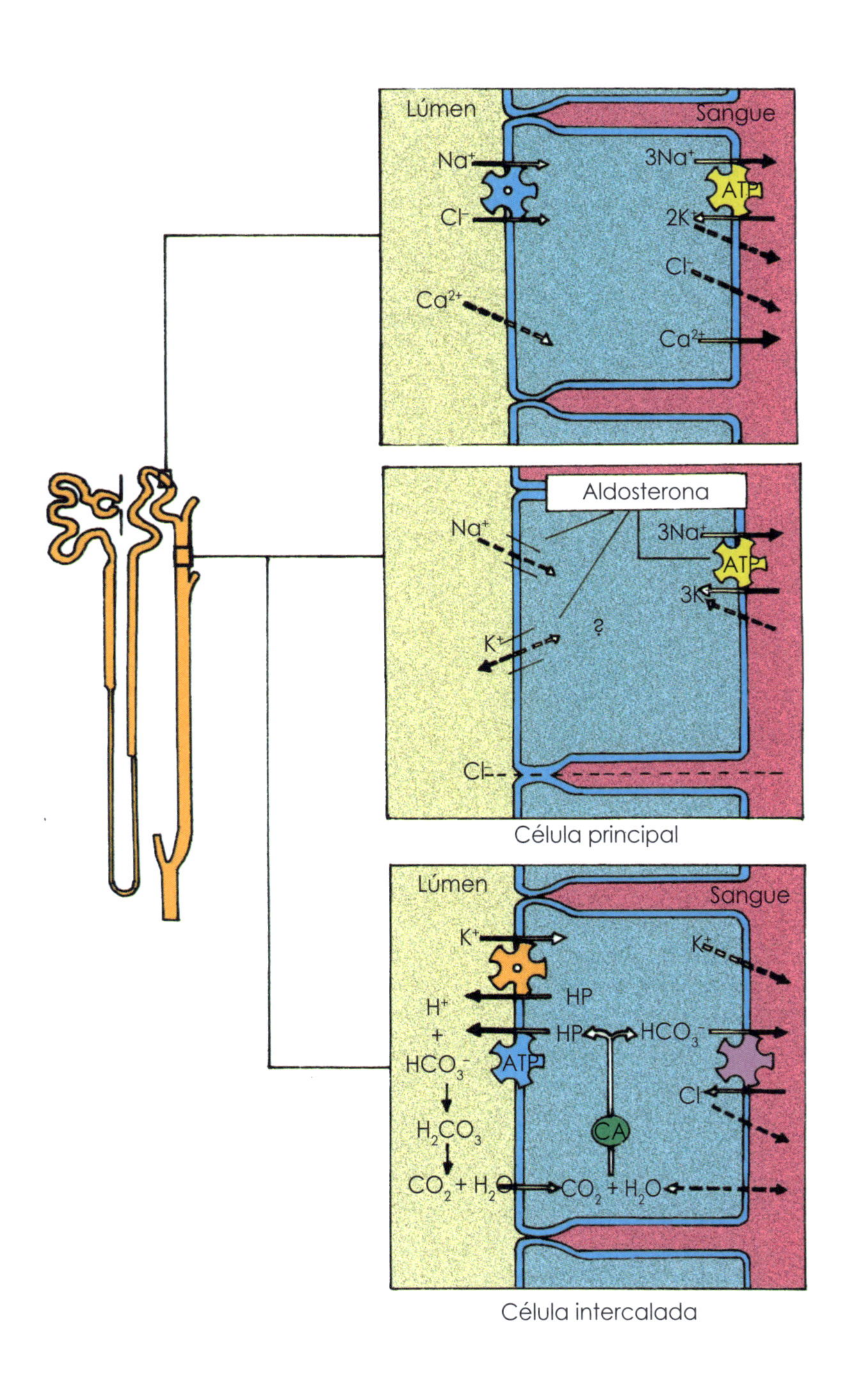

FIGURA 16.6 – Estrutura transportadora na porção tubulodistal e coletor.

A eliminação de íons hidrogênio pela secreção tubular faz com que haja reabsorção do bicarbonato para o sangue; esse processo ocorre principalmente nos túbulos contornados proximais. A eliminação dos íons hidrogênio em combinação com os íons fosfato e o íon amônio no túbulo contornado distal provoca a formação e a absorção de bicarbonato para o sangue. Ou seja, no túbulo proximal ocorre a reabsorção do bicarbonato filtrado pelo glomérulo e no túbulo distal ocorre a formação de novo bicarbonato.

Na porção espessa ascendente da alça de Henle, além de transportar $Na^+K^+2Cl^-$, há também uma secreção de hidrogênio através do contratransportador Na^+/H^+ na membrana luminal, com características semelhantes às do túbulo proximal. A energia necessária para o transporte de Na^+/H^+ é dependente de Na^+K^+-ATPase basolateral, sendo que 10% da carga filtrada de bicarbonato que não foram absorvidos no túbulo proximal podem ser recuperados nesse segmento. A secreção tubular é a passagem das substâncias provenientes do sangue nos capilares peritubulares para o filtrado tubular.

Avaliação laboratorial da função renal

Os rins exercem muitas funções, inclusive endócrinas. A avaliação da função renal compreende o estudo das funções glomerulares e tubulares, já que se constituem em funções completamente distintas dos néfrons.

Na avaliação da função renal, a medida da taxa de filtração glomerular (TFG) é a prova laboratorial mais utilizada. Para tanto, usam-se marcadores indiretos, como as determinações de creatinina e cistatina C no sangue, ou procede-se à determinação da TFG propriamente dita, com o uso de marcadores exógenos apropriados, que sejam eliminados exclusivamente através da filtração glomerular, uma condição que não é preenchida por nenhum marcador endógeno conhecido. O exame mais solicitado para avaliação indireta da TFG no laboratório de patologia clínica é a dosagem da creatinina sérica. Em algumas condições, entretanto, o resultado encontrado da creatinina sérica deve ser corrigido (através da utilização de fórmulas que levam em consideração características próprias do indivíduo) para ser devidamente interpretado. Deve-se ressaltar que avaliação de função renal abrange muito mais que a determinação da TFG, incluindo marcadores outros de função glomerular e tubular.

Avaliação da função glomerular

A estimativa da taxa de filtração glomerular (TFG) é usada clinicamente para avaliar a função renal, identificar o estágio da doença renal crônica e acompanhar a sua evolução. Vale lembrar que a TFG não informa sobre a causa da doença renal. Para esse objetivo é necessário o exame do sedimento urinário, a medida da excreção urinária de proteínas, exames complementares e de imagem e, não raramente, biópsia renal.

Nessa avaliação, é importante saber se o glomérulo consegue filtrar quantidade suficiente de volume e se está sendo efetivo em não filtrar proteínas e elementos figurados do sangue. A medida direta da taxa de filtração glomerular pode ser feita por diferentes métodos, sempre empregando marcadores exógenos, já que não se conhece nenhum marcador endógeno ideal, ou seja, completamente filtrado pelo glomérulo, sem secreção ou reabsorção tubular e sem eliminação extra-renal. Entre os marcadores exógenos que podem ser usados para a medida da TFG, estão a inulina (referência para os demais), o Cr^{51}-EDTA, Tc^{99}-DTPA, o I^{125}-iotalamato e o iohexol, um agente de contraste não radioativo. Estes exames para medida da TFG são onerosos e dispendem muito tempo, tanto dos pacientes quanto dos profissionais, para sua realização, estando disponíveis em poucas instituições, não sendo assim, usualmente empregados na prática clínica.

Na prática clínica, a TFG pode ser estimada a partir dos níveis séricos de marcadores endógenos, como a creatinina e a cistatina C. A creatinina sérica é largamente usada para estimar a TFG em equações com ajustes para variáveis demográficas ou antropométricas que impactam na concentração de creatinina, independentemente a função renal. Alternativamente, a cistatina C sérica também pode ser usada na estimativa da TFG.

O que é a creatinina?

A creatinina é um produto catabólico da fosfocreatina, de concentração relativamente estável no sangue, e que reflete indiretamente a taxa de filtração glomerular. Porém, além da função renal, o nível sérico da creatinina é dependente de outros fatores, principalmente da massa muscular. Assim, para a mesma TFG, indivíduos com menos massa muscular terão creatinina sérica mais baixa, como é o caso das mulheres e dos idosos. O nível de creatinina pode ainda sofrer influência de outros fatores, tais como:

- Secreção tubular.
- Drogas que reduzem a secreção tubular (cimetidina, trimetoprim).
- Rabdomiólise.
- Padrão de alimentação (tanto dieta hiperproteica quanto vegetariana).
- Suplementação com creatina.
- Excreção extrarrenal (bactérias intestinais e atividade da creatininase bacterianana doença renal crônica).
- Aumento artificial por interferência no método do exame (cefoxitina, flucitosina).

Por que a creatinina é o marcador mais utilizado para a avaliação da TFG?

As características que as substâncias devem apresentar para se prestar ao papel de mensurar a depuração renal são parcialmente atendidas pela creatinina. Essa substância é totalmente excretada pelos rins, não é reabsorvida e possui secreção pouco significativa, podendo-se estabelecer uma relação inversamente proporcional da concentração sérica da creatinina com a TFG. Uma limitação é o que acontece nos estágios avançados da doença renal, em que a secreção da creatinina passa a ser proporcionalmente mais significativa, superestimando a TFG nesses casos. O uso de drogas como a cimetidina, que bloqueiam essa secreção tubular, pode ser um artifício útil para tornar mais fidedigna a avaliação da filtração glomerular pelo clearance da creatinina.

O fato de ser uma substância produzida pelo próprio organismo (marcador endógeno), dispensando infusão venosa, e a facilidade de sua mensuração no plasma e na urina, assim como, o baixo custo de sua dosagem, popularizaram a depuração da creatinina como método prático e rápido de estimativa da filtração glomerular. Suas limitações, no entanto, devem ser conhecidas para que erros de interpretação dos resultados encontrados sejam minimizados. A necessidade de utilizar toda a urina de 24 horas, além de desconfortável e, em algumas situações, difícil de ser conseguida, acrescenta potenciais erros por falha nessa coleta. Por estas razões, a coleta de urina nas 24 horas para a avaliação da função renal tende a ser abandonada

Como se mede a depuração da creatinina?

Para a realização do exame da depuração (ou clearance) da creatinina é necessário:

1. A coleta de urina de 24 horas, a partir da qual serão avaliados o volume urinário e o número de miligramas por decilitro da creatinina excretada nessa amostra.
2. A dosagem da creatinina plasmática.

Após esses dados calcula-se a depuração renal pela seguinte fórmula:

$$\text{Clearance da creatinina (mL/min)} = U\ V\ /\ P$$

onde U= concentração urinária de creatinina em mg/dL de urina, P= concentração plasmática de creatinina em mg/dL e V= volume urinário nas 24 horas em mL/min.

Os resultados encontrados deverão ser corrigidos para a superfície corporal.

Consideração pertinente à idade

É importante observar que a filtração glomerular diminui com o envelhecimento, já a partir dos 30 anos. Essa diminuição se faz em 6,5 mL/min, em média, para cada década de vida. A redução concomitante da massa muscular, habitual no paciente idoso, pode fazer com que a concentração da creatinina sérica não expresse com exatidão essa redução natural da TFG. Porém, isso não interferirá na depuração da creatinina com a coleta de urina de 24 horas, já que também haverá redução da excreção urinária de creatinina quando em caso de perda de massa muscular.

Valores de referência

Para adultos jovens:

- **homens:** 90 a 139 mL/min;
- **mulheres:** 80 a 125 mL/min.

Quais fatores podem alterar os resultados da depuração da creatinina?

A coleta incompleta da urina de 24 h pode incorrer em valores falsamente baixos. O cálculo da relação entre a creatininúria e o peso pode ajudar a identificar erros na coleta da urina. Nas fases adiantadas da doença renal crônica, com taxa de filtração glomerular abaixo de 25 mL/min, ocorre aumento da secreção tubular da creatinina, fazendo com que a depuração da creatinina superestime a TFG. Também importante é a interferência de determinadas drogas na secreção tubular da creatinina, cujo melhor exemplo é a cimetidina, que a diminui. Conforme já mencionado, essa interferência pode ser intencionalmente utilizada em pacientes com função renal muito reduzida para atenuar a diferença entre a depuração da creatinina e a TFG.

Dosagem da creatinina sérica

A dosagem isolada da creatinina sérica pode ser utilizada para a avaliação da função renal, sendo que o aumento dos seus níveis tem uma boa correlação com a TFG, mas faz-se necessário considerar as caraterísticas demográficas e antropométricas do paciente para interpretação mais apropriada do dado laboratorial. É um método útil para essa análise, tendo-se em vista o baixo custo, a facilidade e rapidez com que pode ser realizado. Outra grande vantagem da creatinina na avaliação da função renal é que sua dosagem foi padronizada universalmente a partir da calibração por espectrometria de massa, deixando de haver variações significativas entre exames feitos em laboratórios distintos, o que permite detectar pequenas alterações na função renal ao longo do tempo, mesmo realizando exames em laboratórios distintos.

A realização simultânea da dosagem da ureia sérica ajuda a minimizar algumas de suas limitações, já que os fatores que influenciam os níveis séricos de ureia, como a desidratação, a ingestão excessiva de proteínas e a presença de hemorragia digestiva, não são os mesmos que alteram a creatinina sérica.

Devemos lembrar que esperamos níveis mais baixos de creatinina para idosos e crianças, já que esses possuem menor massa muscular.

É um exame útil para avaliarmos perdas importantes da função renal, mas que pode não detectar alterações mais sutis. Para entendermos essa situação, partiremos de uma situação hipotética. Imagine uma mulher cuja creatinina plasmática seja 0,5 mg/dL e que, 24 horas após sofrer um quadro de desidratação aguda, apresenta creatinina de 1 mg/dL. A sua creatinina sérica, embora tenha duplicado de valor, permanece nos níveis considerados normais. A grave queda da TFG demonstrada neste segundo exame poderia passar despercebida se não tivéssemos o resultado do primeiro exame.

Valores de Referência

- **Homem:** 0,6 a 1,2 mg/dL.
- **Mulher:** 0,5 a 1,1 mg/dL.
- **Crianças:** 0,3 a 0,7 mg/dL.

Por meio da creatinina plasmática podemos estimar a função renal sem colher urina de 24 h?

A resposta é sim. Existem várias fórmulas para esse cálculo.

Até recentemente, a mais utilizada era a equação de Cockcroft-Gault, descrita abaixo, que tem várias limitações. Esta equação estima a depuração da creatinina, não a TFG, e foi validada em um pequeno número de pacientes, todos caucasianos. Além disso, o resultado da depuração estimada da creatinina é expresso em mL/min, necessitando posterior ajuste pela superfície corporal. Por esta equação, a TFG tende a ser superestimada nos pacientes com doença renal crônica avançada e nos obesos.

Equação de Cockcroft-Gault

Clearance estimado da creatinina (mL/min) = [(140 – idade) × peso (kg)] / creatinina sérica × 72

se for mulher, multiplica-se por 0,85.

A idade é expressa em anos; peso, em Kg e a creatinina, em mg/dL.

Em 1999, foi desenvolvida uma equação a partir dos dados de um estudo chamado *Modification of Diet in Renal Diseases* (MDRD), que visava analisar os efeitos da restrição proteica na progressão da doença renal. Como naquele estudo, 1628 pacientes tinham a dosagem da creatinina realizada no mesmo dia em foram submetidos à medida direta da TFG usando I^{125}-iotalamato, os autores viram uma oportunidade de desenvolver uma equação mais precisa para estimar a TFG a partir da creatinina sérica e cujo valor final já fosse expresso em mL/min ajustado pela superfície corporal. Esta nova equação foi cunhada com o mesmo nome do estudo da qual derivou.

Equação MDRD

TFG (mL/min/1,73 m^2) = 175 × creatinina-1,153 x idade-0,203 x (0,742 se mulher) × (1,212, se negro)

Como a equação MDRD foi desenvolvida apenas com pacientes com doença renal crônica, já com redução da TFG, não foi validada para pacientes com TFG acima de 60 mL/min/ 1,73 m^2. Assim, a recomendação é que quando o resultado encontrado for acima deste limite, que seja expresso pelo seu valor numérico, mas apenas como TFG >60 mL/min/ 1,73 m^2. Esta equação foi desenvolvida a partir da população dos EUA e não há nenhuma evidência que o ajuste por raça deva ser aplicado na população brasileira. Nossa experiência sugere que não devemos usar este ajuste, marcando a opção não-negro para todos, independentemente do fenótipo.

Em 2009, uma nova equação foi desenvolvida pelos mesmos criadores da equação MDRD em colaboração com pesquisadores envolvidos em outros estudos que também tinham pacientes com a medida direta da TFG. Esta nova equação foi desenvolvida a partir dos dados de 8254 pacientes, inclusive com função renal normal e foi validado externamente em outros 3896 pacientes. As variáveis utilizadas nesta nova equação são as mesmas da MDRD. Entre as vantagens desta nova equação em comparação à MDRD está sua validação para pacientes com >60 mL/min/ 1,73 m2. Assim, esta nova equação, chamada CKD-EPI (Chronic Kidney Disease Epidemiology Collaboration) é considerada pelas diretrizes atuais como a preferida para uso nos adultos em qualquer estágio de doença renal crônica. A equação é bastante complexa (na verdade são 4 equações, de acordo com o sexo e o nível de creatinina), mas isso não é um problema com o fácil acesso aos aplicativos, nos quais bastam inserir as variáveis creatinina, sexo e idade para se ter a TFG estimada. Para esta equação também, sugerimos não usar o ajuste por raça no Brasil, marcando a opção não-negro para todos, independentemente do fenótipo do paciente.

Equação CKD-EPI

Se mulher e Cr ≤ 0,7 mg/dL:

TFG (mL/min/1,73 m^2)= 144 × $(Cr/0,7)^{-0,329}$ × $0,993^{Idade}$ × (1,159, se negro)

Se mulher e Cr > 0,7mg/dL::

$$TFG(mL/min/1,73\ m^2) = 144 \times (Cr/07)^{-1,209} \times 0,993^{Idade} \times (1,159, \text{se negro})$$

Se homem e Cr ≤ 0,9 mg/dL:

$$TFG\ (mL/min/1,73\ m^2) = 141 \times (Cr/0,9)^{-0,411} \times 0,993^{Idade} \times (1,159, \text{se negro})$$

Se homem e Cr > 0,9 mg/dL:

$$TFG\ (mL/min/1,73\ m^2) = 141 \times (Cr/09)^{-1,209} \times 0,993^{Idade} \times (1,159, \text{se negro}$$

Equação de Schwartz (específica para crianças)

As equações descritas acima foram validadas em adultos. Para crianças, há equações específicas para estimativa da TFG e a mais utilizada é a de Schwartz, baseada na creatinina sérica e na altura da criança.

$$TFG\ (mL/min/1,73m^2) = 0,55 \times \text{altura (cm)}/\text{creatinina sérica (mg/dL)}$$

■ Dosagem de ureia sérica

O que é a ureia?

É formada pelo fígado como produto final do metabolismo e da digestão de proteínas. Durante a digestão, as proteínas são degradadas em aminoácidos e, no fígado, esses são catabolizados, com a formação de amônia livre. As moléculas de amônia combinam-se ainda no fígado para formar a ureia no ciclo da ornitina, uma substância menos tóxica. Essa ureia produzida no fígado é então liberada no sangue para ser excretada pelo rim.

Sendo assim, a ureia relaciona-se com as funções hepática e renal. Encontra-se diminuída em pacientes com disfunção hepática grave, já que não consegue ser produzida. E encontra-se aumentada na disfunção renal porque não consegue ser excretada. Esse dado é importante, pois a dosagem de ureia em pacientes com disfunção hepática não deve ser o método escolhido para avaliar a função renal. Além disso, por não ser produzida constantemente durante o dia e por ter sua concentração sanguínea sofrendo variações por conta de ingesta proteica, sangramento gastrointestinal, uso de corticosteroides e estado volêmico, a ureia, isoladamente, não é considerada um bom marcador da TFG.

Essa substância é importante para diferenciação entre a azotemia pré-renal e a renal. Na primeira situação, a ureia tem um aumento mais expressivo que a creatinina. Isso é explicado por que o rim, em situações de desidratação e hipovolemia, reabsorve mais ureia, na tentativa de concentrar mais o interstício medular renal e, com isso, formar uma urina mais concentrada para, assim, perder menos água corporal.

A relação ureia/creatinina plasmática maior que 40 sugere fortemente azotemia pré-renal. A ureia, isoladamente, não deve ser utilizada na avaliação da função renal. Classicamente, não obstante as suas limitações, as dosagens séricas associadas de ureia e creatinina têm sido utilizadas na avaliação indireta da função renal, já que os dois compostos apresentam diferentes fatores limitantes na avaliação da TFG.

Valores de referência

- **Adultos:** 10 a 20 mg/dL (pode estar pouco mais elevado em idosos).
- **Crianças:** 5 a 18 mg/dL.

■ Cistatina C sérica

A cistatina C mostrou-se um bom marcador da função renal, mas como outros marcadores endógenos, também tem suas limitações. Trata-se de uma proteína de 13 kD, facilmente filtrada através da membrana glomerular, sendo reabsorvida e degradada quase totalmente nos túbulos proximais. Assim, seu nível sérico é inversamente proporcional à TFG, porém, devido à degradação tubular, a função renal não pode ser avaliada pela depuração urinária da cistatina C. A grande vantagem da cistatina C em comparação com a creatinina é que ela é produzida por todas as células nucleadas, de forma que a massa muscular terá menor influência em seu nível sérico. Consequentemente, seu nível sérico é menos dependente de variáveis extra-renais, como sexo, idade e raça. A utilização da cistatina C na prática médica ainda é limitada pelo custo elevado da sua determinação, em comparação com a dosagem da creatinina, pela falta de padronização de sua dosagem e por não ter se mostrado superior a creatinina no dia a dia. De qualquer forma, é um alternativa interessante em situações especiais, como pacientes com acentuada redução da massa muscular (paraplégicos, tetraplégicos, amputados etc.). Os valores de referência para o método são de 0,6 a 1,2 mg/dL, mas estimativa da TFG também deverá ser feita a partir de equações.

Foram desenvolvidas equações CKD-EPI para estimar a TFG a partir da cistatina C. As variáveis incorporadas às equações com a cistatina C são sexo e idade, mas com um peso menor no ajuste do que nas equações CKD-EPI a partir da creatinina. Conforme o valor da cistatina C, se abaixo ou igual ou acima de 0,8 mg/L, as equações empregadas serão diferentes.

Equação CKD-EPI com cistatina C

Se cistatina C ≤0,8 mg/L:

$$\text{TFG (mL/min/1,73 m}^2\text{)} = 133 \times (\text{Cis}/0,8)^{-0,499} \times 0,996^{\text{Idade}} \times (0,932\text{, se mulher})$$

Se cistatina C > 0,8 mg/L:

$$\text{TFG (mL/min/1,73 m}^2\text{)} = 133 \times (\text{Cis}/0,8)^{-1,328} \times 0,996^{\text{Idade}} \times (0,932\text{, se mulher})$$

Estes equações para estimativa da TFG a partir da cistatina C se mostraram com menor acurácia do que as equações usando apenas a creatinina. Assim, não há razão para o seu uso, exceto nas situações especiais, de importante redução da massa muscular, conforme comentado anteriormente. Por outro lado, as equações CKD-EPI incorporando ambos os marcadores, creatinina e cistatina C, com ajuste para sexo, idade e raça, mostraram-se ter a melhor acurácia de todas. Porém, o ganho em acurácia foi pequeno para justificar a dosagem da cistatina C no dia a dia. Para a estimativa da TFG a partir da creatinina e da cistatina C são 8 equações distintas, conforme o sexo e os níveis séricos da creatinina e da cistatina C. Ao usar aplicativos para estimativa da TFG, o programa selecionará automaticamente a equação CKD-EPI mais apropriada a partir das variáveis que inserirmos. Mais uma vez, não recomendamos o ajuste por raça no Brasil, bastando selecionar sempre a opção não-negro no aplicativo.

Equação CKD-EPI com creatinina e cistatina C

Mulher	Cr ≤ 0,7 mg/L	Cis ≤ 0,8 mg/L ⇒ $\text{TFG} = 130 \times (\text{Cr}/0,7)^{-0,248} \times (\text{Cis}/0,7)^{-0,375} \times 0,995^{\text{idade}} \times (1,08\text{, se negro})$
		Cis > 0,8 mg/L ⇒ $\text{TFG} = 130 \times (\text{Cr}/0,7)^{-0,248} \times (\text{Cis}/0,7)^{-0,711} \times 0,995^{\text{idade}} \times (1,08\text{, se negro})$
	Cr > 0,7 mg/L	Cis ≤ 0,8 mg/L ⇒ $\text{TFG} = 130 \times (\text{Cr}/0,7)^{-0,601} \times (\text{Cis}/0,7)^{-0,375} \times 0,995^{\text{idade}} \times (1,08\text{, se negro})$
		Cis > 0,8 mg/L ⇒ $\text{TFG} = 130 \times (\text{Cr}/0,7)^{-0,601} \times (\text{Cis}/0,7)^{-0,711} \times 0,995^{\text{idade}} \times (1,08\text{, se negro})$
Homem	Cr ≤ 0,9 mg/L	Cis ≤ 0,8 mg/L ⇒ $\text{TFG} = 135 \times (\text{Cr}/0,7)^{-0,207} \times (\text{Cis}/0,7)^{-0,375} \times 0,995^{\text{idade}} \times (1,08\text{, se negro})$
		Cis > 0,8 mg/L ⇒ $\text{TFG} = 135 \times (\text{Cr}/0,7)^{-0,207} \times (\text{Cis}/0,7)^{-0,711} \times 0,995^{\text{idade}} \times (1,08\text{, se negro})$
	Cr > 0,9 mg/L	Cis ≤ 0,8 mg/L ⇒ $\text{TFG} = 135 \times (\text{Cr}/0,7)^{-0,601} \times (\text{Cis}/0,7)^{-0,375} \times 0,995^{\text{idade}} \times (1,08\text{, se negro})$
		Cis > 0,8 mg/L ⇒ $\text{TFG} = 135 \times (\text{Cr}/0,7)^{-0,601} \times (\text{Cis}/0,7)^{-0,711} \times 0,995^{\text{idade}} \times (1,08\text{, se negro})$

A proteinúria

Na urina, em condições normais, pode ser encontrada apenas pequena quantidade de proteínas (abaixo de 10 mg/dL ou 150 mg/24 horas). As proteínas séricas de baixo peso molecular (< 20.000 Da) são livremente filtradas pelos glomérulos e quase totalmente reabsorvidas no túbulo proximal. Na ausência de condições patológicas, a albumina pode ser detectada em baixas concentrações na urina (até 30 mg/dia). A excreção não-patológica de proteínas é maior em crianças e adolescentes e aumenta com a posição "de pé", durante períodos febris e após exercício físico. Excreção urinária de até 30 mg/dia de albumina é denominada normoalbuminúria, de 30 a 300 mg/dia, de microalbuminúria e acima de 300 mg/dia, de macroalbuminúria. A albumina é o principal componente da proteinúria observada nas doenças glomerulares, sejam primárias ou secundárias. Outras componentes são as microglobulinas tubulares, proteína de Tamm-Horsfall e proteínas das secreções prostáticas, seminais e vaginais (Tabela 16.1). A proteinúria é considerada "nefrótica" quando maior que 3 g nas 24 horas, e subnefrótica quando se situa entre 200 mg e 3 g.

A presença de proteinúria é um marcador de doença renal e um fator de risco independente para a sua progressão. A detecção de proteinúria pode ser feita inicialmente através de fitas reagentes, mas por ser um método meramente qualitativo e semiquantitativo, deve ser confirmada através de exames quantitativos, pela importância da proteinúria no diagnóstico, na indicação terapêutica e no prognóstico da doença renal. Além das alterações glomerulares, proteinúria anormal pode também ser consequência de alguma desordem tubular, do excesso de produção de alguma proteína plasmática ou da secreção de proteínas patológicas do trato urinário. É importante ressaltar que a fita reagente não detecta a presença de proteínas que não sejam albumina. As principais causas de proteinúria estão listadas na Tabela 16.2.

Em situações patológicas, a albumina é o principal componente da proteinúria e, assim, pode ser dosada isoladamente como marcador de dano renal. A tendência atual é de se empregar a dosagem da albuminúria e abandonar a da proteinúria total, ficando esta última restrita a situações específicas, como na suspeita de mieloma múltiplo.

Tabela 16.1 - Composição das proteínas na urina normal

	Excreção (mg/dia)
Proteínas Plasmáticas	
Albumina	12
Imunoglobulina G	3
Imunoglobulina A	1
Imunoglobulina M	0,3
Cadeias leves	
Kappa	2,3
Lambda	1,4
β-microglobulinas	0,12
Outras proteínas plasmáticas	20
Total de proteínas plasmáticas	40
Proteínas não plasmáticas	
Tamm-Horsfall	40
Outras proteínas	< 1
Total de proteínas não plasmáticas	40
Total de Proteínas	**80 ± 24 (SD)**

Adaptado de: Glassock R. Proteinúria. In: Massry SG, Glassock RJ, eds. TextbookofNephrology, 3rd ed. Baltimore: Williams & Williams; 1995.

De acordo com seu nível de excreção pela urina, a albuminúria pode ser classificada em três faixas: normoalbuminúria, se abaixo de 30 mg/24h; microalbuminúria de entre 30 e 300 mg/24h; e macroalbuminúria, se >300 mg/24h.

A quantificação da proteinúria ou albuminúria pode ser feita através da coleta da urina no período de 24 horas ou pela sua do-

Tabela 16.2 - Causas de proteinúria

Proteinúria glomerular	• Doença glomerular primária • Glomerulopatia por lesões mínimas • Nefropatia por IgA • Glomerulosclerose focal e segmentar • Glomerulonefrite membranosa • Glomerulonefritemembranoproliferativa • Glomerulopatia fibrilar e imunotactoide • Glomerulonefritecrescêntica • Doença glomerular secundária • Doença multissistêmica: LES, vasculites, amiloidose, esclerodermia • Doença metabólica: diabetes *mellitus*, doença de Fabry • Neoplasia: mieloma, leucemia, tumores sólidos • Infecções: bacterianas, fúngicas, virais, parasitárias • Drogas, toxinas e alérgenos: ouro, penicilamina, lítio, AINE, penicilinas • Familiar: síndrome nefrótica congênita, síndrome de Alport • Outras: toxemia da gravidez, nefropatia do transplante, nefropatia do refluxo • Proteinúria glomerular sem doença renal: induzida por exercício, ortostática, febril
Proteinúria tubular	• Drogas e toxinas • Lesão luminal: nefropatia de cadeias leves, lisosimas • Exógena: metais pesados, tetraciclina • Ácido aristolóquico • Nefrites tubulointersticiais • Hipersensibilidade (drogas, toxinas) • Multissistêmica: LES, Sjögren • Outra: síndrome de Fanconi
Proteinúria por hiperfluxo	• Mieloma, doença de cadeias leves, amiloidose, hemoglobinúria, mioglobinúria
Proteinúria tecidual	• Inflamação aguda do trato urinário • Tumores uroepiteliais

AINEs: anti-inflamatórios não esteroides; LES: lúpus eritematoso sistêmico.

sagem em uma amostra de urina com ajuste pela concentração da creatinina urinária. Esta avaliação é feita a partir de uma simples amostra aleatória de urina relacionando a concentração de proteína ou albumina com a concentração de creatinina nesta mesma amostra (relação proteína/creatinina ou relação albumina/creatinina).

Pela maior comodidade para os pacientes e sem o risco da coleta incorreta de urina nas 24 horas, a avaliação da proteinúria ou albuminúria em amostra de urina é o preferível e tem sido cada vez mais usado. As medidas da proteinúria e da albuminúria por esta técnica guardam estreita correlação com o resultado encontrado na avaliação através da coleta de urina nas 24 horas. Sendo a excreção urinária diária de creatinina nos adultos coincidentemente próxima a 1 grama (15 a 20 mg/dia/Kg de peso), consideram-se os mesmo pontos de corte na urina de 24 horas para diagnóstico de normo, micro e macroalbuminúria na relação albumina/creatinina em amostra de urina: <30 mg/g, 30 a 300 mg/g e >300 mg/g de creatinina, respectivamente. De mesma forma, o diagnóstico de proteinúria nefrótica pode ser firmado quando a relação proteína/creatinina na amostra de urina > 3g/g,

Fatores de interferência

- Estresse emocional, exercício excessivo ou febre podem ocasionar proteinúria transitória.
- Contrastes radiopacos podem produzir resultados falso-positivos.
- Urina contaminada com secreções prostáticas ou vaginais.
- Dietas ricas em proteína.
- Urina altamente concentrada.
- Hemoglobina pode produzir resultados falso-positivos.
- A proteína de Bence-Jones não é detectada pela fita.

A hematúria glomerular

A hematúria é definida como a presença maior que 3 a 5 hemácias por campo microscópico. Muitas são as causas possíveis, entre elas, trauma e tumor renal ou de vias urinárias, litíase renal, cistite, prostatite, pielonefrite, glomerulonefrite e presença de corpo estranho.

A hematúria de origem renal, especialmente glomerular, pode ser reconhecida laboratorialmente pela presença de dismorfismo eritrocitário (heterogeneidade no formato das hemácias), frequentemente com presença concomitante de proteinúria e, às vezes, de cilindros hemáticos.

Avaliação da função tubular

Densidade urinária

A densidade é uma medida da concentração de soluto na urina. Quando elevada, indica urina concentrada; quando diminuída, indica urina diluída. Evidentemente, para que se possa avaliar se o rim tem a sua capacidade de concentração intacta, deve-se coletar a primeira amostra de urina matinal após privação hídrica ou de medicamentos que possam interferir na densidade urinária.

É utilizada para avaliar a capacidade de concentração e excreção renal. Deve ser interpretada à luz da presença ou ausência de proteinúria ou glicosúria. Além das informações sobre a capacidade de concentração, que é uma das primeiras funções comprometidas na doença renal crônica, a avaliação da densidade permite melhor interpretação dos demais dados constantes no exame tipo I de urina (elementos anormais e sedimentoscopia). Por exemplo, o achado de oito leucócitos por campo no sedimento urinário de uma amostra de urina com densidade elevada (p. ex., 1.030) é bastante diferente do mesmo achado em uma amostra de urina muito diluída (p. ex., 1.010).

A densidade urinária correlaciona-se aproximadamente com a osmolaridade e sua medida é muito mais fácil.

Valores de Referência

- **Adultos:** 1.005 a 1.030 (valores diminuem com a idade).

Quando a densidade está aumentada, o que pensar?

- Desidratação com redução do fluxo sanguíneo renal. Exemplo: restrição hídrica, diarreia, vômitos, hemorragia, sudorese excessiva, febre. Todas essas situações diminuem o aporte de sangue ao rim e, com isso, a FG. Esse fato ativa o sistema renina-angiotensina-aldosterona (SRAA) e a liberação de ADH, formando com isso uma urina mais concentrada.
- Diminuição do fluxo sanguíneo renal sem desidratação. Exemplo: insuficiência cardíaca, cirrose hepática, síndrome nefrótica. Essas situações produzem uma diminuição do volume plasmático efetivo, e com isso, apesar de terem um volume corporal adequado ou até elevado, comportam-se como a situação anterior. Ou seja, ativam SRAA e liberação de ADH, e produzem uma urina concentrada.
- A síndrome de secreção inapropriada de ADH e suas inúmeras causas, como tumor de hipófise, tumor de pulmão (principalmente o oat cell) e traumatismo craniano, entre outras.
- A proteinúria e a glicosúria – aqui se destacam o diabetes mellitus descompensado e a síndrome nefrótica.

Quando a densidade está diminuída, o que pensar?

- **Hiper-hidratação:** a água em excesso deve ser excretada, produzindo uma urina diluída.
- **Diabetes *mellitus* insípido:** pode ser ocasionado pela não liberação do ADH ou por um rim não responsivo ao ADH produzido.
- **Doença renal crônica:** com a redução do número de néfrons funcionantes, não há como sustentar uma medula hipertônica e, consequentemente, a capacidade de concentrar a urina. Nos estágios moderados na DRC, ainda com valores de ureia e creatinina séricos dentro de limites normais, já pode ser detectada a hipostenúria (diminuição da capacidade de concentração urinária) e, nas fases mais adiantadas, a isostenúria (a urina permanece com o mesmo valor de densidade, no seu limite inferior, independentemente de maior ou menor hidratação).
- Uso de diuréticos.
- Nefropatias intersticiais.

Osmolaridade urinária

A osmolaridade urinária mede o número de partículas dissolvidas na urina. É uma medida mais exata da concentração da urina que a densidade. Não exige correção para proteinúria ou glicosúria ou frio.

É utilizada na avaliação precisa da capacidade de concentração urinária. Também é utilizada para monitorar o equilíbrio hidroeletrolítico. Tem valor no diagnóstico da doença renal, da síndrome de secreção inapropriada do hormônio antidiurético (SIADH) e diabetes mellitus insípido.

Valores de referência

Restrição de líquido por 12 a 14 h: 850 mOsm/kg de água.

Amostra randômica: 50 a 1.400 mOsm/kg de água, dependendo da ingestão hídrica.

As doenças que aumentam a osmolaridade urinária são as mesmas que aumentam a densidade, com exceção da proteinúria e glicosúria.

As doenças que reduzem a osmolaridade são as mesmas que reduzem a densidade.

Glicosúria

A glicose é uma substância de baixo peso molecular livremente filtrada no glomérulo, porém a sua excreção urinária normal é nula. Logo, toda a glicose filtrada é reabsorvida pelos túbulos renais, mais precisamente pelo TCP.

Essa substância é reabsorvida por transportadores específicos que podem ficar saturados quando ocorre aumento importante da glicemia (>180 mg/dL) ou quando ocorre aumento da FG e, com isso, a carga de glicose filtrada.

Quando encontramos glicose na urina (glicosúria), o que devemos pensar?

A causa mais comum de glicosúria é o *Diabetes mellitus* e, na presença de glicosúria, é mandatória a dosagem da glicemia, que estará elevada se a causa da glicosúria for essa doença.

Uma importante causa de glicosúria é a que ocorre com o uso dos inibidores do cotransportador sódio-glicose (SGLT)2 no tratamento do *Diabetes mellitus*.

Quando temos glicosúria com glicemia normal?

Na presença de doença tubular renal que afete especialmente o túbulo contorcido proximal (TCP), como na síndrome de Fanconi. Nestes casos, o TCP não está conseguindo exercer a função de reabsorver a glicose. Também pode ser encontrada glicosúria na ausência de hiperglicemia em até 40% das gestações normais, situação conhecida como "glicosúria fisiológica da gravidez". Esta é uma situação transitória, não patológica, e reflete a maior carga de glicose urinária decorrente do aumento fisiológico da TFG na gestação, sem aumento proporcional da reabsorção tubular. O que ocorre é que os carreadores não conseguem carrear toda a glicose filtrada, porque ficam saturados, e a glicose acaba sendo parcialmente perdida na urina. Ocorre com os aminoácidos o mesmo que ocorre com a glicose, já que eles também são dependentes das funções tubulares proximais.

pH urinário

A medida do pH numa amostra de urina recentemente emitida indica o equilíbrio acidobásico. Reflete a função dos rins na manutenção da homeostasia normal do pH. Essa função é exercida pelos túbulos renais e, sendo assim, pode refletir alterações do funcionamento desse segmento.

Valores de Referência*

- pH 4,6 a 8 (média de 6).

*Os valores devem ser avaliados comparando-se com o pH sérico.

Valores elevados do pH urinário

- Alcalemia – o componente renal da homeostasia do pH consiste na excreção do excesso de base para corrigir um desequilíbrio acidobásico.
- Infecções das vias urinárias – as bactérias que desdobram a ureia produzem urina alcalina, visto que a ureia é convertida em amônia. Seu principal exemplo é o Proteus mirabillis.
- Aspiração gástrica.
- Vômitos.
- Acidose tubular renal – é um defeito do túbulo renal, que falha no seu papel fundamental de excretar valências ácidas. Dessa forma, o paciente apresenta acidemia, mas a sua urina não é ácida como se esperaria (pH< 5,3), já que o mecanismo gerador da acidose é o próprio rim.
- Dieta vegetariana.

Valores reduzidos do pH urinário

- Acidemia: para manter a homeostasia, os rins excretam íons hidrogênio, com consequente redução do pH urinário.
- Diabetes *mellitus*.
- Inanição.
- Nas duas situações anteriormente citadas, a urina ácida está associada à formação de ácidos cetônicos.
- Acidose respiratória.
- Doença pulmonar obstrutiva crônica.
- Nas duas situações anteriormente citadas, a retenção de CO2 é compensada pela excreção renal de íons hidrogênio.
- Ingestão excessiva de proteínas de origem animal.

Fatores de interferência

- Demora no tempo entre a coleta da urina e o processamento do pH. Nessa situação, o pH pode ficar alcalino pela proliferação de bactérias que desdobram a ureia.
- Quando a amostra fica em frasco aberto, ocorre evaporação do CO_2, tornando a urina alcalina.
- Drogas:
  - que aumentam o pH – bicarbonato de sódio, antiácidos, acetazolamida;
  - que reduzem o pH – cloreto de amônio, ácido mandélico e tiazídicos.

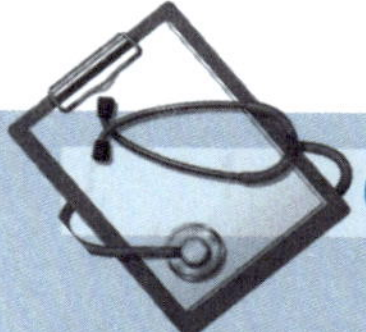

CASO CLÍNICO

■ Caso 1

Homem, 55 anos, branco, altura 178 cm, peso 79 Kg, diabético tipo 2 diagnosticado há 12 anos. Em uso de Glicazida e Metformina, já apresenta retinopatia proliferativa incipiente. O médico que o acompanha elogia sua disciplina no tratamento, e considera que os exames laboratoriais (Glicemia de jejum 121 mg/dL; Hemoglobina glicada 6,8%. EAS com densidade 1,020; glicose e proteínas ausente. Sedimento normal. Ureia 46 e creatinina 0,89 mg/dL) revelam que os rins estão muito bons.

1. Você concorda com a opinião do médico assistente? Justifique.
2. Qual a função renal estimada desse paciente?
3. Qual equação você utilizou para estimá-la?
4. Qual equação não deveria ser utilizada e por quê?
5. O EAS sem proteinúria é suficiente para descartar nefropatia diabética? Se a resposta é não, qual(is) exame(s) seria(m) necessário(s)?

Bibliografia consultada

1. Berne RM, Lery MN et al. Fisiologia. 4a ed. Rio de Janeiro: Editora Guanabara Koogan, 2000.
2. Burtis CA, Ashwood ER. Tiertz Fundamentals of Clinical Chemistry. 5th ed. Philadelphia: WB Saunders Company, 2001.
3. Gaw A, Cowan RA, O'Reilly DS, Stewart MJ, Shepherd J. Clinical Biochemistry. 2nded: London, Publisher: Churchill Livingstone. Harcourt Publishes Ltda, 1999.
4. Greenberg A. Primer on Kidney Diseases.5th ed. National Kidney Foundation. Philadelphia: WB Saunders, 2009.
5. Guyton AC, Hall JE.Textbook of Medical Physiology. 9th ed. Philadelphia: WB Saunders Company, 1996.
6. Henry JB. Clinical Diagnosis and Managent by Laboratory Methods.20th ed. Philadelphia: WB SaundersCompany, 2001.
7. Strasinger SK. Urinalyis and Body Fluids. Philadelphia: Fa Davis Company, 1989.
8. Inker LA, Schmid CH, Tighiouart H, et al. Cystatin C versus creatinine in determining risk based on kidney function. N Engl J Med. 2013; 369(10):932-43
9. Levey AS, Stevens LA, Schmid CH, et al. A new equation to estimate glomerular filtration rate. Ann Intern Med. 2009; 150(9):604-12
10. Methven S, MacGregor MS, Traynor JP, et al. Assessing proteinuria in chronic kidney disease: protein-creatinine ratio versus albumin--creatinine ratio. Nephrol Dial Transplant. 2010 Sep;25(9):2991-6
11. Brenner and Rector's The Kidney, 2-Volume Set, 10th Edition.
12. Rocha AD, Garcia S, Santos AB, et al. No Race-Ethnicity Adjustment in CKD-EPI Equations Is Required for Estimating Glomerular Filtration Rate in the Brazilian Population. International Journal of Nephrology, vol. 2020, Article ID 2141038, 9 pages, https://doi.org/10.1155/2020/2141038.

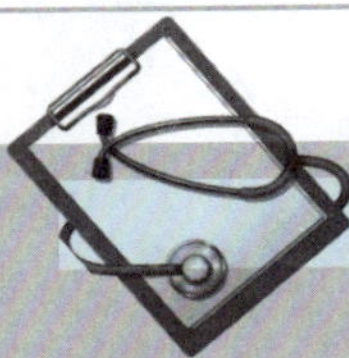

DISCUSSÃO DO CASO CLÍNICO

Caso 1

1. Não. Os exames realizados não garantem isso.
2. 101 mL/min.
3. CKD-Epi
4. MDRD. Por que ela é muito útil para pacientes com Taxa de filtração glomerular abaixo de 60 mL/min.
5. Não. Deveria fazer a pesquisa e quantificação da microalbuminúria.

Distúrbios Hidroeletrolíticos 17

Clayton Barbiéri de Carvalho
Raquel B. Kanaan
Salim Kanaan

A água e seus compartimentos

A quantidade de água corporal total é de aproximadamente 60% do peso de um homem jovem e de aproximadamente 50% do peso de uma mulher jovem, sendo menor em indivíduos idosos. A quantidade de água corporal total em crianças está entre 65 e 75%.

A água total do corpo é distribuída entre dois compartimentos principais, que são divididos pela membrana das células: o compartimento do líquido intracelular (LIC) e o compartimento do líquido extracelular (LEC). O LIC é o maior compartimento, contendo aproximadamente $^2/_3$ da água total do corpo. O terço restante está contido no LEC, que é subdividido em líquido intersticial e plasma, que são separados pelo endotélio capilar. O líquido intersticial, que representa o líquido ao redor das células nos vários tecidos do corpo, compõe $^3/_4$ do volume do líquido extracelular. Incluída neste compartimento está a água contida no osso e no tecido conjuntivo denso. O volume do plasma representa o quarto restante do volume do líquido extracelular (Figura 17.1). Em um homem de 70 kg a quantidade total de água equivale a 42 L, 65% dos quais (22 L) estão no compartimento intracelular e 35% (19 L), no compartimento extracelular, espaço pelo qual são distribuídos e renovados os elementos essenciais para a sobrevivência das células e para o funcionamento harmônico do organismo.

Composição dos compartimentos líquidos do corpo

Há uma significativa diferença entre as concentrações dos principais cátions e ânions nos compartimentos líquidos do corpo. O sódio é o principal cátion do LEC e encontra-se em uma concentração de aproximadamente 140 mEq/L, e o cloreto e o bicarbonato são os principais ânions, cujas concentrações são de aproximadamente 100 mEq/L e 24 mEq/L, respectivamente. As composições iônicas dos dois compartimentos do LEC são muito parecidas porque esses compartimentos estão separados somente pelo endotélio capilar e essa barreira é livremente permeável a íons pequenos. A diferença principal entre o líquido intersticial e o plasma é que este último contém significativamente mais proteínas. As concentrações diferenciais de proteína, no líquido intersticial e no plasma, podem afetar a distribuição de cátions e ânions entre esses compartimentos; as proteínas do plasma têm carga efetiva negativa e tendem a aumentar as concentrações de cátions e reduzir as concentrações de ânions no compartimento do plasma. Contudo, esse efeito é pequeno, e as composições iônicas do líquido intersticial e do plasma podem ser consideradas idênticas.

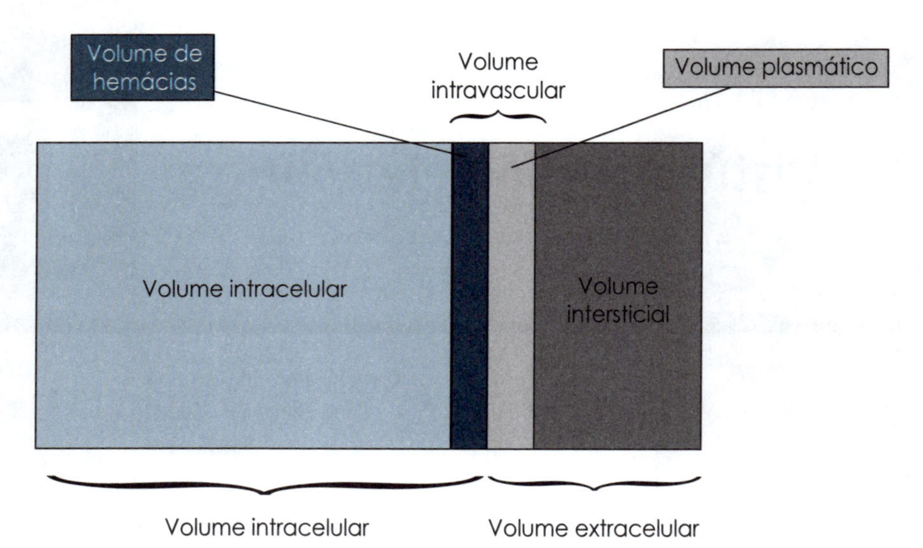

FIGURA 17.1 – Anatomia dos fluidos corporais.

Devido à sua abundância, o sódio (e seus ânions associados, principalmente cloreto e bicarbonato) é o determinante principal da osmolalidade do LEC. Assim sendo, uma estimativa grosseira da osmolalidade do LEC pode ser obtida simplesmente dobrando-se a concentração de sódio. Por exemplo, se a concentração de sódio do plasma for 145 mEq/L, a osmolalidade do plasma e do LEC pode ser avaliada como sendo 290 mOsm/kg de água. Considerando-se que a água esteja em equilíbrio osmótico através do endotélio capilar e através da membrana plasmática das células, a medida da osmolalidade do plasma também proporciona uma medida da osmolalidade do LEC e do LIC.

A composição do LIC é mais difícil de medir e pode variar de um tecido para outro. Em contraste com o LEC, o sódio do LIC é extremamente baixo. O potássio é o cátion predominante (aproximadamente 150 mEq/L). Essa distribuição assimétrica de sódio e potássio através da membrana plasmática é mantida pela atividade da bomba $Na^{+}K^{+}$-ATPase encontrada em todas as células. Por sua ação, o sódio é expulso da célula em troca de potássio. O magnésio é um cátion predominantemente intracelular cuja concentração está em torno de 20 mEq/L.

A composição de ânions do LIC também difere notavelmente do LEC. A concentração de cloreto do LIC é baixa, comparada com a do LEC. Os principais ânions do LIC são fosfatos e ânions orgânicos (aproximadamente 130 mEq/L), e proteínas (cerca de 55 mEq/L).

Embora exista uma significativa diferença qualitativa entre os fluidos intracelular e extracelular, um princípio fisiológico fundamental prevalece: "O número de partículas osmoticamente ativas necessita ser sempre o mesmo em ambos os fluidos". O movimento de água através das membranas celulares semipermeáveis rapidamente dissipa qualquer fenômeno patológico que crie um gradiente de concentração.

Trocas de líquido entre os compartimentos corporais

A água move-se livremente entre os vários compartimentos líquidos do corpo. Duas forças determinam esse movimento: pressão hidrostática e pressão osmótica. A pressão hidrostática, gerada pelo bombeamento do coração (débito cardíaco), e a pressão osmótica das proteínas do plasma (pressão oncótica) são determinantes importantes do movimento de líquidos através do endotélio capilar, ao passo que somente as diferenças da pressão osmótica entre o LIC e o LEC são responsáveis pelo movimento de líquidos através das membranas celulares. Como as membranas plasmáticas das células são altamente permeáveis à água, mudanças na osmolalidade do LIC ou do LEC movem a água, rapidamente, entre esses compartimentos. Assim, exceto para mudanças passageiras, os compartimentos do LIC e do LEC estão em equilíbrio osmótico.

Para que uma solução seja osmoticamente ativa, é necessário que a membrana seja impermeável ao soluto. Quando isso acontece, chamamos a osmolalidade de tonicidade.

Em contraste com o movimento da água, o movimento de íons através das membranas celulares é mais variável e depende da presença de transportadores específicos da membrana.

Balanço hídrico

O líquido corporal, como descrito anteriormente, não é estático. Todo dia perdemos e ganhamos líquido, mantendo mais ou menos constante a nossa quantidade de água. O balanço hídrico é o somatório de todo líquido que entra no corpo (ganhos) menos o somatório de todo o líquido que sai do corpo (perdas). Existe a chamada perda líquida obrigatória, que é o montante de líquido perdido mesmo se não houver ingestão hídrica.

Em um adulto hígido, a perda obrigatória pode ser de 1.500 mL pela urina, 400 mL pela pele (suor), 400 mL pelo trato respiratório e 200 mL pelas fezes, totalizando a quantia de 2.500 mL. A perda pelo suor depende da temperatura ambiente e do exercício físico, podendo chegar a 2.000 mL em climas muito quentes, em indivíduos que se exercitam. Assim, o ganho de líquido tem que ser de pelo menos 2.500 mL, ou seja, igual à perda obrigatória, para que não haja desidratação. O ganho líquido dá-se pela ingestão de água, pela água contida nos alimentos e pela chamada água endógena (400 mL). Todo líquido em excesso que ingerimos, ultrapassando as perdas obrigatórias, será eliminado na urina.

O balanço hídrico serve como uma orientação sobre a dinâmica de líquidos de um paciente no dia anterior ou nos últimos dias (balanço cumulativo). Quando analisamos o balanço hídrico, não é suficiente sabermos a quantidade de líquido perdida no balanço negativo ou adquirida no balanço positivo. É necessário também estimar a tonicidade ou a osmolalidade desses líquidos para que, no caso de uma desidratação, utilizemos na hidratação venosa uma solução com tonicidade semelhante à dos líquidos perdidos.

O hormônio antidiurético

Para um bom entendimento dos mecanismos reguladores do balanço hídrico e concentração de íons nos compartimentos corporais, bem como da osmolalidade, faz-se necessário o conhecimento das ações do hormônio antidiurético (ADH), um dos principais reguladores da osmolalidade plasmática.

O ADH, ou vasopressina, é um hexapeptídio com uma teia de três aminoácidos. Biologicamente, a macromolécula inativada, pré-pró-vasopressina, é quebrada em proteínas menores, biologicamente ativas. O hormônio é formado nos núcleos supraóptico e paraventricular do hipotálamo, por estímulo dos osmorreceptores e barorreceptores, transportado ao longo dos seus axônios e secretado em três locais: na glândula pituitária posterior, nos capilares da porta da eminência medial, e no fluido cerebroespinal do terceiro ventrículo. É da pituitária posterior que o ADH é liberado dentro da circulação sanguínea. O ADH tem uma meia-vida curta, em torno de 15 a 20 minutos, e é rapidamente metabolizado pelo fígado e pelos rins (Figura 17.2).

O ADH é responsável pelo aumento da permeabilidade à água nas porções cortical e medular dos túbulos coletores, promovendo, assim, a reabsorção da água via equilíbrio osmótico com o interstício isotônico e hipertônico, respectivamente.

A osmolalidade do fluido tubular passa por diversas mudanças com a passagem por

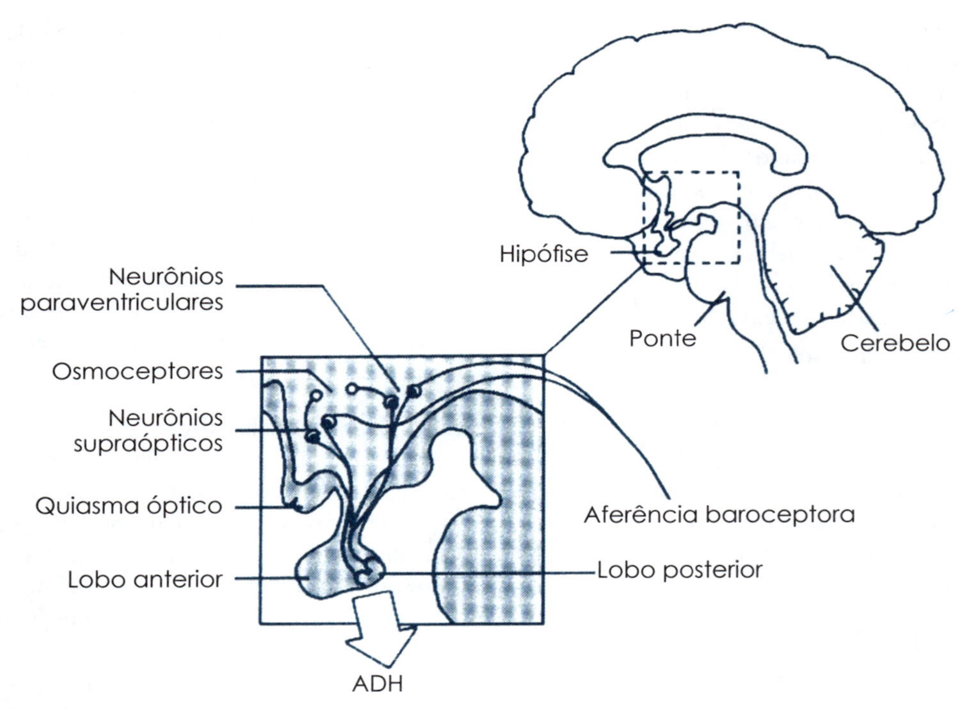

FIGURA 17.2 – ADH. Eixo hipotálamo-hipofisário.

diferentes segmentos dos túbulos. O líquido proximal sofre uma redução de volume no túbulo proximal, entretanto isso ocorre pela iso-osmolalidade do filtrado glomerular. Na alça de Henle, a osmolalidade chega a níveis abruptos, mas sofre uma queda posterior tal como 100 mOsm/kg, alcançados na porção mais espessa da alça ascendente e nas reentrâncias do túbulo distal. Posteriormente, ao final do túbulo distal e do ducto coletor, a osmolalidade depende da presença ou ausência do hormônio antidiurético. Na ausência do ADH, muito pouca água é reabsorvida, diluindo a urina resultante. Por outro lado, a presença do ADH no ducto coletor e nas reentrâncias do túbulo distal aumenta a permeabilidade à água, levando a uma reabsorção da água para dentro do interstício, resultando em concentração urinária.

As ações intracelulares da vasopressina são devidas à interação com o receptor V2 encontrado nos rins. Depois do estímulo, a vasopressina se junta ao receptor V2 na membrana basolateral das células do ducto coletor. Essa interação da vasopressina com o receptor V2 leva a um aumento da atividade da adenil-ciclase. As vesículas citoplasmáticas carreiam as proteínas do canal de água através da célula e fundem-se com a membrana apical, levando a um aumento da permeabilidade à água nas células do ducto coletor. Esses canais da água são reciclados pelo endocitoplasma, uma vez que a vasopressina é removida. O canal da água responsável pela alta permeabilidade à água na membrana luminal foi clonado recentemente e denominado aquaporina. Ao todo são em torno de sete diferentes canais de água. Entretanto, foram encontrados somente quatro com alguma função fisiológica definida (AQP-1, AQP-2, AQP-3, AQP-4).

O controle do equilíbrio da água está resumido nos esquemas A e B, a seguir.

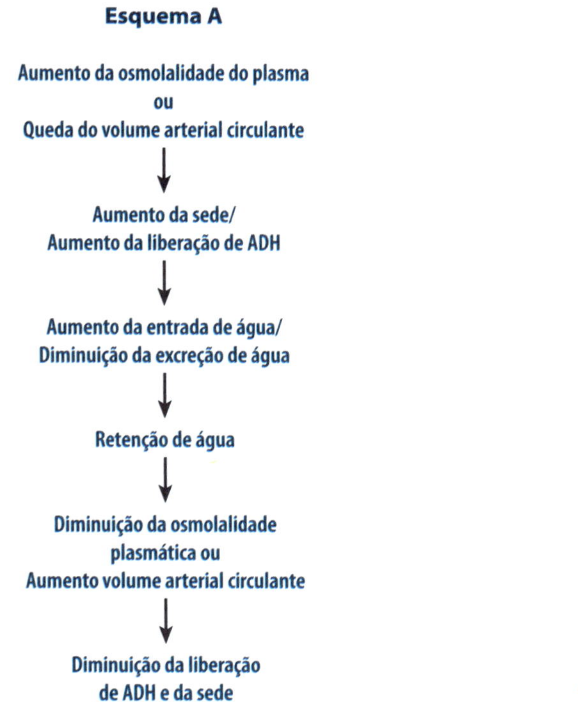

Distúrbios da natremia

O mecanismo renal de contracorrente junto aos osmorreceptores hipotalâmicos, via secreção de ADH, são responsáveis pelo balanço de água. Um defeito na capacidade de diluição da urina com uma administração contínua de água resulta em hiponatremia. Contrariamente, um defeito na capacidade de concentração da urina com inadequada administração de água leva à hipernatremia. A hiponatremia reflete um distúrbio do mecanismo homeostático caracterizado pelo excesso de água corporal total em relação ao sódio corporal total, enquanto a inversão dessa relação caracteriza a hipernatremia.

Isso pode ser observado no esquema ao lado:

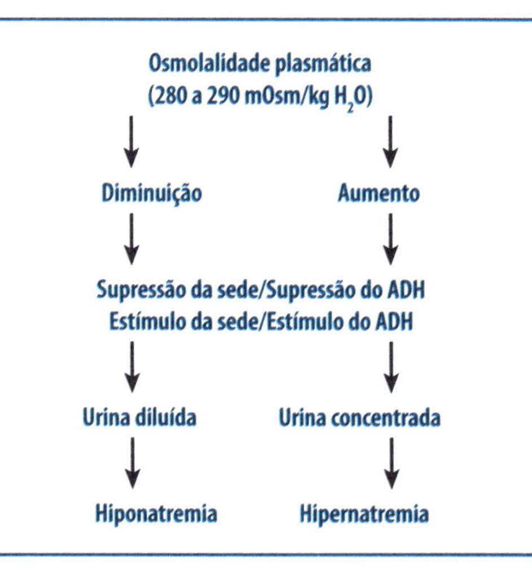

Hiponatremia

A hiponatremia é um distúrbio eletrolítico bastante comum, especialmente em pacientes hospitalizados, cuja incidência varia de 1 a 2%, e está associada a diversas patologias sistêmicas. Ela é definida por uma concentração plasmática de sódio menor que 135 mEq/L. Quando essa concentração é menor que 125 mEq/L, dizemos que há uma hiponatremia severa.

Patogenia

A hiponatremia resulta dos distúrbios da capacidade de diluição dos rins, de acordo com as seguintes situações:

- fatoresintrarrenais, como a diminuição da taxa de filtração glomerular ou o aumento do fluido do túbulo proximal e reabsorção de sódio, ou ambos, os quais diminuem a liberação distal dos segmentos diluentes do néfron, como a depleção de volume, congestão cardíaca, cirrose ou síndrome nefrótica;
- defeito do transporte de NaCl dos segmentos do néfron impermeáveis à água (como a porção mais espessa da alça de Henle). Isso pode ocorrer em pacientes com doenças do interstício renal e administração de diuréticos tiazídicos ou de alça;
- secreção contínua de ADH, apesar de a presença de hipo-osmolalidade sérica ser na maioria das vezes estimulada pelo mecanismo não osmótico.

Além das causas renais, a hiponatremia também pode ser resultante de hipovolemia, insuficiência cardíaca congestiva, cirrose hepática com ascite, insuficiência adrenal, drogas como clorpropamida, tiazídicos, clorpromazina e ciclofosfamida, síndrome da secreção inapropriada do ADH, etilismo/desnutrição e polidipsia primária.

Investigação diagnóstica

Como o sódio e os ânions que o acompanham são responsáveis por praticamente toda a atividade osmolar do plasma, a hiponatremia é associada normalmente à hipo-osmolalidade. Assim, a osmolalidade plasmática, calculada a partir do dobro da concentração de sódio adicionado a 10 (considerando-se ureia e glicose), aproxima-se usualmente da osmolalidade medida. Quando a osmolalidade medida exceder a osmolalidade calculada em mais de 10 mOsm/kg de água, está presente um gaposmolar. Isso ocorre quando o continente do plasma está reduzido, como nas hiperlipemias severas e hiperglobulinemias graves, ou na presença de solutos de baixo peso molecular como o etanol, etilenoglicol e metanol no soro. Esses solutos, que são permeáveis à membrana, não promovem a passagem da água e causam hipertonicidade sem causar desidratação celular. Entretanto, o sódio, o manitol, glicídios e a glicose (na ausência de insulina) não atravessam facilmente as membranas celulares, promovem a saída de água das células (desidratação celular) e aumentam o líquido extracelular, levando à diminuição do sódio sérico. A pseudo-hiponatremia ocorre quando a fase sólida do plasma é aumentada por grande quantidade de lipídios (hiperlipemia) ou proteínas (hiperproteinemia) (Figura 17.3).

A diluição é quase sempre o fator determinante da hiponatremia (hiponatremia hipotônica), que pode ser aguda ou crônica, e a água corporal total pode estar aumentada, reduzida ou normal. A razão entre a água corporal total e o conteúdo total de eletrólitos está aumentada em todas as formas de hiponatremia hipotônica. Essa desproporção ocorre independentemente do volume de líquido extracelular, que pode estar aumentado, diminuído ou normal.

Na hiponatremia hipotônica hipervolêmica os rins retêm excessivamente água e sódio, mas o balanço positivo de água supera o de sódio. Esses pacientes são edematosos e hiponatrêmicos. Essas alterações podem ser causadas por insuficiência cardíaca congestiva, insuficiência hepática e insuficiência renal.

A variante hipovolêmica da hiponatremia hipotônica é determinada pela perda de água e, em maior proporção, de sódio. Na realidade, a perda de fluidos corporais hipertônicos é extremamente rara, a concentração de sódio em

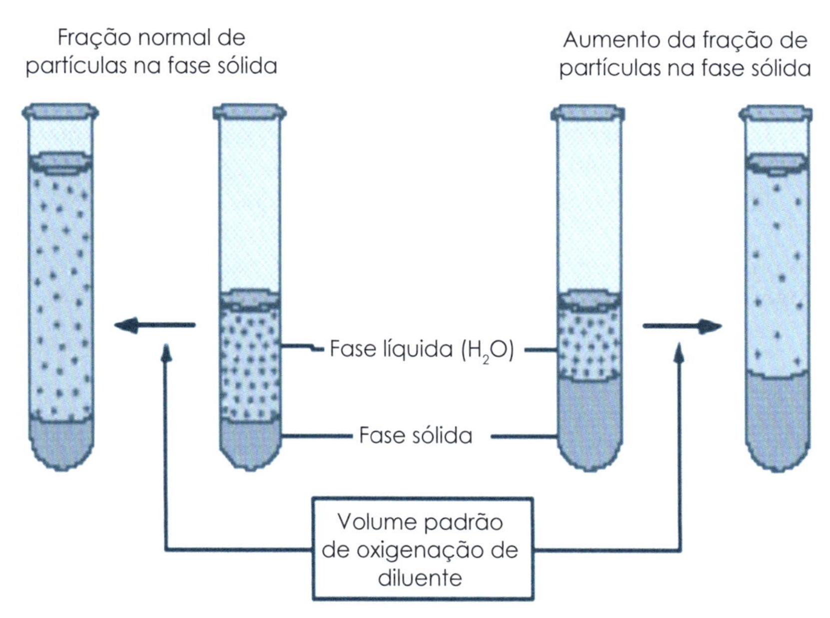

FIGURA 17.3 –Pseudo-hiponatremia. Normalmente, o plasma contém 7% de sólidos por volume. Com o objetivo de reduzir o volume de sangue necessário para a análise, o plasma é frequentemente diluído antes de ser obtida a medida de sódio. O mesmo volume de diluente é sempre usado; o grau de diluição é estimado assumindo-se como 7% a quantidade de partículas sólidas no soro. Quando a fração das partículas da fase sólida está aumentada, a mesma quantidade de diluentes resulta em uma maior diluição. Consequentemente, o cálculo do nível de sódio baseado em uma diluição fixa com uma porcentagem subestimada de partículas sólidas acarreta um valor subestimado do nível de sódio – pseudo-hiponatremia.

fluidos gastrointestinais e urina é quase sempre inferior àquela do plasma, isto é, normalmente a água é excretada em maior quantidade que o sódio. Portanto, as perdas desses fluidos hipotônicos deveriam causar hipernatremia.

A resposta hemodinâmica à perda gastrointestinal ou de fluido renal é a redução do fluxo sanguíneo renal, que estimula reabsorção no túbulo proximal renal do filtrado glomerular, determinando maior concentração urinária. Também ocorre a liberação de ADH em resposta à necessidade de concentrar a urina e à redução do volume circulante efetivo. A exposição ao maior volume de água e sua maior retenção asseguram a ocorrência de hiponatremia. Portanto, a hiponatremia não ocorrerá sem a ingestão ou a administração inadequada de água. A reposição do volume intravascular reduz os fatores hemodinâmicos determinantes da hiponatremia com a resolução do distúrbio eletrolítico.

A hiponatremia hipotônica euvolêmica constitui-se em um quadro de expansão da água corporal total e do LEC, mas essa expansão não é clinicamente detectável. Dois terços da água retida são sequestrados para o espaço intracelular, e o discreto aumento do volume determina pequena perda de sódio. A causa mais comum desse subtipo é a síndrome de secreção inapropriada do ADH (SIADH), cujas causas são citadas a seguir.

■ Causas da síndrome de secreção inapropriada de ADH

- **Alterações pulmonares:** pneumonia, tuberculose, abscesso, neoplasias, ventilação com pressão positiva, asma, pneumotórax, mesotelioma, aspergilose e fibrose cística.
- **Neoplasias:** pulmonares, duodenais, pancreáticas, gástricas, vesicais, prostáticas, linfomatosas, sarcomatosas, ureterais, orofaringeanas.

- **Alterações do sistema nervoso central (SNC):** encefalites, meningites, tromboses, hemorragia, abscessos, hematoma, trauma, porfiria, hipoxia neonatal, hidrocefalia, psicose aguda, esclerose múltipla, acidente vascular cerebral (AVC), síndrome de Guillain-Barré.
- **Drogas:** clorpropamida, tolbutamida, carbamazepina, morfina, barbitúricos, clofibrato, acetaminofen, ciclofosfamida, vincristina, isoproterenol.
- Durante a ação persistente do ADH, os rins retêm água livre de eletrólitos, mantendo a concentração de sódio reduzida. Mas deve-se ressaltar que o fator determinante desse distúrbio é a associação da secreção persistente de ADH e a ingestão e/ou administração de água em excesso (Figura 17.4).

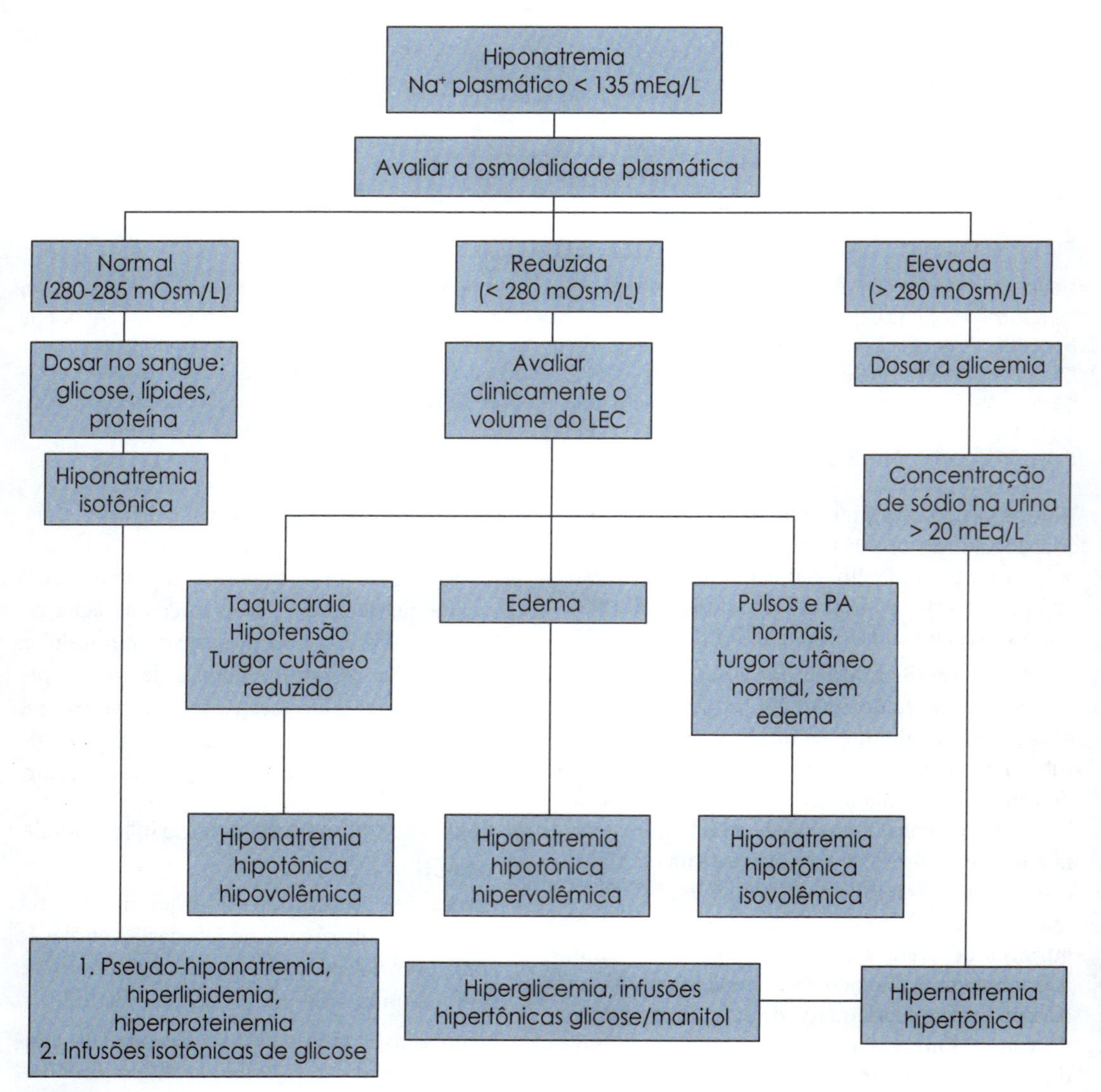

FIGURA 17.4 – Diagnóstico da hiponatremia.

Hiponatremia e o sistema nervoso central

O cérebro é relativamente resistente ao edema determinado por variação da osmolalidade. O edema está presente nas substâncias branca e cinzenta, embora com predominância na primeira.

A diminuição da osmolalidade extracelular causa um deslocamento da água para dentro das células, aumentando o volume intracelular, causando, assim, um edema tissular. Esse edema dentro dos limites do crânio causa um aumento da pressão intracraniana, levando a sintomas neurológicos. Para prevenir que isso aconteça, os mecanismos para a regulação de volume entram em operação, de modo a prevenir um edema cerebral em desenvolvimento nos pacientes com hiponatremia.

Após a indução da hipo-osmolalidade do fluido extracelular, a água movimenta-se para dentro do cérebro em resposta ao gradiente osmótico, produzindo o edema cerebral. Entretanto, entre 1 e 3 horas ocorre uma queda do volume extracelular cerebral pelo movimento de fluido para dentro do líquido cerebroespinal, ocasionando um desvio de líquido para dentro do sistema circulatório. Isso acontece muito rápido e é evidenciado pela diminuição extra e intracelular dos solutos (sódio e íons cloreto) cerca de 30 minutos depois do quadro de hiponatremia. À medida que as perdas de água acompanham as perdas de soluto cerebral, o volume cerebral expandido diminui, retornando à normalidade. Isso é um importante mecanismo de adaptação cerebral que se inicia imediatamente ao estabelecimento da hipo-osmolalidade (Figura 17.5A).

A hiponatremia prolongada é associada à quase completa normalização da água cerebral. Contudo, a redução do conteúdo cerebral de eletrólitos não é suficiente para se obter o equilíbrio do volume das células cerebrais, e a alteração dos estoques de outros osmóis ativos orgânicos colabora de maneira importante nesse processo (anteriormente conhecidos como osmóisideogênicos). Esses solutos orgânicos são encontrados em altas concentrações no citoplasma de todas as células do organismo e exercem atividade fundamental na homeostase do volume celular. Os osmóis orgânicos possuem a excepcional propriedade biofísica e bioquímica de permitir acentuadas variações em suas concentrações, sem efeitos deletérios na estrutura ou na função celular. O processo de perda celular desses osmóis orgânicos (polióis, metalaminas, aminoácidos) requer horas ou dias para sua completa instalação.

A morbidade associada à hiponatremia parece ser determinada pela condição intracelular dos osmóis cerebrais.

Manifestações clínicas

A maioria dos pacientes com níveis de sódio sérico acima de 125 mEq/L é assintomática. Nos níveis de 125 a 130 mEq/L predominam os sintomas gastrointestinais, incluindo náusea e vômito. Sintomas neuropsíquicos predominam nos casos de sódio sérico apresentando níveis com quedas abaixo de 125 mEq/L, a maior parte devida ao edema cerebral secundário à hipotonicidade.

Os sinais e sintomas relacionados ao sistema nervoso central variam de acordo com a severidade da hiponatremia. Se a hiponatremia for leve, pode haver apatia, cefaleia e letargia. Em caso de hiponatremia moderada, o paciente pode apresentar agitação, ataxia, convulsão, desorientação e psicose. Já se a hiponatremia for severa, podem ocorrer estupor, coma, paralisia pseudobulbar, herniação tentorial, respiração de Cheyne-Stokes, anisocoria, opstótono coma e até a morte do indivíduo.

Alterações no sistema gastrointestinal, como anorexia, náuseas e vômitos, e no sistema musculoesquelético, como câibras e grave diminuição dos reflexos tendinosos, também podem acompanhar os sintomas neurológicos.

Hipernatremia

O aumento da concentração plasmática de sódio é uma anormalidade eletrolítica comum, principalmente em crianças e idosos. Geralmente esse distúrbio não se desenvolve quando os me-

A

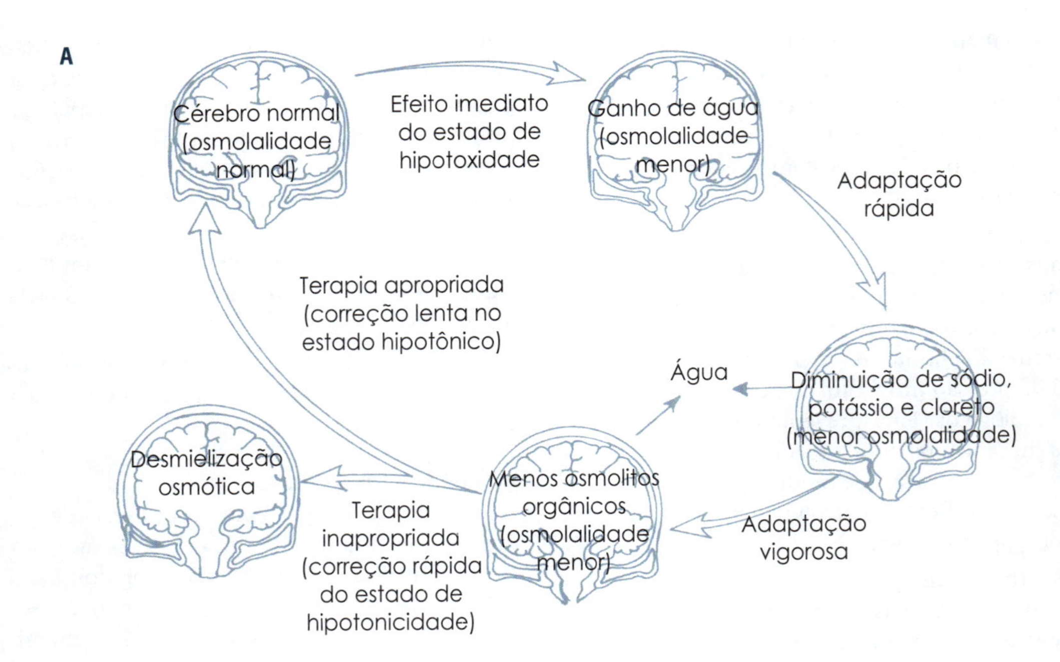

B

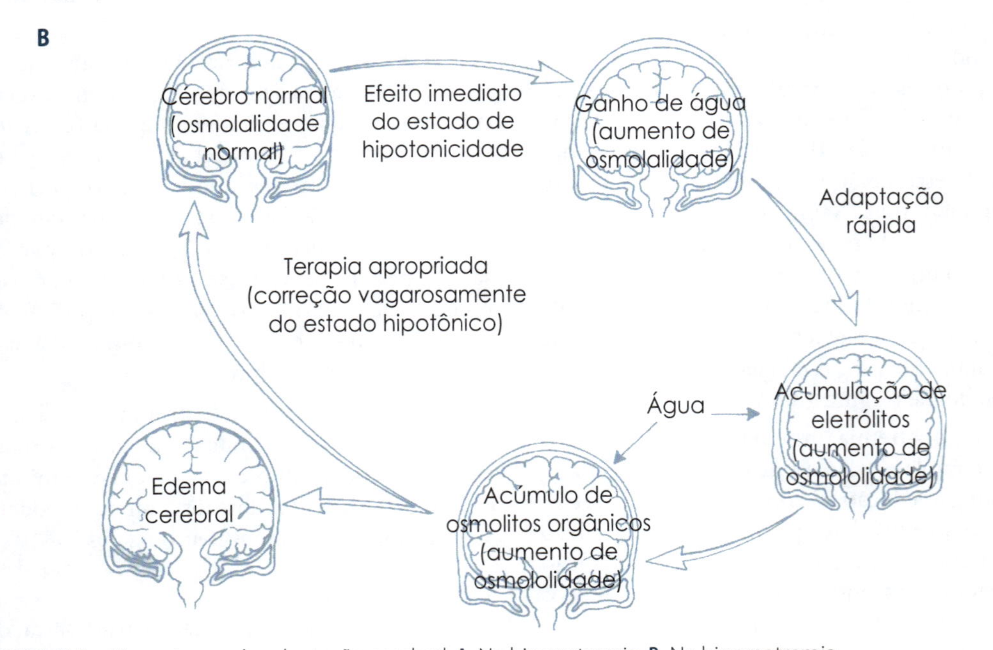

FIGURA 17.5 – Mecanismos de adaptação cerebral. **A.** Na hiponatremia. **B.** Na hipernatremia.

canismos da sede estão intactos e o paciente tem livre acesso à água. A hipernatremia é definida por uma concentração plasmática de sódio maior que 145 mEq/L. Quando essa concentração ultrapassa o valor de 160 mEq/L, dizemos que há um quadro de hipernatremia severa.

■ Patogenia

Diariamente perdemos uma quantidade significativa de fluidos hipotônicos pelo suor e exalação. Isso quer dizer que perdemos mais água livre que eletrólitos. Para que a nossa osmolaridade não aumente, precisamos ingerir certa quantidade de água livre. Quando diminuímos a nossa ingestão de água, ocorre uma hipernatremia inicial, que estimula o hipotálamo a produzir ADH. Os níveis de ADH aumentam com a osmolaridade plasmática, e esse hormônio faz a urina se tornar concentrada, retendo, assim, água livre para diluir o plasma e corrigir a hipernatremia. Porém, esse mecanismo tem um limite: se a ingestão hídrica for muito inferior às nossas perdas insensíveis (pele e respiração), mesmo com a urina concentrada ao máximo (1.200 mOsm/L), haverá hipernatremia.

O mecanismo de concentração renal é a primeira linha de defesa contra a depleção de água e a hiperosmolalidade. Quando esse mecanismo está alterado, a sede torna-se um mecanismo muito efetivo para prevenir grandes aumentos na osmolalidade sérica de sódio.

Graças ao mecanismo da sede e ao livre acesso à água, mantemos nossa natremia e osmolaridade em níveis normais. Somente desenvolve hipernatremia quem não tem livre acesso à água, ou quando o controle da sede estiver comprometido, ou quando há manuseio inadequado de volume e reposição após cirurgias, com o uso intensivo de diuréticos, com o diabetes insipiduse doenças febris. A hipernatremia também é prevalente em alcoólatras crônicos com encefalopatia hepática submetidos a tratamento com lactulose.

■ Causas de hipernatremia

- Sudorese acentuada.
- Diuréticos.
- Exercício intenso.
- Hiperpneia.
- Diarreia osmótica.
- Diurese osmótica.
- Soluções hipertônicas.
- Rabdomiólise.
- Hiperaldosteronismo.
- Diabetes insipidus.
- Hipodipsia primária.

Na fase inicial da hipernatremia, o fluido do espaço intracelular move-se para o extracelular para restabelecer o equilíbrio osmótico, e as células inicialmente perdem volume. No cérebro, essa perda de volume celular pode determinar a tração da delicada vasculatura do sistema nervoso, com consequente dano. Os mecanismos de adaptação do cérebro para evitar a perda de água celular envolvem o aumento de eletrólitos (sódio, potássio e cloreto), que ocorre nas primeiras horas de hipernatremia. Cronicamente, cerca de 60% do aumento da osmolalidade das células cerebrais é determinado pela geração dos osmóis orgânicos. Esses mecanismos são os mesmos que atuam na hiponatremia, porém em sentido inverso (Figura 17.5B).

■ Diabetes *insipidus*

O diabetes *insipidus* é uma síndrome caracterizada pela supressão de ADH (diabetes insipidus central) ou pela resistência tubular à ação do hormônio (diabetes insipidus nefrogênico). De um modo geral, a urina encontra-se muito diluída, com uma osmolalidade inapropriadamente baixa. Se o paciente estiver consciente e tiver acesso à água, o quadro clínico é marcado simplesmente por poliúria e polidipsia. Se o paciente estiver sedado ou comatoso, ou não tiver acesso à água, o quadro é marcado pela hipernatremia.

O diabetes insipidus central caracteriza-se pela falência dos núcleos hipotalâmicos e/ou da neuro-hipófise em sintetizar e/ou secretar o ADH. Dependendo da extensão da lesão do sistema nervoso central, podem ser encontrados vários graus de poliúria e hipernatremia. No diabetes insipidus nefrogênico, os túbulos renais são resistentes à ação do ADH e, caracteristicamente, esse quadro é menos severo que o central, com poliúria discreta a moderada.

As causas do diabetes insipidus podem ser divididas em centrais e nefrogênicas. A maioria das causas centrais (aproximadamente 50%) é idiopática; as demais causas são decorrentes do acometimento do sistema nervoso central por infecção, tumores, granulomas ou trauma. As causas nefrogênicas podem ser congênitas ou adquiridas.

Causas de diabetes *insipidus* central

- Congênitas:
  - autossômica dominante;
  - autossômica recessiva.
- Adquiridas:
  - pós-traumática;
  - iatrogênica;
  - tumoral (metastáticos, pinealomas, craniofaringiomas);
  - cistos;
  - histiocitose;
  - granulomas (tuberculose, sarcoidose);
  - aneurismas;
  - meningite;
  - encefalite;
  - síndrome de Guillain-Barré;
  - idiopática.

Causas de diabetes *insipidus* nefrogênico

- Congênitas:
  - ligada ao X;
  - autossômica recessiva.
- Adquiridas:
  - doenças renais (doença cística medular e policística, uropatia obstrutiva, pielonefrite crônica, mieloma múltiplo, amiloidose, sarcoidose);
  - hipercalcemia;
  - hipocalemia;
  - drogas (lítio, demeclociclina, anfotericina, foscarnet).

Há três tipos de evolução do diabetes insipidus central após cirurgia ou traumatismo cranioencefálico: de início abrupto, diabetes insipidus permanente e o de resposta trifásica. A mais frequente, observada em pelo menos 50% dos casos, consiste em um início abrupto, e a poliúria (200 a 800 mL/h) e a hipernatremia são as primeiras manifestações. Tipicamente, ocorre dentro das primeiras 24 horas da lesão, com resolução dentro de 3 a 5 dias (ocasionalmente mais demorado). Esse comportamento é tipicamente observado após cirurgia de adenoma hipofisário. O segundo modelo mais comum de evolução é o diabetes insipidus permanente, observado em aproximadamente 1/3 dos pacientes com trauma ou neurocirurgia. O menos frequente, porém potencialmente mais grave, é o de resposta trifásica. Uma fase diurética inicial de duração variável (de horas até 5 dias); uma fase antidiurética, por provável liberação do ADH das terminações axonais lesadas (horas a dias); e um período final de poliúria, que pode ser permanente ou resolver-se com o tempo.

Tal como ocorre no diabetes insipidus nefrogênico e na polidipsia primária, os pacientes com diabetes insipidus central apresentam-se com poliúria e polidipsia. A diferenciação entre essas entidades pode ser feita por meio do teste da desidratação, medindo-se os níveis de vasopressina e determinando a resposta à privação de água (desidratação) seguida à administração de vasopressina. A comparação da osmolalidade urinária após a desidratação, como a observada após a administração de vasopressina, é um meio simples e confiável de diagnosticar diabetes insipiduse distinguir entre a deficiência de vasopressina e outras causas de poliúria.

No teste da desidratação, a ingestão de água é restrita até o paciente perder 3 a 5% do peso ou por um período suficiente para se obter osmolaridades urinárias estáveis a cada hora, durante no mínimo 3 horas consecutivas (variação de até

10% em cada medição). Deve-se tomar cuidado para que o paciente não fique excessivamente desidratado. Administra-se vasopressina aquosa (5 U subcutâneas) e mede-se a osmolalidade urinária após 60 minutos. Os sinais vitais devem ser monitorados durante o procedimento; contudo, quando o teste é efetuado da maneira descrita, efeitos adversos são raros. As respostas esperadas são dadas na Tabela 17.1.

■ Investigação diagnóstica

O rastreamento e o diagnóstico da hipernatremia podem ser realizados de acordo com a Figura 17.6.

Tabela 17.1 – Teste da desidratação

Diagnóstico	Osmolalidade Urinária com Desidratação (mOsm/kg Água)	Vasopressina Plasmática após Desidratação	Aumento na Osmolalidade Urinária com Vasopressina Exógena
Normal	> 800	> 2 pg/mL	Pouco ou nenhum
DI Central Completo	< 300	Indetectável	Substancial
DI Central Parcial	300-800	< 15 pg/mL	> 10% da osmolalidade urinária após desidratação
DI Nefrogênico	< 300-500	> 5 pg/mL	Pouco ou nenhum
Polidipsia Primária	> 500	< 5 pg/mL	Pouco ou nenhum

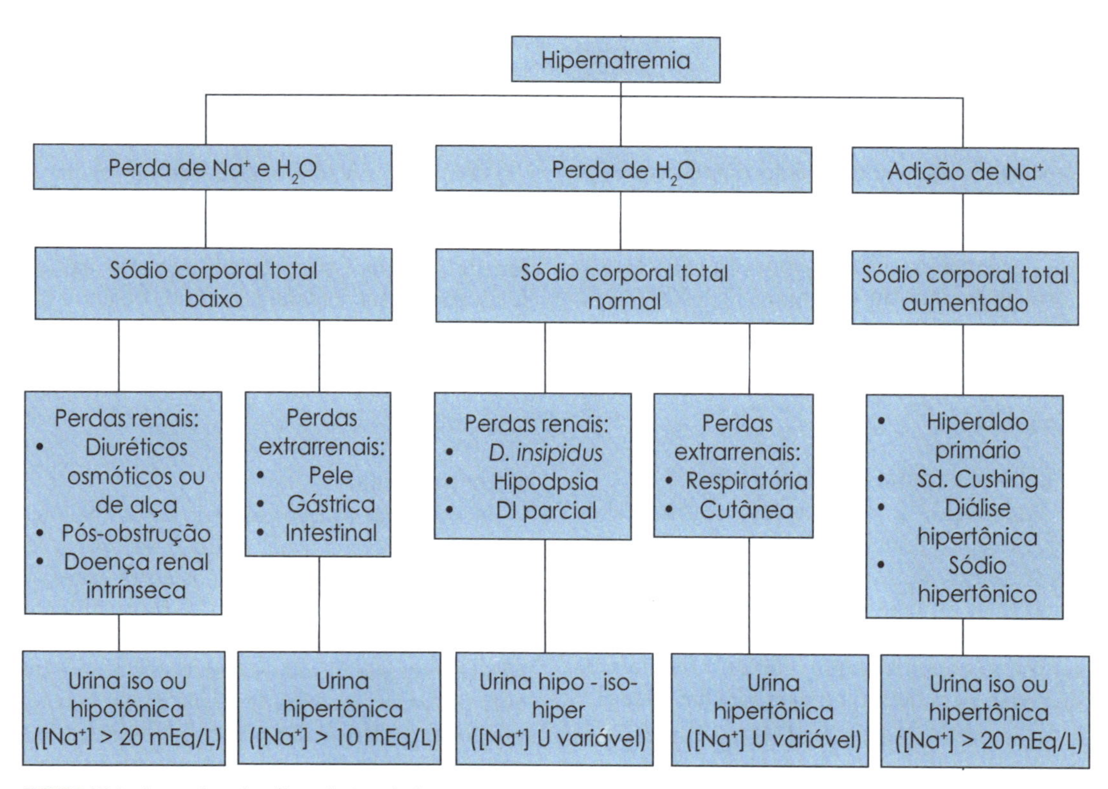

FIGURA 17.6 – Investigação diagnóstica de hipernatremia.

Manifestações clínicas

Os sinais e sintomas de hipernatremia incluem manifestações relacionadas com o sistema nervoso central, como letargia, irritabilidade, desorientação, confusão, estupor, coma e convulsões; manifestações respiratórias e gastrointestinais, como sede intensa, náuseas e vômitos; e alterações músculo-esqueléticas, como mioclonias, espasticidade e hiperreflexia.

Distúrbios do potássio

A calemia é importante na manutenção da atividade das células eletro excitáveis do nosso organismo, especialmente as do sistema de condução cardíaco e dos miócitos. Alterações significativas da calemia podem reduzir ou exacerbar a atividade destas células, provocando arritmias cardíacas ou disfunção da musculatura esquelética ou lisa.

É importante notificar que as alterações da calemia são inicialmente assintomáticas. Contudo, o primeiro sintoma pode ser a morte súbita, devido a uma arritmia cardíaca maligna. Para evitar esse acontecimento, o potássio sérico deve fazer parte dos exames solicitados na investigação das doenças em geral, especialmente nos pacientes críticos. As concentrações séricas normais de potássio variam de 3,5 a 5,5 mEq/L. Cerca de 98% do potássio estão no intracelular, sendo o músculo esquelético o seu principal reservatório. Apenas 2% encontram-se no meio extracelular.

Balanço do potássio corporal total

Geralmente a concentração plasmática de potássio é um bom índice do balanço do potássio corporal. Nessas variações do potássio corporal total, o meio intracelular funciona como um tampão, minimizando as alterações da concentração plasmática por meio do movimento do cátion para dentro ou para fora das células.

Uma ação fundamental na manutenção da concentração plasmática do potássio dá-se a partir do intercâmbio desse íon entre os meios intra e extracelular. Quando o potássio alimentar é absorvido, o excesso é excretado pelos rins para a manutenção do balanço, porém esse processo é lento, requerendo horas para a sua execução. Nessas circunstâncias, o tamponamento do potássio no meio intracelular é fundamental. Os músculos esqueléticos e o fígado, este em menor extensão, são importantes reservatórios de potássio que estão disponíveis para essa regulação.

Dois hormônios regulam o fluxo de potássio entre o extra e o intracelular: a insulina e a adrenalina. A insulina ativa a bomba de Na+/K+ ATPase, promovendo a entrada de potássio nas células da musculatura esquelética, células hepáticas e em outros sítios extrarrenais. A capacidade da insulina em reduzir os níveis de concentração de potássio sérico é dose-dependente, e a ausência de insulina determina intolerância ao potássio. Similarmente à insulina, o sistema nervoso simpático e a liberação das catecolaminas são estimulados pela alimentação. A adrenalina causa captação de potássio pelas células da musculatura esquelética e mantém os níveis plasmáticos reduzidos, mediados por receptores b2-adrenérgicos periféricos (Figura 17.7).

Outro fator a ser considerado na regulação do potássio plasmático é o pH, que influi na concentração do potássio da seguinte forma: o íon hidrogênio é trocado por potássio nas células. Assim, na acidemia, o íon hidrogênio penetra nas células em troca de potássio, elevando a calemia; na alcalemia, o potássio penetra nas células em troca de íons hidrogênio, reduzindo a calemia.

Controle renal

A principal função no controle do balanço do potássio é exercida pelos rins. Esse íon é livremente filtrado pelos glomérulos e sua excreção na urina fica em torno de 5 a 15% da quantidade filtrada. Em qualquer condição de ingestão, 85 a 90% do potássio filtrado são reabsorvidos no túbulo proximal e na alça de Henle. Já que a reabsorção do potássio é fixa nesses dois segmentos e a excreção de potássio é independente do ritmo de filtração glomerular, o principal local de con-

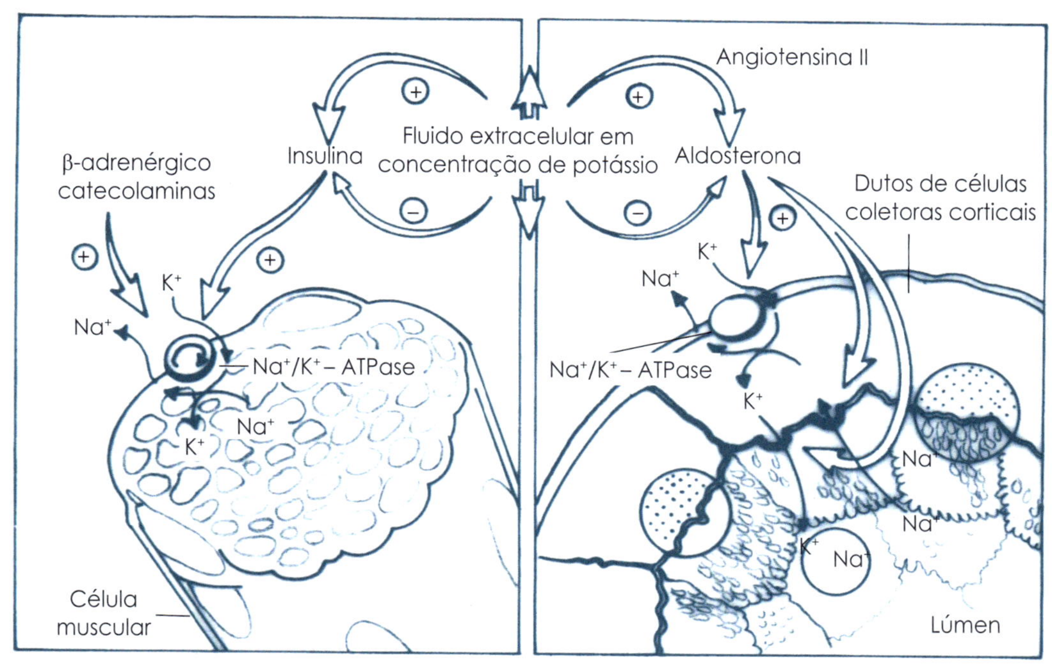

FIGURA 17.7 – Hormônios envolvidos na regulação do potássio corporal.

trole da homeostase do potássio é o néfron distal, e a quantidade excretada é determinada pelo ritmo de secreção de potássio nesse segmento.

Há quatro determinantes primários do movimento de potássio da célula para o lúmen tubular, a saber: concentração de potássio no citoplasma da célula tubular, no fluido tubular, diferença de potencial transepitelial e permeabilidade da membrana ao potássio.

Os mineralocorticoides, como a aldosterona, são importantes reguladores da secreção de potássio. A aldosterona age no néfron distal (Figura 17.8), aumentando a secreção de potássio e a reabsorção de sódio, após um período de latência de 90 minutos. Sua ação dá-se das seguintes formas:

- Aumento da atividade da Na^+K^+-ATPase.
- Aumento da permeabilidade dos canais luminais de potássio.
- Aumento da reabsorção de sódio sem cloreto, elevando, assim, a eletronegatividade luminal, importante fator estimulador da secreção tubular de potássio.

O principal determinante da secreção de potássio é o seu aporte para o túbulo distal, determinando a secreção de aldosterona e a modificação na atividade da bomba de Na^+K^+-ATPase.

A concentração de potássio no fluido tubular aumenta ao passar pelas células secretoras, causando uma redução da diferença de concentração entre a célula e esse fluido. Essa redução é dependente da velocidade do fluxo no néfron distal. Se o fluxo é lento, ocorre um grande aumento da concentração de potássio no líquido tubular, pelo movimento do íon do interior das células principais (secretoras) para o lúmen tubular, reduzindo o gradiente de concentração e, por conseguinte, a secreção de potássio. Na presença de um rápido fluxo, o aumento da concentração de potássio é minimizado pela constante lavagem determinada pelo fluxo elevado, estimulando-se a secreção de potássio. Alguns diuréticos como os de alça e os tiazídicos, por exemplo, agem aumentando a velocidade do fluxo tubular e a secreção de potássio.

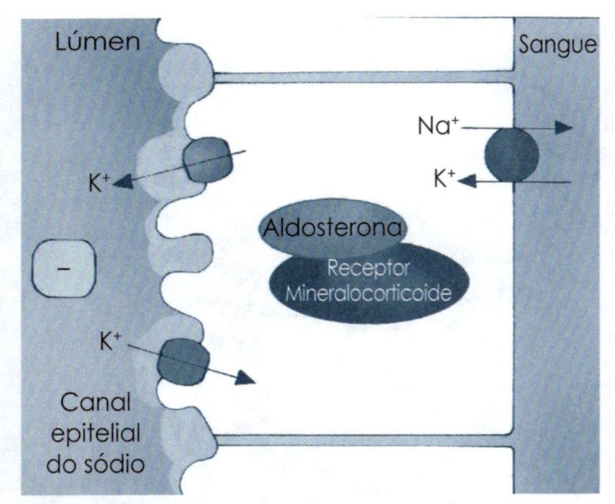

FIGURA 17.8 – Transporte de íons no ducto coletor. Absorção de sódio livre no cloreto mediada pela aldosterona, tornando o lúmen eletronegativo. (De: Scheinman SJ. Genetic disorders of renal electrolyte transport. N Engl J Med 1999 Apr; 340(15):1177-87).

Existe uma relação direta entre o aporte distal de sódio e a secreção de potássio, que é reduzida quando o aporte de sódio é baixo, e elevada quando chega bastante sódio nas porções finais do néfron. Esse efeito do sódio está relacionado ao aumento da velocidade do fluxo tubular e da alteração da diferença de potencial.

Como resultado da reabsorção de sódio, a diferença de potencial transepitelial no néfron distal é negativa, favorecendo a secreção de potássio. A permeabilidade da membrana luminal aos ânions exerce um efeito na magnitude da diferença de potencial. No néfron distal, o cloro é mais permeável que o bicarbonato ou o sulfato. Os ânions menos permeáveis acentuam a negatividade da diferença de potencial luminal e favorecem a secreção de potássio.

De modo esquemático, a homeostase do potássio pode ser simplificada na Figura 17.9.

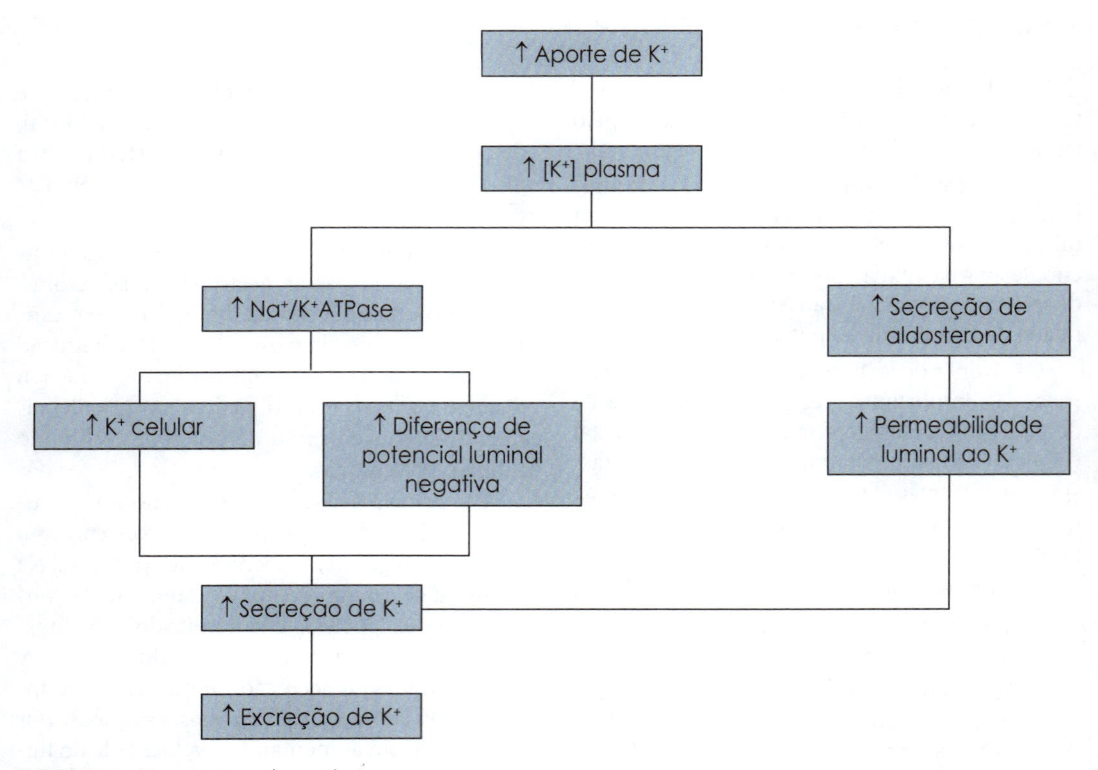

FIGURA 17.9 – Homeostase do potássio.

Hipocalemia

A hipocalemia é uma situação comum na prática médica. Esse distúrbio é definido por uma concentração plasmática de potássio menor que 3,5 mEq/L. Frequentemente, mais de um fator está contribuindo para a queda da calemia, como: a baixa reposição, o aumento das perdas e algum estímulo que promova influxo intracelular de potássio. A hipocalemia pode provocar uma série de distúrbios, sendo os mais importantes as taquiarritmias cardíacas, a redução da força muscular esquelética e o íleo metabólico.

A concentração plasmática de potássio, de uma maneira geral, reflete os estoques corporais de potássio. Uma queda na concentração do potássio plasmático de 4 para 3 mEq/L corresponde a uma perda de aproximadamente 3% do potássio corporal total (cerca de 100 mEq); uma queda abaixo de 2 mEq/L corresponde a um déficit de mais de 10% do potássio corporal total. Essa relação entre a concentração plasmática e o estoque corporal total de potássio pode ser obscurecida por fatores que influenciam especificamente a distribuição deste cátion entre os compartimentos intra e extracelular. A alcalose aguda e a acidose são particularmente importantes nesse aspecto.

Causas de hipocalemia

As causas de deficiência de potássio podem ser agrupadas em cinco categorias:

- Aporte inadequado.
- Perdas gastrointestinais.
- Perdas renais.
- Diálise;
- Redistribuição celular.

Essas causas podem ser compreendidas a partir do conhecimento dos mecanismos de regulação do balanço corporal total e do controle renal do potássio, descritos anteriormente. As causas de hipocalemia estão simplificadas na Figura 17.10.

Investigação diagnóstica

Na presença de hipocalemia, o médico deve tomar duas medidas básicas: repor o potássio e procurar a causa desse distúrbio. É comum que o paciente tenha mais de uma causa para a hipocalemia. Algumas causas de hipocalemia são facilmente detectáveis, tais como poliúria, baixa reposição de potássio em pacientes críticos, vômitos, diarreia, uso de diuréticos, insulina ou agonistas beta-2. Porém, em algumas situações, pode ser difícil estabelecer esse diagnóstico. Utilizando-se o pH sanguíneo e a concentração de potássio em amostra isolada, podemos firmar o diagnóstico (Figura 17.10).

Manifestações clínicas

Dentre as manifestações clínicas da hipocalemia, talvez a mais importante seja a que ocorre no sistema neuromuscular, havendo hiperpolarização celular e impedimento do impulso e da contração muscular.

A hipocalemia aumenta o potencial de repouso da membrana e a duração do período refratário, facilitando o surgimento de arritmias por reentrada. A ocorrência de arritmias por automatismo também está aumentada porque a hipocalemia estimula a automaticidade. Esse distúrbio também está associado ao aumento de ectopias atriais e ventriculares, incluindo taquicardia atrial ectópica, bloqueio atrioventricular, extra-sístoles ventriculares, taquicardia ventricular e fibrilação. A hipocalemia pode agravar as arritmias por intoxicação digitálica. As alterações eletrocardiográficas incluem a depressão do segmento ST e da onda T, aumento da onda U, onda P apiculada e alta, e alargamento do QRS.

A hipocalemia pode surgir no sistema nervoso central, determinando distúrbios da afetividade, confusão mental, discreta deficiência autonômica com hipotensão postural e disfunção da musculatura lisa do tubo gastrointestinal, levando ao íleo paralítico.

Pode-se desenvolver paralisia flácida em mãos e pés, que se estende proximalmente, podendo acometer o tronco e os músculos respiratórios. A morte pode ocorrer devido à in-

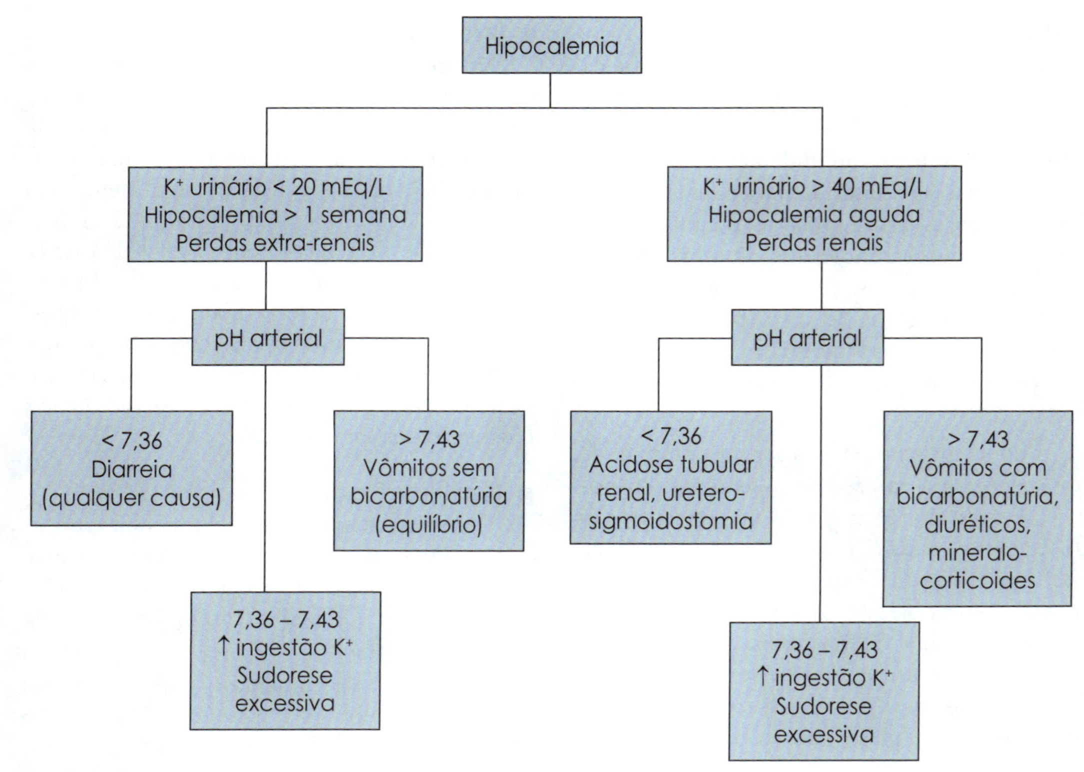

FIGURA 17.10 – Investigação diagnóstica de hipocalemia.

suficiência respiratória. Pode acontecer lesão muscular e, em casos severos, rabdomiólise e insuficiência renal.

Os efeitos renais agudos pela redução do potássio incluem a poliúria e o ritmo de filtração glomerular (RFG). O defeito de concentração é secundário à resistência ao ADH, determinado pelo aumento da produção de prostaglandinas, podendo até ocorrer diabetes insipidus nefrogênico em casos extremos. A hipocalemia pode determinar retenção de sódio com formação de edema e estimular a geração de amônia, contribuindo, assim, para a ocorrência de alcalose metabólica.

A importância do nível de potássio para a regulação da pressão arterial em humanos tem sido constatada pela suplementação de potássio em pacientes hipertensos, com consequente redução da pressão arterial.

Hipercalemia

A hipercalemia pode ser definida por um aumento da concentração plasmática de potássio maior que 5mEq/L. Para evitar esse distúrbio, o organismo lança mão de mecanismos regulatórios que excretam o excesso de potássio rapidamente e que redistribuem excesso de sal para dentro das células até ser excretado.

Como a concentração intracelular de potássio é alta e a sérica, baixa, pequenos escapes do potássio intracelular podem provocar grandes alterações do potássio plasmático. Portanto, para o estabelecimento do diagnóstico de hipercalemia, devem-se excluir condições que são referidas como pseudo-hipercalemia, que serão descritas mais adiante.

■ Causas de hipercalemia

A hipercalemia é uma importante causa de óbito em pacientes hospitalizados, especialmente aqueles com insuficiência renal aguda ou crônica, situações responsáveis pela maior parte dos casos de aumento dos níveis séricos de potássio.

As causas de hipercalemia podem ser agrupadas em quatro categorias:

- Aporte excessivo.
- Aumento da liberação de potássio pelas células.
- Uso de medicamentos.
- Redução da excreção renal de potássio.

Essas causas podem ser compreendidas a partir do conhecimento dos mecanismos de regulação do balanço corporal total e do controle renal do potássio, descritos anteriormente. As causas de hipercalemia estão simplificadas na Figura 17.11.

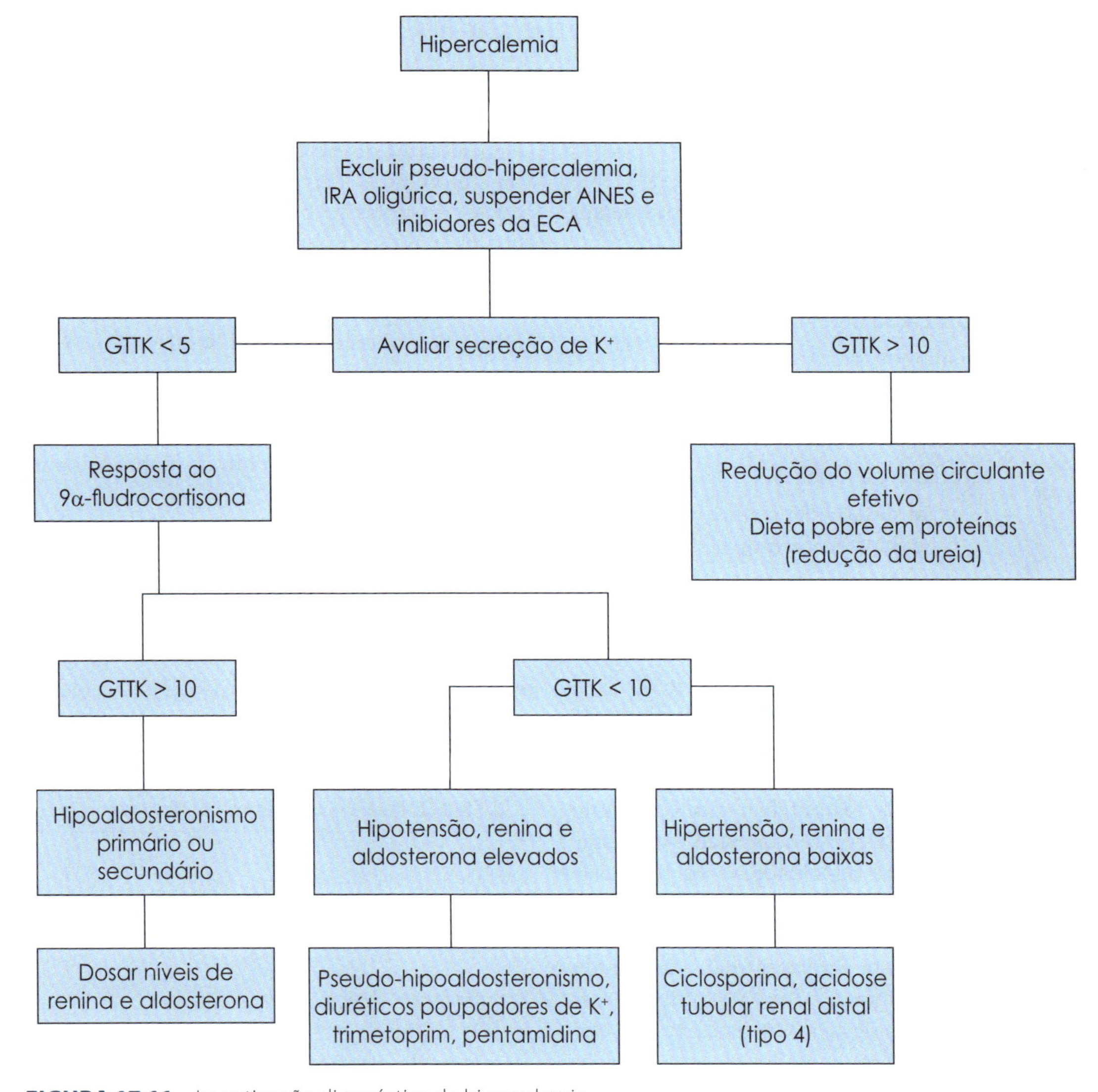

FIGURA 17.11 – Investigação diagnóstica de hipercalemia.

Causas de Hipercalemia

- Aporte excessivo:
  - reposição oral ou venosa excessiva.
- Aumento da liberação de potássio pelas células:
  - acidose metabólica;
  - deficiência de insulina/hiperglicemia/hiperosmolaridade;
  - maior catabolismo celular;
  - exercício extenuante/rabdomiólise;
  - acidose metabólica;
  - paralisia hipercalêmica periódica;
  - pseudo-hipercalemia.
- Uso de medicamentos:
  - inibidores da enzima conversora da angiotensina (IECAs);
  - espironolactona/amilorida;
  - intoxicação digitálica;
  - betabloqueadores;
  - trimetoprim em altas doses.
- Redução da excreção renal de potássio:
  - insuficiência renal;
  - redução da atividade mineralocorticoide/hipoaldosteronismo;
  - insuficiência suprarrenal;
  - defeito do túbulo distal.

Pseudo-hipercalemia

Pseudo-hipercalemia é o falso aumento da calemia, devido à perda de potássio das células sanguíneas após a coleta do material. É muito comum que haja certo grau de hemólise durante a coleta sanguínea por venopunção. Ao passar pela agulha em alta velocidade, várias hemácias podem romper-se. Isso pode ocorrer também na passagem do sangue da seringa para o tubo de ensaio a vácuo. Esta é a causa mais comum de pseudo-hipercalemia e estima-se que seja responsável por cerca de 20 a 30% das vezes em que detectamos níveis aumentados de potássio em uma amostra de sangue.

Outra causa frequente de pseudo-hipercalemia é o efluxo de potássio dos miócitos da musculatura do antebraço, de onde é colhido o sangue. O abrir e fechar da mão, quando prolongado e vigoroso, pode liberar potássio para a circulação local, elevando os níveis deste íon no sangue coletado.

Outras causas incluem a leucocitose e a trombocitose acentuada.

Investigação diagnóstica

A hipercalemia é determinada por várias causas, e o estabelecimento de uma sequência organizada na investigação diagnóstica permite uma abordagem mais adequada desse distúrbio eletrolítico. Entretanto, na hipercalemia severa ou sintomática, as medidas urgentes para a redução do potássio plasmático sobrepõem-se a qualquer procedimento diagnóstico até a resolução do quadro agudo.

Normalmente, a dosagem laboratorial dos níveis de potássio é realizada em amostras de soro do paciente. Uma vez confirmada a hipercalemia, a caracterização da causa determinante do distúrbio eletrolítico como renal ou extrarrenal é o passo principal para o estabelecimento do diagnóstico (Figura 17.11).

Uma das maneiras de rastreamento diagnóstico, principalmente para diagnóstico de hipoaldosteronismo, consiste no cálculo do gradiente transtubular de potássio (GTTK), por meio da dosagem da concentração urinária do potássio e da osmolaridade urinária. O GTTK pode ser calculado a partir da seguinte fórmula:

$$GTTK = [K+]\ ur \times Osm\ Plasm/[K]\ plasm \times Osm\ ur$$

A partir da determinação do GTTK, pode-se prosseguir com a investigação diagnóstica como especificado na Figura 17.11.

Manifestações clínicas

Os sintomas e as consequências fisiológicas da hipercalemia são dependentes da magnitude e, principalmente, da velocidade de instalação do distúrbio. Uma infusão rápida de KCl concentrado eleva muito a calemia, a níveis como 10 mEq/L, pois ainda não houve tempo hábil para a redistribuição celular do potássio. Geralmente os problemas começam a aparecer com a calemia maior que 6 mEq/L. Consideramos hipercalemia severa quando a concentração de potássio plasmática é maior que 7 mEq/L, na elevação subaguda/crônica, ou maior que 6 mEq/L, na elevação aguda.

Todas as manifestações clínicas da calemia ocorrem em tecidos excitáveis. O coração é certamente o tecido mais sensível a essas modificações, e seus efeitos são observados no eletrocardiograma. O primeiro sinal do ECG é a onda T apiculada, sendo seguido pelo alargamento do complexo QRS e do intervalo PR. Nos casos severos, a onda P pode desaparecer. As principais consequências incluem fibrilação ventricular, bradiarritmias e bloqueios, e assistolia.

Manifestações neuromusculares também podem ocorrer na hipercalemia, mas são menos comuns. Parestesias em braços e pernas são seguidas por paralisia flácida simétrica, começando em braços e pés, que se estende proximalmente.

■ Bicarbonato

A filtração glomerular envia 4.320 mEq/L por dia de bicarbonato ao néfron. A reabsorção de bicarbonato é muito importante para a prevenção de sua perda na urina. Sob condições normais, todo bicarbonato filtrado é reabsorvido. Sua concentração sérica é de 22 a 26 mEq/L.

Aproximadamente 80% de toda a carga de bicarbonato filtrada são reabsorvidos no túbulo proximal. A membrana tubular proximal apical contém um cotransportador Na^+/H^+, do tipo antiporte, que secreta H^+ no fluido tubular. Dentro da célula tubular, o ácido carbônico se dissocia em H^+ e o bicarbonato, por uma reação reversível catalisada pela anidrase carbônica. O H^+ é secretado no fluido tubular, ao passo que o bicarbonato existente na célula atravessa a membrana basolateral e retorna à circulação sanguínea peritubular.

Embora o gradiente eletroquímico para o bicarbonato favoreça seu movimento passivo através da membrana basolateral, sua simples difusão parece não ocorrer em um grau significativo; ao contrário, o bicarbonato move-se através da membrana basolateral acoplado a outros íons.

Dentro do fluido tubular, o H^+ secretado combina-se com o bicarbonato filtrado para formar o ácido carbônico. Este é rapidamente convertido em gás carbônico e água, que são rapidamente absorvidos.

Aproximadamente 15% de toda a carga de bicarbonato filtrada são reabsorvidos no ramo ascendente espesso da alça de Henle. Esse mecanismo de reabsorção parece ser similar ao que ocorre no túbulo proximal.

O túbulo distal e o ducto coletor reabsorvem pequenas quantidades de bicarbonato que escapam da reabsorção dos túbulos proximais e da alça de Henle (5% da carga total de bicarbonato filtrada).

A reabsorção de bicarbonato (e secreção de H^+) é regulada por alguns fatores, como o aumento ou a diminuição da carga filtrada de bicarbonato, alterações do volume do fluido extracelular, diminuição do pH, aumento da PCO_2 e pela aldosterona. Esses mecanismos e outros aspectos referentes ao bicarbonato serão discutidos na seção que trata dos distúrbios do equilíbrio ácido-base.

■ Cloreto

O cloreto é o principal ânion do fluido extracelular (ECF). Sua concentração plasmática normal é de 95 a 110 mEq/L. A maior parte do cloreto corporal é extracelular, distribuindo-se no plasma (13,6%), interstício (37,3%), tecido conjuntivo denso e cartilagem (17%), ossos (15,2%) e fluidos transcelulares (4,5%). Pequenas quantidades (12,4%) estão presentes no meio intracelular.

A baixa concentração de cloreto nas células é regulada por dois mecanismos ativos da membrana celular. Uma troca de bicarbonato-cloreto é sensível a mudanças do pH intracelular. Quando o pH intracelular aumenta, o bicarbonato da célula é trocado pelo cloreto extracelular, restabelecendo-se o pH celular normal. A saída de cloreto da célula é acompanhada pelo grande gradiente de potássio, por meio da membrana de célula. O potencial de membrana, criado pela alta concentração de potássio intracelular, também favorece a saída de cloreto passivamente por meio do transporte por canais ânion-seletivos, ou ativamente, por cotransporte de potássio-cloreto.

Regulação

A entrada e a saída de cloreto normalmente ocorrem em paralelo com as de sódio. Porém, a entrada de cloreto, as perdas extrarrenais anormais e a excreção renal podem ocorrer independentemente do sódio.

A renovação diária de cloreto é alta e a conservação renal de cloreto é excelente devido à eficiente regulação renal. No túbulo proximal, uma quantidade substancial (60 a 70%) da carga de cloreto filtrada é reabsorvida. A reabsorção de cloreto no túbulo proximal é acoplada à de sódio. Devido a esse mecanismo de cotransporte, qualquer mudança na reabsorção de sódio influencia na reabsorção de cloreto nesse segmento tubular.

No ramo ascendente espesso da alça Henle, 20 a 30% da carga de cloreto são reabsorvidos, acoplados ao sódio por um mecanismo especial. O movimento de sódio e cloreto para dentro da célula tubular é realizado por transporte ativo. A reabsorção nesse segmento é mediada por um transporte de membrana do tipo simporte de um íon sódio, dois cloretos e um íon potássio. Os diuréticos de alça, tais como a furosemida, inibem esse mecanismo.

Virtualmente toda a carga filtrada de cloreto é reabsorvida nos túbulos distal e coletor. O cloreto desempenha um papel fundamental no manuseio tubular de sódio, potássio e hidrogênio nesses segmentos, porque é o único ânion disponível para a reabsorção sob condições normais. A reabsorção de cloreto nessa porção do néfron envolve uma combinação de simporte sódio-cloreto, um antiporte cloreto-bicarbonato e uma quantidade significativa de transporte transcelular de cloreto por mecanismos não compreendidos completamente. O manuseio de cloreto nos túbulos distal e coletor exige que a reabsorção de sódio seja eletroneutra, sendo o sódio trocado por potássio ou hidrogênio ou cotransportado com o cloreto.

Condições patológicas

Sob a maioria das circunstâncias clínicas, as alterações na concentração de cloreto no sangue são paralelas às de sódio. A hipocloremia e a hipercloremia estão normalmente associadas a graus comparáveis de hiponatremia e hipernatremia, respectivamente, e são vistas muito frequentemente em pacientes com desidratação secundária à diarreia. Eventualmente, mudanças na concentração de cloreto não são acompanhadas por alterações equivalentes na concentração de sódio.

Hipocloremia

A hipocloremia é tipicamente vista na alcalose metabólica. Embora o cloreto não esteja diretamente envolvido na regulação da concentração de íons hidrogênio livres, ele é fundamental na gênese e manutenção da alcalose metabólica. A depleção de cloreto como uma causa de alcalose metabólica ocorre quando este é perdido em excesso, juntamente com as perdas de sódio. Alguns exemplos incluem perdas gastrointestinais, como vômitos ou drenagem gástrica, ou na diarreia com perda importante de cloreto, uma rara desordem congênita na qual existe um defeito intestinal de transporte de cloreto, e na fibrose cística. As perdas urinárias de cloreto podem exceder as de sódio durante a correção da acidose metabólica e na deficiência de potássio.

Uma diminuição na carga filtrada de cloreto aumenta a reabsorção de bicarbonato no túbulo proximal, porque ele se torna o ânion predominantemente disponível para a reabsorção de sódio. Uma diminuição do aporte de cloreto no ramo ascendente espesso da alça de Henle reduz a quantidade de sódio reabsorvido e, assim, o maior aporte distal de sódio aumenta a troca de potássio e hidrogênio no néfron distal. Esses mesmos mecanismos permitem ao cloreto manter uma condição de alcalose metabólica.

A administração de cloreto é necessária para corrigir muitos casos de alcalose metabólica associada ou não a uma deficiência de potássio. Em casos de deficiência de potássio, ambos devem ser dados ao paciente. O tratamento dos pacientes com alcalose metabólica, por meio da reposição apropriada de potássio ou cloreto de sódio, resulta na pronta excreção de bicarbonato na urina e correção da alcalose.

A hipocloremia pode resultar também de uma ingesta ou reposição inadequadas de cloreto.

Hipercloremia

A hipercloremia pode ocorrer quando o cloreto é conservado pelo rim em excesso com sódio e potássio, ou quando uma urina alcalina é formada durante a correção renal da alcalose. Uma aumentada reabsorção de cloreto no túbulo proximal na acidose tubular renal distal também resulta em hipercloremia. Soluções de aminoácidos usadas na alimentação parenteral contêm quantidades excessivas de cloreto, e sua administração resulta em acidose hiperclorêmica. A hipercloremia pode também ocorrer quando grandes quantidades de fluidos parenterais contendo cloreto, tais como salina normal e Ringer lactato, são administradas durante a reposição aguda de fluidos.

Outras causas comuns de hipercloremia incluem as acidoses metabólicas com ânion gap normal. Para tanto, faz-se necessário o cálculo de seu valor, que é dado pela seguinte fórmula:

$$AG = [Na^+] - ([HCO_3^-] + [Cl^-])$$

Os valores normais estão entre 8 e 16 mEq/L.

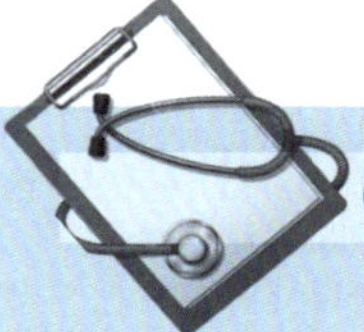

CASOS CLÍNICOS

■ Caso 1

Homem, 72 anos, negro, tabagista com história de cardiopatia, deu entrada na emergência de um hospital público com falta de ar, muito cansado, com edema nos membros inferiores, com turgência visível na veia jugular, pulso acelerado e pressão arterial de 170/100 mmHg. História pregressa de angioplastia a 5 anos atrás.

Foram solicitados exames complementares:

- Glicose: 92 mg/dL;
- Ureia: 50 mg/dL;
- Creatinina: 1,3 mg/dL;
- Sódio: 119 mEq/L;
- Potássio: 3,3 mEq/L;
- Sódio urinário: 5 mEq/L;
- Osmolaridade urinária medida: 260 mOsm/Kg de água.

Quais as suas considerações sobre o caso deste paciente?

■ Caso 2

Mulher, 85 anos, com história de hipertensão, vem apresentando a 5 dias uma intolerância alimentar com náuseas, vômitos e diarreia aquosa (sete vezes ao dia). No momento da admissão na emergência apresentou-se com adinamia e sonolência, desorientada no tempo e espaço, com pressão arterial de 90/60 mmHg e frequência cardíaca de 115 bpm.

Foram solicitados uma série de exames complementares:

- Hemograma: hematócrito 44%; hemoglobina 14 mg/dL; leucócitos 7900céls/mm^3 (neutrófilos 65%; bastões 2%, eosinófilos 3%; linfócitos 25% e monócitos 5%);
- Glicose: 115 mg/dL;
- Ureia: 25 mg/dL;
- Creatinina: 1,9 mg/dL;
- Sódio: 155 mEq/L;
- Potássio: 4,7 mEq/L;
- Cloretos: 88 mEq/L;
- Magnésio: 1,0 mEq/L;
- Exame de fezes encaminhado para realização de cultura e antibiograma.

Quais as suas considerações sobre o caso deste paciente?

Bibliografia consultada

1. Adrogué HJ. Hypernatremia. N Engl J Med, 2000; 342(20):1493-9.
2. Adrogué HJ. Hyponatremia. N Engl J Med, 2000; 342(21):1581-9.
3. Adrogué HJ. Management of Life-Threatening Acid-Base Disorders. N Engl J Med, 2000; 338(1):27-34.
4. Davies NP. Sodium channel gene mutations in hypokalemic periodic paralysis: an uncommon cause in the UK. Neurology, 2001; 57(7): 1323-5.
5. Galla JH. Metabolic Alkalosis. J Am SocNephrol, 2000; 11(2):369-75.
6. Gardner E, Gray DJ, O'Rahilly R. Anatomia: Estudo Regional do CorpoHumano. 4a ed. Rio de Janeiro: Guanabara Koogan, 1988.
7. Gennari FJ. DisordersofPotassiumHomeostasis: Hypokalemia e Hyperkalemia. Crit Care Clin, 2002; 18(2):273-88,vi.
8. Gennari FJ. Hypokalemia. N Engl J Med, 1998; 339(7):451-8.
9. Gross P. Treatment of Severe Hyponatremia: Conventional and Novel Aspects J Am SocNephrol, 2001; 12(Suppl 17):S10-4.
10. Janicic N. Evaluation and Management of Hypo-osmolality in Hospitalized Patients. Endocrinol Metab Clin North Am, 2003; 32(2): 459-81, vii.
11. Konrad M. Recent Advances in Molecular Genetics of Hereditary Magnesium-Losing Disorders. J Am SocNephrol, 2003; 14(1):249.
12. Kugler JP. Hyponatremia and Hypernatremia in the Elderly. Am Fam Physician, 2000; 61(12): 3623-30.
13. Milionis HJ. The Hyponatremic Patient: a Systematic Approach to Laboratory Diagnosis. CMAJ, 2002; 166(8):1056-62.
14. Moritz ML. Prevention of Hospital-Acquired Hyponatremia: A Case for Using Isotonic Saline. Pediatrics, 2003; 111(2):227-30.
15. Riggs JE. Neurologic Manifestations of Systemic Disease.NeurolClin, 2002; 20(1):227-39,vii.
16. Robertson GL. Antidiuretic Hormone Normal and Disordered Function. Endocrinol Metab Clin North Am, 2001; 30(3):671-94,vii.
17. Scheinman SJ. Genetic Disorders of Renal Electrolyte Transport. N Engl J Med, 1999; 340(15): 1177-87.
18. Soliman HM. Development of Ionized Hypomagnesemia is Associated with Higher Mortality Rates. Crit Care Med, 2003; 31(4):1082-7.
19. Starremans PG. Mutations in the Human Na-K-2Cl Cotransporter (NKCC2) Identified in Bartter Syndrome Type I Consistently Result in Nonfunctional Transporters. J Am SocNephrol, 2003; 14(6):1419-26.
20. Sterns RH. Fluid, Electrolyte, and Acid-Base Disturbances. J Am Soc Nephrol, 2003; 2(1): 1-33.

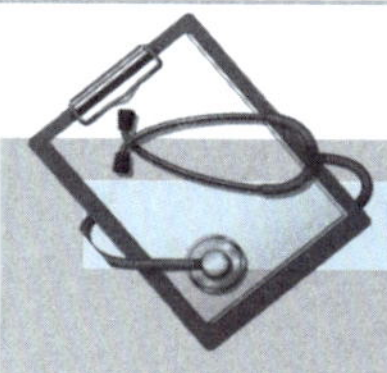

DISCUSSÃO DOS CASOS CLÍNICOS

■ Caso 1

Segundo o relato descrito, o paciente apresenta uma insuficiência cardíaca congestiva acompanhada por hiponatremia hipotônica hipervolêmica, com osmolaridade < 280 mOsm/Kg de água, com sódio urinário baixo, revelando a ativação dos sensores de alta pressão devido à depleção do volume arterial efetivo, e ativando o sistema renina-angiotensina-aldosterona, e assim, liberando o hormônio antidiurético (ADH) por mecanismos não osmóticos (ocorreu por diminuição do volume efetivo).

Pode ser feito diagnóstico diferencial com outras doenças com sódio e osmolaridade baixas como síndrome nefrótica, insuficiência renal e cirrose hepática.

■ Caso 2

Por definição, a hipernatremia ocorre quando temos sódio maior eu 145 mEq/L. Os íons sódio são responsáveis pelo controle da osmolaridade plasmática e pelo balanço hídrico. Em pacientes idosos é muito comum observar hipernatremia pela baixa ingestão de líquidos, e como o sódio é um íon de maior concentração extracelular e funciona com soluto impermeável, do ponto de vista funcional ele contribui para a tonicidade e com isso induz o movimento da água através das membranas celulares. Devido à desidratação celular, pode ser constatada uma disfunção no Sistema Nervoso Central, com contração das células cerebrais, podendo ocasionar hemorragias subaracnóideas, subcorticais e trombose dos seios venosos. Assim, pode ocorrer hiporreflexia, espasmos musculares, tremores e ataxia. A hipernatremia aguda é considerada a forma mais grave do que os casos crônicos.

Assim, foi calculada a osmolaridade plasmática que foi de 337 mOsm/Kg de água, e com este dado foi diagnosticada a síndrome hiperosmolar devido à hipernatremia existente.

Distúrbios do Equilíbrio Acidobásico

18

Bernardo Silva Oliveira Farias
Salim Kanaan

Introdução

A manutenção da homeostase acidobásica é de fundamental importância para o organismo vivo. As alterações do pH podem representar um risco à vida, sendo encontradas principalmente em pacientes hospitalizados. Os distúrbios acidobásicos são convencionalmente definidos de acordo com seus impactos no sistema tampão bicarbonato-ácido carbônico, uma vez que tal sistema é abundante nos fluidos corporais, e pelo fato de todos os outros sistemas tampões estarem em equilíbrio com ele, tal como especifica o princípio iso-hídrico do organismo vivo.

As mudanças do pH sistêmico podem ocorrer somente a partir da mudança dos valores de dois determinantes: pressão arterial de CO_2 ($PaCO_2$) e bicarbonato plasmático (HCO_3^-). Tais determinantes são alterados, respectivamente, por distúrbios respiratórios e metabólicos. Há, dessa forma, quatro distúrbios acidobásicos fundamentais: acidemia e alcalemia respiratórias; acidemia e alcalemia metabólicas. Cada um desses distúrbios pode ser encontrado isoladamente, ou pode fazer parte de um distúrbio misto, definido como a presença simultânea de dois ou mais distúrbios acidobásicos simples.

Conceitos gerais: ácidos, bases, pH e tampões

Ácidos e bases

Segundo Bronsted-Lowry, ácido é toda a substância capaz de doar prótons (p. ex.: H_2CO_3, NH_4^+, H_3PO_4), e base é toda substância capaz de receber prótons (ex.: HCO_3^-, NH_3, HPO_4^-). Essas definições implicam o conceito de conjugação: todo ácido assim definido tem necessariamente uma base conjugada e vice-versa. Além disso, uma mesma molécula pode ser, ao mesmo tempo, ácido ou base conjugada de outra.

$$HA \Leftrightarrow A^- + H^+$$

HA é o ácido conjugado da base A^-
A^- é a base conjugada do ácido HA
H^+ é o próton

Ácido forte é aquele capaz de se dissociar completamente (possui elevada constante de dissociação eletrolítica), fazendo com que a equação descrita acima esteja totalmente desviada para a direita. Base forte é aquela para a qual a equação acima se encontra totalmente desviada para a esquerda. Já os ácidos e bases fracos não se dissociam completamente e, portanto, têm a capacidade de receber ou doar H^+ quando a concentração dele se altera. Nesse caso, a equação acima se encontra em equilíbrio, sem desvio para qualquer um dos lados.

pH

A atividade H^+ é expressa pelo logaritmo negativo da concentração hidrogeniônica, denominado pH. Isso se deve à grande variação da concentração hidrogeniônica no organismo.

$$pH = -\log [H^+] = 1/\log [H^+]$$

Vale ressaltar que, embora a concentração de H^+ no meio interno seja reduzida, da ordem de 10^{-7} M, a manutenção dessa concentração dentro de limites estreitos é fundamental para o adequado funcionamento dos processos bioquímicos celulares.

O pH do sangue, normalmente, mantém-se entre 7,35 e 7,45. A queda e a elevação do pH plasmático são denominadas, respectivamente, acidemia e alcalemia (Figura 18.1).

Sistemas tampões

Para que o pH do organismo se mantenha na faixa estreita de 7,35 a 7,45, ocorrem alguns mecanismos de controle fisiológico, sendo eles: a produção metabólica de ácidos orgânicos, o controle respiratório da $PaCO_2$ e o controle do bicarbonato plasmático pelo rim. Porém, além desses mecanismos, os sistemas tampões atuam de forma imprescindível, minimizando as alterações na concentração de H^+.

O sistema tampão é formado por um ácido e uma base a ele conjugada. Uma base fraca liga-se aos H^+ dissociados de um ácido forte para formar um ácido fraco pouco dissociável, tamponado.

Para que calculemos o pH das soluções tampões em função de seus componentes, utilizamos a equação de Henderson-Hasselbalch:

$$pH = pK + \log [sal]/[ácido]$$

onde pK é a constante de dissociação do ácido carbônico.

Os sistemas tampões existentes no sangue são: bicarbonato/ácido carbônico, oxiemoglobina/hemoglobina reduzida, proteinatos/proteínas, fosfato monossódico/fosfato dissódico e fosfato monopotássico/fosfato dipotássico. Os dois primeiros contribuem com cerca de 88% do poder tampão do sangue.

Sistema bicarbonato/ácido carbônico

O sistema bicarbonato/ácido carbônico responde sozinho por cerca de 75% da capacidade tamponante do plasma sanguíneo e por 30% da capacidade tamponante do glóbulo vermelho. O sistema bicarbonato/ácido carbônico é, portanto, o mais importante do organismo.

Aplicando-se a equação de Henderson-Hasselbach ao sistema bicarbonato/ácido carbônico, temos:

$$pH = pK + \log [HCO_3^-]/[H_2CO_3]$$

onde $pK = 6{,}1$

Como a concentração de ácido carbônico do plasma é proporcional à pressão parcial do gás carbônico dissolvido, podemos ainda ter:

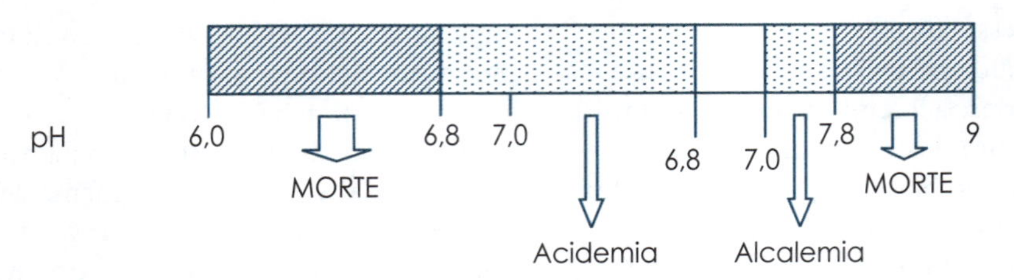

FIGURA 18.1 – Esquema mostrando as variações do pH plasmático.

$$pH = 6,1 + \log [HCO_3^-]/a.\ PaCO_2$$

onde *a* é uma constante de proporcionalidade.

Alterações na $[HCO_3]$ geram distúrbios metabólicos e alterações na $[H_2CO_3]$ geram distúrbios respiratórios, os quais serão apresentados individualmente neste capítulo. A relação normal $[HCO_3]/[H_2CO_3]$ é 20.

Quando íons H^+ são adicionados ao organismo, combinam-se com o HCO_3^-, formando H_2CO_3, o qual origina CO_2, que pode ser removido pelo sistema pulmonar.

$$HCO_3^- + H^+ \leftrightarrow H_2CO_3 \leftrightarrow H_2O + CO_2$$

Caso haja retenção de CO_2, ocorre um aumento do HCO_3^- plasmático, diminuindo a alteração do pH. Esse aumento do HCO_3^- é fruto, basicamente, da ação do sistema tampão celular, por meio da troca de Cl^- por HCO_3^- nas hemácias. Quando há uma redução da $PaCO_2$, há uma troca do H^+ intracelular pelo Na^+ ou K^+ e, também, um aumento na produção de ácido lático.

O rim é responsável pela regeneração dos tampões consumidos, controlando a concentração plasmática de bicarbonato. Tal controle se dá quando ele reabsorve o bicarbonato do ultrafiltrado glomerular (caso a concentração plasmática de bicarbonato esteja abaixo de 25 a 28 mEq/L), quando regenera o bicarbonato consumido nas reações com ácidos não voláteis e quando excreta íons H^+, os quais aparecem na urina sob a forma de H^+ livres, NH_4^+ e ácido titulável (sendo este principalmente oriundo do fosfato excretado).

Tampões intracelulares

A hemoglobina é o principal tampão dos glóbulos vermelhos, tendo sua capacidade tamponante ligada à presença de grupos de ácidos fracos (–COOH) e bases fracas ($-NH_2$).

$$R - COOH \leftrightarrow R - COO^- + H^+$$
$$R - NH_2 + H^+ \leftrightarrow R - NH_3$$

A oxidação da hemoglobina tem influência sobre o seu poder tamponante. A hemoglobina reduzida é mais básica que a oxidada, absorvendo melhor íons H^+. Da mesma forma, a hemoglobina em meio ácido libera melhor o oxigênio e em meio básico une-se mais fortemente a ele. Recordando a curva de dissociação da hemoglobina, vemos que em pH básico tal curva se encontra desviada para a esquerda, mostrando que a saturação da hemoglobina é maior para uma mesma pressão de oxigênio, sendo menor sua dissociação.

Outros tampões intracelulares incluem o bicarbonato, fosfato e proteínas celulares. As proteínas podem funcionar como ácidos ou bases fracos, sendo que, ao pH intracelular, se comportam em sua maioria como ácidos fracos, tendo como base forte, geralmente, o íon potássio.

Uma das maneiras de ação intracelular é a troca de H^+ por Na^+ e K^+. Em caso de aumento brusco da concentração de prótons, contribuem com mais de 70% da capacidade de amortecimento do organismo, devido a essa troca iônica (Tabela 18.1).

Tabela 18.1 – Tempo para o início dos sistemas tampões

Tamponamento extracelular	Instantâneo
Tamponamento respiratório	Minutos
Tamponamento intracelular	2 a 4 horas
Tamponamento renal	Horas a dias

Definição dos sistemas

■ Acidobásicos

Chamamos de acidose os distúrbios que levam à acidemia, e de alcalose os que levam à alcalemia. Não necessariamente, porém, todas as alcaloses e acidoses cursam, respectivamente, com alcalemia e acidemia, devido aos sistemas de compensação ou a presença de distúrbios duplos ou triplos.

A alcalose e a acidose podem ser tanto metabólicas, consequentes à alteração primária dos níveis de bicarbonato, como respiratórias, consequentes à alteração primária dos níveis de CO_2.

A acidemia metabólica (acidose) decorre da diminuição dos níveis plasmáticos de bicarbonato e do pH sanguíneo, seja pelo acúmulo de ácidos não voláteis (fixos), seja por perda de bicarbonato para o meio externo. De forma oposta, a alcalose metabólica decorre do aumento dos níveis plasmáticos de bicarbonato, em consequência ao acúmulo de bases ou à perda de H^+ proveniente de ácidos não voláteis (fixos).

A acidemia respiratória decorre do acúmulo de CO_2 no plasma, devido à diminuição da ventilação alveolar. Tal acúmulo de CO_2 aumenta os níveis de ácido carbônico, liberando H^+ no plasma. De forma oposta, a alcalose respiratória decorre da queda do CO_2 plasmático, devido à hiperventilação alveolar. A redução do CO_2 plasmático estimula o consumo de H^+ plasmático (Figura 18.2).

O organismo responde aos distúrbios acidobásicos com uma resposta compensatória. Os distúrbios metabólicos são parcialmente compensados por alterações da ventilação alveolar. O arco aórtico (e os seios carotídeos) possuem sensores de pH, os quais estimulam neurônios ligados ao centro da respiração bulbar perante uma queda ou um aumento do pH. No primeiro caso, o estímulo aos sensores promove hiperventilação alveolar. Já o aumento do pH plasmático inibe (deixa de estimular) tais sensores, promovendo hipoventilação alveolar. Em relação aos distúrbios respiratórios crônicos, existe uma resposta compensatória renal, a qual atinge eficácia máxima após alguns dias, ao contrário da compensação ventilatória, que atinge tal eficácia após alguns minutos.

Acidose respiratória

A acidose respiratória ou hipercapnia primária é o distúrbio iniciado pelo aumento da $PaCO_2$ e acarreta a acidificação dos fluidos corporais. A hipercapnia leva a aumentos adaptativos da concentração de HCO_3^- plasmático, podendo ser vista como parte integrante da acidose respiratória. Tal adaptação aguda ocorre em 5 a 10 min do início da hipercapnia, e é originada exclusivamente de frações ácidas de tampões não bicarbonados do corpo (hemoglobina, proteínas intracelulares, e fosfato e, em menor extensão, proteínas plasmáticas). Caso a

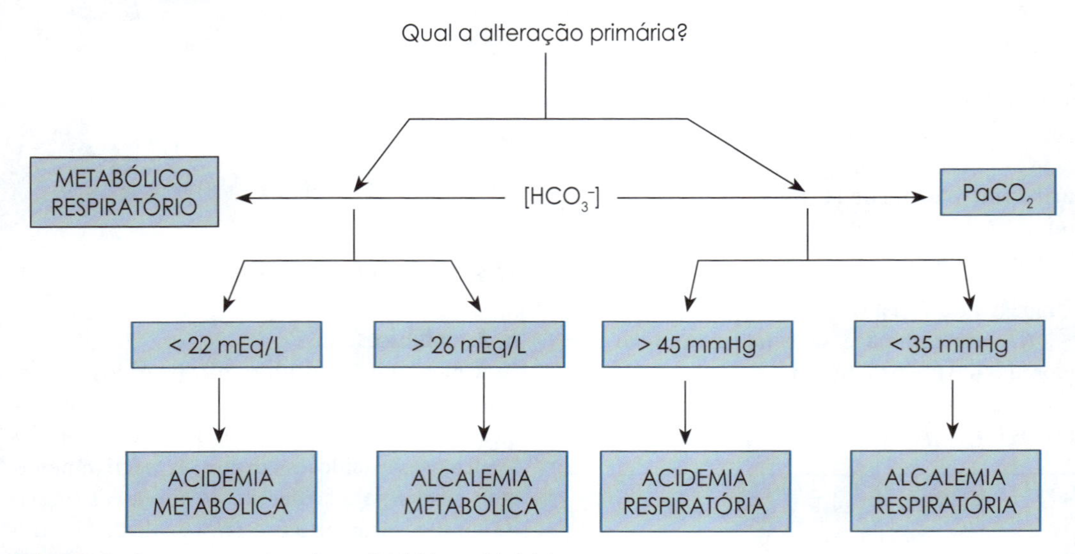

FIGURA 18.2 – Esquema mostrando os distúrbios acidobásicos.

hipercapnia seja mantida, a compensação renal amplifica o aumento secundário do bicarbonato plasmático, melhorando a acidemia resultante. Porém, essa adaptação crônica requer de três a cinco dias para se completar e reflete uma nova geração de bicarbonato pelos rins (uma geração de NOVO bicarbonato pelos rins), como resultado de uma regulação positiva da acidificação renal (Tabela 18.2).

Em relação ao manejo da acidose respiratória aguda, deve-se primeiramente assegurar a permeabilidade das vias aéreas e promover uma mistura rica em oxigênio. Já o tratamento da hipercapnia crônica é mais conservador, devido à grande dificuldade encontrada no desmame desses pacientes. Nos pacientes com doença pulmonar obstrutiva crônica, por exemplo, não está indicada a normalização da saturação periférica de oxigênio através do fornecimento de altos fluxos de O_2 a 100%. Antes, deve-se mantê-lo com Sp02 em torno de 90% às custas de baixos fluxos de misturas gasosas com O_2.

Alcalose respiratória

A alcalose respiratória ou hipocapnia primária é o distúrbio acidobásico iniciado pela diminuição da $PaCO_2$ e acarreta a alcalinização dos fluidos corporais. A hipocapnia primária promove decréscimos adaptativos na concentração de bicarbonato plasmático. Essa adaptação aguda ocorre dentro de um período de 5 a 10 minutos do início da hipocapnia, e é explicada principalmente por frações alcalinas de tampões não bicarbonados do corpo. Em menor exten-

Tabela 18.2 – Esquema exemplificando os determinantes e as causas da retenção de CO_2

Determinantes e causas da retenção de CO_2	
Bomba Respiratória	
Depressão do *drive* central • Agudas – Anestesia geral, *overdose* por sedativos, traumas cranianos, AVC, edema cerebral, tumor cerebral, encefalites, entre outros • Crônica – *Overdose* por sedativos, tumor cerebral, hipotireoidismo, poliomielite bulbar, entre outros **Disfunções musculares** • Agudas – Hipercalemia, hipoperfusão, hipoxemia, má nutrição, entre outras • Crônicas – Doenças miopáticas	**Transmissão neuromuscular anormal** • Agudas – Síndrome de Guillain-Barré, estado epiléptico, botulismo, tétano, crises de miastenia grave, miopatiahipocalêmica, drogas ou agentes tóxicos (curare, succinilcolina, aminoglicosídeos, organofosforados), entre outros • Crônica – Poliomielite, esclerose múltipla, distrofia múltipla, paralisia do diafragma, entre outras
Carga	
Aumento da demanda ventilatória • Dieta rica em carboidratos, sepse, tromboembolismo pulmonar, embolia pulmonar, hipovolemia **Aumento agudo da resistência ao fluxo aéreo** • Obstrução das VA superiores e inferiores **Aumento crônico da resistência ao fluxo aéreo** • Obstrução das VA superiores e inferiores	**Alterações pulmonares** • Agudas – Pneumonia bilateral severa, SARA, edema pulmonar severo, atelectasias, broncopneumonia • Crônicas – Pneumonite crônica severa **Alterações da parede torácica** • Fraturas, pneumotórax, hemotórax, ascite, obesidade, fibrotórax, hidrotórax

são, essa adaptação aguda reflete a produção aumentada de ácidos orgânicos, notadamente ácido lático. Quando a hipercapnia é mantida, o ajuste renal causa uma diminuição adicional do bicarbonato plasmático, melhorando a alcalemia. Tal adaptação crônica conclui-se em 2 a 3 dias e reflete a retenção de íons H^+ pelos rins, resultante da acidificação renal (Figura 18.3).

A alcalose respiratória é o distúrbio acidobásico mais frequente, ocorrendo na gestação normal e em moradores de grandes altitudes. Dentre as causas patológicas, há situações hipoxêmicas, doenças do SNC, estimulação ventilatória farmacológica ou hormonal, falha hepática, sepse, ansiedade e outras causas. A hipocapnia primária é particularmente comum entre os enfermos graves, ocorrendo tanto como um distúrbio simples, quanto como um componente de distúrbios mistos. Sua presença pode indicar mau prognóstico.

Como a alcalose respiratória apresenta pequeno risco à saúde, além de produzir pouco ou

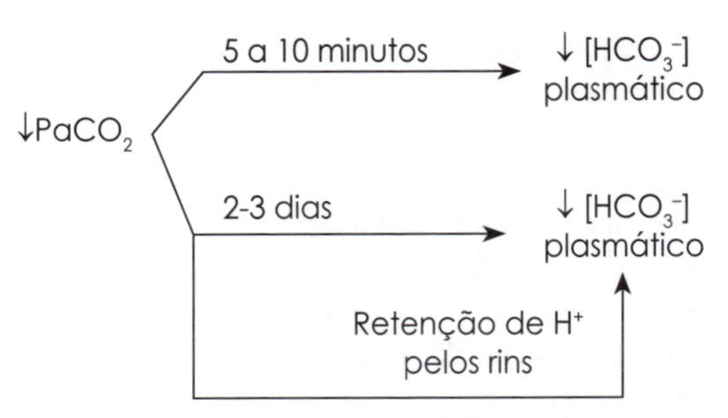

FIGURA 18.3 – Mecanismo de alcalemia respiratória.

nenhum sintoma, medidas para tratar esse distúrbio isoladamente não são requeridas. Porém, a alcalemia severa causada pela hipocapnia primária aguda requer medidas corretivas que dependem da presença de sérias manifestações clínicas (Figura 18.4).

Acidose/acidemia metabólica

A acidose metabólica é o distúrbio acidobásico iniciado pela diminuição na concentração de bicarbonato plasmático. A acidemia resultan-

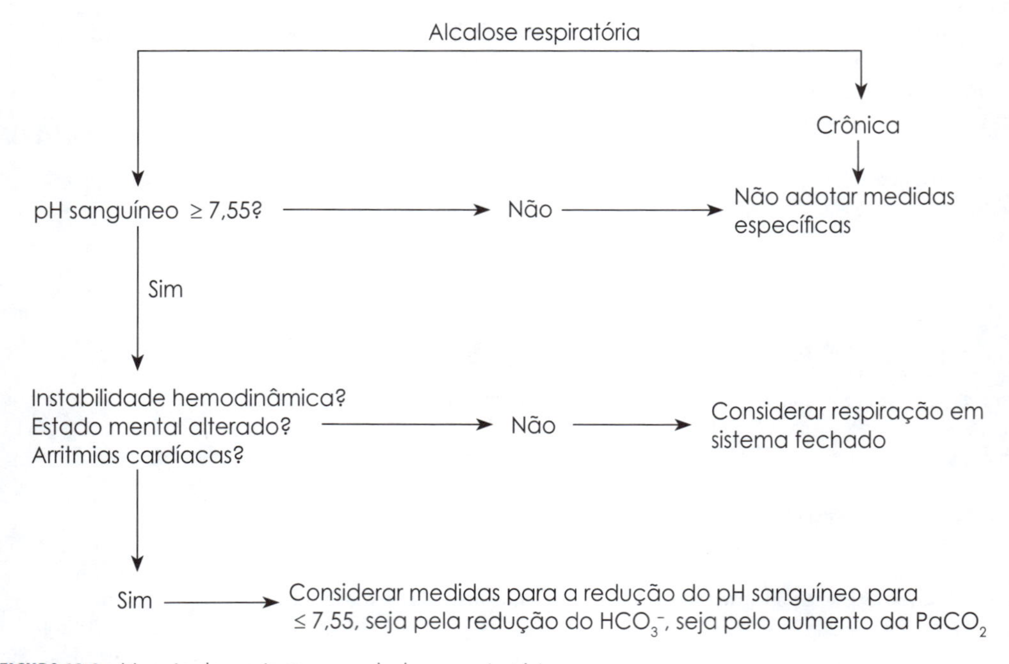

FIGURA 18.4 – Manejo do paciente com alcalose respiratória.

te estimula a ventilação alveolar e leva à hipocapnia secundária, característica desse distúrbio.

A avaliação dos valores do ânion-*gap* é um passo muito útil para se fazer o diagnóstico diferencial de uma acidose metabólica inexplicada. O ânion-*gap* plasmático é calculado como a diferença entre a concentração de sódio e a soma das concentrações de cloreto e bicarbonato. Sob circunstâncias normais, o ânion-*gap* plasmático é primariamente composto de proteínas plasmáticas com cargas negativas, predominantemente a albumina (Figura 18.5).

Quanto ao tratamento da acidose metabólica, essa deve ser individualizada conforme a causa. Sempre que possível, medidas causa-específicas precisam ser o centro do tratamento da acidose metabólica (Figura 18.6).

Alcalose Metabólica

A alcalose metabólica é um distúrbio acidobásico iniciado por um aumento na concentração plasmática de bicarbonato. A alcalemia resultante inibe a ventilação alveolar e leva a uma hipercapnia secundária, característica desse distúrbio.

Duas questões devem ser levantadas quando se investiga a patogênese de um caso de alcalose metabólica:

1. Qual a fonte do excesso de álcalis?
2. Quais perpetuam a hiperbicarbonatemia? (Figura 18.7)

Dentre as causas de alcalose metabólica, podemos citar: vômitos, fístula gástrica, diuréticos tiazídicos ou de alça, pós-hipercapnia crônica, hemotransfusão maciça, hipocalemia, hiperaldosteronismo, síndrome leite-álcali, administração de base exógena e baixa ingestão de cloreto.

O manejo efetivo da alcalose metabólica deve ser focado na eliminação ou diminuição do processo que gera o excesso de bases e na interrupção dos mecanismos que perpetuam a hiperbicarbonatemia. O tratamento da alcalose metabólica severa pode ser difícil em pacientes com disfunções renal ou cardíaca avançadas.

Diagnósticos dos distúrbios acidobásicos

A anamnese e o exame físico são uteis para suspeição da existência de um distúrbio acidobásico, além de ajudarem na determinação da causa, enquanto a gasometria arterial permite que o diagnóstico definitivo e a determinação do tipo de distúrbio sejam estabelecidos.

Por exemplo, um paciente que chega à emergência com vômitos intensos já há alguns dias e bradipneia, pode apresentar uma alcalose

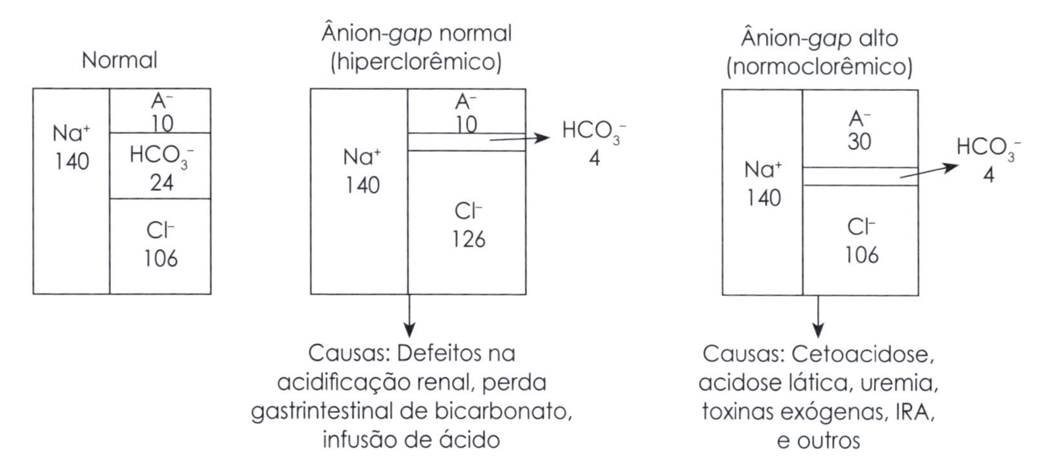

FIGURA 18.5 – Causas de acidose metabólica hiperclorêmica e normoclorêmica. *Legenda:* A- = Anion. Os valores são expressos em mEq/L.

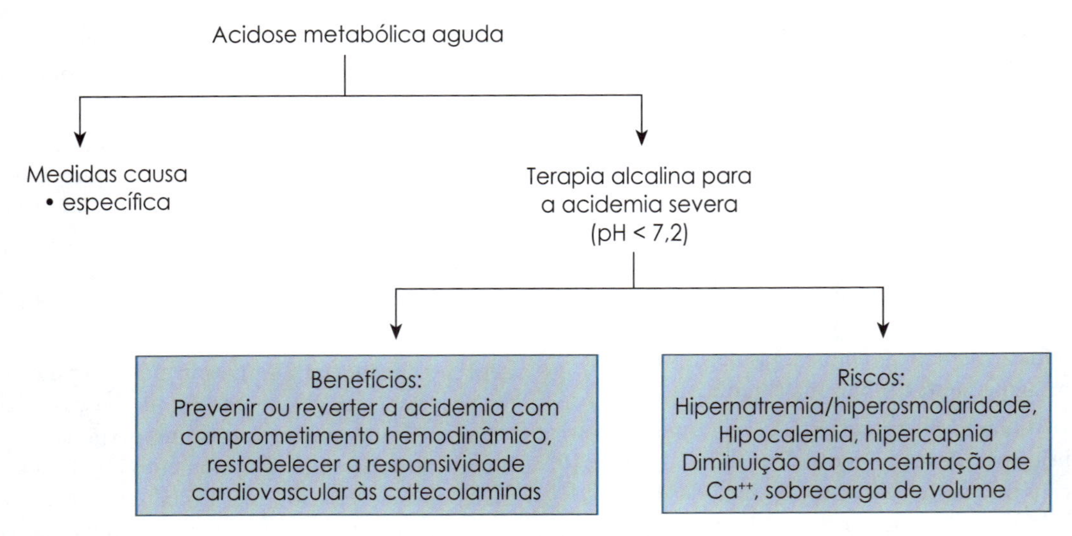

FIGURA 18.6 – Mecanismo terapêutico na acidemia metabólica aguda.

metabólica. A gasometria arterial será útil para confirmação da suspeita clínica levantada pelo exame físico e, é claro, poderá indicar outro distúrbio, modificando a conduta.

A gasometria é um exame que afere três parâmetros do sangue do paciente: o pH, a $PaCO_2$ e a PaO_2. A concentração sérica de bicarbonato (Bic) é calculada a partir do pH e da concentração de CO2 aferida através de algoritmos incluídos no *software* de processamento do gasômetro. Quando a amostra de sangue é arterial, a PaO2 é útil na avaliação da função respiratória. A seguir os valores de referência mais utilizados dos parâmetros acima:

Parâmetro	Valor de referência
pH	7,35-7,45
$PaCO_2$	35-45
PaO_2	75-100
Base Excess (BE)	−2 até 2
Bic atual	23-33
Bic padrão	21-27
Sat O_2	95-100%

Análise da gasometria arterial

A análise de uma gasometria arterial pode ser feita com o auxílio de um fluxo de 6 passos. Abaixo, veremos cada passo detalhadamente.

1º passo – analisar o significado do pH da gasometria

Isso permite identificar se há acidemia ou alcalemia. Acidemia, conforme dito previamente, dá-se quando o pH encontra-se abaixo de 7,35, o que denota um aumento anormal da concentração hidrogeniônica nos líquidos corporais. Enquanto isso, a alcalemia ocorre quando o pH encontra-se acima de 7,45, o que indica uma diminuição da concentração hidrogeniônica nos líquidos corporais.

2º passo - Analisar a $[HCO_3^-]$ e a $PaCO_2$ para definir um distúrbio primário

Tal análise permite identificar a presença de um distúrbio acidobásico que está alterando a [H+] no sangue, levando a acidemia ou alcalemia. Os processos que produzem hidrogênio e, por isso, tem potencial para reduzir o pH plas-

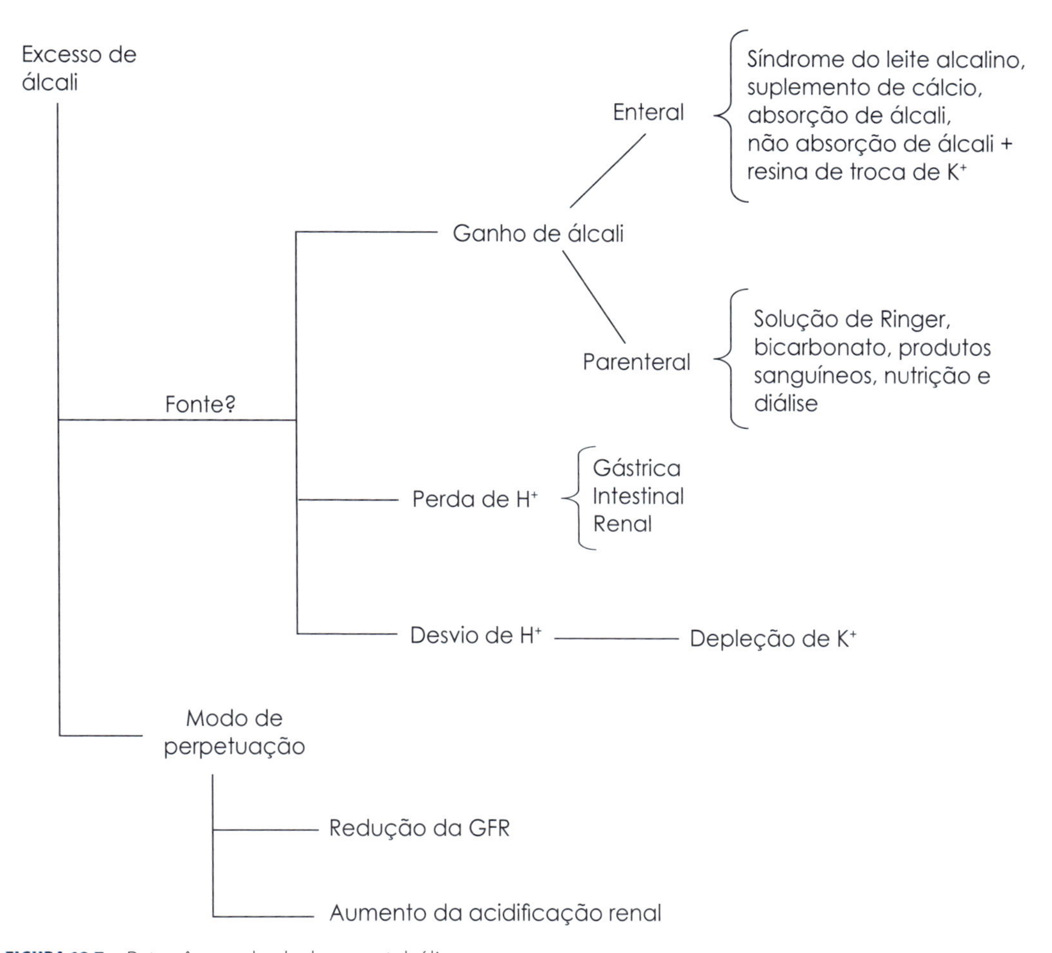

FIGURA 18.7 – Patogênese da alcalose metabólica.

mático são chamados de acidose. É importante compreender que o sufixo ***ose*** diz respeito ao processo patológico que tem potencial para alterar o pH. Por outro lado, os processos anormais que consomem hidrogênio e, por isso, tem potencial para elevar o pH plasmático são chamados de alcalose. Com isso, entende-se que os termos acidose e alcalose não podem ser chamados, respectivamente e de modo intercambiável, de acidemia e alcalemia, pois nem sempre um pH normal e, portanto, a ausência de uma acidemia e alcalemia, poderá excluir a presença de processos anormais que tem potencial para alterar a $[H^+]$ e, por conseguinte, o pH. Por exemplo, se um indivíduo apresenta, concomitantemente, uma acidose e uma alcalose, os efeitos de cada processo anular-se-ão mutuamente, fazendo com que o pH fique normal, sem acidemia e alcalemia, apesar de estarem presentes.

Primeiramente, neste segundo passo, deve-se observar a $PaCO_2$ e verificar se ela justifica a alteração de pH. Caso não, verifica-se, então, o bicarbonato. Caso a $PaCO_2$ alterada justifique a mudança de pH, o distúrbio é primariamente respiratório (acidose respiratória e alcalose respiratória). Por outro lado, caso o bicarbonato alterado justifique a mudança de pH, o distúrbio é primariamente metabólico (acidose metabólica e alcalose metabólica).

	Distúrbio Primário	BIC	$PaCO_2$	Compensação
Problema metabólico Altera [HCO_3^-]	Acidose metabólica	⇓	⇓	Hiperventilação pulmonar
	Alcalose metabólica	⇑	⇑	Hipoventilação pulmonar
Problema respiratório Altera $PaCO_2$	Acidose respiratória	⇔⇑	⇑	Retenção de Bic pelos rins
	Alcalose respiratória	⇔⇓	⇓	Perda de Bic pelos rins

Nota: Nos distúrbios respiratórios agudos, o bicarbonato encontra-se normal ou ligeiramente alterado. Quando cronificam, aí sim ele se altera verdadeiramente, denotando a compensação renal, que leva 2 a 5 dias para ocorrer apropriadamente.

3º passo - Analisar a presença da compensação e a sua adequabilidade

Os distúrbios respiratórios cursam com compensação renal. Como esta demanda leva 2 a 5 dias para alcançar máxima intensidade, processos respiratórios de curto prazo não alteram, a princípio, a concentração de bicarbonato sérico de maneira expressiva. Por isso, a acidose e a alcalose respiratórias são subdivididas em agudas e crônicas.

Em termos gasométricos, os distúrbios acidobásicos respiratórios são agudos quando, para cada variação de 10 mmHg da PaCO2, houver apenas 1 mEq/L de alteração do bicarbonato, claro, em relação aos valores de referência médios, que são de 40 mmHg e 24 mEq/L, respectivamente.

Os distúrbios acidobásicos respiratórios são crônicos quando, para variação de 10 mmHg da PaCO2, houver mudança de 4 mEq/L no bicarbonato. Essa maior diferença deve-se à compensação renal, que produz novo bicarbonato, elevando mais significativamente sua concentração nos fluídos corporais. Isto, inclusive, explica o porquê de o valor de pH encontrar-se próximo a faixa de normalidade nestes distúrbios respiratórios crônicos de longa data, como o que ocorre, por exemplo, no paciente com DPOC avançada compensado.

Vale destacar que na vigência de um distúrbio respiratório, é importante que se observe o bicarbonato padrão ou *standard* e não o bicarbonato real, tomando como apoio também o *base excess* (BE) ou excesso de base.

Tratando-se de uma acidose respiratória crônica, por exemplo, os rins já aumentaram a concentração sérica de bicarbonato, o que faz tanto o BE quanto o bicarbonato padrão estarem aumentados, o que não ocorre numa acidose respiratória aguda para o BE e o bicarbonato padrão, que se encontram normais. Entende-se que esta é a forma mais segura de diferenciar um distúrbio respiratório agudo de um crônico. Um cuidado, neste contexto, deve ser tomado com a análise do bicarbonato real. Este é aquele, de fato, medido pelo gasômetro. Mesmo no distúrbio respiratório agudo, ele pode encontrar-se bem elevado, o que poderia ser motivo de confusão. Isso ocorre, pois à medida que CO_2 é retido agudamente no organismo, a reação abaixo é deslocada no sentido de formação do bicarbonato, elevando a concentração sérica deste.

$$CO_2 + H_20 \leftrightarrow H_2CO_3 \leftrightarrow HCO_3^- + H^+$$

Observa-se, com isso, que este aumento se deveu ao deslocamento do equilíbrio para a direita ocasionado pela hipercapnia e não por um aumento de bicarbonato mediado pelos rins. Logo, isto não pode ser considerado como a compensação renal do distúrbio crônico. Sendo assim, ao avaliar a gasometria, o bicarbonato real é desconsiderado, tomando em conta especialmente o bicarbonato padrão, já que este corresponde ao bicarbonato corrigido para uma $PaCO_2$ de 40 mmHg, isto é, normal. De fato, se este estiver aumentado, não será pela hipercapnia, mas sim porque, verdadeiramente, os rins estão "trabalhando para isso".

Os distúrbios metabólicos cursam com compensação respiratória, a qual demanda segundos a poucos minutos para se estabelecer. O cálculo da PaCO2 esperada na acidose e na alcalose respiratória pode ser estimada por fórmulas específicas, que estão pontuadas na tabela abaixo (indicar número).

Compensação esperada - cálculos
Acidose metabólica
$PaCO_2$ esperada = 1,5 × $[HCO_3^-]$ + 8 ± 2 (Equação de Winter)
Alcalose metabólica
$PaCO_2$ esperada = 0,7 × (Bic – 24) + 40 ± 2
Acidose respiratória
a) Aguda: para cada $\Delta PaCO_2$ de 10 mmHg, espera-se um $\Delta[HCO_3^-]$ de 1 mEq/L
b) Crônica: para cada $\Delta PaCO_2$ de 10 mmHg, espera-se um $\Delta[HCO_3^-]$ de 4 mEq/L
Alcalose respiratória
a) Aguda: para cada $\Delta PaCO_2$ de 10 mmHg, espera-se um $\Delta[HCO_3^-]$ de 1 mEq/L
b) Crônica: para cada $\Delta PaCO_2$ de 10 mmHg, espera-se um $\Delta[HCO_3^-]$ de 4 mEq/L

Os valores foram simplificados nos distúrbios respiratórios. Mas, isto não compromete a análise.
Referência: Seifter J.L., Chang H.-Y. Disorders of Acid-Base Balance: New Perspectives. Kidney Dis 2016;2:170-186.

■ 4º passo - Calcular o hiato aniônico e classificar a acidose metabólica

O *anion gap* ou hiato aniônico diz respeito a diferença entre os cátions e ânions dos fluidos corporais. Ele pode ser calculado conforme abaixo:

$$AG = [Na] - [Cl] + [HCO_3].$$
VR: 12±4

O cálculo do *anion gap* será fundamental na vigência de uma acidose metabólica, pois permitirá classificá-la em dois grandes grupos: acidose metabólica com *anion gap* elevado, ou acidose metabólica com *anion gap normal.* Essa distinção ajuda a definir a provável etiologia do distúrbio acidobásico. As acidoses metabólicas com AG normal são também chamadas de hiperclorêmicas.

Como visto acima, o *anion gap* é a diferença entre o sódio sérico e os principais anions orgânicos medidos, no caso cloreto e bicarbonato. Sendo assim, quando há queda do bicarbonato não acompanhada de aumento proporcional de cloreto, o valor a ser subtraído do sódio será maior, tornando o *anion gap* elevado. Caso a queda do bicarbonato seja acompanhada de aumento proporcional de cloreto (hipercloremia), o valor a ser subtraído do sódio não se modificará e, portanto, o *anion gap* será normal.

Neste contexto, ainda convém recordar que a hipoalbuminemia pode, falsamente, tornar baixo o valor do *anion gap* normal, ou ainda normal o valor do *anion gap* elevado, induzindo uma incorreta classificação da acidose metabólica. Por isso, diante de suspeita de hipoalbuminemia, a dosagem de albumina deve ser solicitada em tempo próximo da coleta da gasometria e, idealmente, dosada em amostra da mesma coleta. De acordo com a albuminemia, o valor do AG pode ser corrigido. Para cada 1 g/dL de albumina abaixo do valor normal inferior, que é de 4 g/dL, o valor do AG calculado deve ser aumentado em 2,5.

Uma vez que uma acidose metabólica com anion gap normal foi identificada, deve-se calcular o *anion gap* urinário. O cálculo deste auxilia a diferenciação das acidoses hiperclorêmicas em dois grupos. Quando o valor do *anion gap* urinário é negativo, isto aponta para processos em que a acidificação urinária distal não está prejudicada. Quando o valor do *anion gap* urinário é positivo, isto aponta para processos em que a acidificação urinária distal está prejudicada. As acidoses por afecções gastrointestinais, hiper-hidratação com soluções salinas e acidose tubular proximal ou do tipo II, cursam com *anion gap* urinário negativo. Por outro lado, acidoses em que o túbulo distal é prejudicado, havendo prejuízo na secreção ácida pela célula intercalar alfa e célula principal, são as acidoses tubulares renais distal (tipo I), mista (tipo III) e tipo IV.

Na análise das alcaloses metabólicas, a dosagem do cloreto urinário pode auxiliar na identificação da causa. O cloreto urinário baixo, isto é, menor que 25 mEq/L, denota uma alcalose metabólica sensível ao cloreto. Nestes casos, a hidratação do paciente com uma solução salina pode corrigir o distúrbio AB. Por outro lado, se o cloreto urinário é alto, ou seja, maior que 40 mEq/L, isso significa que a acidose metabólica é resistente ao cloreto. Nestes casos, a hidratação do paciente não é útil na correção do distúrbio AB. Vale lembrar que, antes de analisar uma alcalose metabólica de acordo com o cloreto urinário, deve-se descartar como causa vômitos frequentes e o uso inadvertido de diuréticos, especialmente os de alça, como furosemida.

Dentre as causas de acidose metabólica com cloreto urinário elevado, temos as síndromes de Gitelman e Bartter, e o hiperaldosteronismo. Nestas condições, a hidratação com solução rica em cloreto (NaCl ou KCl), não corrigirá a alcalose metabólica. Clinicamente, é possível diferenciá-las pelos níveis pressóricos. Normalmente, no hiperaldosteronismo, o paciente apresenta hipertensão arterial sistêmica de difícil controle (secundária).

Nos casos das síndromes de Gitelman e Bartter, os níveis pressóricos encontram-se normais ou ligeiramente diminuídos, tendendo a hipotensão (Figura 18.8).

5º passo - Análise do Δgap

Este passo, assim como o anterior, também é mais útil nas acidoses metabólicas, especialmente naquelas com *anion gap* elevado, quando desejamos identificar a presença de um terceiro distúrbio (há, portanto, já definido, pelos passos anteriores, uma acidose metabólica com *anion gap elevado* e um distúrbio respiratório).

O Δgap diz respeito a diferença entre o ΔAG e o $\Delta[HCO_3]$. O ΔAG corresponde a diferença entre o anion gap calculado e o valor de referên-

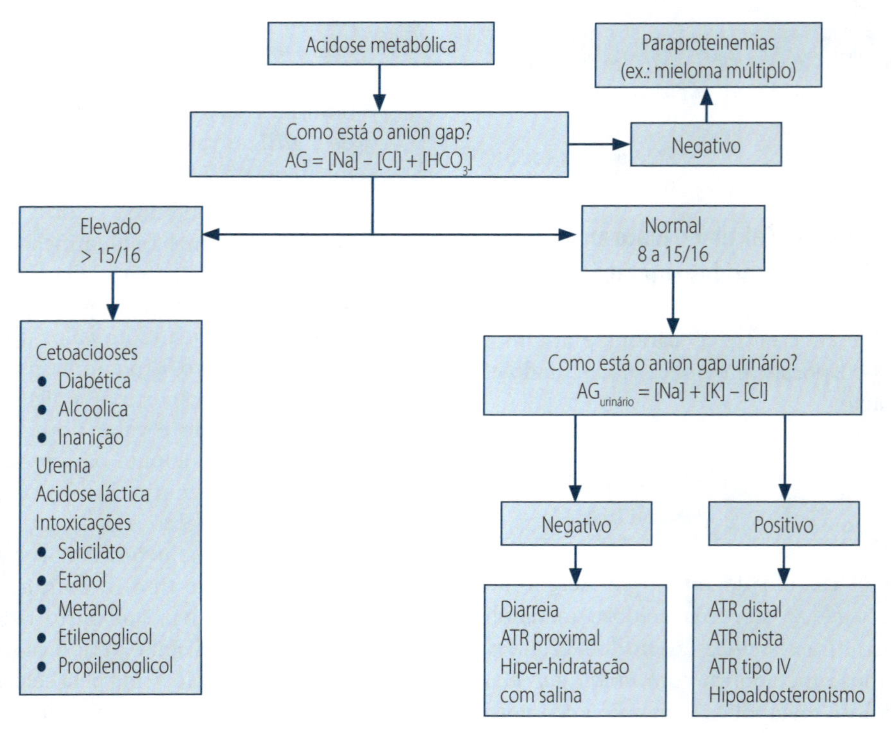

FIGURA 18.8 – Análise das acidoses metabólicas pelo cálculo do ânion-*gap*.

cia médio do *anion gap*, que é 12. O $\Delta[HCO_3]$, por sua vez, corresponde a diferença entre a $[HCO_3]$ calculada e o valor de referência médio do bicarbonato, que é 24 mEq/L.

$$\Delta gap = \Delta AG - \Delta[HCO_3]$$

O Δgap entre -5 e 5 indica que um terceiro distúrbio é improvável. Um Δgap abaixo de -5 sugere que uma acidose metabólica hiperclorêmica também está presente (NAG). Um Δgap maior que 5 sugere que uma alcalose metabólica também está presente. Um cuidado dever ser tomado, porém, se antes de calcular o Δgap, a acidose com *anion gap* elevado for de etiologia láctica (Figura 18.9). Neste caso, a fórmula do Δgap deve ser a seguinte:

$$0{,}6 \times \Delta AG - \Delta[HCO_3]$$

Essa variação, específica para esta causa de acidose, deve-se ao fato de, na vigência de hiperlactinemia, a variação do *anion gap* não ser proporcional a do bicarbonato. Como esta relação não é 1:1, sugerimos o acréscimo na fórmula. Acredita-se que não há a proporção, como nas cetoacidoses, pois a depuração do lactado pelos rins não é tão rápida quanto dos corpos cetônicos, fazendo com que o seu espaço de distribuição seja mais elevado.

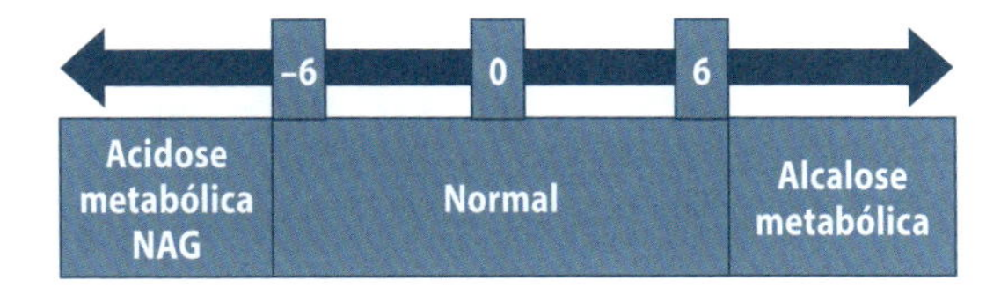

FIGURA 18.8 – Análise do Δ*gap*.

■ 6º passo - Análise do gap osmolar

Este passo, assim como os dois anteriores, também é mais útil no caso de uma acidose metabólica, especialmente naquela com *anion gap* elevado, quando suspeitamos que a causa se trata de uma intoxicação com elementos osmoticamente ativos.

O gap osmolar corresponde a diferença entre a osmolaridade medida e a calculada, conforme a equação a seguir indica:

$$\text{Gap osmolar} = \text{osmolaridade medida} - \text{osmolaridade calculada}$$

A osmolaridade sérica medida pode ser obtida por medida direta de um osmômetro, enquanto a calculada pode ser estimada por outra fórmula, a qual segue abaixo:

$$P_{Osm} = 2[Na] + [glicose]/18 + [ureia]/6$$

Aceitamos como valor de referência um gap osmolar de até 10 mOs/Kg, uma diferença pequena. Isso porque não há, além dos elementos usados no cálculo da osmolaridade estimada, uma quantidade expressiva de outros elementos osmoticamente ativos que são desconsiderados no cálculo. Se esta diferença (o gap osmolar) for maior que 10 mOs/Kg, deve-se suspeitar que há uma substância osmoticamente ativa em quantidade anormal no sangue e que esta pode ser a causa do distúrbio metabólico vigente. A literatura conjuntamente denomina tais substância de alcoóis tóxicos. São eles: metanol, propilenoglicol, etilenoglicol, dietilenoglicol e isopropanol.

Inicialmente, nas intoxicações com estes elementos, há um aumento do gap osmolar marcante. A medida que sofrem metabolização pelas enzimas álcool e aldeído desidrogenases hepáticas, gerando metabólitos ácidos, podem provocar uma acidose metabólica com *anion gap* elevado, conforme a Figura 18.10 demonstra. Vale ressaltar que a intoxicação com etilenoglicol cursa com cristais de oxalato de cálcio na urina, o que pode ajudar na identificação desta causa de intoxicação (Figura 18.11).

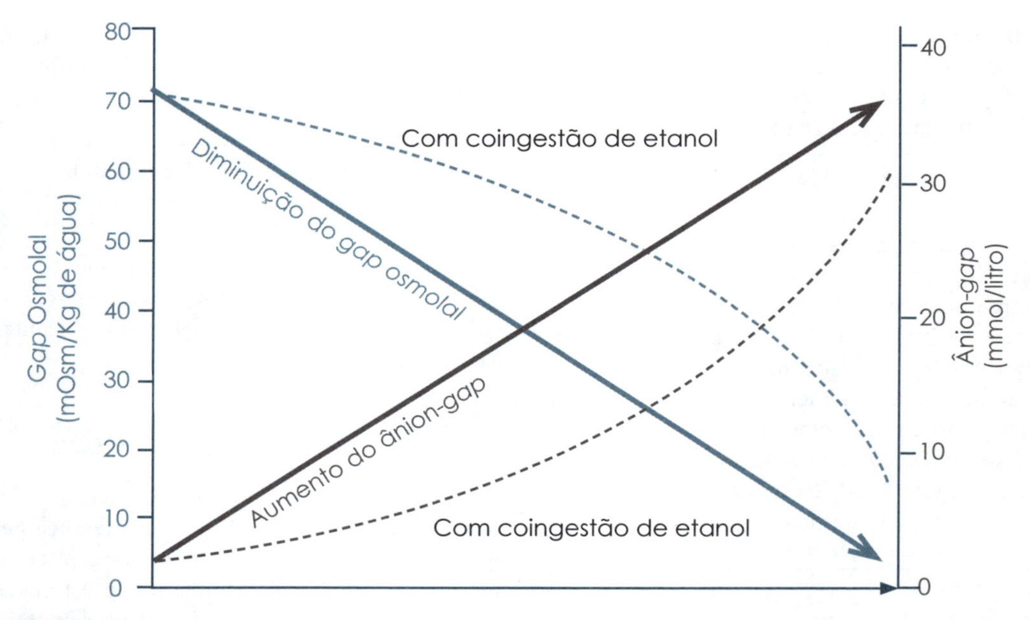

FIGURA 18.10 – Intoxicação por Etanol. Referência: Adaptado de: Jeffrey A. Kraut, M.D., and Michael E. Mullins, M.D. Toxic Alcohols. NEJM, 2018.

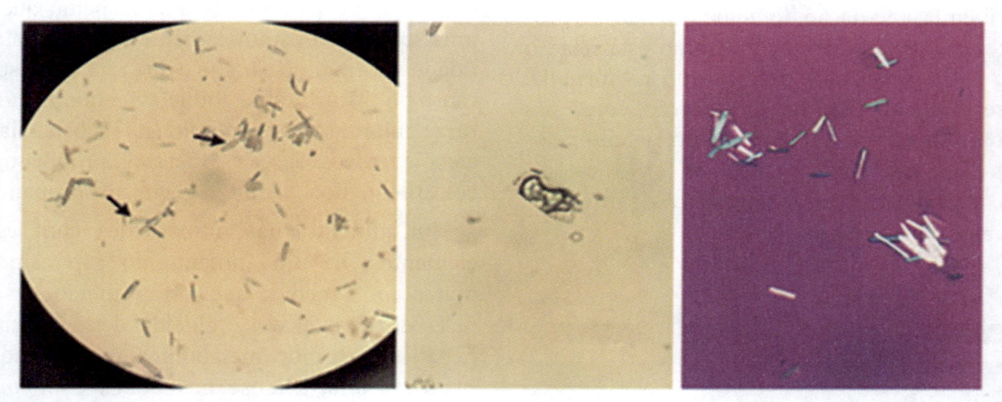

FIGURA 18.11 – Cristais de oxalato de cálcio na urina de paciente intoxicado com etilenoglicol. Referência: Chana A. Sacks, M.D., Editor. NEJM, 2017.

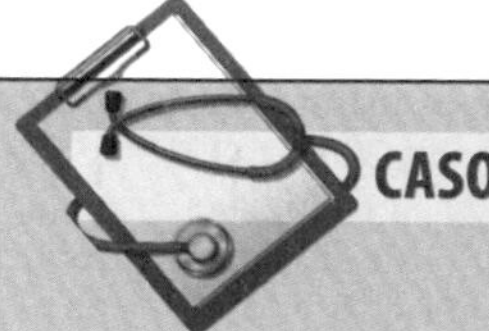

CASOS CLÍNICOS

A seguir, disponibilizamos 5 casos clínicos em que aplicamos os passos acima discutidos de análise da gasometria arterial. A resolução segue ao final. Logo, recomendamos que, primeiramente, o leitor tente aplicar o cada passo nos casos e, só depois, consulte a resolução ao final. Nem sempre todos os passos serão viáveis de serem aplicados por falta de dados eventuais.

■ Caso 1

Paciente idosa é internada com quadro de embotamento do sensório e suspeita de broncoaspiração. Além disso, apresentava instabilidade hemodinâmica (hipotensão e taquicardia). Previamente hipertensa e com Alzheimer. A gasometria arterial de admissão dela segue abaixo:

Na^+: 143 mEq/L

Cl^-: 102 mEq/L

Lactato sérico elevado

pH: 7,22/ $PaCO_2$: 40 mmHg/ PaO_2:23 mmHg/ HCO_3^-:16,4 mEq/L/ BE: -10,6

■ Caso 2

Uma mulher de 22 anos sofreu um acidente e recebeu 6 litros de salina isotônita. Após isto, o nível de sódio era de 136 mEq/L, potássio 3,8 mEq/L, Cloreto 115 mEq/L e Bic 18 mEq/L. Gasometria: pH de 7,28 e $PaCO_2$ de 39 mmHg. Na urinário de 65 mEq/L, potássio de 15 mEq/L e Cloreto 110 mEq/L.

■ Caso 3

Uma mulher de 50 anos com hipertensão de início recente apresenta sódio sérico de 150 mEq/L, potássio de 2,2 mEq/L, cloreto de 103 mEq/L e BIC de 32 mEq/L. O pH arterial era de 7,5, a $PaCO_2$ 43 mmHg. Essa paciente foi diagnosticada com um adenoma adrenal hipersecretor de aldosterona.

■ Caso 4

Um homem de 22 anos previamente hígido, evolui com diarreia aquosa de grande volume em vista de gastroenterite. Na de 140 mEq/L, potássio de 3 mEq/L, cloreto de 86 mEq/L, e bicarbonato de 38 mEq/L. O pH do sangue arterial foi 7,6, e a $PaCO_2$ de 40 mmHg.

■ Caso 5

Um homem de 80 anos com uma história de uso crônico de álcool apresenta-se na emergência com alteração do estado mental após queda em casa. Ele estava sonolento e incapaz de informar qualquer história. Creatinina de 2.4 mg/dL; bicarbonato de 9 mmol/L; *anion gap* de 26 mmol por litro, e osmolaridade sérica de 357 mOsm/kg (valor de referência 275 a 295), com um presentes nos sedimentos da urina.

- Referências dos casos 2 a 4: Kenrick Berend et al. Physiological Approach to Assessment of Acid–Base Disturbances. N Engl J Med 2014;371:1434-1445.
- Referência do caso 5: Mohamad Hanouneh, Teresa K. Chen. Calcium Oxalate Crystals in Ethylene Glycol Toxicity. N Engl J Med 2017; 377:146.

Bibliografia consultada

1. Adrouju HJ, Madias NE. Management of Life-threatening acid-base disorders. The New England Journal of Medicine, 1988; p. 26-34.
2. Brenner BM, Rector FC. The Kidney. 7a ed. Washington: W.B. Saunders Company, 2004; p. 921-996.
3. Fauci AS et al. Harrison Medicina Interna. 14a ed. Rio de Janeiro: McGraw-Hill Interamericana do Brasil Ltda, 1998; p. 296-302.
4. Ford MD et al. Clinical Toxicology. 1a ed. Washington: W.B. Saunders Company, 2001; p. 98-100.
5. Goldman L, Bennett JC. Cecil Textbook of Medicine. 21a ed. Philadelphia: W.B. Saunders Company, 2000; p. 540-567.
6. Kurtzman NA et al. Clínicas Médicas da América do Norte. 1a ed. Rio de Janeiro: Interamericana Ltda, 1983; p. 793-821.
7. Malnic G, Marcondes M. Fisiologia Renal. 2a ed. São Paulo: E.P.V., 1983; p. 213-250.
8. Marini JJ, Wheller AP. Terapia Intensiva – O essencial. 2a ed. São Paulo: Editora Manole Ltda, 1999; p. 209-222.
9. Marx JA et al. Rosen's Emergency Medicine: Concepts and Clinical Practice. 5a ed. St. Louis: Mosby, 2002; p. 1714-1723.
10. Murray JF et al. Textbook of Respiratory Medicine. 3a ed. Philadelphia: W. B. Saunders Company, 2000; p. 155-163.
11. Noble J et al. Textbook of Primare Care Medicine. 3a ed. St. Louis: Mosby, 2001; p. 1352-1358.
12. Riella MC. Princípios de Nefrologia e Distúrbios Hidroeletrolíticos. 3a ed. Rio de Janeiro: Guanabara Koogan, 1996; p. 111-128.
13. Zatz R. Fisiopatologia Renal. 2a ed. São Paulo: Atheneu, 2002; p. 209-244.
14. Kenrick Berend et al. Physiological Approach to Assessment of Acid–Base Disturbances. N Engl J Med 2014;371:1434-1445.
15. Julian L. Seifter. Integration of Acid–Base and Electrolyte Disorders. N Engl J Med 2014; 371:1821-1831.
16. Jeffrey A. Kraut,, Nicolaos E. Madias. Lactic Acidosis. N Engl J Med 2014; 371:2309-2319.
17. Jeffrey A. Kraut, Nicolaos E. Madias. Serum Anion Gap: Its Uses and Limitations in Clinical Medicine. Clin J Am Soc Nephrol 2: 162–174, 2007.
18. Ana Paula de Carvalho Panzeri Carlotti. Clinical approach to acid-base disorders.
19. Seifter J.L., Chang H.-Y. Disorders of Acid--Base Balance: New Perspectives. Kidney Dis 2016;2:170-186.
20. Jean-Louis Vincent, Daniel De Backer. Circulatory Shock . N Engl J Med 2013; 369:1726-1734
21. Mohamad Hanouneh, Teresa K. Chen. Calcium Oxalate Crystals in Ethylene Glycol Toxicity. N Engl J Med 2017; 377:146.
22. Jeffrey A. Kraut, M.D., and Michael E. Mullins, M.D. Toxic Alcohols. N Engl J Med 2018;378:270-80.

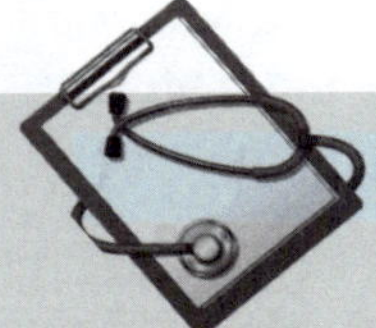

DISCUSSÃO DOS CASOS CLÍNICOS

Caso 1

1) Laudo da gasometria arterial.

1. Análise do pH: Acidemia.
2. Análise da $PaCO_2$ e $[HCO_3^-]$: Acidose metabólica. A $PaCO_2$ encontra-se dentro dos valores de referência e, portanto, não justifica primariamente a acidemia. Sendo assim, devemos observar a $[HCO_3^-]$. Como esta encontra-se reduzida, justifica a acidemia e, portanto, há uma acidose metabólica.
3. Análise da compensação: como o distúrbio primário é a acidose metabólica, a compensação esperada é respiratória. Ou seja, os pulmões devem hiperventilar, eliminando CO_2 e diminuindo, por conseguinte, a $PaCO_2$ do sangue, numa tentativa de prevenir queda acentuada do pH sanguíneo. Felizmente, podemos calcular a $PaCO_2$ esperada com a equação de Winter. A $PaCO_2$ esperada $= 1{,}5 \times [HCO_3^-] + 8 \pm 2$. Neste

caso, esperaríamos, para esta acidose metabólica, uma $PaCO_2$ variando entre 30,6 e 34,6 mmHg. Isto significa que os pulmões deveriam hiperventilar ao ponto de reduzir a $PaCO_2$ do sangue arterial até esta faixa de valores. Porém, a gasometria demonstra uma $PaCO_2$ de 40 mmHg, isto é, acima da esperada. Isto indica que os pulmões estão hipoventilando, em termos relativos, retendo CO_2. Logo, há, concomitantemente, uma acidose respiratória.

4. Análise do anion *gap*: elevado. AG = [Na] – $[HCO_3^-]$ + [Cl] = 24,6. Logo, trata-se de uma acidose metabólica com anion *gap* elevado associada a uma acidose respiratória. A causa desta acidose metabólica provavelmente é a hiperlactinemia secundária a choque séptico de foco pulmonar.
5. Análise do Δ*gap*. $\Delta gap = 0{,}6 \times \Delta AG - \Delta[HCO_3^-] \rightarrow \Delta gap = 0{,}6 \times (24{,}6 - 12) - (24 - 16{,}4) \rightarrow \Delta gap = 7{,}56 - 7{,}6 = 0{,}04$. Isto quer dizer que não há provavelmente um terceiro distúrbio AB presente. Esta paciente estava sendo hidratada com ringer lactato e não com salina 0,9%, o que corrobora com a ausência de uma acidose hiperclorêmica concomitantemente.
6. O cálculo do *gap* osmolar não se aplica neste caso.

- Laudo final

Acidose metabólica com anion *gap* elevado associada a acidose respiratória e hipoxemia arterial.

2) Etiologia dos distúrbios AB presentes de acordo com história

A broncoaspiração ocasionou uma pneumonite química que, secundariamente, evoluiu com pneumonia. A infecção pulmonar, no contexto, progrediu para um infecção sistêmica, que desencadeou um quadro de sepse. A sepse é, por si só, causa de má perfusão tecidual em vista de vasodilatação periférica associada a hipotensão, o que ocasiona hipóxia tecidual e, por conseguinte, acidose láctica. A pneumonia piora a ventilação de áreas pulmonares perfundidas, criando um *shunt* fisiológico. Além disso, mesmo que a ventilação de algumas unidades alveolares na área de condensação pneumônica não esteja impedida, o espessamento da barreira hemato-aérea alveolar prejudica a difusão do O_2. O *shunt* fisiológico associado ao espessamento por conta de exsudado levam a hipoxemia arterial, conforme observamos na gasometria. Além disso, considerando que a paciente se trata de uma idoso, com síndrome demencial prévia e que rebaixa o nível de consciência, espera-se que o drive ventilatório esteja suprimido, o que culmina em hipopneia e hipoventilação alveolar. A hipoventilação alveolar, além de prejudicar a oxigenação do sangue e, consequentemente, contribuir para a hipóxia arterial, prejudica a remoção de CO_2 do sangue, o qual acumula-se, levando a hipercapnia e acidose respiratória.

3) Como tratá-la para correção dos distúrbios AB?

O tratamento de um distúrbio AB passa, primeiramente, pela noção de que ele apresenta um causa e, por isso, se esta for solucionada ou ao menos atenuada, o distúrbio poderá ser corrigido. No caso, os distúrbios, a princípio, decorrem de uma pneumonia secundária a broncoaspiração e sepse de foco pulmonar. O tratamento padrão ouro consiste, portanto, em hidratar a paciente e iniciar precocemente uma adequada antibioticoterapia empírica de amplo espectro direcionada aos principais germes do foco presuntivo. Eventualmente, pode ser necessária a IOT dela, pois encontra-se com embotamento expressivo do sensório. Outras condutas mais específicas poderão ser tomadas, como corticoterapia em vista da pneumonite química, uso de drogas vasoativas se houver hipotensão refratária a reanimação volêmica adequada ou hiperlactinemia refratária. O uso de bicarbonato não demonstra, na literatura, evidências de benefício. Ainda assim, está indicado em situações extremas, quando os valores de pH e bicarbonato aproximam-se de faixas incompatíveis com a vida (pH < 7,15 e Bic < 10 mEq/L). Alguns autores, porém, só recomendam o bicarbonato se o pH estiver abaixo de 6,9. Há muitas divergências em relação a esta conduta e, cada caso, deve ser avaliado individualmente com parcimônia clínica.

Caso 2 - Resolução

1) Laudo da gasometria arterial

1. Analisar pH: Acidemia.
2. Observar Bic e $PaCO_2$: Acidose metabólica. A $PaCO_2$ encontra-se dentro dos valores de referência e, portanto, não justifica primariamente a acidemia. Sendo assim, devemos observar a $[HCO_3^-]$. Como esta encontra-se reduzida, justifica a acidemia e, portanto, há uma acidose metabólica.
3. Cálculo da compensação: Como o distúrbio primário é a acidose metabólica, a compensação esperada é respiratória. Ou seja, os pulmões devem hiperventilar, eliminando CO_2 e diminuindo, por conseguinte, a $PaCO_2$ do sangue, numa tentativa de prevenir queda acentuada do pH sanguíneo. Felizmente, podemos calcular a $PaCO_2$ esperada com a equação de Winter, onde $1,5\ (18) + 8 = 35 \pm 2$ (retenção de CO_2). Neste caso, esperaríamos, para esta acidose metabólica, uma $PaCO_2$ variando entre 33 e 37 mmHg. Isto significa que os pulmões deveriam hiperventilar ao ponto de reduzir a $PaCO_2$ do sangue arterial até esta faixa de valores. Porém, a gasometria demonstra uma $PaCO_2$ de 40 mmHg, isto é, acima da esperada. Isto indica que os pulmões estão hipoventilando, em termos relativos, retendo CO_2. Logo, há, concomitantemente, uma acidose respiratória.
4. Cálculo do *anion gap*: $136 - (18 + 115) = 3$ (baixo). Logo, trata-se de uma acidose metabólica com anion *gap* baixo. Neste caso, devemos avaliar a presença de hipoalbuminemia para corrigir este valor. No contexto da paciente, hemorragia e hemodiluição secundária a hiper-hidratação poderiam justificar hipoalbuminemia. Digamos que ela apresentava uma albumina de 2,0 g/dL. Neste caso, deveríamos acrescentar ao valor calculado do anion *gap* 5 unidades, 2,5 para cada 1g/dL de albumina abaixo do valor mínimo de referência, que é de 4g/dL. Assim sendo, o anion *gap* corrigido pela albumina seria de 8, estando normal.
5. Trata-se, por fim, de uma acidose metabólica de anion *gap* normal associada a uma acidose respiratória. A etiologia desta acidose, provavelmente, é a hiper-hidratação com salina 0,9% (ela recebeu 6 litros da solução). O mecanismo desta acidose é a bicarbonatúria. Ou seja, o aumento da cargas negativas na forma de cloreto leva a perda de cargas negativas pelos rins na forma de bicarbonato, para que a eletroneutralidade dos líquidos corporais seja mantida. Um recurso que nos ajuda a confir-

mar esta causa da acidose metabólica seria através do cálculo de *anion gap* urinário. No caso, $AG_{urinário}$ = 65 + 15 – 110 = – 30. O *anion gap* urinário negativo corrobora com a sugestão de que é a hiper-hidratação com soro fisiológico a causa da acidose metabólica com anion gap normal.

6. Δ*gap*: 12 – (24 – 18) = 6 (normal). Isto quer dizer que não há provavelmente um terceiro distúrbio AB presente.
7. Cálculo do *gap* osmolar: Não se aplica neste caso.

- Laudo final

Acidose metabólica com anion *gap* normal associada a acidose respiratória.

2) Etiologia dos distúrbios AB presentes de acordo com história

A paciente sofreu um acidente automobilístico e, possivelmente, evoluiu com hemorragia traumática. Neste caso, a perda de sangue, ao reduzir o volume intravascular, leva a hipotensão e a um estado de má perfusão tecidual generalizado, com consequente hipóxia tecidual, conhecido como choque hipovolêmico. A hipóxia tecidual e a disfunção mitocondrial decorrente da má perfusão tecidual e produção de metabólitos tóxicos, gera prejuízo na respiração aeróbica. Os tecidos, com isto, passam a realizar fermentação láctica. O ácido láctico, a medida que se acumula no sangue, reduz o pH às custas do consumo de bicarbonato e, portanto, causa uma acidose metabólica. A compensação esperada é a hiperventilação pulmonar. A própria acidemia plasmática estimula os quimiorreceptores centrais que levam esta informação ao centro respiratório, onde é processada. A resposta é a intensificação do *drive* ventilatório, com aumento da frequência respiratória e da amplitude dos ciclos respiratórios. Isto resulta em hiperventilação e otimiza a eliminação de CO_2, o que diminui a $PaCO_2$. A queda da $PaCO_2$ consome íons hidrogênio e evita que o pH caia para níveis catastróficos. No entanto, o trauma associado ao acidente também causou algo que limita a hiperventilação da paciente. Pode ser uma fratura de costela causando dor intensa ou até mesmo uma contusão pulmonar.

3) Como tratá-la para correção dos distúrbios AB?

O tratamento visa, a princípio, corrigir a causa do distúrbio. Tratando-se de um choque hipovolêmico, deve-se (1) estabilizar o foco de sangramento, (2) hidratar abundantemente por via intravenosa, (3) considerar sangue se a perda é muito expressiva e, em alguns casos, o (4) uso de drogas vasopressoras pode ser cogitado, caso as medidas iniciais de reanimação não garantam a estabilidade hemodinâmica.

■ Caso 3 – Resolução

1. Analisar pH: Alcalemia.
2. Observar Bic e $PaCO_2$: Alcalose metabólica. Olhemos, primeiramente, para a $PaCO_2$. Ela justifica, primariamente, o pH? No caso, não, pois encontra-se dentro dos valores de referência. Neste caso, devemos observar a $[HCO_3^-]$. Esta, por sua vez, encontra-se elevada. Trata-se, portanto, de uma alcalose metabólica.
3. Cálculo da compensação: 0,7 (32 – 24) + 40 = 47 ± 2 (hiperventilação). Ou seja, a paciente está hipoventilando além do esperado pela compensação. Neste caso, temos também uma acidose respiratória.

4. Avaliar o cloreto urinário: o valor do cloreto urinário nos ajuda a classificar esta alcalose metabólica como sensível ou resistente ao cloreto. Embora o caso não cite este valor, pela etiologia proposta, podemos supor que o cloreto urinário esteja elevado (>40 mEq/L), caracterizando uma alcalose metabólica resistente ao cloreto. Isto significa que a hidratação com solução rica em cloreto (salina 0,9%) não corrigirá o distúrbio AB.

Os passos 4, 5 e 6 não são aplicados nesta condição.

- Laudo final

Alcalose metabólica associada a acidose respiratória.

2) Etiologia dos distúrbios AB presentes de acordo com história

A causa deste distúrbio é, provavelmente, um estado de hiperaldosteronismo primário decorrente do adenoma funcionante de adrenal descrito. A aldosterona em excesso leva a hipersecreção de íon hidrogênio pelas células principal e intercalar do tipo A ou α. Isto explica a alcalose metabólica que esta condição pode ocasionar.

Caso 4 – Resolução

- Resolução resumida

Trata-se de uma alcalose metabólica (acidemia + Bic elevado) com hiperventilação alveolar ($PaCO_2$ abaixo do valor esperado da compensação). Além disso, o paciente apresenta hipopotassemia e hipocloridria.

Diarreias volumosas costumam ser secretórias e, por isso, cursam com espoliação significativa de eletrólitos, como potássio e cloreto. Além disso, a redução da volemia secundária às perdas de água pela diarreia ocasiona hipotensão e hipoperfusão da arteríolas aferente. Isto estimula a liberação de renina, que ativa as cascatas enzimáticas do sistema renina-angiotensina-aldosterona. A aldosterona age no ducto coletor, onde estimula a secreção potássio, o que contribui para a hipocalemia. Ademais, estimula a secreção ativa de H^+ pela célula intercalar do tipo A ou alfa, o que leva a alcalose metabólica. A angiotensina II também participa dessa ativação celular e, no túbulo proximal, potencializa a reabsorção de bicarbonato, prevenindo ao máximo a bicarbonatúria. Este é um exemplo de alcalose de retração, ou seja, uma alcalose decorrente de retração do volume intravascular. O tratamento consiste em hidratação do paciente com solução salina 0,9% (soro fisiológico). A análise do cloreto urinário, neste caso, revelaria cloreto urinário baixo (< 20 mEq/L), denotando uma alcalose sensível ao cloreto.

Caso 5 – Resolução

- Resolução resumida

Trata-se de uma acidose metabólica (acidemia + Bic elevado) com *anion gap* elevado. Um dado importante é a presença de um *gap* osmolar elevado (> 10 mOs/Kg). Neste caso, devemos pensar em causas de AM com anion *gap* elevado que aumentam o *gap osmolar*. Como dito, as causas compreendem elementos osmoticamente ativos. No caso, há uma dica importante para auxiliar na definição da etiologia, que é a presença de cristais de oxalato de cálcio na urina. Isso fala a favor de intoxicação com etilenoglicol, relacionada a ingestão de anticongelantes, aditivos e líquidos de arrefecimento. No caso, o paciente havia ingerido acidentalmente um aditivo automobilístico. O tratamento deve ser feito com fomepizole, um inibidor da enzima álcool desidrogenase e, em alguns casos, hemodiálise.

Introdução ao Sistema Endócrino 19.1

Bárbara Ferreira dos Santos
Elaini Aparecida de Oliveira
Emanuella da Silva Cardoso
Gabriela Ribeiro Silva
Luciene de Carvalho Cardoso Weide

Introdução

As células interagem para responder a estímulos que são essenciais para o desenvolvimento, crescimento, diferenciação e metabolismo de todos os órgãos. A interação célula-célula é mediada por moléculas sinalizadoras, denominadas hormônios, que atuam nos tecidos-alvo próximos ou a distância, desencadeando uma resposta biológica apropriada. O mecanismo de ação hormonal envolve, classicamente, os efeitos endócrinos, autócrinos e parácrinos (Figura 19.1.1). No efeito endócrino, um hormônio pode atuar em uma célula-alvo que está distante da célula que o secretou, sendo transportado pela corrente sanguínea. Caso a célula-alvo seja a própria célula que o secretou, o mecanismo de sinalização é denominado autócrino; se a célula-alvo for uma célula vizinha à célula secretória, o mecanismo é conhecido como parácrino. Os mecanismos autócrino e parácrino ocorrem de forma independente da circulação sanguínea, uma vez que o hormônio se difunde pelo espaço intersticial.

Além dos mecanismos clássicos de ação dos hormônios, outros sistemas hormonais, não clássicos, vêm sendo descritos, dos quais participam fatores de crescimento que agem localmente. Neste caso, o mecanismo de ação hormonal é denominado criptócrino, ocorrendo dentro de

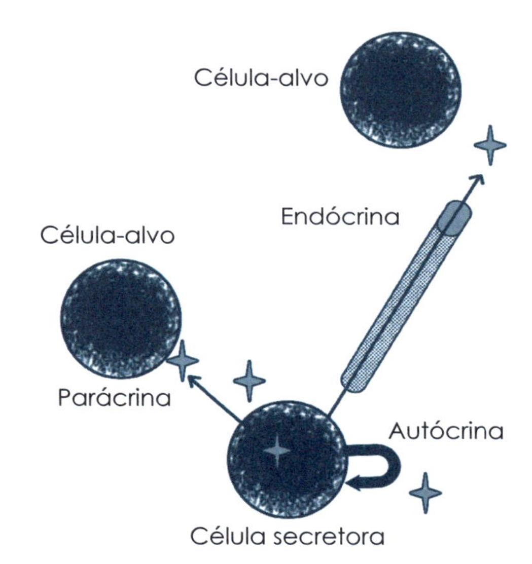

FIGURA 19.1.1 – Ações endócrinas clássicas: 1. Ação endócrina: o hormônio (estrela) cai na corrente sanguínea e atinge uma célula-alvo (plano superior da figura), localizada distante da célula secretora (plano inferior da figura). 2. Ação parácrina: o hormônio é secretado no espaço intercelular e age em uma célula-alvo que está próxima da célula que o secretou. 3. Ação autócrina: o hormônio é secretado no espaço intercelular e age na própria célula que o secretou. Nas ações autócrinas e parácrinas, o hormônio não se desloca pela circulação sanguínea. (De: Aires MM. Fisiologia. 3a ed. Rio de Janeiro: Guanabara Koogan; 2008, p. 920.)

um sistema fechado (Figura 19.1.2). Um hormônio pode passar a integrar a membrana plasmática da sua célula secretora, permanecendo aderido a ela e agir sobre uma célula-alvo próxima, determinando uma ação justácrina (Figura 19.1.2). Se a síntese de um hormônio e sua ação ocorrerem dentro da mesma célula, esta ação hormonal é denominada intácrina (Figura 19.1.2). Esse modo de ação pode ser exemplificado pela síntese do hormônio tireóideo T3 a partir do T4, que ocorre dentro dos tecidos-alvo. Nesse caso, apesar de agir na sua própria célula-alvo, o hormônio não se difunde pelo espaço intersticial, diferenciando do efeito autócrino É evidente que novas moléculas sinalizadoras continuam a ser descritas e, possivelmente, novos sistemas hormonais serão descobertos. Sendo

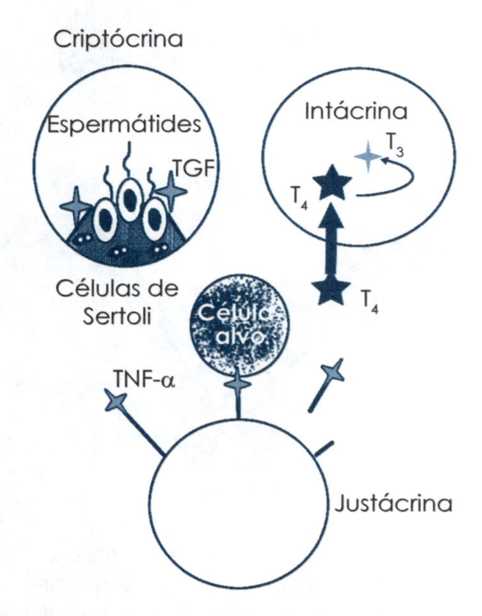

FIGURA 19.1.2 – Ações endócrinas não clássicas: 1. Ação criptócrina: o hormônio produzido pelas células de Sertoli (TGF) é importante para o desenvolvimento da espermatogênese. 2. Ação justácrina: o hormônio (TNF-α) pode permanecer aderido à membrana celular, agindo em células-alvo próximas ou pode romper-se caindo na circulação. 3. Ação intácrina: o hormônio T4 é convertido em T3, que age sobre a própria célula. (De: Aires MM. Fisiologia. 3a ed. Rio de Janeiro: Guanabara Koogan, 2008, p. 921.)

assim, os limites da endocrinologia estão em franca expansão.

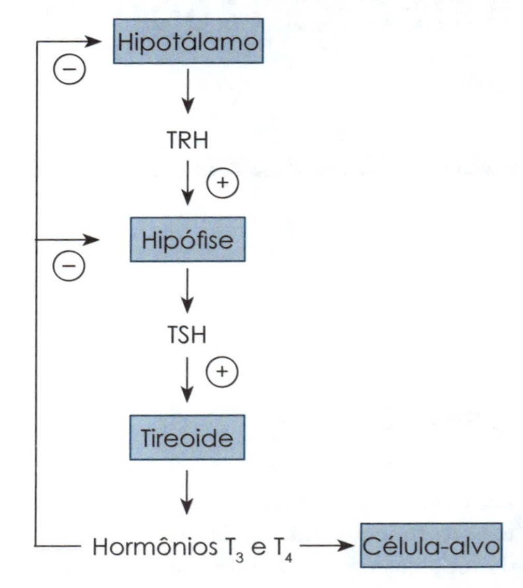

FIGURA 19.1.3 – Mecanismo regulador da secreção hormonal. Eixo Hipotálamo-Hipófise-Tireoide, representado pela interação do hipotálamo com a hipófise e a tireoide. TRH = hormônio hipotalâmico. TSH = hormônio hipofisário. T_3 e T_4 = hormônios da tireoide. Os símbolos + e – indicam feedbacks positivo e negativo, respectivamente.

Função dos hormônios

Os hormônios apresentam funções especializadas que vão alterar o funcionamento das células-alvo. Um hormônio pode apresentar função estimulatória em um órgão e ter papel inibitório em outro. De qualquer forma, a presença de receptores hormonais específicos nas células-alvo é fundamental para o mecanismo de ação dos hormônios. De forma geral, a função do sistema endócrino é promover a comunicação entre as células e garantir a integração de todo o organismo. Para fins didáticos, as funções dos hormônios serão divididas em três categorias, porém, na prática, um hormônio pode apresentar todas essas funções:

- **função regulatória:** uma das principais funções do sistema endócrino é manter a constância do meio interno (homeostasia). Isso é realizado por meio do controle do metabolismo de eletrólitos, água, carboidratos, lipídios e proteínas. Outras funções regulatórias importantes dos hormônios são respostas a inanição, infecção, trauma e estresse. Os hormônios também regulam a reprodução, incluindo gametogênese, comportamento sexual, fertilização, nutrição do feto, parto e lactação. Os hormônios da adeno-hipófise vão influenciar a secreção de outras glândulas e o hormônio tireóideo é fundamental para o controle da taxa metabólica basal;
- **diferenciação:** os hormônios desempenham papel importante no crescimento e desenvolvimento do organismo. O desenvolvimento das características sexuais masculinas e femininas sob a influência dos hormônios sexuais testosterona e estradiol, respectivamente, é um exemplo importante dessa ação;
- **função integrativa:** este aspecto da função hormonal é complexo e pode envolver vários hormônios atuando em conjunto para a manutenção da homeostasia; Como exemplo, temos a atuação conjunta dos hormônios pancreáticos insulina (hipoglicemiante) e glucagon (hiperglicemiante) com outros três hormônios hiperglicemiantes, cortisol, adrenalina e hormônio de crescimento (GH), na regulação do metabolismo de carboidratos. Glucagon, cortisol, adrenalina e GH são hormônios contra reguladores da ação da insulina que atuam para a manutenção da normoglicemia. Portanto, a secreção de apenas um desses hormônios não seria suficiente para manter o equilíbrio do metabolismo de carboidratos.

Essa inter-relação entre as funções hormonais não é limitada às glândulas endócrinas e se estende ao sistema nervoso, envolvendo neurotransmissores, formando o sistema neuroendócrino. As células neuronais percebem uma mudança na homeostase e secretam um mensageiro químico, chamado de neurotransmissor, que percorre uma fração de micrômetro na fenda sináptica até o próximo neurônio ou até uma célula-alvo, estimulando ou inibindo o funcionamento dessa célula. Uma mesma molécula pode exercer as duas funções, como a Adrenalina e a Noradrenalina que agem em sinapses no cérebro e nas junções neuromusculares do músculo liso e participam da regulação do metabolismo energético no fígado e no músculo. dessa forma, o funcionamento dos sistemas nervoso e endócrino é integrado e refletido na manutenção do equilíbrio constante do organismo.

Composição química dos hormônios

Os hormônios podem diferir de acordo com a composição química, o que interfere no seu transporte através da circulação e no mecanismo de ação. Eles são classificados em dois grandes grupos: hormônios lipossolúveis ou hidrossolúveis, de acordo com a sua natureza química:

- **hormônios esteroides:** possuem estrutura química derivada do núcleo esteroide intacto do colesterol (esteroides adrenais e gonadais), ou ainda do anel beta da molécula do colesterol (colecalciferol ou vitamina D3). As principais glândulas secretoras de hormônios esteroides são:
  - córtex adrenal – cortisol, aldosterona e androgênios (androstenediona, deidroepiandrosterona e sulfato de deidroepiandrosterona);
  - ovários – estrogênios e progesterona;
  - testículos – androgênios (testosterona);
  - placenta – estrogênios e progesterona;
  - pele, fígado e rins – vitamina D;
- **Peptídicos e proteicos:** hormônios compostos por cadeia polipeptídicas curtas ou longas (proteínas) formadas por estruturas terciárias. Os hormônios peptídicos são

sintetizados como pró – hormônio que serão posteriormente clivados por enzimas proteolíticas. Ficam armazenados em vesículas e quando secretados por exocitose, tanto o hormônio ativo quanto os peptídeos resultantes da clivagem poderão exercer funções endócrinas. Um exemplo disso é a secreção concomitante de insulina e do peptídeo C da célula beta pancreática em concentrações equimolares. O peptídeo C é resultante da clivagem da pró-insulina. Outros exemplos de hormônios proteicos são os da hipófise anterior ou adeno-hipófise: hormônio do crescimento (GH); hormônio adrenocorticotrófico (ACTH); hormônio estimulante da tireoide (TSH); hormônio folículo estimulante (FSH); hormônio luteinizante (LH) e prolactina, os da hipófise posterior ou neuro-hipófise: hormônio antidiurético (ADH) ou vasopressina e ocitocina e outros, como insulina, glucagon e paratormônio (PTH);

- **Derivados do aminoácido tirosina:** incluem os hormônios tireóideos, tiroxina ou tetraiodotironina (T4) e triiodotironina (T3), e os da medula adrenal (catecolaminas):adrenalina e noradrenalina. A medula adrenal é um gânglio simpático modificado, cujos corpos celulares não possuem axônio. A dopamina é produzida por neurônios hipotalâmicos e é liberada no sistema porta hipotálamo hipofisário, atingindo a adeno- hipófise, onde atua inibindo a síntese dos hormônios adeno-hipofisários.

Os hormônios esteroides são lipossolúveis, portanto hidrofóbicos, e circulam no plasma ligados reversivelmente a proteínas carreadoras, que são normalmente globulinas, como a globulina ligadora de cortisol (CBG), globulina ligadora de (EBG), globulina ligadora do hormônio tireóideo (TBG), globulina ligadora de hormônios sexuais (SHBG), entre outras. Além das globulinas específicas, a albumina, que é a proteína predominante no plasma, também se liga de forma inespecífica aos hormônios lipossolúveis. As proteínas carreadoras englobam a molécula do hormônio, evitando sua interação com seu receptor na célula-alvo. No entanto, a ligação do hormônio à proteína carreadora constitui um processo dinâmico que depende da afinidade hormônio-proteína, em que uma pequena parte do hormônio secretado na circulação permanece livre.

Os hormônios peptídicos e proteicos, ao contrário dos hormônios esteroides, são transportados livres no plasma, dissociados de qualquer proteína de transporte, podendo sofrer rápidas flutuações em suas concentrações, devido à presença de enzimas proteolíticas. Uma vez que a cadeia polipeptídica é degradada, a proteína perde sua atividade biológica e, desse modo, muitos hormônios proteicos apresentam meia-vida reduzida. A meia vida é o intervalo de tempo necessário para que metade da concentração do hormônio seja metabolizada. Portanto, é fácil entender que o hormônio proteico tenha a meia-vida menor do que o hormônio esteroide. Um exemplo é a molécula de insulina, cuja meia-vida varia de 5 a 8 minutos e as catecolaminas, como a adrenalina que tem a meia-vida de menos de 1 minuto. Logo, a insulina e a adrenalina circulantes são metabolizadas em poucos minutos no organismo. Já os hormônio tireoidianos que circulam ligados a proteínas carreadoras, principalmente à transtirretina (pré-albumina), globulina ligadora de tiroxina (TBG) ou á albumina. tem a meia-vida de aproximadamente uma semana. Vale ressaltar que, embora os hormônios tireóideos sejam constituídos por aminoácidos tirosinas, que são hidrossolúveis, suas tirosinas são acopladas e iodadas (recebem átomos de iodo), o que lhes confere a perda da hidrossolubilidade.

Os hormônios possuem alto grau de especificidade estrutural, portanto uma pequena alteração na sua composição molecular pode trazer mudanças significativas em sua atividade fisiológica. Por exemplo, a diferença estrutural entre os hormônios sexuais femininos estradiol e estriol é a presença de um grupo alfa-hidroxil adicional na posição C16 do estriol. Isso faz que o estradiol seja mais potente que o estriol. De forma similar, a noradrenalina sofre N-metilação para produzir adrenalina, e essa mínima mudança estrutural altera drasticamente a sua atividade biológica. A fração hormonal livre (não ligada à proteína de transporte ou à albumina) é a responsável pela sua atividade biológica.

Mecanismo de ação hormonal

Os hormônios interagem com seus órgãos-alvo via receptores celulares. O termo alvo é usado para referir-se ao local de ação hormonal, como, por exemplo, a tireoide e o útero, que são os órgãos-alvo para o TSH e o estrogênio, respectivamente. O receptor provê a célula-alvo de um mecanismo para reconhecer especificamente o hormônio, e o complexo hormônio-receptor ativa uma cadeia de eventos intracelulares que gera o efeito biológico.

Receptores hormonais podem estar localizados na superfície celular, no compartimento intracelular ou, ainda, no núcleo, associados à cromatina. Os hormônios hidrossolúveis associam-se a receptores localizados na superfície da célula, e desta interação resulta uma série de alterações na membrana, que leva à formação de segundos mensageiros intracelulares. Os segundos mensageiros são capazes de ativar proteínas quinases que, por sua vez, modulam a atividade de outras enzimas, alterando o metabolismo celular e a permeabilidade da célula a íons, como, por exemplo, aumentando a concentração de cálcio intracelular. Os resultados dessas modificações intracelulares podem, ainda, alterar o padrão da expressão gênica. Já os hormônios lipossolúveis atravessam facilmente a membrana plasmática e ligam-se a receptores intra citoplasmáticos e nucleares associados a sequências específicas do DNA, modificando a transcrição gênica.

■ Transdução do sinal hormonal

Existem dois modelos de transdução do sinal hormonal bem conhecidos e amplamente divulgados: um para hormônios hidrossolúveis, que se ligam a receptores de membrana celular, e outro para hormônios lipossolúveis, que se ligam aos receptores nucleares. No entanto, o cortisol e o estrogênio que são hormônios lipossolúveis, possuem receptores localizados no citoplasma, sendo translocado na forma de complexo hormônio-receptor para o núcleo, onde se liga ao DNA. Estudos recentes relatam efeitos independentes da regulação da transcrição gênica pelos hormônios lipossolúveis, o que levanta a possibilidade de que estes hormônios possam ter ações imediatas no citoplasma, independente das ações nucleares.

■ Receptores de membrana

Os receptores de membrana são proteínas integrais que possuem um domínio aminoterminal (N) extracelular e um domínio carboxiterminal (C) intracelular. Os principais receptores de membrana podem ser divididos em três classes:

- **Associados à superfamília da proteína G:** possuem sete domínios transmembrana, local de interação do hormônio e uma alça intracitoplasmática que interage com a proteína G. A interação hormônio-receptor resulta numa alteração estrutural da proteína G inativa, que perde afinidade pelo GDP e associa-se ao GTP, assumindo a forma ativada. A proteína G ativada interage com a adenilatociclase presente na membrana, ativando-a. Dessa ativação resulta a produção do segundo mensageiro intracelular, AMPc, que, por sua vez, mimetiza a ação do hormônio no interior da célula. O aumento intracelular do AMPc, leva à ativação da PKA (proteína quinase dependente de AMPc), que fosforila proteínas intracelulares, modulando suas atividades na célula. Vários hormônios são capazes de ativar a adenilatociclase, levando ao aumento do AMPc intracelular. Como exemplo, podemos citar as catecolaminas que, através do aumento do AMPc intracelular, catalisam a degradação do glicogênio hepático e muscular, sobretudo no exercício físico, levando ao aumento da glicose sanguínea e de lactato, substrato da gliconeogênese.

- **Tirosina-quinase:** a insulina e os fatores de crescimento ligam-se de receptores de membrana que possuem atividade enzimática intrínseca. Uma vez ligados, esses receptores promovem a ativação de seus domínios tirosina-quinase, levando a sua autofosforilação. Uma vez fosforilado, o receptor desencadeia uma cascata de fosforilação em proteínas intracelulares que, muitas vezes, são translocadas para o núcleo, onde irão recrutar proteínas que interagem com fatores de transcrição, alterando a transcrição gênica.
- **Canais iônicos:** os neurotransmissores agem como mediadores químicos locais, combinando-se os receptores na membrana pós-sináptica. Isso causa uma mudança conformacional na estrutura proteica do receptor, geralmente abrindo ou fechando um canal para um ou mais íons, como o sódio e o cloreto. A alteração na concentração iônica causa efeitos subsequentes nas células pós-sinápticas. Por exemplo, adrenalina e noradrenalina têm efeitos importantes na abertura e no fechamento de canais de sódio e potássio, modificando os potenciais de membrana das células específicas do músculo liso, causando excitação ou inibição da contração muscular.

Receptores citoplasmáticos e nucleares

Os hormônios lipossolúveis modulam a função da célula-alvo, ligando-se a receptores localizados no núcleo da célula, onde atuam regulando a expressão gênica. Alguns hormônios esteroides ligam-se a receptores localizados no citoplasma, como é o caso do cortisol e do estrogênio. Os receptores nucleares são proteínas que funcionam como fatores de transcrição, estando associados a sequências específicas (elementos responsivos) localizadas no promotor de genes-alvo. Geralmente, os receptores nucleares apresentam três domínios de ligação: uma região de ligação ao hormônio, outra de ligação ao DNA e outra de ligação a proteínas ativadoras ou inibidoras da transcrição. Esse tipo de receptor é ativado após a ligação do hormônio, resultando na ativação ou inibição da transcrição gênica. Na ausência do ligante, os receptores nucleares podem estar associados a proteínas que inibem (correpressoras) a transcrição gênica, tais como a proteína desacetilase. Quando o hormônio se liga ao receptor nuclear, este perde afinidade pelas desacetilases e liga-se a proteínas acetilases que estimulam (coativadoras) a transcrição gênica. Em alguns casos, a ligação do hormônio ao receptor pode promover inibição da transcrição. Portanto o efeito biológico final do hormônio lipossolúvel depende do tecido-alvo no qual ele age e das proteínas (coativadoras ou correpressoras) com as quais interage.

Os hormônios hidrossolúveis são incapazes de atravessar a membrana plasmática da célula-alvo, por isso, se ligam a receptores de superfície celular e requer várias etapas de sinalização intracelular até resultar a mudanças na expressão gênica. Esse processo o qual sinais externos a célula altera o comportamento intracelular é chamado de transdução de sinal. A resposta é tipicamente lenta (na ordem de horas). O grupo de moléculas que atuam dessa forma incluem hormônios peptídicos, exemplos bem conhecidos incluem a insulina, o glucagon e os hormônios produzidos pela adeno-hipófise (GH, FSH, PRL, entre outros).

Regulação da secreção de hormônios

A secreção hormonal é um processo dinâmico no qual os níveis dos hormônios circulantes são mantidos dentro de limites estritos. Vários mecanismos existem para a manutenção do delicado equilíbrio entre a síntese e secreção de hormônios e as necessidades do organismo. Esse equilíbrio é mantido pelo mecanismo de feedback (retroalimentação) (Figura 19.1.3), positivo ou negativo, que opera do seguinte modo: uma vez que a secreção hormonal aumenta, mecanismos inibitórios são ativados, de forma a diminuir os níveis hormonais (feedback negativo). Neste caso, os hormônios tireóideos (T3 e T4) são ótimos exemplos desse tipo de mecanismo, uma vez que inibem a síntese e secreção do hormônio hormônio liberador de tireotrofina (TRH) produzido no hipotálamo e do TSH, na adeno-hipófise.

Da mesma forma, quando o nível de um hormônio diminui, mecanismos estimulatórios aumentam a sua produção (feedback positivo). Um exemplo desse mecanismo é a estimulação da síntese e secreção do hormônio luteinizante (LH), durante o período pré-ovulatório, induzido pelo aumento do estrogênio e na fase central do ciclo menstrual (pico ovulatório).

O padrão da secreção de um hormônio pode apresentar variação circadiana (ao longo de um dia), como por exemplo, o cortisol, cujo pico de secreção ocorre no início da manhã e diminui à noite, ou pode apresentar um ritmo de secreção infradiana (variações ao longo de vários dias), como por exemplo o estrogênio, cuja secreção varia ao longo do mês.

Os hormônios secretados pela neuro-hipófise, ocitocina e vasopressina (ADH), e pela medula da supra renal, adrenalina e noradrenalina, são controlados primariamente pelo sistema nervoso. A relação entre o sistema nervoso e o sistema endócrino é importante para a avaliação dos mecanismos de retroalimentação envolvendo o hipotálamo. Muitas inter-relações existem entre o sistema nervoso e o hormonal. Por exemplo, pelo menos duas glândulas secretam seus hormônios quase que inteiramente em resposta ao estímulo nervoso apropriado: a medula suprarrenal e a hipófise. Os diferentes hormônios da hipófise estimulam a secreção dos hormônios da maioria das outras glândulas.

As principais glândulas endócrinas e seus hormônios

Uma visão geral do sistema endócrino deixa claro que a maioria das funções vitais dos órgãos são controladas pelas glândulas endócrinas e que alterações nos níveis hormonais podem produzir consequências significativas no funcionamento normal do organismo. Dentro desse contexto, distúrbios do sistema endócrino geralmente são decorrentes do excesso ou da deficiência de hormônios e, desse modo, o laboratório, a partir da dosagem dos níveis hormonais, contribui de maneira singular para o diagnóstico e acompanhamento dos distúrbios hormonais.

Hipotálamo e hipófise

O hipotálamo e a hipófise estão em íntima associação através do sistema porta hipotálamo-hipofisário, que conecta os neurônios hipotalâmicos à hipófise anterior ou adeno-hipófise. Neurônios do núcleo supraóptico e paraventricular do hipotálamo passam pela eminência mediana e pedículo hipofisário, projetando-se para o lobo posterior da hipófise ou neuro-hipófise. A secreção dos hormônios da hipófise anterior é regulada por hormônios hipotalâmicos hipofisiotróficos, os quais são transportados por vasos hipotalâmicos-hipofisários. Já a secreção dos hormônios da hipófise posterior se faz diretamente pelos terminais de nervos do hipotálamo, que se prolongam até a neuro-hipófise. Os hormônios hipotalâmicos que regulam a secreção dos hormônios da adeno-hipófise são:

- GHRH – hormônio liberador do hormônio do crescimento (GH);
- CRH – hormônio liberador de corticotrofina (ACTH);
- TRH – hormônio liberador de tireotrofina (TSH);
- GnRH – hormônio liberador de gonadotrofinas (FSH e LH);
- PRF – hormônio liberador de prolactina (PRL).

Os hormônios vasopressina (AVP), também denominado hormônio antidiurético (ADH), e ocitocina são sintetizados no hipotálamo (neurônios do núcleo supraóptico e paraventricular) e armazenados na neuro-hipófise. A interação hipotálamo-hipófise e órgãos alvo pode ser observada na Figura 19.1.4. Os principais efeitos dos hormônios da hipófise anterior e posterior são descritos a seguir.

Hipófise anterior

- **Hormônio do crescimento (GH):** promove o crescimento de quase todas as células e os tecidos do corpo diretamente ou por estímulo a produção de IGF-1 pelo fígado, importante fator de crescimento e diferenciação. Uma deficiência na produção de GH manifesta-se, clinicamente com baixa estatura e um aumento, como gigantismo, na infância. No adulto, o aumento de GH se manifesta com acromegalia que é o crescimento excessivo de partes moles e na largura óssea, principalmente pernas, braço e maxilar).
- **Hormônio adrenocorticotrófico (ACTH):** estimula o córtex adrenal a secretar os hormônios cortisol, aldosterona e androgênios sexuais. Uma causa comum da deficiência desse hormônio é a supressão do eixo hipotálamo-hipófise-adrenal durante terapia com glicocorticoides. A suspensão abrupta dessa medicação pode causar insuficiência suprarrenal secundária, devido a inibição (feedback negativo) do a produção de CRH no hipotálamo e do ACTH na adeno-hipófise, pelos glicocorticoides.
- **Hormônio tireotrófico (TSH):** estimula a tireoide a secretar triiodotironina (T_3) e tiroxina (T_4). A dosagem do TSH pode identificar o hipotireoidismo primário (TSH elevado, T_3 e T_4 baixos) ou a doença de Graves (hipertireoidismo) que é uma doença auto imune, onde os níveis de TSH estão suprimidos (abaixo do valor de referência).
- **Hormônio folículo estimulante (FSH):** estimula o crescimento dos folículos ovarianos

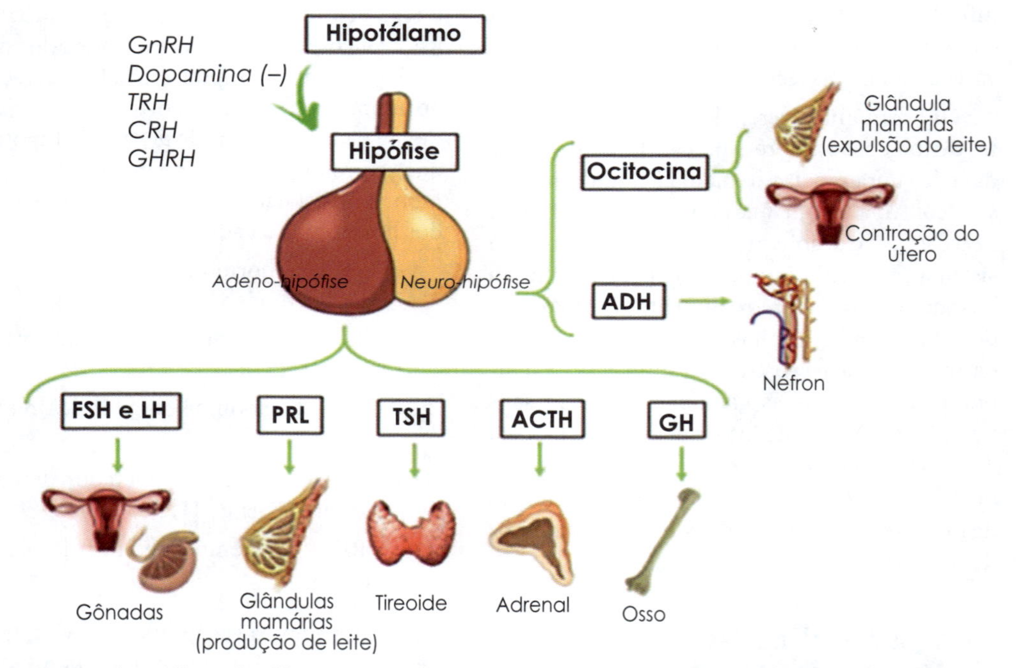

FIGURA 19.1.4 – Eixo hipotálamo-hipófise e órgãos alvos. GnRH: hormônio liberador de gonadotrofinas,TRH: hormônio liberador de tireotrofina, CRH: hormônio liberador de corticotrofina, GHRH: hormônio liberador do hormônio do crescimento, FSH: hormônio do folículo estimulante, LH: hormônio luteinizante, PRL: prolactina,TSH: hormônio estimulante da tireoide, ACTH: hormônio adrenocorticotrófico, GH: hormônio do crescimento e ADH: hormônio antidiurético.

antes da ovulação e a produção de espermatozoides pelos testículos.

- **Hormônio luteinizante (LH):** desempenha papel importante na ovulação, estimulando a secreção de estrogênios e progesterona pelos ovários e de testosterona pelos testículos. Uma criança, independente do sexo, que apresente desenvolvimento sexual precoce (puberdade precoce) ou tardio (puberdade tardia) deve-se investigar a produção de gonadotrofinas para diferenciar se há um problema central ou gonadal.
- **Prolactina:** promove o desenvolvimento das mamas e a produção do leite, além de inibir a função reprodutora a partir da supressão do eixo GnRH. O prolactinoma (adenoma do lactotrofo da adeno-hipófise) são causas importantes de aumento de prolactina e podem levar à infertilidade.

Hipófise posterior

- **Hormônio antidiurético (ADH) ou vasopressina:** é secretado em resposta ao aumento da osmolalidade plasmática e atua no túbulo de conexão e túbulo coletor renais, estimulando a abertura de canais de água, as aquaporinas. Dessa forma, favorece a retenção de água pelos rins, aumentando o conteúdo de água do organismo. Em altas concentrações, o ADH promove constrição dos vasos sanguíneos e eleva a pressão arterial. Quando há produção ou liberação insuficiente de ADH, ocorre excesso da formação de urina (poliúria), o que leva ao aumento da sede (polidipsia) para manter a o balanço hídrico e a osmolalidade plasmática. A presença de poliúria e polidipsia sem o aumento da osmolalidade plasmática, leva a formação de urina hipotônica e caracteriza o diagnóstico de diabetes insípido central.
- **Ocitocina ou oxitocina:** estimula a contração uterina durante o parto e as células mioepiteliais dos ductos mamários, estimulando a ejeção de leite.

A investigação laboratorial é guiada pelas manifestações clínicas decorrente do excesso ou da falta dos hormônios. Primeiramente, é testada a função hipofisária a partir da dosagem do hormônio trófico e do hormônio-alvo. Por exemplo, o paciente apresenta exame laboratorial com níveis de TSH baixo ou normal e tiroxina baixo, entende-se que há um hipotireoidismo secundário, pois ou a hipófise ou o hipotálamo estão hipofuncionantes.

Em alguns casos, existe a necessidade de realizar testes provocativos para avaliar a reserva funcional da hipófise. A secreção do GH, por exemplo, é pulsátil e seu nível basal não ajuda no diagnóstico. Mas sabe-se que seus níveis aumentam após exercício, estresse físico e hipoglicemia. Logo, é possível estimular a secreção de GH, após administração de Insulina, que por sua vez, induz a hipoglicemia e consequente aumento dos níveis de GH sanguíneo. Caso a secreção de GH não aumente após o estímulo da Insulina, é possível identificar a deficiência desse hormônio, como ocorre no nanismo.

Tireoide

As células foliculares ou tireócitos secretam os hormônios: T3 (triiodotironina) e T4 (tiroxina). O T3 é o hormônio tireóideo ativo e seus receptores localizam-se nos núcleos das células de vários tecidos. Já o T4 pode ser considerado um pró-hormônio, pois é convertido em T3 assim que penetra nas células do órgão-alvo. O papel dos hormônios tireóideos consiste em estimular o metabolismo celular, participar do desenvolvimento de órgãos e tecidos, tais como tecido nervoso, além de estimular ou inibir a transcrição gênica, dependendo do tecido-alvo onde atuem. Em geral, o T3 é capaz de aumentar a velocidade das reações químicas em quase todas as células do corpo, estimulando a taxa metabólica basal, o que gera um maior consumo de oxigênio pelos tecidos. Na maior parte dos casos, a dosagem de T4 livre no soro identifica alterações na função tireoidiana. No hipertireoidismo encontra-se aumenta de T4L e diminuição do TSH. Os efeitos dos hormônios tireóideos, podem ser observados em pacientes hipertireóideos que apresentam aumento da força de contração cardíaca e do débito cardíaco, com diminuição da resistência periférica. O efeito do T3 sobre o coração dá-se principalmente através do aumento da subunidade alfa da cadeia pesada da ATPase cardíaca. O T3 aumenta a expressão do gene da cadeia alfa que tem alta capacidade de desfosforilar o ATP, aumentando a contratilidade do miocárdio. Por outro lado, no hipotireoidismo, ocorre alterações na conformação estrutural da enzima ATPase, onde a subunidade alfa (aa) da cadeia pesada da ATPase cardíaca é convertida em alfa- beta (ab), ocasionando diminuição da contratilidade do miocárdio.

Integradas ao parênquima tireoidiano estão as células parafoliculares ou células C que secretam o hormônio calcitonina. Esse hormônio, embora tenha pouca influência na homeostase do cálcio, inibe a função dos osteoclastos e a absorção intestinal de cálcio, levando à redução da concentração de cálcio no sistema circulatório. Sua dosagem tem muita importância para o diagnóstico e acompanhamento do carcinoma medular da tireoide, condição na qual o hormônio está elevado.

Paratireoides

Dois pares de glândulas paratireoides estão localizados posteriormente sobre cada lobo tireóideo. O paratormônio (PTH) é secretado em resposta a diminuição da calcemia. O hormônio controla finamente a concentração de íons cálcio no líquido extracelular, por promover a reabsorção de cálcio pelos rins e ossos e estimular a síntese de vitamina D pelo intestino. Na prática clínica, a dosagem do PTH é útil para definir a causa base dos distúrbios de cálcio, hiper ou hipocalcemia.

Pâncreas endócrino

O pâncreas endócrino é formado por tipos distintos de células que participam do metabolismo energético:

1. **Células beta:** secretam a Insulina em resposta ao aumento da glicemia - hormônio hipoglicemiante que controla os níveis de glicose no sangue. Atua principalmente no músculo esquelético e no tecido adiposo, estimulando a captação de glicose sanguínea através de transportador de glicose específico, denominado GLUT4.
2. **Células alfa:** secretam o glucagon em resposta à diminuição da glicemia - participa na manutenção da glicemia, atuando de forma integrada com a insulina. Atua principalmente no fígado, estimulando a degradação (glicogenólise) e a síntese (gliconeogênese) de glicogênio, restaurando os níveis de glicose na corrente sanguínea no período do jejum.
3. **Células delta:** secretam somatostatina em resposta tanto ao aumento, como à diminuição da glicemia. O hormônio inibe a secreção de insulina e glucagon.

A dosagem desses hormônios não é realizada na rotina laboratorial para o diagnóstico do diabetes. Nesse caso, é feita a dosagem da glicemia e hemoglobina glicada A1c (HbA1c)) para o rastreamento do diabetes e acompanhamentos dos níveis de glicose, respectivamente. A dosagem de insulina e glucagon, são solicitadas quando há suspeita de tumor neuroendócrino, insulinoma e glucagonoma, respectivamente.

Adrenais

As glândulas adrenais, ou suprarrenais, são divididas em córtex e medula que possuem origens embriológicas distintas:

Córtex adrenal

Cortisol - possui efeito catabólico e hiperglicemiante, modula o sistema imunológico evitando sua ativação exacerbada e aumenta a tensão nos vasos sanguíneos. A dosagem de cortisol livre na urina de 24h e do cortisol plasmático matinal após teste da dexametasona são usados para confirmar o diagnóstico de hipercortisolemia, como na síndrome de Cushing. Já numa suspeita de insuficiência adrenal, o cortisol plasmático deve ser solicitado e estará em concentrações muito baixas na corrente sanguínea. Aldosterona - aumenta a reabsorção de sódio e a excreção de potássio e hidrogênio pelos rins. Na suspeita do hiperaldosteronismo, tradicionalmente utiliza-se a razão entre a concentração de aldosterona plasmática e atividade de renina plasmática para iniciar a investigação em situações reservadas.

Androgênios adrenais (desidroepiandrosterona [DHEA], sulfato de di-hidroandrosterona [SDHEA] e androstenediona) – efeito estrogênico pouco potente e fonte de estrógeno na menopausa. Podem ser convertidos em testosterona. Uma das doenças rastreadas pelo teste do pezinho, realizado em recém-nascidos, é a hiperplasia suprarrenal congênita que resulta da deficiência da enzima 21-hidroxilase, que leva a diminuição da síntese do cortisol. A deficiência da 21-hidroxilase é herdada (autossômica recessiva) e ocorre em, aproximadamente, 1 de 15.000 nascimentos.

■ Medula adrenal

Adrenalina e noradrenalina – são catecolaminas secretadas pelas células cromafins da medula adrenal como parte da ativação generalizada do sistema nervoso simpático (SNS). A importância da secreção sistêmica de adrenalina e noradrenalina é que elas podem estimular estruturas que não são inervadas diretamente por fibras simpáticas. Por exemplo, o metabolismo corporal pode ser estimulado em várias partes pela adrenalina, mesmo que somente uma pequena porção das células corporais tenha inervação direta do SNS. Os efeitos metabólicos da adrenalina levam ao aumento da glicose sanguínea, estimulando a glicogenólise e lipólise, aumentando ácidos graxos livres e glicerol, além de estimular o consumo de oxigênio e a termogênese.

A dosagem elevada de catecolaminas tanto na urina quanto no plasma são úteis no diagnóstico de neoplasias da medula adrenal, o feocromocitoma.

■ Ovários

As gonadotrofinas FSH e LH são sintetizadas e secretadas pela hipófise anterior e regulam o ciclo menstrual. Durante o ciclo menstrual, os níveis de FSH e LH estimulam o desenvolvimento dos folículos ovarianos e a produção de estrogênio (estradiol). Na metade do ciclo menstrual de 28 dias (14° dia), coincide com o período fértil da mulheres onde os níveis de LH, FSH e estradiol estarão elevados, preparando o útero para gravidez. Após a segunda metade do ciclo menstrual, o corpo lúteo se desenvolve e secreta estrogênio e progesterona. Estrogênio e progesterona preparam o útero para a gravidez.

Estrogênios – Na puberdade estimulam o desenvolvimento dos órgãos sexuais femininos, as mamas, as características sexuais secundárias femininas. Responsável pelo espessamento endometrial. Para o diagnóstico de infertilidade, o estradiol deve ser dosado na metade do ciclo menstrual, juntamente com FSH e LH, pois é a fase em que ocorre o pico ovulatório.

Progesterona – estimula a secreção das glândulas endometriais uterinas; ajuda a promover o desenvolvimento do aparato secretório das mamas, prepara o útero para a implantação do ovo e manutenção da gravidez. Deve ser dosada entre o 21° e 23° dias, o que coincide com a fase lútea do ciclo menstrual

■ Testículos

A função testicular é regulada pelos hormônios adeno-hipofisários FSH e LH. No homem, o FSH estimula a produção de espermatozoides, enquanto o LH estimula a produção de testosterona.

Testosterona – estimula o crescimento dos órgãos sexuais masculinos e promove o desenvolvimento das características sexuais masculinas. Diante de um paciente com queixas sugestivas de hipogonadismo, como diminuição da libido, disfunção erétil, massa muscular reduzida e tamanho do testículo diminuído, a dosagem de testosterona é a primeira etapa para guiar o diagnóstico. Também é útil na avaliação de mulheres com hirsutismo (crescimento anormal de pelos em locais de ação androgênica) podendo identificar um aumento na produção desse hormônio, na maioria das vezes relacionada síndrome dos ovários policísticos.

■ Placenta

Gonadotrofina coriônica humana (HCG) - secretado pela placenta promove o crescimento dos corpos lúteos e a secreção de estrogênios e progesterona. Os testes de gravidez pesquisam sua fração beta na urina ou no sangue e seus níveis também são avaliados para o acompanhamento de pacientes pós-cirurgia de doença trofoblástica gestacional.

Hormônio lactogênico placentário (hPL) - apresenta grande homologia com os hormônios hipofisários, GH e PRL. Sua função é prover o feto de maior quantidade de substrato energético através do aumento da resistência insulínica materna. Relaciona-se com o diabetes gestacional, mas sua dosagem não se faz necessária.

Estrogênio e progesterona placentários– o estrogênio placentário é obtido a partir de androgênios adrenais do feto e da mãe, enquanto a progesterona é sintetizada pela placenta. O estrogênio promove aumento do miométrio, levando ao desenvolvimento do útero materno, acúmulo de líquidos e incremento da vascularização. A progesterona inibe as contrações uterinas durante a gestação, impedindo o aborto, e atua no desenvolvimento dos alvéolos mamários.

■ Órgãos endócrinos não clássicos

Além das glândulas, outros tecidos secretam moléculas sinalizadoras que influenciam o funcionamento de outros órgãos. Como exemplo, podemos citar o endotélio sanguíneo que, além de representar uma barreira para difusão de substâncias do sangue para os tecidos, também secreta substâncias vasoativas, como óxido nítrico, e vasoconstritoras, como prostaglandinas, endotelinas, angiotensina II, entre outras. O tecido adiposo, que antes era caracterizado como isolante térmico e armazenador de substratos energéticos na forma de lipídios, sendo alvo da insulina, atualmente é considerado um órgão endócrino, uma vez que secreta citocinas (interleucina [IL-6], fator de crescimento transformador beta [TGF-b], fator de necrose tumoral [TNF]) que se ligam à receptores em tecidos alvo, e o hormônio leptina. Os hormônios gastrointestinais são predominantemente polipeptídicos, sendo produzidos e secretados por células endócrinas digestivas especializadas, atuando na motilidade, secreção, absorção, crescimento e desenvolvimento do trato gastrointestinal (TGI). Muitos desses peptídeos são encontrados concomitantemente no sistema nervoso entérico e no sistema nervoso central. Muitas células endócrinas têm suas superfícies apicais abertas ao lúmen intestinal, com grânulos de secreção que estão concentrados ao longo das superfícies basolaterais, logo podem ser diretamente influenciadas pelo conteúdo luminal. Quando estimuladas, os peptídeos são secretados no espaço paracelular, atuando de forma autócrina, parácrina, endócrina em outros órgãos (Tabela 19.1.1). Nos últimos dez anos, o músculo esquelético foi identificado como um órgão secretor que expressa e libera citocinas e peptídeos que exercem efeitos autócrinos, parácrinos ou endócrinos. São exemplos: miostatina, fator inibição de leucemia (LIF), IL-6, IL-7, fator neurotrófico derivado do cérebro (BDNF), fatores de crescimento insulínicos (IGF), fator de crescimento de fibroblastos 2 (FGF-2), FSTL- 1 (folistatina like-1) e irisina. As citocinas e peptídeos musculares liberados durante o exercício físico podem mediar efeitos protetores do exercício. A miostatina é um inibidor da hipertrofia muscular. A contração muscular durante o exercício físico, estimula a liberação de IL-6 que atua no fígado, estimulando a secreção do inibidor de miostatina: a folistatina. Além disso, LIF, IL-4, IL-6, IL-7 e IL-15 promovem hipertrofia muscular. O BDNF e a IL-6 estão envolvidos na oxidação da gordura mediada pela AMPK (proteína quinase ativada por adenosina monofosfato). A IL-6 aumenta a captação de glicose estimulada pela insulina, além de exercer efeitos sistêmicos no fígado e no tecido adiposo, aumentando a secreção de insulina através da regulação positiva de GLP - 1. O IGF - 1 e o FGF - 2 atuam na formação óssea, e a FSTL-1 melhora a função endote-

Tabela 19.1.1 – Peptídeos gastrointetinais

Região do TGI	Processo intestinal envolvido	Estímulo luminal para células endócrinas	Principais hormônios liberados
Estômago	• Secreção ácida • Ruptura mecânica	• Ácido • Proteína digerida	• SST, histamina, 5-HT, grelina, gastrina
Duodeno jejuno íleo proximal	• Liberação de ácidos biliares • Enzimas pancreáticas e intestinais • Bicarbonato • Digestão • Absorção	• Monossacarídeos • Ácidos graxos livres • Monoacilgliceróis • Aminoácidos • Di/tripeptídeos • Ácidos biliares	• Duodeno: GIP, grelina, CCK, 5-HT, SST • Jejuno, íleo: GLP-1, GLP-2, PYY, 5-HT, Nts
Íleo terminal	• Reabsorção do ácido biliar	• Ácidos biliares • Nutrientes não absorvidos	• GLP-1, GLP-2, PYY, Nts, 5-H
Cólon Reto	• Metabolismo bacteriano	• Ácidos graxos de cadeia curta • Índole (produto do metabolismo do triptofano) • Ácidos biliares secundários	• GLP-1, GLP-2, PYY, Nts, Insl5, 5-HT

5-HT: 5-hidroxi-triptamina (serotonina); CCK: colecistocinina; GIP: polipeptídio insulinotrópico dependente da glicose; GLP-1 e GLP-2: peptídeos do tipo glucagon 1 e 2; Insl5: péptico 5 semelhante à insulina; Nts: neurotensina; PYY: peptídeo YY; SST: somatostatina.
Adaptado de Gribble, 2016.

lial e a revascularização dos vasos isquêmicos. A irisina atua no "escurecimento" do tecido adiposo branco. O exercício físico é grande estimulador dessas funções, tendo papel importante na prevenção de doenças crônicas. (Figura 19.1.6).

Determinação da concentração de hormônios no sangue

Os hormônios estão presentes no sangue em pequenas quantidades; alguns em concentrações tão baixas como picograma/mL (pg/mL). Um método extremamente sensível, desenvolvido na década de 50 que revolucionou a medida dos hormônios, seus precursores e seus produtos metabólicos finais, foi o radioimunoensaio (RIA). O RIA foi a técnica que mais contribuiu para o avanço da endocrinologia, tendo sido utilizada para a dosagem de insulina em 1956. Atualmente, o RIA foi substituído por métodos imunométricos devido às limitações intrínsecas do próprio método. Entre elas podemos citar o fato de que o RIA se trata de ensaio competitivo com resposta não linear, com curva-padrão curta, tempo de ensaio longo e reprodutibilidade nem sempre aceitável. Portanto, do ponto de vista técnico, apresenta essas desvantagens. Nos métodos imunométricos são utilizados dois anticorpos monoclonais em concentrações saturantes, preparados contra diferentes epítopos da molécula a ser pesquisado na amostra. O hormônio é extraído do soro através de um dos anticorpos, o qual é ligado à fase sólida do sistema. O segundo anticorpo é responsável pela detecção, pois é ligado à uma molécula sinalizadora. Um sanduiche é então formado, no qual o hormônio está no meio com um anticorpo de cada lado, sendo a concentração do hormônio diretamente proporcional à quantidade de anticorpo marcado.

■ Radioimunoensaio

O desenvolvimento da técnica de radioimunoensaio teve um enorme impacto em muitas áreas da medicina, pois permitiu a quantificação de uma ampla variedade de compostos com importância biológica como peptídios, hormônios, vitaminas e medicamentos, que podem existir ou estar presentes nos tecidos em baixas concentrações.

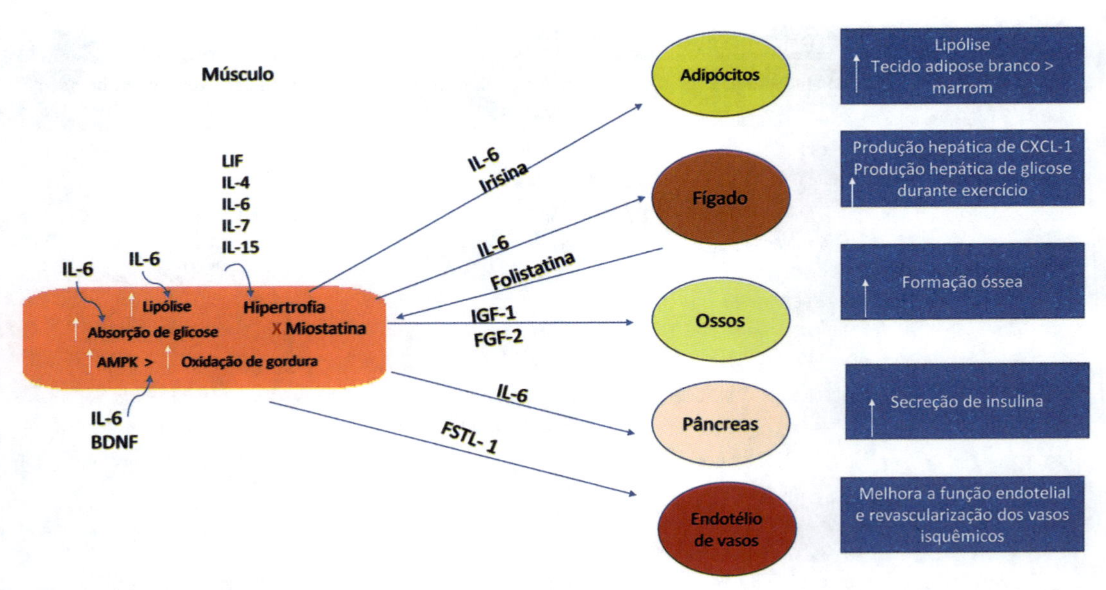

FIG 19.1.6 – Músculo como tecido endócrino, fator inibição de leucemia (LIF), IL (interleucina), fator neurotrófico derivado do cérebro (BDNF), fatores de crescimento insulínicos (IGF), fator de crescimento de fibroblastos 2 (FGF-2), FSTL- 1 (folistatina like-1).

Em 1956, Berson e Yallow, quando estudavam o comportamento da insulina marcada com I-131, fizeram várias observações que levaram ao desenvolvimento de radioimunoensaio para a insulina plasmática. Esses autores verificaram que, quando os pacientes com diabetes mellitus eram tratados com insulina, formavam-se anticorpos fixadores de insulina contra essa insulina injetada. Mais tarde, eles produziram anticorpos anti-insulina em animais. Além disso, eles observaram, utilizando um sistema in vitro, que a insulina não marcada deslocava a insulina marcada do anticorpo anti-insulina. Constataram ainda que, quando a concentração do anticorpo era mantida fixa, a fixação da insulina marcada era uma função da quantidade de insulina não marcada presente no sistema. Esse trabalho constitui a base do radioimunoensaio.

A técnica e suas variações baseadas no mesmo princípio foram e ainda têm sido utilizadas para dosar centenas de substâncias diferentes, algumas das quais aparecem no sangue em quantidades da ordem de ng/mL e pg/mL. Antes do desenvolvimento do RIE, muitas dessas substâncias só podiam ser dosadas com grandes dificuldades, e em muitos casos não havia sequer possibilidade prática de serem dosadas. O instrumento utilizado para esse ensaio é um contador de raios gama. Os reagentes necessários para executar uma análise de uma determinada substância ou antígeno são: um anticorpo específico para esse antígeno, o antígeno marcado, uma preparação padrão do antígeno e um sistema para separar a fração que fica ligada ao antígeno da fração que não fica ligada, ou seja, a que fica livre. A substância que se pretende dosar (antígeno não marcado), existente no soro do paciente, compete com o antígeno marcado pelos sítios de fixação do anticorpo. A porcentagem do antígeno ligado ao anticorpo está relacionada à quantidade total de antígeno presente e é traduzida pela distribuição do marcador radioativo. Com quantidades crescentes de antígenos não marcados, quantidades correspondentemente menores do antígeno marcado são fixadas no anticorpo. A porcentagem do marcador radioativo que está ligado ao anticorpo e a porcentagem do que permanece livre podem ser determinadas após a separação das duas frações.

Comparando a distribuição do marcador no soro do paciente com a observada nos padrões, podemos determinar a concentração do antígeno nesse soro. A distribuição do marcador radioativo pode ser expressa de várias maneiras, tais como a porcentagem de contagem na fração fixada (% F), a mais usada, e a porcentagem de contagem na fração livre (%/L), ou a razão da contagem das duas frações (F/L). Prepara-se uma curva de padronização em que se relacionam graficamente as porcentagens (ou as razões) obtidas nos padrões com as concentrações dos padrões; os valores das concentrações nos soros são obtidos utilizando-se a curva de padronização.

■ Ensaios imunométricos

Os ensaios não isotópicos são, no momento, os mais procurados pelos laboratórios clínicos para dosagens hormonais e principalmente para dosagens de drogas terapêuticas. Os métodos não isotópicos que, com o tempo, ganharam a confiança dos laboratórios, têm oferecido vantagens sobre o radioimunoensaio, tais como: a eliminação do marcador radioativo, os reagentes com meia-vida mais longa, os ensaios mais rápidos, a capacidade de realizar exames de emergência e, associado a isso, um instrumento que oferece uma operação simples e eficiente. São eles: enzimaimunofluorimetria e imunoensaio por quimioluminescência.

Enzimaimunofluorimetria

Há três tipos de ensaios utilizando esse princípio: ensaios sequenciais, ensaios competitivos e do tipo sandwich.

Nos ensaios sequenciais, o antígeno presente na amostra do paciente liga-se ao anticorpo que está em uma imunomatriz de fase sólida. Em seguida, é adicionado o conjugado, um antígeno marcado com enzima que se liga aos sítios do anticorpo que não estão ligados ao antígeno da amostra. Ao término da reação, é adicionada uma solução de lavagem que contém o substrato para a enzima, para remover o antígeno marcado que não se ligou ao anticorpo e às proteínas séricas da amostra e gerou o produto da reação fluorescente, que é proporcional ao antígeno marcado.

Nos ensaios competitivos, o antígeno presente na amostra do paciente e o conjugado (antígeno marcado com enzima) são colocados juntos e competem entre si para se ligar ao anticorpo presente na imunomatriz. O excesso de antígeno marcado e as proteínas séricas da amostra são removidos pelo substrato que gera o produto da reação fluorescente, proporcional ao antígeno marcado.

Nos ensaios do tipo sandwich, o antígeno presente na amostra do paciente liga-se ao anticorpo na imunomatriz e, então, é adicionado o conjugado que se liga ao segundo sítio antigênico do antígeno da amostra. O excesso de anticorpo marcado e as proteínas séricas da amostra são removidos da zona de reação pelo substrato, que gera o produto da reação fluorescente, proporcional ao antígeno marcado.

O comprimento da onda da excitação do produto de reação nos três tipos de ensaios é de 365 mm e o da onda da emissão é de 450 mm. Os resultados são calculados da produção de luz fluorescente no comprimento da onda de 450 mm. O método enzimático garante a especificidade, enquanto a medida fluorimétrica detecta o máximo de sensibilidade. À medida que a reação ocorre, o aumento da fluorescência está diretamente relacionado à concentração do conjugado na fração ligada.

Imunoensaio por quimioluminescência

Atualmente, os métodos para dosagens de hormônios utilizam, em sua maioria, a quimioluminescência (imunoquimioluminescência e eletroquimioluminescência).

A luminescência é a emissão de luz ou energia radiante quando um elétron retorna de um nível de energia mais alto ou excitado para outro mais baixo. Os vários tipos de luminescência incluem fluorescência, fosforescência e quimioluminescência. Embora os fenômenos de luminescência se diferenciem no modo pelo qual um elétron é ativado ao estado excitado, eles resultam em emissões semelhantes de energia radiante.

A quimioluminescência difere de outros fenômenos de luminescência, fluorescência e fosforescência devido à excitação e emissão de luz causada por uma reação química ou eletroquímica, e não por fotoiluminação. Ela envolve a oxidação de um composto orgânico, tal como luminol, isoluminol, ésteres de acridina ou luciferina por um oxidante, por exemplo, o peróxido de hidrogênio, o hipoclorito ou o oxigênio; a luz é emitida do produto excitado, formado na reação da oxidação. Essas reações ocorrem na presença de catalisadores, como as enzimas, por exemplo, fosfatase alcalina, peroxidase e microperoxidase, íons metálicos ou complexos metálicos, como os com cobre II e ferro III. Os esquemas de reação para quimioluminescência variam de reações simples, de uma etapa, até reações mais complexas, com múltiplas etapas. As aplicações da quimioluminescência têm aumentado com o desenvolvimento da automação e de novos sistemas de reagentes, nos imunoensaios.

A eletroquimioluminescência difere da quimioluminescência pelo fato de que as formas moleculares reativas que produzem a reação de quimioluminescência são geradas eletroquimicamente a partir de precursores estáveis na superfície de um eletrodo. Processos de eletroquimioluminescência têm sido demonstrados para muitas moléculas diferentes, por vários mecanismos distintos, incluindo uma reação do tipo oxidação-redução com rutênio II, tris-(bipiridil) e triptopilameri

Considerações finais

Devemos sempre lembrar que, independentemente da qualidade do ensaio, um resultado incompatível com a clínica ou que apresenta dados numericamente surpreendentes deve ser sempre confirmado, mesmo com o uso de ensaios supersensíveis e superespecíficos.

É importante ressaltar que essa é uma área em contínua evolução, na qual os conceitos e princípios novos tendem a aparecer rapidamente, tornando nossos conhecimentos atuais obsoletos em pouco tempo.

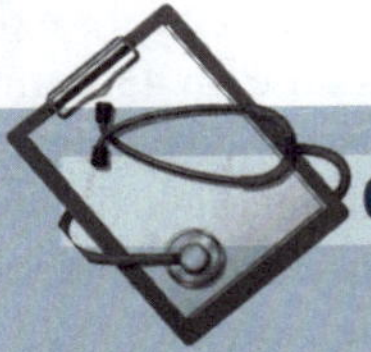

CASOS CLÍNICOS

Caso 1

S.F.M, feminino, 34 anos, procura o ambulatório para acompanhamento de síndrome metabólica. Paciente, obesa grau 2, diagnosticada há 3 meses como portadora de diabetes mellitus tipo II e hipertensão arterial sistêmica. Relata que mantinha o peso sob controle, mas que ganhou cerca de 15 kg nos últimos meses, quando parou de realizar atividades físicas devido a cansaço e grande sensação de fraqueza e fragilidade. Diz ficar "doente à toa", se machucar com facilidade e sofreu 2 fraturas recentes. Paciente é refratária aos tratamentos de controle da diabetes e hipertensão. Admitida no serviço de endocrinologia para investigar causas secundárias.

Ao exame físico, a paciente estava lúcida, orientada e em bom estado geral. Hidratada, corada, anictérica e acianótica. Sinais vitais: Hipertensa, taquicárdica, normopneica, afebril. Cabeça e pescoço: Presença de acne e hirsutismo. Palpação de linfonodos e de tireoide normal, acúmulo de gordura ao redor do rosto e pescoço. Aparelho cardiovascular: Ritmo cardíaco regular em 2 tempos com bulhas normofonéticas. Sem sopros. Aparelho respiratório:

Sem alterações. Abdome: Globoso devido a aumento do tecido celular subcutâneo, peristaltico, timpânico, indolor, não palpo massas. Presença de estrias cutâneas. Membros inferiores: Diminuição da massa muscular e redução da força.

Foram solicitados os seguintes exames complementares:

- Dosagem de Cortisol sérico
- Dosagem de ACTH
- Teste de supressão com Dexametasona
- RM com contraste: Sugestivo de adenoma hipofisário
- Após completa a investigação paciente foi diagnosticado com adenoma hipofisário secretor de ACTH levando ao quadro de DOENÇA DE CUSHING

Baseado na história acima, responda as seguintes questões:

1. Como você esperaria encontrar os níveis séricos de cortisol? (aumentados ou diminuídos) Em relação a avaliação laboratorial dos níveis de cortisol, qual é o horário recomendado para a coleta desse hormônio?
2. Dexametasona é um tipo de medicação corticoide. No teste da dexametasona são administrados 1 a 2 mg desse corticoide entre 23 e 0h e o cortisol plasmático é medido no dia seguinte. Pensando sobre a fisiologia, feedback negativo e o eixo hipotálamo-hipófise- adrenal em um paciente saudável, responda: como você acha que estaria a dosagem de ACTH e do cortisol plasmático no dia seguinte à administração de alta dose de dexametasona?
3. Destaque os sinais e sintomas presentes no caso clínico.

■ Caso 2

Queixa principal: "Caroço no pescoço" S.M.N., mulher de 38 anos vem a consulta de endocrinologia encaminhada pelo clínico geral devido a nódulo palpável em região cervical. Há 2 meses, paciente procurou o clínico devido a sensação de palpitação e taquicardia durante a realização de tarefas diárias, sem dor precordial durante os episódios. Durante exame físico, além de notar alterações cardíacas na paciente, o clínico também notou um aumento do volume da tireoide com nódulos indolores palpáveis e realizou o pedido com urgência de parecer para a endócrino devido à história familiar de câncer de tireoide (1 prima e 1 irmã). Obesa grau II e hipertensa, não está controlando bem a pressão arterial com a medicação. Paciente relata que sempre teve dificuldade para perder peso, porém nos últimos 3 meses, o efeito foi intensificado com aumento do trânsito intestinal e perda ponderal de 10 kg.

Ao exame físico, a paciente estava lúcida, orientada, bastante agitada e nervosa. Relata que sua ansiedade é devida à preocupação com o "medo de ser câncer". Hidratada, sudoreica, normocorada e em bom estado geral. Sinais vitais: Hipertensa, taquicárdica, normopneica, afebril. Cabeça e pescoço: Proptose com olhar fixo, não palpo linfonodos, palpação da tireoide com presença de 2 nódulos palpáveis em lobo direito de aproximadamente 3 cm, consistência fibroelástica e não aderidos. Aparelho cardiovascular: Ritmo cardíaco irregular em 2 tempos com bulhas hiperfonéticas. Sem sopros. Aparelho respiratório: Sem alterações. Abdome: Aumento da peristalse, timpânico, indolor, não palpo massas. Membros inferiores: Sem alterações.

Foram solicitados os seguintes exames complementares:

Laboratório

- TSH: 0,05mUI/L (0,45-4,5)
- T_4 LIVRE: 4,5 ng/dL (0,9-1,7)
- Antirreceptor de TSH (TRAB): 28 U/L (Positivo se> 1,5)

Outros exames complementares

- ECG: Taquicardia sinusal e extra-sístole atrial precoce
- Cintilografia: Hipercaptação de contraste difusa com nódulos também hipercaptantes de contraste.

1. Qual sua hipótese diagnóstica para essa paciente? Interprete o resultado laboratorial.
2. O que é o anticorpo TRAB e qual o seu papel na doença da paciente?
3. Destaque os sinais e sintomas presentes no caso clínico.
4. O que é a cintilografia? Explique o achado do exame da paciente

Bibliografia consultada

1. Aires MM. Fisiologia. 3ª ed. Rio de Janeiro: Guanabara Koogan, 2008; p. 919-929.
2. Burtis CA, Ashwood ER. Tietz Textbook of Clinical Chemistry. 3ª ed. Philadelphia: W.B. Saunders, 2000; p. 1645-1660 e 1698-1734.
3. Guyton AC, Hall JE. Textbook of Medical Physiology. 12ª ed. Philadelphia: Saunders Elsevier, 2011; p. 895-966.
4. Henry JB. Clinical Diagnosis and Treatment by Laboratory Methods. 20ª ed. Philadelphia: W.B. Saunders, 2002; p. 304-383.
5. Kaplan LA, Pesce AJ. Clinical Chemistry: theory, analysis and correlation. 3ª ed. St. Louis, Missouri: Mosby, 1996; p. 849-891.
6. HARRISON'S Principles of Internal Medicine. 19 th ed, McGraw-Hill Medical Publishing Division, 2015.
7. GUYTON, A.C. e Hall J.E.– Tratado de Fisiologia Médica. Editora Elsevier. 13ª ed., 2017.
8. ROSS, Douglas S; COOPER, David S. Laboratory assessment of thyroid function. Post TW, ed. Atualizado. Waltham, MA: UpToDate Inc. http://www.uptodate.com (Acessado em 11 de agosto de 2018.)
9. Signaling Molecules and Their Receptors. The Cell: A Molecular Approach. 2nd edition. The Membranes of Cells (Third Edition). Chapter 15 - Membrane Receptors. 2016, Pages 401-425.
10. Tania M. Ortiga-Carvalho, Maria I. Chiamolera, Carmen C. Pazos-Moura, and Fredric E (2016). Wondisford. Hypothalamus-Pituitary-Thyroid Axis..
11. Pedersen, B.K., and Febbraio, M.A. (2012). Muscles, exercise and obesity: skeletal muscle as a secretory organ. Nat. Rev. Endocrinol. 8, 457–465.
12. Gribble, F.M., and Reimann, F. (2016). Enteroendocrine cells: chemosensors in the intestinal epithelium. Annu. Rev. Physiol. 78, 277–299.
13. Bohórquez DV, Shahid RA, Erdmann A, et al. Neuroepithelial circuit formed by innervation of sensory enteroendocrine cells. J Clin Invest 2015; 125:782.

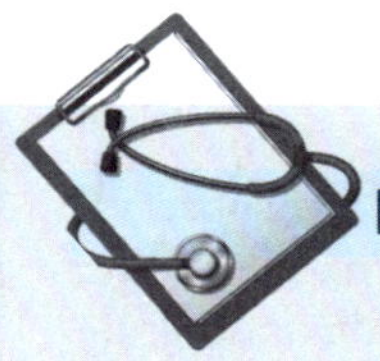

DISCUSSÃO DOS CASOS CLÍNICOS

■ Caso 1

Resposta à pergunta 1: Níveis aumentados de cortisol. O cortisol plasmático deve ser medido durante seu pico de liberação, que ocorre entre às 8 às 9h da manhã.

Resposta à pergunta 2: No teste da dexametasona, o que se tenta verificar é como está funcionando o eixo hipotálamo-hipófise-adrenal. O que se espera em uma paciente saudável é que, ao dar grande dose de corticoide à noite, esse excesso de corticoide irá reduzir a secreção de ACTH pela hipófise e, por consequência, a estimulação pelo ACTH para que a adrenal produza corticoide pela manhã, ficará reduzida. Logo, podemos concluir que, em um paciente saudável, é esperado que no teste da dexametasona, ambos ACTH e cortisol plasmático estejam reduzidos pela manhã.

Resposta à pergunta 3: Os sinais clássicos de Cushing são: Acne, hirsutismo, estrias violáceas no abdome e principalmente a alteração da distribuição da gordura corporal. O paciente desenvolve uma obesidade centrípeta/visceral, com acúmulo de gordura abdominal e perda de gordura periférica associada a perda significativa de força e massa muscular. Além disso, o excesso de corticoide circulante causa no paciente quadro de resistência insulínica (predispondo a DM2) e outras doenças, como a hipertensão arterial sistêmica e osteopenia.

■ Caso 2

Resposta à pergunta 1: Hipertireoidismo primário (TSH suprimido e T4 livre aumentado). A produção de hormônio tireoidiano é regulada pelo eixo hipotálamo-hipófise-tireoide. O TRH produzido pelo hipotálamo estimula a hipófise a liberar TSH. O TSH, por sua vez, se liga ao receptor de TSH na tireoide e estimula a produção de T3 e T4. Quando as concentrações sanguíneas de hormônio tireoidiano se elevam, isso é identificado pela hipófise e a liberação de TSH (pela própria hipófise) é reduzida (feedback negativo) para que, dessa forma, menos TSH se ligue ao receptor na tireoide e a produção de T3/T4 reduza novamente.

No hipertireoidismo primário, a glândula tireoide começa a produzir hormônio tireoidiano de forma exacerbada (Dosagem de T4 livre fica aumentada no exame laboratorial). O excesso de hormônio T3 e T4 no sangue é detectado pela hipófise que reduz os níveis de TSH (TSH suprimido no exame laboratorial). No entanto, a tireoide não está mais respondendo ao TSH, logo, mesmo com a redução de TSH, a tireoide permanece produzindo grandes quantidades de T3/T4 de forma independente.

Resposta à pergunta 2: O TRAb (anticorpos do receptor de tireotrofina) é uma imunoglobulina que mimetiza o efeito do TSH. Ao se ligar ao seu receptor na tireoide, estimula hiperplasia e hipertrofia das células foliculares e a produção dos hormônios tireoidianos. Há perda do controle realizado pelo eixo hipotálamo-hipófise-tireoide.

Resposta à pergunta 3: Aumento sensibilidade às catecolaminas: Palpitação, taquicardia, sudorese, ansiedade, nervosismo. Aumento da taxa metabólica basal: Perda ponderal. Proptose (exoftalmia): devido a ação dos anticorpos TRAb no globo ocular. Aumento da glândula da tireoide

Resposta à pergunta 4: É um exame no qual é administrado contraste iodado para observar a função da tireoide. O iodo é essencial para a produção de T3 e T4, sem ele, não se produz esses hormônios. Se a glândula está hiperfuncionante (hipertireoidismo) produzindo grandes quantidades dos hormônios, ela estará ávida por iodo. Logo, quando for administrado o contraste iodado, haverá aumento da captação de iodo. Por esse motivo, ela recebe o laudo de "hipercaptantes de contraste". É importante também lembrar que um nódulo hipercaptante tem baixo risco de malignidade. Ao invés disso, um nódulo hipocaptante, apresenta alto risco de malignidade e nesses casos, pode haver necessidade de biópsia.

Desreguladores Endócrinos 19.2

Andrea Claudia Freitas Ferreira
Luciene de Carvalho Cardoso Weide

Introdução

Os desreguladores endócrinos são substâncias capazes de interferir com qualquer aspecto da função hormonal (Figura 19.2.1). Como visto no Capítulo 19.1, o sistema endócrino desempenha papel fundamental na manutenção da homeostase, no crescimento, no desenvolvimento e na reprodução. Portanto, compostos capazes de afetar o bom funcionamento do sistema endócrino podem produzir importante impacto sobre a saúde.

Os desreguladores endócrinos podem ter diversas origens, tais como: plásticos, tecidos, inseticidas, cosméticos, produtos médicos e odontológicos, resíduos industriais, brinquedos infantis, entre outros. Portanto, a exposição a desreguladores endócrinos é ubíqua e inevitável. Alguns exemplos de substâncias com ação

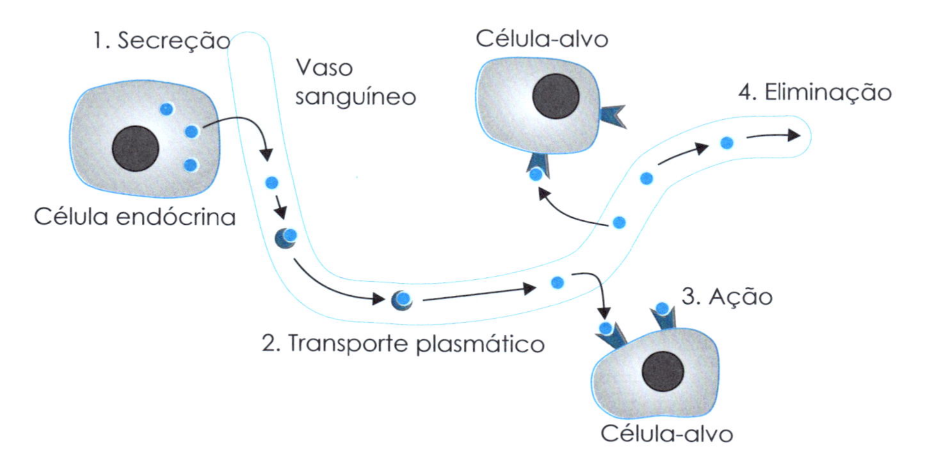

FIGURA 19.2.1 – Ações de desreguladores endócrinos. Os desreguladores endócrinos podem interferir com o funcionamento normal do sistema endócrino de diversas formas: 1. Secreção: podem alterar a síntese e/ou a liberação hormonal; 2. Transporte plasmático: podem competir com o hormônio endógeno pela ligação à sua proteína transportadora; 3. Ação na célula-alvo: podem atuar como agonista, antagonista ou agonista parcial de receptores hormonais; 4. Eliminação: podem interferir com a metabolização e/ou com o processo de excreção do hormônio.

desreguladora do sistema endócrino incluem: bisfenol A, ftalatos, DDT (diclorodifeniltricloroetano), glifosato, dioxinas, benzeno, benzopireno, metais pesados, como mercúrio, chumbo, cádmio, dentre muitos outros. Embora muito se tenha estudado acerca dos desreguladores endócrinos, é difícil ter uma real dimensão de quantas substâncias possuem tal efeito, pois aproximadamente 80.000 produtos químicos encontram-se em uso só nos Estados Unidos e de 1.000 a 2.000 novos produtos são introduzidos a cada ano. Portanto, muitas pesquisas ainda precisam ser realizadas para que se possa ter um panorama mais completo de quais substâncias, dentre aquelas às quais estamos expostos, afetam o sistema endócrino.

Após o uso, produtos contendo desreguladores endócrinos são eventualmente lançados no ambiente, podendo ser ingeridos por seres vivos. Vale ressaltar que diversos desreguladores endócrinos sofrem biomagnificação, ou seja, tornam-se cada vez mais concentrados ao longo da cadeia alimentar. Como os seres humanos encontram-se no topo da cadeia alimentar, acabam sendo expostos a concentrações ainda mais elevadas de tais compostos. No Brasil, assim como em outros países da América Latina, a infraestrutura de saneamento básico é bastante precária e o monitoramento da contaminação por desreguladores endócrinos é praticamente inexistente. Portanto, estima-se que haja grande contaminação, tanto em áreas urbanas, por produtos químicos, medicamentos e outros, quanto em áreas rurais, pelo uso de pesticidas e herbicidas na agricultura, de hormônios sintéticos na pecuária etc.

A principal via de contaminação do organismo por desreguladores endócrinos é através da ingestão de alimentos e bebidas contaminados, embora eles também possam ser adquiridos através da respiração e pela pele. Vale ressaltar que diversos desreguladores endócrinos são capazes de atravessar a barreira placentária, de forma que se a mãe for exposta, o seu feto também será. Além disso, muitos desreguladores endócrinos são concentrados no leite materno, de forma que o bebê pode ser exposto através do aleitamento materno.

Alguns fatores influenciam o risco associado à exposição a desreguladores endócrinos,

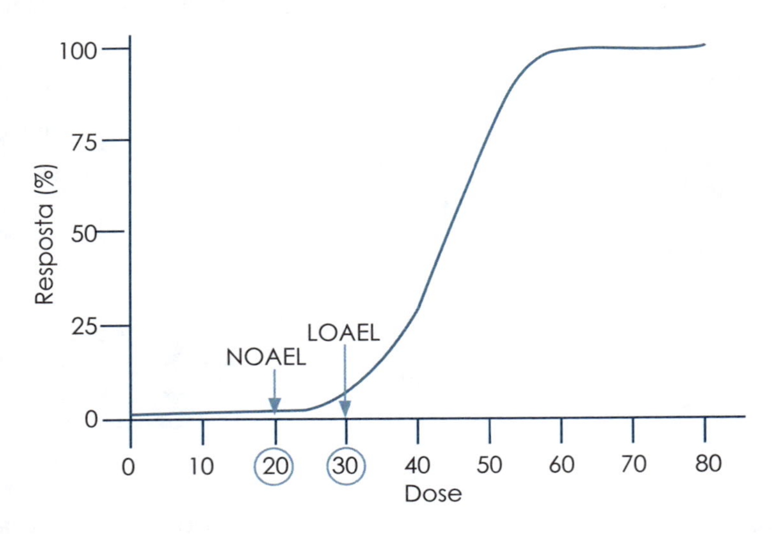

FIGURA 19.2.2 – Curva dose-resposta típica. Em geral, o aumento da concentração leva a um aumento da resposta, sendo possível obter os valores de NOAEL (*No Observed Adverse Effect Level*, maior dose em que não se observa efeito adverso, no exemplo, na dose de 20) e LOAEL (*Low Observed Adverse Effect Level*, menor dose em que já se observa efeito adverso, no exemplo, na dose de 30).

tais como: a fase da vida em que o indivíduo foi exposto (em geral, quanto mais jovem, maior o risco, principalmente durante o desenvolvimento embrionário), qual é o desregulador endócrino ou o conjunto de desreguladores endócrinos ao(s) qual(is) o indivíduo foi exposto, além da duração e do nível de exposição. Para se avaliar o risco decorrente da exposição a um composto, normalmente constrói-se uma curva dose-resposta e calcula-se os valores de LOAEL (*Low Observed Adverse Effect Level*, menor dose em que já se observa efeito adverso) e NOAEL (*No Observed Adverse Effect Level*, maior dose em que não se observa efeito adverso) (Figura 19.2.2).

Em posse do valor de NOAEL, é possível obter o valor de referência, considerado seguro para exposição a tal composto. Vale ressaltar, entretanto, que os desreguladores endócrinos frequentemente exibem curva dose-resposta não-monotônica (Figura 19.2.3), como curvas em U, U invertido ou polinomiais complexas, impossibilitando a obtenção de valores de NOAEL e de LOAEL e, consequentemente, da dose de referência. Desta forma, torna-se difícil determinar uma dose que possa ser considerada segura para exposição a tais compostos. Os desreguladores endócrinos, diferentemente dos hormônios endógenos, em geral não possuem alta afinidade e especificidade pelos receptores hormonais, podendo interferir em diversas vias de sinalização simultaneamente, o que torna as ações dos desreguladores endócrinos muito complexas, além de poder afetar muitos órgãos e sistemas.

Outro fator que dificulta a compreensão dos efeitos deletérios dos desreguladores endócrinos é que muitas vezes a exposição a estes compostos em fases críticas do desenvolvimento pode levar a consequências somente mais tarde na vida do indivíduo, podendo predispor ao surgimento de algumas doenças, como diabetes mellitus, câncer, doenças cardiovasculares e neurodegenerativas, na vida adulta ou no envelhecimento. Estes efeitos ocorrem devido a mudanças epigenéticas, como alterações no padrão de metilação do DNA, da acetilação de histonas e da expressão de RNAs não codificantes. A plasticidade epigenética possibilita que, a partir de uma única célula-tronco pluripotente, possam surgir células-filha que, embora compartilhem o mesmo material genético, apresentam um padrão de expressão gênica diferenciado e exercem funções biológicas específicas, como um hepatócito e um neurônio. Assim, o desenvolvimento embrionário é uma fase particularmente suscetível a sinais ambientais que podem influenciar a programação epigenética, inclusive sinais ambientais químicos, como é o caso dos desreguladores endócrinos. Portanto, a exposição a

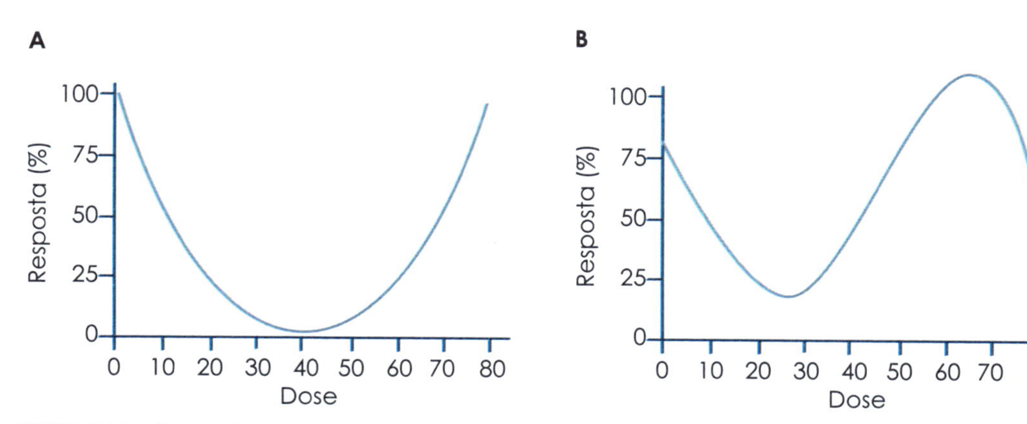

FIGURA 19.2.3 – Curvas dose-resposta não-monotônicas. As curvas dose-resposta dos desreguladores endócrinos frequentemente não são monotônicas, possuindo forma de U (A), polinomiais complexas (B), dentre outras.

desreguladores endócrinos em fases críticas do desenvolvimento, chamadas de "janelas de exposição", pode levar a modificações epigenéticas que perduram ao longo da vida, podendo predispor o indivíduo exposto a doenças crônicas e degenerativas.

Já foi demonstrado que algumas modificações epigenéticas causadas por desreguladores endócrinos podem ser transmitidas para a prole, com consequências para a saúde dos descendentes dos indivíduos expostos, os efeitos inter e transgeracionais. Isto ocorre porque células germinativas também podem sofrer modificações epigenéticas, as quais podem ser transmitidas para a descendência. Embora a maior parte das modificações epigenéticas sejam "apagadas" após a fertilização, já foi demonstrado que algumas regiões específicas do DNA parecem ser resistentes a esta reprogramação, possibilitando a transmissão de tais modificações epigenéticas através de múltiplas gerações. Desta forma, os filhos e netos de um indivíduo exposto a um desregulador endócrino podem apresentar maior propensão a determinada doença, mesmo sem ter sido expostos diretamente à substância. Tais efeitos tardios dificultam a comprovação da relação causa-consequência entre a exposição ao composto e o surgimento da doença, limitando ainda mais a compreensão dos efeitos adversos dos desreguladores endócrinos.

Ações dos desreguladores endócrinos

Os desreguladores endócrinos, apesar do nome, são capazes de afetar diversos órgãos e sistemas além do sistema endócrino, incluindo o sistema nervoso, cardiovascular, imunológico, dentre outros, embora os efeitos sobre o sistema endócrino e reprodutor estejam mais bem caracterizados. Apesar da dificuldade em provar a causalidade de doenças decorrentes da exposição a desreguladores endócrinos, um número cada vez maior de evidências sugere que de fato estas substâncias contribuem para o surgimento ou progressão de diversas doenças.

Dados acerca da exposição ocupacional ou tóxica a um único composto em humanos, assim como dados em modelos experimentais nos ajudam a compreender melhor o impacto de cada um dos desreguladores endócrinos para a saúde, visto que mais frequentemente estamos expostos a diversos compostos simultaneamente em baixa dose, o que dificulta a compreensão do efeito de cada um deles. E, de fato, têm sido demonstrados diversos efeitos deletérios sobre a saúde em decorrência da exposição a desreguladores endócrinos, como danos à reprodução, à função tireóidea, ao metabolismo, ao sistema nervoso, além da predisposição à ocorrência de cânceres sensíveis a hormônios.

Sistema reprodutor feminino

As evidências acerca da relação entre a exposição a desreguladores endócrinos e disfunções reprodutivas femininas são bastante robustas, sendo conhecidas de longa data. Os órgãos e sistemas envolvidos com a função reprodutiva feminina, incluindo o ovário, o trato reprodutor, a hipófise e o sistema nervoso central, mostram-se bastante vulneráveis à ação de diversos desreguladores endócrinos. A sensibilidade de tais órgãos e sistemas à exposição a desreguladores endócrinos é particularmente alta em períodos críticos do desenvolvimento do sistema reprodutor, incluindo o período embrionário, perinatal e a puberdade. A exposição precoce a estes compostos leva ao comprometimento do desenvolvimento ovariano, da foliculogênese, da esteroidogênese, da ovulação e à redução da qualidade dos ovócitos. Além do ovário, o útero e a vagina também são altamente sensíveis aos desreguladores endócrinos, com alterações estruturais e funcionais causadas pela exposição a tais substâncias.

Dados epidemiológicos e, também trabalhos empregando modelos animais mostram a ocorrência de puberdade precoce, alterações do ciclo reprodutivo, redução da fertilidade e senescência reprodutiva prematura pela exposição a desreguladores endócrinos, tanto no período pré-natal quanto na vida adulta. Além disso, diversas doenças reprodutivas femininas estão associadas à exposição aos desreguladores endócrinos, tais como a síndrome do ovário policístico, a endometriose, fibroides e problemas na gestação, inclusive aumento do número de abortos espontâneos.

Portanto, os desreguladores endócrinos impactam de forma importante o sistema reprodutor feminino, comprometendo a capacidade reprodutiva e a qualidade de vida de mulheres expostas.

Sistema reprodutor masculino

Cada vez mais tem sido estudada a relação entre a exposição a desreguladores endócrinos e disfunções reprodutivas masculinas. Os desreguladores endócrinos do sistema reprodutor masculino mais bem caracterizados são os antiandrogênios, os xenoestrógenos e as dioxinas.

Os principais distúrbios reprodutivos masculinos associados aos desreguladores endócrinos são a hipospádia, o criptorquidismo, o câncer de células da linhagem germinativa testicular e a baixa qualidade do sêmen. Em conjunto, esses problemas são denominados síndrome da disgenesia testicular e tem sido proposto que o aumento na prevalência desta síndrome deve-se, pelo menos em parte, ao aumento da exposição aos desreguladores endócrinos, especialmente durante o desenvolvimento. Já foi relatada também a ocorrência de contagens de espermatozoides extremamente baixas em decorrência da intoxicação por poluentes ambientais.

Vale ressaltar que a quantidade de desreguladores endócrinos com ação antiandrogênica e xenoestrógena vem aumentando, o que pode comprometer cada vez mais a capacidade reprodutiva humana.

Cânceres sensíveis a hormônios

Os cânceres sensíveis a hormônios, incluindo o câncer de mama, de útero, de ovário e de próstata, são bastante suscetíveis à ação dos desreguladores endócrinos.

Estudos em roedores mostram que a exposição a diversos desreguladores endócrinos, incluindo poluentes, herbicidas, produtos químicos e farmacêuticos, é capaz de aumentar a suscetibilidade a tumores mamários, especialmente em períodos críticos do desenvolvimento mamário. A dioxina é um exemplo de composto que tem sido associado ao risco aumentado de câncer de mama e ovariano.

Estudos epidemiológicos indicam taxas mais elevadas de câncer de próstata e de mortalidade em homens expostos a determinados pesticidas, agente laranja, alquilfenois, PCBs (bifenilas policloradas) e arsênio inorgânico. O mecanismo de ação dos desreguladores endócrinos parece envolver mudanças na esteroidogênese, reprogramação epigenômica e reprogramação de células-tronco e de células progenitoras da próstata.

A incidência de cânceres sensíveis a hormônios tem aumentado e é provável que este aumento se deva, pelo menos em parte, ao aumento da contaminação ambiental por desreguladores endócrinos.

Tireoide

Alguns desreguladores endócrinos exercem ações claras sobre o eixo tireóideo, em concentrações ambientalmente relevantes. Os hormônios tireóideos são essenciais para crescimento e desenvolvimento normais, além de regular importantes aspectos do metabolismo. Têm sido encontrados cada vez mais compostos capazes de interferir com o funcionamento e, também normal da tireoide com a ação dos hormônios tireóideos.

Os mecanismos pelos quais os desreguladores endócrinos afetam a função tireóidea e a sua ação incluem: interferência na captação de iodeto, na organificação, no transporte plasmático dos hormônios tireóideos e na ligação do T_3 ao seu receptor.

Vale ressaltar que os hormônios tireóideos desempenham papel fundamental no desenvolvimento normal do sistema nervoso, portanto a exposição a desreguladores endócrinos que afetam a função tireóidea durante o desenvolvimento pode ter importante impacto cognitivo e comportamental. De fato, estudos epidemiológicos em humanos mostram a relação entre a exposição pré-natal a certos desreguladores tireóideos e o QI reduzido e o déficit cognitivo em crianças.

Obesidade, *Diabetes mellitus* e doenças cardiovasculares

Alguns desreguladores endócrinos possuem efeito obesogênico. Estudos em animais sugerem que o efeito obesogênico depende de diversos fatores, como a duração da exposição, a idade em que ela ocorre e, em especial, da dose. A relação dose-resposta em geral é não-monotônica, com algumas doses induzindo ganho de peso e outras não. A exposição durante o período perinatal muitas vezes induz obesidade somente mais tarde, na vida adulta. Embora os desreguladores endócrinos induzam o ganho de peso por uma ação direta sobre o tecido adiposo, outros tecidos importantes para a homeostase energética também são alvos destes compostos, incluindo o fígado, o sistema nervoso central e o pâncreas endócrino, o que contribui para a sua ação obesogênica.

A obesidade e o aumento de adiposidade são fatores que predispõem à resistência insulínica e ao diabetes mellitus tipo 2, portanto, os desreguladores endócrinos, por sua ação obesogênica, aumentam o risco de diabetes mellitus. Além disso, dados com animais experimentais indicam que alguns desreguladores endócrinos afetam diretamente as células beta pancreáticas, os adipócitos e os hepatócitos, causando hiperinsulinemia, resistência insulínica e alteração dos níveis séricos de leptina e de adiponectina, predispondo o indivíduo ao *Diabetes mellitus* tipo 2. Tais efeitos podem ser observados mesmo na ausência de ganho ponderal.

Alterações da homeostase lipídica, frequentemente encontradas em indivíduos diabéticos e obesos, são fatores de risco para doenças cardiovasculares, portanto, devido ao seu efeito obesogênico e diabetogênico, os desreguladores endócrinos aumentam o risco cardiovascular. Além disso, dados recentes utilizando animais experimentais sugerem que alguns desreguladores endócrinos podem afetar diretamente os cardiomiócitos, causando arritmia, além de causar hipertensão e doença coronariana.

Diversos estudos epidemiológicos têm demonstrado a associação entre os níveis de desreguladores endócrinos e a ocorrência de obesidade, diabetes mellitus e doenças cardiovasculares em humanos. Entretanto, os mecanismos por trás de tais efeitos são pouco compreendidos. Estudos recentes sugerem o envolvimento de receptores nucleares em tais efeitos, como o receptor de estrogênio, o PPARγ (peroxisome proliferator-activated receptor gamma) e o AhR (aryl hydrocarbon receptor).

Assim, a exposição a desreguladores endócrinos pode predispor ao ganho de peso, resistência insulínica, *Diabetes mellitus* tipo 2, dislipidemia e doenças do sistema cardiovascular, consequentemente levando a aumento do risco de mortalidade.

Sistema nervoso

O sistema nervoso possui receptores hormonais, podendo, portanto, ser alvo dos desreguladores endócrinos. Além disto, alguns destes compostos interferem com a sinalização de neurotransmissores em importantes circuitos neurais. Assim, a exposição a interferentes endócrinos pode afetar o comportamento, a cognição, emoção, entre outros.

Estudos epidemiológicos sugerem associação entre a exposição a altos níveis de desreguladores endócrinos e diminuição do QI, problemas no desenvolvimento do sistema nervoso e déficit cognitivo. Adicionalmente, estudos sugerem a associação entre a exposição a desreguladores endócrinos e a esquizofrenia, o transtorno de déficit de atenção e hiperatividade e, também os transtornos bipolares.

Assim, embora os dados acerca dos efeitos dos desreguladores endócrinos sobre o sistema nervoso ainda sejam escassos, a literatura disponível sugere que tais compostos podem impactar de forma importante o cérebro.

Considerações finais

Devemos sempre lembrar o princípio da precaução que, de acordo com o Princípio 15 da Declaração do Rio/92, afirma que "Para que o ambiente seja protegido, serão aplicadas pelos Estados, de acordo com as suas capacidades, medidas preventivas. Onde existam ameaças de riscos sérios ou irreversíveis, não será utilizada a falta de certeza científica total como razão para o adiamento de medidas eficazes, em termos de custo, para evitar a degradação ambiental" (Meio Ambiente e Desenvolvimento Sustentável, proposto na Conferência no Rio de Janeiro, em junho de 1992). Em extensão, devem ser tomadas medidas sérias para evitar a contaminação de seres humanos e, também de outras formas de vida a compostos com ação desreguladora endócrina. Portanto, é fundamental que se eduque o público, a mídia, os políticos e as agências governamentais de forma a evitar que nossos alimentos, bebidas e ar continuem a ser contaminados por desreguladores endócrinos, principalmente visando proteger as crianças, que ainda estão em desenvolvimento e são mais suscetíveis aos efeitos deletérios de tais compostos.

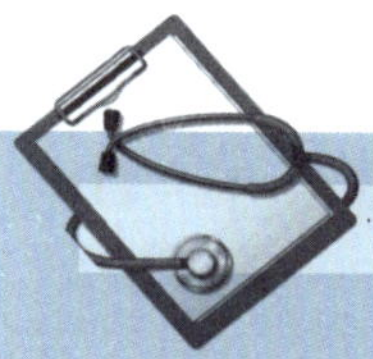

CASOS CLÍNICOS

Caso 1

Paciente de 65 anos, sexo feminino, residente no município de Duque de Caxias, RJ, atendida no ambulatório de endocrinologia, relatou ganho de peso, cansaço excessivo, queda de cabelo e pele seca. Relata ainda que tem apresentado falhas de memória e depressão. Ao exame físico, apresentou bradicardia e tireoide palpável. Foi solicitado ao laboratório clínico a dosagem de TSH, T_3L e T_4L que apresentou os seguintes valores:

- TSH = 11,0 (0 – 4,0) µUI/mL.;
- T_4L = 1,0 (0,8- 2,0) ng/100 mL;
- T_3L = 3.2 (2,5 – 4,0) ngl/dL.

De posse dos resultados laboratoriais, qual seria o diagnóstico esperado?

a) Hipertireoidismo.
b) Hipercortisolismo.
c) Hipotireoidismo subclínico.
d) Diabetes *Mellitus*.

■ Caso 2

Paciente, sexo masculino, 18 anos, com altos níveis de PBA sérico, sobrepeso (IMC entre 25-30), relata poliúria, polidipsia e polifagia. Foi solicitado ao laboratório clínico, a dosagem da glicemia de jejum (8 horas de jejum) que apresentou o valor= 158 mg/dL e dosagem de hemoglobina glicada (HbA1c), cujo resultado foi igual a 8,1 %. Com base no relato qual o seria diagnóstico?

Bibliografia consultada

1. Casati L, Sendra R, Sibilia V, Celotti F. Endocrine disrupters: the new players able to affect the epigenome. Front Cell Dev Biol. 2015; 3:37.
2. Gore AC, Chappell VA, Fenton SE, Flaws JA, Nadal A, Prins GS, Toppari J, Zoeller RT. Executive Summary to EDC-2: The Endocrine Society's Second Scientific Statement on Endocrine-Disrupting Chemicals. Endocr Rev. 2015; 36(6):593-602.
3. Maqbool F, Mostafalou S, Bahadar H, Abdollahi M. Review of endocrine disorders associated with environmental toxicants and possible involved mechanisms. Life Sci. 2016; 145:265-73.
4. Mnif W, Hassine AI, Bouaziz A, Bartegi A, Thomas O, Roig B. Effect of endocrine disruptor pesticides: a review. Int J Environ Res Public Health. 2011; 8(6):2265-303.
5. Starling MCVM, Amorim CC, Leão MMD. Occurrence, control and fate of contaminants of emerging concern in environmental compartments in Brazil. J Hazard Mater. 2018 Apr 22. pii: S0304-3894(18)30275-9. doi: 10.1016/j.jhazmat.2018.04.043. [Epub ahead of print]
6. Vandenberg LN, Maffini MV, Sonnenschein C, Rubin BS, Soto AM. Bisphenol-A and the great divide: a review of controversies in the field of endocrine disruption. Endocr Rev. 2009; 30(1):75-95.
7. http://www.mma.gov.br/clima/protecao-da-camada-de-ozonio/item/7512

DISCUSSÃO DOS CASOS CLÍNICOS

■ Caso 1

Comentários: dentre as possibilidades diagnósticas de Hipotireoidismo subclínico. Sabe-se que a população residente no município de Duque de Caxias, RJ foi exposta ao pesticida organoclorado (HCN) que interfere com os níveis de TSH, sem concomitante alteração de T_3L e T_4L, o que se encaixa na definição de hipotireoidismo subclínico.

■ Caso 2

Comentários: *Diabetes mellitus* (DM). Embora a DM, seja uma doença multifatorial, de acordo com o caso relatado, os níveis elevados de BPA podem ter contribuído para o desenvolvimento do DM2. Os valores de glicemia ($\geq$ 126 mg/dL) e da HbA1c ($\geq$ 6,5 %) confirma o diagnóstico da DM. Diversos estudos relatam predisposição ao ganho de peso, resistência insulínica e *Diabetes mellitus* tipo 2, pós exposição ao BPA, um desregulador endócrino, sobretudo quando a exposição ocorre desde a infância.

19.3 Hormônios Tireóideos

Bárbara Ferreira dos Santos
Elaini Aparecida de Oliveira
Emanuella da Silva Cardoso
Gabriela Ribeiro Silva
Luciene de Carvalho Cardoso Weide

Introdução

Anatomia e histologia

A tireoide é a primeira glândula endócrina a se desenvolver no embrião humano. A morfologia da glândula se assemelha a uma borboleta, composta por dois lobos encapsulados, um de cada lado da traqueia, unidos por um istmo, apoiada abaixo da cartilagem cricoide. Quanto ao aspecto histológico, a glândula é formada por células foliculares na forma de folículos, ricamente capilarizados. O interior do folículo é preenchido por um coloide proteico, rico em tiroglobulina (Tg), uma glicoproteína de 660 kDa que é secretada para o interior do lúmen folicular. Os radicais tirosil da tireoglobulina servem de substrato para iodação e síntese dos hormônios tireóideos (Hts): T_3 e T_4.

As paredes dos folículos são compostas por uma única camada de células cuboides, normalmente achatadas, de aproximadamente 15 µm de altura, entretanto, variações na altura do epitélio folicular podem ocorrer, dependendo do grau de estimulação recebida pela glândula. A função da tireoide é regulada, principalmente, pelo hormônio estimulador da tireoide (TSH) que é sintetizado e secretado pela adeno-hipofisário. Sob estímulo do TSH, o epitélio da célula folicular tireóidea que normalmente é achatado, se transforma em colunar.

Adjacente às células foliculares, encontra-se outra população de células, denominadas células parafoliculares ou células C, associadas às células epiteliais. As células C sintetizam e secretam o hormônio calcitonina. Aderidas ao parênquima tireoidiano, encontram-se dois pares de glândulas paratireoides que sintetizam e secretam o paratormônio (PTH). Tanto a calcitonina, como o PTH, estão envolvidos no metabolismo osteomineral e na manutenção dos níveis de cálcio no sangue. O PTH é secretado em resposta a diminuição do cálcio no sangue e estimula a saída de cálcio dos ossos, através do aumento da atividade dos osteoclastos, além de aumentar a absorção intestinal e reabsorção renal de cálcio. A calcitonina é secretada em resposta a hipercalcemia e tem ação contrária ao PTH: Inibe a atividade dos osteoclastos e a absorção de Ca^{+2} nos intestinos; além de aumentar a fixação de cálcio e fosfato nos ossos.

Biossíntese e secreção dos hormônios tireoidianos

A principal função da tireoide é sintetizar e secretar os hormônios tireóideos (HTs): T_3 (triiodotironina) e T_4 (tiroxina) que são fundamentais para o funcionamento de outros órgãos. O iodo é um componente fundamental na biossíntese dos HTs, tendo em vista que a molécula do T_4 possui 64% do seu peso composta por

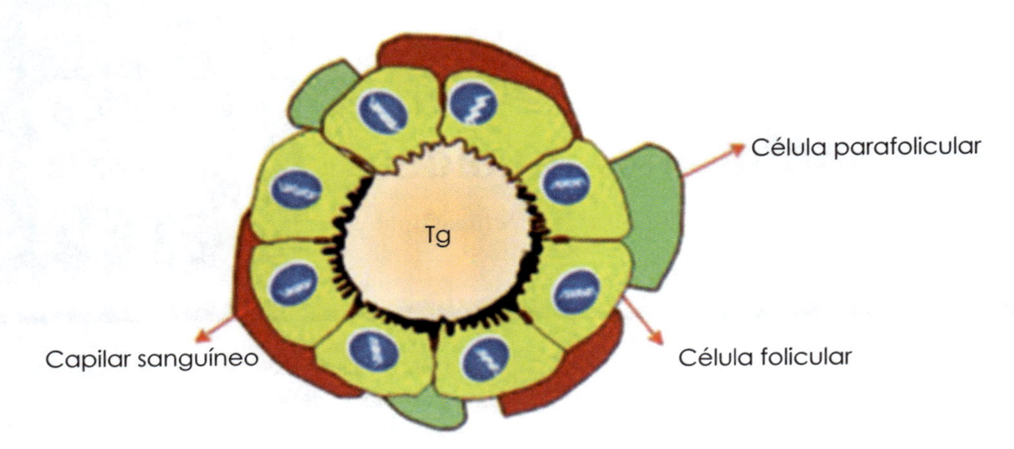

FIGURA 19.3.1 – Esquema de um folículo tireoidiano, envolto por células foliculares, parafoliculares capilares sanguíneos e o interior do folículo preenchido pelo coloide, rico em Tireoglobulina (Tg).

iodo, enquanto o T_3, possui 58 % desse elemento em sua composição. Dessa forma, a ingesta de iodo na forma de iodeto (i^-) e sua absorção pelo trato gastrointestinal, é essencial para a síntese dos HTs. Em 2016, uma pesquisa encomendada pelo Ministério da Saúde, seguindo recomendação da OMS, revelou, através de um inquérito que visava levantar o impacto da iodação do sal em território nacional, que mais de 90% dos brasileiros estão protegidos contra distúrbios por carência de iodo, como o bócio, cretinismo e deficiência mental. Por outro lado, a pesquisa revelou que 44,6% da população consumia iodo em quantidades acima do recomendado no Brasil. Se por um lado a falta do iodo pode levar a danos cerebrais irreversíveis, sobretudo em crianças, por outro lado, o excesso de iodo (300 mg/kg), pode estar relacionado ao hipertireoidismo por excesso de iodo, indução de tireoidite de hashimoto e talvez ao câncer de tireoide. No brasil, a principal fonte de iodo da alimentação, provêm do sal iodado e, atualmente, a taxa de iodação do sal de cozinha reduziu foi reduzida de 20-60 mg/kg para 14-45 mg/kg de sal. Uma vez na corrente sanguínea, a maior parte do iodo é captado pela tireoide e o excesso, é eliminado pelos rins.

A Biossíntese dos HTs, ocorre através das seguintes etapas: 1) Transporte ativo do iodeto para a tireoide; 2) Oxidação do iodeto ($I- \rightharpoonup I^x$); 3) iodação dos resíduos tirosil da tireoglobulina (Tg) para formação das da monoiodotirosinas (MIT) e diiododtirosina (DIT); e, 4) acoplamento das iodotirosinas: MIT + DIT=T_3 e DIIT + DIT = T_4. O transporte do iodeto (I^-) para o interior da célula folicular é realizado através do cotransportador de sódio e iodeto, o NIS (Na^+/I^- *symporter*), localizado na membrana basolateral da célula folicular. A captação de I^- pela tireoide faz com que sua concentração intraglandular seja 20 a 50 vezes maior do que a plasmática, de forma que o I^- é transportado contra gradiente eletroquímico, sendo, dependente da energia gerada pela Na^+/K^+ ATPase (Figura 19.3.2).

Ao entrar na célula, o I^- é transportado para a superfície apical da célula folicular tireoidiana, local onde ocorre a oxidação e organificação do I^- na molécula de Tg, resultando na formação de MIT e DIT. Na superfície apical, também ocorre a etapa de acoplamento de MIT e DIT que leva à formação do T_3 (MIT + DIT) e de T_4 (DIT + DIT) (Figura 19.3.2). Quando há necessidade dos HTs na corrente sanguínea, a Tg iodada é endocitada na superfície apical do tireócito e digerida nas vesículas dos lisossomos por proteases, principalmente pelas endopeptidases catepsinas B, L, D e exopeptidases, para liberação de T_4 e T_3 na circulação. A maior parte do iodo organificado na molécula de Tg, em torno de 70 % é reciclado no citoplasma da célula folicular pela enzima DEHAL 1, uma iodoirosina desiodase. Dessa forma, apenas 30% da Tg iodada, fornecerá T_4 e T_3 para a circulação sanguínea. A tireoide secretada aproximadamente, 14 moléculas de T_4 para 1 molécula de T_3 que é o hormônio biologicamente ativo na circulação sanguínea. Em condições normais, todo o T_4 e cerca de 20% do T_3 circulantes são produzidos diretamente pela tireoide. Os 80% restantes do T_3 são provenientes da desiodação periférica do T_4 pela ação das enzimas desiodases.

As etapas de oxidação do I^-, organificação e acoplamento da biossíntese dos HTs que ocorrem na superfície apical da célula folicular são catalisadas pela tireoperoxidase (TPO) na presença do peróxido de hidrogênio (H_2O_2), seu cofator nas suas funções de oxidação. Defeitos na atividade da TPO ou inibição da geração de H_2O_2, podem resultar em hipotireoidismo. A identificação da TPO e sua importância para a biossíntese dos HTs deu-se através da detecção de anticorpos no soro de pacientes com doença autoimune tireóidea. Os anticorpos desses pacientes se ligavam e imunoprecipitavam a TPO. Mutações inativadoras do gene da TPO, resultam no fenótipo de hipotireoidismo congênito, devido à defeitos na organificação do iodo, levando a déficit na produção dos HTs (disormonogênse). Já foram identificadas mais de 60 mutações no gene da TPO, sendo que a maioria resultou em defeito total da organificação do iodo na Tg com hipotireoidismo severo e permanente. Defeitos na organificação do iodo que resultam em hipotireoidismo congênito, também podem ocorrer devido a defeitos na geração de H_2O_2 que é produzido pelas enzimas Duox 1 e 2. A biossíntese dos HTs depende, portanto, da colocalização das Duoxs com a TPO na superfície apical do tireócito. A migração das Duox 1 e 2 do retículo endoplasmático para o polo apical, por sua vez, depende da associação dessas enzimas a seus fatores de maturação DuoxA1 e A2.

Mutações nos genes da Duox 2 foram inicialmente identificadas em 2002, em nove crianças com hipotireoidismo congênito, sendo que uma delas, foi diagnosticada com hipotireoidismo permanente, apresentando defeito total de organificação do iodo. As outras 8 crianças apresentavam hipotireoidismo transitório por defeito parcial na organificação do iodo (Moreno e cols., 2002). Até o momento ainda não foi identificada mutações na Duox 1, associadas a defeitos de biossíntese dos Hts.

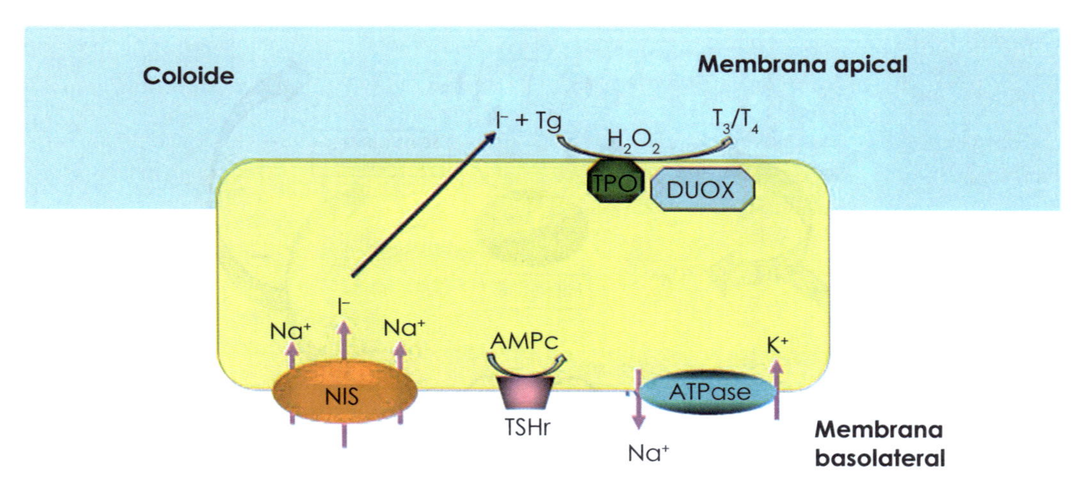

FIGURA 19.3.2 – Biossíntese dos HTs.

Regulação da função tireoidiana

Todas as etapas da síntese e secreção dos HTs são estimuladas pelo hormônio adeno hipofisário TSH, cuja síntese e secreção que está sob regulação do hormônio liberador de TSH (TRH) produzido no hipotálamo. A produção dos Hts, depende, portanto, da interação do eixo hipotálamo-hipófise-tireoide. O TSH interage com receptores de membrana da célula folicular, estimulando a hiperplasia e hipertrofia dessas células, além de estimular a expressão das proteínas essenciais para a biossíntese dos Hts: NIS, TPO, Tg e produção de H_2O_2. Os HTs caem na corrente sanguínea e inibem (*feedback* negativo) a síntese e secreção de TRH e de TSH (Figura 19.3.3).

Além da regulação da função tireóidea pelo eixo hipotálamo-hipófise-tireoide, existe ainda o mecanismo de autorregulação da função tireóidea, pelo iodo. Um aumento da quantidade de iodo disponível para a etapa da organificação (Iodo + Tg), promove uma resposta bifásica: inicialmente, ocorre um aumento da organificação, seguido de uma diminuição, até completo bloqueio da biossíntese hormonal. A diminuição do iodo organificado, em virtude do aumento de iodo intraglandular, é conhecido como *efeito Wolff-Chaikoff*. A ação do iodo organificado na inibição da biossíntese dos HT ocorre através da diminuição da produção de H_2O_2 que é essencial para a biossíntese dos HTs e parece envolver a formação de 2-iodohexadecanal.

As drogas anti tireoidianas atuam no sentido de inibir a biossíntese dos Hts. As principais drogas utilizadas no tratamento do hipertireoidismo são: Propiltiouracil (PTU) e o metimazol (MMI). Essas drogas parecem atuar de maneira mais eficaz sobre o acoplamento das iodotiosinas do que sobre a iodação da Tg.

Efeitos dos hormônios tireoidianos

Os T_3 que é o hormônio metabolicamente ativo, age nas células alvo, associando-se à receptores intranucleares localizados em sequências reguladoras (região promotora) do DNA, alterando a expressão gênica de suas células-alvo. Os efeitos dos HT foram bem descritos em modelos experimentais de excesso ou diminuição desses hormônios. Dessa forma, foi obser-

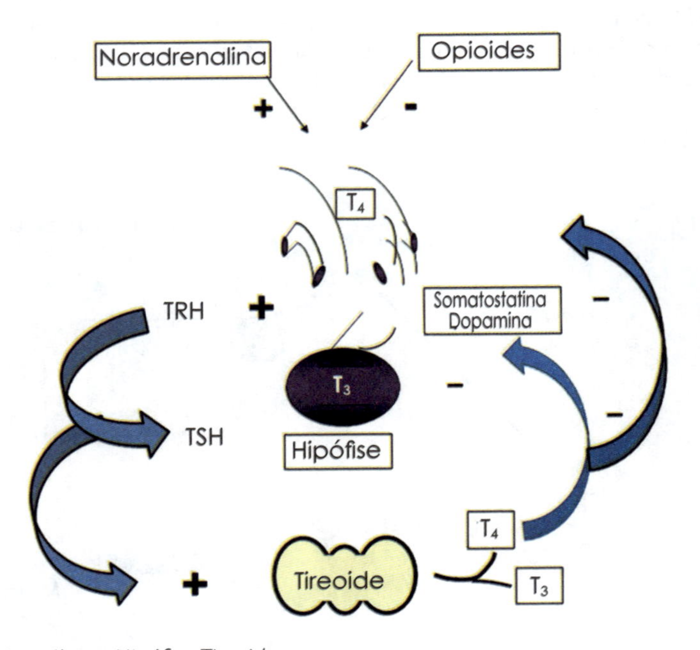

FIGURA 19.3.3 – Eixo Hipotálamo-Hipófise-Tireoide.

vado que o HT é essencial para a manutenção da temperatura corporal, já que ocorre intolerância ao frio no hipotireoidismo e ao calor no hipertireoidismo. Além disso, os HT estimulam a taxa metabólica basal e aumentam a velocidade das reações químicas em quase todas as células do corpo, modulando o metabolismo intermediário. No metabolismo lipídico, o HT estimula a diferenciação de pré-adipócitos em adipócitos e no hipotireoidismo, a síntese e degradação de colesterol estão diminuídos. Agem sobre o metabolismo de carboidratos, estimulando a gliconeogênese e a glicogenólise, além de favorecer a ação da insulina e a síntese de glicogênio. em relação metabolismo de proteínas estimula a síntese e degradação, promovendo o crescimento e o desenvolvimento do organismo, podendo levar ao aumento da excreção de nitrogênio no hipertireoidismo.

Em células isoladas do pulmão, rim e músculo, o T_3 estimula a termogênese. No músculo cardíaco, especificamente, o T_3 estimular a transcrição da miosina e a atividade da Ca^{2+}- ATPase muscular. Além disso, tem efeito sinérgico com as catecolaminas, aumentando o débito sistólico e a frequência cardíaca, via aumento do número de receptores beta adrenérgicos no coração.

No *músculo liso* promove dilatação das arteríolas que diminui a resistência vascular periférica. Portanto, em indivíduos hipotireóideos é comum encontrar bradicardia e diminuição do volume de ejeção sistólica, acompanhada de hipertensão e extremidades frias.

O T_3 tem papel fundamental na organogênese e desenvolvimento do sistema nervoso central (SNC), uma vez que a deficiência desse hormônio ocasiona retardo no desenvolvimento neural e somático. O hipotireoidismo durante a gestação ou até os três meses de idade, a falta do HT pode causar danos irreversíveis se a criança não for tratada, por isso a obrigatoriedade da realização do teste do pezinho em recém-nascidos que detecta entre outras alterações, o hipotireoidismo congênito. Além disso, assume papel importante na concentração, raciocínio, memória, capacidade de aprendizagem, consciência de fome e estabilidade emocional. Aumenta a motilidade do *trato gastrointestinal* e a amplitude dos reflexos tendinosos.

O T_3 também participa do ciclo de crescimento e maturação dos ossos que sofrem alterações tanto no aumento quanto na diminuição desse hormônio. No sistema respiratório, sua ação mantém boa resposta ventilatória à hipóxia e à hipercapnia, a partir de maior consumo de oxigênio pelos tecidos que provoca um estímulo a produção de eritropoetina pelos rins. Assim, atua indiretamente no sistema hematopoiético, levando ao aumento discreto do hematócrito. No próprio sistema endócrino, a manutenção dos níveis de T_3 são importantes para a função reprodutiva, sobretudo em mulheres, já que no hipotireoidismo, há diminuição da liberação dos hormônios adeno-hipofisários: LH e FSH, desregulando o ciclo menstrual e impedindo a ovulação.

Em resumo, pode-se dizer que os hormônios tireoidianos na infância possuem importância inegável na diferenciação celular e desenvolvimento, enquanto nos adultos, ajudam a conservar a homeostasia metabólica e termogênica. Ter em mente a variedade de efeitos sistêmicos provocados pelos HTs para harmonizar as funções corpóreas, facilita o entendimento de que uma alteração nesses hormônios causará um quadro clínico vasto, devido ao número de sistemas acometidos, e se faz necessária a avaliação da função tireoidiana antes de se realizar quaisquer tratamentos específicos para uma determinada disfunção (Figuras 19.3.4 e 19.3.5).

■ Principais exames para avaliação da função tireoidiana

A quantidade de hormônios tireóideos livres na circulação é muito pequena, pois a maior parte do T_3 e T_4 circulantes, encontram-se ligados a proteínas carreadoras. São elas: globulina ligadora de tiroxina (TBG), transtirretina (pré-albumina) e albumina. A TBG é a principal proteína sérica carreadora de T_3 e T_4. Somente 0,03% do T_4 e 0,5 % do T_3 se encontram na forma livre, que é a responsável pelos efeitos desses

FIGURA 19.3.4 – Efeitos dos hormônios tireoidianos sobre o metabolismo de carboidratos, lipídeos e proteínas.

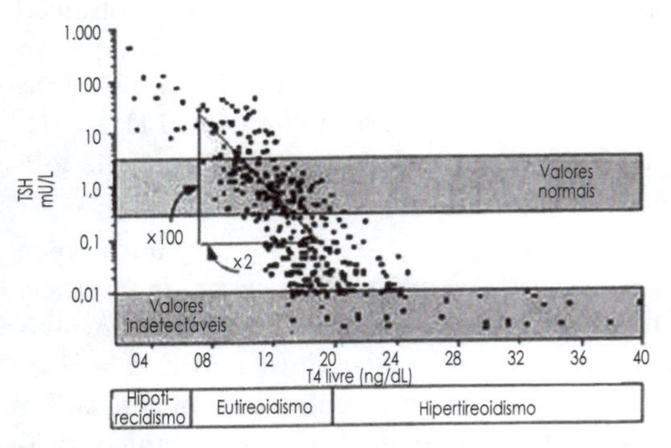

FIGURA 19.3.5 – Alteração dos níveis de TSH em função dos níveis de T_4 Livre (T_4L).

hormônios. A concentração de TBG pode ser alterada por terapia com estrogênios, como o uso de drogas anticoncepcionais, gravidez e por defeitos genéticos. Apesar de a dosagem de T_3 total (T_3 T) e T_4 total (T_4 T), hormônios tireóideos ligados a ligados a TBG, possibilitar uma visão geral da produção de hormônios tireoidianos, a concentração deles pode estar alterada devido a mudanças nos níveis de proteínas transportadoras, e não devido a uma maior ou menor produção hormonal. Portanto, ao realizarmos testes que dosam a quantidade total de HTs, devemos levar em consideração possíveis mudanças na concentração de proteínas transportadoras, as quais modificam a forma total do hormônio circulante, mas não alteram a sua forma livre. Por essa razão, a dosagem de T_4 livre (T_4L) e T_3 livre (T_3 L) são de maior relevância em detrimento das medições totais desse hormônio, uma vez que a quantidade total de HTs fornece informações clínicas ilimitadas. Os fatores que alteram os níveis de proteínas transportadoras e do T_4T estão descritos na Tabela 19.3.1.

Muitos laboratórios clínicos utilizam imunoensaios competitivos automatizados para dosagem do T_4 e T_3 total e livre. Para a medição precisa de T_4 e T_3 totais, no entanto, é necessário a dissociação desses hormônios das proteínas carreadoras séricas. O agente bloqueador mais comum para dissociar o T_4 da TBG é o ácido 8-anilino-1-naftaleno-sulfônico (ANS), mas também são utilizados para esse fim os salicilato, timerosal e fenitoína. Além dos imunoensaios, são utilizados também a cromatografia em fase gasosa, por captura de elétrons; cromatografia líquida de alta performance e; espectrometria de massa em tandem por diluição isotópica. Para a medição de T_4 e T_3 livres, são utilizadas técnicas de extração de anticorpos em ensaios sequências em duas etapas. Esses ensaios envolvem a incubação do soro com um anticorpo específico anti-T_4 ou anti-T_3. A concentração sérica do hormônio livre se aproxima a quantidade de T_4 e T_3 imunoextraida.

Outra maneira de se avaliar a função tireoidiana é a partir da dosagem do TSH. Como a vasta maioria dos casos de hipo ou hiperfunção tireoidiana deve-se a distúrbios primários da tireoide, os níveis de TSH são inversamente relacionados aos níveis de hormônio tireoidiano; ou seja, a concentração de TSH encontra-se elevada no hipotireoidismo e diminuída no hipertireoidismo. Nesse cenário, mesmo antes de acontecer mudanças nos níveis do T_4 e T_3 livres, os níveis de TSH já estão alterados. Tal fato pode ser comprovado em ensaios laboratoriais de medição da concentração sérica do TSH e T_4L que apresentam uma relação logarítmica-linear, de tal forma que pequenas anormalidades no T_4 livre irão produzir uma resposta maior do TSH (Figura 19.3.5). Portanto, o parâmetro mais sensível para o diagnóstico dos distúrbios tireoidianos primários é o TSH.

Em suma, a dosagem de TSH e T_4L são parâmetros de linha de frente na avaliação de rotina na função da tireoide, enquanto o T_3L pode complementar, em várias situações.

Tabela 19.3.1 – Fatores que interferem na concentração das proteínas transportadoras dos hormônios tireóideos

Fatores que Aumentam as Proteínas Transportadoras do T_4 e T_3	Fatores que Reduzem as Proteínas Transportadoras do T_4 e T_3
Defeito congênito	Defeito congênito
Gravidez	Androgênios
Estrogênio	Glicocorticoides
Hepatite aguda	Sindromenefrótica
Hipo e hipertireoidismo	Cirrose

Variações nas concentrações de T_3, T_4 e TSH

Variações na função da tireoide podem ser observadas nos períodos neonatal, infância e senilidade. Nesses períodos, assim como na desnutrição, ocorre diminuição dos níveis de T_3. Por outro lado, fatores como: gênero, raça, fases do ciclo menstrual, tabagismo, exercício físico, jejum e estações do ano, não demonstram diferenças clínicas significativas em relação ao status tireoidiano, porém durante a gestação, ocorre aumento de TBG, o que aumenta os níveis de T_4 T mas não os do T_4 L.

Alguns medicamentos podem influenciar os níveis dos HTs e alterar o diagnóstico das doenças tireoidianas. Como exemplo, os glicocorticoides, em grandes quantidades, podem reduzir os níveis séricos de T_3 e inibir a secreção de TSH. Já a dopamina inibe a secreção de TSH, reduzindo seus níveis séricos, dificultando o diagnóstico do hipotireoidismo primário. A fenitoína e carbamazepina causam uma redução nos níveis de T_3 e T_4 livres, pois aumentam o seu metabolismo hepático. O propranolol, eventualmente, pode causar uma elevação do TSH devido à sua ação inibidora da conversão T_4 em T_3. A amiodarona pode levar tanto ao hipo, como ao hipertireoidismo em alguns indivíduos. O lítio causa hipotireoidismo em 5% a 10% dos usuários, principalmente naqueles com anticorpos anti-tireoidianos positivos. Em alguns casos, também pode causar hipertireoidismo. A furosemida e heparina podem inibir a ligação do T_4 às proteínas séricas *in vitro*.

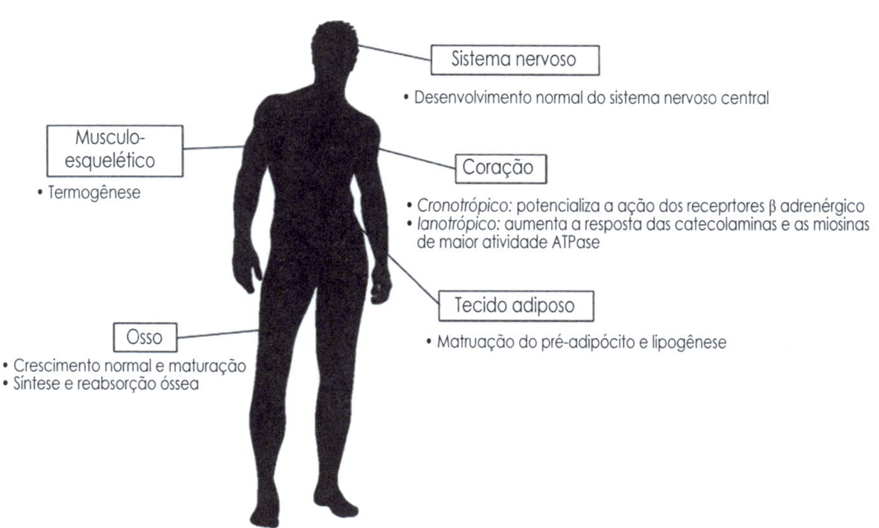

FIGURA 19.3.5 – Efeitos dos hormônios tireoidianos nos principais órgãos alvos.

Em pacientes hospitalizados, as provas de função tireoidiana podem ser de difícil interpretação, pois os níveis de T_3 e T_4 totais podem estar abaixo dos valores de referência; os níveis de T_4 livre parecem estar diminuídos em alguns métodos e os de T_3 livre encontram-se diminuídos na maioria dos métodos utilizados, sem estar ocorrendo hipotireoidismo. Acredita-se que essas alterações sejam atribuídas à ação das citocinas. Distúrbios resultante de privação nutricional significativa, doença aguda grave ou doença crônica são situações que podem resultar em alterações tireoidianas. Essas alterações nas concentrações dos HTs, mesmo sem o estabelecimento de um hipo/hipertireoidismo, são chamada de síndrome do eutireoidiano doente.

Todo imunoensaio é propenso à ação de substâncias interferentes. Uma revisão recente compilou os seis principais interferentes nos exames de função tiroidiana: macro TSH (MTSH), biotina, anticorpos antiestreptavidina, anticorpos anti rutênio, autoanticorpos anti-hormônio tireoidianos (THAAbs- - *Thyroid Hormone Autoantibodies*), e anticorpos heterófi-cos. Para contornar esse tipo de problema, cabe a cada laboratório desenvolver estratégias para eliminar esses interferentes, tais como: a repetição da análise por outro método; duplicar a diluição em série, adicionar agentes bloqueadores; ou mesmo remover os anticorpos interferentes.

O T_4 no soro é estável por meses quando armazenado a 4°C e por anos quando congelado a −70°C. O TSH é estável por vários anos no soro congelado. Hemólise, lipemia e hiperbilirrubinemia não produzem interferência significativa nos imunoensaios. Entretanto, os ácidos graxos livres podem deslocar o T_4 das proteínas de ligação, o que, em parte, explicaria os níveis baixos de T_4, vistos frequentemente na síndrome do eutireoidiano no doente. Dependendo da metodologia utilizada pelo laboratório, os anticorpos heterofílicos encontrados em frequência moderada no soro dos pacientes podem criar valores falsamente baixos ou altos. É importante o contato do médico requisitante com o laboratório para a correta interpretação desses casos.

Doenças da tireoide

Hipotireoidismo

Síndrome clínica resultante da deficiência do hormônio tireoidiano, a qual nas crianças gera retardo neuropsicomotor, e no adulto, uma diminuição generalizada do metabolismo, com deposição de glicosaminoglicanas (GAG) no espaço intersticial, sobretudo na pele e musculatura estriada, gerando quadro clínico denominado mixedema. Sua etiologia é denominada primária quando a causa está localizada na tireoide, ou central (secundária ou terciária) caso o problema esteja no eixo Hipotálamo- hipófise. A Tabela 19.3.2 mostra as principais causas do hipotireoidismo. No adulto, cerca de 80% dos pacientes são mulheres e a maioria é idosa, sendo 90% dos casos de hipotireoidismo causados por distúrbios primários da tireoide.

A tireoidite de Hashimoto ou linfocítica crônica é a principal causa do hipotireoidismo em áreas sem deficiência de iodo, seguida das causas iatrogênicas (radioiodoterapia e tireoidectomia subtotal). Entretanto, alguns autores ainda consideram que a principal causa de hipotireoidismo em todo o mundo seja a deficiência de iodo (bócio endêmico). Não é por acaso que muitos países criaram leis que determinam a adição de iodo ao sal de cozinha consumido pela população, como é o caso do Brasil (Decreto nº 39.814, de 1956). A atrofia tireóidea idiopática também é uma causa importante de hipotireoidismo que representa, provavelmente, uma evolução da tireoidite linfocítica crônica. O hipotireoidismo autoimune tem uma incidência anual de quatro para cada 1.000 mulheres e de um para cada 1.000 homens. A idade média do diagnóstico é 60 anos.

A maioria dos sinais e sintomas do hipotireoidismo é inespecífica e ocorre de forma gradual. Dentre elas, destacam-se a intolerância ao frio, fadiga, sonolência, redução da memória, constipação, menorragia, mialgias e rouquidão. Pode ocorrer relaxamento lento dos reflexos tendinosos, bradicardia, edema facial e periorbital, pele seca e edema sem cacifo (mixedema).

Há ganho ponderal, porém, geralmente, este não é acentuado. Raramente ocorre derrame pericárdico ou pleural, surdez e síndrome do túnel do carpo. O coma mixedematoso é uma complicação de baixa prevalência, porém com alto risco de letalidade, caracterizado por hipotermia, depressão respiratória, instabilidade cardiovascular e alteração do estado mental e pode ocorrer no hipotireoidismo sem tratamento, de longa duração ou ser um quadro precipitado por infecções ou exposição ao frio.

Tabela 19.3.2 - Etiologia do hipotireoidismo no adulto
Hipotireoidismo primário (mais de 90% dos casos) 1. Tireoidite de Hashimoto (ou linfocítica crônica ou autoimune). 2. Atrofia idiopática da tiroide (ou mixedema idiopático). 3. Terapia cirúrgica ou com I131 para a doença de Basedow-Graves. 4. Excesso de iodo (efeito de Wolff-Chaikoff): a. contrastes radiológicos; b. preparados para a tosse que contém iodo; c. terapia com amiodarona. 5. Tireoidites (granulomatosa, pós-parto, silenciosa e fibrosante ou de Riedel). 6. Deficiência nutricional de iodeto (bócio endêmico). 7. Drogas: a. carbonato de lítio (na terapia de psicose maníaco-depressiva); b. terapia crônica com tionamidas. 8. Erros inatos na síntese do hormônio tireoidiano.
Hipotireoidismo secundário 1. Adenoma hipofisário. 2. Terapia ablasiva, cirurgia ou destruição da hipófise.
Hipotiroidismo terciário (disfunção hipotalâmica)
Resistência ao hormônio tireoidiano

Hipertireoidismo/tireotoxicose

Síndrome clínica resultante do excesso de hormônios tireóideos. A doença de Graves ou Bócio Difuso Tóxico (BDT) é a causa mais comum da tireotoxicose e possui cunho autoimune: é causada pela presença de imunoglobulinas (anticorpos do receptor de tireotrofina-TRAb) que se ligam ao receptor do TSH e o estimulam, provocando aumento e hiperfunção da tireoide. Esta doença responde por até 85% dos casos de tireotoxicose, ocorrendo em 0,5% da população geral e em até 2% das mulheres, tendo pico de incidência entre a segunda e a quarta década, e sendo cinco vezes mais frequente em mulheres. As principais causas da tireotoxicose se encontram na Tabela 19.3.3.

O excesso dos HTs pode ser decorrente de tumores adeno-hipofisários hipersecretores de TSH ou devido á resistência ao hormônio tireoidiano (hipertireoidismo secundário). Na resistência ao HT, a hipófise não responde à inibição da secreção do TSH pelo HT, e isso leva a secreção aumentada do TSH. Na doença trofoblástica gestacional, os níveis aumentados de hCG, mimetizam o papel do TSH, estimulando a secreção hormonal tireoidiana. Por outro lado, no bócio nodular tóxico (BNT) uma parte do próprio parênquima tireoidiano perde o controle e sofre ativação autônoma da síntese e secreção de hormônios, independente da ação do TSH. Além disso, quadros infecciosos ou insultos químicos e mecânicos podem causar tireoidites com destruição do tecido da glândula e grande liberação dos hormônios que lá estavam armazenados.

Quando a causa não se localiza no eixo hipotálamo-hipófise e nem na tireoide, é sempre importante lembrar de causas externas. O uso de contrastes iodados ou de medicamentos como a amiodarona, que contém 37,3% de iodo, pode levar à tireotoxicose por excesso de iodo (efeito de Jod-Basedow – tireotoxicose induzida por amiodarona tipo I) e/ou por indução de tireoidite (tireotoxicose induzida por amiodarona tipo II). A tireotoxicose induzida pela amiodarona pode ocorrer em até 10% dos seus usuários, sendo obrigatória a avaliação regular da função tireóidea. Há também a tireotoxicose factícia, causada por excesso de ingesta de hormônios tireoidianos, que ultimamente está bastante associada ao uso de fórmulas para emagrecer, contendo quantidades elevadas de hormônio tireoidiano prescritas ilegalmente no Brasil.

Os hormônios tireoidianos possuem ações em todos os tecidos do organismo e as manifestações clínicas da tireotoxicose podem ser percebidas de forma sistêmica. Um efeito importante do HT é aumentar a sensibilidade dos tecidos, às catecolaminas. Logo, na tireotoxicose as manifestações adrenérgicas tornam-se bastante evidentes: nervosismo, sudorese, tremores finos de extremidades, palpitação e taquicardia e até complicações mais graves como arritmias e morte súbita. Além disso, há aumento da termogênese e da taxa metabólica basal, causando a perda de peso sem perda de apetite, unhas finas e quebradiças, queda de cabelos, dentre outros sintomas. Além disso o paciente ainda pode apresentar hipercinesia, fraqueza, intolerância ao calor, diarreia, bócio, olhar fixo e, no caso específico da doença de graves, o paciente pode apresentar a proptose com exoftalmia que é típica da doença devido a ação dos anticorpos TRAb no sistema ocular do paciente.

■ Provas de função tireoidiana

Os testes laboratoriais para avaliação da função tireoidiana são muitas vezes, a prova conclusiva para o diagnóstico clínico das disfunções da tireoide, pois muitas vezes, os sinais e sintomas são discretos e inespecíficos.

Hipotireoidismo

Antes de abordarmos as provas de função tireoidiana é importante considerarmos os vários tipos de hipotireoidismo e os achados laboratoriais em cada caso. No hipotireoidismo primário, as concentrações basais de TSH estão aumentadas e as do T_4 livre reduzidas. No hipotireoidismo central (secundário ou terciário), o TSH e o T_4 livre apresentam concentrações reduzidas. Quando TSH está elevado e o T_4 livre normal, ocorre o hipotireoidismo subclínico.

O teste de estímulo com TRH (dosagem de TSH após injeção de TRH) é usado para diferenciar o hipotireoidismo secundário do terciário. No secundário (hipofisário) há ausência de resposta do TSH ao TRH. No terciário (hipotalâmico) o TSH aumenta em resposta ao TRH, só que a resposta (pico) é tardia, ocorrendo após 45 minutos. É importante lembrar que valores alterados de albumina sérica e o uso de algumas medicações tais como fenitoína, carbamazepina ou furosemida podem prejudicar a dosagem de T_4 livre por alterar a ligação do HT as suas proteínas ligadoras. Nestes casos, é aconselhável a avaliação dos níveis de T_4 total.

Hipertireoidismo

A combinação de T_4 livre elevado com supressão no TSH fecha o diagnóstico de tireotoxicose primária. A elevação em ambos sugere a existência de tumor secretor de TSH (tireotrofinoma) ou de síndrome de resistência ao hormônio tireoidiano. Quando só o TSH está suprimido com o T_4 livre normal, deve-se dosar o T_3 livre. Caso ele se encontre elevado, o diagnóstico é o da toxicose isolada por T_3 (5% dos casos). Caso ele esteja normal, pode estar relacionado à tireotoxicose subclínica. A dosagem de TSH é, então, o teste mais sensível na detecção da tireotoxicose.

Tabela 19.3.3 - Principais causas de tireotoxicose
1. Doença de Graves ou bócio difuso tóxico (BDT)
2. Adenoma tóxico ou bócio nodular tóxico (BNT) ou doença de Plummer
3. Bócio multinodular tóxico (BMNT)
4. Tireoidites (fase tireotóxica)
5. Ingestão de HT (tireotoxicose factícia)
6. Outras causas 6.1. Tireotrofinoma (tumor hipofisário produtor de TSH) 6.2. Resistência ao HT 6.3. Doença trofoblástica gestacional (mola hidatiforme e coriocarcinoma) 6.4. Produção ectópica de hormônio tireoidiano 6.5. Teratoma ovariano (strumaovarii) 6.6. Carcinoma folicular metastático de tireoide 6.5. Excesso de iodo (fenômeno de JodBasedow) 6.6. Drogas (principal: amiodarona)

CASOS CLÍNICOS

■ Caso 1

"Queixa principal: "Caroço no pescoço"

S.M.N., mulher de 38 anos vem a consulta de endocrinologia encaminhada pelo clínico geral devido a nódulo palpável em região cervical.

Há 2 meses, paciente procurou o clínico devido a sensação de palpitação e taquicardia durante a realização de tarefas diárias, sem dor precordial durante os episódios. Durante exame físico, além de notar alterações cardíacas na paciente, o clínico também notou um aumento do volume da tireoide com nódulos indolores palpáveis e realizou o pedido com urgência de parecer para a endócrino devido à história familiar de câncer de tireoide (prima e irmã). Obesa grau II e hipertensa, não está controlando bem a pressão arterial com a medicação. Paciente relata ter dificuldade para perder peso, porém há 6 meses começou uma nova medicação e afirma que, principalmente nos últimos 3 meses, o efeito foi intensificado com aumento do trânsito intestinal, diminuição da fome e perda ponderal de 10 kg neste período.

Ao exame físico, a paciente apresentou-se lúcida, orientada, bastante agitada e nervosa. Relata que sua ansiedade é devida à preocupação com o «medo de ser câncer», hidratada, sudoreica, normocorada e em bom estado geral. Sinais vitais: Hipertensa, taquicárdica, normopneica, afebril. Cabeça e pescoço: Proptose com olhar fixo, não palpo linfonodos, palpação da tireoide com presença de 2 nódulos palpáveis em lobo direito de aproximadamente 3 cm, consistência fibroelástica e não aderidos. Aparelho cardiovascular: Ritmo cardíaco irregular em 2 tempos com bulhas hiperfonéticas. Sem sopros. Aparelho respiratório: Sem alterações. Abdome: Aumento da peristalse, timpânico, indolor, não palpo massas. Membros inferiores: Sem alterações.

Exames laboratoriais

- TSH: 0,05 mUI/L (0,45-4,5)
- T_4L: 4,5 ng/dL (0,9-1,7)
- Antirreceptor de TSH (TRAB): 28 U/L (Positivo se> 1,5 U/L)

Outros exames laboratoriais

- ECG: Taquicardia sinusal e extrassístole atrial precoce
- Cintilografia: Presença de nódulos hipercaptantes de contraste

Com base nos dados laboratoriais do paciente, qual o provável diagnóstico da doença?

■ Caso 2

Paciente do sexo feminino, 70 anos, lúcida, orientada, relata fadiga, depressão leve e sonolência. Relata que tem sentido perda gradual da memória deficiência de memória e reclama de constipação. Apresenta história familiar de "doença da tireoide" (mãe e avó paterna).

Ao exame físico, a paciente não apresentou nenhuma alteração digna de nota. Sinais vitais: hipertensa, normopneica, afebril. Cabeça e pescoço: Proptose com olhar fixo, não palpo linfonodos, palpação da tireoide com presença de 2 nódulos palpáveis em lobo direito de aproximadamente 3 cm, consistência fibroelástica e não aderidos. Aparelho cardiovascular: Ritmo cardíaco regular e sem sopros. Aparelho respiratório: Sem alterações. Abdome: diminuição da peristálse, indolor, não palpo massas. Membros inferiores: Sem alterações.

Exames laboratoriais

- Os resultados laboratoriais incluem níveis normais de hemoglobina e creatinina, sem distúrbios hidroeletrolíticos.
- O nível de TSH= 6,7 mIU por litro (faixa de referência, 0,4 a 4,3), enquanto o nível de T_4L = 21 pmol por litro (intervalo de referência, 11 a 25).

Qual seria o diagnóstico para essa paciente?

Bibliografia consultada

1. Burtis CA, Ashwood ER. Tietz Textbook of Clinical Chemistry. 3a ed. Philadelphia: W.B. Saunders, 2000; 1645-1660 e 1698-1734.
2. Guyton AC, Hall JE. Textbook of Medical Physiology. 12a ed. Philadelphia: Saunders Elsevier, 2011; p. 907-916.
3. Henry JB. Clinical Diagnosis and Treatment by Laboratory Methods. 20a ed. Philadelphia: W.B. Saunders, 2002; 304-383.
4. Kaplan LA, Pesce AJ. Clinical Chemistry: theory, analysis and correlation. 3a ed. Mosby, 1996; 849-891.
5. Aires MM. Fisiologia. 3a ed. Rio de Janeiro: Guanabara Koogan, 991-1014.2008.
6. David M. Findlay & Patrick M. Sexton Growth Factors, Vol. 22, Iss. 4, 2004
7. Tietz Fundamentos de Química Clínica e Diagnóstico Molecular 7°edição, 2016.
8. Favresse J, Burlacu MC, Maiter D, Gruson D. Interferences with thyroid function immunoassays: clinical implications and detection algorithm. Endocr Rev. 2018 Jul 4.
9. Dunn JT. What's happening to our iodine? J Clin Endocrinol Metab 1998; 83(10):3398-3400.

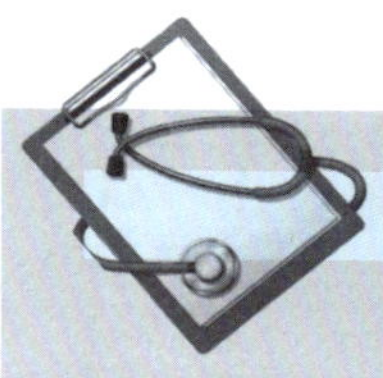

DISCUSSÃO DOS CASOS CLÍNICOS

■ Caso 1

A paciente apresenta níveis aumentados de T_4L e TSH suprimido, compatível com tireotoxicose.

A presença do anti -receptor de TSH (TRAB), confirma a suspeita de bócio difuso tóxico (BDT).

O HT aumenta a sensibilidade dos tecidos às catecolaminas, o que justifica os sintomas de palpitação e taquicardia. Além disso, o aumento do HT também leva ao aumento da termogênese e da taxa metabólica basal, causando a perda de peso da paciente. A exoftalmia da paciente é típica do BDT, devido a ação dos anticorpos TRAB no sistema ocular do paciente.

■ Caso 2

O nível do TSH elevado e T_4L normal, é compatível com hipotireoidismo subclínico. Em geral, o hipotireoidismo subclínico só se associa a sintomas de hipotireoidismo e distúrbios cardiovasculares quando o TSH for superior a 10 mUI/L. No entanto, apesar do TSH da paciente ser inferior a 10 mUI/L, sua idade avançada e sintomas como depressão leve e hipertensão, que não parece estar associada a problemas renais, podem indicar um tratamento para hipotireoidismo, sendo também recomendável a dosagem de autoanticorpos para tireoperoxidase (anti-TPO) com o objetivo de prever o desenvolvimento da tireoidite de Hashimoto.

Fisiopatologia e Investigação Laboratorial da Função Adrenal

19.4

Júnea Paolucci de Paiva Silvino
Karina Braga Gomes

Anatomia das glândulas adrenais

As glândulas adrenais do adulto, com peso combinado de 8 a 10 g, localizam-se no retroperitônio, acima dos polos superiores dos rins ou medialmente (Fig.19.4.1). As glândulas são circundadas por uma cápsula fibrosa, sendo que o córtex constitui 90% do peso total e a medula interna, cerca de 10%.

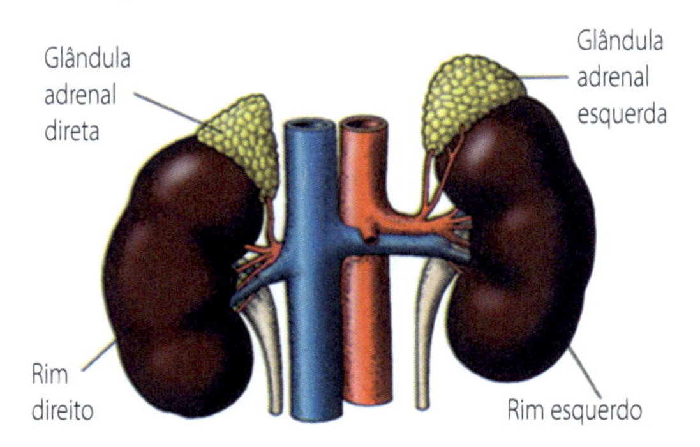

FIG 19.4.1 – Localização das glândulas adrenais

Características histológicas

O córtex da glândula adrenal é composto histologicamente por três zonas distintas: uma externa glomerulosa, uma intermediária fasciculada e a interna reticular (Fig.19.4.2). A zona glomerulosa produz os hormônios mineralocorticoides, dentre os quais se destaca a aldosterona, e constitui cerca de 15% do volume cortical do adulto. Esta região não contém a enzima 17-α-hidroxilase e, portanto, é incapaz de sintetizar cortisol ou androgênios (ver adiante a esteroidogênese). Já a zona fasciculada, que representa a camada mais espessa do córtex adrenal, ocupando cerca de 75% do córtex, tem como principal função a produção de hormônios glicocorticoides, destacando-se o cortisol. As células da zona fasciculada são maiores e contêm mais lipídios, sendo denominadas de "células claras". Por fim, a zona reticular interna, a qual circunda a medula, também produz cortisol em menor quantidade, mas produz principalmente os androgênios e esteroides sexuais. As zonas fasciculadas e reticular são reguladas pelo hormônio adrenocorticotrófico (ACTH), sendo assim, o excesso ou a deficiência desse hormônio altera sua estrutura e sua função.

Esteroidogênese

Os principais hormônios secretados pelo córtex da adrenal são: o cortisol, os androgênios e a aldosterona.

A síntese do cortisol e dos androgênios pelas zonas fasciculada e reticular ocorre a partir do colesterol. As lipoproteínas plasmáticas constituem a principal fonte de colesterol adrenal,

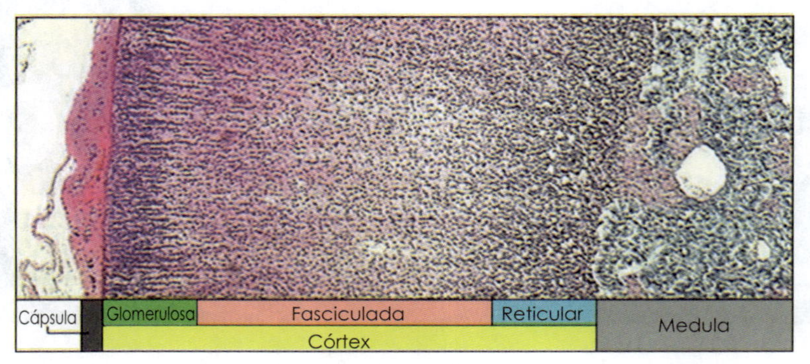

FIG 19.4.2 – Corte histológico da glândula adrenal evidenciando as diferentes zonas celulares.

sendo as lipoproteínas de baixa densidade (*low density lipoprotein* - LDL) as responsáveis por 80% do colesterol que chega às adrenais. Existe também um pequeno reservatório de colesterol livre glandular para a síntese rápida de esteroides quando a adrenal é estimulada.

As vias de síntese esteroidogênicas adrenal são dependentes de enzimas que pertencem, em sua maioria, à família das oxigenases do citocromo P450 (Fig. 19.4.3). A P450 scc é a enzima responsável pela clivagem da cadeia lateral do colesterol, sendo seu gene *CYP11A* localizado no cromossomo 15. A enzima P450c11 medeia a 11β-hidroxilação na zona reticular e fasciculada, convertendo a 11-desoxicortisol em cortisol e a 11-desoxicorticosterona em corticosterona, sendo seu gene *CYP11B1* localizado no cromossomo 8. A enzima P450c17 regula tanto a atividade de 17α-hidroxilase, quanto 17,20-liase, e a enzima P450c21 controla a 21-hidroxilação da progesterona e da 17-hidroxiprogesterona. O gene que codifica a P450c17 é o *CYP17*, situado no cromossomo 10, e a enzima P450c21 é codificada pelo gene *CYP21A2*, situado no cromossomo 6. Já a atividade da 3β-hidroxiesteroide desidrogenase: $\Delta^{5,4}$-isomerase é mediada por uma única enzima microssômica não-P450.

A enzima P450aldo, conhecida como aldosterona sintetase, atua somente na zona glomerulosa, catalisando a 11β-hidroxilação, a 18β-hidroxilação e a 18-oxidação. Esta via converte a 11-desoxicorticosterona em corticosterona, a qual é convertida em 18-hidroxicorticosterona que, finalmente, forma a aldosterona (Fig 19.4.4). Esta zona é regulada primariamente pelo sistema renina-angiotensina e nível de potássio, pois é uma zona carente de ação da 17α-hidroxilase, sendo incapaz de sintetizar os precursores do cortisol e androgênios. Já as zonas fasciculadas e reticular são reguladas pelo ACTH, e como expressam os genes que codificam as enzimas P450c17 e P450c21, mas não expressam P450aldo, sintetizam cortisol e androgênios, mas são incapazes de produzir aldosterona.

Regulação de secreção

O ACTH é o hormônio hipofisário trófico das zonas fasciculada e reticular, constituindo o principal regulador na produção de cortisol e de androgênios adrenais. Existem três mecanismos de controle neuroendócrino: 1) Ritmo circadiano do ACTH e a secreção episódica; 2) a responsividade do eixo hipotálamo-hipofisário-adrenal ao estresse e 3) a inibição por retroalimentação da secreção de ACTH pelo cortisol.

1. Ritmo circadiano: superpõe-se à secreção episódica, resultando de eventos no sistema nervoso central (SNC) que regulam tanto o número, quanto a magnitude dos episódios secretores de ACTH. A secreção de cortisol é baixa no final da tarde e continua declinando nas primeiras horas do sono, quando os níveis plasmáticos de cortisol podem ser indetectáveis.

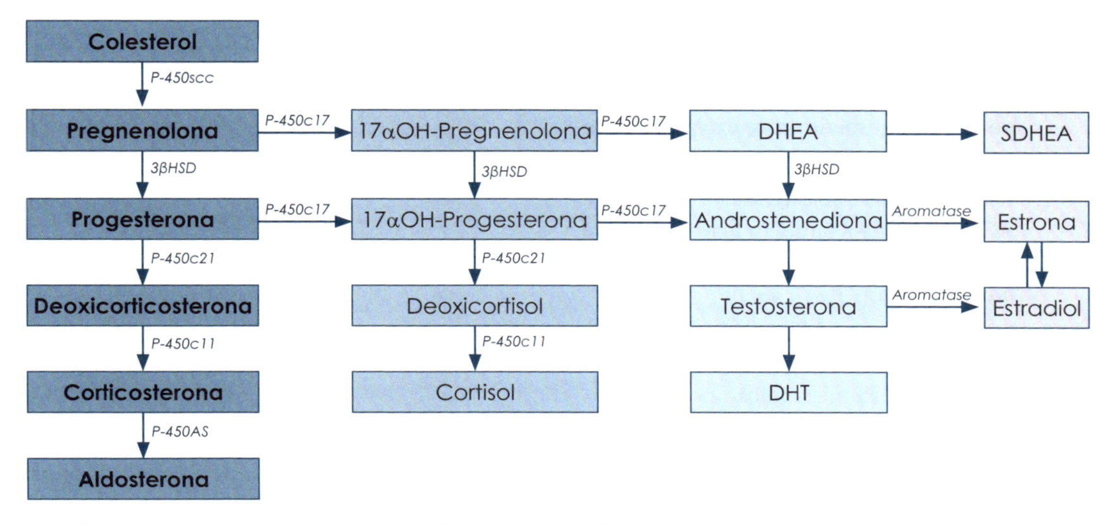

P-450scc: enzima de clivagem da cadeia lateral do colesterol
3βHSD: 3β-hidroxiesteroide-desidrogenase
P-450c17: 17α-hidroxilase
P-450c21: 21α-hidroxilase
P-450c11: 11β-hidroxilase
P-450AS: aldosterona-sintase

FIGURA 19.4.3 – Vias de estereoidogênese adrenal.

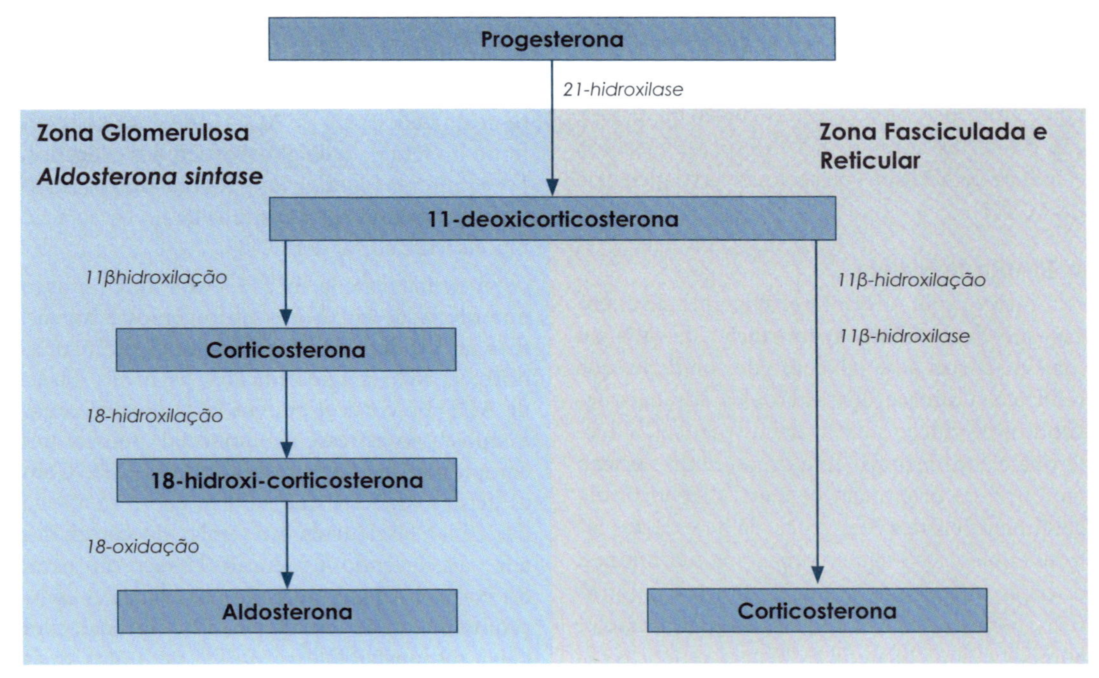

FIGURA 19.4.4 – Detalhamento da síntese de aldosterona.

A partir da terceira até a quinta hora do sono, ocorre aumento na secreção e declinam com o despertar. Durante o dia pode haver aumento com exercício físico e em resposta à alimentação.

2. Responsividade ao estresse: a secreção de ACTH e cortisol também fica aumentada em situações de estresse como cirurgia e hipoglicemia.
3. Inibição por retroalimentação: o terceiro regulador principal da secreção de ACTH consiste na inibição por retroalimentação pelo próprio cortisol e uso de glicocorticoides.

Doenças da adrenal

As doenças adrenais são abordadas quanto aos aspectos funcionais: hipofuncionantes ou hiperfuncionantes.

Hipofuncionantes

As doenças adrenais hipofuncionantes ou Insuficiência Adrenal (IA) é a deficiência na produção de glicocorticoide ou mineralocorticoide em consequência da destruição ou disfunção do córtex adrenal. A IA pode ser primária (Doença de Addison) ou secundária (deficiência de ACTH).

Doença de Addison

A doença de Addison resulta tanto de doenças que determinam a destruição de 90% ou mais do córtex adrenal, como de condições que reduzem a síntese dos esteroides adrenais, levando à produção subnormal de cortisol, aldosterona e androgênios. Tem predomínio no sexo feminino na proporção de 2,6:1, diagnosticada geralmente entre a 3ª e 5ª década de vida. Os fatores etiológicos incluem processos autoimunes, doenças infecciosas, granulomatosas e infiltrativas, hemorragia e trombose, uso de fármacos, adrenalectomia bilateral e doenças genéticas raras (Quadro 19.4.1).

Quadro 19.4.1- Etiologia da Insuficiência adrenal primária

Causas adquiridas	• Atrofia adrenal "idiopática" (adrenalite autoimune) • Doenças Granulomatosas: tuberculose, sarcoidose, hanseníase • Micoses: histoplasmose, criptococose, coccidioidomicose, blastomicose • Doenças virais: Aids, citomegalovírus • Fármacos: cetoconazol, mitotano, rifampicina, fenobarbital, ciproterona • Doenças neoplásicas infiltrativas: metástases • Doenças metabólicas infiltrativas: hemocromatose, amiloidose • Hemorragia adrenal: trauma, cirurgia, uso de anticoagulante, sepse • Adrenalectomia bilateral
Causas genéticas	• Hiperplasia adrenal congênita • Adrenoleucodistrofia • Hipoplasia adrenal congênita • Deficiência familiar de glicocorticoide • Síndrome de Kearns-Sayre • Síndrome de Smith-Lemli-Optiz e outras nas sínteses dos esteroides

Insuficiência adrenal secundária

A insuficiência adrenal secundária é decorrente da deficiência de ACTH. A causa mais comum é a terapia com glicocorticoides exógenos. Já os tumores hipofisários e hipotalâmicos constituem as causas mais comuns de hipossecreção hipofisária natural de ACTH.

A deficiência de ACTH leva a uma redução nos níveis de cortisol e androgênios adrenais, mas a produção de aldosterona permanece normal. Nos estágios iniciais, os níveis basais de ACTH e cortisol podem estar normais, mas a reposta ao estresse é subnormal, pois há um comprometimento na reserva de ACTH. Com as perdas adicionais de ACTH, ocorrerá atrofia das zonas fasciculada e reticular do córtex das adrenais, levando à redução da secreção basal do cortisol. Nesse momento, se instala o comprometimento do eixo hipofisário-adrenal, com baixa responsividade ao ACTH em todas as situações, inclusive ao ACTH exógeno.

As manifestações clínicas assemelham-se ao quadro de insuficiência adrenal primária, todavia, a secreção de aldosterona pela zona glomerulosa está preservada, não há manifestações de deficiência de mineralocorticoides.

Hiperplasia Adrenal Congênita (HAC)

A hiperplasia adrenal congênita (HAC) é uma doença genética autossômica recessiva, decorrente da alteração de enzimas que participam da biossíntese do cortisol. A importância do diagnóstico desta condição, dentre as que causam hipofunção adrenal, está na sua manifestação clínica que cursa com deficiência de cortisol, e em alguns casos, ocorre deficiência de aldosterona e aumento dos seus precursores na via de síntese.

A deficiência de enzima 21α-hidroxilase (21-OH) ocorre em 95% dos casos de HAC, sendo a forma mais prevalente. Já a deficiência de 11β-hidroxilase corresponde a 5% dos casos. As deficiências de 17-hidroxilase, 17,20 liase e 3β-HSD são mais raras.

Deficiência da 21α-hidroxilase

A deficiência da enzima 21α-hidroxilase é o defeito enzimático da adrenal mais frequente (95%). Esta enzima participa da síntese dos glicocorticoides e dos mineralocorticoides. Sua ação é converter a progesterona em desoxicorticosterona (DOC), e a 17OH-progesterona (17OH-P) em 11-desoxicortisol (S), que por sua vez é convertido em cortisol pela ação da 11-hidroxilase (vide Esteroidogênese deste capítulo). A redução da atividade da 21-OH, e consequente redução na produção do cortisol, resulta em estimulação crônica do córtex adrenal pela ação do ACTH com hiperplasia adrenal e superprodução dos precursores do cortisol. Estes precursores são desviados para a síntese de androgênios, que não necessita da atividade da 21-OH. Os fenótipos de deficiência de 21-OH são amplos, variando desde a forma clássica da doença, caracterizada pelas formas perdedora de sal e virilizante simples com ambiguidade genital, até a forma não clássica da doença, que se manifesta por sinais de hiperandrogenismo até casos assintomáticos.

Deficiência da 11β-hidroxilase

A deficiência de 11β-hidroxilase (11β-OH) corresponde a 5% dos casos de hiperplasia adrenal congênita, com frequência de 1:100.000 nascimentos. Nesta deficiência, além dos sinais de hiperandrogenismo, um sinal clínico importante é a hipertensão arterial com alcalose hipercalêmica devido ao excesso de produção da DOC, que a distingue da deficiência de 21-OH. Entretanto, a hipertensão pode ou não estar presente e é observada em 30-60% dos casos.

Deficiência da 17-hidroxilase / 17,20 liase

Essa deficiência é considerada muito rara, com uma incidência de 1% de todos os casos de hiperplasia adrenal congênita. O bloqueio enzimático da 17-hidroxilase impede a produção de cortisol pela zona fasciculada do córtex adrenal, com consequente aumento do ACTH que estimula a hipersecreção dos precursores imediatos ao bloqueio enzimático, como a progesterona, DOC e corticosterona (B); também de esteroides com secreção geralmente limitada como 18OH-DOC,18OH-B e 19-nor-DOC. A ação mineralocorticoide da DOC é responsável pelo achado clínico de hipertensão e hipocalemia, na presença de supressão do sistema renina-angiotensina-aldosterona. A deficiência dos esteroides gonadais, por sua vez, determina a ausência de desenvolvimento de caracteres sexuais secundários em pacientes com cariótipo 46 XX ou presença de pseudo-hermafroditismo masculino.

Deficiência de 3β-HSD

A hiperplasia por deficiência de 3β hidroxiesteroide-desidrogenase (3β-HSD) é uma doença autossômica recessiva rara. Os genes 3β-HSD do tipo 1 (HSD3B1) e do tipo 2 (HSD3B2) são responsáveis pela codificação das isoenzimas 3bHSD tipo 1 e do tipo 2, que possuem 93,5% de homologia entre si. A enzima 3β-HSD1 é expressa nos tecidos periféricos, principalmente na pele, glândulas mamárias e na placenta, já a 3β-HSD2 é expressa na adrenal, nos testículos e ovários. A enzima 3β-HSD1 tem uma afinidade 10 vezes maior pelo substrato do que a enzima 3β-HSD2 e pode ser estimulada após um aumento na secreção de gonadotrofina resultante de baixos níveis de andrógenos circulantes. A enzima 3β-HSD catalisa a conversão dos Δ^5esteroides, tais como pregnenolona (Preg), 17-OH-pregnenolona (17-Preg), deidroepiandrostenediona (DHEA), e androstenediol (Δ^5diol) em seus respectivos Δ^4esteróides, a progesterona (P), 17OH-progesterona(17OHP), androstenediona (Δ^4A) e Testosterona (T). Essa atividade enzimática é, portanto, de fundamental importância para a síntese de todas as classes de esteroides ativos (progesterona, mineralocorticoides, glicocorticoides, andrógenos e estrógenos). Em contraste com as alterações provocadas pela deficiência da 21-OH e da 11β-OH, em que a síntese de esteroides está prejudicada apenas no córtex da adrenal, a deficiência de 3β-HSD impede a síntese de esteroides tanto na adrenal como nas gônadas.

Hiperfuncionantes

As doenças adrenais hiperfuncionantes de importância clínica são: Síndrome de Cushing, hiperaldosteronismo primário e feocromocitoma.

Síndrome de Cushing

A síndrome de Cushing (SC) é a condição resultante de uma exposição crônica e excessiva aos glicocorticoides. Pode ser em decorrência de administração prolongada destes (SC exógena ou iatrogênica), ou, menos frequentemente, por hiperprodução crônica espontânea de cortisol (SC endógena).

A SC é classificada de acordo com a dependência ou não ao ACTH. Os tipos de SC dependente de ACTH – síndrome de ACTH ectópico e Doença de Cushing – caracterizam-se por hipersecreção crônica de ACTH, com consequente hiperplasia das zonas fasciculada e reticular da adrenal e, portanto, aumento da secreção adrenocortical de cortisol, androgênios e DOC. A SC independente de ACTH pode ser causada por neoplasia adrenal primária (adenoma ou carcinoma) ou hiperplasia adrenal nodular, casos em que o excesso de cortisol suprime a secreção hipofisária de ACTH (Quadro 19.4.2).

Quadro 19.4.2 – Síndrome de Cushing: diagnóstico diferencial

Dependente de ACTH	• Adenoma hipofisário: doença de Cushing • Neoplasia não-hipofisária: ACTH ectópico
Independente de ACTH	• Iatrogênica: glicocorticoide, acetato de megestrol • Tumores adrenais: adenoma, carcinoma • Hiperplasia adrenal nodular: – Doença adrenal nodular pigmentada primária – Hiperplasia macronodular maciça da adrenal – Dependente de alimento (mediada por polipeptídio inibitório gástrico- GIP) • Factícia

Doença de Cushing

A hipersecreção de ACTH é aleatória e episódica, provocando hipersecreção de cortisol com ausência do ritmo circadiano normal. A inibição do ACTH por retroalimentação pelos níveis fisiológicos de glicocorticoides é suprimida, por conseguinte, a hipersecreção de ACTH persiste, apesar da secreção elevada de cortisol, resultando em excesso crônico de glicocorticoides. A secreção episódica de ACTH e cortisol pode resultar em níveis variáveis que permanecem dentro da normalidade, havendo a necessidade de verificação da elevação por cortisol livre urinário ou cortisol salivar ou sérico à noite. A secreção de androgênios adrenais também está aumentada da Doença de Cushing, e o grau de excesso de androgênio é paralelo ao do ACTH e do cortisol. Por conseguinte, os níveis plasmáticos de DHEA, sulfato de DHEA e androstenediona podem estar moderadamente elevados na doença de Cushing, e a conversão periférica desses hormônios em testosterona e diidrotestosterona resulta em excesso androgênico.

Síndrome de ACTH ectópico

A hipersecreção de ACTH e cortisol geralmente é maior em pacientes com ACTH ectópico do que naqueles com doença de Cushing. A hipersecreção de ACTH e de cortisol é aleatoriamente episódica e com frequência, os níveis estão acentuadamente elevados. A secreção de ACTH por tumores ectópicos não é sujeita a controle por retroalimentação negativa, isto é, a secreção de ACTH e de cortisol não é supressível com doses farmacológicas de glicocorticoides. Com frequência, os níveis plasmáticos, as taxas de secreção e a excreção urinária de cortisol, dos androgênios adrenais e de DOC estão acentuadamente elevados, mas apesar desse aumento, as manifestações típicas da síndrome de Cushing geralmente estão ausentes, talvez devido ao rápido início do hipercortisolismo associados ao quadro de doença maligna (anorexia, caquexia). Manifestações de excesso de mineralocorticoides, como hipertensão e hipocalemia, frequentemente estão presentes.

Tumores adrenais

Os tumores adrenais primários, tanto adenomas quanto carcinomas, hipersecretam cortisol de maneira autônoma, portanto são independentes do ACTH. Os níveis plasmáticos circulantes de ACTH estão suprimidos, resultando em atrofia cortical da adrenal não afetada. A secreção é aleatoriamente episódica, e esses tumores tipicamente não respondem à manipulação do eixo hipotálamo-hipófise com agentes farmacológicos, como dexametasona e metirapona.

■ Hiperaldosteronismo primário

O hiperaldosteronismo primário (HAP) é a causa mais comum de hipertensão arterial secundária. Foi descrito em 1955 como hipertensão com hipocalemia associada à supressão da atividade plasmática de renina (APR) devido a um tumor adrenal. Atualmente, é considerada como uma síndrome que engloba um grupo de distúrbios caracterizados por produção excessiva e autônoma de aldosterona, ou seja, sem a regulação do sistema renina-angiotensina, hipertensão arterial e hipocalemia.

Com a hipersecreção de aldosterona, ocorre aumento de retenção renal de sódio, resultando numa expansão do volume extracelular. Os volumes expandidos são percebidos por receptores de estiramento do aparelho justaglomerular e pelo fluxo de sódio na mácula densa renal, com consequente supressão da secreção de renina plasmática. Além de retenção de sódio, verifica-se o desenvolvimento de depleção de potássio, com consequente diminuição da sua concentração plasmática e corporal. A extrusão de potássio do meio intracelular é seguida por íons hidrogênio levando a um aumento da sua secreção renal dependente de aldosterona, resultando em alcalose metabólica.

O HAP é uma doença da zona glomerulosa. Outros produtos adrenais formados nessa zona como a DOC, a corticosterona e a 18OH-corticosterona podem estar presentes em quantidades aumentadas no sangue e urina de portadores de adenoma produtor de aldosterona. Como as células dessa zona não têm a capacidade de sintetizar cortisol, os níveis plasmáticos e urinários desse hormônio estão normais. A utilização da relação Aldosterona Plasmática/Atividade Plasmática de Renina (RAR), como rastreamento da HAP, levou ao aumento crescente do diagnóstico dessa patologia. No Quadro 19.4.3 estão descritos os principais subtipos de hiperaldosteronismo primário.

Quadro 19.4.3 – Principais subtipos de hiperaldosteronismo primário (HAP)
• Tumores adrenocorticais produtores de aldosterona • Adenoma • Adenoma responsivo a angiotensina • Carcinoma
• Hiperplasia Adrenocortical Bilateral (HAB) • Hiperaldosteronismo idiopático • Hiperplasia Adrenal Primária • Hiperaldosteronismo supressível por dexametasona (HASD)

Feocromocitoma

A medula da adrenal constitui uma parte especializada do sistema nervoso simpático que secreta catecolaminas (noradrenalina, adrenalina e dopamina). Essa secreção ajuda a manter a homeostasia do corpo durante o estresse.

O Feocromocitoma (FEO) é uma neoplasia com origem em células cromafins, produtoras e metabolizadoras de catecolaminas. Cerca de 95% das neoplasias de células cromafins, produtoras de catecolaminas, ocorrem na medula da glândula adrenal. Podem existir células cromafins em outras localizações, nomeadamente nos gânglios simpáticos do sistema nervoso autônomo, que podem originar neoplasias com genética e funcionalidade semelhante ao feocromocitoma, designadas de paragangliomas. Os feocromocitomas e os paragangliomas podem secretar noradrenalina e dopamina, porém só os feocromocitomas secretam adrenalina, uma vez que a enzima N-metiltransferase que converte a noradrenalina em adrenalina está presente somente na medula da adrenal.

A hipersecreção persistente de catecolaminas pelas células cromafins do tumor ultrapassa a capacidade de armazenamento em vesículas e acúmulo no citoplasma. As catecolaminas sofrem ação do metabolismo intracelular, mas o seu excesso e seus metabólitos caem na circulação e serão os responsáveis por um conjunto de efeitos metabólicos e cardiovasculares característicos como a tríade sintomática clássica que é cefaleia, palpitações, hipersudorese, acompanhada de hipertensão arterial. Os feocromocitomas são responsáveis por cerca de 0,1 – 1% de todos os casos de hipertensão secundária.

O FEO pode ser familiar ou, mais comumente, esporádico (em cerca de 80% dos casos). FEO familiares ocorrem de modo isolado ou como parte de distúrbios genéticos, como a síndrome de neoplasia endócrina múltipla tipo 2 (MEN-2), a doença de von Hippel-Lindau (VHL) e a neurofibromatose tipo 1 (NF1).

Avaliação laboratorial da função adrenal

Doenças hipofuncionantes ou insuficiência da adrenal

Doença de Addison e insuficiência adrenal secundária ou terciária

O diagnóstico laboratorial das doenças hipofuncionantes da adrenal é feito com base nas dosagens séricas de cortisol, o qual encontra-se reduzido, acrescido da dosagem sérica de ACTH, o que determinará o nível da hipofunção - primária (Doença de Addison) ou secundária. Testes funcionais também são aplicados como complementação à dosagem de cortisol e ACTH basais.

Dosagem de cortisol sérico

A coleta deverá ser realizada no início da manhã, quando ocorre o pico de liberação do cortisol (entre 4 e 8h). Valores basais reduzidos, geralmente abaixo de 3 μg/dL, sugerem uma insuficiência da adrenal; valores aumentados, acima de 19 μg/dL, a excluem; e valores intermediários, mas com sinais clínicos sugestivos, exigem a realização de testes funcionais complementares para a elucidação do diagnóstico.

Dosagem de ACTH sérico

A coleta também deverá ser realizada no início da manhã. Níveis reduzidos de ACTH (inferiores a 20 pg/mL) e cortisol séricos indicam doença hipofuncionante secundária ou terciária, enquanto níveis aumentados de ACTH (maiores que 100 pg/mL) e reduzidos de cortisol indicam insuficiência adrenal primária.

Teste funcional de estímulo com ACTH

Este teste é indicado para os casos em que há suspeita de insuficiência adrenal primária, mas com níveis intermediários de cortisol basal. Após a administração de 250 μg de ACTH, espera-se um pico de cortisol. Na ausência deste, com valores inferiores a 20 μg/dL, sugere-se perda da reserva adrenocortical.

Teste funcional de tolerância à insulina

Considerado o teste padrão-ouro para o diagnóstico da insuficiência adrenal secundária, uma vez que a hipoglicemia estimula a liberação do hormônio liberador de corticotrofina (CRH) e ACTH, a qual deve ser inferior a 40 mg/dL. A insuficiência adrenal é confirmada com a ausência do pico de cortisol, com valores inferiores a 20 µg/dL. É importante ressaltar que a realização deste teste requer monitorização, uma vez que podem ocorrer hipoglicemias graves e crises convulsivas.

Teste do Glucagon

Considerado o teste mais seguro nos casos em que o teste de tolerância à insulina esteja contraindicado, baseado na hipoglicemia rebote após administração de glucagon. Administra-se 1 mg de glucagon (1,5 mg no obeso), por via subcutânea e o cortisol é dosado com 0, 90, 120, 150, 180 e 240 min. Os critérios para a resposta do cortisol são os mesmos esperados para o teste com uso de insulina. Entretanto, é um teste menos reprodutível.

Teste do CRH

Diferentemente do teste da metirapona, o teste com CRH possibilita a distinção entre causas primárias e secundárias. Pacientes com insuficiência adrenal primária têm níveis elevados de ACTH que aumentam ainda mais após o CRH. Em contraste, o ACTH não responde ao estímulo com CRH na insuficiência secundária.

Outros exames laboratoriais

A dosagem de íons plasmáticos tem grande importância na complementação diagnóstica da insuficiência adrenal, uma vez que o paciente apresenta com frequência hiponatremia e hipercalemia, devido à deficiência de aldosterona. Consequentemente, uma redução nos níveis de aldosterona, somada a um aumento de renina plasmática, corroboram com a suspeita diagnóstica. A ausência de cortisol pode também levar a uma leve anemia normocítica, linfocitose e eosinofilia. Já a presença de anticorpos anticórtex da adrenal ou contra a enzima 21-OH falam a favor de adrenalite autoimune.

▪ Hiperplasia adrenal congênita

Deficiência de 21-OH

A deficiência de 21-OH é caracterizada por um aumento de 17OH-P, seu principal substrato. Na sua forma clássica, os pacientes apresentam níveis de 17OH-P acima de 35 ng/dL, enquanto valores acima de 2 ng/dL são observados em adultos que apresentam a forma não clássica. Recomenda-se complementar o diagnóstico com o teste funcional de estímulo com 250 µg de ACTH, onde valores normais de 17OH-P são inferiores a 5 ng/mL, valores superiores a 15 ng/mL indicam forma não clássica da doença, e valores acima de 100 ng/mL estão associados à forma clássica da doença. A dosagem de 17OH-P é ainda utilizada no teste de rastreamento neonatal em papel de filtro, sendo que valores acima de 10 ng/mL no recém-nascido a termo sugerem a deficiência de 21-OH, exigindo nova coleta para confirmação. A quantificação de 17OH-P no líquido amniótico também é indicada no diagnóstico pré-natal, nos casos em que a gestante apresenta histórico de hiperplasia adrenal congênita na família e com mutações no gene da enzima já identificadas.

A deficiência de cortisol pode ocasionar hipoglicemia, enquanto redução dos níveis de aldosterona, aumento na atividade de renina, hipercalemia e hiponatremia estão associados à forma clássica perdedora de sal.

O sequenciamento do gene *CYP21A2* que codifica a enzima 21-OH é indicado para confirmar o diagnóstico, principalmente naqueles indivíduos com valores intermediários de 17OH-P pós-ACTH, e identificar os heterozigotos, facilitando o aconselhamento genético. Deve ser realizado em recém-nascidos que apresentam valores aumentados de 17OH-P no teste de rastreamento neonatal e que apresentam mutações já identificadas em familiares. A identificação das mutações e rearranjos pode ser feita por meio de sequenciamento capilar pelo método de Sanger ou sequenciadores de nova geração (NGS – *next-generation sequencing*). O teste molecular também pode ser realizado no pré-natal, utilizando-se material de biópsia das vilosidades coriônicas, indicado nos casos em que há histórico familiar da doença. A identificação precoce das mutações é importante para nortear o tratamento que deve ser iniciado ainda durante a gestação, em especial para fetos do sexo feminino. O cariótipo com banda-G é indicado para determinação do sexo genético em crianças que apresentam genitália ambígua.

A monitorização laboratorial do paciente após o diagnóstico é feita pela dosagem de 17OH-P, testosterona, androstenediona, aldosterona e atividade de renina plasmática.

Outros tipos de hiperplasia adrenal congênita

O diagnóstico diferencial das outras deficiências enzimáticas que levam à hiperplasia adrenal pode ser feito por testes moleculares, que identificam as variantes patogênicas nos genes específicos. A deficiência de 11β-OH leva à alcalose com hipercalemia devido ao excesso de DOC. Já a deficiência de 17-hidroxilase/17,20 liase resulta no aumento dos níveis de progesterona, DOC, corticosterona (B), 18OH-DOC, 18OH-B e 19-nor-DOC, hipocalemia e redução dos androgênios, mesmo após estímulo com ACTH. Por fim, a deficiência de 3β-HSD leva ao aumento de 17-pregnenolona e s-DHEA, sendo que a razão 17-pregnenolona/cortisol acima de 2 desvios-padrão da média indicaria deficiência por 3β-HSD.

Doenças hiperfuncionantes da adrenal

Síndrome de Cushing ACTH independente

Com base no relato do paciente e no histórico clínico, deve-se primeiramente excluir a síndrome de Cushing iatrogênica, em especial por uso de glicocorticoides. A partir desta exclusão, dosagens bioquímicas devem ser realizadas, associadas aos exames de imagem. Dois testes diferentes alterados confirmam o diagnóstico de Síndrome de Cushing de origem adrenal.

Cortisol livre em urina de 24h

Medida indireta dos níveis de cortisol livres no plasma, os níveis de cortisol urinário devem estar no mínimo 3 vezes acima do valor de referência para que o teste seja considerado alterado, em 2 dosagens diferentes.

Cortisol salivar entre 23 e 24h

A elevação nos níveis de cortisol livre salivar entre 23-24h indicam o hipercortisolismo. Recomenda-se pelo menos 3 amostras em dias diferentes para conclusão do diagnóstico. A coleta é simples, pouco invasiva e pode ser feita pelo próprio paciente após instruções, uma vez que o cortisol salivar é estável por vários dias à temperatura ambiente.

Teste de supressão com dexametasona às 23h

Este teste baseia-se na administração de 1 mg de dexametasona às 23h, seguida de coleta de cortisol às 8h no dia seguinte. Indivíduos com síndrome de Cushing não apresentam supressão do eixo hipotálamo-hipófise-adrenal, mesmo após administração de baixas doses de dexametasona, sendo encontrados valores de cortisol acima de 1,8 μg/dL.

Outros exames laboratoriais

Níveis aumentados de s-DHEA sugerem carcinoma da adrenal, ao passo que níveis reduzidos indicam adenoma adrenal. A diferenciação entre os casos de pseudocushing e Síndrome de Cushing propriamente dita deve ser feita com administração de baixa dose de dexametasona, seguido de CRH ovino – o primeiro apresenta maior resposta supressiva à dexametasona e menor resposta inibitória ao CRH. O monitoramento do paciente em tratamento para Síndrome de Cushing deve ser feito com dosagens de cortisol sérico e cortisol livre urinário.

Síndrome de Cushing ACTH dependente

Para a distinção entre a Síndrome de Cushing dependente de ACTH e aquela dependente, deve-se empregar a dosagem de ACTH sérico. A coleta deve ser feita em tubos com EDTA, o plasma deve ser obtido por centrifugação imediatamente após a coleta e deve ser mantido resfriado, a fim de reduzir a degradação do ACTH por proteases plasmáticas.

Valores reduzidos de ACTH, inferiores à 10 pg/mL, sugerem doença adrenal, ao passo que valores superiores à 20 pg/mL indicam Doença de Cushing ou produção ectópica de ACTH. No caso de valores intermediários, deve-se partir para a dosagem de ACTH após estímulo com CRH ou desmopressina, onde espera-se um pico de resposta em pacientes ACTH - dependentes. Embora os testes de imagem e marcadores tumorais (p. ex., calcitonina, somatostatina) sejam indicados para diferenciar se a produção de ACTH é devido a um adenoma hipofisário ou fonte ectópica, há evidências de que neste último os níveis de cortisol livre urinário e ACTH sejam medianamente mais altos, mas ainda não há valores de referência estabelecidos para serem adotados como critério de diagnóstico. Assim, associa-se aos exames de imagem aos testes funcionais a seguir.

Teste de supressão com dexametasona

Consiste na administração de 2 mg de dexametasona oral a cada 6h por 48h e dosagem de cortisol sérico pela manhã ao final. Tumores hipofisários apresentam retroalimentação negativa na presença de altas doses de glicocorticoides, com queda de mais de 50% no cortisol sérico após inibição, diferentemente do tumor ectópico, o que permite distinguir as duas entidades clínicas. Por apresentar baixa sensibilidade diagnóstica, deve ser associado a outros testes.

Teste de estímulo com CRH ou desmopressina

O teste baseia-se na administração de 1 mg/kg de CRH ovino com dosagens subsequentes de ACTH e cortisol séricos. Os tumores hipofisários, mas não os ectópicos, expressam receptores para CRH, levando ao aumento do ACTH e cortisol após o estímulo.

Teste dinâmico invasivo ou cateterismo bilateral dos seios petrosos inferiores

O cateterismo bilateral dos seios petrosos inferiores (BIPSS) é o teste confiável na diferenciação entre fontes hipofisárias e não-hipofisárias de ACTH. O efluente hipofisário é drenado para o interior dos seios petrosos, via seios cavernosos, portanto, um gradiente entre o valor do ACTH plasmático obtido nesse local e o de uma amostra plasmática periférica simultânea indica uma fonte central de ACTH. Consiste na colocação de finos cateteres em ambos os seios cavernosos, a partir da veia femoral. Coletam-se amostras basais e administra-se CRH (1μg/Kg EV), obtendo-se amostras adicionais na periferia e no seio petroso após 1, 3, 5 e 10 minutos. Se o CRH não estiver disponível, pode-se usar desmopressina. Um gradiente entre ACTH basal e central e o ACTH basal periférico > 2:1 ou um gradiente estimulado > 3:1 é indicativo de Doença de Cushing. Gradientes menores indicam síndrome de ACTH ectópico.

Hiperaldosteronismo primário

Razão aldosterona/renina

Considerado o teste padrão-ouro para o diagnóstico do HAP, associado a um *status* de hipocalemia. A combinação de níveis aumentados de aldosterona (>12 ng/dL), atividade de renina plasmática reduzida (<0,4 ng/mL/h), e uma razão maior que 30, falam a favor de HAP.

Testes de supressão

Pacientes com HAP apresentam resistência quando aplicados os testes de supressão, mantendo elevados os níveis de aldosterona, com redução menor que 10% do valor basal. Os principais testes são:

- **Teste de infusão de solução salina:** infusão intravenosa de 2 L de solução fisiológica durante 4h, com coleta de aldosterona sérica antes e após infusão.
- **Teste de sobrecarga oral de sódio:** acréscimo de 3 g de sal na alimentação durante 5 dias, com medida da aldosterona urinária no último dia.
- **Teste com fludrocortisona:** administração de 0,1 mg via oral de fludrocortisona a cada 6h por 4 dias e dieta com sódio, quantificando-se aldosterona e atividade de renina no último dia.

- **Teste do captopril:** 25 a 50 mg de captopril não são capazes de impedir a produção de aldosterona em pacientes com HAP, medida em amostras de sangue, 1 e 2h após a administração da droga.

Teste de estímulo postural

Indicado para diferenciar o adenoma produtor de aldosterona da hiperplasia adrenal. O paciente é mantido em decúbito durante 30min. Após este repouso, ele adota posição ortostática durante 2h, com coleta basal e após estímulo para dosagem de aldosterona. Somente no caso de hiperplasia adrenal ocorre um aumento substancial dos níveis plasmáticos de aldosterona.

Precursores da aldosterona

Elevação nos níveis plasmáticos de DOC, B e 18OH-corticosterona são observados no adenoma produtor de aldosterona, enquanto níveis normais ou pouco elevados são esperados na hiperplasia adrenal.

■ Feocromocitoma

Catecolaminas e metanefrinas

A dosagem de catecolaminas (adrenalina, noradrenalina, dopamina) e metanefrinas (normetanefrinas e metanefrinas) fracionadas são os marcadores indicados para o diagnóstico de feocromocitoma. Neste caso, os valores de catecolaminas plasmáticas aumentam em cerca de 4 vezes e as catecolaminas urinárias em 3 vezes quando comparadas aos valores normais. No entanto, níveis normais de catecolaminas não excluem o feocromocitoma, sendo necessária a dosagem das metanefrinas no plasma ou urina para confirmação da suspeita diagnóstica. Valores normais de metanefrinas excluem o feocromocitoma. Pelo fato de serem encontradas em quantidades circulantes pequenas, a dosagem é realizada por cromatografia líquida de alta eficiência (*high performance liquid chromatography* – HPLC), acoplada ou não à espectrometria de massa.

Teste de supressão com clonidina

A clonidina possui ação agonista α-2-adrenérgica, a qual suprime a liberação central das catecolaminas, mas não do feocromocitoma. Desta forma, quedas inferiores a 40 ou 50% para normetanefrinas e noradrenalina, respectivamente, falam a favor de feocromocitoma.

Avaliação dos incidentalomas adrenais

A massa adrenal incidental tornou-se um problema comum no diagnóstico, visto que pacientes submetidos a diferentes exames de imagem, com maiores resolução e sensibilidade, têm apresentado positividade em até cerca de 10% das tomografias computadorizadas (TC) ou ressonâncias magnéticas (RM) abdominais, podendo significar um achado benigno ou implicar elevadas morbidade e mortalidade em função de sua atividade hormonal ou histologia maligna. No adulto, pode representar adenomas ou carcinomas corticais funcionantes ou não-funcionantes, feocromocitomas, cistos, mielolipomas ou metástases de outros tumores. Na sua maioria são lesões benignas e não funcionantes. Diferentes protocolos são propostos para avaliação da massa adrenal incidental, como estratégias para investigação hormonal, exames de imagem e avaliação histológica (Figura 19.4.5).

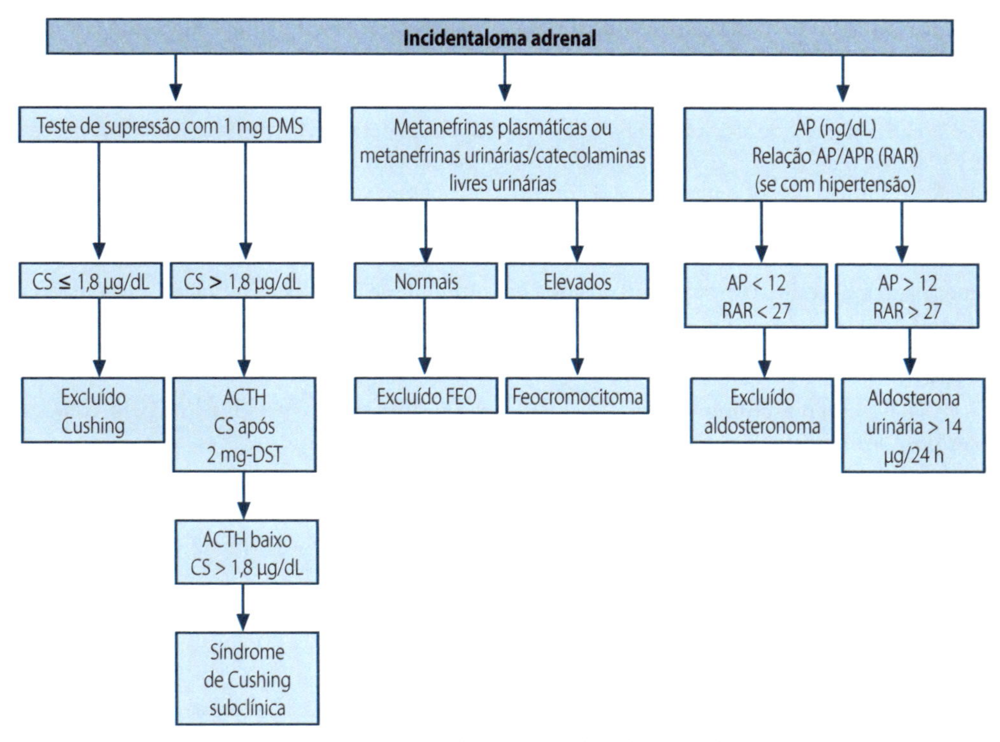

FIGURA 19.4.5 – Fluxograma de avaliação do incidentaloma adrenal. Legenda: DMS = Dexametasona; AP = Aldosterona Plasmática; APR = Atividade Plasmática de Renina; RAR = Relação Aldosterona Plasmática/ Atividade Plasmática de Renina; CS = Cortisol Sanguíneo; FEO = Feocromocitoma; DTS = Teste de Supressão de Dexametasona.

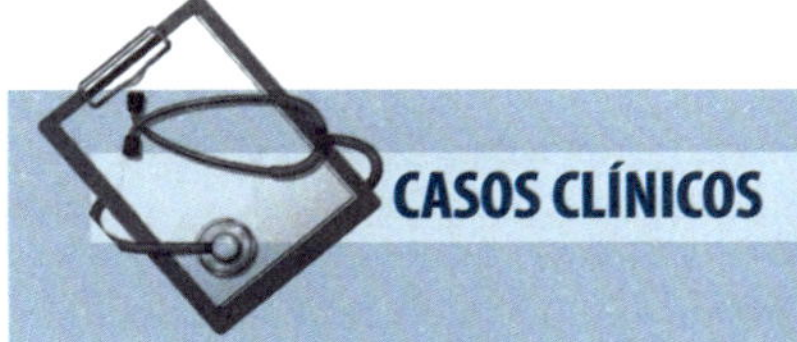

CASOS CLÍNICOS

Caso 1

A.B.S., sexo feminino, 42 anos de idade, apresentou amenorreia e aumento de peso ponderal nos últimos 15 meses. Na investigação laboratorial observou-se:

1) Cortisol basal às 8h00 = 52 g/dL (VR=5–25 g/dL)
2) Cortisol livre urinário = 140 g/24h(VR=3-43 g/24h)
3) Cortisol às 8h00 após supressão com 8 mg de dexametasona = 38 g/dL;
4) ACTH plasmático = 65 pg/mL (VR=46 pg/mL).

Indique o provável diagnóstico e exames complementares que poderiam ser feitos para corroborar com a hipótese formulada.

■ **Caso 2**

RN, sexo feminino, apresentou ao nascimento pseudovirilização da genitália externa. Após realização do cariótipo com banda G, alterações genéticas cromossomais foram descartadas. Devido ao fato de que os pais são consanguíneos, e a mãe apresenta hirsutismo, pele acneica e alopecia, surgiu a hipótese de que a criança apresente hiperplasia adrenal congênita (HAC).

Com base neste relato, quais marcadores laboratoriais poderiam indicar a HAC? Quais os genes principais deveriam ser sequenciados no intuito de se identificar mutações relacionadas à HAC?

■ **Caso 3**

M.N.T., sexo masculino, 36 anos. Não etilista, não-tabagista. Queixas principais: cansaço, letargia, anorexia, náusea, vômitos, perda de peso, vertigem. Exame clínico: hipotensão, desidratação. Após exames laboratoriais: hiponatremia, hipoglicemia. Foi solicitada dosagem de cortisol sérico às 8h00, o qual mostrou-se diminuído.

Qual o provável diagnóstico do paciente? Quais exames poderiam evidenciar se o paciente apresenta uma alteração ao nível primário, secundário ou terciário?

Bibliografia consultada

1. Aron D., Raff H., Findling J. Effectiveness versus efficacy: the limited value in clinical practice of high dose dexamethasone suppression testing in the differential diagnosis of adrenocorticotropin-dependent Cushing's syndrome. J Clin Endocrinol Meta 82:1780-1785, 1997.
2. Aron D., Terzolo M., Cawood T.J., Adrenal Incidentalomas. Best Pract Res Clin Endocrinol Metab 26: 69- 82, 2012.
3. Bansal V., El Asmar N., Selman W.R. et al. Pitfalls in the diagnosis and management of Cushing's syndrome. Neurosurg Focus 38:E4, 2015
4. Barzon L., Fallo F., Sonino N. et al. Adrenocortical carcinoma: experience in 45 patients. Oncology 54: 490- 6, 1997.
5. Biglieri E.G., Kater C.E. Mineralocorticoids in congenital adrenal hyperplasia. J Steroid Biochem Mol Biol 40: 493- 9, 1991
6. Bongiovanni A.M. The adrenogenital syndrome with deficiency of 3b-hydroxysteroid dehydrogenase. J Clin Invest 41: 2086- 92, 1962
7. Burdea L., Mendez M. 21 hydroxylase deficiency. 1ª. edição, StatPearls Publishing, 2018.
8. Burke C.W. Adrenocortical insufficiency. Baillières Clin Endocrinol Metabolism, 14:947-76,1985
9. Carroll T., Finding J. Cushing's syndrome of nonpituitary causes. Curr Opin Endocrinol Diabetes Obes 16:308-15, 2009.
10. Elder EE, Elder G, Larsson C. Pheochromocytoma and functional paraganglioma syndrome: No longer the 10% tumor. J Surg Oncol 89: 193- 20, 2005
11. Elias L.L.K., Castro M. Insuficiência adrenal primária de causa genética. Arq Brasil Endocrinol Metabol. 46: 478-89, 2002
12. Fishbein L. Pheochromocytoma and paraganglioma: genetics, diagnosis, and treatment. Hematol Oncol Clin North Am 30:135-50, 2016
13. Funder J.W., Carey R.M., Fardella C. et al. Case detection, diagnosis and treatment of patients with primary aldosteronism: Endocrine Society clinical practice guideline. J Clin Endocrinol Metab 101: 1889-916, 2016
14. Garret R.W., Nepute J.C., Hayek M.E. et al. Adrenal incidentalomas: clinical controversies and modified recommendations. AJR Am J Roentgenol 206:1170-8, 2016
15. Greenspan F. S., Gardner D.G. Basic and Clinical Endocrinology, 9ª edição, Editora Lance 2013.
16. Grumbach M.M., Conte F.A. Disorders of sex differentiation. In: Wilson JD, Foster DW, Kronenberg HM, Larsen PR, editors. Williams Textbook of Endocrinology. 9th Edition. Philadelphia: WB Saunders Company, 1303-426, 1998
17. Herr K., Muglia V.F., Koff W.J. et al. Imaging of the adrenal lesions. Radiol Bras. 47: 228- 39, 2014

18. Kater C.E. Rastreamento, comprovação e diferenciação laboratorial do hiperaldosteronismo primário. Arq Bras Endocrinol Metab 46:106-15, 2002.
19. Lacroix A., Feelders R.A.,Stratakis C.A. et al. Cushing's syndrome. Lancet 386:913-27, 2015
20. Luu The V., Lachance Y., Labrie C., Leblanc G., Thomas J., Strickler R., et al. Full-length cDNA structure and deduced amino acid sequence of human 3β-hydroxy-5-ene-steroid dehydrogenase. Mol Endocrinol 3:1310, 1989.
21. Mansmann G., Lau J., Balk E. et al. The clinically inapparent adrenal mass, N Engl J Med 356:601-10, 2007.
22. Mantero F., Terzolo M., Arnaldi G. et al. A survey on adrenal incidentaloma in Italy. Study group on Adrenal Tumors of the Italian Society of Endocrinology. J Clin Endocrinol Metab 85: 637-44, 2000
23. Marui S., Castro M., Latronico A.C., Elias L.L., Arnhold I.J., Moreira A.C., et al. Mutations in the type II 3b-hydroxysteroid dehydrogenase (HSD3B2) gene can cause premature pubarche in girls. Clin Endocrinol 52(1): 67-75, 2000
24. McCarthy C. J., McDermott S., Blake M.A. Adrenal imaging: magnetic resonance imaging and computed tomography. Front Horm Res 45: 55-69, 2016
25. McClellan M, Walther Harry R, Marston Linehan RW. Pheochromocytoma: Evaluation, diagnosis, and treatment. World J Urol 17: 35- 9,1999
26. Mello M.C., Bachega T.A.S.S., Costa-Santos M., Mermejo L.M., Castro M. Bases moleculares da hiperplasia adrenal congênita. Arq Bras Endocrinol Metab 46: 457-77, 2002
27. Miller W.L. Steroid 17-α-hydroxylase deficiency--not rare everywhere. J Clin Endocrinol Metab 89: 40-2, 2004.
28. Miller W.L., Levine L.S. Molecular and clinical advances in congenital adrenal hyperplasia. J Pediatr 11:1-17, 1987.
29. Moisan A.M., Ricketts M.L., Tardy V., Desrochers M., Mébarki F., Chaussain J.L., et al. New insight into the molecular basis of 3b-hydroxysteroid dehydrogenase deficiency: identification of eight mutations in the HSD3B2 gene in eleven patients from seven new families and comparison of the functional properties of twenty-five mutant enzymes. J Clin Endocrinol Metab 84:4410-25, 1999
30. Monticone S., Viola A., Tizzani D, et al. Primary aldosteronism: who should be screened? Horm Metab Res 44:163-9, 2012
31. New M.I., Dupont B., Grumback K., Levine L.S. Congenital adrenal hyperplasia and related conditions. The Metabolic Bases of Inherited Disease. 973-1000, 1982
32. Newell-Price J., Trainer P., Besser G.M. et al. The diagnosis and diferential diagnosis of Cushing's syndrome and pseudo-Cushing's states. Endocr Ver 19: 647-72,1998
33. Newell-Price J., Bertagna X., A.B. Grossman A. B. et al. Cushing's syndrome .Lancet 367:1605-17, 2006
34. Nieman L., Biller B., Finding J et al. The diagnosis of Cushing's syndorme : na endocrine society clinical practice guideline. J Clin Endocrinol Metab 93: 1526-40, 2008.
35. Pillai S., Golapan V., Smith R.A. et al . Updates on the genetics and the clinical impacts on phaeochromocytoma and paraganglioma in the new era. Crit Ver Oncol Hematol 100:190-208, 2016
36. Rhéaume E., Simard J., Morel Y., Mebarki F., Zachmann M., Forest M.G., et al. Congenital adrenal hyperplasia due to point mutations in the type II 3b-hydroxysteroid dehydrogenase gene. Nat Genet 1:239-45, 1992
37. Rosenfield R.L., Rich B.H., Wolfsdorf, Cassorla F., Parks J.S., Bongiovanni A.M., et al. Pubertal presentation of congenital D53b-hydroxysteroid dehydrogenase. J Clin Endocrinol Metab 51: 345-53,1980
38. Rösler A., Leiberman E., Cohen T. High frequency of congenital adrenal hyperplasia (classic 11β-hydroxylase deficiency) among Jews from Morocco. Am J Med Genet 42:827-34, 1992
39. Schirenbach C., Reincke M. Primary aldosteronism: current knowledge and controversies in Conn's syndrome. Pract Endocrinol Metab 3: 220- 7, 2007
40. Simard J., Durocher F., Mebarki F., Turgeon C., Sanchez R., Labrie Y., et al. Molecular biology and genetics of the 3bhydroxysteroid dehydrogenase/D5 D4 -isomerase gene family. J Endocrinol 150:S189-207, 1996
41. Simard J., Rhéaume E., Sanchez R., Laflamme N., Launoit Y., Luu-The V., et al. Molecular basis of congenital adrenal hyperplasia due to 3b-hydroxysteroid dehydrogenase deficiency. Mol Endocrinol 7:716-28, 1993
42. Speiser P.W., Assiz R.,Baskin L.S. Congenital adrenal hyperplasia due to steroid 21-hydroxylase deficiency: na Endocrine Society clinical practice guideline. J Clin Endocrinol Metab 95: 4133- 60, 2010
43. Stratakis C.A., Chrousos G.P., Adrenal câncer. Endocrinol Metab Clin 20:15- 25, 2000
44. Ten S.; New M., MacLaren N. Clinical review 130. Addison's Disease. J Clin Endocrinol Metab. 86: 2909-22, 2001

45. Vencio S., Fontes R., Scharf M. Manual de exames laboratoriais na prática do endocrinologista. 1ª. edição, Gen, 2013.
46. Vilar F., Freitas M., Silva R., Kater C. Insuficiência adrenal – diagnóstico e tratamento. 3ª. edição, Guanabara, 2006.
47. Vilar L. Endocrinologia Clínica, 6 ª edição, Guanabara Koogan, 2016.
48. White P. Update on diagnosis and management of congenital adrenal hyperplasia due to 21-hydoxylase deficiency. Curr Opin Endocrinol Diabetes Obes 25: 178-184, 2018.
49. White P.C. Congenital adrenal hyperplasia owing to 11b-hydroxylase deficiency. Adv Exp Med Biol. 707:7-8, 2011.
50. Young Jr W.F., Primary aldosteronism: renaissance of a syndrome. Clin Endocrinol 66: 607-18, 2007.
51. Zachmann M., Tassinari D., Prader A. Clinical and biochemical variability of congenital adrenal hyperplasia due to 11 βhydroxylase deficiency. A study of 25 patients. J Clin Endocrinol Metab 56: 222-9, 1983.

DISCUSSÃO DOS CASOS CLÍNICOS

CASO 1

O provável diagnóstico é a Síndrome de Cushing. A paciente apresenta aumento do cortisol basal plasmático e urinário, e baixa resposta à supressão com dexametasona.

O ACTH plasmático está elevado, mas não tão alto quanto aqueles níveis esperados para os casos em que o paciente apresenta um tumor ectópico liberador de ACTH. Assim, resta a dúvida se a paciente apresenta a Doença de Cushing propriamente dita, ou um tumor na adrenal. Neste caso, o teste de estímulo com CRH permitiria a distinção entre estas duas situações.

CASO 2

Caso a criança apresente a HAC, ocorrerá um aumento plasmático nos precursores que antecedem a via bioquímica na qual a enzima defeituosa atua, sobretudo 17-OH-progesterona, 17-OH-pregnenolona e DHEA-S.

Em função da importância epidemiológica, mutações no gene da enzima 21-hidroxilase, seguidas das mutações no gene da enzima 11-β-hidroxilase, são aqueles mais frequentemente associados à HAC.

CASO 3

O paciente apresenta provável insuficiência da adrenal (doença de Addison). As deficiências tanto ao nível primário, secundário ou terciário, levam à uma redução dos níveis de cortisol sérico e urinário, não sendo este, portanto, um parâmetro suficiente para distinção entre os tipos. No entanto, observa-se um aumento dos níveis do ACTH plasmático na insuficiência primária quando comparada aos outros tipos. Já a distinção entre as formas secundária e terciária poderá ser realizada com a dosagem de ACTH após estímulo com CRH, no qual espera-se uma baixa resposta no caso da insuficiência ao nível secundário.

Bioquímica do Sistema Nervoso

20

João Paulo Lima Daher
Marcela Rodriguez de Freitas
Marcos R. G. de Freitas
Salim Kanaan

Introdução

O sistema nervoso compreende basicamente dois tipos celulares: as células nervosas ou neurônios, e as células da glia ou neuroglia.

Células nervosas – neurônios

Os Neurônios são responsáveis pela transmissão da informação através da diferença de potencial elétrico na sua membrana. O cérebro humano possui aproximadamente 86 bilhões de células nervosas. Os neurônios correspondem à unidade fundamental do sistema nervoso, com a função básica de sinalização, isto é, receber, processar e enviar informações. São células polarizadas e altamente excitáveis que se comunicam entre si ou com células efetuadoras através das sinapses. A maioria dos neurônios apresenta três regiões responsáveis por funções especializadas: corpo celular, axônio e dendritos.

Corpo celular ou soma

É o centro metabólico do neurônio, responsável pela síntese das proteínas neuronais e pela degradação e renovação dos constituintes celulares. É composto por membrana celular, núcleo neuronal e citoplasma. É na membrana do corpo celular que as células gliais se apoiam e onde algumas sinapses se estabelecem (Figura 20.1 e 20.2).

O citoplasma do corpo celular é também chamado de pericário e contém as organelas citoplasmáticas habitualmente encontradas nas outras células, como ribossomos, lisossomos, mitocôndrias, citoesqueleto, retículo endoplasmático granular e agranular e complexo de Golgi. Os ribossomos podem agrupar-se e são visualizados na microscopia óptica como aglomerados basofílicos, os corpúsculos de Nissl. Em relação ao citoesqueleto, os microtúbulos e microfilamentos de actina são idênticos aos de células não neuronais; no entanto, os filamentos intermediários diferem por sua constituição química, sendo específicos dos neurônios, motivo pelo qual se denominam neurofilamentos. O núcleo é geralmente vesicular, com um ou mais nucléolos evidentes, porém podem ser densos como nas células granulares do córtex cerebelar.

Os neurônios são células muito heterogêneas quanto à forma e ao tamanho do corpo celular, como consequência da disposição de seu citoesqueleto: são grandes e piriformes nas células de Purkinje do córtex cerebelar; esferoidais nas células granulares do córtex cerebelar e nos neurônios sensitivos dos gânglios espinais; e estrelados e piramidais no córtex cerebral.

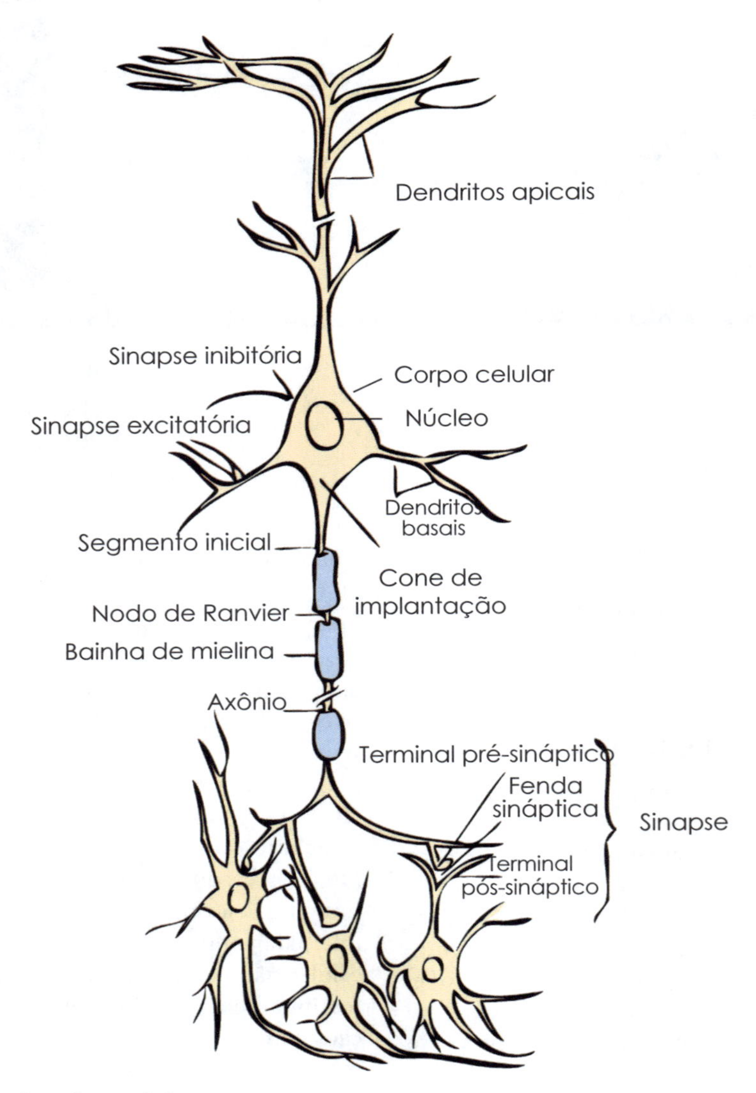

FIGURA 20.1 – Estrutura do neurônio.

Axônio

É um prolongamento que tem origem no corpo celular, normalmente único e tubular (do grego áxon = eixo), com comprimento muito variável, podendo medir de 0,1 mm a 3 m. Sua membrana plasmática é chamada de axolema e seu citoplasma, de axoplasma. O axônio corresponde à principal eferência da célula nervosa, responsável pela geração e transmissão do impulso nervoso às outras células.

O cone de implantação é a região mais proximal do axônio. Distalmente a ele encontra-se o segmento inicial ou zona de gatilho, uma zona de alta concentração de canais de sódio e potássio voltagem-dependentes.

Quando o axônio se ramifica, origina colaterais do mesmo diâmetro do segmento inicial, formando ângulos obtusos. Após emitir um número variável de colaterais, o axônio sofre uma arborização terminal através da qual se conecta com outros neurônios, com células efetuadoras ou com capilares sanguíneos.

O fluxo axoplasmático corresponde ao movimento contínuo de organelas e substâncias solúveis através do axoplasma. Há dois tipos de fluxo que ocorrem paralelamente: anterógrado e retrógrado. O fluxo axoplasmático anterógrado, do pericário à terminação axonal, é responsável pela manutenção da integridade estrutural e funcional do axônio. O fluxo axoplasmático retrógrado, da terminação axonal ao pericário, é fundamental para a renovação dos componentes presentes nas terminações axonais.

O axônio e, quando presentes, seus envoltórios formam a fibra nervosa. O principal envoltório é representado pela bainha de mielina e a sua presença classifica as fibras nervosas em mielínicas ou amielínicas. No sistema nervoso central, as fibras nervosas reúnem-se em feixes denominados tratos ou fascículos, enquanto no sistema nervoso periférico as fibras agrupam-se em feixes que formam os nervos.

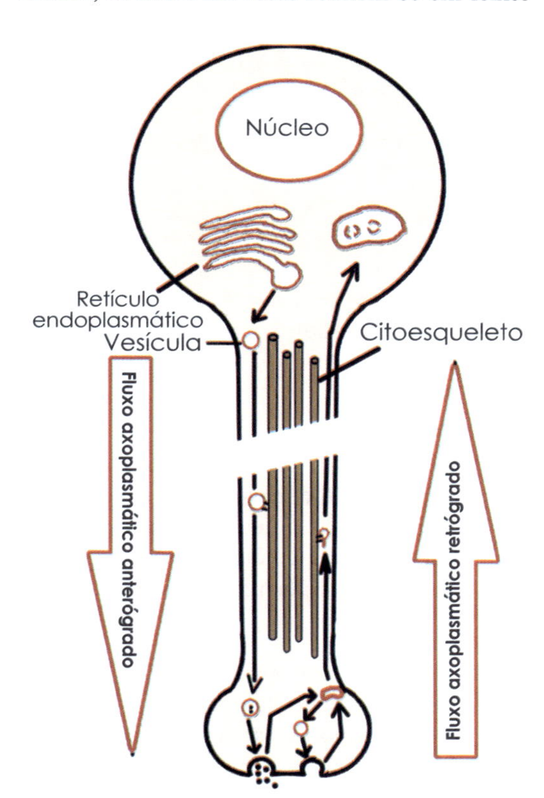

FIGURA 20.2 – Fluxo axoplasmático anterógrado e retrógrado.

Dendritos

São prolongamentos muito numerosos, curtos e de contornos irregulares, com origem no corpo celular. Ramificam-se em um padrão tipo galhos de uma árvore (do grego, déndron = árvore), em ângulo agudo, gerando dendritos cada vez menores. Constituem a principal via de aferência de sinais para a célula nervosa, podendo receber de centenas até 100.000 sinapses.

Classificação

Como vimos, os neurônios são células heterogêneas, que diferem quanto à forma e ao tamanho do corpo celular, mas também quanto ao número e à complexidade de seus prolongamentos. A classificação quanto à morfologia dos neurônios distingue três tipos principais: neurônios unipolares, bipolares e multipolares (Figura 20.3).

- **Neurônios unipolares:** são as células mais primitivas, compostas inicialmente de um prolongamento único que posteriormente se ramifica. Essas ramificações servem ao mesmo tempo como superfícies receptivas (dendritos) e terminais de liberação (axônios). Estão presentes em invertebrados e no sistema nervoso autônomo de vertebrados.
- **Neurônios bipolares:** são neurônios que possuem um corpo celular oval central que origina dois processos, um dendrito e um axônio. Estão presentes na retina, no epitélio olfativo e no gânglio espiral do ouvido interno. As células ditas pseudounipolares são originalmente células bipolares cujos processos sofreram fusão em sua porção proximal. Desta fusão partem dois prolongamentos, um periférico e outro central. O prolongamento periférico forma a terminação sensitiva

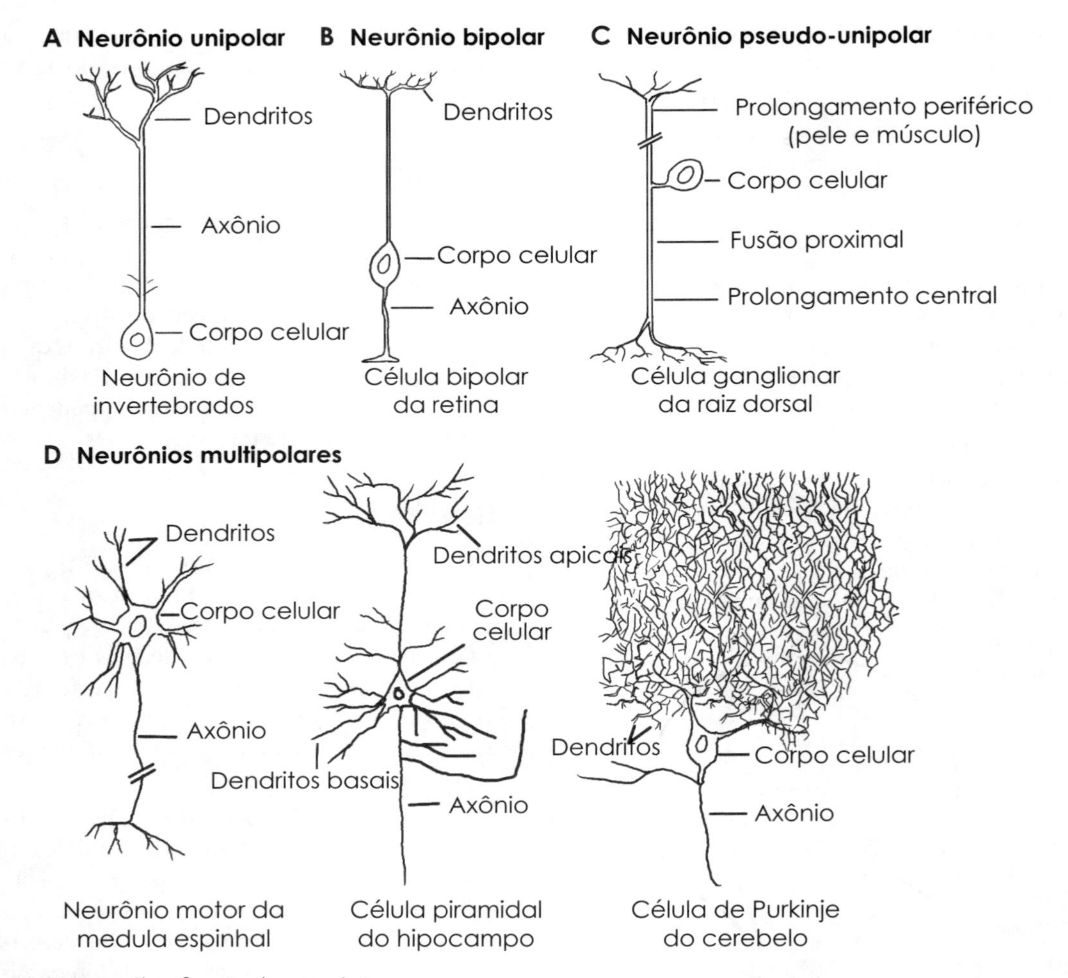

FIGURA 20.3 – Classificação dos neurônios.

e o prolongamento central direciona-se para a medula espinal. Ambos têm estrutura de axônio, porém o ramo periférico funciona como um dendrito, pois traz informações periféricas ao corpo celular, correspondendo aos receptores sensitivos para tato, dor, temperatura, propriocepção e vibração.

- **Neurônios multipolares:** são as células predominantes no sistema nervoso de vertebrados. Possuem um axônio e muitos dendritos. Variam quanto à forma do corpo celular, comprimento do axônio e número de dendritos. Como exemplo, podemos citar o neurônio motor da medula espinal, a célula de Purkinje do cerebelo e a célula piramidal do córtex e hipocampo.

Alguns autores propõem uma classificação quanto à função neuronal que divide os neurônios em três grupos: os sensitivos, aferentes ou receptores; os motores, eferentes ou efetuadores, e os associativos, interneurônios ou conectores (Figura 20.4).

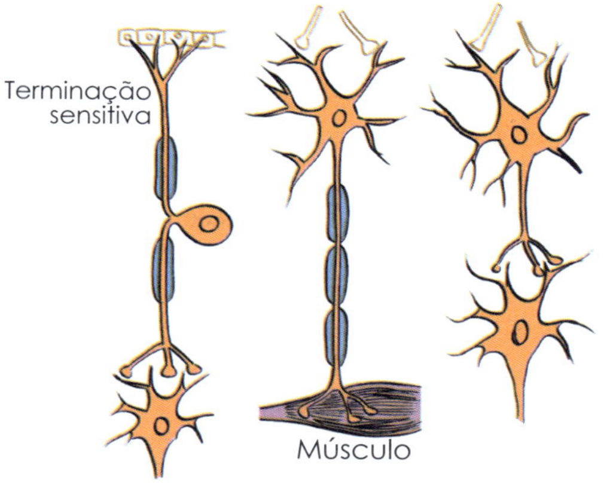

FIGURA 20.4 – Classificação funcional dos neurônios.

Potencial de repouso e potencial de ação

O potencial de ação representa o impulso nervoso, gerado e transmitido pelo neurônio, através do qual o cérebro recebe, processa e transmite informações. A geração do potencial de ação depende de alterações elétricas no potencial de repouso da membrana plasmática, como veremos a seguir.

A membrana celular separa dois compartimentos que apresentam composições iônicas próprias: o meio intracelular, onde predominam íons orgânicos com cargas negativas e potássio (K^+); e o meio extracelular, com maior concentração de íons com carga positiva, como sódio (Na^+) e cloro (Cl^-). A diferença entre as cargas elétricas dentro e fora da célula estabelece o potencial elétrico da membrana. O potencial de repouso da membrana do neurônio (–65 mV) é mantido pela ação da bomba Na^+/K^+/ATPase e dos canais seletivos de K^+, que permitem o efluxo desse íon, tornando o meio intracelular mais negativo que o meio extracelular (Figura 20.5).

O movimento de íons pela membrana plasmática, através de canais iônicos, por gradiente de concentração ou transporte ativo, permite alteração desse potencial. A entrada de íons Na^+ e cálcio (Ca^{+2}) torna a membrana menos negativa, levando à sua despolarização, que é excitatória. Já a entrada de íons Cl^-, ou saída de íons K^+, desloca o potencial da membrana para valores mais negativos, gerando o fenômeno inibitório da hiperpolarização.

Quando um determinado estímulo físico ou químico atinge o neurônio, ocorre ativação direta ou indireta de canais iônicos voltagem-dependentes. A mobilização de íons pela membrana plasmática produz um potencial de entrada ou eletrotônico. O potencial de entrada é graduado em amplitude e duração e é proporcional à amplitude e à duração do estímulo. Esse potencial é um sinal local cuja amplitude diminui ao longo do axônio e, por isso, precisa ser amplificado até provocar um potencial de ação.

Os potenciais de entrada graduados sofrem somação espacial e somação temporal. Quando a amplitude dos potenciais de entrada ultrapassa o limiar de excitabilidade do neurônio, o potencial de ação é gerado. A amplificação ou somação ocorre em uma região do axônio onde o limiar de excitabilidade neuronal é mais baixo

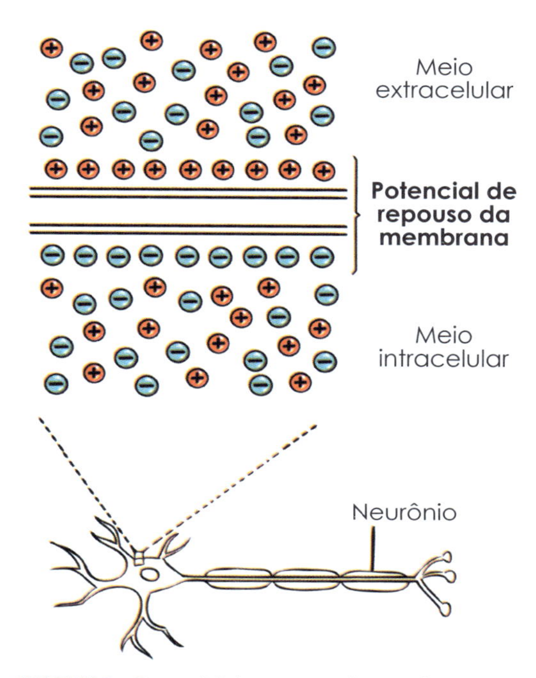

FIGURA 20.5 – Potencial de repouso da membrana.

graças à alta densidade de canais de sódio voltagem-dependentes. Essa zona de gatilho, disparadora ou de iniciação do impulso, corresponde ao segmento inicial do axônio ou ao cone de implantação.

O potencial de ação é um impulso do tipo "tudo ou nada", isto é, qualquer estímulo acima do limiar de excitabilidade do neurônio produz o mesmo sinal estereotipado. Qualquer aumento adicional na amplitude do estímulo acarreta aumento na frequência dos potenciais de ação gerados. A informação transmitida por um potencial de ação é determinada pela sua frequência, e não pela natureza do sinal. A amplitude do potencial de ação é constante por toda a extensão do axônio, graças à regeneração periódica. Sua velocidade de condução varia de 1 a 100 m/s (Figura 20.6).

Sinapses

As sinapses correspondem aos locais de comunicação entre dois neurônios (sinapse interneuronal) ou entre neurônios e células efetuadoras, como células musculares ou secretoras (sinapses não neuronais ou sinapses neuroefetuadoras).

As sinapses interneuronais conectam as terminações axonais com os dendritos ou as espinhas dendríticas em 80-95% dos casos, sendo conhecidas como sinapses axodendríticas; ou com o próprio corpo celular do neurônio em 5-20% dos casos, as chamadas sinapses axossomáticas. Mais raramente, as sinapses interneuronais podem ser axoaxonais, dendrodendríticas, dendrossomáticas, somatossomáticas, somatodendríticas ou somatoaxonais (Figura 20.7).

As sinapses classificam-se quanto a sua natureza em sinapses químicas ou elétricas.

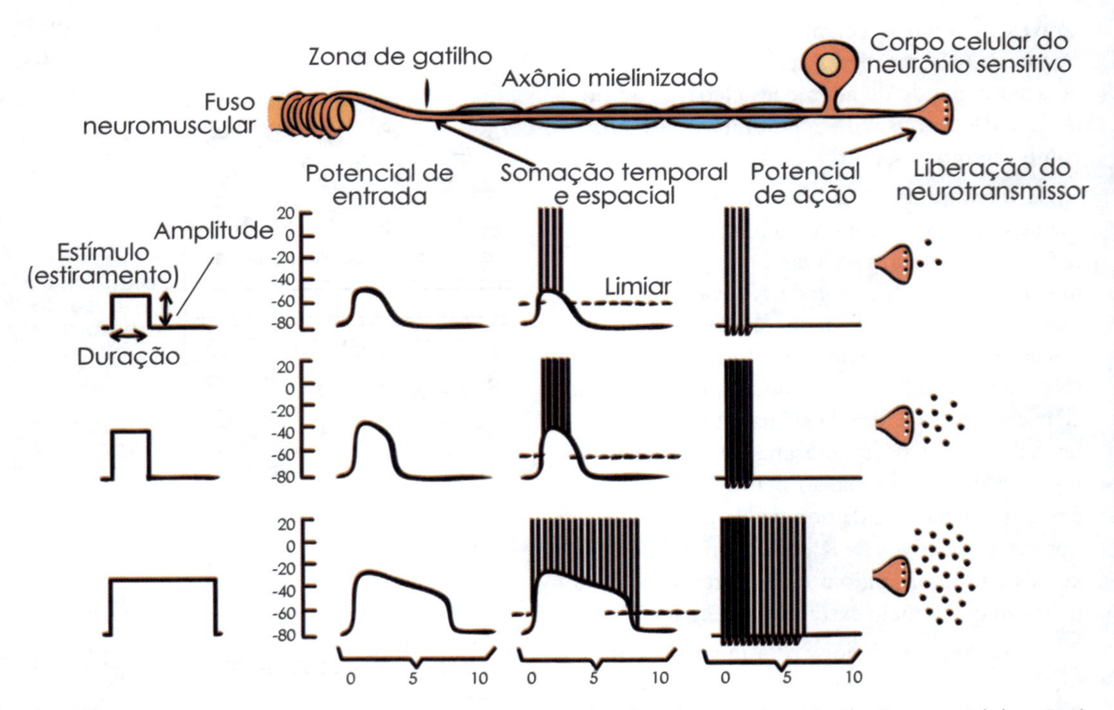

FIGURA 20.6 – Potenciais de entrada são graduados pela amplitude e duração do estímulo. O potencial de ação é gerado quando o potencial de entrada atinge o limiar de excitabilidade. O aumento da amplitude do estímulo acarreta aumento na frequência do potencial de ação.

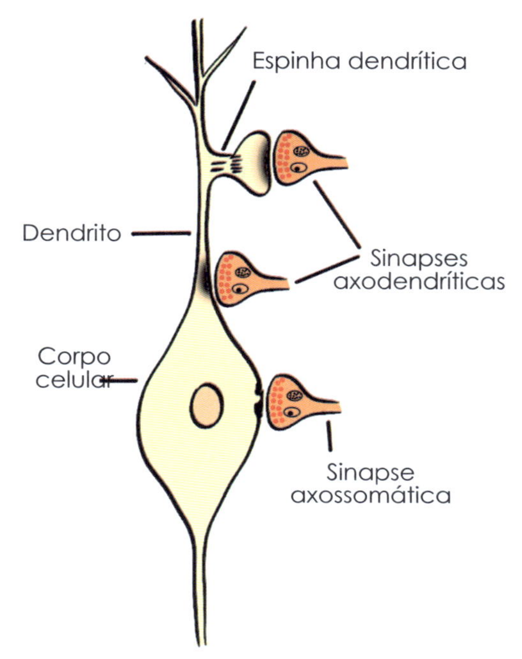

FIGURA 20.7 – Sinapses interneuronais.

Sinapses Elétricas

As sinapses elétricas, raras em vertebrados, são principalmente interneuronais e ocasionalmente intergliais. A comunicação entre os neurônios se faz por meio de canais de junções comunicantes ou gap junctions. Esses canais consistem em um par de hemicanais, um na célula pré-sináptica e outro na célula pós-sináptica, que se projetam no espaço intercelular e justapõem-se, de modo a estabelecer uma ponte contínua de comunicação intercelular. Cada hemicanal é chamado de conéxon e formado por seis subunidades de proteínas transmembranas, conhecidas como conexinas. O canal formado tem um poro relativamente grande e permite a passagem direta de íons e pequenas moléculas, como segundos mensageiros e peptídios. As sinapses elétricas têm como principal função sincronizar a atividade de grupamentos celulares, tal qual ocorre na musculatura lisa cardíaca e intestinal, nos hepatócitos e no epitélio do cristalino (Figura 20.8).

A transmissão elétrica é simples e estereotipada, capaz de despolarizar, mas não de hiperpolarizar ou provocar mudanças duradouras nas células pós-sinápticas. As sinapses elétricas não são polarizadas e por isso funcionam como uma "via em mão dupla", isto é, a comunicação entre os dois neurônios é bidirecional.

A latência da transmissão do impulso nervoso é extremamente curta, uma vez que a corrente elétrica flui diretamente de uma célula a outra e produz uma resposta rápida, quase instantânea, sem o retardo sináptico visto nas sinapses químicas. Na sinapse elétrica mesmo uma corrente elétrica de despolarização sublimiar é capaz de gerar resposta na célula pós-sináptica.

Sinapses Químicas

As sinapses químicas compreendem a grande maioria das sinapses interneuronais e todas as sinapses neuroefetuadoras. Neste caso, a comunicação entre as duas células depende da liberação de uma substância química, o neurotransmissor. As sinapses químicas produzem sinalizações mais variadas, despolarização ou hiperpolarização, além de acarretarem alterações mais complexas e duradouras na célula pós-sináptica. Ainda, existe o processo de amplificação, através do qual uma única vesícula sináptica, ao liberar milhares de moléculas transmissoras, é capaz de ativar milhares de canais iônicos na célula pós-sináptica. Essas sinapses são polarizadas e funcionam como uma "via em mão única", isto é, a transmissão do impulso é unidirecional. Existe o retardo sináptico causado pela diversidade de reações necessárias para a transmissão sináptica, como veremos adiante.

Uma sinapse química clássica é composta de três elementos: a terminação pré-sináptica, a fenda sináptica e a terminação pós-sináptica (Figura 20.9).

A terminação pré-sináptica, botão sináptico ou botão terminal, corresponde à ramificação do axônio da célula pré-sináptica. É o elemento que produz, armazena e libera o neurotransmissor. A membrana do botão, localizada em oposição à sinapse, também chamada de membrana

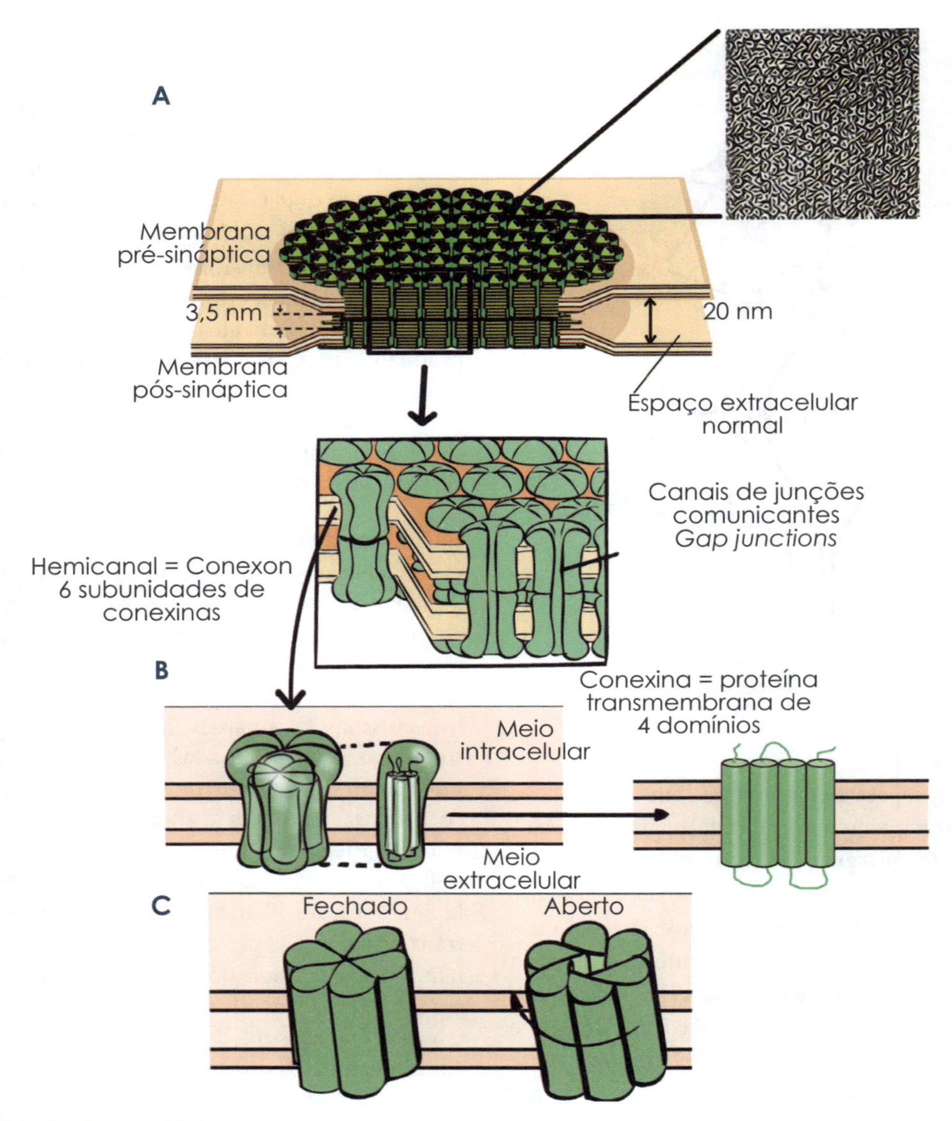

FIGURA 20.8 – Sinapse elétrica.

pré-sináptica, contém a densidade pré-sináptica que corresponde à zona ativa, onde as vesículas contendo neurotransmissores são ancoradas. Quando o potencial de ação atinge o terminal axônico, ocorre abertura de canais de Ca^{+2} voltagem-dependentes, o que determina a entrada desse íon na membrana pré-sináptica. O aumento intracelular local de Ca^{+2} é responsável por diversos fenômenos celulares, que culminam no deslocamento das vesículas até as zonas ativas, fusão das membranas vesicular e pré-sináptica e consequente liberação, por exocitose, do neurotransmissor. Este sinal de saída também é graduado e a quantidade de neurotransmissores liberados depende da frequência dos potenciais de ação que atingem a terminação axonal. O neurotransmissor liberado difunde-se na fenda sináptica e liga-se principalmente a receptores

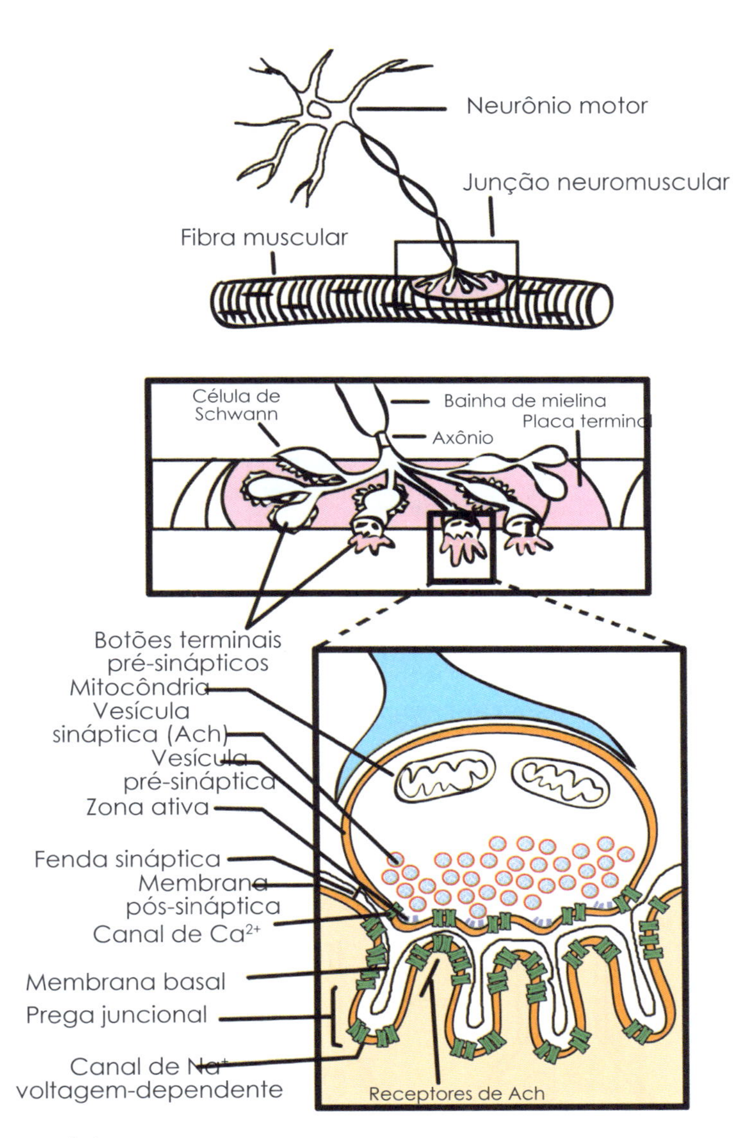

FIGURA 20.9 – Sinapse química.

na membrana pós-sináptica, mas também a receptores pré-sinápticos, ou autorreceptores, que regulam a sua própria secreção.

A fenda sináptica compreende um espaço de 20-40 nm que separa as membranas das células pré e pós-sinápticas. Diferente das sinapses elétricas, não há continuidade citoplasmática entre as células pré e pós-sinápticas. Esse espaço é atravessado por proteínas, como as neurexinas, que mantêm firmemente unidas as duas membranas sinápticas, conferindo estabilidade estrutural à sinapse.

A terminação pós-sináptica, presente no dendrito ou no corpo celular e mais raramente no axônio, é o elemento que contém os receptores para os neurotransmissores. Os receptores, juntamente com outras moléculas que auxiliam na transmissão sináptica, formam a densidade pós-sináptica. A transmissão sináptica só ocorre quando um neurotransmissor se liga a um receptor específico e provoca modificações na célula pós-sináptica (Figura 20.10).

Os receptores são proteínas transmembrana com uma região externa que possui o sítio de ligação específico para um dado neurotransmissor. Quando ativados, influenciam, direta ou indiretamente, a abertura ou o fechamento de canais iônicos. Os neurotransmissores ditos excitatórios são aqueles capazes de abrir canais de Na^+, e os inibitórios são responsáveis pela abertura de canais de Cl^-.

Os receptores que influenciam diretamente a abertura ou o fechamento de canais iônicos são chamados de receptores ionotrópicos, canais receptores ou canais dependentes de ligante. Receptores ionotrópicos produzem ações sinápticas relativamente rápidas e transitórias. São encontrados em circuitos neurais que regulam comportamentos rápidos, como por exemplo os receptores nicotínicos de acetilcolina na junção neuromuscular.

Os receptores que abrem ou fecham canais iônicos indiretamente são macromoléculas distintas dos canais iônicos sobre os quais atuam. A ligação e ativação desses receptores estimulam reações metabólicas intracelulares que acarretam a produção de segundos mensageiros, metabólitos intracelulares livremente difusíveis. A cascata de ativação dos segundos mensageiros provoca a ativação de canais iônicos. Essa classe de receptores é conhecida como receptores metabotrópicos. Produzem ações sinápticas mais lentas e duradouras, envolvidas na modulação de comportamentos e no processo de aprendizagem. Fazem parte desse grupo os receptores de serotonina e noradrenalina nas sinapses do córtex cerebral.

Os receptores metabotrópicos apresentam duas famílias: os receptores acoplados à proteína G e os receptores tirosina-quinase. A proteína G, ou guanina nucleotídeo, é uma proteína com sete domínios transmembrana, que afeta a atividade das enzimas adenilatociclase, fosfolipase C e fosfolipase A2. A adenilatociclase é a enzima responsável pela produção do AMP cíclico (AMPc), podendo ser ativada ou inibida

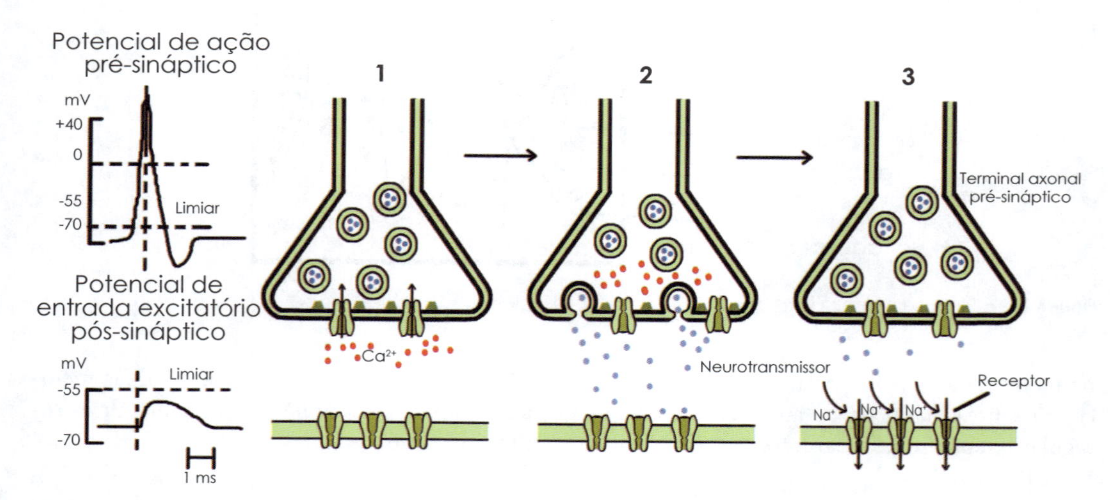

FIGURA 20.10 – Liberação do neurotransmissor: 1. O potencial de ação que atinge o terminal axonal permite a abertura de canais de cálcio voltagem-dependentes. 2. O aumento de cálcio intracelular propicia a mobilização das vesículas para a zona ativa, fusão das membranas vesicular e plasmática com liberação do neurotransmissor por exocitose. 3. O neurotransmissor liberado acopla-se a um receptor na membrana pós-sináptica produzindo alteração no potencial de repouso. A vesícula sináptica é reciclada pelo terminal pré-sináptico.

pela proteína G. A fosfolipase C está envolvida na produção de diacilglicerol (DAG) e inositol 1,4,5-trifosfato (IP3), enquanto a fosfolipase A2 leva à formação do ácido araquidônico (AA). Desta forma, a proteína G liga-se a uma enzima efetuadora com produção dos principais segundos mensageiros: AMPc, DAG, IP3 e AA. Os receptores tirosina-quinase são proteínas transmembrana de apenas um domínio, que fosforilam proteínas intracitoplasmáticas nos resíduos de tirosina (Figura 20.11).

Células da Glia ou Neuróglia

As células gliais são as mais numerosas do sistema nervoso, estimando-se uma proporção de 1:10 até 1:50 entre neuróglia e neurônios. São as células com as quais os neurônios, centrais ou periféricos, se relacionam. A concepção inicial da neuróglia como células não excitáveis com função exclusiva de suporte vem sendo substituída por uma visão mais abrangente, em que as células da glia são consideradas células versáteis, funcionando como células pluripotenciais do sistema nervoso, envolvidas na migração, no desenvolvimento, no funcionamento e na regeneração neural.

Dividem-se em dois grandes grupos: a macróglia (astrócitos, oligodendrócitos, células de Schwann e células ependimárias) e a micróglia (Figura 20.12).

Macróglia

■ Astrócitos

Recebem esse nome por sua morfologia, que se assemelha a uma estrela: corpo celular pequeno com prolongamentos irregulares e muito numerosos. São as células mais abundantes da neuróglia. A razão entre astrócitos e neurônios parece proporcional ao grau de sofisticação do tecido neural. Os astrócitos derivam principalmente das células de glia radial e estão presentes difusamente em todo o sistema nervoso central (SNC) de forma contígua e bem-organizada.

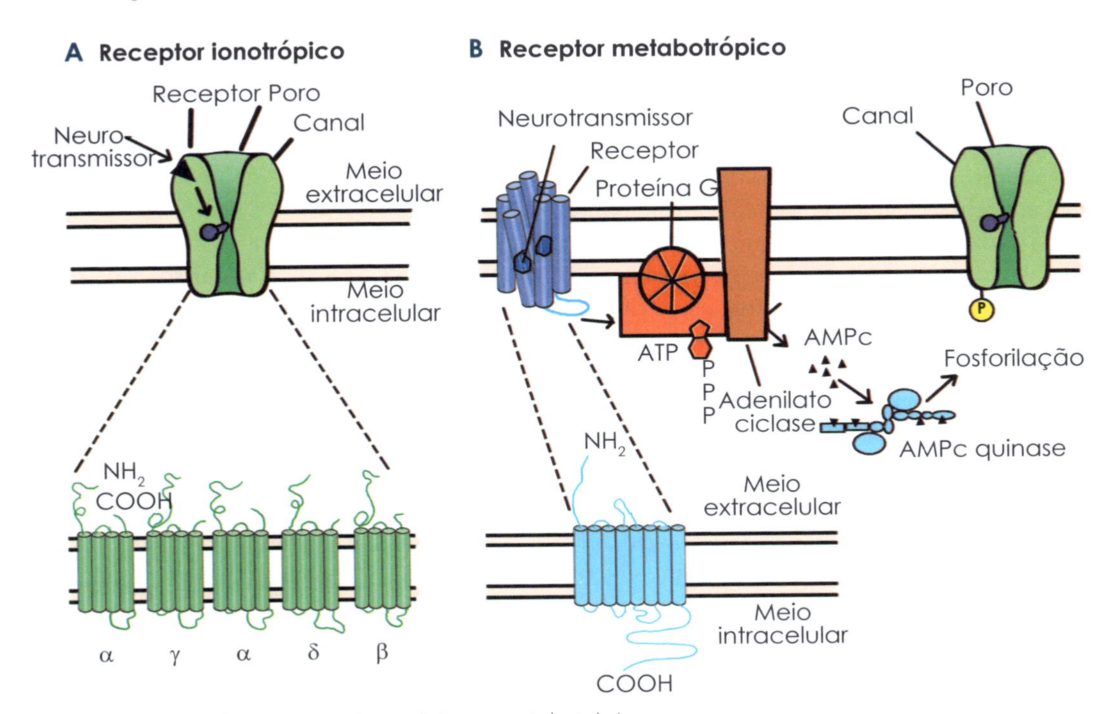

FIGURA 20.11 – Tipos de receptores: ionotrópicos e metabotrópicos.

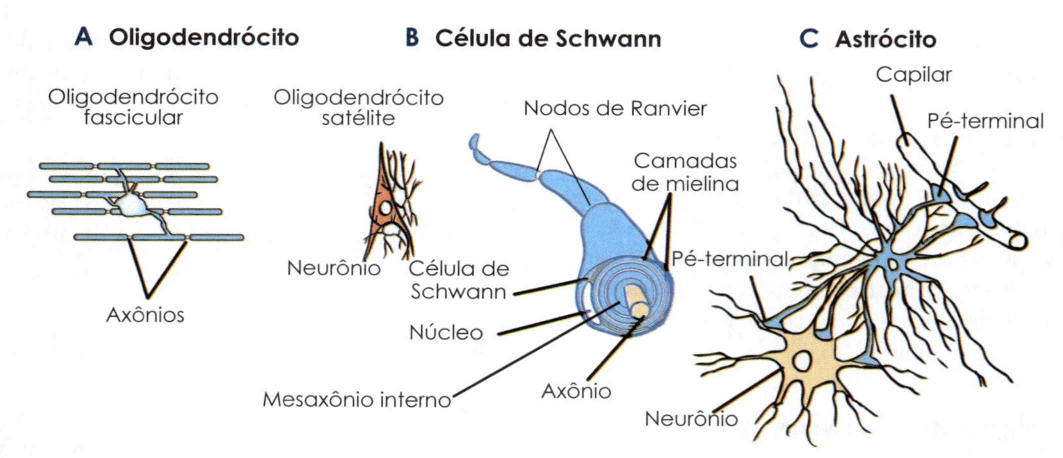

FIGURA 20.12 – Neuróglia.

Classificam-se em astrócitos protoplasmáticos ou fibrosos, de acordo com sua localização anatômica e morfologia. Os astrócitos protoplasmáticos, encontrados na substância cinzenta, possuem prolongamentos mais espessos e curtos, que se ramificam profusamente. Os astrócitos fibrosos, localizados na substância branca, caracterizam-se por prolongamentos finos e longos com ramificação menos evidente. Os prolongamentos de astrócitos protoplasmáticos circundam sinapses, enquanto os de astrócitos fibrosos fazem contato com os nodos de Ranvier. Os prolongamentos de ambos fazem contato com astrócitos vizinhos por meio das gap junctions; e com outras células, como neurônios ou células endoteliais, através dos pés terminais. Outros exemplos de células astrogliais incluem glia de Muller na retina, glia de Bergmann no cerebelo, tanicitos na base do terceiro ventrículo, pituicitoma neuro-hipófise e cribrosócitos na cabeça do nervo óptico.

Suas principais funções são:

- sustentação dos neurônios com estruturação do SNC e isolamento de grupos neuronais;
- suporte nutricional;
- formação da barreira hematoencefálica através da emissão dos pseudópodos astrogliais e da indução das células epiteliais;
- regulação do fluxo sanguíneo cerebral, de acordo com a atividade neuronal sináptica, mediante a liberação de mediadores moleculares (prostaglandinas, ácido araquidônico e óxido nítrico);
- metabolismo energético pela captação de glicose dos vasos sanguíneos e distribuição para os elementos neurais; e pelo estoque de glicogênio, o maior de todo o SNC.
- equilíbrio hidroeletrolítico e acidobásico do líquido intersticial sináptico, por intermédio de canais de Na^+, K^+, Ca^{+2}, aquaporina 4 e trocador Na^+/H^+, facilitando a transmissão sináptica;
- remoção de neurotransmissores da fenda sináptica através de receptores para ácido gama-aminobutírico (GABA), glutamato e glicina;
- liberação de gliotransmissores como glutamato, purinas, GABA e D-serina;
- liberação de fatores de crescimento envolvidos com formação, manutenção e remodelamento das sinapses;
- liberação de neuroesteroides ou esteroides neuroativos como estradiol e progesterona, que atuam em receptores GABA A;
- participação na mielinização; mediante proliferação, migração, diferenciação e

extensão dos processos dos oligodendrócitos; a partir da liberação de citocinas e fatores de crescimento;

- reparo por meio de astrogliose reativa (hipertrofia, hiperplasia ou formação de tecido cicatricial) para preenchimento de áreas de injúria neuronal;
- migração neuronal e direcionamento do crescimento de axônios através da formação de um arcabouço dos ventrículos até a superfície cortical.

Oligodendrócitos

Os oligodendrócitos são células que possuem um corpo celular arredondado e pequeno, com prolongamentos escassos, curtos, finos e pouco ramificados (do grego, *oligo* = pouco; *dendro* = ramificação). Estão presentes exclusivamente no SNC, sendo o tipo celular predominante na neuróglia da substância branca.

Dividem-se em dois tipos, na dependência de sua localização: oligodendrócito-satélite, ao redor do pericário ou dos dendritos; e oligodendrócito fascicular, em torno dos axônios. Na substância cinzenta os oligodendrócitos perineurais circundam e sustentam os neurônios. Os oligodendrócitos fasciculares, na substância branca, são responsáveis pela formação da bainha de mielina. A membrana da bainha é uma extensão da membrana plasmática do oligodendrócito, cujos processos planos enrolam-se ao redor do axônio, formando uma espiral (Figura 20.13).

Os oligodendrócitos derivam dos precursores dos oligodendrócitos, que se originam em múltiplos locais do SNC em desenvolvimento. Após proliferação, os precursores sofrem migração e diferenciação para oligodendrócitos imaturos e, posteriormente, para oligodendrócitos produtores de mielina (Figura 20.14).

A mielinização ocorre em um período precoce da diferenciação dos oligodendrócitos, em uma curta janela de tempo. A remielinização depende da geração de novos oligodendrócitos provenientes de precursores latentes.

Os oligodendrócitos são células altamente vulneráveis ao estresse oxidativo, devido a: alta demanda metabólica; grande produção de radicais livres; baixa concentração do antioxidante glutationa; grande estoque intracelular de ferro, usado como cofator nas reações enzimáticas; e presença de receptores para glutamato.

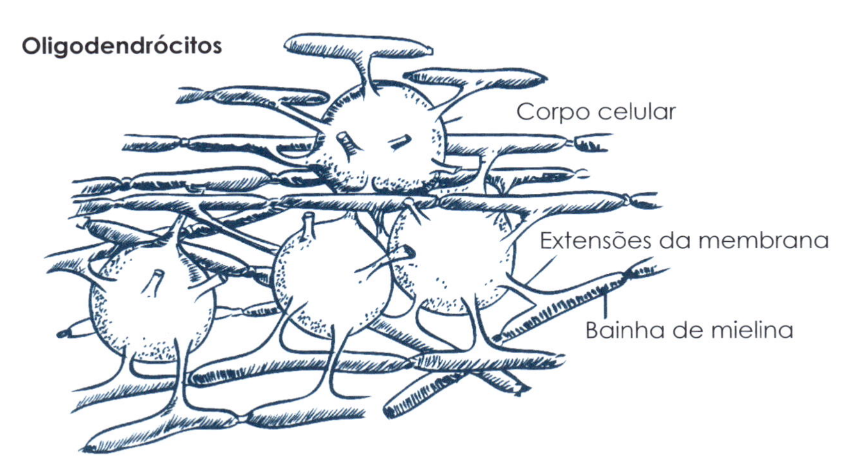

FIGURA 20.13 – Oligodendrócitos. Um único oligodendrócito é capaz de envolver muitos axônios durante a formação da bainha de mielina.

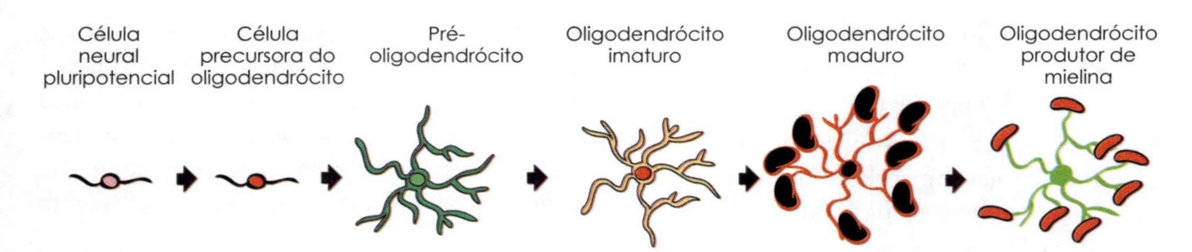

FIGURA 19.14 – Desenvolvimento dos oligodendrócitos.

Células de Schwann

As células de Schwann estão presentes exclusivamente no sistema nervoso periférico (SNP), onde constituem o principal tipo de célula glial. São células achatadas, com núcleos alongados orientados longitudinalmente ao longo da fibra nervosa.

Têm sua origem em células da crista neural. As células precursoras proliferam, migram e diferenciam-se em células de Schwann imaturas e posteriormente em células de Schwann produtoras ou não produtoras de mielina. A diferenciação entre esses dois grupos depende do diâmetro do axônio ao qual estão interligados e da expressão de neuregulina 1 tipo III na superfície da membrana axonal (Figura 20.15).

As principais funções relacionadas às células de Schwann são: guiar o crescimento dos axônios durante o desenvolvimento do SNP; secreção de citocinas inflamatórias e fatores neurotróficos, críticos na sobrevivência neuronal; formação da bainha de mielina periférica; e regeneração das fibras nervosas, através de fornecimento de substrato para apoio e crescimento do axônio, secreção de fatores tróficos e fagocitose de debris celulares.

Células ependimárias

Epêndima ou células ependimárias são células remanescentes do neuroepitélio embrionário. Constituem uma monocamada de células

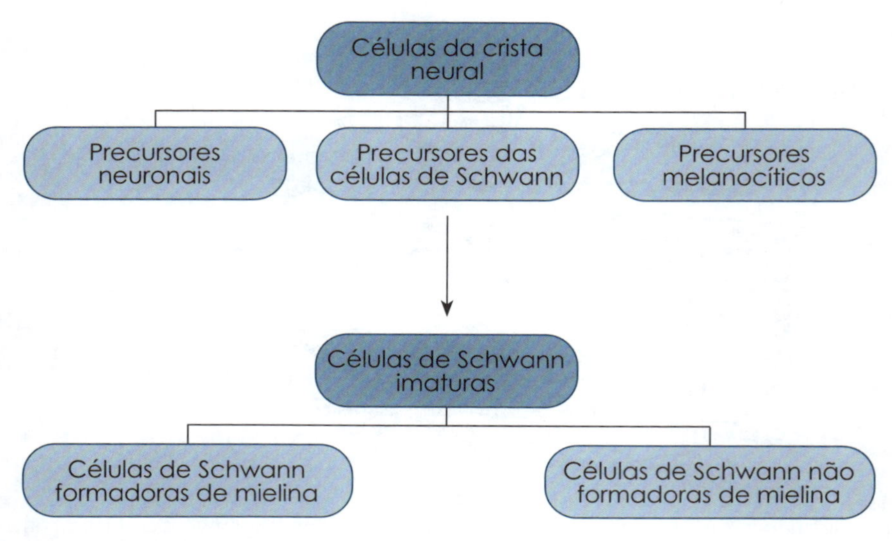

FIGURA 20.15 – Desenvolvimento das células de Schwann.

cuboides ou prismáticas, ciliadas, que funcionam como epitélio de revestimento simples nas paredes de ventrículos cerebrais, aqueduto cerebral e canal central da medula espinal. Os plexos coroides, responsáveis pela formação do líquido cefalorraquiano, são células ependimárias modificadas e especializadas, que recobrem tufos capilares na parede dos ventrículos.

■ Micróglia

Os microgliócitos ou micróglia são células pequenas e alongadas, de contorno irregular, com núcleo denso e poucos prolongamentos. São encontrados nas substâncias branca e cinzenta do encéfalo e da medula espinal. Variam em densidade pelo SNC, formando subpopulações celulares com localização dependente do estágio do desenvolvimento.

Originam-se do mesoderma ou, em condições patológicas, da medula óssea, como diferenciação dos monócitos do sangue periférico. Constituem o sistema imune inato do SNC, correspondendo aos macrófagos, com função fagocítica e apresentadora de antígeno.

A micróglia sofre ativação em situações específicas, como lesão e inflamação, sendo então denominada micróglia reativa. Há atualmente na literatura inúmeros trabalhos acerca das funções da micróglia, que parece desempenhar papel-chave em diversos processos do SNC, com destaque para a plasticidade neuronal. Os microgliócitos estão implicados em doenças como doença de Parkinson, de Alzheimer, esclerose lateral amiotrófica, síndrome de Down, displasias/neoplasias, epilepsia, degeneração macular da retina e dor neuropática.

Neurotransmissores

Nem toda molécula liberada pelo neurônio é um mensageiro químico. Ela se torna um sinal quando se liga a um receptor específico na célula pós-sináptica e nela é capaz de gerar alterações químicas. Para que uma substância química seja considerada como neurotransmissor, deve preencher os seguintes critérios: ser sintetizada pelo neurônio; estar presente no terminal pré-sináptico; ser liberada em quantidades suficientes para exercer uma ação definida em uma célula pós-sináptica; ter seus efeitos reproduzíveis quando administrada de forma exógena; e ser removida através de mecanismo específico.

Existem várias classificações dos neurotransmissores. A classificação adotada neste livro é aquela que os divide nos seguintes grupos.

- Neurotransmissores não peptídicos (neurotransmissores clássicos):
  - moléculas de baixo peso: acetilcolina;
  - aminas biogênicas: catecolaminas (dopamina, noradrenalina, adrenalina), serotonina e histamina;
  - aminoácidos: excitatórios (glutamato e aspartato) e inibitórios (GABA e glicina);
  - purinas;
  - gases: NO e CO.
- Neurotransmissores peptídicos (neuropeptídios).

■ Neurotransmissores não peptídicos ou clássicos

Os neurotransmissores não peptídicos ou clássicos são habitualmente citados de forma genérica como neurotransmissores. São substâncias de baixo peso molecular, com mecanismo de ação rápido e efeito transitório. As enzimas que catalisam sua síntese encontram-se no citoplasma e trafegam pelo neurônio através do fluxo axoplasmático lento. Desta forma, os neurotransmissores podem ser sintetizados por todo o neurônio, particularmente nas terminações axonais, onde a produção local facilita a reposição de vesículas sinápticas endocitadas e a reciclagem dos neurotransmissores.

Os neurotransmissores são armazenados em vesículas sinápticas produzidas por brotamento do retículo endoplasmático agranular. As vesículas sinápticas são caracteristicamente pequenas, com membranas que podem ser claras e translúcidas (acetilcolina, glutamina, GABA e glicina) ou densas (catecolaminas e serotonina).

As vesículas sinápticas são preenchidas por muitos milhares de moléculas de um neurotransmissor específico. Os neurotransmissores ganham o interior das vesículas por meio de transportadores vesiculares específicos, que atuam por transporte ativo secundário, no qual o neurotransmissor é cotransportado com o íon hidrogênio (H^+). Existem quatro tipos desses transportadores: um para acetilcolina (VAchT), um para aminas biogênicas (VMAT1 e VMAT2), um para glutamato (BPN-1) e um para os aminoácidos inibitórios, como GABA e glicina (VGAT). Com base nesse conhecimento, alguns agentes farmacológicos utilizam substâncias que se ligam a um transportador vesicular, diminuindo a captação vesicular de um neurotransmissor; ou que atuam como falsos transmissores, internalizados nas vesículas e liberados na fenda, porém possuem uma menor potência e afinidade com o receptor pós-sináptico.

O processo de liberação dos neurotransmissores não peptídicos inclui a interação de proteínas existentes na membrana vesicular com proteínas na membrana pré-sináptica e posterior fusão das membranas. A fusão ocorre em zonas ativas e depende do aumento da concentração citoplasmática local de Ca^{+2}. Após a liberação do neurotransmissor por exocitose, a vesícula vazia é revestida por clatrina e rapidamente internalizada por um processo de endocitose.

O neurotransmissor se difunde na fenda, liga-se a um receptor específico e rapidamente é removido da fenda sináptica. A remoção, cujo objetivo é interromper a função do neurotransmissor e impedir a refratariedade da sinapse, decorre de três mecanismos principais: difusão, degradação enzimática e recaptação.

A difusão é responsável pela remoção de uma fração variável de todos os neurotransmissores. A degradação ocorre caracteristicamente nas junções neuromusculares. A acetilcolinesterase hidrolisa a acetilcolina presente na fenda sináptica em acetato e colina. A colina é imediatamente captada pela membrana pré-sináptica para reciclagem através de um transportador de colina. A degradação das aminas biogênicas é feita pelas enzimas monoamina oxidase (MAO) e catecolamina-O-metiltransferase (COMT).

A acetilcolinesterase pode estar inibida na intoxicação por organofosforados, que se manifesta por uma síndrome colinérgica. Na miastenia gravis, doença caracterizada por fraqueza muscular, há produção de anticorpos contra o receptor nicotínico da acetilcolina no músculo e consequente redução do número de receptores funcionais. Na doença de Alzheimer, principal causa de demência, há diminuição dos níveis de acetilcolina no SNC. Medicamentos antagonistas da acetilcolinesterase são utilizados nestas duas doenças, com o objetivo de aumentar a concentração e permitir um maior tempo de exposição da acetilcolina na fenda sináptica. Inibidores da MAO são fármacos utilizados para o tratamento de depressão, por aumentarem a concentração de algumas aminas biogênicas na fenda sináptica.

A recaptação é o mecanismo mais comum de inativação de neurotransmissores, permitindo não só a interrupção da transmissão sináptica, mas também a reutilização da molécula transmissora. A recaptação é mediada por moléculas transportadoras presentes na membrana de terminais nervosos e de células gliais, que atuam por um processo ativo. Existem dois grupos distintos de moléculas transportadoras, os transportadores de glutamato e os transportadores de múltiplos neurotransmissores. Os transportadores de glutamato são proteínas transmembrana de seis a oito domínios, que atuam movidos pelo gradiente de concentração do Na^+ e antiporte de K^+. O outro grupo de transportadores caracteriza-se por proteínas com 12 domínios transmembrânicos e requer o cotransporte de íons Na^+ e Cl^-. São responsáveis pela captação de GABA, glicina, noradrenalina, dopamina, serotonina e colina, existindo diferentes transportadores para um mesmo neurotransmissor.

Acetilcolina

É uma amina de baixo peso molecular, formada pela ação da enzima colina acetiltransferase, a partir de acetilcoenzima-A e colina (Figura

20.16). É hidrolisada pela enzima acetilcolinesterase, que se encontra ancorada à membrana plasmática da célula pós-sináptica.

É utilizada por neurônios motores da medula espinal, neurônios pré e pós-ganglionares do sistema nervoso parassimpático, pós-ganglionares do sistema nervoso simpático, gânglios da base e córtex motor, com função principalmente excitatória.

Duas classes de receptores colinérgicos foram identificadas, com base em sua reatividade à nicotina ou à muscarina.

- **Receptores nicotínicos:** são receptores ionotrópicos que participam do componente rápido do potencial de entrada excitatório. Estão presentes na placa motora, em gânglios vegetativos e SNC. Classificam-se em dois subtipos: NM e NN.
- **Receptores muscarínicos:** são receptores metabotrópicos, membros da família de receptores acoplados à proteína G. O acoplamento da acetilcolina ao receptor provoca indiretamente o fechamento de um canal de K^+ voltagem-dependente e de ação lenta, tipo M (sensível a muscarina). Participam do componente lento do potencial de entrada excitatório. São encontrados no SNC e também em mucosa gástrica, coração, músculo liso e glândulas. Possuem cinco subtipos: M1, M3 e M5 (excitatórios); M2 e M4 (inibitórios).

■ Aminas biogênicas

Catecolaminas

As catecolaminas são sintetizadas a partir do aminoácido tirosina, mediante uma via biossintética que inclui cinco enzimas. A tirosina é derivada da dieta ou produzida no fígado pela ação da enzima fenilalanina hidroxilase sobre a fenilalanina. Recebem esse nome pela presença de um núcleo catecol, constituído por um anel benzeno com dois grupos hidroxila, acoplado a um grupamento amina.

A inativação das catecolaminas decorre fundamentalmente de dois processos: recaptação e degradação. A degradação resulta de oxidação e metilação pelas enzimas MAO e COMT, respectivamente. A ação destas enzimas leva à liberação de metabólitos inativos (metanefrinas e ácido vanilmandélico), cuja dosagem na urina permite avaliar o grau de produção de adrenalina e noradrenalina.

● Dopamina

A tirosina é inicialmente convertida a L-dihidroxifenilalanina (L-Dopa) a partir da enzima tirosina hidroxilase, dependente de um cofator pteridina reduzido. A L-Dopa é então descarboxilada pela dopamina descarboxilase, formando dopamina e CO_2 (Figura 20.17).
A dopamina é um neurotransmissor inibitório. Existem quatro vias dopaminérgicas, três de origem no mesencéfalo (nigroestriatal, mesolímbica, mesocortical) e uma proveniente do núcleo arqueado do hipotálamo (túbero-infundibular ou hipotálamo-hipofisária).

Os receptores dopaminérgicos são proteínas transmembrana com sete domínios. Classificam-se em cinco tipos: D_1, D_2, D_3, D_4 e D_5.

- **D_1 e D_5:** são receptores metabotrópicos acoplados à proteína G, que estimulam a adenilatociclase. São expressos principal-

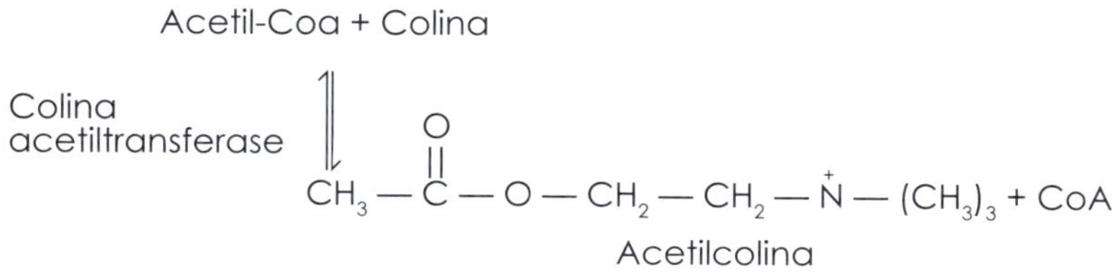

Acetil-Coa + Colina

Colina acetiltransferase ⇅

$$CH_3-\overset{O}{\overset{\|}{C}}-O-CH_2-CH_2-\overset{+}{N}-(CH_3)_3 + CoA$$

Acetilcolina

FIGURA 20.16 – Acetilcolina.

mente em neurônios do córtex cerebral e hipocampo. Os receptores D_1 também estão presentes no núcleo caudado.

- **D_2, D_3 e D_4:** são receptores metabotrópicos acoplados à proteína G, que inibem a adenilatociclase. Os receptores D2 são encontrados em altos níveis nos neurônios do núcleo caudado, putâmen, núcleo accumbens, amígdala, hipocampo e córtex cerebral. Os receptores D_3 e D_4 estão localizados principalmente no sistema límbico e no córtex cerebral, mas apenas fracamente nos núcleos da base. São sítios de ação importantes para drogas antipsicóticas.

- Noradrenalina

A noradrenalina é formada a partir da hidroxilação da dopamina pela enzima dopamina beta-hidroxilase (Figura 20.18). Esta enzima encontra-se ligada à superfície interna da vesícula aminérgica e por isso a noradrenalina é o único neurotransmissor produzido intravesicular. A produção de noradrenalina varia com a atividade neuronal, consequentemente, a maior demanda do neurotransmissor é capaz de alterar a expressão gênica das enzimas envolvidas em sua produção.

Os neurônios noradrenérgicos localizam-se no núcleo do locusceruleus na ponte e projetam-se para todo o córtex cerebral, cerebelo e medula espinal. Ainda, representam as células pós-ganglionares do sistema nervoso simpático.

- Adrenalina

A adrenalina é formada na glândula adrenal através de metilação da noradrenalina pela enzima feniletanolamina-N-metil transferase (Figura 20.19). Corresponde ao principal hormônio liberado pela medula adrenal em situações de estresse, envolvido com a ativação do sistema nervoso simpático. Está presente em um pequeno número de neurônios do SNC.

Tanto a noradrenalina quanto a adrenalina se ligam a uma mesma classe de receptores, os receptores adrenérgicos. Esses são receptores metabotrópicos e podem ser divididos em alfa e beta-adrenérgicos. Os receptores alfa-adrenérgicos dividem-se em $alfa_1$ e $alfa_2$, enquanto os receptores beta-adrenérgicos são classificados em $beta_1$, $beta_2$ e $beta_3$. Os receptores $alfa_2$-adrenérgicos e todos os beta-adrenérgicos são acoplados à proteína G. A adrenalina tem maior afinidade com os beta-adrenérgicos e a noradrenalina, com os alfa-adrenérgicos.

- **$Alfa_1$:** presentes no encéfalo, no baço e na musculatura lisa, urogenital, esfinctérica e dos vasos sanguíneos; onde estimulam efeitos contráteis.
- **$Alfa_2$:** encontrados nos terminais nervosos pré-sinápticos do cerebelo. São responsáveis pelo controle inibitório pré-sináptico da liberação de noradrenalina, ATP e acetilcolina.
- **$Beta_1$:** expressos no córtex, no cerebelo e no coração, com efeito excitatório.

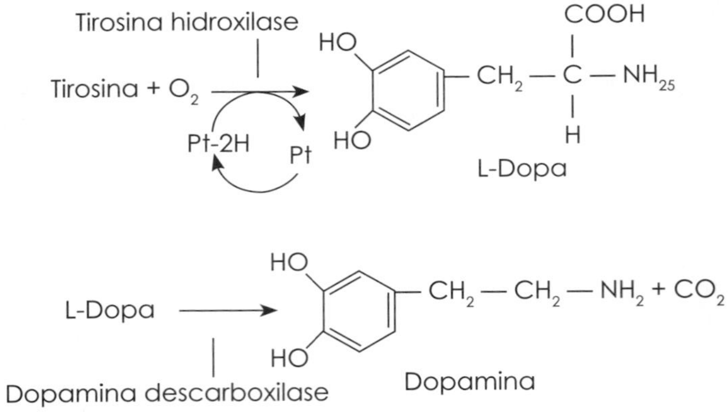

Tirosina hidroxilase
Tirosina + O_2 → L-Dopa (HO, HO, CH_2 — C(COOH)(H) — NH_{25})
Pt-2H ⇄ Pt

L-Dopa → Dopamina (HO, HO, CH_2 — CH_2 — NH_2 + CO_2)
Dopamina descarboxilase

FIGURA 20.17 – Dopamina.

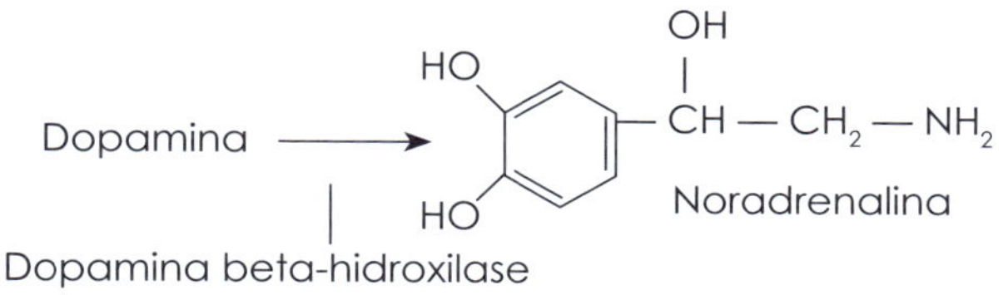

Dopamina → Noradrenalina

Dopamina beta-hidroxilase

HO, HO, OH, $CH - CH_2 - NH_2$

FIGURA 20.18 – Noradrenalina.

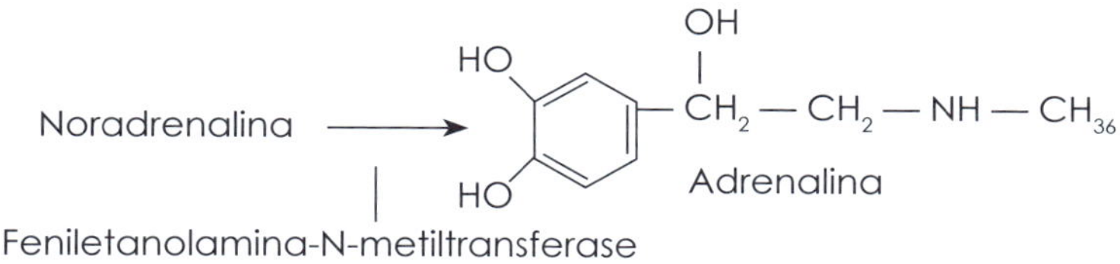

Noradrenalina → Adrenalina

Feniletanolamina-N-metiltransferase

HO, HO, OH, $CH_2 - CH_2 - NH - CH_{36}$

FIGURA 20.19 – Adrenalina.

- **Beta$_2$:** localizados no córtex e no cerebelo, onde têm efeito excitatório; e na musculatura lisa brônquica, gastrointestinal e urogenital, onde exercem efeito inibitório.
- **Beta$_3$:** estimulam a liberação de ácidos graxos livres do tecido adiposo.

- Serotonina ou 5-HT (5-hidroxitriptamina) (Figura 20.20)

A serotonina provém da hidroxilação e descarboxilação do aminoácido triptofano. Pertence ao grupo dos indóis, compostos aromáticos constituídos por um anel pirrol ligado a um anel benzeno. O triptofano é convertido a 5-hidroxitriptofano (5-HTP) pela enzima triptofanohidroxilase. O 5-HTP sofre a ação da enzima 5-HTP descarboxilase, dando origem à serotonina (5-HT). A inativação da serotonina decorre da sua recaptação pelo neurônio pré-sináptico, seguida de oxidação intracelular pela MAO para formar o ácido 5-hidroxi-indol-acético (5-HIAA), produto final da degradação da serotonina. O 5-HIAA atua como um potente estimulador da musculatura lisa e pode ser usado como índice do metabolismo da serotonina, útil no diagnóstico de síndrome carcinoide.

A concentração mais alta de serotonina (90%) é encontrada nas células enterocromafins e no plexo mioentérico do trato gastrointestinal, e o restante nas plaquetas e no SNC. Os corpos celulares dos neurônios serotoninérgicos localizam-se no núcleo da rafe mediana no tronco encefálico e projetam-se para todo o SNC, particularmente para a coluna dorsal da medula espinal, o hipotálamo e córtex cerebral. Devido à distribuição difusa dos seus receptores, a serotonina influencia não só a regulação da atenção, do humor e do sono, mas também está envolvida em múltiplos processos fisiológicos sistêmicos, como inibição da dor, agregação plaquetária, motilidade e secreções gastrointestinais. A depressão está relacionada à redução dos níveis

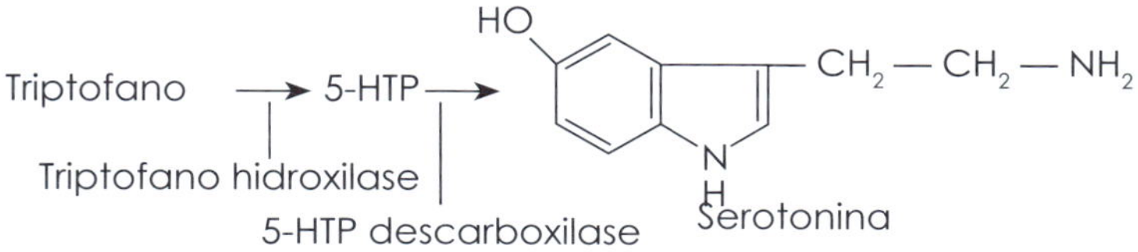

Triptofano → 5-HTP → Serotonina

Triptofano hidroxilase

5-HTP descarboxilase

HO, N, H, $CH_2 - CH_2 - NH_2$

FIGURA 20.20 – Serotonina.

de serotonina no SNC. Muitos antidepressivos atuais agem aumentando a concentração de serotonina através da inibição da sua recaptação e/ou degradação.

Existem sete tipos de receptores serotoninérgicos: 5-HT_{1A-F}, 5-HT_{2A-C}, 5-HT_3, 5-HT_4, 5-HT_{5A-B}, 5HT_6 e 5-HT_7.

- **Receptores ionotrópicos:** 5-HT_3 – são receptores permeáveis a cátions monovalentes, principalmente o Na^+, que participam da transmissão sináptica rápida excitatória em certas regiões do sistema nervoso. Também estão presentes no trato gastrointestinal e na área postrema, envolvidos no mecanismo do vômito.
- **Receptores metabotrópicos:** 5-HT_{1A-F}, 5-HT_{2A-C}, 5-HT_4, 5-HT_{5A-B}, 5-HT_6, 5-HT_7 – correspondem à família de receptores ligados a proteína G. Os receptores 5-HT_{2A} são mediadores da agregação plaquetária e da contração da musculatura lisa. Os receptores 5-HT2C parecem implicados no controle alimentar. Os receptores 5HT_4, também presentes no trato gastrointestinal, influenciam a secreção gastrointestinal e a peristalse. Os receptores 5-HT6 e 5-HT_7 estão distribuídos por todo o sistema límbico e os receptores 5-HT_6 apresentam uma alta afinidade por drogas antidepressivas.

• Histamina

Embora também referida como uma amina biogênica, a estrutura bioquímica da histamina está bem distante das outras aminas biogênicas clássicas (Figura 20.21). Faz parte do grupo imidazol, composto aromático formado por um anel de cinco membros com dois átomos de nitrogênio. A histamina deriva da descarboxilação da histidina, um aminoácido essencial, através da ação da enzima histidina descarboxilase. É inativada por degradação enzimática mediante reações de oxidação ou metilação.

Está presente em neurônios do hipotálamo, em células do epitélio gástrico e nos mastócitos. Regula várias funções centrais e periféricas, como despertar, comportamento sexual, secreção hipofisária, ingestão de líquidos, permeabilidade vascular e secreção gástrica. Existem três tipos de receptores, todos metabotrópicos e acoplados à proteína G:

- H_1 ativa a fosfolipase C.
- H_2 ativa a adenilatociclase.
- H_3 é pré-sináptico e medeia a inibição da liberação de histamina e de outros neurotransmissores.

Aminoácidos

Os aminoácidos que funcionam como neurotransmissores são classificados como não essenciais uma vez que podem ser sintetizados pelos neurônios. Dividem-se em aminoácidos excitatórios: glutamato e aspartato, ou inibitórios: GABA, glicina, taurina e arginina.

Aminoácidos excitatórios

Glutamato

É o principal neurotransmissor excitatório do SNC, responsável por 75% das sinapses excitatórias. Resulta da aminação do alfacetoglutarato, um intermediário do ciclo de Krebs, pela ação da enzima glutamato desidrogenase. Sua inativação ocorre por recaptação neuronal e glial.

É um neurotransmissor excitatório em receptores ionotrópicos e modulatório em receptores metabotrópicos. Os neurônios glu-

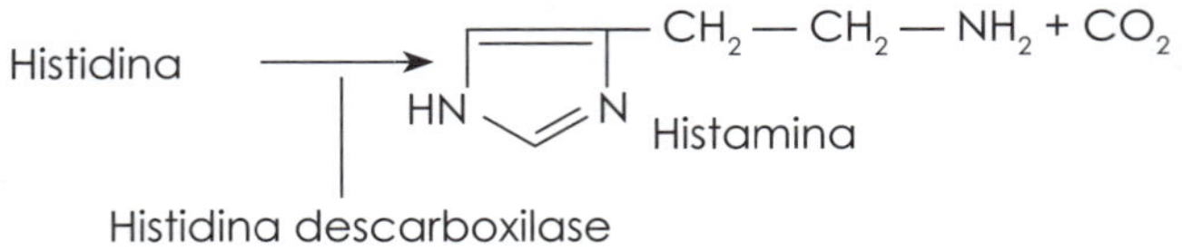

Histidina → (Histidina descarboxilase) → $CH_2 — CH_2 — NH_2 + CO_2$ (anel HN / N) Histamina

FIGURA 20.21 – Histamina.

tamatérgicos estão presentes principalmente no córtex e nas vias sensoriais. Evidências sugerem seu envolvimento na aquisição da memória. Os receptores glutamatérgicos podem ser ionotrópicos, NMDA e não NMDA, ou metabotrópicos.

- **Receptores ionotrópicos:** a resposta é sempre excitatória;
- **Receptores NMDA (N-metil-D-aspartato):** controlam canais catiônicos de alta condutância, permeáveis ao Ca^{+2}, Na^{+} e K^{+}. A ativação do canal iônico depende da ligação de glicina, que funciona como cofator. São encontrados em alta concentração no hipocampo e contribuem para o componente tardio do potencial de entrada excitatório. O receptor NMDA é o único receptor ionotrópico voltagem-dependente. Na situação de repouso, uma molécula de magnésio (Mg^{+2}) bloqueia o poro do canal iônico; quando a membrana da célula é despolarizada, o Mg^{+2} é expelido, tornando o canal ativo. Assim, para a ativação do receptor NMDA, são necessários tanto o acoplamento do neurotransmissor glutamato quanto a despolarização da membrana. Quando o glutamato se encontra em altas concentrações, o receptor NMDA permite um alto influxo de Ca^{+2} para o interior da célula pós-sináptica. O aumento intracelular do Ca^{+2} resulta na ativação de proteases e fosfolipases, além da produção de radicais livres, culminando com a morte neuronal. Esse mecanismo é conhecido como excitotoxicidade ao glutamato e está envolvido em diversos processos patológicos, como epilepsia e doenças degenerativas. Drogas antagonistas do receptor NMDA vêm sendo elaboradas com o objetivo de proteção neuronal contra os efeitos tóxicos do glutamato.
- **Receptores não NMDA (AMPA e cainato):** controlam canais catiônicos de baixa condutância, permeáveis ao Na^{+} e K^{+}, mas pouco permeáveis ao Ca^{+2}. Os receptores AMPA (alfa-amino-3-hidroxi-5-metil-4-isoxazol-ácido propiônico) são difusamente expressos, enquanto os receptores cainato têm distribuição limitada. São responsáveis pela geração do componente precoce do potencial de entrada excitatório.
- **Metabotrópicos:** são receptores acoplados à proteína G que mobilizam IP3, DAG e Ca^{2+} ou diminuem o AMPc, levando a uma resposta excitatória ou inibitória. Têm distribuição limitada.

Aspartato

Este neurotransmissor tem sido relativamente pouco estudado e possui uma distribuição restrita ao córtex visual.

■ Aminoácidos inibitórios

GABA

O GABA é o principal neurotransmissor inibitório do cérebro, presente em 25% das sinapses do SNC. É sintetizado a partir da descarboxilação do glutamato pela enzima glutamato descarboxilase (GAD). Sua inativação resulta de recaptação neuronal e degradação enzimática (Figura 20.22).

Está presente em altas concentrações em todo o SNC, além das ilhotas pancreáticas e glândula adrenal. No SNC encontra-se nos interneurônios da medula espinal, nas células em cesto do cerebelo e do hipocampo, nas células de Purkinje do cerebelo, nas células granulares do bulbo olfatório e nas células amácrinas da retina.

Os receptores GABAérgicos classificam-se em $GABA_A$, $GABA_B$ e $GABA_C$.

- **$GABA_A$:** é um receptor ionotrópico que controla a abertura e o fechamento de um canal de Cl^- de baixa condutância. Tem distribuição difusa no SNC. Benzodiazepínicos, barbitúricos e álcool ligam-se aos receptores $GABA_A$, produzindo hiperpolarização da membrana pós-sináptica e consequente inibição do SNC.
- **$GABA_B$:** é um receptor metabotrópico que estimula uma cascata de segundos mensageiros responsáveis pela ativação

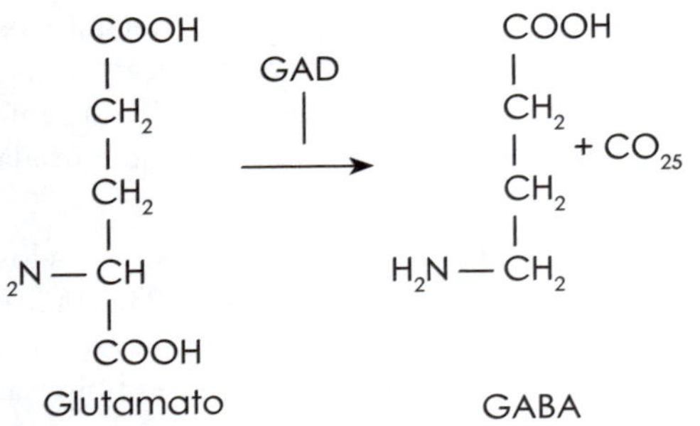

COOH
|
CH_2
|
CH_2
|
$_2N$ — CH
|
COOH
Glutamato

GAD
⟶

COOH
|
CH_2
|
CH_2
|
H_2N — CH_2
+ CO_{25}
GABA

FIGURA 20.22 – GABA.

de canais K^+ ou inibição de canais de Ca^{+2} voltagem-dependentes. Estão amplamente expressos no SNC. O baclofeno é um fármaco utilizado como relaxante muscular que atua mediante a ativação do receptor $GABA_B$.

- **$GABA_C$:** é um receptor ionotrópico que regula um canal de Cl^-, com distribuição restrita à retina.

Glicina

O glutamato recaptado pelos astrócitos é convertido em glicina por ação da enzima glutamina sintetase. A inativação da glicina decorre de recaptação neuronal e degradação pela enzima glutaminase, responsável pela recuperação do glutamato.

A glicina é o principal neurotransmissor inibitório em interneurônios do tronco cerebral e da medula espinal. Possui também propriedades excitatórias através da ligação ao receptor NMDA, aumentando a sensibilidade ao glutamato. Na medula espinal, a glicina é liberada por interneurônios inibitórios chamados células de Renshaw. Estas células são ativadas por colaterais dos motoneurônios e inibem o motoneurônio responsável pela sua ativação. Desta forma, a diminuição dos níveis de glicina provoca disfunção do motoneurônio, com fraqueza e aumento do tônus muscular. Na intoxicação por estricnina, substância raticida que inibe o receptor da glicina, e no tétano, onde a toxina tetânica é capaz de inibir a liberação de glicina, o paciente apresenta hipertonia e a morte pode sobrevir por paralisia espástica dos músculos respiratórios.

Os receptores glicinérgicos são receptores ionotrópicos que controlam canais de Cl^- de alta condutância. Uma mutação genética na subunidade alfa do receptor de glicina produz uma doença chamada hiperexplexia, caracterizada por uma hiperexcitabilidade neuronal.

Purinas

As purinas são bases nitrogenadas, também denominadas bases púricas, compostas por um anel pirimidínico fundido a um anel imidazólico. Adenina e guanina, principais representantes do grupo, estão envolvidas na formação dos ácidos nucleicos. Outras purinas a serem citadas são: xantina, hipoxantina, cafeína, teobromina, ácido úrico e isoguanina. A molécula de trifosfato de adenosina (ATP) é hidrolisada em difosfato de adenosina (ADP) e posteriormente em adenosina, formada pela união da purina adenina e ribose.

A molécula de ATP e seus produtos de degradação, dos quais se destaca a adenosina, são responsáveis pela transmissão purinérgica, presente no encéfalo e em neurônios autonômicos dos vasos deferentes, bexiga, fibras musculares cardíacas e entéricas. As fibras purinérgicas desempenham papel importante na geração da dor. A molécula de ATP é liberada em lesão tecidual e, após hidrólise em adenosina, estimula receptores purinérgicos nas fibras C das células ganglionares da raiz dorsal da medula espinal.

Os receptores purinérgicos dividem-se em receptores P_1 e P_2.

- **Receptores P_1:** são receptores ionotrópicos ativados pela adenosina, permeáveis a cátions monovalentes e Ca^{+2}. Estão localizados principalmente nas células da musculatura lisa inervada por neurônios pós-ganglionares simpáticos dos gânglios autonômicos.
- **Receptores P_2:** são receptores que reconhecem ATP ou ADP. Encontrados nos neurônios pré e pós-ganglionares, pare-

cem desempenhar um efeito modulatório na transmissão autonômica, particularmente no sistema nervoso simpático. Após uma intensa ativação simpática ocorre mecanismo de retroinibição da função simpática, com inibição da liberação adicional de noradrenalina e ATP.

Gases: NO e CO

O óxido nítrico (NO) resulta da oxidação da L-arginina pela enzima NO sintetase. Diferente dos outros neurotransmissores, o NO é capaz de atravessar as membranas plasmáticas por difusão e ativar diretamente a enzima guanilatociclase. No SNC, está envolvido na facilitação da liberação pré-sináptica de glutamato, processo relacionado à aquisição de memória, e na inibição do sistema nervoso simpático. O NO também é produzido por neurônios entéricos inibitórios, provocando o relaxamento da musculatura lisa gastrointestinal.

O monóxido de carbono (CO) é outro gás que provavelmente funciona como neurotransmissor do SNC. É formado durante o metabolismo do radical heme por um subtipo da heme-oxigenase (HO_2) e igualmente parece ativar a enzima guanilatociclase.

■ Neurotransmissores peptídicos

Os neuropeptídios são pequenos polímeros de aminoácidos sintetizados por proteínas secretoras no corpo celular e processados pelo retículo endoplasmático e pelo complexo de Golgi. São armazenados em grandes vesículas de núcleo denso, e conduzidos através de transporte axonal rápido. A liberação dos neuropeptídios na fenda sináptica ocorre por exocitose em toda a extensão da membrana pré-sináptica. São liberadas quantidades relativamente menores, em comparação aos neurotransmissores. Os neuropeptídios são removidos da fenda por difusão e destruição na célula pós-sináptica, pela ação de peptidases. A remoção é lenta e justifica a ação prolongada desses transmissores químicos.

Os neuropeptídios são um conjunto de 25 a 30 peptídios que podem funcionar como neurotransmissores, cotransmissores, neuromoduladores e/ou hormônios. São classificados em sete famílias, de acordo com as semelhanças entre as sequências de aminoácidos de suas estruturas: opioides, hormônios neuro-hipofisários, taquicininas, secretinas, insulinas, somatostatinas e gastrinas. Acredita-se que diferentes neuropeptídios derivam de um mesmo RNAm contínuo que transcreve uma grande proteína precursora ou poliproteína. Esta é capaz de gerar diferentes peptídios mediante um processamento caracterizado por clivagem proteolítica limitada e específica.

- **Substância P:** constitui um polipeptídio de 11 aminoácidos, presente no SNC e SNP. Pertence à família das taquicininas, juntamente com a neurocinina A, neurocinina B e o neuropeptídio K. A substância P é a taquicinina mais bem estudada. Está presente em altas concentrações nos terminais dos neurônios aferentes primários e, provavelmente, representa o mediador da primeira sinapse nas vias de dor, inflamação neurogênica e regulação da peristalse. Possui três receptores (NK1, NK2 e NK3): os receptores NK1 e NK2 são metabotrópicos e o receptor NK3 é ionotrópico.
- **Peptídiosopioides – este grupo é representado por três classes principais:** encefalinas, dinorfinas e endorfinas. São produzidos a partir de precursores maiores distintos: as encefalinas derivam da proencefalina; as dinorfinas, da prodinorfina; e a endorfina, da pró-opiomelanocortina (POMC), que também origina ACTH, b-MSH, b e g-lipotropina. Encontrados no SNC, trato gastrointestinal e hematopoiético, são peptídios predominantemente inibitórios, com ação pré ou pós-sináptica. Existem três tipos de receptores dos opiáceos (m, d e k), todos metabotrópicos ligados à proteína G.
- **Receptor m:** aumenta a permeabilidade ao K+. Possui efeito em analgesia, sedação, miose, secreção de GH e prolactina, depressão respiratória e obstipação.

- **Receptores d e k:** fecham canais de Ca+2 e também desempenham função na analgesia.

Neurotransmissores e neuropeptídios podem coexistir em um mesmo neurônio. A combinação mais comum é a de um neurotransmissor com um ou mais neuropeptídios derivados da mesma proteína precursora. Alguns exemplos da coexistência incluem acetilcolina e peptídio intestinal vasoativo (VIP) em fibras parassimpáticas de glândulas salivares; acetilcolina e peptídio relacionado ao gene da calcitonina (CGRP) em motoneurônios espinais; glutamato e dinorfina no hipotálamo; dopamina com neurotensina e colecistoquinina; serotonina com substância P e encefalina; e GABA com somatostatina (Tabela 20.1).

Barreira hematoencefálica

A barreira hematoencefálica (BHE) é uma estrutura membranosa semipermeável que separa os vasos sanguíneos cerebrais do encéfalo. Está envolvida no suprimento de nutrientes ao sistema nervoso; na proteção dos neurônios contra a entrada de macromoléculas, substâncias tóxicas e neurotransmissores em excesso; e na manutenção de um microambiente estável para o funcionamento dos neurônios. A função da BHE, resultante da combinação de uma barreira física e uma barreira metabólica, não é fixa, podendo ser modulada e regulada, em condições fisiológicas ou patológicas. A BHE é composta por três estruturas principais: as células endoteliais, os pericitos e os astrócitos (Figura 20.23).

As células endoteliais constituem a parede dos capilares sanguíneos cerebrais e representam o principal componente físico e metabólico da BHE. Estão dispostas em forma de uma monocamada, interconectadas através de junções intercelulares aderentes e oclusivas. São células diferenciadas que se distinguem de outras células endoteliais por algumas características peculiares, como ausência de fenestrações; presença de junções oclusivas; fraco mecanismo de transporte vesicular e difusão paracelular; presença de grande número de mitocôndrias; e expressão polarizada de receptores e transportadores pela membrana plasmática. A baixa permeabilidade a proteínas plasmáticas e íons é responsável pela alta resistência elétrica transendotelial.

Tabela 20.1 – Diferenças entre neurotransmissores clássicos (não peptídicos) e neurotransmissores peptídicos (neuropeptídios)

	Neurotransmissor	**Neuropeptídio**
Estrutura	Molécula pequena	Molécula grande Polímeros de aminoácidos
Produção	Principalmente no terminal axônico	Corpo celular
Transporte axonal	Lento	Rápido
Armazenamento	No terminal axônico Vesícula pequena, membrana translúcida	No corpo celular Vesícula grande com núcleo denso
Liberação	Em zonas ativas Depende de aumento local de Ca^{+2}	Em múltiplas zonas Depende de aumento celular de Ca^{+2}
Duração da ação	Rápida	Prolongada
Quantidade secretada	Grande	Pequena
Especificidade com receptor	Presente	Ausente
Reciclagem de vesículas	Presente	Ausente
Inativação	Difusão, degradação enzimática ou recaptação	Proteólise ou difusão

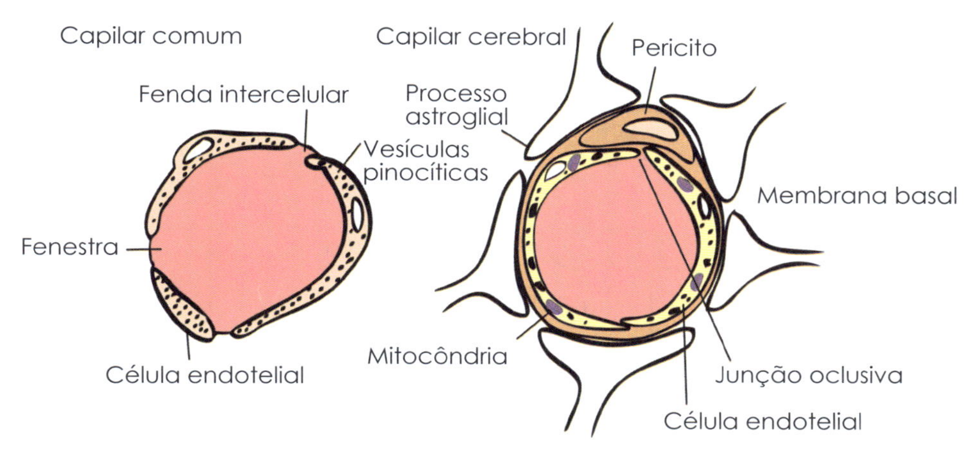

FIGURA 20.23 – Estrutura da barreira hematoencefálica.

As junções intercelulares aderentes, presentes em todas as células endoteliais, são compostas por caderinas (proteínas membranares), ligadas ao citoesqueleto através das cateninas (proteínas citoplasmáticas). As junções oclusivas são formadas por um complexo de proteínas transmembrana (ocludinas, claudinas e moléculas de adesão juncional) ligadas à actina do citoesqueleto através de proteínas citoplasmáticas acessórias (zona ocludens e cingulinas). As junções intercelulares oclusivas são exclusivas das células endoteliais da BHE e têm como principal função impedir o fluxo difusional paracelular de macromoléculas e solutos polares. Ainda, são capazes de delimitar, nas células endoteliais, o polo apical ou luminal (em contato com o sangue) e o polo basal ou abluminal (em contato com o cérebro). Agentes vasoativos, citocinas e Ca^{+2} podem modular a montagem das junções intercelulares oclusivas, alterando a permeabilidade da BHE (Figura 20.24).

O complexo neurovascular da BHE inclui as células endoteliais, a membrana basal e outras estruturas celulares, como astrócitos, pericitos e neurônios. A membrana ou lâmina basal, formada por três camadas contíguas, é uma matriz extracelular, sobre a qual repousam as células endoteliais, e está envolvida na regulação da BHE em situações fisiológicas e patológicas (Figura 20.25).

Os pericitos correspondem a uma população de células mesenquimais que se encontra adjacente à microvasculatura e cujos processos são orientados ao longo do eixo dos vasos sanguíneos. São cobertos pela membrana basal das células endoteliais. Sua função é ainda incerta, mas parecem implicados na manutenção da homeostase e integridade da BHE, angiogênese, neovascularização além de provável componente contrátil na regulação do fluxo sanguíneo cerebral. Evidências recentes sugerem que os pericitos sejam derivados das células da medula óssea, embora o precursor específico seja ainda indefinido.

Os prolongamentos celulares dos astrócitos, pseudopodosastrogliais ou pés astrocitários cobrem a superfície da BHE em sua quase totalidade. Esses participam da indução e manutenção das propriedades da barreira. Induzem à formação de junções oclusivas e à expressão de transportadores nas membranas apical ou basal das células endoteliais. A membrana basal das células astrogliais encontra-se em íntima relação com a membrana basal das células endoteliais. Estas se fundem para formar uma membrana basal única, a matriz extracelular perivascular.

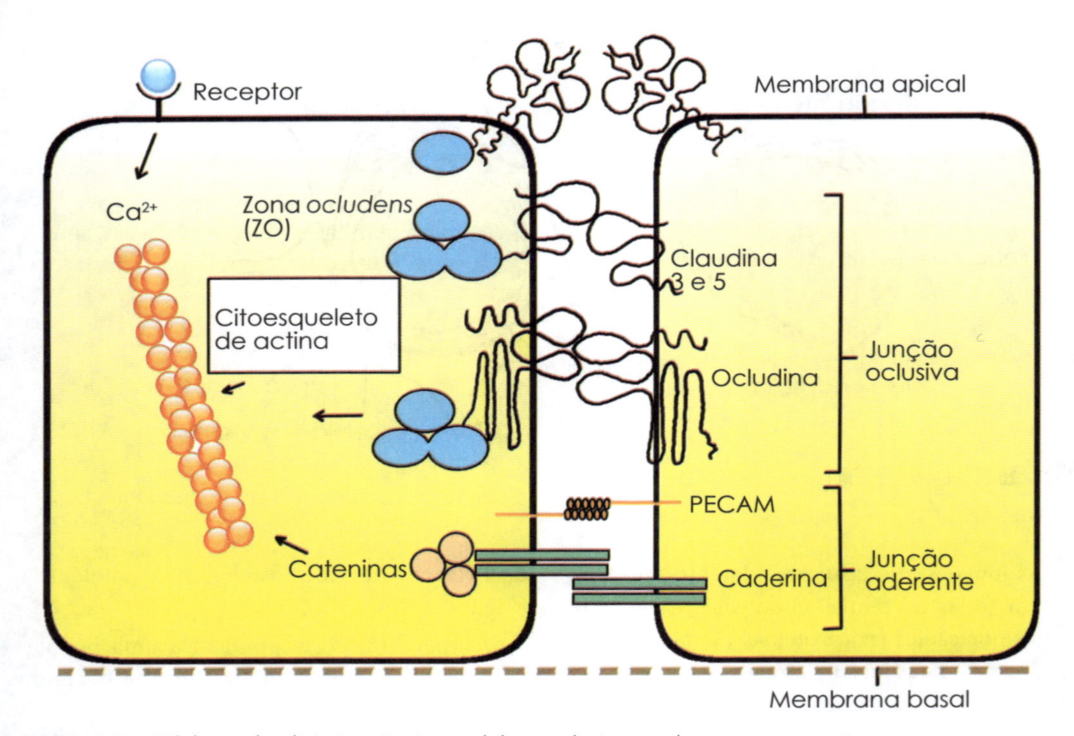

FIGURA 20.24 – Células endoteliais: junções intercelulares oclusivas e aderentes.

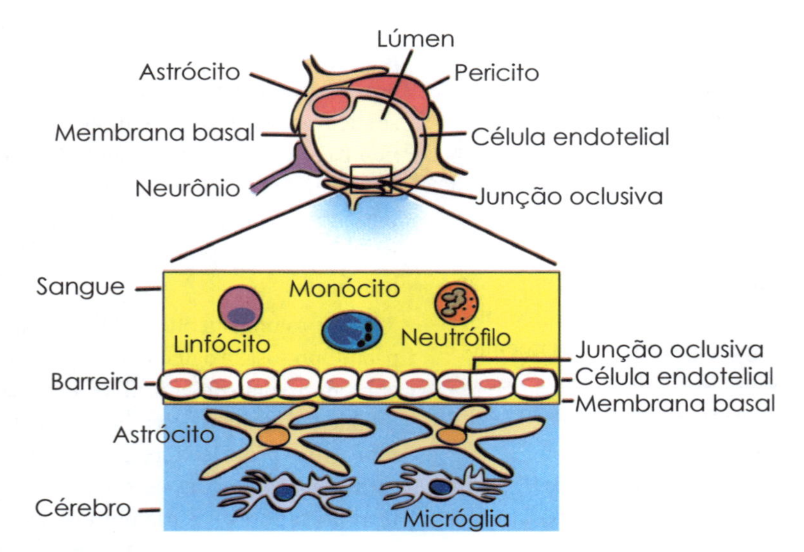

FIGURA 20.25 – Complexo neurovascular da barreira hematoencefálica.

A BHE está presente em todo o SNC, à exceção de uma pequena superfície composta por estruturas periventriculares, como hipotálamo, neuro-hipófise, glândula pineal, órgão subfornical, órgão subcomissural, eminência mediana, área postrema e lâmina terminal. Essas áreas são consideradas privilegiadas para trocas entre o encéfalo e a periferia e estão relacionadas com a regulação da temperatura corporal e o controle alimentar.

Apesar da baixa permeabilidade, é necessário o tráfego de substâncias pela barreira, para o influxo de nutrientes essenciais, como macromoléculas e íons, e o efluxo de substâncias potencialmente neurotóxicas. A seletividade da barreira deve-se à existência de sistemas de transporte e enzimas presentes nas células endoteliais. Os principais mecanismos envolvidos com o tráfego de substâncias pela BHE estão descritos a seguir (Figura 20.26).

■ Difusão de substâncias lipossolúveis

É o mecanismo responsável pelo transporte de moléculas como água, gases lipossolúveis (O_2 e CO_2), ácidos e bases, dirigido pelo gradiente de concentração entre o plasma e o cérebro. O coeficiente de permeabilidade da barreira é diretamente proporcional à lipossolubilidade da substância. Como efeito prático, a liberação ao SNC de certos agentes farmacológicos pode ser aprimorada com o aumento de sua lipossolubilidade.

■ Transporte Mediado

Alguns nutrientes polares essenciais ao metabolismo do SNC devem ser conduzidos, contra o gradiente de concentração, por carreadores ou transportadores de solutos existentes no endotélio da BHE. As células endoteliais expressam proteínas transportadoras para uma ampla variedade de nutrientes e solutos, responsáveis pelo influxo e efluxo dessas substâncias. Os transportadores podem ser encontrados na membrana apical ou basal da célula e sua orientação é responsável pelo direcionamento do transporte. Os principais subtipos de transportadores são a família SLC e a família ABC.

■ Transportadores da Família SLC (*Solute Carrier*)

Como consequência dos avanços na identificação genética, foram descritas 48 subfamílias de transportadores SLC, codificadas por genes reconhecidos com genes SLC (Figura 20.27).

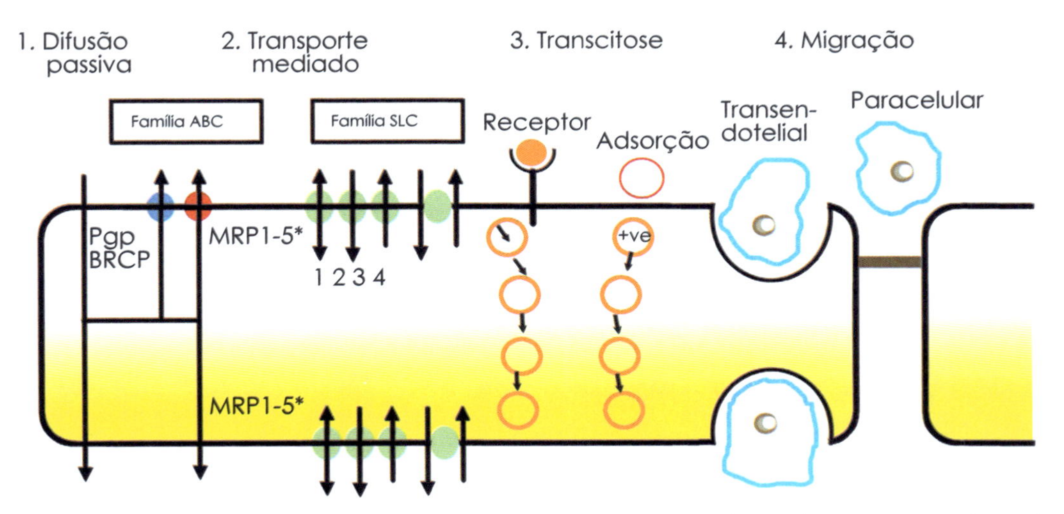

FIGURA 20.26 – Principais mecanismos de transporte pela barreira hematoencefálica: difusão, transporte facilitado, transporte de macromoléculas (transcitose) e transporte de células (migração).

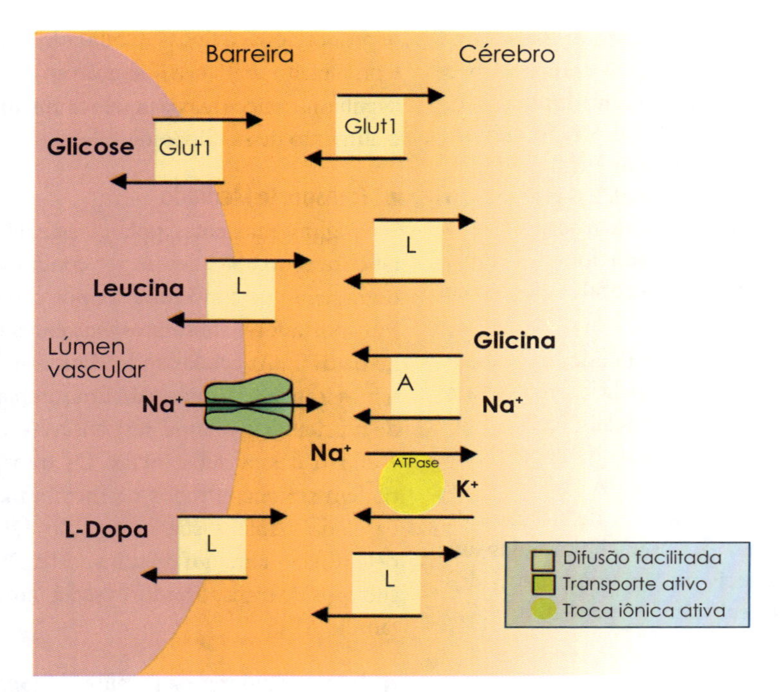

FIGURA 20.27 – Transporte facilitado: família SLC (solutecarrier).

Transporte de Substratos Energéticos

A glicose, bem como outras hexoses, é transportada pela proteína GLUT1, proteína transmembrana de 12 domínios que funciona como um transportador independente de sódio. O transportador ácido monocarboxílico1, ou família MCT-1, é responsável pelo transporte de lactato e piruvato, além de ácidos monocarboxílicos, corpos cetônicos e algumas medicações como probenecida, ácido acetilsalicílico, ácido nicotínico e betalactamatos.

Transporte de Aminoácidos

Glutamato, aspartato, glicina e GABA podem ser sintetizados localmente. Todos os outros aminoácidos essenciais provenientes da circulação periférica devem ser conduzidos ao cérebro através da BHE.

- Sistema L ou família LAT1 – é um transporte facilitado independente de sódio ou energia, que ocorre por diferença de concentração. Está envolvido com a passagem de grandes aminoácidos neutros, com cadeias ramificadas e em anéis, como: leucina, isoleucina, valina, fenilalanina, metionina, treonina e triptofano, além de L-Dopa, alfametildopa, alfa metilparatirosina e gabapentina.
- Sistema Y+ ou família CAT 1 – é um transporte independente de sódio ou energia, relacionado ao tráfego de aminoácidos catiônicos como lisina, arginina e ornitina.
- Sistema A – trata-se de um transporte dependente de sódio e energia, envolvido na passagem de aminoácidos neutros de cadeia linear, curta e sem ramificações, como: alanina, glicina, prolina, serina e glutamato.
- Sistema ASC – é um transporte dependente de sódio e energia implicado na condução de alanina, serina e cisteína.

Há ainda transportadores de neurotransmissores, nucleosídeos, ânions e cátions orgânicos.

Transportadores da Família ABC (ATP-*Binding Cassete*)

É uma família composta por proteínas transmembrana que atuam como bombas ativas de efluxo de substâncias, dependentes de energia gerada através da hidrólise da molécula de ATP. Desempenham função neuroprotetora ao exportar substâncias potencialmente neurotóxicas, porém também estão relacionadas com a eliminação de agentes farmacológicos. A família possui 48 membros agrupados em sete subfamílias, dentre os quais o mais importante para o endotélio da BHE são as p-glicoproteínas (P-gp).

A p-glicoproteína é uma glicoproteína codificada pelo gene resistente a múltiplas drogas (MDR1), localizada na membrana apical das células endoteliais. A superexpressão da P-gp está vinculada ao mecanismo de resistência a múltiplas drogas, fenômeno caracterizado pela capacidade de certas células apresentarem uma resistência simultânea a diferentes agentes farmacológicos, estrutural e funcionalmente, não relacionados. Está envolvida com o efluxo de drogas anticancerígenas, imunossupressoras, antiepilépticas, antirretrovirais além de corticoides, analgésicos, antibióticos, dentre outros.

O fenômeno de resistência a múltiplas drogas pode ser revertido com o uso de substâncias capazes de inibir o efluxo de drogas, dessa forma aumentando sua concentração intracelular. Dentre elas, podemos citar o grupo dos bloqueadores de canais de Ca^{+2}, como verapamil; trifluoperazina, fenotiazina, com ação antidepressiva; e a substância imunossupressora ciclosporina A.

Além da P-gp, a expressão de outras proteínas foi implicada com o fenômeno MDR: a proteína associada à MDR (MRP), membro da superfamília ABC, capaz de extruir várias substâncias conjugadas à glutationa; a LRP (proteína relacionada à resistência no pulmão), implicada no tráfego bidirecional de substâncias entre o núcleo e o citoplasma; e a BCRP, proteína de resistência ao câncer de mama.

- Transporte de íons – o transporte de íons ocorre por meio decanais iônicos (simporte ou antiporte, voltagem-independentes), trocadores iônicos ou ATPases.
- Transporte de macromoléculas – algumas proteínas e peptídios são transportados por internalização do receptor ou por adsorção, por meio de um processo conhecido como transcitose: após ligação com o receptor na membrana, a macromolécula é endocitada em uma porção da célula endotelial, transita pelo citoplasma e é exocitada na porção oposta da célula. Para que a molécula atravesse intacta pelo citoplasma, é necessário que seja desviada da via lisossomal, onde naturalmente seria destruída. Esse mecanismo de desvio parece uma característica peculiar da BHE. A transcitose é responsável pela passagem de transferrina, insulina, IGF1-like, leptina, lipoproteína de baixa densidade (LDL), entre outros.
- Transporte de células –as células da linhagem monocitária atravessam a BHE durante o desenvolvimento embrionário para formar a micróglia e podem ser recrutadas em situações patológicas, quando se encontram ativadas. O transporte transendotelial das células ativadas envolve quatro processos sucessivos: rolamento, adesão, migração e retenção tissular. A migração ou diapedese pode ocorrer por via paracelular (devido à disfunção das junções oclusivas) e por via transendotelial (por ativação de moléculas de adesão) (Figura 20.28).

Mielinização

A bainha de mielina é composta por camadas concêntricas em espiral, formada a partir de extensões da membrana plasmática, dos oligodendrócitos e das células de Schwann, que envolvem axônios do SNC e SNP, respectivamente. Tem como principal função aumentar a velocidade de propagação do potencial de ação nos

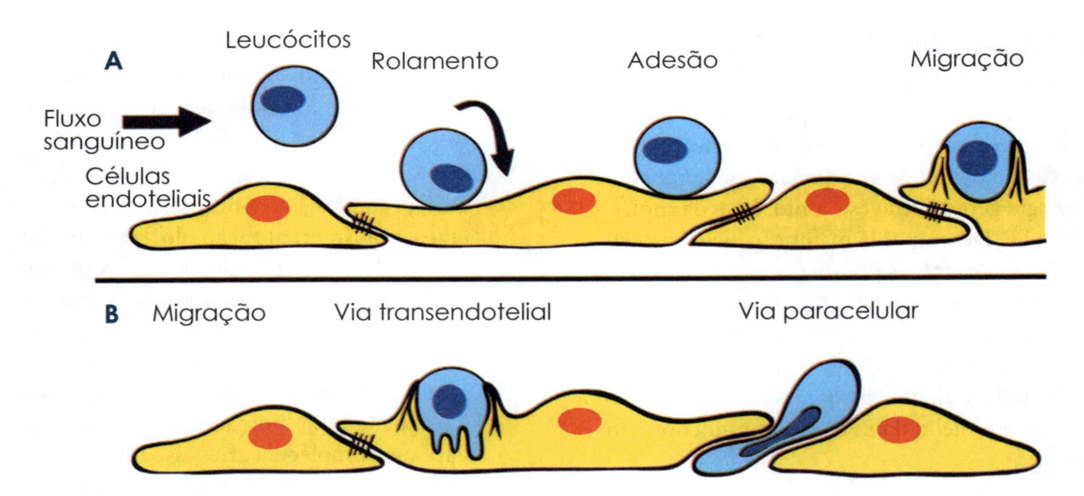

FIGURA 20.28 – Transporte celular: inclui os processos de rolamento, adesão, migração (via transendotelial ou paracelular) e retenção tissular.

axônios. Também desempenha papel na manutenção da integridade axonal; no suporte trófico para os neurônios através da liberação de fatores de crescimento por oligodendrócitos e células de Schwann; e na indução da distribuição de canais iônicos ao longo do axônio (Figura 20.29).

Durante a organização das camadas em espiral, todo material citoplasmático e extracelular é excluído, com fusão das membranas plasmáticas. A união das faces internas ou citoplasmáticas origina a linha densa maior, enquanto a fusão das faces extracelulares ou externas de membranas plasmáticas adjacentes forma a linha intraperiódica. A mielina equivale a uma bicamada lipídica, com cada subunidade constituída de cinco camadas: proteína – lipídio – proteína – lipídio – proteína (Figuras 20.30 e 20.31).

A bainha de mielina tem estrutura segmentar descontínua, interrompida a intervalos regulares por segmentos de axônio não mielinizados, os nodos de Ranvier. Cada segmento de fibra mielinizada entre os nodos de Ranvier é chamado de internodo, formado por mielina compacta (centro) e mielina não compacta (laterais). A região lateral do internodo, adjacente ao nodo de Ranvier, é chamada de paranodo.

Nos nodos de Ranvier, o axônio não mielinizado exibe alta concentração de canais de Na^+ e K^+ voltagem-dependentes, possibilitando a geração e regeneração do potencial de ação. O caráter isolante da bainha de mielina permite que o potencial de ação seja transmitido passivamente pelo internodo, até o próximo nodo de Ranvier, sem se extinguir. Dessa forma, a condução do impulso nervoso é saltatória. No internodo há baixa capacitância e alta resistência, com menor necessidade energética e maior velocidade de propagação. A velocidade de condução do impulso nervoso é diretamente proporcional ao diâmetro da fibra nervosa, à espessura da bainha e à extensão dos internodos (Figura 20.32). A bainha de mielina é formada basicamente por lipídios e proteínas.

■ Lipídios

A principal característica que distingue a bainha de mielina das outras membranas biológicas é o seu alto conteúdo lipídico, correspondendo a 70-80% dos constituintes da mielina. Os fosfolipídios também diferem das demais membranas pelo maior conteúdo de ácidos graxos de cadeia muito longa, maior proporção de ácidos graxos saturados e monoinsaturados e menor de poli-insaturados. Essas peculiaridades per-

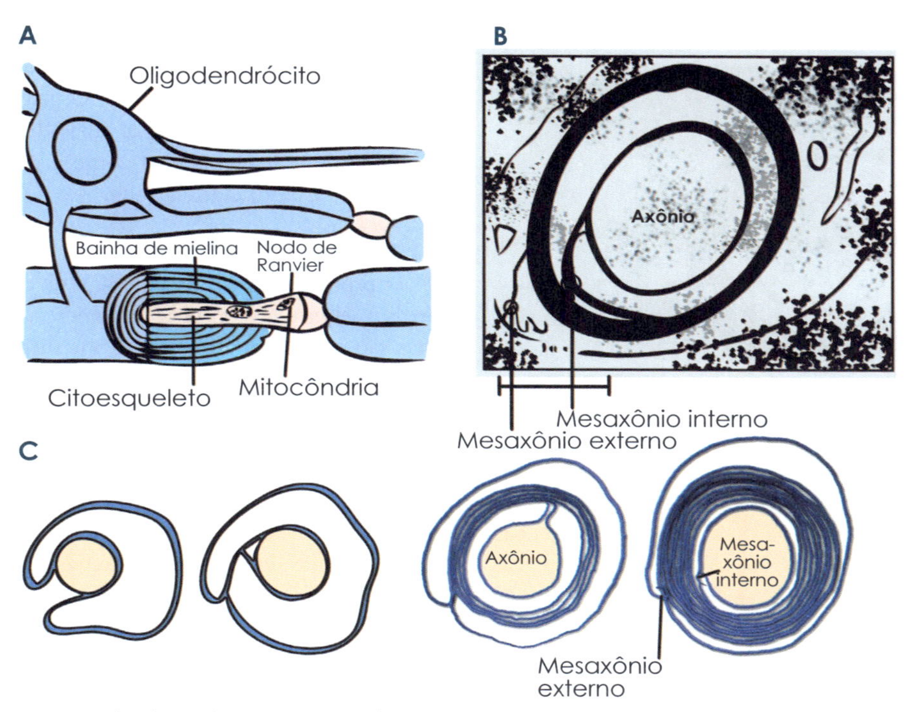

FIGURA 20.29 – Bainha de mielina: A. No SNC é formada pela extensão dos oligodendrócitos. B. Foto de microscopia eletrônica de um axônio periférico circundado por espessa camada de mielina. C. No SNP é constituída por extensão da membrana plasmática da célula de Schwann.

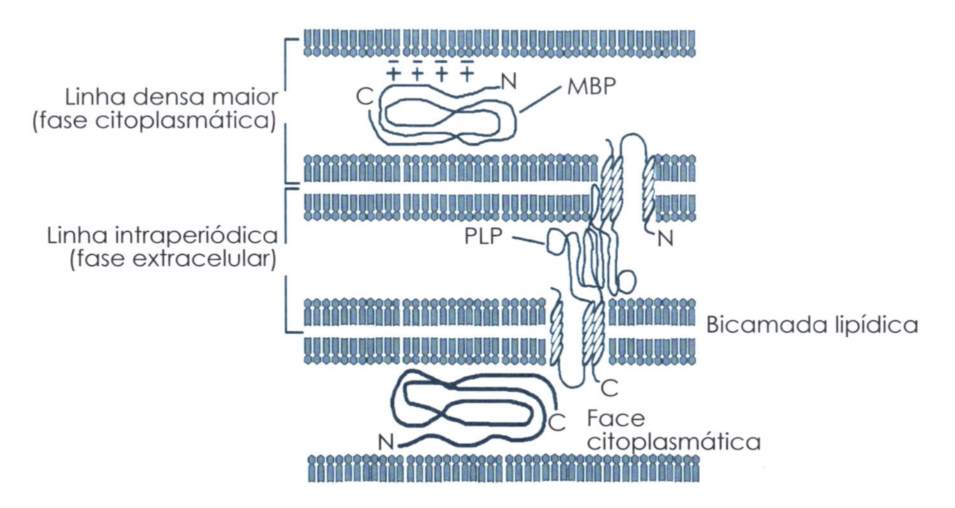

FIGURA 20.30 – Estrutura da bainha de mielina: bicamada lipídica. As faces citoplasmáticas da membrana plasmática formam a linha densa maior e as faces extracelulares formam a linha intraperiódica.

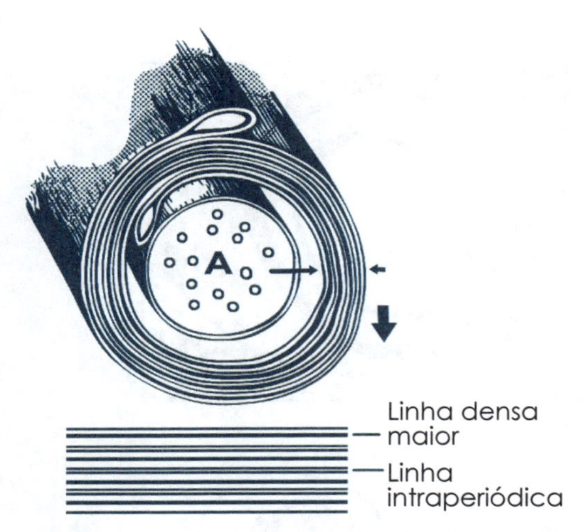

FIGURA 20.31 – Estrutura em espiral da bainha de mielina: durante a constituição das camadas concêntricas o material citosólico e extracelular é expulso.

mitem o caráter isolante elétrico da bainha. Um aspecto característico da mielina, mas não específico, é a maior concentração de cerebrosídeo.

Os principais lipídios são: colesterol, galactolipídios e fosfolipídios. O colesterol e os galactolipídios são hidrofílicos e estão presentes na membrana externa, enquanto os fosfolipídios são hidrofóbicos e localizam-se na membrana interna. Dentre os galactolipídios ou glicolipídios, ganham importância esfingolipídios como o cerebrosídeo e o sulfatídeo. Os gangliosídeos são esfingolipídios encontrados em baixo percentual entre os lipídios da mielina central e situam-se principalmente na membrana neuronal, na substância cinzenta. Os fosfolipídios, principais lipídios da mielina, são classificados em fosfoglicerídios (de etalonamina, colina, serina e inositol) e esfingomielina. O grupo mais abundante é representado por fosfoglicerídios, na forma de plasmalogênios como a fosfatildilcolina e a fosfatidiletanolamina.

Proteínas

As proteínas constituem 20-30% da composição da mielina e, ao contrário dos lipídios, algumas delas são específicas da mielina. Sua distribuição varia de acordo com sua localização na mielina central ou periférica. Classificam-se em proteínas básicas, glicoproteínas e outras proteínas.

Proteínas Básicas

- Proteína básica da mielina (MBP) – representa 30-35% das proteínas no SNC e apenas 5-15% no SNP. Está presente na face citoplasmática da mielina e, através da interação com os fosfolipídios, é responsável pela formação da linha densa maior e compactação da mielina.
- P2 – corresponde a 1-10% da mielina periférica. Faz parte de uma família de proteínas ligantes de ácidos graxos que funciona como um transportador lipídico, com participação na montagem, no remodelamento e na manutenção da mielina. Localiza-se na porção citoplasmática da mielina compacta.

Glicoproteínas

São proteínas transmembrana com porção glicosilada na membrana externa, expressas

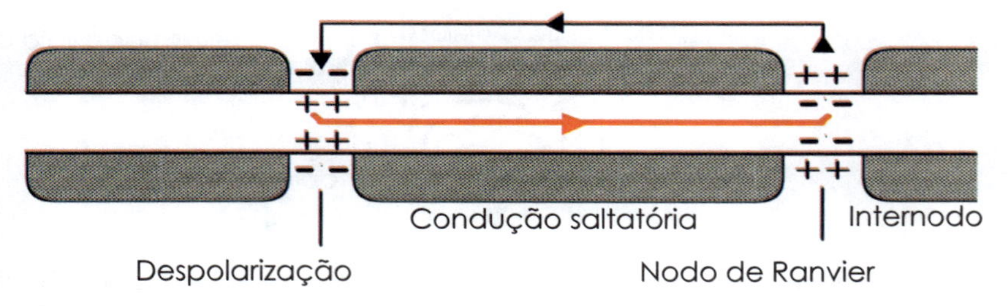

FIGURA 20.32 – Condução saltatória do impulso nervoso. O potencial de ação é gerado na porção não mielinizada do axônio, nodo de Ranvier, que possui alta concentração de canais iônicos voltagem-dependentes. O potencial é propagado pelo internodo, porção mielinizada do axônio, até o próximo nodo onde será regenerado.

em alta concentração no SNP (50-70%), porém em baixa proporção no SNC (10-20%). Estão envolvidas no reconhecimento e na interação intercelular.

- P0 ou MPZ – é a principal proteína da mielina periférica, membro da superfamília das imunoglobulinas, encontrada apenas nas células de Schwann produtoras de mielina. Quando associada à MBP, contribui com a formação da linha densa maior.
- PMP22 – está presente essencialmente, mas não exclusivamente, no SNP. Apresenta funções semelhantes às da glicoproteína P0.
- MAG (glicoproteína associada a mielina) – é uma proteína da superfamília de imunoglobulinas, situada na membrana mais interna ou periaxonal da bainha de mielina. Desempenha importante papel na interação entre oligondendrócito e axônio através de reconhecimento, adesão e depósito de mielina no axônio.
- Periaxina – é uma proteína específica da mielina do SNP, responsável por 5% das proteínas, encontrada na membrana periaxonal da célula de Schwann.
- Caderina epitelial – compõe a superfamília de proteínas de adesão cálcio-dependentes. Está relacionada com regulação da morfologia celular, supressão tumoral e adesão intercelular com estabilização da rede glial necessária para a formação da bainha.
- MOG (glicoproteína mielina-oligodendrócito) – localizada na camada mais externa da bainha, também faz parte da superfamília das imunoglobulinas. Essa glicoproteína, expressa mais tardiamente durante o processo de mielinização, participa na constituição dos feixes nervosos através da adesão entre axônios vizinhos. É uma proteína muito imunogênica, frequentemente envolvida em doenças desmielinizantes autoimunes do SNC.
- OMgp (glicoproteína oligodendrócito-mielina).

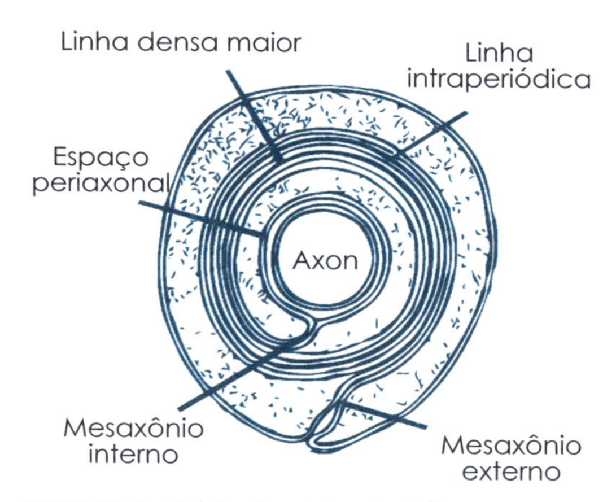

FIGURA 20.33 – Bainha de mielina do SNP: estrutura em espiral da bainha, formada a partir do envolvimento do axônio pela célula de Schwann.

Outras Proteínas

- PLP (proteína proteolipídica) – PLP e sua isoforma DM20 representam o principal constituinte proteico da mielina no SNC. Correspondem a cerca de 50% das proteínas da mielina central e apenas 0,5% da mielina periférica. São codificadas pelo mesmo gene e diferenciam-se apenas pela presença de um peptídio de 35 aminoácidos. A isoforma DM20 está presente nas fases mais precoces do desenvolvimento, enquanto a PLP é encontrada na mielina madura. A DM20 contribui para o desenvolvimento e diferenciação dos precursores dos oligodendrócitos. A PLP participa na estabilidade e compactação das camadas da bainha, com formação da linha intraperiódica;
- CNP ou 2'3'-cíclica-nucleotídeo-3'fosfodiesterase – com função ainda desconhecida, essa proteína parece relacionada com a interação da membrana plasmática com o citoesqueleto de actina e manutenção da morfologia celular; constituição e estabilização da mielina. Distribui-se nas células de Schwann e nas camadas da bainha de mielina;
- Conexina 32 – as conexinas são componentes dos canais de junções comuni-

cantes ou gap junctions, implicadas na comunicação entre as camadas da bainha de mielina e entre as células de Schwann e a bainha, responsáveis pela formação, manutenção e regeneração da mielina.

- O processo de formação da bainha de mielina, ou mielinização, tem início na metade final da gestação, diminui consideravelmente após o segundo ano de vida e completa-se apenas na vida adulta.

No SNP, a membrana celular externa da célula de Schwann forma um sulco ou goteira, que engloba o axônio progressivamente até o seu fechamento. Quando as membranas celulares se encontram, sofrem fusão e originam uma estrutura única com dupla membrana, o mesaxônio. Em seguida, verifica-se o alongamento e o enrolamento sucessivo dessa estrutura ao redor do axônio, constituindo as camadas concêntricas da bainha de mielina. Inicialmente, as células de Schwann imaturas enrolam um feixe nervoso e posteriormente selecionam um único axônio do feixe, com diâmetro mínimo de 0,7 μm. Cada internodo é formado por uma única célula de Schwann e, portanto, para a mielinização de um único axônio do SNP participam até 500 células de Schwann.

No SNC, a mielina é produzida pelos prolongamentos dos oligodendrócitos fasciculares por um mecanismo similar ao que ocorre no SNP. Ao contrário do SNP, um único oligodendrócito é capaz de gerar segmentos internodais para até 40 axônios e o diâmetro mínimo para seleção é menor, cerca de 0,2 μm.

Algumas doenças neurológicas estão relacionadas a alterações na formação ou na manutenção da bainha de mielina. Doenças desmielinizantes decorrem da destruição inflamatória e autoimune da mielina. A síndrome de Guillain-Barré é uma polineuropatia desmielinizante inflamatória aguda caracterizada pela destruição inflamatória da mielina periférica, que se manifesta por fraqueza muscular progressiva e ascendente, flacidez e diminuição dos reflexos profundos. A esclerose múltipla é uma doença ocasionada por destruição em placas da mielina central. Tem evolução em surtos, com manifestações clínicas que variam na dependência da área desmielinizada do SNC.

Doenças hipomielinizantes ocorrem por diminuição da quantidade de mielina depositada na bainha e podem ser determinadas por mutações em genes envolvidos com a produção da mielina. A doença de Pelizaeus Merzabacher é uma doença genética causada pela mutação do gene PLP1, responsável pela síntese da proteína proteolipídica, e caracteriza-se por hipomielinização central e uma encefalopatia crônica lentamente progressiva. A deleção do braço longo do cromossomo 18, onde se encontra o locus do gene da proteína MBP, produz uma síndrome genética grave marcada por alterações dismórficas e hipomielinização central. A doença de Charcot-Marie-Tooth ou CMT é a principal causa de polineuropatia hereditária e pode ser ocasionada por mutações nas proteínas P0 ou PMP22.

CASOS CLÍNICOS

■ Caso 1

Homem. 63 anos, apresentou fortes dores de cabeça. após uma reunião comemorativa com bebidas alcoólicas, vinhos tintos e queijos, ente outros salgadinhos. Este paciente faz tratamento de longa data para depressão, fazendo o uso de inibidores da monoamino oxidase dos tipos A e B. Fez uso de analgésico, sem sucesso, pois a dor continuava intensa, então procurou assistência médica de emergência. O médico após ouvir as queixas do paciente, aferiu a pressão arterial e verificou estar em 190/110 mmHg.

Qual sua discussão do caso acima?

■ Caso 2

Mulher de 28 anos, procurou ajuda médica pois sentiu alguns episódios de palpitações cardíacas e dores de cabeça em trabalhos rotineiros do lar de curta duração. Quando foi à academia, durante os exercícios aeróbicos, voltou a sentir os mesmos sintomas e quando em repouso os sintomas desapareceram. Com base no relato da paciente foi solicitado que ela verificasse a pressão arterial (PA), eu durante o exercício se mantinha alta e em repouso estava normal (250/130 mmHg no exercício e 120/80 mmHg no repouso). Diante desse quadro foram solicitados exames laboratoriais de ácido vanil mandélico, epinefrina, norepinefrina, dopamina e metanefrinas urinárias, além das catecolaminas plasmáticas. Também foram prescritos exames de tomografia computadorizada (TC) e ressonância magnética nuclear do abdômen (RMN).

Resultados laboratoriais:

- Catecolaminas plasmáticas: 850 pg/mL (até 84 pg/mL);
- Epinefrina plasmática: 2200 pg/mL (até 420 pg/mL);
- Norepinefrina plasmática: 10 pg/mL (até 85 pg/mL);
- Epinefrina urinária: 7,0 μg/mL (até 27,0 μg/24 horas);
- Norepinefrina urinária: 40,8 μg/mL (até 97,0 μg/24 horas);
- Dopamina urinária: 369 μg/mL (até 500 μg/24 horas);
- Metanefrinas urinárias: 450 μg/mL (até 390 μg/24 horas);
- Ácido Vanil Mandélico: 682 mg/mL (até 3,3 a 6,5 mg/24 horas);
- Qual a suspeita médica?

Bibliografia consultada

1. Abbott NJ, Patabendige AAK, Dolman DEM, Yusof SR, Begley DJ. Structure and function of the blood - brain barrier. Neurobiology of Disease, 2010; 37:13-25.
2. Engelhardt B, Sorokin L. The blood - brain and the blood - cerebrospinal fluid barriers: function and dysfunction. SeminImmunopathol, 2009; 31:497-511.
3. Felten DL, Josefowicz RF. Nettler's atlas of human neuroscience, 2003; 310p.
4. Garbay B, Heape AM, Sargueil F, Cassagne C. Myelin synthesis in the peripheral nervous system. Progress in Neurobiology, 2000; 61:267-304.
5. Graeber MB, Streit WJ. Microglia: biology and pathology. ActaNeuropathol, 2010; 119:89-100.
6. Guyton AC, Hall JE. Tratado de Fisiologia Médica. 11a ed. Rio de Janeiro: Elsevier, 2006.
7. Kandel ER, Scwartz JH, Jessel TM. Principles of Neuroscience. 4thed. New York: McGraw-Hill; 2000.
8. Lassmann H, Bradl M. Oligodendrocytes: biology and pathology. Acta Neuropathol. 2010; 119:37-53.
9. Machado ABM. Neuroanatomia Funcional, 2ª ed. São Paulo: Editora Atheneu, 2005.
10. Morest DK, Silver J. Precursors of neurons, neuroglia, and ependymal cells in the CNS: what are they? Where are they from? How do they get where they are going? Glia, 2003; 43:6-18.
11. Ndubaku U, Bellard ME. Glial cells: Old cells with new twists. Acta Histochem, 2008; 110(3): 182-195.
12. Simons M, Trotter J. Wrapping it up: the cell biology of myelination. Current Opinion in Neurobiology, 2007; 17:533-540.
13. Sofroniew MV, Vinters HV. Astrocytes: biology and pathology. Acta Neuropathol, 2010; 119: 7-35.
14. Van der Knaap MS, Valk J. Magnetic resonance of myelination and myelin disorders. 3rd ed. Berlin: Springers, 2005.
15. Weiss N, Miller F, Cazaubon S, Couraud PO. Biologie de labarrièrehématoencéphalique: Partie I. RevueNeurologique, 2009; 65(1): 863-874.
16. Weiss N, Miller F, Cazaubon S, Couraud PO. Implication de labarrièrehématoencéphaliquedans-laphysiopathologiedesmaladiesneurologiques : Partie II. RevueNeurologique, 2009; 65(1):1010-1022.

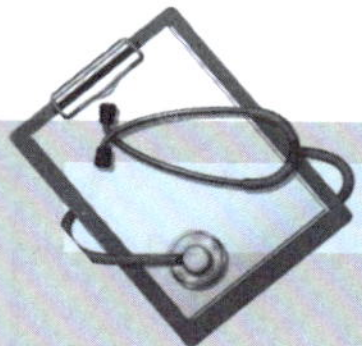

DISCUSSÃO DOS CASOS CLÍNICOS

■ Caso 1

A crise hipertensiva que o paciente possivelmente foi ocasionada pela ingestão excessiva de aminas pela alimentação da história clínica (pelos queijos e vinhos), que segundo a hipótese diagnóstica pode ter sido o gatilho da sintomatologia, já que estes alimentos possuem tirosina (aminas) cuja estrutura química é similar às dos neurotransmissores encontrados fisiologicamente, e ambos são catalisados pela enzima monoamino oxidase. Se as concentrações de tirosina aumentarem, podem atuar como neurotransmissores culminando assim na crise hipertensiva.

■ Caso 2

As manifestações clínicas da paciente sugerem a presença de um feocromocitoma. Embora a sintomatologia do feocromocitoma seja bastante variável, é bastante comum observar alterações de pressão arterial em valores altos, acompanhadas de dor de cabeça e sudorese em 90% dos casos, podendo ser paroxística ou sustentada. Em 50% dos casos a sintomatologia é visível após exercícios físicos ou em outras atividades de estresse.

Os resultados laboratoriais demonstram as catecolaminas e epinefrinas plasmáticas aumentadas, assim como seus produtos metabólicos aumentados na urina. Este caso mostra nitidamente as alterações dos neurotransmissores nos tecidos periféricos, principalmente o sistema cardiovascular.

Os exames de TC e RMN obtiveram imagens compatíveis com a presença de um tumor de suprarenal, e com isso, a somatória da história clínica, sintomatologia da paciente, exames laboratoriais e de imagem, confirmou-se o diagnóstico do feocromocitoma.

Bioquímica do Líquido Cefalorraquidiano (LCR)

21

Mauro Jorge Cabral-Castro
Marzia Puccioni-Sohler

Introdução

O líquido cefalorraquidiano

O líquido cefalorraquidiano (LCR), nas condições normais, é um fluido incolor e límpido intimamente relacionado com o sistema nervoso central (encéfalo e a medula espinhal) e seus envoltórios. O LCR possui diferentes funções como estrutural, metabólicas e de defesa, assim como protege o encéfalo e a medula espinhal de movimentos rápidos e abruptos de cabeça. Outra importante função mecânica do LCR é proporcionar a imersão do encéfalo, ou seja, mesmo pesando em torno de 1500 g, quando imerso no LCR ele tem em torno de 50 g. Com isso, o encéfalo reduz sua aceleração quando o crânio sofre algum deslocamento súbito, reduzindo os danos da concussão.

O LCR, por meio de sua ação coletora, remove os resíduos do metabolismo cerebral, sendo os principais deles moléculas de CO2, lactato e íons de hidrogênio. Logo, o LCR influencia na homeostase metabólica do sistema nervoso central (SNC), servindo como um meio para o fornecimento de nutrientes às células neuronais e gliais.

Formação e circulação do líquido cefalorraquidiano

O LCR é produzido principalmente pelos plexos coroides nos ventrículos. Os plexos coroides consistem em protrusões meníngeas granulares no lúmen ventricular, cuja superfície epitelial é contínua com o epêndima. Eles compreendem um tufo de capilares fenestrados. As células coroidais apresentam microvilosidades no seu polo apical e estão interconectadas por junções estreitas com uma distribuição variável de acordo com o local na parede ventricular. Os dois maiores plexos coroides são encontrados nos ventrículos laterais, com uma pequena extensão para o terceiro ventrículo, e há também um plexo coroide unilateral que forma o quarto ventrículo.

Enquanto os plexos coroides e o parênquima cerebral dão origem a grande parte do LCR ventricular, as estruturas subaracnóideas, as meninges e as raízes dorsais contribuem significativamente para a formação do LCR lombar. De acordo com esta observação, o gradiente de concentração ventrículo-lombar dos constituintes do LCR pode diferir dependendo da sua origem e tamanho.

A taxa média de produção do LCR é de aproximadamente 22 mL/ hora. A renovação total do LCR varia aproximadamente entre 4 e 5 vezes por dia, considerando um volume total do espaço do LCR em adultos de aproximadamente 140 mL. O espaço subaracnóideo e as grandes cisternas do encéfalo (cisterna magna e mesencefálica) concentram grande parte deste LCR.

A circulação do LCR é um fenômeno dinâmico e a sua regulação é responsável pela homeostase cerebral. O LCR circula dos locais de secreção para os locais de absorção de acordo com um fluxo rostrocaudal unidirecional nas cavidades ventriculares e um fluxo multidirecional nos espaços subaracnóideos. A maior parte do LCR é produzida nos ventrículos laterais e flui pelos forames de Monro para o terceiro ventrículo, e através do aqueduto cerebral de Sylvius para o quarto ventrículo e depois para o espaço subaracnóideo através do forame lateral de Luschka ou pelo forame mediano de Magendie. No espaço subaracnóideo da base do encéfalo, o LCR flui de baixo para cima, da fossa posterior através da cisterna basal ventral inferior para alcançar as cisternas interpeduncular e quiasmática. Na medula o LCR flui em direção caudal dentro do espaço subaracnóideo. O LCR, parcialmente absorvido pelas vilosidades aracnóideas da coluna vertebral, circula rostralmente para o espaço subaracnóideo cranial.

■ Vias de acesso ao líquido cefalorraquidiano

O LCR pode ser obtido por três vias de acesso: Lombar, cisternal e ventricular. A escolha da via de acesso ao LCR tem influência também na análise do resultado do exame do LCR, principalmente no que se refere a proteína do LCR.

A via mais utilizada para coleta do LCR é a via lombar. As análises laboratoriais incluem citologia, bioquímica, microbiologia, imunologia e biologia molecular, sendo esses importantes testes para auxiliar no diagnóstico das mais diversas doenças neurológicas.

Na análise bioquímica do LCR normalmente são avaliadas concentrações de proteínas, glicose e lactato. Cada um desses analitos tem que ter seus resultados relacionados a idade do paciente, a via de coleta do LCR (para dosagem de proteína) e a concentração da glicose no sangue (para dosagem da glicose no LCR).

Análise bioquímica do líquor

■ Glicose

A glicose é uma molécula polar, insolúvel na membrana plasmática e é ativamente transportada do sangue para o LCR pelo mecanismo de difusão facilitada utilizando as proteínas transportadoras (GLUTs) presente na superfície de todas as células. A concentração de glicose no LCR (glicorraquia) depende da concentração de glicose no soro (glicemia), portanto é indispensável para calcular a razão de glicose LCR/soro. O valor de referência da glicorraquia, em condições normais, é de 2/3 da glicemia e varia entre 45 e 80 mg/dL. Para a dosagem da glicose as amostras pareadas de LCR e de sangue devem ser coletadas no mesmo momento. A glicose no LCR permanece estável até 5 horas pós-coleta em temperatura ambiente e por até 24 horas a 4°C independentemente da quantidade de células. A concentração de glicose em amostra de soro não tratado diminui ao longo do tempo levando a um falso aumento na razão LCR/Soro.

A diminuição da concentração de glicose no LCR (hipoglicorraquia) ocorre em algumas doenças neurológicas. A hipoglicorraquia geralmente surge em situações de hipoglicemia ou no caso de aumento do consumo de glicose (glicólise) no SNC, como nas meningites bacterianas, por fungos, na meningite tuberculosa, carcinomatose meníngea e em algumas meningites virais. A hipoglicorraquia nos casos com hemorragia subaracnóideo se deve ao transtorno da passagem da glicose sérica para o LCR. Uma das principais propostas diagnóstica da razão de glicose LCR/ soro é para diferenciar entre infecções virais e bacterianas do SNC. Em situações de hiperglicemia, como em *Diabetes mellitus*, ocorre aumento da glicorraquia (hiperglicorraquia) e pode confundir o diagnóstico.

Lactato

O lactato representa o produto final do metabolismo anaeróbico da glicose e a acidose tecidual no SNC, portanto, sua análise pode substituir a análise da glicose no LCR. De maneira que as alterações na concentração de lactato no sangue não interferem na concentração no LCR, uma vez que o transportador de lactato na barreira hematoencefálica está saturado. Portanto, não é necessário analisar a concentração de lactato no sangue para calcular a concentração de lactato intratecal.

A estabilidade do lactato no LCR depende do número de leucócitos, hemácias e patógenos. As hemácias no LCR causam aumentos significativos nas concentrações de lactato, portanto deve-se considerar a presença de hemácias quando interpretar o resultado da dosagem do lactato no LCR contaminado por sangue. A estabilidade do lactato à temperatura ambiente é por até 24 horas, independente da contagem de leucócitos no LCR.

A faixa de valores de referência da concentração de lactato no LCR varia de acordo com a idade do indivíduo ficando entre 1 a 2,7 mmol/L. Níveis baixos de lactato no LCR, ocasionando uma acidose leve a moderada de lactato (2,7–3,5 mmol/L) no LCR pode ser observada em muitas doenças neurológicas, como encefalopatias metabólicas, encefalite autoimune, hemorragia cerebral, convulsões, tumores cerebrais (glioblastoma), infecções virais (vírus herpes simplex), neuroborreliose e polirradiculite. As infecções bacterianas do SNC, como na meningite bacteriana (pneumococo, meningococo, tuberculose, listeria), que utilizam a glicose como fonte de energia, diminuem a concentração de glicose e aumentam a concentração de lactato no LCR, assim como, metástases cerebrais, neurossarcoidose e encefalopatia séptica também podem estar associadas a elevações da concentração de lactato (> 4,0 mmol/L).

Proteínas

As proteínas totais no LCR são derivadas da entrada via pinocitose pelas células endoteliais dos plexos coroides dos ventrículos e, também são provenientes, em menor proporção, do epêndima das paredes ventriculares e dos vasos da leptomeninge. A dosagem da proteína total do LCR é utilizada no diagnóstico diferencial de distúrbios neurológicos, incluindo doenças autoimunes, neoplásicas, inflamatórias e infecciosas.

A concentração de proteínas totais no LCR (proteínorraquia) varia de acordo com a via de acesso ao LCR. Esta aumenta dos ventrículos para a região lombar e, também varia de acordo com a idade do paciente. Portanto, o valor de referência deve considerar a idade do paciente e a via de acesso ao LCR, sendo a razão entre a concentração de proteína ventricular e a lombar é de 1:2,5. Diferente da alta concentração de proteínas encontradas no sangue (5500 a 8000 mg/dL), no LCR a concentração está entre 15 e 45 mg/dL, quando obtida pela punção lombar. A concentração de proteína no LCR pela punção cisternal varia de 10 a 25 mg/dL e pela punção ventricular varia de 5 a 15 mg/dL, refletindo um gradiente ventrículo-lombar na permeabilidade das células endoteliais capilares à proteína (barreira hemato-LCR) e menor grau de circulação na região lombo-sacra.

A elevação da concentração de proteína no LCR (hiperproteínorraquia) indica um processo patológico dentro ou próximo dos epêndimas ou meninges, tanto no encéfalo e na medula espinhal, embora a causa de elevações modestas da proteína do LCR ainda não é claramente esclarecida. A hiperproteinorraquia também é encontrada em enfermidades que aumentam a concentração de leucócitos ou hemácias, ou envolvem bactérias ou obstrução do fluxo do LCR.

Para análise da proteinorraquia, podemos utilizar o método qualitativo (reação de Pandy) ou o método quantitativo (reação colorimétrica). A reação de Pandy é um exame de fácil realização à beira do leito e produz diagnóstico rápido. Essa técnica consiste em adicionar 1mL de fenol a 7% e 1 gota de LCR em um tubo de ensaio. A leitura é feita em um campo escuro, comparando o resultado da reação com uma amostra contendo apenas fenol a 7%. A turvação da amostra contendo fenol e LCR indica aumento de proteína. Nas situações em que a proteinorraquia encontra-se normal, a turvação sugere aumento de globulinas. Em geral, a hiperproteinorraquia se deve às alterações da barreira hemato-LCR, do fluxo, ou à síntese de intratecal de imunoglobulinas.

Algumas doenças inflamatórias agudas do SNC são caracterizadas pelo aumento na concentração de proteínas no LCR causada por um aumento na permeabilidade da barreira hemato-LCR (meningite purulenta), por um distúrbio na eliminação de LCR (síndrome de Guillain-Barré, neuroborreliose de Lyme) ou por distúrbios mecânicos do fluxo de LCR (tumores, estenose do canal vertebral).

Eletroforese de proteínas

A técnica de eletroforese de proteínas permite determinar as frações proteicas possivelmente encontradas no LCR, mesmo quando a concentração de proteínas totais esteja no nível normal ou abaixo do valor de referência.

As proteínas mais abundantes no LCR são a albumina e as imunoglobulinas (Ig), que constituem mais de 50% e 15% das proteínas totais no LCR, respectivamente. As frações betaglobulinas, gamaglobulina e pré-albumina são características do LCR. A pré-albumina é produzida tanto pelo fígado quanto pelos plexos coroides, enquanto a albumina é sintetizada somente pelo fígado.

A grande maioria das proteínas do LCR são proteínas séricas que atravessam a barreira hematoencefálica no plexo coroide. Apenas cerca de 20% das proteínas do LCR são sintetizadas localmente. O efeito de peneira da barreira hematoencefálica não é tão nítido quanto o da membrana basal glomerular no rim; entretanto, pequenas moléculas, como a transtirretina (pré-albumina), preferencialmente passam para o LCR, e a maior α2-macroglobulina é muito restrita.

Alterações dos padrões proteicos do LCR ocorrem em uma ampla variedade de condições. A meningite resulta em uma proteína total elevada no LCR devido ao aumento da permeabilidade da barreira hematoencefálica. Concentrações elevadas de albumina ou de proteínas totais no LCR podem ser úteis para confirmar o diagnóstico da síndrome de Guillain-Barré, em face de uma contagem normal de células no LCR. Como a albumina é formada apenas no fígado, a relação entre a albumina no LCR e a albumina sérica é um índice padrão (quociente de albumina) para avaliar a integridade da barreira hemato-LCR.

Por causa da ação da peneira molecular do plexo coroide e da presença de proteínas únicas ao LCR, o padrão de eletroforese de proteínas observado com o LCR difere consideravelmente do padrão observado com o soro. Normalmente, a banda de transtirretina (pré-albumina) no soro é pouco visível, enquanto esta faixa é aumentada em relação às outras bandas de proteína no LCR concentrado. Isto resulta de um transporte preferencial da transtirretina devido ao seu tamanho e características de carga, bem como sua síntese local pelo epitélio do plexo coroide. Devido a esse aumento em sua concentração relativa, a transtirretina foi usada para detectar o vazamento de líquido cefalorraquidiano nos fluidos nasal e aural.

Adenosina deaminase

A adenosina deaminase (ADA) é uma enzima que está envolvida no metabolismo das purinas, na qual é responsável pela conversão da adenosina em inosina. Clinicamente, o nível aumentado de ADA no LCR se apresenta como um importante marcador diagnóstico da meningite tuberculosa. Nesta infecção, há um estímulo da resposta imune mediada por células que entre outras consequências tem a liberação de ADA pelas células T. Entretanto, o aumento do nível de ADA no LCR pode ser causado por outras doenças neurológicas, como já foi relatado para meningite criptocócica, na encefalite por vírus herpes simplex e em linfomas.

Uma dificuldade na utilização da ADA como marcador diagnóstico é a variação muito grande no conceito dos valores de referência (VR: 4 a 9 U/L). Alguns estudos já foram realizados para avaliar o valor diagnóstico e preditivo da ADA do LCR em pacientes com meningite tuberculosa.

Lactato desidrogenase

A lactato desidrogenase (LDH) é uma enzima tetramérica que, em condição de anaerobiose, aumenta a taxa de interconversão de piruvato em lactato e nicotinamida adenina dinucleotídeo (NAD)H em NAD^+. O LDH é utilizado como um potencial marcador prognóstico, podendo ser encontrados níveis aumentados no LCR em casos com encefalopatia pelo HIV, em estados pós-convulsivos e em enfermidades que levem a necrose parenquimatosa. Além de ser encontrados em níveis aumentados no LCR no acidente vascular encefálico, tumores do sistema nervoso central e meningites.

Novos biomarcadores

Proteína 14-3-3

As proteínas 14-3-3 são uma família de proteínas homólogas que consistem em sete isoformas em mamíferos. Estas são altamente conservadas envolvidas na regulação da fosforilação de proteínas e na via da proteína quinase. As proteínas 14-3-3 participam na regulação de uma ampla gama de processos biológicos, incluindo transdução de sinal, ciclo celular, transcrição, apoptose e desenvolvimento neuronal.

As proteínas 14-3-3 são ubiquamente expressas em vários tipos de tecidos, mas sua expressão mais alta está no encéfalo, onde compõem aproximadamente 1% das proteínas solúveis totais. Nos neurônios, as proteínas 14-3-3 estão presentes no compartimento citoplasmático, nas organelas intracelulares e na membrana plasmática. Acredita-se que algumas das isoformas desempenhem um papel funcional em outros processos celulares, como diferenciação neuronal, migração e sobrevivência e regulação do canal iônico.

Embora sua função neurofisiológica não seja totalmente compreendida, as proteínas 14-3-3 têm sido utilizadas como biomarcadores em algumas doenças neurodegenerativa, sendo considerado um marcador do LCR para o diagnóstico in vivo da doença de Creutzfeldt-Jakob.

Proteína tau

A proteína tau total (tau) é fosforilada associada aos microtúbulos, localizada principalmente nos axônios neuronais, onde promove a montagem e a estabilidade dos microtúbulos. Esta proteína tem um papel como um biomarcador não específico de danos neuronais. Após o dano neuronal, a proteína tau é liberada no espaço extracelular e pode estar aumentada no LCR. Níveis elevados da tau no LCR ocorrem em doenças parenquimatosas, incluindo doenças neurodegenerativas, vasculares ou inflamatórias, como doença de Alzheimer, degeneração corticobasal, paralisia supranuclear progressiva e algumas formas de demência frontotemporal.

A descoberta de que a tau fosforidada (P-tau) era o principal componente da proteína tau total fez com que as proteínas tau no LCR fossem candidatas a imunoensaios quantitativos. Logo, tanto os testes tau quanto P-tau são importantes no auxílio ao diagnóstico da doença de Alzheimer.

Proteína β-amiloide

Os depósitos de proteínas amiloide no encéfalo consistem em acumulações de ambas as formas agregadas e não agregadas da proteína β-amiloide. Esta pertence a um grupo de peptídeos que possuem de 39 a 43 resíduos de aminoácidos e que são derivados da clivagem proteolítica da proteína de membrana precursora da proteína β-amiloide. Essa proteína precursora é uma proteína cerebral abundante com atividades neurotróficas, também está presente em muitos tecidos periféricos e é codificada pelo gene do cromossoma 21.

Foi demonstrado que pacientes com comprometimento cognitivo leve que apresentam no início níveis elevados de proteína tau e diminuição do nível de proteína β-amiloide 1-42 no LCR, comparado a indivíduos saudáveis, podem evoluir para a doença de Alzheimer. Logo, assim como a proteína tau e tau fosforilada, a proteína β-amiloide 1-42 é utilizado como um biomarcador no auxílio ao diagnóstico da doença de Alzheimer.

CASO CLÍNICO

■ Caso 1

Homem de 24 anos com queixa de cefaleia holocraniana, inicialmente frontal, acompanhada de náuseas, vômitos, febre diária e calafrios há 15 dias. Relatava que sua primeira sorologia positiva para HIV ocorreu há três anos, quando foi diagnosticada tuberculose pleural tratada com rifampicina/isoniazida/pirazinamida. Há um ano apresentou tuberculose pulmonar tratada inicialmente com rifampicina/isoniazida/pirazinamida/etambutol e, após toxicidade hepática, continuou tratamento com estreptomicina/etambutol/ofloxacina. Por ocasião da internação fazia uso irregular de medicação antirretroviral (estavudina, lamivudina, litonavir e saquinavir) e profilaxia para pneumonia por *Pneumocystis carinii* com sulfametoxazol/trimetoprim.

Ao exame apresentava-se lúcido, orientado, paralisia facial periférica à direita, reflexos profundos preservados nos quatro membros, pupilas isocóricas e fotorreagentes, fundoscopia sem alterações, rigidez de nuca +++/4 com sinal de Brudzinski. Apresentava também candidíase oral e dermatite seborreica. Na internação realizou hemograma (Hemoglobina = 9,4 g/dL; Hematócrito = 28,8%; leucócitos = 7.400/mm^3, sendo 55% segmentados; plaquetas = 230.000/mm^3), tomografia computadorizada (TC) de crânio com contraste evidenciando apenas atrofia cortical e raquicentese para exame do LCR.

Após a primeira punção lombar suspeitou-se de meningite bacteriana devido a alta leucometria e ao predomínio de polimorfonucleares e iniciou tratamento com ceftriaxone. Como não houve melhora clínica após três dias de tratamento e o exame de LCR mostrou VDRL reagente com baixo título, suspeitou-se de neurossífilis e foi iniciado tratamento com penicilina cristalina durante 14 dias, também sem melhora do quadro clínico. O paciente evoluiu com deterioração progressiva do nível de consciência.

Foi realizada a segunda punção lombar, quinze dias após a primeira, e uma nova TC de crânio com contraste evidenciando aumento da atrofia cortical, sem lesões focais. O paciente evoluiu para o coma por 8 dias após a segunda punção lombar, quando então foi realizada a terceira punção lombar. Também foi iniciado o tratamento empírico para toxoplasmose cerebral com sulfadiazina/pirimetamina/ácido folínico.

Em razão dos níveis crescente de proteína nos exames de LCR foi sugerido que estaria tendo a presença de bloqueio da circulação do LCR associado a meningite de base, de provável etiologia tuberculosa. Então realizou-se punção cisternal, considerando a maior proximidade da lesão e maior chance de positividade da amostra proveniente da punção a nível alto.

Três dias após a terceira punção lombar, foram realizadas, no mesmo dia, uma quarta punção lombar e uma punção suboccipital. Em relação ao LCR cisternal, devido ao pouco volume de LCR obtido, menos de 1 mL, e a característica física da amostra, um material purulento e espesso, o material foi diretamente encaminhada para realização da pesquisa de BAAR, aonde foi positiva (3+/4+), enquanto o exame do LCR lombar permanecia negativo.

Em seguida, o paciente fez nova TC de crânio com contraste mostrando hidrocefalia e captação meníngea de contraste. Iniciou tratamento para meningite tuberculosa com rifampicina/isoniazida/pirazinamida/etambutol e corticoide e, em seguida, realizou derivação ventrículo – externa (DVE). Foi coletado LCR da DVE, o qual se encontrava dentro dos parâmetros de normalidade, com pesquisa de BAAR negativa. O paciente evoluiu com piora clínica e neurológica, vindo a óbito.

Como você discutiria o caso em relação às alterações laboratoriais vistas na Tabela 21.1.

Tabela 21.1 – Evolução do exame do LCR nas diferentes punções de LCR realizadas.

Exame do LCR	1º - LCR lombar	2º - LCR lombar	3º - LCR lombar	4º - LCR lombar	5º - LCR ventricular
Aspecto	Turvo	Turvo	Xantocrômico	Xantocrômico	Límpido
Citometria global (células/mm^3)	715	270	9	10	3
Citometria específica	90% N, 5% L, 4% M, 1% MC	79% N, 16% L, 4% M, 1% E	55% N, 14% L, 31% M	68% N, 17%L, 3% M, 2% MC	
Proteína (mg/dL)	198	366	2660	3800	35
Glicose (mg/dL)	23	27	34	40	94
Lactato (mmol/ L)	NR	NR	4,9	6,4	NR
Exame direto para germes comuns/ fungos/ BAAR	Negativo	Negativo	Negativo	Negativo	Negativo
Cultura para germes comuns	Negativa	Negativa	Negativa	Negativa	NR
Cultura BK	Positivo após 45 dias	Positivo após 45 dias	Positivo após 45 dias	Positivo após 45 dias	NR
VDRL (diluição)	1/2	1/4	1/32	1/64	NR

Valores de Referência: citometria global ≤ 4 células/mm3; Proteína ≤ 40mg/dL; lactato ≤ 3,3 mmol /L; M, monócito; L, linfócito; N, neutrófilo; E, eosinófilo; MC, macrófago; NR, Não realizado.

Bibliografia consultada

1. Beaty, Harry N; Oppenheimer, Steven. Cerebrospinal-Fluid Lactic Dehydrogenase and Its Isoenzymes in Infections of the Central Nervous System. The New England Journal of Medicine. 279 (22): 1197 – 1202. 1968
2. Benninger, Felix ; Steiner, Israel. CSF in acute and chronic infectious diseases. In: F. Deisenhammer, F; Teunissen, CE; Tumani, H. Cerebrospinal Fluid in Neurologic Disorders. 3 ed. 187 – 206. 2017
3. Cacho-Díaz, Bernardo; Lorenzana-Mendoza, Nydia A; Reyes-Soto, Gervith; Hernández-Estrada, Allan; Monroy-Sosa, Alejandro; Guraieb-Chahin, Paola; Cantu-de-León, David. Lactate dehydrogenase as a prognostic marker in neoplastic meningitis. Journal of Clinical Neuroscience. 2018. doi:10.1016/j.jocn.2018.02.014
4. Cuchillo-Ibañez, I; Lopez-font, I; Boix-Amorós, A; Brinkmalm, G; Blennow, K; Molinuevo, JL; Sáez-Valero, J. Heteromers of amyloid precursor protein in cerebrospinal fluid. Molecular Neurofegeneration. 10 (2): 1 – 11. 2015
5. Deisenhammer, F; Barto, A; Egg, R; Gilhu, NE; Giovannoni, G; Rauer, S; Sellebjerg, F. Guidelines on routine cerebrospinal fluid analysis. Report from an EFNS task force. European Journal of Neurology. 13: 913 – 922. 2006

6. Deisenhammer, Florian; Sellebjerg, Finn; Teunissen, Charlotte E; Tumani, Hayrettin. Cerebrospinal Fluid in Clinical Neurology. Springer International Publishing: London. 442 p. 2015
7. Dimas, Luciana Ferreira; Puccioni-Sohler, Marzia. Exame do líquido Cefalorraquidiano: influência da temperatura, tempo e preparo da amostra na estabilidade analítica. J Bras Patol Med Lab. 44 (2): 97 - 106. 2008
8. Foote, Molly; Zhou, Yi. 14-3-3 proteins in neurological disorders. Int J Biochem Mol Biol. 3(2): 152 - 164. 2012.
9. Gangishetti, Umesh; Howell, J. Christina; Perrin, Richard J; Louneva, Natalia; Watts, Kelly D; Kollhoffl, Alexander; Grossman, Murray; Wolk, David A; Shaw, Leslie M; Morris, John C; Trojanowski, John Q; Fagan, Anne M; Arnold, Steven E; Hu, William T. Non-beta-amyloid/tau cerebrospinal fluid markers inform staging and progression in Alzheimer's disease. Alzheimer's Research & Therapy. 10: 98. 2018.
10. Haass, Christian; Selkoe, Dennis J. Cellular processing of β-amyloid precursor protein and the genesis of amyloid β-peptide. Cell. 75: 1039 - 1042. 1993.
11. Hampel, H; Teipel, SJ; Fuchsberger, T; Andreasen, N; Wiltfang, J; Otto, M; Shen, Y; Dode, R; Du, Y; Farlow, M; Möller, H-J; Blennow, K; Buerger, K. Value of CSF β-amyloid1–42 and tau as predictors of Alzheimer's disease in patients with mild cognitive impairment. Molecular Psychiatry. 9: 705 - 710. 2004.
12. Heringer, Rafael R; Fernandes, Luís Eduardo BC; Gonçalves, Reizer Reis Puccioni-Sohler, Marzia. Localização da Lesão e Achados do Líquido Cefalorraqueano na Meningite Tuberculosa. Diferenças nos compartimentos lombar, cisternal e ventricular. Arq Neuropsiquiatr. 63(2-B): 543 - 547. 2005
13. Hsich, Gary; Kenney, Kimbra; Gibbs, Clarence J; Lee, Kelvin; Harrington, Michael G. The 14-3-3 Brain Protein in Cerebrospinal Fluid as a Marker for Transmissible Spongiform Encephalopathies. The New England Journal of Medicine. 335 (13): 924 - 930. 1996
14. Kapaki, E; Kilidireas, K; Paraskevas, GP; Michalopoulou, M; Patsouris, E. Highly increased CSF tau protein and decreased beta-amyloid (1-42) in sporadic CJD: a discrimination from Alzheimer's disease?. Journal of Neurology, Neurosurgery, and Psychiatry. 71 (3): 401 - 403. 2001
15. McCudden, Christopher R; Brooks, John; Figurado, Priya; Bourque, Pierre R. Cerebrospinal Fluid Total Protein Reference Intervals Derived from 20 Years of Patient Data. Clinical Chemistry. 63 (12): 1856 - 1865. 2017
16. Miranda, Élcio; Peruchi, Mirella Maccarini; Lin, Jaime; Masruha, Marcelo Rodrigues; Reis, Maria de Lourdes Amud Ali; Filho, João Baptista dos Reis. Adenosine deaminase activity in cerebrospinal fluid. Rev Bras Neurol. 44 (2): 5 - 11. 2008
17. Nakamura, T; Shoji, M; Harigaya, Y; Watanabe, M; Hosoda, K; Cheung, TT; Shaffer, LM; Golde, TE; Younkin, LH; Younkin, SG; Hirai, S. Amyloid beta protein levels in cerebrospinal fluid are elevated in early-onset Alzheimer's disease. Annals of Neurology. 36 (6): 903 - 911. 1994
18. Nitsch RM, Rebeck GW, Deng M, kchardson UI, Tennis M, Schenk DB, Vigo-Pelfrey C, Lieberburg I, Wurtman RJ, Hyman BT, Growdon JH. Cerebrospinal fluid levels of amyloid β-protein in Alzheimer's disease: inverse correlation with severity of dementia and effect of apolipoprotein E genotype. Ann Neurol. 37: 512 - 518. 1995.
19. Puccioni-Sohler, Marzia. Diagnóstico de Neuroinfecção com abordagem dos Exames do Líquido Cefalorraquidiano e Neuroimagem. Rubio: Rio de Janeiro. 167 p. 2008.
20. Quaglia, Anders; Karlsson, Mathias; Larsson, Mattias; Taylor, Walter R; Diep, Nguyen Thi Ngoc; Trinh, Dao Tuyet; Trung, Nguyen Vu; Kinh, Nguyen Van; Wertheim, Heiman FL. Total lactate dehydrogenase in cerebrospinal fluid for identification of bacterial meningitis. Journal of Medical Microbiology. 62 (11): 1772 - 1773. 2013
21. Reiniger, Lilla; Lukic, Ana; Linehan, Jacqueline; Rudge, Peter; Collinge, John; Mead, Simon; Brandner, Sebastian. Tau, prions and Aβ: the triad of neurodegeneration. Acta Neuropathol. 121: 5 - 20. 2011.
22. Sakka, L; Coll, G; Chazal, J. Anatomy and physiology of cerebrospinal fluid. European Annals of Otorhinolaryngology, Head and Neck diseases. 128: 309 - 316. 2001
23. Schöll, Michael; Maass, Anne; Mattsson, Niklas; Ashton, Nicholas J; Blennow, Kaj; Zetterberg, Henrik; Jagust, William. Biomarkers for tau pathology. Molecular and Cellular Neuroscience. 2018. doi:10.1016/j.mcn.2018.12.001.
24. Süssmuth, Sigurd D; Reiber, Hansotto; Tumani, Hayrettin. Tau protein in cerebrospinal fluid (CSF): a blood-CSF barrier related evaluation in patients with various neurological diseases. Neuroscience Letters. 300: 95 - 98. 2001.
25. Tanaka, Yuji; Satomi, Kazuo. Cryptococcal meningitis associated with increased adenosine deaminase in the cerebrospinal fluid. SpringerPlus. 5: 2093. 2016
26. Thompson, Andrew GB; Mead, Simon H. Review: Fluid biomarkers in the human prion diseases. Molecular and Cellular Neurosciences.

2018. pii: S1044-7431(18)30341-5. doi: 10.1016/j.mcn.2018.12.003
27. Thompson, Edward J. Proteins of the Cerebrospinal Fluid. Elsevier Ltd. 2 ed. 329p. 2005
28. Venkatesh, B; Morgan, TJ; Boots, RJ; Hall, J; Siebert, D. Interpreting CSF Lactic Acidosis: Effect of Erythrocytes and Air Exposure. Critical Care and Resuscitation. 5: 177 – 181. 2003
29. Zerr I; Bodemer M; Gefeller 0; Otto M; Poser S; Wiltfang J; Windl 0; Kretzschmar HA; Weber T. Detection of 14-3-3 protein in the cerebrospinal fluid supports the diagnosis of Creutzfeldt-Jakob disease. Ann Neurol. 43: 32 - 40. 1998.

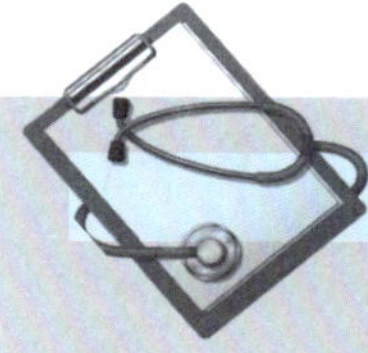

DISCUSSÃO DO CASO CLÍNICO

■ Caso 1

Quando observamos os resultados laboratoriais e reposta clínica do paciente, alguns conceitos fisiológicos e bioquímicos precisavam ter sido considerados. Logo, no caso relatado deve-se considerar que fisiologicamente, a concentração de proteínas do LCR é definida pela interação entre o fluxo molecular e o fluxo do LCR. A concentração normal de proteína no LCR aumenta do espaço ventricular para o lombar. O transporte difusão-dependente de proteínas do encéfalo para o LCR e do sangue para o LCR segue as leis da difusão de acordo com o tamanho da molécula, o que é a causa da seletividade da função das barreiras hematoencefálica (BHE) e hemato-LCR (BHL), as quais representam interface entre o sistema vascular e o compartimento extracelular do SNC, o sistema vascular e o espaço do LCR, respectivamente.

Nas infecções agudas, os leucócitos migram para o LCR e o tecido nervoso. As BHE e BHL se tornam permeáveis para albumina e outras grandes moléculas, como consequência pode aumentar a resistência de saída do fluxo do LCR no espaço subaracnóideo, tendendo a diminuir o fluxo do LCR e aumentar a concentração proteica. Quanto mais próximo do foco infeccioso bacteriano, maior a concentração de leucócitos nas proximidades. Estes podem até estar ausentes em outros compartimentos, em situações de bloqueio ao fluxo do LCR.

No paciente estudado, a citometria global do LCR lombar diminuiu progressivamente de 715 a 9 células/mm3, permanecendo um predomínio de segmentados. Apesar da baixa celularidade do LCR lombar, existia intensa coleção purulenta na cisterna magna, contendo vários bacilos da tuberculose, sugerindo o represamento do material em nível cisternal e consequentemente houve bloqueio da circulação do LCR no espaço subaracnóideo. O LCR coletado da DVE mostrou-se normal. Uma contagem normal de leucócitos e proteínas no LCR ventricular e lombar não significou necessariamente uma resolução ou ausência de inflamação em todos os compartimentos do LCR.

Assim, o exame do LCR é essencial para a investigação diagnóstica de meningite tuberculosa, e a interpretação deve considerar sua fisiologia. Por outro lado, a decisão terapêutica não deve aguardar a demonstração do agente etiológico uma vez que o resultado da cultura, a qual representa o padrão-ouro, pode demorar até 60 dias para ser concluída, e em muitas situações, posterior ao óbito do paciente.

Procedimentos Pré-Analíticos e Analíticos Necessários para o Melhor Desempenho na Interpretação dos Resultados do Diagnóstico Molecular

22

Analúcia Rampazzo Xavier
Fábio Aguiar Alves
Lídia Maria da Fonte de Amorim
Patrícia de Fátima Lopes
Salim Kanaan

Introdução

Em 1953, os cientistas Watson e Crick propuseram o modelo da estrutura da molécula do ácido desoxirribonucleico (DNA), hoje referenciada como a molécula da vida. Com esta descoberta, os estudos sobre a natureza dos ácidos nucleicos intensificaram-se e o entendimento das vias de transcrição, duplicação e tradução permitiu, junto a descoberta, caracterização e isolamento das endonucleases, o desenvolvimento de técnicas de manipulação do material genético. Nascia, assim, a Biologia Molecular e a capacidade de manipulação genética *in vitro*. O uso da tecnologia do DNA recombinante permitiu que fossem desenvolvidos testes moleculares de diagnóstico.

Nas duas últimas décadas, novas tecnologias, de diagnóstico molecular, mais sensíveis e específicas, revolucionaram os conceitos preestabelecidos em diagnóstico molecular. Atualmente, verificamos grande crescimento do mercado de testes de diagnóstico moleculares e, frequentemente, há uma interpretação de que estes estão menos sujeitos a erros. Outro problema comum é o fato de muitos dos profissionais da área de saúde acreditarem que o resultado de um teste molecular seja absoluto e definitivo, um conceito que leva a um diagnóstico laboratorial errado. Para a garantia e melhor confiabilidade dos testes moleculares, devemos sempre enfatizar, como qualquer outro teste, as recomendações para minimizar os erros.

Devemos dar ênfase, especialmente na fase pré-analítica, aos procedimentos que podem interferir nos resultados, que envolvem a coleta, o manuseio, armazenamento e transporte da amostra coletada, seja sangue, saliva, células da mucosa oral etc. Na fase analítica, a escolha do método de extração é muito importante para garantir a obtenção de quantidade e qualidade de ácidos nucleicos (DNA e ácido ribonucleico [RNA]) da amostra.

A utilização de métodos de extração de ácidos nucleicos padronizados permite, com certa especificidade, detectar e/ou quantificar vírus, identificar microrganismos, determinar genótipos virais e, também, verificar a predisposição e presença do estado de portador de doenças hereditárias. Recentemente, resultados positivos em análise de RNA intracelular, como produtos de fusão gênica, auxiliam a caracterização de algumas neoplasias hematológicas.

A maior dificuldade do trabalho usando RNA é devida a sua natureza lábil, que dificulta a padronização dos testes moleculares. Quando uma amostra é manuseada sem os devidos critérios, pode ocorrer a degradação do RNA-alvo e o resultado pode ser negativo (falso-negativo), ocasionando um erro na interpretação, como a ausência da doença.

Procedimento de coleta, processamento e transporte de amostras para fins de testes moleculares

Toda amostra biológica deve ser considerada um material potencialmente contaminado, e para sua manipulação devemos seguir rigorosamente as precauções de biossegurança preconizadas pela legislação e pelos programas de acreditação laboratorial. As amostras devem ser identificadas e é preciso obter todos os dados prévios necessários para uma melhor interpretação dos resultados a partir da solicitação médica. O laboratório tem como obrigação minimizar os problemas na hora da coleta, para evitar a rejeição de amostras.

Para os procedimentos que utilizem sangue total como fonte de ácidos nucleicos, amostras congeladas ou hemolisadas devem ser desprezadas, assim como aquelas que apresentarem identificação inadequada. Isso porque o congelamento não garante a preservação dos ácidos nucleicos e, quando ocorre hemólise, há liberação do grupamento HEME, que é um potente inibidor da reação em cadeia da polimerase (PCR). O anticoagulante heparina também não deve ser utilizado, pois também inibe a PCR.

Os anticoagulantes recomendados são o ácido etilenodiamino-tetracético (EDTA) e a citrato dextrose (ACD). Embora o anticoagulante de preferência seja o EDTA para coleta de sangue total, é importante verificar as recomendações do fabricante, pois este anticoagulante pode interferir em alguns dos testes. O uso de tubos com gel separador também depende da técnica a ser utilizada na extração dos ácidos nucleicos. Caso a amostra seja para análise de RNA celular em sangue, o tubo de coleta obrigatoriamente deve ter aditivo estabilizador que evite a degradação do RNA.

O plasma obtido é estável para análise do DNA por até cinco dias, quando mantido de 2-8°C. O congelamento do plasma permite um período maior de armazenamento, porém ciclos de degelo-recongelamento consecutivos devem ser evitados. Caso a amostra obtida seja soro, ela pode ser mantida congelada e o transporte deve ser feito em gelo seco.

Para a análise de DNA em sangue total, pode-se manter a amostra em temperatura ambiente por até 24 horas, e até oito dias quando as amostras são refrigeradas (2-8°C). Quando o teste utiliza o RNA intracelular, é necessário que o sangue ou a medula óssea sejam coletados o mais rapidamente possível, em recipientes contendo solução estabilizadora de RNA, levando sempre em consideração as ponderações do fabricante do teste.

Os aspirados de medula óssea são feitos utilizando uma seringa com EDTA, e o DNA pode ser extraído após armazenamento por 72 horas a 2-8°C. Quando o armazenamento da amostra for necessário por vários meses, as hemácias devem ser removidas, evitando hemólise, e a amostra congelada a –20°C. Já se trabalharmos com extração de RNA de aspirados de medula óssea, a coleta deve ser feita com seringa contendo EDTA e a amostra deve ser imediatamente colocada em contato com a solução estabilizadora de RNA. Caso não seja possível a utilização da solução estabilizadora, deve-se transportar a amostra em gelo triturado ou seco, e a extração deverá ocorrer até 4 horas após a coleta.

Quando a coleta de sangue é inviável ou impossível, como em pessoas já falecidas, pode-se utilizar fragmentos de tecido como amostra para os testes. A extração de ácidos nucleicos de tecidos requer de 1 a 2 g de tecido para que seja possível obter quantidade suficiente de material para os testes. A quantidade de proteínas entre os diferentes tecidos é muito variável, o que torna os protocolos de análise e extração de ácidos nucleicos tecido específicos. O melhor procedimento para extrair e armazenar ácidos nucleicos é sempre aquele recomendado pelo fabricante.

É importante que durante o procedimento cirúrgico de retirada de amostra de tecido, o médico esteja atento para evitar hipóxia e alterações da pressão arterial local, que podem diminuir a quantidade de material viável para as análises moleculares de ácidos nucleicos. A estabilidade do material genético nos diversos tecidos é bem variável, por isso, uma vez retirado, não é recomendável que o material seja mantido em temperatura ambiente. O congelamento rápido com nitrogênio líquido ou a imersão em solução estabilizadora dos tecidos são recomendados. Alternativamente, as amostras de tecidos podem ser transportadas em banho de gelo. Caso a quantidade extraída de tecido seja pequena, as amostras devem ser mantidas em gazes embebidas em solução salina, para evitar o ressecamento, e a imersão em solução de preservação de ácidos nucleicos deve ser feita o mais rápido possível.

Amostras coletadas de regiões uretrais masculinas devem ser feitas usando swabs com ponta de poliéster e haste flexível. Para regiões endocervicais ou vaginais femininas, os swabs devem ter cerdas de rayon ou poliéster. O transporte deve ser realizado em meio específico indicado pelo fabricante do *kit* a ser utilizado.

As células da cavidade oral são fontes de DNA e RNA e podem ser coletadas tanto por raspagem ou por swab com bochecho. Swabs para análise de DNA podem ser secos e transportados em temperatura ambiente; já para RNA, usar solução estabilizante. As amostras obtidas através de bochechos podem ser transportadas em temperatura ambiente e são estáveis por, até uma semana.

Para analisar o DNA de amostras coletadas de líquido cefalorraquidiano (LCR), o material deve ser transportado de 2-8°C e ser processado imediatamente. Caso o processamento imediato não seja possível, deve-se congelar a amostra a pelo menos –20°C. Se a pesquisa for do RNA de amostras de líquor, este deve ser mantido em gelo e ser processado até 4 horas depois da coleta. Na impossibilidade, deve-se remover as hemácias e congelar a amostra, transportando em gelo seco para evitar o descongelamento.

Em amostras provenientes de punção aspirativa de agulha fina (PAAF), a extração de DNA e/ou RNA deve seguir os mesmos procedimentos da extração de aspirados de medula óssea. Caso estas mostras não possam ser processadas em até 4 horas após a coleta, devem ser congeladas a –80°C ou temperatura inferior.

Para extração de DNA de sêmen, as amostras devem ser refrigeradas imediatamente e mantidas a 2-8°C até o processamento. Após a liquefação, devem ser centrifugadas para obter amostras mais concentradas. Para estudos de DNA podem ser utilizados sêmen seco, sêmen fixado em lâmina para citologia por técnicas de hibridização in situ, ou de amostras forenses obtidas há até 25 anos.

As fezes também podem ser utilizadas para análise molecular. Alguns testes exigem o uso de preservantes, enquanto outros requerem somente refrigeração. O uso de urina como amostra requer que não exista presença de inflamação. A manutenção da amostra em temperatura ambiente e o tempo para processamento devem ser minimizados, para evitar crescimento bacteriano, com consequente alteração do pH e do conteúdo da ureia, que ocasionam degradação rápida do DNA, especialmente em temperaturas acima de 25°C. Se necessário, o armazenamento deve ser feito à –80°C, mesmo assim a capacidade de detecção de alguns microrganismos pode ser diminuída.

O escarro também pode ser utilizado na extração de ácidos nucleicos. Para analisar o DNA neste tipo de amostra, deve-se utilizar frascos estéreis para coleta, que podem ser transportados ao laboratório em temperatura ambiente em até 30 min. Caso necessite de mais tempo para o processamento da amostra, estas devem ser refrigeradas. A amostra obtida para a pesquisa de *Mycobacterium tuberculosis* pode permanecer apenas resfriada. O DNA no escarro permanece estável por um ano quando congelado à –80°C.

■ Extração de ácidos nucleicos a partir de material biológico

Existem diferentes metodologias para extração de ácidos nucleicos, que podem usar soluções feitas no próprio laboratório, ou através de kits de extração comerciais. Os kits comerciais, de modo geral, são mais práticos e rápidos, podendo utilizar esferas magnéticas ou colunas de troca iônica. Mesmo variando as metodologias de extração, as etapas básicas são: a ruptura (física e química) das membranas celulares para liberação do material genético, o isolamento do ácido nucleico e a solubilização do ácido nucleico.

Como armazenar o DNA extraído e purificado

Após a extração e obtenção do DNA, este deverá ser armazenado a temperaturas inferiores a 0°C, para diminuir a atividade de degradação das DNAases. Recomenda-se o uso de tubos plásticos, hidrofóbicos e com vedação eficaz. Os tubos de polialômeros e alguns de polipropileno são mais apropriados para armazenamento de DNA. Os tubos de polietileno e a maioria dos de prolipropileno, quando não tratados, causam significativa adsorção de DNA nas paredes do tubo.

O DNA purificado pode ser armazenado em tampão TRIS-EDTA (TE), pH = 7,2, em temperatura ambiente por 26 semanas; com 2-8°C (na ausência de DNAases) por um ano; por até sete anos em *freezer* a –20°C; e por tempo maior, a –80°C ou menos. O armazenamento não deve ser feito em freezer tipo frost-free.

Como armazenar o RNA extraído e purificado

Recomenda-se, quando possível, que as amostras sejam obtidas em solução estabilizadora de RNA (ou em caso de tecidos, congeladas em nitrogênio líquido). Após extração as amostras, independentemente da duração e do tipo de armazenamento, devem ser precipitadas em etanol a –80°C ou inferior, pois a –20°C as RNAases continuam a degradar o material. Utilizar tubos plásticos estéreis, hidrofóbicos, tratados com dietilpirocarbonato (eliminação de RNAases).

Fundamentos da técnica de reação em cadeia pela polimerase (pcr) e aplicações em bioquímica clínica

Na década de 1980, um grande problema no desenvolvimento da Tecnologia do DNA Recombinante era a quantidade de material genético disponível em algumas situações. Em 1985, Saiki et al. publicaram na revista Science uma metodologia para amplificação de sequências de β-globina a partir de DNA genômico para estabelecer um diagnóstico pré-natal de anemia falciforme altamente sensível. Em 1993, Kary Mullis, um dos autores daquele artigo, recebeu o prêmio Nobel de Química pelo desenvolvimento da técnica de reação em cadeia pela polimerase (PCR). O método permite sintetizar, *in vitro* e em poucas horas, uma grande quantidade de um determinado segmento de DNA, com possibilidade de detecção por eletroforese em gel de agarose. A PCR revolucionou a biologia molecular moderna, trazendo um enorme progresso nas áreas como o diagnóstico de doenças, medicina forense, entre muitas outras, além da pesquisa investigativa nas diversas áreas da biologia e saúde.

A técnica de PCR (*polymerase chain reaction* – reação em cadeia pela polimerase) baseia-se no processo de replicação do DNA que ocorre *in vivo*. Durante a reação da PCR, as condições utilizadas *in vitro* mimetizam a situação existente no espaço intracelular, controlando em ciclos cada etapa com a variação da temperatura de ensaio (Figura 22.1).

Os reagentes necessários para a reação da PCR são: DNA-alvo, um tampão salino, *Taq* DNA polimerase (inicialmente isolada da cepa termofílica *Thermus aquaticus* e atualmente produzida por tecnologia do DNA recombinante), oligonucleotídeos iniciadores, os quatro desoxinucleotídeos constituintes do DNA, Mg^{2+} em quantidades variáveis como cofator e água em quantidades suficientes para completar a mistura reacional. A mistura reacional é submetida a vários ciclos, que normalmente variam entre 25-30, para a amplificação detectável pelos métodos mais comuns. Como esta técnica apresenta vários ciclos de amplificação com variação de temperatura, foi desenvolvido equipamento denominado termociclador. As etapas de amplificação podem ser divididas em:

- Desnaturação do DNA-alvo pelo calor (normalmente 1 min a 94-96ºC), para a

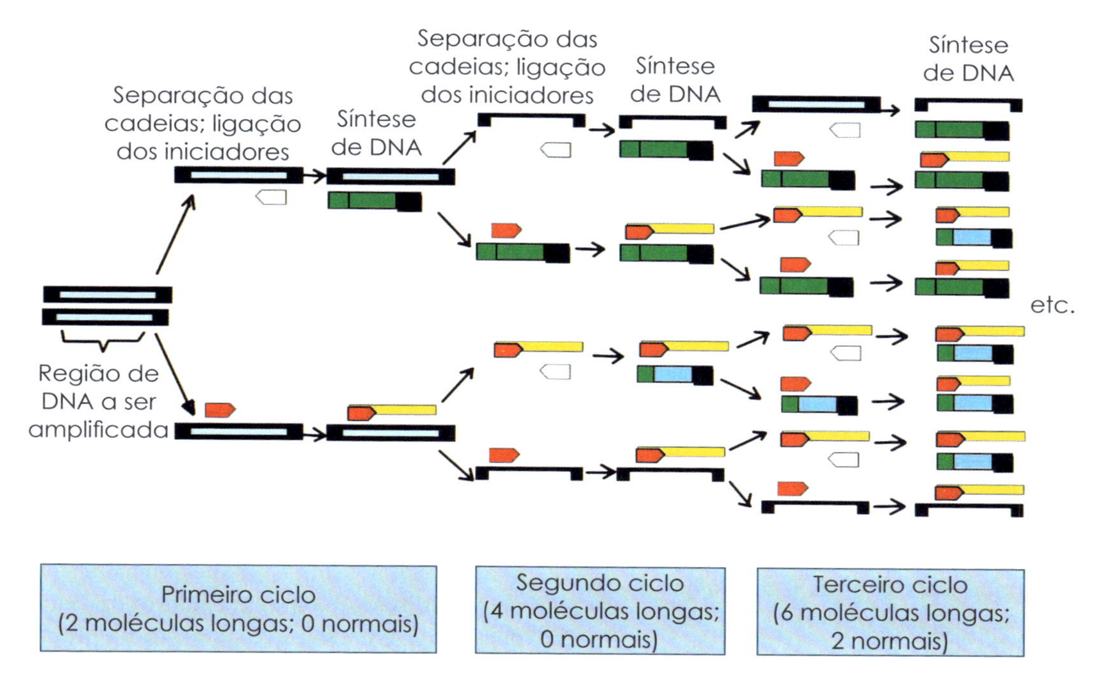

FIGURA 22.1 – Princípio da PCR. Durante a reação da PCR, as condições utilizadas *in vitro* mimetizam a situação existente no espaço intracelular, controlando em ciclos cada etapa com a variação da temperatura de ensaio. A mistura reacional (DNA-alvo a ser amplificado, iniciadores, *Taq* DNA-polimerase, desoxinucleotídeos, e cofatores em água) é submetida a vários ciclos, que normalmente variam entre 25-30, para a amplificação em nível de detecção pelos métodos mais comuns. Ciclos da PCR: 1. Fase de desnaturação (94-96°C): ocorre o desenrolamento da fita dupla do DNA pela quebra das pontes de hidrogênio entre as bases pareáveis (A–T, G–C), dando origem a duas fitas simples de DNA, sobre as quais a síntese posteriormente vai ocorrer. 2. Fase de hibridização ou anelamento (50-54°C): nesta fase os iniciadores se ligam, especificamente, às suas sequências homólogas correspondentes no DNA. 3. Fase de extensão do DNA (72-76°C): em que ocorre a síntese de uma nova fita antiparalela sobre a fita anteriormente desnaturada, a enzima *Taq* DNA-polimerase catalisa esta reação. Após 30 ciclos um único fragmento gênico apresentará mais de 1.000.000.000 de cópias.

total desnaturação da dupla fita. Algumas técnicas sugerem a utilização de um passo inicial de desnaturação por um intervalo maior.

- Anelamento dos oligonucleotídeos iniciadores com resfriamento da reação para temperaturas entre 50 e 65ºC, durante 1 min.
- Extensão dos oligonucleotídeos por síntese da cadeia complementar de cada fita molde, pela *Taq* DNA polimerase (1 min a 72ºC).

A PCR também pode ser usada para avaliar a expressão gênica. Para isso, o RNA que não é amplificável pela DNA polimerase, precisa ser transcrito reversamente pela transcriptase reversa obtendo-se o cDNA. A reação de amplificação é então denominada de RT-PCR.

O uso da PCR aumentou muito a capacidade dos cientistas para estudar o material genético. Desde a sua invenção, a PCR tem revolucionado a forma de investigação e diagnóstico médico. A capacidade de produzir rapidamente grandes quantidades de material genético, a partir de um número pequeno de cópias, permitiu avanços científicos significativos em todas as áreas de pesquisa. Atualmente, existem milhares de artigos científicos publicados tendo alvos moleculares como uma ferramenta mais rápida e eficiente de diagnóstico de algumas patologias, causadas por distúrbios metabólicos ou por agentes etiológicos.

Desde a descoberta do ácido nucleico circulante no plasma, em 1948, muitas aplicações diagnósticas têm sido descritas, como por exemplo, a análise de DNA circulante para o diagnóstico e potencial prognóstico de muitos tipos de câncer. Além disso, o desenvolvimento de metodologia de detecção de DNA fetal circulante no plasma materno abriu a possibilidade de diagnóstico pré-natal sem risco fetal e monitoramento de distúrbios associados à gravidez. Sendo assim, a genotipagem sanguínea fetal não invasiva já é aplicada na prática clínica.

Na *Multiplex* PCR, mais de um segmento genômico é amplificado numa única reação, cada um com seu par de primers (iniciadores) específico. Esta abordagem pode simplificar alguns experimentos, como a investigação de paternidade, onde vários marcadores genômicos devem ser analisados. Na *Nested* PCR, para melhorar a especificidade e a eficiência da reação, o segmento genômico é amplificado e utilizando-se este primeiro produto, segue-se a amplificação comprimers que anelam mais internamente na sequência amplificada como molde. Estas duas reações podem ser realizadas com dois pares de primers distintos ou na segunda reação um primer da primeira acrescido de um primer mais interno (*Semi-Nested* PCR).

Já na PCR-RFLP, o material amplificado de uma reação de PCR é submetido a enzimas digestivas (endonucleases de restrição), que cortam o DNA em posições constantes dentro de um sítio; desta forma, o perfil de restrição de um único gene conhecido pode ser comparado com o perfil de outras cepas ou sorogrupos bacterianos. A RAPD-PCR consiste na amplificação randômica do DNA por um par de iniciadores em situação reacional de baixa especificidade para com o DNA-molde, gerando assim anelamentos inespecíficos. Esta técnica permite a tipagem do genoma de microrganismos, possibilitando sua comparação entre isolados de amostras clínicas.

Além da PCR convencional, foram desenvolvidas modificações dessa técnica associadas a metodologias complementares para melhorar ou refinar os resultados obtidos. A PCR quantitativa (qPCR) ou PCR em tempo real é uma técnica que tem sido muito utilizada e permite a quantificação dos ácidos nucleicos de maneira precisa e com maior reprodutibilidade, determinando valores durante a fase exponencial da reação, não necessitando o término da reação para avaliação dos resultados, como na PCR convencional. A quantificação exata e reprodutível é baseada na fluorescência de compostos utilizados como marcadores da reação, que geram um sinal que aumenta na proporção direta da quantidade de produto da PCR. Sendo assim, os valores da fluorescência são gravados durante cada ciclo e representam a quantidade de produto amplificado. Nesta metodologia existe um aumento da sensibilidade de detecção, permitindo que um número cada vez menor de cópias de material genético (DNA ou cDNA) seja identificado no processo reacional. Isto permite que a quantidade de espécime coletada seja cada vez menor e os resultados cada vez mais confiáveis. Os dois métodos comuns para a detecção de produtos de PCR em tempo real são baseados em corantes intercalantes fluorescentes não específicos (*syber*) e em sondas de DNA específicas marcadas com um repórter fluorescente (sondas de hidrólise), que identificam a sequência alvo por hibridização com a sequência complementar. A PCR em tempo real pode ser utilizada na determinação quantitativa de material genético e aplicada, por exemplo, na avaliação de expressão gênica, presença de microrganismos e quantificação de células com alterações genéticas específicas como também para determinação da presença/ausência de genes (reação sim ou não).

Reação da Polimerase em cadeia (PCR) *in silico*

A reação em cadeia da polimerase (PCR) é a base da biologia molecular. A funcionalidade desta metodologia depende da identificação de sequências iniciadoras únicas e eficientes para obtenção dos resultados desejados. O desenho dos *primers* (oligonucleotídeos) é um passo crítico em todas as técnicas baseadas na PCR para a amplificação eficiente de uma sequência alvo. Ainda que existam muitas ferramentas disponíveis para o desenho dos oligonucleotídeos, a reação nem sempre sai com tanta perfeição como previsto pelo programa usado para desenho destas sequencias.

Existem diferentes ferramentas para o estudo da biologia molecular, assim como para otimizar os resultados obtidos por esta técnica. A PCR *in silico* pode ser usada para simulação de resultados teóricos da PCR em si, por meio do uso de um par de oligonucleotídeos para amplificar regiões alvo de DNA de um genoma previamente sequenciado. Esta metodologia é uma forma de se predizer o produto de PCR esperado a partir da utilização dos oligonucleotídeos desenhados a partir da sequência molde. Esta ferramenta também auxilia na otimização das reações a partir dos oligonucleotídeos desenhados para sequências alvo de DNA ou cDNA, propiciando a avaliação de fatores como: eficiência de ligação, complementaridade, probabilidade de formação de dímeros pelos oligonucleotídeos e determinação da temperatura de fusão (Tm).

As suas aplicações são amplas, incluindo preparo de *primers* e sondas de PCR para cobrir usos como RT-PCR, qPCR, combinações de *primers* múltiplos para PCR *multiplex*, identificação de sequências repetitivas como marcadores de diagnóstico, e até micro arranjo.

Alguns softwares podem ser utilizados para auxílio na determinação destes fatores. Além disso, a PCR in silico pode auxiliar na determinação da localização de um oligonucletídeo específico, orientação, tamanho do amplicon e até simulação da mobilidade eletroforética do possível amplicon em gel de agarose ou poliacrilamida. Existem diferentes tipos de software disponíveis, incluindo o e-PCR, sendo o mais utilizado e com acesso gratuito no sítio do NCBI (www.ncbi.nlm.nih.gov). Alguns pacotes oferecem diversas aplicações, incluindo teste simultâneo de um conjunto de oligonucleotídeos desenhados para reações de PCR *multiplex*.

Fundamentos da técnica de sequenciamento e aplicações em bioquímica clínica

Outra técnica importante, além da reação de PCR, é a reação de sequenciamento do DNA. Este método determina a ordem dos nucleotídeos em uma amostra de ácido nucleico. Um dos métodos mais utilizados é o didesoxi, também chamado Sanger, constituindo a base da metodologia empregada no sequenciamento do genoma humano. Os didesoxinucleotídios diferem dos desoxinucleotídeos por não terem o grupo 3'hidroxila (OH). O processo tem início a partir de uma cadeia simples do DNA a ser sequenciado, servindo de molde para geração da fita complementar da dupla hélice. A síntese da dupla fita é processada em condições iônicas e de pH apropriadas, na presença da enzima DNA polimerase, uma mistura dos quatro nucleotídeos sob a forma de 3'-desoxinucleotídeo trifosfatos (dNTP: dATP, dCTP, dGTP e dTTP) e uma mistura de 3'-didesoxinucleotídeo trifosfatos (ddNTP: ddATP, ddCTP, ddGTP e ddTTP).Na reação, quando ocorre a adição de um didesoxinucleotídeo há a parada da amplificação da cadeia levando a formação de fragmentos de DNA que diferem apenas em comprimento em apenas uma base. Ao ser detectado na eletroforese, cada fragmento terá uma fluorescência de cor especifica que depende do didesoxinucleotídeo incorporado. O resultado será representado por um gráfico denominado eletroferograma (vide caso clínico 1).

Aplicações da biologia molecular em laboratório clínico

Neste capítulo, abordaremos alguns dos métodos que têm sido usados para o diagnóstico rápido e preciso de algumas patologias, incluindo doenças infecciosas e genéticas. Como a genotipagem segue um caminho além da identificação de variações nucleotídicas, atingindo um nível de identificação de marcadores moleculares importantes para o diagnóstico destas patologias, é necessário o acompanhamento da extração, do manuseio e armazenamento adequado do DNA para um diagnóstico preciso e esclarecedor, evitando contaminações e resultados falsos (positivos ou negativos). Apresentamos aqui sugestões para que os processos de genotipagem sejam confiáveis e ofereçam reprodutibilidade e sensibilidade em cada tipo de pesquisa, através dos métodos de coleta e extração do material genético.

A utilidade das técnicas em Biologia Molecular em laboratórios clínicos inclui o diagnóstico de doenças genéticas e doenças infecciosas e, também a predisposição genética ao desenvolvimento de patologias (como doença cardiovascular e câncer). É importante ressaltar que a indicação da abordagem molecular, como a técnica de PCR, varia de acordo com a doença analisada e, apesar de sua rapidez e maior sensibilidade, esta técnica ainda não substitui os testes sorológicos de menor custo e maior disponibilidade em laboratórios clínicos e bancos de sangue. É de extrema importância que o médico solicitante tenha conhecimento dos seus valores preditivos negativo e positivo, bem como dos custos dos exames moleculares.

Apresentamos a seguir alguns métodos disponíveis no mercado que utilizam a biologia molecular como ferramenta para o diagnóstico de doenças infecciosas, diagnóstico molecular de predisposições genéticas (medicina preditiva), diagnóstico molecular de doenças e diagnóstico molecular de rearranjos cromossômicos em leucemias.

Diagnóstico molecular de doenças infecciosas

Os métodos indiretos de detecção (pesquisa de anticorpos específicos) ou diretos, como o cultivo e isolamento de microrganismos, apresentam respectivamente, baixa sensibilidade e longos períodos para sua proliferação *in vitro*. Os métodos moleculares permitem um diagnóstico rápido e acurado (alta sensibilidade).

Infecção pelo HIV

As técnicas laboratoriais para diagnóstico de HIV consistem em:

- Detecção de anticorpos anti-HIV pelo ensaio imunossorvente ligado à enzima (ELISA), imunoensaios quimioluminescentes, imunofluorescência indireta e aglutinação de partículas em gelatina sensibilizada.
- Pesquisa do antígeno principal do *core* viral, o p24, objetivando a quantificação da antigenemia.
- *Western blot*.
- Detecção do RNA viral por técnicas moleculares.

A indicação para a solicitação da PCR incluiria situações como:

- Confirmação de sorologia discordante e *western blot* indeterminado, acompanhada ou não de suspeita clínica.
- Confirmação de neonatos com positividade suspeita a partir de programas de rastreamento neonatal.
- Detecção precoce da infecção pelo vírus.

A detecção do material genético do vírus através da PCR apresenta sensibilidade de 50 cópias virais/mL de plasma na detecção qualitativa, permitindo sua detecção apenas 2 semanas após o contágio (Figura 22.2). Sua sensibilidade também seria interessante para utilização na determinação da carga viral em pacientes com progressão lenta ou infecção não progressiva.

Hepatites

Apesar de suas similaridades clínicas, as hepatites diferem na etiologia, epidemiologia e imunopatogênese. A PCR pode certamente melhorar a abordagem do diagnóstico das hepatites virais. As técnicas moleculares para diagnóstico de hepatites são: clonagem molecular, hibridiza-

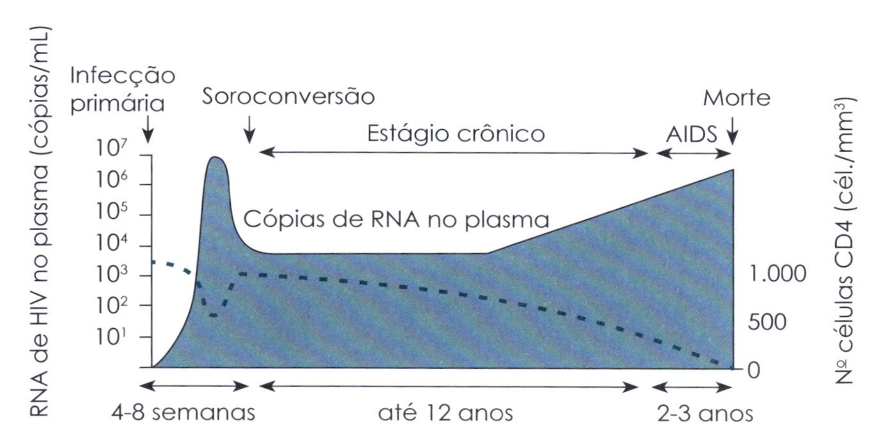

FIGURA 22.2 – Relação entre o número de cópias do RNA de HIV no plasma de indivíduos desde a infecção primária e sua evolução ao longo de 3 anos. Paralelamente, é traçado o número de células CD4. Fonte: http://www.msdonline.com.br/pacientes/sua_saude/aidshiv/paginas/carga_viral.aspx

ção e PCR; sendo que esta última tem sido amplamente utilizada para detecção e quantificação do DNA do vírus da hepatite B (VHB) e RNA do vírus da hepatite C (VHC).

A técnica de PCR é importante na detecção do DNA do VHB para o diagnóstico de doença aguda e avaliação de pacientes com hepatite B crônica, sendo particularmente importante no acompanhamento de indivíduos com hepatite B crônica, no acompanhamento de pacientes pós-transplante hepático; monitoração da eficácia do tratamento antiviral; e na identificação da variabilidade genética do vírus B. A sensibilidade da PCR para o VHB é de 40 cópias virais/mL de soro.

A investigação do RNA do VHC usando a PCR permite detecção e quantificação viral para diagnóstico precoce. A PCR qualitativa pode ser aplicada aos casos de suspeita clínica com sorologia inconclusiva, e a quantitativa, realizada em pacientes portadores de infecção crônica que serão submetidos a tratamento quimioterápico ou cirúrgico. A sensibilidade da PCR quantitativa para o VHC é de 2.000 cópias virais/mL de soro.

Infecção por papilomavírus humano (HPV)

O uso da PCR permite a detecção do material genômico dos HPV e sua genotipagem, que por sua vez permite saber se o vírus infectante é de alto ou baixo risco oncogênico. O diagnóstico do HPV por PCR representa um complemento importante aos diagnósticos cito-histopatológicos e colposcópicos.

Citomegalovirose (CMV)

Cerca de 1% dos recém-nascidos/ano é infectado com CMV; destes, 10% são sintomáticos, apresentando várias manifestações neurológicas, hematológicas e um desenvolvimento anormal; o restante das crianças infectadas são assintomáticas e, entre estas, 5 a 17% podem apresentar alterações neurológicas nos seus primeiros quatro anos de vida. O diagnóstico rápido e preciso da citomegalovirose permite que o tratamento específico adequado seja implementado.

A PCR como metodologia para o diagnóstico de CMV apresenta ampla aplicabilidade, como por exemplo:

- diagnóstico precoce de doença em transplantados renais;
- infecções no sistema nervoso central (SNC) de pacientes com AIDS;
- infecções congênitas e primárias;

- localização do CMV no intestino de pacientes imunocomprometidos;
- monitoramento de pacientes transplantados de medula óssea, rins e outros órgãos.

Parvovirose

O parvovírus não é cultivável por meio de técnicas rotineiras de laboratório, portanto as técnicas moleculares são muito promissoras neste caso. A PCR para detecção do parvovírus utiliza sequências específicas na detecção do DNA viral em sangue total. Tal exame é muito útil em pacientes sintomáticos ou assintomáticos com suspeita de infecção pelo parvovírus, em indivíduos imunocomprometidos, e no estudo de líquido amniótico de mães com suspeita de contágio ou de doença em atividade.

Micobacteriose

A tuberculose é uma doença de distribuição universal. O diagnóstico laboratorial inclui visualização microscópica de bacilos álcool-ácido resistentes, um método rápido, porém, pouco sensível. O cultivo de diversos espécimes, apesar de sensível e específico, pode levar de seis a dez semanas. O emprego da PCR na detecção e identificação do complexo *Mycobacterium tuberculosis* acrescenta rapidez e alta sensibilidade, quando analisados diferentes espécimes como escarro, urina, corte de tecido, lavado brônquico etc.

Infecção por *Chlamydia*

A PCR tem permitido a rápida e precisa detecção de *Chlamydia trachomatis* (Figura 22.3). Como podemos observar na Tabela 22.1, a confirmação da suspeita clínica de *C. trachomatis*, quando comparamos a técnica de PCR com o ELISA e a cultura, em todos os casos a PCR é mais sensível e mais específica, além disso, é mais rápida.

Na suspeita de infecções uretrais, esta técnica possui também a grande vantagem da utilização de urina de primeiro jato, evitando, assim, uma coleta traumatizante, antes realizada somente por escarificação uretral.

Toxoplasmose

A sorologia para toxoplasmose apresenta grande complexidade na sua realização, exigindo uma variedade de testes e grande experiência para interpretação e liberação de seus resultados. A análise por PCR constitui uma metodologia rápida e complementar, que permite a evidenciação do parasita através da detecção do segmento de DNA, apresenta alto valor no diag-

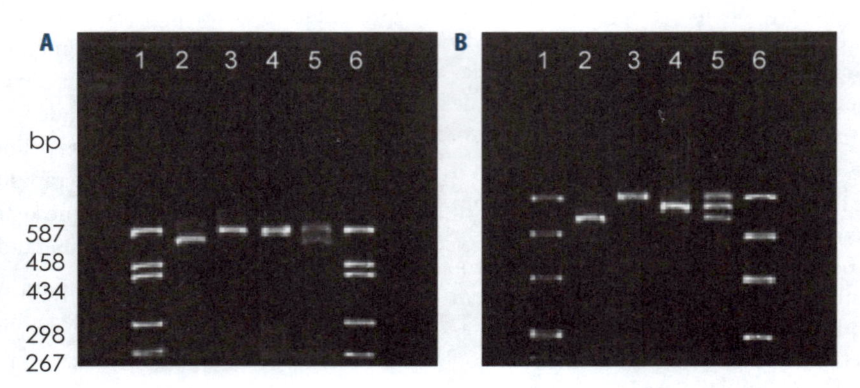

FIGURA 22.3 – Diagnóstico por PCR de *Chlamydia*. **A.** Análise dos produtos de PCR derivados de três espécies de *Chlamydia* (TR, PS, PN) por eletroforese em gel de agarose. Canaletas 1 e 6: padrão de peso molecular pUC18 *Hae* III; Canaleta 2: fragmento de PCR de 552 *bp* de TR; Canaleta 3: fragmento de PCR de 582 *bp* de PS; Canaleta 4: fragmento de PCR de 579 *bp* de PN; Canaleta 5: mistura equimolar dos fragmentos de TR, PS e PN. **B.** PCR e padrão de peso como (**A**), porém a eletroforese foi feita em agarose contendo 1 U/mL de HA *yellow*. Todos os demais tampões e condições são os mesmos. Fonte: http://www.antibiotic.ru/en/mbio/pub/p0421.shtml.

Tabela 22.1 - Precisão na confirmação da suspeita clínica de *Chlamydia trachomatis*

PCR × ELISA				PCR × Cultura		
Metodologia	Sensibilidade	Especificidade		Metodologia	Sensibilidade	Especificidade
PCR	93,1%	100%		PCR	97,4%	99%
ELISA	65,5%	100%		Cultura	82,2%	100%

nóstico da toxoplasmose no imunossuprimido, com sensibilidade aproximada de 77% e especificidade de 100% nas infecções primárias.

O uso da PCR tem auxiliado no diagnóstico da toxoplasmose em diferentes situações, como suspeita de toxoplamose fetal diagnosticada em amostras de líquido amniótico; suspeita de toxoplasmose congênita, com acometimento ocular; e suspeita de toxoplasmose no imunocomprometido, com diagnóstico em amostras de sangue total.

■ Diagnóstico molecular de predisposições genéticas (medicina preditiva)

Predisposição genética a trombose venosa

A trombose venosa é uma doença multifatorial com forte componente genético. Três mutações, detectadas diretamente nos genes, são importantes fatores de predisposição à trombose venosa:

- **Teste da mutação G1691A no gene do fator V (origina o fator V de Leiden) resistente à clivagem pela proteína C ativada.** Esta mutação em homozigotos aumenta o risco de trombose venosa 80 vezes. Em heterozigotos, aumenta o risco oito vezes. O uso de contraceptivos orais e a gravidez aumentam estes riscos consideravelmente.
- **Teste da mutação G20210A no gene da protrombina.** Está associada a altas concentrações de protrombina no plasma. Indivíduos heterozigotos para esta mutação têm um risco seis vezes aumentando de sofrer uma trombose venosa. O risco também é consideravelmente aumentando pelo uso de contraceptivos orais e na gravidez.
- **Teste da mutação C677T no gene da enzima metileno tetra-hidrofolato redutase (MTHFR).** Em forma homozigótica, esta mutação está associada à elevação dos níveis de homocisteína no plasma e a um risco cinco a seis vezes aumentando de trombose venosa.

A triagem molecular de trombose venosa na clínica de obstetrícia e ginecologia é indicada para: grávidas com trombose venosa, grávidas com restrição de crescimento intrauterino, grávidas com deslocamento da placenta, grávidas com história familiar ou pessoal de tromboembolismo, grávidas com pré-eclâmpsia, pacientes com trombose pós-parto, pacientes com perdas fetais repetidas, pacientes com perdas fetais repetidas de primeiro trimestre, pacientes com perdas fetais de segundo trimestre, pacientes que fazem ou farão uso de pílulas anticoncepcionais, pacientes em terapia hormonal para menopausa.

Hipersensibilidade ao Marevan (varfarina)

A varfarina é usada na prevenção ou no tratamento de tromboembolismo venoso, infarto do miocárdio ou tromboses arteriais. Alguns pacientes são geneticamente muito sensíveis ao medicamento e podem sofrer hemorragias graves. A metabolização deste composto é feita pelo citocromo P450 CYP2C9, uma enzima que apresenta ampla variabilidade genética na população. Dois alelos, *CYP2C9*2* e *CYP2C9*3*, estão associados a redução significativa na atividade enzimática desse citocromo. Pacientes com os genótipos *CYP2C9*2/CYP2C9*2, CYP2C9*3/CYP2C9*3* ou *CYP2C9*2/CYP2C9*3* (4-5% da população brasileira) têm um importante risco de desenvolverem hemorragias quando medicados com doses convencionais de varfarina (Lancet. 1999; 353:717-719). Pacientes heterozigotos, com os genótipos *CYP2C9*1/CYP2C9*2* e *CYP2C9*1/CYP2C9*3* (30% da população brasileira), também precisam de menor dose de varfarina.

Gene supressor TP53

O gene supressor *TP53* encontra-se numa forma alterada em mais da metade dos tumores humanos. Mediante análise molecular por PCR é possível a detecção de mutações no gene. A presença ou ausência de mutações neste gene tem importantes implicações prognósticas para alguns tipos de tumores. A presença de *TP53* mutado em tumores de mama indica uma pior evolução da doença metastática, e provavelmente uma falta de resposta à quimioterapia com antraciclinas, justificando a indicação de tratamento por taxol ou radioterapia.

Polimorfismo do Gene ECA (*Angiotensin Converting Enzyme* = ECA – Enzima Conversora de Angiotensina)

Um estudo de 1990 mostrou que o gene da ECA, no cromossomo 17q, possui um polimorfismo de dois alelos, denominado "inserção" (I) e "deleção" (D), que influencia o nível da ECA circulante (Figura 22.4). Nessa pesquisa, pessoas com o genótipo II mostravam concentrações baixas de ECA, enquanto aquelas com o genótipo DD tinham concentrações altas. Já as com genótipo ID tinham níveis intermediários. Alguns anos depois, novo estudo para determinar o papel deste polimorfismo como fator de risco para o infarto do miocárdio mostrou que o genótipo DD foi associado a um excesso de casos de infarto em comparação com os outros dois genótipos (ID e II).

A análise do polimorfismo do gene ECA (Figura 22.5) é recomendada para indivíduos com histórico familiar de infarto do miocárdio, mas que não possuem riscos aparentes, como tabagismo, sedentarismo, altas taxas de colesterol e lipídios.

Caracterização dos polimorfismos no gene apolipoproteína E (APOE)

Em 1979 um estudo mostrou que, numa população normal, o alelo APO-e2 estava relacionado a concentrações plasmáticas menores de colesterol e colesterol-LDL do que em pessoas com o alelo APO-e3. Outra pesquisa, em 1985, revelou que pessoas com alelo APO-e4 apresentam colesterol mais elevado que aqueles homozigotos para o alelo APO-e3. A partir daí, diversos outros estudos têm correlacionado o alelo APO-e4 e as doenças coronarianas, es-

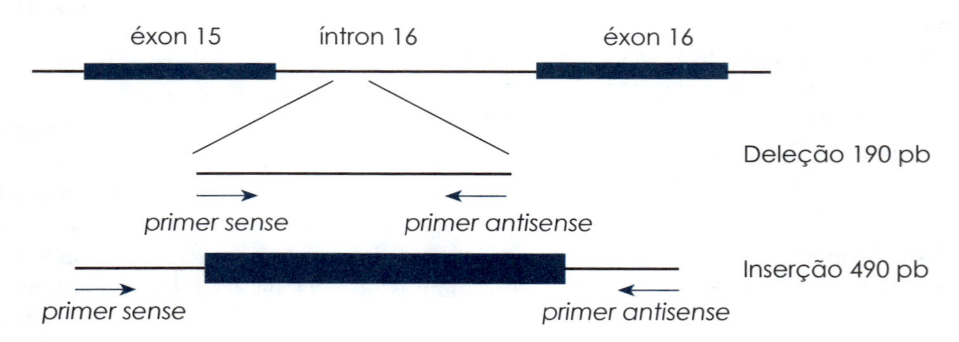

FIGURA 22.4 – Polimorfismo do gene ace (angiotensin converting enzyme). O gene ace encontra-se no cromossomo 17q e possui um polimorfismo de dois alelos, denominado "inserção" (I), que gera um produto de PCR de 490 pb, e "deleção" (D), que gera um produto de PCR de 190 pb. A presença/ausência da inserção influencia no nível da ACE circulante.

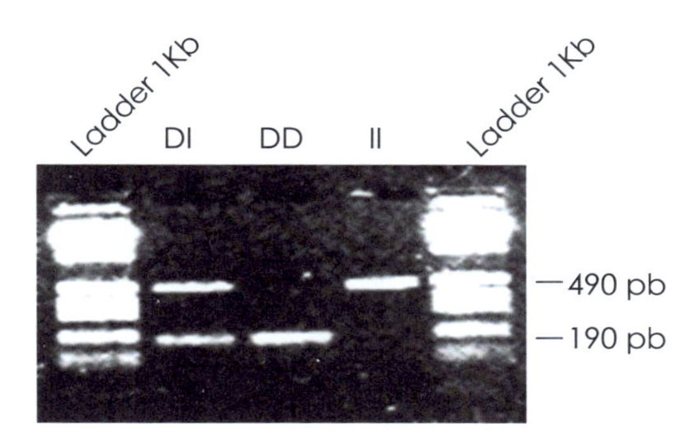

FIGURA 18.5 – Eletroforese em gel de agarose high efficiency 1,5% de produtos amplificados por PCR identificando polimorfismo na região do íntron 16 do gene da enzima conversora de angiotensina. Três possíveis genótipos: heterozigoto (DI) e homozigotos (DD e II); os fragmentos de 190 e 490 pb correspondem, respectivamente, a deleção (D) e inserção (I). Ladder = padrão de peso molecular em pb (pares de base). Imagem gentilmente cedida por Patrícia de Fátima Lopes.

pecialmente quando os pacientes apresentam fatores agravantes de risco, como tabagismo, obesidade e dislipidemias. Hoje já se sabe que a presença do alelo APO-e4 aumenta de três a cinco vezes as chances de desenvolvimento de doença coronariana, em comparação àqueles que têm o alelo APO-e3. O exame de prevenção a doenças cardíacas, através da detecção por PCR dos genótipos do gene APOE, é indicado para indivíduos com histórico de doença coronariana e para aqueles que comprovadamente possuem fatores de risco para a doença.

Diagnóstico molecular de doenças hereditárias

Hemocromatose

Hemocromatose hereditária clássica é uma desordem autossômica recessiva relacionada ao metabolismo do ferro, muito comum na população caucasiana, com uma prevalência entre 1:200 a 1:500 indivíduos. O erro inato do metabolismo do ferro resulta em absorção excessiva de ferro no intestino e depósito nos tecidos, podendo levar à cirrose hepática, diabetes, cardiomiopatia e outras complicações. O gene da hemocromatose é chamado *HFE* e dois alelos (C282Y e H63D) são responsáveis pela manifestação da doença em mais de 90% dos pacientes. Para o diagnóstico molecular da hemocromatose, normalmente se utilizam três mutações: C282Y e H63D no gene *HFE*, e a mutação Y250X no gene TFR2, que é mais rara. Forma mais branda de hemocromatose está relacionada à presença da variação H63D, enquanto seu estado heterozigoto acompanhado da C282Y potencializa o risco de desenvolvimento da doença. A minoria, cerca de 1 a 2%, dos heterozigotos compostos C282Y/H63D, desenvolve sintomas clínicos da hemocromatose.

O screening genético das mutações C282Y e H63D possibilita o conhecimento e a conscientização do risco genético de desenvolvimento da doença, bem como o diagnóstico precoce em indivíduos em estágio inicial. É indicado para os parentes de primeiro grau dos indivíduos afetados, principalmente entre 18 e 30 anos, período em que os testes bioquímicos já são informativos, mas que os prejuízos teciduais ainda são irrelevantes. É sempre importante frisar que o encontro de certo genótipo determina uma suscetibilidade genética e não um diagnóstico clínico. Este estudo deve ser solicitado para a confirmação do diagnóstico clínico de hemocromatose, em pacientes com elevação inexplicável da ferritina ou saturação de transferrina, na avaliação de parentes de pacientes afetados e no diagnóstico pré-natal. Existem três metodologias disponíveis para detectar as mutações pontuais C282Y e H63D, a PCR-RFLP, o sequenciamento de base única e a PCR em tempo real (discriminação alélica).

Síndrome do X frágil

A síndrome do retardo mental associado ao X-frágil é a causa mais comum dos retardos mentais hereditários e, depois da síndrome de Down, a segunda causa genética mais comum de retardo mental na infância, com uma incidência de 1 em 1.500 em meninos e 1 em 2.000 em meninas. Virtualmente todos os casos são hereditários. O diagnóstico clínico da síndrome do X-frágil na infância é difícil por causa da inespecificidade dos sinais clínicos. A mutação que causa a síndrome do X-frágil é a expansão de um microssatélite com repetições CGG na região promotora do gene FMR-1. Em indivíduos normais, esta região varia de 5 a 42 repetições; em pacientes com a síndrome do X-frágil, esta região apresenta considerável expansão para mais de 200 repetições. Estas grandes expansões causam metilação da região promotora e consequente repressão do gene *FMR-1*. Uma pequena proporção de pacientes com a síndrome do X-frágil apresenta mutações na sequência do gene *FMR-1*.

Pesquisas recentes realizadas no GENE (Núcleo de Genética Médica) permitiram o desenvolvimento de novos testes moleculares, baseados na PCR, que apresentam sensibilidade e especificidade de virtualmente 100% para diagnóstico da síndrome do X-frágil em afetados do sexo masculino (fonte: http://laboratoriogene.info/). As grandes vantagens destes testes são rapidez e baixo custo. Por outro lado, para indivíduos do sexo feminino com retardo mental é recomendável fazer diretamente o teste molecular baseado no uso de sondas de DNA (método de Southern), já que neste caso o estudo cromossômico para pesquisa de X-frágil tem frequência altíssima de resultados falso-negativos.

Acondroplasia

A acondroplasia é a forma mais comum de nanismo, ocorrendo em um em cada 15.000 nascimentos. Mais de 97% dos pacientes com acondroplasia apresentam a mesma mutação, uma transição G a A no nucleotídeo 1.138 do cDNA, levando à substituição de uma glicina por arginina no domínio transmembranar do receptor do fator de crescimento fibroblástico 3 (*FGFR3*). A segunda mutação, vista em aproximadamente 2,5% dos casos, é uma transversão G a C na mesma posição 1.138, levando à mesma substituição de aminoácidos. Assim, trata-se de uma doença com baixíssimo índice de heterogeneidade genética e, consequentemente, fácil diagnóstico molecular. O teste molecular é baseado em amplificação alelo-específica por PCR, que permite o diagnóstico da acondroplasia.

Surdez neurossensorial não sindrômica

Afeta uma em cada 1.000 pessoas na população. Em cerca de 60% dos casos de surdez neurossensorial não sindrômica existe uma causa genética. Embora mutações em vários genes diferentes possam causar este problema na infância, o gene chamado *GJB2* é responsável por quase 50% dos casos. Este gene codifica uma proteína chamada conexina 26, que está envolvida na função coclear. Uma mutação específica, a deleção de uma base na posição 30 (30delG), é particularmente comum e um em cada trinta indivíduos de origem europeia é portador não afetado (heterozigoto).

Diagnóstico molecular de rearranjos cromossômicos em leucemias

Leucemia mieloide crônica ou cromossomo philadelphia (*bcr/abl*)

O teste *bcr/abl* pela técnica qPCR em RNA extraído de sangue ou medula óssea é qualitativo e permite o diagnóstico de certeza da presença – ou da ausência – do transcrito quimérico resultante da translocação recíproca entre os cromossomos 9 e 22 que origina o cromossomo Philadelphia. O teste é de alta sensibilidade e permite o diagnóstico de um único transcrito bcr/abl entre 105 células normais. Outra técnica é a *Nested*-PCR que aumenta a sensibilidade diagnóstica do teste com a realização sequencial de duas amplificações diferentes de PCR (35 ciclos de cada vez). O aumento da sensibilidade implica em um aumento do risco de contaminação, que precisa ser controlado rigidamente.

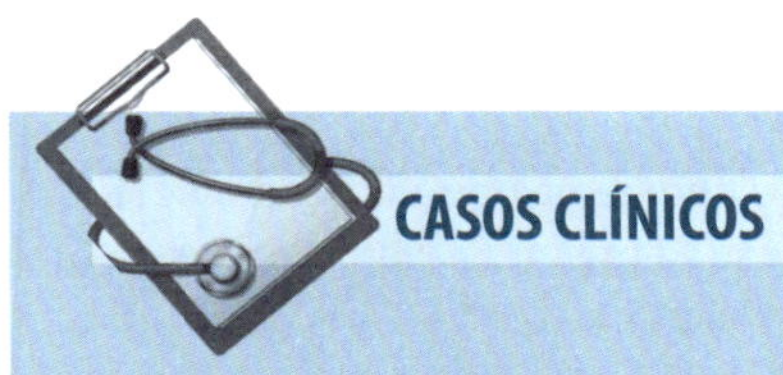

CASOS CLÍNICOS

■ Caso 1

A hemocromatose hereditária (HH) é uma doença autossômica recessiva caracterizada por sobrecarga progressiva de ferro com início das manifestações clínicas geralmente após a meia-idade. As manifestações fenotípicas da HH são variáveis e a gravidade da doença está relacionada à carga de ferro no organismo. Os sintomas mais comuns são fadiga, letargia, artropatia e pigmentação da pele, muitas vezes associados a lesões mais graves, incluindo cirrose, diabetes mellitus, miocardiopatia e disfunção endócrina. A avaliação da carga de ferro pode ser realizada através dos níveis de marcadores bioquímicos de ferro, como percentual de saturação de transferrina, ferritina sérica e concentrações séricas de ferro. O prognóstico da doença depende do diagnóstico precoce, pois o tratamento com venopunturas terapêuticas pode evitar a manifestação mais grave da doença.

O diagnóstico da hemocromatose pode ser confirmado usando testes de detecção de mutação no gene *HFE*. Este gene, localizado no cromossomo 6 (6p21.3), codifica uma proteína que inibe a atividade do receptor da transferrina e, portanto, previne o acúmulo excessivo de ferro nas células. A mutação pontual mais importante para a doença é denominada C282Y e provoca uma substituição da cisteína por tirosina na posição 282. Essa mutação na população caucasiana europeia ocorre no estado heterozigoto, em aproximadamente 10% das pessoas e um em quatrocentos habitantes é C282Y homozigoto. A doença manifesta-se apenas no estado homozigótico recessivo e aproximadamente 87% dos pacientes com hemocromatose são homozigotos precisamente nesta mutação.

Pergunta-se:

a) Suponha que um paciente com a mutação C282Y teve seu DNA sequenciado e o resultado apresenta-se na imagem abaixo. Sabendo-se que a base mutada foi assinalada pela seta, este paciente é homozigoto ou heterozigoto para esta alteração?

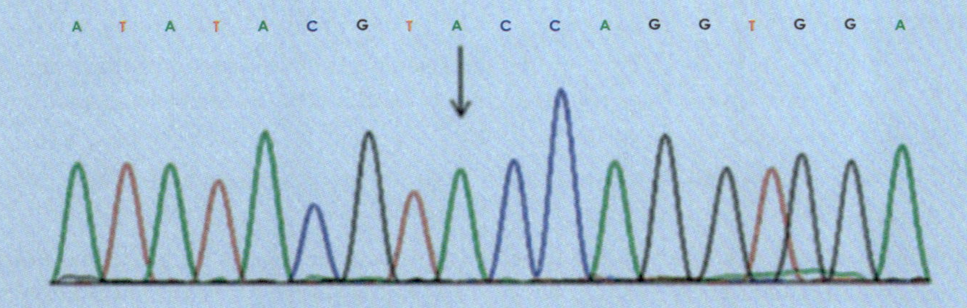

b) Sabendo-se que a mudança na proteína foi de uma cisteína para uma tirosina responda:
- A mutação pode ser classificada como sem sentido (*nonsense*) ou sentido trocado (*missense*)? Justifique.
- Indique o códon alterado por esta mutação.
- Aponte qual é a base presente nos indivíduos sem mutação.

c) Como esta mutação encontrada no paciente é muito frequente na população, o médico solicitou a implantação da metodologia para o diagnóstico precoce de hemocromatose. O laboratorista sugeriu que a metodologia a ser implantada fosse a PCR-RFLP que consiste em amplificar o gene por PCR, cortá-lo com uma enzima de restrição (neste caso a *Rsa I* que possui o sítio de restrição 5'...GT↓AC...3') e, em seguida, separar os fragmentos obtidos por eletroforese. Como resultado da metodologia é esperado que os indivíduos normais tenham bandas com 250 e 140 pb de tamanho e que pacientes homozigotos para a mutação no gene *HFE* possuam bandas de 250, 111 e 29 pb. Pergunta-se:

- Qual o tamanho do produto de PCR obtido nesta reação?
- Quantos sítios de restrição estão presentes no fragmento do indivíduo normal?
- Explique por que o paciente com a mutação apresenta dois sítios de restrição?
- Qual será o padrão de bandas no paciente heterozigoto para a mutação?

Caso 2

O cromossomo Philadelphia (Ph) é resultado de uma translocação dos cromossomos 9 e 22 [t (9; 22) (q34; q11)] capaz de sintetizar uma proteína de fusão, a BCR-ABL, que possui atividade tirosina cinase. A presença dessa anomalia cromossômica foi demonstrada como fundamental para o desenvolvimento da Leucemia mieloide crônica (LMC). O transplante halogênico foi uma das primeiras e melhores histórias de sucesso de tratamento da LMC, e foi nesse contexto surgiu o monitoramento da "doença residual mínima", um exame desenvolvido para detectar o número de células neoplásicas após o transplante. Inicialmente a metodologia de avaliação foi a microscopia e atualmente técnicas moleculares mais sensíveis, como a amplificação do gene BCR-ABL por PCR, são usadas no teste preditivo da recidiva da doença. Com o advento da terapia alvo, onde inibidores de tirosina cinase (TKI) são usados para inibir a proteína de fusão, ocorreu uma substituição do transplante como terapia de primeira linha para a doença de fase crônica. Desta forma, o monitoramento molecular foi usado também para acompanhar pacientes tratados com TKI como uma forma de avaliar a resposta ao tratamento.

Pergunta-se:

a) Sabendo-se que o cDNA é o material genético usado para fazer o monitoramento molecular da doença residual mínima, aponte qual ácido nucleico deve ser extraído do material biológico do paciente. Justifique.

b) Ocorrerá a formação de produto de PCR se o material genético de um indivíduo sem a doença for usado? Justifique.

c) Supondo-se que a RT-PCR ou RT-qPCR possam ser usadas na amplificação do gene BCR-ABL, qual dessas técnicas deve ser escolhida para o monitoramento do paciente? Justifique.

d) Suponha que o resultado da amplificação do material genético de 5 pacientes (I a V) esteja representado no gráfico a seguir.

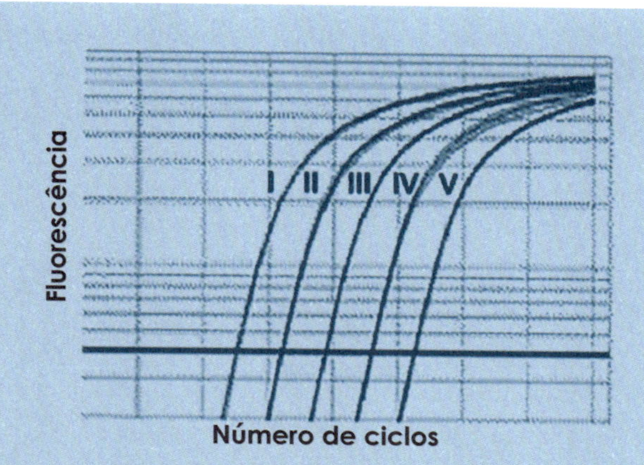

- Qual das curvas (I a V) representa o paciente com maior quantidade de células neoplásicas?
- Qual a diferença quantitativa entre dois pacientes que tiveram 1 ciclo de diferença para possuir a mesma intensidade de fluorescência?

Bibliografia consultada

1. Bergmann AR et al. Importance of sample preparation for molecular diagnosis of lymeborreliosis from urine. J Clin Microbiol, 2002; 40:4581-4.
2. Clinical and Laboratory Standards Institute (CLSI). Collection, transport, preparation and storage of specimens for molecular methods; approved guideline. CLSI document MM13-A. Pennsylvania, USA: Clinical and Laboratory Standards Institute, 2005.
3. Epplen JE, Lubjuhn T. DNA profiling and DNA fingerprinting. Berlin: Birhkhauser Verlag, 1999; p. 55.
4. Fernandes JV et al. Comparação de três protocolos de extração de DNA a partir de tecido fixado em formol e incluído em parafina. Jornal Brasileiro de Patologia e Medicina Laboratorial, 2004; 40:141-6.
5. Helms C. Salting out Procedure for Human DNA extraction. In The Donis-Keller Lab - Lab Manual Homepage. 24 April 1990. Disponível em: http://hdklab.wustl.edu/lab_manual/dna/dna2.htmL (Acessado em: 19 Nov 2002; 11:09 EST.)
6. Laboratório Gene – Núcleo de Genética Médica. Disponível em: http://laboratoriogene.info/ (Acessado em: 19 jun 2011.)
7. Lavon I et al. Serum DNA can define tumor-specific genetic and epigenetic markers in gliomas of various grades. Pathology, 2007; 39(2):197-207.
8. Lenzini P et al. Integration of genetic, clinical, and INR data to refine warfarin dosing. Clin Pharmacol Ther, 2010; 87:572-8.
9. Melo MR et al. Coleta, transporte e armazenamento de amostras para diagnóstico molecular. J Bras Patol Med Lab, 2010; 46(5):375-381.
10. Saiki RK et al. Enzymatic amplification of beta-globin genomic sequences and restriction site analysis for diagnosis of sickle cell anemia. Science, 1985; 230:1350-1354.
11. Satsangi J et al. Effect of heparin on polymerase chain reaction. Lancet, 1994; 343:1509-10.
12. SBPC/ML. Norma PALC – Lista de verificação em biologia molecular, 2008.
13. SBPC/ML. Recomendações da Sociedade Brasileira de Patologia Clínica para Coleta de Sangue Venoso. 2a ed. Barueri, SP: Minha Editora, 2010.
14. Solomon AW et al. Diagnosis and Assessment of Trachoma. ClinMicrobiol Rev, 2004; 17(4): 982-1011.
15. Tsang JC, Lo YM.Circulating nucleic acids in plasma/serum. Pathology, 2007; 39:197-207.
16. Kalendar R, Lee D, Schulman AH. FastPCR software for PCR primer and probe design and repeat searchGenes. Genomes and Genomics, 2009;(3):1-14.
17. Kalendar R et al. Java web tools for PCR, in silico PCR, and oligonucleotide assembly and analysis. Genomic, 2011; 98, (2):137-144

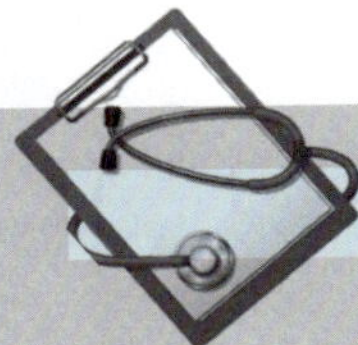

DISCUSSÃO DOS CASOS CLÍNICOS

Caso 1

Comentários

a) No eletroferograma, a seta aponta uma única curva de cor verde indicando que há apenas um alelo, portanto, o paciente é homozigoto.

b)

- A mutação é de sentido trocado pois mudou o aminoácido codificado
- O aminoácido cisteína pode ser codificado pelos códons UGU ou UGC e o aminoácido tirosina pelos códons UAU e UAC. Pelo sequenciamento podemos determinar que o códon UGC foi trocado por UAC.
- Desta forma, em indivíduos sem mutação o gene apresenta base Guanina ao invés de Adenina.

c)

- 390pb
- 1
- Quando o paciente apresenta a mutação ocorre a criação de um sítio de restrição.
- 250, 140, 111 e 29 pb

Caso 2

Comentários

a) O RNA já que o cDNA (DNA complementar) é produzido pela transcriptase reversa, a partir do mRNA produzido no processo de transcrição do gene *BCR-ABL*.

b) Não, o indivíduo sem a doença não possui a translocação. Embora um dos primers tenha complementariedade pela sequência do cromossomo 9 e o outro pelo cromossomo 22, a *taq* polimerase sintetizará uma nova fita a partir dos primers anelados somente em um sentido o que não irá possibilitar a geração de um produto de PCR de tamanho definido para ser identificado.

c) A RT-qPCR, ela é mais sensível e é quantitativa.

d)

- A curva I pois apresentou fluorescência detectável com menor número de ciclos.
- A cada ciclo de reação há a duplicação do material, portanto entre dois pacientes com um ciclo de diferença, o que tem n ciclos possui o dobro de alvo que o paciente n ciclos mais 1.

23 Marcadores Tumorais

Adagmar Andriolo

O começo

A história dos marcadores tumorais pode ter se iniciado em setembro de 1844, quando o dono de uma mercearia londrina, senhor Thomas Alexander McBean, então com quarenta e quatro anos de idade, começou a apresentar dores no tórax, após ter sofrido uma queda acidental. Inicialmente, a dor foi parcialmente aliviada pela imobilização com um molde de gesso, mas como não regredia, o paciente foi atendido pelo Dr. Thomas Watson, permanecendo sem diagnóstico. Em junho de 1845, o senhor McBean começou a apresentar edema dos membros inferiores. Após vários meses de tratamento sem melhora, o Dr. Watson chamou seu colega Dr. William Macintyre, médico do Metropolitan Convalescent Institution e do Western General Dispensary de St. Marylebone, para ver o paciente. A consulta ocorreu dia 30 de outubro de 1845, uma sexta-feira, na residência do paciente, porque ele estava confinado ao leito, com dores muito fortes nos ossos do tórax e das costas.

A partir da história clínica e do exame físico, principalmente tendo em vista a história de edema dos membros inferiores, um exame de urina foi realizado pelo próprio Dr. Macintyre, que observou uma reação peculiar. Ao aquecer a urina, notou a formação de um precipitado, que ele já sabia ser devido à presença de grande quantidade de proteínas, mas diferentemente de outras situações de proteinúria, o precipitado se formava em uma temperatura muito mais baixa daquela que ele habitualmente observava, se dissolvia ao manter o aquecimento e voltava a se formar quando a temperatura da urina era rebaixada. Não sabendo como interpretar este comportamento, os Drs. Watson e Macintyre decidiram enviar uma amostra de urina do paciente ao Dr. Henry Bence Jones, um médico patologista químico de renome.

Dr. Jones não se limitou a examinar a urina, mas foi ao encontro do paciente, encontrando-o severamente emagrecido, com a pele amarelada, conjuntiva clara e lábios secos. O paciente referia volume urinário bastante reduzido, sem queixa de urgência miccional ou aumento na frequência urinária. A queixa maior era de fortes dores nos ossos do lado esquerdo do tórax e no ombro. O paciente faleceu em 2 de janeiro de 1846 e a autópsia revelou que o esterno e as vértebras cervicais, torácicas e lombares estavam frágeis e podiam ser facilmente cortadas. Os rins foram descritos como normais, tanto ao exame macroscópico como microscopicamente. A única anormalidade presente foi o amolecimento anormal dos ossos, condição conhecida à época por *mollities ossium* e a causa da morte foi registrada como atrofia da albuminúria.

Uma amostra do material retirado do interior dos ossos foi examinada pelo Dr. John Dalrymple, cirurgião do Royal Ophthalmic Hospital e membro da Microscopical Society. O Dr. Dalrymple descreveu um grande número de células nucleadas, de tamanho e forma variados, na sua maioria, com dimensões maiores que o tamanho médio dos eritrócitos. Ele também observou que as células maiores e mais irregulares, com frequência, continham dois ou três núcleos.

Esta descrição, ainda que incompleta, é compatível com células plasmáticas malignas e os médicos acreditaram estar frente a uma doença óssea maligna. Em 1873, von Rustizky descreveu os tumores da medula óssea e cunhou o termo "mieloma múltiplo", uma condição relacionada à presença de proteinúria, a qual foi chamada de "proteinúria de Bence Jones", pela primeira vez, por Otto Kahler, em 1889. Com os recursos analíticos atuais, identificamos esta proteinúria como sendo resultado de grande quantidade de cadeias leves de imunoglobulinas livres na urina.

Este caso resultou em publicações, tanto do Dr. Henry Bence Jones quanto do Dr. Macintyre. Dr. Jones examinou a proteína urinária em seus aspectos químicos e relatou suas propriedades, análise e significância e o Dr. Macintyre tratou, principalmente, das características clínicas da doença. A história conferiu ao Dr. Jones o crédito da descoberta da proteína anômala, mas se a descrição deste caso ocorresse atualmente, por uma questão de justiça, talvez a causa da morte poderia ser registrada como "doença de McBean, com Proteinúria de Macintyre".

Introdução

O câncer é uma das principais causas de morbidade e mortalidade, sendo responsável por 1 em cada 8 mortes em todo o mundo, e os países mais desenvolvidos apresentam maior prevalência deste tipo de doença. As estimativas mundiais indicam que, até 2030, serão realizados cerca de 22 milhões de novos diagnósticos, com 13 milhões de mortes resultantes de câncer.

O envelhecimento geral da população é um dos responsáveis pelo aumento do número novos casos de câncer, além do fato que mais pacientes sobreviverão após o diagnóstico, em grande parte como resultado de esforços para a detecção da doença em estágios iniciais e, evidentemente, tratamentos mais efetivos.

Em 2001, o Grupo de Trabalho de Definições de Biomarcadores dos Institutos Nacionais de Saúde definiu um biomarcador como "uma característica objetivamente medida e avaliada como um indicador de processos biológicos normais, processos patogênicos ou respostas farmacológicas a uma intervenção terapêutica".

Uma conceituação bastante genérica de marcador tumoral circulante poderia ser expressa como qualquer molécula ou complexo molecular cuja concentração, na corrente sanguínea, se apresente alterada quantitativamente ou qualitativamente, na presença de um processo neoplásico. Exemplos de alterações quantitativas e / ou qualitativas de componentes que ocorrem normalmente no soro incluem as paraproteínas associadas ao mieloma múltiplo, a macroglobulinemia de Waldenström, a doença da cadeia leve e os tumores produtores de hormônios ou de enzimas.

Uma definição mais restrita inclui, como característica importante, a condição de que a mudança na concentração desta substância guarde alguma relação com o volume ou com a atividade metabólica da massa tumoral.

A maioria das substâncias identificadas como marcadores tumorais presentes na circulação sanguínea é sintetizada por células normais e, também, por células cancerosas, mas, com frequência, em muito maior quantidade pelos tecidos neoplásicos. Estes marcadores podem ser encontrados no sangue, na urina, na saliva, no líquido cefalorraquiano, em líquidos de derrame e, evidentemente, no próprio tecido tumoral.

O estudo dos marcadores tumorais passa pelo reconhecimento da produção inapropriada de hormônios em alguns processos neoplásicos. A presença de hormônios em concentração inadequada no câncer pode corresponder a duas causas distintas: por produção aumentada pelo tecido endócrino normalmente produtor ou em razão de produção ectópica, por tecido normalmente não produtor de hormônios.

Algumas vezes, as manifestações decorrentes da concentração anormalmente elevada de um hormônio são as primeiras evidências da existência de um tumor endócrino. Nestes casos, a síntese aumentada do hormônio tem origem em células que, normalmente, o produzem como, por exemplo, calcitonina no carcinoma medular de tiroide, catecolaminas no feocromocitoma e insulina, por células cancerosas das ilhotas pancreáticas.

O termo "hormônio ectópico", por outro lado, se refere à produção e secreção de hormônios por tumores não endócrinos. Duas teorias gerais foram propostas para explicar esse fenômeno. A primeira sugere haver desrepressão de um determinado gene, o que leva à expressão de porções "inapropriadas" do genoma celular, com habilidade para induzir à síntese de hormônios por células que, normalmente, não os produzem. A segunda teoria sugere que as células de origem da crista neuroectodérmica migram para vários locais do corpo durante o desenvolvimento embrionário e estas poderiam sofrer transformação maligna e passar a secretar hormônios ectopicamente.

Estas duas formas podem ser exemplificadas pelo hormônio adrenocorticotrófico presente tanto no tumor primário da hipófise quanto no tumor de células pequenas do pulmão, respectivamente.

Uma grande variedade de tumores tem sido associada à produção hormonal, embora isso ocorra mais comumente com tumores do pulmão. Entre os muitos hormônios que podem ser produzidos estão o hormônio adrenocorticotrófico, o hormônio antidiurético, a prolactina, a gastrina e a insulina, para citar apenas alguns. A produção hormonal pode estar associada a várias síndromes paraneoplásicas; no entanto, em muitos casos, os polipeptídios ou glicopeptídios secretados podem ser apenas imunologicamente semelhantes ao hormônio normal, permanecendo bioquimicamente não funcionais.

Mesmo considerando os tumores mais comumente associados à produção de hormônios ectópicos, a frequência de níveis séricos anormais do hormônio se restringe entre 20 e 40% deles, sendo que, na maioria dos casos, as elevações são mínimas, com aumentos marcantes nos níveis hormonais ocorrendo em menos de 5%.

Uma dificuldade adicional para o uso diagnóstico generalizado de hormônios como marcadores é a falta de uma relação clara entre a massa tumoral ou sua atividade proliferativa e os níveis de hormônios circulantes, sendo uma exceção a produção de beta HCG pelos tumores trofoblásticos.

Algumas enzimas e isoenzimas apresentam alterações significativas ou na sua atividade ou no padrão de distribuição das suas isoformas em resposta à presença de um processo neoplásico. Este tipo de marcador possui baixa sensibilidade e especificidade, e foram mais utilizadas como marcadores tumorais antes da descoberta dos antígenos oncofetais e dos antígenos carboidratados. Adicionalmente, a evolução metodológica, como a introdução de imunoensaios e o desenvolvimento dos anticorpos monoclonais contribuíram para a redução do uso de enzimas como marcadores tumorais. O antígeno prostático específico (PSA) se constitui em exceção, ao ser uma enzima que continua sendo de utilidade no diagnóstico e monitoramento de pacientes com câncer de próstata.

O entendimento que substâncias não usuais ocasionalmente aparecem na circulação sanguínea e podem ser utilizadas como biomarcador de processos neoplásicos teve início em 1963, com a descoberta da alfafetoproteína (AFP), por Abelev e colaboradores e foi reforçado em 1965, com a identificação do antígeno carcinoembriônico (CEA), por Gold e Freedman. Em condições fisiológicas, estas duas proteínas são produzidas em grande quantidade apenas durante a vida fetal e têm sua síntese aumentada quando alguns tipos de neoplasia se desenvolvem. Por esta característica, receberam o nome de antígenos oncofetais.

O desenvolvimento de anticorpos monoclonais e sua aplicação em imunoensaios no final da década de 1970, permitiu a identificação de outros antígenos derivados de células tumorais, como os antígenos carboidratados. Para estes antígenos, utilizou-se uma nomenclatura numérica, baseada no número de registro das colônias celulares das quais foram isolados, surgindo assim os CA-125, CA 15-3, CA 19-9 entre outros.

A introdução de técnicas de biologia molecular e a consequente identificação de mutações genéticas específicas, oncogenes e genes supressores de tumores foram identificados e associados com fenótipos de alguns processos neoplásicos, passando a serem considerados como marcadores tumorais. Dentre eles, podem ser citados os oncogenes *ras*, c-erb B-2, p53 e o pRb.

Aplicações

Os marcadores tumorais possuem diferentes aplicações clínicas, como diagnóstico primário, triagem populacional, estadiamento e prognóstico, monitorização da resposta à terapêutica e detecção de recorrência.

Para que um marcador tenha utilidade no diagnóstico primário de tumores, preferencialmente, deve ser órgão ou tecido específico e sua concentração não deve ser influenciada por doenças benignas eventualmente concomitantes. Além disso, este tipo de marcador deve apresentar elevados índices de sensibilidade e de especificidade diagnósticas.

As características fundamentais para que um marcador tumoral possa ser utilizado para triagem populacional incluem ter elevados especificidade, sensibilidade e valores preditivos tanto positivo quanto negativo em relação ao diagnóstico de câncer.

Especificidade diagnóstica é definida como a proporção de resultados negativos corretamente identificados pelo teste entre indivíduos que não apresentam a doença – são os verdadeiros negativos. Especificidade analítica, por sua vez, diz respeito à possibilidade de interferentes presentes na amostra prejudicarem a obtenção de resultados corretos enquanto a especificidade epidemiológica está relacionada ao número de resultados falso-positivos detectados.

Sensibilidade diagnóstica é a proporção de resultados positivos corretamente identificados pelo teste entre indivíduos portadores da doença – verdadeiros positivos. Sensibilidade analítica é a menor quantidade da substância que pode ser corretamente detectável e do ponto de vista epidemiológico, este termo se refere ao número de resultados falso negativos que escapam ao diagnóstico, em decorrência de limitação da metodologia.

O valor preditivo positivo é a proporção de resultados verdadeiros positivos em relação ao número total de casos positivos e o valor preditivo negativo é a proporção de resultados verdadeiros negativos em relação ao número total de casos negativos.

Poucos marcadores tumorais possuem especificidade para um determinado tipo de tumor (marcador específico), sendo que a maioria deles pode ser detectada em diferentes tumores do mesmo tecido (marcadores associados).

Existem, atualmente, apenas dois marcadores tumorais amplamente aprovados para uso em triagem populacional, ainda que com algumas limitações: o antígeno prostático específico, na triagem para câncer de próstata, e a hemoglobina fecal, na triagem de câncer de colorretal. O PSA tem sensibilidade elevada, mas a especificidade é baixa. Os testes mais recentes para pesquisa de sangue oculto nas fezes têm elevada especificidade, mas a sensibilidade é apenas média.

Outro ponto crucial que deve ser considerado para qualquer método de rastreamento é que ele deve detectar, principalmente, a doença em estágio inicial quando a chance de cura é mais alta do que quando o diagnóstico ocorre em fase mais avançada da doença.

Alguns marcadores possuem indicação de uso como triagem em populações específicas, nas quais a prevalência da neoplasia é particularmente mais elevada do que na população em geral. O exemplo típico desta situação é a dosagem de alfafetoproteínas como triagem em pacientes acometidos de doença hepática crônica, os quais possuem, sabidamente, maior risco de desenvolver hepatocarcinoma.

Alguns marcadores possuem a habilidade de orientar quanto ao prognóstico e estadiamento dos processos neoplásicos. A este respeito, dois aspectos que devem ser considerados. O primeiro deles se relaciona com a história natural da doença, quando a concentração inicial do marcador pode fornecer alguma estimativa do grau de comprometimento do organismo, da possibilidade de existência de metástases e da probabilidade de recorrência da doença. O segundo aspecto, e cada vez mais relevante, está relacionado à habilidade do marcador tumoral predizer como o paciente responderá a um determinado esquema terapêutico.

Um marcador tumoral preditivo é aquele que permite prever a sensibilidade ou a resistência de um determinado processo neoplásico a uma terapia específica. Para o câncer de mama, por exemplo, os receptores de estrogênio (ER) e de progesterona (PGR) são medidos com a finalidade de prever a resposta à terapia endócrina. ER é alvo direto de agentes hormonais, como tamoxifeno antiestrógeno, e PGR é alvo para os antiprogesterona. Em 1992, o Early Breast Cancer Trialist Collaborative Group já reconhecia a relação positiva entre a resposta à terapia endócrina e o nível de ER no tumor primário. Posteriormente, ficou evidente que o tamoxifeno é eficaz na prevenção de recorrência de câncer de mama em pacientes ER-positivos e que os benefícios clínicos são mais pronunciados em pacientes cujos tumores primários apresentam níveis mais elevados de ER e PGR.

A utilização de marcadores tumorais para a avaliação da eficácia de um tratamento específico tem a finalidade de identificar os pacientes que não responderão a um determinado tratamento. Esta identificação permite dois ganhos significativos: os pacientes não ficarão expostos, inutilmente, aos eventuais efeitos tóxicos de um tratamento ineficaz e terão a oportunidade de se beneficiar de outro esquema terapêutico potencialmente mais efetivo.

Alguns marcadores podem ser utilizados com a finalidade de detectar, precocemente, a recorrência da doença em pacientes já diagnosticados e tratados. Esta, talvez, seja a maior utilidade da maioria dos marcadores tumorais circulantes atualmente disponíveis. Em pacientes com câncer gastrointestinal, por exemplo, o antígeno carcinoembriônico (CEA) e o CA19.9 são utilizados para acompanhar os pacientes após o tratamento primário, a fim de detectar a recorrência da doença. Da mesma forma, o CA 125 e o PSA são comumente utilizados no acompanhamento de pacientes tratados de câncer de ovário e de próstata, respectivamente.

Alguns marcadores podem ter mais de uma utilidade, sendo que a associação de monitorização da eficácia do tratamento e detecção precoce de recidiva é bastante comum. Como exemplo, a medida combinada de alfafetoproteína e de gonadotrofina coriônica humana, fração beta, é realizada tanto para monitorizar pacientes com tumores de linhagem germinal como para detectar a recorrência da doença. Outros exemplos desta aplicação incluem o CA125 para o câncer de ovário, o antígeno prostático específico para o câncer de próstata, e os receptores de hormônios esteroides (ER e PR) usados na monitorização do tratamento de pacientes com câncer de mama.

■ Fatores pré-analíticos e interferentes comuns aos diferentes marcadores

Como ocorre com os demais exames laboratoriais, as condições do paciente quando da coleta da amostra biológica para a medida de marcadores tumorais devem ser consideradas no que se refere à possível existência de fatores que alterem suas concentrações, propiciando o encontro de resultados inadequados. A administração de quimioterápicos ou tratamentos radioterápicos, por exemplo, promoverão elevação, muitas vezes significativa, da concentração de alguns marcadores e o tempo para retorno aos níveis basais pode variar, na dependência não só do marcador, mas também da natureza e intensidade do estímulo e da resposta individual.

A qualidade da amostra a ser analisada, incluindo eventual hemólise, lipemia, hiperbilirrubinemia, além da presença de outras substâncias potencialmente interferentes, como de anticoagulantes ou conservantes adicionados à amostra, de autoanticorpos e de anticorpos inespecíficos. Estas substâncias podem se constituir em fatores de interferência, comprometendo a exatidão dos resultados ou mesmo, inviabilizando a realização do ensaio. O grau de interferência que estas substâncias causam depende das suas concentrações na amostra, do marcador em questão e da metodologia utilizada.

Na grande maioria das vezes, soro é o tipo de amostra recomendado para a medida de marcadores tumorais. A presença de EDTA, heparina ou oxalato pode interferir nos sistemas analíticos e devem ser evitadas; o gel separador presente nos tubos para amostras de soro, em geral, não causa interferência.

Como regra geral, amostras de soro com lipemia ou hemólise intensas ou turbidez não devem ser utilizadas. A interferência provocada pela lipemia pode ser, entre outras, o bloqueio de sítios antigênicos que o excesso de lipídeos pode provocar, inviabilizando as reações específicas dos anticorpos utilizados nos imunoensaios, além de eventual interferência óptica com relação à leitura final das reações, caso ocorra turbidez da amostra.

Em relação à hemólise, além da presença de maior quantidade de hemoglobina livre, facilmente observada pela coloração do soro, é importante lembrar que diversos outros componentes intraeritrocitários também tem sua concentração elevada na amostra e, alguns deles, podem interferir funcionando como elementos competidores ou inibidores das reações padronizadas sem sua presença.

Outras matrizes podem ser utilizadas, como por exemplo, a urina, para a medida dos marcadores de tumores de bexiga, o líquido cefalorraquiano para os tumores de sistema nervoso central e, eventualmente, a medida pode ser realizada em líquidos de derrame. Estas amostras, com frequência, apresentam características físico-químicas diferentes das do soro, como osmolalidade, pH, teor proteico, dentre outras. Dessa forma, o desempenho dos sistemas analíticos e dos conjuntos diagnósticos deve ser cuidadosamente avaliado.

A metodologia utilizada para a medida da maioria dos marcadores tumorais circulantes é baseada em imunoensaios, os quais utilizam anticorpos policlonais ou monoclonais. Neste tipo de metodologia, a intensidade das reações entre a substância pesquisada e os anticorpos se constituem em etapa crítica para o desempenho do ensaio. Interferências nesta fase podem invalidar uma metodologia para uma determinada amostra.

A presença de anticorpos humanos "antianimal" é descrita em até 30% a 40% das amostras submetidas a exames laboratoriais. Estes anticorpos se desenvolvem após o indivíduo receber tratamento com imunoglobulinas de origem animal e, em geral, possuem alta avidez e baixa especificidade, podendo bloquear sítios críticos, causando interferência na dinâmica das reações.

Anticorpo anticamundongo (HAMA) é o mais frequente e pode produzir tanto resultados falso-positivos quanto falso-negativos. Estes anticorpos têm a habilidade de interferir em imunoensaios diferentes, mas não necessariamente em todos os imunoensaios para aquele analito, o que pode ser causa de resultados discordantes. Nem sempre a adição de substâncias com a finalidade de bloquear estes interferentes é suficiente para inibir totalmente o efeito.

Os anticorpos heterofilos no soro humano podem reagir com as imunoglobulinas, interferindo com os imunoensaios "in vitro". Os pacientes rotineiramente expostos a animais ou a produtos de soro animal são mais propensos a apresentar essa interferência.

A presença de autoanticorpos inespecíficos que reagem contra o analito, com a formação de macroenzimas, por exemplo, pode causar interferência, mesmo em ensaios não imunométricos, por exemplo, na medida de prolactina.

Uma característica dos imunoensaios do tipo "sanduíche", nos quais são utilizados dois anticorpos, um de captura, geralmente na fase sólida e outro sinalizador, na fase líquida é o efeito gancho. Quando a amostra contém concentração muito elevada do analito, a ligação do anticorpo sinalizador fica comprometida e a reação não se completa, sugerindo a presença de níveis baixos do analito.

Outra possível causa de interferência é o manuseio inadequado do material a ser examinado, como a não refrigeração, caso a análise não seja feita imediatamente após a coleta da amostra, ou quando esta é submetida a ciclos repetidos de congelamento e descongelamento. Este processo resulta em desnaturação proteica, formação de complexos insolúveis, inativação de enzimas etc.

A presença de biotina nas amostras, a partir do uso com finalidades terapêuticas ou cosméticas, tem sido implicada como um possível fator de interferência em exames laboratoriais que utilizam a reação biotina-estreptoavidina.

Os ensaios para a medida de alguns marcadores tumorais se utilizam desta reação, pelo que os pacientes devem ser orientados a não fazer uso destes produtos, pelo menos, 72 horas antes da coleta de sangue para a realização dos exames.

A intensidade e o efeito da interferência causada pela biotina dependem do tipo de ensaio realizado. Nos ensaios competitivos, são observados resultados falsamente elevados enquanto nos ensaios tipo "sanduiche" podem ser obtidos resultados falsamente rebaixados.

A literatura refere que as taxas de resultados falso positivos dos ensaios para a medida de marcadores tumorais são em torno de 5%, fazendo com que seja prudente a confirmação, com a repetição do exame em nova amostra, de qualquer resultado discordante da expectativa clínica, bem como redobrada atenção às causas pré-analíticas que possam ser controladas e a manutenção de estreita comunicação com o solicitante do exame para esclarecimento de qualquer discordância clínico-laboratorial.

Em relação à resultados discordantes, é importante referir que resultados obtidos por conjuntos diagnósticos de procedência diversa, mesmo baseados no mesmo princípio metodológico, podem não se correlacionar bem entre si. As causas de variação dos resultados entre as diferentes plataformas e conjuntos diagnósticos não são bem compreendidas. Uma das causas prováveis é a diversidade de especificidade dos anticorpos utilizados nos diferentes ensaios. Por esta razão, é necessária uma atenção especial ao se interpretar resultados seriados obtidos por ensaios de diferentes procedências.

■ Hormônios como marcadores tumorais

A Tabela 23.1 apresenta alguns hormônios que podem ser utilizados como marcadores tumorais.

Calcitonina

Calcitonina é um hormônio peptídico secretado pelas células C parafoliculares da tireoide. Sua secreção ocorre, fisiologicamente, em reposta ao aumento do nível sérico de cálcio, contrapondo-se, portanto, à ação do paratormônio. Atua promovendo a inibição da reabsorção óssea, regulando o número e a atividade de osteoblastos. Elevações nos níveis de calcitonina estão associadas ao carcinoma medular de tireoide e guardam relação com o aumento da massa tumoral e com a presença de metástases. Estas características habilitam este marcador a ser utilizado no monitoramento de pacientes em tratamento e na detecção precoce de recorrências. O carcinoma medular da tireoide pode

Tabela 23.1 – Principais Hormônios que podem ser utilizados servem como Marcadores Laboratoriais		
Hormônio	**Tipo de câncer**	**Comentários**
Hormônio adrenocorticotrópico (ACTH)	Pulmão (pequenas células)	ACTH é produzido pelas células corticotrópicas da pituitária anterior. Pode estar associada à produção excessiva de cortisol.
Hormônio antidiurético (ADH)	Pulmão (pequenas células), córtex adrenal, pâncreas e intestino	ADH ajuda a regular o equilíbrio de água no organismo. Está elevado em resposta à alta osmolalidade sanguínea.
Calcitonina	Tireoide, pulmão, mama, renal e fígado	Secretado em resposta ao aumento do cálcio sérico para inibir a liberação de cálcio do osso.
Gastrina	Gastrinoma	É considerado como marcador tumoral quando elevado 10 vezes o limite superior de referência, com presença de hipersecreção gástrica.
Glucagon	Glucagonoma (tumor pancreático de células de ilhotas)	Altamente metastático. Os níveis elevados de glicose sustentados com o glucagon produzido não estão sob controle dos mecanismos de feedback.
Gonadotrofina coriônica humana (hCG)	Embrionário, placentário, testicular e coriocarcinoma	Fisiologicamente elevado na gravidez, é produzida em tumores trofoblásticos ou coriônicos de origem celular embrionária.
Insulina	Insulinoma	Mantém níveis aumentados de insulina, mesmo em estado de jejum. Os tumores produtores de insulina são tipicamente não malignos.
Hormônio paratireoideano (PTH)	Fígado, rim, mama e pulmão	Adenomas ectópicos produtores de PTH são raros, mas produzem PTH em excesso, o que leva a hipercalcemia.
Prolactina	Pituitários, renais e pulmonares	Prolactinomas são tumores pituitários comuns, mas benignos. Carcinomas ectópicos produtores de prolactina são muito raros.

se apresentar isoladamente, como parte da síndrome da neoplasia endócrina múltipla ou na sua forma familiar. Corresponde a cerca de 5% a 10% dos tumores malignos da tireoide. Níveis elevados de calcitonina podem ser observados outros tipos de câncer, como leucemia, câncer de pâncreas, pulmão, mama e próstata e em condições não neoplásicas, como hiperplasia das células C, hiperparatiroidismo, na anemia perniciosa, na doença de Paget do osso e síndrome de Zollinger-Ellison e, fisiologicamente, na gravidez.

Adicionalmente, a medida de calcitonina pode ser utilizada na avaliação de familiares de portadores de carcinoma medular da tireoide, para detecção precoce do tumor. Ainda que possa variar entre laboratórios, os intervalos de referência geralmente adotados são abaixo de 8,4 pg/mL para homens e abaixo de 5 pg/mL para mulheres.

Glucagon

A síndrome glucagonoma se caracteriza por níveis séricos elevados de glucagon, intolerância à glicose, perda de peso, anemia, dermatite e estomatite. A causa é a presença de um tumor de células alfa pancreáticas, secretor de glucagon. Tendo em vista o quadro clínico, frequentemente, o dermatologista é o primeiro médico a examinar esses pacientes e a remoção cirúrgica da lesão pancreática primária, em geral, propicia a cura.

Gonadotrofina Coriônica, fração beta (βHCG)

A gonadotrofina coriônica é uma glicoproteína sintetizada pelas células do sinciciotrofoblasto da placenta normal. A molécula deste hormônio é constituída por duas subunidades, alfa e beta. A subunidade alfa é comum a vários outros hormônios, como o luteinizante, o folículo estimulante e o tiroestimulante. A subunidade beta, por sua vez, é específica da gonadotrofina coriônica.

βHCG representa o melhor exemplo da utilidade clínica de um hormônio como marcador tumoral. Fisiologicamente, é produzido pela placenta humana no início da gravidez, a maioria das elevações patológicas ocorre em pacientes com coriocarcinoma e os níveis circulantes se correlacionam com a massa tumoral. Adicionalmente, o nível de βHCG circulante é um indicador sensível de resposta terapêutica e permite modular a quimioterapia.

Outras neoplasias como de mama, trato gastrointestinal, pulmão e ovário podem se acompanhar de elevações menos significativas de gonadotrofina coriônica, evidenciando a produção ectópica deste hormônio. Doença inflamatória intestinal, úlcera duodenal, cirrose hepática e uso contínuo de maconha são causas de elevação dos níveis de βHCG.

O monitoramento de HCG diminuiu a mortalidade por coriocarcinoma, fazendo com que este marcador seja útil na clínica. A combinação da dosagem de gonadotrofina coriônica e de alfafetoproteína é útil no diagnóstico e na monitorização de teratocarcinomas de ovário e testículos e para a classificação e estadiamento de tumores de células germinativas. O intervalo de referência habitualmente referido para homens e mulheres não grávidas é inferior a 5,0 U/L.

Insulina

O primeiro caso de neoplasia pancreática hormonalmente ativa, um insulinoma, foi descrito em 1927 por Wilder e colaboradores. Por muitos anos, os tumores endócrinos pancreáticos foram caracterizados como produtores de insulina (insulinomas) ou "não funcionais", sendo estes últimos derivados de células aparentemente desprovidas de atividade hormonal clinicamente significativa.

▪ Enzimas como Marcadores tumorais

A Tabela 23.2 apresenta algumas enzimas que podem ser utilizadas como marcadores tumorais.

Desidrogenase Láctica

Desidrogenase láctica (DHL) é uma enzima presente, principalmente, no coração, fígado e músculos esqueléticos. Esta enzima não tem aplicação para diagnóstico primário de neoplasias, mas sua atividade no soro se correlaciona relativamente bem com o volume da massa tumoral. Esta característica lhe confere algum poder no estabelecimento do prognóstico, especialmente em casos de linfoma não-Hodgkin e adenocarcinoma prostático. Atividade elevada desta enzima, quando do diagnóstico, está associada à reduzida taxa de remissão. Devido à presença desta enzima nos eritrócitos e em outros tecidos, especialmente músculo esquelético, fígado e pulmão, resultados alterados devem ser avaliados considerando outras causas para sua elevação.

Tabela 23.2 – Principais Enzimas que são utilizadas como Marcadores Laboratoriais

Enzima	Tipo de câncer	Comentários
Desidrogenase láctica (DHL)	Linfoma não-Hodgkin	Inespecífica e baixa sensibilidade.
Enolase neurônio específica (NSE)	Tumores de origem neuroendócrina	Especialmente útil em câncer brônquico de células pequenas
Fosfatase ácida (FAc)	Próstata	Em desuso. Apenas referência histórica.
Fosfatase alcalina (FAl)	Câncer primário ou metastático de fígado, tumor de próstata e em neoplasias com metástases ósseas	Inespecífica e baixa sensibilidade.
Antígeno prostático específico (PSA)	Próstata	Relativamente inespecífico.

Enolase Neurônio Específica (NSE)

Sob a denominação de enolase, reúnem-se diferentes isoformas de uma enzima que participa da glicólise, na via final de conversão da glicose em piruvato. A enolase neurônio específica é uma isoenzima encontrada em neurônios, células neuroendócrinas e em células do sistema APUD (sigla de **A**mine **P**recursor **U**ptake and **D**ecarboxylation). Níveis aumentados são encontrados em tumores de origem neuroendócrina, como glucagonoma, insulinoma, câncer de pulmão de células não-pequenas, neuroblastoma, feocromocitoma, melanoma, carcinoma medular de tireoide e tumores endócrinos pancreáticos.

A medida da atividade desta enzima no soro é utilizada como marcador para tumores brônquicos de células pequenas. Pode ser utilizada como indicador de prognóstico da doença durante o tratamento, sendo que de 80 a 96% dos pacientes em remissão mantém a atividade desta enzima dentro dos intervalos de referência e a manutenção de níveis elevados na vigência de quimioterapia estão associados a pior prognóstico.

A enolase neurônio específica pode ser útil, também, no acompanhamento de pacientes com neuroblastoma, sendo que 62% destes pacientes apresentam valores acima de 30 ng/mL. Em casos de tumores cerebrais, primários ou metastáticos, como melanoma e feocromocitoma, é indicada a dosagem deste marcador no liquor. O intervalo de referência é inferior a 12,5 μg/L.

Fosfatase Ácida, Fração Prostática (FAc)

A fração prostática da fosfatase ácida possui, atualmente, apenas valor histórico, uma vez que foi o primeiro marcador tumoral disponível para o diagnóstico do câncer de próstata. Três grandes limitações que podem ser referidas incluem a analítica, a baixa sensibilidade e a inespecificidade. Os métodos de medida da atividade da fração prostática da fosfatase ácida possuem elevado coeficiente de variação, observa-se elevação da atividade apenas em estágios mais avançados do câncer de próstata e pode estar alterada em outras situações, como hiperplasia benigna de próstata, na doença de Paget, na osteoporose e no hiperparatiroidismo. Com a introdução da medida do antígeno prostático específico como marcador de câncer de próstata, o uso da fração prostática da fosfatase ácida foi descontinuado.

Fosfatase Alcalina (FA)

O termo fosfatase alcalina inclui uma família de enzimas com atividade de hidrolases envolvidas na remoção de grupos fosfatos de muitas moléculas no processo de desfosforilação. As suas diferentes isoformas estão presentes em, praticamente, todos os tecidos do organismo, mas em maior atividade nos ossos, fígado, intestinos e placenta.

Atividade da FA é observada elevada em pacientes com câncer primário ou metastático de fígado e em metástases ósseas de tumor de próstata. Em pacientes com mieloma múltiplo, a atividade da isoenzima óssea da fosfatase alcalina está aumentada, em razão da ativação de osteoblastos e do remodelamento de matriz extracelular.

Antígeno Prostático Específico (PSA)

Antígeno Prostático Específico (PSA do inglês *Prostate Specific Antigen*) é uma enzima produzida pelas células epiteliais da próstata que revestem os ductos e acinos da glândula. Na circulação, estão presentes tanto o PSA íntegro quanto algumas isoformas, como o p2PSA, p5PSA, p7PSA. O PSA íntegro pode circular livre (PSA livre) ou ligado a diferentes proteínas, sendo a principal delas a alfa-1-antiquimiotripsina. Esta fração é denominada de PSA complexado.

Em relação à qualidade da amostra, a hemólise interfere significativamente na medida do PSA, fornecendo resultados falsamente baixos, em especial em relação à fração livre do PSA, comprometendo a interpretação da relação PSA livre/PSA total.

Qualquer tipo de agressão mecânica ou química que provoque ruptura da estrutura glandular ou modificações na permeabilidade das membranas da glândula prostática resulta em liberação de maior quantidade de PSA para a circulação sistêmica, resultando em elevação dos seus níveis séricos.

Maior produção fisiológica de PSA pode, também, ser causa de elevação, como visto em indivíduos portadores de hiperplasia benigna da próstata. Igualmente, redução da capacidade de excreção do PSA, ou de algumas de suas formas, como acontece na insuficiência renal, será responsável por elevação de PSA circulante. Em geral, estas causas resultam em elevações relativamente discretas.

Algum estímulo mecânico que altere a arquitetura glandular, como prática de hipismo e de ciclismo, mesmo bicicleta ergométrica, causa elevação do nível de PSA circulante, devendo ser respeitado um intervalo de, pelo menos, duas semanas entre estas atividades e a coleta de sangue para o exame. Instrumentação vesical ou uretral, biópsia da próstata, exame digital retal também propiciam a liberação de PSA para a circulação sistêmica, resultando em elevação dos níveis séricos. Os diversos estudos realizados enfatizam o fato de que a intensidade de elevação mantém estreita correlação com a idade do paciente e com o tamanho da próstata.

Outras condições menos óbvias que também podem causar elevação no nível sérico de PSA total ou de suas isoformas incluem: tempo de jejum prévio à coleta da amostra, ritmo circadiano, hiperplasia benigna da próstata (HPB), prostatite, ejaculação recente e alguns medicamentos, como finasteride, Androsteron® (acetato de ciproterona), Destilbenol® (difosfato de dietilestilbestrol), dutasterida, flutamida, nilutamida e bicalutamida.

Assim como ocorre com outros marcadores tumorais, diferentes conjuntos diagnósticos utilizados para a sua medida podem fornecer resultados significativamente distintos.

O PSA, é o marcador mais utilizado para diagnóstico de câncer de próstata, mas sua utilidade clínica tem sido questionada devido à sua baixa especificidade, especialmente quando em níveis entre 2 e 10 ng / mL. É bem conhecido o fato de que a utilização do PSA em larga escala propicia o sobrediagnóstico e, com frequência, o tratamento excessivo de casos de câncer de próstata que não evoluiriam de forma agressiva, não colocando a vida do paciente em risco.

Em 2012, a Força-Tarefa de Serviços Preventivos dos Estados Unidos (US Preventive Services Task Force - USPSTF), se manifestou contra a medição do antígeno prostático específico (PSA) com a finalidade de triagem populacional para o câncer de próstata, para homens de qualquer idade. Como consequência, a triagem pelo PSA diminuiu significativamente nos Estados Unidos nos últimos quatro anos.

Naquela ocasião, a USPSTF baseou suas recomendações nos resultados conjuntos de dois estudos: o European Randomized Study of Screening for Prostate Cancer (ERSPC) e o US Prostate, Lung, Colorectal and Ovarian Cancer Screening Trial (PLCO). Estes estudos indicavam que a triagem com a dosagem de PSA podia prevenir uma morte de câncer de próstata em, no máximo um homem para cada 1000 homens rastreados, mas que, de 100 a 120 destes homens, terão, pelo menos, um resultado falso positivo. O tratamento de 110 homens diagnosticados com câncer de próstata fez com que 29 deles desenvolvessem disfunção erétil e 18 passassem a apresentar incontinência urinária.

Ao avaliar os resultados da aplicação desta recomendação, com o aparecimento de numerosos diagnósticos tardios de câncer de próstata, em 2017, a USPSTF publicou novas recomendações indicando que, mesmo os médicos não especialistas, deveriam apresentar aos homens com idade entre 55 e 69 anos os potenciais riscos e benefícios do rastreio do câncer de próstata com a medida do PSA e realizar a triagem apenas naqueles que, após esclarecimentos, concordassem realizar o teste.

Em maio de 2018, a própria USPSTF reconheceu, com grau "C", que ensaios clínicos randomizados mostram que os programas de rastreamento baseados na medida do PSA em homens com idade entre 55 e 69 anos podem evitar cerca de 2 mortes por câncer de próstata e podem prevenir cerca de 3 casos de câncer de próstata metastático por 1000 homens testados. Cabe lembrar que as recomendações de grau "C" são particularmente sensíveis aos valores e circunstâncias do paciente e a conclusão se o serviço deve ou não ser fornecido a um paciente individual exigirá uma conversa informada entre o médico e o paciente.

Considerando que o diagnóstico precoce e a instituição de terapia adequada podem reduzir a taxa de mortalidade e que o câncer metastático é condição clínica muito mais complexa, exigindo cuidados específicos, mais custosos e com reduzida chance de cura, o entendimento atual é que o rastreio do câncer de próstata deve ser feito pela consulta ao urologista, realização do exame digital retal e a medida do PSA, em homens com idade entre 55 e 69 anos, com expectativa de vida acima de 10 anos, após esclarecimento sobre riscos e benefícios da triagem. Cabe lembrar que estes critérios são aplicáveis a homens brancos, sem história familiar de câncer de próstata. Indivíduos afrodescendentes e os que tiverem parentes de primeiro grau (pais, tios, irmãos) que tenham tido câncer devem ser testados a partir dos 45 anos.

Os riscos relacionados aos tratamentos não mudaram, mas mais pacientes considerados de baixo risco optaram por vigilância ativa e não por tratamento curativo inicial. É importante considerar que, pelo menos metade dos homens que escolhem a vigilância ativa, sofrem os efeitos psicológicos de um diagnóstico de câncer não tratado e aos efeitos físicos das biópsias de próstata anuais e muitos, eventualmente acabam recebendo tratamento curativo.

Essas idas e vindas, que evidenciam diferentes posições das Sociedades Científicas em relação à real utilidade da triagem populacional, podem ser justificadas, pelo menos em parte, pelos resultados divergentes quanto às modificações na mortalidade por câncer de próstata obtidos em trabalhos científicos, nas estatísticas das sequelas causadas por tratamentos radicais e pelo variado comportamento da própria doença, que pode oscilar entre um processo indolente, com anos de progressão e baixa morbidade e um processo insolente que, em pouco tempo evolui com metástases, elevado grau de morbidade e mortalidade. Vale lembrar que o PSA, não oferece nenhuma pista sobre como será a evolução da doença por ele detectada.

Essa baixa especificidade do PSA total estimulou a pesquisa de novos marcadores que pudessem complementá-lo para o diagnóstico precoce daqueles cânceres, além de, eventualmente, caracterizar os processos que apresentassem comportamento mais agressivo.

Com a finalidade de melhorar o poder diagnóstico deste marcador, Catalona apresentou o conceito de Densidade do PSA[11]. Este parâmetro consiste na relação matemática entre a concentração do PSA sérico e o volume prostático, avaliado por ultrassom transretal. O racional deste conceito é que indivíduos com glândula prostática maior poderiam ter concentrações mais elevadas de PSA em circulação. O limite considerado adequado é 0,15. Uma limitação da aplicação desta relação é que indivíduos com hipertrofia benigna da próstata podem ter, concomitantemente, câncer.

Outro recurso é considerar a Velocidade do PSA, que é a variação da concentração do marcador ao longo do tempo. Aceita-se como adequada uma elevação na concentração do PSA da ordem de 0,35 ng/dL por ano, quando o PSA total estiver entre 4,1 e 10,0 ng/mL.

O valor absoluto do PSA livre é pouco informativo, mas a relação PSA livre sobre PSA total acrescenta especificidade ao diagnóstico de câncer de próstata. O racional deste conceito se baseia na observação de que pacientes com hiperplasia benigna da próstata produzem mais PSA livre do que os pacientes com processos neoplásicos. Dessa forma, a relação PSA livre/total é menor em carcinoma. O percentual de 15% é considerado como limite.

Mesmo estes recursos não elevaram, significativamente, especificidade diagnóstica do

PSA, estimulando a pesquisa de novos marcadores que pudessem complementá-lo para o diagnóstico precoce daquele câncer, além de, eventualmente, caracterizar os processos que apresentassem comportamento mais agressivo.

Dentre as isoformas do PSA, a PSA [-2] proPSA, identificada como p2PSA, tem sido proposta como auxiliar para a melhorar a detecção de câncer prostático, especialmente nos pacientes com PSA total entre 2 e 10 ng/mL e exame digital retal normal.

Adicionalmente, foi desenvolvido um índice denominado PHI, do inglês **P**rostate **H**ealth **I**ndex, que relaciona, matematicamente os resultados das medidas da isoforma p2PSA, do PSA total e da fração livre do PSA.

O PHI é calculado pela fórmula (p2PSA / fPSA × √tPSA). Os valores de p2PSA e o PHI são maiores em pacientes com câncer prostático do que nos pacientes com hiperplasia prostática benigna e com prostatite.

Alguns estudos têm mostrado que tanto o p2PSA como o PHI estão associados à maior probabilidade de o câncer ser mais agressivo.

Marcadores tumorais não hormonais e não enzimáticos

CYFRA 21-1

A principal indicação de sua medida é a monitoração da resposta terapêutica do paciente com câncer de pulmão de não pequenas células. A redução rápida da concentração após a cirurgia é forte indicativo de remoção total do tumor. A progressão ou recidiva da doença é demonstrada, precocemente, pela elevação da concentração do marcador, que antecede as manifestações clínicas e os achados dos exames de imagem.

Valores discretamente elevados, em geral, abaixo de 10 ng/mL, podem ser encontrados em pacientes com hepatopatias e insuficiência renal crônica. Algumas doenças não neoplásicas do pulmão, como pneumonia, tuberculose e doenças intersticiais pulmonares também podem fornecer resultados elevados.

Cromogranina A

Também denominada secretogranina I, representa um grupo de proteínas presentes em vários tecidos neuroendócrinos. É um marcador tumoral com utilidade em neoplasias endócrinas, assemelhando-se muito à enolase neurônio específica. Observam-se concentrações elevadas no feocromocitoma, no carcinoma medular da tireoide, em adenomas hipofisários, na síndrome carcinoide, no carcinoma de células ilhotas do pâncreas e na neoplasia endócrina múltipla. O intervalo de referência habitualmente considerado para a medida no soro, é de 10 ng/mL a 50 ng/mL.

Antígenos Oncofetais

Algumas substâncias estão presentes em concentrações elevadas em tecidos embrionários e em concentrações baixas no indivíduo adulto hígido. Em pacientes com alguns tipos de câncer, estas substâncias podem reaparecer em elevados níveis na circulação, demonstrando que certos genes foram reativados ou desreprimidos, como decorrência da transformação neoplásica. São denominados antígenos oncofetais e os mais amplamente utilizados são o antígeno carcinoembriônico (CEA) e a alfafetoproteína (AFP).

Antígenos Carcinoembriônico (CEA)

Antígeno carcinoembriônico (CEA) pertence a uma família de glicoproteínas de membrana, com massa molecular variável, entre 150-300 kDa, em decorrência de existirem diferentes taxas de glicosilação. Foi identificado por Gold e Freeman, em 1965, como um antígeno expresso em cólon de fetos, mas ausente em cólon de indivíduos adultos saudáveis e em adenocarcinoma de cólon.

Sua concentração pode estar elevada em tumores do trato gastrointestinal como colorretal, estômago e pâncreas, e em outros tumores como de nasofaringe, pulmão, mama, útero, fígado, ovário e tireoide.

Algumas condições não neoplásicas podem se acompanhar de elevação do CEA como cirrose hepática, enfisema pulmonar, polipose retal, colite ulcerativa e doenças benignas de mama e em fumantes e, por esta razão, a medida do CEA não é indicada nem para diagnóstico primário nem para triagem na população em geral.

Uma utilidade relevante da medida do CEA se deve à sua capacidade prognóstica, sendo indicador de existência de metástase hepática e por ser um dos primeiros indicadores de recorrência. Os intervalos de referência são até 3 mg/mL para não fumantes e até 5 mg/mL para fumantes.

O antígeno carcinoembriônico está elevado em diversas neoplasias, sobretudo nas do trato gastrointestinal, mas também em câncer de pulmão, ovário, mama e útero. Níveis acima dos intervalos de referência podem ser observados em doenças não neoplásicas, como hipotireoidismo, cirrose hepática, obstrução biliar, pancreatite, enfisema e infecção pulmonar, doença inflamatória intestinal, diverticulite e polipose retal. Indivíduos fumantes possuem níveis de CEA significativamente mais elevados que não fumantes, pelo que intervalos de referência específicos são utilizados para cada uma destas situações.

A partir de 1965, vários estudos demonstraram que os cânceres de cólon continham um antígeno específico do tumor idêntico, ausente no tecido normal correspondente. Na sequência, ficou evidente que todos os adenocarcinomas humanos provenientes do epitélio do sistema digestivo derivado de forma entodermal continham o mesmo antígeno específico do tumor. Um constituinte similar foi encontrado em tecidos do sistema digestivo embrionário e fetal durante os primeiros 2 trimestres de gestação. Como este componente não pode ser detectado em qualquer outro tecido humano normal pelos métodos então utilizados, ele foi denominado antígeno carcinoembriônico do sistema digestivo humano. Com o desenvolvimento de métodos mais sensíveis, foram identificados componentes similares ao CEA em vários tecidos normais, em cânceres não-entéricos e em outros tecidos.

Dentre as utilidades da medida do CEA no soro de pacientes com câncer colorretal, podem ser referidas.

1. Previsão pré-operatória do estágio do tumor com base na concentração circulante - Se os níveis estiverem abaixo de 5 ng/mL no pré-operatório, observa-se, em geral, evolução mais favorável.
2. Prognósticos pós-operatórios baseados no padrão dos valores circulantes obtidos após a operação - Retorno de níveis elevados de CEA no pré-operatório para a faixa normal no período pós-operatório sugere a ressecção completa do tecido tumoral primário. O não retorno ao intervalo normal indica a presença de doença residual ou metastática.
3. Gerenciamento pós-operatório do paciente potencialmente curado - Medidas seriadas de CEA no pós-operatório podem ser usadas efetivamente como guia. Duas elevações sucessivas dos níveis de CEA em um paciente no qual os valores eram normais indicam recorrência do tumor. Determinações seriadas têm demonstrado ser o procedimento que permite, de forma sensível e precoce, a detecção de recorrência e sugerem a exacerbação do processo neoplásico em até 36 meses antes que a disseminação do tumor seja indicada pelo estado clínico do paciente. Essa observação serviu de base para a recomendação de cirurgia de segunda visão naqueles pacientes nos quais, mesmo na presença de achados clínicos negativos, as concentrações de CEA se tornem elevadas.
4. A medida da concentração de CEA pode ser usada como recurso para avaliar o sucesso ou fracasso da terapia utilizada em pacientes com doença recorrente ou metastática.

Alfafetoproteína (AFP)

Alfafetoproteína (AFP) é uma glicoproteína com peso molecular de 70 kDa, sintetizada pelo saco vitelino embrionário e pelo fígado durante o desenvolvimento embrionário, constituindo-se em uma das proteínas de mais elevada concentração nesta fase da vida. Sua síntese se reduz rapidamente após o nascimento, atingindo os níveis do adulto após 18 meses de idade.

Sua medida é utilizada com a finalidade de auxiliar no diagnóstico de tumores hepáticos, estando elevada em cerca de 80% dos tumores sintomáticos, mas se eleva, também, em neoplasias de células germinativas, não seminoma e coriocarcinoma, por exemplo. A concentração circulante deste marcador guarda certa relação com o tamanho da massa tumoral, sendo que, em geral, pacientes com hepatocarcinoma se apresentam com valores acima de 500 ng/mL.

Dessa forma, este marcador pode ser utilizado como indicador de prognóstico e para a monitorização de pacientes com hepatocarcinoma que foram submetidos à ressecção cirúrgica ou à quimioterapia. Níveis elevados após a cirurgia sugerem remoção incompleta do tumor ou a presença de metástases, e estão associados a menor tempo de sobrevida.

Uma causa fisiológica de elevação de alfafetoproteína é gravidez, na qual ocorre elevação gradual, atingindo pico de, aproximadamente, 500 ng/mL no terceiro trimestre.

Agressões ao parênquima hepático de quaisquer etiologias podem causar elevação nos níveis de AFP. Hepatite crônica, cirrose hepática, doença de Wilson, tirosinose hereditária e doença intestinal inflamatória também são causas relativamente comuns, mas, em geral, os níveis permanecem abaixo de 200 ng/mL. Tabagismo e etilismo também elevam os níveis séricos de AFP.

Sua medida é relevante na triagem em indivíduos com risco elevado de hepatocarcinoma, ou seja, em portadores crônicos dos vírus das hepatites B ou C e em pacientes com hemocromatose.

Antígenos carboidratados

Determinados antígenos presentes na superfície de células, atuando como receptores moleculares, têm sua concentração significativamente elevada na circulação sanguínea quando se instala um processo neoplásico. São exemplos os antígenos carboidratados CA 125, o CA 15-3 e o CA 19.9, os quais, por esta característica, podem ser utilizados como marcadores tumorais.

CA 15-3

Este marcador é expresso por uma variedade de adenocarcinomas, especialmente os associados à mama, sendo descrito estar aumentado em até 70% dos pacientes com câncer de mama metastático. Não é específico para o câncer de mama, pois está aumentado em outros processos neoplásicos como tumores de pulmão, ovário, colorretal e de fígado e em condições não neoplásicas, como na pancreatite, cirrose hepática e doenças benignas de mama. Ele é utilizado como marcador de resposta terapêutica e de progressão em metástase de carcinoma de mama, sendo que um aumento de 25% no nível sérico é interpretado como variação clinicamente significativa que se correlaciona com progressão da doença em 80% a 90% dos casos. Atualmente, é o marcador mais sensível utilizado na clínica, tendo substituído o CEA.

O tratamento com tamoxifeno, aumenta ligeiramente o CA 15-3. Há algumas evidências sugerindo que pacientes submetidos à angiografia retiniana com fluoresceína podem reter quantidades de fluoresceína no corpo por até 36 a 48 horas após o tratamento. Em pacientes com insuficiência renal, o tempo de retenção pode ser muito maior, o que pode ser causa de valores falsamente elevados. O valor de referência máximo é de 25 kU/L.

CA 125

O antígeno CA125 é uma glicoproteína do tipo mucina, expressa por tecidos derivados do epitélio celômico e é reconhecido pelo anticorpo monoclonal O CA125 obtido pela imunização de camundongos com a linhagem celular de carcinoma de ovário humano OVCA433 e é associado aos carcinomas de ovário e endométrio.

A sensibilidade diagnóstica do CA 125, assim como a da maioria dos marcadores tumorais, depende do estágio da doença, sendo referido estar entre 50% e 60%, no estadiamento

I, 90% no II, e acima de 90% nos estadiamentos III e IV.

Considerando a baixa sensibilidade diagnóstica nos estágios iniciais da doença, este marcador não é recomendado para programas de triagem populacional, no entanto, o Instituto Nacional do Câncer recomenda que mulheres com histórico familiar de câncer de ovário realizem exames ginecológicos, incluindo ultrassom pélvico e medida do CA125. As medidas devem ser realizadas a cada dois ou quatro meses após o tratamento pelos primeiros dois anos e caso ocorra elevação dos níveis após três ciclos de quimioterapia, é indicativo de pior prognóstico .

A maior indicação clínica para a medida do CA 125 é avaliar a resposta ao tratamento de câncer de ovário, mas a determinação pré-operatória pode ser útil no sentido de predizer se massas pélvicas são benignas ou malignas. Dada sua baixa sensibilidade, não deve ser utilizado como triagem para detecção primária de tumores ovarianos. Esse marcador é bastante útil para a monitoração tanto da evolução quanto da resposta terapêutica. Níveis superiores a 35 U/mL, após tratamento inicial, sugerem a presença de doença residual com 95% de acurácia e é observada elevação significativa de 2 a 12 meses, em média 3,6 meses, antes do aparecimento de qualquer evidência clínica de recorrência.

Uma aplicação prática importante deste marcador é quando da realização da segunda intervenção cirúrgica. Resultados falso-negativos ocorrem em cerca de 40% dos casos, ou seja, a concentração do marcador está dentro do intervalo de referência, mas a malignidade é demonstrada histologicamente. Por outro lado, resultados falso-positivos praticamente não são observados nessas circunstâncias.

Uma causa não neoplásica que se apresenta com elevação do CA 125 é a endometriose e este marcador tem sido utilizado como um auxiliar na avaliação da resposta ao tratamento. Resultados falso-positivos podem ser observados, também, em portadoras de cistos ovarianos, doença inflamatória pélvica, processos inflamatórios do cólon, hepatite e pancreatite crônicas. Derrame pleural ou pericárdio, doenças autoimunes e neoplasias pulmonares e de mama também podem causar elevação dos níveis da CA 125. Importante lembrar que, fisiologicamente, a concentração de deste marcador oscila com as fases do ciclo menstrual.

A medida do CA125 no soro é útil, principalmente, para monitorizar a resposta terapêutica, detectar precocemente a recorrência e distinguir massas pélvicas malignas das benignas. Uma rápida queda na concentração do CA125 durante a quimioterapia prediz um prognóstico favorável. A ocorrência de elevação da concentração do CA125 pode ser motivo para a realização de ultrassonografia transvaginal. A dosagem do CA 125 é eficaz para o acompanhamento das mulheres com câncer de ovário para caracterizar a progressão ou a recorrência, com sensibilidade e especificidade aproximadas de 80%, considerando o limite superior de referência de 35 U/mL, o que o torna pouco efetivo para ser utilizado em programas de triagem. Cerca de 20% dos cânceres de ovário têm pouca ou nenhuma expressão de CA125, sendo que outros recursos diagnósticos são necessários para detectar essa doença, principalmente em sua fase inicial.

Ainda que seja o teste "padrão-ouro" para a monitorização e acompanhamento de pacientes com câncer de ovário, o CA 125 apresenta limitações importantes, como não estar elevado em 105 a 20% das mulheres, a concentração circulante não se correlacionar com a massa tumoral e estar elevado em condições benignas, como endometriose, cisto hemorrágico do ovário, gravidez e doença inflamatória pélvica. Os intervalos de referência podem variar entre os laboratórios de 30 a 35 U/mL.

HE4

HE4 é uma proteína de baixo peso molecular, membro da família **W**hey **P**rotein **A**cidic de inibidores de protease. Como contém dois dos 4 domínios do núcleo dissulfito característico desta família é, por vezes, referida como proteína ácida quatro dissulfeto core 2 - WFDC2.

Primariamente, essa proteína é expressa e secretada em epitélios de tecidos genitais femininos normais, como trompas de falópio, endométrio e endocérvice e no epitélio respiratório. No carcinoma invasivo epitelial de ovário e no adenocarcinoma do pulmão a expressão do gene HE4 é desregulada, resultando em elevação nos níveis circulantes. Diferentemente do CA 125, o marcador HE4 não se eleva na endometriose, mas está alterado no câncer de endométrio.

Valores falsos, elevados ou reduzidos de HE4, como ocorre com o CA 125 e outros imunoensaios, podem ser observados em amostras contendo anticorpos humanos anticamundongo, dependendo da metodologia utilizada.

Não há correlação direta entre os níveis de HE4 e de CA 125, sugerindo que os marcadores são complementares e sua medida concomitante oferece aumento na sensibilidade diagnóstica. Vários estudos indicam que o HE4 possui maior poder de diferenciação do que o CA 125 entre indivíduos com doença ovariana benigna e câncer, mesmo nos estágios iniciais.

Levando em conta as características complementares dos destes marcadores, foi desenvolvido um parâmetro que otimizou a identificação de pacientes com massa pélvica. Foi estabelecido um algoritmo para avaliar o risco de malignidade de um processo ovariano que recebeu a sigla **ROMA**, significando Algoritmo de Risco de Malignidade Ovariana, do inglês **R**isk of **O**varian **M**alignancy **A**lgorithm.

A combinação estes dois marcadores eleva o índice de discriminação para mais de 91% e a adição de outros marcadores não melhorou a sensibilidade. Um índice ROMA, para mulheres na pré-menopausa, igual ou superior a 13,1% significa alto risco de existir câncer de ovário, e ROMA inferior a 13,1% indica baixo risco. Em pacientes pós menopausadas, um índice ROMA igual ou superior a 27,7% significa alto risco de ser câncer de ovário, e ROMA inferior a 27,7% indica baixo risco.

O algoritmo ROMA melhora a triagem de mulheres com massa pélvica com 80% de sensibilidade na especificidade de 90%, comparado com 61% e 78% para CA 125 e HE4 isolados, respectivamente. A eficiência é particularmente significativa em mulheres com doença no Estágio I, onde HE4 e CA 125 combinados possuem sensibilidade de 46% na especificidade de 90%, enquanto as sensibilidades do CA 125 e HE4 isolados são 23% e 46% respectivamente.

CA 19-9

Este antígeno é um glicolipídio derivado do sialil Le^{ax}, um antígeno do grupo sanguíneo. É reconhecido pelo anticorpo monoclonal SW-1116, desenvolvido em células de carcinoma de cólon humano.

Níveis elevados podem ser observados em adenocarcinoma de pâncreas, pulmão e gástrico, e em algumas doenças benignas como pancreatite e colecistite. Concentrações acima de 1000 U/mL são observadas em cerca de 35% dos pacientes com tumor de pâncreas irressecável, fazendo com que este marcador seja utilizado como um dos critérios para a escolha do tratamento.

Este marcador é utilizado na identificação precoce de recorrência dos tumores colorretal e pancreático, sendo que níveis elevados indicam recorrência de um a sete meses antes de o tumor ser detectável por exames clínicos ou de imagem.

É um antígeno relacionado a tumores malignos do trato gastrointestinal, sobretudo os de pâncreas e vias biliares. Em pacientes com câncer colorretal, em geral, a medida é realizada em associação com a do antígeno carcinoembriônico, aumentando a sensibilidade da detecção de recidivas após o tratamento.

Níveis pouco aumentados deste marcador podem estar associados a doenças benignas do trato digestivo, como pancreatite, colecistite aguda, cálculos biliares, colite ulcerativa e doença inflamatória intestinal. Cirrose hepática, independente da causa e icterícia também são acompanhadas de elevação dos níveis de CA 19.9. O intervalo de referência é até 37 U/mL.

Marcadores para câncer de bexiga

Diferentemente dos marcadores anteriormente descritos, a pesquisa ou a medida dos marcadores relacionados ao câncer de bexiga não são realizadas no soro, mas na urina e, por esta razão, não se enquadram exatamente entre os marcadores tumorais circulantes, mas pela sua importância e utilidade clínicas, não poderiam deixar de ser tratados neste capítulo. O padrão ouro para diagnóstico dos tumores de bexiga continuam sendo a cistoscopia e a citologia oncótica urinária, mas os marcadores contribuem de forma significativa para a monitorização dos pacientes e redução da necessidade de procedimentos invasivos.

Proteína de Membrana Nuclear (NMP-22)

Proteína de membrana nuclear (Nuclear Membrane Protein – NMP-22) quantifica uma proteína nucleica do aparelho mitótico, cuja matriz é super expressada pelas células tumorais da bexiga e liberada na urina, por técnica de imunoensaio. Estudos clínicos têm evidenciado que, quando o teste é realizado de 6 a 40 dias após a cirurgia, níveis elevados são capazes de predizer a recorrência em cerca de 70% dos pacientes enquanto níveis dentro do intervalo de referência são observados em 86% dos indivíduos que não apresentarão recorrência. Sua sensibilidade e especificidade para o diagnóstico desta neoplasia oscilam entre 47% e 100% e 60% e 90%, respectivamente. Para a detecção de recorrência, a sensibilidade é em torno de 50% a 56% e resultados falso positivos podem ser obtidos na presença de inflamações do trato genitourinário, de hematúria ou cirurgia recente de bexiga urinário ou até mesmo após cistoscopias.

Antígeno tumoral associado ao tumor de bexiga (BTA STAT)

Antígeno tumoral associado ao tumor de bexiga (*Bladder Tumor Associated Antigen* – BTA STAT) – o antígeno associado aos tumores de bexiga denominado BTA STAT corresponde ao fator H do complemento ou às proteínas a ele relacionadas. O teste é baseado em ensaio imunocromatográfico e fornece resultado semiquantitativo do fator H e das proteínas relacionadas. Apesar de ser um teste rápido, que pode ser realizado à beira do leito, pode fornecer resultados heterogêneos com 57-83% de sensibilidade e 60-92% de especificidade. A taxa de resultados falso positivos chega a 80% quando coexistem processos inflamatórios do trato urinário, litíase, hematúria ou em pacientes que tenham sido submetidos à cirurgia de bexiga recentemente.

Antígeno Tumoral Associado ao Tumor de Bexiga (BTA TRAK)

Antígeno tumoral associado ao tumor de bexiga (*Bladder Tumor Associated Antigen* – BTA TRAK) – esse exame detecta os mesmos antígenos identificados pelo BTA STAT, mas por ensaio imunoenzimático, sendo, portanto, quantitativo.

Também neste teste são encontradas elevadas taxas de resultados falso-positivos em pacientes com doenças gênito-urinárias não neoplásicas, como glomerulonefrite, calculose urinária, infecções geniturinárias, hematúria e cirurgia vesical recente.

Urovysion

Urovysion é um teste de imunofluorescência (**F**luorescent **I**n-**S**itu **H**ybridization - FISH) que identifica aneuploidias dos cromossomos 3, 7 e 17 ou a perda do 9p21, alterações frequentemente encontradas em células dos carcinomas transicionais. Sua sensibilidade é referida ser de 70% e especificidade de 80%. Tem excelente desempenho em antever recidiva tumoral, com taxa de acerto de até 85%, mas é um teste caro, examinador dependente, com poucos profissionais capacitados para realizá-lo e que requer instalações laboratoriais especializadas.

Immunocyt

Immunocyt também é um ensaio de imunofluorescência (FISH) para a detecção de antígenos tumorais vesicais, com sensibilidade que varia entre 50% e 100% e especificidade entre

69% e 79%, com bom desempenho para o diagnóstico de tumores de baixo grau, os quais dificilmente são detectados com outros métodos. Este teste possui elevada taxa de resultados falso positivos na presença de hiperplasia benigna prostática e processos infecciosos e inflamatórios de bexiga, além de requere alguma expertise laboratorial.

CASO CLÍNICO

▪ Caso 1

Paciente A.I.S., do sexo masculino, com 60 anos de idade.

História pregressa da moléstia atual: Paciente refere ter a sensação de não esvaziamento completo da bexiga e notou aumento na frequência das micções nos últimos cinco meses. Nega redução do jato urinário e dor ao urinar. Não observou nenhuma alteração no aspecto da urina.

Antecedentes pessoais: Sem outras queixas.

Hábitos alimentares: Nada digno de nota. Hábito alimentar regular, sem restrições específicas. Peso corporal mantido há vários anos.

Antecedentes familiares: Refere que o pai teve um problema na próstata quando tinha 64 anos de idade, mas não sabe referir exatamente o diagnóstico. Sabe que, na ocasião, o pai foi operado e, aparentemente, ficou curado, vindo a falecer aos 79 anos de idade em decorrência de infarto agudo do miocárdio. Possui um irmão mais velho e dois mais novos, sem queixas.

Exame físico: Paciente bem, corado, hidratado, acianótico, anictérico, sem queixas além das já referidas. Propedêuticas cardíaca, pulmonar e abdominal normais. Pressão arterial 125/85 mmHg, frequência cardíaca 83 batimentos por minuto, frequência respiratória 28 inspirações por minuto. Todos os pulsos são palpáveis. Exame digital retal – próstata aumentada, tecido fibroelástico, percebido nódulo endurecido em base direita.

Hipóteses diagnósticas: Hiperplasia benigna da próstata e adenocarcinoma da próstata.

Diagnóstico diferencial: Hiperplasia benigna da próstata e adenocarcinoma da próstata

Exames solicitados:

Exame	Parâmetro	Resultado	Intervalo de referência
Hemograma	Eritrócitos	4,7	4,3 a 5,7 milhões/mm^3
	Hemoglobina	13,5	11,0 a 14,0 g/dL
	Leucócitos	7.300	3.500 a 10.500 mm^3
	Plaquetas	350 mil	150 mil a 450 mil/mm^3
Antígeno prostático específico (PSA)	Total	7,3	Desejável – abaixo de 2,5 ng/mL
	Fração livre	0,90	0,6 ng/mL
	Relação Livre/Total	12,3%	< 15% sugestivo de neoplasia

Rotina de urina	Glicose	Negativa	Negativa
	Proteínas	Inferior a 0,05	Inferior a 0,05 g/L
	Hemoglobina	Negativa	Negativa
	Nitrito	Negativa	Negativa
	Esterase leucocitária	Negativa	Negativa
	Leucócitos	5.000	< 10.000
	Hemácias	3.000	< 5.000
	Bactérias	Ausentes	Ausentes
Ultrassom pélvico	Laudo anexo		

Laudo do ultrassom pélvico: Próstata aumentada, pesando 45 gramas, tecido heterogêneo em base direita.

Objetivos da investigação diagnóstica: Considerando a história familiar e a queixa pessoal, as hipóteses diagnósticas se restringem à doença prostática. Hiperplasia benigna da próstata ou adenocarcinoma da próstata, que é a neoplasia mais frequente desta glândula. A investigação para esclarecimento diagnóstico inclui o exame digital retal, o ultrassom e a medida do antígeno prostático específico total, sua fração livre e o cálculo da relação PSA livre/PSA total. O exame de urina de rotina está indicado para excluir eventual infecção urinária paucissintomática.

Qual a sua discussão sobre este caso?

Bibliografia consultada

1. Abelev GI, Perova SD, Khrankova NI, Postnikova ZA, Irlin IS - Production of embryonal alfa-globulins by transplantable mouse hepatomas. Transplantation. 1963;1:174-80.
2. Andriole GL, Crawford ED, Grubb 3rd, Buys SS, Chia D, Church TR, et al. - Prostate Cancer Screening in the Randomized Prostate, Lung, Colorectal, and Ovarian Cancer Screening Trial: Mortality Results after 13 Years of Follow-up. J Natl Cancer Inst. 2012;104(2):125-32. https://doi.org/10.1093/jnci/djr500.
3. Bahar B, Ashkan HB, Amin AM, Jaleh H, Kayvan A, Mahsa S, et al. - The effect of cystoscopy on PSA levels in patients with urologic diseases. Int J Nephrol Urol. 2010;2:251-4.
4. Baylin SB, Mendelsohn G - Ectopic (inappropriate) hormone production by tumors: mechanisms involved and the biological and clinical implications. Endocrin Rev. 1980;1:45.
5. Bigbee W, Herberman RB - Tumor markers and immunodiagnosis. In: Kufe DW, Pollock RE, Weichselbaum RR, Bast RC, Gansler TS, Holland JF, editors. Cancer Medicine. Hamilton, ON: BC Decker. 2003. p. 209–20.
6. Biomarkers Definition Working Group Biomarkers and surrogate endpoints: preferred definitions and conceptual framework. Clin Pharmacol Therapeutics. 2001;69:89–95.
7. Boscato LM, Stuart MC - Heterophilic Antibodies: a Problem for all Immunoassays. Clin Chem. 1988;34(1):27-33.
8. Bouchard D, Morisset D, Bourbonnais Y, Tremblay GM - Proteins with whey-acidic-protein motifs and cancer. Lancet Oncol. 2006;7:167-74.
9. Carter HB, Ferrucci L, Kettermann A, Landis P, Wright EJ, Epstein JI, et al. -Detection of life-threatening prostate cancer with prostate-specific antigen velocity during a window of curability. J Natl Cancer Inst. 2006;98(21):1521-7.
10. Catalona WJ, Partin AW, Sanda MG, Wei JT, Klee GG, Bangma CH, et al. - A multicenter study of [-2] pro-prostate-specific antigen combined with prostate specific antigen and free prostate specific antigen for prostate cancer detection in the

2.0 to 10.0 ng/ml prostate specific antigen range. J Urol. 2011;185(5):1650-5. doi: 10.1016/j.juro.2010.12.032.
11. Catalona WJ, Richie JP, Kernion JB, Ahmann FR, Ratliff TL, Dalkin BL et al. Comparison of Prostate Specific Antigen Concentration Versus Prostate Specific Antigen Density in the Early Detection of Prostate Cancer: Receiver Operating Characteristic Curves. The Journal of Urology. 1994; 152(6) Part 1:2031-6. https://doi.org/10.1016/S0022-5347(17)32299-1
12. Catalona WJ, Smith DS, Ornstein DK - Prostate Cancer Detection in Men With Serum PSA Concentrations of 2.6 to 4.0 ng/mL and Benign Prostate Examination Enhancement of Specificity With Free PSA Measurements JAMA. 1997;277(18):1452-1455. doi:10.1001/jama.1997.03540420048028
13. Cecil Goldman L, Ausiello D - Tratado de medicina interna. In: Cooper DL. Marcadores tumorais. v. 2. 22a ed. Rio de Janeiro: Elsevier; 2005:1309-312.
14. Chan DW, Ie-Ming Shih, Sokoll LJ, Bast RC JR - National Academy of Clinical Biochemistry Guidelines for the Use of Tumor Markers in Ovarian Cancer. NACB: Practice Guidelines And Recommendations For Use Of Tumor Markers In The Clinic Ovarian Cancer (Section 3E). 2006, 1-21. Disponível em: http://www.aacc.org.
15. Chan DW, Kelsten M, Rock R, Bruzek D - Evaluation of a monoclonal immunoenzymometric assay for alpha-fetoprotein. Clin Chem 1986; 32(7).
16. Chan DW, Stewart S - Tumor Markers. Chapter 21 pg.390-413 In: Tietz fundamentals of clinical chemistry / [editado por] Carl A. Burtis, Edward R. Ashwood; consulting editor, Barbara Border. 5th ed. Philadelphia: W.B. Saunders, p1091, 2001.
17. Chan DW, and Schwartz M - Tumor markers: Introduction and general principles, in Tumor Markers: Physiology, Pathobiology, Technology, and Clinical Applications (Diamandis, EP, Fritsche, H, Jr, Lilja, H, Chan, DW, and Schwartz, M, eds.) 2002. pp.9– 18, AACC Press, Washington, D. C.
18. Clamp JR - Some aspects of the first recorded case of multiple myeloma. Lancet. 1967; ii:1354-56.
19. Dalrymple J. On the microscopic character of mollities ossium. Dublin Q J Med Sci. 1846;2:85-95.
20. Demir K, Tarhan F, Orçun A, Aslan H, and Türk A - Effects of ejaculation on serum prostate-specific antigen levels. Turk J Urol. 2014 Mar;40(1):40-5. doi: 10.5152/tud.2014.03704 PMCID: PMC4548632.
21. Diamandis EP - Tumor markers: Past, present, and future, inTumor Markers: Physiology, Pathobiology, Technology, and Clinical Applications (Diamandis, EP, Fritsche, H, Jr, Lilja, H, Chan, D, and Schwartz, M, eds.) 2002. pp.3– 8, AACC Press, Washington, D. C.
22. Drapkin R, von Horsten HH, Lin Y, Mok SC, Crum CP, Welch WR, et al. - Human Epididymis Protein 4 (HE4) is a secreted glycoprotein that is over expressed by serous and endometrioid ovarian carcinomas. Cancer Res. 2005; 65(6):14.
23. Duffy MJ, Bonfrer JM, Kulpa J, Rustin GJ, Soletormos G, Torre GC, et al. - CA 125 in ovarian cancer European Group on Tumor Markers guidelines for clinical use. Int J Gynecol Cancer. 2005;15:679-91.
24. Duffy MJ, Esteva FJ, Harbeck N, Molina R, Hayes DF - National Academy of Clinical Biochemistry Guidelines for the Use of Tumor Markers in Breast Cancer. NACB: Practice Guidelines and Recommendations for Use of Tumor Markers in the Clinic Breast Cancer (Section 3F). 2006;1-26. Disponível em: http://www.aacc.org.
25. Early Breast Cancer Trialists' Collaborative Group - Systemic treatment of early breast cancer by hormonal, cytotoxic, or immune therapy: 133 randomised trials involving 31,000 recurrences and 24,000 deaths among 75,000 women. Lancet. 1992;339:1-15.
26. Early Breast Cancer Trialists' Collaborative Group - Tamoxifen for early breast cancer: An overview of the randomized trials. Lancet. 1998;351:1451-67.
27. Final Recommendation Statement: Screening for Prostate Cancer. U.S. Preventive Services Task Force. May 2018. https://www.uspreventiveservicestaskforce.org/Announcements/News/Item/final-recommendation-statement-screening-for-prostate-cancer
28. Fossati N, Lazzeri M, Haese A, McNicholas T, de la Taille A, Buffi NM, et al. - Clinical performance of serum isoform [-2] proPSA (p2PSA), and its derivatives %p2PSA and the Prostate Health Index, in men aged <60 years: results from a multicentric European study. BJU Int. 2015;115(6):913-20.
29. Fritsche HA, H. Barton Grossman HB, Lerner SP, Sawczuk I - National Academy of Clinical Biochemistry Guidelines for the Use of Tumor Markers in Bladder Cancer. NACB: Practice Guidelines and Recommendations for Use of Tumor Markers in the Clinic Bladder Cancer (3H). 2006, 1-17. Disponível em: http://www.aacc.org.
30. Fuks A, Banjo C, Shuster J, Freedman SO, and Gold P - Carcinoembryonic antigen (CEA): molecular biology and clinical significance. Biochim Biophys Acta. 1975;417:123-52.

31. Geurts-Moespot J, Leake R, Benraad TJ, and Sweep CG - Twenty years of experience with the steroid receptor external quality assessment program - the paradigm for tumour biomarker EQA studies. On behalf of the EROTC Receptor and Biomarker Study Group. Int J Oncol. 2000;17:13-22.
32. Gofrit ON, Pode D, Lazar A, Katz R, Shapiro A - Watchful waiting policy in recurrent Ta G1 bladder tumors. Eur Urol. 2006;49:303–7.
33. Gofrit ON, Zorn KC, Silvestre J, Shalhav AL, Zagaja GP, Msezane LP, Steinberg GD - The predictive value of multi-targeted fluorescent in-situ hybridization in patients with history of bladder cancer. Urol Oncol 2008; 26:246-9.
34. Gold P, and Freedman SO - Demonstration of tumor-specific antigens in human colonie carcinomata by immunological tolerance and absorption techniques. J Exp Med. 1965;121:439-62.
35. Gold P, and Freedman SO - Specific carcinoembryonic antigens of the human digestive system. J Exp Med. 1965;122:467-81.
36. Gorp TV, Cadron I, Despierre E, Daemen A, Leunen K, Amant F, et al. - HE4 and CA125 as a diagnostic test in ovarian cancer: prospective validation of the Risk of Ovarian Malignancy Algorithm. British Journal of Cancer 2011; 104: 863 – 70.
37. Gritting G, and Vaitukaitis - Hormone-secreting tumors. In: S. Sell (ed.). Cancer Markers, pp. 169-190. Clifton, N.J.: Humana Press Inc. 1980.
38. Grossman HB, Messing E, Soloway M, Tomera K, Katz G, Berger Y, Shen Y - Detection of bladder cancer using a point-of-care proteomic assay. JAMA 2005; 293:810-6.
39. Grossman HB, Soloway M, Messing E, Katz G, Stein B, Kassabian V, et al. - Surveillance for recurrent bladder cancer using a point-of-care proteomic assay. JAMA 2006; 295:299-305.
40. Guazzoni G - Prostate-specific antigen (PSA) isoform p2PSA significantly improves the prediction of prostate cancer at initial extended prostate biopsies in patients with total PSA between 2.0 and 10 ng/ml: results of a prospective study in a clinical setting. Eur Urol. 2011;60(2):214-22. doi: 10.1016/j.eururo.2011.03.052.
41. Hajdinjak T - UroVysion FISH test for detecting urothelial cancers: meta-analysis of diagnostic accuracy and comparison with urinary cytology testing. Urol Oncol 2008; 26:646-51.
42. Herschman J, Smith D, Catalona W - Effect of ejaculation on serum total and free prostate specific antigen concentrations. Urology. 1997;50:239-43.
43. Hori S, Blanchet, JS, McLoughlin J - From prostate-specific antigen (PSA) to precursor PSA (proPSA) isoforms: a review of the emerging role of proPSAs in the detection and management of early prostate cancer. BJU Int. 2013;112:717–28.
44. Ismail AAA, Walker PL, Cawood ML, Barth JH - Interference in immunoassay is an underestimated problem. Ann Clin Biochem. 2002;39:366-73.
45. Izawa JI, Klotz L, Siemens DR, Kassouf W, So A, et al. - Prostate cancer screening: Canadian guidelines 2011. Can Urol Assoc J. 2011;5:235–40.
46. Jones HB - On a new substance occurring in the urine of a patient with mollities ossium. Philos Trans R Soc London. 1848; 138:55-62.
47. Kahler O - Zur Symptomatologii des multiplen Myleoms; Beobachtung von Albumosurie. Prager Medicinische Wochenschrift. 1889; 14:45.
48. Khan MA, Partin AW, Rittenhouse HG, Mikolajczyk SD, Sokoll LJ, Chan DW et al. - Evaluation of prostate specific antigen for early detection of prostate cancer in men with a total prostate specific antigen range of 4.0 to 10.0 ng/ml. J Urol. 2003;170:723–6.
49. Klijn JGM, Berns EMJJ, and Foekens JA - Prognostic and predictive factors and targets for therapy in breast cancer, in Breast Cancer: Prognosis, Treatment and Prevention (Pasqualini JR, ed.) 2002. pp.93-124, Marcel Dekker, New York.
50. Lange PH, Mclntire KR, Waldman TA, Hokala TR, and Froley EE - Serum alphafetoprotein and human chorionic gonadotropin in diagnosis and management of nonseminomatous germ-cell testicular cancer. N Engl J Med. 1976;295:1237-40.
51. Lau CK, Guo M, Viczko JA, Naugler CT - A population study of fasting time and serum Prostate-Specific Antigen (PSA) level. Asian J Androl. 2014;16:740–4.
52. Lazzeri M, Abrate A, Lughezzani G, Gadda GM, Freschi M, Mistretta F, et al. - Relationship of chronic histologic prostatic inflammation in biopsy specimens with serum isoform [−2] proPSA (p2PSA), %p2PSA, and prostate health index in men with a total prostate-specific antigen of 4–10 ng/ml and normal digital rectal examination. Urology. 2014;83: 606-12.
53. Lazzeri M, Haese A, Abrate A, de la Taille A, Redorta JP, McNicholas T, et al. - Clinical performance of serum prostate-specific antigen isoform [−2] proPSA (p2PSA) and its derivatives, %p2PSA and the prostate health index (PHI), in men with a family history of prostate cancer: results from a multicentre European study, the PROMEtheuS project. BJU Int. 2013;112:313.
54. Lechevallier E, Eghazarian C, Ortega JC, Roux F, Coulange C - Effect of digital rectal examination on serum complexed and free prostate-specific

antigen and percentage of free prostate-specific antigen. Urology. 1999;54(5):857-61.

55. Link RE, Shariat SF,Nguyen CV, Farr A, Weinberg AD, Morton RA, et al. - Variation in prostatic specific antigen results from 2 different assay platforms: clinical impact on 2304 patients undergoing prostate cancer screening. J Urol. 2004;171(6): 2234-8.
56. Loeb S and Catalona WJ - The Prostate Health Index: a new test for the detection of prostate cancer. Ther Adv Urol. 2014;6(2):74–7. doi: 10.1177/1756287213513488.
57. Lokich JJ - Tumor markers: hormones, antigens and enzymes in malignant disease. Oncology (Basel). 1978;35:54-7.
58. Macintyre W - Case of mollities and fragilitas ossium, accompanied with urine strongly charged with animal matter. Med-Chir Trans. 1850;33:211-32.
59. Marks V - False-Positive Immunoassay Results: A Multicenter Survey of Erroneous Immunoassay Results from Assays of 74 Analytes in 10 Donors from 66 Laboratories in Seven Countries. Clin Chem. 2002;48(11):2008-16.
60. Metz SA, Weintraub B, Rose SW, Singer J, and Robertson RP - Ectopic secretion of chorionic gonadotropin by a lung carcinoma. Pituitary gonadotropin and subunit secretion and prolonged chemotherapeutic remission Am J Med. 1978;65:325-33.
61. Mian C, Pycha A, Wiener H, Haitel A, Lodde M, Marberger M - Immunocyt: a new tool for detecting transitional cell cancer of the urinary tract. J Urol 1999; 161:1486-9.
62. Moyer VA - Screening for Prostate Cancer: U.S. Preventive Services Task Force Recommendation Statement. http://annals.org/aim/article/1216568/screening-prostate-cancer-us-preventive-services-task-force-recommendation.
63. Netto NR, Apuzzo F, Andrade E, Srulzon GB, Cortado PL, Lima ML - The effects of ejaculation on serum prostate specific antigen. Journal of Urology. 1996;155:1329-31.
64. Olsson H, Zackrisson B - ImmunoCyt a useful method in the follow-up protocol for patients with urinary bladder carcinoma. Scand J Urol Nephrol 2001; 35:280- 2.
65. Ong M, Mandl KD - Trends in prostate-specific antigen screening and prostate cancer interventions 3 years after the U.S. Preventive Services Task Force recommendation. Ann Intern Med. 2017; 166:451-2.
66. Proceedings of the international conference on the clinical uses of carcinoembryonic antigen. Lexington 1977. Cancer (Phila.). 1978;42(Suppl. 3): 1397-1600.
67. Rajaei M, Momeni A, Kheiri S, and Ghaheri H - Effect of ejaculation on serum prostate specific antigen level in screening and non-screening population. J Res Med Sci. 2013 May;18(5):387-90. PMCID: PMC3810571
68. Ravdin PM, Green S, Dorr TM, McGuire WL, Fabian C, Pugh RP et al. - Prognostic significance of progesterone receptor levels in estrogen receptor-positive patients with metastatic breast cancer treated with tamoxifen: Results of a prospective Southwest Oncology Group study. J Clin Oncol. 1992;10:1284-91.
69. Ress LH - Hormone production by tumors. Antibiot Chemother. 1978;22:161-5.
70. Richardson RL, Greco FA, Oldham RK, and Liddle GW - Tumor products and potential markers in small cell lung cancer. Semin Oncol. 1978;5:253-62.
71. Rodrigues-Rubbio FI, Robles JE, Gonzalez A, Arocena J, Sanz G, Díez-Caballero F, et al. - Effect of digital rectal examination and flexible cystoscopy on free and total prostate-specific antigen, and the percentage of free prostate-specific antigen differences between two PSA assays. Euro Urol. 1998;33(3):255-60.
72. Saglam HS, Köse O, Özdermir F, and Adsan Ö - Effect of heamolysis on prostate-specific antigen. ISRN Urology. 2012. Disponível em http://dx.doi.org/10.5402/2012/729821.
73. Schröder FH, and Bangma CH - The European Randomized Study of Screening for Prostate Cancer (ERSPC) British J Urology. 1997;79Suppl. 1:68- 71.
74. Schröder FH, Hugosson J, Roobol MJ, Tammela TJ, Zappa M, et al - ERSPC Investigators. Screening and prostate cancer mortality: results of the ERSPC at 13 years of follow-up. Lancet. 2014;384:2027-2035.
75. Sidransky D - Emerging molecular markers of cancer. Nat Rev Cancer. 2002;2(3):210-9.
76. Singh I, Prasad R, Agarwal V, and Tripathi RL - Does Rigid Cystoscopy Affect the Total Serum Prostate-Specific Antigen Levels? Indian J Surg. 2015 Dec; 77(Suppl 2): 365-9. Published online 2013 Feb 15. doi: 10.1007/s12262-013-0844-1 MCID: PMC4692892
77. Tarhan F, Demir K, Orçun A, and Madenci OC - Effect of ejaculation on Serum Prostate-Specific Antigen concentration. Int Braz J Urol. 2016 May-Jun; 42(3):472–478. doi: 10.1590/S1677-5538.IBJU.2015.0116 PMCID: PMC4920563.
78. Tate J, Ward G - Interferences in Immunoassay. Clin Biochem Rev. 2004;105-20.

79. Tchetgen MB, Song JT, Strawderman M, Jacobsen SJ, Oesterling JE - Ejaculation increases the serum prostate-specific antigen concentration. Urology. 1996;47:511–6.
80. Terry WD, Henkart PA, Coligan JE, and Todd CW - Carcinoembryonic antigen: characterization and clinical applications. Transplant Rev. 1974;20:100-29.
81. Tuncel A, Aksut H, Agras K, Tekdogan U, Ener K, Atan A - Is serum prostate-specific antigen level affected by fasting and nonfasting? Urology. 2005;66:105–7.
82. Vieira JGH - Avaliação dos Potenciais Problemas Pré-analíticos e Metodológicos em Dosagens Hormonais. Arq Bras Endocrinol Metab. 2002;46(1):9-15.
83. von Rustizky, J - Multiples myelom. Deutsche Zeitschrift für Chirurgie. 1873;3, 162 –172.
84. Vriesema JL, Atsma F, Kiemeney LA, Peelen WP, Witjes JA, Schalken JA - Diagnostic efficacy of the ImmunoCyt test to detect superficial bladder cancer recurrence. Urology 2001; 58:367-71.
85. Wang W, Wang M, Wang L, Adams TS, Tian Y & Xu J - Diagnostic ability of %p2PSA and prostate health index for aggressive prostate cancer: a meta-analysis. Scientific reports 2014 | 4: 5012 |DOI:10.1038/srep05012.
86. Wilder RM, Allan FN, Power MH, Robertson HE – Carcinoma of the islands of the pancreas: hyperinsulinism and hypoglycemia. JAMA 1927;89:348-54.
87. Wu JT - Circulating Tumor Markers: Basic Concepts and Clinical Applications. Chapter 30 pg 604-616 In: Bishop ML, Fody EP, Schoeff L: Clinical Chemistry. Principles, Procedures, Correlations. 5th ed. Philadelphia, Lippincott Williams & Wilkins, pp. 730, 2005.
88. Xylinas E, Kluth LA, Rieken M, Karakiewicz PI, Lotan Y, Shariat SF - Urine markers for detection and surveillance of bladder cancer. Urol Oncol. 2014; 32(3):222-9.
89. Yoder BJ, Skacel M, Hedgepeth R, Babineau D, Ulchaker JC, Liou LS, et al. Reflex UroVysion testing of bladder cancer surveillance patients with equivocal or negative urine cytology: a prospective study with focus on the natural history of anticipatory positive findings. Am J Clin Pathol 2007

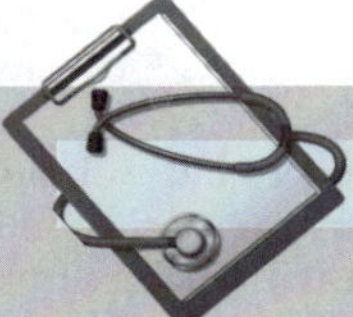

DISCUSSÃO DO CASO CLÍNICO

Caso 1

A história familiar não é conclusiva sobre a existência de antecedente familiar positivo. O exame físico não ofereceu nenhuma informação relevante e a queixa sugere a existência de um processo obstrutivo de via urinária baixa, possivelmente por aumento do volume prostático. O exame digital retal indica alterações na consistência do tecido prostático, sugestivo de processo neoplásico.

O ultrassom pélvico evidencia alterações no tamanho e textura, evidenciando heterogeneidade do tecido prostático.

Os dados laboratoriais excluem infecção urinária e sugerem o diagnóstico de adenocarcinoma prostático, caracterizado pela elevação do PSA total e da redução da relação PSA livre/ PSA total abaixo de 15%.

A partir destes dados, foi solicitada biópsia prostática transretal guiada por ultrassom, cujo laudo foi o seguinte:

Laudo da biopsia: examinados 12 fragmentos de tecido prostático, sendo observados dois com acometimento compatível com adenocarcinoma em cerca de 50% da lâmina. Escore de Gleason = 6.

Diagnóstico: A somatória das informações obtidas permite o diagnóstico de adenocarcinoma prostático localizado na glândula, sem comprometimento da cápsula.

Conduta terapêutica e evolução do caso:

O médico do paciente discorreu sobre a existência de câncer e a possibilidade de uma cirurgia que poderia ser curativa. Informou sobre os potenciais riscos do procedimento, tais como incontinência urinária e distúrbios de ereção.

Após a extensa explicação sobre as opções terapêuticas possíveis e, considerando o nível de conscientização do paciente, o médico e o paciente chegaram ao consenso de instituir vigilância ativa, agendando nova avaliação clínica e laboratorial para três meses.

Sepse 24

Hugo Caire de Castro Faria Neto
Letícia Coelho Bortoni
Marcelo Gomes Granja

Introdução e definições

A sepse é um dos maiores problemas da medicina, sendo a principal responsável pela mortalidade de pacientes internados em unidades de terapia intensiva em todo mundo e uma das principais causas de morte por doenças em geral (Figura 24.1). Devido à complexidade da sua fisiopatologia, o envolvimento de diversos órgãos e sistemas, sua frequente associação com outras comorbidades e o acometimento mais frequente de pacientes com idade avançada, a sepse apresenta-se como um grande desafio terapêutico e impacta de maneira aguda e, também no longo prazo, sobre a qualidade de vida dos pacientes acometidos.

Milhões de pessoas são afetadas pela sepse todos os anos no mundo e aproximadamente 1 em cada 4 pacientes, e as vezes mais do que isso, morrem. O diagnóstico precoce e a implementação terapêutica imediata são os fatores mais importantes para aumentar a possibilidade de desfecho favorável.

A sepse não é uma doença específica, mas, na verdade, uma síndrome de fisiopatologia complexa e ainda não completamente esclarecida. O termo sepse já foi utilizado em contexto médico há mais de 2000 anos, mas somente em 1992 uma definição clínica de consenso foi formulada estabelecendo que a sepse seria a resposta inflamatória sistêmica causada por uma infecção. Em 2016, entretanto, uma nova definição foi proposta após uma reunião de consenso entre especialistas, e a sepse passou a ser definida como uma disfunção de órgãos que ameasse a vida, causada por uma resposta desregulada do hospedeiro à infecção. A disfunção de órgãos seria definida por um sistema de avaliação e pontuação chamado SOFA (*Sequential Organ Failure Assessment*) ou sua versão simplificada o *Quick*-SOFA (ver abaixo). O choque séptico também foi definido nesta reunião de consenso como sendo um subtipo de sepse no qual as anormalidades circulatórias, celulares e metabólicas são profundas o suficiente para causar um aumento substancial da mortalidade.

Epidemiologia

Estima-se que entre 20 e 30 milhões de pacientes desenvolvam sepse a cada ano. Desse total, 5.3 milhões evoluem para o óbito hospitalar. Além disto, 50% das mortes que ocorrem no intervalo de um ano após uma internação por sepse está relacionada a complicações causadas por esta síndrome. Como se não bastasse, 1/6 dos pacientes que sobrevivem a sepse desenvolvem deterioração persistente da condição física e/ou cognitiva, diminuindo de maneira impor-

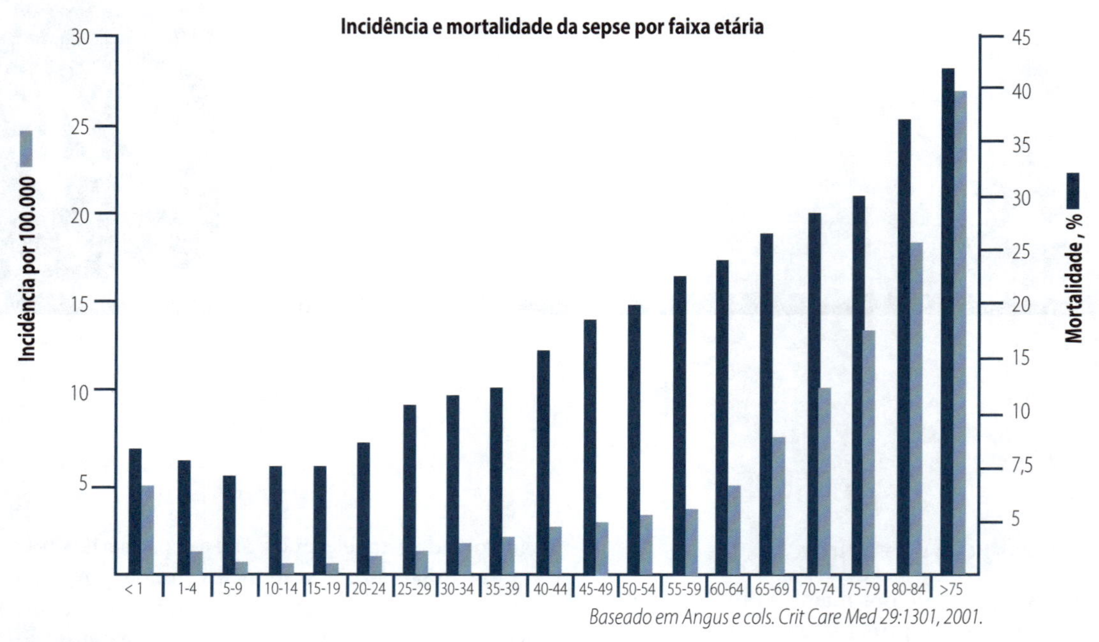

FIGURA 20.1 – Incidência e mortalidade na sepse por faixa etária. Adaptado de Angus e colaboradores, 2001.

tante a qualidade de vida desses sobreviventes. Os custos associados ao tratamento da sepse giram em torno dos 17 bilhões de dólares anuais, e sua incidência cresce numa taxa de 1,5% ao ano segundo estimativas recentes (Box 24.1). Em torno de 56% dos pacientes com sepse tem idade igual ou superior a 65 anos, sendo a sepse, portanto, uma síndrome que afeta principalmente pacientes idosos. Uma outra população bastante afetada pela sepse são os neonatos. Em dados relativos aos Estados Unidos ocorrem aproximadamente 1 caso de sepse a cada 1000 nascimentos vivos com menos de 72h de idade. Este número sobe para 30.8 por 1.000 nascimentos vivos se considerarmos a população com até 3 meses de idade. Assim sendo, a sepse na verdade é uma síndrome que incide principalmente sobre os indivíduos nos extremos da vida (Figura 24.1).

Box 24.1 – Por que a incidência da sepse está aumentando?

- Envelhecimento da população
- Maior atenção ao diagnóstico
- Maior número de pacientes imunocomprometidos
- Utilização mais frequente de métodos invasivos
- Aumento da resistência bacteriana
- Doenças emergentes e reemergentes

Fisiopatologia da sepse

O desequilíbrio homeostático do hospedeiro promovido pela sepse tem forte envolvimento do sistema imunológico e suas respostas celular e molecular. O sistema imune inato desempenha um papel inicial na resposta à invasão dos tecidos por patógenos. A imunidade inata é conhecida como a primeira linha de defesa do organismo que resulta na atração e ativação das células efetoras como os macrófagos, neutrófilos, células *natural killer* (NK), que são capazes de agir diretamente contra os microrganismos invasores, por fagocitose ou *killing*. Ocorre ainda a ativação do sistema do complemento, além da liberação de citocinas e moléculas coestimuladoras do sistema imune adaptativo. O sistema imune inato detecta os patógenos através da interação dos receptores de reconhecimento padrão (PRRs), como os receptores do tipo *Toll*-4 (TLRs) TLR4, com os padrões moleculares associados a micro-organismos (PAMPs), como o lipopolissacarídeo (LPS) das bactérias gram-negativas, flagelina ou DNA bacteriano. Ocorre ainda o reconhecimento de sinais endógenos, os padrões moleculares associados ao dano (DAMPs) causado por calor, trauma ou necrose tecidual. Os PRRs podem estar ligados a membrana, serem citoplasmáticos ou solúveis. Em geral o reconhecimento dos PAMPs resulta em fagocitose e/ou em ativação de vias pró-inflamatórias.

Esse processo de ativação pró-inflamatória induz a cascata de sinalização intracelular com estimulação de fatores de transcrição como o fator nuclear $_{K}B$ (NF-$_{K}B$), de alguns genes, em particular genes da resposta imune, como aqueles responsáveis pela expressão de diversas citocinas, quimiocinas e óxido nítrico (ON). Citocinas como, interleucinas (IL) IL-1β, IL-6, IL-12, Fator de Necrose Tumoral alfa (TNF-α) e Interferon gama (IFN-γ) e quimiocinas como MCP-1 e KC são liberadas na chamada "cascata de citocinas". Estudos recentes indicam que a resposta pró-inflamatória sofre uma contrarreação pela liberação de citocinas anti-inflamatórias, como a interleucina IL-10, Fator de Transformação de Crescimento (TGF-β) e IL-4, numa tentativa de restaurar o equilíbrio imunológico. TNF-α e IL-1 são poderosas citocinas pró-inflamatórias responsáveis por muitos dos efeitos fisiopatológicos observados na sepse. Apresentam receptores diferentes TNFR 1 e TNFR 2 para TNF-α; IL-1R1 e IL-1R2 para IL-1. Agem sinergicamente e são liberadas após 30-90 min do estímulo. TNF-α aumenta a produção de macrófagos pelas células progenitoras e promove a ativação e migração, prolongando a sobrevida desses macrófagos. IL-1 e TNF-α induzem um estado de choque caracterizado por alterações de permeabilidade vascular, edema pulmonar e hemorragia. também provocam o aumento da expressão de moléculas de adesão, como da molécula de adesão intercelular 1 (ICAM-1) e a molécula de adesão vascular 1 (VCAM-1), no endotélio. Aumentam ainda a adesividade das integrinas aos neutrófilos e aumentam a liberação de quimiocinas (MCP-1 e IL-8). Ativam a cascata de coagulação tendo o TNF-α uma potente ação na expressão endotelial de pró-coagulantes, com aumento da expressão de fator tecidual (TF) e do inibidor do ativador do plasminogênio (PAI-1), assim como a inibição da trombomodulina, o que leva a um estado pró-coagulante.

A IL-6 atua através da ligação com seu receptor transmembrana (IL-6R) provocando a indução de proteínas de fase aguda no fígado, sendo capaz de aumentar, a síntese de proteína C reativa, ativação de linfócitos B e T, ativação da cascata de coagulação e modular a hematopoiese. A administração de IL-6 diferentemente de IL-1 e TNF-α, é bem tolerada, não provocando uma resposta "sepsis-like". IL-6 ativa o gene para ICAM-1 (*intercellular adhesion molecule-1*) em células endoteliais, induzindo maior migração de neutrófilos para o foco infeccioso. Existem algumas evidências que a IL-6 inibe a apoptose de neutrófilos, aumentando sua sobrevida. Outra propriedade da IL-6 é a ativação da fosfolipase A2, que leva à maior disponibilidade de ácido araquidônico e formação de eicosanoides, como as prostaglandinas PGE_2. A IL-6 pode ainda induzir febre (em uma intensidade menor que IL-1 e TNF-α).

A exacerbação da síntese e liberação dos mediadores inflamatórios associado ao aumento do estresse oxidativo, provocam uma disfunção circulatória sistêmica com efeitos na microcirculação vascular. Alterações essas que são caracterizadas, entre outras coisas, por uma diminuição da densidade capilar funcional, e produzem um quadro de coagulação intravascular disseminada (CID). A CID pode ser encontrada de 25 a 50% dos pacientes com sepse e tem uma forte correlação com a mortalidade.

O parâmetro mais marcante da disfunção da coagulação na sepse está no desequilíbrio entre a formação de fibrina intravascular e a capacidade de anticoagulação. Os depósitos de fibrina provocam uma obstrução da microcirculação resultando num processo de perda da densidade capilar, alteração no fluxo sanguíneo e com redução a níveis abaixo do basal na perfusão capilar. Essas alterações desencadeiam uma disfunção dos órgãos, com desenvolvimento de insuficiência renal, hipotensão e colapso circulatório. A Figura 24.2 ilustra os mecanismos relacionados a resposta celular, humoral e orgânica voltadas a fisiopatologia da sepse e do choque séptico.

As alterações inflamatórias e pró-coagulantes na microcirculação levam a uma limitação da disponibilidade de oxigênio (O_2) principalmente na fase aguda da sepse. Após essa fase, o aumento na oferta de O_2 não é vantajoso e o que é observado é uma queda na utilização de O_2 pelas células, conhecida como hipóxia citopática.

Na hipóxia citopática da sepse ocorrem diversas alterações em enzimas envolvidas com a cadeia respiratória. A citocromo c oxidase está relacionada com elevados níveis de óxido nítrico tecidual. Esse aumento na produção de oxido nítrico tecidual promove um aumento nos níveis de peroxinitrito e ativação da enzima citocromo c oxidase, favorecendo a lesão tecidual no momento da isquemia-reperfusão. Além da citocromo c oxidase, existem muitos mecanismos que podem explicar a hipóxia citopática, normalmente relacionados ao funcionamento do ciclo dos ácidos carbônicos (ciclo de Krebs). Estes fatores podem estar envolvidos na diminuição da disponibilidade de enzimas e substratos envolvidos no ciclo de Krebs, como o piruvato; na inibição das enzimas da cadeia transportadora de elétrons; e na falha na regulação do gradiente de prótons proveniente do desacoplamento da respiração mitocondrial. Desta forma, sugere-se que hipóxia citopática seja um elemento fisiopatológico fundamental na disfunção de órgãos e tecidos em pacientes sépticos.

O desequilíbrio da resposta inflamatória sistêmica em conjunto com uma inadequada

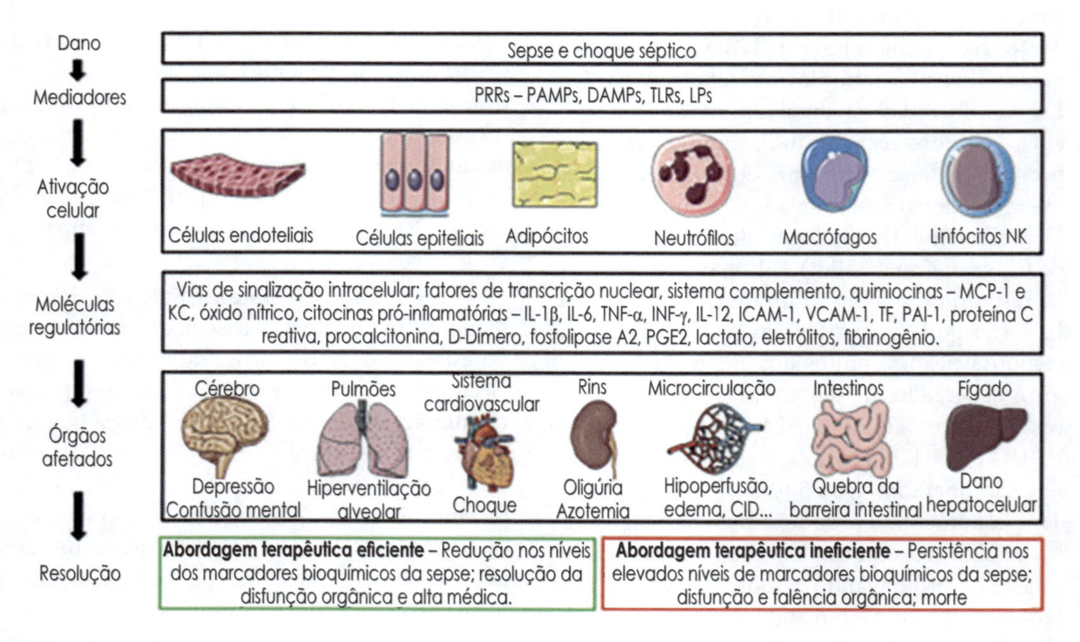

FIGURA 24.2 – Fisiopatologia da sepse e choque séptico. A partir da instalação do processo infeccioso, mediadores de sinalização do dano serão ativados e promoverão a ativação celular e liberação de moléculas regulatórias as quais promoverão disfunção orgânica nos pacientes acometidos pela sepse ou choque séptico. A abordagem terapêutica será o fator preponderante para sinalizar o prognóstico do paciente.

perfusão tecidual e a diminuição da oferta de O_2 (hipóxia) e energia (ATP), são mecanismos putativos através dos quais, a síndrome de disfunção de múltiplos órgãos é gerada pela sepse. Dentre os primeiros órgãos a terem comprometimento da função orgânica observada, é no cérebro que ocorre uma manifestação precoce de disfunção.

Quadro clínico da sepse

Conhecer as alterações clínicas da sepse é de grande importância, visto que o diagnóstico é predominantemente clínico e o reconhecimento precoce é fundamental para melhor desfecho do caso. Algumas dessas manifestações dependem do sítio inicial da infecção, como diarreia sugere infecção intestinal e presença do sinal de Giordano sugere infecção do trato urinário superior. Além disso, a apresentação clínica também pode variar de acordo com comorbidades preexistentes, medicações e intervenções prévias. Apesar dessa variação, a sepse possui alterações características que independem da etiologia da infecção e estão listadas abaixo:

- Hipotensão.
- Aumento da pressão de pulso (PAS – PAD).
- Taquicardia.
- Hipoxemia e taquipneia.
- Desconforto respiratório.
- Febre ou hipotermia.
- Oligúria: achado precoce da hipoperfusão e guia reposição volêmica.
- Tempo de reenchimento capilar aumentado (>4,5 segundos): também é um marcador útil para reposição volêmica.
- Icterícia: pode ocorrer pelo agente etiológico ou pela disfunção orgânica.
- Sinais neurológicos: agitação, inquietação, delirium e coma.

Segundo o critério do *Surviving Sepsis Campaing Guidelines* (Sepse-2) de 2012, a sepse seria diagnosticada pela presença de 2 elementos que caracterizam a Síndrome de Resposta Inflamatória Sistêmica e um foco infeccioso (Tabela 24.1).

Quadro 24.1 - Síndrome de Resposta Inflamatória Sistêmica (SIRS)	
Temperatura	> 38 °C ou < 36 °C
Frequência cardíaca	> 90 bpm
Respiração	Frequência respiratória > 20 rpm ou $PaCO_2$ < 32 mmHg
Leucócitos totais	> 12.000/mm^3 ou < 4.000/mm^3; ou presença de > 10% de formas jovens (desvio para esquerda)

No entanto, a utilização do SIRS para diagnóstico se mostrou muito sensível e em busca de maior especificidade foi publicado em 2016 o Sepse-3. A partir dessa nova definição, a sepse passa a ser diagnosticada pelo aumento em 2 ou mais pontos do escore SOFA (*Sequential Organ Failure Assessment*), caracterizando assim uma disfunção orgânica (Tabela 24.2).

Além do escore SOFA, a força tarefa autora do Sepse-3 sugere que uma nova ferramenta seja utilizada fora do Centro de Terapia Intensiva (CTI): o *Quick SOFA* (q SOFA). Esse tem como objetivo rastrear pacientes com infecção que apresentam risco de evoluir para disfunção orgânica e encaminhá-los para o CTI. É considerado como positivo se o paciente apresentar 2 dos 3 critérios, caso isso ocorra, o escore SOFA completo deve ser aplicado (Tabela 24.3).

Principais alterações laboratoriais encontradas

Na rotina clínica, os exames laboratoriais assumem grande importância para nortear a conduta médica após a anamnese, na triagem dos pacientes, bem como, conduzir para a realização de exames complementares visando o diagnóstico de diversas doenças. Como a sepse é uma doença infecciosa, o hemograma, o leucograma e bioquímica sérica trazem informações sobre o

Tabela 24.2 - Escore SOFA

	0	1 ponto	2 pontos	3 pontos	4 pontos
Respiração PaO_2/FiO_2	≥ 400	< 400	< 300	< 200 com suporte respiratório	< 100 com suporte respiratório
Coagulação Plaquetas/mm^3	≥ 150 mil	< 150 mil	< 100 mil	< 50 mil	< 20 mil
Fígado Bilirrubina (mg/dL)	< 1,2	1,2-1,9	2,0-5,9	6,0-11,9	> 12,0
Cardiovascular Drogas (mcg/kg/min)	PAM ≥ 70 mmHg	PAM < 70 mmHg	Dopamina < 5 ou dobutamina (qualquer dose)	Dopamina 5,1 - 15 ou adrenalina ≤ 0,1 ou noradrenalina ≤ 0,1	Dopamina > 15 ou adrenalina > 0,1 ou noradrenalina > 0,1
SNC Escala de Glasgow	15	13-14	10-12	6-9	3-5
Renal Creatinina (mg/dL) ou débito urinário	< 1,2	1,2-1,9	2,0-3,4	3,5-4,9 < 500 mL/dia	≥ 5,0 < 200 mL/dia

Tabela 24.3 - qSOFA

Respiração Frequência respiratória	> 22 rpm
SNC Escala de Glasgow	< 15
Hemodinâmica Pressão Arterial Sistólica	< 100 mmHg

perfil dos possíveis patógenos que estejam promovendo as alterações orgânicas e as variações de parâmetros sanguíneos.

Hemograma

A avaliação do hemograma e do esfregaço de sangue periférico traz informações importantes para estabelecer parâmetros de abordagem clínica do paciente séptico. De forma geral, o hemograma de pacientes com infecção segue um mesmo padrão, podendo sofrer alterações de acordo com a variação cronobiológica do paciente.

Quando avaliado o eritrograma de pacientes sépticos ou com choque séptico, comumente é encontrado uma anemia normocítica e normocrômica. Essa característica pode estar associada a três fatores causais: 1) hemólises causadas pelo choque de hemácias com aglomerados microbianos aderidos aos vasos sanguíneos; 2) pela associação entre plaquetas e leucócitos na formação do tampão hemostático. As hemácias entram em choque com o tampão e sofrem lise celular 3) aumento dos níveis circulantes de IL-1, mediando uma baixa na produção de eritropoietina.

A formação de pequenos aglomerados bacterianos no endotélio gera uma reação inflamatória local culminando na ruptura da microcirculação e, como consequência, há um recrutamento plaquetário para homeostasia vascular primaria e redução da perda sanguínea pela ruptura dos vasos. Nos pacientes com coagulopatia na microcirculação, o hemograma apresentará trombocitopenia e microangiopatia em diferentes estágios, podendo ou não apresentar eritroblastos, esquizócitos e células em capacete. Na sepse, a formação de aglomerados bacterianos ocorre de forma disseminada, diminuindo a quantidade das plaquetas disponíveis na corrente sanguínea, aumentando os níveis de IL -1 e gerando o pico febril.

A trombocitopenia pode ser interpretada como marcador prognóstico independente de mortalidade na sepse, porém sempre que estiver presente, deve ser avaliado a sua origem para manejo correto do paciente. Dentre as origens da trombocitopenia, podemos citar: a própria sepse; uso de drogas; púrpura pós-transfusional; púrpura trombocitopênica trombótica; coagulação intravascular disseminada; ou trombocitopenia induzida por heparina.

Dependendo do número de transfusões sanguíneas que o paciente recebeu, pode ser encontrado no eritrograma uma anemia hipocrômica. Esta alteração pode ocorrer porque excessivas transfusões elevam no sangue circulante do paciente as hemácias dos indivíduos doadores, alterando o padrão eritrocitário encontrado no exame e comprometendo consideravelmente a confiabilidade da análise da hematológica. A estratégia transfusional conservadora é preferível, usando uma hemoglobina-alvo de 7 g/dL, em pacientes assintomáticos que não sejam idosos ou cardiopatas agudos.

■ Leucograma

Pequenas modificações nos valores dos parâmetros hematológicos podem sinalizar a presença de agentes infecciosos e sinais da sepse, além de caracterizar a resposta inflamatória. No caso das infecções, a série branca é a primeira apresentar algumas modificações, com valores aumentados ou diminuídos, dependendo do agente causal, do tempo de infecção e do estado imunológico do paciente.

A leucocitose é um achado comum na sepse. Entretanto, a leucopenia ou a pancitopenia podem ser encontradas e serem indicativos de prognóstico ruim. Esses efeitos são mediados pela quimiotaxia de leucócitos para regiões da lesão ou para a corrente sanguínea. Normalmente, pacientes com quadro de sepse ou choque séptico apresentam uma leucocitose reativa, com elevação na contagem de neutrófilos, denominada de neutrofilia.

Durante a instalação do quadro séptico, as células precursoras de neutrófilos da medula óssea são estimuladas a se proliferarem, amadurecerem e migrarem da medula óssea para a corrente sanguínea e posteriormente para o sítio da infecção. Entretanto, dependendo do grau de infecção que o paciente apresentar, os neutrófilos ainda imaturos podem ser liberados da medula óssea para a corrente sanguínea, gerando um fenômeno chamado de o desvio nuclear de neutrófilos à esquerda (DNNE), ou seja, a presença de células imaturas (bastões ou blastos), e inclusões neutrofílicas granulocíticas. Essas últimas, quando em níveis elevados são indicativos de marcadores de gravidade da infecção, e na fase de cronificação da infecção, os granulócitos ativados são substituídos por monócitos vacuolados na corrente sanguínea. O DNNE pode ser medido pela relação entre neutrófilos imaturos de neutrófilos maduros, sendo maior que 2% um indicativo de DNNE, podendo estar elevado em até 90% em casos de choque séptico.

■ Bioquímica Sérica

Função Hepática

Sendo um órgão central e importante para ações metabólicas de macromoléculas, problemas relacionados ao metabolismo hepático desencadeiam desordens metabólicas de diversas classes. Embora possua uma vasta gama de proteínas com ações enzimáticas, as aminotransaminases (tranferases) e a bilirrubina são as enzimas mais utilizadas para diagnóstico laboratorial de alterações hepáticas.

Nos quadros de choque séptico, instala-se no paciente o dano hepatocelular agudo, acarretando aumento da atividade das transferases em até 50 vezes na sorologia, em comparação a pacientes sem diagnóstico de doenças infecciosas. Uma das transferases investigadas é a AST (aspartato aminotransferase) que sinaliza um choque hepático através da oscilação dos seus níveis em decorrência da hipoperfusão tecidual hepática associada a sepse. A segunda enzima que age como sinalizadora da função hepática é a ALT (alanina aminotransferase). Níveis aumentados dessa enzima também representam dano celular hepático, porém a ALT possui maior confiabilidade para a avaliação da lesão por permanecer por mais tempo aumentado na circulação, em comparação a ALT.

Outra alteração promovida pela lesão hepatocelular promovida pela sepse é o aumento da bilirrubina total e direta e tem associação com a atividade tanto hepática quanto biliar. Em caso de lesão, o paciente apresenta coloração amarelada (icterícia), sendo um sinal mais precoce de uma série de patologias hepáticas e biliares, incluindo o choque séptico. Este quadro pode ser avaliado quando as concentrações plasmáticas de bilirrubina total excedem 3,0 mg/dl.

Função Renal

Alterações na perfusão renal promovem intensa isquemia do órgão, principalmente quando associado a sepse grave. A diminuição da perfusão compromete diretamente a filtração glomerular favorecendo o acúmulo de metabólicos tóxicos no organismo levando a sinais de oligúria e azotemia. De forma inicial, existem dois metabólitos que servem como indicativos de insuficiência renal e são dosados através de análises séricas, sendo eles a ureia e a creatinina.

Decorrente da atividade hepática pelo catabolismo proteico e de aminoácidos, a ureia é transportada pelo sangue para sofrer excreção renal. Seu nível pode variar desde mudanças na ingesta de proteínas da alimentação, até por falhas na filtração renal. Por esse motivo, a ureia pode ser utilizada como marcador de função renal e indicativo de falhas na atividade desse órgão, quando em níveis muito elevados (acima de 40mg/dL). Outro marcador é a creatinina. Essa molécula é derivada da atividade do músculo esquelético pelo catabolismo da fosfatocreatina em creatinina e sofre excreção através da filtração glomerular. Em níveis elevados (acima de 1,3 mg/dl), a creatinina indica falha na função dos rins.

Eletrólitos

Exercendo diversas funções orgânicas, os eletrólitos são importantes no controle da pressão osmótica, distribuição e controle da concentração de água nos órgãos, manutenção dos níveis do pH fisiológico, e funcionamento das células musculares.

Quando ocorre o avanço do quadro de sepse, os tecidos do paciente sofrem uma redução na perfusão e consequente diminuição no aporte de oxigênio celular. Esses fatores acarretam uma mudança do metabolismo celular de aeróbico para anaeróbico, levando a redução na produção de moléculas de ATP e, consequentemente, a bomba de sódio sofre uma queda em sua atividade. Com a diminuição da atividade da bomba de sódio, as células passam a acumular mais sódio em seu interior levando a uma alteração no potencial de membrana e permeabilidade de moléculas de água para o meio intracelular, ocasionando o edema. O acúmulo de sódio intracelular será detectado pela redução dos seus níveis séricos do íon onde o paciente poderá apresentar desde fraqueza, até náuseas, confusão e comprometimento respiratório.

Paciente com choque séptico também podem apresentar acidose metabólica associada a elevadas taxas de potássio circulante. A hipercalemia é resultante da saída do íon do meio intracelular para o meio extracelular. Geralmente esse fenômeno apresenta-se assintomático, porém quando detectado no paciente séptico, deve-se ter atenção redobrada pelo risco de evoluir para arritmias cardíacas e parada cardiorrespiratória.

Lactato

O ácido lático (lactato), é um composto intermediário derivado do metabolismo dos carboidratos sendo, majoritariamente, proveniente dos eritrócitos, células musculares esqueléticas e do sistema nervoso. No quadro de choque séptico, o paciente pode apresentar acidose lática decorrente da má oxigenação tissular. Sua faixa de concentração sérica varia de acordo com a produção e metabolismos hepático e renal, porém não há uma medida diagnóstica padrão para o quadro acidose lática. Entretanto, deve-se levar em consideração faixas em torno de 5 nmol/L e pH<7,25 para caracterizar uma proeminente acidose láctica.

Quando associado ao quadro de hipovolemia, os pacientes com acidose lática chegam a uma taxa de mortalidade em torno de 60% no Brasil. Em paciente sépticos, deve ser realizado dosagens seriadas de lactato para acompanhar a progressão do paciente à beira do leito. Os níveis ideais devem ser mantidos entre 2,0 mmol/l ou 18,9 mg/dl. Valores acima dos informados podem informar prognóstico desfavorável do paciente.

Gasometria

A pressão de CO_2 (pCO_2), pressão de O_2 (pO_2) e potencial hidrogeniônico (pH) são análises realizadas através de punção do sangue arterial e trazem informações muito importantes sobre o risco de morte do paciente séptico e melhores alternativas na abordagem terapêutica dos mesmos à beira do leito. Muitas vezes são realizadas quando há suspeita de desequilíbrio ácido-base e a avaliação do pCO_2, pO_2 e pH são utilizadas como padrões para mensurar esse desequilíbrio.

A pCO_2 é uma análise sensível da ventilação alveolar, trazendo informações sobre a correta ventilação do paciente. No paciente com sepse ou sepse grave, podemos encontrar padrões de hiperventilação alveolar com pressão do pCO_2 abaixo de 32 mm/hg.

A análise da pO_2 no sangue arterial ajuda na avaliação da qualidade da respiração do paciente, bem como na eficiência do suporte respiratório com oxigênio. Através desse parâmetro pode-se avaliar o grau de hipoxemia, quando encontrados baixos valores de pO_2, e direcionar a conduta da terapia respiratória.

O pH arterial traz informações importantes que ajudam a diagnosticar quaisquer transtornos associados ao equilíbrio ácido-base. Analisando os valores do pH, temos informações se o paciente se encontra normoacidêmico, com acidemia (pH abaixo de 7,36) ou alcalemia (pH acima de 7,42). Conforme vimos anteriormente, pacientes com choque séptico apresentam uma acidose metabólica (diminuição do pH sanguíneo), em decorrência do aumento dos níveis plasmáticos de lactato por hipóxia e baixa oxigenação tecidual.

Marcadores bioquímicos na sepse

Biomarcadores tem sido estudados para diagnóstico, estadiamento, indicar prognóstico e monitorar resposta ao tratamento do paciente com sepse. Alguns desses marcadores já estão disponíveis para a prática clínica sendo que os mais utilizados são abordados a seguir.

Proteína C reativa

É uma proteína produzida pelo fígado e está presente em indivíduos saudáveis em concentração menor de 5mg/l. A liberação de IL-6 em um quadro inflamatório estimula a produção de PCR pelos hepatócitos, resultando em um pico de concentração após 24-38 horas. A PCR se liga a bactérias gram-positivas e gram-negativas estimulando a adesão e ativação do sistema complemento que, por sua vez, estimula a opsonização e fagocitose dos patógenos. Apesar de apresentar grande sensibilidade, é importante lembrar que a PCR não é específica para inflamações infecciosas. Ela também pode aumentar em doenças autoimunes sistêmicas, oncológicas, traumas e cirurgias. Além disso, o uso de corticoide sistêmico pode resultar em um PCR baixo ou indevidamente normal apesar da vigência de uma infecção.

Alguns estudos associam o aumento e persistência de altos níveis de concentração da PCR com falência de órgãos, internação prolongada no Centro de Terapia Intensiva (CTI) e aumento da mortalidade. Além disso, também indicam que a redução de pelo menos 5mg/dl de PCR entre o momento da admissão hospitalar e o quarto dia de tratamento é um preditor de recuperação do paciente. Em contrapartida, outros estudos concluem que a PCR não foi útil em predizer mortalidade dos pacientes sépticos.

Procalcitonina

É um peptídeo precursor da calcitonina, hormônio envolvido na homeostase do cálcio, que em condições fisiológicas é produzida pela glândula tireoide. Na sepse, o aumento de TNF α e IL-6 estimulam a produção de procalcitonina (PCT) por macrófagos e células monocíticas em diferentes órgãos, principalmente fígado, sendo então encontrado na circulação extratireoidiana. Estudos demonstraram que a PCT é encontrada no sangue periférico após 2-3 horas da injeção de endotoxina bacteriana e tem seu pico de concentração após 12-48 horas. Diferente do peptídeo produzido na glândula tireoide, a PCT do sangue periférico não se transforma em calcitonina, ela atua como quimiocina, modula a indução de citocinas anti-inflamatórias e induz a produção de óxido nítrico sintetase. Monitorar o nível de PCT tem se mostrado útil para avaliar a eficácia da antibioticoterapia e para definir o momento em que se torna seguro interromper o uso de antibióticos a fim de reduzir custos e mortalidade.

D-dímero

É um produto da fibrinólise originado pela degradação da fibrina e pode estar elevado por diversas causas como trombose venosa profunda (TVP), cirurgia, trauma e infecção recente. Na sepse, há uma ativação anormal da coagulação que contribui para a disfunção orgânica. Esse desarranjo do sistema de coagulação é principalmente causado por citocinas circulantes que ativam a cascata de coagulação e fazem *down-regulation* com vias anticoagulantes. O aumento da fibrina pode levar a formação de trombos microvasculares, causando isquemia e subsequente lesão orgânica. Em razão disso, a elevação do D-dímero está associada com maior mortalidade, indicando assim um pior prognóstico.

Tratamento

O tratamento da sepse pode ser bastante variável na dependência do local onde o paciente está sendo tratado. Idealmente deve ser feito em uma unidade de terapia intensiva (UTI) por equipe multidisciplinar. Abaixo apresentaremos as principais recomendações de tratamento de acordo com as diretrizes internacionais da Campanha de Sobrevivência à Sepse (*Surviving Sepsis Campain* – SSC 2016).

■ Ressuscitação volêmica

A sepse e o choque séptico são consideradas emergências médicas e a recomendação é que a ressuscitação volêmica da hipoperfusão tecidual seja iniciada imediatamente após o diagnóstico preferencialmente com solução cristaloide intravenosa com no mínimo 30 mL/kg nas primeiras 3 horas. A pressão arterial média alvo deve ser de 65 mmHg em pacientes chocados necessitando de vasopressores. A normalização dos níveis de lactato de ser o guia para ressuscitação em pacientes com lactato elevado devido a hipoperfusão tecidual.

■ Terapia antimicrobiana

A administração de antimicrobianos intravenosamente deve ser iniciada na primeira hora após o diagnóstico, e é prioridade assim como a ressuscitação volêmica. Cada hora de atraso no início da terapia antimicrobiana gera um aumento mensurável na mortalidade. Recomenda-se o uso inicial empírico de agentes de amplo espectro microbicida, incluindo cobertura potencial para fungos e vírus, em geral combinando duas ou mais drogas. O uso de terapia combinada (duas ou mais drogas) é principalmente recomendado nos casos de choque séptico. A terapia pode ser posteriormente direcionada uma vez identificado o agente patogênico e determinada sua sensibilidade as drogas antimicrobianas. A duração do tratamento deve ser de no mínimo 7-10 dias, e tratamentos mais longos podem ser feitos em pacientes com resposta clínica mais lenta. É importante lembrar que no caso de pacientes que não preencham os critérios de infecção a terapia antimicrobiana deve ser suspensa rapidamente. Os níveis plasmáticos de procalcitonina devem ser utilizados como marcadores para da eficácia da terapia antimicrobiana e até mesmo para ajudar na identificação de pacientes que apresentam ou não sítio infeccioso real (ver acima).

■ Controle o sítio infeccioso

É muito importante a identificação rápida do local da infecção para que medidas de controle local sejam implementadas quando possível. Desta forma, a remoção de cateteres contaminados, drenagem de abcessos, a debridação de tecido necrótico infectado e mesmo cirurgia à céu aberto deve ser realizada, sempre que possível, para controle local da infecção. Essas medidas de controle local impactam de maneira importante sobre a eficácia da terapia medicamentosa e a estabilização do paciente.

Medicamentos vasoativos

A norepinefrina (noradrenalina) é o agente vasopressor de escolha para a maioria dos pacientes que necessitam de agentes vasoativos para manutenção adequada de pressão de perfusão. Vasopressina ou epinefrina (adrenalina) podem ser utilizadas em associação com a norepinefrina para atingir a pressão arterial alvo ou para diminuir a dose de norepinefrina. A dobutamina pode ser utilizada em pacientes com hipoperfusão persistente após ressuscitação volêmica e uso de norepinefrina.

Corticoides

O uso de corticoides na sepse é bastante debatido e controverso. Seus efeitos imunomoduladores apresentam tanto aspectos positivos quanto negativos, mas de uma maneira geral o uso de corticoides está associado a aumento na mortalidade dos pacientes com sepse. Desta forma, nas recomendações dos "guidelines" mais recentes seu uso é contraindicado, a menos que o paciente não recupere a estabilidade hemodinâmica após ressuscitação volêmica e uso de terapia vasopressora. Para estes casos recomenda-se o uso de hidrocortisona intravenosa numa dose de 200 mg/dia.

Derivados de sangue e correções de hemostasia

É recomendado a transfusão de hemácias para pacientes que apresentem a concentração hemoglobina abaixo de 0,7 g/dl. Eritropoietina para pacientes anêmicos e plasma para corrigir anomalias de coagulação não são recomendados. O uso profilático de transfusão de plaquetas pode ser feito em pacientes com contagem de plaquetas menor que 10.000/mm^3.

A coagulação intravascular disseminada é frequentemente vista em pacientes com sepse e se correlaciona com a diminuição da atividade plasmática de antitrombina. Entretanto, a administração de antitrombina não é recomendada por não haver melhora na sobrevida e por aumentar o risco de sangramento.

Sedação e analgesia

Uso de sedação contínua ou intermitente deve ser minimizado nos pacientes sob ventilação mecânica. O uso de opioides não associado a sedativos parece ser vantajoso para um desmame mais rápido da ventilação mecânica. No caso de uso de sedativos, os agentes de duração curta como propofol ou dexmedetomidina são preferíveis aos benzodiazepínicos.

Controle da glicemia

O controle da glicemia deve ser empregado utilizando-se insulina quando duas dosagens consecutivas da glicemia apresentarem valor maior que 180 mg/dl. O objetivo deve ser a obtenção de valores máximos de glicemia menores ou iguais a 180 mg/dl. O monitoramento deve ser feito a cada 2 horas até a glicemia e a infusão de insulina serem estabilizadas e a cada 4 horas após a estabilização.

Profilaxia do tromboembolismo

A profilaxia do tromboembolismo é uma recomendação para pacientes sépticos. Heparina não fracionada ou heparina de baixo peso molecular pode ser utilizada em pacientes sem contraindicação para o uso destes agentes. A heparina de baixo peso molecular deve ser a preferência. A profilaxia mecânica também está indicada em combinação com a farmacológica ou quando esta última não é possível.

Profilaxia da úlcera de estresse

A profilaxia para úlcera de estresse é recomendada para pacientes sépticos que tenham fatores de risco para sangramento gastrointestinal. As drogas recomendadas são os inibidores da bomba de prótons ou antagonistas de receptores H2 da histamina, sendo os primeiros um pouco mais eficazes, mas com um pouco mais de risco para infecções com *C. difficile*. A profilaxia não deve ser feita naqueles pacientes sem fatores de risco de sangramento gastrointestinal.

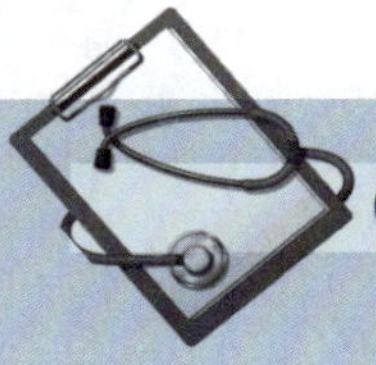

CASOS CLÍNICOS

Caso 1

MR, feminina, 77 anos, deu entrada na emergência com febre de 38°C, confusa com leve desorientação. Há dois dias queixava-se de dor ao urinar e de "vontade de ir ao banheiro toda hora". Peso 78kg e altura 1,67m.

Antecedentes pessoais: diabetes fazendo uso de metformina, tabagista de 1 maço por dia há 40 anos, DPOC, IMC 27,97, ITU de repetição nos último 7 anos.

Ao exame a paciente apresentava-se agitada, FC 97bpm, FR 45ipm, taquipneica com uso de musculatura acessória, PA 100 X 62 mmHg, temperatura axilar 37,9°C, RCR2T, timpanismo, e ausculta pulmonar limpa, mas com diminuição do murmúrio vesicular.

Exames da admissão

- Hemograma
  - Leucócitos: 13.600 céls./mm^3 (80% PMN);
  - Plaquetas 200.000 céls./mm^3;
  - Hemoglobina: 10 g/dL;
  - Hematócrito: 34%.
- Bioquímica
  - Na^+: 146 mEq/L;
  - K^+: 4,4 mEq/L;
  - Creatinina: 1,9 mg/dL;
  - Ureia 92 mg/dL.
- Urina
  - Densidade: 1035;
  - pH: 7,0;
  - Glicose: ausente;
  - Proteína: entre 40 e 100 mg/dL;
  - Hemácias: entre 30.000 e 50.000/mL;
  - Leucócitos: 120.000/mL;
  - Nitrito: positivo.

Pergunta-se:

1) Qual o diagnóstico provável?
2) É possível identificar disfunção orgânica neste paciente? Qual/quais? Justifique com informações do caso clínico.

3) Assinale a opção que representa a melhor sequência nas condutas:
   a) Tratamento ambulatorial, prescrição de antibióticos e diuréticos.
   b) Indicar internação, coletar culturas, medir o lactato e iniciar antibióticos.
   c) Indicar internação, iniciar antibiótico, coletar culturas, medir o lactato.
   d) Indicar internação, iniciar antibióticos, não existe necessidade de coleta de culturas.
   e) Indicar internação, coletar culturas e só iniciar antibiótico após o resultado das culturas.

■ Caso 2

JA, 54 anos, operário, hipertenso controlado, foi atendido na emergência relatando dispneia, sudorese, tosse com expectoração e dor pleurítica há dois dias. Apresentava sintomas de infecção respiratória precedendo o quadro há 10 dias.

Ao exame físico encontrava-se agitado, sudoreico, taquipneico; murmúrio vesicular diminuído bilateralmente, estertores crepitantes e macicez à precursão nos terços inferiores. PA 100 X 60 mmHg.

Exames da admissão: O RX de tórax apresentou opacidade em terço médio e inferior de hemotórax esquerdo, com presença de derrame pleural ipsilateral.

- Hemograma:
  - Leucócitos: 13.900 céls./mm^3 (86% PMN);
  - Plaquetas 199.000 céls./mm^3;
  - Hemoglobina: 15,3 g/dL;

- Bioquímica:
  - Na^+: 137 mEq/L;
  - K^+: 5,3 mEq/L;
  - Creatinina: 1,7 mg/dL;
  - Ureia 105 mg/dL.

O paciente foi encaminhado ao centro cirúrgico para drenagem torácica com saída de líquido purulento e fétido. Em seguida o paciente foi admitido na Unidade de Tratamento Intensivo, sendo intubado, colhido o lavado broncoalveolar e enviado para cultura. A antibioticoterapia foi iniciada com piperacilina + tazobactan (Tazocin). A cultura apresentou crescimento de *Staphylococcus aureus* resistente a meticilina (MRSA). O paciente evoluiu com choque refratário e óbito em 36h.

Pergunta-se:

1) Qual o diagnóstico provável?
2) O procedimento de drenagem torácica estava indicado neste caso? Por quê?
3) Você concorda com a abordagem antimicrobiana inicial? Por quê?

Após o resultado da cultura você teria alterado o esquema antimicrobiano em uso? De qual forma?

Bibliografia consultada

1. Dries DJ. Sepsis: 2018 Update. Air Medical Journal, v. 37, n. 5, p. 277–281, 2018.
2. Golden J, Zagory JA, Gayer CP, Grikscheit TC, Ford HR. Neonatal sepsis. Newborn Surgery, Fourth Edition, v. 390, p. 217–232, 2017.
3. Henriquez-Camacho C, Losa J. Review Article Biomarkers for Sepsis. v. 2014, 2014.
4. IBA, T.; OGURA, H. Role of extracellular vesicles in the development of sepsis-induced coagulopathy. Journal of Intensive Care, v. 6, n. 1, p. 1–12, 2018.
5. Innocenti F et al. Prognostic value of sepsis-induced coagulation abnormalities: an early assessment in the emergency department. Internal and emergency medicine, n. 0123456789, 2018.
6. Instituto Latino Americano de Sepse. Implementação de protocolo gerenciado de sepse protocolo clínico: atendimento ao paciente adulto com sepse / choque séptico. 2018.
7. Kumar S, Tripathy S, Jyoti A, Singh SG. Recent advances in biosensors for diagnosis and detection of sepsis: A comprehensive review. Biosensors and Bioelectronics, v. 124–125, p. 205–215, 2019.
8. Larsen FF, Petersen JA. Novel biomarkers for sepsis: A narrative review. European Journal of Internal Medicine, v. 45, p. 46–50, 2017.
9. Lin GL, McGinley JP, Drysdale SB, Pollard AJ. Epidemiology and Immune Pathogenesis of Viral Sepsis. Frontiers in immunology, v. 9, n. September, p. 2147, 2018.
10. Martins HS, Neto AMB, Velasco IT. Medicina de emergência: abordagem prática. 12. ed. São Paulo: Manole, 2017. 256-279.
11. Miyaso H et al. Analysis of surgical outcomes of diverticular disease of the colon. Acta Medica Okayama, v. 66, n. 4, p. 299–305, 2012.
12. Muñoz B, Suárez-Sánchez R, Hernández-Hernández O, Franco-Cendejas R, Cortés H, Magaña JJ. From traditional biochemical signals to molecular markers for detection of sepsis after burn injuries. Burns, p. 1–16, 2018.
13. POLL TVD, Veerdonk FLV, Scicluna BP, Netea MG. The immunopathology of sepsis and potential therapeutic targets. Nature Reviews Immunology, v. 17, n. 7, p. 407–420, 2017.
14. Prescott HC, Angus DC. Enhancing recovery from sepsis: A review. JAMA - Journal of the American Medical Association, v. 319, n. 1, p. 62–75, 2018.
15. Prucha M, Bellingan G, Zazula R. Sepsis biomarkers. Clinica Chimica Acta, v. 440, p. 97–103, 2015.
16. Rhodes A et al. Surviving Sepsis Campaign: International Guidelines for Management of Sepsis and Septic Shock: 2016. [s.l.] Springer Berlin Heidelberg, 2017. v. 45
17. Rodelo JR, La Rosa GVML, Ospina S, ARANGO CM, GÓMEZ CI, GARCÍA A, Nuñez E, Jaimes FA. D-dimer is a significant prognostic factor in patients with suspected infection and sepsis. American Journal of Emergency Medicine, v. 30, n. 9, p. 1991–1999, 2012.
18. Schmit X, Vincent JL. The time course of blood C-reactive protein concentrations in relation to the response to initial antimicrobial therapy in patients with sepsis. Infection, v. 36, n. 3, p. 213–219, 2008.
19. Singer M et al. The third international consensus definitions for sepsis and septic shock (sepsis-3). JAMA - Journal of the American Medical Association, v. 315, n. 8, p. 801–810, 2016.
20. Sridharan P, Chamberlain RS. The Efficacy of Procalcitonin as a Biomarker in the Management of Sepsis: Slaying Dragons or Tilting at Windmills? Surgical Infections, v. 14, n. 6, p. 489–511, 2013.

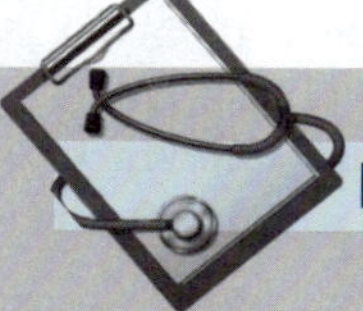

DISCUSSÃO DOS CASOS CLÍNICOS

■ Caso 1

1) Sepse, de acordo com a nova definição ou sepse grave de acordo com a definição anterior. Foco urinário.
2) Sim. Disfunção neurológica (desorientação, agitação), renal (creatinina elevada) e respiratória (taquipneia com desorientação e ausculta pulmonar alterada).
3) Resposta certa letra "b".

■ Caso 2

1) Sepse, de acordo com a nova definição ou sepse grave de acordo com a definição anterior. Foco pulmonar.
2) Sim. O controle do foco infeccioso deve ser feito o mais rapidamente possível para maximizar o efeito da antibioticoterapia e de demais medidas terapêuticas.
3) Sim. Pois a abordagem inicial deve ser com agentes de amplo espectro, como no caso do Tazocin que contempla gram +, gram – e anaeróbio.
4) Sim. Deve-se associar uma droga que contemple MRSA como Vanco, Teixo ou Linezulida.

Toxicologia de Drogas de Abuso Aplicada às Análises Clínicas

25

Enrico Mendes Saggioro
Isabelle Campos Costa-Amaral

Introdução

A Toxicologia Clínica, ramo da Toxicologia, nasceu no início dos anos 50 do século XX, onde médicos escandinavos introduziram descobertas e conceitos do campo da ressuscitação em intoxicações humanas. Além disso, após a segunda guerra mundial, houve um surto de internações hospitalares relacionadas a intoxicações, muitas delas por tentativa de automutilação deliberada com o intuito suicida. Os atendimentos hospitalares dos casos de tentativa de autoextermínio permitiram uma avaliação detalhada do paciente sob efeitos agudos de uma intoxicação. Os dados gerados forneceram uma visão única sobre a farmacologia clínica de drogas usadas em doses muito superiores às normalmente testadas em ensaios clínicos ou em uso clínico de rotina.

Os avanços no campo do tratamento das intoxicações permitiram a diminuição da taxa de morte de 30% para 1% em intoxicações por barbitúricos, fazendo com que os hospitais ganhassem amplo reconhecimento entre os médicos e a população. Tal fato, ocasionou diversos telefonemas para os departamentos hospitalares, no sentido de aconselhar sobre o melhor caminho para o tratamento das intoxicações. O primeiro centro de controle de intoxicação (CCI) foi criado em 1953 em Chicago, EUA, permitindo atender principalmente hospitais infantis. Os números dos centros expandiram rapidamente na década de 60 pela Europa, com centros em Lyon (1961), Oslo (1961), Berlin (1963), Bruxelas (1964) e Zurique (1966), levando a criação das associações dos centros de controle de intoxicação nos Estados Unidos da América, EUA, (1957) e Europa (1964).

No Brasil existe o Sistema Nacional de Informações Tóxico-Farmacológicas (Sinitox), constituído em 1980, pelo Ministério da Saúde e a Fundação Oswaldo Cruz (FIOCRUZ). Tem como principal atribuição coordenar a coleta, a compilação, a análise e a divulgação dos casos de intoxicação registrados pelos Centros de Informação e Assistência Toxicológica (CIATs - composta por 36 centros espalhados em 19 estados brasileiros). Os Ciats têm como objetivo aconselhar sobre todos os tipos de situações de intoxicação por meio de ligações telefônicas, incluindo: ingestão de produtos domésticos; overdose de medicamentos terapêuticos ou drogas ilícitas, exposições ocupacionais, mordidas de cobras, aranhas e outros animais peçonhentos; e intoxicação por plantas e cogumelos. Os centros de controle de intoxicação possuem papel vital dentro da Toxicologia Clínica, permitindo o aumento na circulação da informação sobre as intoxicações, sua gestão (diagnóstico e tratamento) e prevenção. Aproximadamente 75 %

dos incidentes relatados aos centros de intoxicação são gerenciados inteiramente por telefone sem a necessidade adicional de custos para o sistema de saúde.

Desta forma, a prática da Toxicologia Clínica é focada na necessidade de gerir o paciente intoxicado, que inclui à avaliação dos sinais vitais juntamente com as primeiras medidas de emergência. Logo após a estabilização do paciente realiza-se uma avaliação completa (anamnese, análise física e laboratorial), para o correto diagnóstico e posterior tratamento, podendo ser específico por meio do uso de antídotos ou com medidas para reduzir a absorção e aumentar a eliminação do agente tóxico.

Atualmente, a Toxicologia Clínica preocupa-se com as diversas e complexas formulações dos produtos manufaturados, como fármacos, pesticidas, produtos de limpeza doméstica e industrial. Existem poucas regulamentações sobre a indústria para divulgação da composição completa de seus produtos manufaturados, sob o embasamento da perda da confidencialidade do produto desenvolvimento. Outro ponto focal converge no manejo para prevenir e tratar os efeitos crônicos adversos, que incluem carcinogenicidade e imunotoxicidade. A temática ambiental entre médicos e toxicologistas será fundamental na abordagem integrativa para o ser humano intoxicado.

Dentro dessa visão ampla, o laboratório de toxicologia, no que diz respeito ao diagnóstico, possui um papel fundamental na determinação das drogas em fluídos biológicos humanos para fins de gerenciar as intoxicações agudas e crônicas. O aparato analítico e metodologias para determinações em amostras convencionais (sangue/plasma e urina) e não convencionais (cabelo, saliva) são fundamentais para o correto tratamento e melhora no prognóstico das intoxicações. A escolha do instrumento analítico e da matriz, em qualquer caso (overdose ou emergência toxicológica, monitoramento terapêutico e rastreio de drogas de abuso), está intimamente relacionada com a toxicocinética do agente tóxico. Um resultado confiável e com rapidez é fundamental quando a análise toxicológica possuir influência direta no diagnóstico e tratamento, devendo estar disponíveis em 2 horas, podendo futuras análises confirmatórias serem realizadas durantes 24 ou 48 horas. Assim, as metodologias de rastreiro e triagem ganham especial atenção em análises toxicológicas de emergência e urgência.

Parte integrante do sucesso da análise é a cooperação e a integração entre o toxicologista clínico e o laboratório, fornecendo detalhes da história e do exame físico, para hierarquizar as análises e definir qual a melhor matriz a ser coletada. Toda harmonização dos profissionais tem como objetivo a centralização no paciente, para atender ao propósito da análise de emergência, interpretar corretamente os resultados e permitir a melhor escolha para o tratamento do paciente.

Métodos de triagem para detecção de drogas de abuso

Os métodos analíticos destinados a Toxicologia Clínica envolvem a identificação e/ou a quantificação das diversas substâncias químicas relevantes do ponto de vista toxicológico e a interpretação de seus resultados. Esses resultados obtidos podem elucidar a relação causa-efeito (dose-resposta) do caso clínico avaliado, ou seja, esclarecer se houve ou não exposição a respectiva substância avaliada.

Nesse contexto, a justificativa para a realização de uma análise toxicológica pode ter diferentes objetivos, como por exemplo, auxiliar no diagnóstico, na conduta terapêutica e/ou no prognóstico de casos de overdose e de intoxicação acidentais ou intencionais com internação hospitalar; executar o controle dos níveis sanguíneos de drogas com a finalidade de acompanhar a eficácia do tratamento clínico; realizar análises clínicas complementares ao diagnóstico e tratamento das síndromes tóxicas, quando necessário; e até mesmo com propósito legal, detectando e/ou quantificando determinadas substâncias tóxicas eventualmente presentes em casos de situações judiciais.

Um dos principais desafios para a realização das análises toxicológicas corresponde ao grande número de substâncias químicas consumidas como drogas de abuso e a necessidade de uma abordagem analítica específica para cada uma dessas substâncias ou conjunto de substâncias, principalmente, quando a análise toxicológica for de urgência, situação em que a rapidez na obtenção do resultado analítico é primordial para a conduta clínica subsequente. Por isso, considerando a significância clínica dos resultados, os métodos utilizados nas análises toxicológicas devem ser rápidos, de simples execução, sensíveis e específicos.

É importante ressaltar, que a escolha do método analítico adequado depende especificamente das propriedades físico químicas da(s) substância(s) de interesse, que dependendo do histórico do quadro clínico nem sempre é(são) conhecida(s). Nesse sentido, para guiar os procedimentos de análise e facilitar a elucidação dos casos se faz necessário o uso de métodos analíticos mais amplos, sensíveis, porém com menor especificidade, denominados métodos de triagem. Sendo assim, os métodos analíticos utilizados nas análises toxicológicas podem ser divididos em métodos de triagem e métodos confirmatórios.

Os métodos de triagem são os primeiros a serem realizados com o objetivo de se identificar/qualificar a exposição, ou seja, com o intuito de reconhecer quais grupos e/ou substâncias químicas estão presentes na amostra biológica, orientando assim qual o melhor método confirmatório deve ser utilizado em seguida. Por sua vez, os métodos confirmatórios possuem a finalidade de se quantificar e confirmar a exposição, mensurando a concentração da(s) substância(s) previamente identificada(s) na amostra biológica. Esses métodos analíticos podem variar desde simples testes químicos, como imunoensaios e cromatografia em camada delgada (CCD), a técnicas cromatográficas clássicas, tais como, cromatografia líquida de alta performance (HPLC ou CLAE) e cromatografia gasosa (GC).

Os imunoensaios (*Immunoassays* - IAs), também conhecidos como testes imunoenzimáticos ou técnicas imunoanalíticas, são muito utilizados como método de triagem nas análises toxicológicas, devido a necessidade de rapidez no diagnóstico e a praticidade de serem executados. Como qualquer outra técnica analítica, os IAs possuem suas limitações de uso, dentre elas, a baixa especificidade, que possibilita a ocorrência de reações cruzadas e interferem nos resultados das análises, gerando muitos falso-positivos e falso-negativos. Entretanto, esses ensaios são muito úteis quando o objetivo é identificar/qualificar as possíveis substâncias que estão presentes nas amostras biológicas, norteando o método confirmatório a ser realizado em seguida, sendo um procedimento padrão na triagem de uso de drogas de abuso.

De modo geral, os IAs baseiam-se no princípio de interação entre antígenos (moléculas-alvo) e anticorpos, no qual são empregados anticorpos específicos para uma única substância (xenobiótico) ou para uma classe de substâncias a serem analisadas. Dentre os diferentes IAs conhecidos, os mais utilizados como métodos de triagem são radioimunoensaio (*radioimmunoassay* - RIA), imunoensaio por fluorescência polarizada (FPIA - *fluorescence polarization immunoassay*), ensaio imunoabsorvente ligado à enzima (ELISA - *Enzyme Linked Immunosorbent Assays*), imunoensaio multiplicado por enzima (EMIT - *Enzyme Multiplied Immuno Technique*) e imunocromatografia (*Immunochromatography* – IC).

O RIA é uma técnica muito sensível na detecção de antígeno-anticorpo, cujos resultados se baseiam na quantificação de antígenos marcados com isótopos radioativos de iodo (I^{125}) – emissor de radiação gama - ou de trítio (H^3) – emissor de radiação beta. No entanto, o curto tempo de meia-vida dos reagentes utilizados e a necessidade de medidas de segurança para a manipulação e descarte de material radioativo são as desvantagens da técnica.

O FPIA consiste em uma técnica de imunofluorescência, também denominada fluoroimunoensaio, no qual os antígenos são marcados com fluorocromo, molécula fluorescente que tem a capacidade de absorver e emitir luz em comprimentos de onda diferentes. Nesse sentido, o FPIA seria um método alternativo ao RIA, sendo reprodutível, rápido e de fácil execução, sem apresentar as desvantagens do RIA.

O EMIT, por sua vez, corresponde a um enzimaimunoensaio, no qual são utilizados anticorpos ligados a uma enzima específica, denominados conjugados, e as interações antígeno-anticorpo medidas por meio de atividade enzimática. Uma das reações enzimáticas mais utilizadas é da glicose-6-fosfato desidrogenase (G6PD) com o substrato nicotinamida adenina dinucleotídeo (NAD), o qual é reduzido em seu hidreto NADH, resultando em uma variação de absorbância que pode ser mensurada por espectrofotometria. É interessante notar, que a G6PD endógena, presente no soro, não interfere nos resultados, pois a enzima empregada na análise é uma G6PD bacteriana proveniente da bactéria *Leucnostoc mesenteroides*. Outras enzimas também são utilizadas como a lisozima e a beta-galactosidase.

A técnica de ELISA também corresponde a um enzimaimunoensaio, no qual ocorre a fixação do antígeno ou do anticorpo em uma fase sólida (poliestireno, por exemplo) e a utilização de um conjugado enzimático, que pode ser composto tanto por um antígeno quanto por um anticorpo ligado a uma enzima. Diferentemente do EMIT, o imunoensaio por ELISA é do tipo heterogêneo, ou seja, possui em seu procedimento de análise uma etapa de lavagem, que tem a finalidade de separar as substâncias reagente-marcadas livres das que estão ligadas ao anticorpo. Essa etapa de lavagem faz com que o imunoensaio por ELISA tenha menos interferências de reações cruzadas e, consequentemente, uma maior sensibilidade. As enzimas mais utilizadas na técnica de ELISA, descritas na literatura, são a peroxidase, a fosfatase alcalina e a beta-galactosidase.

De acordo com os tipos de interações antígeno-anticorpo e sua revelação, as técnicas de ELISA podem ser classificadas como ELISA direto ou indireto, ELISA captura de antígeno (sanduíche) e ELISA competitivo, sendo as duas últimas as mais utilizadas nas análises toxicológicas de drogas de abuso.

A diferença entre ELISA direto ou indireto está no método ser destinado a detecção de antígeno ou de anticorpo e, por consequência, faz com que a enzima reveladora utilizada se encontre ligada diretamente ao segundo anticorpo ou indiretamente ao antianticorpo. No ELISA sanduíche são utilizados dois tipos de anticorpos (um imóvel localizado na fase sólida e outro adicionado ao meio reacional, o qual é conjugado com uma enzima), cujas interações formam um complexo anticorpo-antígeno-anticorpo (sanduíche). No ELISA competitivo, o antígeno ligado ao anticorpo conjugado compete com o antígeno livre presente na amostra. Apesar do método competitivo ser mais utilizado para detecção de antígenos, ele também pode ser destinado a identificação de anticorpos.

Os métodos cromatográficos, por sua vez, possuem alta sensibilidade e especificidade na determinação de substância(s) de interesse, além da capacidade de análise de amostras complexas, sendo as principais técnicas de quantificação de drogas de abuso utilizadas. Esses métodos correspondem a um processo físico-químicos de separação, baseado na migração diferencial das diversas substâncias químicas presentes na amostra entre duas fases imiscíveis, sendo uma móvel e outra estacionária.

A fase estacionária é formada por um sólido em um suporte com grande área superficial, enquanto a fase móvel, que pode ser gasosa, líquida ou um fluído supercrítico, sofre eluição sobre a fase estacionária, arrastando consigo as substâncias químicas presentes na amostra. A capacidade de arraste dessas substâncias depende das suas interações físico-químicas entre as fases móvel e estacionária, ou seja, quanto maior a afinidade da substância pela fase móvel, mais facilmente ela será arrastada durante a eluição e identificada/quantificada pelo detector.

As diversas técnicas cromatográficas são versáteis e possuem grandes aplicações tanto na etapa de triagem, como a cromatografia em camada delgada (CCD), quanto na etapa de confirmação, como a cromatografia líquida de alta eficiência (HPLC) e a cromatografia gasosa. Os detectores presentes nos cromatógrafos são dispositivos que emitem sinais eletrônicos registrados na forma de picos cromatográficos quando em contato com os analitos presentes nas amostras. Os detectores mais comumente utilizados são o UV-visível, fluorescência, índice de refração, matriz de diodo e espectrômetro de massas, sendo os dois últimos detectores considerados "padrão ouro" em termos analíticos e os mais utilizados na etapa confirmatória das análises toxicológicas.

É importante ressaltar, que esses métodos destinados às análises toxicológicas podem ser realizados em diferentes matrizes biológicas, como urina, sangue, suor, cabelo, saliva e entre outras. Entretanto, o soro, o plasma e a urina são as principais matrizes biológicas utilizadas nas análises toxicológicas, pois normalmente apresentam as maiores concentrações da(s) substância(s) químicas e seu(s) metabólito(s), quando comparados às outras matrizes. Nas análises toxicológicas destinadas aos casos de drogas de abuso, a urina corresponde a matriz biológica de primeira escolha, enquanto o soro e o plasma são matrizes mais utilizadas quando há a necessidade de controle terapêutico.

As concentrações da substância química e/ou de seu(s) metabólito(s) presentes em uma determinada matriz biológica, também denominadas biomarcadores de exposição, são influenciadas pela toxicocinética da própria substância no organismo. Com isso, mesmo os biomarcadores de exposição das drogas de abuso podendo ser detectados em qualquer corpo ou tecido, limitações práticas e fatores interferem no uso de cada tipo de matriz biológica, como por exemplo, a via de exposição/administração da substância; o período entre o uso e a data da coleta da amostra; a frequência e a quantidade utilizada pelo usuário, podendo ser crônico, agudo ou ocasional; a quantidade de líquido ingerido previamente; a funções renal e hepática; a utilização de outras drogas concomitantemente que possam levar a uma reação cruzada; o recipiente ou frasco de coleta, o tipo de conservante e anticoagulante (para matriz sanguínea) e o tempo e a temperatura de armazenamento das amostras. Soma-se a isso, a quantidade da amostra coletada, que deve ser adequada para a realização da análise e a concentração da(s) substância(s) e/ou de seu(s) metabólito(s) suficientes para serem detectados pelo método de análise disponível.

Por tanto, a seleção dos métodos de análise mais apropriados dentre as inúmeras possibilidades e a escolha da matriz biológica, que melhor represente a biodisponibilidade e a eliminação da(s) substância(s) química(s) e/ou de seu(s) metabólito(s) no organismo são de fundamental importância para a utilização e interpretação de forma apropriada dos resultados das análises toxicológicas, sendo, para isso, imprescindível os conhecimentos da toxicocinética e da toxicodinâmica de cada substância.

Investigação de drogas de abuso

O uso de drogas é uma prática humana desde os tempos mais remotos, apresentando características e significados diversos de acordo com as particularidades de cada população e seu momento histórico, sendo utilizada para fins religiosos, culturais e medicinais. Atualmente, o consumo de drogas se transformou em uma questão de saúde pública e política mundial, em decorrência da sua alta frequência e dos danos sociais relacionados ao uso e ao comércio de drogas legais e ilegais (tráfico). Entende-se aqui, de acordo com a Organização Mundial de Saúde, *droga* corresponde a qualquer substância química, seja ela natural ou sintética, capaz de produzir efeitos fisiológicos no corpo humano quando introduzida pelas vias oral, respiratória ou venosa. Um segundo termo utilizado é *droga psicotrópica* que corresponde as substâncias, cujos efeitos fisiológicos produzidos ocorrem sobre o sistema nervoso central (SNC), alterando de alguma maneira o psiquismo do usuário. O termo *drogas de abuso* aplica-se, especificamente, ao uso abusivo de substâncias não-prescritas, podendo elas serem lícitas ou ilícitas, como por exemplo, o etanol e a cocaína, respectivamente. Por sua vez, o termo *uso indevido de drogas* está relacionado ao uso impróprio de substâncias prescritas (fins não-terapêuticos), como por exemplo, a morfina e os benzodiazepínicos utilizados em maior dose ou frequência do que a indicação terapêutica. Entretanto, é importante salientar que a distinção entre o abuso e o uso indevido de uma determinada droga pode ser imprecisa. Devemos levar em consideração que o abuso ou uso indevido de drogas envolve muitas vezes a dependência do sujeito pela substância, podendo ser física ou psíquica. O fenômeno da dependência pode ser definido como um padrão mal-adaptativo do uso de substâncias que leva ao prejuízo ou sofrimento clínico significativo do sujeito, sendo extremamente complexo, envolvendo uma série de fatores relacionados ao indivíduo- características de personalidade e singularidade biológica; à substância psicoativa - propriedades farmacológicas/toxicológicas específicas; e ao contexto sociocultural - meio ambiente, no qual se realiza o encontro entre sujeito e droga. As drogas de abuso podem ser classificadas de diversas formas. De modo geral, elas podem ser lícitas ou ilícitas, ou seja, podem ter ou não a permissão do Estado para sua produção e comercialização. Além disso, as drogas de abuso, em especial as psicotrópicas, também são classificadas didaticamente conforme os seus mecanismos de ação ou efeito no SNC, podem ser depressoras, estimulantes ou perturbadoras.

As drogas estimulantes correspondem àquelas que estimulam a atividade do SNC, aumentando o estado de vigília e a atividade motora do sujeito que a utilizou, deixando-o nervoso, agitado, sem sono e sem apetite. Essas substâncias em doses mais elevadas podem chegar a produzir sintomas perturbadores do SNC, como delírios e alucinações. As principais drogas estimulantes são as anfetaminas e seus derivados, a cocaína/crack e a nicotina. As drogas depressoras constituem o grupo de substâncias que diminuem o ritmo de funcionamento do SNC, fazendo com que seus usuários apresentem, como principais sinais e sintomas, sonolência e lentidão psicomotora. Exemplos de drogas depressoras são o álcool, os benzodiazepínicos, os opiáceos e os inalantes (hidrocarbonetos voláteis). Por sua vez, as drogas perturbadoras são aquelas capazes de produzir alterações qualitativas no funcionamento do SNC quando consumidas, modificando a percepção da realidade do usuário, podendo ele apresentar alucinações, delírios e ilusões. Por essa razão, as drogas perturbadoras são também chamadas de psicoticomiméticas, ou seja, drogas que mimetizam psicoses. Os principais exemplos de drogas perturbadoras do SNC são LSD (dietilamida do ácido lisérgico), ecstasy, alguns cogumelos e peiote.

Vale destacar que esta classificação tem fins pedagógicos e o efeito das diversas drogas podem se mesclar entre as classes estimulantes, depressora e perturbadoras. Como exemplo disso, temos o ecstasy que é uma droga alucinógena e estimulante; a maconha que possui características de uma droga depressora, porém pode induzir efeitos alucinógenos em altas doses; e o crack que é uma droga majoritariamente estimulante, mas que pode desencadear quadros alucinatórios.

Geralmente, os pacientes com intoxicação aguda que chegam nos atendimentos de emergência correspondem ser pessoas saudáveis com sinais e sintomas decorrentes do contato com substâncias externas e dos efeitos sistêmicos por elas desencadeadas. Por isso, conhecer o quadro clínico e o manejo das principais intoxicações é essencial àqueles que prestam assistência médica de emergência.

A investigação e a abordagem diagnóstica de uma suspeita de intoxicação, nos atendimentos de emergência, envolvem a história de exposição do paciente, exames físico e complementar de rotina e análise toxicológica laboratorial. Nos relatos da história de exposição, a substância e/

ou droga de abuso pode ou não ser conhecida, sendo importante, sempre que possível, estimar a quantidade do consumo, o tempo decorrido entre o acidente e o atendimento, o início agudo da sintomatologia, o tipo de socorro domiciliar e os antecedentes médicos importantes. O exame físico, conduta básica nos atendimentos dos casos de emergência, baseia-se na observação do conjunto de sinais e sintomas produzidos pela substância ou pelo grupo de substâncias, caracterizando o tipo de síndrome tóxica causada pela exposição. A própria identificação da síndrome tóxica direciona quais possíveis substâncias químicas ou drogas de abuso podem estar envolvidas no respectivo quadro clínico observado. Por fim, o diagnóstico de intoxicação por determinada substância suspeita, baseado na história de exposição do paciente e no exame físico, poderá ser confirmado ou excluído por meio das análises toxicológicas laboratoriais. As análises toxicológicas laboratoriais também podem contribuir nos casos de intoxicação por múltiplas substâncias, onde os sinais e sintomas são mistos; na detecção da presença de substâncias com início de ação mais demorado; e na distinção entre psicoses orgânicas e tóxicas.

No Brasil, de acordo com o Sistema Nacional de Informações Tóxico-Farmacológicas, SINITOX, os principais agentes tóxicos, responsáveis por aproximadamente 36% dos casos registrados de intoxicações humanas, foram os medicamentos. Nesse mesmo levantamento, as drogas de abuso obtiveram o quarto lugar, correspondendo a aproximadamente 5% do total de casos de intoxicações. De modo geral, os principais agentes tóxicos envolvidos nos casos de intoxicações são anfetaminas/metanfetaminas, barbitúricos, benzodiazepínicos, propoxifeno, metadona, metaqualona, fenciclidina, canabinoides, opiáceos e cocaína, estando caracterizadas a seguir.

Metanfetaminas

A metanfetamina é uma substância pertencente a classe de drogas de abuso com atividade simpatomiméticas, denominadas de feniletilaminas. Possui propriedades farmacológicas similares da anfetamina, como estimulante do SNC, no entanto possui um potencial de efeito maior em comparação a anfetamina, devido sua maior característica lipofílica da estrutura química. A metanfetamina de alta pureza é facilmente sintetizada em laboratórios clandestinos, com um baixo custo, isso permitiu sua ampla disponibilidade e seu uso abusivo ao redor do mundo. Foi sintetizada pela primeira vez no Japão, em 1893, e a anfetamina na Alemanha, em 1887. Ambas as substâncias foram muito utilizadas, tanto clinicamente como de forma ilícita, durante a Segunda Guerra Mundial, tornando-se um sério problema no Japão pós-guerra. Ganhou popularidade nos EUA, com sua produção ilícita em São Francisco, em 1962.

A metanfetamina provoca uma grande liberação de monoaminas endógenas, principalmente a dopamina em terminações nervosas simpáticas. Os neurônios dopaminérgicos presentes no sistema mesolímbico, mesocortical e nas vias nigroestriais, são responsáveis pelas emoções e as repostas motivacionais. A metanfetamina entra por difusão nos terminais pré-sinápticos através da membrana lipídica e os transportadores de captação de catecolaminas ligados à membrana. Uma vez no citosol, a metanfetamina é capaz de entrar nas vesículas pré-sinápticas alterando o gradiente de pH, essencial para acumular os neurotransmissores, facilitando a liberação da dopamina no citosol. O aumento de dopamina no citosol promove o seu movimento para fenda sináptica. O excesso de catecolaminas (principalmente dopamina) na fenda sináptica competem com a metanfetamina pela recaptação pelos transportadores de catecolaminas, promovendo assim o prolongamento da atividade neuronal. O aumento na concentração de dopamina no citosol neuronal leva o aumento da sua oxidação, levando a formação de dopamina quinona, capaz de promover o estresse oxidativo, lesão mitocondrial, apoptose neuronal e degeneração neuronal.

Os principais efeitos são relacionados há uma síndrome simpatomimética, podendo variar entre os pacientes. Em baixas doses produzem efeitos de euforia, humor positivo, aumento da excitação geral e diminuição da fadiga, com melhora na atenção e diminuição do apetite. Em doses elevadas, são relatadas taquicardia, hipertensão, palpitações, taquipneia, dor torácica, perturbação gastrointestinal, midríase, diaforese, hipertermia e hiperreflexia, juntamente com efeitos no SNC como ansiedade, agitação, delírio e psicose. As principais lesões relatas são cardiovasculares e cerebrovasculares após a exposição à metanfetamina. Efeitos incluem disritmias ventriculares, disfunção miocárdica e isquemia com ou sem infarto. Um fator importante é a vasoconstrição que pode ocorrer devido ao excesso de catecolaminas com atividade sobre α1-adrenoreceptors, podendo resultar em isquemia do miocárdio e outros tecidos.

O diagnóstico de intoxicação por metanfetamina é tipicamente feita com base na história do paciente, juntamente com características de uma síndrome simpaticomimética. Dentro de um laboratório de análises clínicas é importante o monitoramento das enzimas cardíacas juntamente com o eletrocardiograma para verificar a ocorrência de uma síndrome coronariana aguda. Em virtude da perda de fluídos corporais (taquipneia e sudorese profusa), são necessárias análises do estado ácido-base e eletrólitos séricos, principalmente para avaliar risco de hipocalemia. A rabdomiólise, síndrome decorrente da lise das células musculares esqueléticas com a liberação de substâncias intracelulares para a circulação sanguínea, pode ser observada em pacientes que sofrem de agitação grave, atividade muscular excessiva ou hipertermia, assim a creatina quinase e a mioglobina (urinária ou sérica) devem ser monitoradas. Com o risco de desenvolver insuficiência renal aguda após rabdomiólise, o monitoramento cuidadoso para detectar evidências de insuficiência renal precoce são necessários, incluindo o volume urinário e as concentrações de creatinina sérica.

A determinação laboratorial, como a escolha da matriz e metabólitos a serem pesquisados, dependem do conhecimento da toxicocinética da metanfetamina. Após absorção oral e administração nasal, o pico plasmático varia entre 3-4 horas, e a via pulmonar possui concentrações máximas em 2,5 horas. Os principais metabólitos formados e excretados na urina são 4-hidroximetanfetamina (15%) e anfetamina (2-10%), via hidroxilação aromática e N-desmetilação, respectivamente.

Para as amostras de sangue, o analito de interesse a ser determinado será o composto parental, no caso a metanfetamina. As determinações podem ser feitas por cromatografia gasosa e líquida acopladas ao detector espectrometria de massas (CG/MS e LC/MS/MS). Para análises de rotina em plasma por CG/MS, técnicas tradicionais de extração alcalina líquido-líquido e reações de acilação são utilizadas para determinação de metanfetamina. No entanto a extração em fase sólida (SPE) e derivatização com anidrido heptafluorobutírico (HFBA) utilizando o modo SIM do CG/MS estão sendo aplicadas com sucesso. Para determinações em LC/MS/MS, uma etapa de precipitação adicionando metanol contendo os padrões internos deuterados, pode ser suficiente para preparação de amostra ou a própria extração em SPE também são usadas para promover o *clean up* do plasma. Sempre que houver evaporação com solventes na etapa da extração, deve-se ter cuidado para que a metanfetamina não seja coevaporada.

Amostras não convencionais de cabelo podem ser empregadas para determinar o uso crônico de metanfetamina e, também determinar o período do uso, de acordo com a taxa de crescimento dos pelos. Amostras de cabelo devem ser previamente lavadas com água e etanol. Métodos de extração em agitação ácida (1% de HCl em metanol por 20 h a 38ºC) ou em ultrassom (3 mL de metanol/HCl 20:1 por 1 h), seguido por CG/MS, após derivatização com anidrido trifluoroacético e adições de padrões deuterados como padrão interno, são utilizados para determinação de metanfetamina e seu metabólito anfetamina em amostras de cabelo.

Imunoensaios para determinações de metanfetamina na urina são geralmente problemáticos.

Algumas substâncias simpatomiméticas derivadas da feniletilamina, como efedrina, pseudoefedrina e fenilpropanolamina proporcionam, em alguns casos, reações cruzadas para o teste de urina para metanfetamina. Algum dessas substâncias podem conter o estereoisômero R(-) da metanfetamina, com o qual imunoensaios e até testes de confirmação para S(+) da metanfetamina podem reagir de forma cruzada dando resultados falso-positivos. Utilizar imunoensaios com baixa reatividade para R(-) da metanfetamina são mais específicos do que testes confirmatórios como LC/MS. A espectrometria de massa (MS) é incapaz de distinguir entre enantiômeros, pois informações estereoquímicas são perdidas durante a fragmentação dos íons, assim produzindo massa idênticas tanto para o S(+) como para a forma R(-) da metanfetamina.

Barbitúricos

Os barbitúricos correspondem ao grupo de substâncias químicas derivadas do ácido barbitúrico, o qual é oriundo da união do ácido malônico com a ureia. De modo geral, os barbitúricos são depressores do SNC e utilizados terapeuticamente como antiepilépticos, sedativos, hipnóticos e anestésicos.

No século XX, até a década de 60, os barbitúricos foram muito utilizados como medicamentos hipnóticos e sedativos. Entretanto, diversos casos de morte por parada cardíaca, insuficiência renal, complicações pulmonares e suicídios fizeram com que seu uso fosse substituído pelos benzodiazepínicos. Essa substituição ocorreu devido ao fato dos benzodiazepínicos possuírem índices terapêuticos maiores quando comparados aos barbitúricos, caracterizando serem drogas mais seguras.

O mecanismo de ação dos barbitúricos baseia-se na interação do princípio ativo com os receptores de GABA, os quais representam uma classe de receptores que respondem ao neurotransmissor ácido gama-aminobutírico (GABA), principal neurotransmissor inibitório do SNC. Essa interação ocorre especificamente com o receptor $GABA_{A,}$ fazendo com que o tempo de abertura do canal de cloreto induzida pelo GABA seja aumentado e a ação GABAérgica potencializada. Consequentemente, a liberação de neurotransmissores dependentes do cálcio e a despolarização neuronal, induzida pelo glutamato por meio dos receptores AMPA, são inibidas. Em concentrações elevadas, os barbitúricos também são capazes de atuar nos canais de sódio e de potássio.

Desta forma, o uso terapêutico em doses hipnóticas de barbitúrico reduz o tempo de latência para o sono e aumenta a duração dele. Entretanto, efeitos adversos como tontura, distorções do humor, irritabilidade, confusão e letargia pela manhã, após dose noturna, são relatados. Além disso, uma redução da pressão arterial, da frequência cardíaca, do tônus muscular e da motilidade do intestino também são relatados. Em indicações terapêuticas sedativas, são utilizados barbitúrico com maior tempo de meia-vida, cuja ação prolongada produz sonolência, redução da ansiedade e da excitabilidade. No entanto, essa ação ansiolítica não se mostra seletiva; e o aprendizado, a memória em curto prazo e o raciocínio são prejudicados com o tratamento.

Nos casos de intoxicação leve a moderada, os sinais e sintomas observados são sonolência, fala arrastada, nistagmo, ataxia e confusão mental. Em intoxicações graves, ocorre diminuição da contratilidade cardíaca; insuficiência respiratória; hipotensão com depressão do centro vasomotor e bloqueio ganglionar; oligúria e coma. Pacientes em coma prolongado apresentam maiores riscos de pneumonia aspirativa, rabdomiólise e insuficiência renal. O comprometimento cardiopulmonar é o principal responsável pelos óbitos na fase aguda, seguidos por edema pulmonar, pneumonia e edema cerebral.

Atualmente, os barbitúricos são utilizados terapeuticamente como anticonvulsivante nos casos de epilepsia ou crises convulsivas de outras origens. Esses medicamentos são geralmente classificados de acordo com a duração de seus efeitos terapêuticos, podendo ser de curta, intermediária e longa duração. A característica dessa duração está diretamente relacionada com a lipossolubilidade da molécula, a sua distribuição pelos tecidos e o seu tempo de meia-vida. Dentre os barbitúricos mais utilizados, o fenobarbital foi um dos primeiros a ser desenvolvido, nos primeiros anos do século XX, sendo muito utilizado ainda hoje. O fenobarbital corresponde a um barbiturato de ação prolongada, utilizado para induzir a sedação, o sono e extensivamente como anticonvulsivante; enquanto o pentobarbital e o secobarbital são exemplos de barbituratos de ação curta ou intermediária, comumente empregados como sedativos, hipnóticos e antiespasmódicos.

É importante ressaltar, que a farmacocinética e a farmacodinâmica dos barbitúricos são específicas para cada princípio ativo e, como já mencionado anteriormente, isso é importante para a realização da análise toxicológica e a interpretação dos resultados. Utilizando o fenobarbital como exemplo, aproximadamente 80% da dose administrada é absorvida pelo trato gastrintestinal. Em adultos, a concentração plasmática máxima ocorre entorno de 8 horas com meia-vida plasmática de 50 a 140 horas, sendo ligeiramente maior em pacientes idosos e em pacientes com insuficiência renal ou hepática. Em crianças, a concentração plasmática máxima ocorre em 4 horas e a meia-vida plasmática entre 40 e 70 horas. A ligação do fenobarbital às proteínas plasmáticas é de aproximadamente 60% em crianças e de 50% em adultos.

A distribuição do fenobarbital ocorre por todo o organismo, especialmente, para o cérebro devido à sua lipossolubilidade. Sua metabolização ocorre no fígado formando um derivado hidroxilado inativo, que é em seguida glicuroconjugado ou sulfoconjugado. Entretanto, sua excreção, na maior parte, é realizada pelos rins na sua forma inalterada. Por isso, no manejo clínico de casos de intoxicação, realiza-se o ajuste do pH sanguíneo em torno de 7,40-7,45, fazendo com que a excreção urinária do fenobarbital seja aumentada em cinco a dez vezes.

Dispondo de método quantitativo, a utilização da dosagem de barbitúrico é importante em determinados diagnósticos, sendo importante na correlação com o quadro clínico e no monitoramento terapêutico. Em avaliações de intoxicação por barbitúricos, a dosagem de seus níveis séricos é o principal exame. Geralmente, os testes de triagem envolvem cromatografia em camada delgada, no qual se utiliza soluções de $HgNO_3$ e DFC em etanol no processo de revelação, sendo observado a formação de manchas de cor azul-violeta; ou imunoensaio multiplicado por enzima (EMIT). Posteriormente, segue o teste confirmatório por cromatografia líquida de alta eficiência (HPLC) acoplado a espectrômetro de massas (MS), sendo possível quantificar e diferenciar as concentrações de fenobarbital, topiramado e fenitoína. Para tanto, as amostras são fortificadas com padrões das respectivas substâncias, sendo submetidas ao processo de extração por precipitação de proteína em solução de acetonitrila: água (90:10 v/v) contendo 1mM de formiato de amônio. Em seguida, o sobrenadante é injetado no cromatógrafo, sendo a separação cromatográfica realizada em coluna C18 e fase móvel constituída por uma mistura de NH_4HCO_2 e ACN.

A dosagem dos níveis séricos de barbitúricos é geralmente utilizada no diagnóstico de paciente comatoso e as decisões de tratamento devem ser baseadas nos dados clínicos apresentados. Entretanto, em casos de overdoses letais, as medidas séricas podem não refletir as concentrações de barbitúricos nos sítios ativos cerebrais e, consequentemente, subestimam a condição clínica do paciente. Ademais, em usuários crônicos de barbitúricos, que possuem tolerância fisiológica, e em pacientes com insuficiência renal ou doença hepática, a mensuração dos níveis séricos de barbitúricos também não reflete a real biodisponibilidade do medicamento, sendo necessário uma maior atenção no acompanhamento da evolução clínica.

Metaqualona

A metaqualona é uma substância sedativa-hipnótica do grupo quinazolina, com efeitos semelhantes ao dos barbitúricos. Como droga de abuso poder ser usada por via oral ou fumada. Aproximadamente 85% de toda metaqualona do mundo é utilizada na África do Sul. Quando usada por via oral é associada com etanol, prática conhecida como "*Luding out*", com início dos efeitos em 30 min e duração de 2-4 horas. A via fumada é preferida pelos usuários, associado com *cannabis* ou tabaco, combinação conhecida como "*white pipe*". A "*white pipe*" proporciona efeitos eufóricos ("*rush*") imediatos com duração de até 6 horas. Metaqualona é extensivamente metabolizada via hidroxilação microssomal de todas as posições nos anéis quinazolínicos e tolílicos, com formação de metabólitos inativos. A Metaqualona inalterada é encontrada ligada a albumina e está principalmente na fração sérica do sangue. Os efeitos clínicos de uma overdose de metaqualona incluem, midríase (podendo alternar entre midríase e miose), hiperreflexia, taquicardia, atividade convulsiva (episódios de ataques epiléticos), rigidez muscular e depressão respiratória com episódios de apneia.

A determinação de Metaqualona no soro pode ser realizado por espectrofotometria UV (235 nm) ou por cromatografia gasosa com detector de ionização em chama (CG/FID) ou espectrometria de massas (CG/MS). Para extrair a metaqualona inalterada do soro, podem ser feitas uma extração com clorofórmio (soro com tampão fosfato em pH 7,4) ou hexano (pH do soro em 12 com NaOH). Nas análises urinárias (até 72 horas após o uso), os metabólitos formados, principalmente via monoidroxilação da metaqualona, podem interferir com a metaqualona inalterada no espectro UV, assim metabólitos livres podem ser obtidos por hidrólise enzimática com β-glucuronidase ou hidrólise com ácido clorídrico.

Canabinoides

A *Cannabis sativa*, também conhecida popularmente como maconha ou marijuana é a droga mais utilizada em todo o mundo, e seu consumo faz parte da história da humanidade por centenas de anos. Para além do seu uso recreativo, a *Cannabis sativa* tem importância nutricional, medicinal e industrial, sendo utilizada como alimento, medicamento, fibra e óleo combustível; além de estar presente em cerimônias religiosas em diferentes partes do mundo.

Recentemente, no Brasil, a discussão sobre o uso de princípio ativo derivado da *Cannabis sativa*, para fins medicinais, tem sido realizada devido à necessidade de autorização legal para a importação do medicamento nos casos de tratamento de crianças com convulsões refratárias às terapias convencionais. O uso terapêutico da *Cannabis sativa* vem sendo recomendado clinicamente para diferentes situações devido às suas propriedades farmacológicas originadas pela presença dos canabinoides.

A *Cannabis sativa* é composta por mais de 489 substâncias, dentre elas, aproximadamente, 70 são denominadas canabinoides e estão localizadas especialmente nas folhas e inflorescências. Esses canabinoides podem ser classificados em psicoativos, como o Δ^9 – tetraidrocanabinol (Δ^9-THC ou simplesmente THC); e não-psicoativos, como canabinol, canabidiol e canabicromeno. O Δ^9-THC foi o primeiro a ser identificado e é considerado o componente psicoativo mais relevante.

Além disso, os canabinoides também podem ser divididos em fitocanabinoides – substâncias químicas naturalmente encontradas na *Cannabis sativa*; canabinoides sintéticos – produzidos por síntese laboratorial; e canabinoides endógenos ou endocanabinoides - substâncias químicas endógenas encontradas em vários animais e fisiologicamente relacionadas as funções de "relaxar, comer, dormir, esquecer e proteger".

Com isso, mamíferos, incluindo os seres humanos, possuem um sistema endocanabinoide, que é definido como sendo um sistema neuromodulador comum que desempenha importantes papéis em diversos processos neurobiológicos, como no desenvolvimento do SNC, na plasticidade sináptica, nas funções motoras e cognitivas, na antinocicepção, no sono, no comportamento alimentar, na modulação da dor e na resposta a estímulos endógenos e ambientais. O sistema endocanabinoide é composto por receptores de canabinoides, canabinoides endógenos (endocanabinoides) e enzimas responsáveis pela síntese e degradação dos endocanabinoides.

Atualmente, os receptores canabinoides conhecidos são o CB1, o CB2, os canais do potencial receptor de receptores transitórios (TRP) e os receptores ativados por proliferadores de peroxissoma (PPARs), sendo o receptor CB1 o mais abundante. Os receptores canabinoides CB1 e CB2 são acoplados às proteínas G e pertencem a uma grande e diversificada família de proteínas acopladas à membrana celular. Os receptores CB1 são os responsáveis pela maioria dos efeitos neurocomportamentais dos canabinoides, especialmente do Δ^9-THC, e possuem maior expressão no SNC, como nas regiões do hipocampo, amígdala, cerebelo, gânglios da base e neocórtex. Os receptores CB2, por sua vez, são menos expressos no SNC e estão mais associados à resposta imune.

Os endocanabinoides, ao contrário dos outros neurotransmissores, não são armazenados em vesículas e sim sintetizados sob demanda. Essa síntese ocorre nos neurônios pós-sinápticos após o influxo de cálcio e a subsequente ativação de fosfolipases, responsáveis pela conversão dos fosfolipídeos em endocanabinoides. Os endocanabinoides produzidos, como por exemplo a anandamida e o glicerol 2-araquidonoil, são liberados na fenda sináptica e se acoplam aos receptores CB1 pré-sinápticos.

A ativação dos receptores CB1 resulta em uma diminuição no influxo de cálcio nos terminais axônicos e, dessa forma, na diminuição da liberação de neurotransmissores. Entretanto, a ativação dos receptores TRP do tipo V1 pela anandamida, por exemplo, leva à despolarização aumentada das membranas pós-sinápticas, aumentando a liberação de neurotransmissores. Portanto, endocanabinoides parecem ter uma função moduladora na liberação de neurotransmissores clássicos, tais como a acetilcolina, os aminoácidos (glutamato, GABA) e as monoaminas (dopamina, serotonina, noradrenalina).

Estudos revelam que os canabinoides exógenos clássicos, ou seja, os que possuem dibenzopiranos em sua estrutura molecular, agem de forma diferente com os receptores do sistema endocanabinoide. O Δ^9-THC, por exemplo, atua como agonista parcial em receptores CB1 e CB2; o canabinol como agonista fraco; e o canabidiol como antagonista. Ao contrário dos efeitos fisiológicos dos endocanabinoides, o consumo de canabinoides exógenos altera a sinalização e a dinâmica dos circuitos neuronais, podendo produzir tanto uma mistura de efeitos psicotomiméticos, quanto efeitos depressores, além de vários outros efeitos periféricos.

De modo geral, o consumo de *Cannabis sativa* produz efeitos como alteração de humor e percepções sensoriais, perda de coordenação, perda temporária de memória, ansiedade, paranoia, depressão, confusão, alucinação e aumento de batimentos cardíacos; podendo também ser observada síndrome de abstinência com efeitos de inquietação, insônia, anorexia e náusea, além de tolerância para os efeitos psicotrópicos e cardíacos. Os canabinoides agonistas dos receptores CB1 resultam em ações comportamentais como analgesia, catalepsia, hipotermia e diminuição da atividade motora. O Δ^9- THC ou seus análogos, presentem em maior concentração na *Cannabis sativa*, também apresentam, além dos efeitos agonistas já mencionados, o relaxamento físico, mudanças na percepção, euforia leve, diminuição da capacidade de raciocínio e aumento do apetite.

Além disso, os principais efeitos agudos do consumo da *Cannabis sativa* são ansiedade e pânico - principalmente em novos usuários; e sintomas psicóticos, em altas doses. O consumo realizado em ambientes novos ou em condições de estresse também influenciam efeitos de ansiedade. Por sua vez, os efeitos crônicos envolvem síndrome de dependência (10% dos usuários); bronquite crônica e comprometimento da função respiratória; desencadeamento de quadro psicótico; e comprometimento de funções cognitivas (consumo por período igual ou maior a 10 anos).

Os efeitos agudos do uso da maconha, principalmente os sintomas ansiosos, são as razões mais frequentes para a procura de tratamento e serviços de emergência. O tratamento desses sintomas é primordialmente realizado com administração de benzodiazepínicos. Além disso, em quadro clínico agudo decorrente de alta dose de consumo, o usuário pode apresentar comportamento agressivo, devido ao comprometimento da percepção da realidade associada à ansiedade e à ideação paranoide. O tratamento dos sintomas psicóticos segue os mesmos princípios básicos de tratamento desses mesmos sintomas em usuários de cocaína.

O Δ^9-THC, principal constituinte psicoativo da *Cannabis sativa*, uma vez absorvido pelo organismo, é rapidamente biotransformado em compostos mais polares por meio de reações de hidroxilação e oxidação, as quais envolvem a ação do citocromo P-450. O 11-hydroxi-THC (11-OH-THC) e o ácido 11-nor-Δ^9-THC-9-carboxílico (Δ^9-THC-COOH) correspondem aos metabólitos ativos e inativos do Δ^9-THC, respectivamente, e são utilizados na identificação do consumo de *Cannabis sativa* em métodos analíticos toxicológicos. O Δ^9-THC também sofre metabolismo de fase II com ácido glucurônico e sulfato formando canabinoides conjugados, entretanto dados sobre as proporções desses conjugados após o consumo de *Cannabis sativa* ainda são pouco esclarecidos.

A concentração de 11-OH-THC e Δ^9-THC-COOH, na urina, sofrem influência da dose de Δ^9-THC absorvida, da frequência do consumo, do tempo de coleta após a última exposição, da concentração de Δ^9-THC armazenado no tecido gorduroso e da quantidade de líquidos ingerida antes da coleta. Nos casos de uso ocasional, aproximadamente uma vez por semana, amostras geralmente apresentam resultados positivos por 1 a 3 dias após o consumo. Nos casos de uso crônico, duas vezes por semana ou mais, os resultados se mantêm continuamente positivos, devido à lenta liberação do Δ^9-THC tecidual. Os resultados da maioria dos usuários crônicos passam a ser negativos após quatro semanas de abstinência. Entretanto, esse tempo varia de acordo com a quantidade de tecido gorduroso do usuário, a frequência e a quantidade de consumo da droga. O pico das concentrações urinárias após uso de *Cannabis sativa* ocorre entre 7 e 14 horas após o consumo, sendo dependente da quantidade de Δ^9-THC absorvida e das características individuais no usuário.

O método de triagem para a identificação da presença de canabinoides e/ou seus derivados metabólicos na urina baseia-se na reação colorimétrica do reagente Fast Blue B com a estrutura fenólica das moléculas envolvidas, formando um produto de coloração vermelho-púrpura, que é solúvel em fase orgânica. A coloração formada é resultado de uma combinação de cores produzidas pela reação com os diferentes canabinoides (THC = vermelho, canabinol = púrpura, canabidiol = laranja). Sendo assim, os canabinoides e principalmente seus metabólitos são extraídos da urina e separado dos outros constituintes da matriz por meio de cromatográfica em camada delgada, sendo posteriormente revelados pela reação com o reagente Fast Blue B e identificados pela observação de uma banda de coloração vermelho-púrpura.

Após a identificação da presença de canabinoides e/ou seus metabólitos, as amostras urinárias com resultados positivos são submetidas a testes confirmatórios. Esses testes confirmatórios, geralmente, correspondem a cromatografia líquida ou gasosa acoplada à espectrômetro de massas (HPLC, GC/MS). Para a realização do teste cromatográfico, o Δ^9-THC e seus metabólitos são extraídos da amostra urinária por meio de microextração líquido-líquido utilizando o 1-dodecanol e o metanol, como solvente de extração e dispersor, respectivamente. Quando utilizado a cromatografia gasosa, a amostra deve ser derivatizada, a partir da adição do agente derivatizante (BSTFA+1%TMCS) e de acetato de etila ao extrato seco. Essa etapa tem como objetivo proteger grupos polares das moléculas de interesse, tornando-as mais voláteis, estáveis e, consequentemente, melhorando a detecção do método. Posteriormente, o extrato é injetado no cromatógrafo para leitura.

Cocaína

A cocaína é um dos estimulantes naturais mais antigos conhecidos pelo homem, sendo uma das drogas ilícitas mais consumidas em todo o mundo. A cocaína é um alcaloide branco extraído das folhas da *Erithroxylon coca*, cujo nome químico é benzoilmetilecgonina. O consumo de cocaína pode ser realizado por meio de diferentes apresentações da droga, como folha de coca, cloridrato de cocaína, merla/pasta, bazuko ou crack/oxi. As folhas de coca podem ser mascadas ou consumidas sob a forma de chá – uso tradicional em países Andinos, podendo conter de 0,5 a 1,5% do alcaloide. O cloridrato de cocaína, produto do refino da coca, se apresenta sob a forma de um pó branco que pode ser consumido por via nasal ou intravenosa, contendo de 15 a 75% do alcaloide. A merla corresponde a uma pasta da cocaína, obtida nas primeiras fases do refino de coca, a qual é volátil quando aquecida a 100°C, sendo, portanto, fumada em cachimbos. Essa preparação pode ser misturada com tabaco e maconha, formando o "basuko". A concentração do alcaloide na merla/pasta ou bazuko pode variar entre 40 e 70%.

O crack e o oxi são oriundos dos restos do refino da coca e obtidos na forma de pedra, a qual também é fumada em cachimbos. A diferença entre o crack e o oxi está na composição química utilizada para transformar o pó em pedra, sendo bicarbonato de sódio e amônia utilizados para o crack e querosene e cal virgem para o oxi. É importante ressaltar, que o querosene e o cal virgem são substâncias corrosivas e tóxicas, e por isso o consumo de oxi pode levar a morte mais rápido quando comparado com o consumo de crack. A concentração do alcaloide no crack pode variar entre 40% e 70% e no oxi entre 40% e 90%.

É importante destacar, que as propriedades toxicocinéticas e toxicodinâmica das drogas em geral indicam/interferem na sua tendência de causar adicção ou dependência. Sendo assim, drogas de ação curta resultam em uma maior frequência de dependência quando comparadas com drogas de ação prolongada, pois a depuração da droga de ação prolongada promove uma lenta diminuição da sua concentração na corrente sanguínea ao longo do tempo, evitando uma abstinência aguda. Sendo assim, o consumo de cocaína pela via intravenosa ou na forma de base livre para ser fumada está associado a um maior risco de dependência e intoxicações, devido ao aumento muito rápido das concentrações plasmáticas de benzoilmetilecgonina, quando comparado ao consumo pelas vias de administração oral ou nasal.

De modo geral, os efeitos observados nos casos de intoxicação por cocaína são o aumento da pressão arterial, das frequências cardíaca e respiratória, da temperatura corporal, dilatação pupilar, estado de alerta elevado e aumento da atividade motora. Intoxicações por substâncias estimulantes, como a cocaína, geralmente demandam monitorização e atendimento de apoio. Esses efeitos exercidos pela cocaína estão associados ao bloqueio da recaptação das monoaminas dopamina, norepinefrina, epinefrina e serotonina nas terminações pré-sinápticas, levando ao acúmulo desses neurotransmissores na fenda sináptica e a potencialização de suas neurotransmissões.

Embora a cocaína atue nos neurônios monoaminérgicos distribuídos por todo o corpo, seu potencial de abuso é determinado por sua ação nos neurônios dos centros encefálicos *locus ceruleus* e *nucleus accumbens*. No *locus ceruleus*, a cocaína estimula as projeções adrenérgicas, potencializando as ações da norepinefrina e promovendo, como consequência, o aumento do estado de excitação e vigilância do usuário. Além disso, esse estímulo dos receptores adrenérgicos é responsável pelo aumento da frequência cardíaca e da pressão arterial, podendo causar também vasoespasmo, o que leva a acidente vascular cerebral, infarto do miocárdio ou dissecção aórtica.

No *nucleus accumbens*, região que recebe impulsos de várias regiões encefálicas e, também da área tegmental ventral dopaminérgica, o estímulo dos receptores dopaminérgicos dos tipos 1 e 2 (D1 e D2) irão desencadear efeitos distintos. Em resposta ao aumento das concentrações de dopamina na fenda sináptica, ocorre a inibição dos estímulos dos autoceptores pré-sinápticos e o aumento do clearance da dopamina, tendo como consequência a diminuição dos disparos neuronais. O resultado dessa neuroadaptação é a depleção dos níveis de dopamina extracelular e o aumento do limiar de autoestimulação observados no uso crônico da cocaína. Portanto, a tolerância decorrente do uso crônico da cocaína possui uma base anatômica e funcional nas sinapses dopaminérgicas e a ocorrência dos mecanismos de neuroadaptação corresponde a um sinal de dependência física, que obriga o usuário a aumentar o consumo visando suprimir desconfortos orgânicos, não sendo apenas uma mera satisfação do funcionamento psíquico. Sendo assim, a ativação das terminações dopaminérgicas do *nucleus accumbens* é fundamental para o estímulo do sistema de recompensa encefálico, o qual está diretamente relacionado com a dependência pela droga.

A biotransformação da benzoilmetilecgonina, princípio ativo da cocaína, se inicia na própria corrente sanguínea, sendo concluída no fígado com a formação dos metabólitos benzoilecgonina e metil-éster de ecgnonina. Ambos os processos metabólicos envolvem enzimas esterases, como colinesterases plasmáticas e carboxilesterase tipo 2, respectivamente. A benzoilecgonina e a metil-éster de ecgonina são as principais formas detectadas nas matrizes biológicas das análises toxicológicas. Todavia, outros metabólitos também são formados, como a norcocaína, a hidroxicocaína, a hidroxibenzoilecgonina, a ecgonina e o cocaetileno, porém detectados em quantidades menores. A cocaína e seus metabólitos não se ligam às proteínas plasmáticas, sendo 85 a 90% do total eliminados pela via renal. O tempo de meia-vida da cocaína é de aproximadamente 60 minutos e de seus metabólitos entre 4-6 horas. Por causa disso, os metabólitos benzoilecgonina e metil-éster de ecgonina são os escolhidos para os testes toxicológicos, pois podem ser detectados a partir de seis horas depois do consumo da cocaína, além de estarem em maiores concentrações.

As matrizes biológicas utilizadas nas análises toxicológicas para verificação do uso de cocaína podem ser sangue, urina e cabelo. No entanto, o teste toxicológico urinário do metabólito benzoilecgonina é o utilizado como teste de referência e pode ser realizado de quatro a 48 horas após exposição à droga. Os diferentes tipos de imunoensaio (RIA, FPIA, ELISA e EMIT) podem ser utilizados como métodos de triagem na detecção da benzoilecgonina. Como métodos confirmatórios, a cromatografia líquida de alta eficiência (HPLC) e a cromatografia gasosa acoplada espectrometria de massas (CG/MS) são os mais empregados, especialmente CG/MS, sendo considerado padrão ouro para a análise toxicológica. Resultados satisfatórios são obtidos, quando as amostras são derivatizadas com MTBSTFA e eluidas em cartuchos C18 como metanol: álcool isopropilico: NH4OH, nas seguintes condições cromatográficas: injetor 250ºC, interface 260ºC, Split 1:10 e fluxo de gás de arraste (He) 6.0 mL/min.

Por fim, é importante ressaltar, que muitos pacientes usam mais de um tipo de droga ao mesmo tempo, sendo os efeitos dessa múltipla exposição complexos e não totalmente elucidados. A título de exemplo, pesquisas revelaram o efeito sinérgico da interação entre a cocaína e o álcool, formando o metabólito cocaetileno, o qual possui maior tempo de ação no encéfalo e é mais tóxico quando comparado com cada substância isoladamente. Além disso, a mistura de cocaína e álcool é a associação mais comum nos casos clínicos de overdose.

Fenciclidina

Fenciclidina ou 1-(1-fenilciclohexil) piperidina, é um alucinógeno usado por produzir euforia, onipotência, bem como sociabilidade e conotação sexual. No âmbito terapêutico, a Fenciclidina (PCP) era usada na pré-indução anestésica e tranquilizante para animais, sendo capaz de causar anestesia e analgesia sem desencadear depressão cardiorrespiratória. No entanto, os pacientes que fizeram uso desencadearam psicose, agitação e disforia pós-operatório.

Atualmente como droga de abuso, pode ser encontrada na forma de pó cristalino branco, tablete, cristais e líquido. Sua forma de uso é principalmente a via fumada, em cigarros com *cannabis* ("tabaco de whacko"), possuindo início de ação em 2-5 minutos, similar a via intravenosa e sem as complicações das injeções. PCP é uma base fraca de caráter lipídico, assim os níveis cerebrais podem ser nove vezes mais altos que os níveis séricos, permitindo que seus efeitos no SNC durem de 7 horas e até mesmo 7 dias em usuários crônicos. Cerca de 90% da droga sofre efeito de primeira passagem via hidroxilação oxidativa (mono hidroxilação do anel ciclohexil e piperidina) no fígado, sendo os metabólitos conjugados por glucuronosiltransferases excretados via urinária (9% da PCP inalterado é excretado). PCP atua como antagonista dos receptores de N-metil-D-aspartato (NMDA) no hipocampo, neocórtex, gânglios da base e sistema límbico. Os receptores NMDA possuem diversos sítios de ligação, nos quais os ligantes produzem os efeitos. Por exemplo, o receptor NMDA, um canal ionotrópico controlado por voltagem e com sítio de ligação para glutamato e glicina. Atuando como antagonista do NMDA, a droga liga-se dentro do poro do canal específico para ligação da PCP, levando a um bloqueio da condução iônica através do canal. Além disso, a PCP em doses moderadas (1-5 mg) atua inibindo a receptação de dopamina, norepinefrina e serotonina, e aumentando a produção de dopamina e norepinefrina por estimulação da tirosina hidroxilase.

Em virtude dos seus diferentes mecanismos no SNC, pode apresentar extrema agitação e sedação. Doses crescentes de PCP promovem a ligação da droga aos receptores NMDA, estimula receptores σ-opioides, GABA, muscarínicos e nicotínicos de acetilcolina. Mais de 50% dos pacientes intoxicados por PCP apresentam comportamento violento, nistagmo, taquicardia, hipertensão, anestesia e analgesia. Doses entre 5-10 mg de PCP por via oral pode induzir esquizofrenia aguda, incluindo agitação e convulsão, psicose, alucinações audiovisuais, delírios paranoicos e catatonia. De modo geral, a intoxicação por PCP produz uma síndrome simpaticomimética (hipertensão, taquicardia, diaforese) e colinérgica (broncoespasmo, salivação e miose). Complicações da intoxicação podem ser hipertermia e rabdomiólise, em virtude dos pacientes exibirem hiperreflexia, tônus muscular exacerbado e movimentos mioclônicos (Bey and Patel, 2007; McCarron et al., 1981).

O diagnóstico sobre a suspeita da intoxicação deve ser feito clinicamente, para que os exames apropriados sejam solicitados para confirmação. A intoxicação por PCP assemelha-se a overdose de cocaína, anfetaminas, agente colinérgicos, alucinógenos e abstinência de benzodiazepínicos, assim uma triagem toxicológica qualitativa da urina é extremamente útil no diagnóstico. Uma vez que 9% da droga ativa é excretada diretamente pelos rins, análises cromatográficas qualitativa ou imunológica de urina podem ser o método. A urina geralmente é positiva por 2-4 dias após o uso recreacional de PCP, enquanto o uso crônico, os resultados podem ser positivos para mais de uma semana após o uso. Falso-positivos para PCP em triagem urinária podem ocorrer para tramadol, lamotrigina, difenidramina, dextrometorfano, venlafaxina, ibuprofeno, cetamina, metamizol, tioridazina e mais recentemente para metronidazol. Por outro lado, deve ser checado o pH urinário para resultados negativos onde existam a suspeita da intoxicação, uma vez que a Fenciclidina é uma base fraca e pode sofrer reabsorção tubular em urinas alcalinas. Importante lembrar que todos os resultados positivos de imunoensaio de PCP são sempre considerados presumíveis até serem confirmados por CG/MS, particularmente quando o resultado for de importância clínica ou médico-legal.

Para determinação da PCP em urina por CG/MS é realizado uma extração em fase sólida, adicionado 50µL de padrão deuterado (PCP-d_5 - 1µg.mL^{-1}) e 1 mL de tampão fosfato (pH 6) em 1 mL de urina. A coluna para extração deve ser acondicionada com 2 mL de metanol, 2 mL água deionizada e 1 mL de tampão fosfato (30 mL/min). Em seguida será eluida a amostra pelo cartucho com um fluxo de 1-2 mL/min, sequencialmente o cartucho é lavado com 2 mL de água deionizada, 1 mL de solução de ácido fórmico (2%) e 2 mL de metanol (18 mL/min). Finalmente, a eluição do analito é realizada (CH_2CL_2/IPA/NH_4OH, 78/20/2, v/v/v) no fluxo de 1-2 mL/min. O extrato deve ser evaporado e reconstituído em 50 µL de acetato de etila. A cromatografia gasosa deve ser feita para adquirir a varredura completa e no modo SIM para monitoramento dos íons. Os íons selecionados para PCP são m/z 200, 91, 242 e para o padrão deuterado PCP-d_5 m/z 205, 96, 246, respectivamente.

Em virtude das convulsões, a atividade mioclônica e trauma gerado por PCP, pode resultar em rabdomiólise, assim, determinações de potássio sérico, nitrogênio urinário, creatinina e creatinofosfoquinase (CPK) sérica devem ser sempre realizadas em casos de suspeita da intoxicação. Glicose sérica e capilar são recomendadas, uma vez que PCP tem sido associada a hipoglicemia em 20% dos pacientes.

Metadona

A metadona é uma fenilpropilamina sintética, com semelhança na estrutura do acetilmetadol e propoxifeno, e quimicamente diferente da morfina. É um medicamento padrão usado no tratamento do vício em opioides, mostrando uma diminuição do uso ilícito e os crimes que envolvem o abuso da substância. Embora com relativa segurança na terapia, alguns fatores podem agravar o risco de intoxicação, como i) interação medicamentos com outras substâncias, ii) risco para pacientes com disritmia cardíaca, iii) dose inadequada ou errônea durante adequação de dose, principalmente quando a metadona é usada para tratamento da dor. Assim, com o aumento das prescrições de metadona, observou-se conjuntamente um aumento no número de mortes associadas ao uso da substância.

A formulação de cloridrato de metadona é uma mistura racêmica com dois enantiômeros (R e S), sendo a forma R com propriedades farmacológicas ativas (enantiômero R tem 10 vezes mais potência pelo receptor mµ opioide). Por via oral pode ser detectada em 30 min após administração, com pico plasmático entre 2,5-4,4 horas e efeitos prolongados entre 10-18 horas. A biotransformação da metadona, incluindo seus isômeros, são exclusivamente hepáticos, por N-desmetilação via CYP3A4 e CYP2B6, sendo a CYP3A4 induzida por diversos outros fármacos e a CYP2B6 apresentado polimorfismo hepático para caucasianos (3-4%). Além disso, outras subfamílias de CYP podem metabolizar a metadona, sendo CYP2D6, CYP2C19 e CYP1A2 descritas na literatura. A eliminação da metadona e seus metabólitos ocorrem principalmente através dos rins: 15 a 60% durante as primeiras 24 h (20% como droga não metabolizada e 13% como 2-etilideno-1,5-dimetil-3,3-difenilpirrolidina). A taxa de eliminação da metadona inalterada é pH dependente, onde a eliminação da substância é aumentada com a acidificação urinária. Quando o pH urinário é menor que 6, a quantidade de metadona excretada é de três a oito vezes maior do que em pH maior que 6.

Um dos principais efeitos da metadona é a cardiotoxicidade. O intervalo QT representa o tempo necessário para despolarização e repolarização ventricular, mensurado desde o início do complexo QRS até o fim da onda T do eletrocardiograma (ECG). Particularmente, a S-metadona pode interferir sobre o potencial da membrana em repouso, alterando a repolarização e produzindo prolongamento do intervalo QT (> 12 msec) devido ao bloqueio dos canais de potássio dos miócitos hERG. A variação no intervalo QT do ECG reflete em um aumento na dispersão do intervalo QT, sendo um indicativo da repolarização cardíaca anormal. Pacientes com profundas alterações no prolongamento do intervalo QT (≥ 500 msec) podem desenvolver complicações com desenvolvimento de arritmias ventriculares como Torsades de Pointes (TdP). Este ritmo é potencialmente fatal podendo progredir para fibrilação ventricular. Doses diárias de metadona, uso de outras substâncias inibidores de CYP3A4, concentração de potássio e função hepática contribuem para o prolongamento do intervalo QT. No entanto, nenhum nível de cut-off para dose segura ainda foi identificado.

Devido a farmacocinética da metadona ser extremamente variável de um paciente para outro, as relações entre dose, níveis no plasma e efeitos, ainda não estão claramente definidos. A mesma dose, embora normalizando por peso, produz uma biodisponibilidade completamente diferente de um indivíduo para outro. A identificação de variantes genéticas ou biomarcadores de susceptibilidade ajudariam a prever alterações eletrocardiográficas durante o tratamento, permitindo o uso seguro do medicamento. Antes da administração de metadona, deve ser realizada uma triagem cardiovascular. A triagem inclui ECG e verificação de possíveis desequilíbrios eletrolíticos. O cálculo do intervalo QT deve ser realizado antes da prescrição de metadona (baseline). O ECG deve ser verificados em intervalos regulares, antes da administração da metadona, 4-7 dias após o início do uso e de 4-7 após o aumento da dose.

Além das matrizes convencionais (sangue e urina), a metadona pode ser determina em matrizes não convencionais queratinizadas, como a unha. Estas matrizes possuem grandes vantagens de: (i) permitir uma janela temporal de detecção mais ampla, (ii) a coleta não invasiva e (iii) facilidade das condições de armazenamento e transporte à temperatura ambiente. Assim, a metadona e seus metabólitos inativos (2-etilideno-1,5-dimetil-3,3-difenilpirrolidina (EDDP) e 2-etil-5-metil-3,3-difenil-1-pirrolina (EMDP)) podem ser determinados na unha. Os metabólitos da metadona possuem prolongada meia-vida, sendo uteis para fins forenses e no monitoramento do tratamento de dependentes em heroína.

Antes da coleta, os pacientes devem lavar as mãos com água e sabão. A coleta deve ser feita de ambas as mãos com um cortador de unha comercial. Os fragmentos de unha obtidos devem ser descontaminados em banho de ultrassom com sucessivas lavagens utilizando solução detergente, água deionizada e metanol. Após a descontaminação, as amostras de unha (30 mg) são submetidas a uma digestão alcalina seguida por uma extração líquido-líquido e extração em fase solida de duas etapas, usando cartuchos de troca catiônica. Após a eluição, a amostra deve ser derivatizada com N-metil-N-(trimetilsilil) trifluoroacetamida e quantificados por cromatografia gasosa/espectrometria de massa.

Opiáceos

O termo opiáceo é utilizado para os alcaloides naturais derivados do ópio, como por exemplo a morfina e a codeína, e para os derivados semissintéticos, quando esses resultam de modificações parciais do alcaloide natural, como é o caso da heroína. Por sua vez, o termo opioide é designado a todas as substâncias com ação semelhante à da morfina, mesmo com estrutura química diferente do alcaloide natural. Sendo assim, o termo opioide inclui os opiáceos, os compostos semissintéticos, sintéticos e os compostos endógenos (encefalinas, endorfinas, dinorfinas) que agem como agonistas ou antagonistas dos receptores opioides.

O ópio, extraído do látex da *Papaver somniferum L.*, uma das muitas espécies da família *Papaveraceae*, é utilizado pelo homem no alívio da dor e para analgesia cirúrgica desde antes do século III a.C. Os alcaloides naturais do ópio podem ser classificados em fenantrênicos e benzilisoquinoléicos, sendo o primeiro grupo relacionado aos efeitos analgésicos, como a morfina e a codeína; e o segundo grupo relacionado a ação relaxante das fibras musculares lisas, como a papaverina e a noscapina.

A morfina é o principal e o mais abundante alcaloide natural presente no ópio, representando cerca de 10% de sua concentração, seguida da codeína com aproximadamente 0,5%. A molécula da morfina também é utilizada como base estrutural para a produção de outras drogas com função analgésica, como por exemplo, a heroína e a própria codeína, que mesmo sendo um alcaloide natural do ópio, também pode ser obtida sinteticamente pela reação de metilação da morfina. É importante ressaltar, que a morfina, a codeína e a heroína destacam-se, dentre os opiáceos, devido suas propriedades analgésicas, sendo as duas primeiras utilizadas clinicamente e a última como droga de abuso.

A 3,6 – diacetilmorfina, princípio ativo da heroína obtido a partir da acetilação dos grupos fenólicos da morfina, foi inicialmente utilizada com fins terapêuticos, no tratamento de tuberculose, por sua capacidade antitussígena, e ainda no tratamento de dependência a morfina. Entretanto, seu uso clínico e comercialização foram suspensos, devido a sua capacidade de causar dependência ser maior que a da própria morfina. Mesmo assim, a heroína ainda hoje é uma das drogas de abuso mais consumida no mundo, sendo a responsável por vários casos de óbito por overdose. A heroína, assim como a morfina e a codeína, são agonistas dos receptores opioides, principalmente dos receptores δ e μ, responsáveis pelos efeitos analgésicos, sendo o receptor μ o mais potente. Os receptores opioides são receptores metabotrópicos acoplados à proteína G, e quando estimulados pelos opioides, promovem a inibição da enzima adenilato ciclase reduzindo os níveis intracelular do segundo mensageiro adenosil monofosfato cíclico (AMPc). Por sua vez, isso desencadeia uma cascata de sinalização intracelular resultando no fechamento dos canais de cálcio voltagem dependentes nas terminações pré-sinápticas, tendo como consequência, a inibição da liberação de neurotransmissores e a diminuição do estímulo doloroso. Essa inibição da liberação de neurotransmissores envolve os interneurônios GABAérgicos, situados na área tegmental ventral, que estando inibidos pelos opioides desinibem os neurônios dopaminérgicos responsáveis pela ativação da via do sistema de recompensa encefálica no *nucleus accumbens*, sistema esse envolvido no processo de dependência.

Sendo assim, a maior tendência da heroína em causar dependência, quando comparada com a morfina, está relacionada a sua maior lipossolubilidade, que lhe confere a capacidade de atravessar a barreira hematoencefálica e atingir o SNC com maior eficácia e rapidez. Desse modo, quando administrada pela via intravenosa, ocorre um aumento muito rápido de sua concentração na corrente sanguínea e, consequentemente, atinge também com grande rapidez o SNC, provocando sensações intensas de prazer, pela ativação do sistema de recompensa, e até mesmo alucinações. A heroína é rapidamente metabolizada no organismo, sendo convertida no seu intermediário 6-monoacetilmorfina que, posteriormente, é convertido em morfina, completando o processo de desacetilação. A biotransformação da codeína, no fígado, envolve as vias metabólicas glucuronidação, *N*-desmetilação e *O*-desmetilação, tendo esta última a morfina como produto. Por fim, a morfina é metabolizada a morfina-3-glucuronídeo (composto inativo) e a morfina-6-glucuronídeo, um potente agonista opioide.

Portanto, devido aos seus mecanismos de ação envolvendo os receptores opioides, os opioides em geral, incluindo os opiáceos, quando utilizados de forma correta e controlada para fins medicinais podem ser considerados seguros e eficazes. No entanto, a sobredose pode provocar efeitos tóxicos graves, como sinais de miose, bradicardia acentuadas, depressão respiratória, estupor e coma. Nos casos mais graves, para reduzir os efeitos tóxicos, há a necessidade de se administrar um antagonista dos receptores opioides, como por exemplo a naloxona.

Na investigação de abuso de opiáceos, os testes de triagem rotineiramente empregados são os que utilizam anticorpos otimizados para reconhecer essas substâncias, ou seja, os imunoensaios. Esses testes são geralmente realizados na urina ou no cabelo, de acordo com a informação desejada. Os testes realizados no cabelo oferecem um histórico do consumo da droga ao longo de meses, enquanto os testes em urina evidenciam o uso recente da droga. Os testes de imunoensaio utilizados como métodos de triagem detectam a codeína e a morfina nas suas formas livres e conjugadas, porém não são capazes de diferenciá-las. Além disso, como a heroína e a codeína são biotransformadas em morfina, a detecção da morfina e de seus metabólitos glucuronídeos indica o uso de heroína, morfina e/ou codeína.

Geralmente, os testes analíticos destinados ao uso de opiáceos são realizados no período entre 48 e 72 horas após o consumo da droga. A morfina decorrente do uso de heroína pode ser detectada em até 4 dias após a última dose. Os métodos cromatográficos HPLC e GC/MS são os mais utilizados na confirmação dos resultados positivos e podem diferenciar e quantificar os princípios ativos e seus metabólitos, sendo a GC/MS o método confirmatório de mais acuracidade. Para realização do método CG/MS, as amostras devem ser derivatizadas com MSTFA previamente. A separação cromatográfica é realizada numa coluna capilar usando como gás de arraste Hélio C-60 com elevado grau de pureza a um fluxo constante de 1 mL min^{-1}.

Propoxifeno

O propoxifeno é um agonista μ-opioide estruturalmente relacionado a metadona. Foi introduzido nos EUA em 1957 e tornou-se um dos analgésicos mais prescritos no mundo. No entanto, diversos estudos e relatos de caso em relação à morte por overdose e efeitos cardiovasculares, levaram a retirado do propoxifeno no Reino Unido em 2005, União Europeia em 2009 e EUA em 2010.

A overdose de propoxifeno causa profunda depressão cardiorrespiratória e efeitos neurológicos, atua bloqueando canais de sódio, quase metade dos usuários apresentam anormalidades no ECG, incluindo o alargamento do complexo QRS e diversas arritmias ventriculares. Além disso, bradicardia, hipotensão, assístole e contratilidade miocárdica diminuída acompanham os efeitos clínicos. A bradicardia pode ser resultado do bloqueio de cálcio intracelular e a hipotensão pode ser causada pelo relaxamento da musculatura lisa vascular. A depressão cardiovascular pode ser prolongada pelo metabólito norpropoxifeno, sendo 2,5 vezes mais potente do que o próprio propoxifeno. O propoxifeno é convertido em norpropoxifeno por N-desmetilação, sendo o metabólito encontrado no plasma em concentrações maiores do que o compostos parental (Naragon-gainey et al., 2010; Whitcomb et al., 1989).

No plasma o propoxifeno pode ser determinado na forma não metabolizada por extração em fase sólida (SPE) e subsequente determinação em CG/MS. Colunas SPE devem ser acondicionadas com 2 mL de metanol e 2 mL de água. Após o acondicionamento, amostras de plasma são eluidas no cartucho no fluxo 1-2 mL/min. A lavagem da coluna pode ser feita com 2 mL de água, 2 mL de ácido clorídrico (0,1 M) e 2 mL de metanol (5%). A eluição do propoxifeno pode ser realizada com 2 mL de acetonitrila/metanol (70:30 v/v) para determinar drogas de caráter ácidos e neutras, seguido pela adição de 2 mL de acetato de etila/NH_4 (95:5 v/v) com o intuito de determinar drogas de caráter básico. Para o CG/MS, as temperaturas do injetor e do detector são ajustadas em 300 °C e 280 °C, respectivamente. A temperatura da coluna inicialmente deve ser mantida em 70 °C por 3 min, aumentado para 290 °C (40 °C/min), e mantido a 290 °C por 6 min. O detector seletivo de massa deve ser usado no modo SIM e m/z 208 para o propoxifeno.

CASOS CLÍNICOS

■ Caso 1

Homem de 47 anos apresentou-se ao pronto-socorro queixando-se principalmente de dispneia grave em repouso associada com dor torácica subesternal discreta e não irradiada. Ele negou palpitações, tosse produtiva, som anormal durante a respiração, dificuldade em engolir, histórico cardíaco, doença viral recente, histórico recente de viagem ou qualquer exposição recente para qualquer pessoa que tenha uma apresentação semelhante.

Histórico da família não foi significativo para cardiomiopatia. Ao exame laboratorial para triagem de drogas de abuso na urina, o resultado foi positivo para metanfetamina. O paciente afirmou ser usuário crônico de metanfetamina nos últimos três anos. Negou o uso de qualquer outra droga ou uso excessivo de álcool.

Durante o exame físico, demonstrou estar alerta e orientado quanto ao tempo, lugar e pessoa. Os sinais vitais apresentaram-se com: pressão arterial: 90/70 mmHg, pulsação: 120 batimentos/minuto e frequência respiratória: 26 irpm, saturação de oxigênio em 88% em ar ambiente. Exame do tórax revelou estertores difusos bilaterias, mais pronunciados nas bases pulmonares.

Foram solicitados exames de Raios X de tórax e eletrocardiograma, onde a radiografia do tórax revelou congestão e cardiomegalia. O eletrocardiograma (ECG) mostrou taquicardia sinusal, baixa voltagem, progressão deficiente da onda R em derivações precordiais, BCRE incompleto desvio do eixo direito extremo com tensão RV, inversão S1 Q3 Padrão T3, onda Q em 2-3 AVF sugestivo de IM antigo. O teste de troponina cardíaca estava dentro do intervalo de referência.

1) Para diagnóstico diferencial quais exames poderiam ser solicitados?
2) Qual o diagnóstico e o tratamento recomendado?

■ Caso 2

Paciente do sexo feminino, 21 anos, gestante de 32 semanas, foi internada no serviço de emergência psiquiatria por apresentar comportamento alterado, ansiedade, crises de choro, inapetência e história de múltiplos episódios de vômitos, principalmente matutinos, de moderada quantidade, intratáveis com antieméticos tradicionais, além de dor abdominal.

De acordo com relatos da mãe da paciente, esses sintomas só se atenuavam quando a filha se rastejava pelo chão ou com banhos muito quentes, o que se repetia várias vezes ao dia, por horas, com risco de queimaduras. A paciente apresentou histórico de cinco episódios semelhantes no último ano, quando buscava frequentemente serviços de emergência clínica, sendo esta a sua terceira internação psiquiátrica. Relatou fazer uso de maconha, iniciado há quatro anos, com consumo de cinco a quinze cigarros por dia, o que configurava padrão de dependência.

Durante a internação, manteve pensamento coerente e conexo, porém estava muito ansiosa, com certa puerilidade, inapetente e com episódios de vômitos, que não cessavam com antieméticos intravenosos (metoclopramida, ondansetrona). A paciente se arrastava e se movimentava o tempo todo, sempre inquieta e chorava constantemente, sendo notório seu comportamento compulsivo por banhos quentes. Em um desses banhos, a paciente descreveu que a água acalmava e organizava seus pensamentos.

A paciente foi avaliada pela obstetrícia, que confirmou gravidez tópica de 32 semanas e feto saudável. Realizou exames laboratoriais com resultados normais. Após três dias de internação, a paciente recebeu alta médica devido a uma evolução favorável de melhora dos sintomas.

Qual o diagnóstico provável?

■ Caso 3

Paciente do sexo masculino, 20 anos, branco, solteiro, ocupação sapateiro, deu entrada no serviço de emergência com dor precordial em aperto sem irradiação, dispneia de repouso de início recente (menos de 6h), pupila dilatada, extremamente agitado, com estado de alerta elevado e aumento da atividade motora.

Referia também dispneia paroxística noturna e tosse seca. Negava doenças prévias ou uso de medicamentos; entretanto, relatou ser tabagista, etilista social e usuário de maconha, cocaína inalatória e *crack* desde os 15 anos. Negou fazer uso de drogas injetáveis. O exame físico confirmou dispneia em repouso, estase jugular, PA 120 x 85 mmHg, FC 96 bpm e FR 36 irpm.

O eletrocardiograma apresentou supradesnivelamento do segmento ST de cerca de 3 mm nas derivações de V2 a V6. Os resultados dos marcadores bioquímicos creatina cinase (CK-total), creatinofosfoquinase (CK-MB) e troponinas indicaram lesão miocárdica.

Foram realizados diferentes procedimentos médicos. Foram realizadas cineangiocoronariografia e posterior angioplastia. Foi tratado clinicamente com trombolíticos, anticoagulantes e medicações para a dor (morfina), se o caso. Infelizmente, mesmo após os procedimentos o paciente veio ao óbito após 2 dias de internação. Qual seriam suas considerações sobre o caso?

■ Caso 4

Homem de 32 anos, motorista de caminhão por ocupação, procurou pronto-atendimento relatando 2 dias de história de oligúria, urina escura e dolorosa, inchaço dos membros inferiores bilaterais. Ele negou qualquer história de febre, artralgia, disúria, dor torácica, palpitações, perda de potência nos membros, convulsões ou trauma. Admitiu ter injetado heroína e maleato de feniramina, em dias alternados, desde os últimos 8 anos. A última dose foi tomada há 2 dias atrás. Nos últimos 10 anos, o paciente relatou consumir cerca de 150 g de álcool e cerca de 15 cigarros por dia. Ele negou qualquer história de queixa semelhante, qualquer doença ou intervenção cirúrgica no passado. O paciente era casado e negou qualquer promiscuidade sexual. No exame físico estava consciente, afebril, normotenso (PA - 120/70 mmHg), taquicardia (FC - 120 / min) e dispneia (RR 22/min). Ele tinha inchaço doloroso dos membros inferiores bilaterais, estendendo-se até a coxa. Os pulsos periféricos eram palpáveis em ambos os membros inferiores. Não houve sinal sugestivo de trombose venosa profunda ou vascular periférica. O exame neurológico não foi digno de nota. Múltiplas marcas de punção foram vistas sobre a fossa cubital esquerda.

Seguindo admissão, paciente urinou 50 ml em 24 h, cor de chá. Investigações revelaram:

- Hemoglobina - 10,3 g/dL;
- Contagem total de leucócitos – 13.400 céls./mm^3;
- Contagem de plaquetas – 165.000 céls./mm^3;
- Ureia - 352 mg/dL;
- Creatinina sérica - 6,5 mg/dL;
- Sódio sérico - 121 mEq/L;
- Potássio sérico - 6,5 mEq/L;
- Cálcio - 7,5 mg/dL;
- Testes de função hepática foram normais;
- Lactato desidrogenase (1833 U/l) e creatina quinase (5000 U/l) foram marcadamente elevados;
- CK-MB (15 U/l) estava normal;
- Gasometria apresentou pH de 7,20, bicarbonato de 13 mEq/L, pCO_2 de 30 mmHg e saturação de oxigênio de 98% no ar ambiente.
- ELISA foi positivo para Hepatite C e negativos para HIV e Hepatite B.

Eletrocardiograma revelou taquicardia sinusal com frequência ventricular de 120 bpm.

Qual a suspeita diagnóstica?

Bibliografia consultada

1. Alinejad S, Kazemi T, Zamani N, Hoffman RS, Mehrpour O. A systematic review of the cardiotoxicity of methadone. EXCLI J. 14:577-600, 2015. doi:10.17179/excli2014-553
2. Alves A de O, Spaniol B, Linden R. Canabinoides sintéticos: drogas de abuso emergentes. Arch. Clin. Psychiatry (São Paulo) 39:142-148, 2012. doi:10.1590/S0101-60832012000400005
3. Amaral, R.A. do, Malbergier, A., Andrade, A.G. de, 2010. Manejo do paciente com transtornos relacionados ao uso de substância psicoativa na emergência psiquiátrica. Rev. Bras. Psiquiatr. 32, S104–S111. doi:10.1590/S1516-44462010000600007
4. Asano, A., Nelson, J.L., Zhang, S., Travis, A.J., 2011. NIH Public Access. October 10, 3494–3505. doi:10.1002/pmic.201000002.Characterization
5. Bailey, D.N., 1981. Methaqualone ingestion: Evaluation of present status. J. Anal. Toxicol. 5, 279–282. doi:10.1093/jat/5.6.279
6. Baloch, Z.Q., Hussain, M., Abbas, S.A., Perez, J.L., Ayyaz, M., 2018. Methamphetamine-Induced Cardiomyopathy (MACM) in a Middle-Aged Man ; a Case Report. Emergency 6, 1–4.
7. Baltieri, D.A., Strain, E.C., Dias, J.C., Scivoletto, S., Malbergier, A., Nicastri, S., Jerônimo, C., Andrade, A.G. de, 2004. [Brazilian guideline for the treatment of patients with opioids dependence syndrome]. Rev. Bras. Psiquiatr. 26, 259–69. doi:/S1516-44462004000600011
8. Bansal, R., Goel, A., Mishra, N., 2016. Rhabdomyolysis: Heroin induced or HCV related. Indian J. Med. Spec. 7, 174–176. doi:10.1016/j.injms.2016.09.006
9. Baroud, R., 1985. Concepção e organização de um centro de controle de intoxicações. Rev. Saude Publica 19, 556–565. doi:10.1590/S0034-89101985000600007
10. Bateman, D.N., 2005. Annual Scientific Meeting of ASCEPT 2004 Clinical Toxicology : Clinical Science to Public Health. Science (80-.). 995-998.

11. Bey, T., Patel, A., 2007. Phencyclidine intoxication and adverse effects: a clinical and pharmacological review of an illicit drug. Cal. J. Emerg. Med. 8, 9–14.
12. Boghdadi, M.S., Henning, R.J., n.d. Cocaine: pathophysiology and clinical toxicology. Heart Lung 26, 466-83; quiz 484–5.
13. Bonfá, L., Vinagre, R.C. de O., de Figueiredo, N.V., n.d. Cannabinoids in chronic pain and palliative care. Rev. Bras. Anestesiol. 58, 267–79.
14. Bonnichsen, R., Mårde, Y., Ryhage, R., 1974. Identification of free and conjugated metabolites of methaqualone by gas chromatography-mass spectrometry. Clin. Chem. 20, 230–235.
15. Bordin, D.C., Messias, M., Lanaro, R., Cazenave, S.O.S., Costa, J.L., 2012. Análise forense: pesquisa de drogas vegetais interferentes de testes colorimétricos para identificação dos canabinoides da maconha (Cannabis Sativa L.). Quim. Nova 35, 2040–2043. doi:10.1590/S0100-40422012001000025
16. Braithwaite, R.A., Jarvie, D.R., Minty, P.S.B., Simpson, D., Widdop, B., 1995. Screening for Drugs of Abuse. I: Opiates, Amphetamines and Cocaine. Ann. Clin. Biochem. An Int. J. Biochem. Lab. Med. 32, 123–153. doi:10.1177/000456329503200203
17. Carlini, E.A., Nappo, S.A., Carlos, J., Galduróz, F., Noto, A.R., 2001. DROGAS PSICOTRÓPICAS-O QUE SÃO E COMO AGEM Psychotrophics drugs-what they are and how they act, Revista IMESC nº.
18. Castro, A.L., Tarelho, S., Silvestre, A., Teixeira, H.M., 2012. Simultaneous analysis of some club drugs in whole blood using solid phase extraction and gas chromatography-mass spectrometry. J. Forensic Leg. Med. 19, 77–82. doi:10.1016/j.jflm.2011.12.006
19. Castro, R.A. de, Ruas, R.N., Abreu, R.C., Rocha, R.B., Ferreira, R. de F., Lasmar, R.C., Amaral, S.A. do, Xavier, A.J.D., 2015. Crack: pharmacokinetics, pharmacodynamics, and clinical and toxic effects. Rev. Médica Minas Gerais 25, 253–259. doi:10.5935/2238-3182.20150045
20. Cavalcanti, R.C., 2016. Espectrometria De Massa Acoplada À Cromatografia Líquida E Gasosa : Sua Aplicação Nas Ciências Forenses 01, 57–61.
21. Crespo-Fernández, J.A., Armida Rodríguez, C., 2007. Revista latinoamericana de psicología., Revista Latinoamericana de Psicología. [publisher not identified].
22. Crippa, J.A., Zuardi, A.W., Martín-Santos, R., Bhattacharyya, S., Atakan, Z., McGuire, P., Fusar-Poli, P., 2009. Cannabis and anxiety: a critical review of the evidence. Hum. Psychopharmacol. Clin. Exp. 24, 515–523. doi:10.1002/hup.1048
23. de Oliveira Alvares, L., Pasqualini Genro, B., Vaz Breda, R., Pedroso, M.F., Costa Da Costa, J., Quillfeldt, J.A., 2006. AM251, a selective antagonist of the CB1 receptor, inhibits the induction of long-term potentiation and induces retrograde amnesia in rats. Brain Res. 1075, 60–67. doi:10.1016/j.brainres.2005.11.101
24. Di Marzo, Bisogno, T., De Petrocellis, L., 2000. Endocannabinoids: new targets for drug development. Curr. Pharm. Des. 6, 1361–80.
25. Dinis-Oliveira, R.J., 2016. Metabolomics of methadone: clinical and forensic toxicological implications and variability of dose response. Drug Metab. Rev. 48, 568–576. doi:10.1080/03602532.2016.1192642
26. Drummer, O.H., Gerostamoulos, D., Chu, M., Swann, P., Boorman, M., Cairns, I., 2007. Drugs in oral fluid in randomly selected drivers. Forensic Sci. Int. 170, 105–110. doi:10.1016/j.forsciint.2007.03.028
27. Em, D.E.A., Total, S., Forense, C.O.M.F., Fukushima, A.R., Barreto, E.R., Leilo, M., Janaina, F., França, W., Marcal, H., Pererira, A.K., Ribeiro, J., 2009. imunoensaios (EMIT) 2, 49–61.
28. Esteban, M., Castaño, A., 2009. Non-invasive matrices in human biomonitoring: A review. Environ. Int. 35, 438–449. doi:10.1016/j.envint.2008.09.003
29. Fernández, N., Falguera, F., Cabanillas, L.M., Quiroga, P.N., 2018. False-positive phencyclidine immunoassay results caused by metronidazole. Clin. Toxicol. 0, 1–2. doi:10.1080/15563650.2018.1483026
30. Ferrari, A., Coccia, C.P.R., Bertolini, A., Sternieri, E., 2004. Methadone - Metabolism, pharmacokinetics and interactions. Pharmacol. Res. 50, 551–559. doi:10.1016/j.phrs.2004.05.002
31. Flavia S Jungerman e Ronaldo Laranjeira, R.A.B., n.d. Maconha: qual a amplitude de seus prejuízos?
32. Francischetti, E.A., Abreu, V.G. de, 2006. O sistema endocanabinóide: nova perspectiva no controle de fatores de risco cardiometabólico. Arq. Bras. Cardiol. 87, 548–558. doi:10.1590/S0066-782X2006001700023
33. Gazoni, F.M., Truffa, A. a. M., Kawamura, C., Guimarães, H.P., Lopes, R.D., Sandre, L.V., Lopes, A.C., 2006. Complicações cardiovasculares em usuário de cocaína: relato de caso. Rev. Bras. Ter. Intensiva 18, 427–432. doi:10.1590/S0103-507X2006000400019
34. George, S., 2004. Position of immunological techniques in screening in clinical toxicology. Clin. Chem. Lab. Med. 42, 1288–309. doi:10.1515/CCLM.2004.249

35. Goulding, R., 1974. Clinical toxicology . Mod. trends Toxicol. 1–31. doi:10.1016/B978-0-12-813213-5.00016-X
36. HALL, F.S., SORA, I., DRGONOVA, J., LI, X.-F., GOEB, M., UHL, G.R., 2004. Molecular Mechanisms Underlying the Rewarding Effects of Cocaine. Ann. N. Y. Acad. Sci. 1025, 47–56. doi:10.1196/annals.1316.006
37. Hashimotodani, Y., Ohno-Shosaku, T., Kano, M., 2007. Endocannabinoids and Synaptic Function in the CNS. Neurosci. 13, 127–137. doi:10.1177/1073858406296716
38. Hsu, M.C., Chan, K.H., Chu, W.L., Liu, R.H., 2007. Collaborative study on the determination of 7-aminoflunitrazepam in urine by GC-MS. J. Food Drug Anal. 15, 202–205.
39. Jatlow, P.I., 1975. Analytical Toxicology in the Clinical Laboratory — an Overview. Lab. Med. 6, 10–12.
40. Juliana LourenÁo, Betise Mery Alencar Furtado, C.B., 2008. IntoxicaÁıes exÛgenas em crianÁas atendidas em uma unidade de emergÍncia pedi·-trica. ACTA.
41. Justi, D.L.T., Laurito Jr., J.B., Comandule, A.Q., Morton, E.S., 2018. Maconha e gravidez: síndrome da hiperêmese por canabinoide - Relato de caso. J. Bras. Psiquiatr. 67, 59–62. doi:10.1590/0047-2085000000185
42. Kolbrich, E.A., Barnes, A.J., Gorelick, D.A., Boyd, S.J., Cone, E.J., Huestis, M.A., 2006. Major and minor metabolites of cocaine in human plasma following controlled subcutaneous cocaine administration. J. Anal. Toxicol. 30, 501–10.
43. Kraemer, T., Paul, L.D., 2007. Bioanalytical procedures for determination of drugs of abuse in blood. Anal. Bioanal. Chem. 388, 1415–1435. doi:10.1007/s00216-007-1271-6
44. Langel, K., Gunnar, T., Ariniemi, K., Rajamäki, O., Lillsunde, P., 2011. A validated method for the detection and quantitation of 50 drugs of abuse and medicinal drugs in oral fluid by gas chromatography–mass spectrometry. J. Chromatogr. B 879, 859–870. doi:10.1016/j.jchromb.2011.02.027
45. Lawson, A.A.H., Brown, S.S., 1967. J., 1967, 12: 63 ACUTE METHAQUALONE (MANDRAX) POISONING A. A. H. Lawson and. Scott. Med. J. 12, 63–68.
46. Lee, S., Park, Y., Yang, W., Han, E., Choe, S., In, S., Lim, M., Chung, H., 2008. Development of a reference material using methamphetamine abusers' hair samples for the determination of methamphetamine and amphetamine in hair. J. Chromatogr. B Anal. Technol. Biomed. Life Sci. 865, 33–39. doi:10.1016/j.jchromb.2008.01.039
47. Lessa, M.A., Cavalcanti, I.L., Figueiredo, N.V., Lessa, M.A., Cavalcanti, I.L., Figueiredo, N.V., 2016. Cannabinoid derivatives and the pharmacological management of pain. Rev. Dor 17, 47–51. doi:10.5935/1806-0013.20160012
48. Lin-Wang, H.T., Manrique, R., 2002. Aplicação da técnica de imunoensaio enzimático de multiplicação (EMIT) para dosagem de ciclosporina na amostra de sangue absorvido em papel-filtro. J. Bras. Patol. e Med. Lab. 38, 07-12. doi:10.1590/S1676-24442002000100003
49. Luft, A., Mendes, F.F., 2007. Anestesia no paciente usuário de cocaína. Rev. Bras. Anestesiol. 57, 307–314. doi:10.1590/S0034-70942007000300009
50. Luongo, L., Palazzo, E., Tambaro, S., Giordano, C., Gatta, L., Scafuro, M.A., Rossi, F. sc., Lazzari, P., Pani, L., de Novellis, V., Malcangio, M., Maione, S., 2010. 1-(2⊠,4⊠-dichlorophenyl)-6-methyl-N-cyclohexylamine-1,4-dihydroindeno[1,2-c] pyrazole-3-carboxamide, a novel CB2 agonist, alleviates neuropathic pain through functional microglial changes in mice. Neurobiol. Dis. 37, 177–185. doi:10.1016/j.nbd.2009.09.021
51. Magalhães, T.P., Cravo, S., Dias da Silva, D., Dinis-Oliveira, R.J., Afonso, C., de Lourdes Bastos, M., Carmo, H., 2018. Quantification of methadone and main metabolites in Nails. J. Anal. Toxicol. 42, 192–206. doi:10.1093/jat/bkx099
52. Martins, R.T., Almeida, D.B. de, Monteiro, F.M. do R., Kowacs, P.A., Ramina, R., 2012. Receptores opioides até o contexto atual. Rev. Dor 13, 75–79. doi:10.1590/S1806-00132012000100014
53. McCarron, M.M., Schulze, B.W., Thompson, G.A., Conder, M.C., Goetz, W.A., 1981. Acute phencyclidine intoxication: Incidence of clinical findings in 1,000 cases. Ann. Emerg. Med. 10, 237–242. doi:10.1016/S0196-0644(81)80047-9
54. McCarthy, G., Myers, B., Siegfried, N., 2005. Treatment for Methaqualone dependence in adults. Cochrane Database Syst. Rev. doi:10.1002/14651858.CD004146.pub2
55. Mercolini, L., Mandrioli, R., Gerra, G., Raggi, M.A., 2010. Analysis of cocaine and two metabolites in dried blood spots by liquid chromatography with fluorescence detection: A novel test for cocaine and alcohol intake. J. Chromatogr. A 1217, 7242–7248. doi:10.1016/j.chroma.2010.09.037
56. Milroy, C.M., Forrest, A.R.W., 2000. Methadone deaths : a toxicological analysis Methadone deaths : a toxicological analysis. J. Clin. Pathol. 277–281. doi:10.1136/jcp.53.4.277
57. Murray, R.M., Morrison, P.D., Henquet, C., Forti, M. Di, 2007. Cannabis, the mind and society: the hash realities. Nat. Rev. Neurosci. 8, 885–895. doi:10.1038/nrn2253

58. Naragon-gainey, K., Watson, D., Markon, K.E., 2010. NIH Public Access. Pharmacoepidemiol. Drug Saf. 118, 299–310. doi:10.1037/a0015637. Differential
59. Nestler, E.J., 2004. Historical review: Molecular and cellular mechanisms of opiate and cocaine addiction. Trends Pharmacol. Sci. 25, 210–218. doi:10.1016/j.tips.2004.02.005
60. Pitt, J.J., 2009. Principles and applications of liquid chromatography-mass spectrometry in clinical biochemistry. Clin. Biochem. Rev. 30, 19–34.
61. Pratta, E.M.M., Santos, M.A. dos, 2006. Reflexões sobre as relações entre drogadição, adolescência e família: um estudo bibliográfico. Estud. Psicol. 11, 315–322. doi:10.1590/S1413-294X2006000300009
62. Reisfield, G.M., Goldberger, B.A., Bertholf, R.L., 2009. in Clinical Urine Drug Testing. Bioanalysis 1, 937–952.
63. Robinson, T.E., Kolb, B., 2004. Structural plasticity associated with exposure to drugs of abuse. Neuropharmacology 47, 33–46. doi:10.1016/j.neuropharm.2004.06.025
64. Saito, V.M., Wotjak, C.T., Moreira, F.A., 2010. Exploração farmacológica do sistema endocanabinoide: novas perspectivas para o tratamento de transtornos de ansiedade e depressão? Rev. Bras. Psiquiatr. 32, 57–514. doi:10.1590/S1516-44462010000500004
65. Schep, L.J., Slaughter, R.J., Beasley, D.M.G., 2010. The clinical toxicology of metamfetamine. Clin. Toxicol. 48, 675–694. doi:10.3109/15563650.2010.516752
66. Sherriff, J.M., 1969. Detection of methaqualone and its metabolites in urine. J. Clin. Pathol. 22, 602–604.
67. Sinha, A., Lewis, O., Kumar, R., Yeruva, S.L.H., Curry, B.H., 2016. Amphetamine Abuse Related Acute Myocardial Infarction. Case reports Cardiol. 2016, 7967851. doi:10.1155/2016/7967851
68. Sistema Nacional de Informações Tóxico-Farmacológicas - Sinitox [WWW Document], n.d. URL https://sinitox.icict.fiocruz.br/dados-nacionais (accessed 11.16.18).
69. Tagliaferro, P., Javier Ramos, A., Onaivi, E.S., Evrard, S.G., Lujilde, J., Brusco, A., 2006. Neuronal cytoskeleton and synaptic densities are altered after a chronic treatment with the cannabinoid receptor agonist WIN 55,212-2. Brain Res. 1085, 163–176. doi:10.1016/j.brainres.2005.12.089
70. Tailor, P., Gad, S., 2009. Clinical toxicology and clinical analytical toxicology, Fourth Edi. ed, Information Resources in Toxicology. Elsevier Inc. doi:10.1016/B978-0-12-373593-5.00020-3
71. Tormey, W., 2010. Adverse health effects of non-medical cannabis use. Lancet 375, 196. doi:10.1016/S0140-6736(10)60086-4
72. Tzschentke, T.M., Schmidt, W.J., 2000. Functional relationship among medial prefrontal cortex, nucleus accumbens, and ventral tegmental area in locomotion and reward. Crit. Rev. Neurobiol. 14, 131–42.
73. Uhl, G.R., Hall, F.S., Sora, I., 2002. Cocaine, reward, movement and monoamine transporters. Mol. Psychiatry 7, 21–26. doi:10.1038/sj/mp/4000964
74. Universidad Nacional de Colombia. Facultad de Medicina., J.T., Mosquera, J.T., Cote-Menéndez, M., 2005. Revista de la Facultad de Medicina., Revista de la Facultad de Medicina. Universidad Nacional de Colombia.
75. Wallach, J., Brandt, S.D., 2018. Phencyclidine--Based New Psychoactive Substances, Handbook of Experimental Pharmacology. London.
76. Whitcomb, D.C., Iii, F.R.G., Starmer, C.F., Grant, A., 1989. Marked QRS Complex. J. Clin. Invest. 84, 1629–1636.
77. Wolff, K., Farrell, M., Marsden, J., Monteiro, M.G., Ali, R., Welch, S., Strang, J., 1999a. A review of biological indicators of illicit drug use, practical considerations and clinical usefulness. Addiction 94, 1279–1298. doi:10.1046/j.1360-0443.1999.94912792.x
78. Wolff, K., Farrell, M., Marsden, J., Monteiro, M.G., Ali, R., Welch, S., Strang, J., 1999b. A review of biological indicators of illicit drug use, practical considerations and clinical usefulness. Addiction 94, 1279–98.

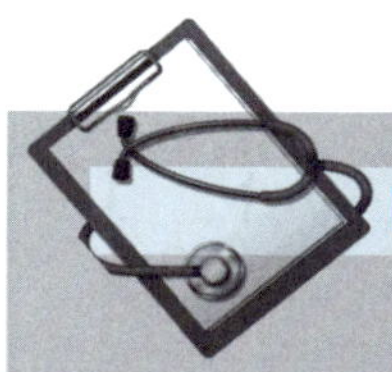

DISCUSSÃO DOS CASOS CLÍNICOS

■ Caso 1

1) Para facilitar o diagnóstico diferencial, outros exames complementares foram encomendados incluindo: hemograma completo, perfil metabólico básico, perfil lipídico, testes de função da tireoide, creatinina fosfoquinase, sedimentação eritrocitária (VHS), morfologia do sangue, teste da função hepática e estudos de ferro. Todos os exames estavam dentro do intervalo de referência.

   Além disso, ensaios imunológicos (sorologia anti-Epstein-Barr IgM e IgG) e toxoplasmose foram negativos. O teste de saturação de transferrina em jejum foi normal.

   A ecocardiografia transtorácica (ETT) revelou dilatação do ventrículo esquerdo (VE) e do átrio esquerdo (AE), função sistólica prejudicada com fração de ejeção do ventrículo esquerdo (FEVE) abaixo de 15% (real foi de 8%), RV em tamanho real, valva mitral e aórtica normais, tamanho normal da raiz da aorta. Os exames subsequentes de angiografia coronariana não revelaram doença arterial coronariana.

2) O tratamento para a insuficiência cardíaca aguda foi imediatamente iniciado com lisinopril, carvedilol e furosemida. Após três semanas de farmacoterapia intensiva e melhoria considerável na clínica, o paciente teve alta hospitalar. O paciente foi classificado como nível III para insuficiência cardíaca, de acordo com New York Heart Association (NYHA-III). Visitas ambulatoriais para acompanhamento foram agendadas em 1, 2 e 3 meses, respectivamente. Não houve melhora na quadro clínico ou no ecocardiograma durante todas as visitas de acompanhamento. Após tratamento médico, o paciente foi considerado para o transplante de coração.

■ Caso 2

O diagnóstico de síndrome da hiperêmese por canabinoide (SHC) foi sugerido devido as queixas da paciente, principalmente compulsão por banhos quentes, hiperêmese e abuso de maconha, sendo a paciente encaminhada para acompanhamento psiquiátrico adequado no seguimento regular no Centro de Atenção Psicossocial de Álcool e Drogas (CAPS AD). O bebê nasceu de parto por cesariana com 35 semanas apresentando leve desconforto respiratório, mas com rápida resolução.

■ Caso 3

O paciente foi encaminhado para exame de cineangiocoronariografia que evidenciou oclusão de terço médio da artéria descendente anterior. Uma angioplastia primária foi realizada, porém não foi capaz de reverter a obstrução coronariana; e a ventriculografia demonstrou comprometimento contrátil global grave. Tratado clinicamente com enoxaparina (60 mg) a cada 12 horas, AAS 100 mg ao dia, digoxina (0,25 mg) ao dia, carvedilol (12,5 mg) a cada 12 horas, furosemida (1 comprimido/dia), sinvastatina (20 mg) ao dia e morfina (4mg) a cada 5 min, em caso de dores e agitação. Dois dias após a internação, foi realizado ecocardiograma que evidenciou aumento moderado de câmaras cardíacas direita e de átrio direito, ventrículo esquerdo dilatado em grau importante, ventrículo esquerdo com alteração contrátil por acinesia anterior, inferior e septal, disfunção diastólica de ventrículo esquerdo importante (padrão restritivo), refluxo na valva mitral de grau leve a moderado, pressão sistólica pulmonar de 45 mmHg e fração de ejeção de 20%. Na tentativa de melhorar o quadro clínico do paciente, captopril (12,5 mg - a cada 8 horas) e monocordil (20 mg - às 8 e 14h) foram acrescentados às medicações previamente prescritas. Entretanto, o paciente teve uma parada cardiorrespiratória em assistolia não revertida com sucesso, evoluindo para óbito.

■ Caso 4

Assim, um diagnóstico de rabdomiólise foi feito. Paciente foi manejado com fluidoterapia agressiva. Alcalinização urinária e tratamento médico para hipercalemia foram instituídas. Paciente recebeu 8 sessões de hemodiálise em vista de oligo-anúria e hipercalemia refratária. Produção de urina, parâmetros renais, CPK e LDH começaram a melhorar sete dias após tratamento. Paciente recebeu alta após 10 dias depois da admissão.

Diagnóstico Laboratorial da COVID-19

26

Annelise Corrêa Wengerkievicz Lopes
José Eduardo Levi
José Fernando de Souza

A COVID-19 é uma doença infecciosa causada pelo vírus SARS-CoV-2, que foi originalmente identificada na cidade de Wuhan, em Hubei, na China, com o surgimento exponencial de casos de pneumonia atípica, em dezembro de 2019, inicialmente relacionados a um mercado de frutos do mar. A situação se desenvolveu rapidamente com a transmissão internacional por viajantes e comunitária, demonstrando altas taxas de contágio e morbimortalidade e sobrecarregando de maneira extrema os serviços de saúde. A doença rapidamente se espalhou por todos os continentes do planeta e em março de 2020, a COVID-19 foi caracterizada pela Organização Mundial da Saúde (OMS) como pandemia. Até maio de 2022, já foram confirmados mais de 500 milhões de casos globalmente, resultando em mais de 6 milhões de mortes.

A pandemia foi marcada pelo rápido desenvolvimento e disponibilização em larga escala de testes diagnósticos, que foi possível em virtude da identificação e publicação da sequência do vírus poucos dias após o reconhecimento dos primeiros casos e pela colaboração científica internacional. Os estudos sobre imunidade natural e posteriormente sobre as vacinas também resultaram no desenvolvimento de testes imunológicos para detecção de anticorpos contra o vírus SARS-CoV-2. E pela primeira vez, o sequenciamento genômico foi utilizado em tempo real para orientar as respostas da saúde pública a uma pandemia, contribuindo para a compreensão da dinâmica da disseminação de variantes e avaliação da eficácia das medidas de controle.

Neste capítulo, revisamos brevemente aspectos gerais sobre a infecção pelo SARS-CoV-2, com ênfase nas ferramentas diagnósticas utilizadas no contexto da COVID-19.

Fisiopatogenia

■ Agente etiológico

O vírus SARS-CoV-2 faz parte da família dos coronavírus, e não havia sido identificado anteriormente. A hipótese mais aceita é de que tenha saltado de uma infecção em animais para passar a infectar seres humanos.

Os coronavírus humanos foram inicialmente identificados na década de 1960 e são patógenos frequentes de quadros respiratórios, sendo classificados em quatro subgrupos principais conhecidos como alfa, beta, gama e delta. São sete os coronavírus que causam doença em seres humanos - os quatro mais frequentes e implicados em resfriados comuns são o 229E, NL63 (alfa coronavírus), OC43 e HKU1 (beta coronavírus). Os demais são o MERS-CoV (beta coronavírus causador da Síndrome Respiratória do Oriente Médio), o SARS-CoV (beta coronavírus causador da Síndrome Respiratória Aguda Severa) e o SARS-CoV-2 (o novo coronavírus causador da COVID-19). Os três últimos têm potencial de causar pneumonias graves com importante morbimortalidade e todos eles evoluíram de outros mamíferos para infectar seres humanos.

O SARS-CoV-2 é composto por quatro proteínas estruturais denominadas *spike* (S), membrana (M), envelope (E) e nucleocapsídeo (N): envolvendo um genoma de RNA de fita simples positiva de aproximadamente 30 kb. A proteína S, subdividida nas subunidades funcionais S1 e S2, é responsável pela ligação à célula hospedeira e fusão das membranas celulares.

■ Transmissão

A transmissibilidade depende da carga de vírus viáveis expelidos pelo indivíduo contaminado, da natureza do contato e a da existência ou não de barreiras de proteção. Ocorre pessoa a pessoa por via respiratória, por gotículas em contato com as mucosas (olhos, nariz ou boca), por fômites compartilhados e por inalação de partículas de aerossol quando em contato próximo de indivíduo contaminado ou em espaços mal ventilados. Uma vez em contato com o trato respiratório, o vírus se liga ao receptor da enzima conversora da angiotensina 2 (ACE-2), identificado como o receptor funcional para o SARS-CoV-2 na célula humana. Dentro da célula, o vírus replica produzindo novas partículas virais que invadem as células epiteliais adjacentes e as secreções responsáveis pela manutenção da transmissão comunitária.

■ Apresentação clínica

Os sintomas costumam ter início de quatro a cinco dias após a exposição, mas este período de incubação varia entre dois e quatorze dias – período em que o paciente é pré-sintomático, mas pode estar contaminando outros indivíduos.

A infecção em grande parte dos indivíduos (provavelmente 20 a 30%) é assintomática. Dentre os casos sintomáticos, as manifestações são na maioria leves, como febre, tosse, mialgia, odinofagia, cefaleia, rinorreia, mal-estar, anosmia, ageusia e/ou sintomas gastrointestinais. Nenhum dos sintomas permite diferenciar clinicamente a COVID-19 de outras infecções respiratórias virais e mesmo os indivíduos assintomáticos são capazes de transmitir a doença.

Uma parte dos indivíduos apresenta pneumonia, que pode evoluir para doença grave com hipoxemia, síndrome do desconforto respiratório agudo, choque, distúrbios de coagulação, envolvimento renal e cardíaco. Os fatores de risco para desenvolvimento de doença grave têm sido muito investigados, e até o momento, a idade avançada, cardiopatia, diabetes e pneumopatia são os principais identificados. Com a crescente cobertura vacinal, os casos críticos se tornaram menos frequentes.

Em crianças, a COVID-19 apresenta os mesmos sintomas da infecção no adulto, mas as manifestações são com mais frequência leves ou assintomáticas. Em raros casos, a apresentação pode ser grave, como inicialmente demonstrado por investigadores da *South Thames Retrieval Service* em Londres, no Reino Unido, em maio de 2020, que descreveram oito pacientes pediátricos gravemente doentes apresentando choque hiper inflamatório com envolvimento de múltiplos órgãos – condição que foi denominada pelo *Royal College of Pediatrics and Child Health* como síndrome inflamatória multissistêmica pediátrica (SIM-P) temporalmente associada a COVID-19. À medida que mais casos surgiram globalmente, a doença foi rotulada como síndrome inflamatória multissistêmica em crianças (SIMS) pelo *Centers for Disease Control and Prevention* (CDC) e pela OMS, podendo-se defini-la como uma síndrome inflamatória de múltiplos órgãos, decorrente de resposta imune (principalmente inata) exacerbada ao SARS-CoV-2. Alguns achados clínicos sugeriam interface com doença de Kawasaki (DK) e síndrome do choque tóxico.

Dada a descrição recente da enfermidade, os critérios diagnósticos da SIM-P são apenas propositivos. Os critérios da OMS são baseados em seis elementos principais: idade (crianças e adolescentes), persistência de febre há pelo menos três dias, presença de marcadores inflamatórios (como proteína C reativa, procalcitonina e ferritina), sinais ou sintomas de disfunção orgânica (choque, coagulopatia, envolvimento cardíaco, respiratório, renal, gastrointestinal ou neurológico), ausência de um diagnóstico alternativo e evidência de exposição ou infecção pelo SARS-CoV-2. A afecção, geralmente, ocorre de quatro a seis semanas após o quadro clínico da COVID-19, e as crianças podem desenvolver SIM-P apesar de um curso assintomático na fase aguda da infeção.

Apesar de o conhecimento científico ter se aprofundado ao longo destes dois anos de pandemia, muitos aspectos ainda estão mal esclarecidos e são objeto de estudo, como as manifestações crônicas presentes em muitos pacientes por semanas a meses, situação denominada COVID longa, com sinais e sintomas diversos e envolvendo diferentes sistemas do organismo.

Resposta imune

A importância dos anticorpos na COVID-19 tem sido objeto de muito estudo e, apesar da intensa investigação, sua interpretação permanece um desafio, devido à considerável heterogeneidade entre os indivíduos e diferenças entre os ensaios de anticorpos contra o SARS-CoV-2.

Durante a infecção viral, as respostas imunes adaptativas – incluindo a imunidade celular mediada por células T e a resposta imune humoral mediada por células B – desempenham um papel importante na proteção da doença grave. Anticorpos específicos contra antígenos virais podem neutralizar o SARS-CoV-2 bloqueando sua entrada na célula. Além disso, plasmócitos de vida longa gerados a partir de células B ativadas durante a infecção pelo vírus produzem anticorpos antígeno-específicos por um longo período. Ainda não está claro como os anticorpos de ligação se relacionam com os anticorpos neutralizantes, porém, essas respostas persistentes de anticorpos podem proteger o hospedeiro da reinfecção.

Existem dados conflitantes sobre várias questões e perguntas em aberto sobre os fatores críticos para a COVID-19 grave. A desregulação da imunidade específica, incluindo resposta humoral e reação inflamatória evidente, podem ter importante papel e representar alvo para melhores intervenções terapêuticas.

Há evidências convincentes indicando que algumas funções imunes estão desreguladas em pacientes com COVID-19, como a perda de centros germinativos com redução marcante nas células B Bcl-6+, levando a uma resposta imune inadequada, o que pode explicar a durabilidade limitada das respostas de anticorpos em infecções por coronavírus e sugerindo que alcançar a imunidade de rebanho por meio de infecção natural pode ser difícil.

Além disso, anticorpos pré-formados podem induzir efeitos colaterais, como a ocorrência do fenômeno *antibody-dependent enhancement* (ADE). ADE pode ser definida como a intensificação da síndrome infecciosa decorrente de novas exposições aos antígenos do patógeno, dependente dos anticorpos induzidos a cada novo contato. Tais anticorpos são capazes de se ligar à partícula viral, mas não de bloquear ou eliminar a infecção – ao contrário, facilitam a infecção viral de células fagocíticas sem a indução de endocitose via ACE-2. Estes mecanismos podem induzir a apoptose das células imunes levando a linfopenia T e desencadeando a cascata inflamatória (tempestade de citocinas). Esses anticorpos poderiam também induzir o surgimento de variantes do vírus, dificultando o controle da pandemia. Embora não haja evidência clara de que ocorra ADE na COVID-19, estudos adicionais ainda são necessários para melhor descrever o papel desse fenômeno na doença e suas implicações, sendo esse risco potencial um desafio na prevenção e no desenvolvimento de vacinas.

Até o momento, poucos estudos concluíram sobre a taxa de soropositividade que pode ser extrapolada para a população geral para considerar o status de "população protegida".

Células T CD4+ e CD8+ específicas para SARS-CoV-2, bem como como células B contra epítopos do SARS-CoV-2, foram demonstradas por cerca de seis meses após a infecção em cerca de 95% dos pacientes com COVID-19. Espera-se que as vacinas induzam resposta semelhante. Ao mesmo tempo, também foi visto que embora a resposta imune de memória permaneça por vários meses, ela diminui ao longo do tempo. A possibilidade de que as vacinas contra o SARS-CoV-2 apresentem proteção transitória também não pode ser descartada, o que leva a crer na necessidade de revacinar a população geral periodicamente, a fim de manter a proteção de longo prazo.

Cinética dos anticorpos

Uma questão fundamental e ainda pouco compreendida na resposta humoral ao SARS-CoV-2 é a cinética dos anticorpos. Sabe-se que a cinética de anticorpos se mostra altamente variável entre os indivíduos, e estudos têm demonstrado que a soroconversão ocorre, em média, por volta dos doze dias de doença. A questão mais importante, que permanece pouco compreendida é a duração da capacidade de neutralização e proteção.

Em uma revisão sistemática de 38 estudos que avaliaram a sensibilidade do teste de anticorpos, a Imunoglobulina M (IgM) foi detectada em 23% dos casos após uma semana do início dos sintomas, em 58% após duas semanas e em 75% após três semanas; as taxas de detecção correspondentes para Imunoglobulina G (IgG) foram 30%, 66% e 88%. Outros estudos sugeriram que a IgG é encontrada em quase 100% dos casos após 16 a 20 dias (Figura 26.2). O desempenho, a análise e a validação clínica de ensaios sorológicos específicos impactam na demonstração da cinética de anticorpos na COVID-19.

Há uma correspondência entre doença grave, alta produção de anticorpos e alta capacidade de neutralização, enquanto o oposto é verdadeiro na doença leve. Evidências disponíveis sugerem que a gravidade está associada com níveis mais elevados de anticorpos, embora as características imunológicas, virológicas e fisiológicas por trás disso até agora sejam desconhecidas. Parece haver uma relação prognóstica entre a cinética de anticorpos e a gravidade da COVID-19: pesquisadores demonstraram que não só há uma resposta tardia de anticorpos na COVID-19 grave e letal, mas também que uma resposta neutralizante precoce se correlaciona a um melhor desfecho.

A dinâmica dos anticorpos varia dependendo do seu isotipo, como já discutido, e provavelmente também do perfil dos antígenos de interesse, com ampla variação, dificultando sua comparação. Essa heterogeneidade pode ser usada a favor da precisão diagnóstica, como a detecção combinada de antígenos aumentando a sensibilidade do teste, bem como uma combinação de IgM e IgG específicos contra esses antígenos virais.

Diagnóstico laboratorial

Indicação da testagem

O diagnóstico laboratorial tem por objetivo o suporte ao manejo clínico da doença e a redução da transmissão, visando a contenção do vírus, uma vez que não existe maneira de diferenciar a COVID-19 de outras infecções de etiologia viral sem a utilização de testes laboratoriais. Para diagnóstico da infecção atual, são indicados os testes que pesquisam o vírus em amostras do trato respiratório – sendo as mais comumente utilizadas o *swab* de nasofaringe (Figura 26.1) ou nasal, podendo também ser avaliada saliva e espécimes do trato respiratório inferior. Os métodos empregados para o diagnóstico são os testes moleculares e a pesquisa do antígeno do SARS-CoV-2.

São indicações de testagem:

1) Diagnóstico em:
   a) pacientes com sintomas suspeitos da doença;
   b) indivíduos que tiveram contato próximo com caso de COVID-19.

2) Rastreio em:
   a) pré-operatório de cirurgias eletivas;
   b) instituições de ensino, empresas;
   c) viagens;
   d) outras situações em que não há sintomas nem exposição conhecida;
3) Vigilância epidemiológica.

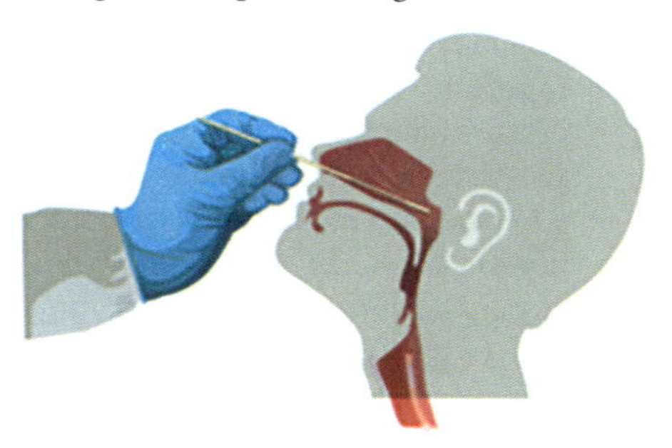

FIGURA 26.1 – Técnica de coleta de nasofaringe: inclinar a cabeça do paciente e inserir lentamente o *swab* na narina, paralelamente ao palato, até encontrar resistência (distância equivalente à da narina até a orelha do paciente). Girar o *swab* mantendo-o no local por alguns segundos. Remover o *swab* e inserir no tubo de transporte indicado. Fonte: CDC.

Os testes sorológicos podem ser úteis no suporte ao raciocínio diagnóstico após a fase aguda, quando não foi possível realizar a pesquisa do vírus ou quando ela foi negativa, porém persistiu a hipótese diagnóstica. A figura 26.2 traz uma representação esquemática da probabilidade de positividade de cada um dos testes diagnósticos conforme a fase de infecção.

■ Testes moleculares

Os testes moleculares têm por princípio a detecção do RNA do vírus SARS-CoV-2 em amostras do trato respiratório, indicando infecção atual ou recente. São métodos de elevada sensibilidade e especificidade e são considerados o padrão-ouro para diagnóstico de infecção atual. Detectam a presença do vírus um a dois dias antes do início dos sintomas, até cerca de doze dias após o início dos sintomas. Como são muito sensíveis, podem detectar restos virais por longos períodos após a infecção, mesmo não se demonstrando viabilidade do vírus em crescimento em cultura.

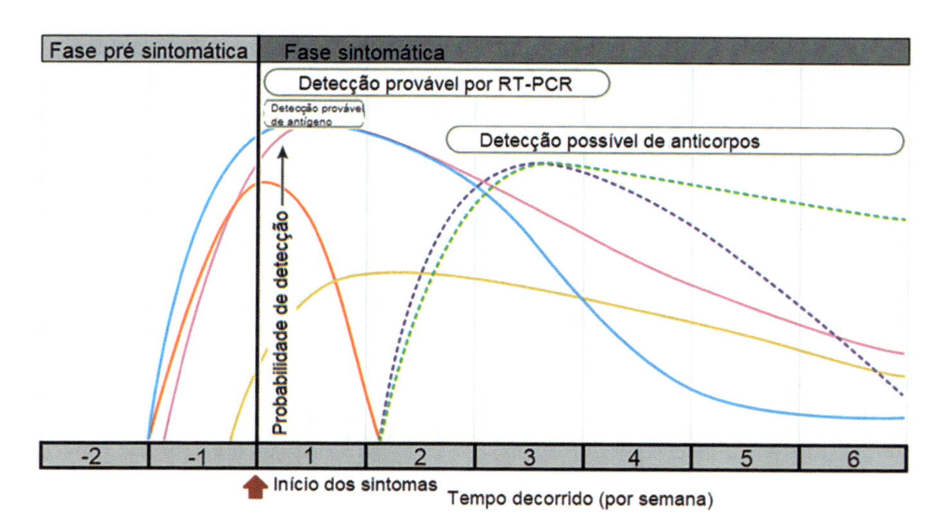

FIGURA 26.2 – Testes diagnósticos para COVID-19; probabilidade de detecção por semana do início dos sintomas. Detecção do vírus: em azul, RT-PCR em *swab* de nasofaringe; em cor de rosa, RT-PCR em lavado broncoalveolar ou escarro; em vermelho, isolamento viral no trato respiratório; em amarelo, RT-PCR nas fezes. Detecção de anticorpos: violeta pontilhado, IgM; verde pontilhado, IgG. Modificado de: Sethuraman N, Jeremiah SS, Ryo A. Interpreting Diagnostic Tests for SARS-CoV-2. JAMA. 2020 Jun 9;323(22):2249-2251.

O método mais comumente utilizado é a reação da polimerase em cadeia com transcrição reversa em tempo real (RT-PCR). Devido a seu uso rotineiro em laboratórios clínicos muitos anos antes da COVID-19, foi o método de implantação mais rápida e fácil, importante na resposta a pandemia. A condição essencial para a criação do teste foi o conhecimento da sequência do RNA viral, que foi disponibilizada pelos cientistas chineses em 11 de janeiro de 2020. Inicialmente a OMS procurou disponibilizar protocolos de RT-PCR que foram replicados de forma adaptada em todo o mundo de acordo com a disponibilidade de reagentes e equipamentos locais. Naquele momento, dada a baixa capacidade de processamento, os testes foram direcionados para os indivíduos sintomáticos, em especial hospitalizados. Posteriormente, a indústria diagnóstica passou a oferecer kits comerciais que foram prontamente adotados. Sistemas totalmente automatizados tornaram-se disponíveis no segundo semestre de 2020, o que permitiu a expansão da testagem para contactantes e outras situações de risco acima delineadas. Sistemas de RT-PCR "*Point-Of-Care-Testing* (POCT)" já existentes passaram a oferecer também o teste de SARS-CoV-2 e outros equipamentos inéditos foram criados. Atualmente podemos classificar a oferta diagnóstica de RT-PCR em:

1) Sistemas totalmente automatizados: uma vez carregados processam entre 96 e 384 amostras em cerca de quatro a seis horas. São equipamentos grandes e que já existiam previamente à pandemia, mas com a disponibilização de insumos específicos passaram a ser empregados nos laboratórios com grandes rotinas, analisando mais de mil amostras diárias;
2) Sistemas mistos: a oferta gigantesca de kits de RT-PCR, contemplando somente o módulo amplificação/detecção, requer o acoplamento, pelo laboratório operador, de um sistema de extração de RNA. Desta forma estes sistemas são considerados *in house*, ainda que os kits tenham aprovação das diferentes agências regulatórias. Foram e são utilizados em geral por laboratórios com rotinas inferiores a mil amostras diárias;
3) Sistemas POCT: Pequenos equipamentos totalmente automatizados que permitem realizar o teste em menos de uma hora. São apropriados para diagnósticos de urgência, mas também em locais que necessitam uma rápida resposta, como aeroportos. Caracterizam-se por um baixo processamento – em geral as amostras são testadas uma a uma, portanto cada equipamento realiza menos de 100 testes por dia.

Os testes de RT-PCR são testes qualitativos, entretanto o valor do Ct (*cycle treshold*) de detecção pode dar uma ideia aproximada da carga viral presente na amostra.

Outros testes de amplificação molecular que não utilizam PCR também foram desenvolvidos, particularmente testes baseados em amplificação isotérmica como o "*Loop-mediated isothermal AMPlification*" (LAMP) são atraentes por necessitarem equipamentos mais simples e poderem ser executados à temperatura ambiente.

Com a retomada da vida cotidiana, voltaram a circular os demais vírus respiratórios, compartilhando com o SARS-CoV-2 muitos sintomas, dificultando o diagnóstico clínico e impedindo o manejo apropriado. Desta forma, testes multiplex conjugando pelo menos influenza, vírus sincicial respiratório e SARS-CoV-2 foram disponibilizados nas mesmas plataformas acima, e passaram a ser muito requisitados pelos prescritores, possibilitando o diagnóstico diferencial imediato.

Primers, sondas e variabilidade viral

Os únicos reagentes que são específicos para o diagnóstico do agente em um teste de RT-PCR são os primers e sondas. São estes basicamente que determinam a especificidade do teste e influenciam na sensibilidade clínica e analítica. Inicialmente a maior parte dos laboratórios elegeram testes que tinham como alvo o gene E ou uma ou mais regiões do gene N, baseando-se no conhecimento acumulado na pandemia anterior de SARS-CoV em 2002/2003. O mais crítico na escolha destes reagentes é que a sequência seja conservada entre os isolados virais e apresente baixa taxa de mutação. Por este motivo deve-se evitar regiões gênicas de maior variabilidade como o gene da proteína S, sujeita a grande pressão seletiva. No decorrer da pandemia, houve muito poucos casos falso-negativos causados por "*mismatches*", ou seja, nucleotídeos diferentes entre primers/sonda e o vírus presente na amostra. No entanto, tornou-se consenso que o mais prudente é utilizar sistemas de amplificação que tenham como alvo pelo menos duas regiões virais distintas, idealmente 3.

Sensibilidade clínica e analítica

A sensibilidade analítica dos métodos moleculares é mediada principalmente pelo volume e pureza do RNA e a eficiência da amplificação, está determinada pelos primers/probes e enzimas (transcriptase reversas e DNA polimerase). Em geral, os métodos apresentam um limite de detecção de 10-1000 cópias/mL de líquido de coleta, como salina ou meio de transporte viral. A sensibilidade clínica varia de acordo com a sintomatologia do paciente no momento da coleta. Em sintomáticos atingem-se valores acima de 90%, já em assintomáticos este percentual é menor. O fato de que a carga viral oscila durante a infecção gera muitos desafios aos laboratórios pois é comum que pessoas totalmente assintomáticas com um resultado positivo procurem repetir o teste nos dias seguintes e este apresente resultado negativo, gerando dúvidas e contestações ao resultado original. Além disso, outros fatores pré-analíticos impactam na sensibilidade clínica, como a variabilidade na técnica de coleta e a conservação da amostra.

A especificidade dos testes moleculares é intrinsicamente muito alta, mas resultados falso-positivos podem ocorrer principalmente por contaminação por *amplicons*. O SARS-CoV-2 pode apresentar cargas altíssimas especialmente nas infecções com as variantes de preocupação, sendo comuns pacientes com cargas na ordem de bilhões de cópias/mL. Mesmo laboratórios usando os melhores equipamentos e controle do processo verificaram resultados falso-positivos, principalmente nos momentos em que a taxa de positividade geral se torna muito alta, superior a 20%.

■ Pesquisa do antígeno

Os testes para pesquisa de antígeno do SARS-CoV-2 se tornaram comercialmente disponíveis a partir do segundo semestre de 2020, como uma alternativa mais rápida e barata para o diagnóstico em comparação com os testes moleculares. Estes atributos associados a facilidade do uso contribuíram para o acesso e descentralização da testagem. Dependendo da metodologia empregada, os testes de antígeno não requerem uma estrutura laboratorial para sua realização, podendo ser realizados em qualquer local com nível de biossegurança adequado para sua manipulação e armazenamento. A OMS considera que o teste de antígeno tem um papel importante na identificação de indivíduos contaminados e seu rápido isolamento, quando corretamente indicado e interpretado.

A pesquisa do antígeno se baseia na detecção imunológica de proteínas específicas do vírus SARS-CoV-2 em amostras do trato respiratório ou saliva, e está disponível comercialmente na forma de imunoensaios automatizados (p. ex., quimioluminescência), ou ensaios manuais, como o imunoensaio cromatográfico, mais comumente empregado no Brasil.

O teste indica infecção atual e costuma apresentar elevada especificidade, porém sensibilidade inferior aos testes moleculares. A acurácia do teste de antígeno é dependente de diversos fatores, dentre eles a fase da doença, a quantidade de vírus presente na amostra, a representatividade da coleta, o armazenamento adequado da amostra, as características do teste utilizado (método, alvo antigênico utilizado, concentração de anticorpo, reatividade cruzada) e a correta operação e leitura do teste.

Para garantir o desempenho ótimo, é fundamental que seja realizado por pessoas devidamente treinadas e em estrita conformidade com as instruções do fabricante. Não devem ser realizadas substituições de reagentes – por exemplo água ou salina em lugar da solução tampão do conjunto diagnóstico - e não devem ser misturados itens de diferentes conjuntos diagnósticos. Além disso, o armazenamento dos testes deve seguir a temperatura recomendada pelo fabricante – foi demonstrado que a exposição de determinados kits diagnósticos a altas temperaturas (acima de 30°C) ou a refrigeração impactaram na sensibilidade e especificidade dos testes. A confiabilidade do resultado da pesquisa de antígeno depende fortemente do desempenho do teste utilizado e da situação epidemiológica local.

O teste de antígeno está mais bem indicado para pacientes sintomáticos até no máximo o quinto ao sétimo dia do início dos sintomas. A maior parte dos testes de antígeno é capaz de detectar cargas virais com Ct<28, comumente observados na fase inicial da infecção. Pacientes com mais de cinco a sete dias de sintomas apresentam queda nas cargas virais e estão mais sujeitos a resultados falso negativos.

Alguns testes de antígeno se mostraram capazes de detectar pacientes enquanto persistiam as culturas virais positivas – mesmo assim não é correto assumir que um paciente negativo no teste de antígeno não tenha potencial de contaminar outros indivíduos.

A OMS recomenda que sejam utilizados testes que demonstrem uma sensibilidade de no mínimo 80% e especificidade de no mínimo 97% comparado ao teste considerado padrão-ouro, o RT-PCR.

O desempenho da pesquisa de antígeno em pacientes assintomáticos de modo geral apresenta-se muito inferior aos testes moleculares, portanto a OMS só considera aceitável sua utilização neste cenário em indivíduos contactantes de casos confirmados ou prováveis.

O teste de antígeno também pode ser utilizado como rastreio quando realizado de maneira frequente (por exemplo, a cada 72 horas), o que contribui na mitigação do risco de falta de sensibilidade. Por conta da facilidade e rapidez, também é útil na rápida caracterização de surtos.

Mesmo considerando sua relativa especificidade, quando a incidência na comunidade é baixa (positividade dos testes laboratoriais inferior a 5%) o valor preditivo positivo do teste cai consideravelmente e se torna preferível a utilização de um teste de RT-PCR.

A correta interpretação de um resultado de pesquisa de antígeno deve levar em conta a probabilidade pré-teste, com relação à presença de sintomas, contato recente com caso confirmado de COVID-19 e situação epidemiológica da comunidade. Em geral, um resultado positivo não necessita de confirmação laboratorial, a menos que seja inesperado (paciente sem sintomas, sem histórico de contato e em situação de baixa prevalência da doença). Resultados negativos, por sua vez, não excluem o diagnóstico, em especial na presença de sintomas ou contato recente com caso confirmado, situação em que está indicada uma nova coleta de RT-PCR dentro de 48h da primeira coleta.

Em 2022, tornaram-se disponíveis para comercialização os autotestes de COVID-19, que consistem na autocoleta, execução e leitura do próprio teste. A OMS considerou a disponibilização dos autotestes como uma ferramenta complementar importante aos testes laboratoriais, porém demonstra preocupação com a dificuldade de monitorização epidemiológica, controle de casos e identificação de variantes. Além disso, existe a preocupação com a operação do teste por um indivíduo inexperiente, com maior risco de uma coleta pouco representativa e da não observância das instruções de uso. Mais preocupante ainda é a clareza da conduta adequada a ser tomada frente ao resultado obtido em um autoteste.

■ Detecção de anticorpos (testes sorológicos)

Os testes sorológicos ou de anticorpos para COVID-19 são outra modalidade de testes disponíveis, destinados a pacientes que não estejam com suspeita de infecção atual, mas em estágios posteriores, ou seja, diagnóstico de infecção pregressa, o que tem particular importância nos casos de SIM-P. A detecção qualitativa de anticorpos é especialmente útil em pesquisas epidemiológicas, determinando a soroprevalência em uma população específica. Por sua vez, ensaios quantitativos determinam o nível de produção de anticorpos e, embora não sejam úteis para o diagnóstico de infecção aguda, podem desempenhar um papel importante na avaliação da capacidade de neutralização e proteção do indivíduo contra a infecção. É importante observar que os anticorpos podem ser produzidos em decorrência de infecção ou de vacinação, portanto a interpretação adequada requer o conhecimento da história clínica e epidemiológica do indivíduo, *status* vacinal, vacinas administradas e tipo de ensaio sorológico utilizado. O conhecimento atual não permitiu demonstrar um nível considerado correlato de proteção e é provável que a imunidade por anticorpos seja apenas parte da resposta protetora.

Existem basicamente dois tipos de testes de detecção de anticorpos: anticorpos de ligação e anticorpos neutralizantes.

Anticorpos de ligação

A presença de anticorpos de ligação sinaliza que houve contato do patógeno com o organismo. Os testes sorológicos são menos propensos a serem reativos nos primeiros dias ou semanas de infecção, tendo utilidade muito limitada no diagnóstico da infecção aguda devido ao risco de falsos negativos. Se usados, a verificação da sorologia três a quatro semanas após o início dos sintomas otimiza a precisão do teste.

A base do ensaio é utilização de proteínas purificadas do SARS-CoV-2 para determinar a ligação de anticorpos acoplada mais comumente a uma das seguintes metodologias: ensaio imunoenzimático (ELISA), imunoensaio quimioluminescente (CLIA) e ensaio imunocromatográfico (também conhecido como imunoensaio de fluxo lateral ou teste rápido). Os últimos são dispositivos fáceis de usar e podem ser utilizados fora das instalações do laboratório, porém costumam apresentar menor sensibilidade do que as plataformas laboratoriais tradicionais.

Os ensaios disponíveis atualmente são desenvolvidos para a detecção de anticorpos contra um dos principais alvos antigênicos – a proteína N e/ou a proteína S, incluindo as subunidades S1 e S2, bem como o domínio de ligação ao receptor (RBD) do SARS-CoV-2. A seleção do alvo determina a reatividade cruzada e a especificidade do teste, sendo a proteína N mais conservada nos coronavírus do que S.

Esses testes também diferem quanto a classe de anticorpos pesquisados: IgG, IgM, IgA, imunoglobulina total ou em combinações das anteriores. Em geral, os testes que usam anticorpos IgG ou imunoglobulina total têm maior acurácia do que os testes que detectam anticorpos IgM ou anticorpos IgA, que se demonstraram de pouca utilidade na COVID-19 e vem sendo abandonados.

A utilização adequada dos testes sorológicos requer a compreensão da dinâmica do aparecimento de anticorpos, das características de desempenho e limitações dos ensaios. Diferentes metodologias e fabricantes apresentam níveis variados de especificidade e sensibilidade, e seu desempenho tem sido avaliado em revisões sistemáticas e validações analíticas em todo o mundo. É fundamental que os usuários avaliem as características de desempenho dos testes que pretendem utilizar e realizem testes de verificação internos antes de colocá-los na rotina.

A reatividade cruzada com outros coronavírus e outros patógenos virais que causam falsa positividade é uma preocupação potencial, especialmente nos primeiros ensaios que se tornaram disponíveis e nas situações de probabilidade pré-teste muito baixa. Para melhorar a precisão diagnóstica dos ensaios de sorologia, o CDC sugeriu uma estratégia de algoritmo em duas etapas utilizando dois ensaios de anticorpos diferentes, nos quais um teste inicial positivo é confirmado por um segundo ensaio de anticorpos.

No decorrer da pandemia, a disponibilização de ensaios anti-RBD para detecção de anticorpos de ligação demonstrou sensibilidade e especificidade mais elevadas, com forte associação com a presença de anticorpos neutralizantes contra SARS-CoV-2.

Anticorpos neutralizantes

O ensaio de anticorpos neutralizantes é um teste funcional que detecta especificamente anticorpos com potencial de bloquear a interação entre o RBD viral e o receptor celular ACE-2.

Os testes de neutralização em placa (PRNT) utilizam as interações vírus-anticorpo em um tubo de ensaio ou placa de microtitulação para medir os efeitos do anticorpo sobre a infecciosidade viral em células sensíveis ao vírus. Resumidamente, diluições em série da amostra de soro são incubadas com uma quantidade padronizada de vírus. Os complexos imunes resultantes são então adicionados às células (monocamada) suscetíveis ao vírus. Em seguida, essas células são cobertas com um meio semissólido que impede que o vírus se propague. Após vários dias de incubação, as placas são visualizadas por anticorpos fluorescentes ou corantes específicos e os títulos de ponto final são definidos. Embora o PRNT seja considerado o "padrão ouro" para detectar e medir anticorpos neutralizantes, o trabalho e o tempo intensivos (3 a 7 dias) e a dificuldade de automatização dificultam o uso em laboratórios clínicos.

Os ensaios de microneutralização (MN) geralmente detectam os antígenos virais em células infectadas por vírus em placas de microtitulação em combinação com um ELISA, podendo produzir resultados dentro de dois dias. A detecção de antígenos virais indica a ausência de anticorpos neutralizantes no soro. Os ensaios de MN medem anticorpos neutralizantes de maneira automatizada, de alto rendimento e mais objetiva, mas ambos os testes PRNT e MN geralmente requerem cultura viral e precisam ser conduzidos em laboratórios de Nível de Biossegurança 3 (NB-3). O ensaio de neutralização de pseudovírus, no qual a proteína do SARS-CoV-2 é enxertada em vírus inofensivos ou partículas semelhantes a vírus, é mais seguro e de alto rendimento, podendo ser executado em instalações de laboratórios de Nível de Biossegurança 2 (NB-2).

Testes de detecção de anticorpos neutralizantes por ELISA e CLIA foram desenvolvidos sem a necessidade de manipulação de vírus vivo ou células, produzindo resultados em 1 a 2 horas e podendo ser executados em laboratórios NB-2. Resumidamente, anticorpos neutralizantes anti-SARS-CoV-2 presentes no soro bloqueiam o RBD conjugado com peroxidase (ELISA) ou ABEI (CLIA), impedindo que o RBD se ligue ao receptor ACE-2, fixado na fase sólida (placa de ELISA ou microesferas magnéticas na CLIA).

Esses testes apresentam uma excelente sensibilidade, especificidade e correlação com os testes de neutralização in vitro, são automatizados, podendo ser utilizados em laboratórios de alta demanda. Os resultados podem ser liberados em valores quantitativos, relatados em UI/mL, sendo calibrados de acordo com o Padrão Internacional da OMS para os anticorpos neutralizantes anti-SARS-CoV-2.

Importante ter em mente que um resultado negativo indica a ausência de anticorpos neutralizantes ou em concentração inferior à detectável pelo teste, porém, não descarta o contato prévio com o vírus, principalmente nas fases iniciais da doença, não sendo, portanto, indicado para o diagnóstico de infecção aguda. Um resultado positivo indica contato prévio com o vírus ou vacinação, e a presença de anticorpos neutralizantes, não dispensando a necessidade de manutenção das medidas de segurança preconizadas por órgãos oficiais, já que o efeito protetor conferido pelos anticorpos neutralizantes anti-SARS-CoV-2 em humanos, assim como o valor a ser considerado correlato de proteção, ainda não foram bem definidos. Amostras com concentrações próximas ao valor de corte do teste (cut-off) devem ser interpretadas com cautela e testes de acompanhamento são recomendados.

Imunidade celular

As respostas humorais e celulares são complementares e ambas podem ser detectadas e medidas. As respostas imunes mediadas por células T são geradas antes das respostas mediadas por anticorpos e alguns pacientes podem eliminar o vírus usando a imunidade inata de células T, e nunca soroconverter. Além disso, a resposta do anticorpo SARS-CoV-2 pode diminuir com o tempo, enquanto a resposta das células T é um marcador duradouro e confiável da imunidade adaptativa pós-infecção natural e após a vacinação contra a COVID-19.

A resposta da célula T pode ser detectada a partir da fase de infecção aguda e, também quando os níveis dos anticorpos são baixos ou indetectáveis, tornando possível avaliar mais do que apenas as respostas de anticorpos, sendo inclusive uma ferramenta importante na avaliação da eficácia das vacinas através de uma melhor compreensão da resposta imune ao SARS-CoV-2. Uma combinação de forte resposta humoral e celular à vacinação contra a COVID-19 é provavelmente um fator chave no seu sucesso clínico, e é provável que as células T desempenhem um papel importante na imunidade mediada pela vacina.

Esse teste pode ainda auxiliar a identificar quem desenvolverá doença grave, melhorando a triagem de pacientes. Dados sugerem que as respostas de células T CD4+ e CD8+ mais baixas estão associadas a doenças mais graves, maior duração da positividade do RNA viral e aumento da mortalidade. Além disso, pode ser utilizado como um marcador de recuperação, melhorando o seguimento dos pacientes hospitalizados.

Numerosas publicações e pesquisas recentes destacam as potenciais aplicações dos ensaios de resposta imune em COVID-19, como:

- Na pesquisa da imunidade em populações de risco para possivelmente ajudar na priorização da vacina ou na determinação da eficácia da vacina.
- Na avaliação da gravidade da infecção em pacientes COVID-19 hospitalizados.
- Na avaliação do prognóstico de pacientes em cuidados intensivos.

A Figura 26.3 representa um modelo de projeção de resposta imune após um ano da infecção.

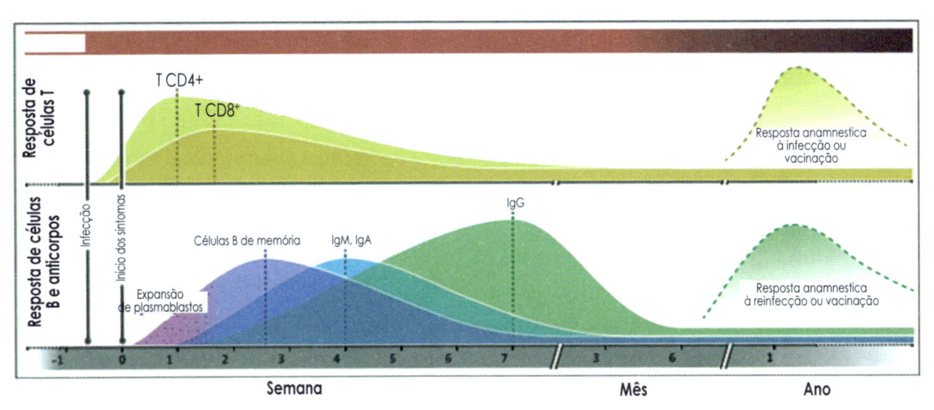

FIGURA 26.3 – Modelo de resposta à infecção pelo SARS-CoV-2 projetado por um ano após a infecção. Adaptado de Stephens DS, McElrath MJ. COVID-19 and the Path to Immunity. JAMA. 2020 Oct 6;324(13):1279-1281.

Outras ferramentas laboratoriais no contexto da COVID-19

■ Sequenciamento do vírus

Aplicações

Embora tenham surgido propostas de uso dos equipamentos de *Next-Generation Sequencing* (NGS) para o diagnóstico de COVID-19, na prática o fluxo de NGS é longo, demorado e de baixa automação. Assim, o método é importantíssimo na vigilância genômica, realizada com as amostras já verificadas como positivas por um teste molecular.

Metodologia

O NGS trabalha com amostras com cargas virais medianas e altas, garantindo o sucesso da técnica. O genoma viral de aproximadamente 30.000 nucleotídeos, o maior genoma de vírus de RNA, é amplificado em segmentos que se sobrepõem parcialmente, construindo-se uma "biblioteca" de amplicons. Numa segunda etapa esta biblioteca é quantificada e então sequenciada em equipamento NGS. Diversos softwares realizam a montagem do genoma viral, e após etapa de controle da qualidade da sequência, estas são geralmente depositadas em bancos públicos, o mais conhecido é o GISAID (www.gisaid.gov) onde pesquisadores do mundo todo podem acessar e analisar as sequencias. Em abril de 2022 o Gisaid conta com 10.5 milhões de sequencias, sendo 138 mil brasileiras.

Variantes virais

As sequencias diferem entre si por seus perfis de mutações, deleções e inserções, permitindo serem agrupadas em linhagens e variantes. O contínuo surgimento e disseminação de novas variantes do SARS-CoV-2 dificultou o controle da pandemia. As variantes do SARS-CoV-2 podem ser designadas como Variantes de Interesse (VOI) ou variantes de preocupação (**V**ariants **O**f **C**oncern) pela OMS com base em sua transmissibilidade, gravidade da doença ou suscetibilidade às vacinas e terapias disponíveis. Essas variantes evoluíram aumentando sua afinidade de ligação ao receptor do hospedeiro com impacto na infectividade e/ou transmissibilidade. Além disso, em geral, elas são capazes de escapar parcial ou totalmente dos anticorpos pré-formados induzidos por infecções anteriores e vacinas.

São reconhecidas milhares de variantes, porém apenas 5 receberam até o momento o *status* de VOC caracterizando-se por um número expressivo de mutações na proteína de superfície S associado à grande transmissibilidade e escape imune levando a incidência explosiva e disseminação global: Alpha (origem Reino Unido), Beta (origem África do Sul), Gama (origem Brasil), Delta (origem Índia) e Ômicron (origem África do Sul). A dinâmica das VOCs mostra que vão progressivamente substituindo as variantes existentes e acabam respondendo por 100% dos casos, até serem substituídas pela seguinte. Nesse processo se diversificam gerando sublinhagens que mantém as características da VOC original.

■ Propedêutica laboratorial auxiliar

Existem poucos dados disponíveis sobre os achados laboratoriais em pacientes com doença leve a moderada, uma vez que é autolimitada e não costuma requerer recursos propedêuticos adicionais. Na prática clínica observa-se pouca ou nenhuma alteração em exames de rotina em pacientes com evolução leve. Quando presentes, as alterações laboratoriais são semelhantes a outras infecções agudas virais leves, com discretas alterações no leucograma e pouca elevação de proteína C reativa (PCR).

Pacientes hospitalizados apresentam com frequência linfopenia, elevação nos marcadores inflamatórios (proteína C reativa e VHS), distúrbios da coagulação, aumento de transaminases e desidrogenase lática (LDH).

Alguns achados laboratoriais foram associados a pior prognóstico, sendo eles a apresentação de linfopenia, plaquetopenia, elevação de LDH, creatinofosfoquinase (CK), transaminases, marcadores inflamatórios (PCR, VHS, ferritina), distúrbios de coagulação (prolongamento do tempo de protrombina - TP e dímero D), elevação da troponina e alteração na função renal.

Estudos demonstraram que a COVID-19 grave apresenta elevados níveis de citocinas e que este achado é um preditor independente de mortalidade, tendo sido a interleucina 6 (IL-6) o marcador mais robusto para gravidade e desfecho. A IL-6 é uma citocina pró-inflamatória que desempenha um papel importante tanto na imunidade inata quanto na adaptativa, sendo produzida por uma variedade de tipos celulares diferentes, incluindo macrófagos, células endoteliais e células T. Níveis aumentados são encontrados em mais da metade dos pacientes com COVID-19 e parecem estar associados à resposta inflamatória, insuficiência respiratória, necessidade de ventilação mecânica e mortalidade. Em uma meta-análise incluindo nove estudos (total de 1.426 pacientes) a média dos níveis de IL-6 foi mais de três vezes maior em pacientes com COVID-19 complicado em comparação com aqueles com doença não complicada, e seus níveis foram associados ao risco de mortalidade. Em um estudo mais recente, demonstrou-se que os níveis de IL-6 na admissão hospitalar parecem ser o melhor preditor de progressão para doença grave e mortalidade hospitalar. No estudo, a IL-6 acima de 25 pg/mL foi considerada fator de risco para desfecho desfavorável. O nível médio de IL-6 em pacientes com SIM-P foi de 185 pg/mL +/- 15,6 pg/mL. Desse modo o estudo apoia a hipótese de que direcionar o tratamento à tempestade de citocinas induzida por SARS-CoV-2 usando drogas anti-IL-6 pode ser uma opção terapêutica válida para melhorar os resultados, juntamente com estratégias de cuidados de suporte. Importante lembrar que a interleucina-6 (IL-6) é um marcador inespecífico associado a uma resposta inflamatória e não é diagnóstico para nenhuma doença ou processo patológico específico e, concentrações elevadas devem ser interpretadas dentro do contexto clínico do paciente.

Coagulopatia é frequentemente observada na síndrome da resposta inflamatória sistêmica da COVID-19, tendo sido demonstrada em 20-50% dos pacientes internados. As alterações de hemostasia mais marcantes nos pacientes com COVID-19 são a plaquetopenia e a elevação do dímero D, que foram associadas a maior necessidade de ventilação mecânica, cuidados intensivos e risco de óbito. Recomenda-se a avaliação do perfil de coagulação em pacientes internados por COVID-19, podendo ocorrer alterações principalmente a partir da segunda semana do início dos sintomas agudos. O achado de plaquetopenia, prolongamento do TP e elevação do dímero D são sugestivos de coagulação intravascular disseminada e disfunção endotelial.

A procalcitonina (ProCT) tem sido utilizada principalmente na investigação de suspeita de infecção bacteriana secundária, entretanto seu valor preditivo positivo se mostra prejudicado na COVID-19 pois níveis elevados têm sido demonstrados com a progressão da doença, tendo sido associada também a pior desfecho. A ProCT é um pró-hormônio que, em condições habituais, permanece apenas no interior das células C da tireoide, sendo o precursor da calcitonina. A ProCT não é detectada na circulação, mas, em situações de estresse, como durante a inflamação sistêmica grave, em particular relacionada à infecção bacteriana, pode ter significativa produção extratireoidiana, especialmente em macrófagos, e ser encontrada no sangue periférico. É um marcador mais específico para infecções graves do que a maioria dos outros marcadores inflamatórios (citocinas, interleucinas e reagentes de fase aguda). As elevações de ProCT também são mais sustentadas do que as da maioria dos outros marcadores. Torna-se detectável dentro de 2 a 4 horas após um evento desencadeante e atinge o pico em 12 a 24 horas. Na ausência de estímulo contínuo, a ProCT é eliminada com meia-vida de 24 a 35 horas. Recomenda-se que a decisão clínica seja baseada em dosagens seriadas, com intervalos de 6 a 24 horas. A secreção de ProCT é paralela à gravidade da inflamação, com níveis mais altos associados a doenças mais graves e níveis decrescentes com a resolução da doença. Um nível médio de procalcitonina de 30,5 ng/mL +/- 2,1 ng/mL coloca em perspectiva o nível de inflamação sistêmica observado em casos de SIM-P.

CASOS CLÍNICOS

Caso 1

Indivíduo do sexo masculino, 42 anos, apresentou um episódio de febre baixa (37,9°C) e dores difusas pelo corpo. Previamente hígido, relata contato há 7 dias com colega de trabalho que um dia após, teve diagnóstico de COVID-19. Após avaliação médica, foi solicitado uma pesquisa de antígeno para COVID-19, que foi coletada no dia seguinte à febre, com resultado negativo. Qual é a conduta apropriada?

Caso 2

Mulher, 28 anos, recuperada de quadro leve de COVID-19, procurou o laboratório para realizar a pesquisa de anticorpos totais contra COVID-19, um mês após a infecção. O resultado foi reagente com leitura de 62,0 (*cut off* para positivo = 1,0) e ela procurou um médico para saber se com este resultado está protegida de novas infecções e pode dispensar o uso de máscaras para proteção individual. Qual seria a orientação mais adequada para esta situação?

Bibliografia consultada

1. Folha informativa sobre covid-19. Organização Pan-Americana da Saúde; 2022. Em: https://www.paho.org/pt/covid19
2. Centers for Disease Control and Prevention (CDC): Overview of testing for SARS-CoV-2 (COVID-19); 2022. Em: https://www.cdc.gov/coronavirus/2019-ncov/hcp/testing-overview.html
3. WHO: Diagnostic testing for SARS-CoV-2 – Interim guidance; 2020. Em: https://www.who.int/publications/i/item/diagnostic-testing-for-sars-cov-2
4. Centers for Disease Control and Prevention (CDC): Interim guidance for antigen testing for SARS-CoV-2; 2022. Em: https://www.cdc.gov/coronavirus/2019-ncov/lab/resources/antigen-tests-guidelines.html
5. World Health Organization (WHO): Use of SARS-CoV-2 antigen-detection rapid diagnostic tests for COVID-19 self-testing – Interim guidance; 2022. Em: https://www.who.int/publications/i/item/WHO-2019-nCoV-Ag-RDTs-Self_testing-2022.1
6. Centers for Disease Control and Prevention (CDC): Interim guidelines for collecting and handling of clinical specimens for COVID-19 testing; 2021. Em: https://www.cdc.gov/coronavirus/2019-nCoV/lab/guidelines-clinical-specimens.html
7. Sequenciamento genômico do SARS-CoV-2. Guia de implementação para máximo impacto na saúde pública. 8 de janeiro de 2021. Brasília, D.F.: Organização Pan-Americana da Saúde; 2021. Licença: CC BY-NC-SA 3.0 IGO. https://doi.org/10.37774/9789275723890.
8. Larremore DB, Wilder B, Lester E, et al. Test sensitivity is secondary to frequency and turnaround time for COVID-19 screening. Sci Adv. 2020;20(7):eabd5393.
9. Heinrich Scheiblauer, Claudius Micha Nübling, Timo Wolf, Yascha Khodamoradi, Carla Bellinghausen, Michael Sonntagbauer, Katharina Esser-Nobis, Angela Filomena, Vera Mahler, Thorsten Jürgen Maier, Christoph Stephan. Antibody response to SARS-CoV-2 for more than one year – kinetics and persistence of detection are predominantly determined by avidity progression and test design. Journal of Clinical Virology 2022 Jan;146:105052. doi: 10.1016/j.jcv.2021.105052. Epub 2021 Dec 4.
10. Chvatal-Medina M, Mendez-Cortina Y, Patiño PJ, Velilla PA and Rugeles MT (2021) Antibody Responses in COVID-19: A Review. Front. Immunol. 12:633184. doi: 10.3389/fimmu.2021.633184.
11. Kaneko N, Kuo HH, Boucau J, Farmer JR, Allard-Chamard H, Mahajan VS, et al. Loss of Bcl-6-Expressing T Follicular Helper Cells and Germinal Centers in COVID-19. Cell (2020) 183(1):143–57.e13. doi: 10.1016/j.cell.2020.08.025.

12. Xu, L., Ma, Z., Li, Y., Pang, Z., and Xiao, S. 2021. Antibody dependent enhancement: unavoidable problems in vaccine development. Adv. Immunol. 151, 99–133.
13. Lee WS, Wheatley AK, Kent SJ, DeKosky BJ. Antibody-dependent enhancement and SARS-CoV-2 vaccines and therapies. Nat Microbiol. 2020 Oct;5(10):1185-1191. doi: 10.1038/s41564-020-00789-5.
14. Uni Park and Nam-Hyuk Cho. Protective and pathogenic role of humoral responses in COVID-19. Journal of Microbiology (2022) Vol. 60, No. 3, pp. 268–275. DOI 10.1007/s12275-022-2037-8.
15. Yongchen Z, Shen H, Wang X, et al. Different longitudinal patterns of nucleic acid and serology testing results based on disease severity of COVID-19 patients. Emerg Microbes Infect 2020;9:833–6.
16. Long Q-X, Tang X-J, Shi Q-L, et al. Clinical and immunological assessment of asymptomatic SARS-CoV-2 infections. Nat Med 2020. https://doi.org/10.1038/s41591-020-0965-6.
17. Lai CKC, Lam W. Laboratory testing for the diagnosis of COVID-19. Biochem Biophys Res Commun. 2021 Jan 29;538:226-230. doi: 10.1016/j.bbrc.2020.10.069. Epub 2020 Oct 28. PMID: 33139015.
18. Cindy H. Chau, Jonathan D. Strope, Willian D. Figg. COVID-19 Clinical Diagnostics and Testing Technology. First published: 08 July 2020 https://doi.org/10.1002/phar.2439.
19. Premkumar L, Segovia-Chumbez B, Jadi R, et al. The receptor binding domain of the viral spike protein is an immunodominant and highly specific target of antibodies in SARS-CoV-2 patients. Sci Immunol 2020;5(48):eabc8413. https://doi.org/10. 1126/sciimmunol.abc8413.
20. Guoqiang Liu and James F. Rusling. COVID-19 Antibody Tests and Their Limitations. ACS Sens. 2021, 6, 593–612. https://dx.doi.org/10.1021/acssensors.0c02621.
21. Delia Goletti, Linda Petrone, Davide Manissero, Antonio Bertoletti, Sonia Rao, Nduku Ndunda, Alessandro Sette, Vladyslav Nikolayevskyy. The potential clinical utility of measuring severe acute respiratory syndrome coronavirus 2-specific T-cell responses. Clinical Microbiology and Infection 27 (2021) 1784-1789. https://doi.org/10.1016/j.cmi.2021.07.005
22. Cirks BT, Rowe SJ, Jiang SY, Brooks RM, Mulreany MP, Hoffner W, Jones OY, Hickey PW. Sixteen Weeks Later: Expanding the Risk Period for Multisystem Inflammatory Syndrome in Children. J Pediatric Infect Dis Soc. 2021 May 28;10(5):686-690. doi: 10.1093/jpids/piab007. PMID: 33458751; PMCID: PMC7928761.
23. Goyal P, Choi JJ, Pinheiro LC, et al. Clinical Characteristics of Covid-19 in New York City. N Engl J Med 2020; 382:2372.
24. Gómez-Mesa, J. E., Galindo-Coral, S., Montes, M. C., & Muñoz Martin, A. J. (2021). Thrombosis and Coagulopathy in COVID-19. Current problems in cardiology, 46(3), 100742. https://doi.org/10.1016/j.cpcardiol.2020.100742
25. Asakura, H., & Ogawa, H. (2021). COVID-19-associated coagulopathy and disseminated intravascular coagulation. International journal of hematology, 113(1), 45–57. https://doi.org/10.1007/s12185-020-03029-y
26. Mubbasheer Ahmed, Shailesh Advani, Axel Moreira, Sarah Zoretic, John Martinez, Kevin Chorath, Sebastian Acosta, Rija Naqvi, Finn Burmeister-Morton, Fiona Burmeister, Aina Tarriela, Matthew Petershack, Mary Evans, Ansel Hoang, Karthik Rajasekaran, Sunil Ahuja, Alvaro Moreira. Multisystem inflammatory syndrome in children: A systematic review. EClinicalMedicine 26 (2020) 100527. https://doi.org/10.1016/j.eclinm.2020.100527.
27. Dotan A, Muller S, Kanduc D, David P, Halpert G, Shoenfeld Y. The SARS-CoV-2 as an instrumental trigger of autoimmunity. Autoimmun Rev. 2021;20(4):102792. https://doi.org/10.1016/j.autrev.2021.102792.
28. Panaro S, Marco Cattalini M. The spectrum of manifestations of severe acute respiratory syndrome-coronavirus 2 (SARS-CoV2) Infection in Children: What we can learn from multisystem inflammatory syndrome in children (MIS-C) Front Med (Lausanne). 2021;8:747190. https://doi.org/10.3389/fmed.2021.747190.
29. Henrique Luiz Staub, Lia Portella Staub. Síndrome inflamatória multissistêmica (SIMS) pós-COVID-19: um conceito em evolução. Scientia Medica Porto Alegre, v. 31, p. 1-13, jan.-dez. 2021 e-ISSN: 1980-6108 | ISSN-L: 1806-5562. http://dx.doi.org/10.15448/1980-6108.2022.1.42436.
30. Esteve-Sole A, Anton J, Pino-Ramirez RM, Sanchez-Manubens J, Fumadó V, Fortuny C, et al. Similarities and differences between the immunopathogenesis of COVID-19-related pediatric multisystem inflammatory syndrome and Kawasaki disease. J Clin Invest. 2021;131(6):e144554. https://doi.org/10.1172/JCI144554.
31. Sharma C, Ganigara M, Galeotti C, Burns J, Berganza MF, Hayes DA, et al. Multisystem inflammatory syndrome in children and Kawasaki disease: a critical comparison. Nat Rev Rheumatol 2021;17(12):731-48. https://doi.org/10.1038/s41584-021-00709-9.

32. Reinhart K, Karzai W, Meisner M. Procalcitonin as a marker of the systemic inflammatory response to infection. Intens Care Med 2000;26(9):1193–200. doi: 10.1007/s001340000624.

33. Grifoni E, Valoriani A, Cei F, et al. Interleukin-6 as prognosticator in patients with COVID-19. J Infect 2020;81(3):452–82. doi: 10.1016/j.jinf.2020.06.008

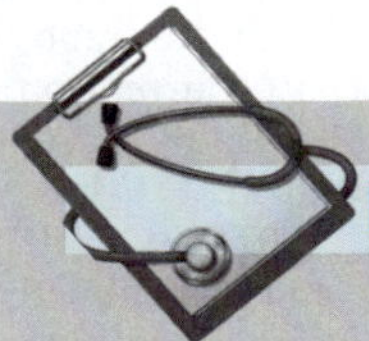

DISCUSSÃO DOS CASOS CLÍNICOS

Caso 1

O indivíduo deve ser mantido em isolamento e realizar uma nova coleta, preferencialmente de RT-PCR para SARS-CoV-2, ou na impossibilidade, um novo teste de antígeno após 48h do primeiro. Todos os testes diagnósticos disponíveis para COVID-19 são sujeitos a um percentual considerável de falso-negativos, e o teste de antígeno tem sensibilidade inferior ao RT-PCR. Em um paciente com alta probabilidade pré-teste (histórico de contato com caso confirmado e presença de sintomas), um teste de antígeno negativo não permite excluir o diagnóstico de COVID-19.

Caso 2

Indivíduos recém recuperados de covid-19 apresentam um menor risco de contrair a doença nos primeiros meses após a infecção, entretanto, atualmente não existem critérios laboratoriais que permitam afirmar que o indivíduo esteja imune. A sorologia de anticorpos totais mede em conjunto anticorpos IgA e/ou IgM e IgG – os anticorpos representam apenas uma parte da resposta imune e não existe correlato de proteção definido para considerar um indivíduo protegido. Além disso, o contínuo surgimento de variantes virais com possibilidade de escape imunológico torna ainda mais complexa esta avaliação. Portanto a orientação do médico não deve levar em consideração o resultado positivo para anticorpos totais, e sim o contexto epidemiológico e recomendações vigentes para o uso de máscaras.

Aplicação da Biópsia Líquida na Oncologia de Precisão

27

Maíra Cristina Menezes Freire
Marianna Kunrath Lima
Michele Araújo Pereira

Introdução

O câncer é uma doença complexa, multifatorial, e é considerado uma das principais causas de mortes no mundo, com uma média de mais de 9,8 milhões de mortes ao ano. No Brasil, de acordo com o Instituto Nacional de Câncer (INCA), estima-se o diagnóstico de cerca de 625 mil novos casos de câncer por ano, e mais de 225 mil óbitos. Entre os tipos de câncer mais frequentes no nosso país, podemos destacar o câncer de mama, próstata, pulmão, colorretal, colo do útero, estômago e da glândula tireoide.

O diagnóstico precoce é uma das principais formas para a redução do número de óbitos devido ao câncer, pois permite o início do tratamento nas fases iniciais da doença, aumentando assim as chances de cura. O método padrão-ouro para esse tipo de diagnóstico é a biópsia do tecido tumoral, uma ferramenta fundamental também nas investigações das informações mais detalhadas do tumor, como definição de tipo histológico e estadiamento. Entretanto, a biópsia tradicional é um procedimento cirúrgico invasivo, caro, e às vezes inacessível, seja pelo risco cirúrgico, pela dificuldade de acesso ao tumor ou mesmo pela sensibilidade do tecido. Ainda, em alguns casos pode-se coletar uma quantidade de tecido que não permite a investigação de todos os marcadores necessários para a melhor caracterização do tumor.

Outra limitação importante desse tipo de biópsia é que ela representa apenas um único ponto de um único sítio do tumor, sendo, portanto, muitas vezes inadequada para refletir toda a heterogeneidade tumoral, uma vez que já foi demonstrado que várias áreas dentro do tumor, ou das metástases, podem abrigar diferentes perfis genômicos. O perfil molecular do tumor também pode mudar com a evolução do mesmo, fazendo com que a definição de tratamento com base em informações de um tumor primário possa não ser a mais representativa e, consequentemente, imprecisa.

Nesse contexto, um método que vem se destacando como alternativa para algumas dessas limitações é a biópsia líquida. A biópsia líquida (BL) é um procedimento minimamente invasivo, que vem revolucionando múltiplas perspectivas da oncologia de precisão, sendo esse procedimento baseado na pesquisa de biomarcadores circulantes em fluidos corporais, como: células tumorais circulantes (CTCs), DNA tumoral circulante (ctDNA), RNA tumoral circulante (ctRNA), proteínas ou vesículas extracelulares. Dentre os fluidos corpóreos, amostras de sangue são as mais utilizadas para esse tipo de investigação, mas pesquisas vêm revelando a possibilidade de investigar a presença de DNA tumoral em outros fluidos, como urina, saliva, escarro, fezes, lavagens gástricas e líquor.

Atualmente, é muito bem conhecido que pacientes com diferentes tipos de câncer apresentam maiores níveis de CTCs e ctDNAs em fluidos corpóreos que indivíduos sadios. Geralmente, quanto mais agressiva a doença, mais CTCs são encontradas na corrente sanguínea. Em contrapartida, o aumento dos níveis de ctDNAs tem origem diversa, podendo ser devido à liberação passiva por células tumorais em apoptose ou necrose, ou células metastáticas que acabam por sofrer lise espontânea, ou ainda secreções ativas de células neoplásicas viáveis do tumor primário.

Como o repertório mutacional observado nos ctDNAs é representativo do genoma do tumor, essas variantes podem ser consideradas como biomarcadores clínicos, pré-clínicos e alvos terapêuticos. Dessa forma, a pesquisa dessas variantes tem sido bastante utilizada na detecção precoce de tumores primários, na determinação do prognóstico, no monitoramento de pacientes em tratamento, na avaliação de recidiva tumoral e na indicação de possíveis metástases. Entretanto, é importante destacar que esse método não é totalmente sensível para todos os tipos de tumores ou para todos os estádios, visto que vários fatores interferem na quantidade de células ou fragmentos tumorais circulantes.

Apesar de parecer que a utilização da BL na oncologia é algo mais recente, a primeira evidência da presença de CTCs na circulação periférica foi fornecida em 1869 pelo patologista Thomas Ashworth, em amostra sanguínea de um homem com câncer metastático. Com o tempo, tornou-se claro que, além das células, os tumores também lançam fragmentos de DNA na circulação e, em 1948, foi feita a primeira descrição das moléculas de ctDNAs nesse tipo de amostra. Porém, devido às limitações tecnológicas da época, a caracterização desses marcadores foi lenta.

Com os avanços tecnológicos dos últimos anos, em consequência do sequenciamento do genoma humano, e o desenvolvimento de novas tecnologias como o PCR digital (dPCR; do inglês: *Digital PCR*) e o sequenciamento de nova geração (NGS; do inglês: *Next Generation Sequencing*), a BL tem se tornado cada vez mais viável. Em 2013, a agência reguladora de alimentos e medicamentos dos Estados Unidos (FDA; do inglês: *Food and Drug Administration*) aprovou o primeiro teste de BL para a identificação, detecção e quantificação de CTCs em pacientes com câncer de mama metastático, cólon e próstata. Em 2016, foi aprovado o primeiro teste de BL para a detecção de variantes no gene *EGFR* em pacientes com câncer de pulmão não-pequenas células (CPNPC). Em 2019, foi aprovado o teste que permite a investigação de variantes no gene *PIK3CA* para pacientes com câncer de mama avançado/metastático. E, em 2020, o FDA aprovou dois testes de NGS para caracterização abrangente do perfil tumoral de amostras de biópsia líquida para diferentes tipos de cânceres.

No Brasil, a utilização da BL como fonte de diagnóstico e acompanhamento de pacientes com câncer vem sendo amplamente empregada por grandes laboratórios, principalmente para o acompanhamento de pacientes com CPNPC, em tratamento com terapia anti-*EGFR*. Grande parte desses exames são subsidiados por indústrias farmacêuticas ou, em alguns casos, são pagos de forma particular pelos pacientes. Devido aos custos mais elevados das técnicas utilizadas, esses exames ainda não são cobertos por planos de saúde e também não estão disponíveis pelo Sistema Único de Saúde (SUS).

Apesar de todas as vantagens apresentadas pela utilização da BL, erros no momento da coleta, na manipulação e na preparação da amostra podem resultar em falso-negativos e falso-positivos. Na prática, o tempo de viabilidade das moléculas de ctDNA é muito curto, sendo reconhecido que os métodos de armazenamento e processamento de sangue têm uma influência muito grande na qualidade do teste. Nesse sentido, atualmente, estão disponíveis no mercado tubos de coleta específicos, que contêm produtos conservantes que estabilizam células e ácidos nucleicos por mais tempo do que tubos normais, favorecendo a coleta e o transporte seguros, até mesmo para longas distâncias.

Técnicas moleculares para análise de biópsia líquida

Pesquisas com amostras de BL são extremamente desafiadoras em vários aspectos, principalmente porque as CTCs e os ctDNAs estão presentes em uma fração mínima em um grande volume de outras moléculas de DNA e de células. Observa-se aproximadamente uma CTC por 1×10^9 células sanguíneas. A quantidade de ctDNA pode variar substancialmente, dependendo do nível de vascularização, do tipo de tumor, e até mesmo entre pacientes com o mesmo tumor, devido à diferença de carga mutacional, estadiamento, tipo de tratamento, níveis de inflamação e renovação celular. Além disso, o material circulante é altamente fragmentado, o que reduz ainda mais a concentração de moléculas viáveis para serem analisadas.

As CTCs se desprendem involuntariamente e aleatoriamente do tumor, e entram na corrente sanguínea, onde permanecem circulando por um curto período de tempo. Devido à baixa concentração e meia vida curta, a identificação das CTCs requer métodos com alta sensibilidade e especificidade, geralmente consistindo de processos de enriquecimento e posterior detecção. Uma vez que essas células têm densidade e tamanho distintos das células normais do corpo (cerca de 20 µm a 30 µm de diâmetro), o isolamento das CTCs pode ser feito por diversos métodos baseados nas propriedades biológicas e/ou físicas das mesmas, como a centrifugação por gradiente de densidade ou a microfiltração por fluxo lateral. Após esse processo, as CTCs precisam ser identificadas, pois a amostra resultante ainda pode conter uma quantidade substancial de leucócitos. A maioria desses processos de identificação é baseada na imunocitoquímica ou imunofluorescência. As CTCs permitem a análise de variantes de ponto, de rearranjos gênicos, da perda de heterozigosidade (LOH; do inglês: *Loss of Heterozigosity*) e a avaliação da expressão de proteínas.

Os fragmentos de ctDNA possuem cerca de 180 pares de base, indicando a sua origem de células que sofreram apoptose. Devido ao seu tamanho pequeno, esses fragmentos são muito sensíveis, com o tempo de meia vida variando entre 16 minutos e duas horas, se não conservados de forma adequada. Tecnologias com alta sensibilidade analítica e especificidade têm sido desenvolvidas para a detecção de variantes somáticas de baixa frequência nos fragmentos de ctDNA. Em geral, esses métodos de análise podem ser agrupados em duas abordagens: a pesquisa de apenas variantes críticas, utilizando técnicas mais simples e de menor custo (técnicas baseadas em PCR); ou métodos baseados em painéis multigênicos (normalmente técnicas baseadas em NGS), os quais permitem a análise de múltiplas variantes/genes, sem necessidade de conhecimento prévio do perfil do tumor, mas que, geralmente, envolvem um custo mais elevado.

■ Técnicas baseadas em PCR

As principais técnicas moleculares que demonstram sensibilidade e especificidade para a investigação de alterações em ctDNA em amostra de biópsia líquida são: PCR convencional, PCR quantitativo (qPCR; do inglês: *quantitative PCR;* também conhecido como PCR em tempo real ou *Real Time PCR*), dPCR.

Nas técnicas baseadas em PCR, é realizado o anelamento com sondas específicas, complementares às regiões de interesse, seguido de vários passos de desnaturação do DNA, anelamento com primer marcado e extensão, sendo que na qPCR esses passos são monitorados em tempo real, a cada ciclo, com os sinais fluorescentes. Um exemplo da utilização dessa técnica na BL é a análise de variantes no gene *EGFR* por um teste em PCR em tempo real já aprovado pela ANVISA (Agência Nacional de Vigilância Sanitária). O ddPCR (PCR digital em gotas; do inglês: *Droplet Digital PCR*), por sua vez, é considerado o método mais preciso e de maior acurácia (limite de detecção de 1% a 0,001% de frequência alélica). Esse método particiona a amostra em milhares de gotas, e a amplificação por PCR ocorre em cada gota individualmente, aumentando muito a sensibilidade do teste para a identificação de variantes de baixa frequência.

Não há consenso sobre qual método deve ser utilizado para essas investigações de abordagens monogênicas. Mas, em uma pesquisa realizada comparando as técnicas disponíveis atualmente e a equivalência de análise em amostra tecidual, pôde-se observar que um dos métodos com melhor taxa de concordância foi o dPCR. Entretanto, as tecnologias de PCR requerem conhecimento prévio da região de interesse para detectar as variantes, e não permitem a multiplexação e a investigação de várias regiões ou genes de forma simultânea, o que pode ser um grande limitante para investigações em alguns tipos de câncer, em que é necessária a análise de vários biomarcadores ao mesmo tempo.

Técnicas baseadas em NGS

O NGS, ao contrário de outros métodos que são focados na detecção de um único gene, permite a avaliação do perfil molecular do tumor, analisando alguns genes de interesse, ou mesmo o exoma ou genoma inteiro do câncer. As estratégias de análise da BL em painéis multigênicos por NGS vem sendo empregado na investigação de alterações no ctDNA com uma alta sensibilidade e especificidade.

Esses painéis permitem o sequenciamento massivo paralelo de várias regiões e genes de interesse ao mesmo tempo, permitindo a investigação de variantes de ponto (SNVs; do inglês: *Single Nucleotide Variant*), deleções e inserções (indels; do inglês: *insertions and deletions*), e, em alguns casos, também a pesquisa de variações do número de cópias (CNVs; do inglês: *Copy Number Variantion*), fusões gênicas, expressão gênica e análise de carga tumoral (TMB; do inglês: *Tumor Mutation Burden*). Além disso, o NGS permite a detecção de variantes raras ou até mesmo múltiplas variantes, aumentando assim a capacidade de identificar alterações que auxiliem na definição terapêutica.

Uma vez que as variantes em amostra de BL geralmente ocorrem em baixa frequência, tecnologias especiais estão sendo desenvolvidas para serem aplicadas no NGS, visando aumentar a sensibilidade do teste e, ao mesmo tempo, diminuir a taxa de falso-positivos. TAm-Seq (do inglês: *Tagged Amplicon Deep Sequencing*), CAPP-Seq (do inglês: *Cancer Personalized Profiling by Deep Sequencing*) e Safe-SeqS (do inglês: *Safe-Sequencing System*) são métodos que permitem marcar os *amplicons* de interesse e, assim, permitem eliminar *amplicons* com erros da *Taq* polimerase. Com a utilização desses métodos, é possível a detecção de variantes com frequência alélica de até aproximadamente 0,02%.

A técnica de NGS vem reduzindo os custos do sequenciamento por pares de base, tornando-se, portanto, uma ferramenta viável e de grande utilidade clínica na investigação de marcadores moleculares em amostras de biópsia líquida.

Aplicação da biópsia líquida na prática oncológica

A investigação de variantes em ctDNA tem revolucionado a Oncologia de Precisão. As inúmeras vantagens da BL em relação à biópsia tecidual, principalmente em um contexto de heterogeneidade intratumoral, têm tornado a BL a candidata ideal no rastreio, diagnóstico, estadiamento, monitorização terapêutica e definição de prognóstico de pacientes oncológicos. Além de todas as vantagens da utilização da BL, podemos ainda acrescentar a conveniência da realização de procedimentos minimamente invasivos, que permitem a repetição da coleta e dos exames moleculares em vários momentos, ao contrário das biópsias teciduais.

Diagnóstico precoce

Um dos principais objetivos da utilização da BL na prática oncológica é a capacidade de diagnóstico precoce do câncer, visando aumentar as chances de cura, principalmente para aqueles tipos de câncer que são assintomáticos na sua fase inicial. Em estágios iniciais de alguns tipos de câncer, é possível identificar CTCs em amostras de sangue periférico, ilustrando o potencial desse biomarcador no rastreio e diagnóstico precoce. Porém, o principal desafio da BL no diagnóstico precoce é a baixa concentração dos biomarcadores nas fases iniciais do desenvolvimento da doença, o que vem dificultando muito essa aplicação na prática do diagnóstico atual. Técnicas moleculares estão em desenvolvimento para aprimorar o isolamento e enriquecimento desses biomarcadores, de forma a permitir sua identificação, mesmo em frequências alélicas muito baixas.

Uma equipe de pesquisadores da Universidade de Johns Hopkins nos EUA desenvolveu um novo teste de BL para diagnosticar precocemente tumores assintomáticos, e os resultados dessa pesquisa foram publicados na reunião anual da *American Association for Cancer Research* (AACR) de 2021. Esse teste permite a investigação de alterações genômicas no ctDNA associadas ao câncer, e foi avaliado em cinco diferentes tipos de câncer (ovário, fígado, estômago, pâncreas e esôfago), demonstrando desempenho com especificidade superior a 99% e sensibilidades que variam de 69% a 98%. Apesar dos resultados serem muito promissores, um estudo maior mostrando uma real redução na taxa de mortalidade dos pacientes com câncer se faz necessário, antes que o teste possa ser adotado na prática clínica.

Pesquisadores do Johns Hopkins Kimmel Cancer Center também trabalharam com pesquisadores da Dinamarca e Holanda e utilizaram a combinação da BL com a tecnologia DELFI (do inglês: *DNA Evaluation of Fragments for Early Interception*) para a avaliação e o diagnóstico precoce de pacientes com câncer de pulmão. Essa técnica baseia-se no fato de que os núcleos das células do câncer são muito mais desorganizados e, portanto, utiliza o aprendizado de máquina (ML; do inglês: *Machine Learning*), para examinar milhões de fragmentos de ctDNA em busca desses padrões anormais de organização. De acordo com esses pesquisadores, essa tecnologia é mais econômica, uma vez que apenas o sequenciamento de baixa cobertura do genoma é necessário, favorecendo a sua utilização no ambiente de triagem.

▪ Definição terapêutica

Outra importante aplicação da utilização da BL é a identificação de variantes que podem definir suscetibilidade ou resistência terapêutica, característica essa que permite não apenas identificar pacientes que podem ser beneficiados com tratamentos específicos, como também poupar outros pacientes de tratamentos não eficazes, evitando até mesmo efeitos colaterais indesejados. Essa aplicação vem sendo amplamente utilizada na prática clínica, principalmente em pacientes oncológicos nos quais não é possível fazer a coleta do material tumoral, quando o material coletado é insuficiente ou foi esgotado em outras análises, ou quando o DNA ou RNA tumoral presente no bloco de parafina não tem qualidade e/ou quantidade para análise molecular.

Como principal exemplo dessa aplicação, podemos destacar a pesquisa de variantes de suscetibilidade no gene *EGFR* em pacientes com CPNPC, uma vez que pacientes com tumores com variantes ativadoras nesse gene podem se beneficiar do tratamento com os inibidores de tirosina quinase do gene *EGFR* (EGFR-TKIs). Outro exemplo da aplicação da BL na definição terapêutica é a pesquisa de variantes específicas no gene *PIK3CA* em mulheres com câncer de mama metastático, hormônio positivo e HER2 negativo, que atualmente também podem ser beneficiadas com terapia-alvo. Ainda, a pesquisa de variantes em genes de reparo por recombinação homóloga (HRR; do inglês: *Homologous Recombination Repair*) também vem sendo uma prática comum na definição terapêutica de pacientes com câncer de próstata, que podem ser beneficiados com inibidores de PARP (iPARP). Entretanto, como esse tipo de tumor geralmente apresenta quantidade e/ou qualidade de DNA insuficiente para a investigação molecular, a necessidade de validação dessa pesquisa em amostra de BL torna-se necessária.

Além da investigação de marcadores específicos em testes monogênicos, os painéis amplos de NGS para amostras de BL vêm sendo aplicados para a definição de tratamento de diversos tipos de câncer. Um desses painéis permite a análise de 74 genes de forma simultânea em uma única amostra de sangue, para a investigação de variantes pontuais, rearranjos e indels, com o objetivo de proporcionar maior assertividade na definição do tratamento clínico. Um outro teste validado pelo FDA permite a investigação de variantes em mais de 300 genes relacionados a todos os tipos de tumores sólidos, e também permite a definição do TMB. O TMB é definido pelo número de variantes somáticas presentes em uma determinada área do tumor (Mut/Mb = variantes somáticas por megabase de nucleotídeos). A análise do TMB em amostras de sangue periférico (bTMB; do inglês: *blood TMB*) demonstrou ser um campo bem promissor para pacientes elegíveis para imunoterapia.

Monitoramento e análise de resistência à terapia

Atualmente, a principal aplicação da BL é o monitoramento da resposta terapêutica de pacientes oncológicos, independente da terapia implementada, ou seja, o acompanhamento da resposta efetiva ao tratamento, seja por redução de carga tumoral ou pela detecção de resistências e recidivas tumorais. A avaliação e contagem das CTCs tem sido relatada como um dos melhores indicadores de resposta a tratamento de pacientes com câncer de mama, e a aplicação da BL no contexto do monitoramento de resistência adquirida já foi aprovada pelo FDA, com aplicações para câncer de pulmão e colorretal metastático. Um exemplo clássico dessa aplicação é a investigação de pacientes com câncer de pulmão que param de responder à terapia anti-*EGFR*. A maioria dos pacientes que iniciam esse tipo de tratamento apresenta uma resposta inicial intensa, mas podem desenvolver resistência ao tratamento após um a dois anos. O principal motivo do desenvolvimento dessa resistência é a ocorrência da variante *EGFR* T790M. Nesse sentido, a investigação dessa variante em amostra de BL, sem a necessidade de nova biópsia tumoral, permite não apenas a definição do motivo da resistência desenvolvida, mas também permite definir uma nova terapia-alvo, uma vez que novos esquemas de terapia foram desenvolvidos e aprovados para pacientes com essa variante.

Uma das principais vantagens da utilização da BL no acompanhamento terapêutico de pacientes oncológicos é a possibilidade de coletas seriadas ao longo do monitoramento do paciente, permitindo uma análise contínua, e auxiliando na detecção precoce de recidiva ou na identificação da progressão da doença. Alguns centros de pesquisa estão desenvolvendo painéis de BL personalizados para cada paciente oncológico, com base no tipo de câncer e nas variantes identificadas nos mesmos, para assim poder acompanhar a evolução do câncer ao longo de todo o tratamento.

Definição de prognóstico

Algumas pesquisas vêm mostrando uma importante correlação entre a frequência de algumas variantes específicas, ou a quantidade de CTCs, com a progressão, recidiva ou até mesmo a possibilidade de metástase em diferentes tipos de câncer. Nesse sentido, esses biomarcadores também podem ser utilizados para auxiliar na definição de prognóstico.

Além das CTCs e os ctDNAs, miRNAs (do inglês: *microRNAs*) e exossomos também são alvos de estudos para tentar determinar a progressão de tumores. Os miRNAs são pequenas moléculas de RNA não-codificantes (aproximadamente 20 a 22 nucleotídeos), que regulam diferentes processos celulares. Os níveis de miRNA no sangue estão envolvidos com a migração celular, invasão e metástases dos tumores. Dessa forma, a diminuição ou aumento da expressão de determinados miRNAs podem ser utilizados para detectar e rastrear alguns tipos de câncer, como: a presença dos miR-145, miR-451, miR-

155 e miR-382 foi associada com o câncer de mama; o aumento da expressão do miR-29 e redução dos miR-146b, miR-221, let7a, miR-155, miR-17-5p, miR-27a e miR-106a foram relacionados ao CPNPC; e a expressão significativamente aumentada de miR-27a e miR-130a exossomais em pacientes com câncer colorretal.

Os exossomos são vesículas extracelulares, com aproximadamente 30 a 50 nm de diâmetro, produzidos durante o metabolismo celular, que transportam várias biomoléculas, tais como proteínas e ácidos nucleicos, entre eles DNA, RNA e miRNAs. A importância dos exossomos como biomarcadores se dá principalmente pela estabilidade das biomoléculas que transportam e porque essas são provenientes de células vivas, enquanto os outros biomarcadores (CTCs, ctDNAs) são provenientes de processos de apoptose ou necrose. miRNAs exossomais têm se revelado biomarcadores promissores, fornecendo informações valiosas sobre diagnóstico avançado, prognóstico, resposta à terapia e previsão do tratamento. Entretanto, apesar dos muitos benefícios de se utilizar os exossomos, essas microvesículas apresentam muitas limitações para aplicação na prática clínica, entre elas a grande quantidade de material necessária para o isolamento de exossomos e o custo do isolamento destas microvesículas.

■ Doença residual mínima

A detecção e o monitoramento da doença residual mínima (DRM) em pacientes que foram submetidos a cirurgia para remoção do tumor estão tornando-se de extrema relevância para acompanhar a evolução do tumor. Porém, um grande desafio dessa investigação em amostras de BL é a baixa concentração de ctDNA e de CTCs. Nos últimos anos, foram feitos avanços consideráveis das tecnologias para detectar ctDNA por dPCR ou por NGS, mesmo em frequências muito baixas após a cirurgia de intenção curativa, permitindo a identificação da DRM e o monitoramento em pacientes oncológicos.

O estudo IDEA-FRANCE, apresentado no congresso ESMO (do inglês: *European Society for Medical Oncology*) de 2019, revelou que a avaliação do ctDNA plasmático pós-cirúrgico de pacientes com câncer colorretal permitiu prever a recidiva de metástase, antes da mesma ser visível em exames de imagem. Nesse sentido, os pesquisadores acreditam que essas informações poderão ser utilizadas para definir se o paciente está livre ou não da doença, e assim poderá poupar alguns pacientes da quimioterapia após a cirurgia.

No ESMO deste ano (2022), pesquisadores da *UCSD Moores Cancer Center,* na Califórnia, apresentaram resultados da pesquisa de DRM em amostra de BL em pacientes com adenocarcinoma de pâncreas. Nesse estudo, foi utilizado o PCR multiplex personalizado, e foi possível identificar e quantificar a presença de ctDNA meses antes de achados radiológicos. Isto sugere que a análise de ctDNAs plasmáticos para a avaliação de DRM é um marcador promissor, uma vez que permite identificar pacientes que ainda precisam permanecer em acompanhamento, por apresentarem alto risco de recorrência.

Desafios e perspectivas futuras

A BL tem ganhado cada vez mais espaço na pesquisa clínica. Existem mais de 470 ensaios clínicos registrados no banco de dados americano ClinicalTrials.gov, sendo mais de 380 estudos relacionados a diferentes tipos de cânceres, e a maioria utilizando CTCs ou ctDNA como biomarcadores. Entretanto, sua implementação na oncologia clínica apresenta diversos desafios. A ausência de padronização em todo o processo compromete a reprodutibilidade dos dados e dificulta os avanços na área.

Diferentes iniciativas já foram criadas para ajudar no desenvolvimento, validação e padronização da técnica. Dentre elas podemos citar: (i) o consórcio americano BLOODPAC (do inglês: *Blood Profiling Atlas in Cancer*), criado em 2016; (ii) a Sociedade Internacional de Biópsia Líquida - ISLB (do inglês *International Society of Liquid Biopsy*); (iii) a Sociedade Europeia de Biópsia Líquida - ELBS (do inglês: *European*

Liquid Biopsy Society), criada em 2020 para substituir o consórcio europeu CANCER-ID (2015-2019); e (iv) a comunidade colaborativa ISLA (do inglês: *International Liquid Biopsy Standardization Alliance*), criada em 2020. Alguns guias médicos também já foram publicados, focados nas condições pré-analíticas ou em todas diferentes etapas do processo.

O projeto FNIH ctDNA QCM do *FNIH Biomarkers Consortium*, por exemplo, visa desenvolver controles de qualidade universais para a análise de ctDNA, permitindo a comparação de diferentes ensaios, plataformas e laboratórios. Foi selecionado um conjunto de variantes de diferentes classes (SNVs, indels, translocações e CNV), relacionadas a diferentes tipos histológicos de câncer. O estudo foi desenhado para determinar a performance analítica de diversos ensaios de ctDNA (fase I), caracterização funcional dos controles (fase II) e pesquisa clínica piloto (fase III). Os resultados da fase I foram descritos por Williams e colaboradores (2020), os quais demonstraram que a técnica de dPCR foi capaz de detectar as variantes com mais precisão que a técnica de NGS.

A imunoterapia também é uma emergente área para estudos de RNAs não-codificante (ncRNAs, do inglês *nonconding RNAs*). Os ncRNAs regulam diversos processos celulares e estudos recentes demonstraram o papel dos miRNAs e lncRNAs (do inglês: *long noncoding RNAs*) como reguladores da resposta imune no câncer. O RNA fornece melhores informações sobre a regulação e estado celular, quando comparado com o DNA. Por sua vez, o RNA não pode ser utilizado para a análise de eventos clonais. Um dos primeiros estudos sobre o transcriptoma circulante em pacientes com câncer foi publicado em 2016 e vários tipos de ncRNA circulantes estão sendo pesquisados na oncologia, como: (i) miRNAs: miR-21, let-7; (ii) piRNAs (do inglês: *piwi-interacting RNAs*): piR-651, piR-823; (iii) snRNAs (do inglês: *small nuclear RNAs*): RNU2 (RNU2-1f), RNU6; (iv) snoRNAs (do inglês: *small nucleolar RNAs*): snoRA74A, snoRA25; (v) circRNA (do inglês *circular RNAs*): (vi) lncRNAs: GAS5, PCA3.

A BL também tem revelado a importância de outros mecanismos epigenéticos, sendo a metilação do DNA o mais descrito atualmente. Existem diferentes metodologias para a detecção de marcadores epigenéticos em BL, cada uma apresentando vantagens e limitações. Entender as características do ensaio e avaliar qual método melhor se adequa ao mecanismo a ser investigado são de extrema importância. Em câncer, a hipermetilação de ilhas CpG em regiões promotoras é usualmente associada ao silenciamento de genes supressores de tumor. Em contrapartida, a hipometilação de regiões pobres em CpG é associada à expressão de proto-oncogenes, instabilidade genômica e carcinogênese. O FDA aprovou o primeiro ensaio para a análise de metilação do gene *SEPT9* em pacientes com câncer colorretal, o qual já se encontra disponível no mercado.

Abordagens que geram grande quantidade de dados, como a análise de metilação ou transcriptoma circulante por NGS, apresentam desafios na análise desses dados. Além disso, métodos de análise tradicionais podem falhar em identificar as complexas relações entre biomarcadores e heterogeneidade tumoral em fluidos corpóreos. Nesse contexto, o uso da inteligência artificial (IA) tem sido crescente na oncologia de precisão. Algumas aplicações incluem o rastreamento de câncer por exames de imagem, algoritmos de interpretação de sequenciamento genômico, estratificação de risco e descoberta de novos medicamentos. Para BL, as aplicações também incluem detecção das CTCs e de ctDNA. Para câncer de pulmão, já está disponível uma plataforma que consegue discriminar com robustez pacientes com CPNPC em estágio inicial a partir da análise de pacientes controles com alto risco de desenvolver a doença.

Considerações finais

A ampliação da utilização da biópsia líquida na prática clínica ainda é desafiadora. Como mencionado anteriormente, a ausência de padronização nas etapas, a variedade de plataformas, kits de diagnóstico e condições pré-

-analíticas, analíticas e pós-analíticas, tornam esse processo mais lento e custoso. É essencial a educação e treinamento de diferentes profissionais de saúde, incluindo médicos patologistas, oncologistas, enfermeiros, biomédicos, biólogos, entre outros, para coleta, processamento e análise adequada das amostras e resultados. Além disso, ainda é uma abordagem inacessível para a maioria da população, representando um grande desafio para o sistema de saúde. O futuro é promissor, mas exige cooperação entre todos os níveis hierárquicos de saúde, pesquisa, educação e política, representando uma longa caminhada pela frente.

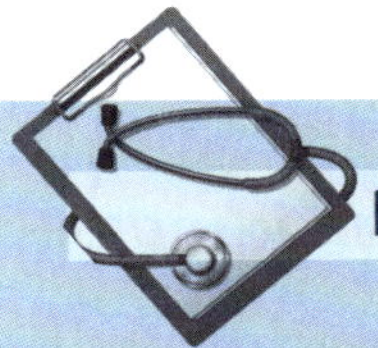

RELATO DE CASO

■ Caso 1

(Cortesia do Dr. Vladimir Cordeiro de Lima – AC Camargo Câncer Center)

Homem, branco, 81 anos, ex-tabagista (40 maços-ano, cessou tabagismo há 30 anos), diagnosticado com nódulo em ápice de pulmão esquerdo durante exames realizados após queda da própria altura. História prévia de diabetes mellitus, doença de Alzheimer, insuficiência coronariana crônica e DPOC. Biópsia de nódulo pulmonar foi compatível com adenocarcinoma de pulmão de padrão lepídico e acinar, com expressão de PD-L1 TPS = 20%, sendo estadiado como T1bN0M1c, com metástases para ossos.

Em decorrência da ausência de material do tumor primário suficiente para análise, foi submetido à sequenciamento de ctDNA plasmático, empregando painel de NGS com captura híbrida contendo 72 genes que revelou as seguintes alterações: *KIT* D816V, *TP53* E287K/V147I/H193R/Q136, amplificação de *KRAS* (3,1 cópias) e amplificação de *CCNE* (2,6 cópias).

Nova biópsia do tumor de pulmão foi realizada, e o material foi submetido à sequenciamento usando NGS com captura híbrida empregando um painel de 324 genes, que revelou as seguintes alterações: *KIT* D816V, amplificação de *KRAS*, *TP53* E286K/V147I, *STK11* G196V e ausência de instabilidade de microssatélite. Nesse momento iniciou o tratamento com pembrolizumabe (anti-PD1), obtendo doença estável.

■ Caso 2

(Cortesia do Dr. Marcelo Corassa – AC Camargo Câncer Center)

Mulher, branca, 73 anos, ex-tabagista (40 maços-ano, cessou há dois anos) diagnosticada com dois nódulos pulmonares bilaterais durante exames para avaliação de COVID-19. História prévia de tromboangeíte obliterante, acidente vascular cerebral hemorrágico e hipertensão arterial sistêmica. Paciente foi submetida à ultrassonografia endoscópica com biópsia por aspiração de linfonodo da cadeia 4L que revelou infiltração por carcinoma, sendo estadiada como T1bN2M1c com metástases em pulmão e meninges.

Devido a insuficiência de material tumoral para análise molecular, foi solicitado sequenciamento de ctDNA plasmático, empregando painel de NGS com captura híbrida contendo 72 genes, que revelou mutação V600E no gene *BRAF*. Isso permitiu o início do tratamento com dabrafenibe e trametinibe, obtendo resposta parcial.

Bibliografia consultada

1. Abécassis J et al. Assessing reliability of intra-tumor heterogeneity estimates from single sample whole exome sequencing data. PloS One, 14(11):e0224143, 2019. doi:10.1371/journal.pone.0224143.
2. Aceto N et al. En Route to Metastasis: Circulating Tumor Cell Clusters and Epithelial-to- Mesenchymal Transition. Trends Cancer, 1(1):44-52, 2015. doi: 10.1016/j.trecan.2015.07.006.
3. Álvarez-Alegret R. et al. Liquid biopsy in oncology: A consensus statement of the Spanish Society of Pathology and the Spanish Society of Medical Oncology. Rev Esp Patol, 53(4):234-245, 2020. doi: 10.1016/j.patol.2019.12.001.
4. Ashworth TR. A Case of Cancer in Which Cells Similar to Those in the Tumours Were Seen in the Blood after Death. The Medical Journal of Australia, 14:146-147, 1869.
5. Bauml J M. et al. Clinical validation of Guardant360 CDx as a blood-based companion diagnostic for sotorasib. Lung Cancer, 166:270-278, 2022. doi: 10.1016/j.lungcan.2021.10.007.
6. Bettegowda C et al. Detection of circulating tumor DNA in early- and late-stage human malignancies. Sci Transl Med, 6(224):224ra24, 2014. doi: 10.1126/scitranslmed.3007094.
7. Botta GP et al. Association of personalized and tumor-informed ctDNA with patient survival outcomes in pancreatic adenocarcinoma. Journal of Clinical Oncology, Meeting Abstract. v. 40, Issue 4_suppl., 2022.
8. Bronkhorst AJ, Ungerer V, Holdenrieder S. The emerging role of cell-free DNA as a molecular marker for cancer management. Biomol Detect Quantif, 17:100087, 2019. doi: 10.1016/j.bdq.2019.100087.
9. Carr TH et al. Homologous Recombination Repair Gene Mutation Characterization by Liquid Biopsy: A Phase II Trial of Olaparib and Abiraterone in Metastatic Castrate-Resistant Prostate Cancer. Cancers (Basel), 13(22):5830, 2021. doi: 10.3390/cancers13225830.
10. Castro-Giner F et al. Cancer Diagnosis Using a Liquid Biopsy: Challenges and Expectations. Diagnostics (Basel), 8(2):31, 2018. doi: 10.3390/diagnostics8020031.
11. Chabon JJ et al. Integrating genomic features for non-invasive early lung cancer detection.
12. Nature, 580(7802):245-251, 2020. doi: 10.1038/s41586-020-2140-0.
13. Chae YK et al. Clinical Implications of Circulating Tumor DNA Tumor Mutational Burden (ctDNA TMB) in Non-Small Cell Lung Cancer. Oncologist, 24(6):820-828, 2019. doi: 10.1634/theoncologist.2018-0433.
14. Chin RI et al. Detection of Solid Tumor Molecular Residual Disease (MRD) Using Circulating Tumor DNA (ctDNA). Mol Diagn Ther, 23(3):311-331, 2019. doi: 10.1007/s40291- 019-00390-5.
15. Cohen JD et al. Detection and localization of surgically resectable cancers with a multi- analyte blood test. Science, 359(6378):926-930, 2018. doi: 10.1126/science.aar3247.
16. Connors D et al. International liquid biopsy standardization alliance white paper. Crit Rev Oncol Hematol, 156:103112, 2020. doi: 10.1016/j.critrevonc.2020.103112.
17. Cristiano S et al. Genome-wide cell-free DNA fragmentation in patients with cancer. Nature, 570(7761):385-389, 2019. doi: 10.1038/s41586-019-1272-6.
18. Crowley E et al. Liquid biopsy: monitoring cancer-genetics in the blood. Nat Rev Clin Oncol, 10(8):472-84, 2013. doi: 10.1038/nrclinonc.2013.110.
19. Dawson SJ et al. Analysis of circulating tumor DNA to monitor metastatic breast cancer. N Engl J Med, 368(13):1199-209, 2013. doi: 10.1056/NEJMoa1213261.
20. Di Martino MT et al. miRNAs and lncRNAs as Novel Therapeutic Targets to Improve Cancer Immunotherapy. Cancers (Basel), 13(7):1587, 2021. doi: 10.3390/cancers13071587.
21. Ding PN et al. Plasma next generation sequencing and droplet digital PCR-based detection of epidermal growth factor receptor (EGFR) mutations in patients with advanced lung cancer treated with subsequent-line osimertinib. Thorac Cancer. 10(10):1879-1884, 2019. doi: 10.1111/1759-7714.13154.
22. El-Heliebi A, heitzer E. Chapter 5 - State of the Art and Future Direction for the Analysis of Cell-Free Circulating DNA. In: Nucleic Acid Nanotheranostics. Elsevier, 133–188, 2019. doi: 10.1016/B978-0-12-814470-1.00005-8.
23. Fakih M et al. Evaluation of Comparative Surveillance Strategies of Circulating Tumor DNA, Imaging, and Carcinoembryonic Antigen Levels in Patients With Resected Colorectal Cancer. JAMA Netw Open, 5(3):e221093, 2022. doi: 10.1001/jamanetworkopen.2022.1093.
24. Forshew T et al. Noninvasive identification and monitoring of cancer mutations by targeted deep sequencing of plasma DNA. Sci Transl Med, 4(136):136ra68, 2012. doi: 10.1126/scitranslmed.3003726. PMID: 22649089.

25. Fortunato O et al. Exo-miRNAs as a New Tool for Liquid Biopsy in Lung Cancer. Cancers (Basel), 11(6):888, 2019. doi: 10.3390/cancers11060888.
26. Gandara DR et al. Blood-based tumor mutational burden as a predictor of clinical benefit in non-small-cell lung cancer patients treated with atezolizumab. Nat Med, 24(9):1441-1448, 2018. doi: 10.1038/s41591-018-0134-3.
27. Gasch C et al. Heterogeneity of epidermal growth factor receptor status and mutations of KRAS/PIK3CA in circulating tumor cells of patients with colorectal cancer. Clin Chem, 59(1):252-60, 2013. doi: 10.1373/clinchem.2012.188557.
28. Greytak SR et al. Harmonizing Cell-Free DNA Collection and Processing Practices through Evidence-Based Guidance. Clin Cancer Res, 26(13):3104-3109, 2020. doi: 10.1158/1078-0432.CCR-19-3015.
29. Ho HL et al. Efficacy of liquid biopsy for disease monitoring and early prediction of tumor progression in EGFR mutation-positive non-small cell lung cancer. PLoS One, 17(4):e0267362, 2022. doi: 10.1371/journal.pone.0267362.
30. Hulbert A et al. Early Detection of Lung Cancer Using DNA Promoter Hypermethylation in Plasma and Sputum. Clin Cancer Res. 23(8):1998-2005, 2017. doi: 10.1158/1078-0432. CCR- 16-1371.
31. Hyun KA. et al. Salivary Exosome and Cell-Free DNA for Cancer Detection. Micromachines (Basel), 9(7):340, 2018. doi: 10.3390/mi9070340.
32. Ignatiadis M, sledge GW, jeffrey SS. Liquid biopsy enters the clinic - implementation issues and future challenges. Nat Rev Clin Oncol, 18(5):297-312, 2021. doi: 10.1038/s41571-020-00457-x.
33. INCA Instituto Nacional de Câncer. Estatísticas de Câncer. Disponível em: https://www.inca.gov.br/numeros-de-cancer. Acesso em: 20 mai. 2022.
34. Iriart JAB. Precision medicine/personalized medicine: a critical analysis of movements in the transformation of biomedicine in the early 21st century. Cad Saude Publica, 35(3):e00153118, 2019. doi: 10.1590/0102-311X00153118.
35. Iyer A et al. Integrative Analysis and Machine Learning based Characterization of Single Circulating Tumor Cells. J Clin Med, 9(4):1206, 2020. doi: 10.3390/jcm9041206. Erratum in: J Clin Med, 10(2), 2021.
36. Killock D. Diagnosis: CancerSEEK and destroy - a blood test for early cancer detection. Nat Rev Clin Oncol, 15(3):133, 2018. doi: 10.1038/nrclinonc.2018.21.
37. Kurdyukov S, bullock M. DNA Methylation Analysis: Choosing the Right Method. Biology (Basel), 5(1):3, 2016. doi: 10.3390/biology5010003.
38. Kwak EL et al. Irreversible inhibitors of the EGF receptor may circumvent acquired resistance to gefitinib. Proc Natl Acad Sci U S A, 102(21):7665-70, 2005. doi: 10.1073/pnas.0502860102.
39. Lamb YN, Dhillon S. Epi proColon® 2.0 CE: A Blood-Based Screening Test for Colorectal Cancer. Mol Diagn Ther, 21(2):225-232, 2017. doi: 10.1007/s40291-017-0259-y.
40. Li Y et al. Tumor DNA in cerebral spinal fluid reflects clinical course in a patient with melanoma leptomeningeal brain metastases. J Neuro-Oncol 128(1):93–100. 2016. https://doi.org/10.1007/s11060-016-2081-5
41. Liang N et al. Ultrasensitive detection of circulating tumour DNA via deep methylation sequencing aided by machine learning. Nat Biomed Eng, 5(6):586-599, 2021. doi: 10.1038/s41551-021-00746-5. Erratum in: Nat Biomed Eng, 5(11):1402, 2021.
42. Liu L et al. Machine Learning Protocols in Early Cancer Detection Based on Liquid Biopsy: A Survey. Life (Basel), 11(7):638, 2021. doi: 10.3390/life11070638.
43. Lone SN et al. Liquid biopsy: a step closer to transform diagnosis, prognosis and future of cancer treatments. Mol Cancer. Mar 18;21(1):79, 2022. doi: 10.1186/s12943-022-01543-7.
44. Lu T, Li J. Clinical applications of urinary cell-free DNA in cancer: current insights and promising future. Am J Cancer Res, 7(11):2318-2332, 2017.
45. Mandel P, Metais P. Les acides nucleiques du plasma sanguin chez l'homme. C R Seances Soc Biol Fil 19\48, 142:241–243.
46. Mathios D et al. Detection and characterization of lung cancer using cell-free DNA fragmentomes. Nat Commun, 12(1):5060, 2021. doi: 10.1038/s41467-021-24994-w.
47. Martínez-Sáez O et al. Frequency and spectrum of PIK3CA somatic mutations in breast cancer. Breast Cancer Res, 22(1):45, 2020. doi: 10.1186/s13058-020-01284-9.
48. Martins I et al. Liquid Biopsies: Applications for Cancer Diagnosis and Monitoring. Genes (Basel), 12(3):349, 2021. doi: 10.3390/genes12030349.
49. Mauri G et al. Liquid biopsies to monitor and direct cancer treatment in colorectal cancer. Br J Cancer, 2022. doi: 10.1038/s41416-022-01769-8.
50. Meddeb R, Pisareva E, Thierry AR. Guidelines for the Preanalytical Conditions for Analyzing Circulating Cell-Free DNA. Clin Chem, 65(5):623-633, 2019. doi: 10.1373/clinchem.2018.298323.
51. Miller AM et al. Tracking tumour evolution in glioma through liquid biopsies of cerebrospinal

fluid. Nature 565(7741):654–658. 2019. https://doi.org/10.1038/s41586-019-0882-3.

52. Mitchell PS et al. Circulating microRNAs as stable blood-based markers for cancer detection. Proc Natl Acad Sci U S A, 105(30):10513-8, 2008. doi: 10.1073/pnas.0804549105.

53. Murtaza M et al. Multifocal clonal evolution characterized using circulating tumour DNA in a case of metastatic breast cancer. Nat Commun, 6:8760, 2015. doi: 10.1038/ncomms9760.

54. Newman AM et al. An ultrasensitive method for quantitating circulating tumor DNA with broad patient coverage. Nat Med, 20(5):548-54, 2014. doi: 10.1038/nm.3519.

55. Olmedillas-López S et al. Detection of KRAS G12D in colorectal cancer stool by droplet digital PCR. World J Gastroenterol, 23(39):7087-7097, 2017. doi: 10.3748/wjg.v23.i39.7087.

56. Pan W et al. Brain tumor mutations detected in cerebral spinal fluid. Clin Chem 61(3):514–522. 2015. https://doi.org/10.1373/clinchem.2014.235457.

57. Pantel K, Alix-Panabières C. Functional Studies on Viable Circulating Tumor Cells. Clin Chem, 62(2):328-34, 2016. doi: 10.1373/clinchem.2015.242537.

58. Papadopoulou E et al. Clinical feasibility of NGS liquid biopsy analysis in NSCLC patients. PLoS One, 14(12):e0226853, 2019. doi: 10.1371/journal.pone.0226853.

59. Pardini B et al. Noncoding RNAs in Extracellular Fluids as Cancer Biomarkers: The New Frontier of Liquid Biopsies. Cancers (Basel), 11(8):1170, 2019. doi: 10.3390/cancers11081170.

60. Pereira MA et al. Cancer Genomics in Precision Oncology: Applications, Challenges, and Prospects. In: Masood, N., Shakil Malik, S. (eds) 'Essentials of Cancer Genomic, Computational Approaches and Precision Medicine. Springer, 453-499, 2020. doi: 10.1007/978-981-15-1067-0_21.

61. Pizzi MP et al. Identification of DNA mutations in gastric washes from gastric adenocarcinoma patients: Possible implications for liquid biopsies and patient follow-up. Int J Cancer, 145(4):1090-1098, 2019. doi: 10.1002/ijc.32217.

62. Rodriguez-Casanova A et al. Epigenetic Landscape of Liquid Biopsy in Colorectal Cancer. Front Cell Dev Biol, 9:622459, 2021. doi: 10.3389/fcell.2021.622459.

63. Rolfo C et al. Liquid Biopsy for Advanced Non-Small Cell Lung Cancer (NSCLC): A Statement Paper from the IASLC. J Thorac Oncol, 13(9):1248-1268, 2018. doi: 10.1016/j.jtho.2018.05.030.

64. Salvà J. R. Biopsia Líquida en el Diagnóstico del Cáncer. Universitat de Les Illesbalears, 2016-2017. Disponível em: http://hdl.handle.net/11201/146054. Acesso em: 25 mai. 2022.

65. Schuurbiers M et al. Biological and technical factors in the assessment of blood-based tumor mutational burden (bTMB) in patients with NSCLC. J Immunother Cancer, 10(2):e004064, 2022. doi: 10.1136/jitc-2021-004064.

66. Shen SY et al. Sensitive tumour detection and classification using plasma cell-free DNA methylomes. Nature, 563(7732):579-583. 2018. doi: 10.1038/s41586-018-0703-0.

67. Shimizu H, Nakayama KI. Artificial intelligence in oncology. Cancer Sci, 111(5):1452- 1460, 2020. doi: 10.1111/cas.14377.

68. Shimomura A et al. Novel combination of serum microRNA for detecting breast cancer in the early stage. Cancer Sci. 107(3):326-34, 2016. doi: 10.1111/cas.12880.

69. Si H et al. A Blood-based Assay for Assessment of Tumor Mutational Burden in First-line Metastatic NSCLC Treatment: Results from the MYSTIC Study. Clin Cancer Res, 27(6):1631- 1640, 2021. doi: 10.1158/1078-0432.CCR-20-3771.

70. Silva FHF. Biópsia líquida como ferramenta de diagnóstico do câncer: uma revisão da literatura. Universidade Federal do Rio Grande do Norte, 11 de novembro de 2020. Acesso em: 23 mai. 2022.

71. Siravegna G et al. Integrating liquid biopsies into the management of cancer. Nat Rev Clin Oncol, 14(9):531-548, 2017. doi: 10.1038/nrclinonc.2017.14.

72. Smerage JB et al. Circulating tumor cells and response to chemotherapy in metastatic breast cancer: SWOG S0500. J Clin Oncol, 32(31):3483-9, 2014. doi: 10.1200/JCO.2014.56.2561.

73. Snow A, Chen D, Lang JE. The current status of the clinical utility of liquid biopsies in cancer. Expert Rev Mol Diagn, 19(11):1031-1041, 2019. doi: 10.1080/14737159.2019.1664290.

74. Speicher MR, Pantel K. Tumor signatures in the blood. Nat Biotechnol, 32(5):441-3, 2014. doi: 10.1038/nbt.2897.

75. Ulivi P et al. Liquid Biopsy for EGFR Mutation Analysis in Advanced Non-Small-Cell Lung Cancer Patients: Thoughts Drawn from a Real-Life Experience. Biomedicines, 9(10):1299, 2021. doi: 10.3390/biomedicines9101299.

76. Wan N et al. Machine learning enables detection of early-stage colorectal cancer by whole- genome sequencing of plasma cell-free DNA. BMC Cancer, 19(1):832, 2019. doi: 10.1186/s12885-019-6003-8.

77. Wang XS et al. Cell-free DNA in blood and urine as a diagnostic tool for bladder cancer: a meta-analysis. Am J Transl Res, 10(7):1935-1948, 2018.
78. Wang Z et al. Assessment of Blood Tumor Mutational Burden as a Potential Biomarker for Immunotherapy in Patients With Non-Small Cell Lung Cancer With Use of a Next-Generation Sequencing Cancer Gene Panel. JAMA Oncol, 5(5):696-702, 2019. doi: 10.1001/jamaoncol.2018.7098.
79. Wang Z et al. Allele Frequency-Adjusted Blood-Based Tumor Mutational Burden as a Predictor of Overall Survival for Patients With NSCLC Treated With PD-(L)1 Inhibitors. J Thorac Oncol, 15(4):556-567, 2020. doi: 10.1016/j.jtho.2019.12.001.
80. Warton K. et al. Evaluation of Streck BCT and PAXgene Stabilised Blood Collection Tubes for Cell-Free Circulating DNA Studies in Plasma. Mol Diagn Ther, 21(5):563-570, 2017. doi: 10.1007/s40291-017-0284-x.
81. Williams PM. et al. Validation of ctDNA Quality Control Materials Through a Precompetitive Collaboration of the Foundation for the National Institutes of Health. JCO Precis Oncol, 5:PO.20.00528, 2021. doi: 10.1200/PO.20.00528.
82. Woodhouse R et al. Clinical and analytical validation of FoundationOne Liquid CDx, a novel 324-Gene cfDNA-based comprehensive genomic profiling assay for cancers of solid tumor origin. PLoS One, 15(9):e0237802, 2020. doi: 10.1371/journal.pone.0237802.
83. Xi X et al. RNA Biomarkers: Frontier of Precision Medicine for Cancer. Noncoding RNA, 3(1):9, 2017. doi: 10.3390/ncrna3010009.
84. Yuan T et al. Plasma extracellular RNA profiles in healthy and cancer patients. Sci Rep, 6:19413, 2016. doi: 10.1038/srep19413.
85. Zeune LL et al. How to Agree on a CTC: Evaluating the Consensus in Circulating Tumor Cell Scoring. Cytometry A, 93(12):1202-1206, 2018. doi: 10.1002/cyto.a.23576.
86. Zhou H et al. Liquid biopsy at the frontier of detection, prognosis and progression monitoring in colorectal cancer. Mol Cancer, 21(1):86, 2022. doi: 10.1186/s12943-022-01556-2.

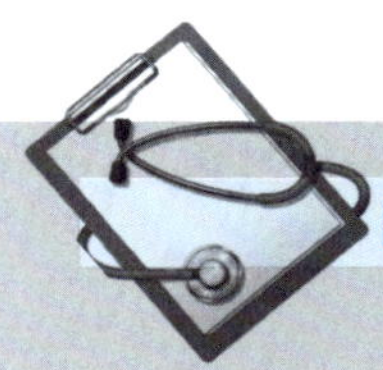

DISCUSSÃO DOS CASOS CLÍNICOS

■ Caso 1

A biópsia líquida aqui identificou uma alteração rara em câncer de pulmão (*KIT* D816V), além de alterações adicionais em genes não acionáveis (*TP53*, *CCNE*). Como se trata de alteração pouco usual em câncer de pulmão, a investigação continuou em nova amostra tumoral, que confirmou os achados da biópsia líquida, mostrando que quando encontramos variantes na análise de ctDNA a correlação com os achados em DNA de tecido é elevada. Entretanto, a ausência de alterações em genes *drivers* acionáveis abriu a possibilidade para o emprego de imunoterapia.

■ Caso 2

Neste caso, a biópsia líquida plasmática permitiu a identificação de uma alteração molecular acionável e possibilitou o emprego de terapia-alvo específica, permitindo a administração de tratamento mais eficaz e menos tóxico.

Índice Remissivo

A

B

C

D

G

H

Q

R

S

T

U

V

X